KB197861

제2판

SYSTEM DYNAMICS

시스템 다이내믹스

김창훈

박영사

[일러두기]

이 책의 파워심 시뮬레이션 예제모델(Powersim Simulation Model) 다운로드는 www.stramo.com 그리고 동영상 강의 자료는 youtube.com/@simulation_2024와 github.com/changkim88에서 참조할 수 있습니다.

머리말

이 책을 쓰게 된 것은 시스템 다이내믹스를 널리 알리고 싶은 마음에서였다.

시스템 다이내믹스를 접하다 보니 보이지 않는 것을 믿고 따르는 것은 믿음이고, 보이는 것을 믿고 따르는 것은 경험 때문이라는 생각이 많이 들었다.

어떤 단조로운 일상이 한 사람에게는 일생이 되고, 한 국가에는 역사가 된다. 시스템이라는 외국어를 가지고 세상의 이치를 설명하는 것이 이 책의 목적이자 단점이다. 본 내용은 주로 원인과 결과로 구성되는 시스템이 늘 변한다는 것이다.

이 책 앞부분에는 시스템이 변하는 원리를 설명하였고, 중간에는 컴퓨터를 이용하여 시스템 변화를 표현하는 기법을 그리고 뒷부분에는 몇 가지 모델링 사례를 추가하였다.

2025년 2월
김창훈

감사의 글

먼저, 이 책의 2판을 내게 되어 감사합니다.

시스템 다이내믹스 연구에 헌신하는 MIT대학 John Sterman 교수님께 감사드립니다. 그리고 노르웨이 Powersim Software의 오랜 친구들 Tone Haveland, Knut Vavik, Hilde Matinussen, Christopher, Bjorn, Stig Torvik 그리고 Steinar에도 감사드립니다.

그리고 국내 시스템 다이내믹스 분야의 확산과 교육에 힘써주신 분들께 감사드립니다.

끝으로 2판 출판을 허락해 주신 박영사 안종만 회장님, 안상준 대표님, 최동인 대리님과 박세연 편집자님께 감사드립니다.

사랑하는 가족에게 고마움을 전합니다.

2025년 2월

김창훈

추천사

MIT Sloan School 존 스터만 교수

John D. Sterman
Jay W. Forrester Professor of Management;
Director of System Dynamics Group
Massachusetts Institute of Technology
Sloan School of Management

"We live in a world of complexity and change, from machines to the human body to businesses, nations, and ecosystems.

The field of system dynamics provides rigorous, useful tools to help us understand the systems in which we are embedded, systems that we both shape and shape us.

This book provides, in Korean, a valuable introduction to system dynamics and computer simulation of complex dynamic systems.

Examples from many domains show how the feedback structure of systems generates their behavior, and how feedback control principle can be used to design better policies so that we can improve their performance and meet human needs."

Letter from Powersim Software AS, Bergen, Norway

Powersim Software as
Litleåsvegen 79
5132 Nyborg
NORWAY

Testimonial

I, Tone Haveland, am the CEO of Powersim Software. With our software, Powersim Studio, one of the leading companies within System Dynamics in the world today.

I have known Dr. Chang H Kim and his company Stramo Corporation since 2001, when he became our Reseller in South Korea with his company Stramo Corporation.

Dr. Chang H Kim has proven his excellent business skills throughout this period, and he has brought several large companies to our client list. He is highly skilled in system dynamic thinking and one of our best resellers.

I will proudly give my best recommendation to Dr. Chang H Kim on the publication of his book. This book will be helpful and a great contribution to system dynamics thinking and an inspiration for all within the System Dynamics Society, as well as those solving real world issues using system dynamics.

On behalf of myself and the people at Powersim Software, I congratulate him on his publication.

Tone Haveland
CEO

차례

PART 01

시스템 다이내믹스

PART 02

파워심 소프트웨어

PART 03

스톡 플로우 모델링

PART 01

시스템 다이내믹스

모듈 1 문제 분석 시나리오

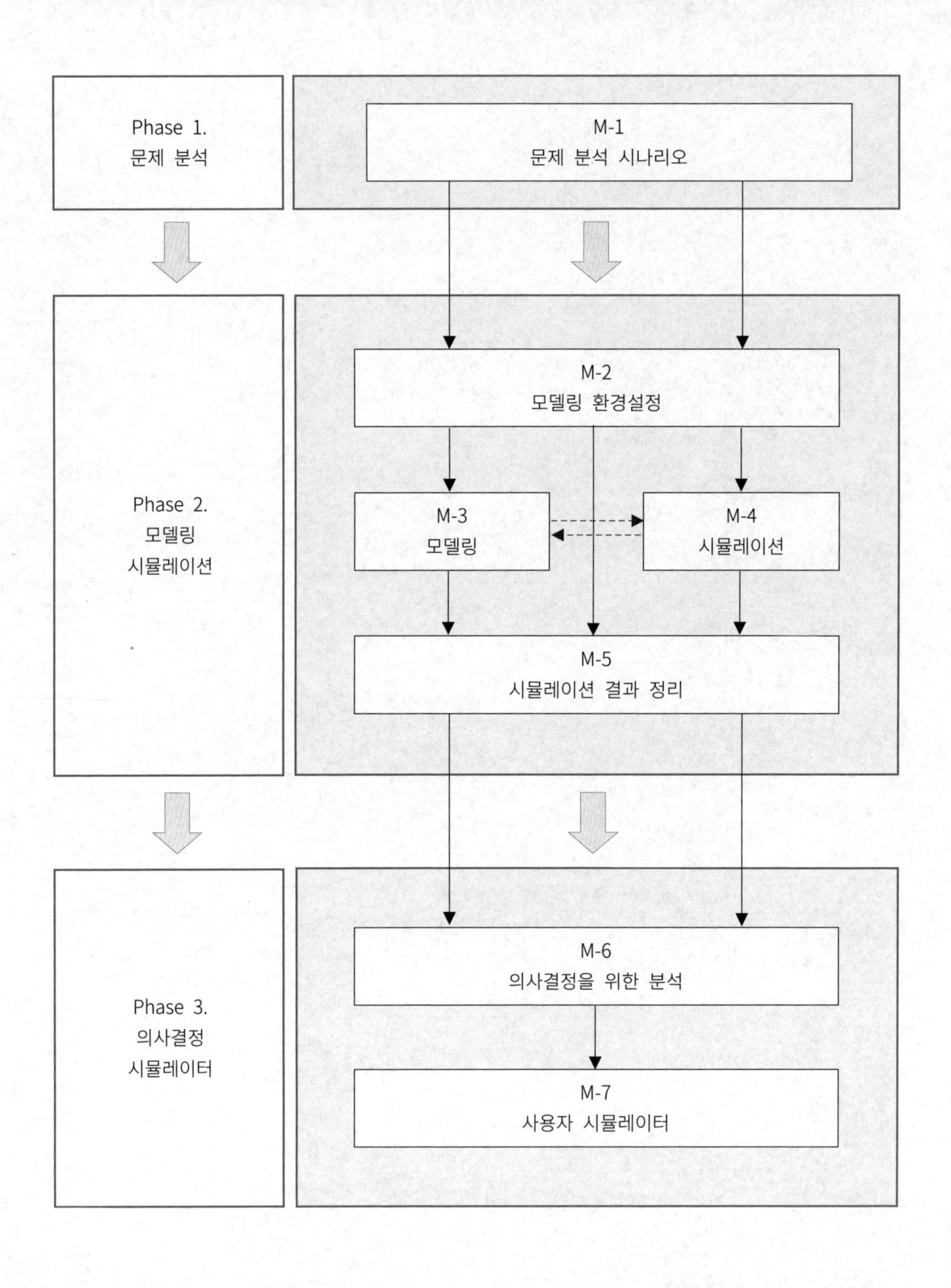

제1장

실세계와 모형

1.1 실세계와 현상

실세계와 현상은 다른가요?
예, 다릅니다.

우리는 현상(現像)을 통하여 실세계(real world)를 보고, 이해한다. 사실 우리에게 바라보이는 현상은 실체가 아니고, 실체의 보이는 일부분만을 나타내는 것일 뿐이다.

추상적이든 물리적이든 이 세상에 존재하는 모든 것은 실체의 모습인 실상(reality, real world)이 있다. 한글로 표현되는 '실상'은 크게 두 가지 의미가 있는데 실체의 모습 또는 이미지(image)를 나타내는 실상(實像)과 추상적 상태나 관념의 그 내용을 나타내는 실상(實狀)이 있다.

이 책에서는 실상과 실상의 두 가지 개념 사이의 중간 정도에서 이들을 융합하여 새로운 의미인 한글 '<u>실상</u>'을 만들어 사용한다. 마찬가지로 '<u>현상</u>'이라는 단어도 물리적 이미지인 현상(現像)과 추상적 내용을 의미하는 현상(現狀) 사이의 중간 정도의 의미로 애매하지만 이 책에서만 사용한다.

우리는 이러한 실상을 100% 완전하게 바라보거나 이해할 수 없다. 다만 사람이 인식할 수 있는 것은 실체가 나타내는 그 현상(現象, phenomena)에 불과하다. 즉 우리가 인식할 수 없다고 해서 없는 것은 아니며 우리에게 보이는 현상도 실상과 다를 수 있다.

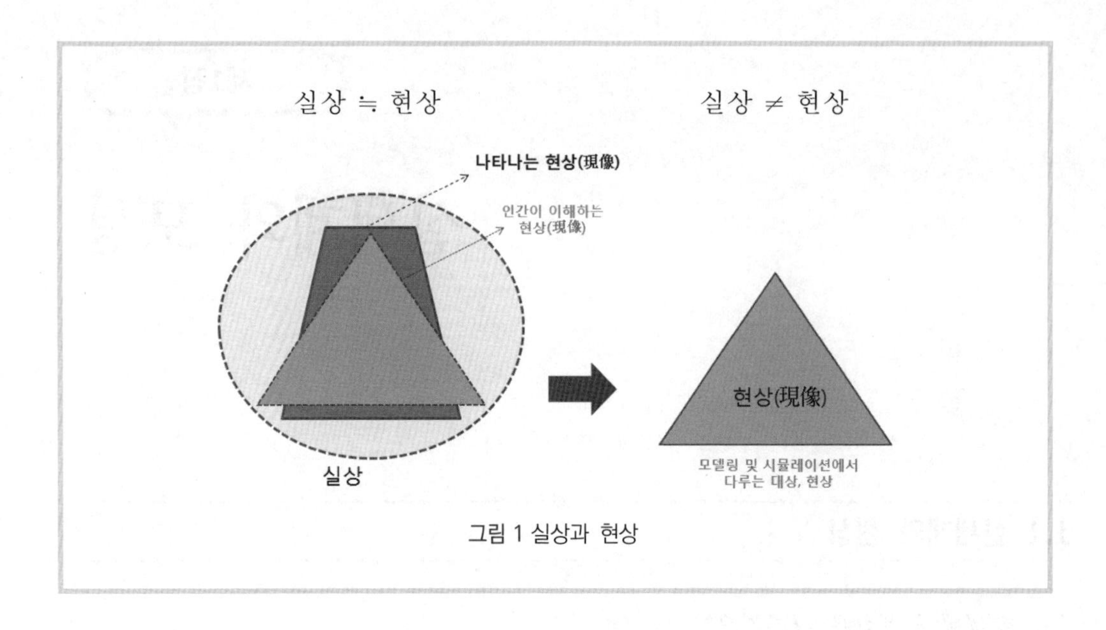

그림 1 실상과 현상

1.2 문제

1.2.1 우리가 알고 있는 문제

우리가 알고 있는 문제란 무엇인가요?

우리는 실상에 존재하는 문제를 그대로 이해하지는 못하고, 현상으로 나타난 부분만을 문제로 규정하고 이해하거나 해결하려고 노력하게 된다. 따라서 현상의 문제를 해결하더라도 본래의 실세계(real world)에 존재하는 문제는 완벽하게 해결하지 못할 수도 있다.

실상문제 ≒ 현상문제

시간의 흐름에 따라 전개되는 실상의 문제는 실세계의 메커니즘에 의해 진행되는 것이지 우리에게 나타나는 현상의 메커니즘에 의하여 진행되는 것은 아니다. 따라서 인간이 어떤 실세계 문제를 정확히 분석하거나 예측하려고 한다는 것은 처음부터 상당한 무리를 갖고 시작하는 것이다.

실상문제의 진행 메커니즘 ≒ 현상문제의 진행 메커니즘

그러므로 실상에 존재하는 '문제'를 해결하기 위해서는 현상이 얼마나 실상에 가깝게 표현되는가와 그러한 현상을 얼마나 제대로 인식하는가에서 출발하여야 한다.

인간은 오감을 통하여 실상을 느끼거나 규정하고, 이미 밝혀진 어떤 근거·사실·지식·명제 등을 토대로 실상의 현상을 인식하게 된다. 따라서 하나의 실상이라도 여러 가지 현상 문제로 나타날 수 있다.

실상 ≒ 인식된 현상

우리가 관심 있는 문제는 실제 세계(real world), 즉 실상에 존재하나 우리가 다루는 문제는 현상으로 나타난 문제이다.

실상의 문제 ≒ 현상의 문제

따라서 어떤 실체의 문제를 완벽히 안다는 것은 불가능한 일이다. 다만 현상으로 나타나는 문제를 우리가 관심 있는 측면에서 '문제'로 규정하고, 이해하고 판단하는 것이다. 사실 이러한 현상으로 나타나는 문제도 제대로 이해하는 것이 쉬운 일은 아니다.

현상으로 나타나는 문제 ≒ 현상 문제의 이해

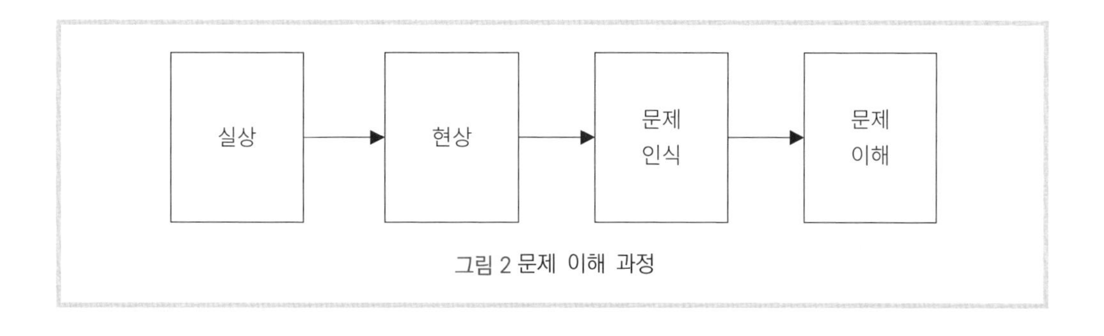

그림 2 문제 이해 과정

1.2.2 문제 정의 방법

문제 정의(problem definition)는 어떻게 하나요?

어떤 현상의 문제를 정의하기 위해서는 그 문제의 범위, 즉 문제 경계(boundary)를 설정한다.

(1) 문제 범위 구분

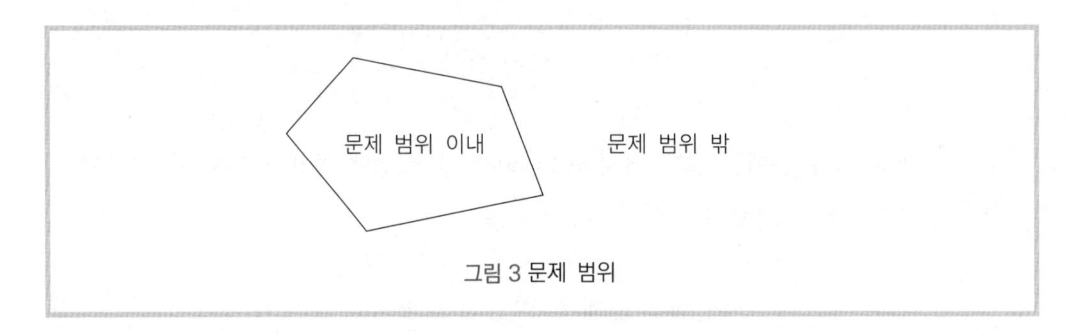

그림 3 문제 범위

문제 범위, 즉 문제의 경계 설정에 대해 정해진 것은 없다. 왜냐하면 문제의 경계 설정은 주관적 인식에 기초하기 때문이다. 그리고 설정된 문제 범위 밖의 내용을 문제로 인식하게 되면 그 문제의 범위는 애당초 문제 범위를 벗어나서 조금씩 그 영역이 넓어지게 된다.

예를 들면 이는 여론조사에서 조사 표본 크기(Sample Size) 결정과 유사하다. 조사 표본이 클수록 조사 결과에 대한 신뢰성은 높아지고 비용은 많이 든다. 따라서 조사 비용과 조사 결과의 신뢰성을 적절히 조화시킨 표본 크기(n)를 결정해야 한다.

$$\text{적정 표본 크기, } n = \frac{\text{조사의 신뢰수준 } Z\text{값}^{2} * \text{ 모집단 표준편차}^{2}}{\text{허용 가능한 오차}^{2}} = \frac{Z^2}{d^2}\delta^2$$

문제의 범위를 결정하는 데 필요한 고려 사항을 다음과 같다.

- 문제 핵심 이슈가 무엇인가?
- 문제 해결 목적은 무엇인가?

• 문제 해결을 위하여 주어진 자원의 허용치는?
• 문제 해결을 위한 자원은? 즉 문제 해결을 위하여 주어진 자료·기간·노력의 정도, 노력의 투입량, 문제 해결 능력, 문제를 설명하는 데이터의 양과 신뢰성, 문제 해결 도구의 우수성, 소요비용 등이다.

(2) 문제 정의 방법

기본적으로 문제를 정의하기 위해서는 육하원칙을 적용하는 것이 바람직하다.

• 이 문제에 누가(who) 관련되어 있는가? 예: 문제의 이해관계자(stakeholder)
• 이 문제의 시기(when)는? 예: 문제 발생 시기, 진행 기간 등
• 이 문제는 어디서(where) 어느 정도의 범위에서 발생하고 존재하는가?
• 이 문제의 핵심적 사항은 무엇(what)인가? 핵심적 문제 이슈는 무엇인가?
• 이 문제의 발생과 진화 과정, 즉 어떻게(how) 문제가 변해가고 있는가?
• 이 문제는 왜(why) 발생하였고, 그 문제가 해결되지 않는 이유는 무엇인가?

예들 들어 어떤 과일 가게에 과일 판매량이 계속 줄어들어 매일 적자가 발생한다고 하자. 이러한 현상을 문제 정의하면 다음과 같다.

• who → 어떤 과일 가게 주인 또는 영업담당자
• when → 매일(연속하여)
• what → 문제 내용으로 과일 판매량 감소, 매일 적자 발생
• where → 어떤 과일 판매 가게
• how → 매일 판매량이 줄어들고 매일 적자가 발생한다.
• why → 그 이유는 모르는 상태

(3) 문제 정의 예시

어떤 과일 가게에서 매일 과일 판매량이 줄어들고 있으며 또한 현금 흐름이 마이너스(적자)를 나타내고 있다. 아직 그 이유를 모르고 있다.

이를 육하원칙에 따라 문제를 분해하면

- 어떤 과일 가게(where)에서 아직 확실한 이유(why)가 밝혀지지 않은 상태에서
- 매일(when) 과일 판매량(what)이 줄어들고(how) 있으며
- 현금 흐름(what)이 마이너스(적자)(what)를 나타내어
- 과일 가게 주인(who)의 걱정이 크다(how)

1.2.3 문제 구분

문제 구분은 어떻게 하나요?

현상으로 인식되는 문제를 그 구조(Structure)의 복잡성(Complicate)과 복합성(Complex) 정도에 따라 구분하면 다음과 같다.

문제 구분

- 문제의 복잡성
- 문제의 복합성

먼저, 문제의 복잡성이란 문제를 구성하는 변수가 여러 개 또는 많은 정형적인 변수가 서로 연결된 관계의 정도이다. 복잡한 문제(Complicated Problem)는 문제를 구성하는 변수의 수는 많지만 사실 그 연결 관계가 뚜렷하고 명백하다. 따라서 시간과 노력을 기울이면 결국 문제를 해결할 수 있는 유형의 문제이다.

그런데 문제의 복합성이란 문제를 구성하는 변수의 수와 변수 간의 관계가 비선형적인 비정형적 정도를 나타낸다. 복합적인 문제(Complex Problem)는 문제를 구성하는 정형·비정형 변수들이 서로 비선형적으로 연결되어 있어 시간과 노력을 기울이더라도 쉽게 문제를 분해하거나 파악할 수 없는 문제이다.

이를 구조로 표현하면 다음과 같다.

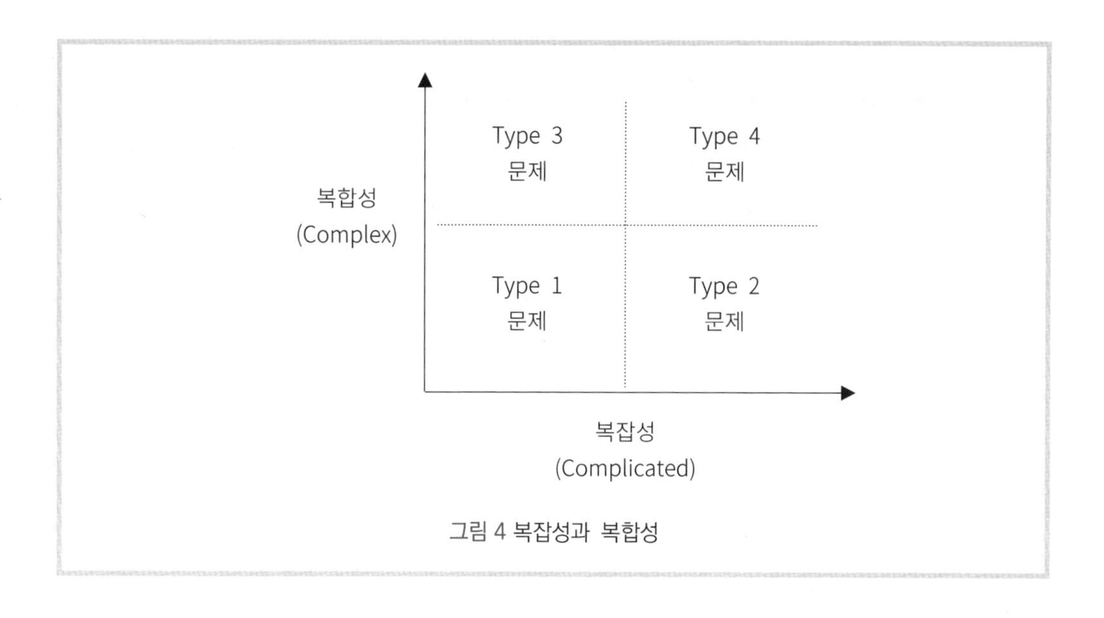

그림 4 복잡성과 복합성

문제 유형 1그룹(Type 1)

문제 유형 1그룹은 복잡성과 복합성이 낮은 문제로서 단순한 문제로 취급되는 문제이다. 즉 문제를 구성하는 변수가 명확하고 그 계산 과정이 뚜렷한 문제로, 예를 들면 제품 판매량과 제품 단가에 따른 매출 계산과 같은 문제이다. 이는 다음과 같은 수식으로 표현되고 정의된다.

$$\text{제품 매출액} = (\text{제품단가} * \text{제품 판매량})$$

문제 유형 2그룹(Type 2)

문제 유형 2그룹은 문제를 구성하는 변수 간의 복합성은 낮으나 복잡성이 높은 경우이다. 예를 들어 최적 생산물량 산정, 선형계획법을 이용한 최적화 문제, 회계, 재무제표 및 각종 재무모델 등이 여기에 속한다. 이는 다음과 같은 수식으로 표현되고 정의된다.

$$x_1 \begin{bmatrix} a_{11} & . & . \\ a_{21} & . & . \\ . & & \\ . & & \\ . & & \\ a_{m1} & . & . \end{bmatrix} + x_2 \begin{bmatrix} a_{12} & . & . \\ a_{22} & . & . \\ . & & \\ . & & \\ . & & \\ a_{m2} & . & . \end{bmatrix} + \ldots + x_n \begin{bmatrix} a_{1n} & . & . \\ a_{2n} & . & . \\ . & & \\ . & & \\ . & & \\ a_{mn} & . & . \end{bmatrix} = \begin{bmatrix} b_{11} & . & . \\ b_{21} & . & . \\ . & & \\ . & & \\ . & & \\ b_{m1} & . & . \end{bmatrix}$$

문제 유형 3그룹(Type 3)

문제 유형 3그룹은 문제를 구성하는 변수 간의 복잡성은 낮으나, 복합성이 높은 경우이다. 예를 들어 비만(Obesity), 당뇨, 전염병 확산, 암(Cancer)의 전이 과정 등은 문제를 구성하는 변수들의 표면적인 개수는 제한적이나 그들을 서로 연결해주는 변수 간의 관계는 비선형 관계(Non-linearity)이거나 다양한 조건이 전제되는 관계들로 구성된다.

이러한 복합성을 갖는 문제는 일반 해석적 방법으로는 풀 수가 없다. 해석적 방법(Analytical Method)은 수학적 명제로 그 문제를 분해할 수 있고 거꾸로 되돌려 집계할 수 있는 문제를 말한다.

복합성을 갖는 문제는 변수 간의 관계를 명확히 설명할 수 없어, 예를 들어 신경망(Neural Network)과 같은 변환함수(Transformation function) 등을 이용하여 변수 간의 관계를 표현한다.

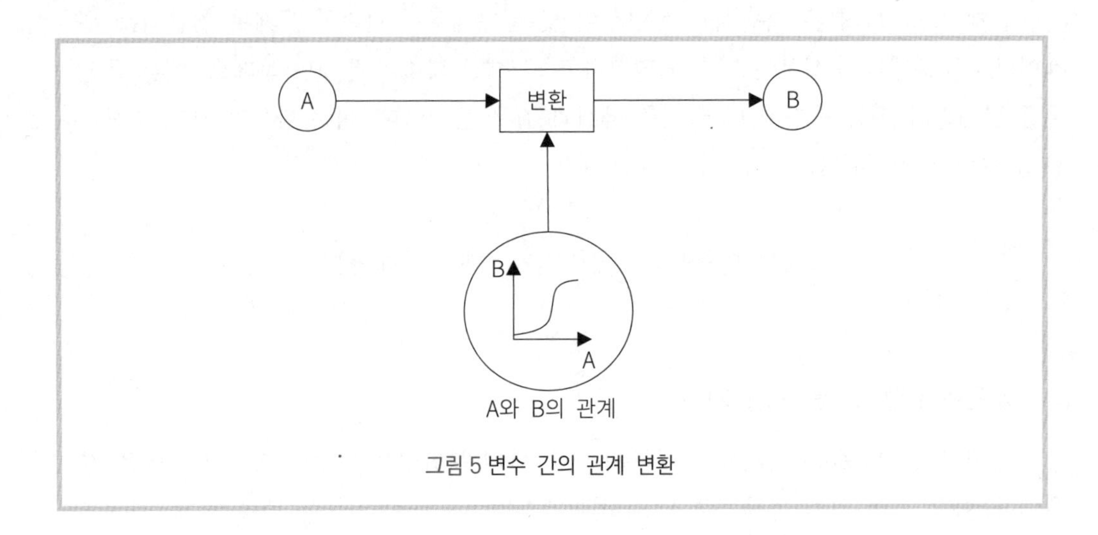

그림 5 변수 간의 관계 변환

문제 유형 4그룹(Type 4)

문제 유형 4그룹은 문제를 구성하는 변수 간의 관계가 매우 복잡하고, 매우 복합적인 경우이다. 예를 들어 미묘한 사회문제, 증권시장 주식 가격(stock price), 선물 가격(futures price)의 움직임, 환율 움직임, 경쟁사와의 관계, 국가 간의 상호 이해관계, 선거에서 후보 간의 경쟁, 무역 마찰 등이다.

대부분의 실세계 시뮬레이션 모델링 대상이 되는 문제는 문제 유형 4그룹에 속한다고 볼 수 있다. 그러므로 이 책에서는 문제 유형 4그룹에 대한 모델링, 시뮬레이션, 분석, 의사결정, 전략적 대응방안 등에 대하여 주로 다룬다.

1.2.4 문제 유형 4그룹의 특징

문제 유형 4그룹(Type 4)의 특징은 무엇인가요?

앞서, 문제를 복잡성과 복합성에 따라 구분하였다. 문제 유형 4그룹에 해당하는 문제는 다음과 같은 몇 가지 특징이 있다.

(1) 변수 간의 비선형 관계(Non-linearity)
(2) 변수 간의 피드백 관계(Feedback Relationship)
(3) 변수 간의 시차효과(Time Delay)

그리고 다음의 항목을 추가할 수 있다.

(4) 변수 간의 공간적 거리(Effective Distance)
(5) 변수 간의 시간적 기간(Effective Time)
(6) 변수 간의 파급효과 크기(Magnitude)

1.2.5 문제 유형 4그룹의 문제 발생 단계

문제 유형 4그룹의 문제 발생 단계는 시스템 다이내믹스에서 강조하는 다음과 같은 절차를 갖는다.

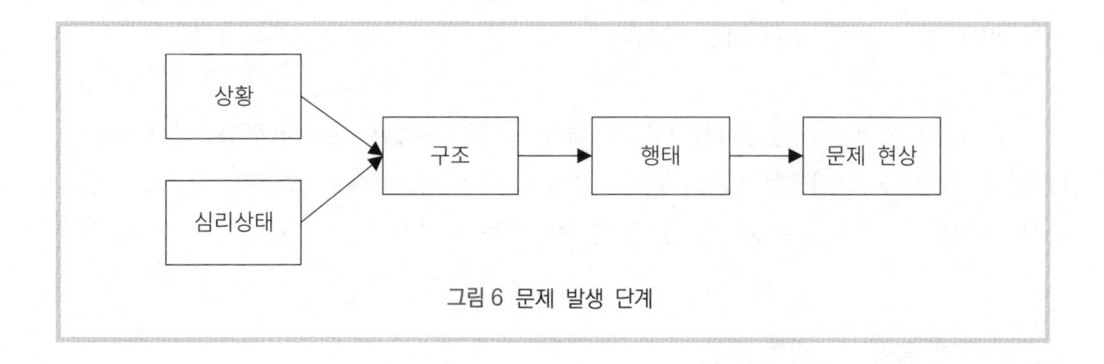

그림 6 문제 발생 단계

즉, 어떤 문제 현상이나 사건(Event)은 변화되는 행태(Behavior)의 누적으로 나타나고, 그러한 행태는 그 시스템이 지닌 구조(Structure)와 이를 구성하는 개체들(objects)의 상호작용으로 생겨난다.

이러한 시스템을 형성하는 구조(Structure)는 그 시스템의 환경변수, 내부 작용을 일으키는 상황적 상태, 핵심변수(Key Indicators)들로 이루어진 '네트워크 구조(Network Structure)'로 표현된다.

문제 유형 4그룹의 시스템 구조는 상당히 주관적이며 심리상태에 따라 그 구조가 달라질 수 있다. 즉 시스템에 영향을 미치는 환경적인 변수, 그 시스템을 바라보는 시각, 특정 시점(Time Point)에 인간의 심리적 상태는 그 시스템 상황을 이해하는 데 결정적 영향을 주게 된다.

시스템 다이내믹스 이론의 관점에서 사건이나 현상은 행태에서 비롯되고, 그러한 형태는 시스템 구조에 따라 발생한다고 본다. 그리고 시스템 구조는 심리적 요인, 주어진 상황, 환경조건에 영향을 받으며 시시각각으로 변할 수 있다.

1.3 모델

1.3.1 모델 정의

모델(model)이란 무엇인가요?

영어 Model은 어떤 형상을 그대로 비슷하게 찍은 틀 또는 실물과 유사한 복사물이다. 우리말로 모델 또는 모형(模型)으로도 부른다.

성서의 히브리서 8장 5절에 '그들이 섬기는 것은 하늘에 있는 모형과 그림자라. (중략) 모든 것을 산에서 네게 보이던 본을 따라 지으라 하셨느니라'라는 구절이 있다. 이를 토대로 서기 약 100년 정도의 시기에 모형(모델, model)에 대한 언급이 있었음을 알 수 있다.

> Hebrews 8 (8:5) They serve at a sanctuary that is a copy and shadow of what is in heaven. This is why Moses was warned when he was about to build the tabernacle: "See to it that you make everything according to the pattern shown you on the mountain."

이를 저자의 생각으로 표현하면 다음과 같다.

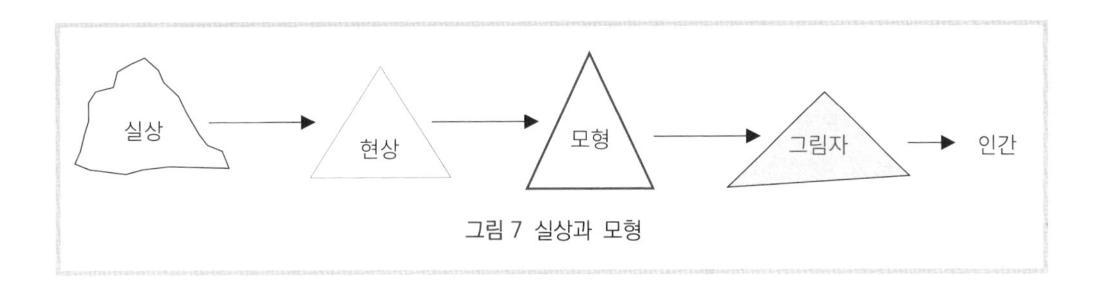

그림 7 실상과 모형

이처럼 모델(모형)은 실제와 유사한 것 또는 실제의 특징을 잘 나타낸 것이다. 예를 들어 '모형비행기'는 비행기의 일부 특징적인 동작이나 모양을 흉내 내어 간이로 만든 작은 비행기를 말한다.

이 모형비행기는 실제 비행기와 물리적 외형 규모나 성능은 다르지만 실제 비행기의 비행특성이나 형태적 특징을 갖고 있어, 여러 가지 비행실험에 실제 비행기를 대신하여 사용된다. 어린이들은 모형비행기를 이용하여 실제 비행기의 기능을 놀이로 체험하게 된다.

이같이 모형은 실제 형상이나 현상을 최대한 비슷하게 흉내 낸 것으로서 모형을 이용하여 다양한 실험을 하고, 그 현상의 행태를 분석하게 된다. 사실 모형 사용자는 그림 7과 같이 모형 자체를 이해하기는 어렵지만 모형에서 제공하는 그림자, 즉 시뮬레이션 결과를 통하여 모형을 이해하고 실상의 이미지를 상상하게 된다.

즉, 모형에서 나타내어 주는 시뮬레이션 결과(simulation results) 또는 시뮬레이터(simulator for a user)를 이용하여 사용자는 모형과 현상으로 나타내 보이는 실체(real world), 실상을 이해하게 되는 것이다.

그림 7에서 알 수 있는 것처럼 인간 오감(五感, 감각) 능력의 여러 가지 제약(constraints)이나 환경적인 제약으로 실세계를 직접 보고 이해하지 못하기 때문에 모형이 나타내는 그림자로 실상 또는 실세계를 이해한다.

이처럼 실세계 시스템(real-world systems)을 이해하기 위해서는 시뮬레이션 결과를 제대로 생성할 수 있는 신뢰성 높은 컴퓨터 모형이 전제되어야 하고, 모형의 그림자, 즉 컴퓨터 시뮬레이션 결과로 인간의 착오나 오해, 잘못된 인식을 최소화할 수 있어야 한다.

이는 객관적인 모형에 근거하지 않은 시뮬레이션 결과를 사용자에게 설득하는 것과 현상에 근거하지 않고 만들어진 모형 그리고 실상과는 거리가 먼 주관적 편견을 근거로 만들어진 모형은 아무런 쓸모없고 잘못된 것이 됨을 성서(the Holy Bible)를 통하여 알 수 있다.

그리고 잘못된 모형에서 제공하는 시뮬레이션 결과(그림자)를 근거로 정책적 판단을 내리면 많은 국민이 그 피해를 받게 되므로 모형을 만들거나 그 시뮬레이션 결과를 활용할 때에는 신중하게 하여야 한다.

1.3.2 현상과 모델 차이

현상과 그 모델은 어떤 차이가 있나요?

앞서 우리는 현상(現像)을 통하여 실세계를 보고 이해한다고 하였다. 그 현상은 실체의 보이는 일부분만을 나타내는 것이지 현상이 곧 실체는 아니라고도 하였다. 그리고 모델링은 실상의 아는 부분이나 보이는 부분, 즉 현상을 대상으로 한다.

따라서 잘 만들어진 모델은 현상과 유사할 수는 있으나 현상보다 실상에 더 가까울 수는 없다. 참고로 모형을 이용하면 실상의 어떤 개념이나 상황을 더 순수하고 신성하게 특징적으로 표현할 수도 있다.

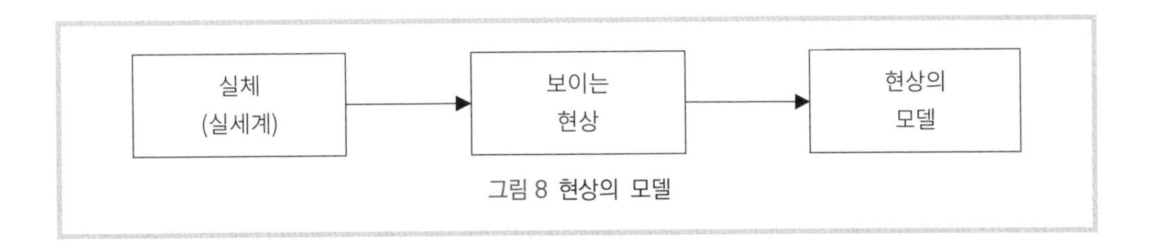

그림 8 현상의 모델

대체로 실체를 다루기 위한 모델은 실체와는 상당히 다를 수 있다.

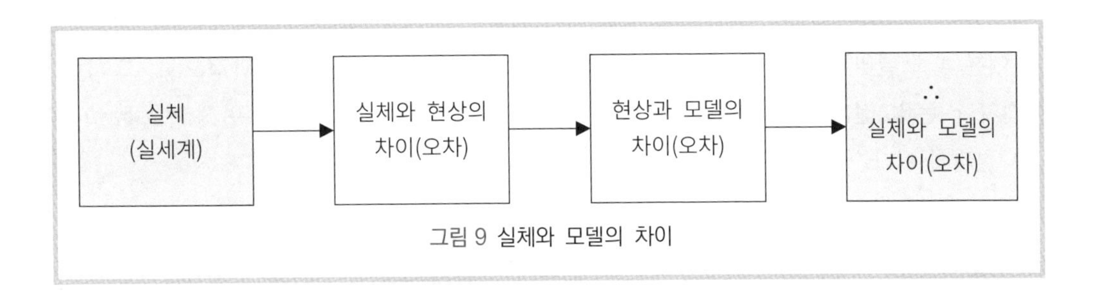

그림 9 실체와 모델의 차이

이러한 모델(모형)의 약점을 보완하기 위하여 가까운 미래에 실물(Real Objects), 정책(Policy), 인터넷 사회공간(Social Space)에서 실세계를 감지할 수 있는 5G[1] 기반의 다양한 센서 기술이 진보한다면 현상이 실체에 보다 가까워져 실체와 비슷한 모델을 만들 수 있을 것으로 기대된다.

---

1) 5G는 이동 상태 데이터를 시스템 다이내믹스에 제공한다.

여기서 말하는 센서는 물리적인 센서를 비롯하여 정책 모니터링을 위한 정책 센서, 여론의 밑바닥에서 동향을 집계하고 분석할 수 있는 여론 센서, 인터넷을 비롯한 소셜 네트워크 서비스(SNS, social network service)에서 생성되는 정형·비정형 데이터의 빅 데이터(big data) 분석 센서를 시스템 다이내믹스 모형 개발에 활용한다.

1.3.3 이론적 모델

이론적 모델이란 무엇인가요?

제대로 작성된 이론은 그 논리적 측면이나 정확성 또는 진실성이 현실에 존재하는 실세계보다 훨씬 우수하다. 그 이유는 현실에 존재하는 것들은 대부분 외생적인 잡음이나 환경 영향에 노출되어 있어, 본질이 가감되거나 혼합되기 쉬워 그 순수의 존재성을 갖기가 어렵기 때문이다.

하지만 이론적 모델은 현실에 존재하는 실물 또는 사실보다 그 논리적 타당성이나 존재의 완전성을 현실의 방해에서 벗어나 실상을 더 잘 설명할 수 있다. 따라서 연역적으로(deductively) 완전한 명제로 둘러싸인 이론에 따라 작성되거나, 구축된 모델은 현실 실세계와 동등한 가치와 당위성을 갖게 된다.

이론적 모델의 대표적인 적용 사례는 원자폭탄(atomic bomb) 개발 과정으로, 그 진행 절차나 논리 전개가 이론적 명제의 연속으로 이루어진 '이론모형의 연쇄(理論模型의 連鎖) 결과물'이다.

4차 산업혁명의 발달로 과거에는 인간이 볼 수도 없고 알 수도 없었던 사실이나 발견이 고도의 센서를 통하여 수집, 측정, 분석되고 있다. 이들 자료를 이용한 귀납적(inductive) 시뮬레이션 분석은 인공지능 분석기법과 연계하여 시스템 다이내믹스 모델링 연구자가 관심을 가져야 할 분야이다.

이론적 모델 예제

예를 들어 어떤 상자에 3가지의 과일이 있고, 그 과일의 수명이 2일인 과일이 4개, 5일인 과일이 1개 있다. 6일이 지나면 상자에는 먹을 수 있는 과일이 몇 개가 있을까? 이를 계산하는 간단한 모델을 만들면 다음과 같다.

어떤 문제 내용의 변수화 과정은 컴퓨터 코딩(coding)과 마찬가지로 어떤 의미에 변수를 지정하고 그 변수에 대하여 값을 선언하는 것이다.

- X = 상자의 과일 종류
- a = 수명 2일인 과일 수
- b = 수명 5일인 과일 수
- Y = 신선하게 먹을 수 있는 과일 수
- c = 상자의 과일 경과일 수

$$Y = (IF(c > 2, 0, 1) * a + IF(c > 5, 0, 1) * b)$$

참고로 이론적으로 6일이 지나면 상자에는 먹을 수 있는 과일이 없게 된다. 즉 Y는 0개이다. 하지만 실세계에서는 6일이 지나도 남은 과일이 팔릴 수 있다. 왜 그럴까? 이는 이론적 모델과 현실 세계와는 거리가 있다는 것을, 그리고 현실 세계 모델링에는 또 다른 논리가 필요하다는 것을 암시하고 있다.

1.3.4 논리 모델과 컴퓨터 모델

논리 모델과 컴퓨터 모델은 무엇인가요?

논리(logical) 모델은 어떤 현상을 구성하는 주요 변수를 이용하여 이들 변수 간의 상호관계를 논리적 관점에서 연결하여 만든 '변수(variable)와 연결선(link line)'으로 이루어진 '연결구조의 집합체'이다. 논리 모델에서 변수는 반드시 계량적일 필요는 없다.

그리고 컴퓨터 모델은 컴퓨터 프로그램을 이용하여 실제의 특징을 유사하게 나타내도록 만든 것이다. 예를 들어 컴퓨터 시뮬레이션 모델(computer simulation model), 시뮬레이터(simulator)이다. 여기서 사용되는 변수는 계량화되어야 한다.

참고로 물리(physical) 모델은 어떤 모양이나 기능을 본떠서 실물과 유사하게 만든 것으로, 이를 이용하여 어떤 현실의 변화 행태를 그대로 유사하게 시연한다. 예를 들면 기계장치나 시제품이다.

이 책에서는 물리 모델은 다루지 않고 '논리 모델 기반의 컴퓨터 시뮬레이션'을 다룬다. 우리가 컴퓨터 기반으로 모델이나 시뮬레이터를 만드는 이유는 현실 세계에서 실제로 실행하지 않으면서도, 그 실행 과정을 흉내 내거나 실행 결과를 미리 알아볼 수 있기 때문이다.

논리 기반 컴퓨터 모델을 이용하면 다양한 상황 시나리오(virtual scenario)를 자유롭게 설정할 수 있다. 그리고 그 적용 효과를 여러 관점에서 분석할 수 있고 반복하여 과학적으로 재현할 수 있다.

1.4 모델링

1.4.1 실세계 모델링 사례

실세계 모델링 사례를 쉽게 설명해주세요.

실세계(real world)는 이론적 세계나 가상의 세계가 아닌 현실 세계를 말한다. 그리고 모형을 만드는 작업을 모델링(modeling, 模型化)이라 한다.

사과 판매량과 판매액을 모델링하면, 예를 들어 사과 1개에 500원짜리가 5개 팔렸다면 사과 판매액은 2,500원이 된다.

이를 계량화하여 나타내면 다음과 같다.

(1) 논리의 계량화

(500 + 500 + 500 + 500 + 500) = 2,500

또는 500 x 5 = 2,500으로

사과 판매액 = (사과 판매량 * 사과 1개 가격)이 되고, 이를 수식으로 표현하면

a = 사과 1개 가격

X = 사과 판매량

Y = 사과 판매액

Y = a * X 또는 Y = aX이다.

예를 들어
a = 500
X = 5
Y = aX를 적용하면
Y = 500 * 5, 즉 Y = 2,500이 된다.

1.4.2 모델링을 위한 추상화

모델링을 위한 추상화란 무엇인가요?

추상화(抽象化, abstraction)는 어떤 현상을 미술의 크로키(croquis)와 같이 간단하게 표현하는 것이다. 크로키는 어떤 대상을 정밀하게 묘사하는 것보다 떠오르는 생각이나 이를 보는 사람들의 눈높이에 맞추어 비교적 적은 노력으로 간단히 표현하여 대상의 특징을 나타낸 것이다.

사람에 따라서는 정밀 묘사보다 크로키로 대상의 특징을 더 쉽고 정확히 이해할 수도 있다. 예를 들어 교통 표지판에 사람이 멈춰 선 모습이나 횡단보도를 건너가는 사람의 모습을 신호등에 간단히 표시하는 것은 추상화의 좋은 예이다.

모델링에서 추상화가 필요한 이유는 문제 현상의 특징을 최소한의 노력으로 묘사하고 알기 쉽게 전달하기 위한 것이다. 특히 인과지도 작성에는 통계적 기법, 예를 들어 상관분석이나 요인분석(要因分析, Factor Analysis)을 이용하여 현상의 추상화(abstraction of phenomena)에 사용된다.

1.4.3 추상화의 가치와 한계

추상화는 현상의 특징을 잘 묘사하고 어떤 현상을 타인에게 간단명료하게 전달하기 위한 것으로 추상화의 가치는 '투입 노력 대비 현상의 특징 표현력'과 '쉽게 이해될 수 있는 전달력'에 달려 있다.

(1) 추상화 가치

- 현상의 표현력
- 현상 전달을 통한 이해 수준
- 추상화에 투입된 노력의 크기

추상화 가치를 수식으로 표현하면 다음과 같다.

$$\text{추상화가치} = \frac{(\text{특징의 표현수준} + \text{특징의 이해 수준})}{\text{투입된 노력}}$$

(2) 추상화 한계

추상화의 한계는 어떤 현상의 특징을 노력 대비 얼마나 잘 표현하는가?와 복잡한 것을 간략하고 이해하기 쉽게 표현하는 것과 시뮬레이션 이용자가 문제의 핵심을 쉽게 이해할 수 있도록 하는 과정에 기술적(technical) 한계를 갖는다.

- 노력 대비 표현력의 한계
- 추상화를 위한 기술적 한계

(3) 추상화 한계 극복방안

추상화하는 사람의 경험, 지식, 노력, 시행착오와 이를 통하여 만들어낸 추상화 결과물의 수준이 추상화 한계 극복의 대상이 된다. 추상화(abstraction)는 미래의 학문으로 등장할 것으로 예측된다.

그리고 추상화된 결과물을 인식하는 사람의 이해력 증진을 위한 교육과 선입관이나 편견의 배제를 통한 객관적 이해 유도 등이 추상화의 한계 극복을 위한 하나의 수단이 될 수 있다. 컴퓨터 모델을 이용하는 것도 추상화 한계를 극복하기 위한 대안이다.

1.4.4 모델링 과정

모델링 과정은 어떤 것인가요?

모델링은 한마디로 현상을 추상화하는 과정이다.

예를 들면 다음과 같은 산(山) 모양을 갖는 실상(實像)[2]이나 사회문제의 실상(實狀)[3]이 있을 때 삼각형의 모양으로 실체의 특징을 만들어 설명하는 것을 모델링이라 한다.

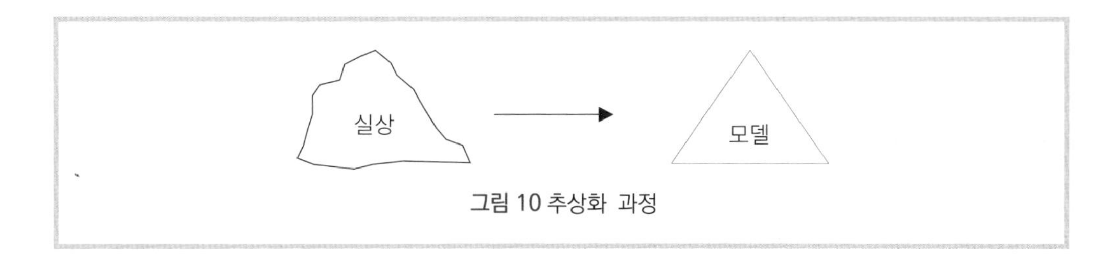

그림 10 추상화 과정

추상화를 통한 모델링 과정은 다음과 같다.

(1) 현상의 행태를 관찰하고 이를 통하여 변화 메커니즘[4]을 발견한다.
(2) 변화 메커니즘을 논리적으로 표현한다.

이를 위하여 세 가지 방법을 사용할 수 있다.

- 언어를 통하여 서술하는 방법(記述, description)
- 화살표나 노드를 이용하여 어떤 메커니즘을 시각화하여 묘사하는 방법(diagramming)
- 컴퓨터 프로그램을 이용하여 컴퓨터 계산능력을 현상의 추상화에 활용한다.

시스템 다이내믹스에서는 1960년대 다이나모(Dynamo)에서 출발한 컴퓨터 모델링 패키지(computer modeling package)를 사용하면 유치원생들도 별도의 전문지식 없이 손

2) 물리적 의미의 사물 본디 모습을 인식한 것.
3) 추상적 의미의 실제의 상태나 내용으로 우리가 인식하는 것.
4) mechanism, 어떤 변화의 원리, 순환과정을 통하여 변하는 과정.

쉽게 현상 형태의 메커니즘을 모델링 할 수 있다.

이 책에서는 파워심 소프트웨어(Powersim Software)를 사용한다.

1.4.5 모델링의 목적

모델(모형)을 만드는 목적은 무엇인가요?

모델을 만드는 목적은 최소한의 노력으로 현상과 유사한 것을 만들고, 거기에 다양한 실험을 하여 그 현상이 어떤 반응을 보이는가를 사전(事前, prior)에 간접적으로 진단하기 위한 것이다.

여기서 최소한의 노력은 현상의 모든 부분을 있는 그대로 상세히 묘사하는 것보다 실험(test)을 위하여 현상의 특징을 잘 표현할 수 있는 정도의 수준을 의미한다. 즉 현상의 특징을 잘 나타낼 수 있는 정도의 수준으로 모델을 만드는 것이 좋은 모형, 우수한 모델의 목표이다.

1.4.6 모델 신뢰성과 효율성

모델의 신뢰성과 효율성에 대하여 설명해주세요.

(1) 모델의 신뢰성

만들어진 모형이 얼마나 현상을 잘 설명하는가에 따라 모형의 신뢰성은 결정된다. 신뢰성이 낮은 모형을 이용하여 실험한 어떤 결론은 그만큼 결론에 대한 신뢰성도 떨어지게 된다. 따라서 모형 개발자는 현상의 특징을 잘 설명할 수 있는 신뢰성 높은 모형 제작에 노력을 기울여야 한다.

모델 신뢰성을 높이는 방법

- 현상에 대한 충분한 이해를 바탕으로 논리모형을 작성
- 모델링 및 시뮬레이션에 엑셀(Excel) 및 파워심 소프트웨어를 비롯하여 다양한 컴퓨터 프로그램의 적용(R, MATLAB, VBA(Visual Basic for Applications), iLOG (CPLEX), SPSS, SAS, JAVA, C++, Python, Vensim, Stellar, Anylogic, NetLogo 등)

(2) 모델의 효율성

모델의 효율성은 적은 노력을 들이고도 현상을 잘 설명하는 정도를 말한다. 모델 개발에는 적잖은 시간과 노력이 소요된다. 따라서 모델 개발 생산성을 높여줄 수 있는 소프트웨어 프로그램을 사용해야 한다.

$$\text{모델링의 효율성} = \frac{\text{현상설명 수준}}{\text{투입노력}} * 100\%$$

더 적은 노력으로 더 높은 신뢰성을 갖는 모형을 만드는 경우는 없다고 가정하면 신뢰성이 높은 모델과 효율적인 모형 사이에는 일종의 거래(trade-off)가 성립한다. 즉 개발자는 신뢰성이 높은 모형 개발과 투입되는 노력의 규모 사이에서 적절한 타협을 해야 한다.

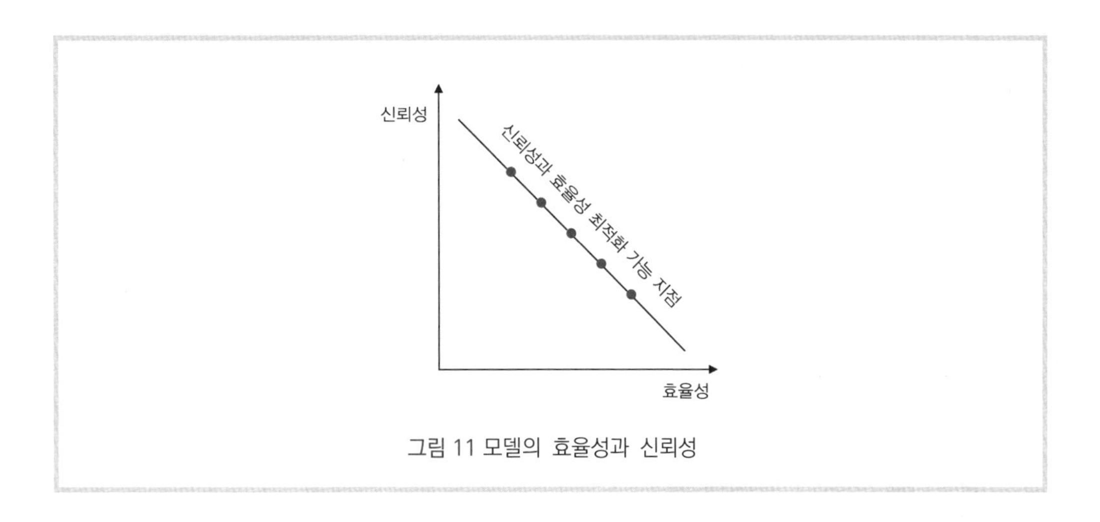

그림 11 모델의 효율성과 신뢰성

1.4.7 좋은 모형과 우수한 모형

(1) 좋은 모형

좋은 모형이란 주어진 비용이나 자원 제약하에서 현상을 최대한 비슷하게 묘사할 수 있는 모형이다. 좋은 모형의 수준을 측정할 수 있는 평가지표로는 '모형의 신뢰성'과 '모형 개발의 효율성'이 있다. 모형 개발의 목적이나 중요도에 따라 모형에 요구되는 신뢰성이 결정되고, 투입되는 예산·인력·기술·시간·기타 자원의 규모가 모형 개발 효율성에 영향을 미치기도 한다.

따라서 우수한 모형이란 '기대되는 신뢰성'을 갖춘 모형으로, 적정한 '모형 개발 효율성'도 동시에 갖춘 모형이라 할 수 있다.

(2) 우수한 모형의 조건

- 모형의 신뢰성(reliability)
- 모형 개발의 효율성(efficiency)

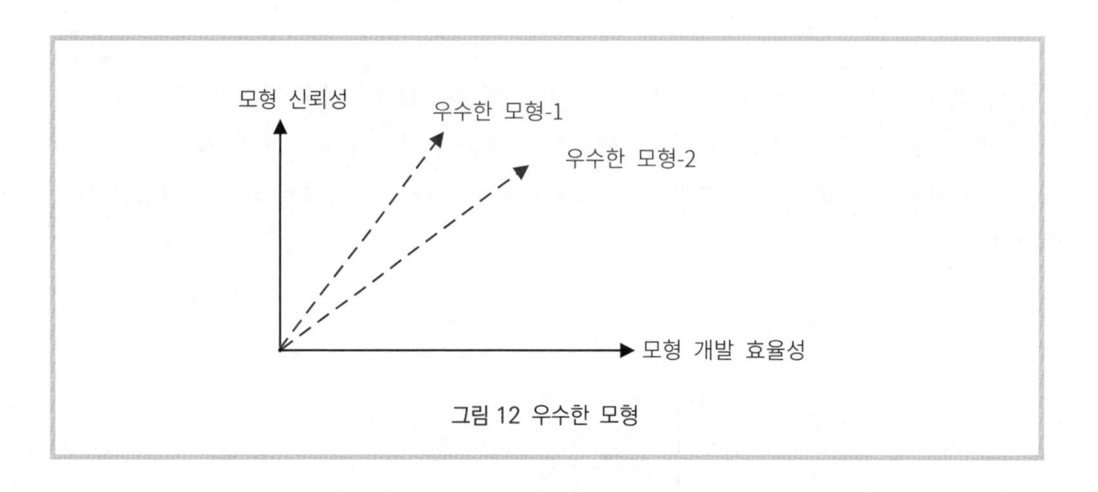

그림 12 우수한 모형

1.5 컴퓨터 모델 개발

1.5.1 컴퓨터를 이용한 실세계 표현

컴퓨터 모델링(computer modeling)은 실세계를 비추는 현상을 컴퓨터 기술을 이용하여 표현하는 것이다. 이처럼 실세계를 컴퓨터 모델로 표현하는 이유는 인간이 실세계를 이해하거나 파악하기 쉽게 하는 것이다.

컴퓨터를 이용한 실세계 표현 수준

현상(現像)을 표현하는 컴퓨터 모델은 어느 정도의 구조와 자세함으로 표현되어야 하는가요?

이에 대한 답은 '컴퓨터 시뮬레이션 결과로 그 현상을 이해할 수 있는가?'에 대한 판단에 달려 있다. 따라서 현상을 어떻게 컴퓨터 모델로 작성하고, 그 시뮬레이션 결과를 해석하는 것은 현상과 시뮬레이션 결과와의 오차를 비교하는 것 외에는 사람에 따라 다르다.

시뮬레이션 결과의 오차(error) = (현상 값 - 시뮬레이션 값)

여기서 오차는 시뮬레이션과 현상 값의 차이이다. 즉 오차를 구하기 위해서는 이 두 개의 값이 있어야 한다. 대개 다가올 미래 시점에 아직 발생하지 않은 미지의 현상을 대상으로 시뮬레이션하기 때문에 대부분의 컴퓨터 시뮬레이션의 결과에 대한 현상 값과의 오차 분석은 불가능하다.

1.5.2 우수한 모델 개발 방안

우수한 모델을 개발하려면 어떻게 해야 하나요?

우수한 모델은 모형 유용성(model usability) 또한 높아 모델 유용성을 중심으로 설명하겠다.

(1) 사용자 측면에서의 모델 유용성[5)]

우수한 모형은 모형 사용자에게 어떤 현상을 이해하는 데 도움을 주어야 한다. 따라서 모형은 모형 이용자의 눈높이에 맞추어 제작되어야 이용자의 이해도를 높일 수 있다. 모형을 필요 이상으로 정교하게 만들거나 이용자가 모르는 어려운 용어를 사용하여 모형을 구성하는 것은 불필요한 일이다.

유용성 있는 좋은 모형은 주어진 모형 제작자원 범위 내에서 현상의 특징을 최대한 잘 표현하면서도 시뮬레이션 결과를 이용자가 쉽게 이해할 수 있도록 제작된 모형이다.

---

5) 유용성은 사용 목적에 맞고 사용하기도 쉬운 정도를 나타낸다.

(2) 개발자 측면에서의 모델 유용성

완벽한 모형을 개발한다는 것은 끝이 없는 도전과 같다. 따라서 모형의 완벽성을 위한 시도는 어느 정도 수준에서 결정되어야 한다.[6][7] 그 수준을 결정하는 요인에는 모형의 사용 목적과 용도, 현상의 복잡성 정도, 주어진 모형 개발예산 및 투입자원 규모, 기술적 난이도 등에 따라서 결정된다.

(3) 모델 유용성을 위한 소프트웨어 기능

컴퓨터를 이용하여 어떤 현상을 화면에 표현하는 모델을 개발하기 위해서는 프로그램 언어(programming language)를 사용한다. 약속된 변수와 기호를 사용하여 직접 코딩을 하거나 SW 패키지와 같은 모델링 프로그램을 이용한다. 이 책에서는 시뮬레이션 모델 개발 SW 패키지[8]를 이용하여 모델 유용성 확보를 위한 방법을 설명한다.

1.5.3 컴퓨터 기반 모델링(computer based modeling)

컴퓨터 기반 모델링은 무엇인가요?

현실에서 발생하는 문제는 컴퓨터 모델링[9]의 대상이 된다. 컴퓨터 모델링은 문제를 수식(數式, equation, formula)으로 계량화하고, 이를 컴퓨터가 이해하도록 표현하는 과정, 즉 프로그래밍하는 것이다. 이는 크게 두 가지 과정으로 구분된다.

컴퓨터 모델링 과정

- 수학적 표현(mathematical representation) 과정
- 컴퓨터 프로그래밍(computer programming) 과정

---

6) Herbert Alexander Simon이 1957년 그의 저서 'Models of Man, Social and Rational'에서 제한된 합리성(Bounded Rationality)이라는 용어를 처음 사용하였다.

7) 시스템 다이내믹 대가(大家) John Sterman은 그의 저서 'Business Dynamics' p. 26에서 인간의 의사결정에 '제한된 합리성'이 작용한다는 것에 대하여 논하였다.

8) 소프트웨어 패키지(Software Package)는 상품화된 프로그램 모음으로, 고객이 필요로 하는 기능을 제공하는 데 다양성과 탁월한 성능 및 완벽성을 유지할 수 있어야 한다.

9) 모형 또는 모델을 만드는 작업.

이 책에서는 파워심 소프트웨어(Powersim Software)를 이용하여 어떤 현상을 컴퓨터 화면에 모델링 한다.

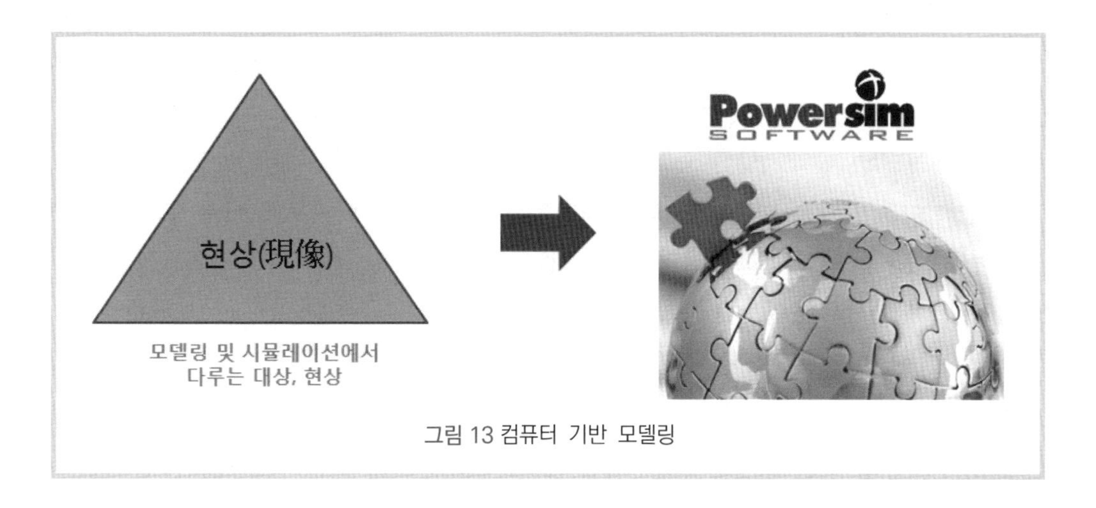

그림 13 컴퓨터 기반 모델링

1.5.4 모형 개발 과정

모형 개발 과정은 어떻게 되나요?

모델링(modeling)이란 어떤 모형을 만드는 과정으로 다음의 절차를 가진다.

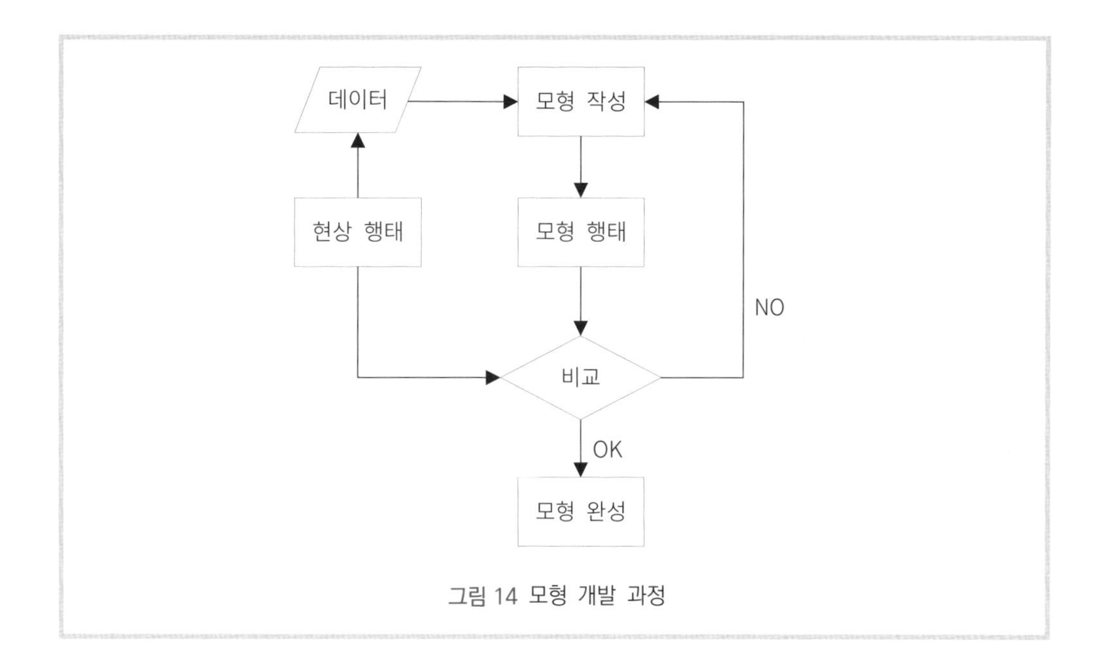

그림 14 모형 개발 과정

이러한 모델링 세부 절차를 설명하면 다음과 같다.

(1) 현상 행태

모델링 대상이 되는 어떤 현상은 시간의 흐름에 따라 변화한다. 이러한 현상의 변화를 시간에 따라 구분하고 연결한 것들을 행태(behavior)라고 한다.

행태(行態)는 시간에 따른 현상의 상태변화를 나타낸다. 예를 들어 어떤 도시의 총인구, 출생자 수 변화 그리고 기업의 월별 매출액 또는 판매량 추이, 고객만족도의 변화 등이 현상 행태의 사례이다.

(2) 데이터

데이터(data)는 어떤 현상을 질적·양적 척도(scale)로 나타낸 값이다. 데이터를 나타내는 값에는 키와 몸무게, 판매량, 가격 등 계량적인 비율 데이터와 정성적인 척도를 나타내는 만족, 불만족, 우수, 최우수, 여성, 남성, 도시, 국가 명칭 등 명목척도 또는 1위, 2위와 같은 서열척도 등 다양한 값을 포함한다.

시스템 다이내믹스에서는 통계분석 방법과는 달리 데이터 확보 및 집계 분석에 노력을 최소화하길 권한다. 데이터는 시스템 다이내믹스 모형의 초기 상태, 즉 모델로 표현하는 초기의 시스템 상태를 결정하기 위한 것이다. 그 이후로는 시스템이 자체적으로 데이터를 생성하기 때문에 시뮬레이션 시작 시점(start point) 이후의 데이터는 필요하지 않다.

현상을 설명하는 데이터 확보 방법으로는 전문가 의견이나 참고자료를 조사하는 탐색적 기법(exploratory)과 설문이나 면담조사 같은 기술적(descriptive) 기법을 적용한다.

탐색적 조사를 통한 데이터 확보 방법

- 전문가 의견수집
- 자료 분석, 문헌 조사
- 유사 사례 조사

▨ 기술적 조사를 통한 데이터 확보 방법

- 설문조사
- 면담조사(인터뷰)
- 인터넷 조사

이들 기술적 조사는 다시 횡단조사와 종단조사로 구분할 수 있다.

- 횡단(cross sectional)조사: 한 시점에 서로 다른 표본에 대하여 조사(여론조사)
- 종단(longitudinal)조사: 같은 표본을 시차를 두고 반복하여 조사(코호트 조사, 패널 조사)

이러한 다양한 조사기법에도 불구하고 초기 상태 모델링을 위한 데이터가 충분하지 않은 경우가 많다. 따라서 모형 작성자는 데이터 한계성을 극복할 수 있는 대책을 별도로 수립하여야 한다.

그러한 대책에는 기존 데이터를 이용하여 결측치를 가정하는 보간법(interpolation)이나 기존 데이터가 없는 경우에는 가정(assumption)이나 시나리오(scenario)를 통하여 데이터를 설정할 수 있다.

불확실하거나 찾아낼 수 없는 데이터는 그 변동 범위(range of variations)를 설정하고, 불확실한 데이터들이 가질 수 있는 범위에 발생 가능한 값들을 배분하는 데이터 할당(data allocation) 기법을 사용하기도 한다.

(3) 모형 작성

모형 작성 과정은 한 번에 원하는 결과를 얻을 수 있는 경우보다 여러 번의 시행착오 또는 반복 작성 과정을 거치면서 원하는 결과에 점점 가까워지는 것을 경험할 수 있다. 만족할 만한 컴퓨터 모형을 얻기 위해서는 우수한 '논리모형' 개발이 전제되어야 한다.

논리모형(logical model)은 어떤 현상을 나타내는 핵심변수들로 구성되는데, 어떤 변수를 핵심변수로 논리모형에 도입할 것인가는 중요하면서도 해결하기 어려운 이슈이다.

핵심변수 선정을 위하여 후보 변수들에 데이터가 있는 경우에는 통계적 상관분석(correlation),[10] 요인분석(factor analysis),[11] 군집분석(cluster analysis) 등을 이용할 수 있다.

▨ 논리모형 개발

논리모형을 개발하기 위해서는 전체적인 구조와 시스템 메커니즘에 기초한 피드백 사고(feedback thinking)를 바탕으로 꼭 들어가야 하는 변수가 빠짐없이 핵심변수로 추출되어야 한다.

이러한 핵심변수들을 중심으로 설명변수들이 상호 연결되어 최대한 논리적 타당성을 갖도록 표현되어야 한다. 이를 토대로 컴퓨터 모형화 작업을 위한 논리모형의 계량화 작업이 진행된다.

논리모형을 계량모형으로 변환하는 작업은 시뮬레이션 소프트웨어의 주요 모델링 아이콘을 이용하여 이루어지는데, 그 주요 작업내용은 변수와 변수 간의 관계를 수리적으로(mathematically) 무난히 표현하는 것이다.

이처럼 논리모형의 계량화 작업을 신속히 하기 위해서 모델 작성자는 소프트웨어 패키지에서 제공하는 다양한 모델링 함수(function) 기능을 이용하여야 하며, 수리적 사고방식(mathematical thinking)을 갖는 것 또한 필요하다.

- 피드백 사고방식(feedback thinking)
- 수리적 사고방식(mathematical thinking)

---

10) 상관분석은 크게 비율(ratio), 등간척도를 위한 정량 데이터의 상관분석 기법과 서열(ordinal) 및 명목척도를 위한 정성 데이터를 위한 상관분석 기법으로 구분됨.

11) 요인분석에서는 유사한 변수끼리 묶어서 하나로 표현하는 방법과 여러 변수 중에서 대표적인 변수를 추출하는 주성분 분석(PCA, principal component analysis) 기법을 활용함.

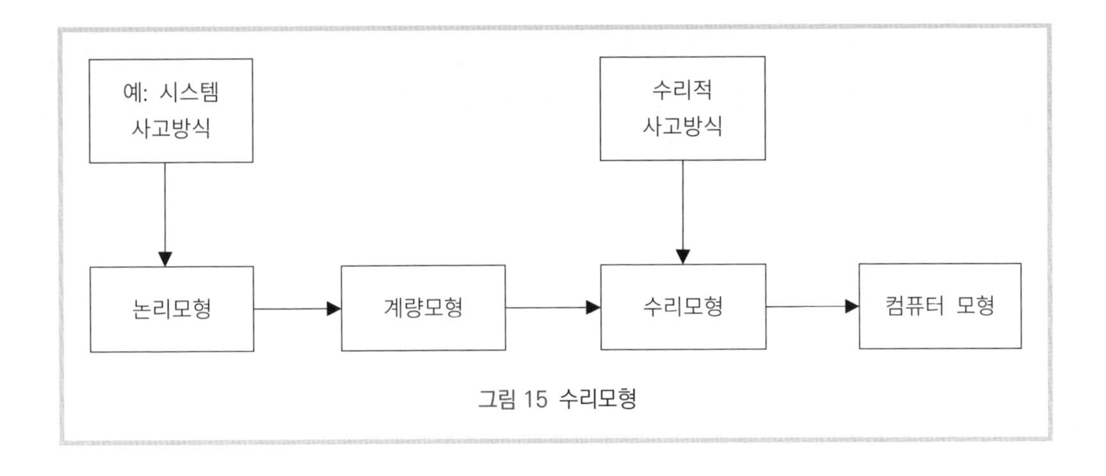

그림 15 수리모형

(4) 실세계에서 컴퓨터 모형으로 개발하는 과정

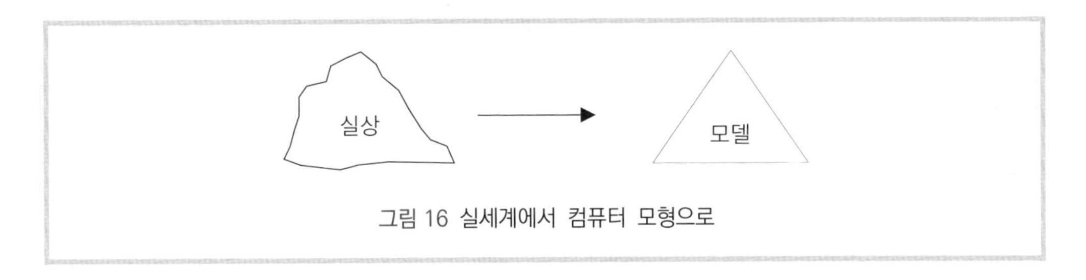

그림 16 실세계에서 컴퓨터 모형으로

앞서 실상, 즉 실세계에서 논리모형을 거쳐서 컴퓨터 모델(模型)로 개발하는 과정을 개략적으로 살펴보았다. 다음은 논리모형을 만드는 과정이나 노력을 최소화하면서 컴퓨터 모형을 만드는 것에 대하여 논하여 보자.

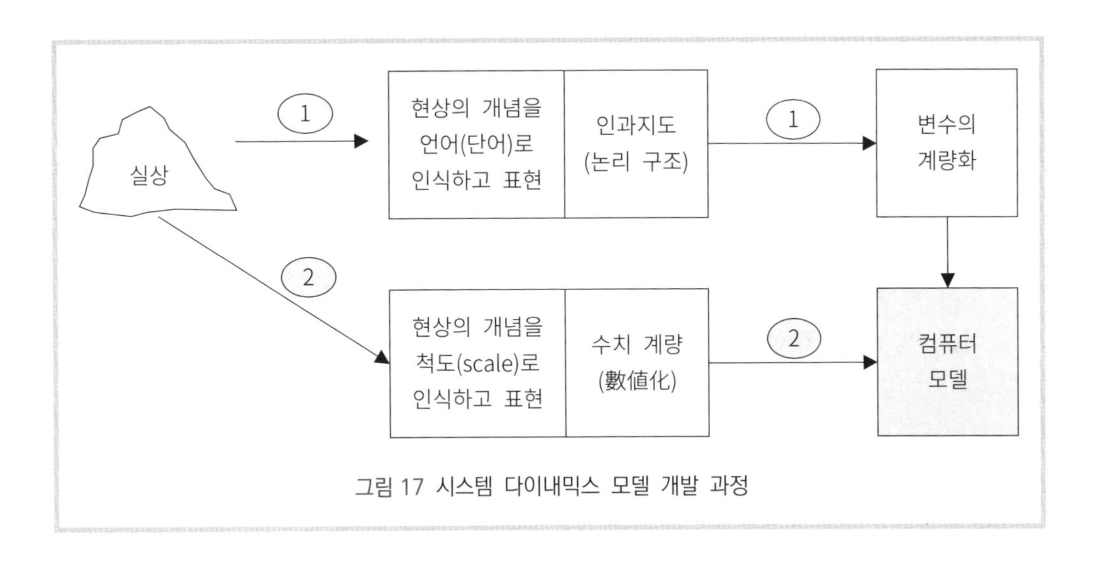

그림 17 시스템 다이내믹스 모델 개발 과정

지금까지 시스템 다이내믹스에서 제안하는 모델은 (1) 번을 따라서 논리모형을 정형화한 다음, 시스템 다이내믹스 프로그램을 이용하여 컴퓨터 모델, 즉 스톡 플로우 모델(Stock Flow Model)을 만드는 과정이다.

이 과정은 실상에서 컴퓨터 모형으로 표현되는 과정에 인과지도라는 중간단계를 거치게 되는 것이다. 이것은 마치 직접 현상을 관찰하지 않고 누군가의 중간 전달 매개체를 통하여 현상을 설명 듣고, 현상을 이해하는 것과 같다.

(1) 번 방식을 따라 모델을 만드는 과정은 다음과 같다.

- 실세계의 문제 현상을 이해한다. 즉 문제의 작동 메커니즘을 이해한다.
- 문제 현상에 대한 이해를 바탕으로 문제 영역별 주요 변수를 추출한다.
- 문제 추출된 변수를 이용하여 문제의 메커니즘을 구조화한다.
- 피드백 구조화를 통하여 논리적으로 문제의 진화 과정을 인과지도로 설명한다.
- 인과지도로 설명된 변수를 계량화한다. 계량화는 변수 자체의 수식화와 연결된(관련된) 다른 변수를 이용하여 변수를 정의한다.
- 컴퓨터 모델링 프로그램을 이용하여 스톡 플로우 형태로 컴퓨터 모델을 완성한다.
- 이렇게 완성된 컴퓨터 모델은 연립방정식(equations) 형태로 되어 컴퓨터 연산 로직(ALU, Arithmetic Logic Unit)에서 처리되어, 컴퓨터가 이해할 수 있는 기계어(machine language)로 생성된다.

〈 장점 〉

- (1) 번 방식의 장점은 언어로 표현되어 있어 실상의 문제를 이해하는 데 언어나 단어가 나타내는 개념을 떠올리게 되어, 감각적인 이해에 상당한 도움이 된다.
- 언어로 표현된 인과지도를 통하여, 문제의 메커니즘을 이해함으로써 초기 버전으로 작성된 인과지도로도 문제를 바라보는 시각에 별다른 이견 없이 일치된다. 이는 인과지도 작성자의 논리전개로 문제를 바라보기 때문이기도 하다.

〈 단점 〉

- ① 번 방식의 단점은 무엇보다 문제를 표현하는 단어 선정에 있어 어떤 정해진 규칙이나 법칙이 없다는 것이다. 따라서 사람에 따라 그 표현 방식이나 표현 수준, 정도가 달라진다.
- 작성된 인과지도는 인과지도 작성자의 지식이나 사고방식이나 사고습관, 사상(思想)에 따라 고의든 아니든 주관적이고 선호(選好)적으로 작성될 수 있다.
- 그리고 인과지도를 바라보는 제3자의 이해도, 지식수준, 사고방식 등에 의해 최초 작성자의 의도와는 달리, 다르게 해석되거나 잘 못 이해될 가능성이 있다.
- 즉, 실상으로 나타나는 현상을 표현하는 인과지도가 언어로 표현하는 과정에서 실제와는 다르게 표현하는 오류(error)가 있을 수 있다.
- 자기 세계에서 작성된 인과지도의 경우에는 제3자의 이해를 어렵게 하거나 반감을 갖게 할 수 있다.
- 언어(단어)로 표현된 변수이기 때문에 변수를 계량화하는 과정에 그 단어가 갖는 변수의 단위를 표현하는 과정, 이를 컴퓨터 프로그램으로 처리하는 과정에서 에러가 발생할 빈도가 높다. 컴퓨터 모델링 초보자에게는 상당히 귀찮은 절차이다.
- 변수 각각의 단위(unit)를 정의하여 컴퓨터 계량모델을 개발하는 것은 쉽게 이야기하여 두 변수 간에 상관분석(correlation)을 하지 않고, 공분산(covariance)[12)]을 이용하여 변수 간의 관계를 설정하여 컴퓨터 모델링을 하는 것과 같다.
- 그리고 변수 각각의 단위를 적용하여 모델링 하는 경우 모델의 에러를 추적하여 수정하는 과정에서도 일일이 변수의 단위를 체크하고, 단위로 인한 오류를 수정해야 하기에, 모델 검증에 상당한 애를 먹게 된다.

그림 17의 ② 번 방식을 따라 모델을 만드는 과정은 다음과 같다.

- 실세계의 문제 현상을 이해한다. 즉 문제의 작동 메커니즘을 이해한다.
- 문제 현상에 대한 이해를 바탕으로 문제 영역별 주요 변수를 추출한다.

---

12) 공분산은 원래 변수가 갖는 변수의 단위나 값을 그대로 가지기 때문에 변수의 값에 따라 두 변수의 관계가 달리 표현된다. 반면에 상관분석은 두 변수의 단위나 각 변수의 값의 크기를 표준화하여 표현하는 효과가 있다.

- 문제 추출된 변수를 이용하여 문제의 수치 척도를 이용하여 수치를, 예를 들면 0에서 1까지로 표준화한다.
- 현상의 변화를 표준화된 변수를 통하여 수치 변화로 이해하는 습관을 갖는다.
- 표준화된 척도를 근거로 변수의 수치를 계량화한다.
- 이를 그대로 스톡 플로우 컴퓨터 모델에 표현한다.

〈 장점 〉

- 실세계를 계량화하는 데 단순한 접근을 하게 한다.
- 인과지도가 갖는 논리의 틀에서 벗어 날 수 있다. 그리고 만약 잘못된 인과지도로 인하여 파생되는 컴퓨터 모델의 오류를 줄일 수 있다. 어떤 현상을 기초로 만들어지는 인과지도는 사람에 따라 다르고, 작성자 본인도 다음날에 다시 인과지도를 고치기 때문이다. 즉 인과지도는 개념을 도식화한 것이기 때문에 계속 변화하기 때문이다.

〈 단점 〉

- 현상을 개념화하고 이를 척도로 표현하는 과정에 수치 계량의 습관이 필요하다. 계량화 습관은, 예를 들면 요사이 경기가 안 좋아서 판매량이 20% 감소하였다고 할 때 매우 좋을 때를 기준으로 경기 1로 하여 그때 판매량을 1, 현재 경기를 0.3으로 하고 판매량은 0.2로 정하는 것을 쉽게 할 수 있는 능력을 말한다. 이러한 습관은 자주 모델링을 하는 과정에서 형성된다.
- 컴퓨터 모형화를 통한 시뮬레이션 결과 산출 이후에 사용자(고객)들에게 모형의 개발 논리 설명을 위하여 논리 구조 형태 논리 다이어그램이나 인과지도를 컴퓨터 모형을 토대로 만들 수도 있다.

이 책에서는 ② 번 방식을 권고한다. 그 이유는 앞서 언급한 바와 같이 어떤 문제에 대한 인과지도는 완전하지 않고, 사람에 따라 어떤 문제를 바라보는 시각이나 의견이 다르기 때문이다. 이에 대한 논의는 이 책의 범위를 벗어나므로 앞으로 많은 추가적인 연구가 필요할 것으로 판단된다.

제2장

시스템 다이내믹스

2.1 시스템

2.1.1 시스템 정의

시스템이란 무엇인가요?

시스템(System)이라는 용어는 한자로 계(系)로 해석된다. 생태계, 자연계, 소화계, 호흡계, 순환계 등이 시스템의 사례이다. 계(系)는 뭔가가 그 속에서 나름대로 자기 특색을 유지하면서 작동하는 것 같은 느낌을 준다.

시스템은 어떤 체계(體系), 마땅히 지켜야 하는 규범(規範), 원칙(原則), 법규(法規), 표준적 행동 가이드, 유기체(有機體)의 특성, 순환적인 틀(frame), 기계장치, 자동화 메커니즘, 자율 동작 구조, 생명체 등 시대에 따라 그 의미의 폭을 계속 넓혀가고 있다.

이 책에서 '시스템'이 갖는 의미는 '목적 지향적인 시스템(goal-oriented system)'이라는 보다 좁은 의미의 시스템을 뜻한다.

(1) 시스템 정의

시스템은 실체와 현상의 관점에서 보면 원래부터 '시스템'이라는 것은 존재하지 않는다. 이러한 시스템은 인간이 어떤 현상이나 무엇인가를 규정하고 그것에 의미를 부여하고 부르는 언어, 이름과 같이 인위적인(artificial) 것이다.

시스템(system)을 정의하면 '시스템은 같은 목적을 갖는 개체들이 모여서 서로 연결되어 이루는 하나의 덩어리'이다. 시스템에 있는 개체들이 같은 목적을 갖는 이유는 그들의 생존 때문이다.

얼핏 어떤 개체는 그 시스템의 목적에 반하여 존재하는 것처럼 오해될 수 있으나, 필자가 아는 한 일단 시스템에 존재하는 모든 개체는 궁극적으로 그 시스템이 지향하는 바에 최선을 다하며 그리고 그 생명을 다하게 된다.

이런 관점에서 이 세상 만물은 시스템이 아닌 것이 없으며, 모든 것은 작든, 크든, 자체적이든 전체적이든 시스템 형태를 이루고 있다.

(2) 시스템 범위

시스템은 각기 목표의식을 갖는 개체들과 목표의식이 없는 것같이 보이는 개체들이 모두 서로 연결되어 모음을 이루고 있다. 그리고 개체들은 상호 연결되어 덩어리를 형성함으로써 내부와 외부를 구분 짓는 시스템 경계(boundary) 또는 범위(area)를 드러낸다.

(3) 시스템의 특성

- 시스템은 목적이 있다.
- 시스템은 시스템을 구성하는 개체가 있다.
- 개체는 서로 연결되어 있다.
- 시스템은 원래 경계가 없으나 사람이 규정하면 하나의 시스템 경계가 된다.

(4) 시스템 종류

- 시스템은 살아 움직이는 것과 움직이지 않는 것이 있다.
- 시스템은 눈에 보이는 것과 보이지 않는 것이 있다.
- 어떤 사회문제나 이데올로기(사상체계, 관념형태)도 시스템이다.

(5) 시스템 구성요소

시스템을 구성하는 구성요소[1], 즉 개별 변수(variable)는 시스템에 있을 때, 시스템을

---

1) 시스템 구성요소를 변수(Variable)라고 하자.

이루는 구성요소로 있을 때 그 시스템에서 가치가 있다. 예를 들어 볼펜 속에 있는 조그만 스프링은 볼펜 속에 있을 때 중요한 기능을 하는 것과 같다.

시스템 구성은 개체(object)와 개체 간의 관계(relationship)로 이루어진다.

- 시스템 = (개체 + 개체 간의 관계)
- System = (Object + Link 또는 Connection)
- 시스템 = (구성요소 + 상호관계)

참고로 시스템을 형성하는 구성요소(변수)들이 어떤 구조로 연결되어 있는가에 따라 그 시스템의 특징과 가치가 변한다. 이것은 투자 포트폴리오(Investment Portfolio) 구성과 같다. 즉 주식시장의 투자 포트폴리오도 하나의 시스템이 된다.

2.1.2 시스템 변화

시스템 존재와 그 변화에 대하여 설명해주세요.

(1) 시스템의 존재

은유적으로 표현하면 시스템은 마치 어둠과 빛으로 내보이는 달의 형상과 같은 것이다. 왜냐하면 달은 시시각각으로 주변의 환경에 따라 그 모양이 달라져 보이기 때문이다. 우리가 알고 있는 시스템은 어쩌면 달의 원형(原形)처럼 좀처럼 쉽게 변하지 않는 그대로의 것일지도 모른다.

우리가 관습적으로 말하는 시스템은 수시로 변화하는 빛에 의하여 비치는 모습을 드러내는 달과 같은 시스템이다. 그러므로 시스템을 정의할 때는 반드시 환경이 전제되어야 한다. 환경 요인의 제약[2])이 있는 상태에서 시스템은 그 모양이 제한적으로 드러낸 모습으로 우리에게 존재한다.

- 시스템은 독자적으로 독립으로 존재할 수 있다.
- 쓰레기 매립으로 형성되는 땅 모양처럼 시스템이 형성될 수 있다.

---

2) 제약(Constraint, Limit)은 정해진 값 또는 주어진 한계이다.

• 시스템은 다른 어둠들에 의하여 만들어지는 밝은 부분일 수 있다.
• 이런 경우 시스템은 환경에 의하여 만들어지는 것이 된다.

(2) 시스템의 변화

화창한 날씨의 여름에 어느 날부터 갑자기 폭우가 심하게 내려 홍수로 물난리를 겪을 때가 있다. 시스템의 큰 변화이다. 이러한 폭우도 사실 조그만 빗방울에서 시작된다.

하나의 구름 입자가 생기려면 대기 중의 수증기가 응결과정을 거쳐 구름방울이 되는 핵생성(nucleation) 과정을 거쳐야 한다. 즉 대기 중의 공기가 접촉, 혼합, 상승의 과정을 거쳐 상승 응결고도(LCL, Lift Condensation Level)보다 높이 상승하면 그제야 구름이 형성되기 시작한다.

빗방울 한 개가 형성되려면 이러한 구름 입자 100만 개[3]가 합쳐져야 한다고 한다. 참고로 구름 입자인 응결핵의 크기는 $1\mu m$이고, 구름방울 크기는 $10\mu m$, 빗방울 크기는 $1mm$ 이상이다. 이처럼 어떤 변화는 길든 짧든 얼마간의 시간이 지나 서서히, 아주 미세한 부분부터 점차 생기기 시작하여 마침내 그 모습을 우리에게 현상으로 드러낸다. 이처럼 국가정책의 성공도 숙성기간이 필요하다.

예를 들어 밀가루와 팥으로 빵을 만들거나, 라면과 물을 냄비에 넣고 끓이거나, 주식투자 포트폴리오 수익이 증가하거나, 사람을 만나 사이가 좋아지거나, 인터넷과 스마트폰에 의한 탈냉전 시대(1991~2017)에서 미·중 간의 패권경쟁이 2018년부터 본격화된 2차 냉전 시대[4]의 개막 등은 모두 다 어떤 반응 시간(reaction time)이 지나면서 조금씩 생기는 것들이 모여서 나타나는 시스템 변화의 사례이다.

• 시스템은 여러 구성요소가 시스템 구조를 형성하며
• 시스템 구조는 서로 작동하여 행태 변화를 일으키고
• 이러한 행태들이 모이면 시스템은 변화한다.
• 시스템은 끊임없이 변화한다. 그 이유는 시스템을 둘러싼 외부환경이 변화하고, 시스템의 자체의 목적이 계속 변화하기 때문이다.

---

3) 수문학, 양서각, 2012, 전병호 외.
4) wikipedia.org

(3) 우리나라의 변화

- 사실 우리는 우리가 살아가고 있는 지구촌 '세계 시스템의 변화'에 대해 잘 모른다. 그 이유는 세계의 공통된 미래목적(future Goal)을 정하기 어렵고 외부환경 요인이 무엇인지 잘 모르기 때문이다.

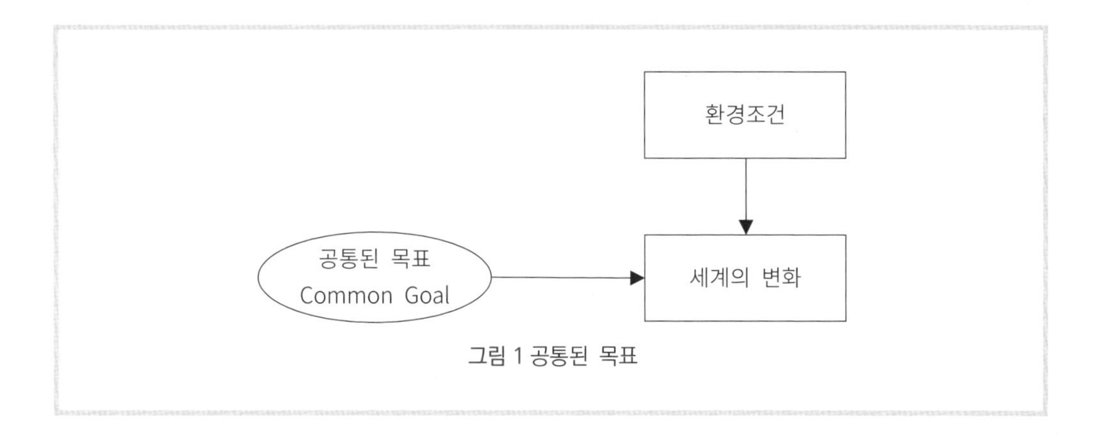

그림 1 공통된 목표

- 그러면 '우리나라의 변화'는 어떨까? 우리나라는 영남과 호남 사이의 동서, 남북, 진보·보수, 계층, 세대 간의 문제는 있지만, 그래도 국가의 공통된 미래목표를 정하기는 상대적으로 쉽다. 저자는 동서문제를 화합으로 풀면 남북문제는 자연스럽게 해결될 것으로 본다.

- 우리가 동서문제를 그대로 안고서 남북문제를 풀려고 하는 것은 대화상대에게 혼란만 줄 뿐이다. 동서문제는 우리의 내부 시스템 문제, 우리가 하루속히 해결해야 할 선결문제이다.

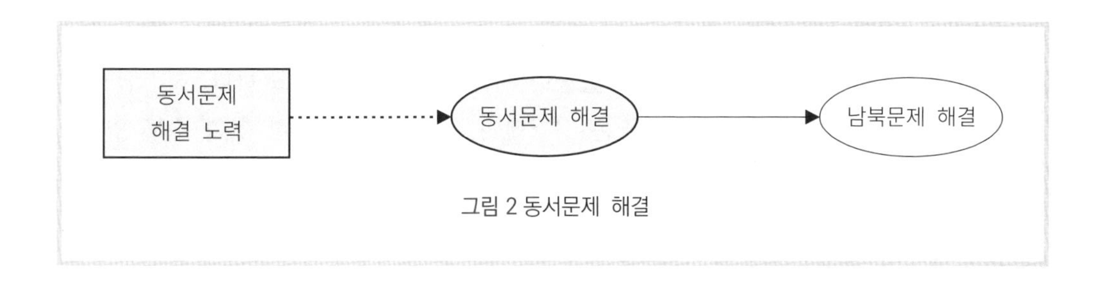

그림 2 동서문제 해결

- 그리고 세계에는 많은 국가가 있고 각 국가의 미래목표는 다양하다. 이들 국가목표가 북한의 핵, 한반도 통합문제 등과 상충(相衝)[5]될 때 한반도 시스템 변화에 환경 요인으로 작용한다.

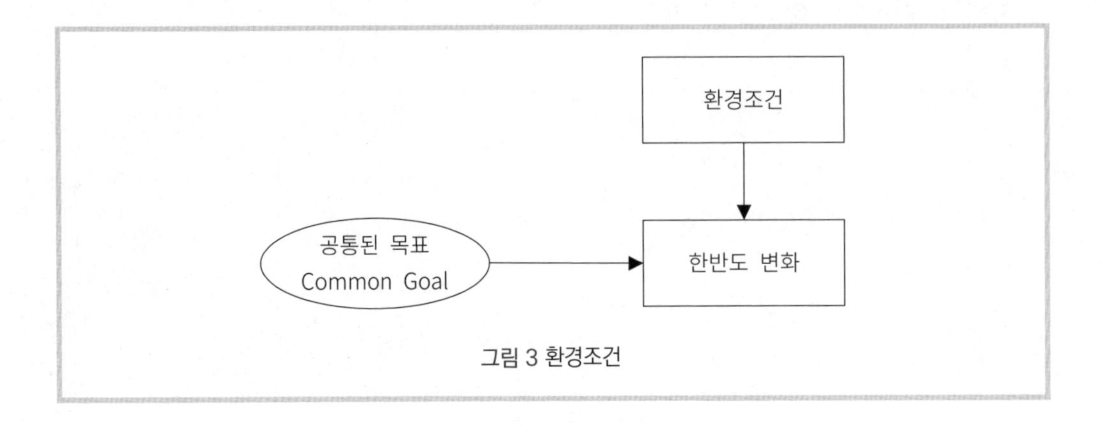

그림 3 환경조건

2.1.3 시스템 변화 과정

시스템 변화 과정에 대하여 설명해주세요.

(1) 시스템의 변화 과정

시스템 변화의 관점에서 시스템은 어떤 원인에 의하여 어떤 과정으로 변화해 가는가? 시스템의 역동성과 변화 과정을 다루는 이 책은 시스템 다이내믹스가 시스템 외부 또는 내부에서 전해지는 내적(inner) 자극에서 시작되고, 그 동적 변화 행태는 시스템 구조와 조건 및 구성 개체 간의 상호관계에 달려 있다고 본다.

시스템은 내부 구조 또는 형성구조에 따라 각 시스템 고유의 변화 행태가 있다. 그것은 같은 외부 자극에도 시스템마다 그 반응이 서로 다른 이유이기도 하다. 시스템 변화의 시작이 어떤 자극[6]이라면 그 자극은 시스템의 목표 달성을 위한 것일 수도 있고 구성 개체나 조건을 향한 어떤 바람(wishes)일 수도 있다.

---

5) 상충은 서로 반대되는, 서로 충돌하다, 영어로는 contradiction, conflict, at variance with라는 의미이다.

6) 시스템에 적용되는 자극(刺戟)은 정(正)의 자극과 역(易)의 자극도 있다. 시스템 원리에 의하면 이러한 자극 모두는 결국 시스템 목적 달성을 위하는 자극이 된다.

(2) 시스템 변화 과정을 설명하는 주요 항목

- 시스템에 자극 입력
- 시스템 구성 개체들
- 시스템 구조 특성
- 시스템 조건
- 개체 간의 관계
- 피드백 과정 및 피드백 효과 발생(잠재적 시스템 변화 과정)
- 시스템 생존을 위한 본능적, 목표지향적 반응

2.1.4 시스템 반응 과정

시스템 반응 과정에 대하여 설명해주세요.

(1) 시스템 반응구조

시스템 반응(反應, reaction)은 어떤 자극에 대한 부정적인 반발이나 순응하는 응답이다. 이러한 시스템 반응을 구조적으로 표현하면 다음과 같다.

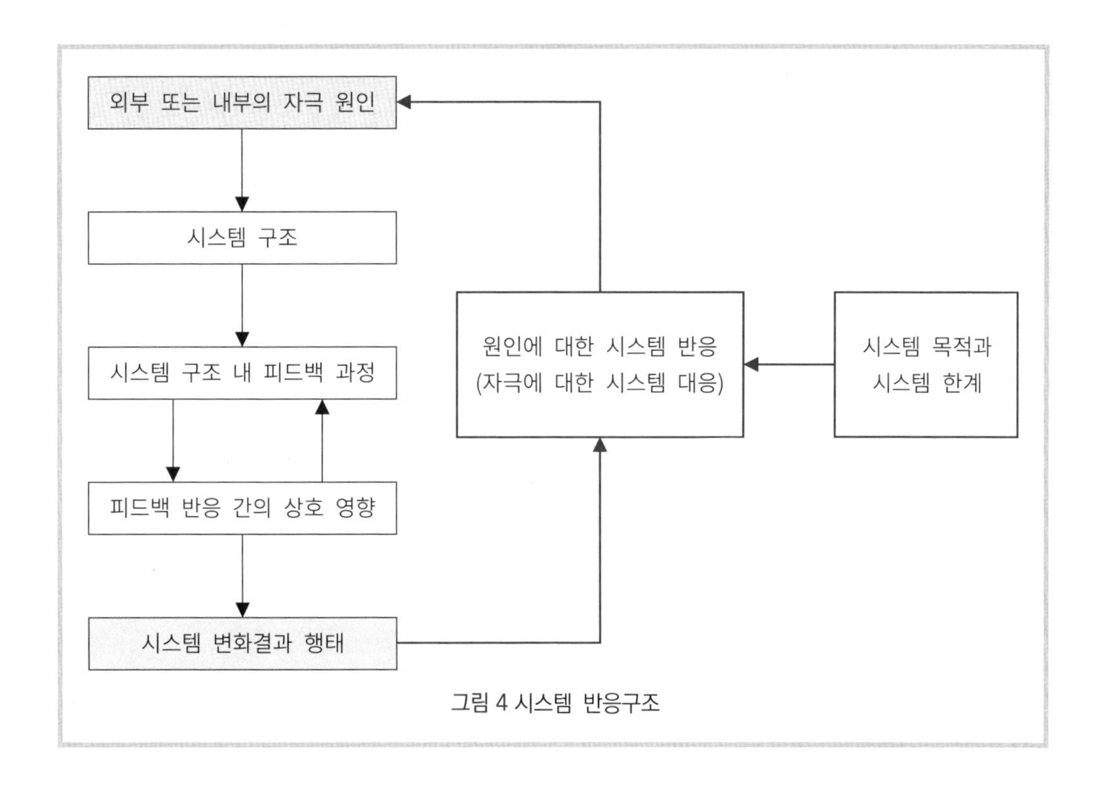

그림 4 시스템 반응구조

(2) 시스템 반응 과정

그림 4에서 시스템에 가해지는 원인(자극)에 대한 반응(대응)은 그 시스템에 주어진 임무 또는 목적(의도)에 따라 결정되고, 여기에는 시스템에 있는 역량이나 자원의 한계가 제약요인(制約要因, constraint)으로 작용한다.

시스템에 적용되는 자극(원인)에 따라 시스템은 어떤 형태의 변화(결과)를 나타낸다. 여기에는 목적 지향적인(goal oriented) 시스템의 원칙 또는 규칙과 시스템 자원의 한계(limit of resources)가 서로 맞물려서 어떤 자극에 대한 대응(action)이나 반응(response)으로 나타난다.

이와 같은 시스템 반응은 벤 다이어그램에서 가운데 교집합으로 나타난다.

$$\text{시스템 반응} = (\text{원인} \cap \text{원칙} \cap \text{자원})$$

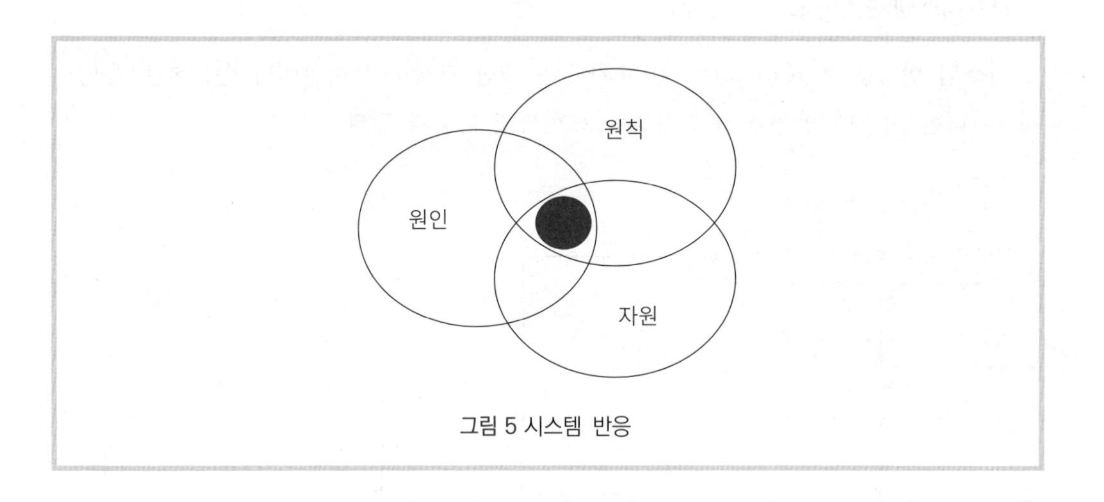

그림 5 시스템 반응

2.2 동적 시스템

2.2.1 동적 시스템 정의

시스템 다이내믹스에서 다루는 동적 시스템이란 무엇인가요?

동적 시스템은 시간이 지남에 따라 변화하는 시스템으로, 영어로 다이내믹 시스템(dynamic system)이라 한다. 시간이 지나도 변하지 않는 정적(static) 시스템과 대비되는 동적 시스템은 시간이라는 기준에 따라 촬영된 어떤 모습 또는 시간에 의존하는 어떤 찰나나 순간 사진들의 연속모음과 같다. 한마디로 동영상이다.

일반적으로 시스템의 변화 행태는 시간에 따른 어떤 움직임을 나타내는데, 시스템의 '행태'를 영어로 'behavior over time(BOT)'이라고 하며, 시간에 따라 움직이는(변화하는) 시스템의 변화 상태를 나타낸다.

(1) 동적 시스템의 행태

동적 시스템의 행태(behavior of dynamic system)는 총괄적인 전체 시스템(system)의 행태변화인가, 개별적인(individual, agent) 행태변화인가에 따라 총괄시스템(aggregate system) 행태와 개체(agent) 행태로 구분하기도 한다.

(2) 동적 시스템의 행태변화 구분

- 총괄적 시스템의 행태변화(behavior of aggregate system)
  - 시스템의 총괄적 명사를 사용
  - 예시: 고객, 생산자, 인구 규모, 북극곰의 개체 수

- 개별적 개체의 행태변화(behavior of agents)
  - 세밀함(granularity)에 따른 개체 구분
  - 예시: 인구 속성[연령대, 소비특성, 직업, 소득, 행동 특성(구매형태)]
  - 자기 의사결정 여부, 판단 자율성(autonomous)에 따른 개체 구분
  - 예시: 행동 규칙을 갖는 투자자, 홍길동, 톰, 정부, 동물보호단체

(3) 컴퓨터 프로그램을 이용한 동적 시스템의 표현

시간에 따라 변하는 시스템, 즉 동영상은 극히 짧은 시간의 연속된 사진들의 순서에 따른 나열 배치, 장면들의 다차원 배열(多次元 配列, multi-array) 공간으로 정의할 수 있다. 이를 계량화하여 컴퓨터 프로그램에서 표현하기 위하여 두 가지 개념을 사용한다.

- 시간 간격과 기간: 시간의 (짧은) 간격 모음

$$\Delta t \text{ 또는 } dt,\ t = (\Delta t + \Delta t + \Delta t + \ldots + \Delta t + \Delta t + \Delta t),$$
$$t = (dt + dt + dt + \ldots + dt + dt + dt)$$

- 여러 장면의 배치, 즉 배열 그리고 여러 종류 배열의 공간, 공간과 공간의 결합

  행렬 matrix$\begin{pmatrix} 1\,2\,3 \\ 4\,1\,6 \\ 7\,8\,1 \end{pmatrix}$, { {{1, 2}, {1, 3}, {1, 4}}, {{2, 1}, {2, 2}, {2, 3}}, {{3, 1}, {3, 2}, {3, 3}} }

- 예를 들어 $\text{for}(i = 1..4, j = 1..3, k = 1..5 | i * j * k)$는 4차원*3차원*5차원의 구성요소들의 조합(combination)을 형성하고, 이들은 시간 축(over time)을 따라서 각 구성요소(element) 간의 상호작용을 통하여 변화해 간다.

2.2.2 동적 시스템의 변화(behavior over time)

동적 시스템의 변화란 무엇인가요?

동적 시스템의 변화란 동적 시스템을 구성하는 개체들이 시간에 따라 어떤 변화를 나타내는 것을 말한다. 이러한 동적 시스템에서 시간에 따라 변화하는 개체 간의 관계 유형은 다음과 같다.

(1) 동적 시스템을 구성하는 개체 간의 관계 유형

- 시간에 따라 변화하는 변수 간의 인과관계
  (因果關係, cause and effect)

- 시간에 따라 변화하는 상호 영향 관계의 시차 효과
  (時差效果, time delay effect)
- 시간에 따라 변화하는 상호 영향 관계(피드백) 효과
  (相互影響關係效果, feedback effect)
- 변수 간의 선형 및 비선형 관계
  (線形·非線型 關係, linearity, non-linearity)

(2) 동적 시스템과 계층구조 사례

우리가 알고 있는 동적 시스템은 더 작은 시스템으로 나누어질 수 있고, 이 작은 것들은 서로 물리적·화학적·관념적으로 영향 관계를 맺으며 전체 시스템을 이루고 있다. 이처럼 동적 시스템, 즉 시스템 다이내믹스 원리를 가장 잘 표현하는 사례는 인체 시스템이나 국가 시스템이다.

사람의 인체는 전체로는 대외적으로 하나의 독립된 단위 개체이지만, 인체를 구성하는 부분들의 조합 측면에서 살펴보면 인체는 다양한 하위 시스템(sub-system, 심장, 두뇌, 간, 위, 이자 등) 또는 호르몬, DNA와 같은 작은 단위로 구성된다. 이들 개체끼리는 상호 유기적인 관계로 형성되어 있고, 각각은 시간에 따라 변화하는 하나의 동적 시스템들이다.

(3) 동적 시스템 연구를 위한 시스템 다이내믹스

국가체계나 인체와 같이 복잡하고 불확실한 환경 변화를 갖는 동적 시스템 변화를 연구하기 위해서는 다양한 연구기법이 종합적으로 혼합된 연구체계를 갖추어야 한다. 시스템 다이내믹스도 그 가운데의 한 가지 연구방법이다.

특히, 많은 연구기법이 하나의 국가적 문제를 해결하기 위하여 연결되어 하나의 통합된 연구체계를 이룰 때 시스템 다이내믹스 그 특성상 신체의 심장이나 두뇌와 같이 연구기법 간의 협업을 유지하면서, 중심적인 처리 기능을 수행하는 작전 지휘본부와 같은 역할을 할 수 있다.

국내에는 시스템 다이내믹스가 이러한 종합적이고 통합적인 기능을 수행하는 모델링 및 시뮬레이션 그리고 합리적인 의사결정을 지원하는 연구방법임에도 불구하고 아직 제대로 알려지지 못한 측면이 있다.

앞으로 더욱 많은 분야에서 시스템 다이내믹스 이론이 시스템 이론과 더불어 컴퓨터 시뮬레이션을 통하여 적용되고, 이를 위하여 학교에서 통계학이나 수학과 같이 기초과목으로 시스템 다이내믹스가 채택되어야 한다.

이를 위하여 시스템 다이내믹스 교과목에 대한 신설 분위기, 교육자 양성 교육(Teaching Teachers To Teach), 실용적인 교재 개발로 미국 MIT대학과 같이 우리나라에도 시스템 다이내믹스 교육 여건이 마련되기를 기대한다.

2.2.3 동적 시스템 제어

동적 시스템은 어떻게 제어되나요?

동적 시스템은 Dynamic System이다. 이를 제어하는 방법을 설명하기 전에 우선 제어 시스템(Control System)에 대하여 일반인의 눈높이에서 잠시 다룬다.

(1) 제어이론

제어 이론(control theory)[7]은 제어 시스템에 입력값을 조정하여 출력을 원하는 대로 제어하는 시스템 제어기(controller) 제작에 사용된다. 제어 시스템을 구분하면 다음과 같다.

- 일방적 제어 시스템
- 피드백 제어(양방향) 시스템
- 시스템(전체 통합) 제어 시스템

(2) 일방적 제어 시스템

일방적 시스템(one-way system) 또는 기본 입출력 시스템으로 불리는 이 시스템은 시스템에 입력이 주어지면 시스템 처리 함수에 의하여 입력값이 처리되어 입력에 대응하는 출력이 생성된다.

---

7) 제어이론의 자세한 내용은 Feedback Control Theory, Hitay Özbay, 2000, CRC Press 또는 Systems & Control, T. Dougherty, 1995, World Scientific Publishing 등의 전문서적을 참조하기 바란다.

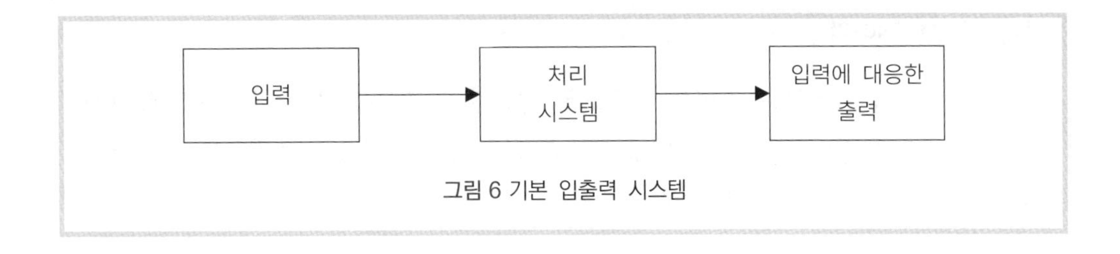

그림 6 기본 입출력 시스템

그림 6의 가운데 있는 처리 시스템은 전환 함수(Transfer Function)로 구성되는 로직(logic)에 따라 그 출력이 일방적으로 결정되는 구조이다.

(3) 피드백 제어 시스템

피드백 제어(feedback control) 시스템은 어떤 추구하는 목적성을 갖는 시스템의 작동 원리를 갖는다.

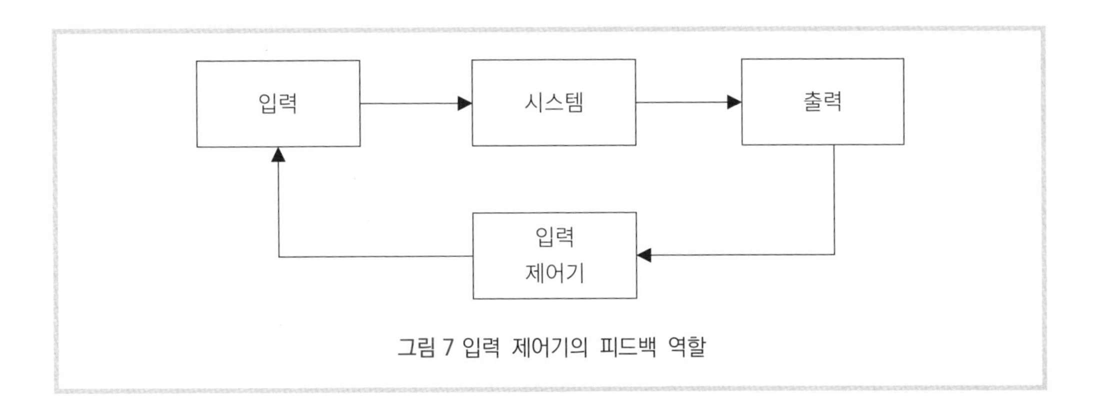

그림 7 입력 제어기의 피드백 역할

'입력 제어기(feedback controller)'는 출력값을 원하는 목표치와 비교하여, 시스템 입력값을 조절하는 역할을 한다. 이러한 과정을 도식화하면 그림 8과 같다.

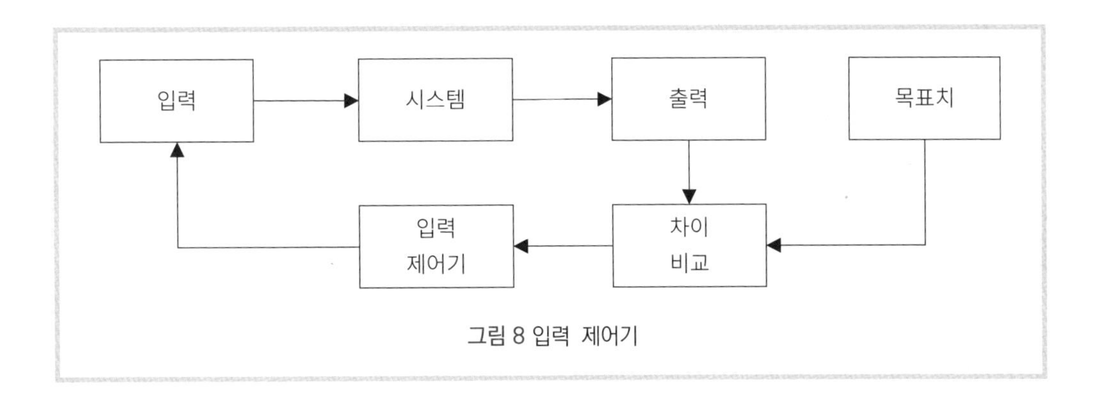

그림 8 입력 제어기

(4) 시스템 제어기

시스템 제어기는 원하는 출력이 나오도록 입력값과 출력을 생성하는 시스템 기능을 제어하는 역할을 한다. 즉 시스템 제어를 한다는 것은 입력값을 조절하거나 출력을 생성하는 시스템 성능을 관리하는 것이다.

- 시스템 제어 = (시스템 입력값 조정 + 시스템 출력 성능관리)

예를 들면 자동차 경주에서 가속 페달은 입력 제어기가 되고, 자동차 엔진을 한 단계 강력한 것으로 교체하여 가속 성능을 높이는 것은 시스템 제어기에 해당한다.

- 시스템 제어기 = (시스템 입력 제어기 + 시스템 성능 제어기)

시스템 제어기는 시스템의 작동상태 및 출력을 분석하여 시스템 매개변수(parameter)나 입력값을 조정하여 원하는 출력이 생성하도록 제어한다.

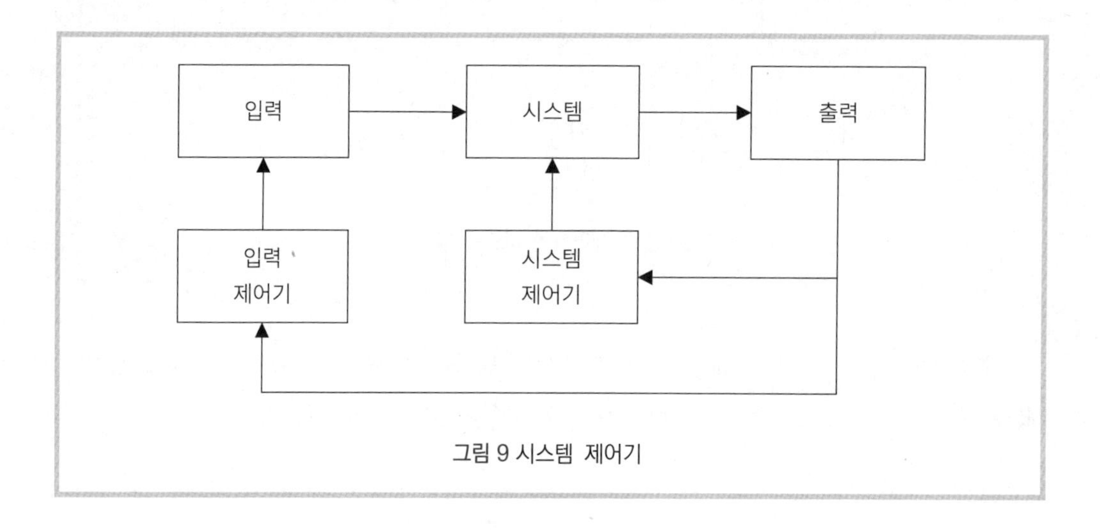

그림 9 시스템 제어기

즉, 입력 제어기는 실제 출력과 원하는 출력과의 차이를 비교하여 입력값을 변경하면서 그 차이가 최소화되도록 한다. 그리고 시스템 제어기는 출력을 생성하는 시스템의 작동반응에 대한 제어 부분으로, 시스템 구성 변경 및 시스템을 구성하는 매개변수의 변경 등이 시스템 제어기의 조정 대상이다.

시스템 제어기와 입력 제어기는 전체 시스템의 입력에 대한 출력을 조정할 수 있는 제어기로서 협업하면서 각자 역할을 하게 된다.

2.2.4 제어기의 역할

제어기는 시스템의 상태를 바꿀 수 있나요?

(1) 제어기는 현재 상태가 아닌, 미래 상태를 바꾼다.

제어기의 역할은 시스템의 미래 상태(future state)를 향하여 현재 상태(Current State)를 제어하는 메커니즘을 갖는다.

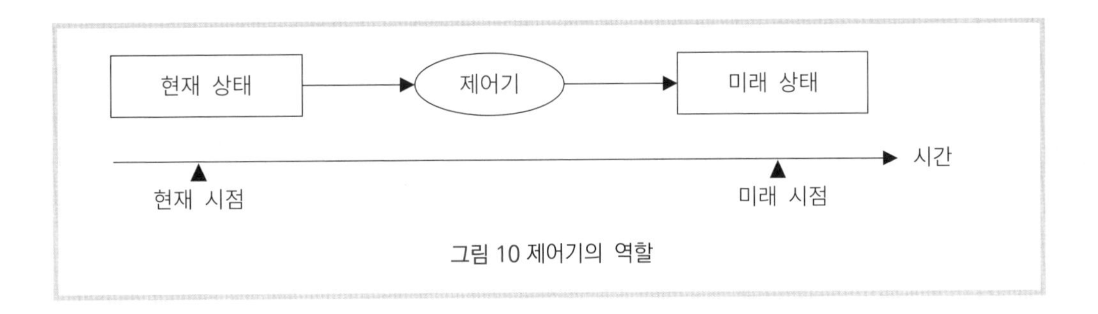

그림 10 제어기의 역할

따라서 제어기를 사용하면 지금 상태, 즉 현재 시스템 상태를 곧바로 더 좋게 바꿀 수는 없다. 다시 말해 제어기가 조절하는 시스템의 결과가 나올 때까지 기다려야 한다.

이렇게 되면 현 시점에서는 아이러니하게도 영원히 현재보다 나아질 수 없음을 의미한다. 왜냐하면 제어기는 미래 시스템을 지향하기 때문이다.

(2) 미래에도 바뀌지 않는 시스템 상태

이러한 시스템을 예로 들면 가난한 소작농(Tenant farmer)이 자식을 공부시켰는데, 나중에 그 자식이 부모를 외면하는 경우나 도시에서는 끝없이 부모에 의존하는 자식을 키우는 부모의 경우와 비슷하다.

그리고 현재 시스템 상태는 시간이 지나면 미래 시스템 상태로 변화하기 때문에 제어기를 통하면 현재 시스템 상태를 원하는 미래 시스템 상태로 바꿀 수 있다고 생각한다. 맞는 말이다.

하지만 이는 기계 메커니즘과 같이 100% Closed System, 즉 외란(外亂, external impact)이 거의 없는 폐쇄 시스템 속에서는 가능한 일이나 현실 세계와 같은 변화무쌍한 환경에서는 막연한 이상(ideal, 理想)적 표현에 불과하다.

(3) 삶의 제어기

미래에도 바뀌지 않는 삶 때문에 사람들은 행복하고 이상적인 삶의 제어기는 책에나 나오는 이야기로 현실의 나의 삶과는 거리가 있다고 생각한다.

이를 극복하는 방법은 삶의 제어기(controller)를 현재의 삶의 상태에 최대한 가까이서 곧바로 적용되도록 연결하는 것이다. 즉 제어기를 통하여 산출된 제어 값을 최소의 시차(time delay)를 갖고 바로 실행되도록 삶의 시스템을 재설계(redesign 또는 Reengineering)하는 것이다.

2.2.5 제어기를 이용한 시뮬레이션

제어기가 포함된 시뮬레이션에는 어떤 것이 있나요?

(1) 제어기 기반 시뮬레이션 구조

다음은 기본적인 제어기 기반의 시뮬레이션 작동 구조이다.

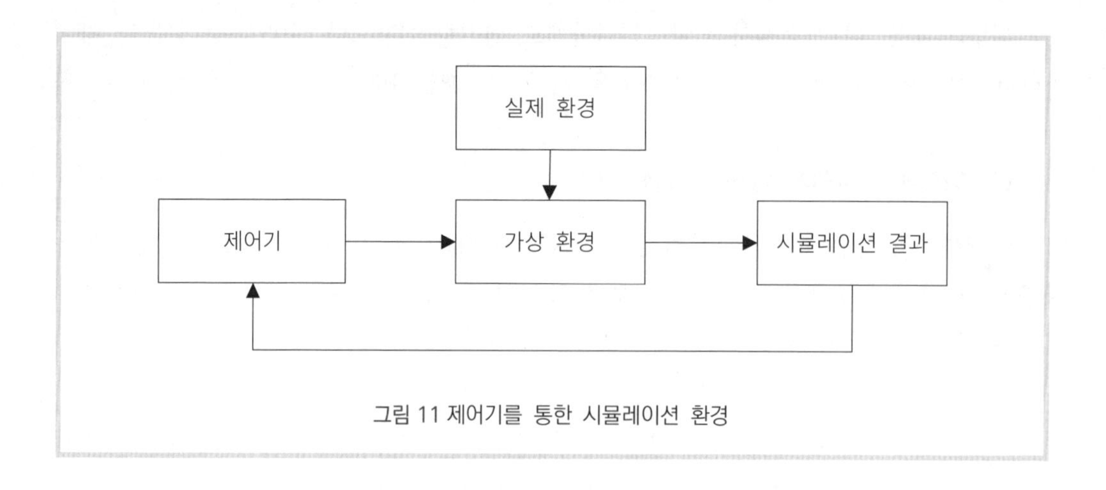

그림 11 제어기를 통한 시뮬레이션 환경

(2) 힐스 제어

힐스(HILS, Hardware in the loop)는 제어 과정에 제어기 하드웨어가 참여하는 시뮬레이션이다. 가상의 물리적인 시뮬레이션 환경에 제어기와 같은 기계 하드웨어 장비를 시뮬레이션 순환과정(in the loop)에 참여하게 하여 실험(시뮬레이션)을 진행하는 것을 말한다. (wiki/Hardware－in－the－loop－simulation)

일반적인 시뮬레이션 순환과정은 다음과 같다.

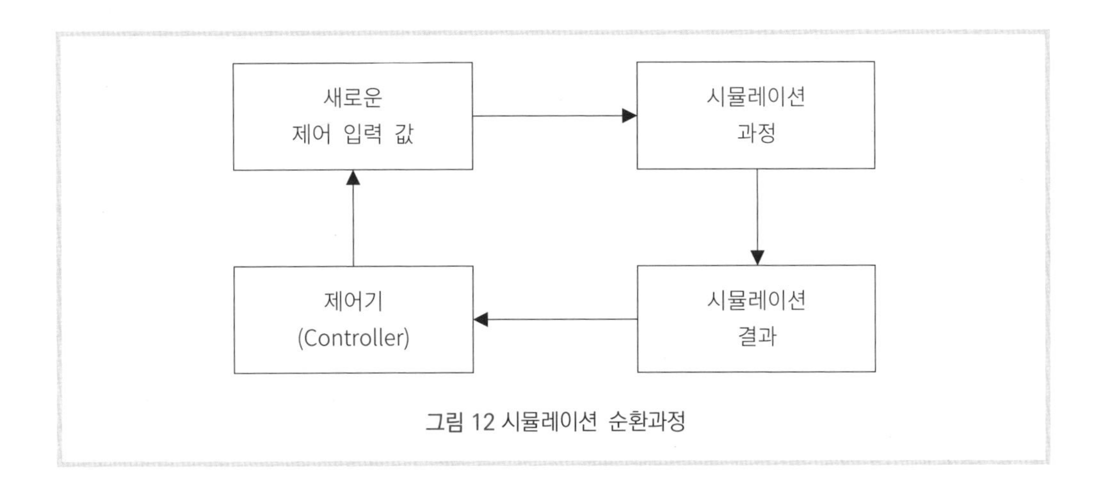

그림 12 시뮬레이션 순환과정

(3) 힐스 제어 시뮬레이션

힐스(HILS) 시뮬레이션 순환과정은 다음과 같다.

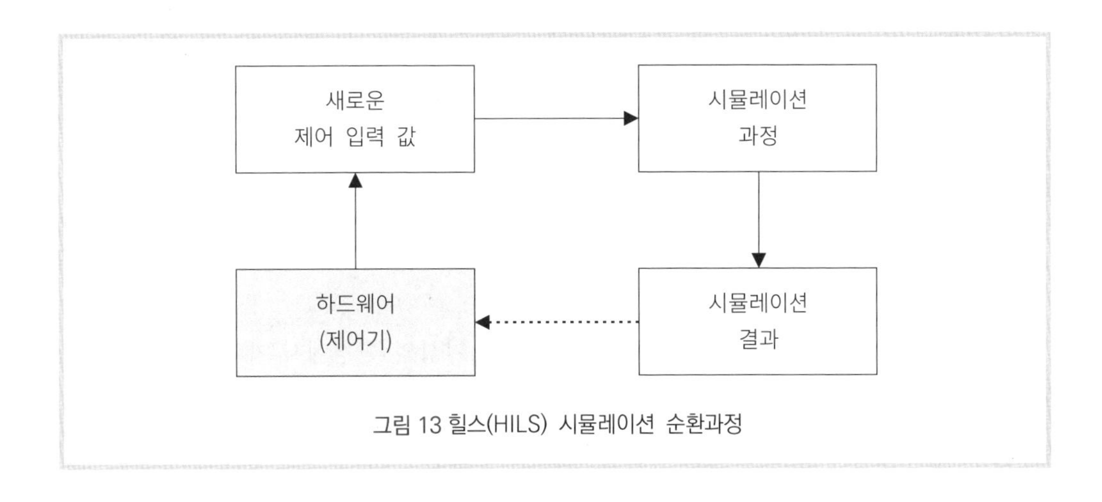

그림 13 힐스(HILS) 시뮬레이션 순환과정

(4) 힐스 제어 효과

힐스(HILS) 효과는 다음과 같다.

- 힐스 모의환경이 구축되면 테스트를 위한 시간과 비용이 대폭 줄어든다.
- 위험한 테스트를 컴퓨터를 이용하여 수행할 수 있다.
- 지속적인 테스트를 통한 기계장치의 마모나 성능 저하를 회피할 수 있다.
- 제품 기능이나 성능을 HILS를 통하여 검증할 수 있다.
- 궁극적으로는 현실에서 실험하기 힘든 극한 시나리오를 비롯하여 다양한 시나리오를 설정하고 이를 실험 검증할 수 있다.

(5) 힐스 작동 예시

예를 들어 어떤 컨트롤러를 설계한다고 가정하자. 이때 HILS 테스트 대상은 개발하고자 하는 제어기, 즉 하드웨어를 테스트하는 것이다.

효과적인 제어기를 개발하기 위해서는 제어기 작동으로 물리적인 기계장치에 어떤 영향을 미치는지에 대한 수많은 테스트를 시행하여야 한다. 이러한 테스트에는 시간과 비용이 상당히 소요되어, 이를 대폭 줄이는 방법이 필요하다.

이를 위하여 제어기에 연결되어 반응하는 물리적인 기계장치를 가상(virtual)으로 만들고, 제어기에 입력되는 입력값에 의해 작동되는 기계장치의 반응 값을 다시 제어기에 전달하는 일련의 가상 제어 피드백 과정을 만들게 된다.

이러한 제어 피드백 과정을 반복 시행하게 되면 제어기에 입력되는 특정 값이 기계장치에서 원하는 최적의 반응 값을 갖는 것을 확인하게 되어 최적의 제어기(optimal controller)를 설계할 수 있게 된다.

(6) 힐스(HILS) 활용

모델링 및 시뮬레이션 기반의 HILS를 이용하면 가상의 환경에서 제어기의 설계값 또는 제어기의 성능 테스트 결과 제어기의 최적 제어 값 등을 가상의 실험환경(virtual experimental environment)에서 찾을 수 있다.

HILS를 사용하는 이유는 사람이나 자동차와 같이 여러 개의 제어장치를 갖는 복잡한 시스템에서 개별 제어기를 최적으로 설계하기 위한 것이다.

예를 들면 최적의 인공 췌장(Pancreas), 간(Liver) 기능 작동 제어장치를 개발하기 위해서는 간이나 췌장을 제외한 나머지 인체 기능을 평상시대로 정상적인 작동환경을 만들어 둔 상태에서, 간이나 췌장 기능을 갖는 인공적 하드웨어(artificial Liver)인 '간 컨트롤러' 또는 '췌장 컨트롤러'의 작동을 테스트하는 것과 같다.

앞으로 신장(腎臟, 콩팥, Kidney), 눈(Eye), 뇌(Brain) 등 인간의 장기(organ) 개발에 HILS 기반의 모델링 및 시뮬레이션 테스트 환경 구축도 하나의 중요한 역할을 할 것으로 필자는 예상한다.

따라서 시스템 다이내믹스 기반의 다차원 배열 모델링을 구현하는 '시스템 미케닉 소프트웨어(system mechanic software)'[8] 기반의 인공장기 개발이 이루어질 것이다.

이는 디지털 트윈(Digital Twin, DT) 개념과 같이 실제와 유사한 환경을 컴퓨터상에서 구현한 시뮬레이터에 다양한 실험을 하는 것과 같다. 시스템 다이내믹스 기반으로 제어 시스템 체계를 만들고, 여기에 가상 환경에서 실험하고자 하는 다양한 입력값을 적용하여 그 결과를 HILS를 통하여 관찰하는 것이다.

HILS 환경에서 기대되는 시스템 다이내믹스 기반 소프트웨어의 두 가지 역할

- 제어기 설계를 위한 그림 13과 같은 종합 실험 환경 구축
- 그림 13에 있는 하드웨어 제어기를 디지털 트윈(Digital Twin) 기반으로 시스템 다이내믹스 동적 계산원리와 다차원 모델링 기술을 적용하여 최적 하드웨어 제어기 제작[9]

---

8) www.powersim.com www.stramo.com www.artorgan.com

9) 현재는 세계적으로 www.mathworks.com의 Simulink를 사용하고 있음.(Simulation and Model-Based Design)

2.2.6 시뮬레이션 기반의 제어기 종류

시뮬레이션 기반 대표적인 몇 가지 제어기 작동종류를 구조적으로 나타내면 다음과 같다.

- 일반 피드백 제어기(general feedback controller)
- 하드웨어-인-더-루프 제어기(hardware-in-the-loop controller)
- 소프트웨어-인-더-루프 제어기(hardware-in-the-loop controller)
- 사람-인-더-루프 제어기(Human-in-the-loop controller)
- 시스템-인-더-루프 제어기(system-in-the-loop controller)

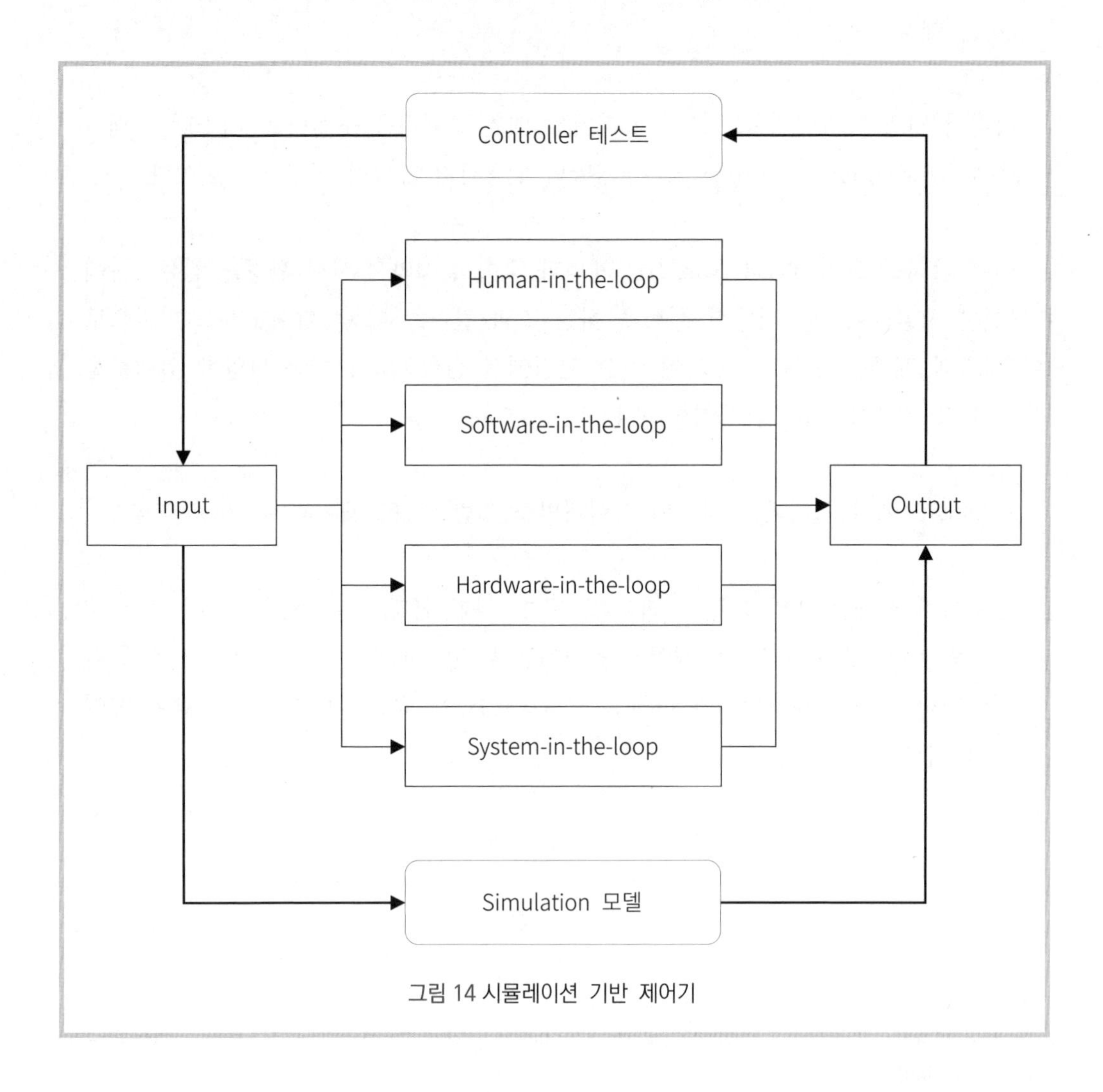

그림 14 시뮬레이션 기반 제어기

2.2.7 정책 설계를 위한 정책 제어기

추상적이고 관념적이면서 많은 사람이 참여하는 공공정책, 국가정책, 복지정책, 부동산정책, 금융정책에 활용 가능한 정책 제어기(Policy Controller) 작동종류를 구조적으로 나타내면 다음과 같다.

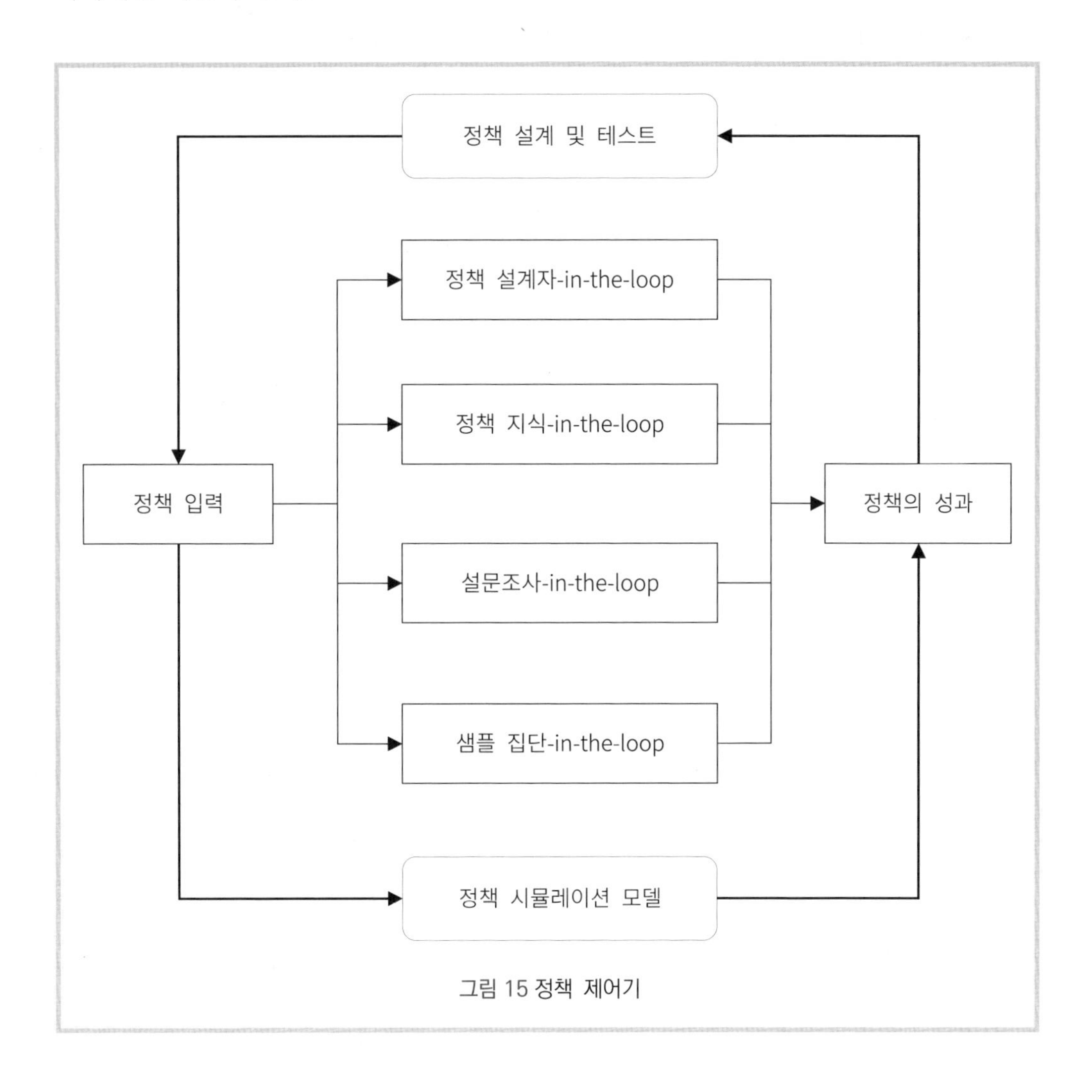

그림 15 정책 제어기

2.2.8 인간과 시스템 제어

다음은 인간과 시스템의 결합을 통한 제어 시스템 설계 구조이다.

- 동적 피드백 시스템 모델링
  시간에 따라 변화하는 동적 피드백 시스템(Dynamic Feedback System)의 컴퓨터 모델링

- 피드백 시스템 기본 구조(Basic Structure of feedback system)
  일반적인 피드백 제어 구조의 모식도(구조도)는 그림 16의 아랫부분으로 컴퓨터 세계로, 즉 컴퓨터를 위하여 작성되고 있다.

- 인간의 목적 지향적인 제어의 기본 시스템(a basic Goal Seeking System, GSS) 구조
  그림 16의 윗부분으로 현실을 고려한 인간의 목적 지향적인 제어 시스템을 표현한다.

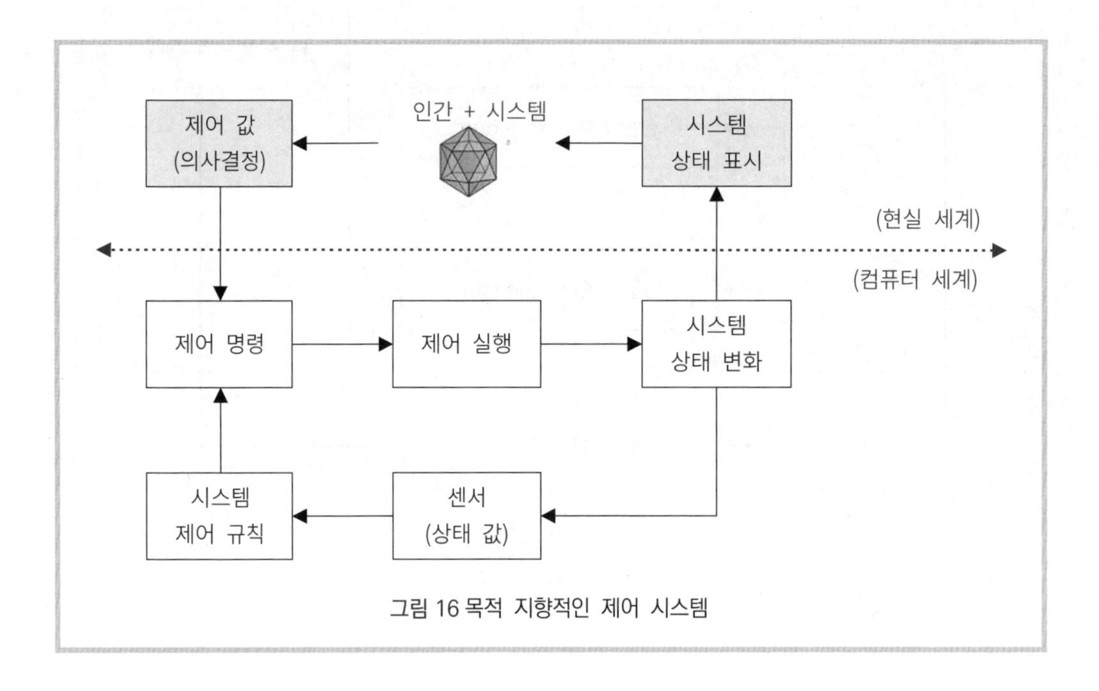

그림 16 목적 지향적인 제어 시스템

2.3 시스템 다이내믹스 개요

시스템 다이내믹스는 무엇인가요?

2.3.1 시스템 다이내믹스 정의

시스템 다이내믹스는 시간에 따른 시스템의 변화를 관찰하고, 그 시스템을 원하는 바대로 제어하는 방법을 연구하는 이론이다. 영어 System Dynamics는 시스템 다이내믹스 또는 체계 동학, 시스템 동학, 시스템 동태학 등으로 불린다.

여기서 말하는 시스템이란 기계·장치 시스템에서부터 국가, 조직, 사람, 사회, 산업, 금융, 자산, 경제, 경영, 기업, 주식 시장, 자연환경, 생태계, 보건, 복지, 공공정책, 국제분쟁, 전략, 작전, 계획, 목표설정, 이념, 철학, 법체계, 증오, 사랑, 건강, 여론 등 매우 다양한 주제를 시스템으로 본다.

시스템 다이내믹스에서는 거시적인 시스템 행태와 미시적인 개체 움직임을 이용하여 시스템을 조절하거나, 어떤 현상의 변화 행태를 재현 또는 예측하는 기능을 수행한다.

2.3.2 시스템 다이내믹스 창시자

1958년 미국 MIT 대학의 제이 포레스터(Jay Wright Forrester) 교수는 Harvard Business Review 연구잡지에 "Industrial Dynamics—A Major Breakthrough for Decision Makers"라는 논문을 통하여 시스템 다이내믹스 개념을 처음 소개하였다.

그는 Industrial Dynamics 책과 여러 논문에서 제어이론(Control Theory)의 핵심요소인 '개체 간의 상호작용(interactions)'을 실세계 연구에 응용하여(applying) 적용할 것을 주장하였다. 시스템 다이내믹스는 순수 공학적인 제어이론을 산업, 경제, 경영, 사회, 환경 등 여러 정책 분야에 활용하는 것이다.

시스템 다이내믹스가 태동하던 1960년대의 시대적 상황은 제2차 세계대전이 끝나고, 선진 각국은 산업화 및 경제 부흥에 대한 높은 관심을 나타내기 시작한 때였다. 이 당시 학문과 이론의 초점은 국방기술을 산업 및 경제사회 연구로 응용하는 것이었습니다.

시스템 다이내믹스는 공학이나 군사 목적으로 사용하던 제어이론을 산업, 경영, 경제, 금융 및 사회, 환경, 자연과학, 정책 분야에 확대 적용한 것이다. 그 핵심 개념은 '시스템은 주어진 규칙과 구성요소 간의 피드백 영향 관계를 통하여 변화한다'이다. 이러한 시스템 다이내믹스는 크게 두 가지로 분야로 발전하였다.

(1) 순수한 공학 분야 시스템의 다이내믹스 연구
(2) 경제, 산업, 사회, 정책 등을 비롯하여 매우 다양한 분야의 피드백 메커니즘과 합리적 시스템 제어하는 시스템의 다이내믹스 연구

이 책에서 중점을 두는 분야는 두 번째 시스템 다이내믹스 분야이다. 추상적 관념과 논리적 데이터를 활용하여 시스템의 추상화(abstraction) 문제를 주로 다룬다.

2.3.3 시스템 다이내믹스 정의

제이 포레스터 교수는 시스템 다이내믹스를 동적 시스템에서 '개체 간의 상호작용을 다루는 이론'('It deals with the simulation of interactions between objects in dynamic system.')이라고 하였다. 이를 그림으로 나타내면 그림 17과 같다.

즉, 시스템은 개체들의 상호작용으로 경쟁과 화합을 통하여 행태변화 과정을 거친다. 그리고 지속적인 변화 과정에서 새로운 개체가 생겨나고, 또 다른 덩어리로 변환(Transformation)한다.

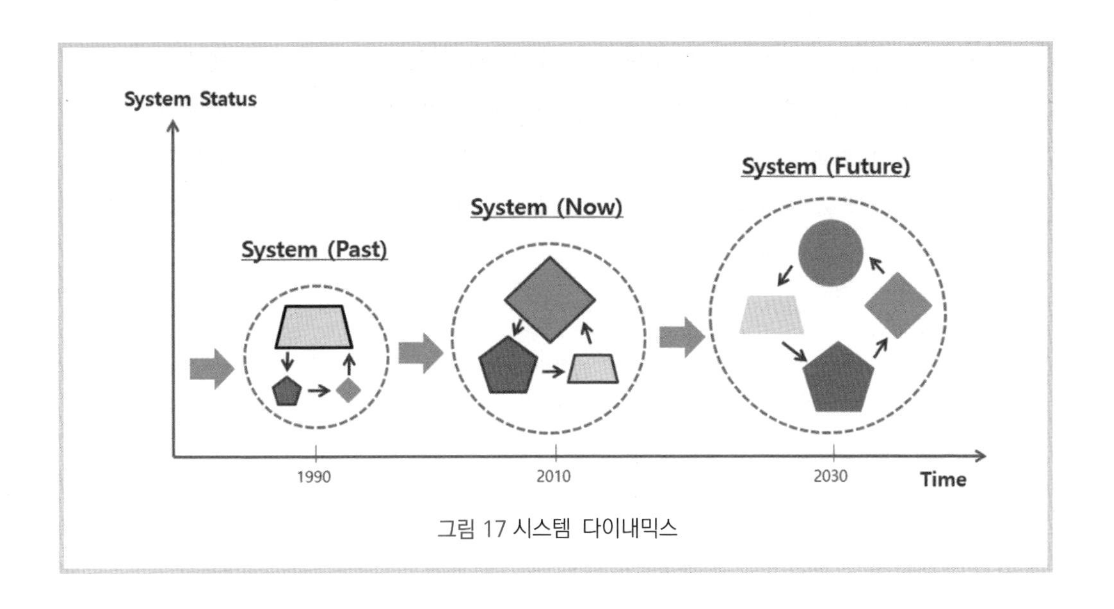

그림 17 시스템 다이내믹스

2.3.4 시스템 다이내믹스 이론의 특징은 무엇인가요?

(1) 시스템 다이내믹스 기본 철학

시스템 다이내믹스는 단선적, 획일적, 자기중심적인 일 방향(One-way) 사고방식에서 벗어나 상호공감적, 이타적, 협조적인 양방향(Two-way) 상호관계를 기반으로 하는 피드백 사고 방식을 추구한다.

(2) 시스템 다이내믹스 이론

시스템 다이내믹스는 이론적으로 시스템 사고(System Thinking) 영역과 컴퓨터 시뮬레이션(Computer Simulation) 영역 그리고 의사결정을 위한 분석영역(Analysis for decision making)으로 구분된다.

- 시스템 사고: 물리적인 사고체계와 논리적, 관념적, 추상적인 사고체계
- 컴퓨터 시뮬레이션: 수리적으로 계량화된 프로그램 모형에 컴퓨팅 기술을 적용
- 시뮬레이션 결과 분석: 의사결정을 위하여 시스템 사고와 컴퓨터 시뮬레이션 결과를 종합적으로 분석하여, 의사 결정자에게 합리적인 판단을 할 수 있는 분석 시뮬레이터(Analyzer)를 제공한다.

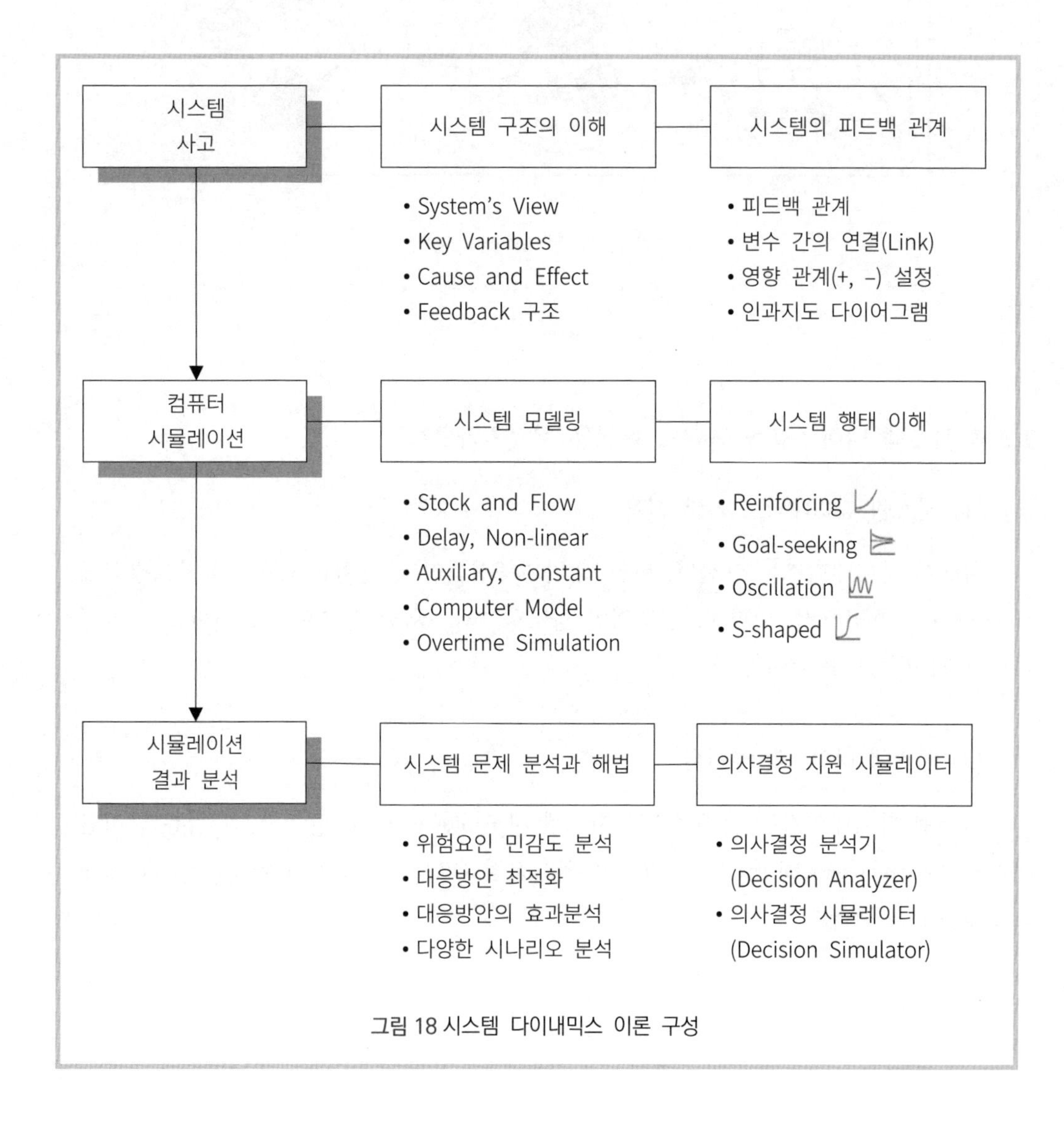

그림 18 시스템 다이내믹스 이론 구성

(3) 시스템 구조와 행태

시스템 사고, 피드백 사고(feedback thinking)는 시스템의 개체로 이루어진 시스템 구조가 시스템 행태를 생성한다는 사고방식에서 출발한다. 그리고 전체 시스템 행태는 시스템을 이루는 내부개체에 영향을 주게 되고, 이는 결국 시스템 구조를 다시 변경시키는 과정을 반복한다.

시스템 다이내믹스에서 행태(behavior)는 구조(structure)에서 비롯된다는 말이 있다. 시스템 구조는 개체 간의 상호 영향 관계, 즉 인과관계로 구성되는데 이러한 인과관계는 원인과 결과로 이어지는 연결 관계이다.

즉, 뭔가가 서로 연결되어 있음을 나타내며 원인과 결과 관계는 하나만 있는 것이 아니라 여러 개의 원인과 결과가 서로 맞물려 있는 구조를 나타낸다.

(4) 변수 간의 인과관계

시스템 다이내믹스 모델링에서 우리가 당면하는 문제는 대부분 원인과 결과의 연결 관계로 이루어진 것으로 규정한다. 예를 들어 정부 정책에 따른 부동산 수요, 공급량의 변화, 질병 대응수단에 의한 질병 통제, 제품 판매량 확대를 위한 마케팅 전략 등이다.

피드백 모델 적용과 인과관계의 해석을 통하여 인과관계 모델 유형을 구분하면 다음과 같다.

- Type－1. 어떤 현상의 원인은 아는데 그 결과를 모르는 경우
  예를 들어 어떤 사건의 발생원인은 알고 있으나 피해가 얼마나 발생할지 모르는 경우
- Type－2. 어떤 현상의 결과는 아는데 그 원인을 모르는 경우
  예들 들어 매출액이 급속히 증가하거나 감소하였는데 그 원인을 모르는 경우
- Type－3. 어떤 현상의 원인과 결과는 아는데 발생 조건을 알고 싶은 경우
  예를 들어 금리가 1% 내리면 주택 가격이 3% 오를 때 금리를 내리게 되는 환경 조건은 무엇인가?

- Type-4. 발생 조건은 아는데 그 현상의 원인과 결과를 모르는 경우
  예를 들어 코로나19 백신 개발이 완성되면 향후 1년 이내에 확진자 수는? 사망자 수는? 자영업자 월매출은? 국내 총생산량(GDP)은 어떻게 변할까?

(5) 시차 현상

하나의 원인 인자는 하나의 결과 또는 여러 개의 결과를 동시에 시차를 두고 만들어 낼 수도 있다. 인과관계는 즉각적으로 생길 수도 있고, 일정한 시간이 지나서 나타나기도 한다.[10] 이처럼 원인에 대응한 결과가 일정한 기간이 지나서 이 나타나는 것을 시차(時差)효과 또는 시간 지연(遲延) 현상이라고 한다.

시차 현상과 인과관계의 다중적인 원리는 시스템을 상당히 복잡하게 만드는 이유가 된다. 이런 시스템은 규명하기 어려운 인과관계의 복잡성(complicate)과 복합성(complex)의 집합체가 된다.

인류는 지금까지 종교적으로, 학문적으로, 실증적으로 인과관계 연구를 하여 왔으나 아직도 그 인과적 관계나 시차효과에 대한 명확한 이론이나 결론이 완성되지 못하고 있다.

(6) 문제를 추상화하여 표현

문제를 추상화(abstraction)[11]하여 표현하는 것은 문제를 단순화한다는 것이다. 문제를 단순화한다는 것은 복잡한 문제를 구조화한다는 것이며 문제를 구조화한다는 것은 문제를 핵심변수와 관련 변수로 연결 관계(network relationship)를 맺는다는 것을 말한다.

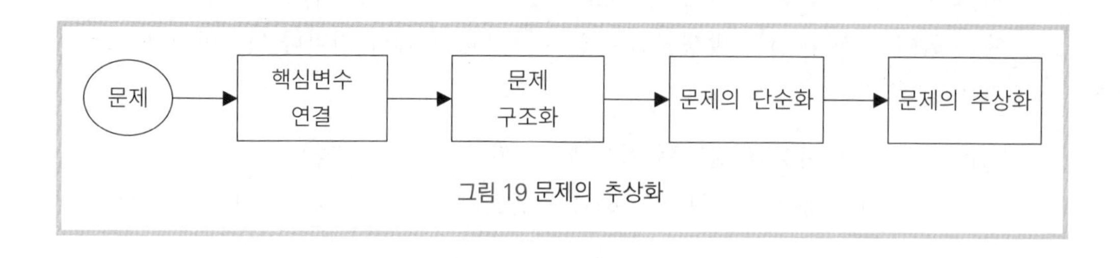

그림 19 문제의 추상화

10) 앞에서 일어난 일이 나중에 일어나는 일에 영향을 주는 현상을 히스테리시스(hysteresis), 이력현상이라 한다.

11) 문제의 핵심원리를 활용하여 문제를 이해하기 쉽게 표현한 것.

문제 추상화에 활용되는 통계이론으로는 요인분석(factor analysis), 판별분석(discrimination analysis), 군집분석(cluster analysis) 이론이 있다. 쉬운 예로 들면 부모는 아이들에게 착하고, 튼튼하고, 공부 잘하는 친구를 사귀라고 흔히들 말한다. 이는 친구라는 개체의 수많은 속성 가운데 이를 추상화하여 세 가지 정도의 핵심성과지표(KPI, key Performance Indicator)로 나타낸 것이다.

문제를 추상화하는 이유는 실세계 문제를 인간이 이해하기 쉽도록 표현하여 문제 해결을 위한 인간의 지혜를 모으기 위해서이다.

추상화를 위한 문제 표현방법

문제를 표현하는 방법에는 문자, 언어, 기호, 문장, 그림, 사진, 이야기, 동영상 등 많은 방법이 있다. 사실 이 방법들을 모두 사용하여도 문제를 100% 그대로 표현할 수 없다.

왜냐하면, 실제 현상의 문제는 그 문제를 설명하는 세부 변수들과 각 변수가 갖는 속성(attributes)이 너무 많기 때문이다. 예를 들어 어떤 문제와 관련된 사람이 두 사람 있다고 할 때 그 두 사람은 변수 2개가 되고, 각 사람의 속성을 갖는다.

사람의 속성에는 이름, 키, 나이, 직업, 국적, 혈액형, 머리카락, 눈동자, 행동 특성, 사고방식, 성격, 철학 등등 수없이 많은 속성이 있다.

그런데 모형(model)에서는 간단히 사람 A와 사람 B로 표현된다. 이렇게 축약하여 추상적으로 표현하는 것은 개체(individual 또는 agent)만이 아니라 문제와 관련된 표현 과정(process)에서도 마찬가지이다.

추상화 처리 과정의 표현방법

다음은 프로세스(Process)의 일반적인 형태를 나타낸 것이다. 프로세스는 업무의 처리, 입력물을 가공하여 산출물을 내는 것을 말한다. 보통 프로세스 처리 과정을 IPO 또는 Input–Process–Output이라고 한다.

흔히 삼성그룹이 지금과 같이 세계적 기업으로 발돋움하게 된 것은 '관리의 삼성' 그리고 '프로세스의 삼성'이라는 업계의 말이 있다. '프로세스'를 통하여 삼성은 과감한 혁신(radical Innovation)과 점진적 개선(Continuous Improvement)을 추구하였다는 의미이다.[12)]

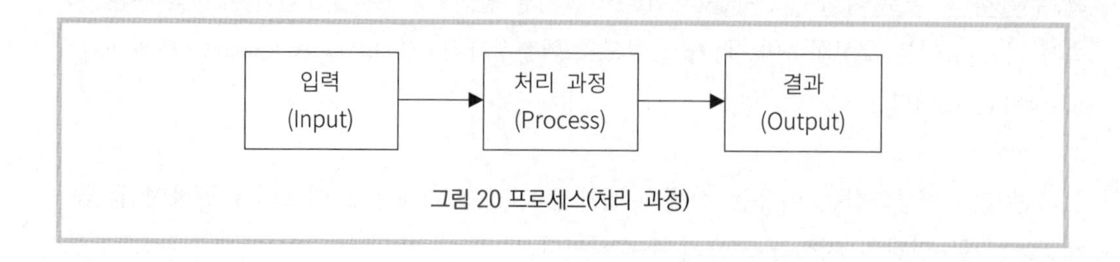

그림 20 프로세스(처리 과정)

문제의 진행 과정을 나타내는 프로세스는 크게 다음 그림과 같이 여러 레벨(수준, 계층단계)로 구분된다. 각 단계에는 입력(input)과 결과(output)가 있다. 추상화 단계에서 처리 과정(Process)도 마찬가지로 모델 사용자가 이해하기 쉬운 수준에서 단순화가 결정된다.

어떤 문제를 구성하는 프로세스의 추상화 수준

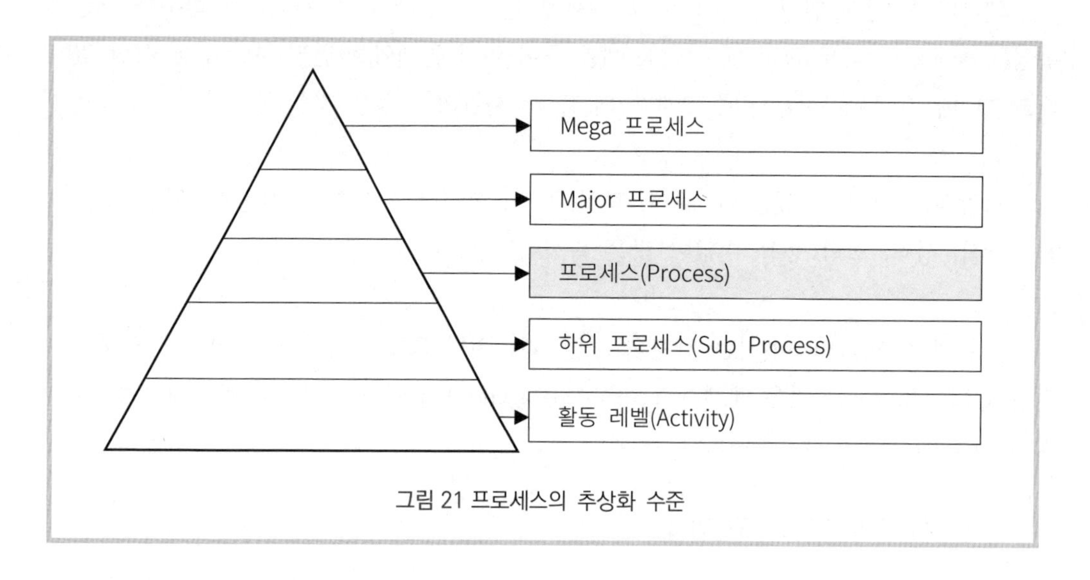

그림 21 프로세스의 추상화 수준

예를 들어 프로세스는 상위 Mega 프로세스 3~4개, Major 프로세스 15~40개, 프로세스 120~300개로 구성된다. 각 프로세스 수준은 그림 21과 같이 삼각형 구성체계의 각 레벨과 오른쪽에 있는 업무 수준 간에도 서로 매칭된다.

---

12) 1993년 삼성그룹 이건희 회장이 독일 프랑크푸르트에서 '신경영(新經營)' 선언 이후 필자도 당시 IBM 경영혁신 컨설턴트로서 삼성전관(현재 SDI)에서 프로세스 혁신(PI, Process Innovation) 프로젝트에 참여하였다.

2.3.5 시스템 다이내믹스 구현 이슈

시스템 다이내믹스 구현을 위한 주요 이슈에는 어떤 것들이 있습니까?

(1) 문제의 추상화 수준

- 문제를 구성하는 변수 간의 동적 시뮬레이션(dynamic simulation) 관계 이해
- 실세계 문제를 논리적으로 적절히 추상화하여 표현하는 방법

(2) 문제를 구성하는 변수 간의 상호관계 표현

- 문제를 구성하는 다양한 변수 간의 복잡한 상호관계 분석
- 문제를 구성하는 변수 간의 피드백 관계(feedback relationship) 탐색
- 문제를 구성하는 변수 간의 시차효과 관계(time-delay relationship) 발견
- 문제를 구성하는 변수 간의 비선형 관계(non-linearity relationship) 파악

(3) 정량변수(비율 및 등간 변수)와 정성변수(명목 및 서열변수)

- 소프트 변수(Soft variable)와 정성 변수(Intangible variable) 인식 및 계량화
- 정량 변수(Quantitative variable, Hard variable)의 수식화와 숨은 의미 분석

(4) 시스템 다이내믹스를 위한 도구

- 변수 간의 상호 영향 관계 표현에 컴퓨터 프로그램 활용
- 사용자를 위한 시뮬레이터 개발

(5) 시스템 다이내믹스 분석결과에 대한 신뢰성 평가

- 과거 실적에 대한 데이터의 신뢰성, 결론의 신뢰성, 예측의 신뢰성 추정
- 관련 전문가를 통한 모델의 신뢰성 확보 방안 및 객관적 검증 방법 모색
- 시스템 다이내믹스 분석결과에 대한 공감대 형성

2.4 시스템 다이내믹스의 위치

2.4.1 시스템 다이내믹스가 추구하는 것

(1) 시간에 따른 시스템의 동적 변화특성 연구

시스템 다이내믹스는 컴퓨팅 기술(computing technology)을 이용하여 시스템의 시간에 따른 동적 변화특성을 관찰하고 그 변화원리를 분석하는 학문이다.

시스템 다이내믹스는 시간 함수를 갖는 시스템을 연구대상으로 하는 이론으로, 이 세상 모든 것은 시간의 흐름에 따라 생기거나 없어지는, 즉 생멸(生滅)이 교차하는 것을 전제하고 있다.[13]

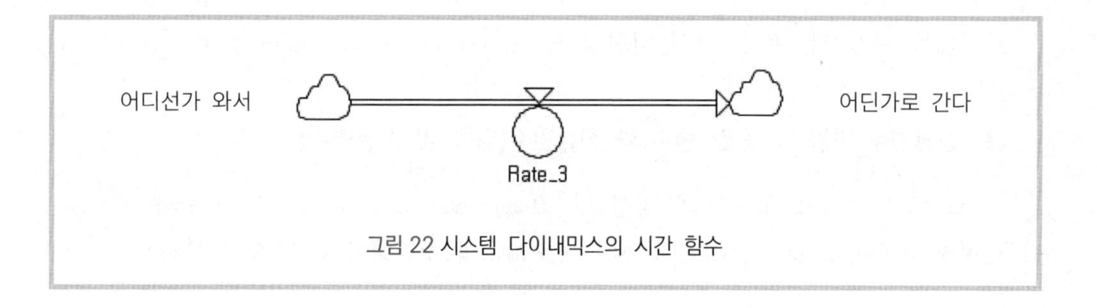

그림 22 시스템 다이내믹스의 시간 함수

(2) 시스템 피드백 구조의 연구

시스템은 시스템 간의 상호 영향 관계(피드백)를 갖는 동시에 하나의 시스템 내부에도 그 시스템을 구성하는 개체 간에도 상호 영향 관계(피드백)가 있다. 피드백은 서로 영향을 준다는 의미이다.

피드백 설명을 위하여 '내 안에 예수 있다' 또는 '내 안에 부처 있다'라는 의미를 피드백 구조로 표현하면 다음과 같다.

13) 이런 현상을 제행무상(諸行無常)이라고도 한다.

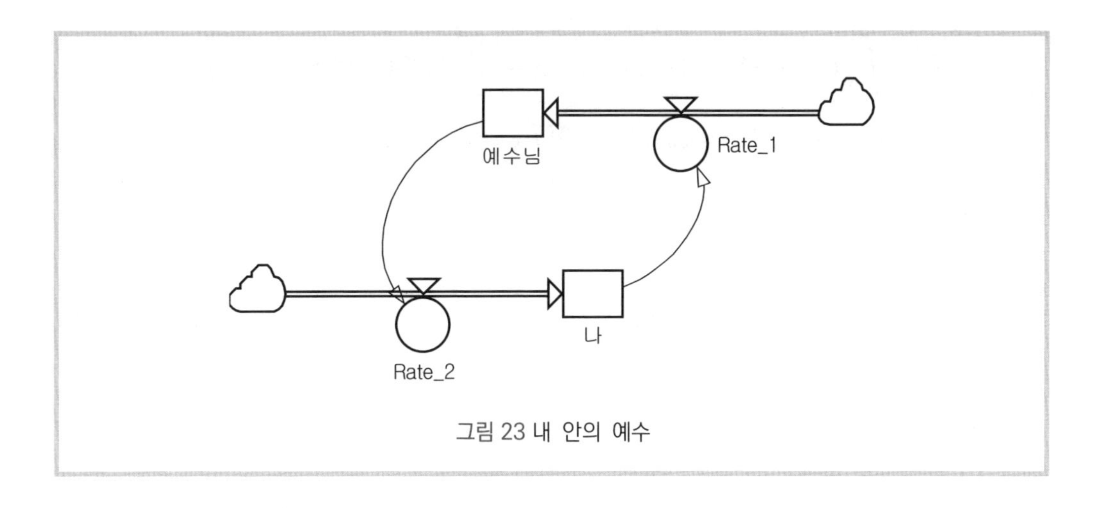

그림 23 내 안의 예수

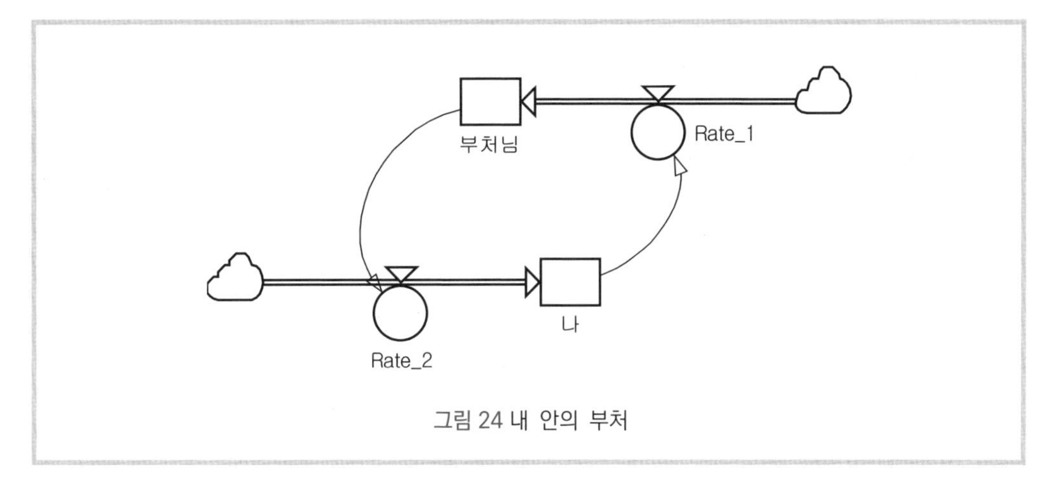

그림 24 내 안의 부처

이를 수학식으로 표현하면 다음과 같다.

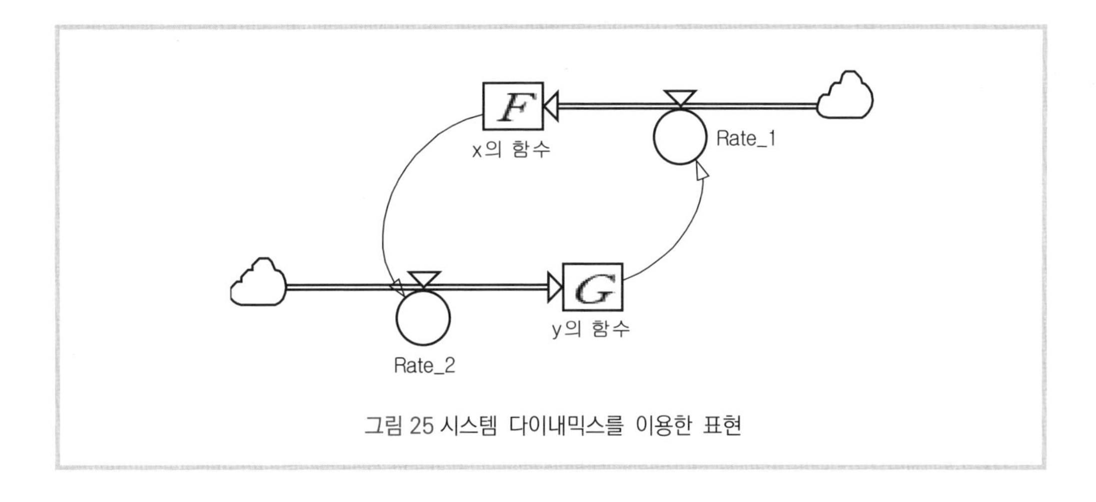

그림 25 시스템 다이내믹스를 이용한 표현

$$G = \int g(F(x_t) * y_t)dt \ \text{그리고} \ F = \int f(G(y_t) * x_t)dt \ \text{이면,}$$

$$F(G(y,x)) \fallingdotseq G(F(x,y))\text{이다.}$$

이는 서로 맞물려 있다는 의미의 수식이다.

위의 식은 일반 수학적 논리로는 틀린 표현이다. 수험생은 이 식을 무시하기 바란다. 합성함수에서 교환법칙은 성립되지 않기 때문에 위의 식은 고차원의 피드백 관계를 설명하기 위한 것으로 이 책에서만 사용하여야 한다. 특히 고등학생들은 주의가 필요하다.

합성함수(Composite Function)[14]의 성질

- 결합법칙은 성립한다. $(f \circ g) \circ h = f \circ (g \circ h)$
- 교환법칙은 성립하지 않는다. $f \circ g \neq g \circ f$

(3) 관념적인 추상적 실체의 연구

시스템을 생각하면 대부분 실물로 존재하거나, 기계장치 또는 물리적인 동작을 나타내는 시스템을 흔히 떠올리게 된다. 시스템 다이내믹스에서는 이러한 형이하학적 시스템을 포함하여 특히 관념적이고 추상적인 시스템을 중요하게 다룬다.

예를 들면 사회적 문제(Social issue), 정책적 문제, 정치적 이슈, 인간의 감정적 문제, 사회화합, 국가 간의 화해와 협력, 사회 불평등 해소 등 형이상학적 문제를 갖는 눈으로는 보이지 않는 시스템을 모델링 및 시뮬레이션하고, 그 결과를 분석하여 최적의 합리적인 의사결정을 내리는 것을 컴퓨팅 능력을 활용하여 연구한다.

시스템 다이내믹스에서 다루는 추상적인 문제는 현재 당장은 나타나지 않으나 우리 사회나 환경 등 실세계(real world)에 그 원인이 잠재된 문제를 다룬다. 언젠가는 나타날 그 문제의 근원과 문제의 발생 과정 그리고 그 파급 영향을 과학적인 절차를 토대로 모델링하고, 시뮬레이션을 통하여 연구한다.

---

14) 합성함수는 $y = f(x)$ 와 $x = g(z)$ 두 함수를 합성하면 $y = f(g(z))$ 가 되는 것을 의미한다.

(4) 시스템 다이내믹스의 분석 대상 기간 설정

제이 포레스터 교수는 그의 책 Urban Dynamics(도시 동태학)[15]에서 도시 성장과 정체를 산업, 주택, 인구에 대하여 t=0에서 t=250까지 약 250년의 관찰 기간을 대상으로 분석하였다.

이러한 시스템 다이내믹스 시뮬레이션 분석 기간은 한 세대를 30년으로 보면 한 세대의 8배에 해당하는 기간이 된다.

그리고 일자리, 실업, 주택 등에 대한 도시 정책 효과에 대해서는 약 50년을 분석 기간으로 하고 있다. 이처럼 분석 기간을 충분히 주는 이유는 시스템의 다이내믹스(System's Dynamic Behavior)를 관찰하기 위함이다.

여기서 일자리 정책 수명과 주택정책 수명을 평균 8년으로 본다면 도시정책의 시스템 다이내믹스 시뮬레이션 분석 기간은 일자리나 주택정책 주기의 약 6배에 해당한다.

$$\text{적정한 시스템 다이내믹스 분석 기간} = \frac{\frac{250}{30} + \frac{50}{8}}{2} = 7.29\text{이다.}$$

따라서 시스템 다이내믹스에서 도시 시스템의 동태성(動態性)을 분석하려면 그 시스템에 적용되는 정책 수명주기의 약 7배 기간(7 Cycles과 도시정책 계수를 1로 가정하면 7.29*7*1= 약 50년)을 설정하여야 그 정책의 동적 특성을 시스템을 통하여 알 수 있다.

예를 들어 토끼의 개체 수 조절 정책 시뮬레이션을 하려면 토끼의 수명이 6~8년으로 약 7년을 기준으로 하면, 약 25년(7 Cycles과 도시정책 계수가 1일 때 토끼 생태계수를 0.5로 가정하면 7*7*0.5= 약 25년)을 관찰주기로 하여야 함을 알 수 있다.

주택 수명을 고려한 주택건설 공급정책은 주택 수명 기간을 30년으로 할 때 약 40년(7 Cycles과 주택 공급정책은 도시정책에 비해 동적 특성이 거의 없으므로 주택 공급정책 계수 0.2를 적용하면 30*7*0.2= 약 40년)을 분석 기간으로 하여야 한다.

---

15) Jay W. Forrester(1969), Urban Dynamics, The M.I.T. Press.

현실적으로 주택 수요와 관련된 주택매매 등 주택 거래 정책 시뮬레이션의 경우 8년(7 Cycles과 도시정책 계수를 1로 할 때, 예를 들어 주택 평균 이동·거래 주기가 6년이면 주태 공급주기 30년을 고려하여 주택거래 계수는 $\frac{6}{30}=0.2$로 $6*7*0.2=$약 8~9년)을 시뮬레이션 분석 기간으로 설정하여야 한다.

2.4.2 시스템 다이내믹스 학문적 위치

시스템 다이내믹스의 학문적 위치는 어디인가요?

어떤 문제를 해결하는 방법에는 여러 가지가 있을 수 있으며, 하나의 방법으로도 여러 가지 형태의 문제를 해결할 수 있다. 시스템 다이내믹스 기법의 학문적 위치는 다음과 같이 다른 학문과도 어울려 존재한다.

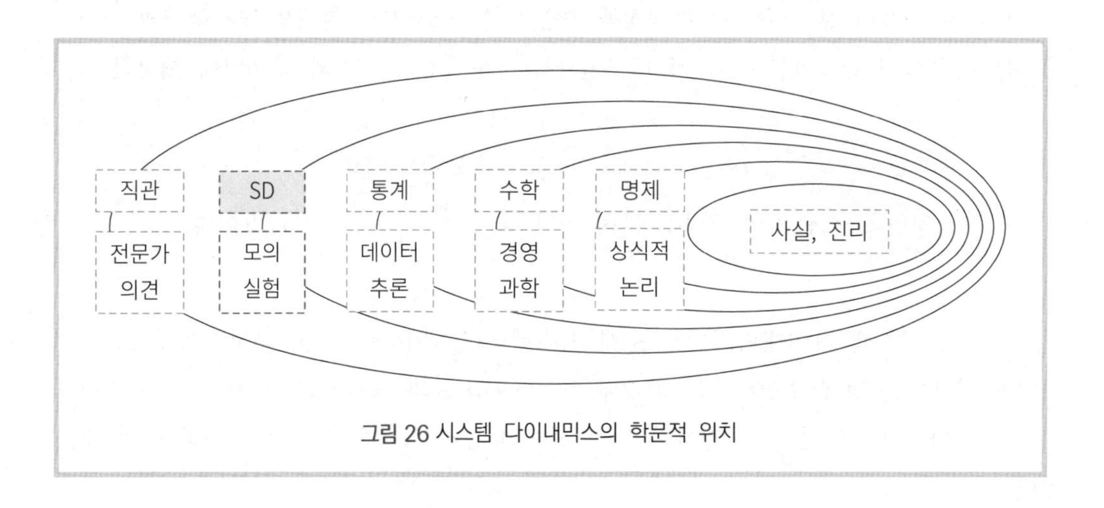

그림 26 시스템 다이내믹스의 학문적 위치

시스템 다이내믹스(SD)는 직관과 통계분석이나 데이터 분석의 중간 정도에 위치하는 연구분석 방법이다. 이는 양파(onion)의 바깥쪽 두 번째, 아직 초록색이 약간 묻어 있는 하얀 껍질과 같다.

시스템 다이내믹스는 지구와 같이 늘 한곳에만 머물러 있지 않고 주어진 SD 궤도(orbit)를 따라 선회하게 된다. 즉 문제의 특성이나 분석의 주제에 따라서 데이터 추론이나 통계적 확률분석, 경영과학의 최적화, 수학의 수식연산을 비롯하여 전문가 의견이나 직관(intuition)적 판단도 일부 흉내 내며 협업(collaboration)하면서 문제의 추상화(abstraction)에 접근하게 된다.

2.4.3 시스템 다이내믹스를 위한 논리적 접근

앞서 설명한 바와 같이 시스템 다이내믹스는 수학이나 통계학과 같이 이미 증명된 논리나 데이터를 기반으로 하는 객관적 분석방법과 인간의 직관(intuition)이나 전문가들의 공통된 의견일치[16)]에 의존하는 주관적(subjective) 분석방법 사이 중간에 위치하는 연구방법이다.

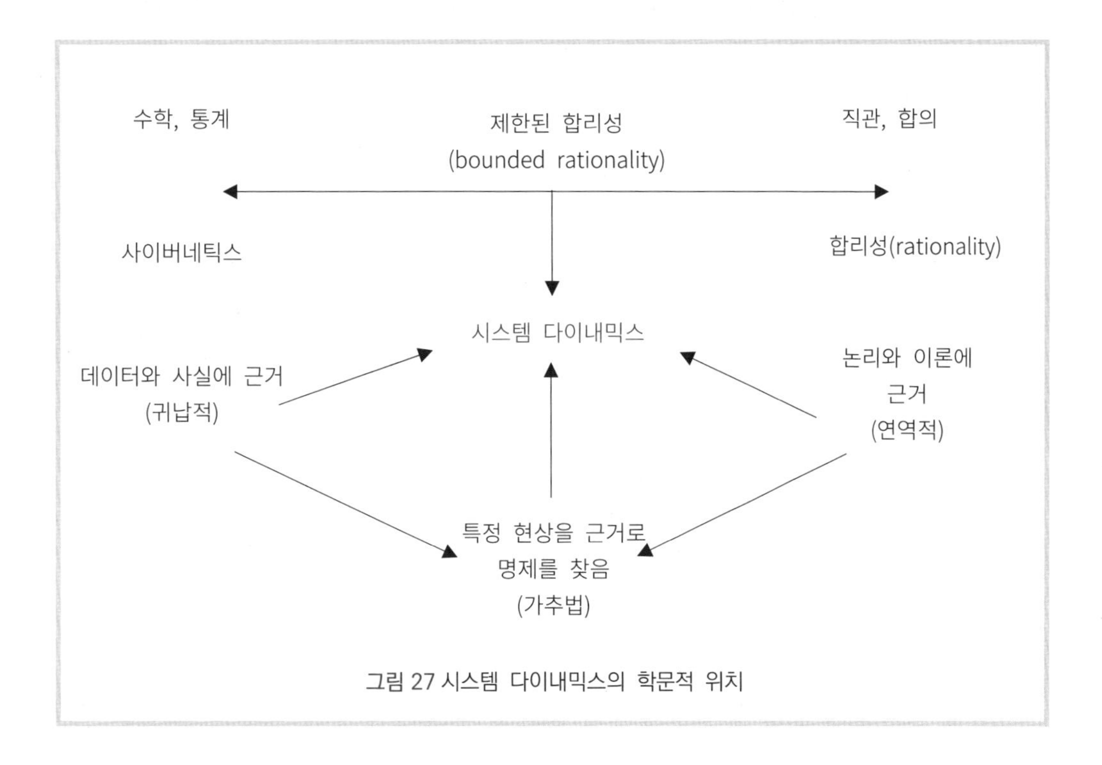

그림 27 시스템 다이내믹스의 학문적 위치

가추법(假推法, abductive reasoning)

(1) 가추법 등장 배경

지금까지의 산업혁명은 귀납법과 연역법이라는 두 가지 사고방식이 주류를 이루며 상호작용을 거치면서 많은 발전을 하였다.

16) 아직 명제로는 확정되지 않은 상태.

과거 전통적인 2차 산업혁명과 3차 산업혁명이 이론을 실증으로 하는 연역적 사고를 중심으로 발전하였다면, 최근 유행하는 4차 산업혁명은 '실제 데이터'와 '관찰 현상' 그리고 '관찰 데이터(실험 데이터)'에 근거하여 발전하는 귀납적 요소를 중심으로 발전하는 무형의 지식혁명이다.

시스템 다이내믹스 문제[17]를 구성하는 핵심변수와 관련 변수의 추출 그리고 이들 간의 상호연관 관계를 설정하기 위해서 '가추법'이 유용하게 사용된다. 그것은 아마도 귀납법과 연역법을 기저에 두고 발전하는 가추법(假推法)[18]을 중심으로 하는 사고방식을 활용하는 것이다.

(2) 가추법 소개

가추법이란 무엇인가요?

가추법(假推法)은 영국 소설가 아서 코난 도일(Sir Arthur Conan Doyle)이 그의 소설에서 탄생시킨 명탐정 셜록 홈즈(Sherlock Holmes)가 자주 사용하는 추론 방식이다.

가추법은 귀납법이나 연역법으로 풀기 어려운 새로운 문제나 어려운 문제를 사람의 지식, 문제의 핵심 데이터, 문제를 둘러싼 주변 상황, 관련 명제들을 종합적으로 고려하여 주관적으로 추론을 하는 방법이다.

여기서 주관적 판단(subjective reasoning)은 그 사람이 이미 갖고 있던 성향이나 선호도, 선입관에서 벗어나, 그 사람의 지능(intelligence)과 상상력을 총동원하여 과학적으로 신뢰성 있는 추론(scientific reasoning)을 통해 제시하는 것이다.

최근 가추법은 시스템 다이내믹스, 베이지안 추론(Bayesian inference)과 컴퓨팅 알고리즘(Computing Algorithm)을 비롯한 심층학습(Deep Learning) 등 인공지능 알고리즘 개발을 비롯하여 다양한 분야에 활용되고 있다.

---

17) 시스템 다이내믹스 문제는 대부분 수학적, 통계적으로 잘 해결되지 않은 문제인 경우가 많다.

18) 귀추법 또는 가추(假推)법은 1878년 미국 철학자 퍼스(Charles Sanders Peirce)가 가정적 추론(hypothetic inference 假定的 推論, hypothesis, retroduction, presumption)이라 하였다.

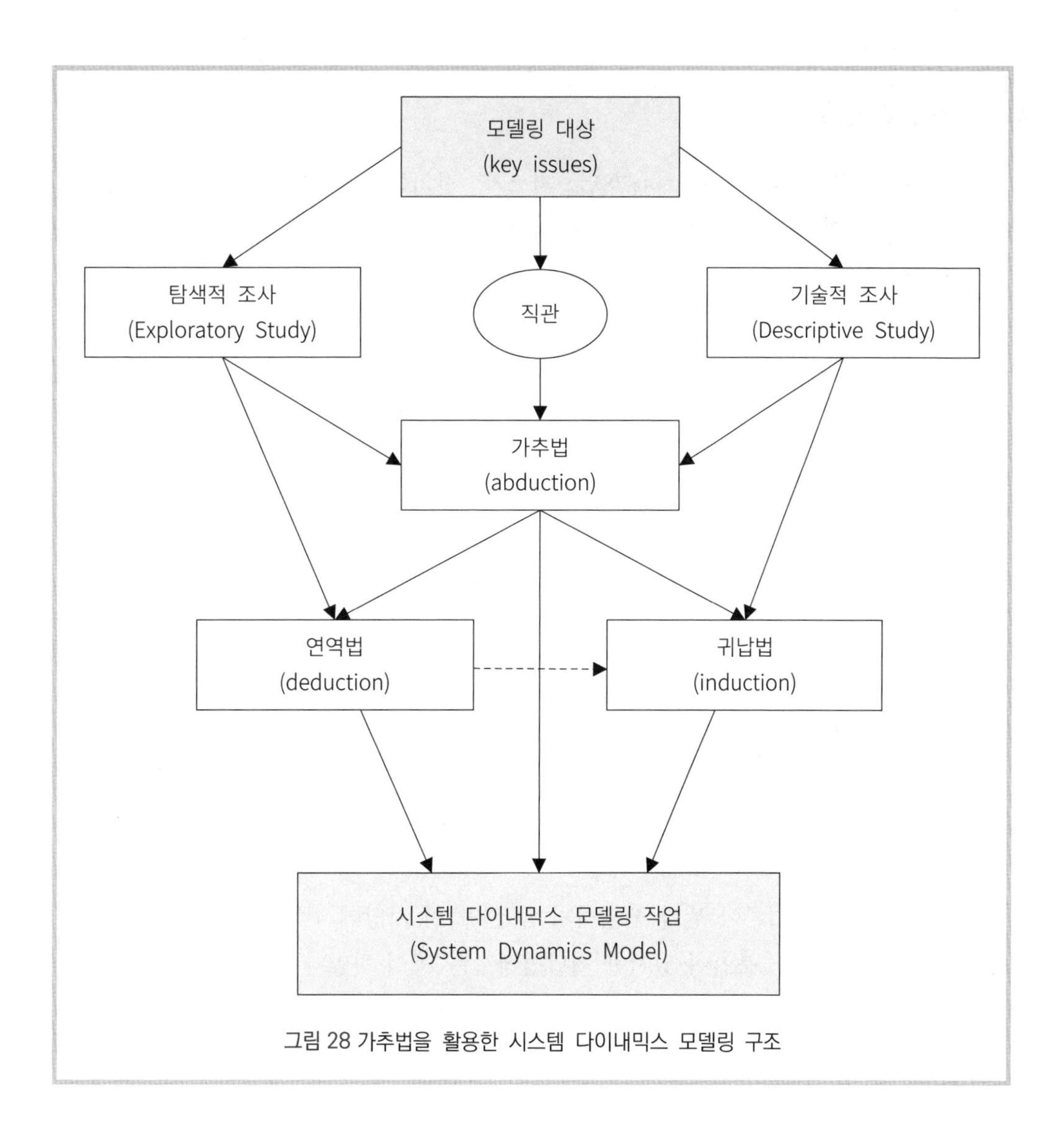

그림 28 가추법을 활용한 시스템 다이내믹스 모델링 구조

2.4.4 가추법 설명 예제

가추법을 설명하기 위하여 1878년 퍼스가 정의한 바바라 삼단논법(Syllogism Babara)[19]의 가방의 콩 이야기를 이용하여 설명을 시도해 보겠다.

(1) 연역법(Deduction)

- Rule(법칙): 이 가방에서 나온 모든 콩은 하얗다.
- Case(실례): 이 콩들은 이 가방에서 나온 것이다.

∴ Result(결론, 결과): (그러므로) 이 콩들은 하얗다.

이러한 연역법은 어떤 주장을 받아들이기에 별다른 의문이 없다.

(2) 귀납법(Induction)

- Case(실례): 이 콩들은 (무작위 추출, randomly selected) 이 가방에서 나왔다.
- Result(결과, 결론): 이 콩들은 하얗다.

∴ Rule(법칙): (그러므로) 이 가방에서 나온 모든 콩은 하얗다.

여기서 귀납법의 결론이 뭔가 찜찜하지 않은가? 이 가방에서 나온 콩이 하얗지 않을 것 같은 불안이 있다. 불안이 있지만 귀납법에서는 '콩이 하얗다'라는 것에 초점을 두고 있다.

(3) 가추법(假推法)(Abduction, Hypothesis)

- Rule: 이 가방에서 나온 모든 콩은 하얗다.
- Result: 이 콩들은(묘하게도, oddly) 하얗다.

∴ Case: (그러므로) 이 콩들은 이 가방에서 나왔다.

가추법에서는 '이 콩들은 이 가방에서 나왔을지도 모른다'를 추정하면서 '이 가방에서 나왔다'에 초점을 두고 있다. 이처럼 시스템 다이내믹스 문제 분석 과정에 가추법을 사용하면 핵심변수를 선별이나 변수 간의 관련성 추정을 더욱 합리적으로 할 수 있다. 또한 퍼스는 연역법을 전제하고 귀납법을 보충하는 방법으로 가추법을 제안하였다.

---

19) wikipedia.org/wiki/Charles_Sanders_Peirce

2.4.5 시스템 다이내믹스를 이용한 컴퓨터 모델링 절차

현실적 상황을 대상으로 논리적인 구조화를 통하여 수학적으로 계량화하여 작성된 스톡 플로우 모델을 이용하여 하나의 컴퓨터 기반 세계(computer based world)를 컴퓨터 상에서 구축한다. 사용자는 현실적 상황을 컴퓨터 기반으로 시뮬레이션하고, 그 적용 결과를 다시 분석모형에 반영한다.

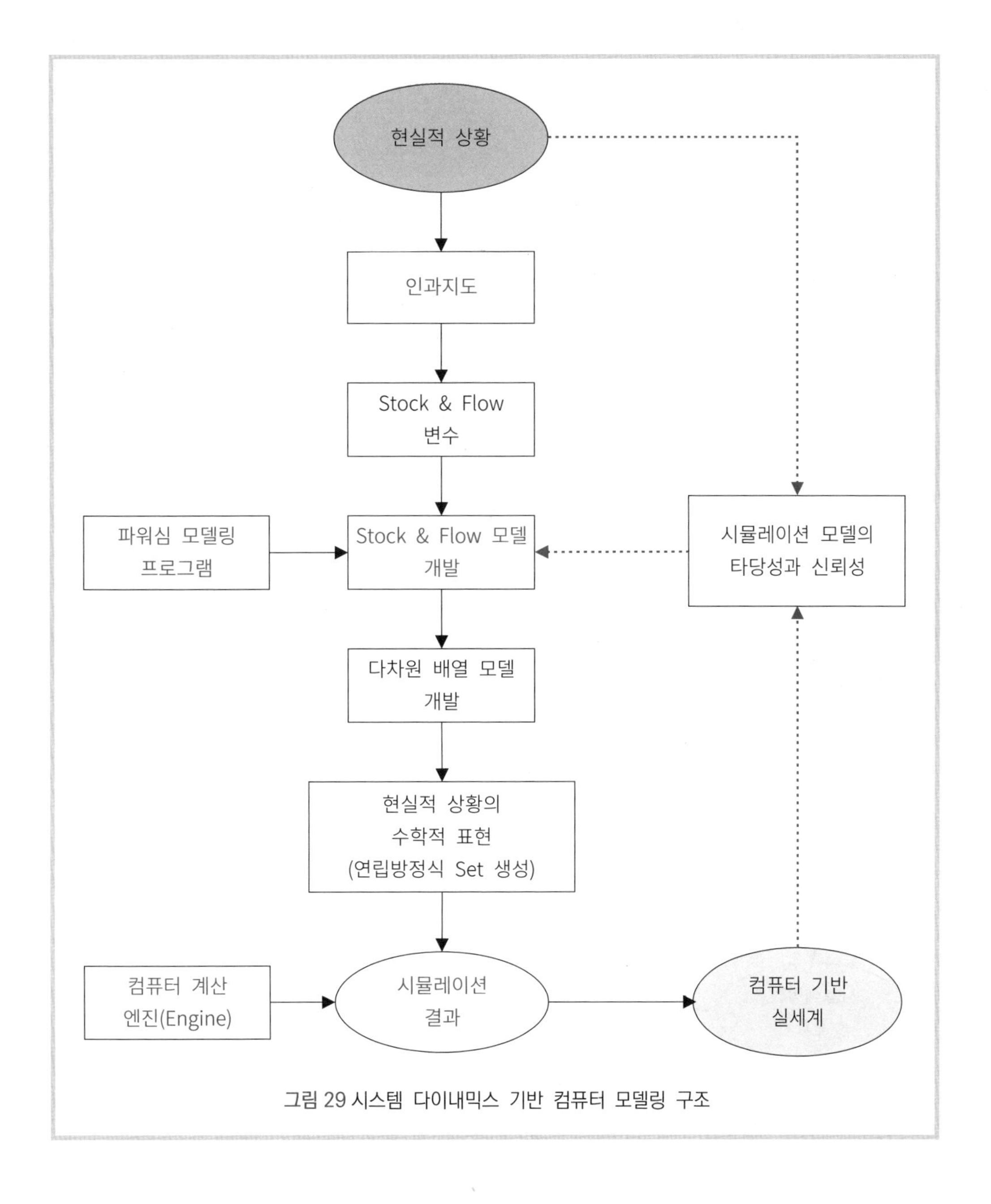

그림 29 시스템 다이내믹스 기반 컴퓨터 모델링 구조

2.4.6 시스템 다이내믹스를 이용하여 현실 세계 제어 구조

시스템을 제어한다는 것은 어떤 목적을 달성하는 것을 말한다. 따라서 시스템 다이내믹스 기반의 제어 시스템체계는 어떤 목적 값을 달성하기 위한 일련의 과정을 모은 것이 된다. 그림 30과 같이 최적 제어 설계는 원하는 목표치를 탐색하는 과정으로 컴퓨터 기반 실세계에서 수없이 새로운 제어 값을 실행, 목표와 실행 결과의 차이 점검, 제어 값 수정을 반복하는 일련의 과정을 통하여 구해진다.

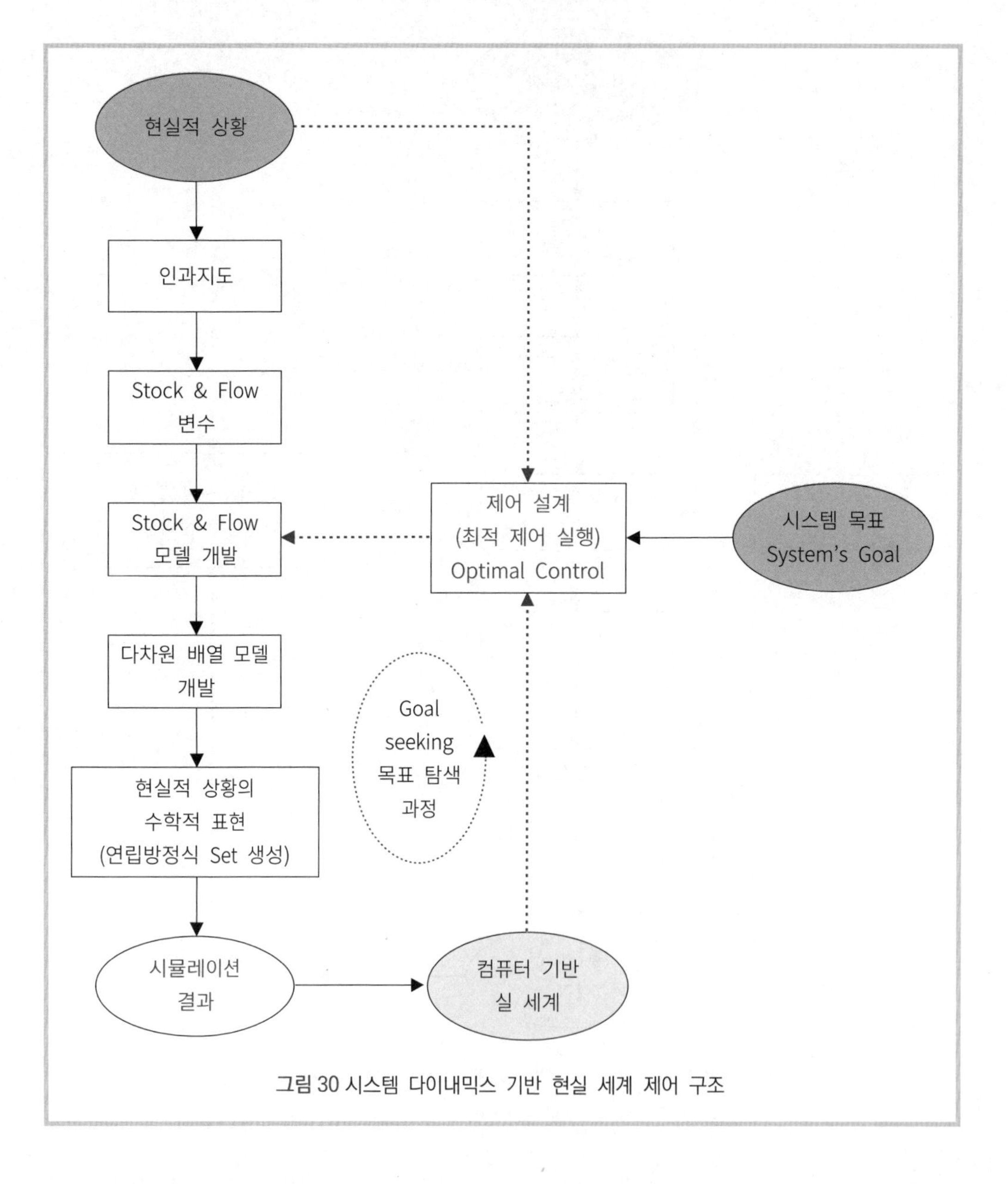

그림 30 시스템 다이내믹스 기반 현실 세계 제어 구조

2.4.7 4차 산업혁명 적용기술을 접목한 시스템 다이내믹스 구현 절차

그림 31은 시스템 다이내믹스 모델링 과정에 4차 산업혁명 요소기술을 접목하는 과정을 단계별로 제시하였다. 이는 기존의 모델링 및 시뮬레이션 방법에 빅데이터, 인공지능 기술, 디지털 트윈 기술(DT), 사이버 물리 시스템(CPS) 구현 기술을 적용하는 것으로 모델링 및 시뮬레이션 그리고 분석 과정에서 상당한 변화이다.

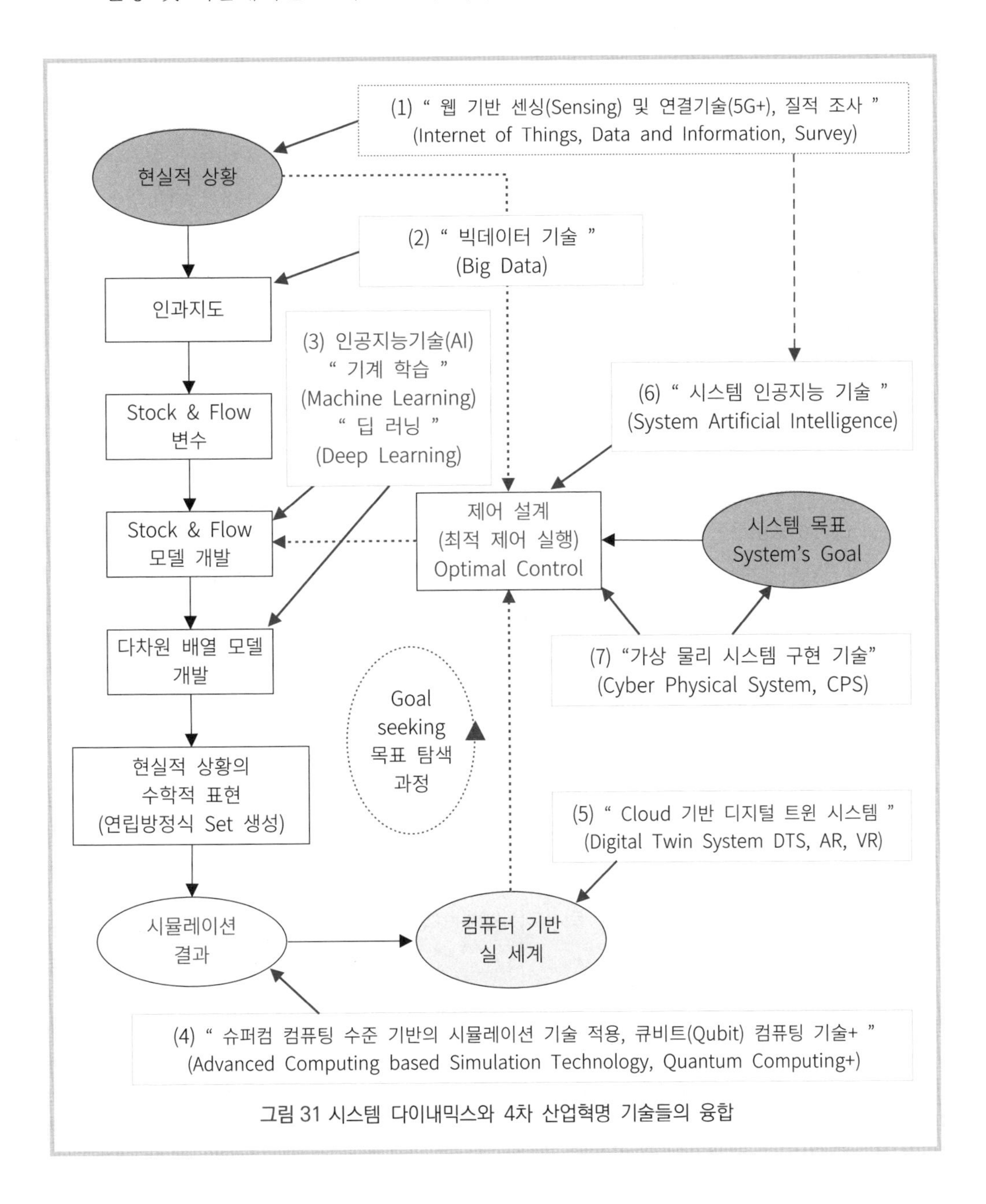

그림 31 시스템 다이내믹스와 4차 산업혁명 기술들의 융합

2.4.8 시스템 다이내믹스 미래 연구방법

미래의 시스템 다이내믹스 연구방법에는 어떤 것이 있을까요?

가까운 미래에는 새로운 추론 논리의 탄생과 4차 산업혁명과 같은 기술발달로, 예를 들어 그림 32와 같은 새로운 유형의 데이터와 기술적 환경변화에서 모델링이 이루어진다.

돌이켜보면 컴퓨터 기술과 네트워크 발달로 정보통신기술(ICT) 분야의 획기적 발달은 3차 산업혁명을 가져왔다. 이에 최근 정보통신기술 분야의 기술혁신 솔루션을 우리 사회 각 분야에도 접목하여 기술혁신을 중심으로 변환하자는 것이 4차 산업혁명이다.

여기서 시스템 다이내믹스의 역할은 4차 산업혁명으로 변환되는(Transformation) 각 분야의 성공 이미지를 제시할 수 있어야 한다. 이러한 성공 이미지는 어떤 추상적인 개념적인 이미지가 아니라, 기간별로 유기적으로 서로 맞물려 돌아가는 동적 시스템 이미지를 시뮬레이션을 통하여 제공하는 것을 말한다.

일종의 컴퓨터상에서 작동되는 4차 산업혁명 구현 이미지, 즉 컴퓨터 기반 실세계(Computer based world)를 시스템 다이내믹스 기술을 이용하여 보여주는 것이다. 여기에는 법, 제도, 자원, 관행, 문화, 철학, 여론, 감정 등을 비롯하여 타 분야의 4차 산업혁명 구현 상태로 함께 시스템의 일원으로 포함된다.

이를 위하여 적용되는 기술은 다음과 같다.

시스템 다이내믹스 기반 컴퓨터 실세계 구현에 적용되는 기술

- 목적 지향적 알고리즘(Goal Seeking Algorithm, GSA)
- 디지털 트윈(Digital Twin, DT) 기술
- 실세계상에서 최적 제어되는 컴퓨터 세계(가상 물리 시스템의 세계, Cyber Physical System, CPS)
- 연역법, 귀납법, 가추법 등을 포함하는 실세계와 현상의 모델링 기술(Modeling Technology, MT)
- 기술 및 비기술적 측면의 바람직한 세계(Desired World's State, DWS)에 대한 관념 및 철학의 계량화

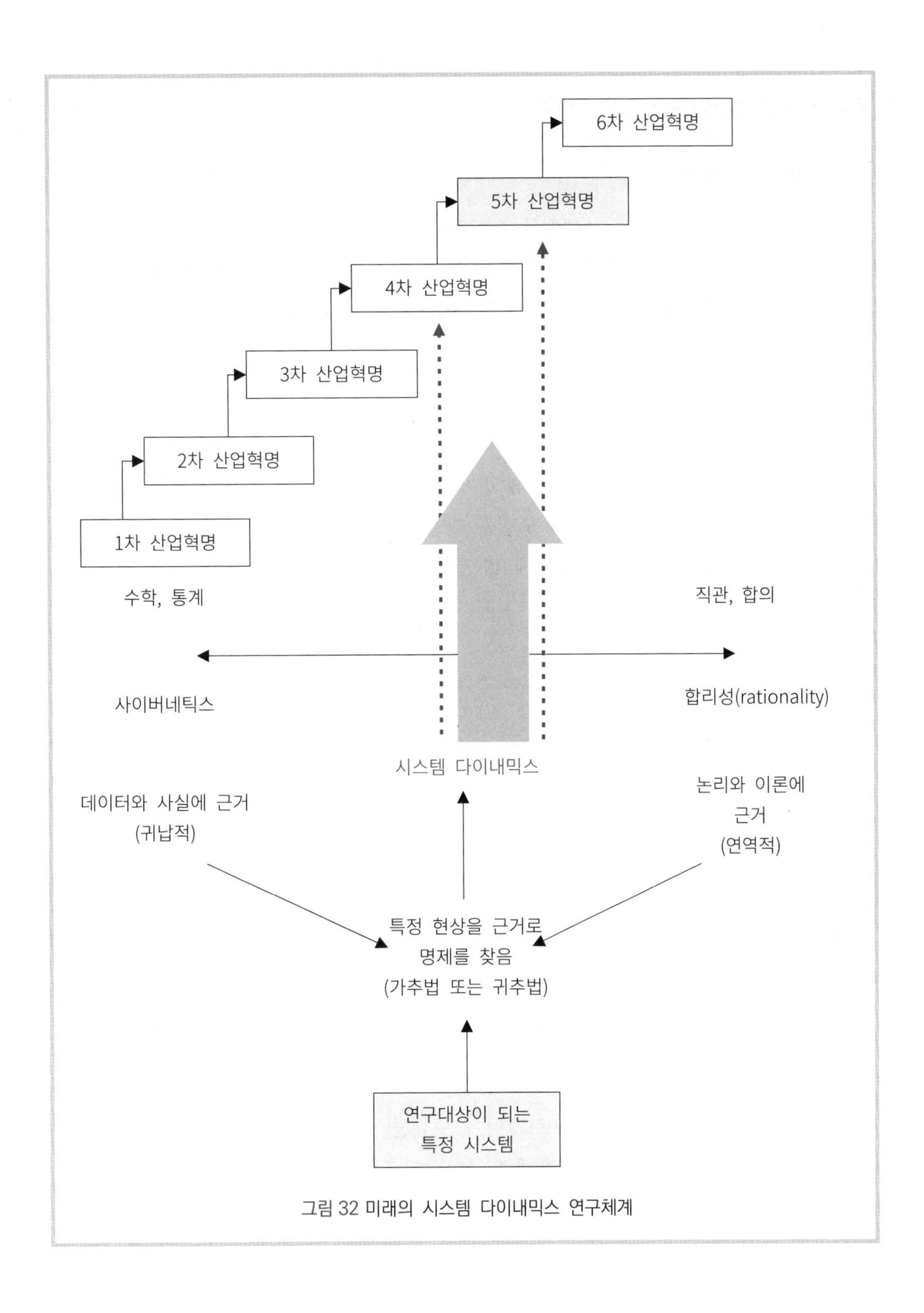

그림 32 미래의 시스템 다이내믹스 연구체계

2.4.9 시스템 다이내믹스 발전 방향

(1) SD 교육 확대

시스템 다이내믹스(SD)는 실세계를 이해하고 대응하는 매우 효과적이고 적절한 방법이나 아직 많이 알려지지 않았다. 앞으로 SD 연구와 강의 및 교재 개발에 대한 정책적 지원을 통하여 유치원생에서부터 대학원생에 이르는 전체 교육과정에 SD를 교육할 수 있도록 준비되어야 한다.

(2) 산업발달에 따른 SD 이론의 확장

현재 5G 이동통신 기술의 발달로 많고 양과 다양한 종류의 데이터가 제공되고 있다. 이를 활용하여 실세계(real world) 모델을 개발한다면 SD의 입장에서는 인류의 신기술을 활용하고, 다시 요소기술에 발전에 피드백하는 윤활유의 역할을 할 수 있다.

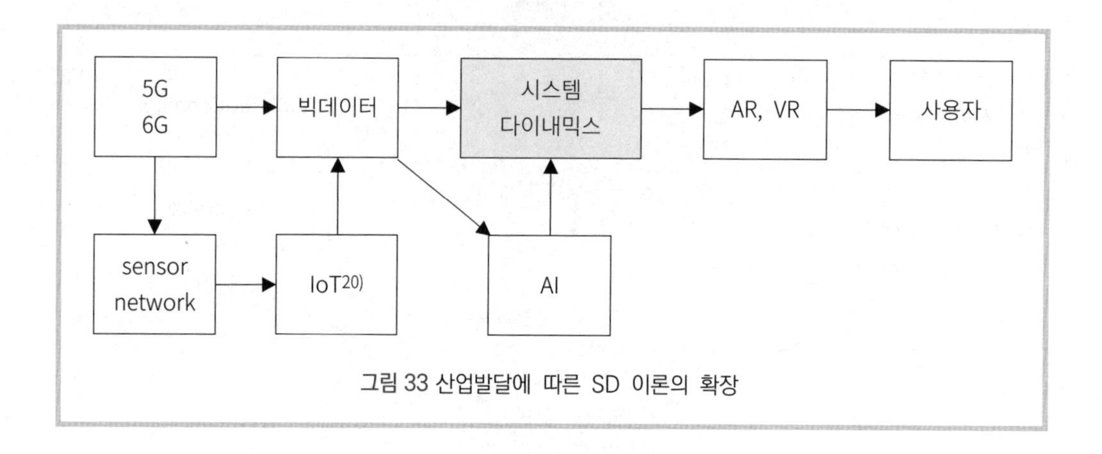

그림 33 산업발달에 따른 SD 이론의 확장

(3) 모바일 이동상태에서 SD의 활용

현재는 데스크 톱 Personal Computer 기반의 컴퓨터에서 시스템 다이내믹스 이론을 이용한 모델링 및 시뮬레이션 프로그램이 주류를 이루고 있다. 향후 웹 기반(Web based) 모델링 및 시뮬레이션이 자유자재로 구현되어 인터넷 기반에서도 SD 시뮬레이션 환경[21]이 자유롭게 제공되는 환경이 마련되어야 한다.

---

20) 센스와 통신을 결합한 것으로 최근에는 자체적인 처리를 요구하는 단계에 이름(Internet of Things).

21) System Dynamics 기반의 모델링 시뮬레이션 프로그램(Software)이 웹(web)상에서 무리 없이 작동하는 환경.

그리고 5G 기반의 이동통신 기술의 발달로 사용자가 이동상태에서 실시간 SD 모델링 및 시뮬레이션을 통하여 재난이나 전염병 등 다양한 형태의 문제 발생에 적시 현장 대응할 수 있는 SD 이론이나 활용체계가 갖추어져야 한다.

(4) 소프트웨어 개발에 SD의 활용

대규모 소프트웨어 개발, 불확실성이 높은 프로그램의 개발을 위하여 소프트웨어 개념설계나 프로토타이핑(Prototyping), 유사코드(Pseudo Code) 작성을 위하여 SD 기반의 모델링 시뮬레이션 프로그램을 적용하면 소프트웨어 개발 생산성을 획기적으로 높을 수 있다.

(5) SD 기본 원리의 확대 가능성 검토

현재 주요 SD 이론의 핵심 분야는 다음과 같다.

- 피드백 시스템 모델링
- 시차효과 모델링
- 비선형 관계 모델링
- 질적 변수(intangible) 변수 모델링
- 최적화(optimization)
- 불확실성에 따른 위험도 평가(risk assessment, risk variation, sensitivity)
- 위험도 관리(risk management)

향후 SD 이론에서 수용할 만한 다른 분야의 이론

- 다기준 의사결정(MCDM, multi-criteria decision making)
- 다차원 배열(multi-dimensional array modeling) 모델링 및 시뮬레이션
- 시각화를 위한 기존 기술의 발달 수준과 기술협업(예: AR, VR[22])
- (앞서 언급한 바대로) 웹 기반 모델링 및 시뮬레이션 이론의 제시

22) 가상현실(假想現實, Augmented Reality, AR), 증강현실(增强現實, Virtual Reality, VR).

2.5 모델링을 위한 변수

모델링을 위한 변수는 무엇인가요?

2.5.1 모델링을 위한 변수 종류

모델링 변수 종류를 구분하기에 앞서 형이하학과 형이상학에 대하여 알아본다. 형이하학(形而下學)적이라는 것은 사전적 의미로는 형체가 있는 사물과 관련된 것으로 물리적인 사물을 나타낸다. 이에 비하여 형이상학(形而上學)적은 어떤 사물이나 물적인 대상 또는 사상에 대하여 생각이나 직관으로 나타내는 것으로 물리적인 형체가 없이도 그 실체를 이루는 것이 특징이다.

(1) 개념에 의한 변수 구분

그렇다면 형이하학적인 것과 형이상학적인 것은 그 중간 정도에 있는 것을 기준으로 상하를 구분하였을 것이다. 예를 들어 '구매 고객 수'라는 형이하학적 변수와 '고객 만족도'라는 형이상학적 변수 사이에는 형이하학적 개념과 형이상학적 개념의 중간 정도에 '고객'이라는 중립변수(neutral variable)를 설정할 수 있다.

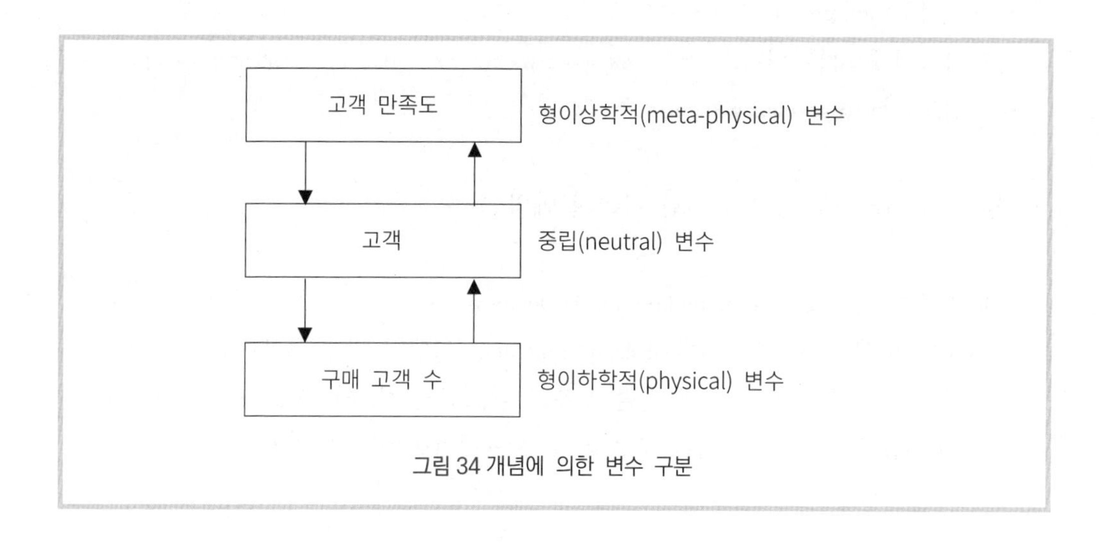

그림 34 개념에 의한 변수 구분

(2) 형태에 의한 변수 구분

변수는 물리적 형태의 유무에 따라 (1) 형태가 뚜렷한 유형(tangible) 변수와 (2) 관념적으로는 뚜렷한 형태를 가지나 그 형태를 물리적으로는 구분하기 힘든 변수인 무형(intangible) 변수로 구분할 수 있다.

형태에 따른 변수 구분

- 유형 변수(有形變數)
- 무형 변수(無形變數)

(3) 양과 질에 의한 변수 구분

양과 질에 따라 변수를 양적(量的) 개념에 따라 구분하면 변수 속성을 양의 개념으로 측정할 수 있는 변수를 유형 변수 또는 하드(hard) 변수라 한다. 그리고 변수 속성을 양보다는 개념적 가치나, 질(質)의 척도로 구분할 수 있는 변수를 무형 변수, 소프트(soft) 변수라 한다.

소프트 변수(soft variable)는 형이상학적 개념의 변수로 정성변수(qualitative variable) 또는 질적 변수(質的變數)이며, 이에 비하여 하드 변수(hard variable)는 형이하학적 개념의 변수로 정량변수(quantitative variable) 또는 양적 변수(量的變數)이다. 이를 도식화하면 그림 35와 같다.

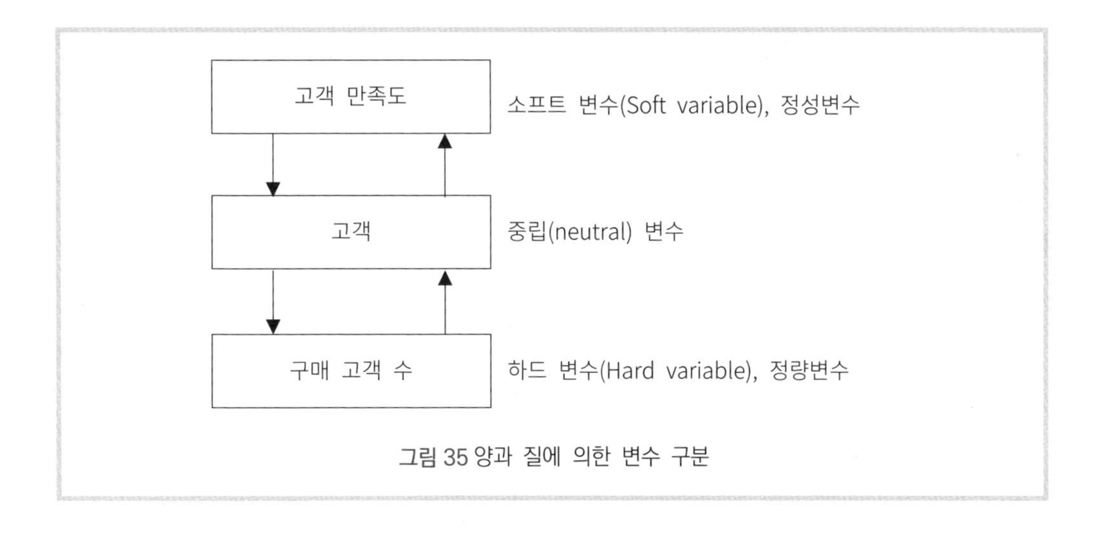

그림 35 양과 질에 의한 변수 구분

일반적으로 대부분의 소프트 변수, 즉 정성변수는 여러 가지의 하드 변수에 의하여 표현된다. 예를 들어 소프트 변수인 '고객 만족도'는 여러 가지 하드 변수, 즉 '서비스 품질', '서비스 대기시간', '제품 불량률', '제품 가격' 등의 하드 변수의 조합에 의하여 결정된다. 이를 변수 구조나 수식으로 표현하면 다음과 같다.

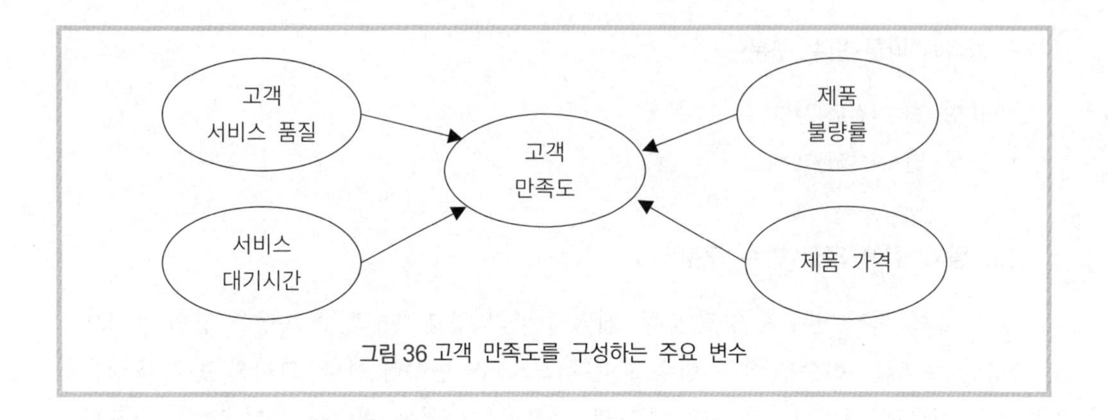

그림 36 고객 만족도를 구성하는 주요 변수

▒ 고객 만족도 변수의 수식

$$\text{고객만족도} = \frac{(\text{서비스품질} + \text{서비스대기시간} + \text{제품불량률} + \text{제품가격})}{4} * 100(\%)$$

2.5.2 변수 그룹화는 무엇인가요?

(1) 변수 그룹 구분

인과지도에 사용되는 변수는 크게 원인변수, 과정변수, 결과변수로 구분할 수 있는데 이들을 그룹으로 나타내면 다음과 같다.

- 원인변수 그룹
- 과정변수 그룹
- 결과변수 그룹

이들 각 변수그룹에는 여러 변수 또는 많은 변수가 연쇄적으로 연결되는데 여러 변수를 그룹화(grouping)하여 묶고 또 하나의 단어로 그룹 변수를 규정할 필요가 있다. 이러한 과정이 요인분석(factor analysis) 기반의 추상화의 한 사례이다.

(2) 변수 그룹화 이유

그룹을 대표하는 변수 이름을 작성하는 이유는 인과지도상에 나타나는 모델 변수는 대개 주제별로 20개 이하로 제한한다. 20개 이하의 변수를 이용하여 상호 연결 관계나 인과관계를 표시하는 이유는 너무 많은 변수를 하나의 인과지도에 표현하면 인간의 이해능력을 초과하고 변수 간의 상호 영향 관계를 표현하는 데 비효율적이기 때문이다.

따라서 많은 속성이나 상세한 연결 관계를 갖는 변수는 여러 가지 세부적인 하위 변수로 묶어서 하나로 표현하는 추상화 기술이 필요하다. 예를 들면 다음과 같다.

'기계 고장 → <u>생산 기간의 증가 → 생산량의 감소 → 원가의 상승</u>'

아래와 같이 여러 변수 간의 인과적 연결 관계를 축약하여 하나의 변수 이름으로 표현하여 인과지도에 사용하여 변수의 수를 줄일 수 있다.

'기계 고장 → <u>생산성 감소</u>'

2.5.3 문제에서 변수 추출방법

문제에서 변수를 추출하는 방법을 설명해주세요.

시스템 다이내믹스에서 문제를 다루는 과정은 먼저 문제해결을 위한 투입자원의 한계(시간, 예산, 투입 인원, 데이터 수준, 분석 능력)를 고려하여, 적당한 수준에서 추상화(抽象化 Abstraction)한 인과지도를 만들고, 이를 컴퓨터 모델에 변환하는 과정을 거친다.

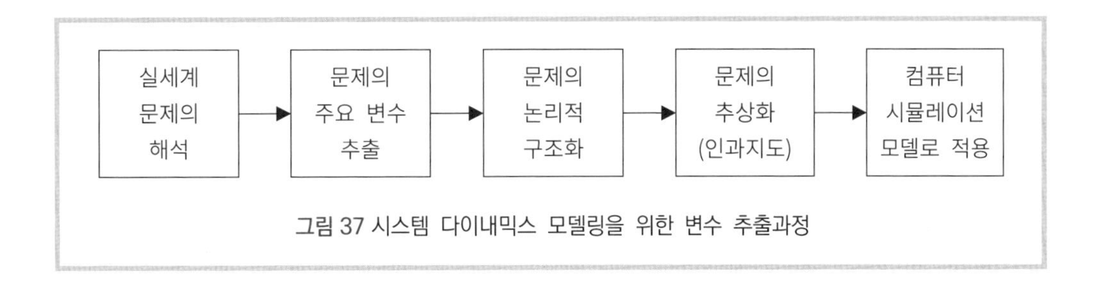

그림 37 시스템 다이내믹스 모델링을 위한 변수 추출과정

문제의 추상화 단계인 논리적 인과지도를 작성하기 위해서는 인과지도에 사용되는 변수를 추출하여야 한다. 변수 추출방법은 다음과 같다.

(1) 변수 추출을 위한 탐색적(Exploratory) 조사

자료 조사로 문제를 이해하는 방식으로 문헌, 자료 등 관련 정보를 분석하여 문제의 모델링 범위(Boundary)를 정하고 문제를 분석한다.

(2) 변수 추출을 위한 기술적(Descriptive) 조사

실제 면담, 설문조사, 인터뷰, 해당 분야의 전문가 견해 등을 통하여 횡단 조사 및 종단 조사를 수행한다.

(3) 변수 추출을 위한 인과관계(causal relationship) 조사

모델 개발자가 중심이 되어 연역법, 귀납법, 가추법 등을 사용하여 논리적 타당성 확보 및 데이터 기반의 분석을 통하여 모델에 투입될 변수를 선정한다. 변수 선택에는 상관분석, 요인분석, 군집분석, 판별분석 등의 통계적 기법과 인과관계 설정을 위하여 전문가 견해를 수렴하고 설정된 인과관계를 검증한다.

2.5.4 변수 간의 관계 표현

시스템 다이내믹스에서는 변수 간의 관계 표현은 어떻게 하나요?

(1) 시간에 따라 변화하는 변수 간의 관계 표현

시스템 다이내믹스에서 변수 간의 관계는 시간에 따라 수시로 변화할 수 있다는 것을 전제로 한다. 이는 변수 간의 관계에 고정적인 수식(formula)을 적용하는 정적인(static) 분석기법과는 다르다.

예를 들어 일관성이나 정적인 상태를 추구하는 분석 논리에서 추정 방정식으로 Y=2X+3과 같은 수식을 사용한다. 즉 어떤 투입변수(독립변수) X, 결과변수(종속변수) Y의 관계 설정에 상수 3과 영향계수 2를 사용할 때 X가 1이면 Y가 5가 되고, X가 2이면 Y는 7이 된다.

수식	결과변수 (종속변수)	=	영향계수	투입변수 (독립변수)	+	상수
	Y	=	2.0	X	+	3
기존 분석기법	Y값	=	변하지 않음	X값 변함	+	변하지 않음
시스템 다이내믹스	Y값	=	(시시각각) 변할 수 있음 (1.8, 2.1, 2.3)	X값 변함	+	변할 수 있음

하지만 시스템 다이내믹스에서는 영향계수 2와 3이 고정된 값이 아니라 시간의 흐름에 따라 스스로 자기 주도적으로 새로운 값을 갖는 변수(變數, variable)가 된다. 여기서 자기 주도적이라는 말은 전체 최적화를 위하여 전지적(全知的)으로 그 값을 조정한다는 뜻이다.

전체 최적화(whole optimization)란 관심 대상이 되는 분석 기간, 즉 전체 시뮬레이션(실험) 분석 기간(simulation periods)과 분석의 각 시간 간격(each time interval)의 개별 상태를 고려하여 시스템의 목적 값을 최적화[23]하는 것을 말한다.

즉, 시스템 다이내믹스에서 변수 간의 상호관계를 나타내는 계수(coefficient)는 변화하는 것이며, 이러한 변화는 그 변화원인이 무엇이든 간에 결과적으로는 개체와 시스템 전체를 목적 지향적으로 변화시키는 원동력이 된다는 것이다. 이를 구조적으로 나타내면 다음과 같다.

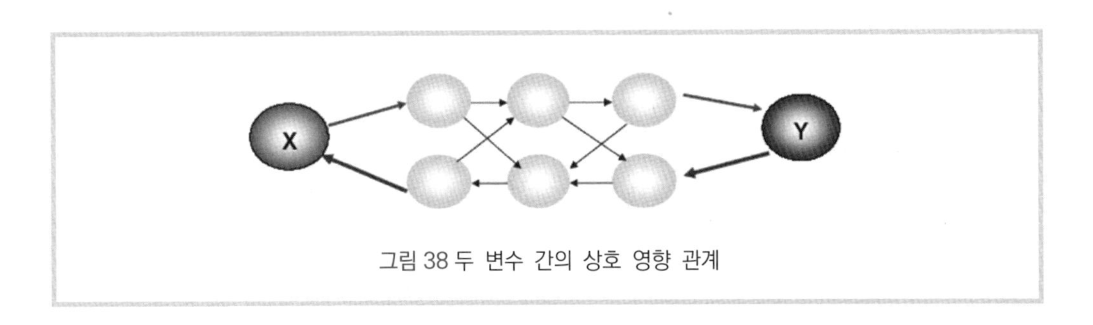

그림 38 두 변수 간의 상호 영향 관계

23) 최적화(Optimization)란 가장 우수한 상태가 되도록 하는 조건과 그 상태를 말한다.

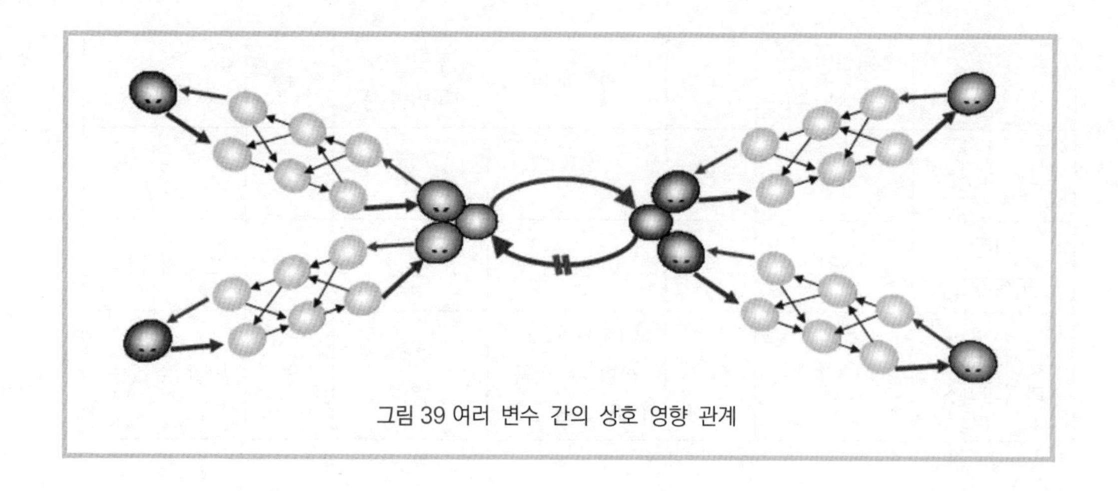
그림 39 여러 변수 간의 상호 영향 관계

참고로 기존의 정적인 분석기법이 시스템 다이내믹스 분석기법과 같아지려면 각 시간 간격마다 최적화와 회귀분석을 반복적으로 시행하여야 한다. 따라서 주어진 문제 해결을 위한 가장 바람직한 분석방법은 통계학이나 전통적인 경영과학(OR),[24] 계량 분석기법, 컴퓨팅 능력의 사용과 시스템 다이내믹 분석기법을 병행하여 각 분석기법을 최대한 활용하여 문제를 해결하는 것이다.

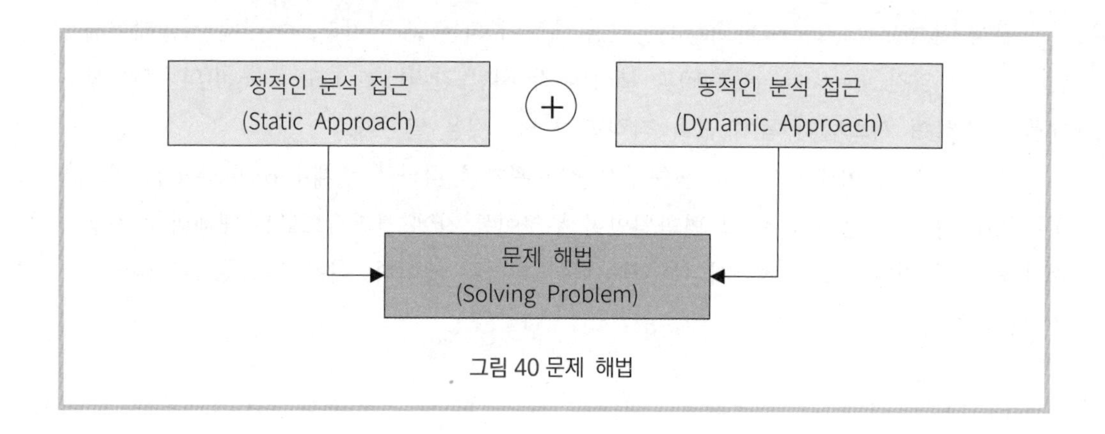

그림 40 문제 해법

2.5.5 모델링 범위와 변수

모델링 작업 범위와 변수는 어떤 관련이 있나요?

모델링 작업 범위는 문제해결을 위한 모델을 작성할 때, 모델링 대상이 되는 영역

24) Operations Research(운용과학) 시스템 목적달성을 위하여 자원 배분을 최적화하는 방법.

을 말한다. 이를 '모델링 범위' 또는 '시스템 범위'라고 하고, 그 범위를 설정할 때 두 가지 고려 사항은 다음과 같다.

(1) 해결해야 하는 문제의 핵심 이슈가 모델링 범위에 포함되어 있는가?
(2) 모델링 범위가 주어진 모델링 기간과 예산 측면에서 적정한가?

2.5.6 내생변수와 외생변수의 구분

문제의 핵심 이슈를 중심으로 시스템 범위(scope과 boundary[25])를 설정하면 모델링 주제는 문제 핵심 이슈를 중심으로 하나의 '시스템'을 형성한다. 그러한 시스템을 구성하는 변수는 크게 내생변수와 외생변수로 구분된다.

시스템 다이내믹스 모델링을 위한 내생변수와 외생변수 구분

- 내생변수(endogenous variable): 모델에서 규정한 시스템의 내부에 있는 변수
- 외생변수(exogenous variable): 모델에서 규정한 시스템 외부에 배치한 변수

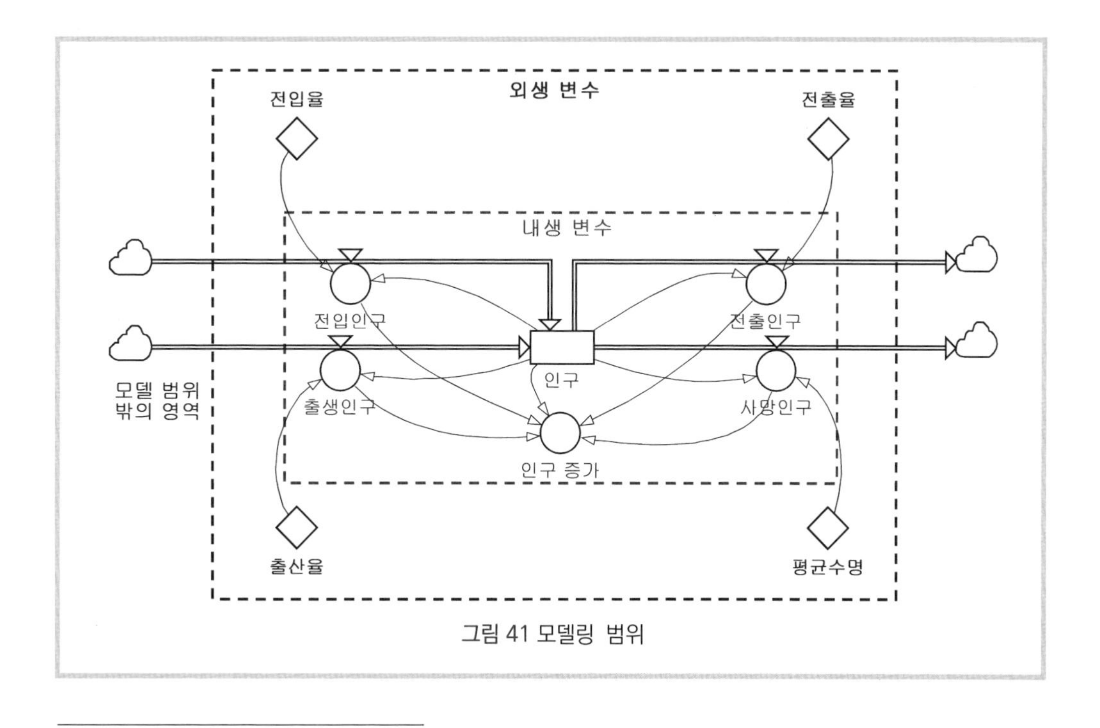

그림 41 모델링 범위

25) scope는 상하 수직적 구분과 boundary는 넓이에 해당하는 수평적 경계이다.

2.6 인과지도

2.6.1 모델링을 위한 변수 간의 인과관계를 예를 들어 설명해주세요

(1) 변수와 변수의 인과관계

어떤 결과는 그 원인이 있고 원인은 결과에 영향을 미친다는 인과관계(cause and effect)는 시스템 다이내믹스의 근본을 이루는 사고방식이다. 예를 들어 일반적으로 제품 가격이 상승하면 제품 수요량은 감소하고, 출생자 수가 많아지면 소비량은 증가한다.

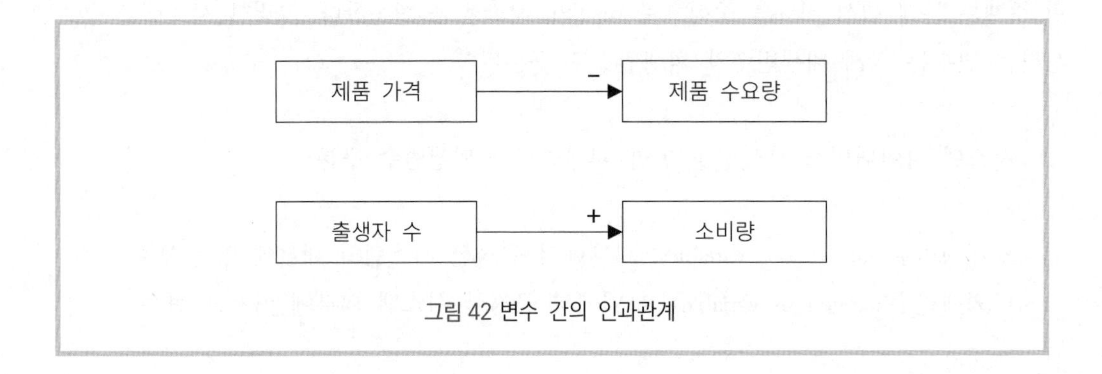

그림 42 변수 간의 인과관계

시스템 다이내믹스에서 시스템 변화는 원인(cause)과 결과(effect)에 근거하여 변한다는 것을 가정한다.

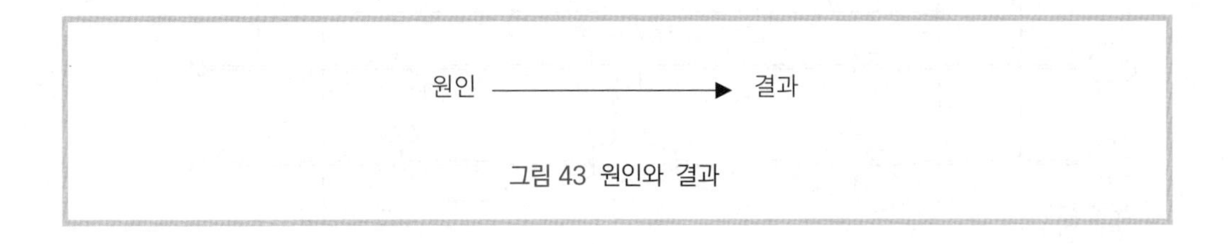

그림 43 원인와 결과

(2) 원인과 결과의 관계

원인과 결과는 어떤 행위와 그 행위 결과로 변화되는 상태의 관계이다. 그 사례를 보면 다음과 같다.

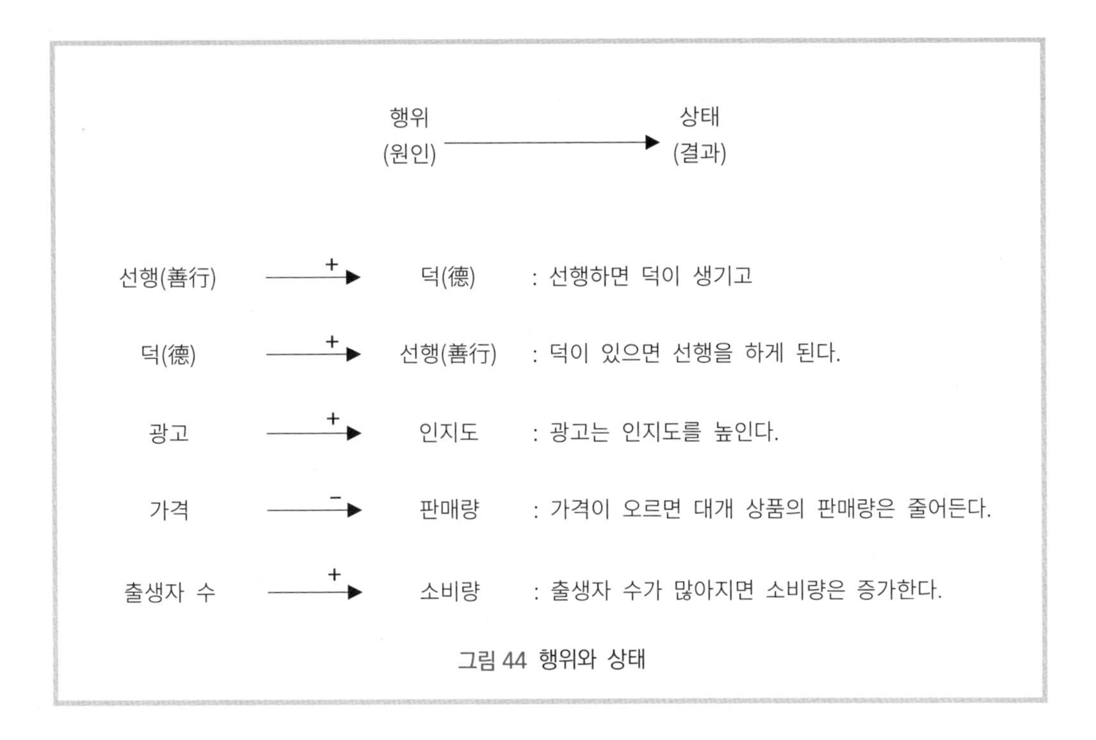

그림 44 행위와 상태

2.6.2 상관관계와 인과관계

상관관계(相關關係)와 인과관계(因果關係)는 어떻게 다른가요?

(1) 상관관계

상관관계(correlation)는 변수 간의 관련성을 나타낸다.

예를 들어 A 변수의 값이 증가하면 B 변수의 값이 증가하거나 감소하면 이들 간의 관계는 상관관계가 있다고 한다.

(2) 인과관계

인과성(因果性, Causality)은 두 변수 간의 관계가 상관성이 있으며 그리고 현실적으로 이해될 수 있는 원인과 결과의 관련성이 있어야 한다. 예를 들어 겨울에 외부기온과 원하는 실내온도는 보일러 가동시간에 영향을 미치며 이들은 서로 상관관계와 인과관계가 있다.

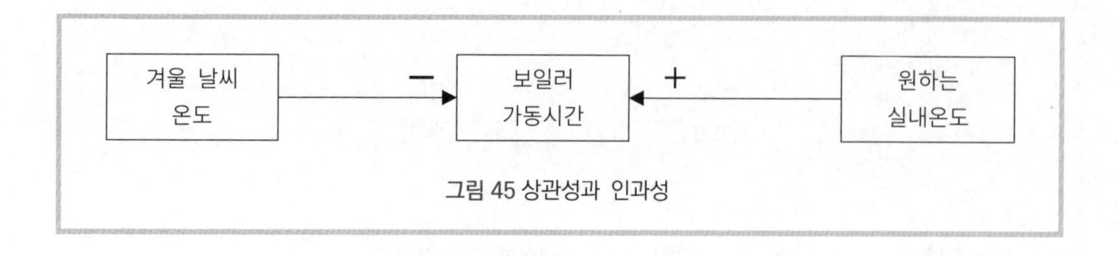

그림 45 상관성과 인과성

그림 45의 오른쪽에 있는 '원하는 실내온도'가 증가하면 보일러 가동시간이 증가(+)하고, '겨울 날씨 온도'가 내려가면 내려갈수록 '보일러 가동시간'은 오히려 증가한다. 이를 좀 더 구체적으로 나타내면 다음 그림 46과 같다.

(3) 보일러 시스템의 인과관계

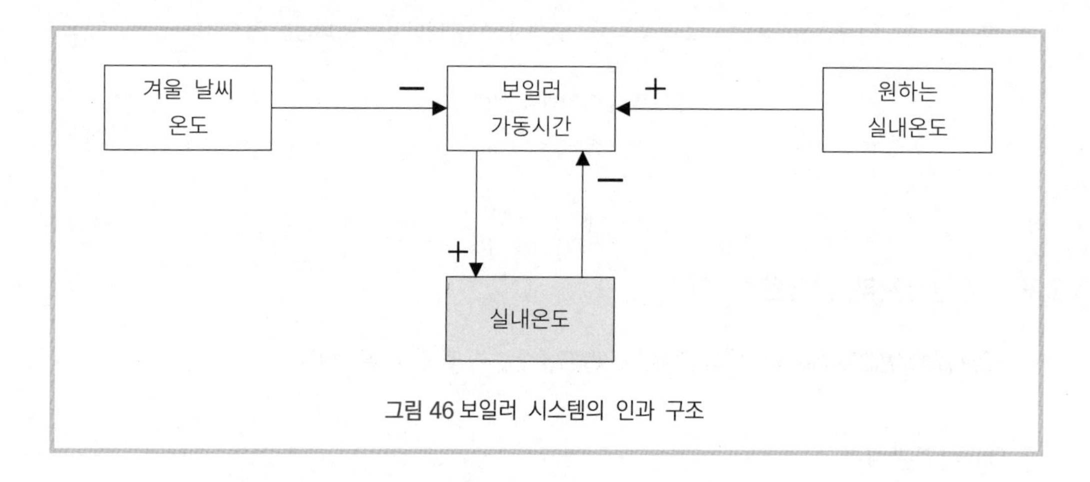

그림 46 보일러 시스템의 인과 구조

그림 46에서 '보일러 가동시간'이 늘어날수록 '실내온도'는 계속 올라가고, 실내온도가 '원하는 실내온도'를 초과하면 보일러 가동은 멈춘다. 이처럼 보일러 시스템은 시간의 흐름에 따라 실내온도의 상승과 감소를 번갈아 하면서 원하는 실내온도를 탐색하게 된다.

2.6.3 인과지도 정의

인과지도란 무엇인가요?

인과지도(因果地圖, Causal Loop Diagram)는 현상을 추상화하는 하나의 도구이며, 단어와 연결선으로 현상을 관념적 구조로 표현한 개념도이다.

즉 인과지도는 일종의 개념(concept)을 시각화하는 것으로서 개념을 구성하는 최소한의 구성요소들을 서로 연결한 네트워크 형태의 그림이다.

어떤 현상이나 사건을 구성하는 요소들은 시시각각으로 변화하기 때문에 특정 시점이 아니면 그러한 사건을 만들지 않게 된다. 그러나 여러 현상이나 사건을 포함하고 있는 개념의 시간적 범위는 특정 기간보다 더 긴 어떤 기간(duration) 성격을 갖는다.

특정 시점의 사건 표현	일정한 기간의 개념 표현
 A → B	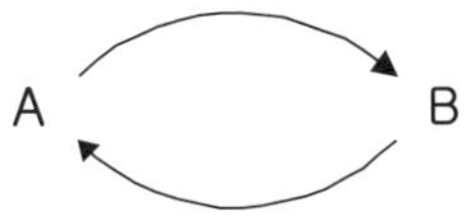 A ⇄ B

이처럼 인과지도는 어떤 시점(time point) 또는 일정한 기간(duration)에 걸쳐 관련 인자(因子)들이 모여서 만들어내는 개념(사건)의 구조적이고, 시간의 흐름에 따른 동적인 표현물이다.

2.6.4 원인변수와 결과변수의 구분

인과지도 작성을 위하여 원인변수와 결과변수는 어떻게 구분하나요?
네, 중요한 질문이다.

인과지도(causal loop diagram)는 현상의 개념을 표현한 논리 흐름도(logical diagram)이다. 논리 흐름도에는 변수들이 서로 원인과 결과라는 단순한 관계로 연결되어 있다.

그러면 어떤 변수를 원인변수로 어떤 변수를 결과변수로 판단할 것인가?라는 의문이 남는다. 이러한 의문은 해당 문제에 정통한 실무전문가가 '이것은 결과변수이고 이것은 이 결과의 원인변수이다'라고 구분해주면 대부분 손쉽게 해결된다.

만약 해당 실무전문가가 부재하거나 인과지도 작성자가 직접 변수 간의 인과관계를 규명해야 할 경우 그 문제에 대한 지식이 별로 없는 경우에 변수 간의 상호관계 규명을 위하여 데이터 시리즈[26]를 이용하여 적용할 수 있는 몇 가지 통계기법을 소개한다.

즉, 변수 간의 상호관계는 상관관계(correlation) 분석, 상호 영향 관계는 인과분석은 회귀분석(regression)이 있고, 두 변수 간의 앞뒤 영향에 있어서 선후(先後) 관계를 규명하는 통계적 방법으로는 그랜저(Granger) 인과관계 분석방법이 있다.

데이터를 이용한 변수 간의 통계적 인과관계 규명 방법

- 공분산(covariance) 분석
- 상관관계 분석
- 회귀분석
- 그랜저 인과관계 분석

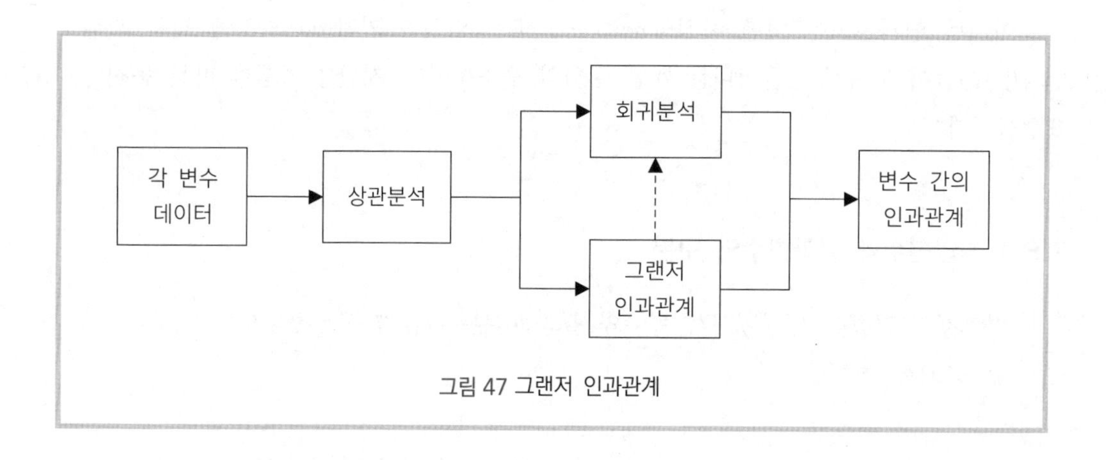

그림 47 그랜저 인과관계

이 절에서 언급한 원인변수와 결과변수 구분을 위한 통계적 분석방법은 데이터가 존재해야 한다는 전제가 있어야 한다. 하지만 시스템 다이내믹스 문제는 이러한 통계분석을 자유롭게 할 만한 데이터가 존재하지 않기 때문에 다른 방법을 사용해야 한다.

26) 데이터 시리즈(data series)는 각 변수의 데이터 모음 또는 데이터 시계열.

2.6.5 상관계수의 산정

(1) 상관관계 분석

상관관계 분석은 원인과 결과를 구분하지는 않지만, 두 변수가 어떤 관계에 있는지는 말해준다. 실제로 상관분석에서 상관계수(correlation coefficient)를 이용하여 변수 간의 관계를 설정하고 모형을 구축하는 사례는 세계적으로 학술연구와 실무에서도 매우 많이 있다.

그것은 상관분석을 통한 인과관계 설정이 그만큼 유용한 기법이라는 것을 말해준다. 즉 A 변수 변화와 B 변수 변화가 시간이나 기준의 변화에 따라 그 변화 추이가 같은 방향으로(+, positive, 양) 변하는지 아니면 반대 방향으로(−, negative, 음) 변하는지를 관찰하는 분석이다.

(2) 양적 변수의 상관관계

앞서 언급한 것처럼 변수들의 수집 데이터는 크게 정량적인 데이터와 정성적인 데이터로 구분된다. 정량적인 데이터는 주로 비율척도나 등간척도 데이터(parametric data)이다. 이들은 흔히 두 변수 간의 상관관계 분석에 사용하는 상관계수(Pearson correlation coefficient, r)를 구하는 수식을 사용하면 된다.

공분산(Covariance)은 변수 간의 단위 및 수치적 크기에 있어서 상호관계를 측정하기에 적합하지 않아 각 변수의 데이터를 표준화하고 공분산 대신 상관분석을 통하여 상관계수를 구하여 변수 간의 인과관계 정의에 사용한다.

$$\rho = \frac{\sum_i (x_i - \overline{x})(y_i - \overline{y})}{\sqrt{\sum_i (x_i - \overline{x})^2}\sqrt{\sum_i (y_i - \overline{y})^2}}$$

이를 피어슨 상관계수(Pearson Linear Correlation Coefficient)라고 하고, 두 변수 사이의 상관계수를 구할 때 사용한다. 여기서 구하는 것은 두 변수 사이의 관계가 얼마나 선형적으로(직선으로) 관련 있는가이다.

선형적인 관계가 강하게 나타난다는 것은 두 변수 사이를 직선으로 충분히 설명될 수 있다는 것을 말한다.

(3) 질적 변수의 상관관계 수식

수집 데이터가 정성적인(질적 자료, Qualitative) 데이터인 경우는 주로 명목척도 또는 서열척도 데이터(non-parametric data)이다. 이들 정성 데이터들의 상관계수를 구하는 공식은 다음과 같다.

예를 들어 스피어만 상관계수(Spearman coefficient)는 두 데이터 시계열의 실제 값을 바로 상관계수로 구하는 대신 데이터 간의 순위를 먼저 계산하고, 이를 이용하여 상관계수를 구하는 과정을 거친다.

A, B 두 데이터 각각 n개의 시계열의 실제 값의 순위를 매긴 뒤에 두 데이터 순위 계열을 뺀 값, 즉 A−B 순위 차이 값을 d라고 하고 시계열을 구할 수 있다. 그러면 스피어만 순위 상관계수(Spearman's Rank-order Correlation Coefficient)는 다음과 같다.

$$\rho_s = 1 - \frac{6\sum d^2}{n^3 - n}$$

스피어만 순위 상관계수의 수식은 d가 순위 차이를 나타낸다. 두 변수의 순위 차이가 없다면 ρ_s는 1이 된다. 그리고 두 변수 간의 순위 차이가 있으면 ρ_s는 1보다 작아진다. 즉 두 변수의 순위가 똑같은 패턴으로 증가하거나 감소하면 순위 상관계수는 거의 1에 가까워진다.

이처럼 스피어만 상관계수는 두 변수 간에 존재하는 관계의 단조성(monotonic)을 나타낸다. 즉 한 변수의 값이 커지면 다른 변수의 값이 선형으로 커지거나 작아지는지(단조 증가 또는 단조 감소하는지) 아니면 비선형적으로 변하는지에 대한 관계를 분석한다.

ρ_s이 1에 가깝다는 것은 두 변수가 선형적(단조, monotonic)으로 변하는 것을 나타내고, 0에 가깝다는 것은 두 변수가 서로 다르게 변하는 비선형(non-linear)적 성격을 갖는다고 본다.

스피어만(Spearman)[27] 순위 상관분석을 한 후에는 산출된 상관계수에 대한 유의성 검정(significance test)을 실시해야 한다. 유의성 검정은 $t-$분포를 사용하고, 검정 통계량 $t=\rho_s\sqrt{\dfrac{n-2}{1-\rho_s^2}}$ 을 구하고, 이 값이 자유도 $n-2$ 이고, 예를 들어 유의수준 5% 로 검정하는 경우에, 자유도와 유의수준 값을 이용하여 $t-$분포 표에서 찾은 값보다 검정 통계량 값이 크면 귀무가설을 기각한다. 즉 구해진 상관계수가 쓸만 하다고 결론 내린다.

2.6.6 회귀분석

회귀분석은 어떻게 하나요?

회귀분석(回歸分析, Regression Analysis)은 A라는 입력변수가 한 단위 변화할 때 B라는 결과변수가 얼마나 변화하는지를 설명하는 변수 간의 원인과 결과를 분석하는 인과(因果)분석 방법이다. 일반적인 회귀방정식(regression equation)은 입력변수가 한 개일 수도 있고 여러 개일 수도 있다. 마찬가지로 결과변수도 한 개일 수도 있고 여러 개일 수도 있다.

하지만 시스템 다이내믹스 연구에 있어서 '회귀분석' 하는 것을 필자는 상관분석(相關分析)처럼 적극적으로 권고하지는 않는다. 여러 이유 가운데에서 한 가지를 언급하면 회귀분석에서는 독립변수의 종속변수에 대한 영향 관계를 규명하는데 이때 독립변수 간에 독립성을 요구한다.

만약 독립변수 서로 간에 종속성이 어느 정도 나타나면, 다시 말해 독립변수 간에 기준을 초과하는 상호 관련성을 나타내는 다중공선성(多重共線性, Multicollinearity)이 있으면, 이는 독립변수 간의 독립적이어야 한다는 전제(前提, Premise)를 무너뜨리는 것이 된다.

---

27) 영국 런던 출신 심리학자인 스피어만(Charles Edward Spearman, 1863-1945)은 시스템 다이내믹스 모형구조 설정을 위한 비모수(non-parametric) 데이터 분석에 필요한 스피어만 순위 상관계수(1904년)와 요인분석(Factor Analysis) 방법을 개발하였다.

시스템 다이내믹스에서는 어떤 문제를 하나의 시스템으로 규정하고 바라보기 때문에 시스템 속에 있는 무한(無限)의 관계성과 피드백 상호 영향 관계를 당연한 것으로 받아들인다. 즉 시스템 내에는 독립변수가 있을 수 없다는 것이다.

그림 41에 있는 외생변수들은 무엇인가?라는 의문이 남는다. 인구에 영향을 주는 독립변수들(전입률, 전출률, 출생률, 평균수명 등)은 분명히 도시 인구 규모에 영향을 주기 때문에 인구를 종속변수로, 나머지 네 가지 변수들을 독립변수로 회귀분석을 할 수 있다. 즉 통계적 회귀분석에 유용하다.

하지만 시스템 다이내믹스 분석에서 이들 네 개 변수는 단지 어떤 특정 실험환경을 조성하는 시나리오, 즉 외부환경 또는 외생변수(exogenous)로 사용된다.

이것이 의미하는 바는 무엇일까? 그것은 내부적으로 조절할 수 없는, 시스템에서 제어할 수 있는 범위를 넘어선 외부변수라는 의미이다. 그 이유는 네 가지 변수가 내부변수들과 교류하거나 상호 피드백 관계를 형성하지 않기 때문이다.

시스템 다이내믹스에서 이런 외생변수는 대개 조절할 수 없는 조건변수들로 구성된다. 예를 들면 이자율, 원 달러 환율, 금리, 날씨, 강우량, 법규, 제도, 인프라 등이다. 시스템 다이내믹스에서도, 예를 들어 외생변수인 환율에 대한 영향을 분석할 수도 있다. 하지만 그것은 하나의 조건 시나리오로 그 영향을 분석하는 What-if 분석으로 끝난다.

만약 시스템 내부에 환율 변동에 따른 영향을 감소시켜 주는 환율 헤지(Hedge) 변수가 있을 때 이 환율 헤지 변수는 외생적 환율 변동에 대응할 수 있는, 우리가 조절할 수 있는 쓸모있는 정책변수가 된다.

2.6.7 그랜저 인과관계 분석

그랜저 인과관계 분석은 어떻게 하나요?

그랜저 인과관계 분석은 원인변수가 결과변수에 선행한다는 원리를 이용한 변수 간의 인과관계 분석방법이다. 여기서는 엑셀이나 파워심에서 간단히 할 수 있는 그랜저 인과관계 분석방법을 소개한다.

그랜저 인과관계(Granger Causality) 분석방법은, 예를 들어 A와 B 두 변수의 선후관계가 불분명할 경우 A, B 두 변수의 시계열과 A와 B 변수의 시계열 모두 종합한 시계열 C를 만들고, 변수 C와 B 간의 상관관계가 C와 A 간의 상관관계보다 높으면 변수 A는 변수 B에 선행하는 변수가 된다는 논리이다.

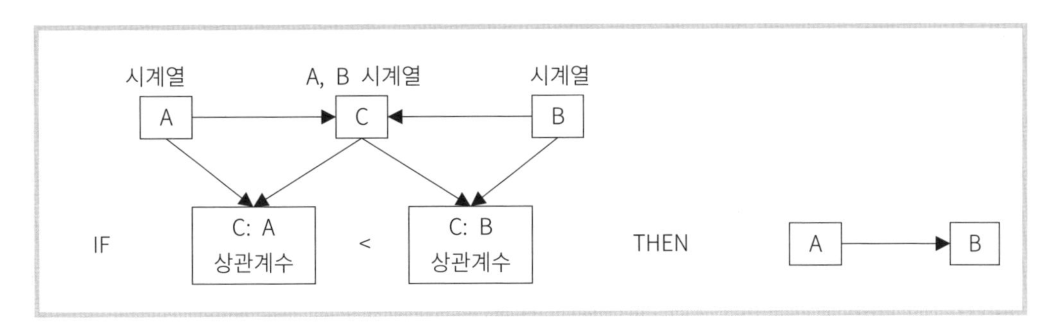

또는

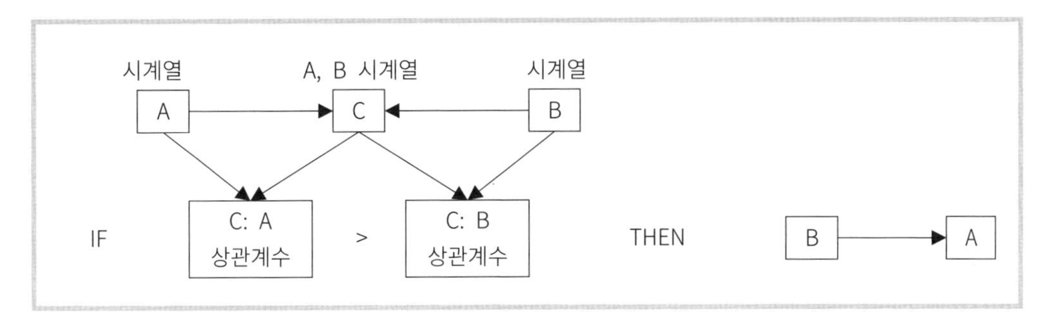

그 외에 가설검정(Hypothesis Test)을 이용한 변수 사이의 인과관계 검정은 그랜저 인과관계 검정[28](Granger causality Test)을 이용하여 분석할 수 있다.

---

28) R Studio, MATLAB, SPSS, STATA, EVIEW, Python 등 프로그램을 이용한 Granger Causality Test(그랜저 인과관계 검정) 참조.

2.6.8 시스템 다이내믹스를 위한 인과관계 분석

시스템 다이내믹스에 이런 계량적인 인과관계 분석을 많이 사용하나요?

시스템 다이내믹스의 연구 대상이 계량적인 문제인 경우 데이터를 이용한 상관관계 분석과 같은 통계적 인과관계 분석을 사용한다. 그리고 비계량적 · 추상적인 문제의 인과관계 분석은 문헌 조사, 전문가의 경험, 설문조사 등을 활용한다. 참고로 시스템 다이내믹스 연구 대상은 계량적인 성격과 추상적인 성격이 혼합된 경우가 대부분이다.

(1) 변수 간의 인과관계 규명

현실 세계에서 변수 간의 인과관계를 규명한다는 것은 인문지식이나 과학으로도 쉽게 증명되지 않는 경우가 많다. 인과관계가 증명되면 우리는 그것을 명제로 받아들인다. 따라서 경제학, 공학, 사회학, 통계학에서도 변수 간의 인과관계를 규명하기 위하여 수많은 노력을 기울이고 있지만 여전히 명확히 풀리지는 않는다.

이러한 인과관계 규명의 한계성에도 불구하고 시스템 다이내믹스에서 인과지도를 사용하는 이유는 어떤 현상을 논리적으로 표현하고, 제3자에게 현상을 설명하기 위해서는 여전히 사건의 구조도나 내용적 인과관계를 표현해주는 인과지도(Causal Loop Diagram)가 유용한 수단으로 자주 사용되고 있다.

(2) 변수 간의 인과관계 설정

계량분석이나 통계분석과 같은 수리적인 분석방법은 일정한 데이터가 이미 있거나, 계량분석을 위한 환경이 조성되어 있을 때 적용할 수 있다. 하지만 대부분의 시스템 다이내믹스 분석 대상이 되는 문제는 일반적인 통계분석이나 계량경제학적 방법으로 수리적 인과관계 분석이 쉽지 않을 때 사용한다.

이런 유형의 문제는 그 구체적인 모습을 잘 드러내지 않거나 문제를 구성하는 변수 관련 데이터나 수치적 자료가 매우 부족한 경우가 대부분이다. 따라서 이러한 문제는 추상화를 통하여 추상화된 변수 간의 인과관계를 구조화하기 위해서 탐색적인 접근방법(exploratory)과 기술적인 접근방법(descriptive)을 병행하여 사용한다.

2.6.9 변수 간의 인과관계 표현

변수 간의 인과관계 표현은 어떻게 하나요?

시스템 다이내믹스에서 변수 간의 관계는 크게 양(+)의 관계와 음(−)의 관계로 구분한다.

(1) 변수 간에 양(+)의 인과관계 표현

두 변수 A와 B의 상관관계가 양(+)의 관계이면, 즉 A가 증가하면 B도 증가하는 관계이다.

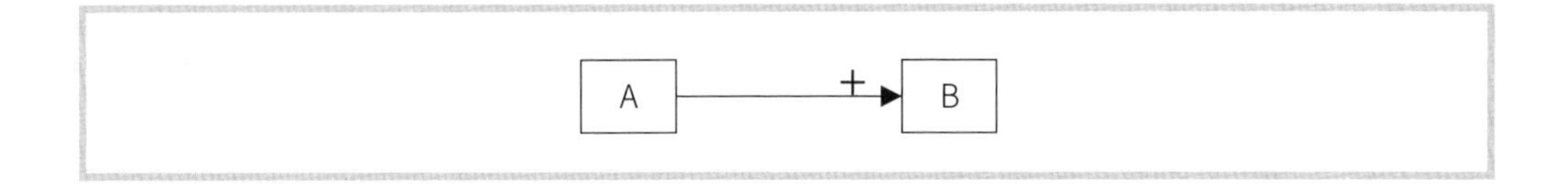

예를 들면

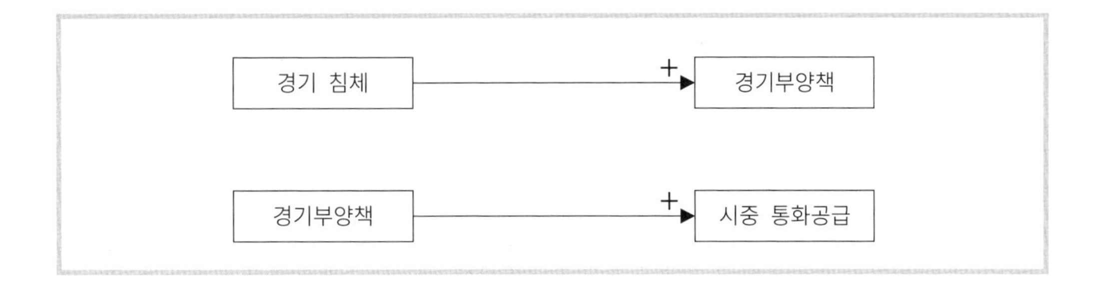

(2) 변수 간에 음(-)의 인과관계 표현

변수 A와 B의 상관관계가 음(−)의 관계이면 아래와 같이 표현된다. 이는 즉 A가 증가하면 B는 반대로 감소하는 관계이다.

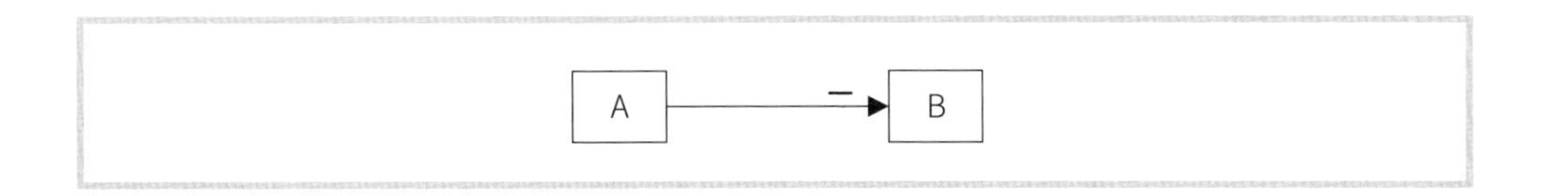

예를 들면

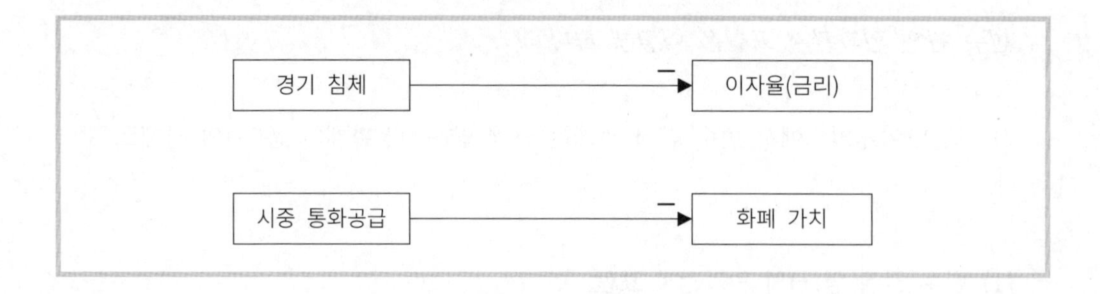

2.6.10 개념과 인과지도

추상화의 대상이 되는 개념과 인과지도는 어떤 관계가 있나요?

(1) 개념

개념(概念, concept)은 어떤 사건이나 사실에 대한 생각이나 관념이다.

즉 관념적으로 공유된 목적이나 기준에서 뽑힌 변수들을 생각으로만 어떤 사건이나 사실이 묘사된 상태이다. 아직 시각적으로는 표현이나 확인이 안 된 상태가 개념이다.

(2) 개념도

'개념도(conceptual diagram)'는 어떤 사물이나 현상에 대하여 그 구성요소를 이용하여 특징을 시각적으로 표현하는 것이다. 표현방법으로는 문제의 영역별로 명사(noun)로 이루어진 단어를 구조 항목으로 나열하고, 그 명사들을 타당한 논리에 의하여 선(line)이나 화살표(arrow)로 연결하여 어떤 현상을 도식화하는 것이다.

(3) 인과지도

인과지도(Causal Loop Diagram)는 개념도에서 출발하여 구성요소의 상호 영향 관계를 원인과 결과의 관계로 연결하여 작성된다.

영향 관계도(influence diagram)	인과지도(causal loop diagram)
A ——— B	B —+→ A

'인과지도'는 개념도를 컴퓨터 계량모형으로 이어주는 교량(bridge) 역할을 한다. 즉 인과지도에 표현된 구성요소나 변수들이 컴퓨터 모형으로 그대로 표현되지는 않지만 설계도와 같은 역할을 한다.

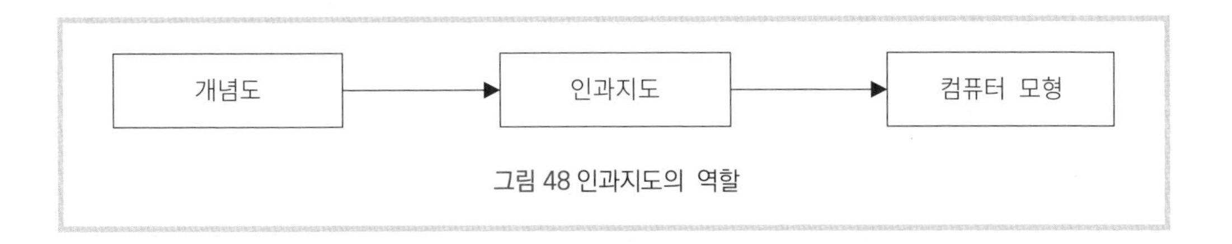

그림 48 인과지도의 역할

예를 들어 개념도에서 변수 간의 관계를 + 혹은 -로 영향 관계를 나타내면, 이는 상관관계를 이용한 계량화된 개념도, 즉 인과지도에 해당한다. 위의 설명에서 '개념도'에 화살표와(+, -)로 이루어진 관계 극성(relation polarity)을 나타내면 인과지도가 된다. 따라서 이 책에서 다루는 인과지도는 '개념도'와 '인과지도'를 모두 합한 것이다.

(4) 개념과 인과지도의 비교

정리하면 시각적으로 또는 확인이 안 된 상태를 '개념'이라 하고, 이러한 확인 안 된 상태를 시각적으로 구조화한 것을 '인과지도'라고 한다. 따라서 인과지도는 개념을 시각화한 최초의 상태이다.

- 인과지도는 현실을 추상화하는 도구로서 개념을 시각화한 것이다.
- 인과지도는 개념을 구성하는 최소한의 구성요소를 정의하고 있다.
- 구성요소들을 서로 연결하여 특정 시점의 사건 또는 개념을 설명하는 도식(diagram)이다.

현실적으로 이러한 구성요소들은 시시각각으로 변화하기 때문에 특정 시점이 아니면 그러한 사건 도식을 완성하거나 생성하지 않는다. 따라서 어떤 개념은 구성요소들이 특정 시점(특정 순간)에 갖는 값으로 이루어진 결과물이다.

즉, 어떤 문제의 개념에서 출발한 인과지도는 여러 구성 인자가 모여서 다시 만들어내는 새로운 개념(사건)의 표현물(replica)이다. 인과지도가 시사하는 새롭게 탄생한 개념과 원래 개념(original)이 얼마나 일치하는가에 따라 작성된 인과지도의 수준이 평가된다.

(5) 인과지도의 계량화

시각화된 인과지도는 변수 간의 관계를 계량화하기 위하여 수치로 표현하거나 논리적 연산(calculation) 관계로 설정하는 작업 과정을 거친다. 이것을 코딩(coding)작업이라 한다.

코딩작업은 특정 컴퓨터 프로그램이 요구하는 규칙이나 명령문 문법을 지키면서 작성되는데, 이렇게 계량화된 변수 간의 관계 연립방정식(equations)을 시각화하여 구조로 표현한 것을 스톡 플로우 다이어그램(Stock Flow Diagram, SFD),[29] 즉 누적변화 다이어그램이라 한다.

누적변화 다이어그램 또는 스톡 플로우 다이어그램을 통하여 인과지도(因果地圖, Causal Loop Diagram)는 컴퓨터에서 계량화되어 수치 연산으로 계산처리 되는 '중간작업물'이 된다.

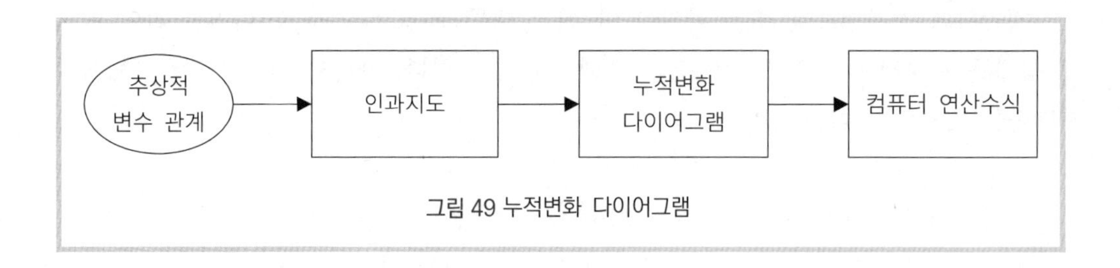

그림 49 누적변화 다이어그램

이러한 중간작업물인 누적변화 다이어그램 또는 스톡 플로우 다이어그램이 필요한 이유는 사람에게는 연립방정식의 구조를, 컴퓨터에는 사람이 이해할 수 있는 구조를 연립방정식으로 전환할 수 있도록 해주는 두 가지 역할을 동시에 하기 때문이다.

---

29) Stock Flow는 이 책에서 '누적변화'라는 용어로 사용한다.

2.6.11 피드백 효과의 시각적 표현

피드백 효과를 인과지도로 설명해주세요.

(1) 피드백 관계

피드백 효과는 일종의 응답 효과(應答效果)로서 다음은 실내온도와 에어컨 가동시간과의 상호 영향 관계를 나타내는 피드백 루프(feedback loop)이다.

실내온도가 일정 수준 이상으로 높아지면 에어컨이 가동되어 가동시간이 증가한다. 그리고 에어컨 가동시간이 증가하면 할수록 실내온도는 내려가고 마침내 실내온도가 일정 수준으로 내려가면 에어컨 가동은 멈추게 되어 에어컨 가동시간은 증가를 멈춘다.

아래는 에어컨 가동으로 실내온도가 일정 수준 이하가 되면 에어컨 가동이 멈추게 되는 피드백 구조(feedback structure) 또는 피드백 제어 구조를 나타내고 있다.

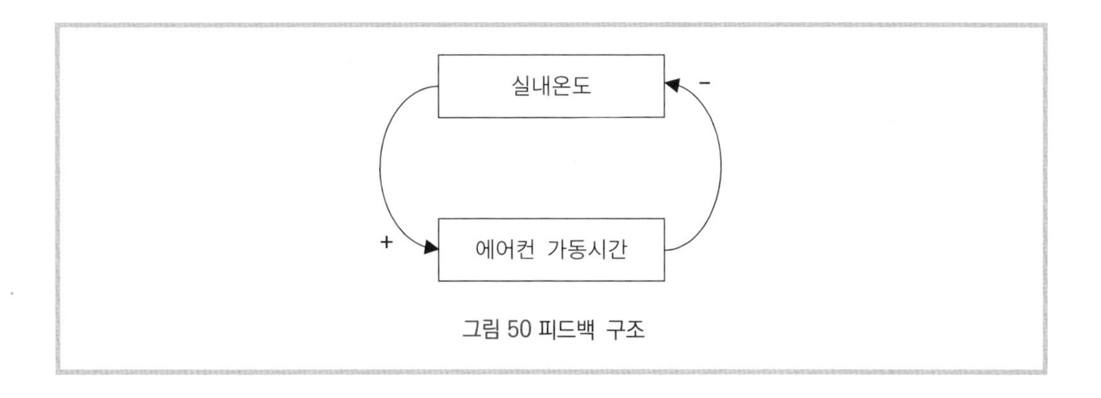

그림 50 피드백 구조

시스템 다이내믹스에서 피드백 구조, 즉 폐쇄 루프(closed loop)는 원인과 결과가 서로 맞물려 있는 경우이다. 즉 원인변수와 결과변수가 서로 연결되면 피드백 관계를 형성한다.

일반적으로 폐쇄구조는 원인으로 나타나는 결과가 다시 다음 단계의 원인에 반영되는 모양을 갖는 구조이다. 이는 원인과 결과 그리고 그 결과 정보를 바탕으로 다음 단계의 원인을 결정하는 구조가 된다.

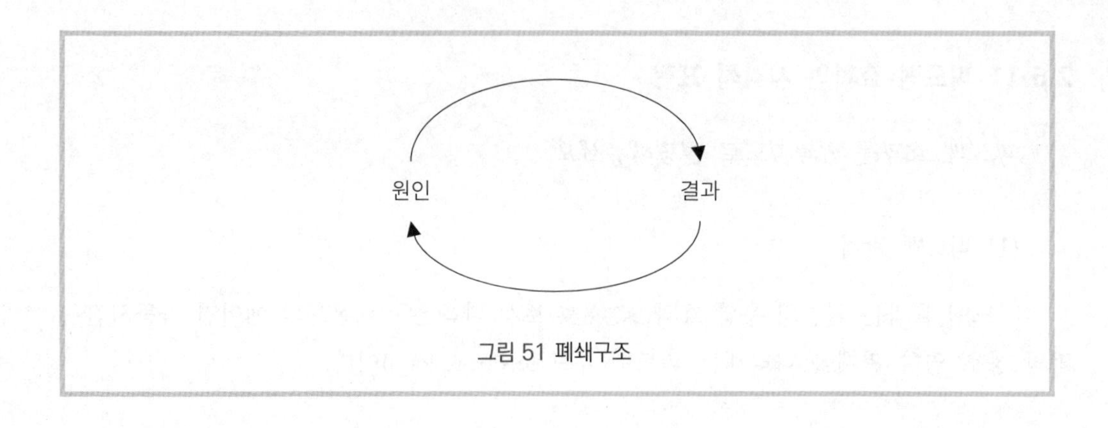

그림 51 폐쇄구조

2.6.12 수요공급의 인과지도

수요와 공급 그리고 가격 피드백 구조를 인과지도로 설명해주세요.

일반적인 상품의 수요와 공급 그리고 가격의 영향 관계를 피드백 구조로 나타내면 다음과 같다.

(1) 수요량과 상품가격과의 관계 구조

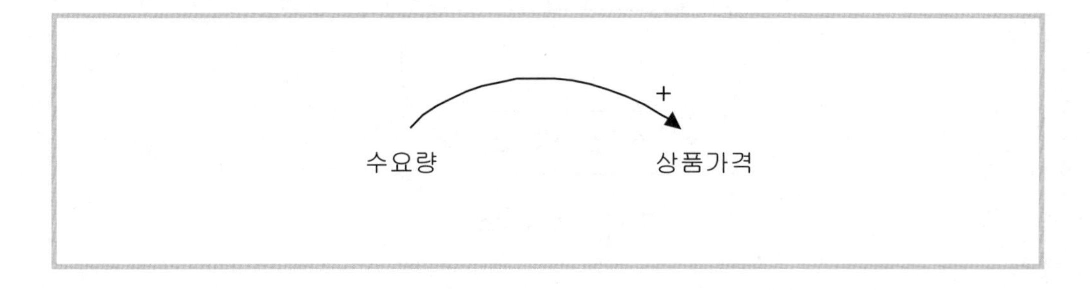

- 일반적으로 수요량이 증가하면 상품가격은 올라간다.
- 반대로 상품가격이 올라가면 수요량은 감소한다.

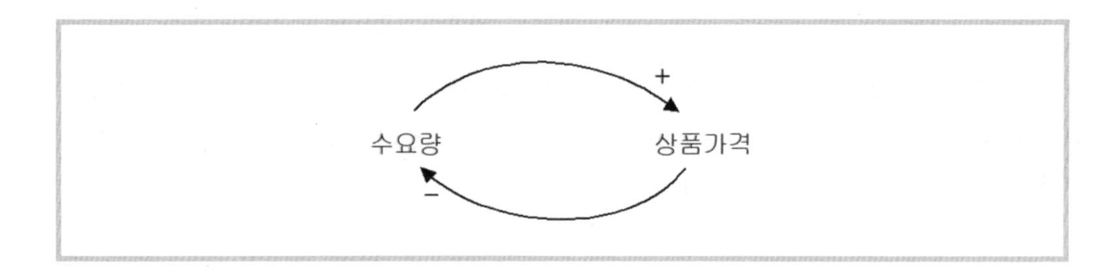

(2) 상품가격과 공급량과의 관계 구조

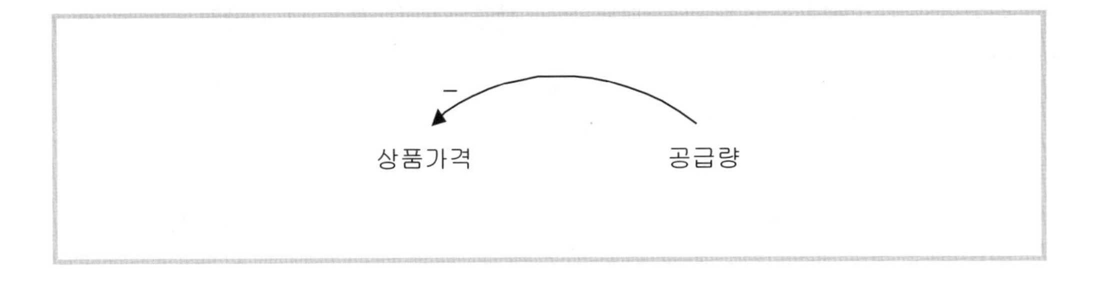

- 공급량이 증가하면 상품가격은 내려간다.
- 상품가격이 내려가면 공급량은 다시 줄어들고 상품가격이 올라가면 공급량은 증가한다.

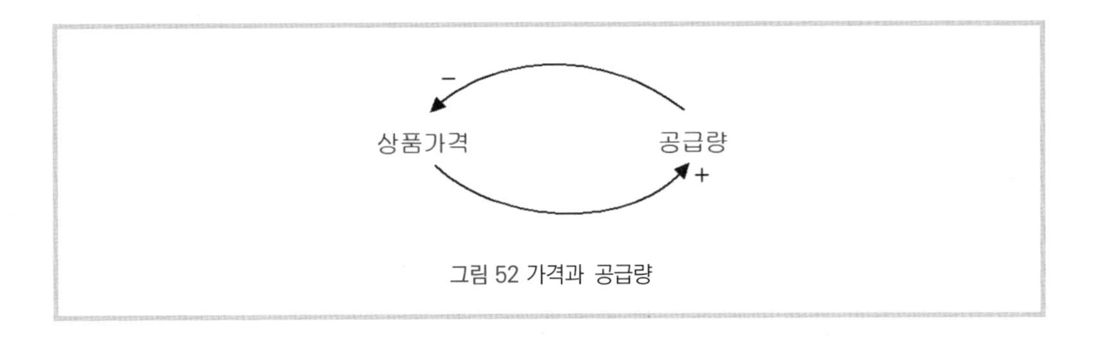

그림 52 가격과 공급량

(3) 상품 수요량, 공급량 및 상품가격의 연결 관계 구조

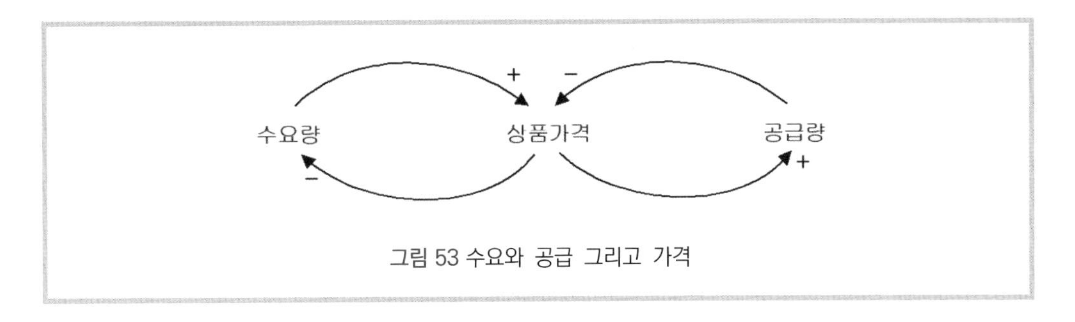

그림 53 수요와 공급 그리고 가격

▨ Case 1. 수요량이 증가하는 경우의 가격과 공급량 관계

수요량이 증가하면 상품가격은 상승하는데 상품가격이 상승하면 일반적으로 두 가지 현상을 나타낸다.

(1) 상품가격이 상승하면 상품 공급량은 증가한다. 이는 상품가격을 다시 하락시킨다.
(2) 상품가격이 상승하면 수요량은 감소한다. 이는 상품가격을 다시 하락시킨다.

▨ Case 2. 수요량이 감소하는 경우의 가격과 공급량 관계

수요량이 감소하면 상품가격은 하락하는데 일반적으로 두 가지 현상을 나타낸다.

(1) 상품가격이 하락하면 공급량은 감소한다. 공급량이 부족하면 상품가격은 다시 상승한다.
(2) 상품가격이 하락하면 수요량은 증가한다. 수요량이 증가하면 상품가격은 다시 상승한다.

이처럼 수요량과 공급량에 따라 상품가격은 상승과 하락을 번갈아 하게 되는 피드백 반응구조를 갖는다.

2.6.13 인과지도에서 시차효과 표시

시차효과는 어떻게 표현하나요?

(1) 시차효과 표시

시차효과(Effect of Time Delay)를 갖는 실세계의 현상을 모델링하기 위해서는 시간지연(遲延) 구조를 모델에 반영하는 컴퓨터 모델을 구축하여야 한다.

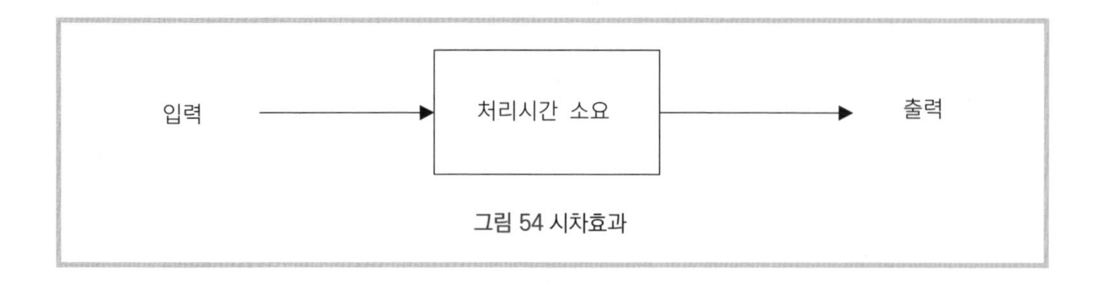

그림 54 시차효과

이와 같은 현상을 기호로 축약하면 아래와 같다.

입력──||──▶ 출력으로 표현

여기서 // 표시는 시간의 소요, 즉 시간 지연을 의미한다.

(2) 정책의 시차 효과

원인과 결과는 즉각적으로 나타나는 경우가 있으나 일반적으로 어느 정도 시간 간격, 즉 시차(time delay)를 두고 정책효과가 나타나는 경우가 대부분이다.

정책 실행 ──(시간 소요)──▶ 정책효과

현실적으로 어떤 정책을 구상하여 정책을 수립하고 이를 실행하여 그 정책효과가 나타나기까지는 일정한 시간이 소요된다. 이러한 정책 실행과 효과까지 걸리는 시간을 아는 것은 매우 중요하지만 이를 정책 실행 전에 미리 아는 것은 상당히 어려운 일이다. 이때 정책 시뮬레이션(policy simulation) 모델을 이용하면 도움이 된다.

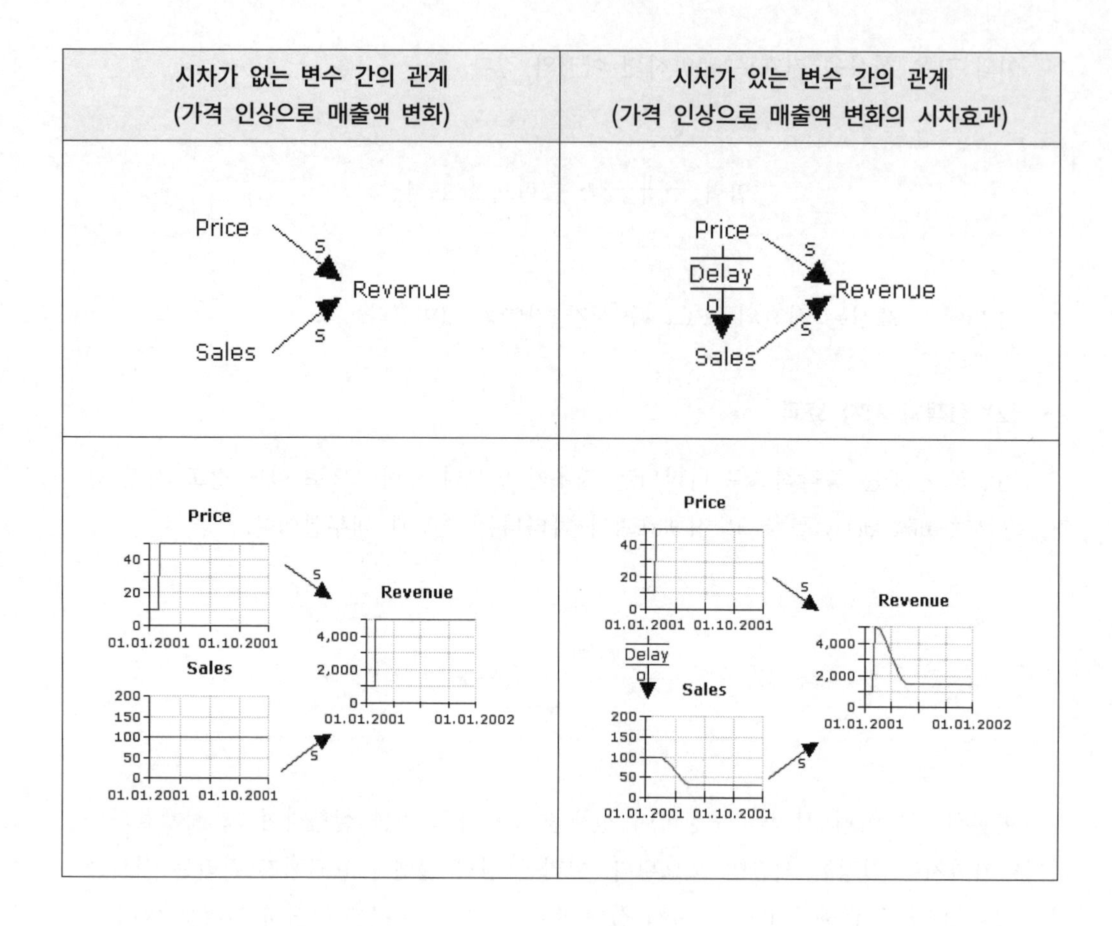

(3) 피드백 효과의 행태변화

우리가 흔히 접하는 시스템의 변화 행태(behaviors of the system)는 다음과 같다.

- 지수적 증가 또는 감소 패턴(Exponential Growth)
- 목적 지향적 패턴(Goal Seeking)
- 일정한 임계치를 기준으로 성장 또는 쇠퇴하는 패턴(S−Shaped)
- 시스템 상태의 진동 또는 심한 변동(Oscillation)

피드백 작용으로 상품가격, 제품 판매량 등은 시간에 따라 다음과 같은 다양한 행태(behavior over time, BOT)를 나타낸다. 마지막에 있는 진동(oscillation) 형태는 시차효과(delay effect)를 갖는 경우에 자주 발생한다.

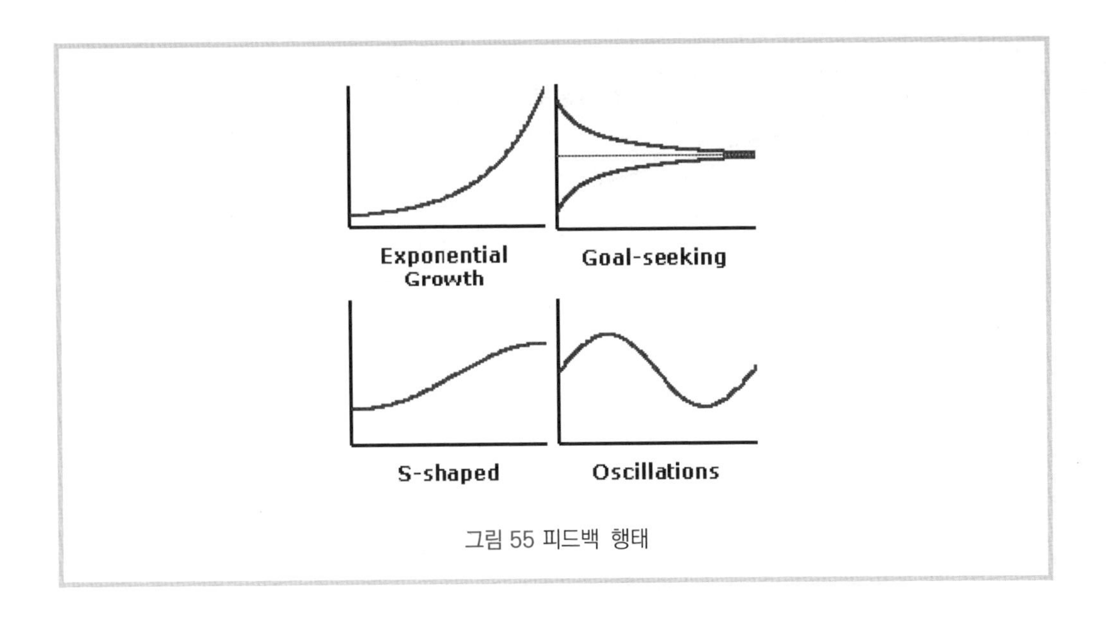

그림 55 피드백 행태

(4) 시차효과 관계 예시

시차효과는 어떤 입력값이 결과로 나타날 때까지 일정한 시간이 소요되는 것으로, 시차효과는 인과지도에서 //로 낸다고 하였다.

그림 56에서 에어컨이 가동되면 일정한 시간이 지나야 실내온도가 내려가게 된다. 다만 실내온도가 내려가는 유형은 단순 피드백 효과보다 대체로 서서히 내려가게 된다.

그 이유는 피드백 작용과 효과 발생 간에는 시차(time delay)가 존재하기 때문이다. 이러한 시차효과를 모델링하면 에어컨 가동에 따른 실내온도는 완만한 우하향(右下向) 곡선을 나타내는 시차효과를 갖는다.

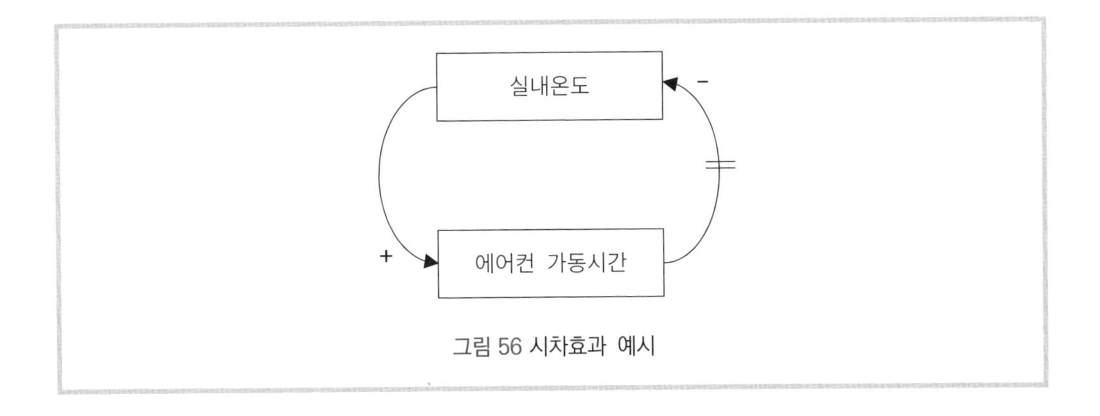

그림 56 시차효과 예시

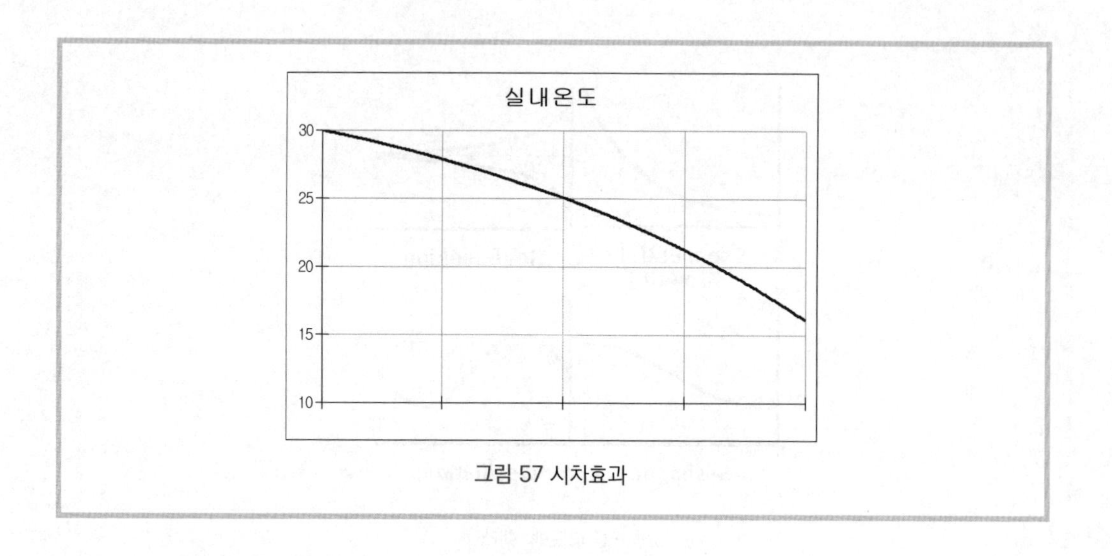

그림 57 시차효과

(5) 시차효과를 갖는 컴퓨터 모델 예시

• 문제의 논리 모형

어떤 문제나 하나의 시스템을 이해하기 위해서는 그 시스템을 구성하고 있는 대표적인 변수를 추출하고, 그러한 변수들의 상호연결 관계를 토대로 시스템의 움직임을 설명하는 논리 모형이 필요하다.

이를 문제의 논리 모형(logical model) 또는 추상적 모형(abstract model)[30]이라 하였다. 다음은 논리 모형의 예시이다.

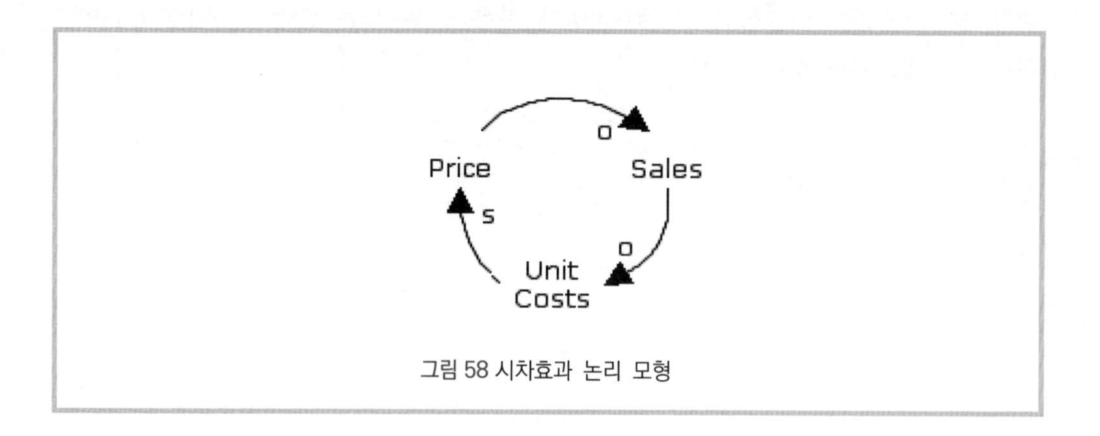

그림 58 시차효과 논리 모형

30) abstract model is a model that contains an abstraction of reality.

여기서 변수와 변수의 관계를 나타내는 극성(Polarity)인 O는 opposite, 즉 반대 방향으로 음(−)의 관계를 나타내고, S는 same, 즉 같은 방향으로 양(+)의 관계를 나타낸다.

위의 논리 모형에서 가격이 내려가면 판매량은 증가하고, 판매량 증가는 단위 원가를 낮추게 되어, 낮아진 원가는 판매가격을 더욱 낮추게 되는 강화 루프 순환과정을 설명하고 있다.

참고로 예제에서 음의 극성이 두 개로 짝수이면 강화 루프(reinforcing loop)를 나타내고, 음의 극성이 하나의 순환 루프에서 홀수이면 균형 루프(balancing loop)를 나타낸다.

마찬가지로, 가격이 오르면 판매량은 감소하고, 판매량 감소는 단위 원가를 높이게 된다. 높아진 원가는 판매가격을 더욱 높이는 강화 루프 순환과정을 나타낸다.

- 물리모형(Physical Model) 또는 컴퓨터모형(Computer Model)

위의 예시를 컴퓨터 모델로 표현하면 다음과 같다.

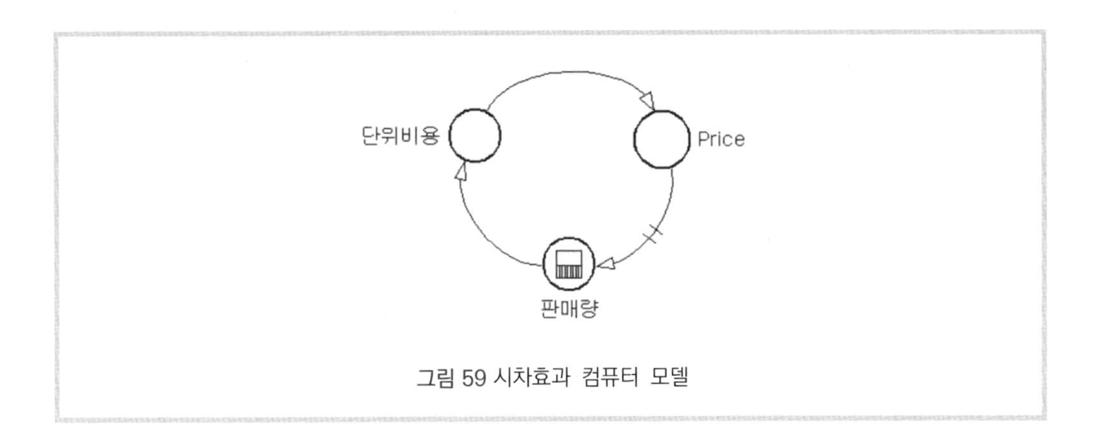

그림 59 시차효과 컴퓨터 모델

컴퓨터 모델은 사람에게는 위와 같이 이해가 쉬운 시각적 구조로 표현되고, 컴퓨터를 위해서는 아래와 같은 연립방정식 형태로 표현된다.

▶ 수식 구성(예시)

Name	Definition
(1) Price	20-단위비용
(1) 단위비용	3/판매량 - 1
(1) 판매량	DELAYPPL(20/Price, 1, 3)

• 위의 연립방정식을 기간에 따라 시뮬레이션하면 그 결과는 다음과 같다.

기간	Price	판매량	단위비용
0	20.00	3.00	0.00
1	18.00	1.00	2.00
2	18.30	1.11	1.70
3	18.26	1.09	1.75

2.6.14 스톡 변수와 플로우 변수 예시

스톡 변수와 플로우 변수(stock and flow variable)는 어떻게 구분하나요?

스톡(누적, Stock, Level) 변수는 기본적으로 시스템에서 '시스템의 상태(State of System)'를 나타내는 변수이다. 그리고 플로우(변화량, Rate, Flow) 변수는 기간별 시스템 상태의 변화량을 나타내는 변수이다.

스톡 변수와 플로우 변수를 구분하는 정해진 기준은 이것뿐이다. 그래서 여러 가지 파생적인 논리가 성립한다. 예를 들어 거리가 스톡 변수이면, 속도는 플로우 변수이다. 하지만 속도가 스톡 변수이면 가속도는 플로우 변수가 된다.

다른 예로 은행의 계좌잔고(balance)는 스톡 변수이다. 그러면 매월 입금액과 출금액은 플로우 변수가 된다. 만약, 매월 입금액이 스톡 변수이면 매일 매일의 수입변화량은 플로우 변수가 된다. 다시 말해서, 스톡 변수를 시간으로 나눈 값은 시간에 따른 변화량 변수, 즉 플로우 변수가 된다.

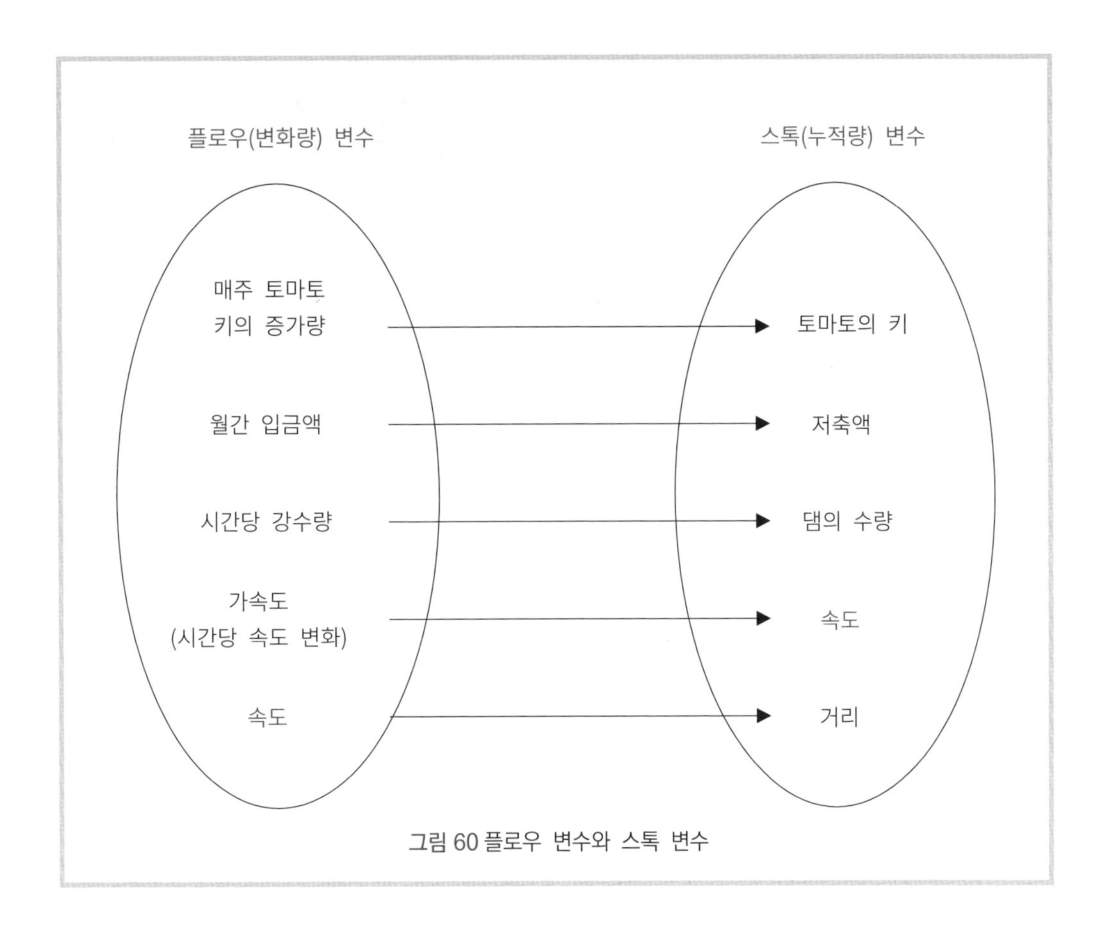

그림 60 플로우 변수와 스톡 변수

그림에서 속도는 가속도에 대해서는 스톡 변수가 되나 거리에서는 플로우 변수가 된다. 이처럼 스톡과 플로우 변수는 정해진 것은 없고, 어떤 변수에 대하여 시간으로 함수로 나누어질 수 있으면 플로우 변수가 되고, 이를 누적하면 스톡 변수가 된다.

스톡 플로우 모델(Stock Flow Model) 예시

속도(velocity)는 가속도(acceleration)에 대해서는 스톡(Stock, 사각형 모양) 변수가 되기도 하고 동시에 거리(distance)에 대해서는 플로우(Flow, 수도꼭지 모양) 변수가 되기도 한다.

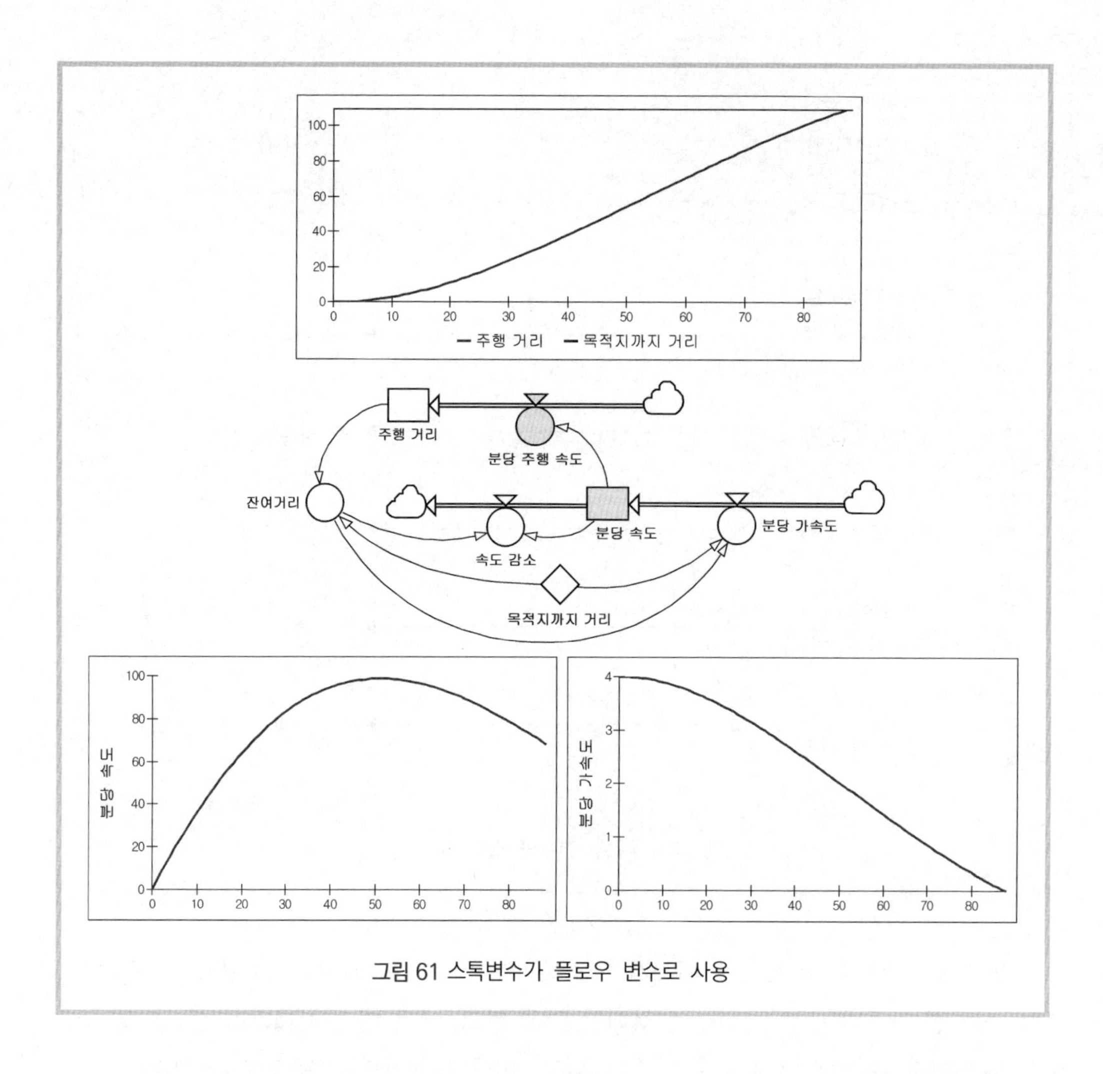

그림 61 스톡변수가 플로우 변수로 사용

목적지까지 거리가 110km 경우 자동차를 운전하여 가속도를 높여서 운전하면 속도가 높아진다. 가속도를 늦추면 자동차는 속도가 떨어진다. 이러한 운전 과정을 거쳐 자동차의 주행거리를 목적지에 도달할 때까지 증가한다.

여기서 속도는 가속도에 대해서 적분 값이고 거리는 속도에 대한 적분 값이다.

2.7 시스템 다이내믹스 작동 원리

2.7.1 시스템 구성 원리

시스템 다이내믹스에서 시스템 구성 원리는 무엇인가요?

시스템 다이내믹스에서 시스템의 구성 원리는 그 구성 조건하에 개체들이 시스템 목적을 달성하기 위하여 서로 상호관계를 맺음으로써 성립된다. 이러한 시스템 구성 원리는 어떤 조건하에서 이루어지는 반응(reaction)과 같으며, 원인과 과정 그리고 결과로 이어지는 인과관계의 연쇄이다.

(1) 인과관계

일반적으로 개체와 개체 간의 관계는 원인(cause)과 과정(process) 그리고 결과(effect)로 나타내는데, 보통 과정을 화살표로 원인과 결과를 시각적으로 연결하여 인과관계를 표현한다.

여기서 과정은 '원인'이 어떤 여행(travel, 旅行)을 통하여 '결과'에 다다르게 되는 것을 의미한다. 이 여행에 기간이 소요되면 이를 시간으로 측정하여 표현한다. *t* : *time*

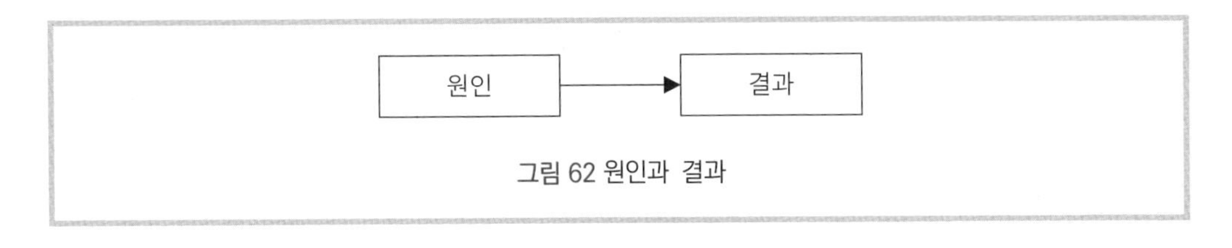

그림 62 원인과 결과

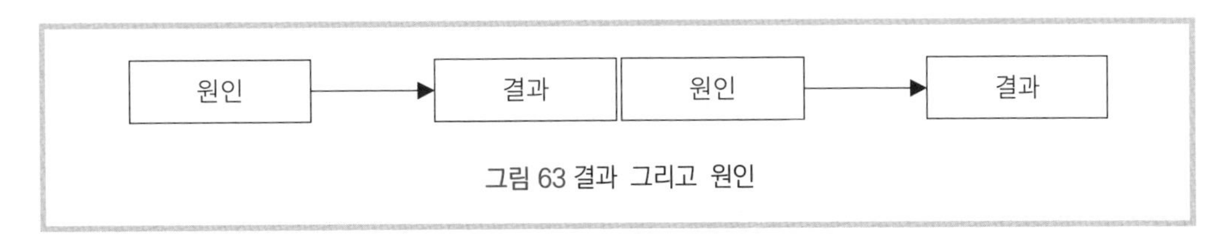

그림 63 결과 그리고 원인

그림 63에서는 원인이 결과로 이어지고, 동시에 그 결과는 다른 결과의 원인으로도 작용하는 것을 표현하고 있다.

(2) 연기론과 시스템 다이내믹스

하나의 시스템을 이루는 개체들은 '원인과 결과의 관계'로 연결되는데, 불교에서는 이를 연기론(緣起論)31)으로 설명하고 있다. 연기론은 존재하는 모든 것은 원인과 그 결과로 이루어져 모두 서로 연결되어 있다는 것이다.

시스템 다이내믹스에서도 이와 유사하게 세상의 돌아가는 이치(理致)나 어떤 시스템의 움직임은 원인과 결과의 관계에 의존하여 발생하는 반응작용(responding action)으로 시스템이 변화를 일으킨다는 "인과론(因果論)"에 이론적 바탕을 두고 있다.

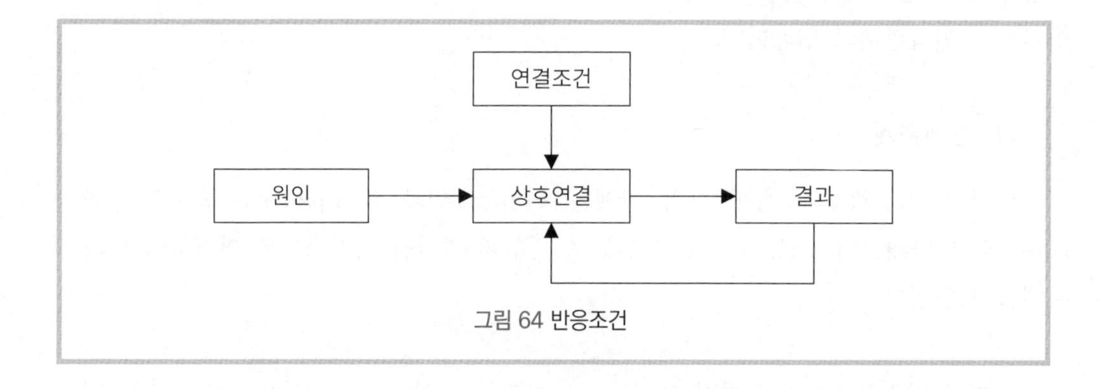

그림 64 반응조건

즉, 시스템은 개개의 구성요소들이 어떤 반응 조건하에서 물리적·화학적으로 반응하면서, 변화를 일으키는 '상호연결된 하나의 결정체(identity)'이다. 그림 64에서 원인과 결과라는 두 가지 개체들이 서로 연결되기 위해서는 어떤 연결조건이 있어야 한다.

원인 개체와 조건이 결합되면 이들은 이제 하나가 되어 결과변수의 현재 상태를 봐가면서 그 반응이 이루어지는데, 이는 앞으로 나타날 결과에 영향을 주게 된다. 이러한 과정을 '상호관계 작용', '피드백 작용' 또는 '상호 영향 관계 작용'이라고 한다.

이처럼 상호 영향 관계(mutual inter-relationship)는 변화를 일으키는 중요한 요인이 된다. 세상의 모든 것은 변한다고 한다. 만약 세상 변화에 관심이 있다면 각 원인과 결과라는 두 개체(objects)보다 이들의 상호 영향 관계(process)에 관심을 두어야 한다. 하지만 대부분의 상호 영향 관계는 눈에 잘 나타나지 않는다.

---

31) 연기(緣起)는 dependent arising, dependent co-arising, interdependent arising으로 번역.

2.7.2 피드백 시스템

피드백 시스템은 무엇인가요?

(1) 피드백 시스템 정의

시스템은 원인과 과정 그리고 결과로 이어지면서 반응 과정을 통하여 진화하는데, 이러한 시스템은 크게 개방(Open) 시스템과 폐쇄(Closed) 시스템으로 구분된다. 참고로 개방 시스템은 폐쇄 시스템의 한 종류이다.

- 개방(Open) 시스템
- 폐쇄(Closed) 시스템

(2) 개방 시스템

개방 시스템은 결과가 원인이나 과정으로 다시 반영되지 않는 시스템이다. 개방 시스템은 보통 미리 잘 준비된 제어계획에 따라 시스템이 작동된다.

개방 시스템은 외란(外亂)에 시스템이 노출되어 있고, 시스템 내부 정보수집으로 시스템 통제(제어)가 되지 않는 시스템이다. 일종의 엄격한 일방적(one-way) 시스템이다.

개방 루프(Open Loop)

개방 루프는 입력이 출력으로 연결되나, 출력 결과가 입력으로 다시 반영되지 않는 시스템 구조이다.

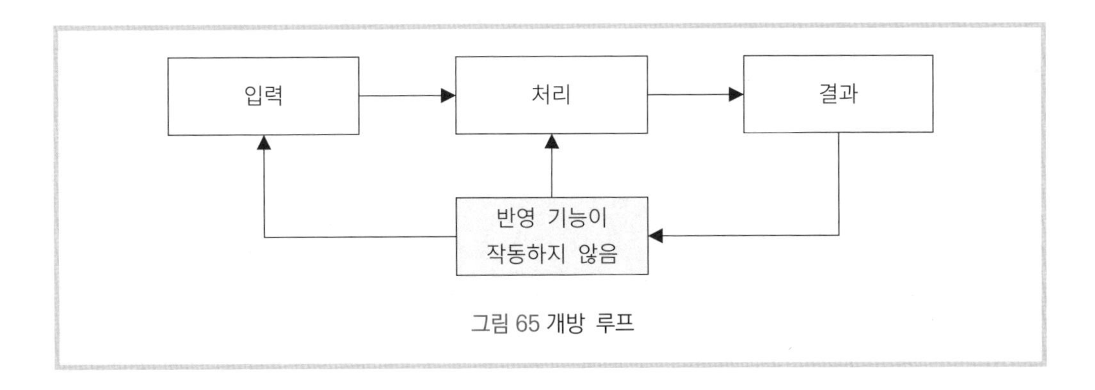

그림 65 개방 루프

(3) 폐쇄 시스템

폐쇄 시스템은 피드백[32] 시스템 또는 순환(circulation) 시스템이라고 한다. 피드백 시스템은 결과가 원인이나 과정으로 반영되어 시스템의 진화(evolution)가 이루어지도록 조절(control)되는 시스템을 말한다.

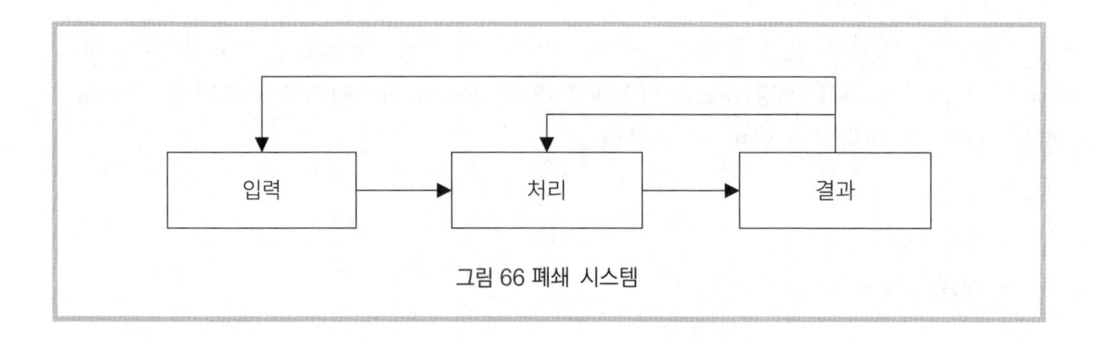

그림 66 폐쇄 시스템

이러한 피드백 시스템은 시스템 관리자가 시스템을 원하는 목적으로(goal oriented) 운영하거나 제어할 수 있다.

피드백 시스템에도 외란(external disturbance)의 영향은 있으나 이에 대응하여 시스템을 목적 지향적으로 운영하기 위하여 내부 정보수집이나 내부 통제가 적절히 이루어져 시스템은 관리자가 원하는 방향으로 조절되는 시스템이다.

▨ 폐쇄 루프

폐쇄 루프 또는 순환(circular) 루프는 입력이 출력으로 연결되고, 그 출력 결과가 다시 입력에 연결되거나 반영되는 시스템 구조이다.

2.7.3 피드백 시스템의 작동과정

피드백 작동과정에 대하여 설명해주세요.

(1) 피드백 시스템의 메커니즘

피드백 시스템이 갖는 시스템 작동과정, 즉 피드백 메커니즘은 하나의 피드백 구조

---

32) 이 책에서는 'feedback'을 '피드백' 또는 '순환(巡還)'이라 한다.

로 이루어지거나, 여러 개의 피드백 구조가 서로 맞물려 거대한 피드백 시스템 구조를 이루기도 한다.

예를 들어 어느 가계(家計, household)의 소비지출은 대개 가계의 수입과 지출의 균형을 찾는 소비구조, 즉 수입과 소비지출은 피드백 관계를 형성한다고 가정하자.

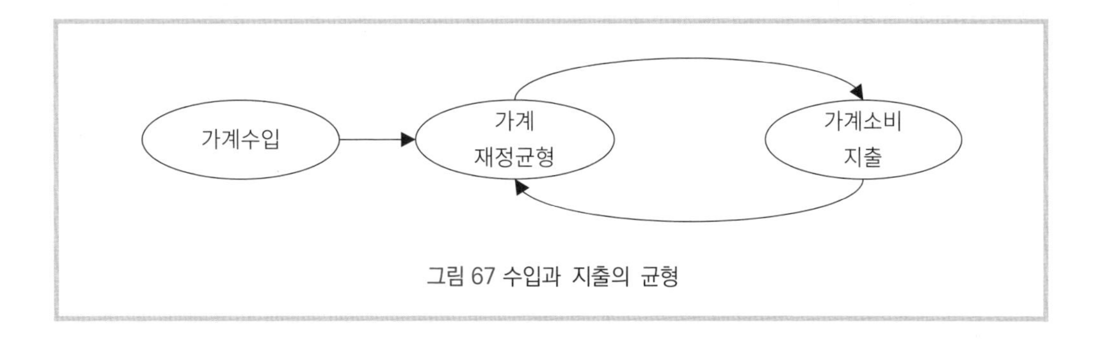

그림 67 수입과 지출의 균형

이러한 가계의 피드백 구조가 그 지역의 가구 수만큼 모여서 그 지역의 소비지출 구조를 형성하고, 이와 같은 여러 지역이 모여서 시도(市道)의 소비지출을 이루고, 각 시도의 소비지출이 모여서 국가 전체 소비지출을 이루게 된다.

중앙정부는 소비지출 현황을 살펴보고, 예를 들어 통화를 조절하거나 이자율을 높이거나 낮추는 등의 소비지출 관련 정책을 수립하여 정책적 개입(intervention)을 하게 된다. 시장은 통화나 이자율 정책에 따라 시중 자금 사정이나 물가가 변동하여 그만큼 소비지출에 영향을 받는 피드백 구조를 형성한다.

이를 구조로 나타내면 그림 68과 같다.

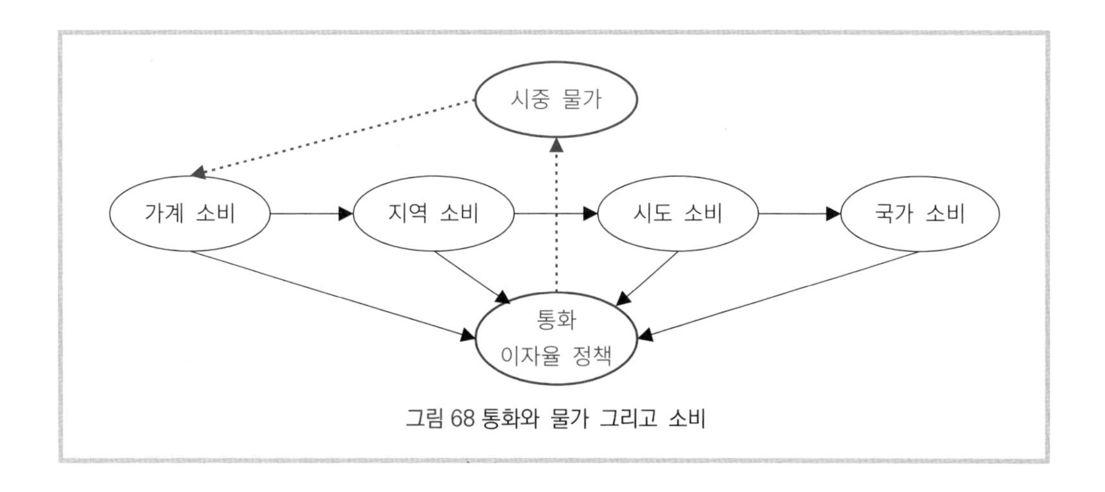

그림 68 통화와 물가 그리고 소비

(2) 강화 루프(强化循環, Reinforcing Loop)

강화 루프는 일종의 양(+)의 시스템으로, 선순환 또는 악순환의 과정을 나타내는 피드백 구조이다. 예를 들어 은행에서 복리로 대출받아 상환하지 못하면 연체 이자가 다시 채무가 되고, 여기에 다시 더 많은 이자가 발생하여 갚아야 할 돈이 시간이 갈수록 기하급수적으로 늘어나는 경우이다.

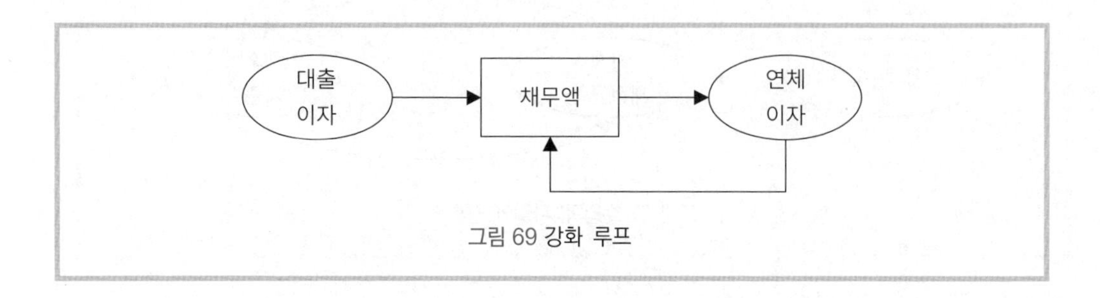

그림 69 강화 루프

반대로는 기술유출 분쟁으로 소송을 하던 두 기업이 정부의 중재로 화해와 협상 모드로 전환되면 지금까지 가졌던 서로 간의 불신이나 분노의 앙금은 점차 사라지고, 화해와 협력 분위기가 생겨나 앞으로 상생(相生) 협업하게 되는 경우이다.

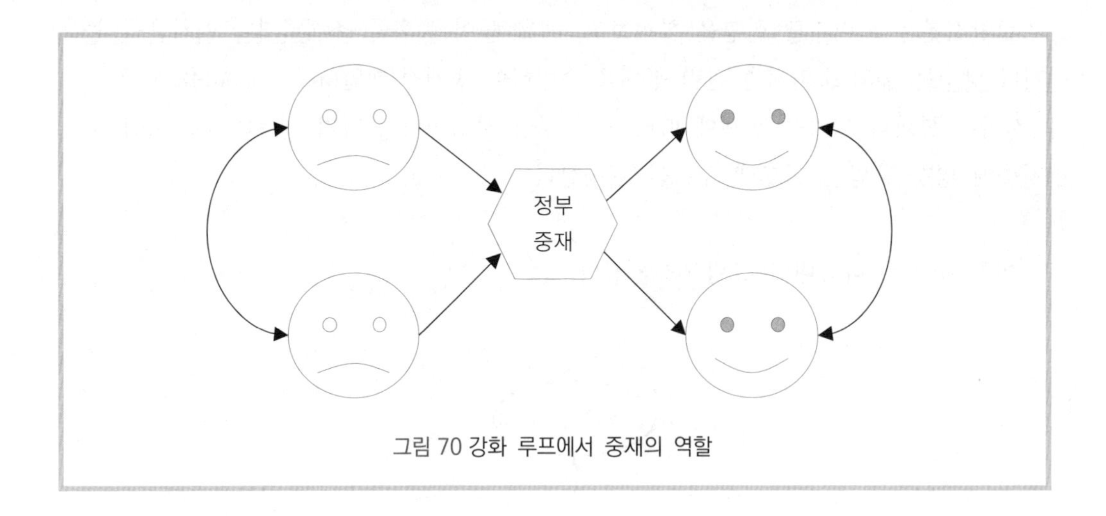

그림 70 강화 루프에서 중재의 역할

(3) 균형 루프

균형 루프(Balancing Loop)는 음(−)의 시스템으로, 대표적인 예로는 우리 몸의 체온이다. 인체는 온도가 높아지면 땀이 나면서 체온이 낮아지고, 체온이 너무 낮아지면 몸이 떨려 그 마찰력으로 체온이 상승한다. 우리 몸은 본능적으로 이러한 조절 메커니즘,

항상성(恒常性, Homeostasis)을 적용하여 일정한 체온을 유지하게 한다.

$$정상체온차이 = (정상체온 - 실제체온)$$

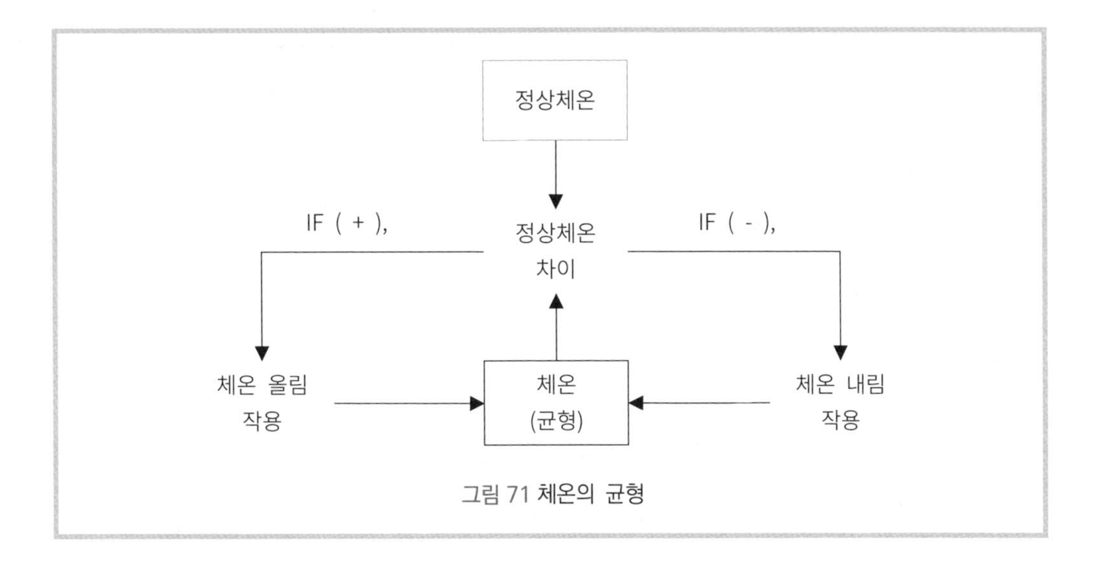

그림 71 체온의 균형

균형 루프는 주어진 목표치(Target Value)를 향하도록 시스템을 목적 지향적(Goal Seeking)으로 이끄는 역할을 한다. 대부분의 균형(Balancing, Equilibrium)을 추구하는 시스템은 균형 시스템, 즉 음의 시스템(−, Negative System)을 따른다.

참고로 균형 시스템이라고 해서 반드시 평형 또는 균형을 추구하는 것은 아니다. 시스템에 주어지는 목표치가 시간에 따라 증가(성장) 또는 감소(쇠퇴)할 수 있다. 즉 목표치가 시간의 함수를 가지면 이는 동적인 목표치(Dynamic Target Values, Dynamic Objective function)가 된다.

$$System's\ Target\ Value = function\ of\ Time = f\,(Objective_t)$$

(4) 진동 과정 루프

진동(Oscillation) 과정이란 어떤 목표 차이를 해결하는 데 다소 시간이 걸리는 경우로서, 그 목표에 도달하기까지 오름과 내림을 반복하다가 결국에는 목표에 가까이 다가가는 현상을 말한다. 이를 그림으로 묘사하면 그림 72와 같다. 그림 72에서 가로축은 시간을, 세로축은 속도를 나타낸다.

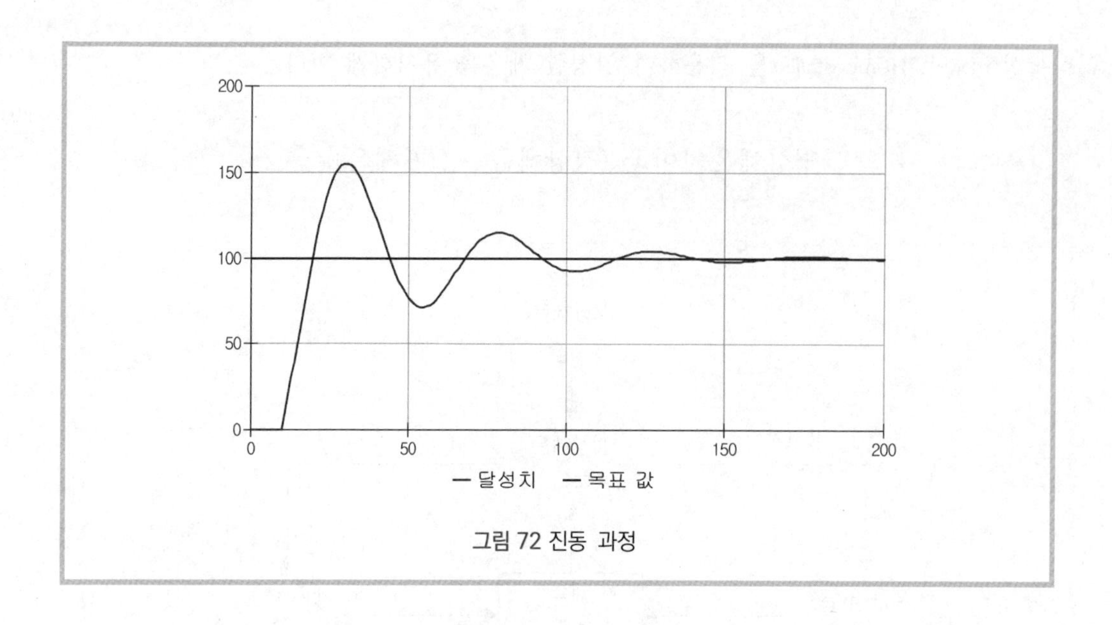

그림 72 진동 과정

아래 그림 73은 제어 정밀도(制御精密度)와 성능이 좋은 자동차 소유자가 시속 100km로 가고자 목표를 세우고, 출발부터 바로 속도를 높여서 시속 100km를 달성하는 모양을 나타낸다.

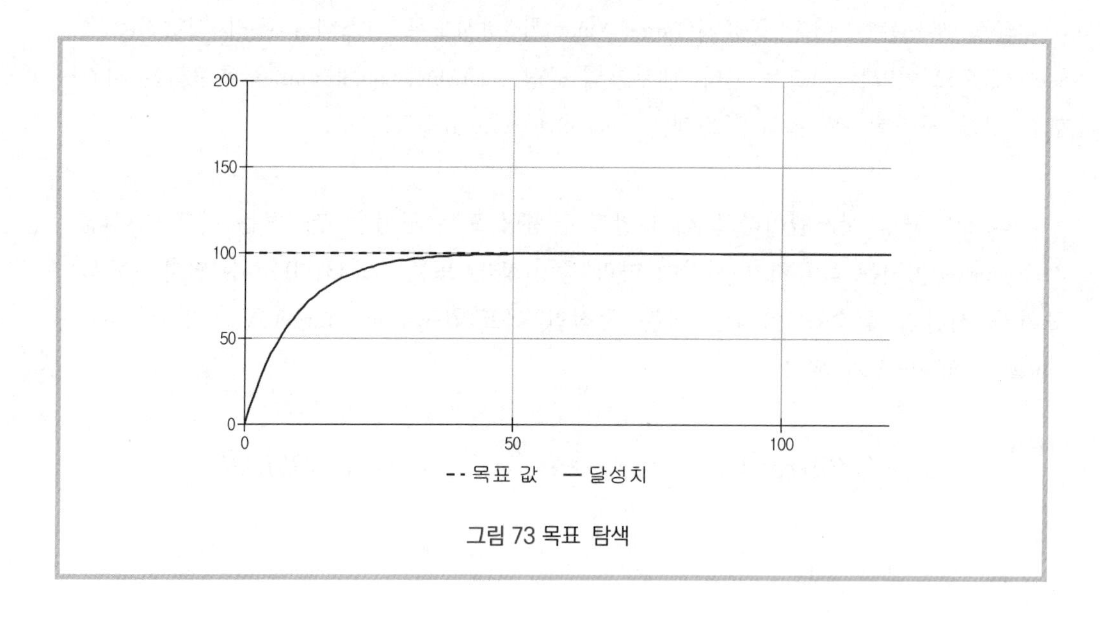

그림 73 목표 탐색

다음 그림 74는 기계작동에 대한 응답 반응 시간(response time)에 8초가 걸리는 경우의 시속 100km 도달 행태(behavior over time)이다. 즉 자동차 운전자와 자동차 성능이 속도지시 반응에 8초의 시간이 소요되는 시차(time delay)가 발생하는 경우이다.

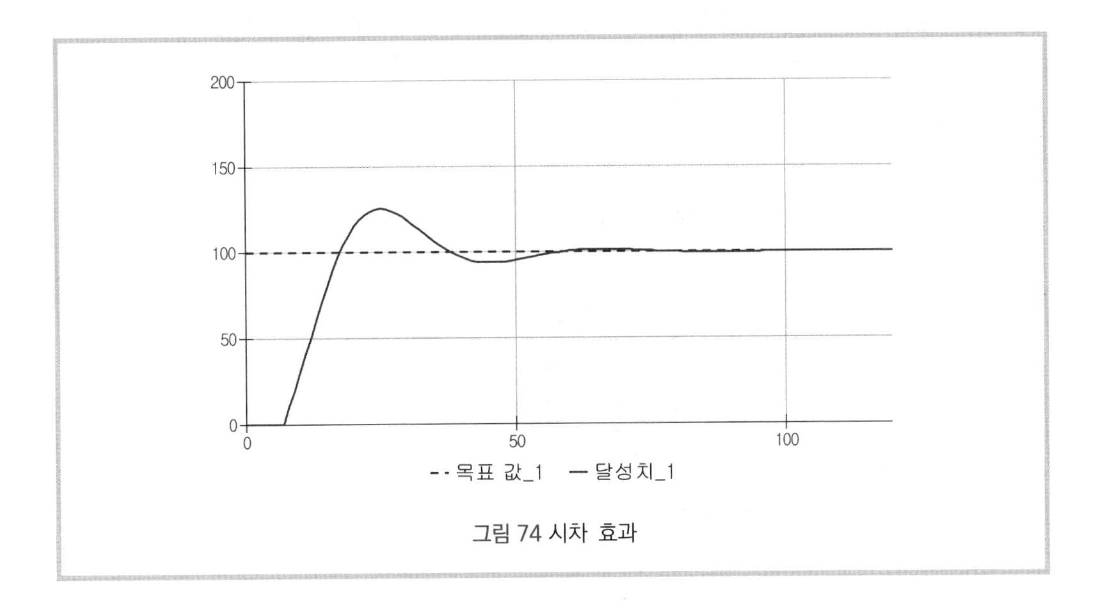

그림 74 시차 효과

만약 운전자와 자동차 속도의 응답 반응에 12초의 시간(response time)이 걸리면 자동차가 시속 100km 속도에 도달하는 행태는 그림 75와 같다. 시속 100km 속도에 맞추려고 애쓰면 심하게 진동하는 모습이 되는 것이다.

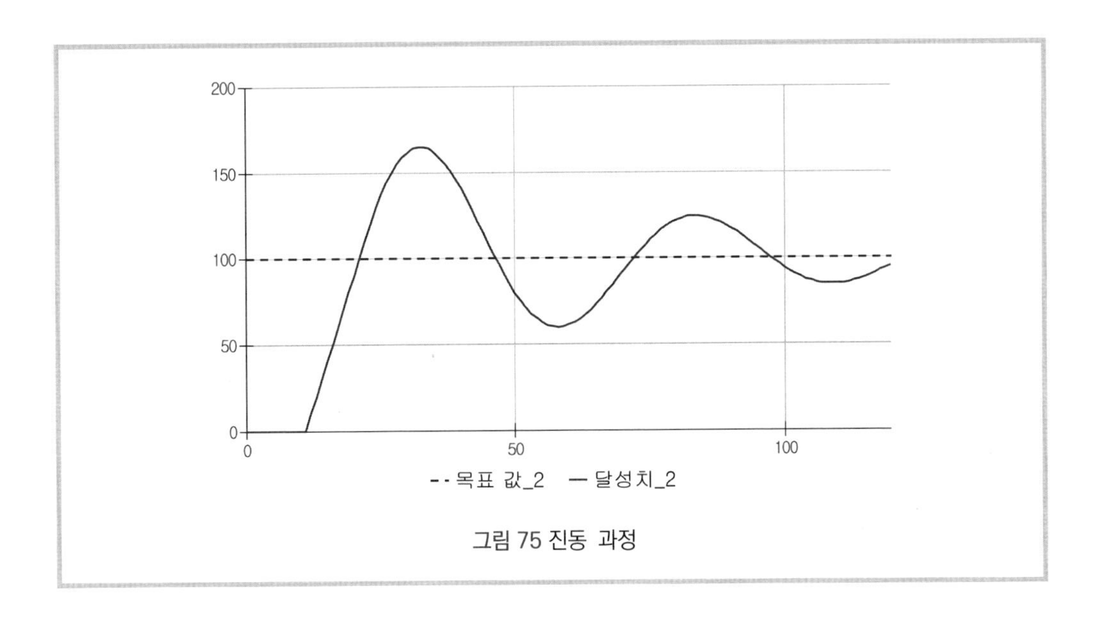

그림 75 진동 과정

(5) 공공정책의 진동 과정

이러한 현상은 공공정책에서도 가끔 볼 수 있다. 즉 정책 목표를 달성하기 위한 정책 설계, 정책 공감대 형성, 정책과정과 성과에 대한 모니터링, 제반 문제점의 피드백 체계 등이 현실적이지 못한 경우에는 그림 75와 같은 심한 진동의 정책 실패(failure of policy)를 경험하게 된다. 이러한 정책은 대부분 기간 60~70이 되기 전에 갑자기 반대에 부딪혀 새로운 정책으로 대체되거나 폐지 절차를 밟게 된다.

여기서 시사하는 바는 실패하는 정책의 경우 정책 자체가 문제가 아니라는 것이다.

- 속도 목표(100km) = 정책 달성목표
- 자동차 성능 = 정책 목표 달성 가능성
- 자동차 속도 조정 = 정책 집행 조정 및 보완
- 자동차 속도 = 정책 실적(정책성과)
- 자동차 운전자 = 정책 집행자
- 자동차 상태 = 정책 수용성, 정책 환경
- 도로 상태 = 정책 집행 환경
- 새로운 속도 목표 = 새로운 정책의 등장
- 자동차 운행 중단 = 정책 중단 또는 폐지
- 자동차 고장 발생 = 무리한 정책 추진으로 정책 여건의 악화

(6) 정책 혼돈 과정

혼돈(混沌), 혼란(混亂), 카오스(chaos) 상태는 한마디로 이해 불가한 불규칙한 상태를 말한다. 이러한 상태는 몇 개의 피드백 루프와 여러 개의 시차효과가 어울려지면 발생한다. 정책 혼돈 과정은 정책 진동 과정보다 훨씬 복잡하고 불확실성이 많은 상황을 나타낸다.

정책 혼돈 사례

이론적으로 아파트 가격이 상승하면 아파트 수요량이 줄어들고 공급량은 늘어나서, 아파트 가격은 다시 적정한 균형을 찾게 된다는 논리를 갖는다.

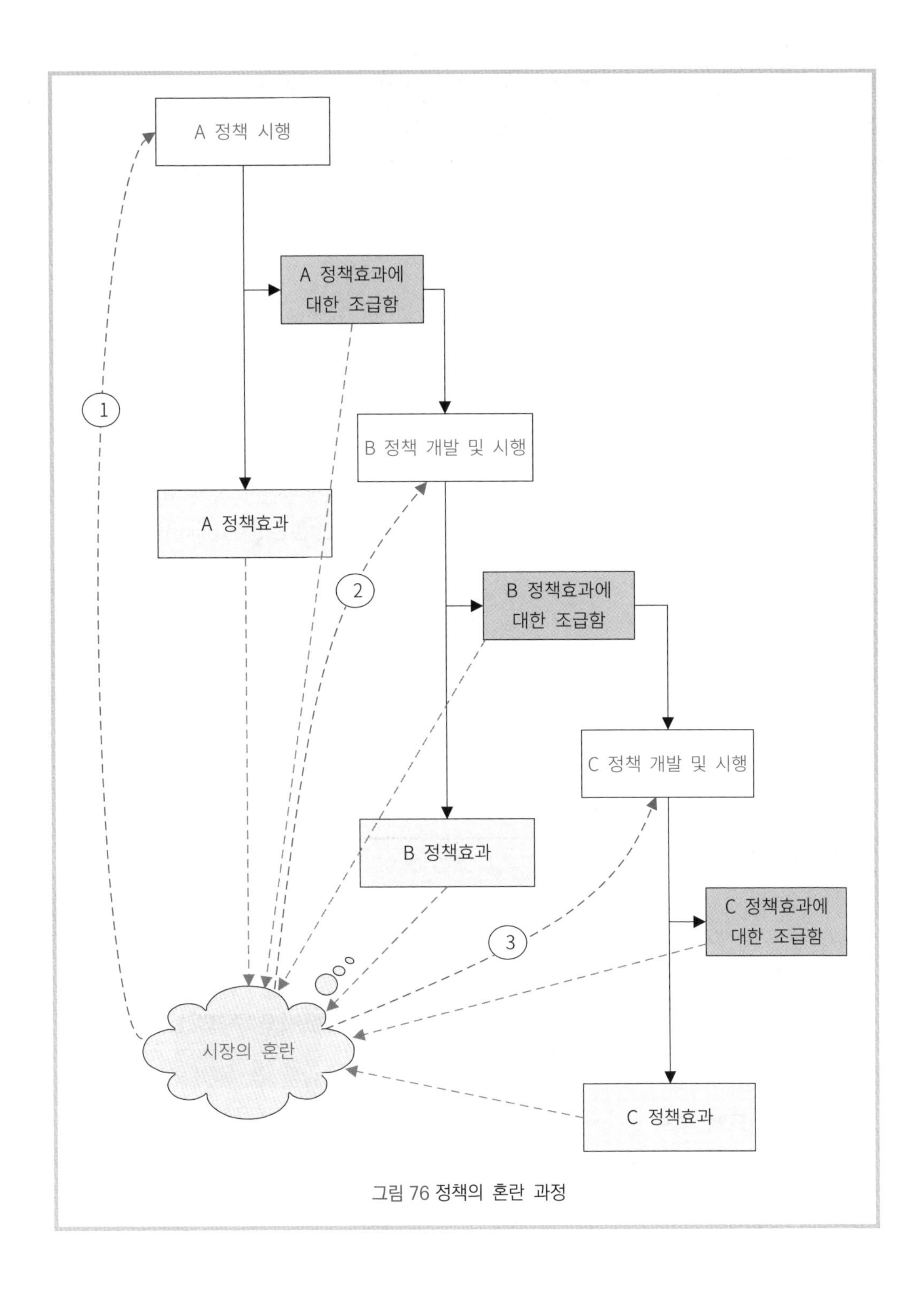

그림 76 정책의 혼란 과정

하지만 부동산 주택정책은 대부분 대출 이자율 변동을 제외하고는 예를 들어 DTI(총부채 상환비율, Debt To Income), DSR(총체적 상환능력비율, Debt Service Ratio), 취득세, 양도세, 보유세, 종합부동산세 등의 세수(稅收)정책, 수요정책, 공급정책 등은 정책 시행 시점과 정책효과 발생 시점 간에는 택지 조성, 시공 기간 등 적지 않은 시간이 소요되는 시차가 발생한다.

이러한 시차 발생은 앞서 자동차 속도 조절에서 본 바와 같이 목표 달성과정에 있어서 정책성과의 진동이 생기게 된다. 그러면 현실에서는 A 정책의 정책효과가 나타나기 전에 B 정책을 그리고 또 다시 C 정책을 제안하게 된다.

이는 결국 부동산 주택시장에 A, B, C 정책과 그들의 시차효과가 서로 엉키게 되는 결과를 가져와 현재 상태가 어떤 상태인지 파악할 수 없는 혼돈상태(chaos)에 빠지게 한다.

그림 76은 정책을 통한 시장의 혼란 상태를 유발하는 정책 과정(Policy Procedures)을 나타내고 있다.

2.8 피드백 루프

피드백 루프에서는 무엇을 주고받나요?

피드백 루프는 변수 간에 정보, 물질, 서비스 등 무엇인가를 서로 주고받는 흐름이다.

2.8.1 One 피드백 루프

어떤 변수 또는 상태를 나타내는 스톡1과 스톡2는 서로 뭔가를 주고받을 수 있는 관계를 나타낸다.

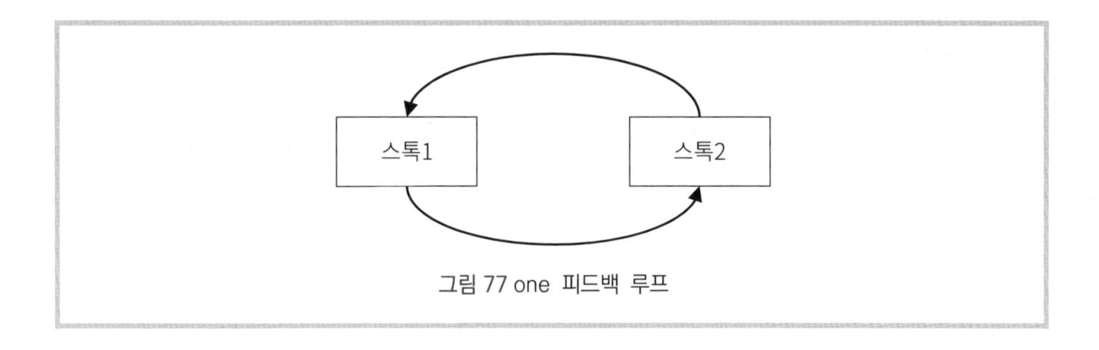

그림 77 one 피드백 루프

(1) One 피드백 루프[재화/상품/물질/물류의 흐름]

예들 들어 그림 78은 피드백 루프를 따라 물질적인 흐름이 반시계방향(counter-clockwise)으로 흐른다.

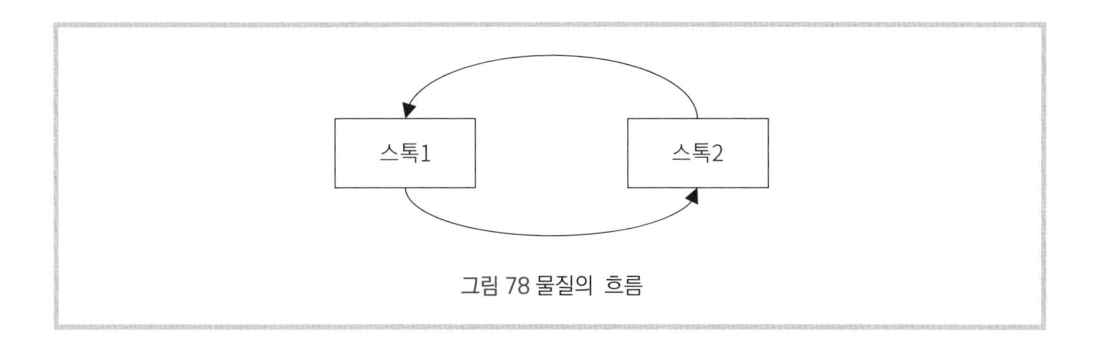

그림 78 물질의 흐름

(2) One 피드백 루프[정보/지급/자금의 흐름]

그림 79는 물질적 흐름과는 반대 방향으로 정보나 현금, 지급이 시계방향으로 흐르고 있다.

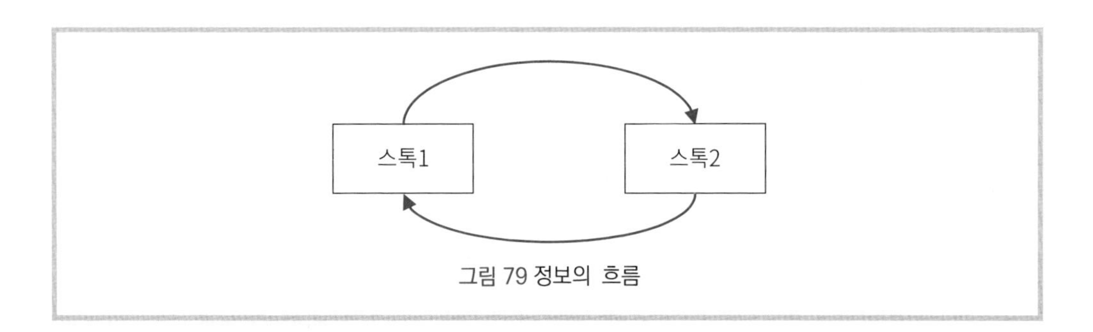

그림 79 정보의 흐름

2.8.2 더블 피드백 루프

더블(Double) 피드백 루프에는 [재화/상품/물질/공급/물류 흐름] 및 [정보/주문/수요/지급/자금 흐름]이 정보통신기술(ICT)이 발달할수록 거의 동시에 이루어진다.

그림 80은 두 변수 사이에서 물질의 흐름과 정보의 흐름이 교차하는 피드백 루프를 나타낸다.

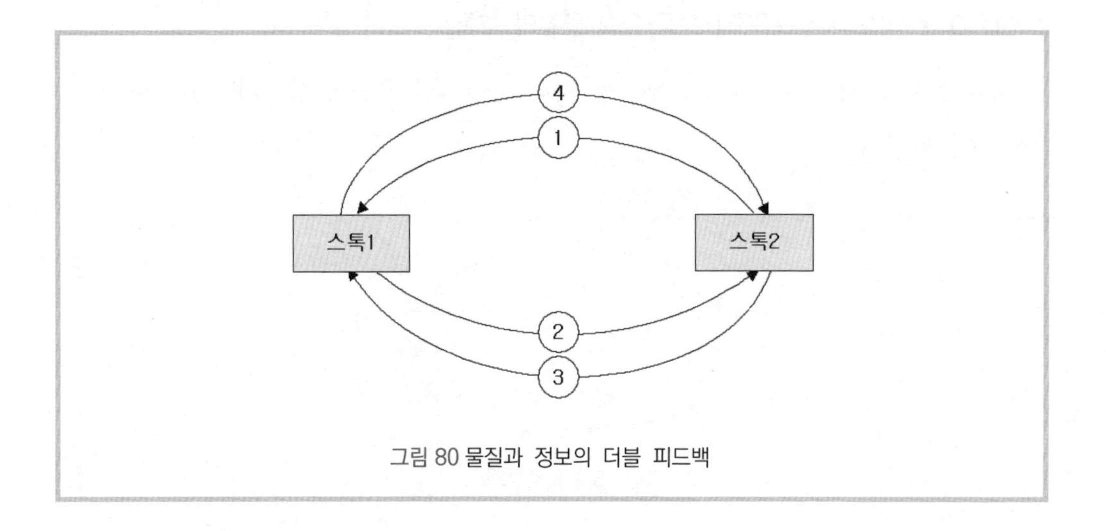

그림 80 물질과 정보의 더블 피드백

이를 시간 순서로 나타내면 다음과 같다.

- 시간 묶음－1(Time Phase 1)

①: 스톡2에서 스톡1로 고객 주문이 발생한다.

②: 스톡1에서 스톡2로 제품이 배송된다.

그리고 시간이 지난다.

- 시간 묶음－2(Time Phase 2)

③: 스톡2에서 스톡1로 대금이 지급된다.

④: 스톡1에서 스톡2로 후속 서비스 또는 마케팅 서비스가 이루어진다.

스톡1과 스톡2 서로 선순환(virtuous circle) 피드백 관계를 형성하고 있다. 이러한 더블 피드백 과정은 비즈니스(거래) 관계가 형성되어 있으면 다시 반복되게 된다.

2.8.3 트리플 피드백 루프

트리플(Triple) 피드백 루프는 [재화/상품/물질/공급/물류 흐름] vs. [정보/주문/수요/지급/자금 흐름]이 입체적으로 이루어지며, 각각 흐름은 시간 지연을 가질 수 있다.

그림 81은 두 변수 사이에서 물질의 흐름, 정보의 흐름이 시간에 따라 교차하는 피드백 루프를 나타낸다.

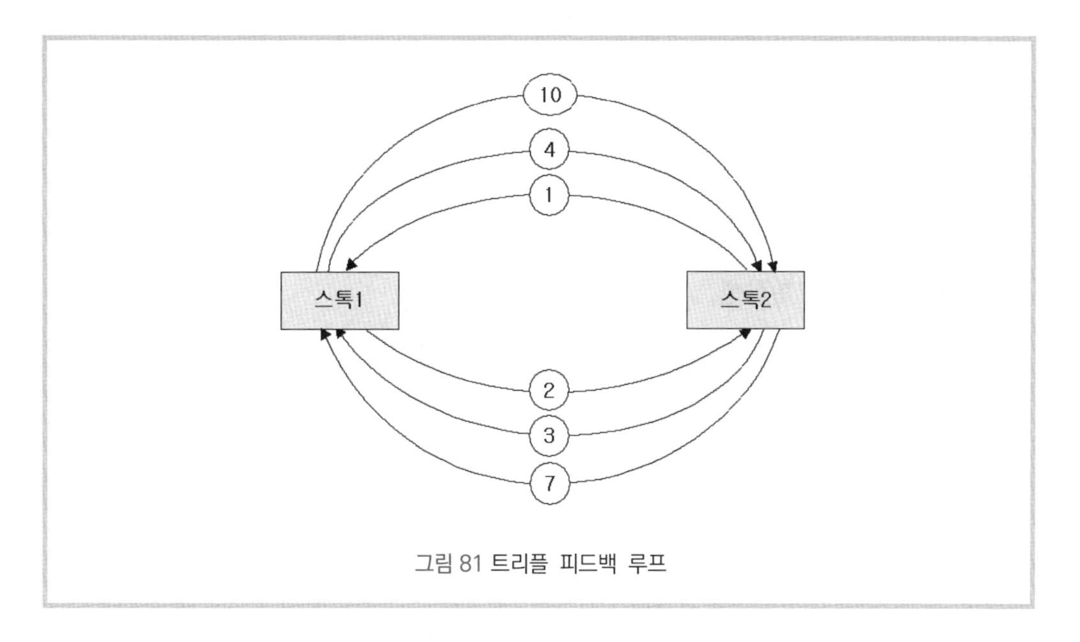

그림 81 트리플 피드백 루프

- 시간 묶음－1(Time Phase 1)

①: 고객 주문

②: 제품 배송

그리고 시간이 지나면

- 시간 묶음－2(Time Phase 2)

③: 대금 지급

④: 마케팅 서비스

어느 정도 시간이 더 지나면

• 시간 묶음 – 5(Time Phase 5)

⑦: 고객의 제품 선호도 변화

⑩: 신제품 출시 및 공급

세 겹(triple) 피드백 과정은 중장기적으로 다시 반복된다.

이처럼 두 스톡(개체) 간의 피드백 관계는 겉으로는 하나의 피드백으로 보이나 그 내재적으로는 여러 개의 피드백 루프가 상호작용하고 있는 것을 알 수 있다. 일종의 '다중 피드백 루프(Multiple Feedback Loops, MFL)'를 형성하고 있다.

2.8.4 피드백 루프의 복잡성

피드백 루프의 복잡성(complexity of feedback loops)은 무엇인가요?

피드백 루프는 하나의 피드백 루프에 또 다른 피드백 루프가 추가되면 복잡성(complexity)은 증가한다.

예를 들면 경쟁사(스톡4) – 고객(스톡1) – 기업(스톡2) – 협력업체(스톡3) 사이에는 다양한 형태의 피드백 루프가 발생한다.

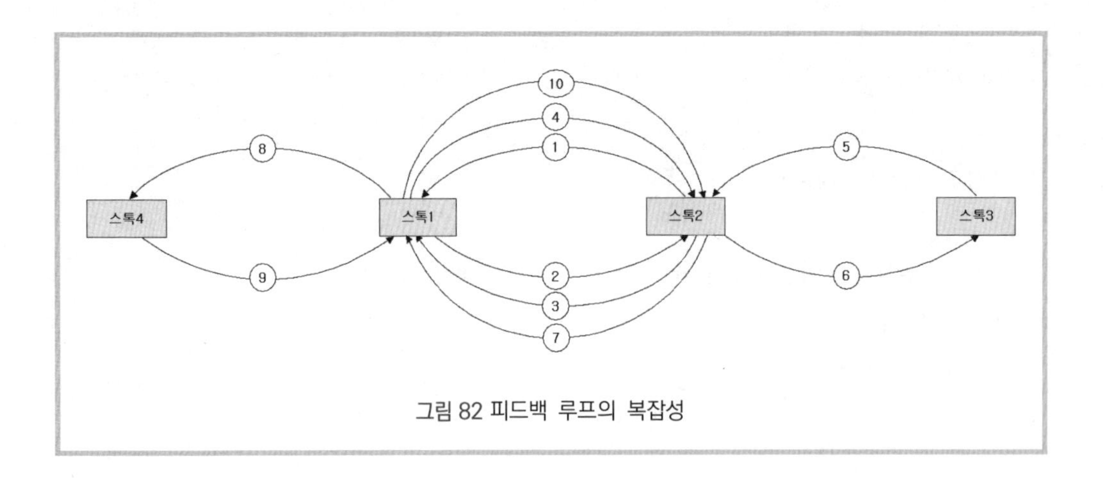

그림 82 피드백 루프의 복잡성

- 시간 묶음－1(Time Phase 1)

①: 고객 주문

②: 제품 배송

그리고 시간이 지나면

- 시간 묶음－2(Time Phase 2)

③: 대금 지급

④: 마케팅 서비스

어느 정도 시간이 더 지나면

- 시간 묶음－3(Time Phase 3)

⑤: 경쟁사에서 신제품 출시로 고객 선호도 변화

⑥: 경쟁사 제품 구매

- 시간 묶음－5(Time Phase 5)

⑧: 협력사와 신제품 제조

⑨: 신제품 부품 납품

⑩: 고객에 신제품 공급

2.8.5 피드백 시스템 사례

피드백 시스템 사례에는 어떤 것이 있나요?

(1) 인체 시스템 제어

인체의 조절작용은 크게 길항작용(拮抗作用, Antagonism)과 피드백(循環, feedback) 작용으로 구분할 수 있다. 두 방법 모두 어떤 목표를 향하여 조절한다는 점에서는 같다.

하지만 조절 방식에서 피드백 작용은 어떤 결과를 토대로 그 원인을 조절하여 새로운 결과를 다시 확인하는 방식이고, 길항작용은 서로 다른 목적을 추구하는 조절작용이 동시에 반대로 작동(counteract)한다는 점에서 다르다.

(2) 피드백 작용

피드백 작용은 먼저 시스템 상태 또는 결과가 원하는 기준치에 맞는지 점검하고, 그 결과를 생성하는 원인을 조절하여 결과를 원하는 바대로 이끄는 방법이다.

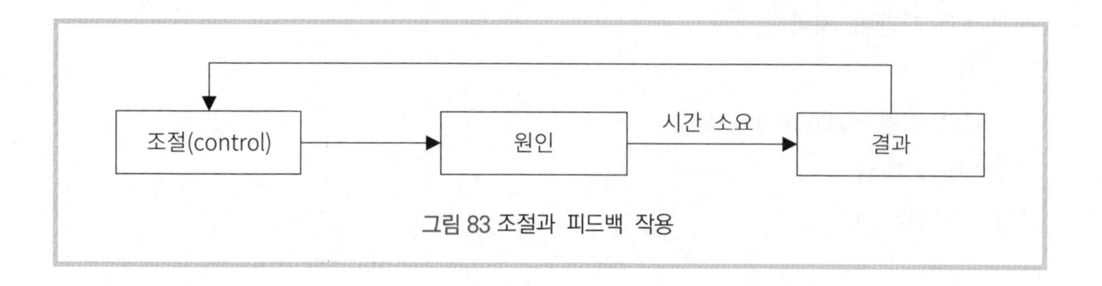

그림 83 조절과 피드백 작용

(3) 길항작용(antagonism)

길항작용은 사람의 몸에서 하자는 길(拮) 작용과 하지 말자는 항(抗) 작용의 두 가지의 서로 반대되는 작용이 동시에 이루어지면서, 어떤 추구하는 조절이 이루어지는 과정이다.

길항작용은 어떤 정책이나 국가 운영에서도 무엇인가를 하자는 길(拮) 작용과 문제점을 이유로 저지하는 항(抗) 작용이 정치영역의 여당과 야당의 역할과 같이 조화롭게 이루어져야 마침내 바람직한 최적의 국가정책이 탄생하는 것과 같다.

인체에서는 이와 같은 길항작용이 무의식적으로 이루어지는데, 예를 들면 시간에 따라 체내에 적당한 혈당량을 유지하기 위하여 췌장(Pancreas)에서 분비되는 인슐린(insulin) 호르몬과 글루카곤(glucagon) 호르몬이 그 역할을 한다.

즉, 인슐린 호르몬은 체내 포도당(葡萄糖, glucose)을 글리코겐(glycogen)으로 간에 저장하거나, 근육이나 세포에서 소비하도록 하여 결국 혈액 속의 포도당을 낮추는 역할을 하고, 반대로 글루카곤 호르몬은 인슐린에 의해 간에 저장되어 있던 글리코겐을 포도당으로 분해하여 혈액으로 내보내는 역할을 한다.

이러한 길항작용을 도식화하면 그림 84와 같다.

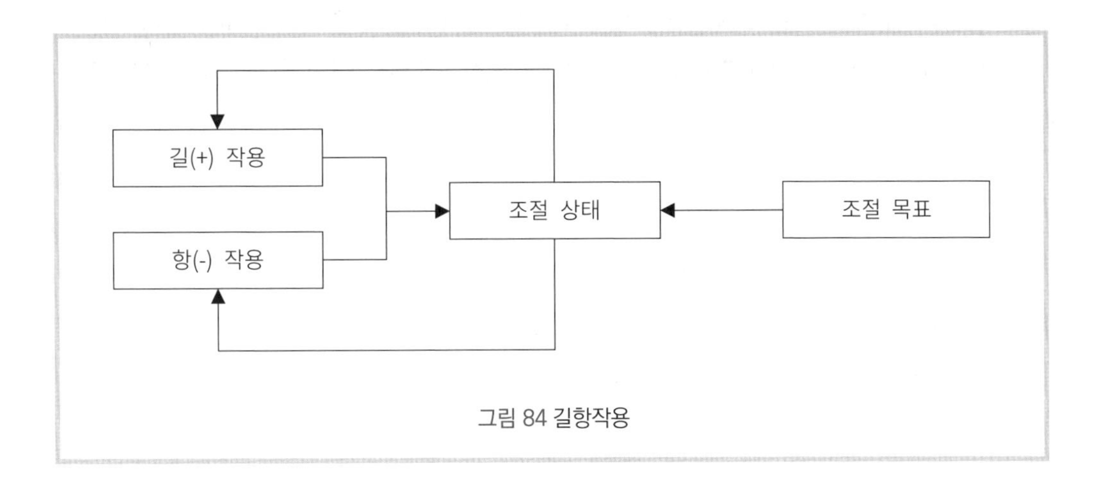

그림 84 길항작용

2.9 컴퓨터 모델링

2.9.1 컴퓨터를 위한 모형

컴퓨터 모형(Computer Model)이란 무엇인가요?

(1) 컴퓨터 모형의 개념

실세계 현상을 모델링하고 시뮬레이션하기 위하여 개발한 모형은 결국 컴퓨터를 위한 모형(모델)이 된다. 여기서 모형 또는 모델이란 컴퓨터에는 약속된 기호와 단어로 묘사된 일종의 명령어 문장(文章)이고, 사람에게는 이해하기 쉬운 그림이나 다이어그램이다.

(2) 컴퓨터 프로그램

이러한 컴퓨터 프로그램이 요구하는 문법에 맞추어 작성된 문장은 한 문장으로 끝날 수도 있고, 여러 문장이 모여서 이루어진 문단이나 단락, 책과 같은 분량이 될 수도 있다. 이것을 컴퓨터 용어로 컴퓨터 프로그램이라 한다.

(3) 현상과 데이터

모델링의 대상이 되는 어떤 현상이 질적이든 양적이든 컴퓨터에서 표현되기 위해서는 변수(variable)화와 계량화(quantify) 과정을 거쳐야 한다. 이렇게 계량화된 현상은 숫자 데이터로 표현된다.

(4) 프로그램 로직

어떤 현상이 발생하는 과정은 절차(procedure)이고, 이 절차는 컴퓨터 모델링에서 어떤 현상이 진행되는 논리 또는 로직(Logic)으로 컴퓨터가 수행해야 하는 계산절차가 된다. 계산절차와 데이터가 어떤 프로그램의 문법이나 규칙을 지키면서 작성되면 하나의 컴퓨터 프로그램이 탄생하게 된다.

(5) 연립방정식과 컴퓨터 프로그램

컴퓨터 모형은 컴퓨터가 주어진 데이터와 컴퓨터 프로그램을 이용하여 수학적 연산을 수행할 수 있도록 컴퓨터 내부적으로는 연립방정식 형태로 작성된다.

이는 일종의 핵심 논리의 계산 순서인 알고리즘(Algorithm)을 나타내는 유사 프로그램(Pseudo Code)이라고도 한다. 시뮬레이션 모델을 통하여 생성되는 시뮬레이션 코드는 대형 프로그램 프로젝트를 위한, 신속한 알고리즘 설계(Rapid Design) 및 코드 설계(Code Design) 수단으로도 사용된다.

컴퓨터 모델링은 실세계의 현상을 수리적으로 표현하는 작업, 즉 논리의 수식화(formulation) 작업과 컴퓨터가 이해할 수 있는 프로그램 코드로 변환하는 프로그래밍(programming) 작업이 적절히 이루어져야 한다.

2.9.2 컴퓨터 모델링 단계

(1) 컴퓨터 모형화를 위한 3단계는 다음과 같다.

- 단계 1. 실세계 현상의 이해
- 단계 2. 컴퓨터 모형을 이용하는 것에 대한 타당성 검토
- 단계 3. 실세계를 비추는 현상의 추상화 수준 결정

(2) 컴퓨터 모델링을 위한 실세계 추상화 과정

- 실세계를 표현하는 핵심 이슈 파악 및 이슈의 연결 관계 이해
- 실세계 이슈를 명사(Noun)로 된 변수로 생성하여 명명
- 변수를 계량화 이론이나 척도(Scale), 수학 이론 등을 이용하여 수치화
- 변수 간의 관계를 다이어그램, 네트워크, 그림 및 시각화 등으로 구조화
- 변수와 변수의 관계 수식화

(3) 컴퓨터 모델링 및 시뮬레이션 과정

컴퓨터 시뮬레이션을 위한 실세계 모델링 및 시뮬레이션 과정은 그림 85와 같다.

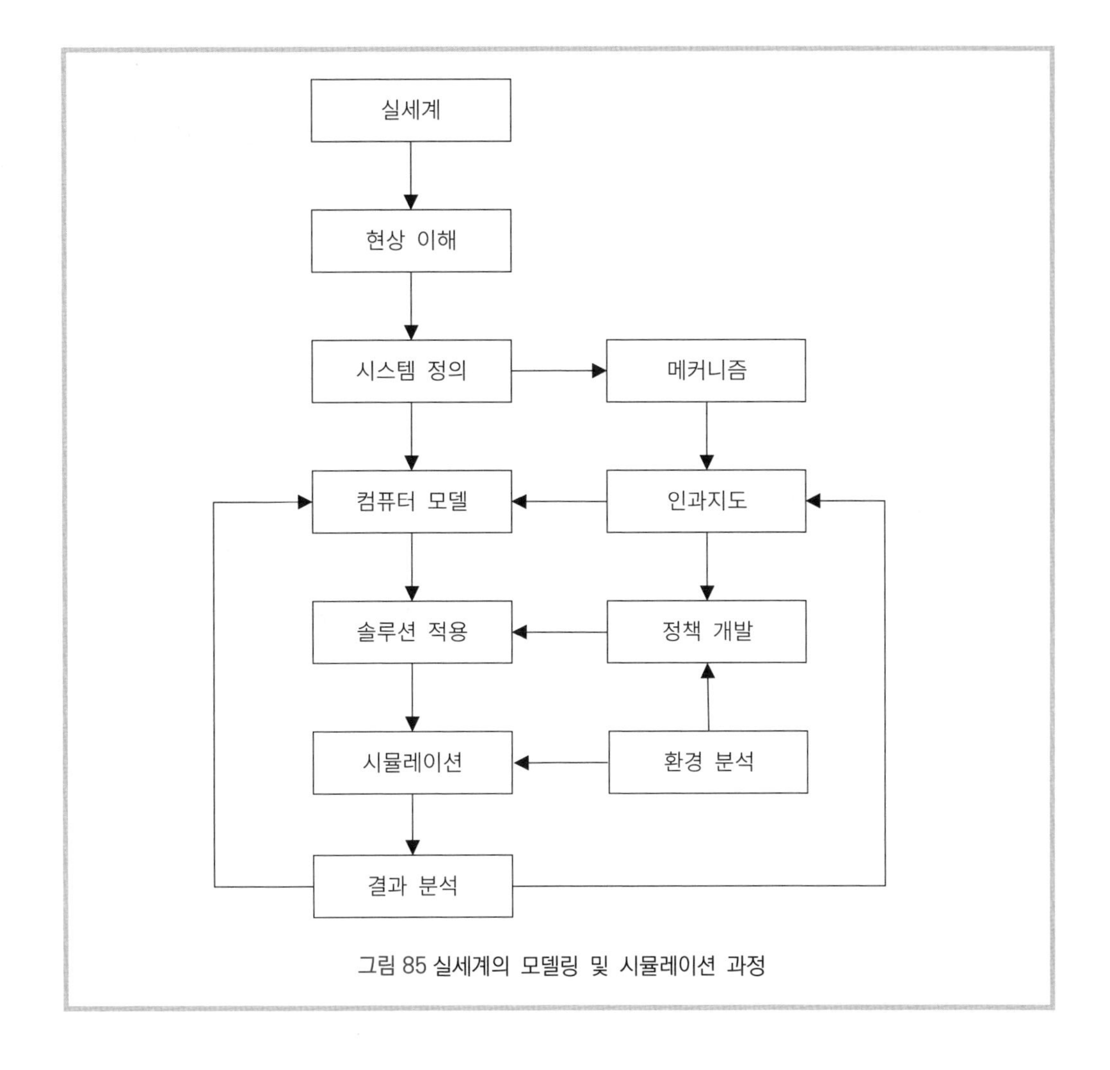

그림 85 실세계의 모델링 및 시뮬레이션 과정

2.9.3 스톡 플로우 기본 구조

주요 피드백 구조를 나타내는 인과지도에서 컴퓨터 모형(스톡 플로우 모델)으로 전환되는 과정이다.

(1) 기본적인 스톡 플로우 다이어그램(SFD) 구조

▨ One Stock과 One Flow

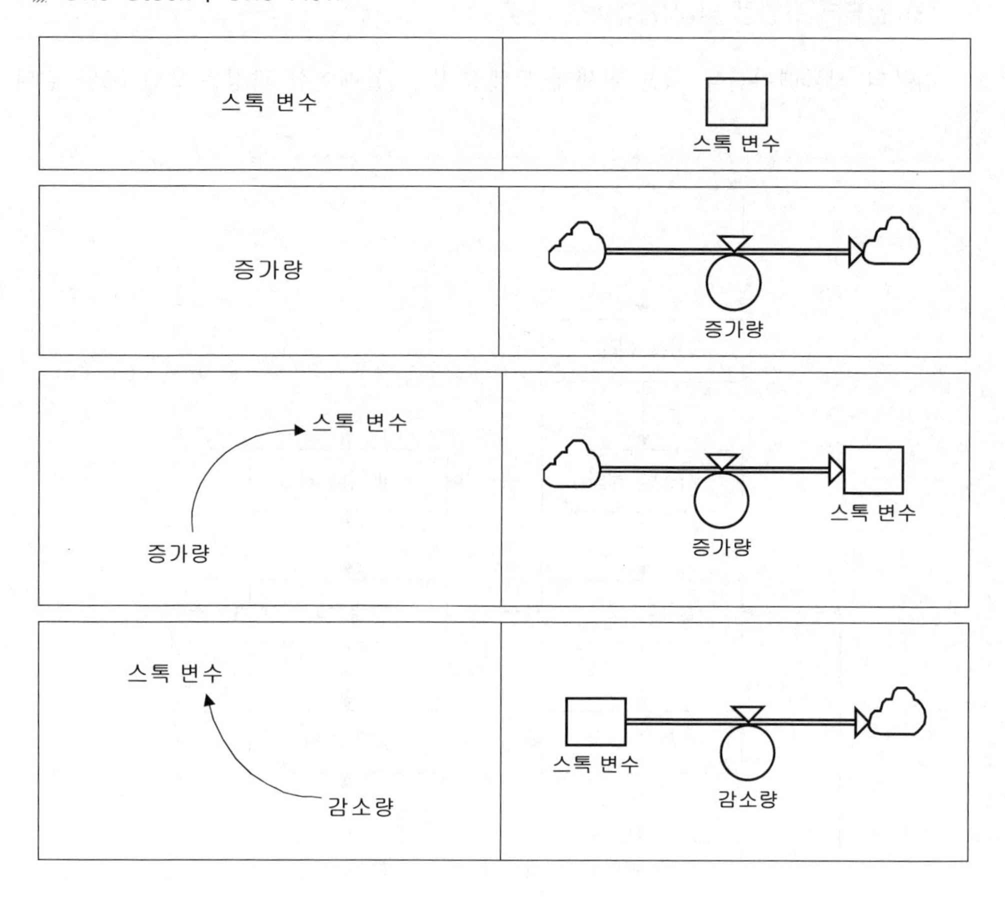

One Stock과 One Flow with a Link

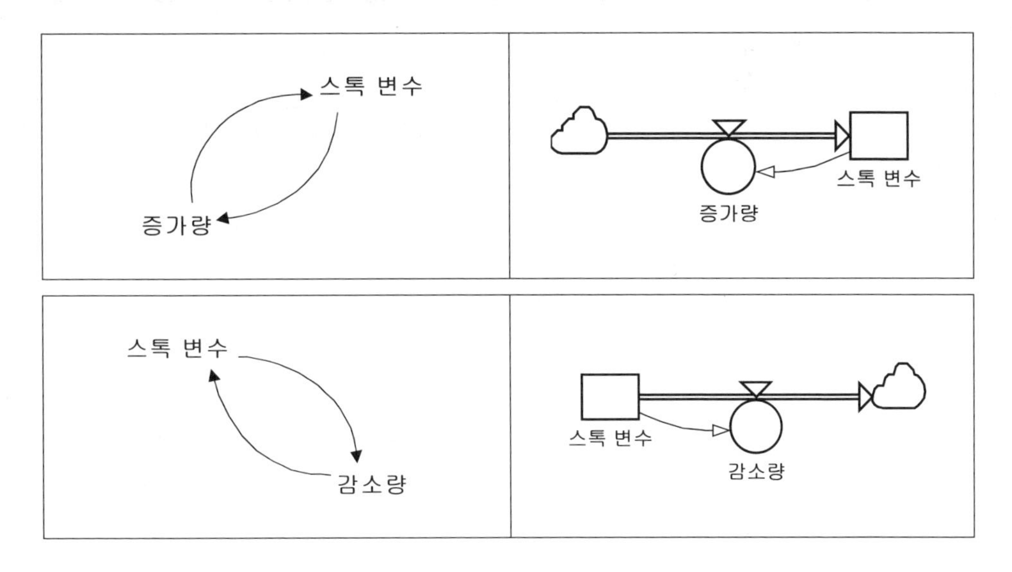

One Stock과 Two Flows

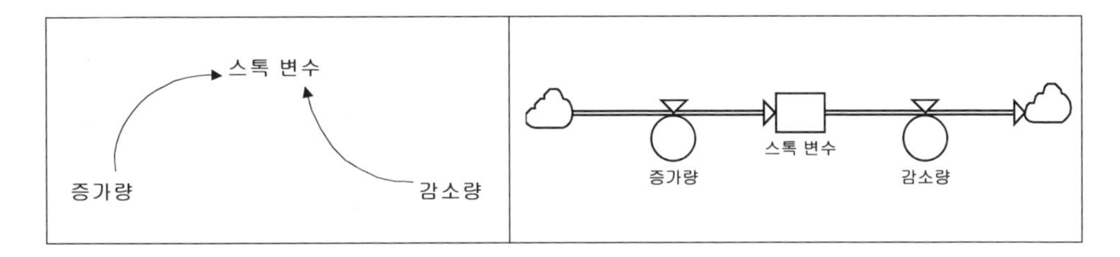

One Stock과 Two Flows with Links

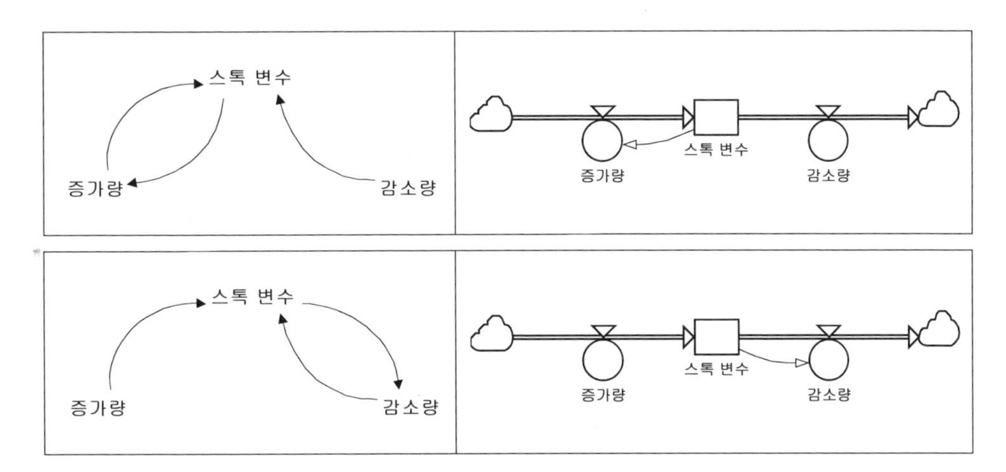

(2) 다양한 피드백 루프 구조

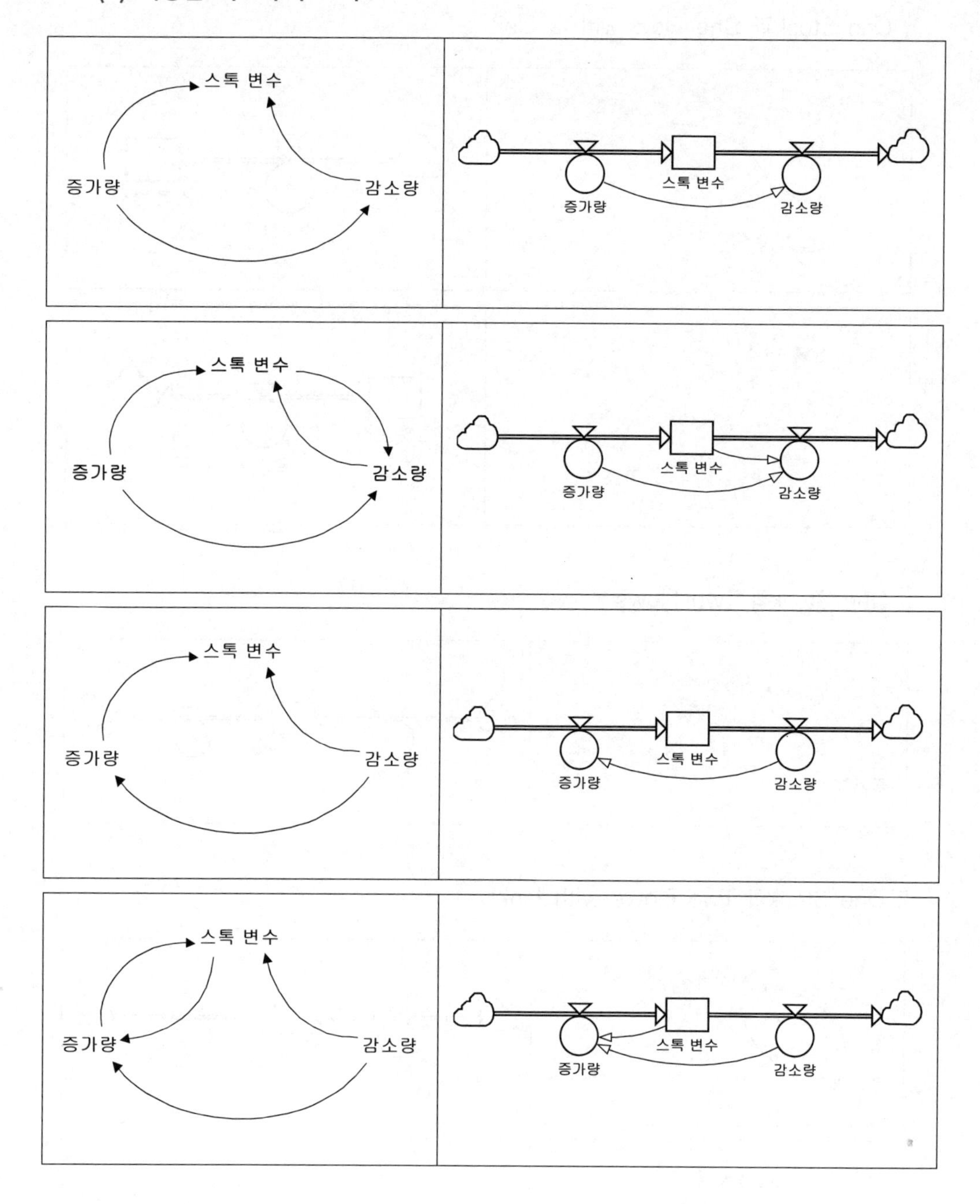

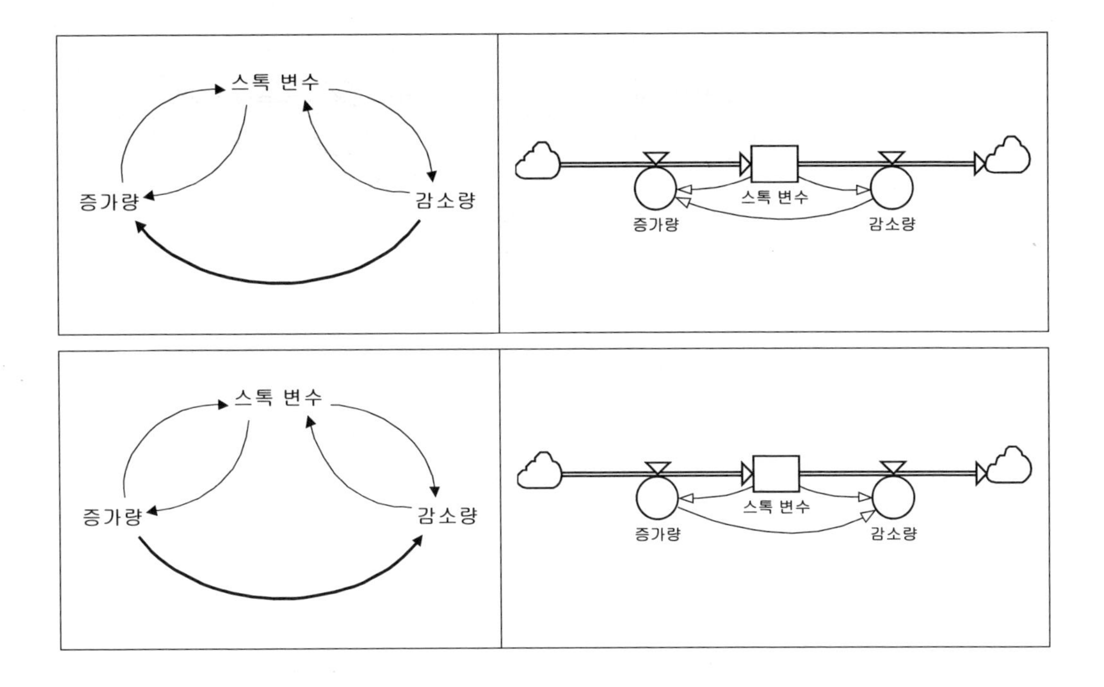

2.9.4 시스템 다이내믹스 아키타입(Archetype)

전통적인 피드백 루프 유형(Stock Flow Diagram)

- 강화 루프
- 균형 루프
- 목표지향 루프
- 진동 루프

(1) 강화 루프 Stock Flow Diagram

강화 루프(Reinforcing Loop)는 점점 더 강화되는 것을 나타낸다. 양의 루프(Positive Loop) 또는 지수적 증가(exponentially increase) 또는 감소하는 피드백 루프이다.

은행 잔고에 이자율로 발생 이자가 증가하여 은행 잔고는 늘어나고, 여기에 다시 이자가 더 많이 발생하여, 발생한 이자는 다시 은행 잔고를 늘려주는 경우이다.

강화 루프는 선순환(virtuous) 루프에도 적용되고, 악순환(vicious) 루프에도 적용된다.

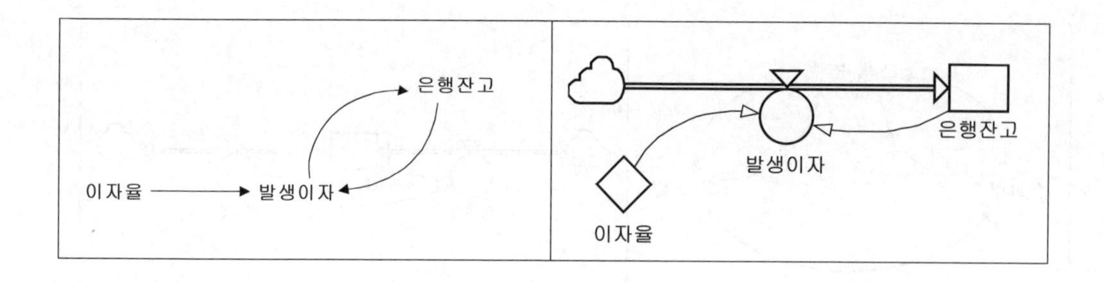

(2) 균형 루프 Stock Flow Diagram

균형 루프(Balancing Loop)는 끝없이 계속 증가하거나 감소하지는 않고, 일정한 적정 수준이 될 때까지 아니면 일정한 수준이 되도록 조절이 일어나는 피드백 루프이다.

예를 들어 목이 마를 때에 어느 정도 마시고 나서 마시는 것을 그만 멈추는 것을 말한다. 인간의 몸에서 체온 조절을 위하여 더우면 땀이 나거나 추우면 몸이 떨리면서 마찰로 체온이 올라가는 현상도 일종의 균형 조절 루프(Balancing Adjusting Loop)이다.

목표 또는 목적 지향적 피드백 루프는 일종의 균형 루프이다.

균형 루프는 루프에서 증가를 억제하는 변수가 있다고 하여, 음의 루프(Negative Loop)라고도 한다.

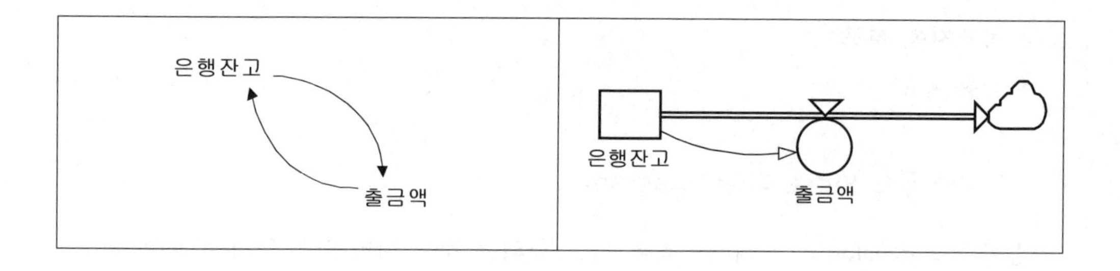

(3) 목표지향(Goal Seeking) 루프

Goal－Seeking Loop는 목표지향 루프로서 Balancing Loop(균형 루프)의 한 종류이다.

아래 예제를 살펴보면 은행 잔고는 이자율에 따라서 발생 이자가 생긴다. 발생이자는 은행 잔고에 복리(compound)로 더해져 다음 기간에는 발생 이자가 더 증가한다.

예를 들어 예금자가 어떤 기간에 은행 잔고 목표 금액을 달성하기 위하여 매월 입금액을 얼마로 해야 하는가의 경우에 목표지향 피드백 루프가 적용된다.

즉 금액 차이를 '0'으로 하기 위하여 매월 예금액은 얼마로 하는 것이 좋은가의 문제이다. 이것은 일종의 목표 지향적 피드백 루프를 갖는 균형 루프에 해당한다.

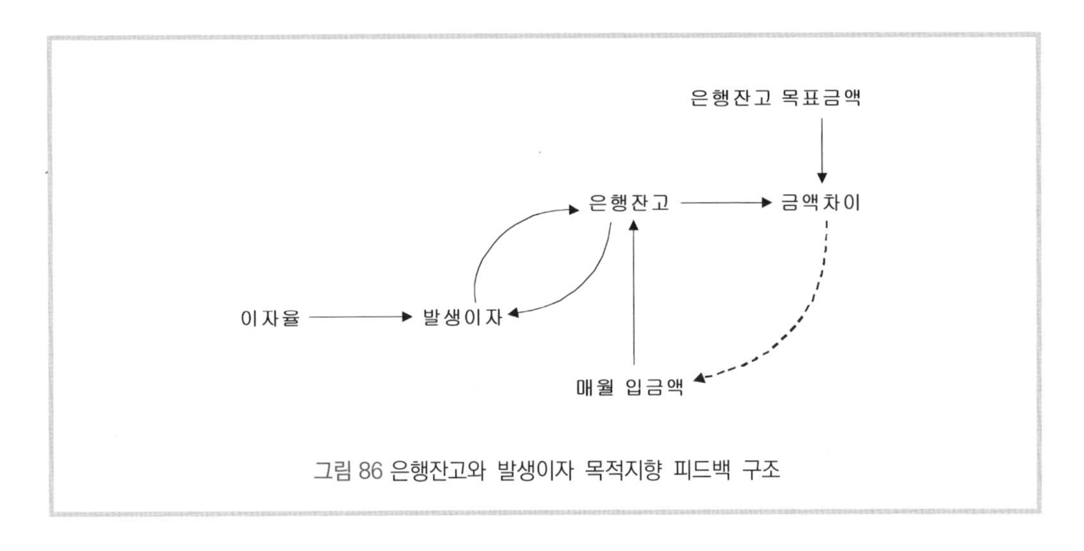

그림 86 은행잔고와 발생이자 목적지향 피드백 구조

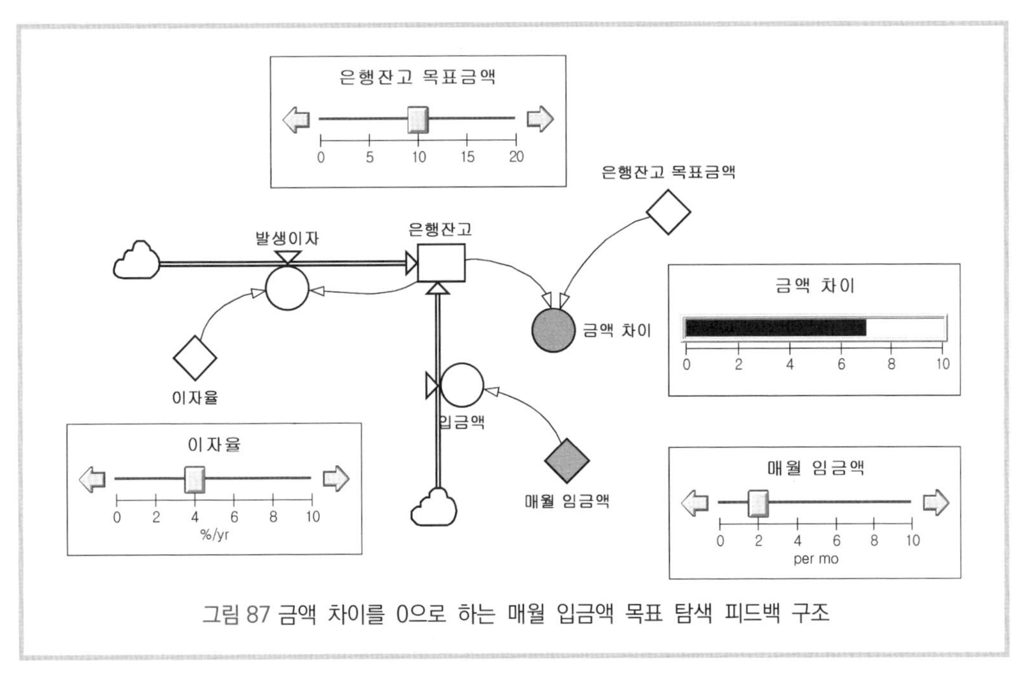

그림 87 금액 차이를 0으로 하는 매월 입금액 목표 탐색 피드백 구조

제3장

시스템 다이내믹스 수학

3.1 시스템 상태와 변화의 수학적 표현

시뮬레이션 모델링을 위한 미분과 적분은 무엇인가요?

3.1.1 미분과 적분은 무엇인가요?

미분(微分, differential)은 짧게 나눈다는 의미와 어떤 입력요소의 변화에 대응하는 출력요소가 얼마나 바뀌는지에 대한 그 변화량을 나타낸다. 이와는 반대로 적분(積分, integral)은 변화량을 모으거나 누적(accumulation)하는 의미가 있다.

적분을 사용하여 시간에 따른 미분 변화량을 모아서 전체 변화량으로 나타낼 수 있다.

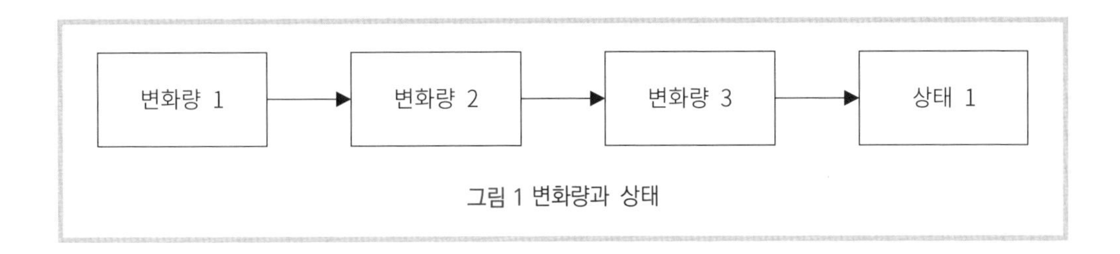

그림 1 변화량과 상태

변화량 1은 변화량 2에 영향을 주고, 변화량 2는 변화량 3에, 변화량 3은 상태 1에 영향을 주는 구조가 있다고 하자.

이를 수식으로 나타내면 다음과 같다.

(1)
$$변화량2 = \int_{t=1}^{t=10} (변화량1)dt$$

변화량 2는 변화량 1의 어떤 기간에 대한 적분 값이다. 여기서 dt는 짧은 기간을 의미한다.

(2)
$$변화량1 = \frac{(변화량2)}{dt} = (변화량2)'$$

변화량 1은 변화량 2의 짧은 기간 동안 변화량, 즉 순간 변화량이다. 이는 변화량 2의 짧은 시간 동안(dt)의 변화 값을 나타내는 미분 값이 된다.

그림 1에서

$$변화량3 = \int_{t=1}^{t=10} (변화량2)dt \text{ 이고,}$$

그리고 상태 1은 다음과 같이 표현된다.

$$상태1 = \int_{t=1}^{t=10} (\int_{t=1}^{t=10} (\int_{t=1}^{t=10} (변화량1)dt)\ dt)\ dt$$

어떤가? 변수 4개를 다루는데도 수식이 복잡하고, 번거롭다.

이와 같은 관계를 가속도, 속도, 거리의 관계로 나타내면 다음과 같다.

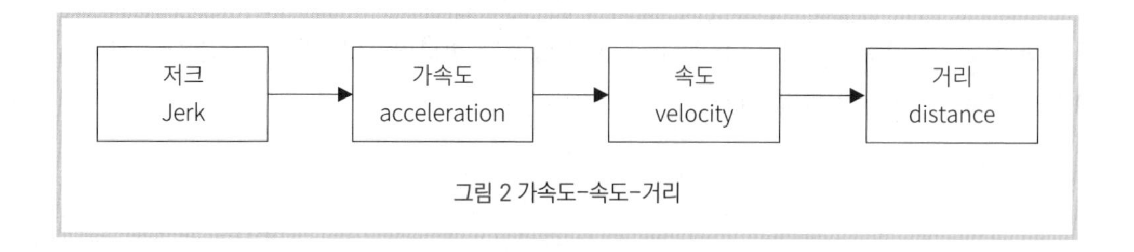

그림 2 가속도-속도-거리

- 저크(Jerk)는 시간에 따른 가속도의 변화를 나타내는 가속도 변화율이다.
- 가속도는 시간에 따른 속도의 변화를 나타내는 속도 변화율이다.
- 속도는 시간에 따른 거리의 이동량을 나타내는 거리의 변화율이다.

즉 이동 거리를 이동 시간으로 나누면(미분하면) 속도가 되고, 속도 변화를 시간으로 나누면 가속도가 된다. 그리고 가속도 변화량을 시간으로 나누면 저크가 된다.

$$\text{거리} = \int_{t=1}^{t=10} (\int_{t=1}^{t=10} (\int_{t=1}^{t=10} (\text{저크}) dt)\ dt)\ dt$$

3.1.2 시스템의 상태변화를 수학으로 어떻게 나타내나

시스템 다이내믹스에서 피드백 시스템은 폐쇄 시스템(closed system)에서 존재하는데, 피드백 시스템에는 외적인 약간의 교란(disturbance)은 있을 수 있으나 외적인 개입(intervention)이나 외적인 직접적인 작용(external action)은 없는 시스템이다.

피드백 시스템은 일종의 상태(State)와 작용(Action)으로 구성된다.

시스템은 상태를 나타내는 변수와 어떤 작용으로 나타나는 반응 영향(effect by action)에 의해 변하게 된다. 이 두 가지는 동시(simultaneously)에 일어나지 않으며 약간의 시차(//), Time Delay를 두고 발생한다.

이러한 시차(time interval)는 두 변수 사이의 상호작용, 즉 피드백 구조 형성을 가능하게 한다.

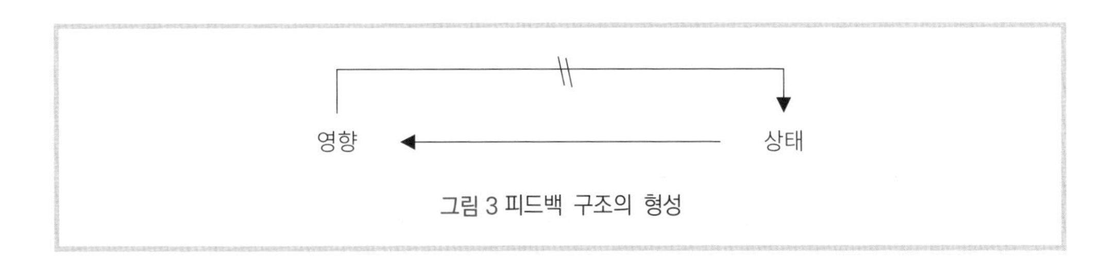

그림 3 피드백 구조의 형성

여기서 약간의 시차(//)는 작용과 상태변화 사이의 시간 차이, 시간 간격, 즉 미분(time interval)의 개념이 된다.

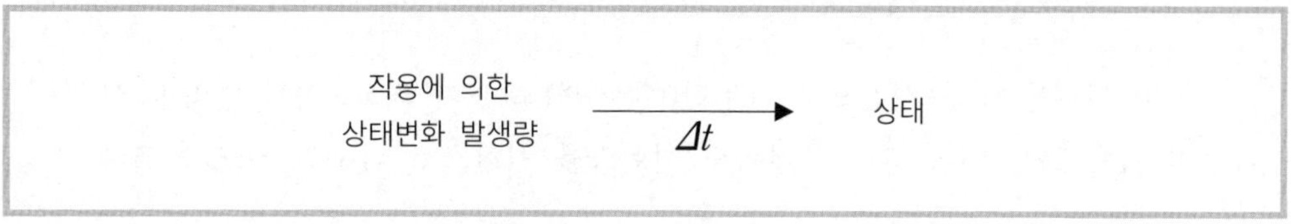

작용에 의한 상태변화 발생량	—— Δt ——▶	상태

이를 수학적으로 표현하면 다음과 같다.

$$S = F(x) = \int \left(\frac{F(x_{t+\Delta t}) - F(x_t)}{(t+\Delta t) - t} \right) dt = \int f(x_t) dt$$

- S: 상태 = $F(x)$
- $F(x_{t+\Delta t})$: $(t+\Delta t)$에서의 $F(x)$ 상태
- $f(x_t)$: 작용에 의한 상태변화 발생량 = '미지(未知)의 $f(x)$함수 작용'

3.1.3 시스템의 상태변화에 대해서 좀 더 설명하면

(1) 시스템 변화량

어떤 작용 또는 어떤 반응으로 인하여 '변화량'이 생성되기 위해서는 시간이 소요된다. 이러한 변화량을 만드는 데 걸리는 시간을 time interval 또는 time−delay라고 한다.

모든 변화는 시간이 걸리게 되는데 변화의 관념적인 것을 물리적인 계량으로 변환하고 이를 원인과 결과의 과정으로 시각적으로 표현할 수 있다. 이를 제어 이론에서는 블록선도(Block diagram)라 한다. 시스템 다이내믹스의 변화량도 이러한 제어 이론의 원리를 이용하여 설명된다.

시스템에 들어오는 원인이 하나이고 그 결과가 하나인 경우를 SISO(Single In Single Out)라 하고, 여러 개의 원인이 들어오고 마찬가지로 여러 개의 결과가 출력되는 경우를 MIMO(Multi In Multi Out)라고 한다.

보통 SISO 또는 MIMO의 형태로 시스템이 변화하는 것은, 예를 들어 X가 투입되어 어떤 f(x) 함수를 거쳐서 Y로 출력되는 경우를 나타내면

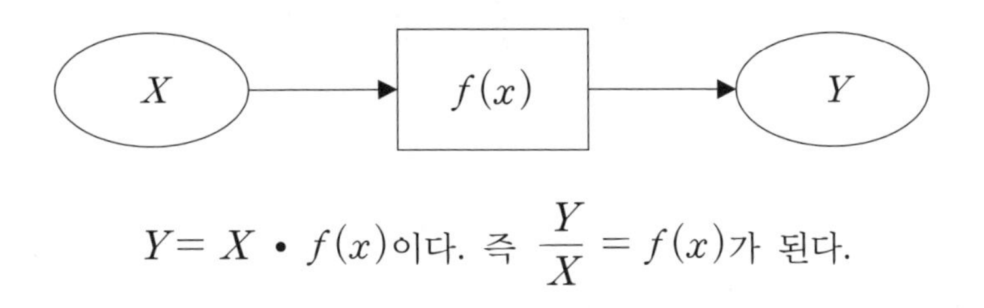

$Y = X \cdot f(x)$이다. 즉 $\dfrac{Y}{X} = f(x)$가 된다.

일반적인 제어 시스템(General Control System)에서 전달함수(transfer function)의 수식은 직렬 구조인 경우는 서로 곱하면 되고, 병렬로 피드백 구조로 나누어 주면 된다.

예를 들어 두 함수가 직렬인 경우

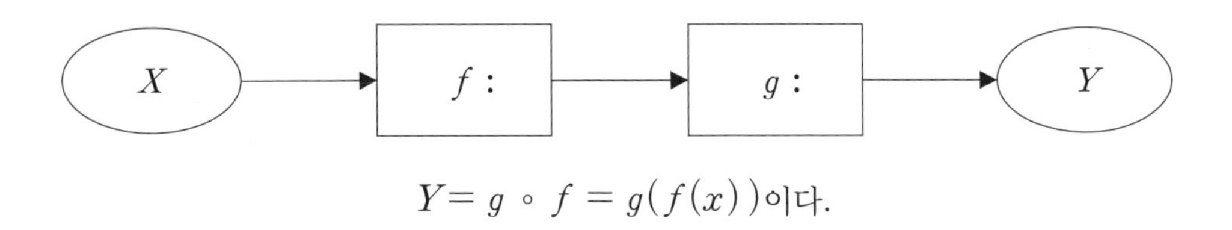

$Y = g \circ f = g(f(x))$이다.

그리고 두 함수가 병렬로 피드백 구조를 형성하는 경우

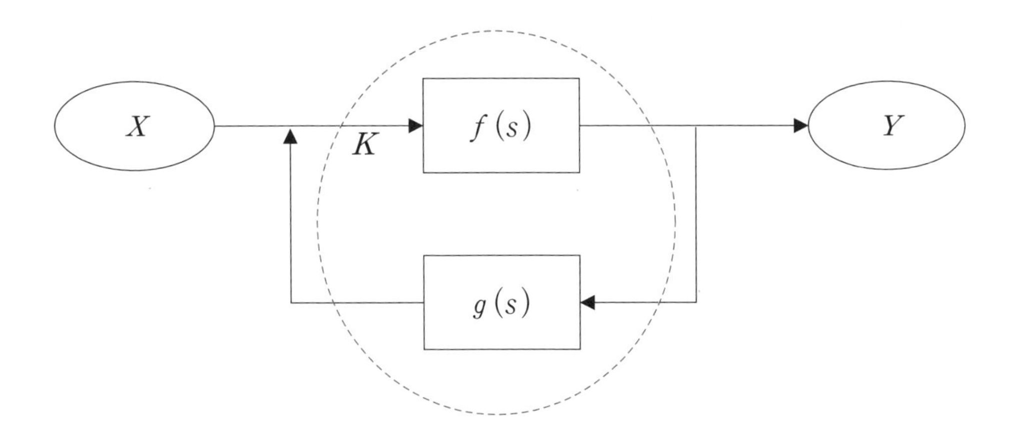

가운데 점선의 전달함수 부분은 다음과 같다.

$$\frac{Y}{X} = \frac{f(s)}{1 - f(s)*g(s)}$$

이는 양의 피드백으로 증가함수를 나타낸다.

이 식의 유도 과정은 다음과 같다.

$$Y = Kf(s)$$
$$K = X - Yg(s) \text{이다.}$$

참고로 이 식의 의미는 입력량(X)에서 피드백으로 K는 Yg(s)만큼 감소된다는 의미이다. 즉 음의 피드백 루프가 이루어지는 것을 나타낸다.

여기서 $Y = (X - Yg(s))f(s) = f(s)X - Yf(s)g(s)$이다.

그리고 $Y + Yf(s)g(s) = Y(1 + f(s)g(s)) = f(s)X$이다.

그러므로 $\frac{Y}{X} = \frac{f(s)}{1+f(s)g(s)}$가 된다. 이는 $\frac{Y}{X}$가 음(−)의 피드백 구조임을 나타낸다.

만약 양(+)의 피드백 구조를 나타내려면 $K = X + Yg(s)$가 되어야 한다. 그러면 유도되는 식은 다음과 같다.

$$Y = Kf(s)$$
$$K = X + Yg(s) \text{이다.}$$

참고로 이 식의 의미는 입력량(X)에서 피드백으로 K는 Yg(s)만큼 증가된다는 의미이다. 즉 양의 피드백 루프가 이루어지는 것을 나타낸다.

여기서 $Y=(X+Yg(s))f(s)=f(s)X+Yf(s)g(s)$이다.

그리고 $Y-Yf(s)g(s)=Y(1-f(s)g(s))=f(s)X$이다.

그러므로 $\frac{Y}{X}=\frac{f(s)}{1-f(s)g(s)}$가 된다. 이는 $\frac{Y}{X}$가 양(+)의 피드백 구조임을 나타낸다.

시스템 다이내믹스 이론 이해를 위하여 좀 더 자세한 제어 이론을 공부하고 싶다면 세계적인 무기체계 모델링 및 시뮬레이션의 대가인 Morris R. Debris[1]의 Linear Control Systems Engineering, 1996, McGraw-Hill 또는 Dougherty, T.의 Systems & Control, World Scientific을 읽어보길 권한다.

(2) 시스템 상태

단위 시간 동안 발생한 변화량은 시스템 상태에 반영되어 시스템은 새로운 시스템 상태를 갖게 된다.

(3) 변화량이 생성되는데 걸리는 시간 Δt

어떤 반응으로 변화량이 생길 때까지 걸리는 시간은 크게 두 가지로 구분된다.

- 정보 파악, 전달의 지연(information delay)으로 시스템 변화의 소요 시간
- 어떤 작용으로 변화라는 반응(reaction process) 그 자체에 걸리는 시간

보통 Δt는 매우 짧은 시간을 나타내는데, 예를 들어 Δt에서 시스템의 상태가 변하는 값 Δy를 나타낼 수 있으면, 즉 Δy가 존재하면 이 시점에서 미분가능(differentiable)하다고 한다.

예를 들어 $f(t)$ 함수가

1) 그의 책 Weaponeering은 재래식 무기체계 성능(Conventional Weapon System effectiveness)에 대한 모델링 및 시뮬레이션을 다루었다.

$$\frac{\Delta y}{\Delta t} = \frac{f(a+\Delta t)-f(a)}{(a+\Delta t)-a} = \frac{f(a+\Delta t)-f(a)}{\Delta t} = f'(a)$$

이 존재하면 $f(t)$는 $t=a$에서 미분가능 하다고 한다.
즉 스톡 플로우 모델에서 시간에 따른 변화량, 변화율을 갖는다고 한다.

이 $f'(a)$는 어떤 곡선의 접선 기울기다. 그리고 $t=a$ 시점에서의 미분계수 또는 순간 변화율(instantaneous rate of change)이라고도 한다.

시스템 다이내믹스에서는 Δt 기간에 갖는 플로우 변수의 단위 양, 즉 Flow variable 의 변화량이 된다.

실제로 시스템 다이내믹스에서 플로우 변수의 양은

$$= FlowRate = \left(\frac{\Delta y}{\Delta t} * \text{시뮬레이션 간격(Timestep)}\right)$$ 이 된다.

3.1.4 피드백 시스템 차원

피드백 시스템의 차원(order of feedback system)이란 무엇인가요?

(1) 피드백 시스템 차원 정의

피드백 시스템의 차원은 일종의 피드백 시스템의 복잡성을 나타내는 수학적 표현이다.

제이 포리스터는 1968년 출간된 그의 책 '시스템의 원칙'(Principles of Systems)[2]에서 피드백 루프(feedback loop)의 차원(order)은 그 시스템에 존재하는 시스템 상태변수의 수에 의해 결정된다고 하였다.

---

2) PRINCIPLES OF SYSTEMS, Jay W. Forrester, 1968, Wright−Allen Press.

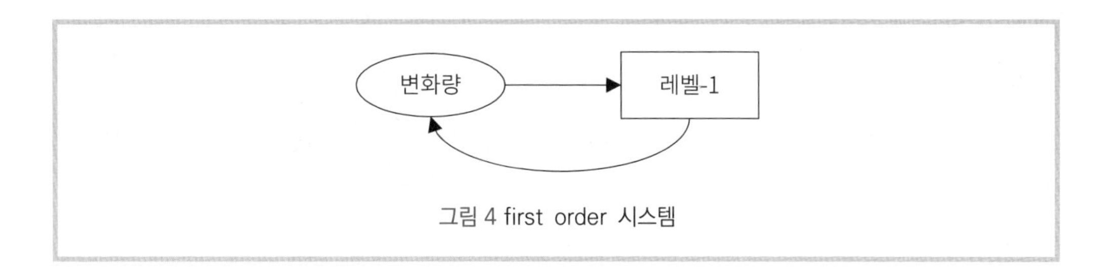

그림 4 first order 시스템

어떤 시스템 다이내믹스 피드백 모델에 있는 시스템 상태변수, 즉 피드백 루프 속에 레벨이 한 개 있으면 first order system, 레벨이 두 개 있으면 second order system이라 한다.

쉽게 이야기하면 여기서 Order(系)는 서로 맞물려 돌아가는 피드백의 개념으로 보면 어떤 주체를 나타낸다. 주체는 영어로 Identity인데, 자아의식이 있는 자기 정체성 등으로 표현된다.

주체(主體)는 이념적으로 의식과 실체를 갖는 존재로 해석되곤 한다.

실체

여기서 실체(實體)는 개인의 경우 예를 들면 신체나 정신이 될 수 있다. 국가의 경우 국가 기조(國家基調)나 국가 정체성 또는 국력, 국가 외형이 된다. 시스템 다이내믹스 관점에서 보면 일종의 스톡 변수(Stock, Level variable)이다. 이것이 시스템의 계(Order)이다.

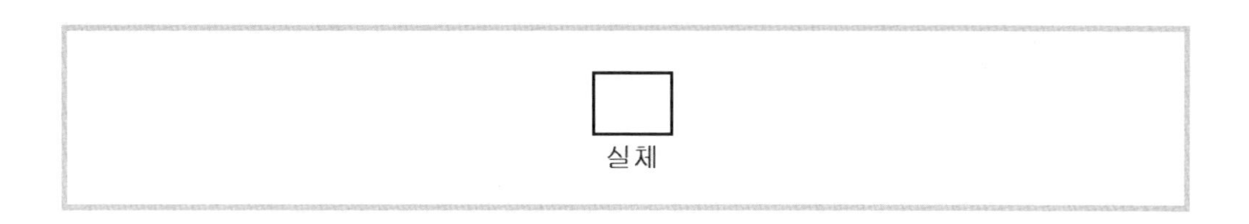

시스템 다이내믹스에서 계는 스톡변수의 개수라고도 한다. 즉 1계(first order)란 주체가 한 개 있는 것을, 2계(second order)는 주체가 두 개 있는 것, 3계(third order), 4계(fourth order), … 등으로 구성된다.

의식

주체는 이념적으로 의식(意識)과 실체를 갖는 존재에서 의식이란 실체를 변화시켜 주는 역할과 바깥으로 실체의 영향을 나타내어 주는 역할을 한다. 시스템 다이내믹스 측면에서 의식은 일종의 시간에 따른 변화량으로 인식된다.

의식은 플로우 변수(Flow Rate)로서 주체(실체)로 들어오거나 주체에서 나가게 된다.

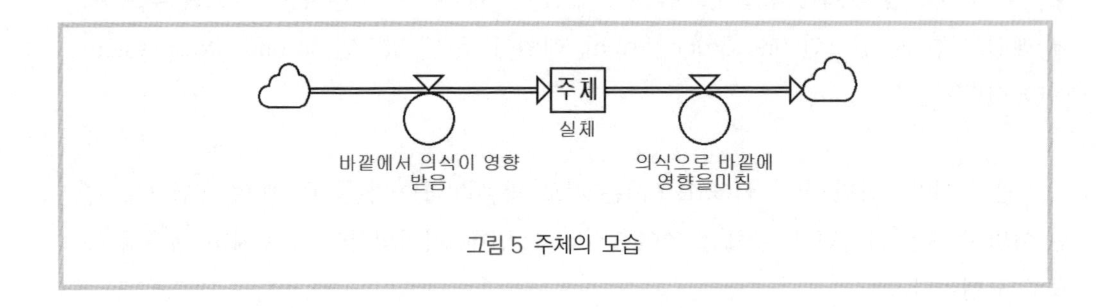

그림 5 주체의 모습

이처럼 하나의 주체는 실체와 의식을 가지면서 주위의 다른 주체와 서로 연관 관계를 맺으며 자신의 시스템(系)을 유지하고 있다.

예를 들어 2계(Second Order)는 자기 존재 의지를 갖는 두 개의 주체가 서로 상대와 상황 변화에 따라 유연하게 대처해나가는 것을 말한다. 마치 남한과 북한이 서로 유연하게 대처하면서 서로의 목적을 달성해나가는 것과 같다.

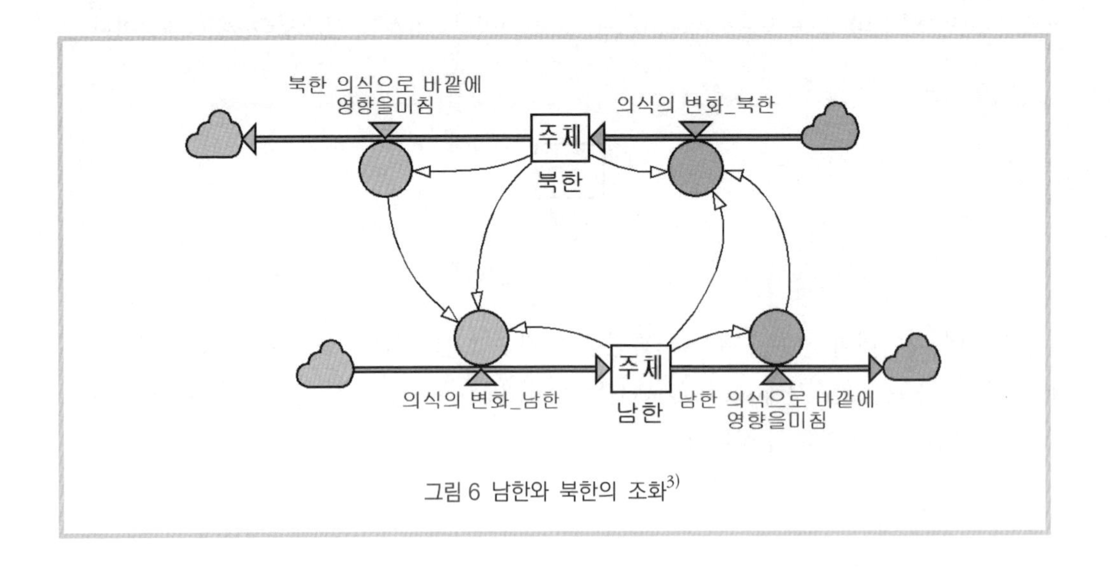

그림 6 남한와 북한의 조화[3]

3) 그림에서 스톡에서 다른 스톡의 플로우로, 플로우에서 다른 스톡의 플로우로 가는 것도 모두 가능하다.

이것은 예전 냉전 시대, 1930년대에 나타난 주체사상을 다루는 것은 아니다. 시스템 계(Order 系) 설명을 빌어 남한과 북한의 밝은 미래에 시스템 다이내믹스가 기여할 수 있다는 것을 제시하는 것이다.

이처럼 하나의 계(first order)에서 두 개의 계(second order)로 바뀌면서 시스템은 상당히 복잡해졌다. 왜냐하면 각 주체는 살아있는 것으로 시간에 따라 서로 다른 값을 갖는 각 시스템의 상태변수 값을 나타내기 때문이다. 그것은 마치 인간의 순환계와 호흡계가 맞물려서 생명체를 유지하고 있는 것과 같다.

여기서 남한과 북한의 통일 문제에 또 다른 계가 추가된다고 가정하면 어떨까? 예를 들어 대한민국, 북한, 미국, 중국 등 8개국, 즉 8개의 계(8th Orders of Unification System)가 '통일'이라는 화두(話頭)[4]를 두고 통일 시스템을 형성하면 그 복잡성이나 복합성은 다음과 같이 시간에 따라 증가한다.

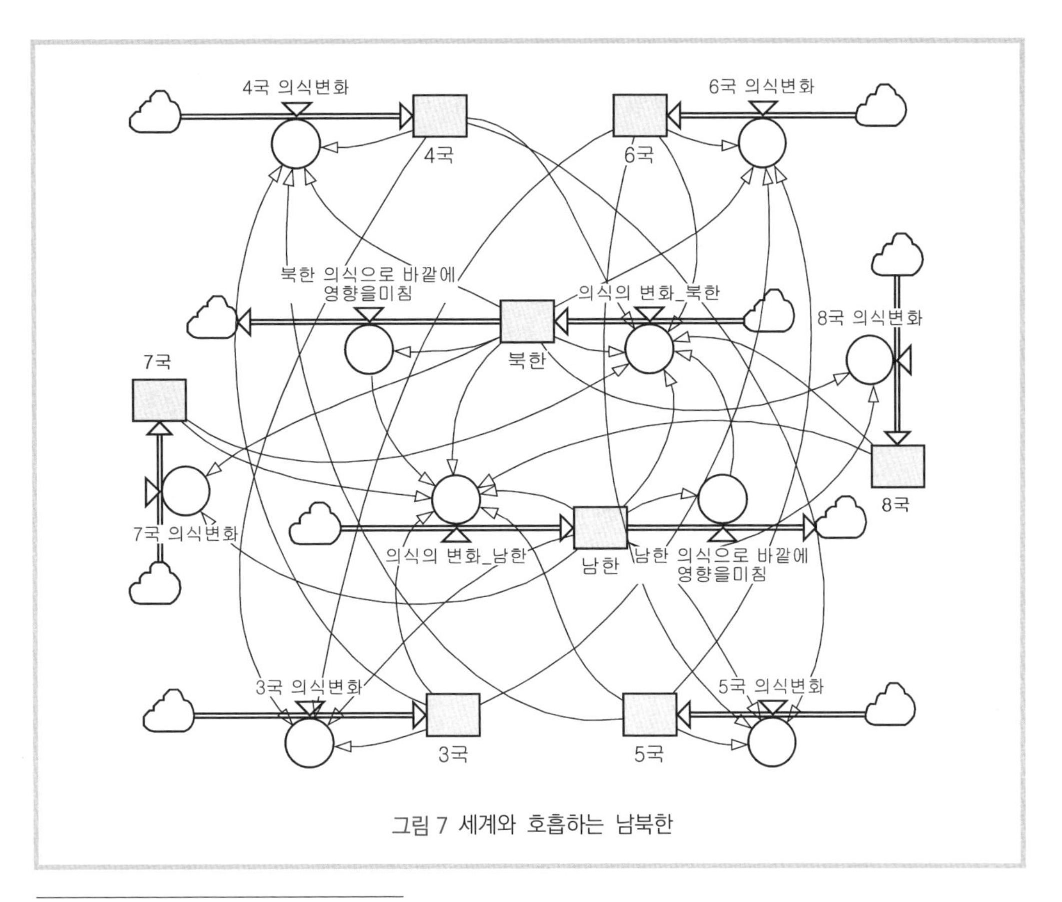

그림 7 세계와 호흡하는 남북한

4) 화두는 언어 이전의 것으로 말보다 앞서가는 것을 뜻한다.

(2) 레벨(Level, 적분, 누적량)

여기서 레벨은 일종의 적분(Integration, 積分), 스톡 또는 누적(accumulation, 累積)을 나타내는 변수이다. 시스템의 상태(state of a system)는 변화량(Rate, 變化量)을 누적한 변수, 즉 레벨변수를 보고 판단하게 된다.

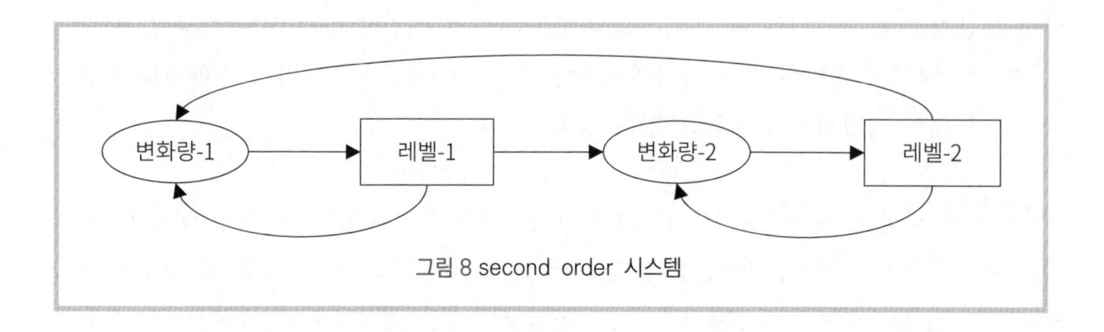

그림 8 second order 시스템

그림 8은 하나의 시간 단위(One Time Step)에서 표현되는 연산구조를 나타내고 있다. 즉 매 시간 단위가 진행될 때마다 그림 8과 같은 구조로 계산이 피드백하면서 이루어지게 된다. 예를 들어 T−1 시점의 계산 결과가 T 시점의 입력값으로 이어지는 방식이다.

참고로 제이 포레스터는 시스템 상태변수를 영어 'Level'로 정의하였다. 최근 들어 Level과 스톡을 누적을 나타내는 시스템 상태변수로 같이 사용하고 있다. 파워심 프로그램에서는 여전히 '레벨(Level)'을 사용하고 있다.

(3) 시스템의 차원과 복잡성

지금까지 논의된 피드백 루프의 차원 개념을 수식으로 나타내면 다음과 같다. 즉 피드백 시스템의 차수(orders)가 늘어날수록 미지의 함수(函數, function) 작용으로 그 시스템의 복잡성(complicated)이나 복합성(complexity)은 기하급수적으로 증가한다.

▨ first order

$$level_{t+1} = F_{t+1}(x) = \int f(x_t)dt + F(x_t) = \int (Rate_t)dt + F(x_t)$$

second order

$$level_{(t+1)} = (G(F(x))) = \int g\,[\int f(x_t)dt\,]dt = \int g[\int (fRate_t)dt\,]dt$$

일반적으로 시스템 다이내믹스 모델은 하나의 상위 모델에 연결된 3~5개 정도의 하위 모델(Sub-models)로 구성되는데, 하나의 하위 모델(Sub-model)에는 레벨의 수가 보통 5~15개 정도이다. 따라서 하나의 상위 모델에서는 대개 (4*10=40) 40개의 정도의 레벨을 갖는 피드백 모델로 구성된다.

예들 들어 40개 레벨로 구성된 연립방정식 덩어리는 위에서 예시한 first order 또는 second order 적분 수식형태로 40 차원(40th order)의 적분방정식으로 구성된다는 것을 의미한다.

여기에 차원별로 각각 서로 다른 형태의 함수(f, g, h, ...)가 40개 존재하고, 시간이 한 단위 움직일 때마다 각각 함수의 계산이 이루어지고, 그 결과는 상호관계를 맺고 있는 피드백 구조의 다른 함수의 영역으로 전해지는 계산구조를 갖게 된다. 이를 연산구조로 표현하면 그림 9와 같다.

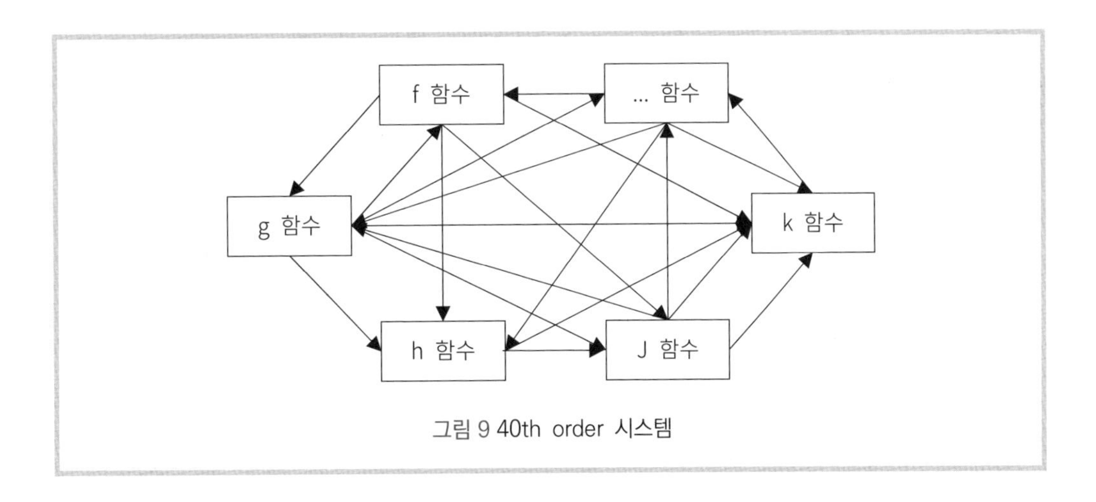

그림 9 40th order 시스템

이러한 시간에 따른 변화량을 갖는 계산구조 수식은 Order가 3개 이상으로 증가하면 복잡성이 증가하여 사실상 엑셀(Excel Spreadsheet)이나 일반 수치적 해법(Numerical Analysis)으로도 거의 계산이 불가능하다.

왜냐하면 계산량이 기하급수적으로 증가하고 계산의 수치적 차원(1차식, 2차식, 3차식, …)이 피드백 구조로 인하여 급격히 증가하기 때문이다. 그리고 개체의 속성, 즉 변수의 속성이 다차원 배열형태를 가지면 계산 경로가 복잡해진다. 이는 시뮬레이션 전용 모델링 패키지를 사용하는 방법이 그 해결책이 된다.

3.1.5 시스템 변환(반응)의 수학적 표현

시스템 반응은 수학으로 어떻게 표현되나요?

시스템의 변환이나 변수와 변수 간의 반응을 수학적으로 나타내는 함수에 대하여 합성함수와 역함수 그리고 비선형 관계 함수를 설명하면 다음과 같다.

(1) 합성함수

시스템을 이루는 모든 개체가 서로 연결되어 상호의존 관계를 나타내는 반응을 수학적으로 표현하면 하나의 거대한 합성함수(合成函數, composite function)로 구성된다.

▨ 두 변수의 관계

우선 한 방향(one way)으로 진행되는 단순한 관계를 합성함수로 표현해 본다.

예를 들어 x 개체가 어떤 조건에 의하여 y 개체로 변환(f:)될 때 이를 함수로 표현하면 다음과 같다.

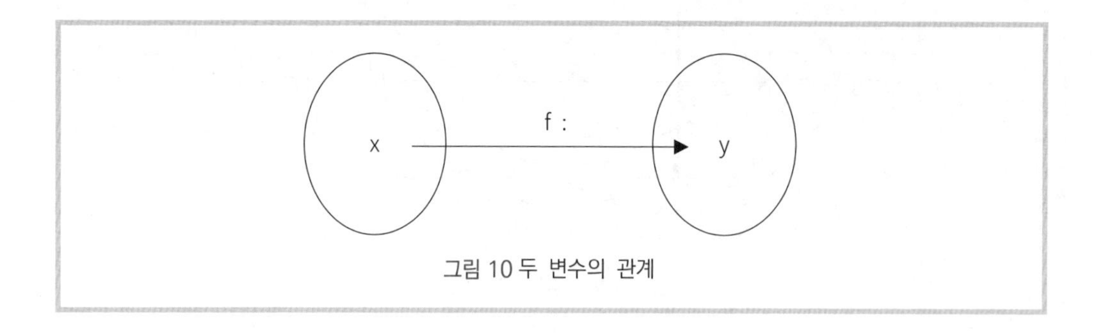

그림 10 두 변수의 관계

$$x \rightarrow f(x) \rightarrow y$$

$y = f(x)$이다.

연결된 세 변수의 관계

하나의 시스템에 x 개체와 y 개체 그리고 z 개체가 있다고 하고, 이들의 연결 관계를 합성함수로 표현하면 다음과 같다.

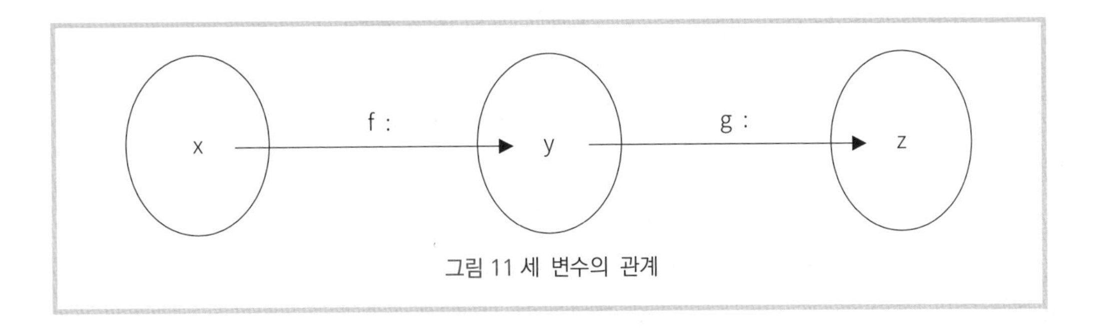

그림 11 세 변수의 관계

$x \rightarrow f: x \rightarrow f(x) = y \rightarrow g: y \rightarrow g(y) = z$이고

$x \rightarrow f(x) \rightarrow y \rightarrow g(y) \rightarrow z$는

$z = g(f(x))$이다.

세 변수의 피드백 관계

변수 간의 양방향 피드백(feedback) 과정을 나타내는 연결 관계를 합성함수로 나타내면 다음과 같다. 그림 12에서 각 동그라미 단계(Stage)는 시간의 경과에 따른 무수한 다단계(Stages)를 상상할 수 있고, f, g, h 함수는 시간 함수(time based function)로 표현될 수 있다.

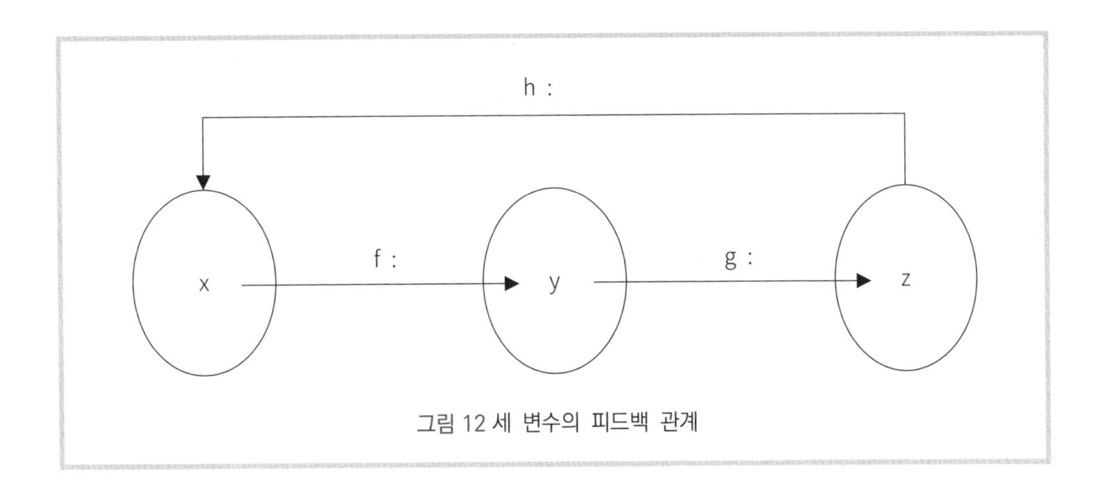

그림 12 세 변수의 피드백 관계

$x \rightarrow f : x \rightarrow f(x) = y \rightarrow g : y \rightarrow g(y) = z \rightarrow h : z \rightarrow h(z) = x$이고

$x \rightarrow f(x) \rightarrow y \rightarrow g(y) \rightarrow z \rightarrow h(z) \rightarrow x$는

$x = h(g(f(x)))$이다.

각 상태에서의 함수를 시간 함수로 표현하면 다음과 같다.

$$x \rightarrow f(x_t) \rightarrow y \rightarrow g(y_t) \rightarrow z \rightarrow h(z_t) \rightarrow x$$

이러한 수학 함수 수식으로 표현되는 일련의 피드백 과정(feedback process)이 나타내는 추상적 의미는, 예로 들면 한 사람이 태어나서 세상의 모든 것과 이런저런 과정을 거치며 살다 태어난 맨 처음으로 다시 돌아가는 것과 같다.

(2) 역함수

역함수란 무엇인가요?

역함수(逆函數, inverse function)는 순차적인 반응을 되새겨 반응의 원리를 밝히는 역할, 즉 결과의 원인이 되는 해답을 찾아 주는 일을 한다.

이를 수학으로 나타내면 결과가 산출되는 과정을 순함수로 하고, 그 사실관계를 되새기면서 설명하는 역(逆)함수는 결과가 생성된 경로를 되새김하면서 원인을 찾아가는 도구로 활용할 수 있다.

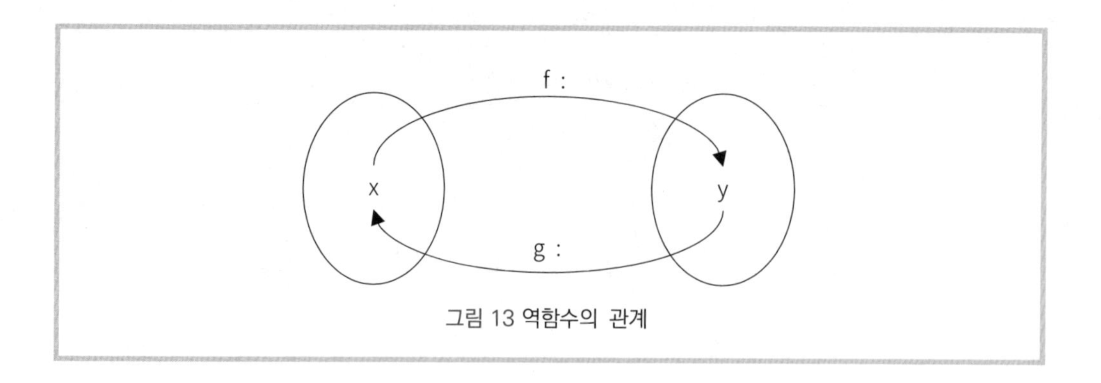

그림 13 역함수의 관계

$x \rightarrow f(x) \rightarrow y$ 이고 $y \rightarrow g(y) \rightarrow x$이면

$y \rightarrow f^{-1}(y) \rightarrow x$ 이고 $x \rightarrow g^{-1}(x) \rightarrow y$이다.

즉, $y = f(x)$ 이면 $x = f^{-1}(y)$이며

$x = g(y)$ 이면 $y = g^{-1}(x)$이다.

수학에서 역함수를 활용하는 사례로는 배분비율 행렬의 최적해(optimal solution)를 구하는 것이다.

(예산 행렬 * 배분비율 행렬) = (*GDP*성과 행렬)

(예산 행렬 * 예산행렬$^{-1}$ * 배분비율 행렬) = (*GDP*성과 행렬 * 예산행렬$^{-1}$)

(배분비율 행렬) = (*GDP*성과 행렬 * 예산행렬$^{-1}$)

참고로 위와 같은 개념으로 러시아-미국인 경제학자 레온티프(Wassily Leontief, 1905-1999)는 산업연관표 작성 등에 사용되는 투입산출분석(Input-output analysis)[5] 모델을 개발하여 1973년 노벨 경제학상을 수상하였다.

시스템 다이내믹스 측면에서 투입산출분석이나 현재의 산업연관분석(Inter-industry analysis)은 정적인 개념의 다차원 행렬구조로 되어 있어 현실의 복잡성은 어느 정도 고정 값으로 반영되어 있다.

이러한 정적인 개념의 산업연관분석표에 시스템 다이내믹스 이론이 적용되면, 동적인 다이내믹 산업연관분석표(Dynamic Inter-industry analysis) 또는 다이내믹 투입산출분석(Dynamic I-O analysis)으로 전환된다.

이를 활용하면 한 국가의 산업연관분석과 여러 국가에서 사용되는 글로벌 가치사슬 분석(GVC, Global Value Chain)에도 월별, 분기 또는 주기적으로 변화하는 산업 간 GVC의 상호 영향 관계를 컴퓨터 시뮬레이션을 통하여 예측할 수 있다.

---

5) 그의 4명의 제자도 노벨 경제학상을 수상하였는데, Paul Samuelson은 미국 경제학자로는 처음으로 1970년에 노벨 경제학상을, Robert Solow는 1987년에, Vernon L. Smith는 2002년에, Thomas Schelling은 2005년에 각각 노벨 경제학상을 수상하였다.

다이내믹 글로벌 가치사슬 모델(Dynamic Global Value Chain model)을 이용하여 국가별, 국가 간의 산업연관분석을 시뮬레이션 화면에서 동적으로 분석함으로써, 산업연관분석에 전환점이 될 것으로 필자는 예상한다.

3.2 시스템 다이내믹스의 수학적 원리

시스템 다이내믹스 작동 원리를 수학적으로 설명해주세요.

시스템 다이내믹스는 시스템의 구성요소 간의 피드백 관계로 상호작용하는 과정을 다루는데, 이를 수학적으로(mathematically) 설명하면 시간에 따른 변화량과 누적의 계산 원리를 사용하는 것이다.

(1) 미분과 적분을 사용한다

시간에 따라서 계산된다는 의미는 시시각각으로 계산이 이루어질 수도 있고, 어떤 자유로운[6] 시차를 가질 수도 있음을 의미한다. 그리고 변화량은 미분량(微分量)이 되고 누적량은 적분량(積分量)이 된다.

(2) 시스템 초기 상태 설정 외에는 데이터가 사용되지 않는다

시스템 다이내믹스는 주식시장(stock market)과 같이 복잡한 시스템의 알 수 없는 행태를 나타내는 것을 모형으로 설명하거나 재현하는 것이다. 저자의 판단으로는 시스템 다이내믹스를 통한 시뮬레이션에는 초기 상태 값 외에는 별다른 추가적인 데이터 개입 없이도 시스템이 내재적으로 자신의 행태(行態, Behavior)를 감당한다고 본다.

데이터가 많이 필요한 문제의 해법은 통계학이나 인공지능(Artificial Intelligence), 머신러닝(Machine Learning), 딥 러닝, 빅데이터, 데이터 사이언스(Data Science), 전통적인 데이터마이닝(Data Mining)과 같이 데이터 기반으로 연구접근을 하여야 한다. 어떤 면에서는 뭔가에 의존해야 하는 연구방식이다.

---

6) 시차(time delayed)가 자유롭다는 의미는 다양한 시스템의 변화가 시간에 따라 발생한다는 것이다.

다시 말하면, 인류에게 엄청난 타격을 입힌 COVID-19와 같이 기존 데이터가 없는 현상이나 연구에는 무용지물이 된다. 지금부터라도 발생 확률은 낮으나, 한번 발생하면 엄청난 파급효과를 일으키는 전쟁, 전염병, 자연재난 등에 대비해야 한다. 즉 평균(μ) 주변을 주로 다루는 기존의 학문 틀에서 벗어나 극단의 발생 값에 인류는 좀 더 연구의 관심을 두고 대비(Prepare)해야 한다.

(3) 시스템 다이내믹스는 초기치 문제[7]와 유사하다

초기치 문제(初期値 問題, Initial Value Problem, IVP)는 문제의 초깃값과 시간에 따른 미분 반응조건이 주어지면 시스템은 연쇄적인 미분에 의하여 해(solution)를 찾아가는 유형의 문제이다. 초기치 문제는 크게 상(常)미분과 편(偏)미분 형태로 구분된다.

- 상미분: 시스템 해에 영향을 주는 미지의 변수가 1개
  상미분 방정식(Ordinary Differential Equation, ODE)
- 편미분: 시스템 해에 영향을 주는 미지의 변수가 2개 이상
  편미분 방정식(Partial Differential Equation, PDE)

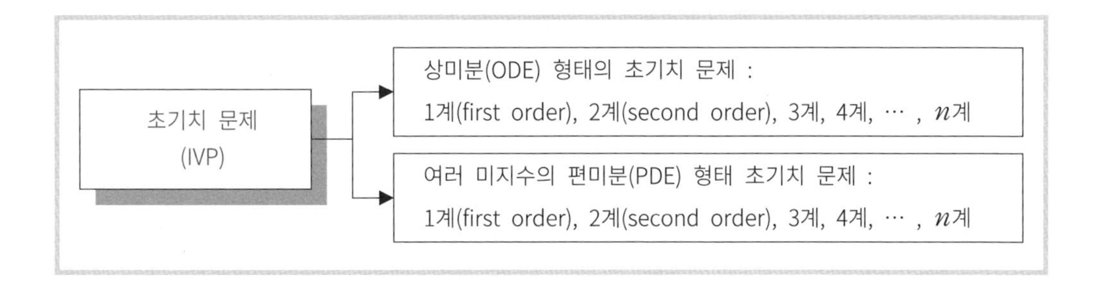

초기치 문제의 일반 구조

- 초기 상태: $y(x_0)=y_0$, 예를 들면 $y(0)=1$
- 시스템의 1차 미분 형태: $y'=f(x,y)$, 예를 들면 $y'=\dfrac{y-1}{x}$ 이는 피드백 구조의 한 종류로, 자신의 변화를 자신의 속성에 지니는 그런 시스템 구조이다.[8]

---

7) 이 페이지는 수리적으로 난해한 부분이라 이해를 위하여 설명에 비약된 면이 있을 수 있다.

8) 이런 시스템의 대표적인 것이 인간이다. 쉽게 설명하면 엄마라고 생각하고 손을 빨고 잠이 드는 아기의 모습이다. 어른이 되어가는 인간은 심지어 없는 변화를 그 속에 품고 자신을 만들기도 한다. 그것을 흔히 꿈(想, dream)이라고도 한다. 따라서 꿈은 수학적으로는 시간이 지나면 적분을 통하여 바로 자기 자신의 것으로 변하게(transformation) 된다.

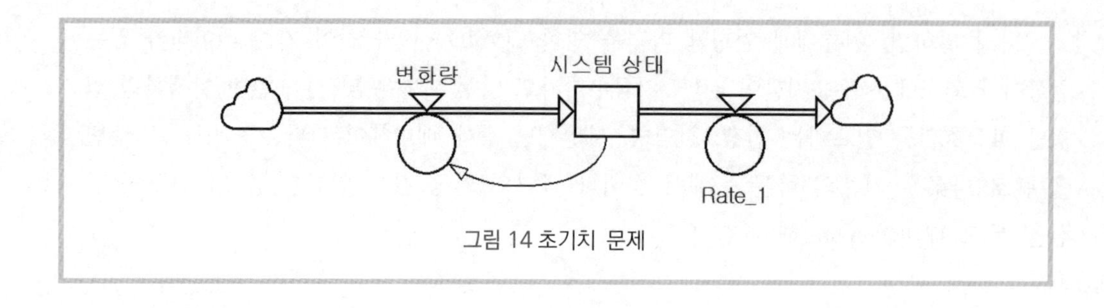

그림 14 초기치 문제

즉, 시스템 다이내믹스는 일종의 시간 함수(Time function)를 갖는 초기치 문제를 구성하는데, 각 변수가 시간의 연쇄 반응(chain of reaction)을 할 수 있는 시간 함수(미분 또는 적분)의 동적 초기치 문제(IVP)이다.

시간에 따른 시스템 다이내믹스의 연쇄 반응의 기본 구조는 아래의 멱급수(Power series) 형태인 테일러 급수(Taylor series)이다. 이를 시스템 다이내믹스에서는 n계(nth orders) 시스템의 구조 설명에 사용한다. 즉 x_{t_0}부터 x_t는 다음의 형태로 전개되는 성질을 갖는다.

$$f(x_t) = \int_{n=0}^{n=\infty} \frac{f^{(n)}(x_{t_0})}{n!}(x_t - x_{t_0})^n \text{여기서 } f^{(n)}\text{은 } n\text{차 미분}$$

즉, n계를 나타낸다.

참고로 x_{t_0}가 0이면, 이를 매클로린(MacLaurin) 급수라고 한다.

초기치 문제(IVP)에서 변수와 변수를 연결하는 계수(parameter 또는 coefficient)는 고정적이나 시스템 다이내믹스에서는 그것도 시간 함수를 갖고, 시간의 연쇄 반응도 할 수 있는 변수로 인식한다.(따라서 어떤 문제의 SD 해법에 대해서 그 발생을 추적하거나 경로를 뚜렷이 설명하는 것이 번거롭거나 불가능할 수 있다.)

(4) 시스템 다이내믹스는 다차원 초기치 문제(Multi-dimensional IVP) 형태이다

SD에서는 초기치 문제를 스톡(Stock, Level) 변수와 변화량(Rate, Flow) 변수를 나타내는 아이콘을 이용하여 마음껏 원하는 대로 찰흙을 만지듯이 수식(formula, equations)을 컴퓨팅 환경에서 누구라도 편리하게 구성할 수 있게 해준다.

그리고 이러한 모델에 원하는 분석환경 시나리오를 설정하여 현실과 같이 설계된 다차원(multi-dimensional) 환경에서 자유자재로 시뮬레이션할 수 있다는 말이 사실이라면 이 얼마나 놀랄 만한 일인가?

이와 같은 시스템 다이내믹스 모델링 작업을 컴퓨터 프로그램 기반의 모델링 시뮬레이션 패키지 프로그램을 이용하면 초등학생도 쉽게 할 수 있다. 따라서 제이 포레스터는 시스템 다이내믹스가 유치원 나이에서부터(K12) 교육되기를 원했다.

(5) 시스템 다이내믹스는 여러 개의 초기치 문제가 피드백 구조상에서 상호 작용하는 경우이다

초기치 문제가 피드백 구조에 있을 때 이를 시간에 따라 그 반응 과정을 시뮬레이션하는 것이 시뮬레이션 모델이고, 이를 종합화하고 가시화, 계량화한 것이 시스템 다이내믹스이다.

시스템 다이내믹스의 수학적 원리

"시스템 다이내믹스의 수학적 원리는 다차원 형태의 초기치 문제[9]가 피드백 구조상에서 시간의 흐름에 따라 상호작용하는 것을 연구하는 학문이다."라고 저자는 정의한다.

3.2.1 변화량의 누적 구조

(1) 스톡과 플로우 변수(Stock variable & Flow variable, 누적변수와 변화량 변수)

시스템 다이내믹스에서 다루는 피드백 인과관계는 컴퓨터 시뮬레이션에서 스톡(누적)과 플로우(변화량) 개념을 이용하여 표현한다.

플로우(flow)는 유량 또는 변화량(change rate)을 나타내고, 스톡(stock)은 저량(Level) 또는 누적량(accumulation of change rates)을 나타낸다.

9) 다속성(多屬性) 및 다차원(多次元)을 갖는 Multi-Dimensional Initial Value Problem(MD-IVP).

그림 15는 수돗물이 별다른 목적의식이나 상관없이 물탱크에 유량이 쌓이는 모습이다.(순수한 유량과 저량을 나타낸다.)

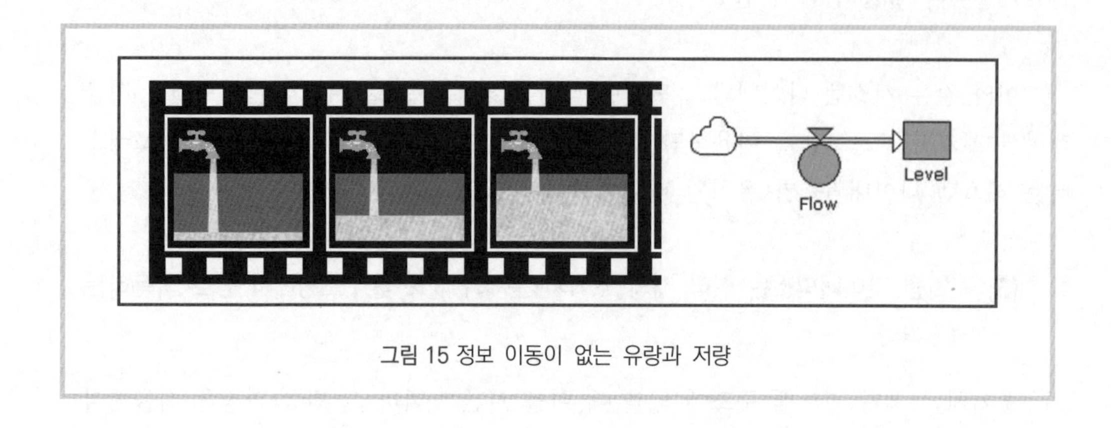

그림 15 정보 이동이 없는 유량과 저량

그림 16은 유입되는 수돗물이 물탱크의 적정한 높이가 되면 그 정보를 이용하여 수돗물이 잠겨 유입량이 멈추는 것을 나타낸다. 즉 제어되는 것을 나타낸다.(적정 탱크 물높이(저량)만큼 채워지면 유입량이 멈춘다.)

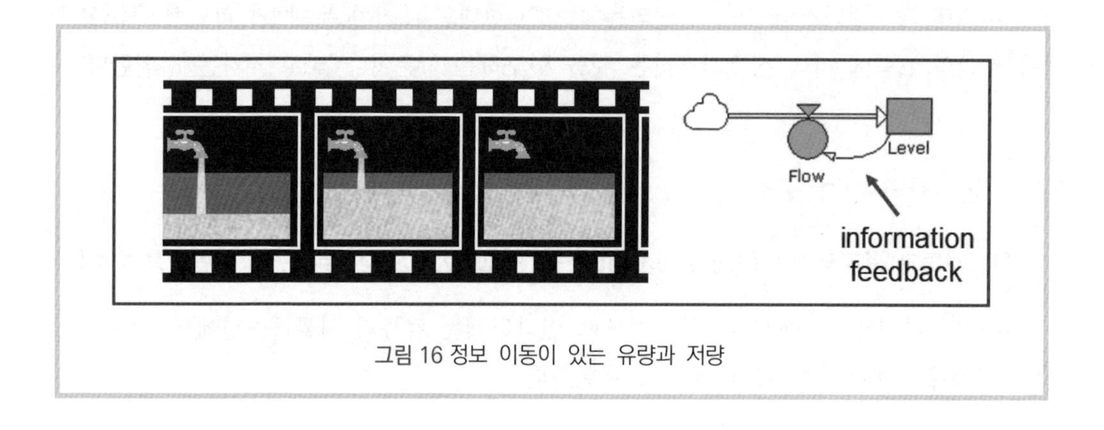

그림 16 정보 이동이 있는 유량과 저량

(2) 스톡 플로우 시스템 구조

누적변화량 시스템 구조는 스톡과 플로우를 거쳐서 나타나는 시스템의 변화행태로 표현된다.

- 시스템 구조(System Structure)
- 스톡과 플로우(Stock Flow)
- 시스템의 행태(Behavior Over Time)

(3) 시스템 다이내믹스(SD) 주요 구성변수

누적(Stock) 변수와 변화량(Flows) 변수를 이용한 스톡 플로우 다이어그램(Stock Flow Diagram, 누적변화 다이어그램)

- Stocks: 시스템의 상태, 의사결정과 행위의 기반이 되는 변수
- Flows: 시간에 따라 스톡에 영향을 주는 변수
- Stock Flow Diagram: 컴퓨터 시뮬레이션 모델로 표현하기 위한 스톡과 플로우 변수를 비롯하여 주변의 설명변수들이 스톡변수를 중심으로 연결된 구조도

참고로 누적변화 다이어그램은 그 자체로 하나의 시뮬레이션 프로그램이고 컴퓨터 모델이다. 이러한 모델은 컴퓨터 연산을 위하여 기계어(machine language)로 번역(compile)하는 과정을 통하여 컴퓨터가 이해할 수 있는 0과 1로 구성되는 형태로 자동 번역된다.

3.2.2 변화량과 누적의 수학적 표현

(1) 스톡과 플로우 모델 구성변수

컴퓨터 프로그램에서 제공하는 스톡과 플로우 아이콘(icon)을 구성하는 스톡(stock) 변수와 플로우 변수는 다음과 같다

- 스톡(stock) 변수: 누적량, 적분량(적분)
- 플로우(flow) 변수: 변화량, 미분량(미분)

(2) 스톡과 플로우 변수의 수식 표현

- 스톡 변수(stock variable) 수준 = (유입량 - 유출량) + 초기 스톡변수 수준
- 스톡 변수 = $Stock(t) = \int_{t_0}^{t_n} (coming\,flow_t - going\,flow_t)dt + stock_{t_0}$
- 순수(Net) 플로우 변수(flow variable) = (유입량 - 유출량)
- 플로우 변수 = $flow(t) = \frac{d(Stock(t))}{dt} = (coming\,flow(t) - going\,flow(t))$

3.2.3 시스템 다이내믹스의 수학적 모델링 구현 도구

(1) 피드백 시스템 계산을 위한 컴퓨터 프로그램 등장

제이 포레스터 교수는 이러한 피드백 시스템의 미분·적분 계산 과정을 표현하기 위하여 아이콘을 이용한 'DYNAMO'라는 컴퓨터 프로그램 도구를 개발하였다. 이 프로그램은 레벨 변수(Level, 상태변수)의 적분과 레이트 변수(Rate, 변화량)의 미분 계산을 시각적인 도구로 만든 최초의 시스템 다이내믹스 프로그램이다.

다이나모(DYNAMO, dynamic modeling) 프로그램은 1958년 제이 포레스터 교수를 중심[10]으로 MIT대학 경영대학원(Sloan School of Management)의 Industrial Dynamics Group에 의해 설계되고 컴파일러가 처음으로 개발되기 시작하였다. 이어서 같은 해 Harvard Business Review에 제이 포레스터 교수는 논문 'Industrial Dynamics-a major breakthrough for decision makers'를 발표하였다.

그리고 제이 포레스터 교수를 시스템 다이내믹스 분야의 창시자로 만든 'Industrial Dynamics'를 1961년 출간하였다. 제이 포레스터 교수는 시스템 다이내믹스의 원리를 정립하였고, 그의 제자인 John David Sterman MIT 교수는 2000년에 출간한 'Business Dynamics'[11]를 통하여 시스템 다이내믹스 이론의 현실적 응용 방안과 활용 가치를 제시하였다.

(2) 시스템 다이내믹스 프로그램 도구 5가지

시스템 다이내믹스 프로그램[12]에서는 보통 5가지 도구를 이용하여 수학적인 스톡 플로우 모델(Stock Flow Model, SFM)을 시각화하여 작성한다.

- 상태 변수(Stock variable)
- 변화율 변수(Flow variable)
- 보조 변수(Auxiliary variable)
- 상수 변수(Constant variable)
- 이들 변수를 서로 연결하는 링크(Link)

---

10) Dr. Phyllis Fox, Alexander L. Pugh III, Grace Duren, MIT Computation Center.

11) John D. Sterman, Business Dynamics, McGraw-Hill, 2000.

12) 현재 주로 사용되는 시스템 다이내믹스 프로그램은 Stellar/iThink, Vensim, Powersim 등이 있다.

(3) 여기서 상태변수는 적분 또는 누적을 나타내고, 변화율 변수는 미분 또는 변화율을 나타낸다

$$상태변수_{t+1} = 상태변수_t + \int_t^{t+1} (변화율\ 변수_t)dt$$

그리고 보조 변수나 상수변수는 변화율 변수를 설명하는 구성요소로 사용된다.

$$변화율\ 변수_t = f(상태변수_{t-1}, 상수변수_t, 보조변수_t, 변화율\ 변수_{t-1})$$

그러므로 미래의 상태변수는 다음과 같이 수식으로 예측된다.

$$\begin{aligned} 상태변수_{t+1} &= 상태변수_t + \int_t^{t+1} (변화율\ 변수_t)dt \\ &= 상태변수_t + \int_t^{t+1} f(상태변수_{t-1}, 상수변수_t, 보조변수_t, 변화율\ 변수_{t-1})dt \end{aligned}$$

3.2.4 수학적 표현을 기반으로 하는 컴퓨터 모델링

그림 17은 컴퓨터 프로그램으로 작성되는 스톡 플로우(Stock Flow, 누적변화량) 모델을 통하여 시스템 다이내믹스의 컴퓨팅 절차를 나타내는 모델링 및 시뮬레이션 순서도이다.

시스템 다이내믹스에서는 모형에 있는 모든 변수와 변수 간의 관계는 수리적으로 표현되어야 한다. 따라서 계량화(計量化, quantification) 기술과 소프트웨어 프로그램에서 요구하는 코딩 문법을 유지하면서 알고리즘(계산 순서)을 표현하는 기술이 필요하다.

▒ 컴퓨터 모델링을 위한 주요 기술

- 주어진 문제를 계량적으로 바라보는 수리적인 시각(視覺)
- 변수의 변화를 수량적으로 환산하여 상상하는 수리적 습관(數理的 習慣)
- 수식이나 숫자를 이용하여 변수 구성 논리를 계량화하는 기술
- 프로그램 언어에서 요구하는 코딩 규칙이나 문법 이해
- 프로그램 언어에서 제공하는 중요한 함수를 이해하고 활용하는 기술
- 모형에서 이루어져야 할 계산 순서(알고리즘)를 효과적으로 표현하는 기술
- 현실의 문제를 다차원으로 풀기 위한 배열(array) 처리를 위한 행렬(matrix) 계산

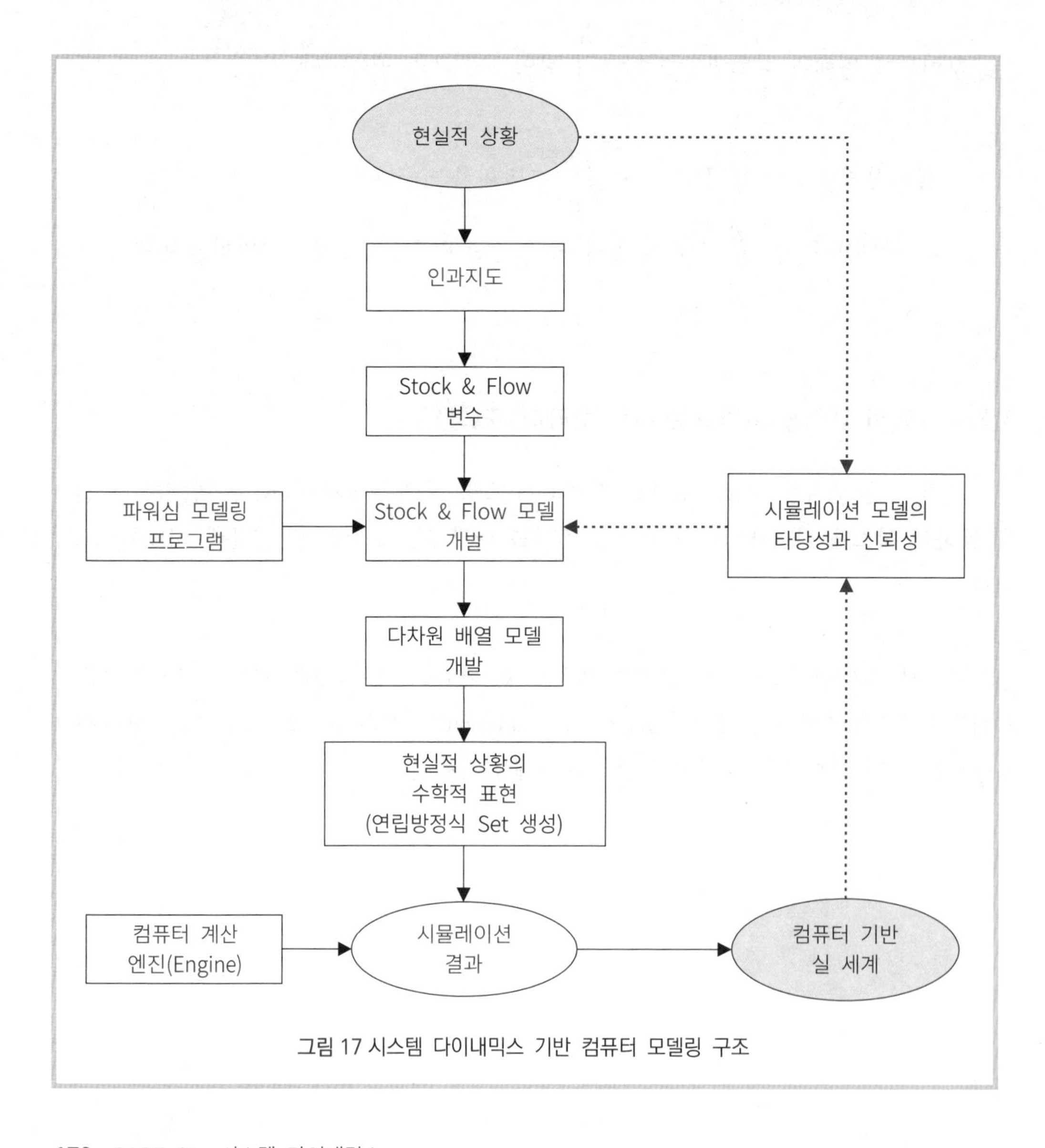

그림 17 시스템 다이내믹스 기반 컴퓨터 모델링 구조

PART 02

파워십 소프트웨어

제4장

파워심 소프트웨어 소개

4.1 파워심 소프트웨어 소개

파워심 소프트웨어는 무엇인가요?

파워심 소프트웨어(Powersim Software)는 여러분의 생각이나 개념을 컴퓨터 모델로 쉽고 편리하게 신속히 만들어주는 시각화된 도구이다.

파워심을 이용하면 인간의 분석 한계를 뛰어넘는 복잡한 의사결정 상황에서도 사용자가 논리에 근거한 구조화된 모델링 및 시뮬레이션으로 합리적인 판단을 할 수 있도록 한다.

파워심 소프트웨어는 북유럽 노르웨이 베르겐(Bergen)의 Powersim Software AS사에서 개발한 시스템 다이내믹스 기반의 동적 피드백 시스템(dynamic feedback system)을 컴퓨터 프로그램으로 구현하는 소프트웨어이다.

4.1.1 파워심 소프트웨어 구성 모듈

파워심 프로그램은 크게 네 가지 모듈로 구성되어 있다.

(1) 모델링(modeling) 모듈

- 수학적(mathematical) 모델링: 수리적 이론 기반 모델링
- 총괄적(aggregate) 모델링: 시스템 다이내믹스 이론 적용 모델링
- 개별적(agent based) 모델링: 에이전트 기반 모델링 이론 적용 모델링
- 추상적(abstract) 모델링: 관념적인 언어와 의미를 이용한 모델링

(2) 시뮬레이션(simulation) 모듈

- 정적(static) 시뮬레이션
- 동적(dynamic) 시뮬레이션
- 이산(discrete) 시뮬레이션
- 연속(continuous) 시뮬레이션

(3) 분석(analysis) 모듈

- 최적화(optimization) 시뮬레이션
- 위험인자 식별 및 영향(risk assessment) 시뮬레이션
- 위험인자 관리(risk management) 시뮬레이션
- 시나리오 세트(scenario sets) 시뮬레이션

(4) 의사결정 지원 시뮬레이터(decision support simulator) 모듈

- 사용자를 위한 시뮬레이션 실행 및 결과 화면
- 입력 및 출력 등 사용자 편의성을 고려한 사용자 화면
- 사용자 기반의 시뮬레이션 및 분석 기능
- 이해하기 쉬운 시뮬레이션 결과 표시 및 요약 정보
- 의사결정, 정책 개발, 계획수립 담당자를 위한 사용자 시뮬레이션 화면

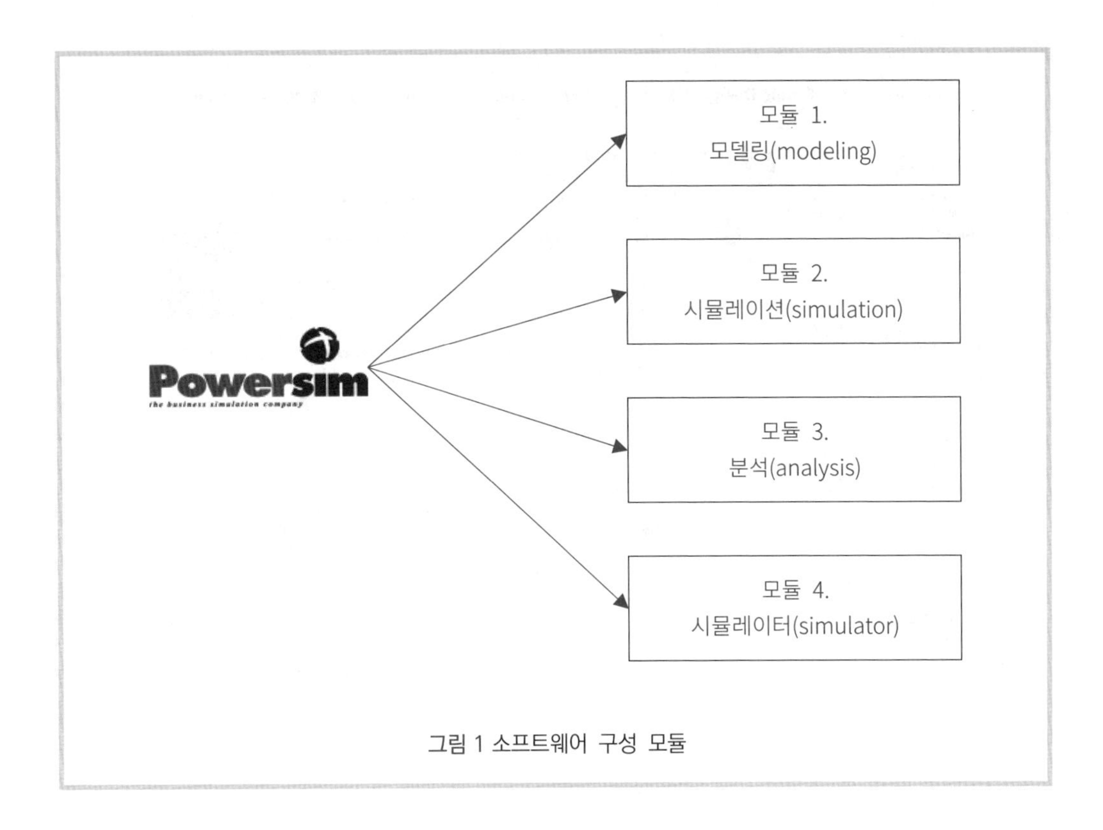

그림 1 소프트웨어 구성 모듈

4.1.2 파워심 소프트웨어 아키텍처

파워심 소프트웨어의 시스템 아키텍처(architecture)는 데이터 영역, 모델링 영역, 시뮬레이션 영역, 분석 영역 그리고 프레젠테이션 영역으로 구분된다.

(1) 시스템 아키텍처

파워심 소프트웨어 시스템 구성

파워심 소프트웨어 시스템 아키텍처

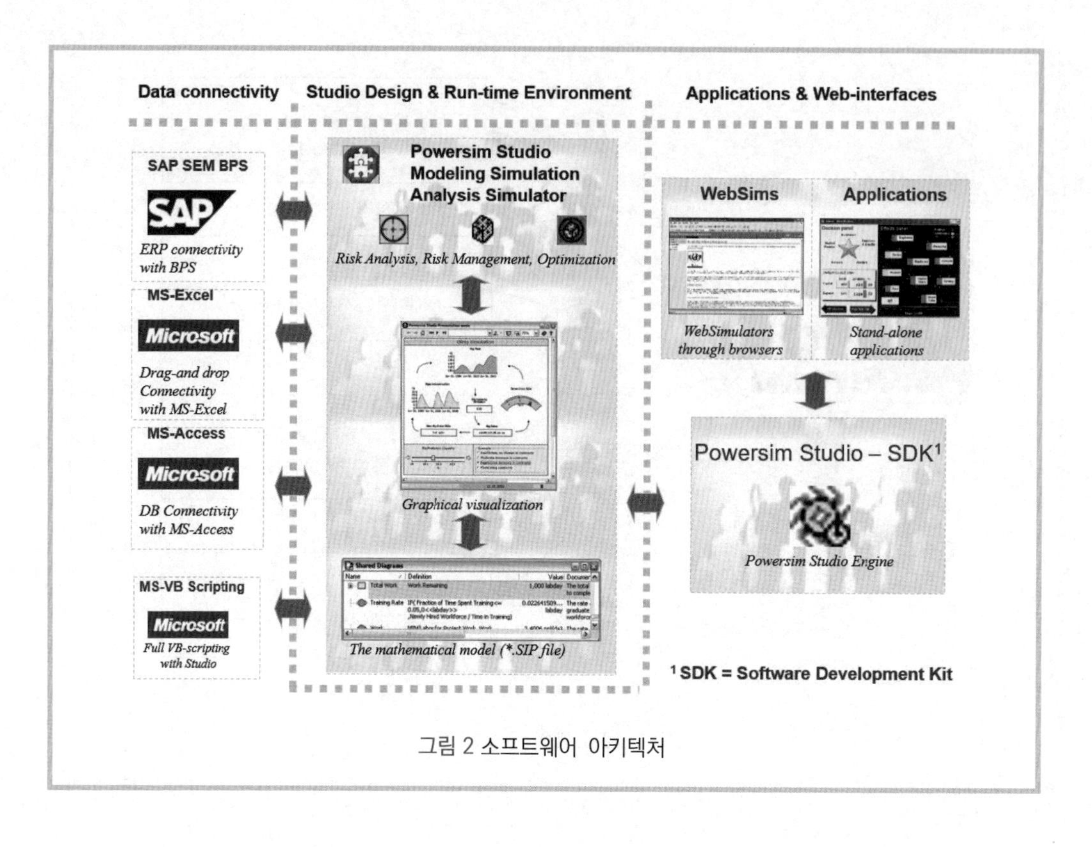

그림 2 소프트웨어 아키텍처

(2) 소프트웨어의 구성 요소(building blocks)

- 데이터베이스 연동
- 파워심 시뮬레이션 모델
- 시뮬레이션 결과 화면
- 의사결정 분석 모듈
- 사용자 시뮬레이터
- 웹 기반 시뮬레이션 포함

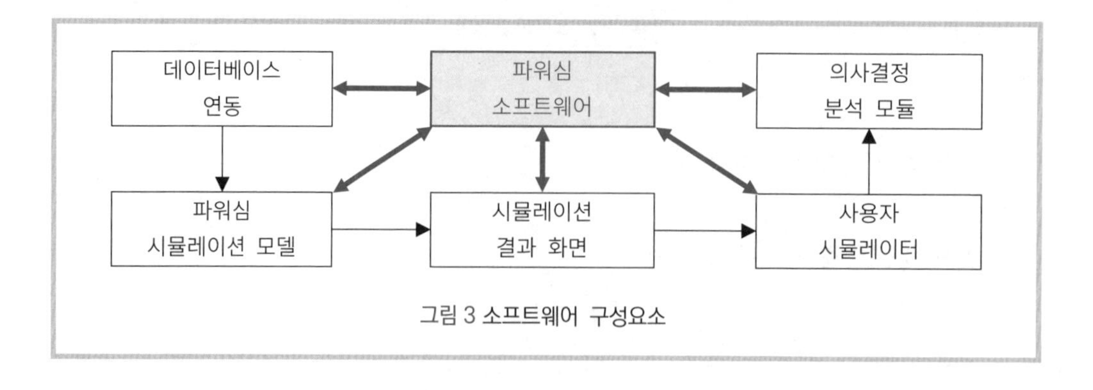

그림 3 소프트웨어 구성요소

4.1.3 파워심 소프트웨어 활용 분야

파워심 소프트웨어는 어디에 사용하나요?

(1) 엑셀 시트와 연동(Excel Interface)

엑셀 스프레드시트(Spreadsheet)를 사용하여 문제를 구성하는 곳에는 어디에나, 파워심 프로그램을 사용할 수 있다. 엑셀 스프레드시트는 셀(cell)과 셀의 계산 로직이 셀 속에 숨겨져 있다. 셀과 셀의 계산 로직이 시각화되어 다이어그램에 펼쳐진 것이 파워심 프로그램이라고 생각하여도 된다.

시각화된 엑셀 계산 로직은 이해하기 쉽고 다른 사람에게 그 계산 과정을 설명하기도 좋다. 그러한 엑셀과 같은 계산 로직(calculation logic)을 기본으로 파워심 프로그램은 다양한 시뮬레이션 기능을 수행한다. 예를 들면 미분·적분 계산을 간단한 아이콘 변수를 이용하여 순환 참조 형태로 계산할 수 있다.

- 다이어그램에 사용되는 미분·적분 아이콘 등 변수의 개수는 무제한이다. 컴퓨터 용량이 허용하는 만큼 아이콘을 이용하여 변수 만들 수 있다.
- 복잡한 수식은 파워심 아이콘을 이용하여 연결하면 연산 수식(equations)이 자동으로 생성된다.
- 엑셀 데이터와 엑셀의 계산 로직을 그대로 유지하면서 파워심 시뮬레이션 모델 주요 변수와 실시간으로 연동될 수 있다. 이는 엑셀의 계산 결과를 시뮬레이션 모델로 전송하고, 시뮬레이션 모델에서 시뮬레이션 분석이 완성된 결과를 다시 엑셀 데이터 셀로 출력할 수 있다.
- 이는 엑셀의 장점과 시스템 다이내믹스 기반의 시뮬레이션 프로그램의 장점을 결합하여 사용자에게 제공할 수 있다는 것을 의미한다. 엑셀의 기능이 강력하다는 것은 누구나 알고 있다. 엑셀에 다이내믹 시뮬레이션 기능과 미분·적분 계산 기능을 비롯한 파워심 프로그램의 다차원 모델링 및 시뮬레이션 기능을 추가하여 주어진 문제를 분석할 수 있다.

파워심 프로그램 기능

= (엑셀 계산 및 모델링 기능 + 엑셀 분석 기능 + 시스템 다이내믹스 모델링 기능 + 시뮬레이션 분석 기능 + 최적화 기능 + 위험요소 식별 및 관리 기능)

참고로 파워심 프로그램과 엑셀의 결합으로 상호 데이터 입력 및 출력이 완벽하게 이루어진다. 이를 이용하여, 예를 들면 R, RStudio, SAS, SPSS, MATALB, ArcGIS, FEM[1] 프로그램, CFD[2] 프로그램 등 기타 응용 프로그램과 파워심 프로그램으로 작성되는 시스템 다이내믹스 모델과의 연동(interface)이 이루어진다.

특히, 유한요소해석 및 전산 유체역학 프로그램(FEM과 CFD 프로그램)과 시스템 다이내믹스 모델과의 연동은 실세계 모델링 및 시뮬레이션 그리고 분석에 있어서 양쪽 모두 획기적인 변혁을 가져올 것으로 예상한다. 시스템 다이내믹스 입장에서는 CFD나 FEM을 이용하면, SD 시뮬레이션 결과를 입체적으로 실세계 색깔을 갖는 유체이동 행태를 dynamics over time으로 표현할 수 있다.

그림 4는 파워심 소프트웨어 모델과 엑셀 연산·분석 로직, 엑셀 데이터베이스가 상호연동 되어 Dynamic Simulation이 Over Time으로 이루어지는 과정을 묘사한다.

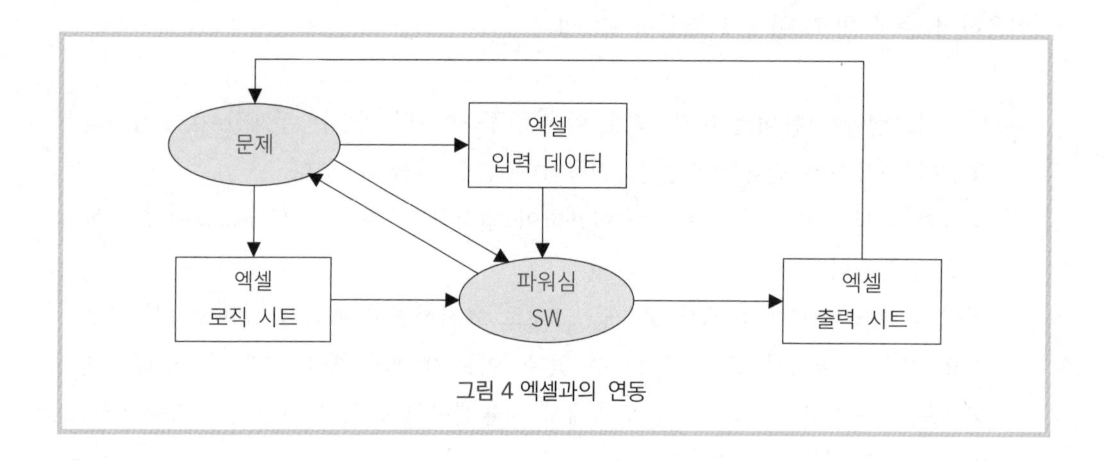

그림 4 엑셀과의 연동

(2) 사용자를 위한 모델링 및 시뮬레이션

파워심 소프트웨어는 시간에 따라 변화하는 피드백(dynamic feedback) 시스템의 모델링 및 시뮬레이션을 지원하고, 시뮬레이터를 통하여 의사결정 결과를 미리 예상·분석할 수 있게 한다.

---

1) 다이내믹한 유한요소해석용 프로그램으로 FEM(Finite Element Method) 또는 FEA(Finite Element Analysis) 프로그램으로 ANSYS, Autodesk simulation 등이 있다.

2) 전산 유체역학 CFD(Computational Fluid Dynamics)는 FEM과 마찬가지로 편미분방정식을 푸는 것은 같으나 CFD는 fluid-flow를 주로 다룬다. ANSYS, Autodesk CFD 등이 있다.

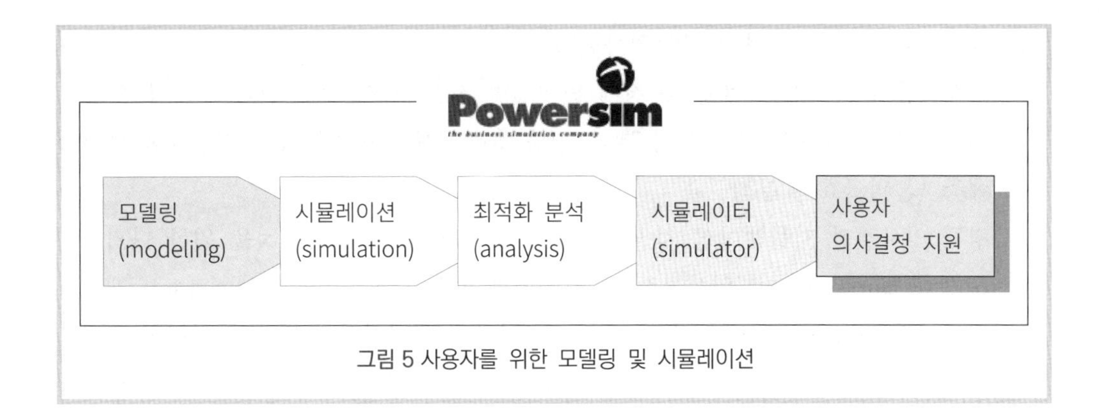

그림 5 사용자를 위한 모델링 및 시뮬레이션

(3) 파워심 프로그램 활용 분야

파워심 프로그램은 예를 들면 다음과 같은 분야에 사용할 수 있다.

공공 부문

- 공공정책 개발: 공공분야의 정책 개발 및 분석을 할 수 있다. 정책 수립 단계에서 정책 시행결과의 사전 예측과 성과 예상을 통한 정책 테스트(Policy Test), 사업계획 평가
- 인사부문: 공공 및 일반기업 등 조직의 인력관리, 전략적 인사계획, 인력 수급균형 예측, 정원산정, 호봉제 및 직무급 등의 급여체계 분석 등 합리적인 인력운영 방안(채용, 승진, 퇴직, 성과평가, 급여정책 등)
- 정책 연구: 공공정책의 부작용 및 공공문제 해결을 위한 모델링 및 시뮬레이션 그리고 불확실성에 대한 몬테카를로 시뮬레이션, 최적화 등 다양한 분석
- 에너지 분야: 시나리오 시뮬레이션 기반의 에너지 생산, 경제적 타당성 비교분석, 최적의 에너지 조합(energy mix) 계획수립, 발전소 시설용량 및 경제적 발전량 관리, 신재생에너지 예측 및 경제성 분석 및 제반 의사결정 지원
- 연구개발 부문: 공공 연구개발 전략수립 및 중장기 수행성과분석, 국책연구원 및 다양한 연구기관의 연구개발 과제 수행, 국가 R&D 예산기획 및 투자 시뮬레이션, 연구개발 우선순위 결정, 연구투입자원조정 및 운영관리 시뮬레이션 모델 개발
- 위험인자 관리(risk management): 경영 환경의 불확실성에 따른 사업위험 분석 평가, 리스크 관리를 위한 최적화 및 몬테카를로 통합분석 솔루션 제공
- 국방 군사 분야: 무기체계 성능평가, 인력자원 육성, 배치 전략 및 조직의 효율성 평가, 상황에 따른 최적 국방자원배분, 국방자원의 비용평가 및 교체판단 의사결

정 지원 및 상황 시나리오별 의사결정
- 경제금융 분야: 유가, 환율 등 경제 펀더멘털 전망, 경제 정책 실효과 분석, 연금 운용 정책의 타당성 및 수익성 분석, 금융정책 시뮬레이션을 통한 경제지표 변화 예측 및 파급효과 분석
- 정책 의사결정 시뮬레이션 지원: 합리적, 경제적, 최적 의사결정을 위한 다기준(多基準, multi-criteria) 의사결정 지원 시뮬레이터(decision support simulator) 개발
- 비상계획(contingency plan) 수립: 국가 및 지자체의 비상상황 발생에 대비한 훈련 및 홍수, 화재, 질병, 사고 등 재난 상황에 대응한 상황 발생 시뮬레이션, 효과적 자원배분, 대응전략 시뮬레이션
- 형이상학적인 질적(質的) 모델링 및 시뮬레이션: 사회 화합 및 통합 방안, 여론의 성향 변화, 고객 선호도 등을 분석하여 정책기획, 선거전략, 여론 및 심리전, 국가전략 등 무형의 가치에 대한 시뮬레이션

민간 부문

- 경영 의사결정 지원: 기업의 경쟁우위 확보를 위한 판매 및 영업 마케팅, 영업전략 수립 및 진단, 전략적 제품가격 정책, 제품개발 타당성 검토, 신규 시장 진출을 위한 다차원 모델링 기반 고객 세분화, 목표시장 시뮬레이션
- 전략 경영관리 및 기획: 기업 및 공공부문에 대한 시뮬레이션 기반의 경영계획 및 경영목표 수립으로 시나리오 경영, 전략적 경영계획 및 관리체계 정립
- 재무(financial) 시뮬레이션: 전략적 재무관리, 예산수립, 투자관리 등 투자 대안에 대한 모델링 및 시뮬레이션으로 위험인자 분석(risk analysis), 손익분석 및 추정 재무제표 시뮬레이션
- 제조 및 생산부문: 모델링 및 시뮬레이션 기반의 최적 생산체제, 생산 스케줄링 최적화, 물류 및 공급망 관리, 원가관리와 연동한 영업이익 시뮬레이션
- 제품기획: 제품 시장 예측 및 시장 점유율 시뮬레이션을 통한 자동차, 전자, 소비재제품 등의 제품개발 및 제품 수익성 예측 시뮬레이션
- 투자 수익 시뮬레이션: 상업용 부동산 자산 및 주식 자산의 투자 대안 포트폴리오(Portfolio)에 대하여 다양한 환경변화 시나리오의 동적 변화($Scenario_t$)에서도 수익을 극대화하는 방안 모색

파워심 소프트웨어는 이와 같은 다양한 분야에 걸쳐 시나리오 시뮬레이션, 자원배분(resource allocation) 최적화, 전략적 의사결정 문제 등에 대한 해법 탐색, 경영성과(dynamic business outcomes) 평가, 경영관리 및 경영목표 달성(goal achievement)을 위한 '모델링 및 시뮬레이션'에 사용된다.

파워심 분석에서는 팬데믹(Pandemic), 환율, 금리, 유가, 국제환경, 인구구조 및 소비 성향의 변화 등 경제 사회의 외생변수(external variable) 변화에 대한 영향을 분석한다. 그리고 이들 환경요인의 시나리오 시뮬레이션(scenario simulation)과 전략적 대응체계에 대한 위험인자(리스크) 분석, 민감도 분석 등을 지원하는 시뮬레이터(simulator) 개발을 지원한다.

4.1.4 소프트웨어 패키지의 필요성

파워심 소프트웨어는 미분과 적분 개념을 이용하여 '살아있는 현상'을 모델을 설계하고, 모델링 작업을 손쉽게 할 수 있게 한다. 사실 일반인이 미분과 적분 이론을 이용하여 직접 프로그래밍 언어로 프로그램을 짜기는 쉽지 않다.

그리고 일반로직을 활용하여 알고리즘을 프로그램으로 코딩(coding)하여도 새롭게 나타나는 프로그램 에러, 버그(bugs)를 해결하거나 입출력 화면을 위한 입출력 개체를 만드는 일은 쉽지 않다. 이러한 프로그램을 만들고, 시뮬레이션 입력 및 출력 화면을 만드는 일에 너무 많은 에너지를 소모하는 것은 낭비에 가까운 일이 될 수도 있다.

이를 위하여 경영관리 부문에서는 전사적 자원관리 프로그램으로 독일의 SAP, 미국의 ORACLE 등이 패키지 형태로 제공하고 있다. 이처럼 시뮬레이션 분야에서도 시뮬레이션 모델링 개발 및 최적화, 민감도 분석을 위하여 사용자 메뉴 기반으로 손쉽게 하는 도구로 노르웨이의 Powersim 프로그램이 있다.

파워심 프로그램에서 제공되는 모델링 및 시뮬레이션 기능이나 사용자를 위한 시뮬레이터(Simulator) 개발에 이르는 전체 과정을 일체화된 패키지(SW Package)로 제공하여 시뮬레이션 모델 개발자나 사용자에게 SW 패키지로서의 편의성을 제공하고 있다.

4.1.5 파워심 소프트웨어 주요 기능

파워심 소프트웨어에서 제공하는 기능에는 어떤 것이 있나요?

파워심 소프트웨어는 시스템 다이내믹스 이론에 따른 모델링 및 시뮬레이션 사상을 충실히 따르는 컴퓨팅 프로그램이다. 시스템 다이내믹스 이론 구현을 위하여 컴퓨터 프로그램에 요구되는 주요 기능은 다음과 같다.

(1) 미분 · 적분 모델링 기능

파워심 소프트웨어에서 제공하는 적분 아이콘과 미분 아이콘을 이용하면 누구라도 손쉽게 미분 및 적분 모델링을 할 수 있다.

파워심 소프트웨어는 스톡 변수(적분: integration) 아이콘과 플로우 변수(미분: differential) 아이콘을 마우스를 이용하여 서로 연결하면 스톡 플로우 모델(미분적분 모델링)이 만들어지도록 설계되어 있다.

이렇게 스톡 변수와 플로우 변수로 연결하는 모델링은 시각적으로 살펴보면 모델링 화면에서 아이콘으로 제공되는 모델링 아이콘을 하나씩 다이어그램상에 옮겨 놓음으로써 스톡 플로우 모델(Stock Flow model) 구조와 변수 간의 연결 관계가 완성된다.

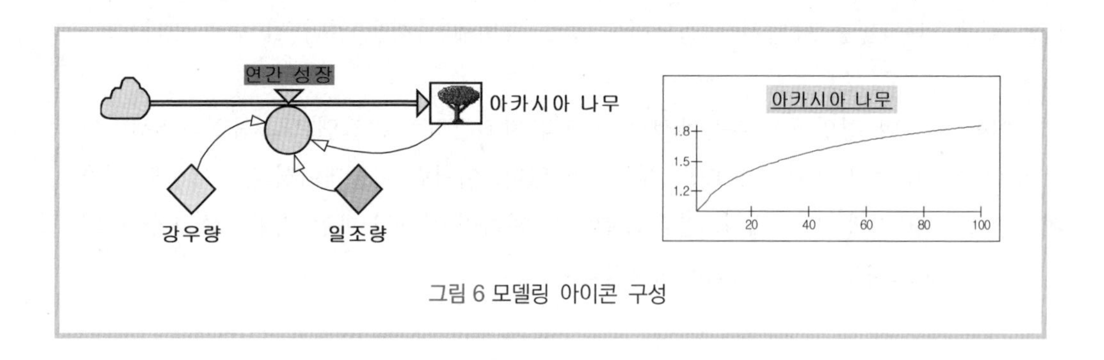

그림 6 모델링 아이콘 구성

파워심 소프트웨어 시스템 내부적으로는 스톡과 플로우 변수 등의 연결로 인하여 소스 코드(source code)에는 연립방정식 형태의 계산식(equations)이 만들어져서 시스템에 코딩되는 프로그램으로 제공된다.

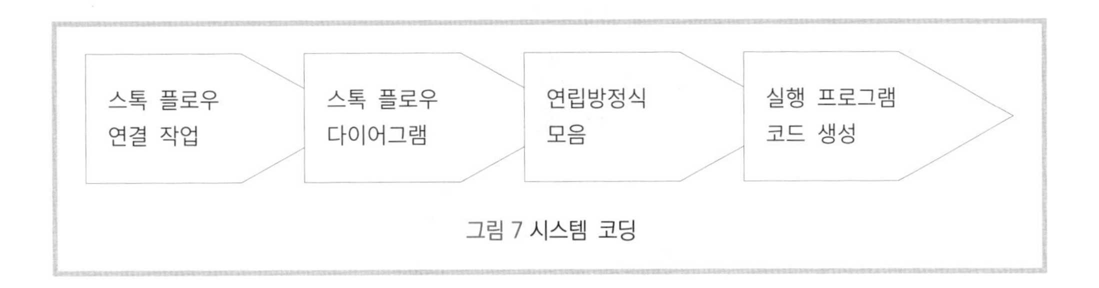

그림 7 시스템 코딩

기본 모델링 및 시뮬레이션

- 누적변화(스톡과 플로우) 모델링을 위한 미분·적분 도구
- 정량적 변수의 수학적 모델링
- 정성적(질적) 변수를 위한 비선형, 무형 가치 모델링
- 추상적 모델을 위한 비모수적(명목척도, 서열척도 등) 모델링 환경

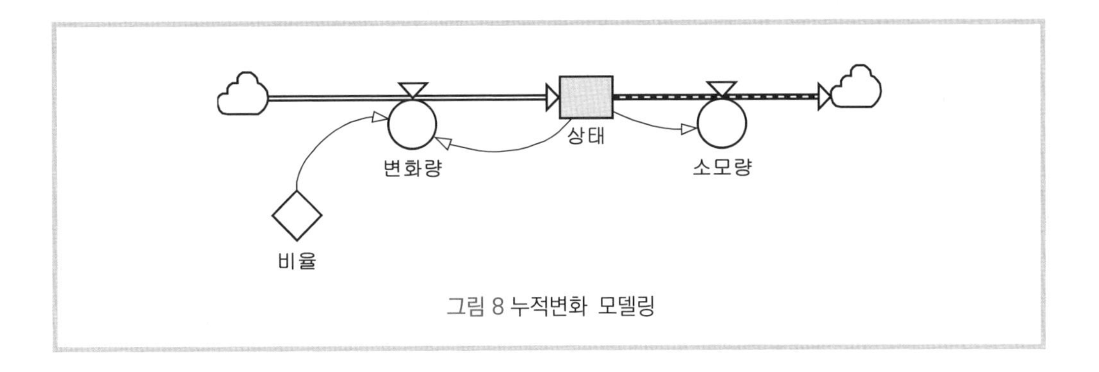

그림 8 누적변화 모델링

데이터 연결 기능

- 모델과 엑셀 데이터와의 자동 입출력 연결
- 모델과 엑셀을 매개체로 기타 응용 소프트웨어와의 데이터 연동
- 모델과 전사적 자원관리시스템(SAP, Oracle)과 연결
- 모델과 데이터베이스(DB)와의 자동 입출력 연결 기능
- 엑셀 및 데이터베이스를 통한 응용시스템과의 연결(R, SPSS, MATLAB 등)
- SDK(software development kit)를 이용한 외부 시스템 데이터 연결

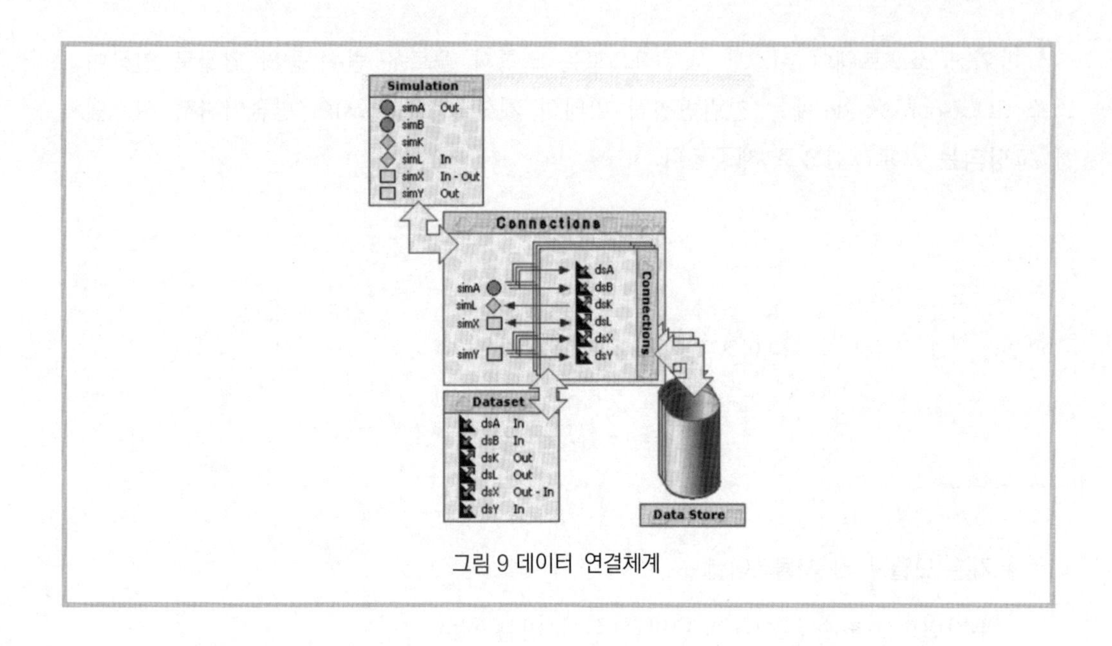

그림 9 데이터 연결체계

(2) 인과관계 모델링 기능

- 질적, 양적 측면의 가치사슬(value chain) 체계 모델링
- 핵심성과지표(KPI: key performance indicator) 중심의 가치사슬 트리
  (예) Value Driver Tree of COVID−19 확산 제어(Spread & Protection)

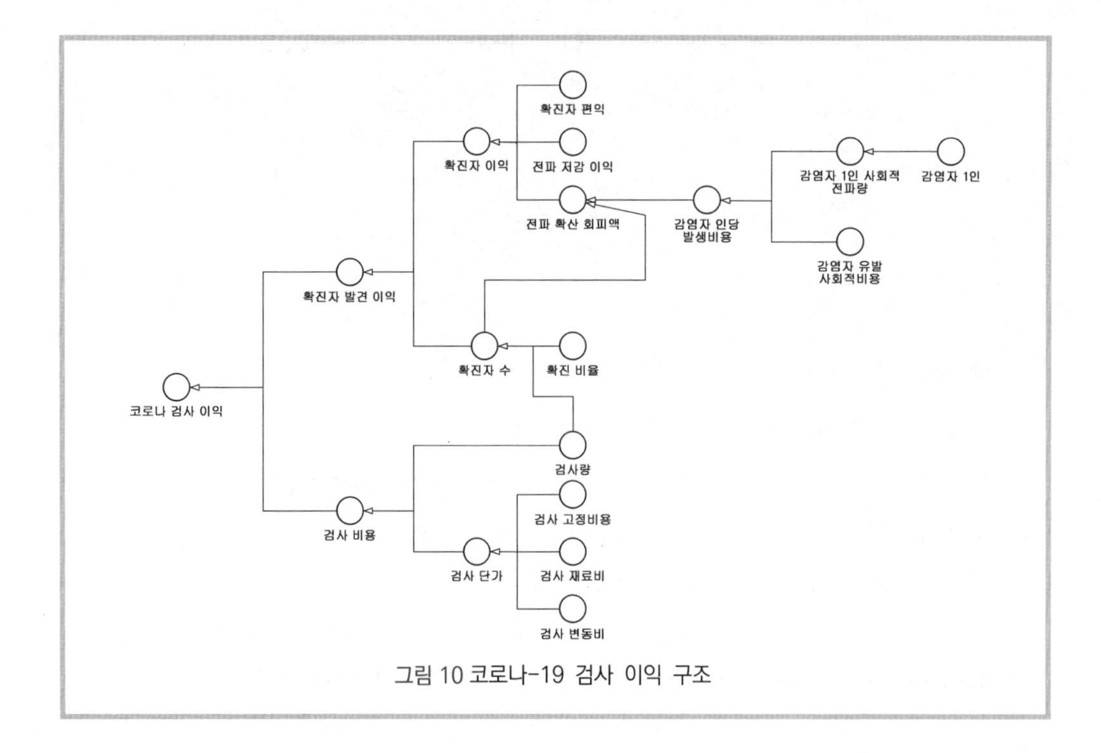

그림 10 코로나-19 검사 이익 구조

(3) 시뮬레이션 결과 및 모델 보안 기능

- 보안 기능을 설정하여 사용자별 권한을 부여하여 모델 실행, 모델 접근 권한, 편집 권한 등을 설정함.

그림 11 모델 보안관리 기능

(4) 시뮬레이션 기능

동적 시뮬레이션이란 시간에 따라 변화하는 상황을 묘사하는 것을 전제로 한다. 즉 동적 시뮬레이션은 시간에 따라 변화하는 현실을 닮은 유사한 모형을 만들어 그 모형을 통하여 다양한 실험을 대신하는 것이다.

이와 같은 다이내믹 시뮬레이션을 실행하기 위해서는 먼저 시간에 따라 변화하는 동적 행태를 나타내는 현실과 유사한 모형을 만들어야 하고, 주어진 실험환경에 따라 모형에 대한 시간에 따라 실험(Dynamic Simulation)을 하는 것이다.

컴퓨터 기술을 활용한 실험환경

컴퓨터 기술 기반의 실험(computer based experiment) 환경, 즉 시뮬레이션 기간을 과거나 미래로 왔다갔다 하거나, 시뮬레이션 환경이나 실험 조건을 실험자가 원하는 대로 설정하고, 주어진 모형을 자유자재로 컴퓨터상에서 모델을 이용하여 실험할 수 있다.

이러한 컴퓨터 시뮬레이션은 모형을 기반으로 현실을 모방하여 원하는 실험(test, experiment)을 수행하는 것으로, 이 책에서는 파워심 소프트웨어를 이용한 컴퓨터 기반 시뮬레이션을 다룬다.

이를 위한 파워심 소프트웨어의 기본적 시뮬레이션 기능을 요약하면 다음과 같다.

① 손쉬운 스톡(누적)과 플로우(변화량) 모델링 및 시뮬레이션
② 피드백 효과 모델링 및 시뮬레이션
③ 비선형(non-linear) 관계 모델링 및 시뮬레이션
④ 시차효과(time delay) 모델링 및 시뮬레이션
⑤ 피드백을 통한 개체 간의 상호작용(interaction) 모델링 및 시뮬레이션
⑥ 소프트 효과 모델링(무형변수, intangible variable, 무형자산)
⑦ 정성적(qualitative), 질적 효과 모델링 및 시뮬레이션
⑧ 복잡한 의사결정 시스템(complex decision making) 시뮬레이션
⑨ 모형과 엑셀 등 외부 데이터베이스와 데이터 입·출력 연계(interface) 기능

시간에 따른 동적 시뮬레이션 제어 및 결과 표시 기능

- 그래프, 테이블, 차트 개체에 '시뮬레이션 입출력 변수'를 마우스로 끌어다 놓는 방식을 사용한다. 이러한 시뮬레이션 결과 표시방식(drag and drop)으로 유치원생부터 누구나 손쉽게 시뮬레이션 기능을 이용할 수 있다.
- 주요 시뮬레이션 입력 기능: 슬라이드 바(sider-bar), 테이블 표(table), 차트(chart), 스위치 컨트롤(switch) 등
- 주요 시뮬레이션 출력 기능: Time Graph, Time Table, Gauge, Chart, Table, Scatter, Switch 등
- 사용자를 위한 시뮬레이터: Bookmark, Hyper Link, Text Freeform, Presentation Control, Command Control 등

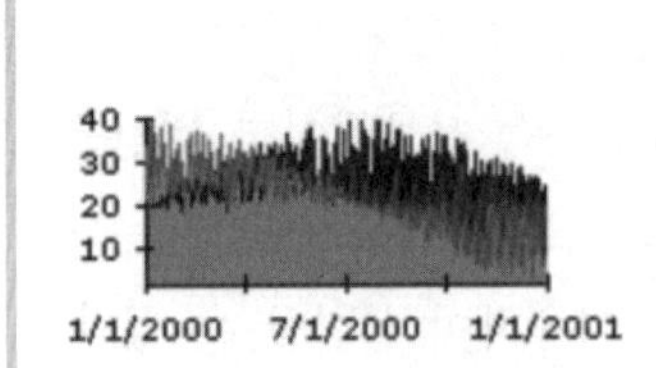

Time	변화량 (per da)	상태
2021년 1월 1	3.00	100.00
2021년 2월 1	4.43	147.58
2021년 3월 1	7.89	263.05
2021년 4월 1	16.30	543.35
2021년 5월 1	36.71	1,223.70
2021년 6월 1	86.25	2,875.09
2021년 7월 1	206.50	6,883.45

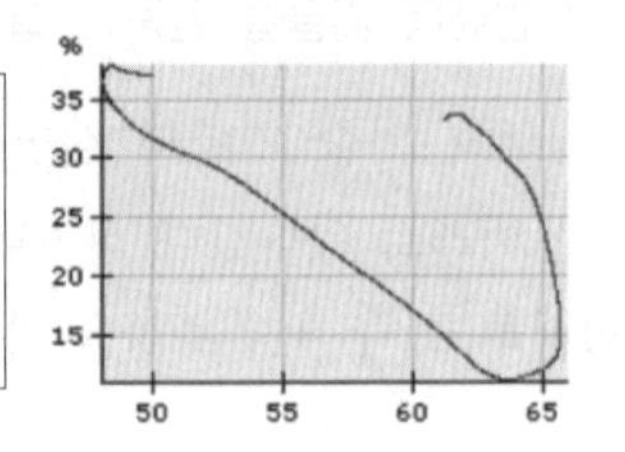

모델과 시뮬레이션 및 데이터 통합 기능

(시뮬레이션 모델 개발자를 위한 기능: for developers)

- 직접 입력 또는 데이터 시트를 통한 입력(Input)
- 시뮬레이션 연산 및 분석 처리 모델(Process)
- 시뮬레이션 결과 출력: 결과 수치 데이터, 출력 데이터 시각화, 그래프(Output)
- 고급 분석 기능: 민감도 분석, 시나리오 상황 시뮬레이션 및 분석 기능
- 시뮬레이션 모델과 입력 및 출력 데이터 연동체계 제공

(시뮬레이션 결과 이용자를 위한 기능: for simulation Users)

- 시뮬레이션 결과 요약 정보화면 및 해석된 정보화면 제공
- 사용자를 위한 시뮬레이션 화면(Simulator) 제공
- 시뮬레이터 환경에서 최적화 및 다양한 시뮬레이션 제어 환경 제공
- 시뮬레이터를 통한 입력 데이터 및 출력 데이터 발생
- 통계 분석을 위한 R, SAS, SPSS 등 다른 응용 프로그램과 연계
- 추가적인 최적화 분석을 위한 EXCEL Solver, IlOG(CPLEX), MATLAB 등과 연계 지원

(5) 시차효과(時差效果) 모델링 기능

- 시간 지연(time delay) 모델링 기능 제공
- 도착 지연 모델링(Pipeline Delay modeling): DELAYPPL
- 정보 지연 모델링(Information Delay modeling): DELAYINF
- 물적 지연 모델링(Material Delay modeling): DELAYMTR

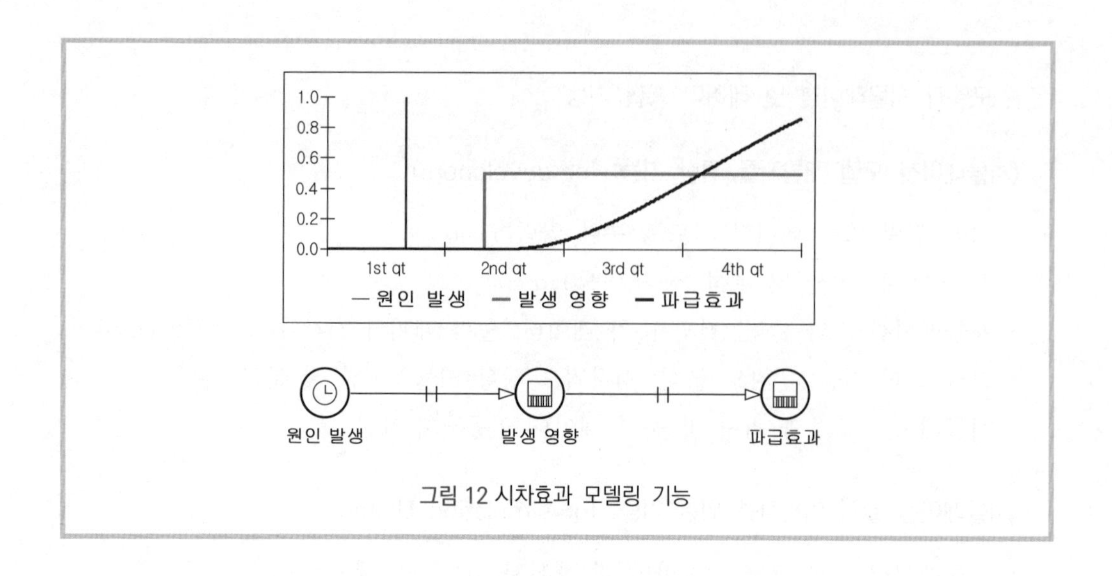

그림 12 시차효과 모델링 기능

(6) 다차원 배열 모델링(multi-dimensional modeling)

- 하나의 변수에 갖는 여러 가지 다차원 속성을 설정하여 모델링
- 다차원 배열(array) 설정, 운용을 손쉽게 하는 모델링 환경
- 모델링 생산성을 높이는 다차원 배열 관련 함수 제공

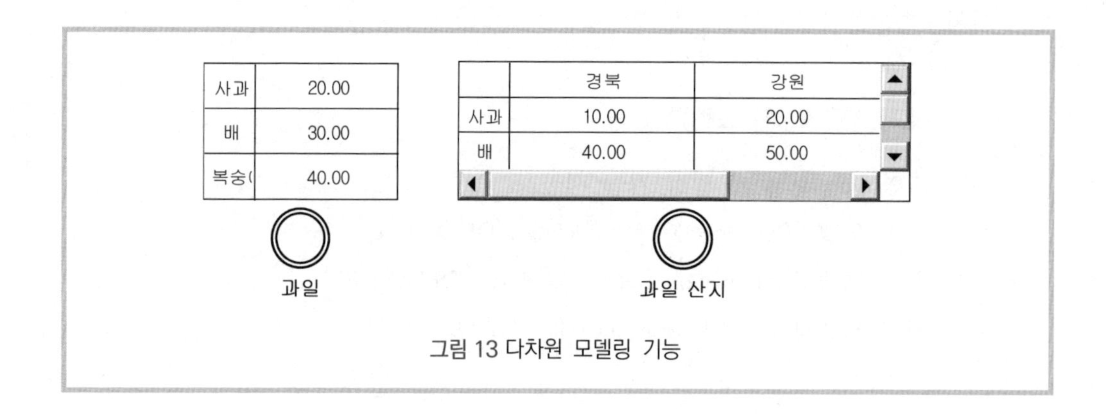

그림 13 다차원 모델링 기능

(7) 한글, 영어를 비롯한 다국어 지원 및 다국 화폐(currency) 모델링

- 여러 국가의 언어 선택을 통하여 손쉽게 해당 국가 언어로 된 모델 및 시뮬레이션 분석 결과 제공
- 원화, 미국 달러(USD), 유로화를 비롯한 다국 화폐 자동전환 모형 제공

(8) 분석 기능

의사결정을 위한 시뮬레이션 분석 기능은 시뮬레이션 결과(simulation result)를 다양한 측면에서 분석하는 것으로, 의사 결정자에게 유용한 자료를 제공하는 것을 목적으로 한다.

일반적으로 현실을 모방한 컴퓨터 모델(모형)을 구축하고 다양한 시나리오로 시뮬레이션 실험을 수행하게 되면 어느 정도 현실에서 쉽게 얻을 수 없는 가치 있는 실험 데이터나 결론을 얻을 수 있다. 이러한 시뮬레이션 결과자료나 추출 정보를 이용하면 합리적인 의사결정을 위한 판단 근거나 문제 해결을 위한 실마리가 되는 착안점을 찾을 수 있다.

더 나아가 사용자는 마우스를 이용한 선택과 실행 명령을 통하여 고급 분석 기능을 수행할 수 있는 환경인 분석 패키지(Analysis package)를 사용할 수 있다. 즉 의사결정 시뮬레이터 이용자는 프로그램에서 제공하는 분석(analysis) 기능을 통하여 의사결정에 필요한 유용한 정보를 얻을 수 있다. 대표적인 분석 기능(分析技能)은 다음과 같다.

- 자원배분 최적화(optimization) 분석 기능
- 위험인자에 대한 민감도(sensitivity) 분석 기능(risk assessment)
- 위험인자에 대한 위험 관리(risk management)
- 시나리오 시뮬레이션(scenario simulation) 기능

(9) 모델 기반으로 알고리즘 및 설계코드 자동생성 기능

모델링 및 시뮬레이션 프로그램 기반으로 신속한 알고리즘(algorithm) 개발 및 검증과 프로그램 코딩을 위한 프로그램 설계(Program Design)의 타당성 시뮬레이션이 이루어진다.

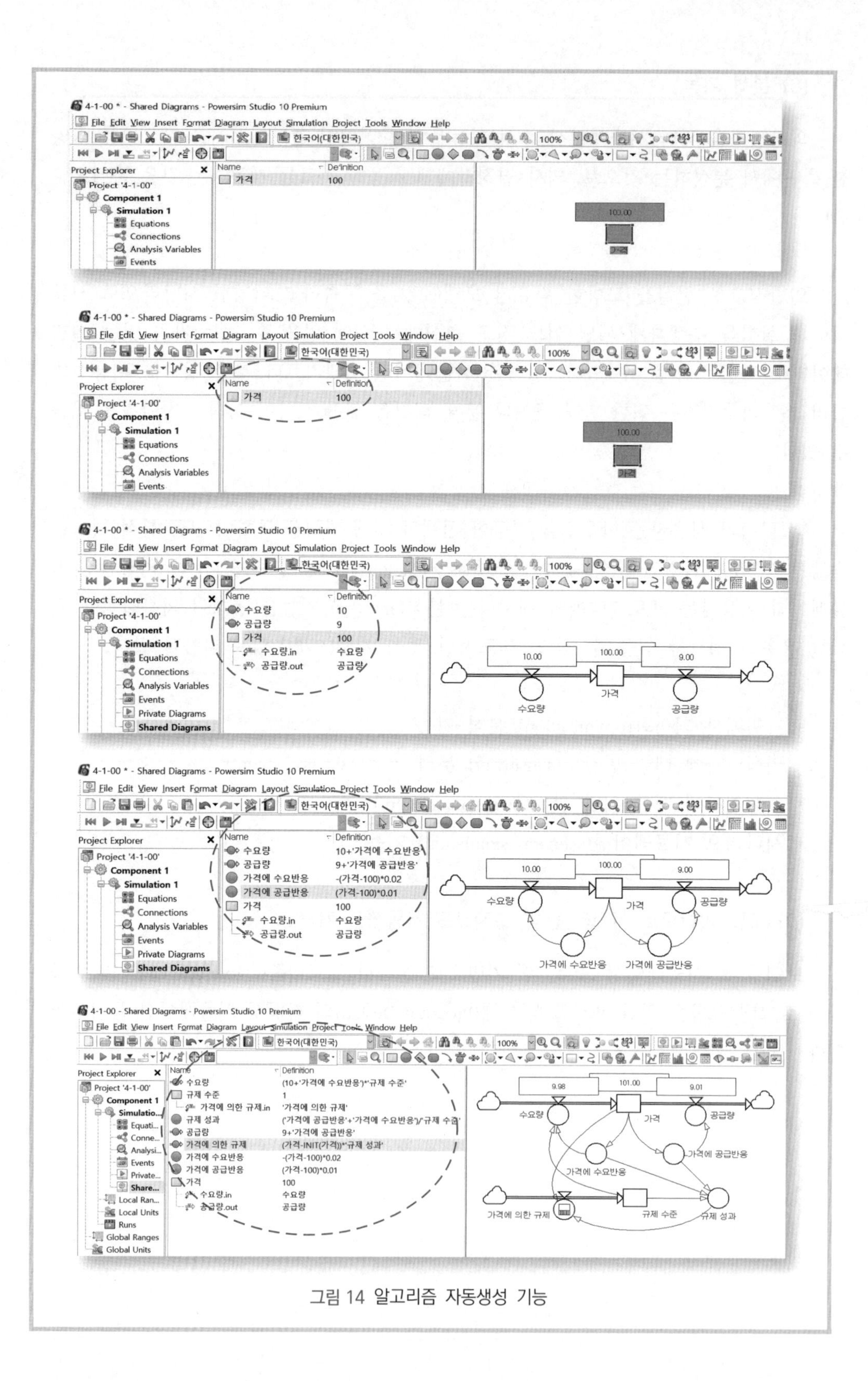

그림 14 알고리즘 자동생성 기능

오른쪽의 모형변수가 생성될 때마다 점선 원 안에 있는 알고리즘 코드(Pseudo Code)가 자동생성되어, 직접 코딩을 하지 않고도 Powersim Simulation을 통하여 프로그램(예: C^{++}, *Python* 등을 이용한 코딩) 개발, 하드웨어 개발 결과를 체험할 수 있다.

현재 대형 하드웨어 시스템의 개발이나 임베디드(Embedded) 제어 시스템 개발에 시뮬레이션 기반의 모델링을 주로 MATLAB Simulink를 이용하는 경우가 많다. 이처럼 파워심 소프트웨어를 이용하면 일반 국가정책 개발, 다양한 소프트웨어 운영체계(OS) 개발, 상업용 응용 소프트웨어 개발에 시각화된 모델링 및 시뮬레이션(visualized modeling & simulation)으로 응용 프로그램 개발의 신속성과 생산성을 높일 수 있다. (Visual Model based Application Development)

향후 다양한 분야에서 시스템 다이내믹스 기반의 모델링 및 시뮬레이션으로 대형 소프트웨어 개발 및 응용 프로그램 개발에 자동 알고리즘 코드(algorithm code) 생성, 프로그램 설계, 개발 타당성 검증, 개발 로드맵 작성 등에 활용된다.

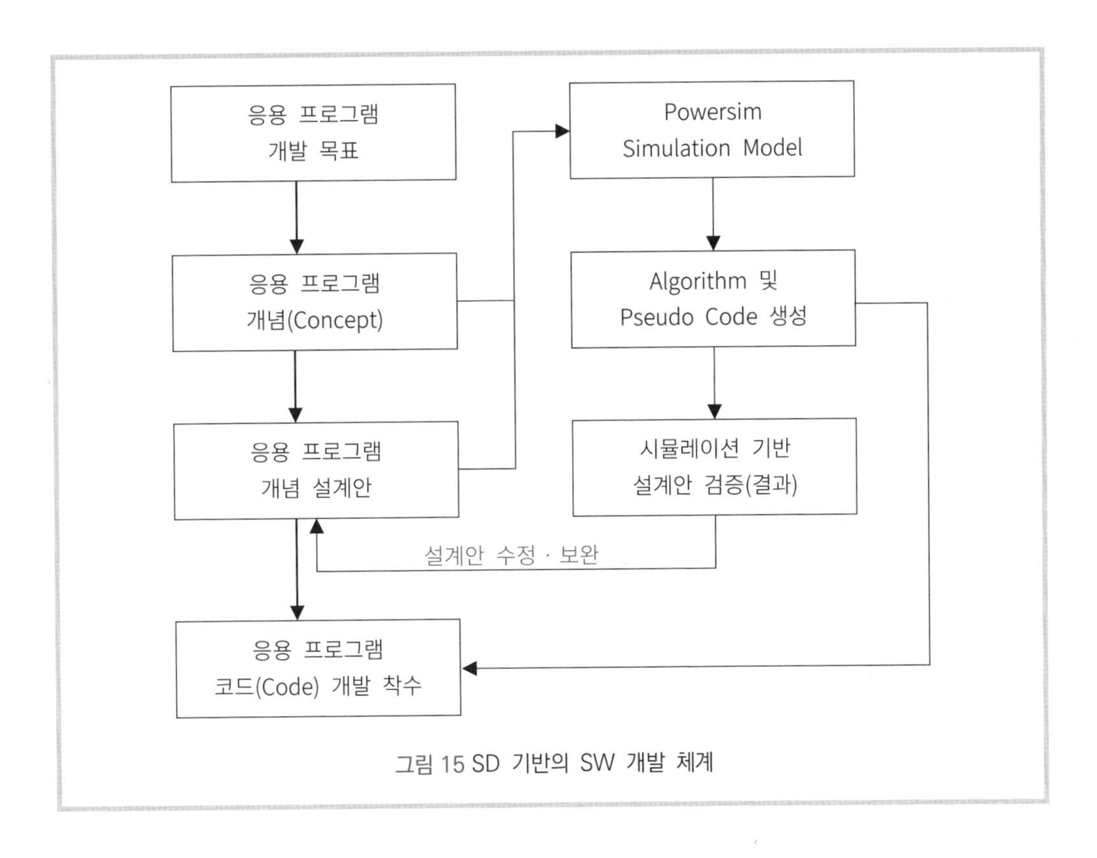

그림 15 SD 기반의 SW 개발 체계

(10) 개별 모델링 기능

시스템 다이내믹스는 기본적으로 총괄 모델링(aggregate modeling) 기법을 중심으로 Top down 접근방식으로 모델링 문제를 다룬다. 예를 들어 시도별 국내 인구 이동을 모델링하는 경우 시스템 다이내믹스에서는 18개 시도에서 연령대별 인구의 몇 %가 A 도시에서 B 도시로 이동하는지를 모델링하게 된다.

하지만 개별 모델링(element or individual based modeling)에서는 개별 모델링 개념으로 접근한다. 즉 시도 인구를 구성하는 각각 개체를 남자·여자로 구분하거나, 각 연령의 개인으로 구분하여 각 개인이 어떤 이동특성을 가지고 시도를 옮기는가를 개체 기반으로 모델링하고 시뮬레이션한다.

즉 개인 레벨까지 구분하거나 모델 변수의 세분화 수준 크기(Granularity Level)를 미세한 개체단위로 점점 세분화하고, 이를 다차원 배열(multi－dimensional array) 모델링 기능과 다양한 시각화 기법을 적용하여 시뮬레이션한다.

이렇게 함으로써 전통적인 시스템 다이내믹스가 갖는 총괄방식(aggregate) 시뮬레이션의 단점을 보완할 수 있게 된다.

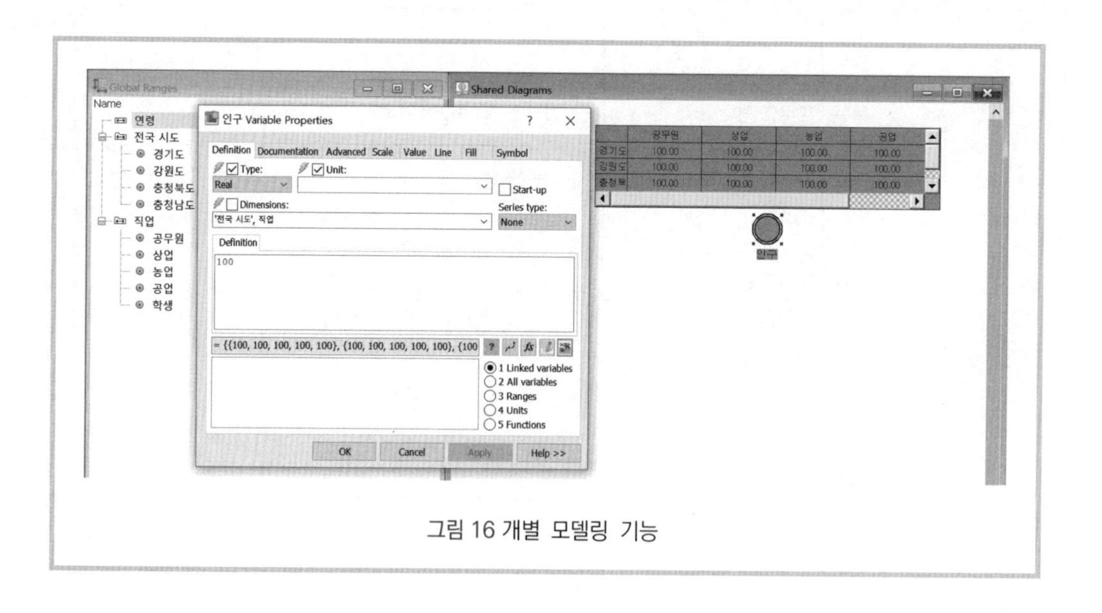

그림 16 개별 모델링 기능

(11) 에이전트 기반 모델링(ABM, Agent Based Modeling)

파워심 소프트웨어에서는 개체 기반 모델링을 위하여 다차원 배열 모델링 기능과 시각화 기법을 적용한다. 개체별 자기 주도적 판단과 군집모델에 대한 시각화 모델링 및 시뮬레이션을 지원하고 있다.

먼저 에이전트 기반 모델링은 개체(agent)의 속성을 정의하고, 각 개체는 스스로 행동하는 행동규칙(action rule)을 갖도록 하여 행동규칙 값을 생성한다. 그리고 주어진 환경조건에 설정된 규칙에 따라 반응하도록 모형을 설정한다. 이를 통하여 개체가 독립적이고 자기 주도적 판단에 따라 행동 반응을 나타내도록 하는 것을 모델링 한다.

시스템 다이내믹스 프로그램을 이용하여 에이전트 기반 모델링 및 시뮬레이션을 하기 위해서는 에이전트 기반 모델에서 요구하는 시각화된 시뮬레이션 표현기능이 필요하다. 예를 들어 넷로고(NetLogo)[3]에서는 늑대와 양(Wolf Sheep), 거북이(turtle) 모양의 아이콘이 시스템에서 제공된다.

에이전트 기반 모델(ABM) 주요 구성항목

- 에이전트(Agents): 에이전트를 어느 정도 수준에서 정할 것인가를 결정하여야 한다. 예를 들어 확진자를 그냥 확진자로 할 것인지, 남녀 구분하여 확진자를 나눌 것인지, 연령대별로 나눌 것인지 등을 결정하여야 한다. 이를 위하여 파워심 배열 설정(Range setting)에서 속성을 설정한다.
- 에이전트의 속성(Attribute, Property): 에이전트 상태를 나타내는 속성을 속성의 종류별로 속성값에 따라 구분하고, 파워심의 다차원 배열을 이용하여 속성을 설정한다. 참고로 특정 속성에는 에이전트가 스스로 시간이 지남에 따라 성장하도록 개체 속성을 설정할 수 있다.(예: 나이)
- 에이전트마다 서로 다른 속성의 정의: 이를 위하여 Random 함수를 적용하여 설정한다. 예를 들어 에이전트 A 그룹에 200개의 에이전트가 있을 때 에이전트 A의 속성은 FOR(i=1..200, RANDOM(0.1, 0.2, 1/i))로 설정한다.

  만약 동일 그룹의 에이전트 간에 속성의 차이를 넓히거나 좁히고자 하면 랜덤발생 함수의 하한(Lower limit)과 상한(Upper limit)을 나타내는 0.1과 0.2 매개변수의 값을 조절하면 된다.

---

3) Uri Wilensky, William Rand, Agent-Based Modeling, MIT Press, 2015.

- 에이전트 기반 모델링 및 시뮬레이션을 위한 환경설정: 기본적인 시스템 측면의 시뮬레이션 환경설정은 시뮬레이션 기간과 시뮬레이션 시간 간격을 비롯하여 에이전트 별로 형상을 나타내는 색깔 지정, 모양 지정 등이 있다. 에이전트 모델 내부에서 환경 설정은 일종의 사건(event) 발생을 위한 상황이나 여건과 관련된 환경설정이다.

  예들 들어 사람들이 많아지면 주어진 택지에 인구밀도가 높아지게 모형의 환경을 설계할 수 있다. 이러한 환경설정으로 인구밀도가 높은 도시를 개체들이 꺼려하는 행동을 유발할 수 있다. 결국 모형에서는 다른 에이전트들이 인구밀도가 높은 도시로의 전입률이 낮아지는 결과를 가져온다.
- 에이전트의 행동규칙(Action rule)-1: 행동 규칙은 의미적으로는 에이전트가 이동하거나 어떤 상태 값을 변경하거나, 연계된 다른 에이전트에게 신호를 보내는 역할을 한다.
- 에이전트 행동규칙 모델링-2: 파워심 모델에서 에이전트 행동규칙을 표현하기 위해서는 보조변수(Auxiliary)로 행동규칙 값을 즉각 즉각 갖도록 하는 방법과 스톡변수(Stock variable, Level variable)에 행동규칙을 두어 시차는 있으나 상태변수로 행동규칙을 생성하고 이러한 스톡 변수를 연결된 다른 에이전트나 다른 에이전트의 행동규칙에 영향을 주도록 모형의 변수 정의하면 된다.
- 에이전트 행동규칙 모델링-3: 에이전트는 시간이 지남에 따라 행동규칙에 따라 행동을 하게 되는데, 예를 들어 이동을 하는 경우에는 상하좌우를 방향과 단위 이동거리를 지정해주어야 한다.

  행동규칙으로 상태 값이 변하는 경우에는 새로운 값(숫자)을 부여해주어야 한다. 이러한 상태 값의 변화는 색깔로 표현되어 시뮬레이션 과정에서 시각화되어 표현된다.
- 에이전트 행동규칙 모델링-4: 에이전트 기반 모델링에서 에이전트 각 개체는 동일한 그룹에서도 서로 다른 행동을 취할 수 있다. 이를 위하여 에이전트 행동규칙에 어느 정도의 자유도를 부여한다. 일종의 행동규칙의 종류와 강도를 다양화하는 것이다.
- 사건 발생 순서 스케줄: 모델에서 작동되는 사건의 발생 순서를 설정하는 것이다. 사건(event)은 모델에서 어떤 임계치에서 저절로 발생하도록 설정할 수도 있고, ABM 시뮬레이터상에서 사람이 직접 슬라이드 바(Slider bar)나 선택 옵션(Radio buttons, Combo box 등)을 선택하여 시뮬레이션 조작하여 사건를 발생시킬 수도 있다는 것이다.

- 에이전트 시뮬레이션 진행 과정과 시뮬레이션 결과 표현: ABM 전용 프로그램은 이러한 에이전트 기반 모델링 시뮬레이션 결과를 매우 다양한 형상과 색깔을 이용하여 화려하게 표현한다.
- 파워심 프로그램을 이용하여 ABM 시뮬레이션을 하는 경우는 예를 들면 그림 17과 같이 다차원 속성별로 서로 다른 색깔을 지정하고, 표현되는 개체의 형상을 표현할 수 있다. 필자의 판단으로는 어느 정도의 시각화에 대한 요구를 충족할 수 있다고 본다. 그리고 파워심 기반의 ABM 모델링을 구현하는 경우는 다양한 Agent의 행동규칙을 표현할 수 있다는 장점이 있다.

ABM 기반 사회적 가치(Social Value) 창출 모델(ABM based SPC for SV)4)

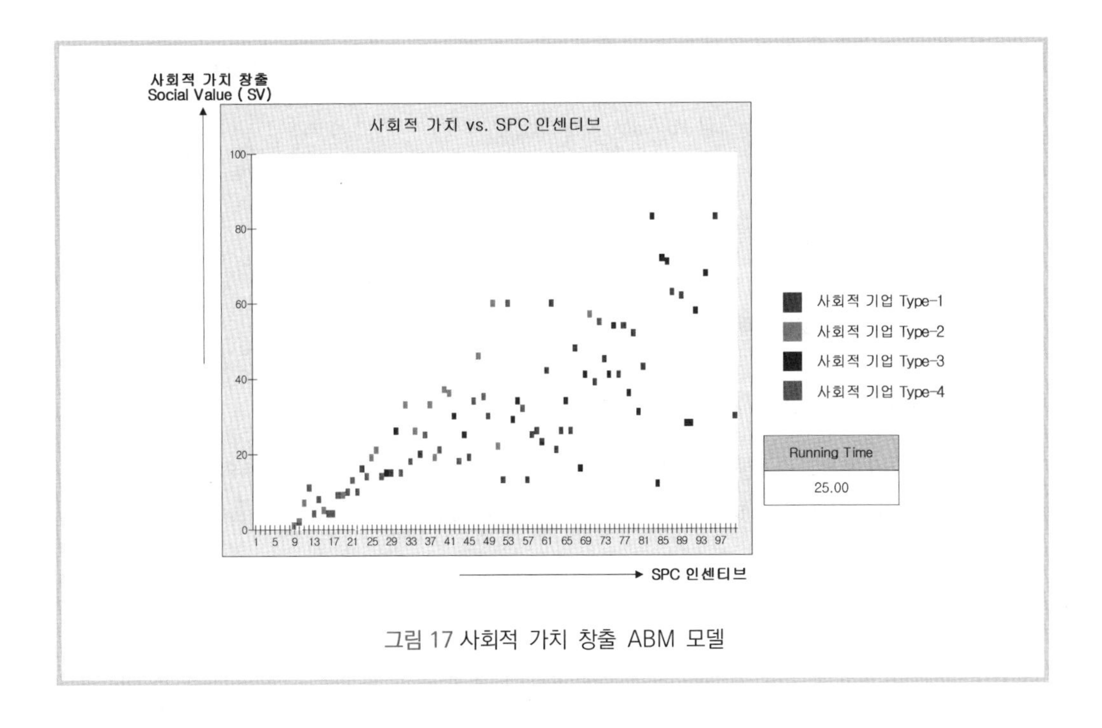

그림 17 사회적 가치 창출 ABM 모델

4) ABM 기반 사회성과인센티브(SPC, Social Progress Credit)의 사회적 가치 창출 분석 연구회의. CSES 사회적 가치 연구원(www.cses.re.kr)

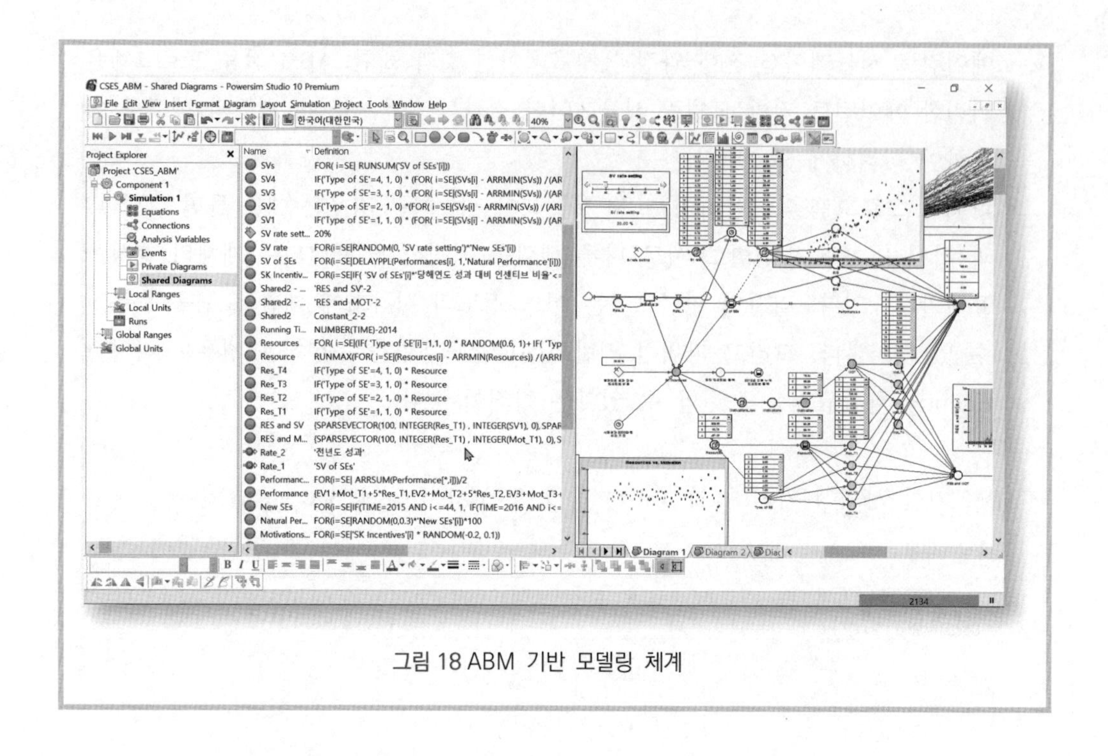

그림 18 ABM 기반 모델링 체계

4.1.6 파워심 소프트웨어 종류

(1) 시뮬레이션 모델링 제품군

일반 PC 환경에서, 즉 웹 시뮬레이션(web simulation)이 아닌 윈도우 환경에서 운용되는 파워심 소프트웨어의 제품을 구분하면 다음과 같다.5)

- 파워심 프리미엄(Premium) 버전
- 파워심 전문가(Expert) 버전
- 파워심 교육용(Academic bundle) 버전
- 파워심 학생용(Academic single) 버전

---

5) 제품 관련 자세한 내용은 www.stramo.com을 참조.

▶ 자주 사용되는 파워심 소프트웨어 구분

제품 구분	파워심 소프트웨어 제품	제품 특징
일반용	파워심 Premium (파워심 프리미엄 버전)	파워심 소프트웨어의 모델링 및 다양한 데이터베이스 연결 등 파워심의 탁월한 기능을 모두 제공
	파워심 Expert (파워심 전문가 버전)	모델링 및 시뮬레이션 그리고 다양한 분석에 필요한 기능과 엑셀 데이터베이스의 연결 기능 제공
교육용	파워심 Academic bundle (파워심 교육용 버전)	학생들이 강의실에서 사용할 수 있는 파워심 소프트웨어 제품
	파워심 Student (파워심 학생용 버전)	학생용 파워심 소프트웨어 제품

(2) 웹 시뮬레이션 제품군

온라인상에서 웹 시뮬레이션(web simulation) 운용을 위하여 필요한 파워심 소프트웨어 제품군은 다음과 같다.

- 파워심 프리미엄(Premium) 버전
- 파워심 소프트웨어 개발 도구(SDK, Software Development Kits)
- 파워심 시뮬레이션 엔진(Simulation Engine)

▶ 웹 시뮬레이션을 위한 파워심 소프트웨어 구분

제품 구분	파워심 소프트웨어 제품	제품 특징
웹 시뮬레이션 파워심 제품	파워심 Premium (파워심 프리미엄 버전)	파워심 소프트웨어의 모델링 및 다양한 온라인 데이터베이스 연결 등 웹 시뮬레이션 기능 제공
	파워심 SDK[6] (파워심 SW 개발 도구)	다양한 응용 프로그램과 웹 환경에서 시뮬레이션이 작동할 수 있도록 프로그램 라이브러리 제공
	Simulation Engine Server (시뮬레이션 엔진 서버)	웹 네트워크상에서 웹 기반 시뮬레이션(web based Simulation) 환경을 제공

6) SDK: Software Development Kits(소프트웨어 개발 도구).

(3) 파워심 소프트웨어 연결 구조

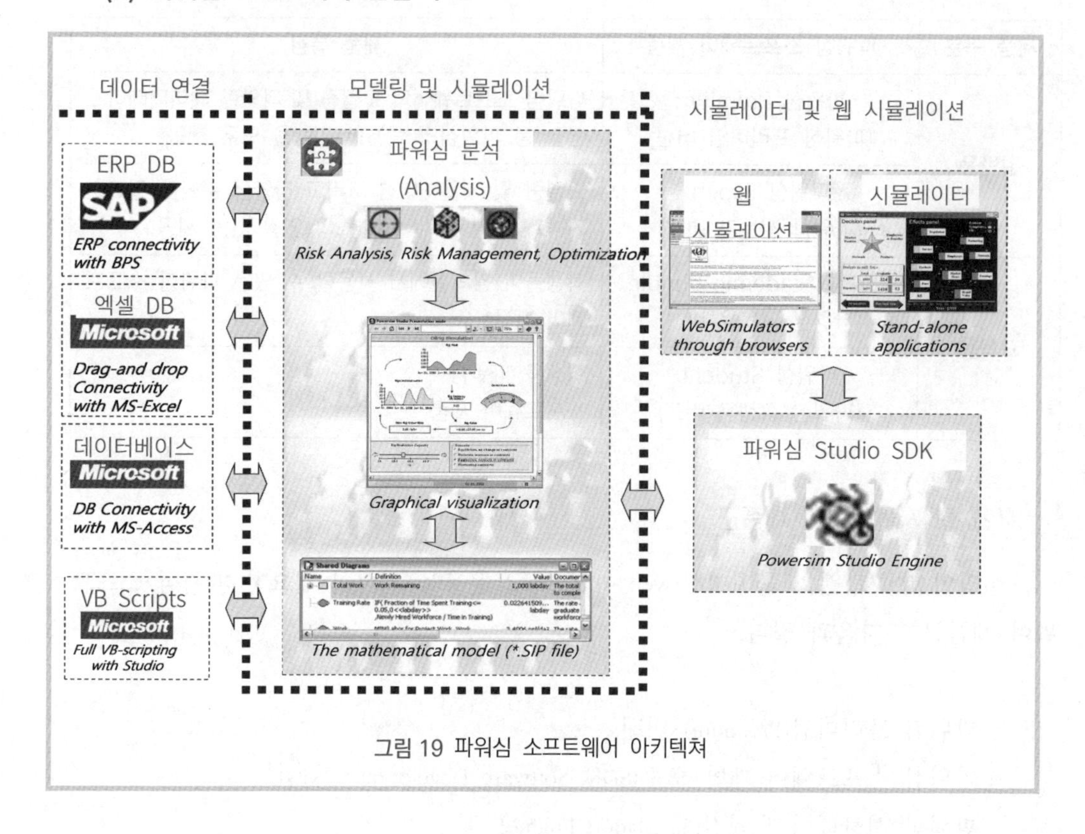

그림 19 파워심 소프트웨어 아키텍쳐

(4) 시뮬레이션 모델 무료 공유

파워심 소프트웨어는 여러 사람에게 시뮬레이션 모델을 배포하고 이를 공유할 수 있도록 하고 있다. 이때 만드는 모델은 파워심 프리미엄 버전에서 작성되어야 하고, 모델을 열고 시뮬레이션하기 위해서는 무료 버전인 Powersim Cockpit(콕핏) 버전을 사용하면 된다.

Powersim 프리미엄 버전 → Powersim Cockpit 버전

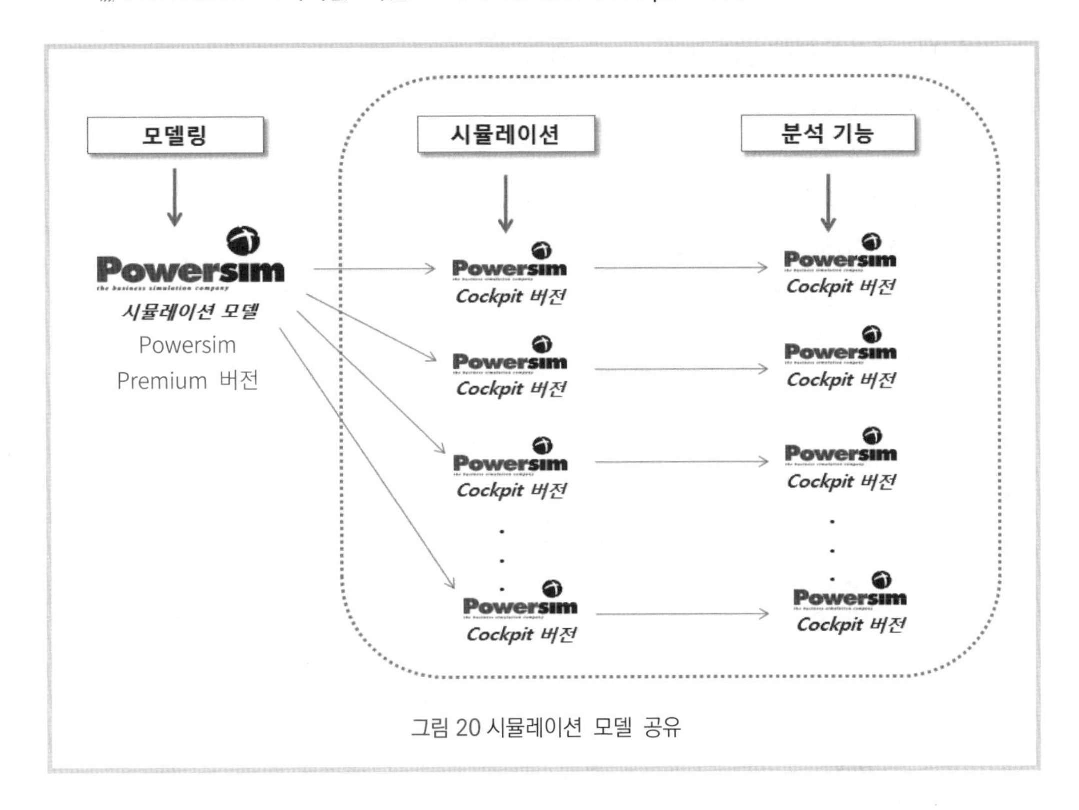

그림 20 시뮬레이션 모델 공유

파워심 무료 소프트웨어 특성

- Powersim Express: 파워심 Express 버전은 최대 50개의 변수를 이용하는 모델링 및 시뮬레이션을 할 수 있으며, 6개월 동안 사용할 수 있다.
- Powersim Demo: 파워심 데모 버전은 파워심에서 제공하는 대부분의 기능을 사용하여 모델링 및 시뮬레이션할 수 있으며, 다차원 모델링 및 최적화, 위험요소관리 등의 분석 기능을 사용할 수 있다. 무료 사용 기간은 30일이다.
- Powersim Cockpit: 파워심 프리미엄 버전에서 작성된 시뮬레이터를 무료로 운용할 수 있는 프로그램이다. Cockpit 버전에서 배열 설정 및 엑셀 데이터 연계가 가능하다.

4.1.7 파워심 소프트웨어를 활용한 시스템 다이내믹스 구현 과정

- 파워심 소프트웨어 시작(Powersim Software)
- 스톡 플로우 모델링(stock flow modeling)
- 시뮬레이션(simulation)
- 시뮬레이션 기반 분석(optimization, risk management 등의 분석 기능)
- 의사결정 설계(policy development)
- 의사결정 사용자를 위한 시뮬레이터 개발(Simulator)

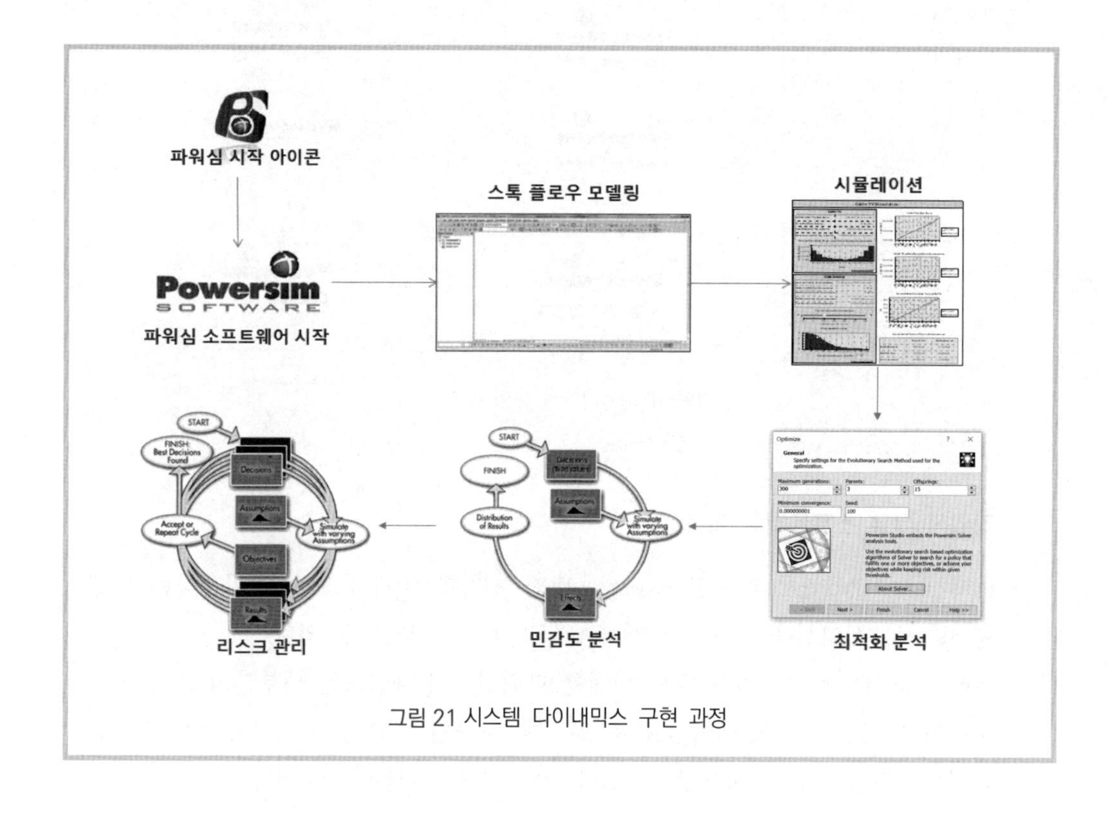

그림 21 시스템 다이내믹스 구현 과정

4.2 파워심 소프트웨어 설치 방법

4.2.1 파워심 소프트웨어 설치

파워심 소프트웨어 설치는 다음과 같은 실행 파일을 통하여 설치된다.

그림 22 실행 파일 속성

파워심 프로그램 설치 과정

- 파워심 설치 파일과 파워심 제품 번호 준비
- 소프트웨어 설치 환경 확인하기
- 파워심 설치 파일 실행
- 사용자 이름 입력(User Name)
- 조직 명칭 입력(Organization Name)
- 제품 번호 입력(Product Key Number)
- 설치 종료

4.2.2 Powersim Express 버전 다운로드

파워심 Express 버전은 6개월 동안 사용할 수 있는 무료(Free) 버전이다.

(1) 파워심 소프트웨어 홈페이지: 웹 사이트 접속 www.powersim.com

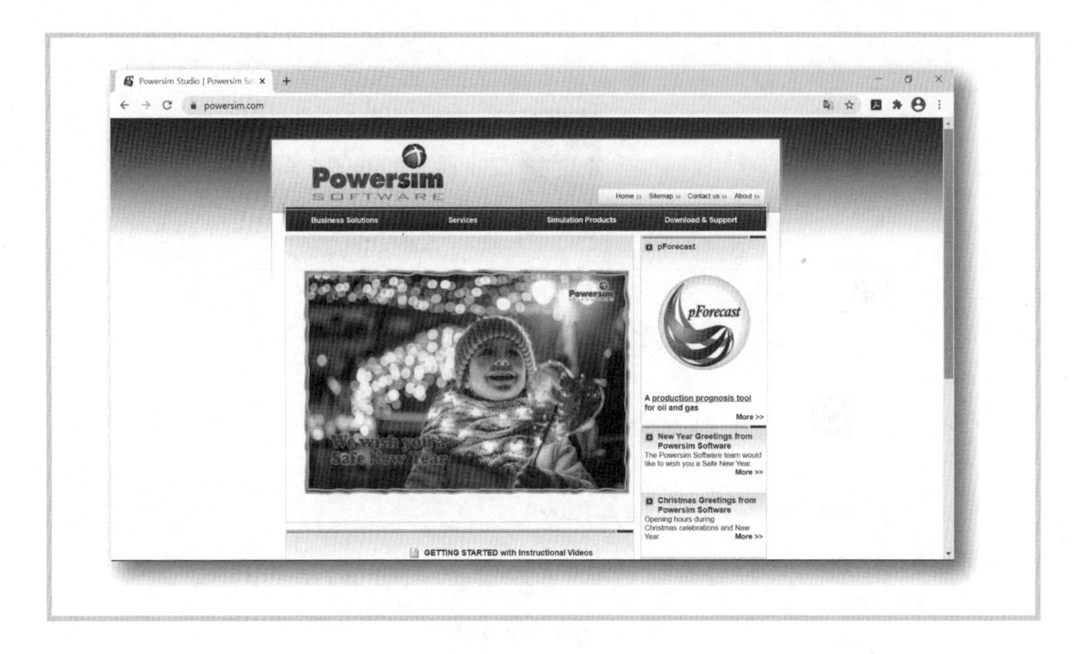

(2) 소프트웨어 다운로드는 오른쪽에 'Download & Support'를 누른다

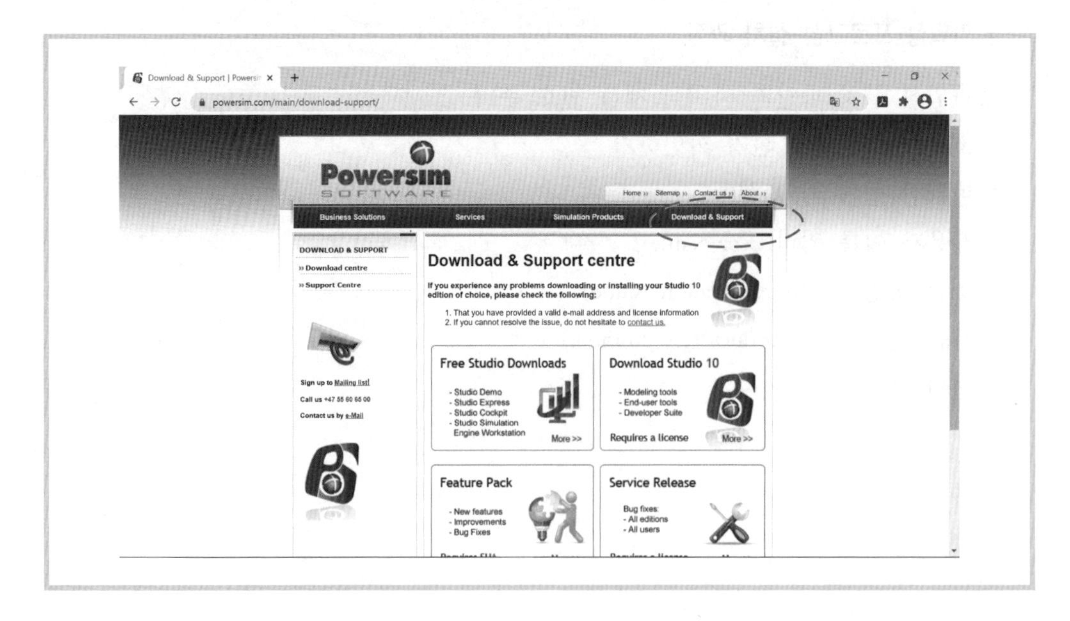

(3) 무료 다운로드에서 Free Studio Express를 선택한다

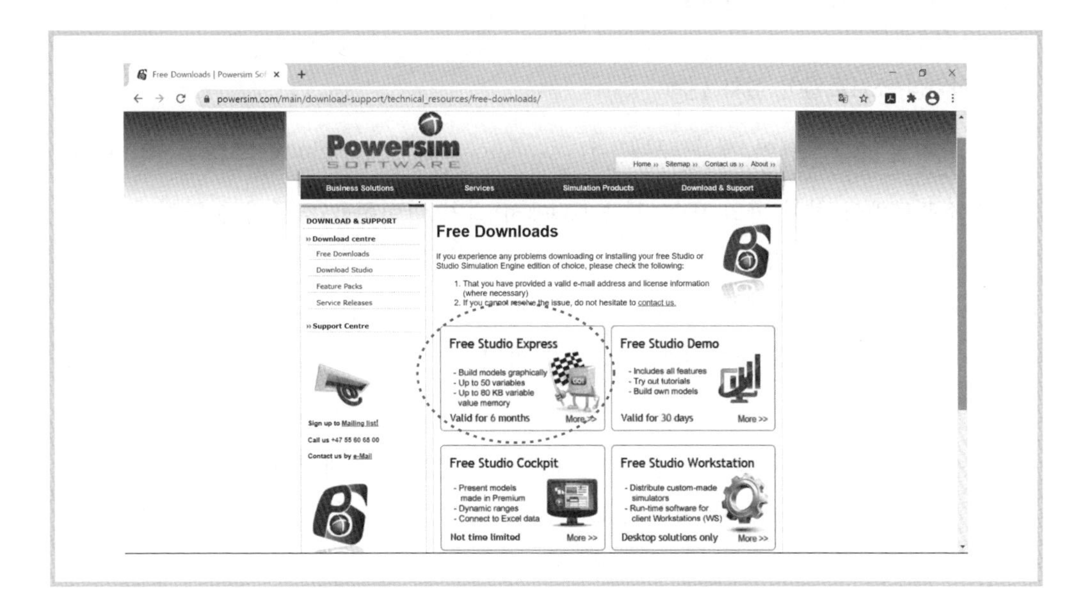

(4) 이름과 이메일 주소 등을 입력하고, 설치 프로그램 파일을 내려받는다. 그리고 이메일로 전송되는 제품 설치번호를 이용하여 파워심을 설치한다

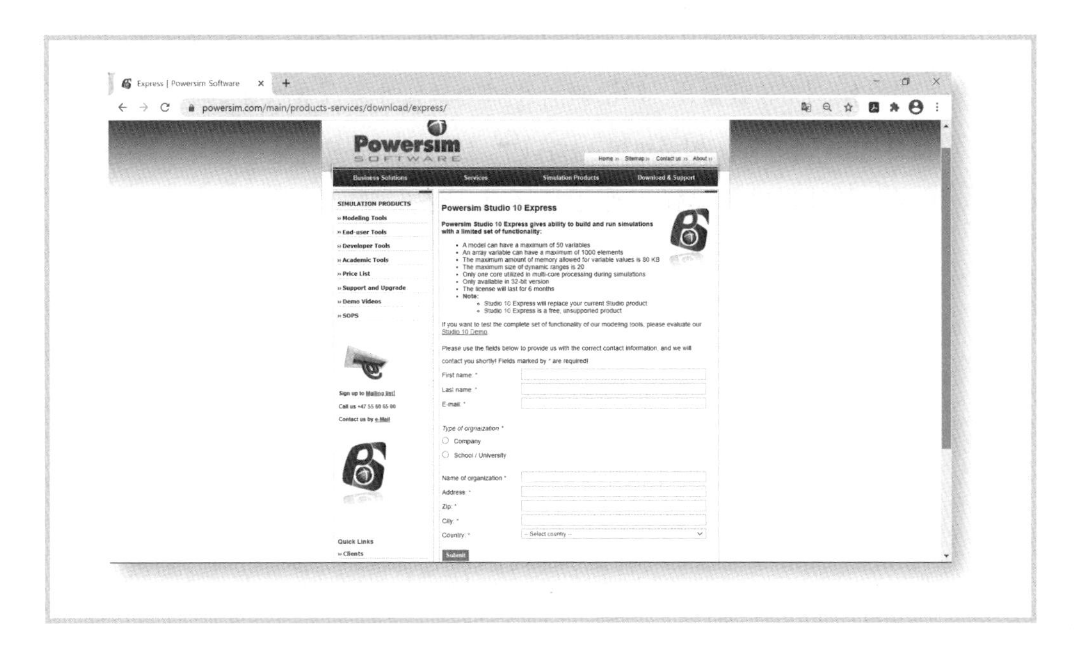

참고로 Express 버전은 6개월 무료이고, 이보다 추가적인 분석 기능 기능이 제공되는 Powersim Demo 버전을 다운로드하여 사용할 수도 있다.

4.2.3 파워심 소프트웨어 제품설치

1. 파워심 소프트웨어 설치 단계

(1) 파워심 소프트웨어 제품 구매[7] [Powersim Studio Premium, Expert 등 버전]

(2) 소프트웨어 설치 파일 또는 제품 CD에서 설치 아이콘을 컴퓨터 운영체제에 따라 선택하고 실행

- 64_비트 운영체제 컴퓨터용 설치 파일(최근 컴퓨터)
- 32_비트 운영체제 컴퓨터용 설치 파일

(3) 제품 정보 입력

(아래 정보를 대문자와 소문자, 알파벳과 숫자를 구분하여 정확히 입력)

- 조직(organization) 명칭 입력
- 제품 번호(product key) 입력

(4) 성공적인 설치 완료 메시지가 나올 때까지 각 설치 단계를 완료함

(5) 파워심 소프트웨어 아이콘의 생성

- 파워심 소프트웨어가 성공적으로 설치되었다는 메시지를 확인하고 나면
- 윈도우 시작 아이콘을 눌러, 설치된 프로그램에서 파워심 소프트웨어를 검색
- 파워심 아이콘 을 눌러, 파워심 소프트웨어를 구동시킴

(6) 아래와 같은 파워심 시작화면이 나타나면 소프트웨어 설치가 성공적으로 완료!

- 처음 부팅 화면은 그림 23과 같은 일반 사용자 모드(Normal mode)가 나타남

7) 파워심(Powersim) 제품 구매처: www.stramo.com 또는 www.powersim.com

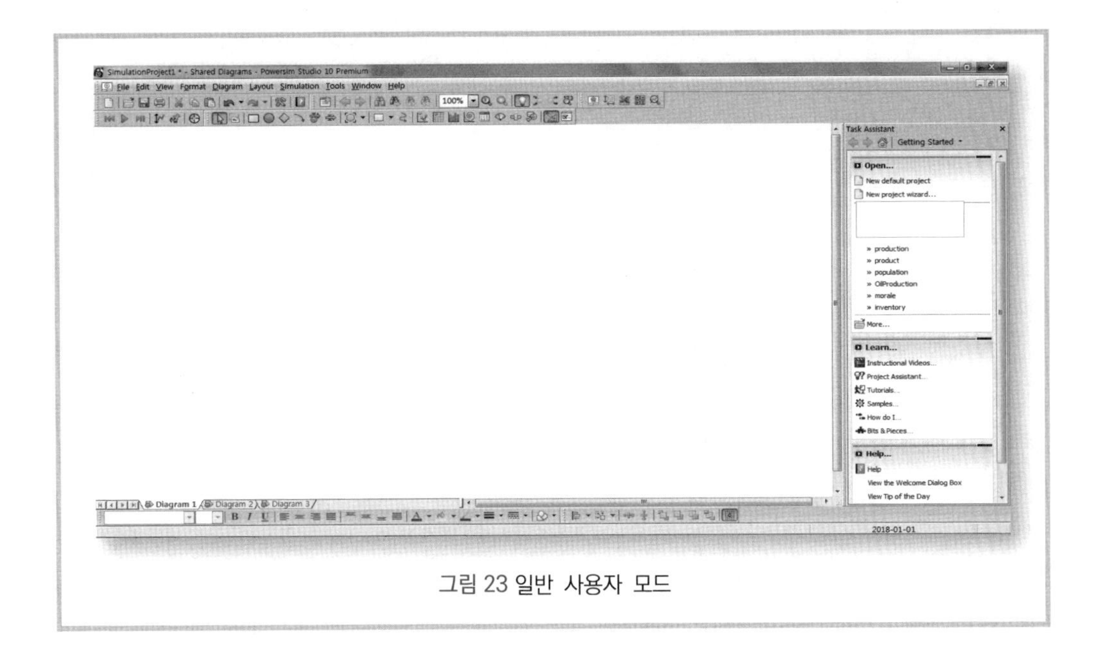

그림 23 일반 사용자 모드

4.3 파워심 소프트웨어 시작하기

4.3.1 파워심 모델링 화면 시작

윈도우 화면 왼쪽 아래에 있는 '윈도우 시작' 버튼을 누르고, 설치된 프로그램 목록에서 파워심 소프트웨어 시작 아이콘 을 찾아서 마우스 왼쪽을 클릭한다.

- Window 시작 메뉴에서 파워심 아이콘을 선택한다.

- 참고로 이 책은 Powersim Software 10 버전을 기준으로 설명되어 있다.

(2) 파워심 시작화면 표시

- 파워심 시작화면에는 아래와 같은 안내 메시지가 나타난다.
- 파워심 프로그램 안내 메시지를 읽어보거나 Finish 버튼을 눌러 닫는다.

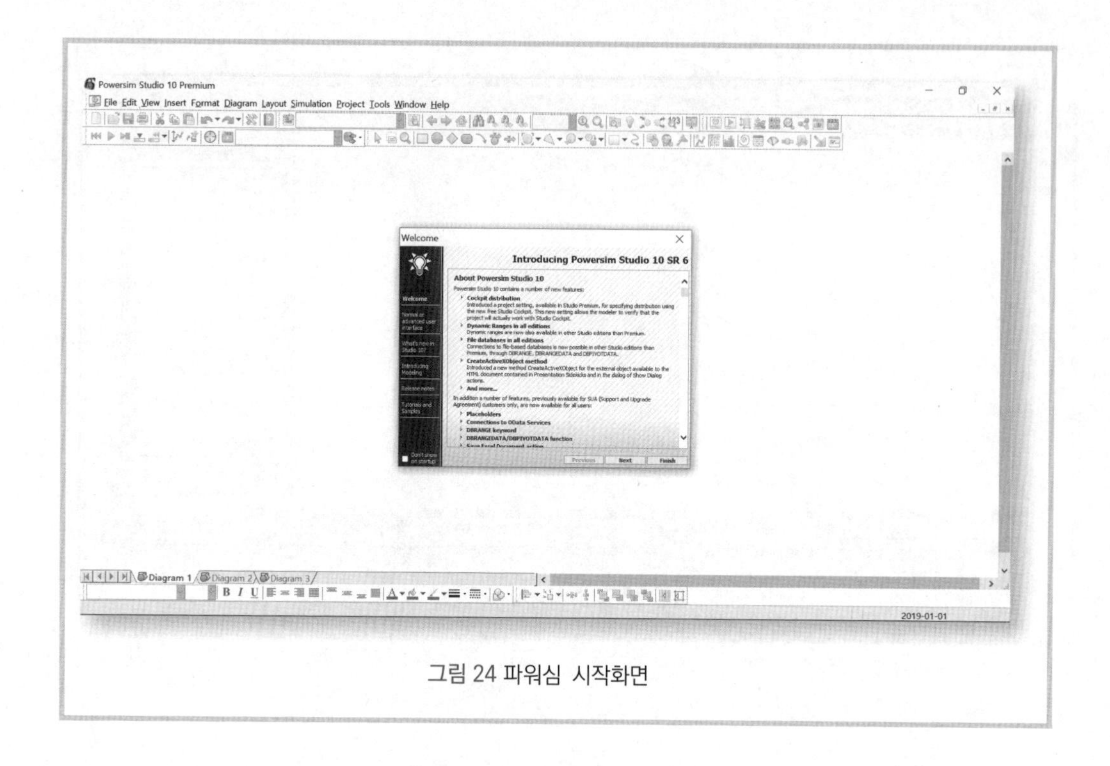

그림 24 파워심 시작화면

4.3.2 파워심 일반모드 화면

파워심을 설치하고 프로그램을 시작하면 일반 모드(normal mode)로 파워심 초기 화면이 나타난다.

(1) 일반 모드

- 파워심 일반모드는 파워심을 처음 사용하는 사용자를 위한 모델링 화면이다.
- 일반모드에는 간단한 모델링[8] 및 시뮬레이션[9] 기능을 제공한다.

8) 모델링은 모델을 만드는 작업과정(process)이다.

9) 시뮬레이션은 다양한 실험(test)을 하는 것이다.

파워심 프로그램의 시작화면

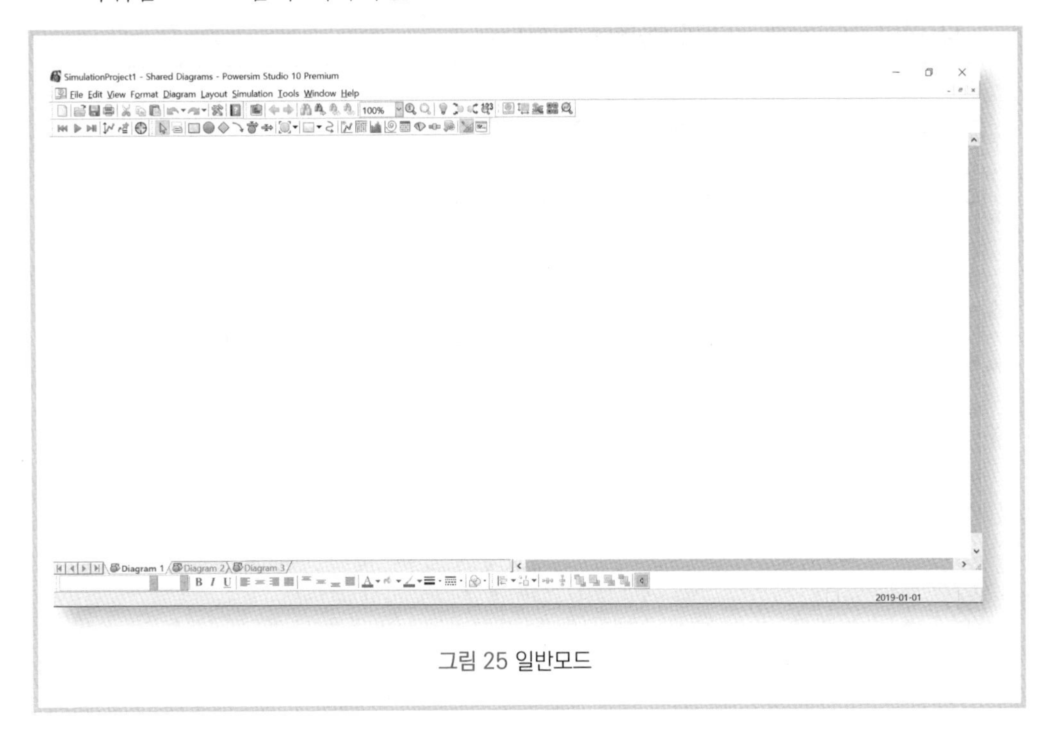

그림 25 일반모드

(2) 파워심 일반모드의 도구 모음

파워심 일반모드의 리본 메뉴에는 모델링에 필수적인 툴바들로 아이콘이 구성된다.

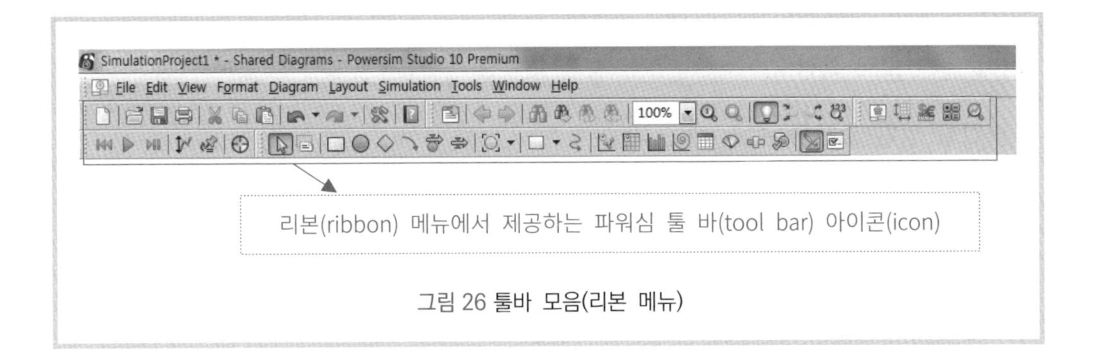

그림 26 툴바 모음(리본 메뉴)

- 위의 그림은 파워심 소프트웨어에서 자주 사용하는 메뉴 및 아이콘의 모음이다.
- 도구 모음은 리본(ribbon) 메뉴로도 부르는데, 파워심 도구 모음에는 다양한 모양의 바로 가기 아이콘들이 있다.

• 각 아이콘을 누르면 각 아이콘에 미리 설정된 프로그램 명령들이 실행되면서, 해당 아이콘의 실행 결과가 화면에 나타난다.

(3) 파워심 소프트웨어 모델링 일반모드 화면

(화면 오른쪽 작업 도움(task assistant) 화면을 닫은 상태의 일반모드 화면)

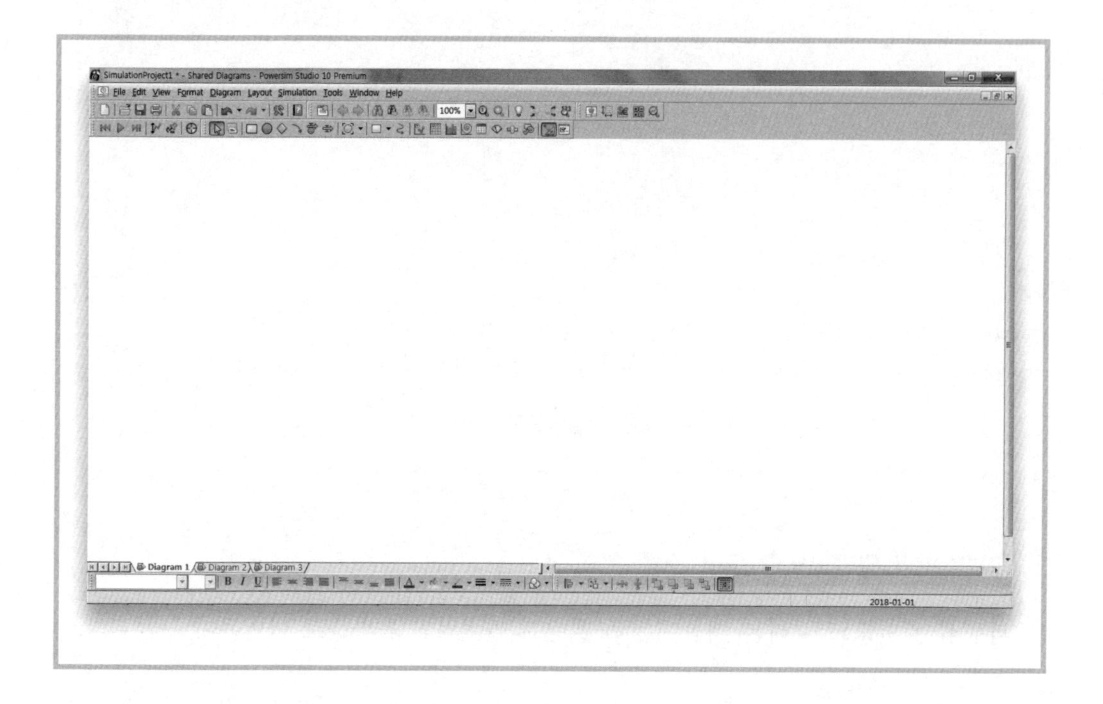

(4) 일반 모드 특징

파워심 일반 모드의 주요 제공 기능

기본 메뉴 제공

- 파일(File) 메뉴
- 편집(Edit) 메뉴
- 보기(View) 메뉴
- 서식(Format) 메뉴

- 다이어그램(Diagram) 메뉴
- 시뮬레이션(Simulation) 메뉴

• 툴(Tools) 메뉴
• 윈도우(Window) 메뉴
• 도움말(Help) 메뉴

일반모드 설정하는 방법

1. View 메뉴 > Workspace > Restore User Interface > Normal Mode
2. (다른 방법) 메뉴 또는 툴바 어느 곳에서나 마우스 오른쪽을 클릭하고 > Restore User Interface > Normal Mode를 선택한다.
   (참고) 이 책에서는 모델링을 학습하기 위하여, 다음 페이지에서 설명하는 파워심 고급 모드(Advanced mode) 환경설정을 권고한다.

4.3.3 파워심 고급 모드 시작하기

파워심 고급 모드 화면

• 파워심 고급 모드는 일반모드보다 더 많은 아이콘을 제공한다.
• 고급 모드에서는 모델 개발자에게 분석 등 다양한 기능을 제공한다.
• 이 책은 고급 모드 환경에서 파워심 모델링 기능을 설명한다.

(1) 파워심 일반모드에서 고급 모드로 전환하는 방법

파워심 고급 모드를 설정하는 두 가지 방법

• 파워심 메뉴 > View 메뉴 > Workspace > Restore User Interface > Advanced Mode 선택

또는

• (다른 방법) 메뉴 또는 툴 바 어느 곳에서나 마우스 오른쪽을 클릭하고 > Restore User Interface > Advanced Mode를 선택한다.

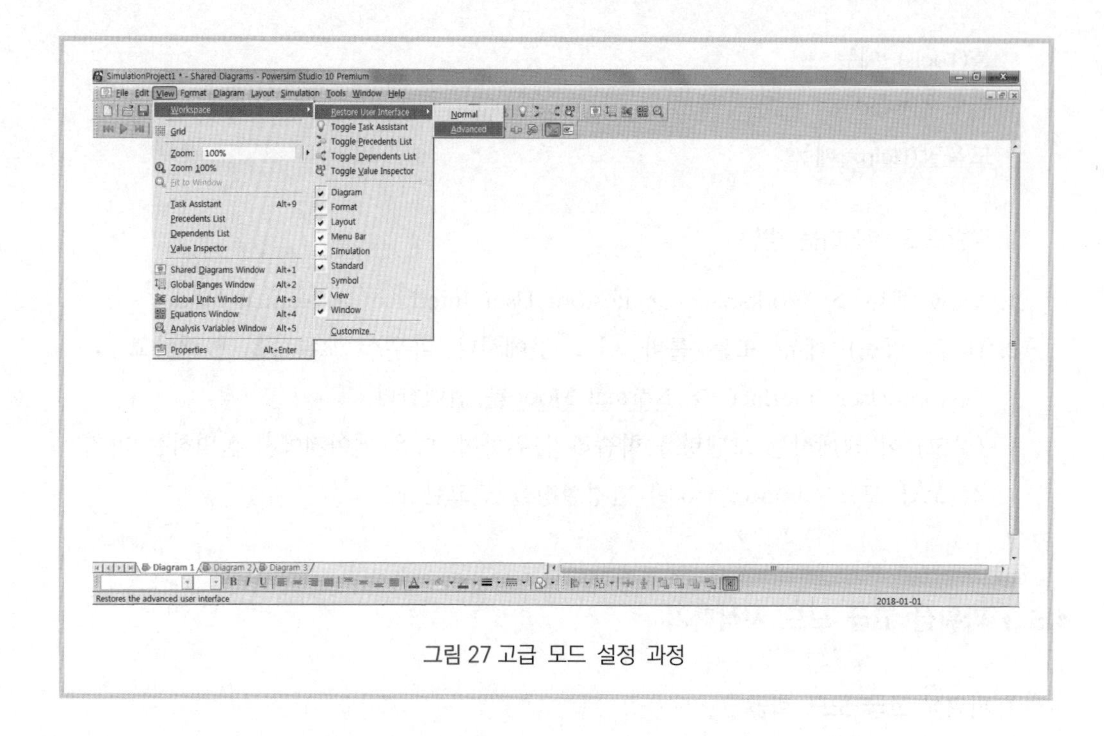

그림 27 고급 모드 설정 과정

4.3.4 파워심 소프트웨어 고급 모드

파워심 고급 모드에는 화면 왼쪽에 있는 프로젝트 관리화면(Project explorer)을 제공한다. 프로젝트 관리화면에는 기본 모델링 도구와는 별도로 프로젝트 구성관리, 고급 모델링 및 시뮬레이션을 위한 환경설정 그리고 다양한 분석 기능이 제공된다.

(1) 고급 모드 초기 화면

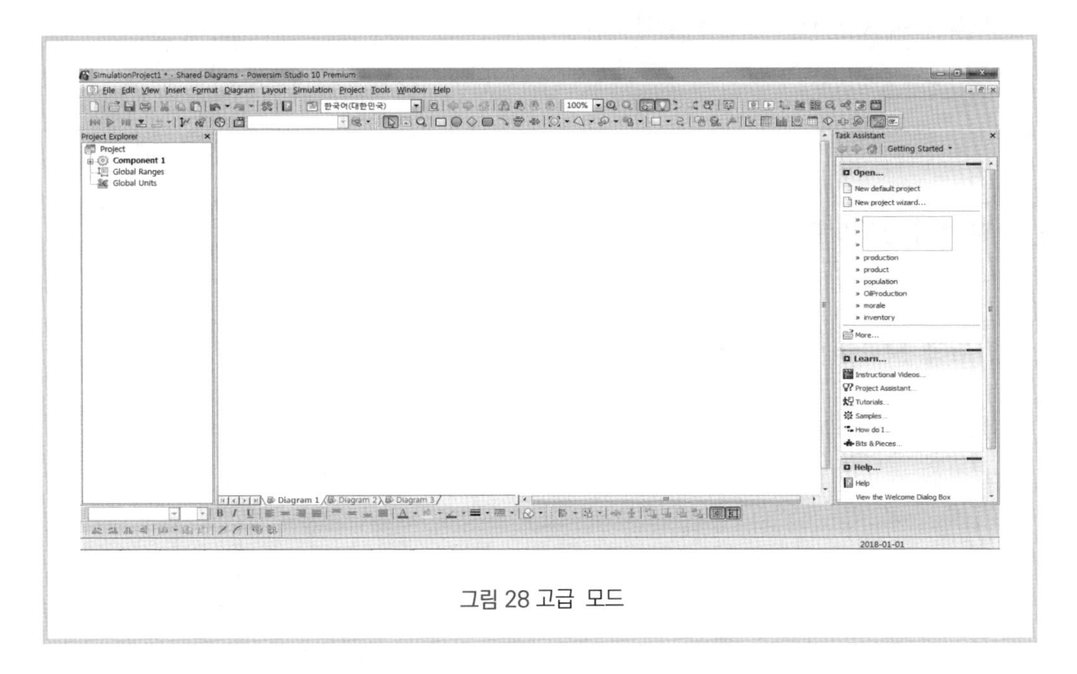

그림 28 고급 모드

(2) 파워심 고급 모드 화면

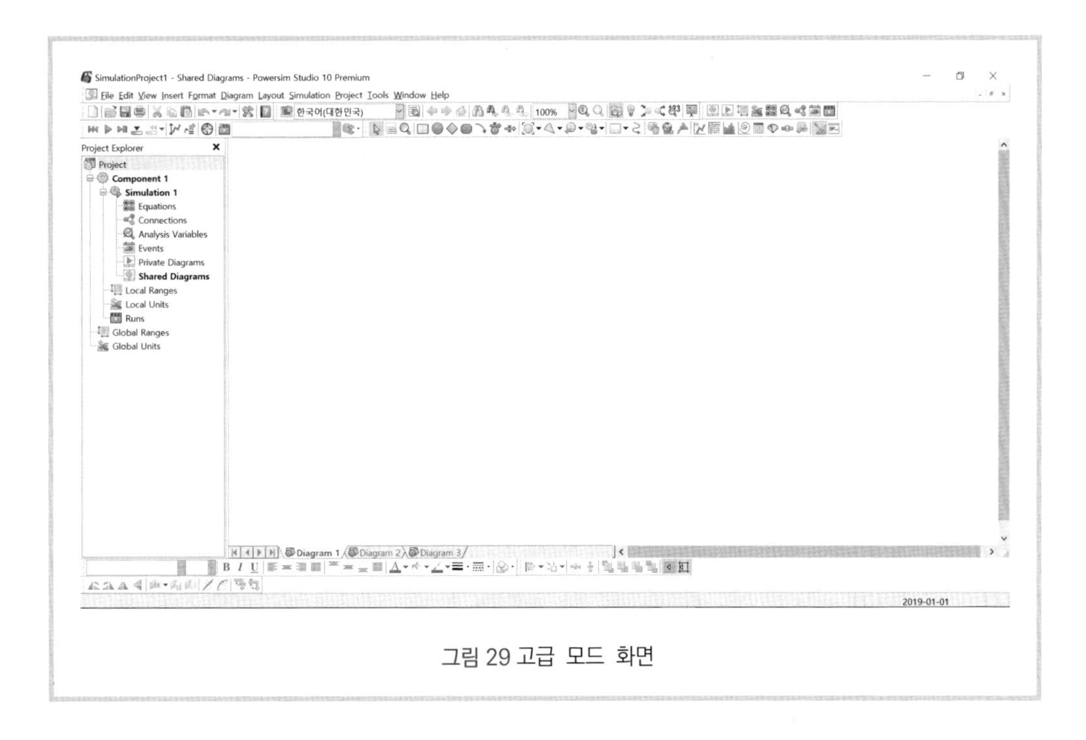

그림 29 고급 모드 화면

파워심 고급 모드에서 모델링 작업을 할 때는 그림 29와 같이 화면 오른쪽에 있는 작업 도움(Task Assistant) 항목은 닫아둔다.

4.4 파워심 고급 모드

4.4.1 고급 모드(Advanced Mode) 화면 구성

메뉴에서 마우스 오른쪽 클릭→ Restore user Interface → Advanced

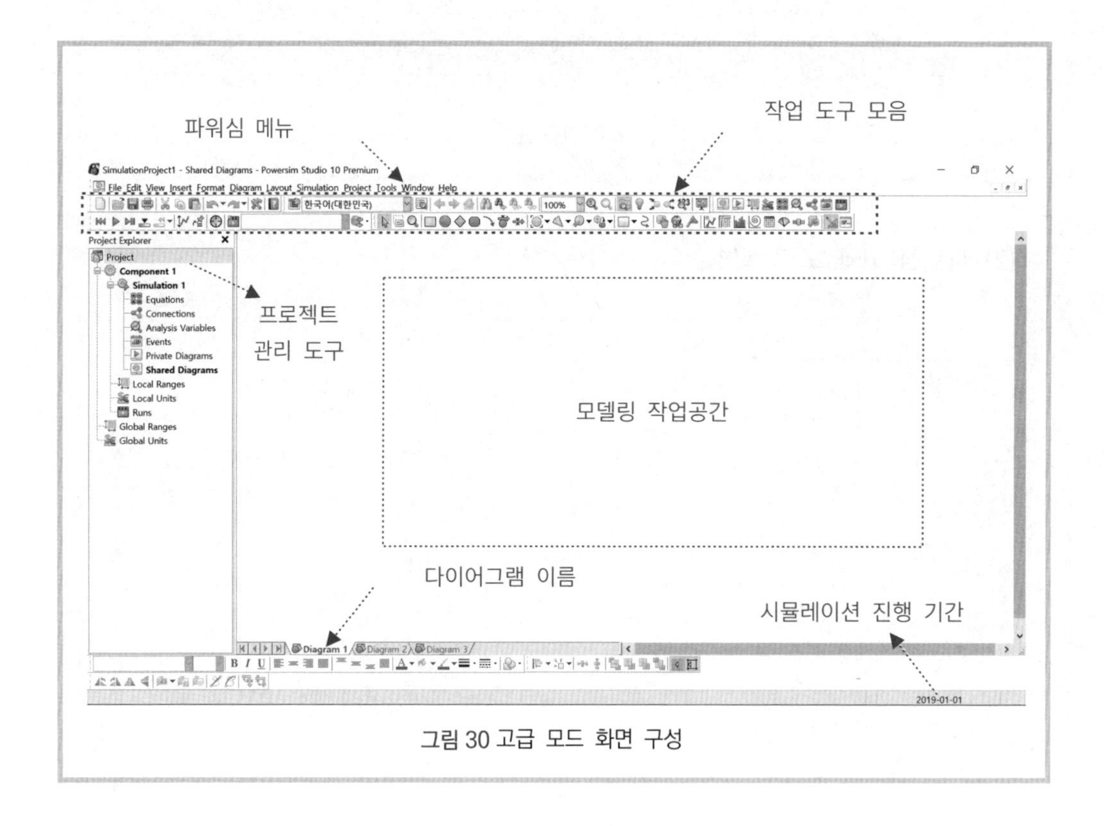

그림 30 고급 모드 화면 구성

파워심 고급 모드 화면

- 파워심 메뉴
- 작업 도구 모음(리본 메뉴)
- 프로젝트 관리 도구
- 다이어그램에서 모델링 작업공간
- 다이어그램 이름
- 시뮬레이션 진행 기간 표시

4.4.2 파워심 프로젝트 관리 화면 구성

파워심 프로젝트 관리화면(Project Explorer) 열기는 '프로젝트 열기 버튼' 아이콘을 누리면 열리고, 다시 한번 누르면 닫히는 토글 방식이다.

(1) 프로젝트 관리화면과 다이어그램 화면은 다음과 같다.

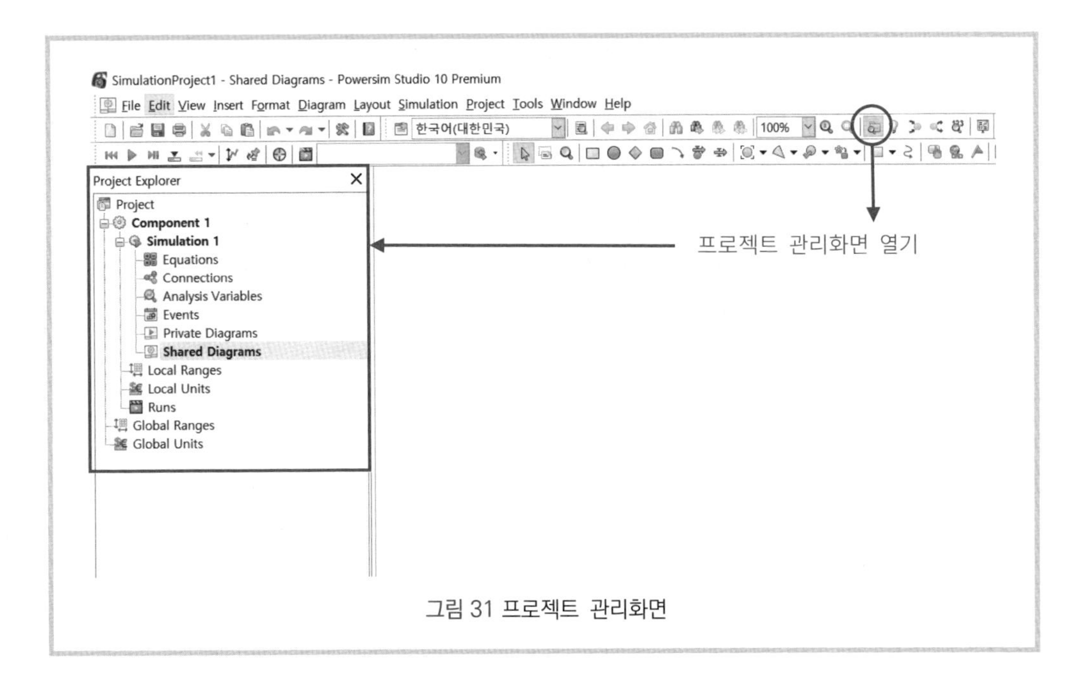

그림 31 프로젝트 관리화면

(2) 프로젝트 관리화면을 구성하는 항목에 대한 설명

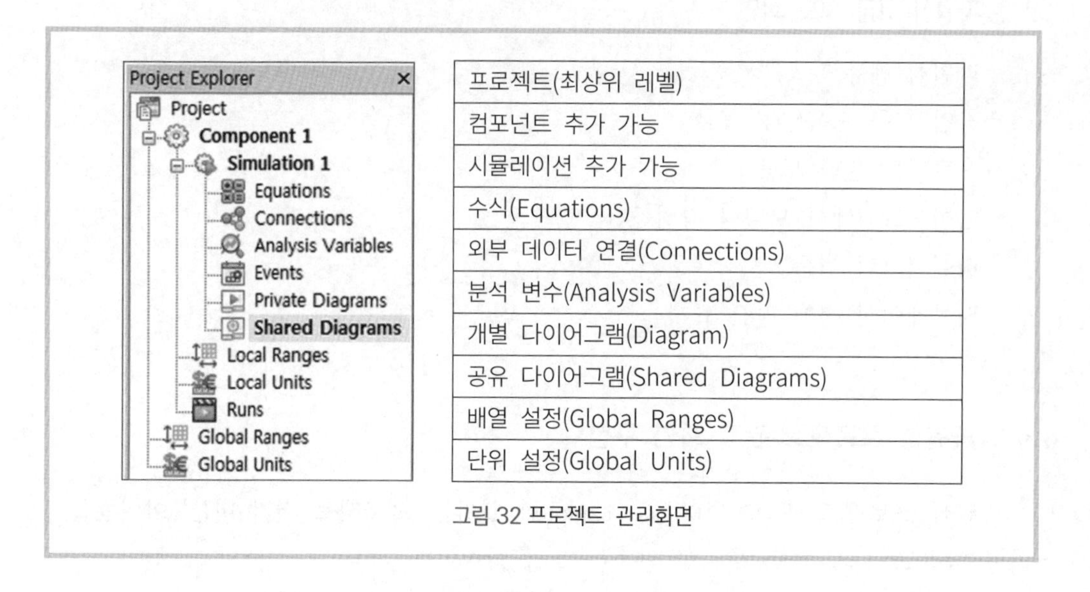

그림 32 프로젝트 관리화면

- 파워심 소프트웨어의 최상위 모델 레벨은 프로젝트이다.
- 하나의 프로젝트에는 여러 컴포넌트가 있다.
- 하나의 컴포넌트에는 여러 시뮬레이션이 존재한다.
- 하나의 시뮬레이션에는 하나의 공유 다이어그램이 존재한다.
- 각 시뮬레이션에서는 분석(analysis) 기능을 수행할 수 있다.
  - 최적화: Optimization(Evolutionary Algorithm, Genetic Algorithm)
  - 위험인자 평가: Risk Assessment(Monte−Carlo Random Simulation)
  - 위험인자 관리: Risk Management(Risk Assessment + Optimization)

4.4.3 프로젝트 화면의 항목

(1) 프로젝트

파워심 프로그램의 최상위 단위는 프로젝트(project) 레벨이다. 하나의 프로젝트에는 여러 개의 컴포넌트가 있을 수 있다.

(2) 컴포넌트

하나의 컴포넌트(component)에는 여러 개의 시뮬레이션이 존재한다. 컴포넌트와 컴포넌트는 외부 데이터를 매개로 시뮬레이션 정보를 주고받을 수 있다. 예를 들어 프로젝트가 그룹 본사이면 컴포넌트는 계열사이고 시뮬레이션은 각 계열사의 사업 부문이다.

이렇게 서로 구분되어 있지만 최종 사용자 시뮬레이터(user simulator) 화면에서는 서로 다른 컴포넌트를 참조하여 프로젝트 수준에서 모든 시뮬레이션 결과를 입체적으로 연결한 종합 시뮬레이터(Integrated Simulator)를 작성할 수 있다.

(3) 시뮬레이션

시뮬레이션은 각 계열사의 사업 부문에 해당하는데, 각 사업 부문에는 여러 개의 사업이 존재할 수 있다. 각 사업은 다이어그램 수준으로 구분된다.(Diagram_1, Diagram_2 등으로 구분되며, 참고로 다이어그램은 엑셀의 시트와 같은 개념이다. 따라서 원하는 만큼 다이어그램의 추가·삭제가 가능하다.)

하나의 시뮬레이션에는 개별 다이어그램, 공유 다이어그램과 분석 기능이 존재한다. '공유 다이어그램(Shared Diagram)' 시뮬레이션 수준에서 하나의 독립된 시뮬레이션 분석 환경을 갖게 된다.

(4) 시뮬레이션 분석(Simulation Analysis)

최적화 시뮬레이션, 시나리오 시뮬레이션, 위험요인 평가 및 관리를 비롯한 다양한 분석 변수(analysis variables)에 대하여 분석 기능을 적용한다.

(5) 상황 관리

이벤트(Event) 메뉴에서는 상황감지 규칙 설정과 이에 따른 상황을 판단하고, 경고 메시지를 발생시키거나, 상황별 대처 방안 또는 대응 전략을 미리 설정한 상황 발생대비 및 대응 시나리오를 실행하거나, 상황 발생 파급효과를 시뮬레이션한다.

모형이 대형화될수록 특정 상황 발생에 대한 대응 규칙과 대응 시나리오의 자동화가 필요하게 된다. 이벤트 기능을 통하여, 상황 발생에 효과적으로 대비할 수 있게 된다. 증권시장에서는 일종의 프로그램 매매(Program trade)[10] 자동화에 해당한다.

---

10) 주식투자는 종목별 투자 포트폴리오(Portfolio)를 구성하여 매매하는데, 프로그램 매매(Program trade)는 그 주식 수가 많을 경우 일일이 개별종목의 현물과 선물의 차이를 따지는 것이 어려워진다. 이때 현물주식과 선물주식에 있는 종목들을 컴퓨터 프로그램을 이용하여 일시에 매매할 수 있도록 파워심 프로그램을 이용하여 컴퓨터 알고리즘을 구성한다. 참고로 프로그램 매매는 현물 주가와 주가지수선물과의 가격 차이를 이용하여 현물과 선물을 동시에 매도하여 차익을 남기는 방법이다.

(6) 개별 다이어그램

개별 다이어그램(Private Diagram)에서는 몬테카를로 시뮬레이션 결과, 즉 위험요인(리스크) 평가 또는 위험요인에 대한 민감도 분석 결과를 표시하거나, 분석 결과를 제한적으로 표시할 때에 사용한다. 다른 시뮬레이션이나 다른 컴포넌트에서는 개별 다이어그램 내용이 나타나지 않는다.

하지만 사용자 시뮬레이터(user simulator) 개발단계에서는 모든 개별 및 공유 다이어그램의 시뮬레이션 결과를 참조하여 시뮬레이터 화면을 구성할 수 있다.

(7) 공유 다이어그램

모델 개발자(model developer)가 작성하는 대부분 모델은 공유 다이어그램에서 이루어진다. 공유 다이어그램(Shared Diagram)은 주어진 컴포넌트의 시뮬레이션 환경에서 공유되어 사용되는데 다른 컴포넌트의 시뮬레이션에서는 나타나지 않는다.

마찬가지로 사용자 시뮬레이터상에서는 서로 다른 공유 다이어그램의 시뮬레이션 모델 및 시뮬레이션 결과를 통합하여 제공할 수 있다.

(8) 배열 설정(Global Ranges)

현실적인 모델이 되려면 배열(array)을 사용하여 현상을 묘사하여야 한다. Local Ranges는 주어진 시뮬레이션(shared diagram)에서만 적용되는 배열 설정이고, Global Ranges는 프로젝트 레벨에서 적용되어 모든 공유 다이어그램 및 여러 컴포넌트의 공유되고 모델 개발에 공통으로 사용되는 배열 설정이 된다.

(9) 단위 설정(Global Units)

Local Units은 주어진 공유 시뮬레이션에서만 적용되는 단위 설정이고, Global Units는 프로젝트 레벨 전체에 적용되어 여러 컴포넌트 및 모든 공유 다이어그램에서 공유되는 단위 설정이다.

4.4.4 공유 다이어그램

파워심에서 모델 개발 작업(modeling)과 시뮬레이션 작업은 고급 모드(Advanced mode)의 공유 다이어그램(Shared Diagram)에서 이루어진다.

공유 다이어그램의 작업공간(work space) 화면으로 가려면 (1) 작업 도구 모음에서 Shared Diagram 버튼을 선택하거나 (2) 프로젝트 관리화면(Project Explorer)에서 공유 다이어그램 항목을 선택하면 된다.

- 공유 다이어그램에서 모델 구축 작업

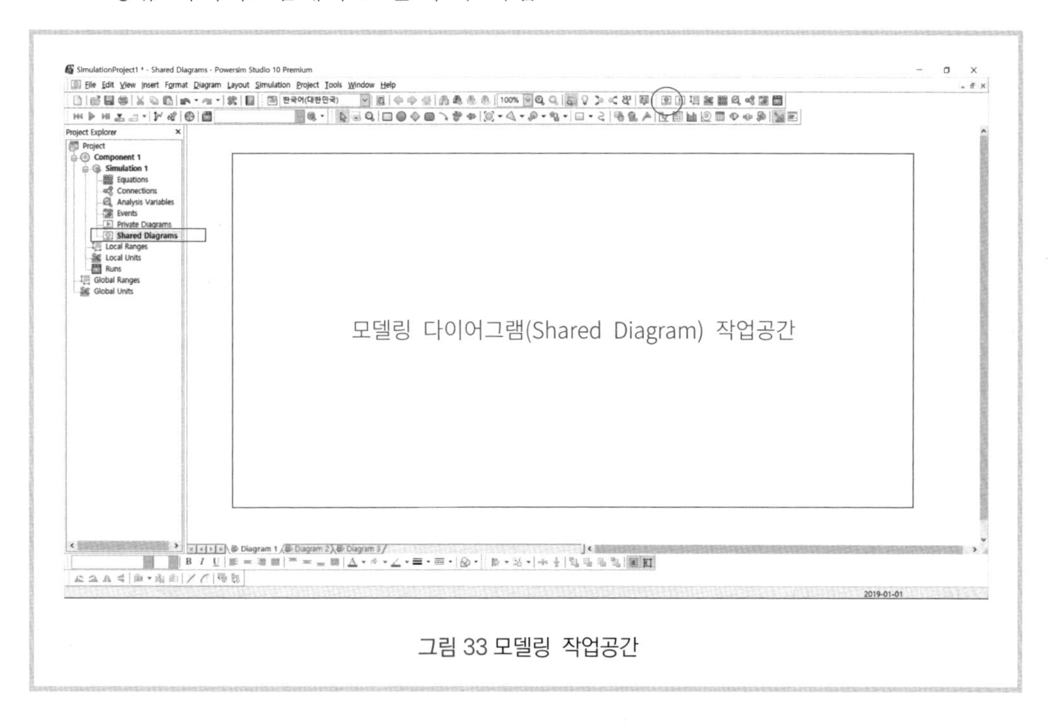

그림 33 모델링 작업공간

공유 다이어그램은 엑셀의 시트와 같이 Diagram_4, Diagram_5 등으로 다이어그램 명칭 위에 마우스를 두고 마우스 오른쪽을 클릭하여 추가 또는 삭제할 수 있다.

4.4.5 파워심 소프트웨어 모델링 화면 구성 복습

(1) 파워심 소프트웨어의 모델링 작업화면

• 모델링 작업을 위한 파워심 소프트웨어 화면의 각 구성 항목은 다음과 같다.

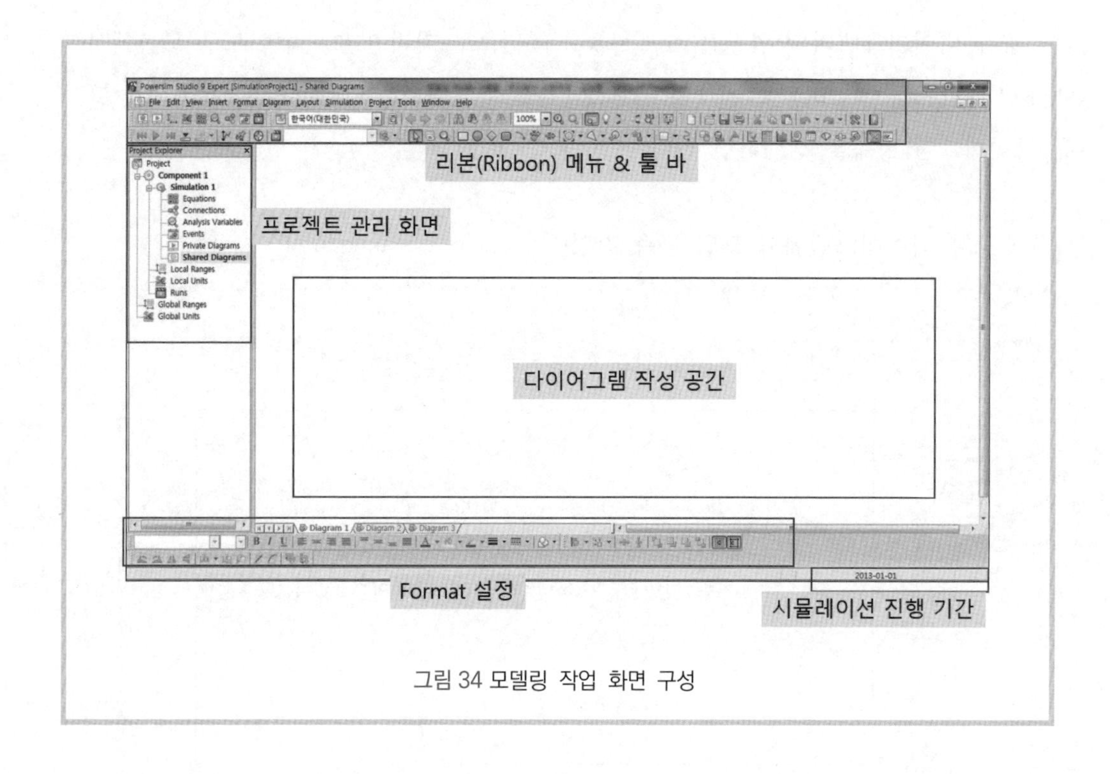

그림 34 모델링 작업 화면 구성

제5장

파워심 모델링 및 시뮬레이션 도구

5.1 파워심 소프트웨어 메뉴

파워심 소프트웨어 시스템 메뉴(menu)는 일반적인 응용 프로그램과 같다.

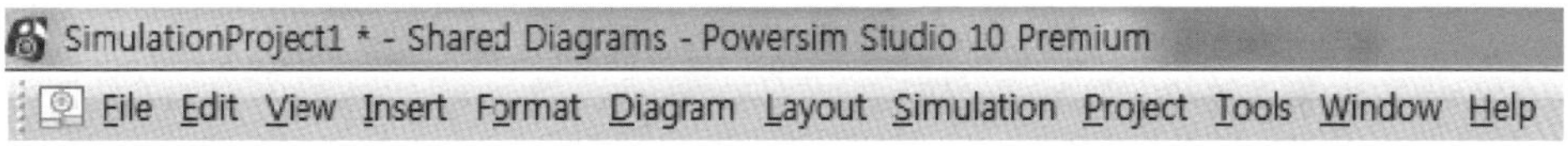

SimulationProject1 * - Shared Diagrams - Powersim Studio 10 Premium

File Edit View Insert Format Diagram Layout Simulation Project Tools Window Help

그림 1 시스템 메뉴

(1) 파일(File) 메뉴

파일 메뉴에서는 작업 중인 모델을 저장(Save As)하거나 만들어 놓은 모델을 열(Open) 때 사용한다. 그리고 작업한 모델이나 시뮬레이션 결과를 프린트(출력)하는 기능을 포함한다.

그리고 작성하는 모델에 대한 정보를 기록하거나 프로젝트 관련 정보를 Project Information에 작성할 수 있다.

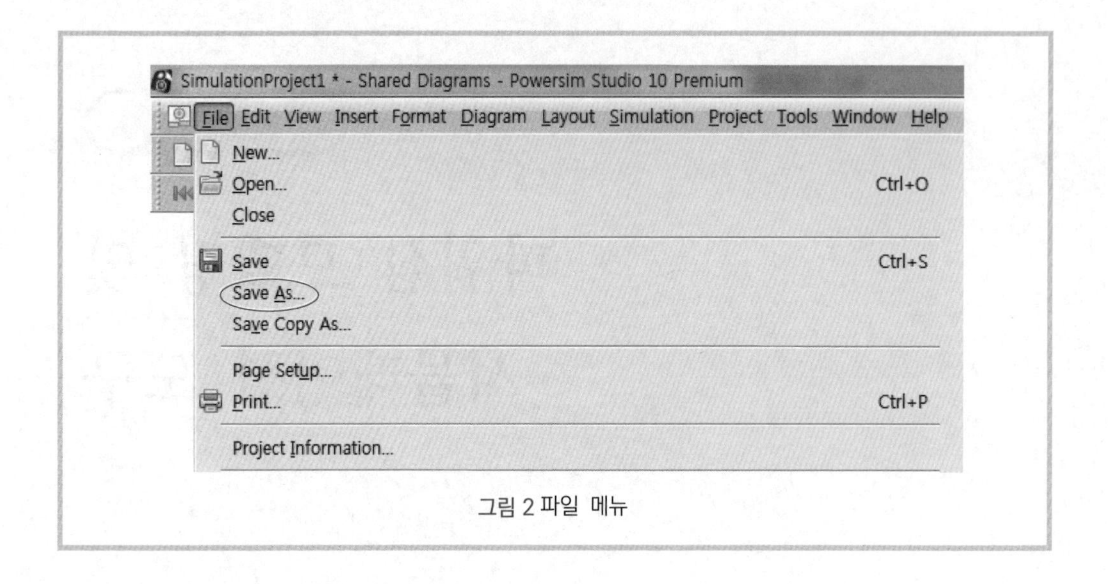

그림 2 파일 메뉴

모델링 작업한 파일 저장하기

파워심 모델 저장하기

1. File > Save As
2. 파일명.sip으로 저장(파워심 모델의 확장자는 SIP: Simulation Project)

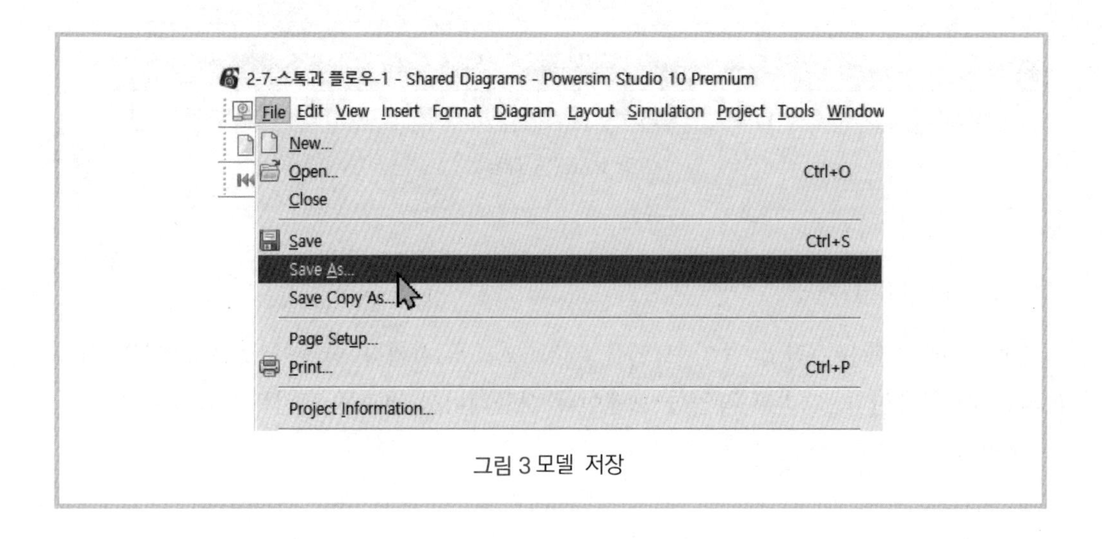

그림 3 모델 저장

(2) 편집(Edit) 메뉴

편집 메뉴는 모델링 과정에서 변수나 개체(object)를 복사, 삭제하는 경우에 주로 사용한다. 그리고 복잡한 모델에서 특정 변수를 찾을 때 사용하기도 한다.

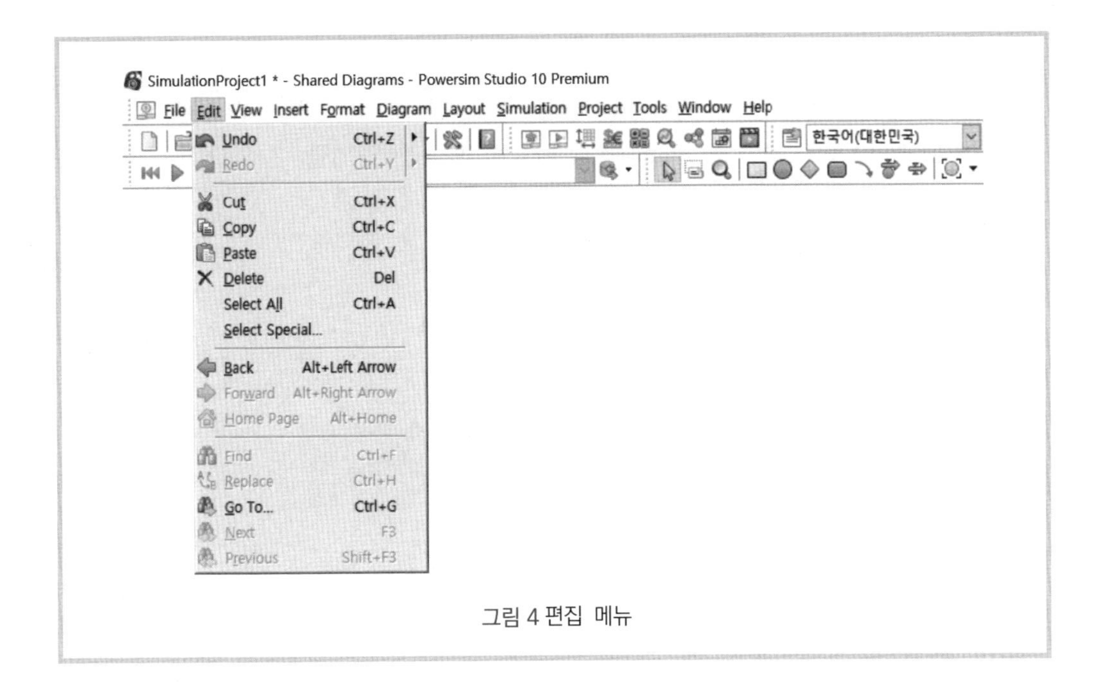

그림 4 편집 메뉴

Select Special을 선택하면 모델에서 사용된 변수들 가운데 변수 유형별 선택이나 변수 이름, 링크(Link), 자유곡선, 자유 도형(Free form) 등 원하는 개체를 선택하고, 크기, 색깔 변경, 삭제, 복사 등 다양한 편집 기능을 실행할 수 있다.

Select Special ? X
Select symbols of type
Variable
Level
Auxiliary
Constant
Submodel
Variable shortcut
Connection point
Name
Auto report
Flow
Link
Control
Frame
Freeform
Action button
Bookmark
OK
Cancel
All
None

(3) 보기(view) 메뉴

보기 메뉴에서는 모델 작업을 위한 고급 모드(Advanced mode)를 설정할 때 한국어, 영어 등 다양한 국가의 언어 설정, 공유 다이어그램(Shared diagram) 화면이나 모델링 수식(Equations) 화면 등을 열 수 있다.

또한 변수(variable)나 개체(object)의 속성을 정의할 때는 보기 메뉴 맨 아래에 있는 속성정의(Properties) 또는 Alt + Enter 키를 눌러서 변수를 정의할 수 있다.

그림 5 보기 메뉴

(4) 삽입(insert) 메뉴

삽입 메뉴에서는 모델링에 자주 사용되는 스톡변수와 플로우 변수를 비롯하여 다양한 변수를 생성하거나, 시뮬레이션에서 주로 사용되는 그래프 및 표, 슬라이드 바, 게이지 등을 제공한다. 이들 입출력 개체를 이용하여 시뮬레이션 모델에 입력 및 출력 환경을 시각적으로 만들 수 있다.

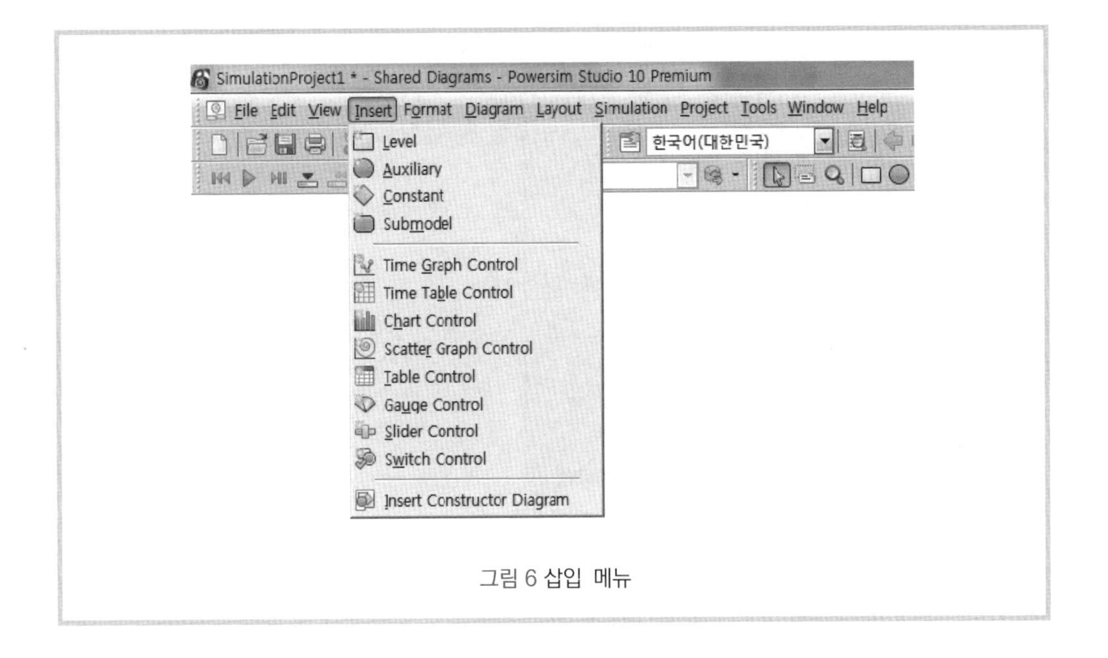

그림 6 삽입 메뉴

(5) 서식(Format) 메뉴

서식 메뉴에서는 글자 폰트(font) 및 개체의 색깔 속성, 정렬 맞춤 등을 정의할 때 사용한다. 맨 아래 Shape Style에서는 다양한 도형을 생성하거나, 글자(text)를 편집할 때 사용되는 사각형 도형 등이 있다.(각 메뉴 항목에서 오른쪽 작은 삼각형을 누르면 세부 메뉴가 나타난다.)

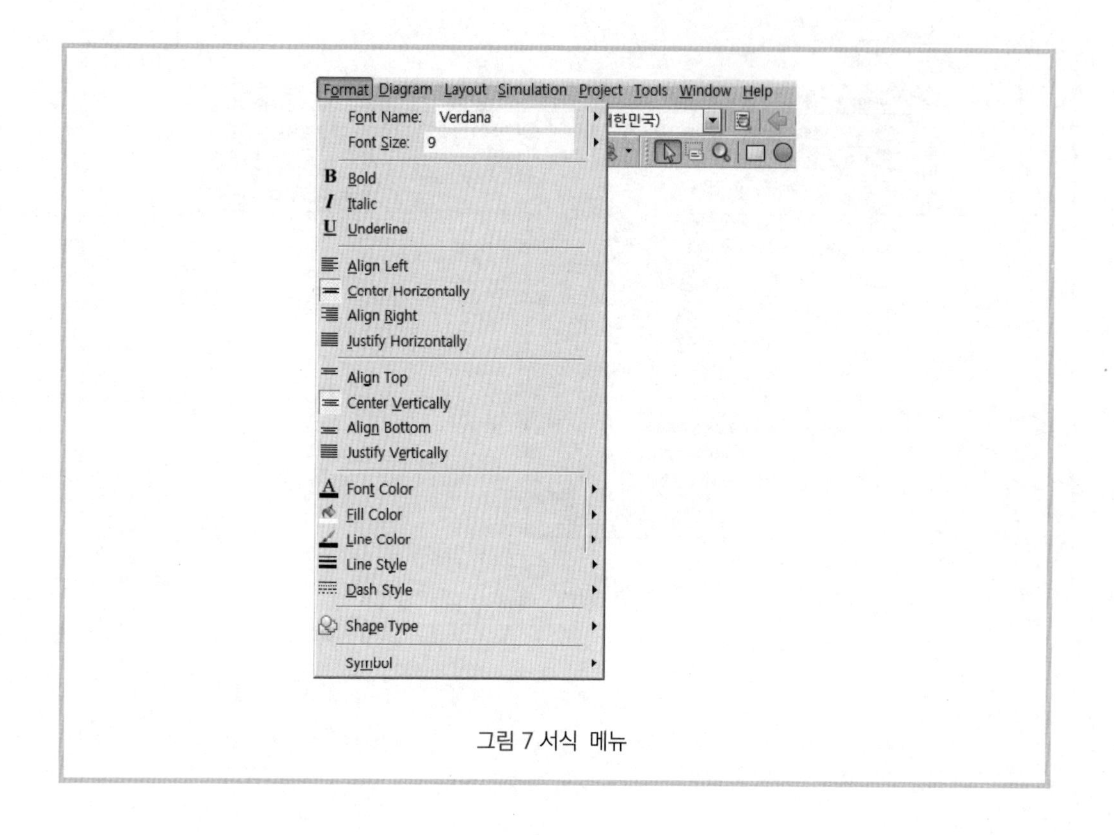

그림 7 서식 메뉴

(6) 다이어그램(Diagram) 메뉴(1)

그림 8의 다이어그램 메뉴에는 스톡변수, 플로우 변수, 보조 변수, 상수 변수, 링크(Link) 등 모델링에 사용되는 변수를 제공한다. 그 아래에는 변수를 복제하거나 새로운 공간에 복제한 변수를 도입할 때 사용되는 Shortcut, Slice 등의 도구가 있다.

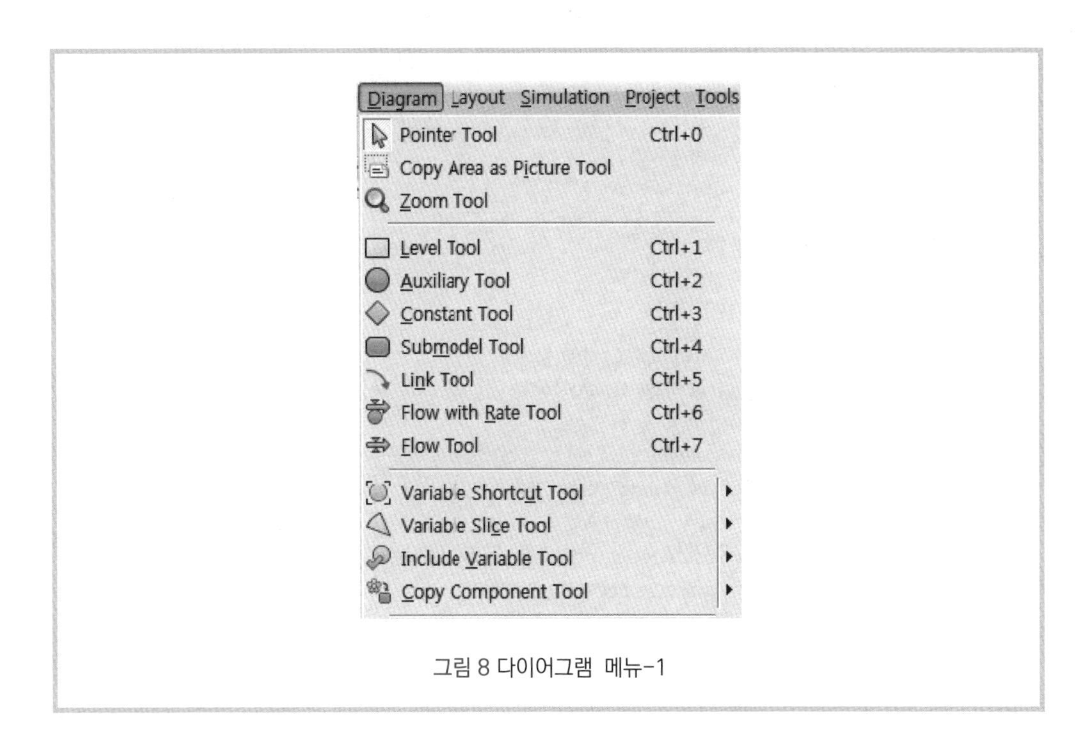

그림 8 다이어그램 메뉴-1

(7) 다이어그램(Diagram) 메뉴(2)

그림 9에 있는 다이어그램 메뉴는 주로 다이어그램 상의 모델을 만들 때 주로 사용하는 도구를 제공한다. 예를 들면 시뮬레이션 모델에 입력값 및 결과를 출력할 때 사용되는 그래프 및 표 등을 제공한다. 그리고 시뮬레이터 작성에 사용되는 북마크(Bookmark) 및 하이퍼링크(Hyperlink) 도구를 제공하고 있다.

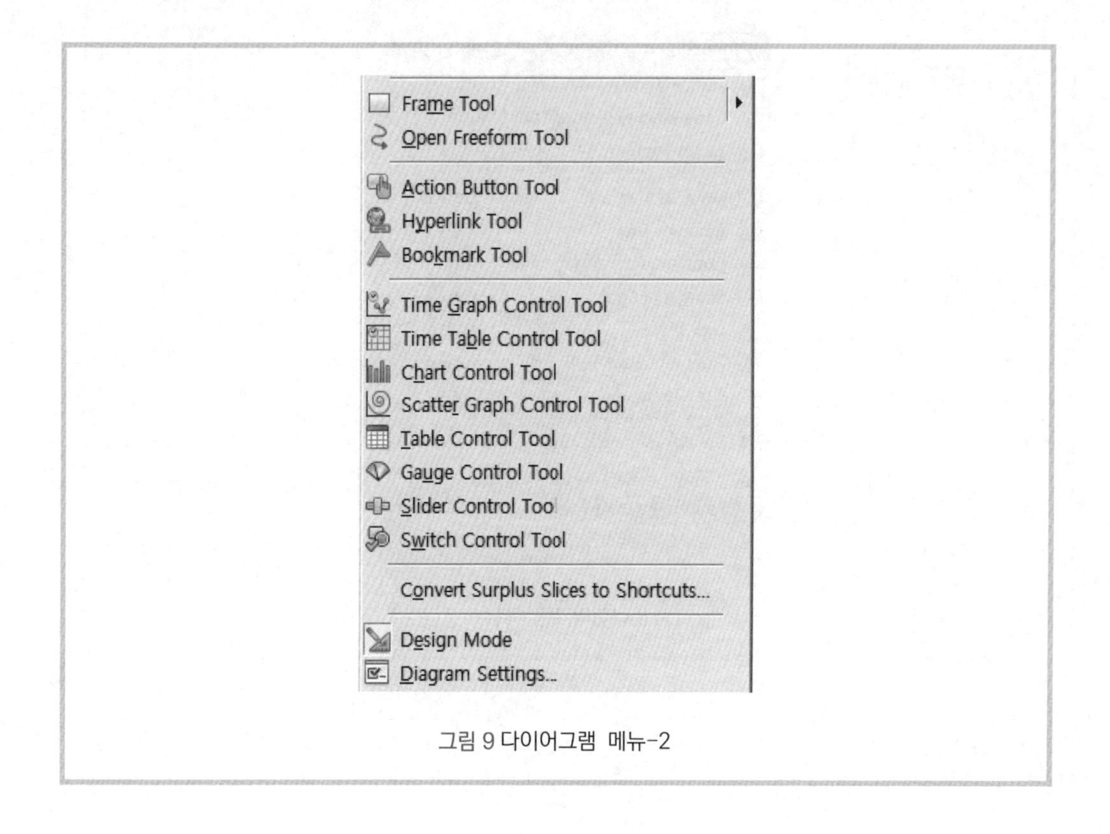

그림 9 다이어그램 메뉴-2

(8) 배치(Layout) 메뉴

레이아웃(배치) 메뉴에서 제공되는 도구들은 시뮬레이션 모델에서 사용된 변수 및 다양한 개체들의 위치 조정, 배치 조정, 정렬(alignment) 등에 사용된다.

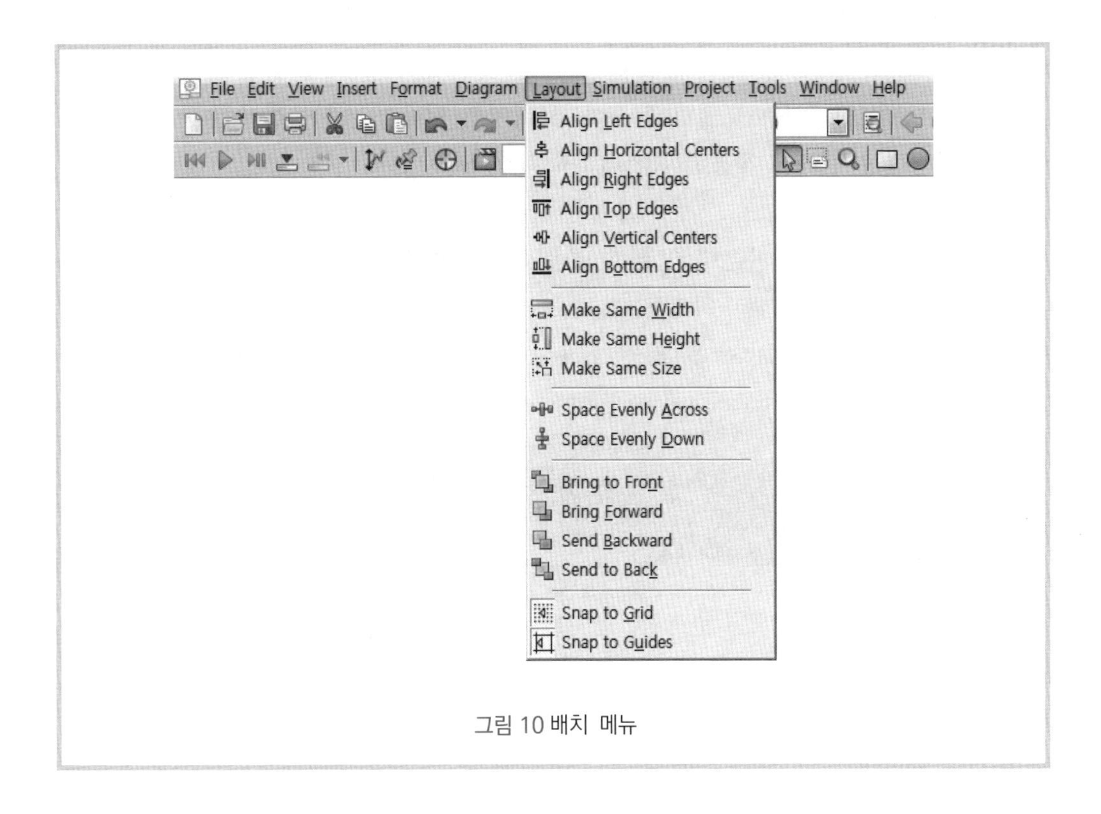

그림 10 배치 메뉴

(9) 시뮬레이션 메뉴

시뮬레이션 메뉴(Simulation menu)에서는 맨 위에 있는 시뮬레이션 실행(simulation play)과 되돌리기(reset)를 비롯하여 아래 끝에 있는 시뮬레이션 설정(simulation settings) 항목이 자주 사용된다.

시뮬레이션 설정에서는 모델링 할 때 시뮬레이션 기간이나 시뮬레이션 간격 등 시뮬레이션 환경설정 항목이 제공된다.(Start time, End time, Time step)

시뮬레이션 메뉴에는 가운데 있는 Optimize 항목을 통하여 의사결정 지원을 위한 분석 단계에서 주로 사용되는 최적화(optimization) 작업의 가정 사항(assumption) 설정, 의사결정 변수(decision variable) 및 목적 값(objective value)을 정의할 때 사용할 수 있다.

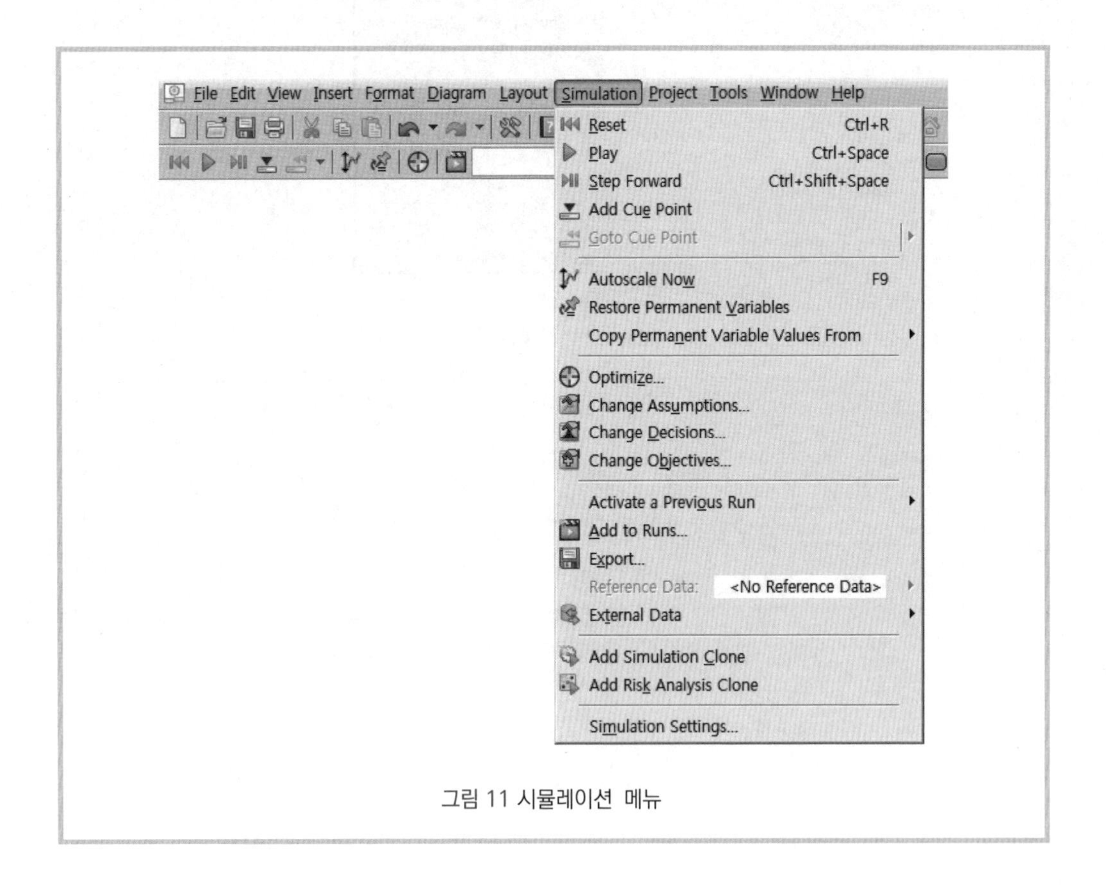

그림 11 시뮬레이션 메뉴

(10) 프로젝트 메뉴

파워심 프로젝트 메뉴(Project menu)에서는 모델을 개발하기 시작할 때 프로젝트의 환경설정에 사용한다. 예를 들어 시뮬레이션이 달력(calendar)에 표시된 날짜와 기간에 독립적인 시뮬레이션 모델인가, 달력에 의존하는 모델인가를 설정할 수 있다.

그리고 시뮬레이션 사용되는 달력을 선택 또는 정의할 수 있다. 그리고 프로젝트 메뉴에는 모델 보호 기능(Protection)이 있어 시뮬레이션 모델에 대한 접근 권한(access)을 비밀번호 설정을 통하여 관리할 수 있다.

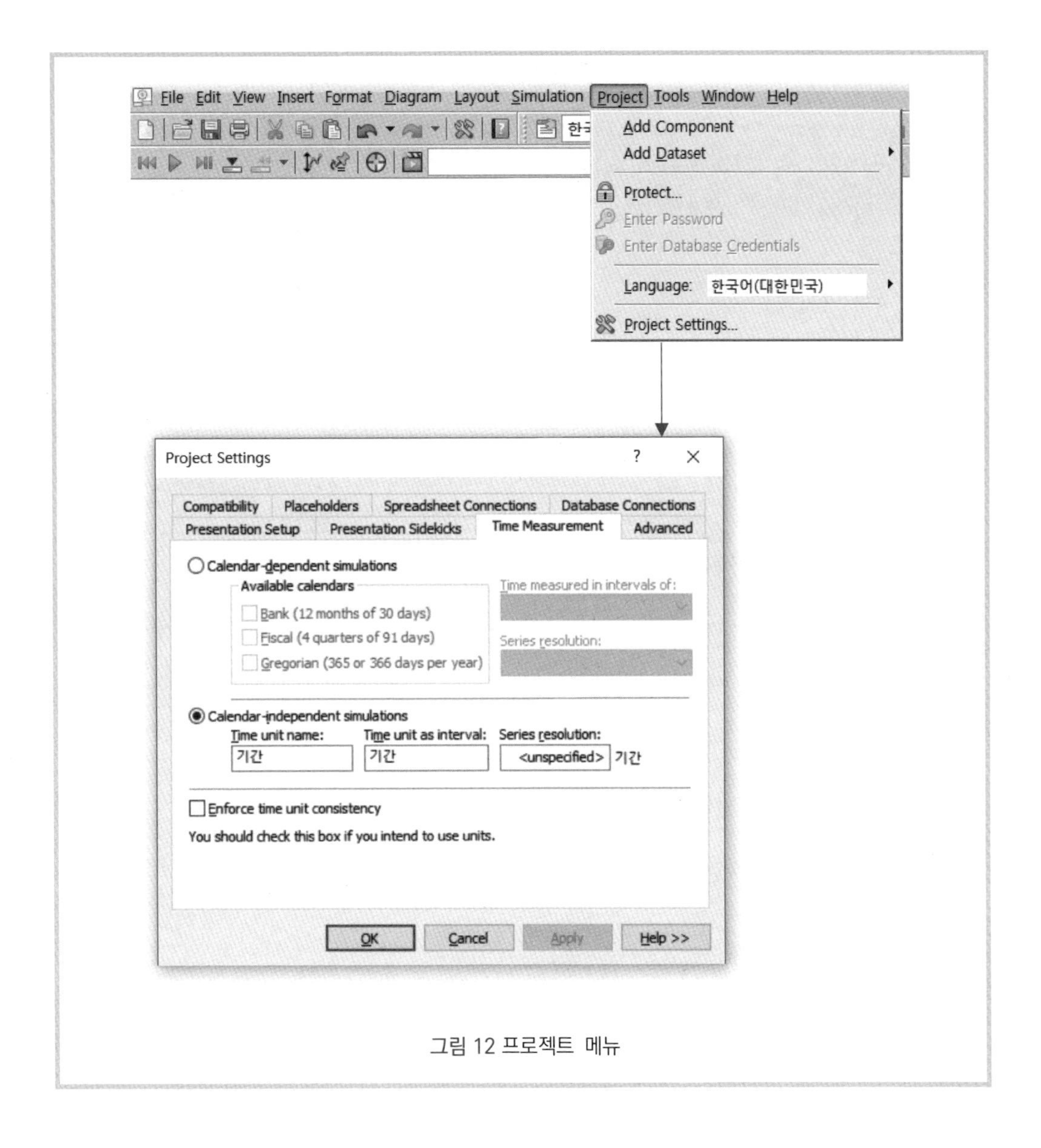

그림 12 프로젝트 메뉴

(11) 툴(Tools) 메뉴

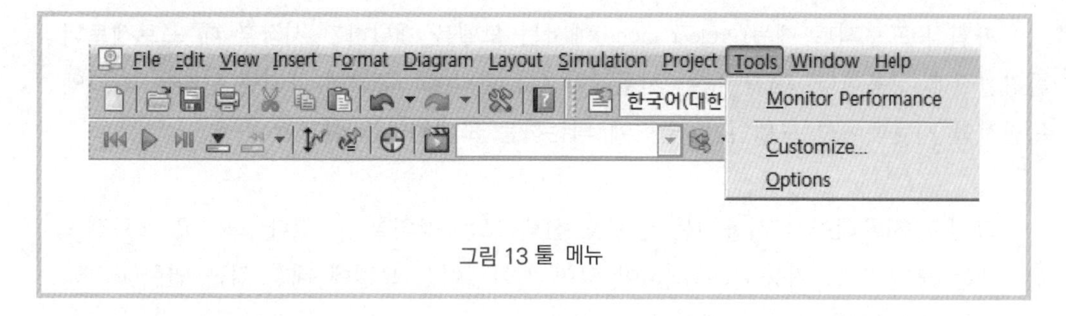

그림 13 툴 메뉴

(12) 윈도우(Window) 메뉴

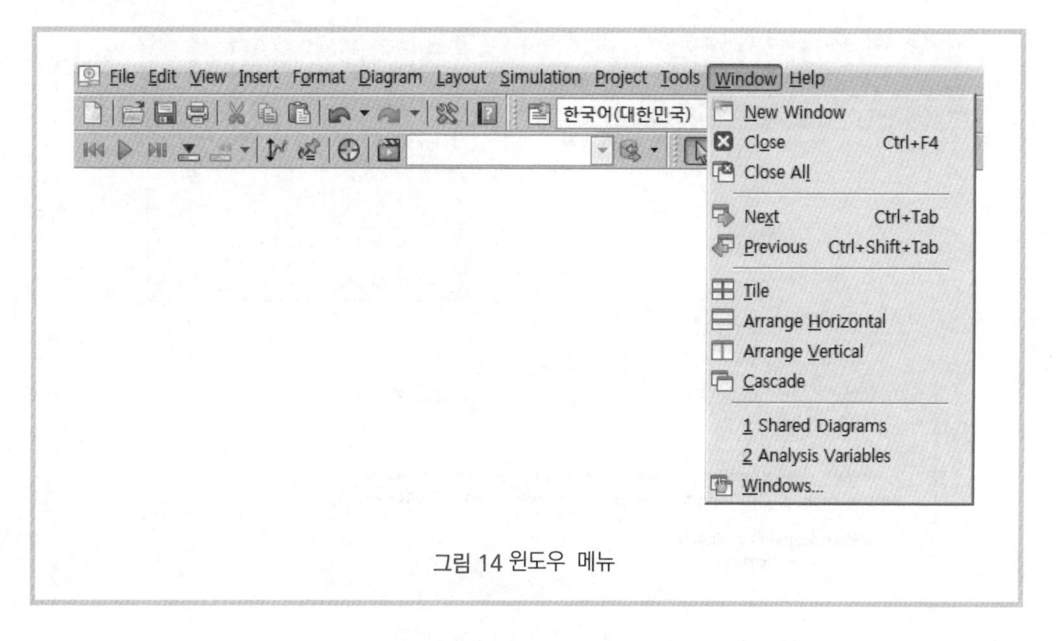

그림 14 윈도우 메뉴

(13) 도움말 메뉴

도움말(Help) 메뉴에서 첫 번째 항목인 도움말 내용(Contents)을 누르면 파워심 소프트웨어의 모델링 및 시뮬레이션을 비롯하여 다양한 함수에 대한 제반 도움말을 볼 수 있다.

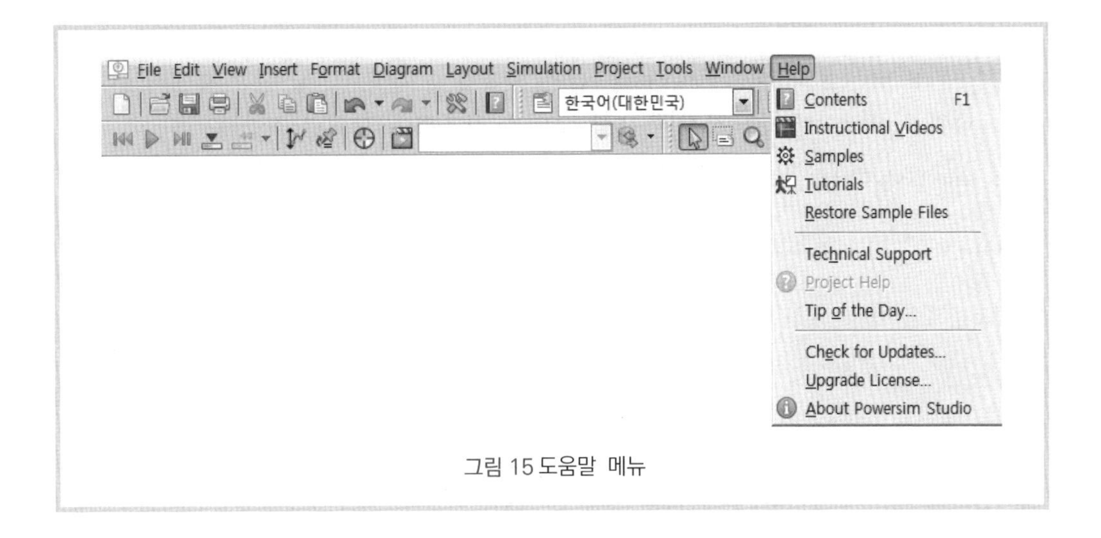

그림 15 도움말 메뉴

도움말 메뉴 구성

① F1키 또는 도움말 메뉴에서 도움말 내용을 선택

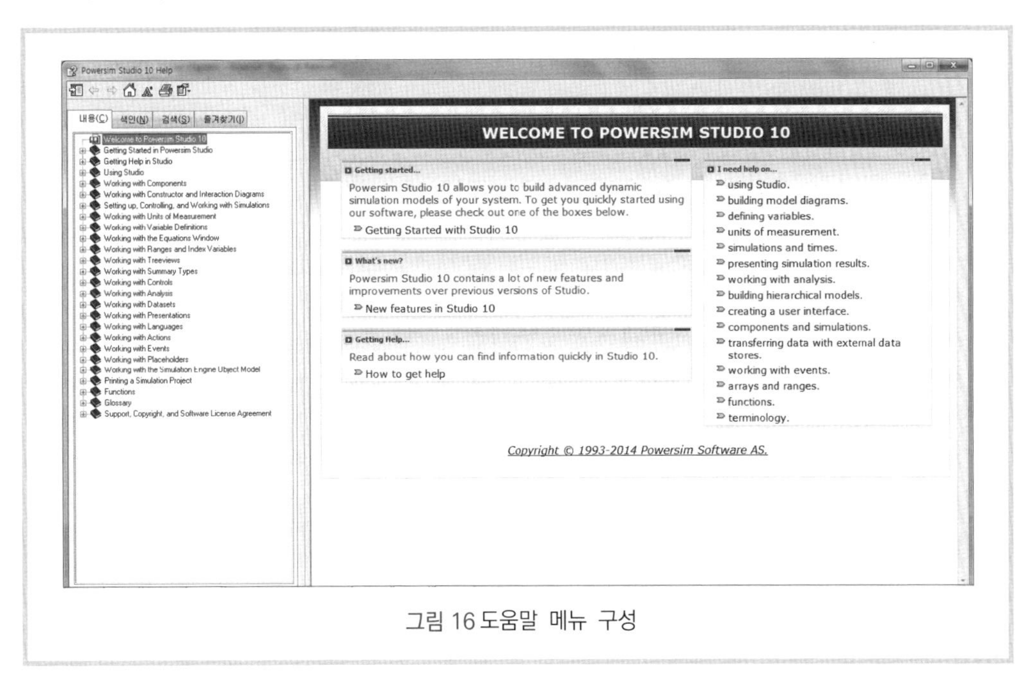

그림 16 도움말 메뉴 구성

– 파워심 소프트웨어 도움말 구성은 내용, 색인, 검색, 즐겨찾기로 구성
– 내용에는 25개 도움말 모듈로 구성
– 내용의 각 모듈 왼쪽에 있는 + 표시를 누르면 세부 내용이 펼쳐져 표시됨
– 색인(N)에서는 색인(index)을 찾거나 찾을 키워드를 입력하여 도움말을 검색
– 검색(S)은 검색할 단어를 입력하여 도움말을 탐색

① 강의용 동영상(Instructional video) 관련 도움말
② 파워심 프로그램으로 작성된 샘플 모델을 참조하여 모델링 학습
③ 실습(Tutorial)을 통한 파워심 학습

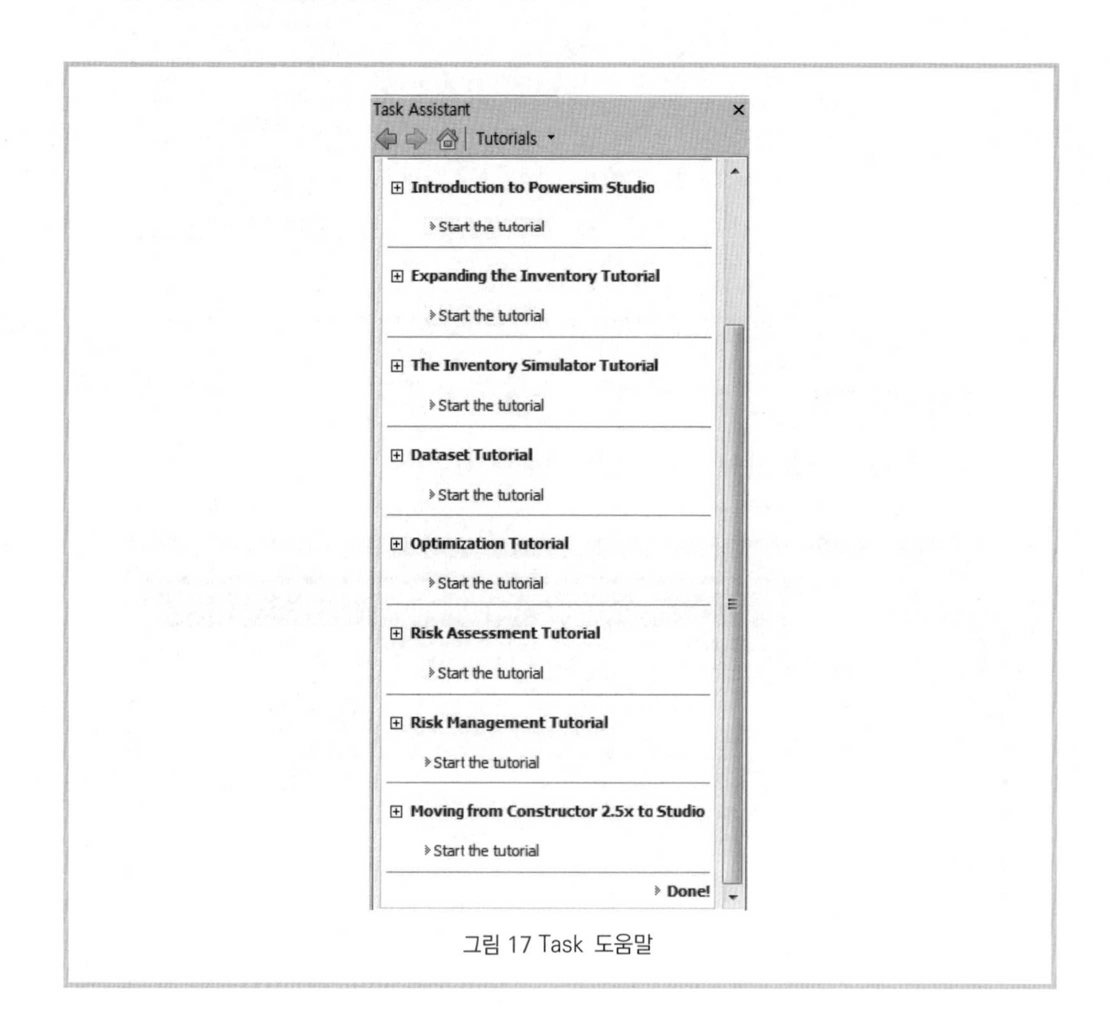

그림 17 Task 도움말

- 파워심 스튜디오 소개(introduction to Powersim studio)
- 재고관리 모델링 실습(expanding the inventory tutorial)
- 재고관리 시뮬레이터 실습(the inventory simulator tutorial)
- 데이터 세트 실습(dataset tutorial)
- 최적화 실습(optimization tutorial)
- 리스크 평가 실습(risk assessment tutorial)
- 리스크 관리 실습(risk management tutorial)
- 예전 버전에서 현재 파워심 스튜디오 버전으로의 전환 방법(moving from Constructor 2.5x to Studio)

5.2 파워심 툴 바

5.2.1 파워심 리본 메뉴에서 제공하는 툴 바

파워심 소프트웨어는 다양한 메뉴에서 자주 사용하는 기능을 리본 메뉴(ribbon menu)에서 툴 바(Tool bars) 형태로 제공하고 있다. 실제로 모델링 및 시뮬레이션 과정에서 90% 정도의 작업은 리본 메뉴에서 제공하는 툴 바를 이용하여 이루어진다.

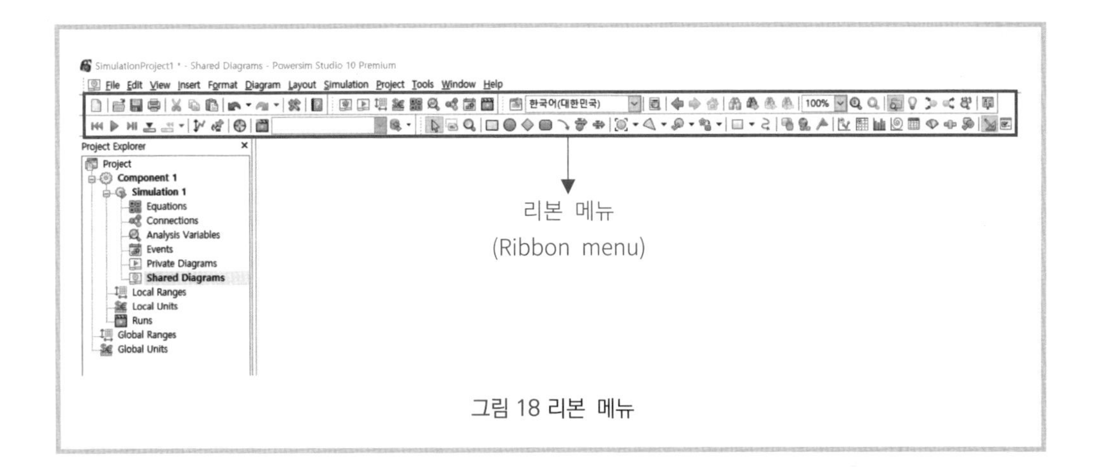

그림 18 리본 메뉴

파워심 프로그램에서 제공되는 리본 메뉴의 툴 바 아이콘의 개수는 41개이다.

5.2.2 파워심 소프트웨어 주요 아이콘

파워심 툴 바에서 제공되는 대표적인 아이콘은 다음과 같다.

(1) 모델 작성을 위한 아이콘

아이콘	명칭	설명
	스톡 변수	시스템의 상태를 나타내는 변수(레벨 변수)
	보조 변수	자기 또는 다른 변수들과 조합으로 구성되는 변수
	상수 변수	자신의 값을 스스로 결정하는 변수
	플로우 변수	스톡 변수의 값을 변화시킬 수 있는 변수
	링크	변수와 변수를 연결하여 수식 구성에 사용하는 도구
	공유 다이어그램	모델 다이어그램 화면 열기(shared diagram)
	변수 복제 기능 Shortcut	변수를 복제하여 동일한 변수를 다른 위치에 만들 때 사용한다. 변수를 새로 정의하기 위해서는 Swap with Source 기능을 이용하여 Source 변수로 설정해야 한다.
	슬라이스 기능 Slices	복제된 변수에서 변수를 바로 새롭게 정의할 수 있다. 새로 정의된 변수 정의는 나머지 복제 변수에 자동 갱신된다.
	변수 찾기	변수 리스트에서 원하는 변수를 모델에서 찾기

(2) 시뮬레이션 입력 및 출력을 위한 아이콘

아이콘	명칭	설명
	타임 그래프	x축에 시간을, y축에는 변수의 값을 그래프로 표시
	타임 테이블	시간에 따른 변수의 값을 표(table) 형태로 나타냄
	차트(Chart)	다차원 또는 배열을 갖는 변수의 배열 값을 표시
	테이블	단일변수 또는 배열변수의 값을 표 형태로 나타냄
	Scatter 그래프	x축에 A변수, y축에 B변수 값을 시간에 따라 표시
	게이지(gauge)	변수 값을 게이지 형태로 나타냄
	슬라이드 바	변수 값을 슬라이드 바 형태로 나타냄
	스위치(switch)	변수의 입력 값을 선택하여 입력할 수 있게 함 Push Button, Check Button, Radio Button, List Box, Combo Box, Static

(3) 시뮬레이션 진행을 위한 아이콘

아이콘	기능	설명
	시뮬레이션 진행	시뮬레이션 진행 버튼(play the simulation)
	처음으로 되돌림	시뮬레이션을 시작 시점으로 되돌림(reset, return)
	한 스텝씩 진행	시뮬레이션을 한 단계(one time step)씩 진행

(4) 시뮬레이션 분석(Analysis)을 위한 아이콘

아이콘	명칭	설명
	최적화 기능	최적화(optimization) 기능을 수행하는 화면 열기
	프로젝트 관리화면	단위 설정, 배열 생성, 분석, 데이터 연결 등의 기능
	분석 도구 모음 (분석 아이콘)	프로젝트 관리화면 가운데 있는 분석 도구 아이콘

(5) 글자 편집 및 그림 그리기 아이콘

아이콘	명칭	설명
	프레임	여러 가지 도형을 그리거나, (F2키를 눌러) 글자(text) 편집
	선 긋기	다양한 형태의 선이나 화살표를 그릴 때 사용
	영역을 사진으로 복사	선택 영역을 사진으로 복사하여 붙이기 (엑셀, 파워포인트, 워드, 한글 프로그램에 옮기기)

(6) 시뮬레이터(Simulator) 개발 아이콘

아이콘	명칭	설명
	하이퍼링크	하이퍼링크를 누르면 지정된 영역으로 화면이 이동
	북마크	원하는 영역에 주소나 이름을 부여하는 기능
	프레젠테이션	사용자를 위하여 제공되는 시뮬레이션 화면을 표시

5.2.3 파워심 소프트웨어 툴 바 모음

	신규프로젝트 생성	새로운 프로젝트 파일을 만들기
	파일 열기	기존의 만든 파일을 열기
	저장	현재 만든 파일을 저장하기
	프린트	현재 파일을 프린트하기
	잘라내기	복사하려는 파일의 흔적을 없애고 복사하기 (Ctrl + X)
	복사하기	복사하기 (Ctrl + C)
	붙이기	복사한 영역을 붙이기 (Ctrl + V)
	되돌리기	앞서 실행한 명령이나 Task를 취소하여 되돌릴때
	프로젝트 환경설정	프로젝트 환경 설정하기, 시뮬레이션 Calendar 설정하기 등을 설정한다.
	도움말	파워심 소프트웨어의 필요한 도움말을 검색하여 참조한다. 자체적인 한글도움말을 사용자가 직접작성할 수도 있다.
	변수속성 정의하기	변수를 선택하여 변수의 속성을 정의하는 화면.
	변수 찾기, 검색	모델에 많은 변수가 있는 경우, 해당 변수를 찾아는 방법으로 변수찾기를 누르면 해당 변수를 열람할 수 있다.
100%	화면 배율 설정	화면을 원하는 비율로 배율 조정
	줌 100% 배율	화면을 100% 로 배율 조정
	화면에 배율 맞추기	모델링한 작업을 스크린 화면에 100% 배율로 맞추기
	태스크 윈도우	모델링 샘플 자료(Sample Model)와 모델링 학습지도 (Tutorial) 등을 제공한다.
	공유 다이어그램	이 아이콘을 클릭하면 Shared Diagram(공유 다이어그램)으로 바로 연결된다.
	배열의 보기와 설정	작성해 놓은 배열을 나타낼때 사용한다. 일종의 배열 보기이다.

	레벨(Level), 스톡	시스템의 상태를 나타내는 변수. 변화량의 증감(플로우 변수)에 따라 시스템의 변화를 담고 있는 변수.
	보조변수	다른 변수들과의 조합으로 구성되는 종속변수. 보조변수로서 모델의 내용을 표현하는 역할을 한다.
	독립변수	가정변수 또는 의사결정 결정변수로서 투입량이나 투입값을 나타내는 독립변수. 환경변수로도 사용된다.
	링크	모델에서 변수와 변수를 연결하는 연결 링크. Ctrl을 누르고 마우스를 클릭하면 곡선에서 직선으로 변화된다.
	변화량 있는 플로우	스톡의 상태을 변화시키는 변수로서 플로우(Flow) 변수. 시간에 대한 미분함수로서 유입량이나 유출량을 표시한다.
	변화량 없는 플로우	흐름 또는 유량(Rate)을 갖지않는 플로우 변수. 다른 보조변수에서 유입량이나 유출량을 가져오는 경우에 사용한다
	스냅샷	Snapshct 으로 모델링 다이어그램에서 참조할 변수가 멀리 떨어져있는 경우, 변수를 복사해서 표시하는 기능
	그림그리기	다이어그램에서 그림이나 다양한 모양의 도형을 표시할 때 사용한다. 그림에서 F2를 누르면 텍스트 편집이 지원됨.
	선 그리기	그림 그리기 또는 다이어그램에서 화면을 효과적으로 나타내기 위하여 선을 그릴때 사용한다.
	Time Graph	시간의 흐름에 따른 변수값의 변화를 나타낼 때 사용한다. 빈 그래프를 그린후, 변수를 끌어다 놓음(Drag & Drop)
	Time Table	시간의 흐름에 따라 변수값의 변화를 표의 형태로 나타낼때 사용. 해당되는 변수를 끌어다 놓음(Drag & Drop)
	Chart Control	배열변수가 배열을 갖는 값을 나타낼때 사용한다. (Bar Graph, Line Graph, Step Graph, Smoothe Line이 있다)
	Table Control	단일변수 또는 배열변수의 결과값을 표의 형태로 나타낼 때 사용한다.
	Gauge Control	입력 값 또는 출력값을 게이지 바 (Gauge bar) 형태로 나타낼 때 사용한다.
	슬라이드 바	입력 값을 슬라이드 바 형태로 나타낼 때 사용한다. 독립변수의 값을 슬라이드 바로 끌어다 놓음(Drag & Drop)
	Switch Control	독립변수의 입력값을 다양한 형태의 사용자 편의성을 도모하기 위하여. 사용자가 편리하게 선택할 수 있게 함.
	Diagram Setting	시뮬레이션 작업을 위한 다이어그램 공간의 환경 설정에 사용된다.
	디자인 모드	디자인 모드를 클릭하면, 작성한 모델을 1차적으로 보호할 수 있다. 2차 보호는 사용자별 모델접근권한을 설정한다.

	Global Unit	모델링을 위한 단위 정하기, 단위 만들기
	수식 보기	모델을 구성하고 있는 변수의 수식보기
	분석 변수 설정	모델 변수의 최적화 및 리스크 분석을 위한 변수 설정하기
	리셋, 한 단계씩	시뮬레이션을 되돌리거나(Reset), 한 단계씩 (One Step Forward)시뮬레이션을 진행할 때 사용
	시뮬레이션 진행	작성한 모델을 시뮬레이션 할 때 사용한다.
	런(Run) 추가하기	시뮬레이션 한 결과(Run)를 특정 이름으로 저장 기능. 다른 조건에서 시뮬레이션 한 결과와 비교 분석할 때 사용
	변수 가져오기	파워심은 모델을 여러 다이어그램으로 구성할 수 있는데, 다른 다이어그램에 있는 변수를 복사하여 가져올때 사용
	원래값 되돌리기	독립변수나 의사결정 변수를 시뮬레이션 한 후에, 원래 값으로 되돌리고자하는 경우 사용
	최적화 (기능 수행)	최적화(Optimization) 기능을 활용하여 파워심 모델의 의사결정 변수 값을 목적식과 제약식에 따라 최적해를 도출
	이벤트 설정 기능	시뮬레이션 과정에서 특정 조건을 만족하면, 자동 메세지 발생이나 후속 조처사항을 표시하여 주는 기능
	사진으로 복사하기	선택 영역을 사진형태로 영역을 복사하여 붙이기
한국어		다국어 선택화면으로 파워심 모델의 변수 등을 중국어, 일본어, 영어 , 한국어 등으로 전환시킬때 사용 (글로벌기업)
<No Reference Data>		시뮬레이션을 수행하여 저장한 결과를 다시 불러들일때 사용한다. Runs를 저장한 후에 불러 결과값 비교.
	Private 다이어그램	리스크분석 및 하나의 시뮬레이션 자체에서만 참고하기 위하여 작성한 시뮬레이션 분석결과를 불러 올때 사용
	프로젝트 윈도우	파워심 고급모드에서 파워심 프로젝트를 관리하기 위하여 사용. 모델 환경 설정과 외부데이터 연결 등에 사용한다.
	프리젠테이션 모드	파워심 모델을 작성한 후에, 시뮬레이터(Simulator) 구현하여 사용자 모드로 볼때 사용한다.
	하이퍼링크, 북마크	하이퍼링크(Hyperlink)와 북마크(Bookmark) 기능을 활용하여 시뮬레이터(Simulator)를 웹 페이지 형태로 작성
	서브 모델 기능	메인 모델은 다이어그램 상에서 작성하고, 서비 모델(하부 모델)은 별도의 환경에서 작성하여 메인모델과 연결함.

5.2.4 파워심 모델링을 위한 속성키 모음.

파워심(Powersim Studio)에서 사용되는 주요 속성키:

- 키보드에서 간단한 속성키를 사용하여 신속한 모델링을 지원
- 모델링 과정과 시뮬레이션에 사용되는 속성키(Shortcuts)

다음의 속성 키를 이용하여 생산성 있는 모델링 작업을 지원한다.

시뮬레이션 속성키	
CTRL + Space	시뮬레이션 진행 (Play)
CTRL + R	시뮬레이션 처음상태로 되돌리기 (Reset)
CTRL + Shift + Space	한 단계씩 시뮬레이션 진행 (Stepwise)
편집하기	
CTRL + C	복사하기
CTRL + V	붙이기
CTRL + X	잘라내기 (잘라내서 다른 곳에 붙이기)
CTRL + A	시트(다이어그램)의 모든 항목 선택하기
CTRL + S	(작업물을) 저장하기
ALT + Enter(입력키)	항목의 정의속성(Properties) 나타내기
기타 속성 키	
ALT + 1	메인 다이어그램 (Shared Diagram) 열기
F5 키	프리젠테이션 모드(사용자 모드)로 전환하기

5.3 인과지도 그리기

5.3.1 파워심 소프트웨어를 이용한 인과지도 작성

파워심에서는 프레임(Frame) 도구를 이용하여 텍스트 편집과 인과지도를 작성한다. (Text Editing & Causal Loop Diagramming)

(1) 텍스트 편집하기

- 툴 바에서 프레임 아이콘을 선택한다.
- 프레임 아이콘을 선택한 후에, 원하는 곳에 프레임을 클릭하여 사각형을 생성한다.
- 사각형을 마우스로 선택하고, 마우스 오른쪽을 클릭, Edit Text를 선택하고 원하는 글자를 입력한다.(또는 F2키를 누르고 글자를 입력한다.)

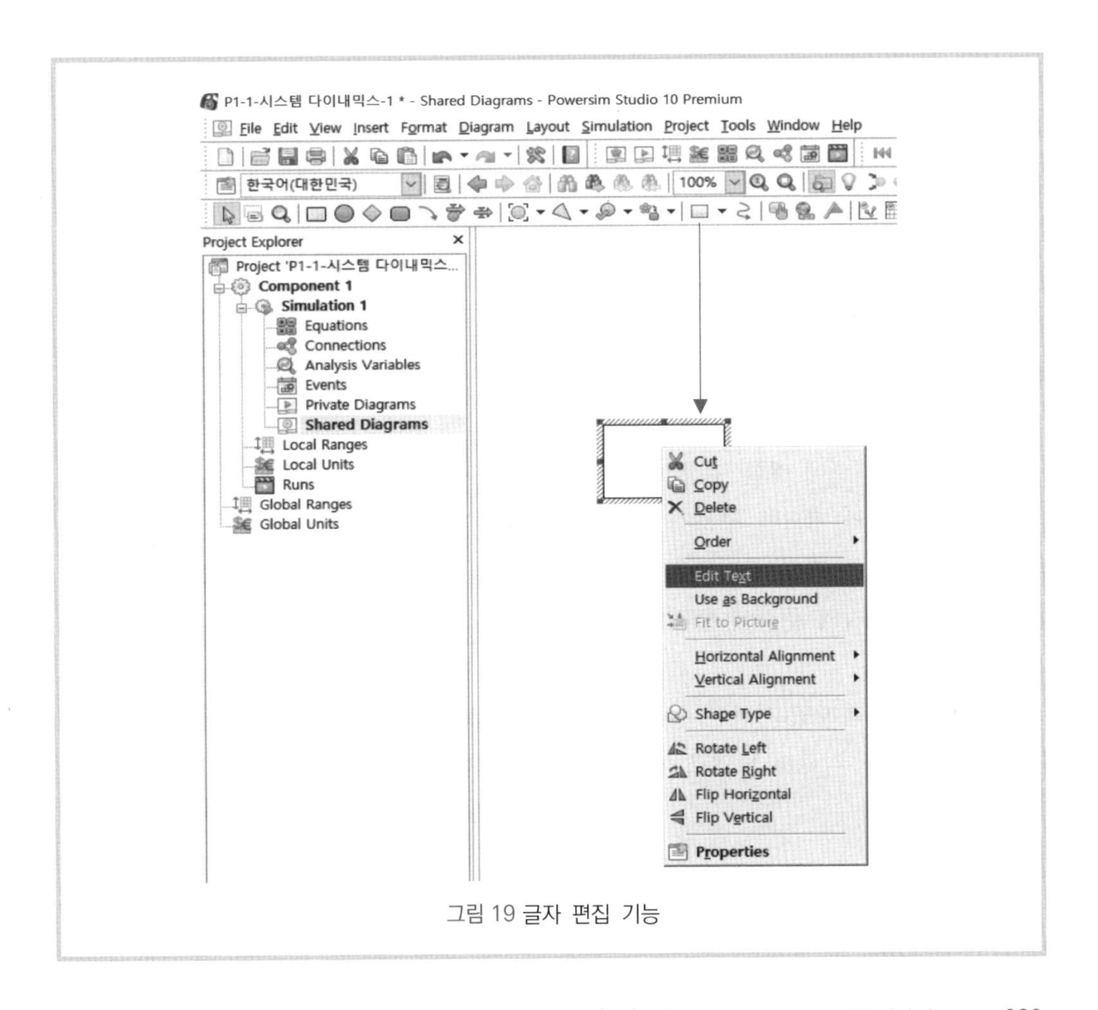

그림 19 글자 편집 기능

(2) 인과지도의 작성

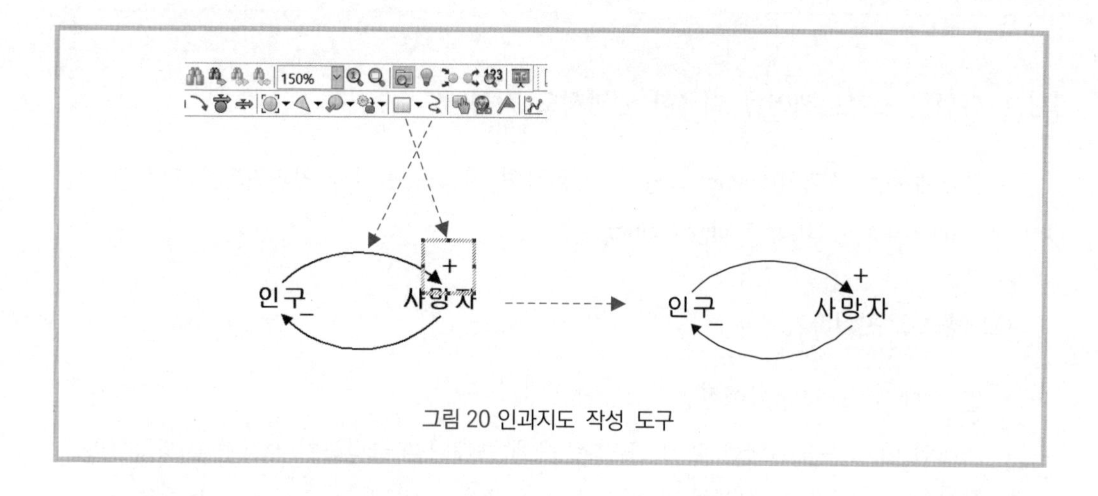

그림 20 인과지도 작성 도구

그림 20의 인과지도는 인구가 많아지면 사망자가 많아지고, 인구가 감소하면 사망자가 감소한다는 것을 나타낸다.

(3) 인과지도에 대한 논란

인과지도는 어떤 관념을 시각화한 것으로 사람에 따라 표현하는 것과 이를 받아들이는 관점이 다를 수 있다. 따라서 인과지도의 유용성에 논란은 존재한다. 예를 들어 그림 20의 경우 언뜻 논리적으로 맞는 것 같지만, 인구의 누구를 말하는지? 인구가 증가하여도 의료기술 등이 발전하면 사망자는 감소할 수도 있고, 인구가 감소하여도 COVID−19와 같은 질병으로 사망자가 증가할 수도 있다.

이처럼 인과지도에 대한 수정 요구나 이런저런 반대 논리에 대응하기 위해서는 더 많은 보충적 변수와 피드백 구조가 필요할 것이다. 그러면 점점 더 복잡한 인과지도가 생기고, 반대 논리는 거기서도 멈추지 않을 수 있다. 그러므로 결국엔 어떤 문제에 대한 인과지도는 한 가지의 주장에 불과하다는 비관론적 평가가 등장하게 된다.

이 책에서 인과지도 사용은 문제 인식과 문제 변화구조 이해에 초점을 두기로 한다. 그리고 문제를 컴퓨터 모델로 계량화하는 하나의 수단으로 사용하기로 한다.

(4) 인과지도 특징

- 인과지도(因果地圖)는 원인과 결과를 나타내는 지도(Map)라는 뜻이다. 인과지도의 장점은 어떤 덩어리로 이루어진 문제를 구조적으로 해체하여 그 속에 내재된 변수를 이용하여 문제의 메커니즘을 발견하고, 이를 해석하여 결국 문제의 행태(behavior)를 설득력 있게 설명하는 것이 목적이다.
- 인과지도만을 가지고는 어떤 명백한 결론은 내리지 못하고, 다만 문제의 시사점을 개념적으로 제시할 수는 있다. 즉 작성자는 인과지도에 담긴 의미를 상대방에게 설명 또는 설득은 가능하나, 과학적 근거를 갖고 주장하지 못한다는 것이 단점이다.
- 이렇게 되면 이렇게 되고 저렇게 하면 저렇게 되는 논리체계를 갖는 것이 인과지도의 장점이자 맹점이다. 그리고 인과지도에 변수가 많아지고 피드백 구조가 생성되기 시작하면 작성자 외에는 쉽게 인과지도를 원래 뜻대로 설명하는 것이 어렵게 된다.
- 그리고 어떤 간단한 인과지도라도 의문을 갖거나, 이의를 제기하면 인과지도는 쉽게 그 논리가 약해지게 된다. 그 이유는 인과지도는 하나의 주장을 일반화하는 과정이기 때문이다.
- 인과지도는 대개 A4용지를 기준으로, 예를 들어 한 페이지에 10~30개 정도의 변수를 취급한다. 그리고 어떤 특정 시점에서 바라본 문제에 대한 시각이나 견해는 그 사람이 작성하는 인과지도가 타인의 것과 다르게 하는 요인이 된다.

(5) 인과지도 작성 예시

인과지도는 개념(概念, concept)을 시각화하여 나타낸 것으로 주로 명사를 이용하여 작성한다. 즉 단어와 단어를 서로 연결하여 네트워크 형태로 표시한다.

- 전략적 복지부문 예산 배분을 위한 인과지도[1)]

그림 21의 인과지도에서는 복지 지출액을 출산 장려에 사용하는 경우와 노령인구 복지 증진에 지출하는 경우로 구분하여 인과지도를 작성하였다.

---

1) 저자가 기획재정부(기획예산처) 수요 아카데미에서 발표한 자료 참조.

노령인구에 대한 복지지출은 장기적으로 재정을 감소시키지만, 출산을 위한 복지 정책은 재정을 증가시킨다는 가설을 두고 작성한 것이다. 인과지도에서 제시하는 바는 이해할 수 있으나 인과지도를 받아들이기에는 뭔가 선뜻 받아들이기 힘든 점이 있을 것이다.

이처럼 인과지도는 작성자가 나름의 논리로 선택한 변수들을 서로 연결하여 상호 영향 관계를 맺어서 이를 논리적으로 설명하는 시도를 하는 것이다. 하지만 인과지도는 그 어느 것도 확정적이거나 결정적인 것이 아니며, 모델처럼 그 구조가 영원하지도 않다. 인과지도나 시뮬레이션 모형은 모두 다 그 유효수명(有效壽命)을 갖는다.

다시 말하면, 어떤 다른 관점이나 논리에 의해 지금의 인과지도는 무너지고, 새로운 인과지도가 얼마든지 등장할 수 있다. 즉 인과지도는 작성자의 주장[2](one's point or insistence)이 된다.

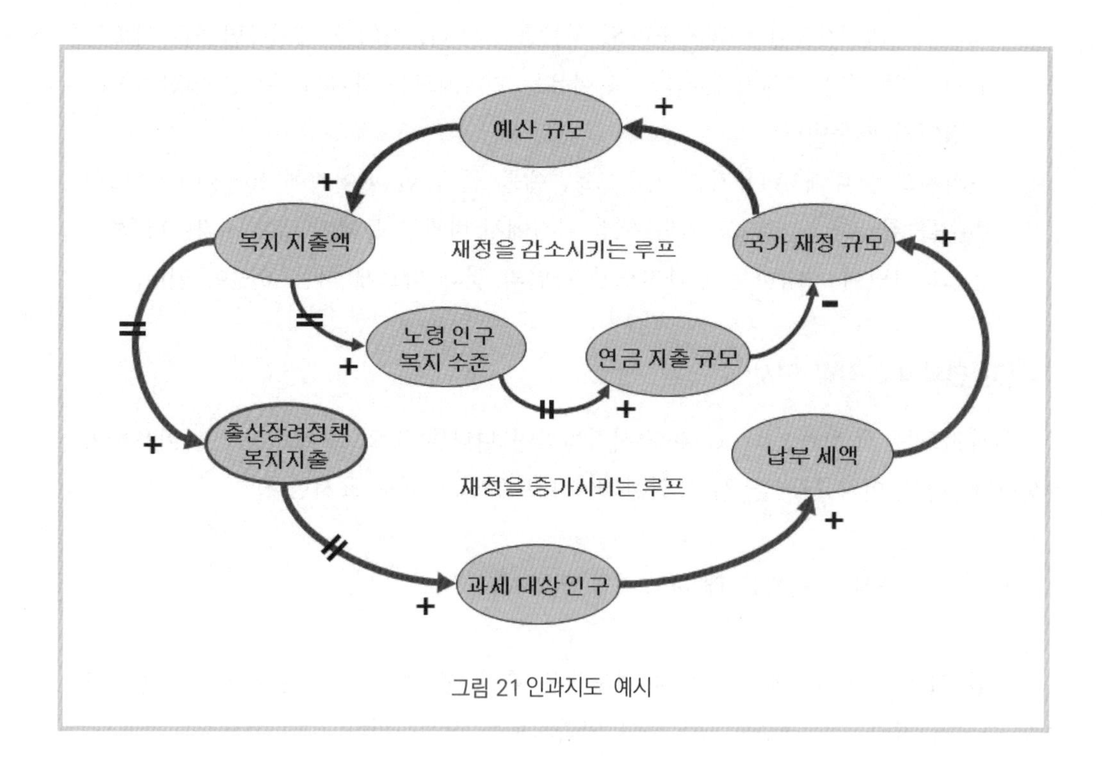

그림 21 인과지도 예시

2) 자신의 의견이나 견해를 굳게 내세움(https://dic.daum.net)

(6) 복지 관련 국가재원 배분 인과지도

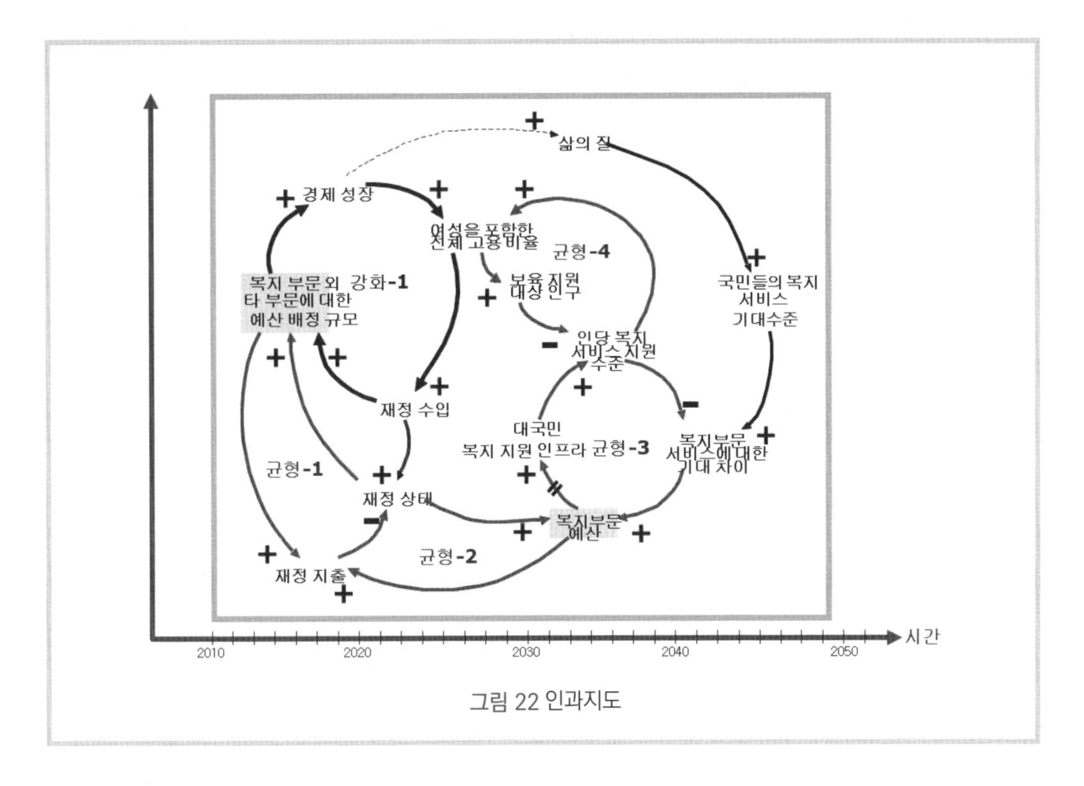

그림 22 인과지도

그림 22의 인과지도에서는 국가재정을 '복지부문'과 '복지 이외의 부문'에 투자하는 경우를 가정하고 있다. 각 부문에 대한 투자 효과는 인과지도와 같이 경제성장이나 대국민 복지지원 인프라 확충에 사용되는 것을 가정하고 있다.

경제성장이 되면 여성을 포함한 전체 고용비율이 증가하고 이는 재정 수입으로 선순환됨을 나타내고 있다. 그리고 여성 고용 증가로 보육 지원 대상 인구가 증가하게 되어, 이는 주어진 대국민 복지지원 인프라에서는 인당 복지 서비스 지원 수준이 하락하는 것을 주장하고 있다.

이렇게 낮아진 인당 복지 서비스 지원 수준은 복지부문 서비스에 대한 기대 차이를 불러와서 다음 해 복지부문 예산 증액을 요구하게 된다. 만약 국가재정에 복지부문 예산이 증액되면 일정한 건립 기간을 지나서 대국민 복지지원 인프라는 증설되고, 이는 인당 복지 서비스 지원 수준을 증가시킬 것이라고 위의 인과지도는 주장하고 있다.

그리고 경제성장이 되면 삶의 질이 나아지고 그만큼 국민의 복지 서비스에 대한 기대수준도 높아지게 된다. 이는 복지부문 예산 증가를 아울러 불러오는 또 다른 요인이 된다는 것을 인과지도를 통하여 알 수 있다.

5.3.2 피드백 루프의 표현

인과지도에서 피드백 루프는 강화 루프(reinforcing loop)와 균형 루프(balancing loop)로 표현된다.

(1) 인과지도 그리기

예를 들어 코로나19 확진자가 증가하면 사회적 거리 두기 정책이 강화되고, 사회적 거리 두기 정책이 강화되면 코로나 확진자가 감소한다고 하자. 이를 인과지도로 표현하면 다음과 같다.(예제 모델 파일 참조)

리본 메뉴에서 [icon] 프레임(frame)과 자유 곡선(freeform)을 이용하여 인과지도를 그리면 다음과 같다. 자유 곡선은 두 개의 점을 이용한다. 라인에서 두 개 점을 이용하면 S 곡선 등 원하는 곡선을 만들 수 있다.

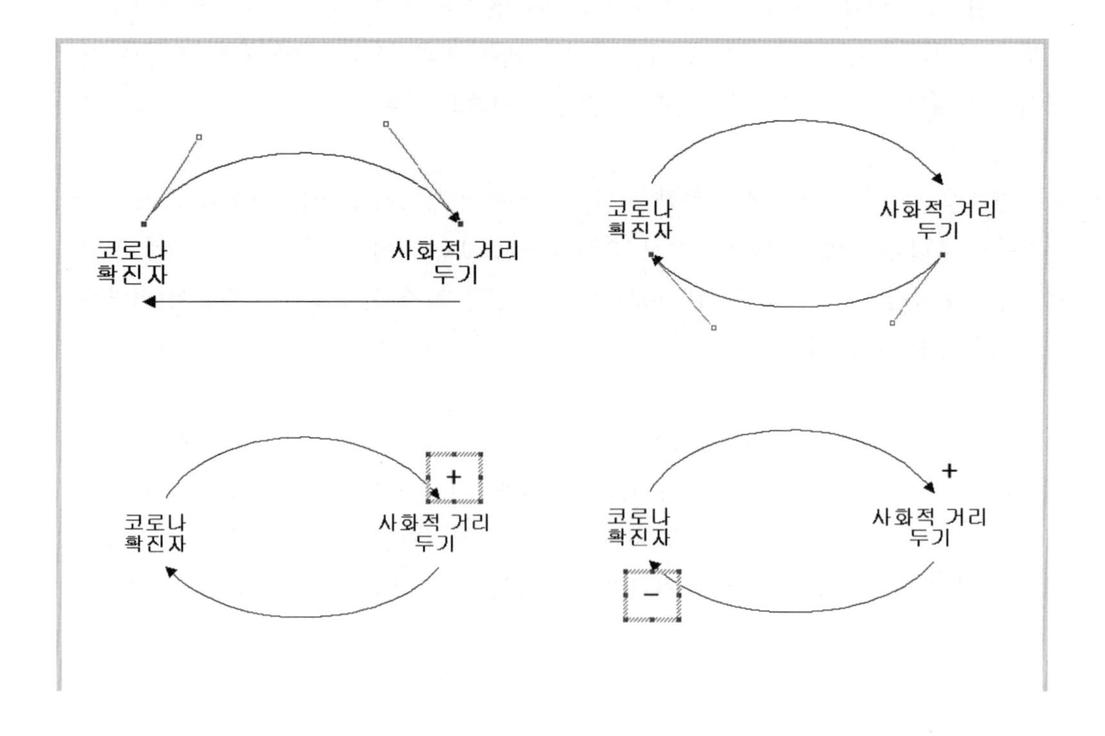

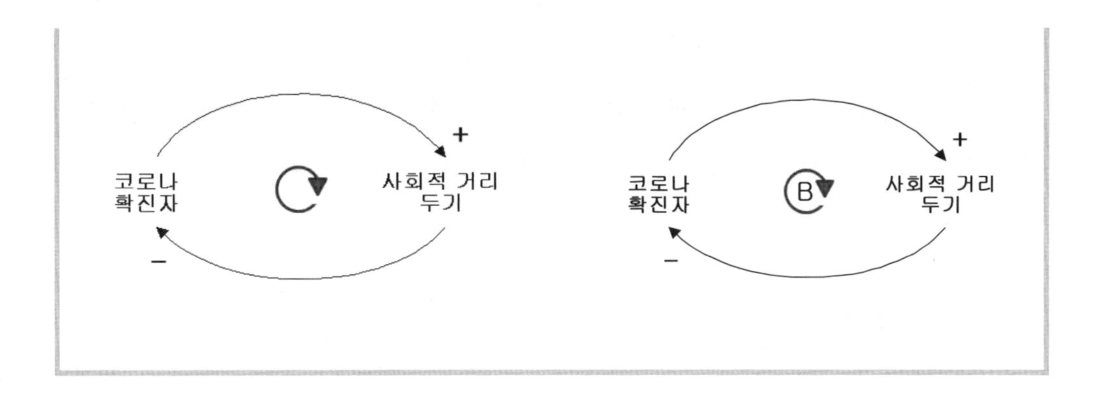

(2) 다양한 모양의 라인(직선, 곡선, 꺾은선 등) 작성

다음과 같이 직선이나 곡선, 꺾은선 등을 그릴 수 있다.

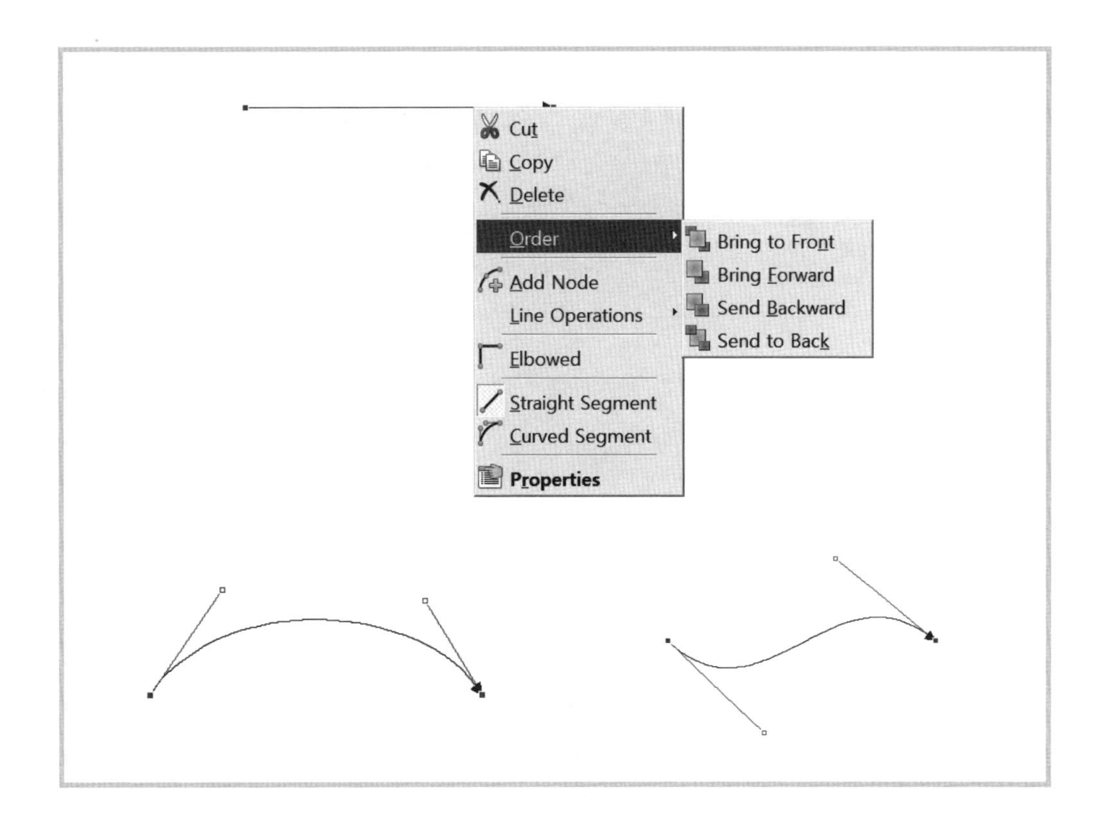

(3) 다양한 모양의 자료 작성하기

리본 메뉴에서 프레임과 자유 곡선을 이용하여 다음과 같은 다양한 형태의 문서를 스톡 플로우 다이어그램에 작성할 수 있다.

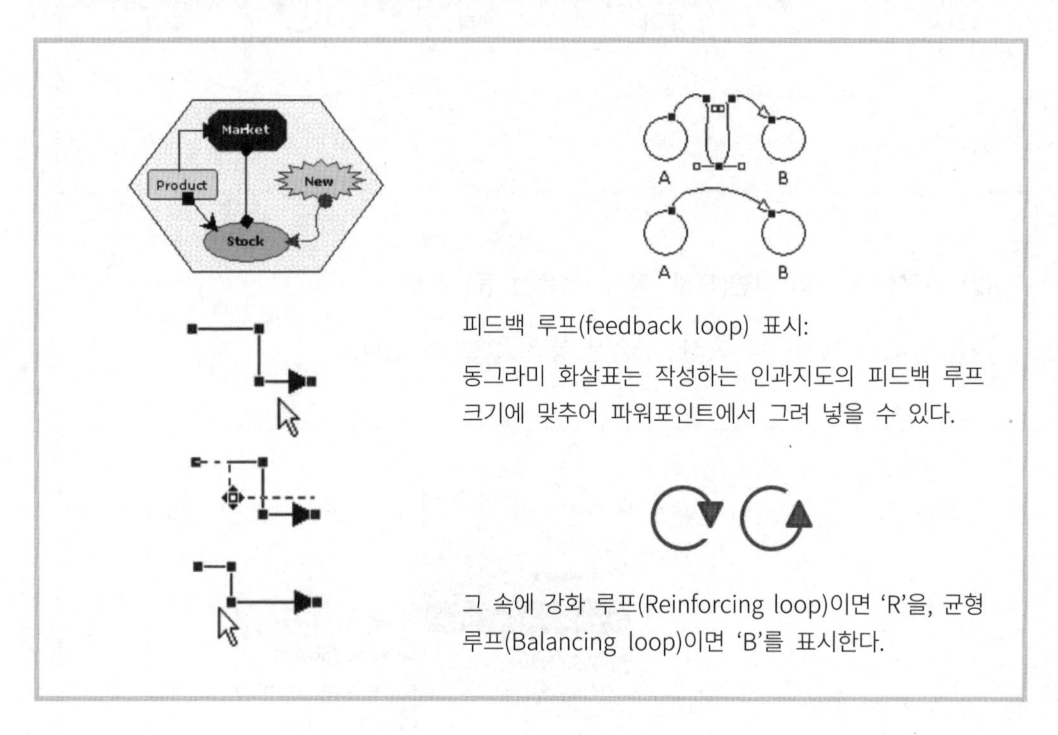

Market
Product
New
Stock
A
B
A
B
피드백 루프(feedback loop) 표시:
동그라미 화살표는 작성하는 인과지도의 피드백 루프 크기에 맞추어 파워포인트에서 그려 넣을 수 있다.
그 속에 강화 루프(Reinforcing loop)이면 'R'을, 균형 루프(Balancing loop)이면 'B'를 표시한다.

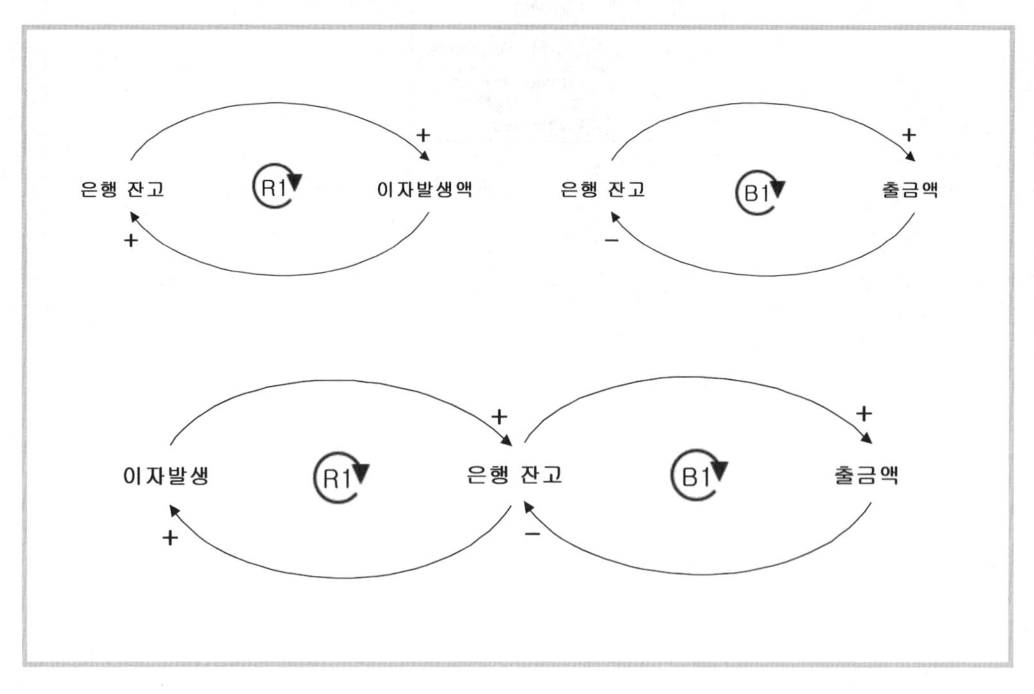

원전 비상시 주민소개 시간 최소화를 위한 인과지도

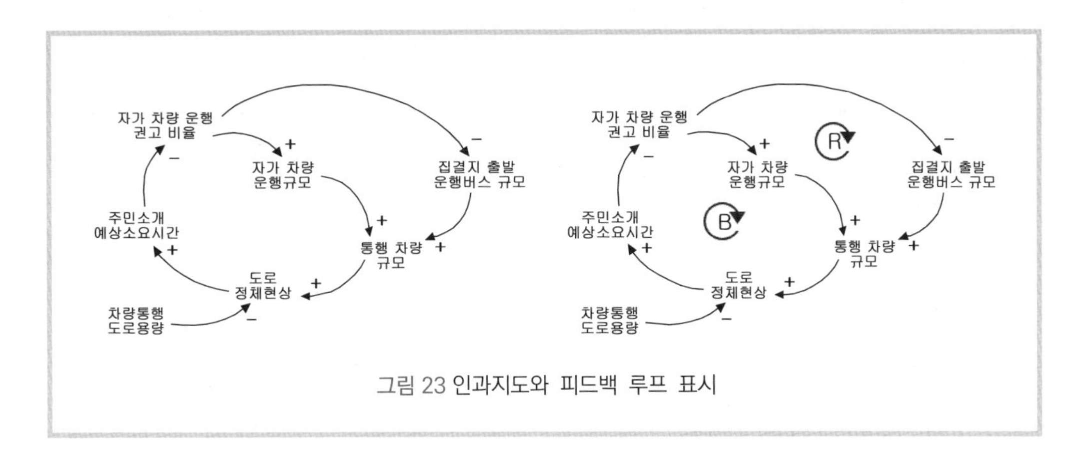

그림 23 인과지도와 피드백 루프 표시

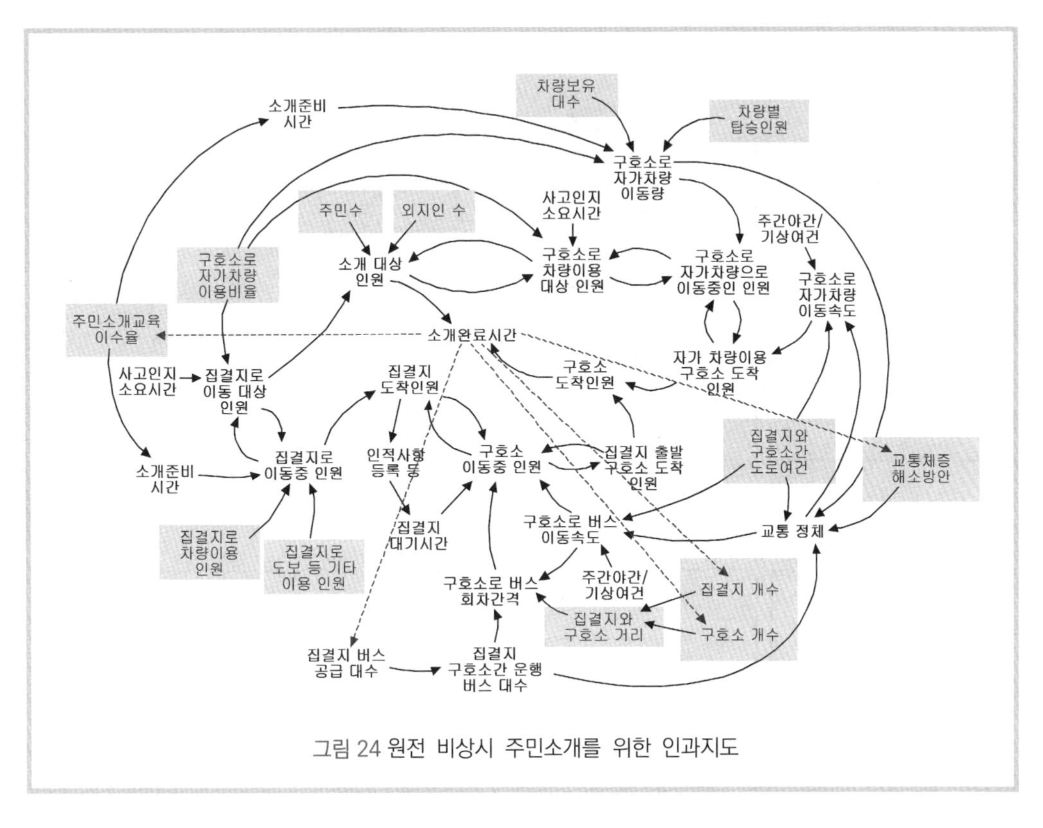

그림 24 원전 비상시 주민소개를 위한 인과지도

모듈 2 모델링 환경설정

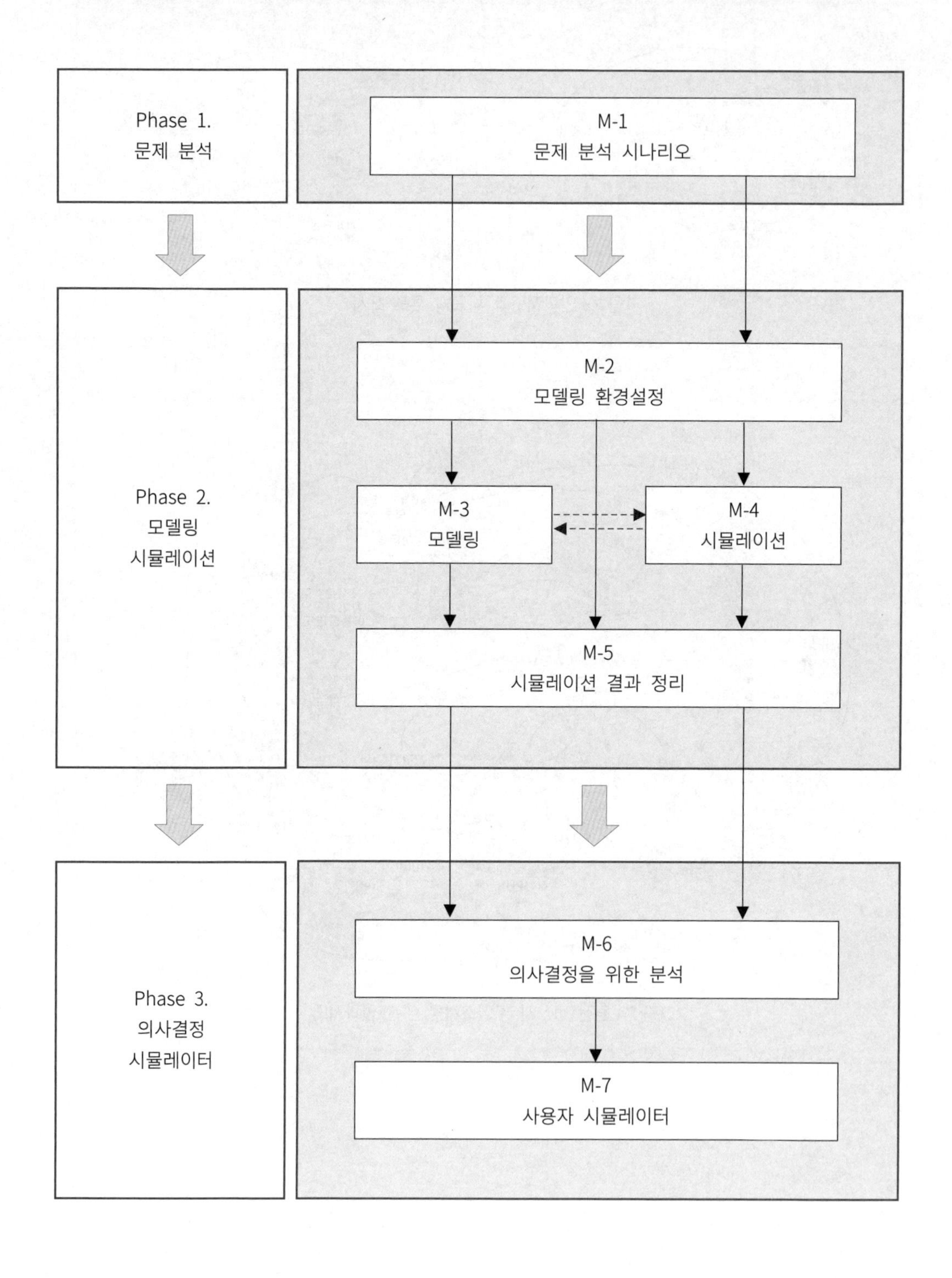

Phase 1.
문제 분석
M-1
문제 분석 시나리오
Phase 2.
모델링
시뮬레이션
M-2
모델링 환경설정
M-3
모델링
M-4
시뮬레이션
M-5
시뮬레이션 결과 정리
Phase 3.
의사결정
시뮬레이터
M-6
의사결정을 위한 분석
M-7
사용자 시뮬레이터

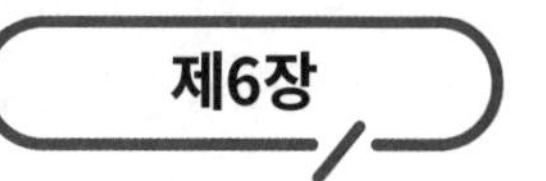

시뮬레이션 환경설정

파워심 소프트웨어를 이용한 시스템 다이내믹스 모델의 구축과정은 그림 1과 같다.

일반적인 모델링 및 시뮬레이션 절차

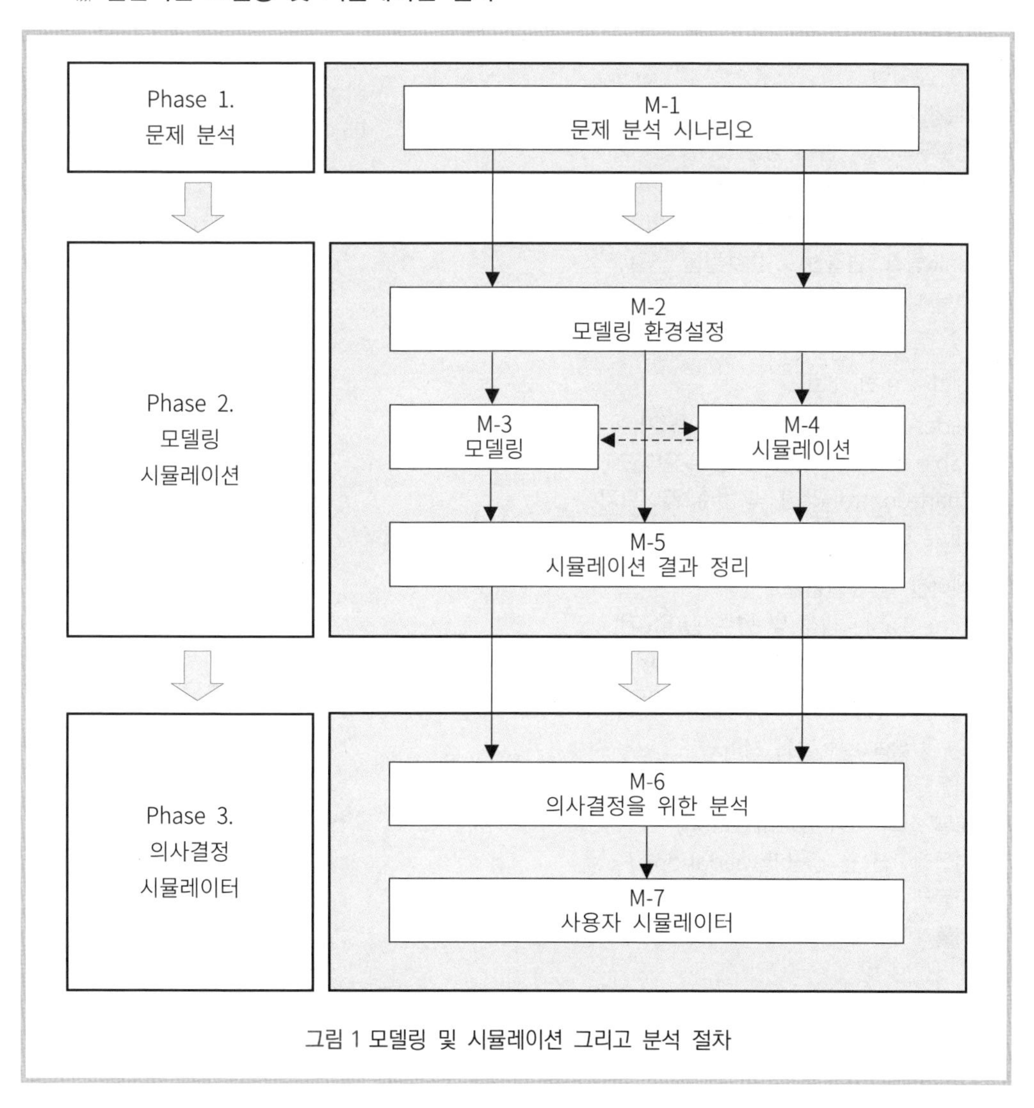

그림 1 모델링 및 시뮬레이션 그리고 분석 절차

일반적인 모델링 및 시뮬레이션 절차

Phase 1: 문제 분석

모듈 1. 문제 분석 시나리오
(1) 모델링 범위 설정
(2) 문제 구성 변수선택
(3) 문제 동작 메커니즘 파악
(4) 인과지도(개념 및 논리 흐름도) 작성

Phase 2: 모델링 및 시뮬레이션

모듈 2. 환경설정
(1) Project Settings
(2) Simulation Settings

모듈 3. 모델링
(1) 레벨(Level) 변수 생성 및 정의
(2) 플로우(Flow) 변수 생성 및 정의
(3) 보조변수(Auxiliary) 변수 생성 및 정의
(4) 상수변수(Constant) 변수 생성 및 정의
(5) Link(링크, 연결선)로 변수들을 연결
(6) 외부 데이터 연결

모듈 4. 시뮬레이션
시뮬레이션 입력 설정
(1) Slider-Bar 생성 및 변수 끌어오기
(2) Table Control 생성 및 변수 끌어오기
(3) Chart-Control 생성 및 변수 끌어오기
(4) Time Graph 생성 및 변수 끌어오기

시뮬레이션 출력 설정
(1) Time Table 생성 및 변수 끌어오기
(2) Table Control 생성 및 변수 끌어오기
(3) Chart-Control 생성 및 변수 끌어오기

모듈 5. 시뮬레이션 결과 정리
(1) 시뮬레이션 결과 요약
(2) 모델 신뢰성 평가(verification)
(3) 시뮬레이션 결과 평가(validation)
(4) 시뮬레이션 결과 요약 및 시각화
(5) 시뮬레이션 결과 해석

Phase 3: 의사결정 시뮬레이터

모듈 6. 결과 분석
(1) 위험요인 식별 및 영향 분석
(2) 시나리오 시뮬레이션
(3) 최적화(Optimization)
(4) 위험요인 관리

모듈 7. 사용자 시뮬레이터(User Simulator)
(1) Bookmark 및 Hyperlink 만들기
(2) 사용자 화면 만들기
(3) 시뮬레이션 Command Control

6.1 문제 분석

일반적인 모델링 및 시뮬레이션 절차

Phase 1: 문제 분석

모듈 1. 문제 분석 시나리오
(1) 문제 이해와 문제 정의
(2) 문제 해결을 위한 접근방안 결정
(3) 문제의 범위와 모델링 범위 설정
(4) 문제를 구성하는 관련 핵심변수의 추출
(5) 문제 동작 메커니즘(mechanism) 파악
(6) 인과지도(개념 및 논리 흐름도) 작성

6.1.1 문제 이해와 문제 정의

(1) 문제의 핵심 이슈(core issues)를 이해한다.
(2) 문제를 설명하는 자료(보고서, 문서, 자료, 데이터, 논문 등)를 수집한다.
(3) 문제와 관련된 사람들(문제 관련 담당자, 전문가 등)의 이야기를 듣는다.
(4) 문제를 전체로 이해하고, 전체적 입장(whole view)에서 문제를 정의한다.
(5) 문제를 구성하는 영역을 구분한다.(보통 3~6개 영역으로 구분)
(6) 각 영역의 관점에서 전체 문제와 영역별 문제를 재정의한다.
(7) 문제 이해를 토대로 문제 정의서(definition statement)를 작성한다.

6.1.2 문제 해결을 위한 접근방안 결정

문제를 어떤 방식으로 해결(solve)할 것인가를 논의하고, 문제 구성 영역별로 문제 해결을 위한 접근방안을 결정한다.

(1) 수리적(mathematical) 방법으로 해결하는 문제
(2) 통계적(statistical) 방법으로 해결하는 문제
(3) 데이터 분석을 통하여 해결하는 문제
(4) 시스템 다이내믹스로 해결하는 문제

(5) 전문가 의견조사나 설문으로 해결해야 하는 문제
(6) 직관으로 해결해야 하는 문제
(7) 발생 가능한 시나리오를 상정하고 해결해야 하는 문제

6.1.3 문제의 범위와 모델링 범위 설정

모델링을 위하여 주어진 문제의 범위를 설정하는 것은 모형의 범위를 정하는 것과 같다.

▨ 문제 범위 결정에 고려해야 할 사항

(1) 문제 범위 결정

- 문제의 핵심이 무엇인가?
- 문제 핵심을 설명하기 위해 어디까지 모델에서 다루어야 하는가?
- 모델링 의뢰자(고객)가 시뮬레이션을 통하여 알고자 하는 것은 무엇인가?

(2) 문제 범위 축소 과정

- 문제를 내용 측면에서 잘 알고 있는 사람이 모델 개발에 참여하는가?
- 이 문제의 모델링과 관련한 자료나 데이터의 지원 정도는?
- 모델 개발자는 이 문제 시스템의 모델링에 어느 정도 자신이 있는가?
- 문제 모델링은 언제까지 완료되어야 하는가?
- 문제 모델링에 투입되는 자원(예산, 인력, 기술, 도구)은 어느 정도인가?

(3) 문제 범위 조정 과정

- 문제 범위의 넓이 조정
- 문제 범위의 깊이 조정
- 문제 범위의 확정: 모델링 영역과 모델링 이외의 영역 구분
- 모델링 영역 이외의 범위는 외생변수로 처리 결정
- 문제 범위에 대한 모델링 영역 구분
- 문제 범위에 대한 모델링 일정 작성(범위, 모델링 작업량 및 일정 구분)
- 일정별 모델링 업무계획서 작성(프로젝트 계획서 작성)
- 문제의 범위와 모델링 범위에 대한 최종 확정 및 승인

6.1.4 문제를 구성하는 관련 핵심변수의 선택

(1) 문제를 구성하는 변수 선택

- 문제 범위 내의 영역별로 핵심변수(Key Variables)를 선택한다.
- 문제 핵심변수를 중심으로 핵심변수를 설명하는 변수를 추출한다.
- 선별된 변수에 대한 중복성이나 상호관련성을 추상적으로 점검한다.
- 변수를 계량화하여 상관분석을 실시하여 상호관련성을 과학화한다.
- 선별된 변수에 대한 변수 정의서(variable_definition sheet)를 작성한다.

(2) 변수 정의서에 포함되는 정보

- 변수 이름, 설명, 계량화 방안, 초깃값(initial value)
- 변수의 계량화를 위한 수식(equation, formula)
- 변수와 관련된 나머지 변수 리스트(영향을 받은 변수와 영향을 준 변수를 포함)
- 변수와 관련된 나머지 변수와의 관계
- 변수와 관련된 업무 담당자 및 연락처 등

6.1.5 문제 동작 메커니즘 파악

- 문제 범위의 영역별 상호 영향 관계를 고려하여 영역별로 추출된 핵심변수 간의 상호 영향 관계를 스케치한다.
- 각 핵심변수와 세부 변수를 연결하고 다른 핵심변수와 세부 변수 간의 관계를 일대일로(one by one) 분석한다.
- 문제의 핵심 이슈에 주요 변수 및 세부 변수를 참여시켜 문제의 작동 메커니즘을 스케치하고, 이를 점점 구체화한다.
- 이러한 문제 메커니즘(Problem's mechanism) 개발에 토론(discussion), 브레인스토밍(brainstorming), 델파이 방법(Delphi method), 문서 탐색, 웹 검색 등 활용 가능한 종합적인 분석방법을 총동원한다.

6.1.6 인과지도 작성

인과지도는 문제가 시간에 따라 변해가는 문제의 동작 메커니즘을 기반으로 문제의 메커니즘을 시각적(visualize)으로 표현하는 단계이다.

(1) 문제의 구조화

- 문제의 핵심변수를 가운데 두고, 이를 중심으로 수형도(Tree Diagram)를 그린다.
- 수형도의 각 줄기 및 가지를 서로 연결할 수 있는지를 검토한다.
- 필요에 따라 잎사귀를 자기 또는 다른 줄기나 가지에 연결할 수도 있다.
- 이런 과정을 거쳐서 복잡해진 네트워크 형태의 시각화된 상호 연관 다이어그램이 생성된다.

(2) 문제의 논리화

- 초벌로 생성된 네트워크 형태의 상호 연관 다이어그램(Network Diagram)을 펼쳐 놓고, 네트워크 다이어그램상에서 문제의 영역을 점선으로 구분해본다.
- 문제 네트워크 다이어그램상에서 문제 영역 간에 피드백 구조를 형성하도록 추출된 변수를 재배치한다.

(3) 문제를 피드백 구조로 이해

- 문제 영역 간에 어느 정도 피드백 메커니즘이 형성되면 문제 영역 수준에서 피드백 구조를 갖는 인과지도(causal loop diagram)를 레벨-1 수준으로 완성한다. 보통 한 장으로 작성된다.
- 문제 핵심 이슈별로 피드백 문제 네트워크 다이어그램을 작성한다.
- 문제 이슈별 네트워크 다이어그램은 문제의 영역을 넘나드는 구조(horizontal structure)로 작성되며, 여러 영역에 있는 변수들이 한자리에 모여서 하나의 문제 이슈를 설명하는 피드백 네트워크 구조(feedback network)를 형성한다.
- 이들을 모아서 레벨-2 수준 인과지도를 문제 이슈별로 여러 장 작성한다. 보통 문제 이슈가 3~5개 정도로 구분되는 경우 3~5장의 인과지도가 작성된다.
- 문서 번호(인과지도 번호)를 이용하여 종합화하여 문제의 전체 피드백 인과지도를 완성한다. 각 인과지도는 작성자의 설명과 작성 정보(날짜, 참석자 등)가 덧붙여져야 한다.

6.2 파워심 모델링을 위한 환경설정

일반적인 모델링 및 시뮬레이션 절차

Phase 2: 모델링 시뮬레이션

모듈 2. 환경설정
(1) 프로젝트 개발 모드 설정(Advanced mode)
(2) 프로젝트 환경 설정(Project Settings)
(3) 시뮬레이션 환경 설정(Simulation Settings)

6.2.1 파워심 모델 개발 모드 구분

파워심 모델링을 위한 개발 모드는 두 가지로 구분된다. 자주 사용하는 기능을 중심으로 제공되는 일반 모드(normal mode), 개발환경과 파워심 프로그램에서 제공하는 모든 기능을 이용하는 고급 모드(advanced mode) 개발환경이다.

파워심의 개발 모드

(1) 일반 모드
(2) 고급 모드

모델 개발자는 두 가지 모드 가운데 하나를 선택하여 모델링 및 시뮬레이션 작업을 하면 되는데, 이 책에서는 파워심 소프트웨어에서 제공되는 전체 기능(full functionality)을 이용하여 모델링 및 시뮬레이션하는 고급 모드(advanced mode)를 설정하여 설명한다.

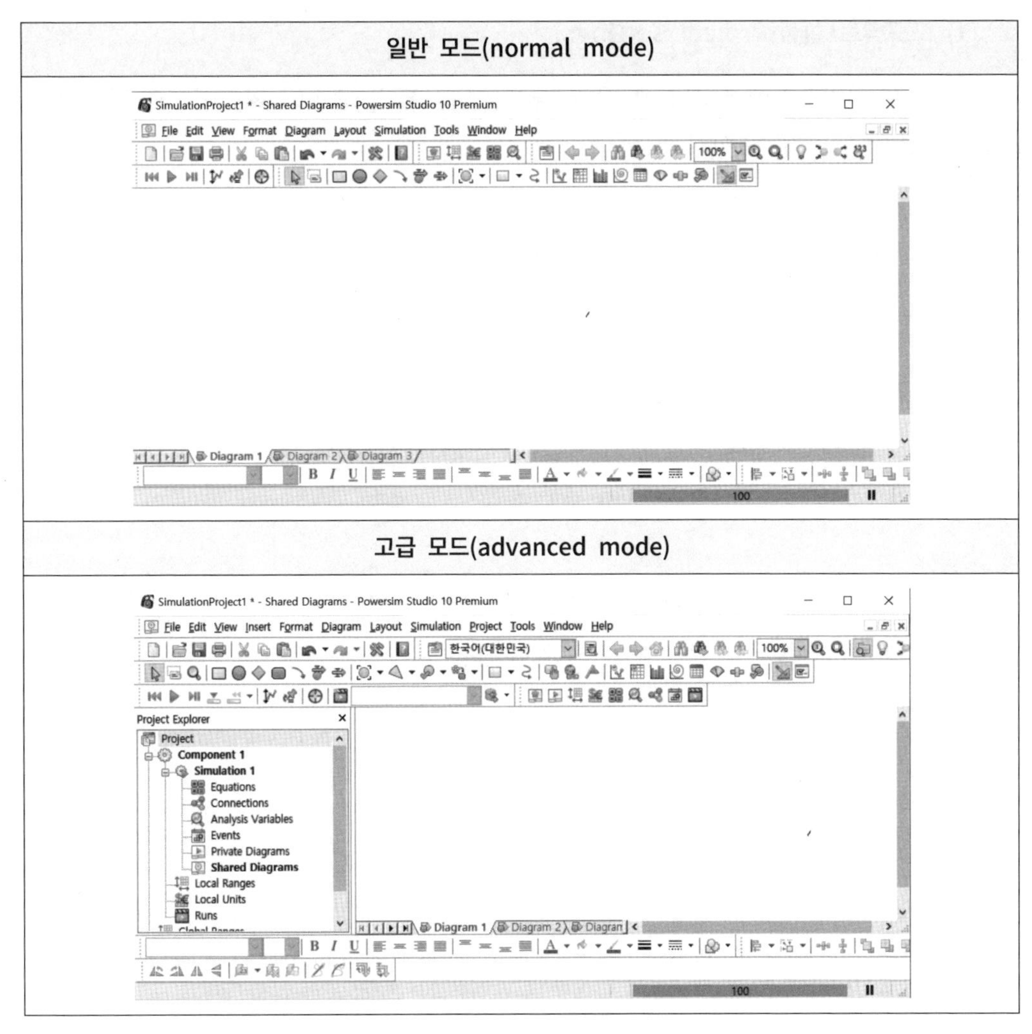

그림 1 일반 모드와 고급 모드

6.2.2 프로젝트 환경설정

파워심에서 모델링 및 시뮬레이션의 최상위 단계는 프로젝트이다. 새로운 문제를 모델링 한다는 것은 하나의 프로젝트를 생성하는 것과 같다. 프로젝트는 두 가지 환경 설정 항목을 갖는다.

- 프로젝트 설정
- 시뮬레이션 설정

(1) 프로젝트 설정(Project settings)

프로젝트 환경설정에서 시간에 대한 환경설정은 달력 종속적 환경설정과 달력 독립적 환경설정 두 가지가 있다.

- 달력 종속적(calendar-dependent) 모델링 및 시뮬레이션 환경설정
- 달력 독립적(calendar-independent) 모델링 및 시뮬레이션 환경설정

(2) 시뮬레이션 환경설정(Simulation settings)

시뮬레이션 환경설정에는 크게 시뮬레이션 기간과 시뮬레이션 간격에 대한 환경설정이 있다.

- 시뮬레이션 시작(Start-time)과 종료(End-time) 시점 설정
- 시뮬레이션 시간 간격(Timestep) 설정

6.2.3 달력 종속적인 모델링 및 시뮬레이션 환경설정

(1) 달력 종속적인 프로젝트 설정(Project settings)

먼저, 달력 종속적인 시뮬레이션은 시스템에서 제공하는 달력을 이용하여 시뮬레이션하는 것이다. 시스템에서 제공되는 달력은 주로 Bank Calendar를 사용한다.

• 메뉴에서 Project Settings > Calendar-independent simulations 선택
(시스템에서 제공하는 달력에 종속적인 시뮬레이션 기간설정)

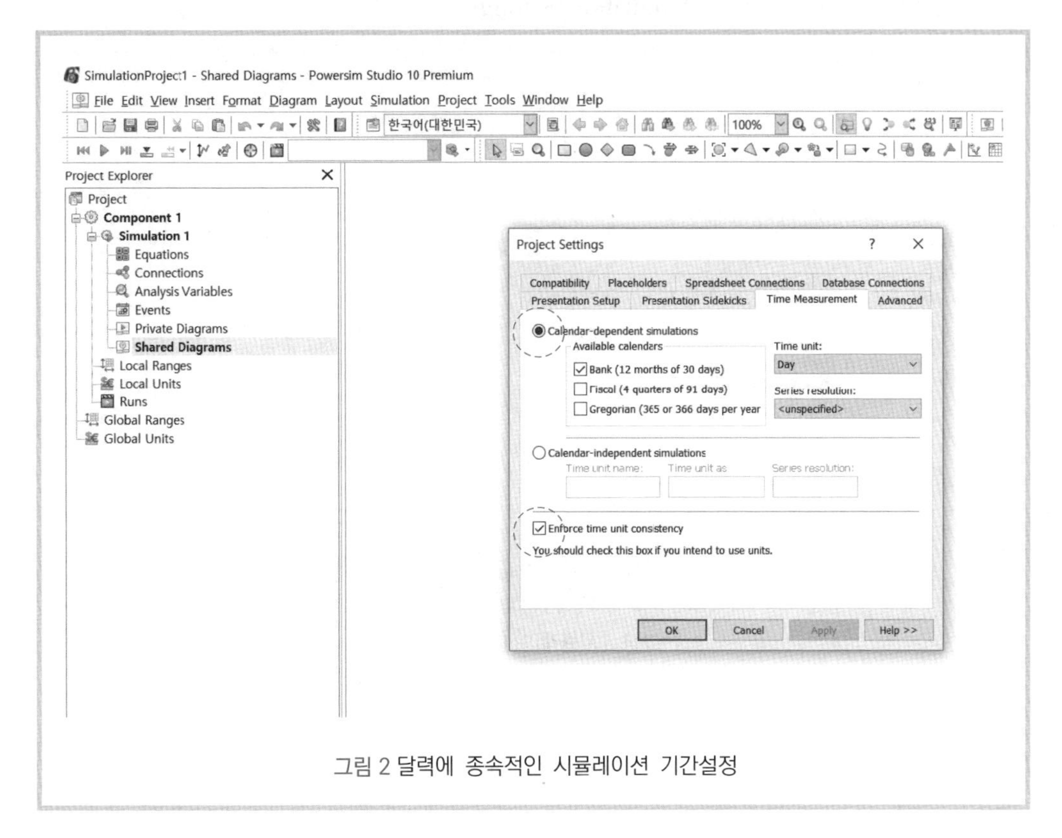

그림 2 달력에 종속적인 시뮬레이션 기간설정

주로 사용하는 Bank Calendar는 1년을 12개월로, 1개월을 30일로 인식하고, 1일을 24시간으로 계산한다. 참고로 아래에 있는 시간 단위 일치 체크(Enforce Time Unit Consistency)를 하지 않으면 플로우 변수 정의에서 스톡 단위에 대해서 시간으로 나누어 주지 않아서 에러(error) 메시지를 발생하지 않는다.

일반적으로 달력 종속 모델링을 하는 경우 시간 단위 일치 체크를 하여 단위를 점검하는 것이 좋다. 하지만 이것은 전적으로 모델 개발자의 선택 권한이다.

(2) 달력 종속적인 시뮬레이션 환경설정

• 메뉴에서 Simulation > Simulation Settings

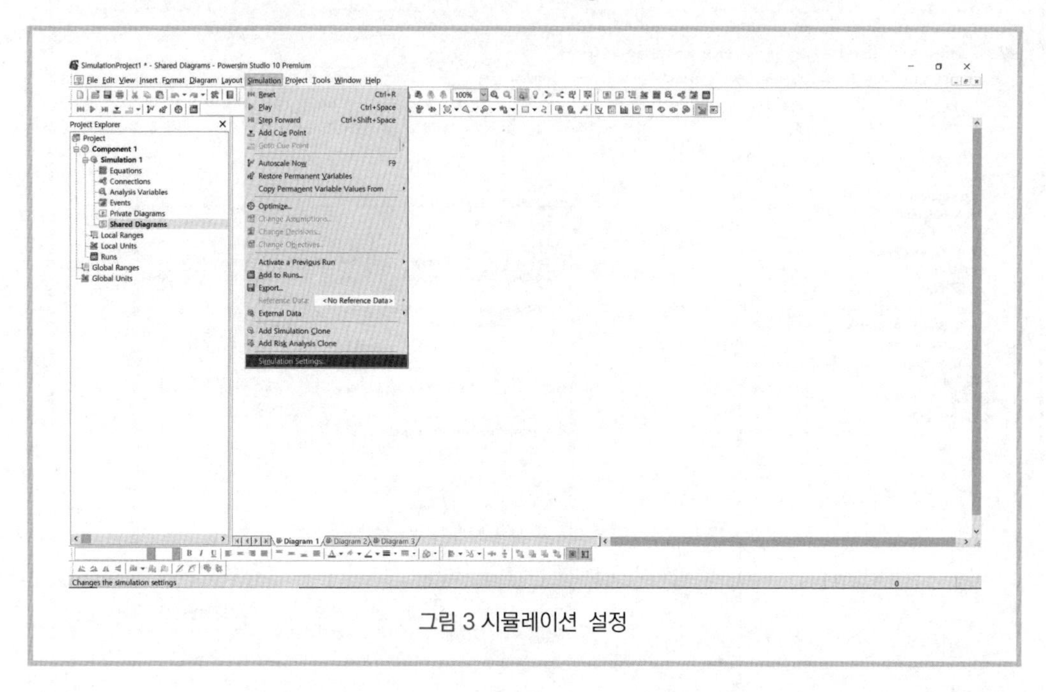

그림 3 시뮬레이션 설정

시간 종속적인 시뮬레이션 기간(Simulation Duration) 및 시뮬레이션 간격(Time-step) 설정

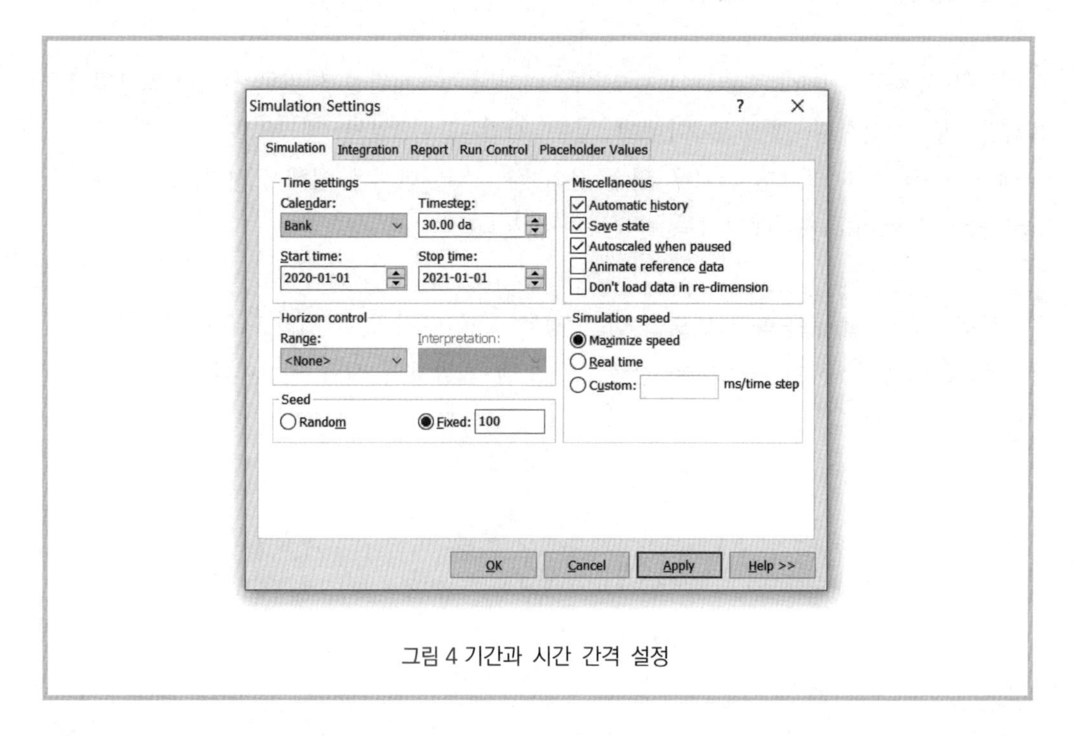

그림 4 기간과 시간 간격 설정

Bank Calendar에서 시뮬레이션 기간은 2020년부터 1년을 시뮬레이션 기간으로 설정하고, 시뮬레이션 간격은 월(30일) 단위로 하게 된다.

- Start time: 2020−01−01
- Stop time: 2021−01−01
- Time−step: 30 da(1개월, 즉 30 da에서 day를 da로 줄여서 나타냄)

6.2.4 달력 독립적인 시뮬레이션 환경설정

모델 개발자가 시뮬레이션 기간을 직접 설정하고, 그 기간에 따라 시뮬레이션을 시행하는 경우에 달력 독립적 시뮬레이션 환경설정을 권고한다.(참고로 이 책에서는 주로 달력 독립적인 시뮬레이션 환경설정을 통하여 모델링 및 시뮬레이션을 수행한다.)

(1) 프로젝트 환경설정

- 메뉴에서 Project > Project Settings 선택

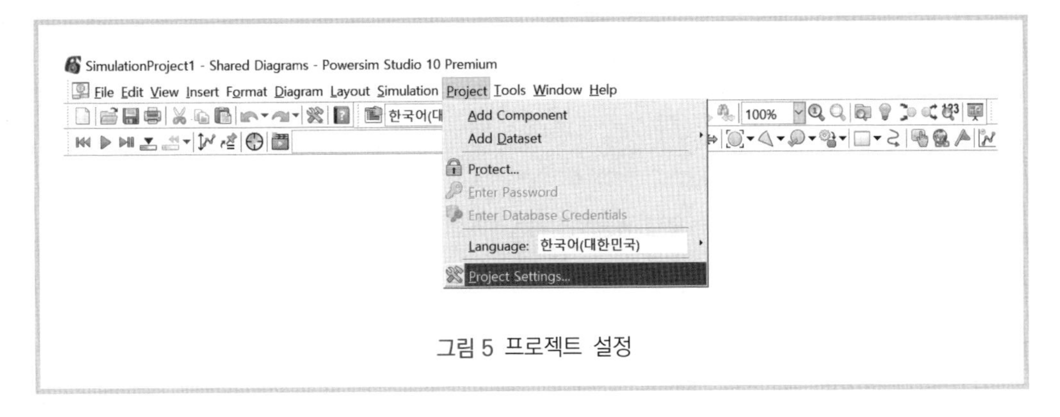

그림 5 프로젝트 설정

(2) 달력 독립적인 시뮬레이션 기간설정

메뉴에서 Project Settings > Calendar－independent simulations 선택
(모델 작성자가 시뮬레이션 기간을 설정한다.)
단, 그림 6에 있는 Enforce time unit consistency 항목은 선택하지 않는다.

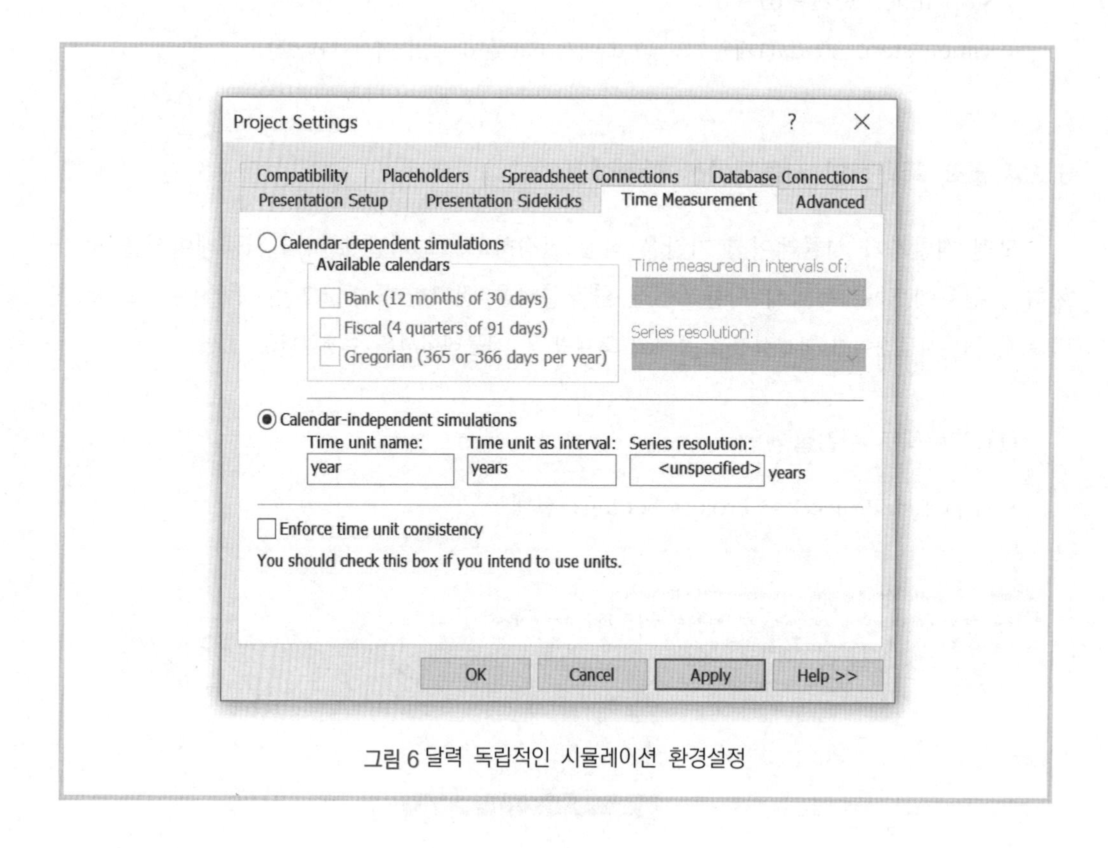

그림 6 달력 독립적인 시뮬레이션 환경설정

(3) 달력 독립적인 시뮬레이션 환경설정

- 메뉴에서 Simulation > Simulation Settings

그림 7 시뮬레이션 환경설정

시뮬레이션 설정(Simulation Settings)에서 시뮬레이션 시작과 종료 시점을 설정하여 시뮬레이션 기간(Simulation Duration)을 설정하고, 시뮬레이션 기간 간격(Time Step)을 설정한다.

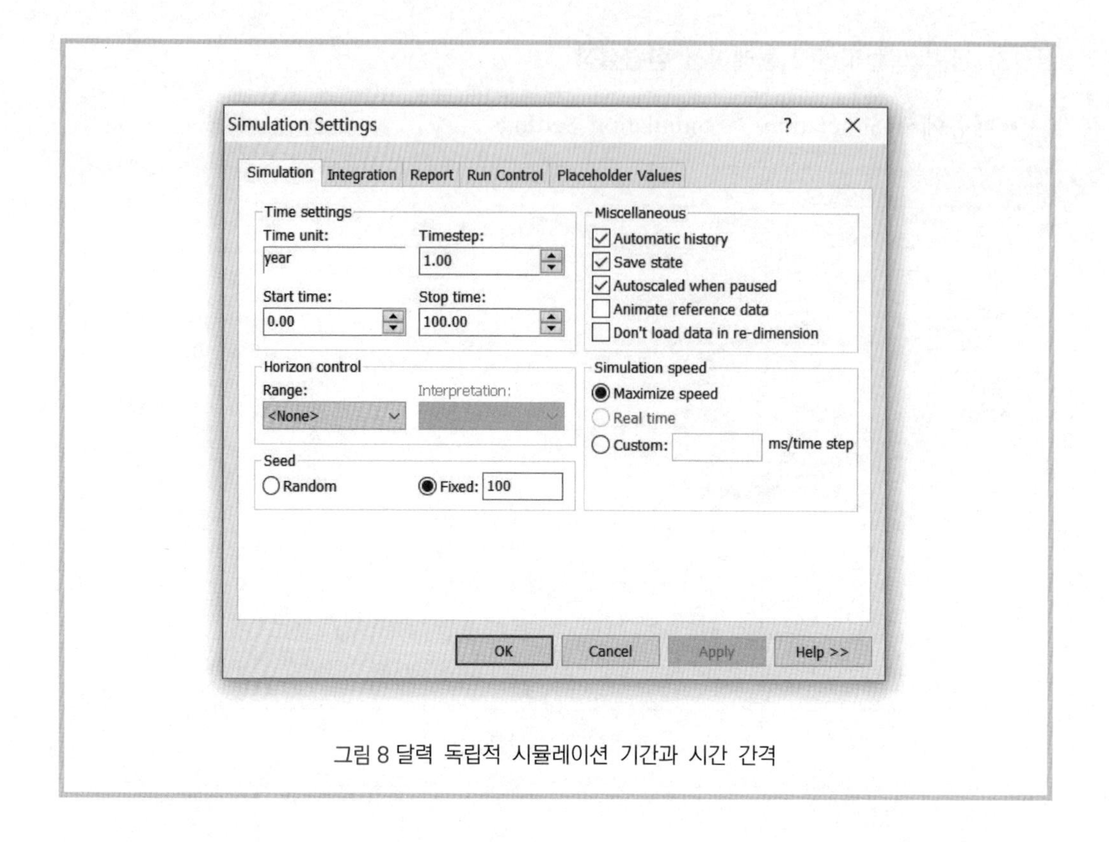

그림 8 달력 독립적 시뮬레이션 기간과 시간 간격

6.2.5 시뮬레이션 모델링 환경설정(권고)

어떤 문제를 모델링하고 이를 시뮬레이션하기 위해서는 다음의 환경설정 절차를 거친다.

(1) 프로젝트 환경설정(Project Setting)

파워심 프로그램을 모델을 개발하는 경우 개발하는 모델을 프로젝트라 부른다. 모델을 개발할 때 맨 처음 해야 할 일은 프로젝트 환경을 설정하는 것이다.

- 프로젝트 환경설정
- 달력 독립적인 시뮬레이션 설정(calendar−independent time setting)

이때 달력을 설정하고 각 시간 간격에 대한 이름을 직접 입력할 수 있다. 예를 들어 Year, Month, Day, 연, 월, 일 또는 기간 등으로 원하는 시간 가격 이름을 설정할 수 있다. 대개 '기간'을 많이 사용한다.

(2) 시뮬레이션 환경설정

모델링에서 해야 할 두 번째 일은 시뮬레이션 환경을 설정하는 것이다. 달력 독립적인 시뮬레이션 환경을 설정한 경우에 모델 작성자는 시뮬레이션 기간을 직접 설정할 수 있다. 예를 들어 시뮬레이션 기간을 Start, Stop 시점을 0부터 100까지 또는 기간 1부터 12까지, 2000부터 2019까지, 2010부터 2030까지 등으로 직접 연도를 고려하여 설정할 수 있다.

- 시뮬레이션 시작 시점 설정(Start time)
- 시뮬레이션 종료 시점 설정(Stop time)
- 시뮬레이션 간격 설정(Time step)

(3) 시뮬레이션 단위 설정(Simulation Unit)

모델링에서 시뮬레이션 설정(simulation settings) 다음에 확인할 일은 모델링 단위를 설정하는 것이다. 모델링 단위는 모델에 사용될 단위를 설정하는 것으로 초보자들이나 모델에 익숙한 전문가에게도 까다로운 것이 단위 설정이고, 단위를 일치화하는 일이다.

모델링 과정에서 각 변수를 정의하기 위하여 각 변수의 연산식(Equations)의 단위를 일치화하는 노력에 비하여, 단위를 일치화하는 이점은 별로 없다. 그만큼 단위를 일치화하는 것이 만만하지 않다는 것이다. 물론, 열역학의 물질수지나 에너지 수지 등의 분야는 예외로 한다.

필자는 시스템 다이내믹스 모델링에 있어서 특별한 경우를 제외하고는 단위(Unit) 사용을 권하지 않고, 단위를 사용하는 대신에 변수 명칭에 단위를 포함하기를 권고한다.

예를 들면, 변수 이름에 '월간 판매량', '연간 소비량', '분기 영업이익', '연간 영업이익' 등으로 단위를 대신하게 하고, 모델 작성자는 단위에 상관없이 모델링을 계속하면 된다.

즉 프로젝트 설정에서 Calendar Independent 달력 독립적인 모델링 환경을 설정하고, 변수 값의 단위(Unit)가 없는 모델링을 권한다. 이를 이용하면 플로우 변수(Flow variable, Rate)를 스톡 변수(Stock variable, Level)에 대해서 시간으로 반드시 나누어주어야 하는 규칙이나 스톡변수의 단위에 상관없이 자유롭게 모델링에 집중할 수 있다.

• 계란 한 판 가격과 매출액

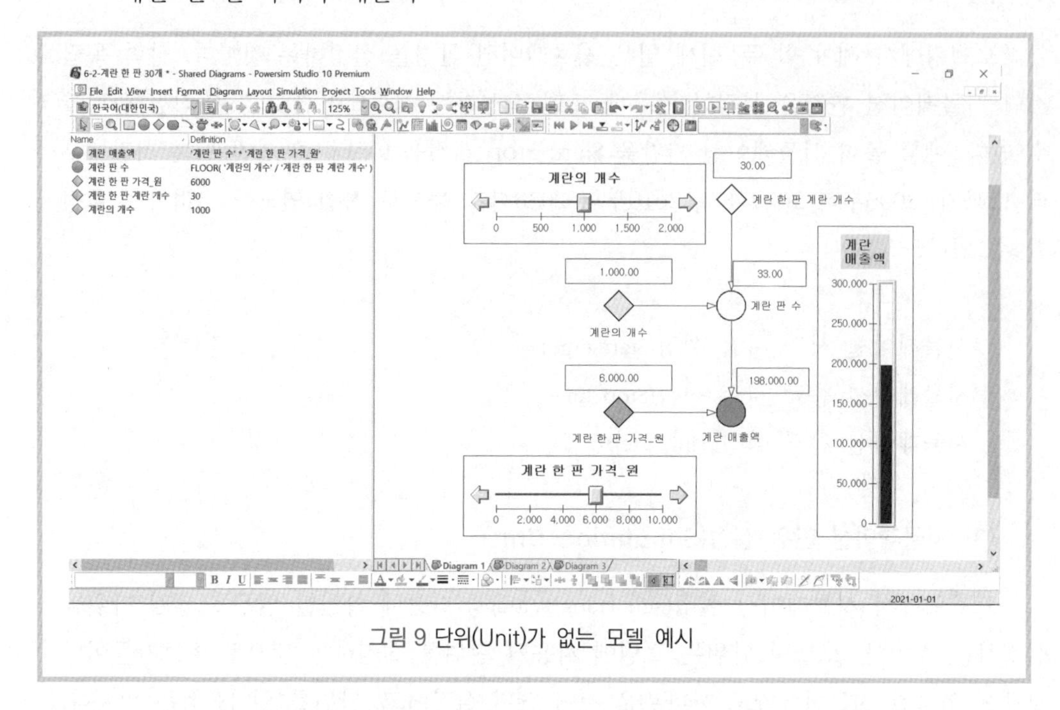

그림 9 단위(Unit)가 없는 모델 예시

6.2.6 시뮬레이션에서 시간의 구분

(1) 시뮬레이션 계산 시간 간격, Timestep

시뮬레이션에서 시뮬레이션 기간은 시작(Start time)과 끝(End time)으로 이루어진다. 그리고 시뮬레이션 기간 간격의 크기(Timestep)는 시뮬레이션의 계산 횟수를 결정한다. 즉 일종의 시뮬레이션 계산 밀도(density)이다.

시뮬레이션 기간 = (시뮬레이션 종료 시점 - 시뮬레이션 시작 시점)

$$\text{시뮬레이션 계산 횟수} = \frac{\text{전체 시뮬레이션 기간}\ (Duration)}{\text{시뮬레이션 간격}(\Delta t)}$$

(2) 시뮬레이션 계산 시점

시뮬레이션 계산 시점은 시뮬레이션 각 단위 간격(time interval)에서 시간 단위의 어느 지점에서 계산이 이루어지는가?에 대한 이슈이다. 즉 각 시간 간격 단위의 시작 시점(기초, 期初), 중간(中間) 시점, 종료 시점(기말, 期末) 중에서 어디인가?

예를 들어 3일(days)의 일일 간격은 다음과 같이 구성된다.

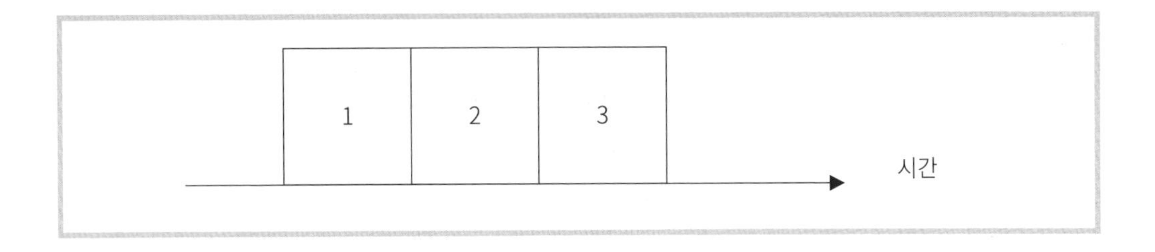

3일 동안 과일의 일일 판매량이 다음과 같다고 하자.

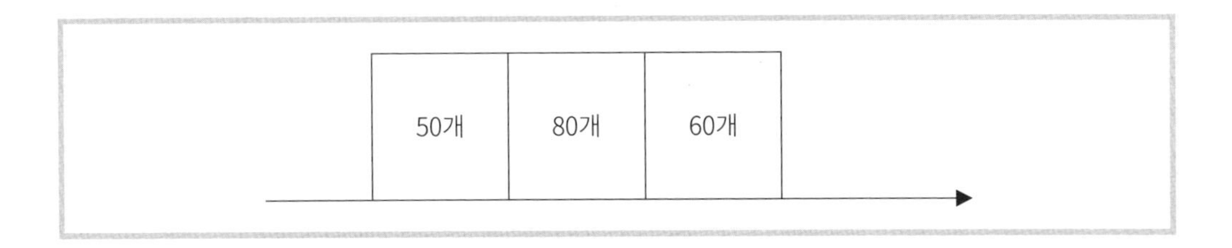

이 중에서 하루 간격으로, 즉 하루씩(daily) 시뮬레이션하는 경우에 첫날 하루 동안 50개 판매량은 어떻게 판단되는 것일까? 예를 들어 하루의 시작 시점에 50개, 하루의 종료 시점에 50개 등으로 정할 수 있다.

이는 시뮬레이션 시스템의 환경설정에서 이러한 시뮬레이션 규칙을 정해주어야 한다. 막연히 하루에 50개 판매량이라고는 할 수 없다. 즉 하루 판매량은 시작 시점을 기준으로 50개 또는 하루 종료 시점을 기준으로 50개 등으로 정해주어야 컴퓨터가 그에 따라 계산을 하게 된다.

이러한 일일 판매량을 정하는 방법으로 3가지가 있다.

- 방법-1. 하루의 시작 시점에 판매량 50개를 인식하는 것이다.
  어떤 변화량을 단위 시간 초기(期初, First)에 인식하는 것이다.
- 방법-2. 하루의 종료 시점에 판매량을 50개를 인식하는 것이다.
  어떤 변화량을 단위 시간 말(期末, Last)에 인식하는 것이다.
- 방법-3. 하루의 중간 시점, 평균(平均) 시점에 50개를 인식하는 것이다.

1st order, 오일러(Euler) 미분을 설정하는 경우 시간 간격 계산을 수식으로 나타내면 다음과 같다.

$$y_{t+1} = y_t + \frac{\Delta y}{\Delta t} * h$$ 여기서 h는 시간 간격(Time Step)이다.

여기서 '시뮬레이션 계산 횟수' = $\frac{\Delta t}{h}$ 이다.

(3) 시뮬레이션 설정에서 적분 방식 비교

시뮬레이션 설정(Simulation settings)에서 적분 방식(Integration method)을 설정한다.

- 1st order, Euler 적분 방식 설정

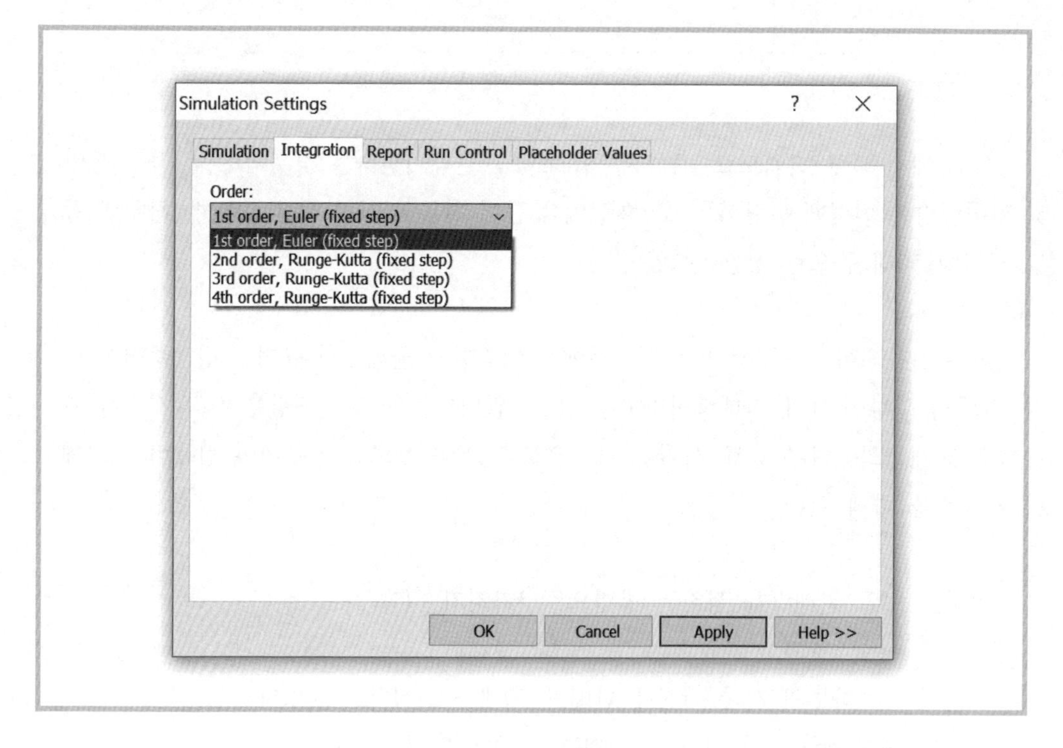

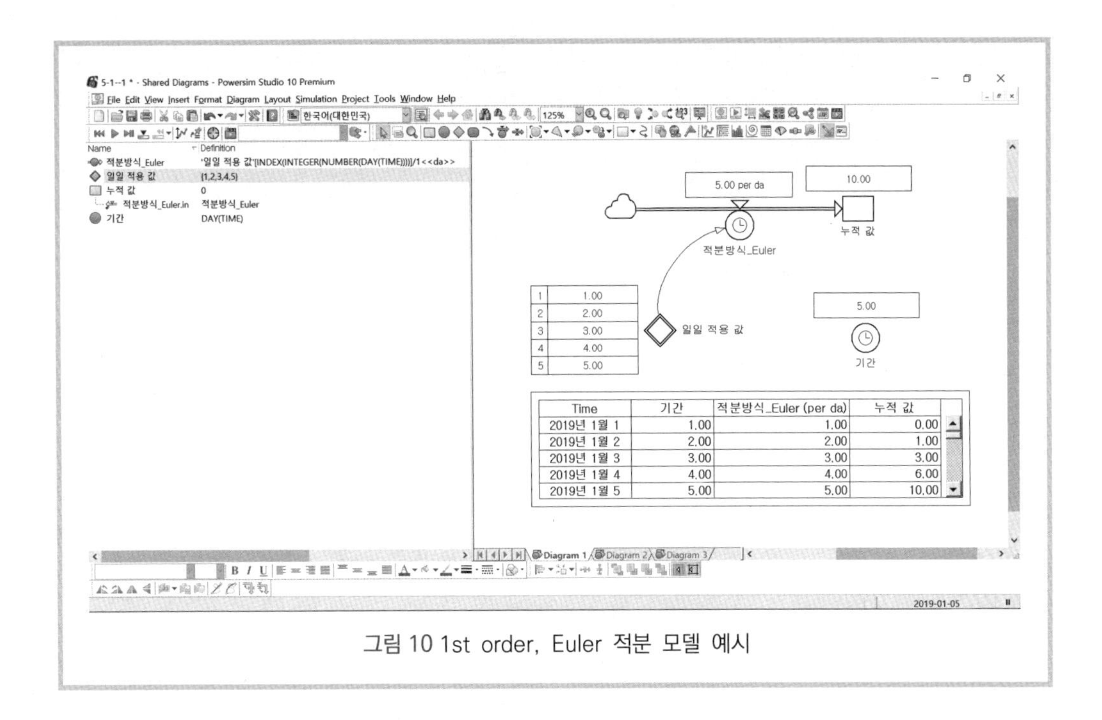

그림 10 1st order, Euler 적분 모델 예시

6.3 시뮬레이션 계산방식 이해

6.3.1 곡면의 면적 구하기

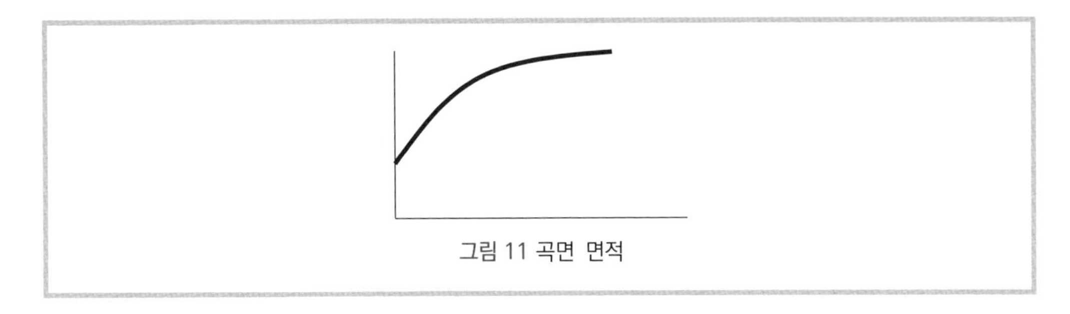

그림 11 곡면 면적

위와 같은 곡선이 있을 때 현재까지의 과학으로는 곡선 아래의 면적을 정확히 구할 방법은 없다. 다만 근사적으로 실제 값과 거의 가까운 면적을 구할 수 있을 뿐이다.

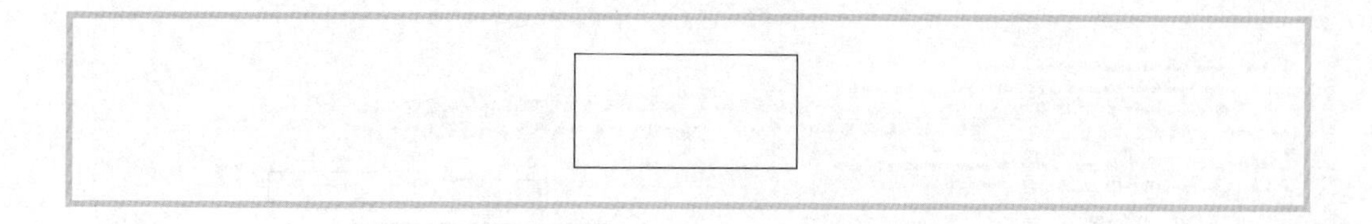

$$사각형\,넓이 = 밑변 * 높이 = 가로 * 세로$$

사각형 면적을 구하기 위해서는 사각형 밑변 가로와 높이 세로의 길이를 곱하면 된다.

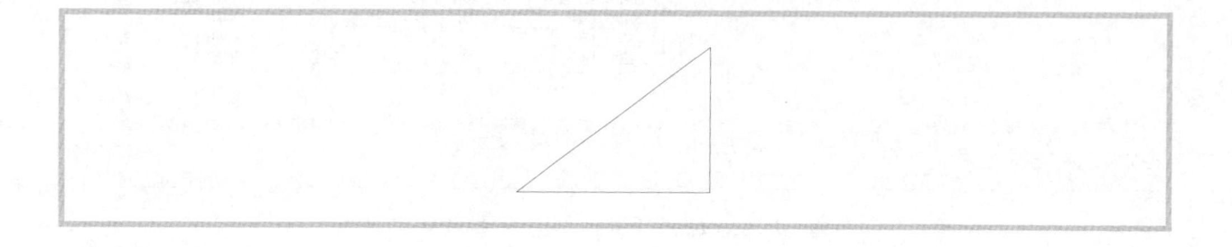

$$삼각형\,넓이 = 밑변 * 높이 * \frac{1}{2} = \left(\frac{밑변}{2}\right) * 높이$$

즉, 사각형에서 삼각형의 면적을 구하기 위해서는 삼각형의 밑변에 $\frac{1}{2}$을 곱하고, 여기에 높이를 곱하는 것과 같다. 그 면적은 사각형의 반이라는 뜻이다.

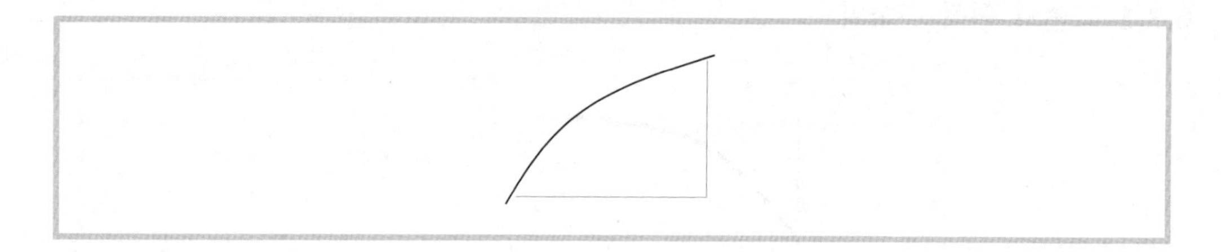

만약 위의 곡면의 면적을 구할 때 사각형 면적을 사용하는 것보다 삼각형 면적을 사용하는 것이 훨씬 오차가 적을 것이다.

만약 곡면의 면적을 구하기 위하여 매우 다음과 같은 작은 삼각형을 사용한다면 그 오차는 더 작아질 것이다.

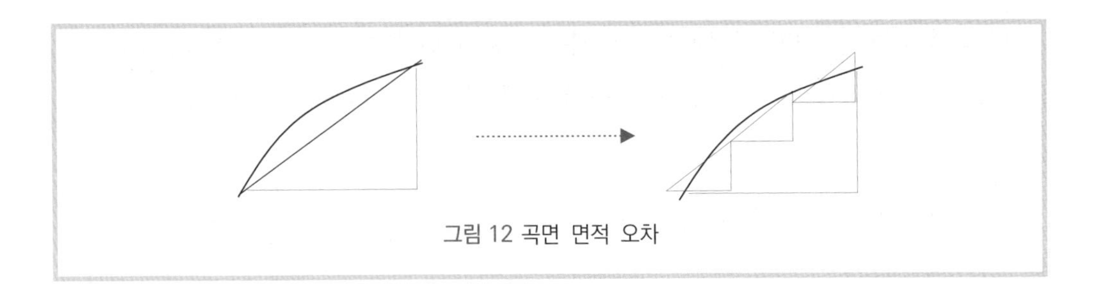
그림 12 곡면 면적 오차

6.3.2 오일러 방식(Euler Method)

스위스 바젤 태생인 레온하르트 오일러(Leonhard Euler, 1707–1783)는 이러한 곡선의 면적을 구하기 위하여 X축을 일정한 간격으로 나누고 이를 폭으로 하는, 즉 밑변과 높이로 이루어지는 사각형을 이용하여 곡선의 면적을 구하는 방식을 제안하였다. 이것이 오일러 방식(Euler integration method)이다.

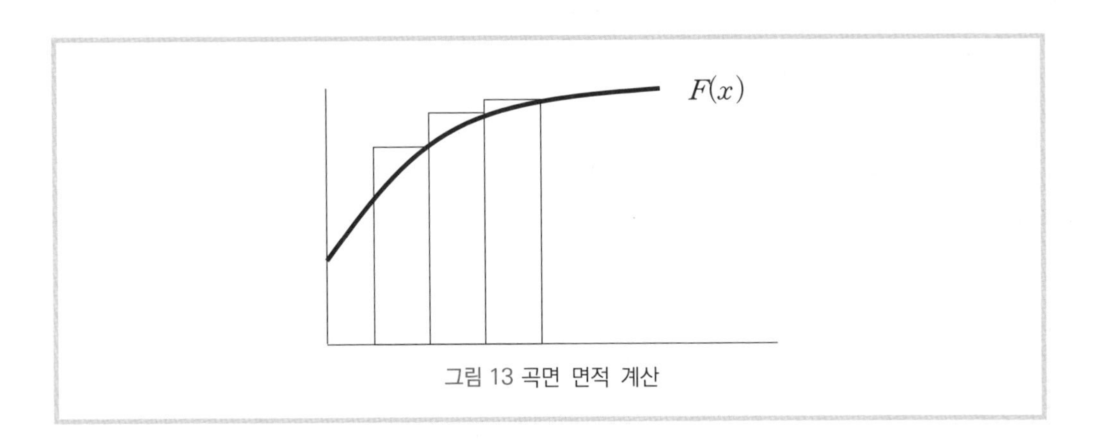

그림 13 곡면 면적 계산

오일러 1차 적분 방식은 곡선의 면적을 사각형의 면적으로 구하는 방식으로, 그림 13에서 곡선의 윗부분에 튀어나온 부분의 면적이 오차(error)가 된다. 따라서 각 사각형의 오차는 사각형의 가로 간격의 크기에 비례한다.

사각형 가로 간격의 크기 밑변의 크기(h)를 작게 할수록 $\lim_{h \to 0} f(x+h)$ 전체 곡선의 실제 면적과의 사각형 면적 합과의 오차는 작아진다. 즉 곡선 아래 사각형 개수와 오차는 반비례하게 된다. 사각형의 폭이 좁으면 좁을수록 전체 곡선의 면적과의 오차는 작아지게 된다.

이 곡선 $F(x)$이 어떤 지점에서 휘어지는 부분의 변화량, 즉 곡면은 단위 가로 간격 크기(밑변 길이의 시작과 끝 지점)에 대응하는 $F(x)$ 값의 변화량이 있을 때,

어떤 지점에서의 곡선의 미분 값은 $F'(x) = \lim_{h \to 0} \frac{F(x+h) - F(x)}{(x+h) - (x)} = f(x)$로 나타낸다.

즉, 밑변의 변화량으로 곡선의 변화량을 나눈 값이다.

이를 오일러의 원리를 수식으로 설명하면 다음과 같다.

$y_0 = F(x_0) = y(x_0)$ 이고, $y = F(x,y)$ 그리고 $y' = f(x,y) = F'(x,y)$ 이면,

$$y(x+h) = y(x) + \frac{h^1}{1!}F'(x,y) + \frac{h^2}{2!}F''(x,y) + \ldots \text{이다.}$$

여기서 1계상(한 개의 미지수에 대한) 미분방정식(1st order differential equation 또는 Ordinary differential equation)은 테일러 급수(Taylor series)에서 아래와 같이 근사된다.

$$y(x+h) = F(x,y) + \frac{h^1}{1!}F'(x,y) = y(x) + \frac{h^1}{1!}F'(x,y) = y(x) + hf(x,y)$$

이와 같은 원래 값 $F(x+h, y)$ 값을 $y(x+h) = y(x) + hf(x,y)$로 근사시킨 것을 오일러 방법이라고 한다.

이는 다음과 같이 나타낼 수도 있다.

이를 일반식으로 나타내면 $y_{n+1} = y_n + hf(x_n, y_n)$이다.

즉, $n=0$ 이면, $y_1 = y_0 + hf(x_0, y_0)$ 그리고 $n=1$ 이면,
$y_2 = y_1 + hf(x_1, y_1)$, ...이다.

시스템 다이내믹스에서는 특별한 설명이 없는 경우에는 적분을 위한 미분 계산은 오일러 미분 방식으로 표현된다.

6.3.3 룽게-쿠타 방식(Runge-Kutta method)

토마토를 키울 때 여름 태양 아래 자라는 속도가 점점 달라지는 것을 볼 수 있다. 이처럼 비선형적 속도로 토마토 나무가 자라는 것을 나타내기 위해서는 단위 시간당 자라는 크기를 좀 더 정교하게, 즉 단위 구간(밑면)당 곡면의 크기 변화를 좀 더 구체적으로 나타낼 필요가 있다.

예를 들어서 오후 1시부터 5시까지 네 시간 동안 자란 토마토 나무의 크기는 1시부터 2시까지 자란 크기를 반영하여, 2시부터 3시까지 자란 크기와, 3시부터 4시까지 자란 크기를 반영하는데, 이때 태양의 강도가 1시부터 3시까지 강해지다가 3시부터 5시까지 약해지는 것을 고려하여 토마토 자란 크기를 시간별로 구분하는 것이다.

그리고 네 시간 동안 자란 토마토 나무의 크기를 Runge-Kutta 계산방식을 이용하여 계산하는 것이다.

이처럼 오일러 방식을 개선하여, 곡선의 면적을 구하는 룽게-쿠타 방식은 독일 수학자 카를 룽게(Carl David Tolmé Runge, 1856-1927)와 폴란드 태생의 독일 수학자 마르틴 쿠타(Martin Wilhelm Kutta, 1867-1944)에 의해 1900년 즈음 개발되었다.

Runge-Kutta 방식을 언어로 설명하면, 오일러가 사용한 하나의 사각형의 가로 폭의 크기를 어떤 연쇄 논리에 의하여 여러 개의(예: 4개) 서로 다른 작은 단위의 폭으로 이루어진 사각형을 이용하여 곡선의 면적을 구하는 방식이다.

이렇게 하면 오일러 방식에 의한 곡선 면적을 구하는 것에 비하여 계산은 복잡하나 서로 다른 작은 크기의 사각형 개수가 많아져 실제 곡선의 면적과의 오차(error, difference)는 줄이는 원리이다.

이를 수식으로 설명하면 다음과 같다.

$y_0 = F(x_0) = y(x_0)$이고, $y = F(x,y)$ 그리고 $y' = f(x,y) = F'(x,y)$이면,

h간격으로 밑변(x)이 구성되어 있을 때,

$x_{n+1} = x_n + (n+1)h$이다. 여기서 $n = 0,1,2,3,...$

즉, $x_1 = x_0 + h$이고, $x_2 = x_1 + (1+1)h = x_1 + 2h$이다.

여기서 룽게-쿠타 방식에서는 4개의 중간 계산치를 사용하는데,

$$k_1 = hf(x_n, y_n)$$

$$k_2 = hf\left(x_n + \frac{1}{2}h, y_n + \frac{1}{2}k_1\right)$$

$$k_3 = hf\left(x_n + \frac{1}{2}h, y_n + \frac{1}{2}k_2\right)$$

$$k_4 = hf(x_n + h, y_n + k_3)$$

그리고 $y_{n+1} = y_n + \frac{1}{6}(k_1 + 2k_2 + 2k_3 + k_4)$이다.

6.3.4 시뮬레이션 계산방식 설정

달력 독립형 시뮬레이션 모델 설정

(1) 프로젝트 환경설정

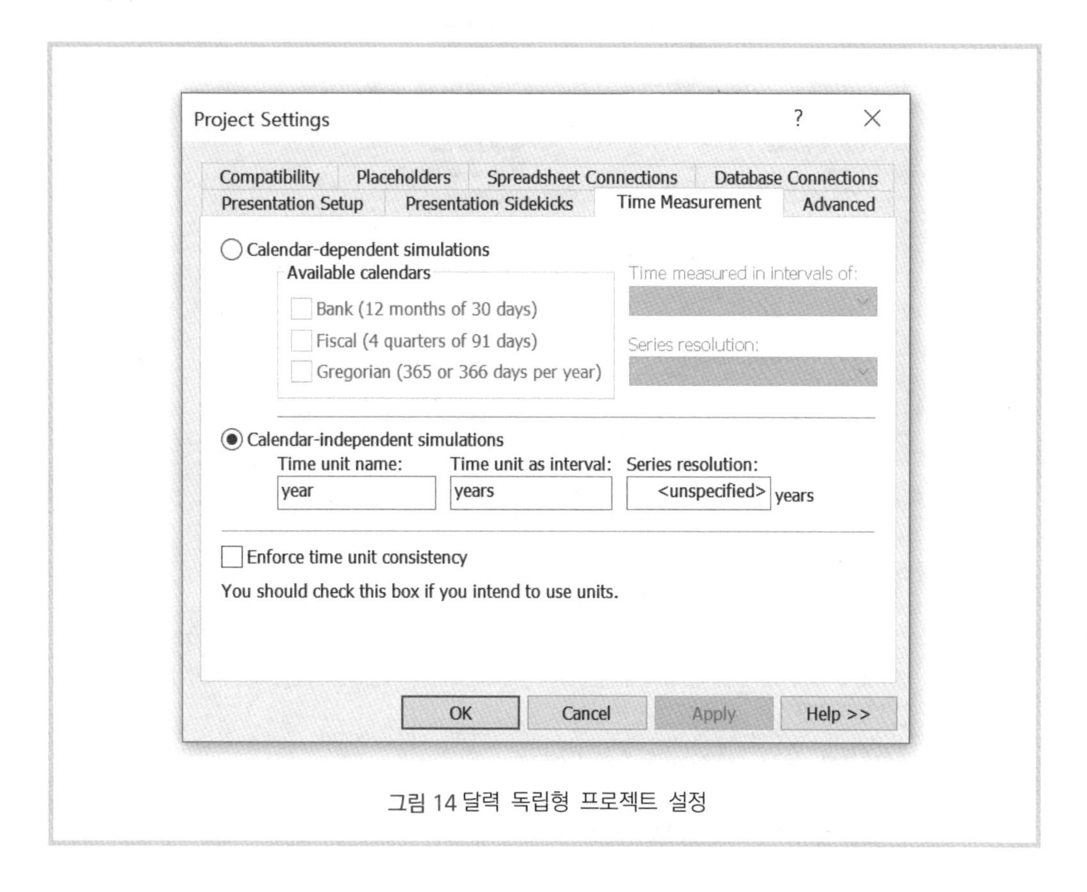

그림 14 달력 독립형 프로젝트 설정

(2) 시뮬레이션 환경설정

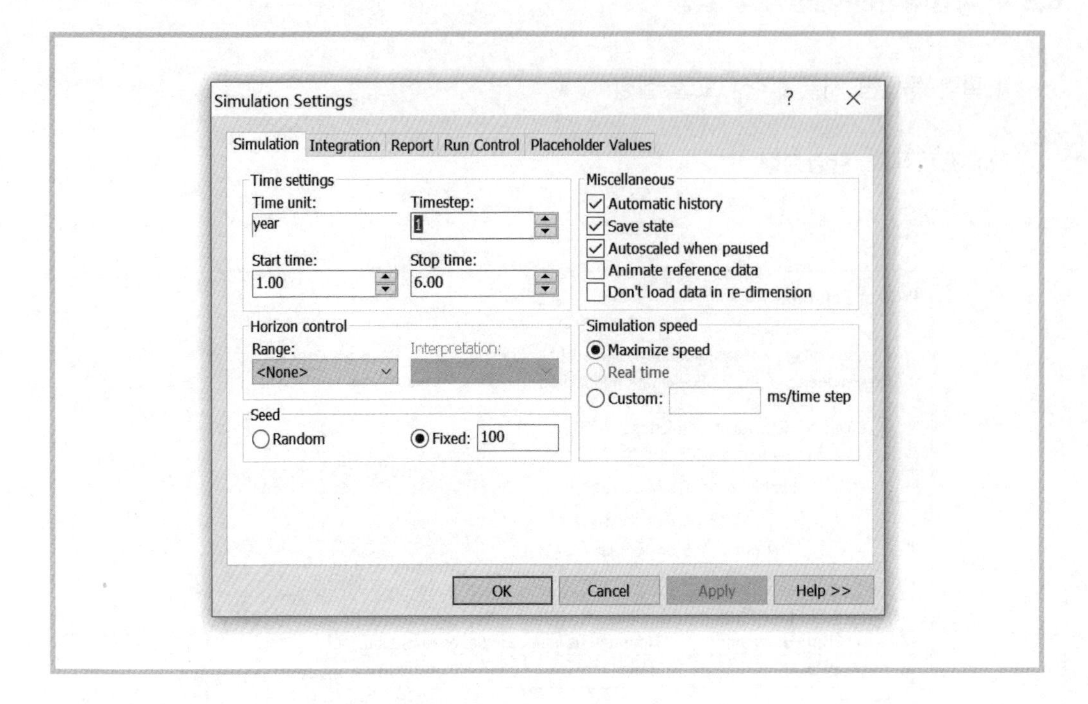

(3) 시뮬레이션 설정에서 적분 방식 설정

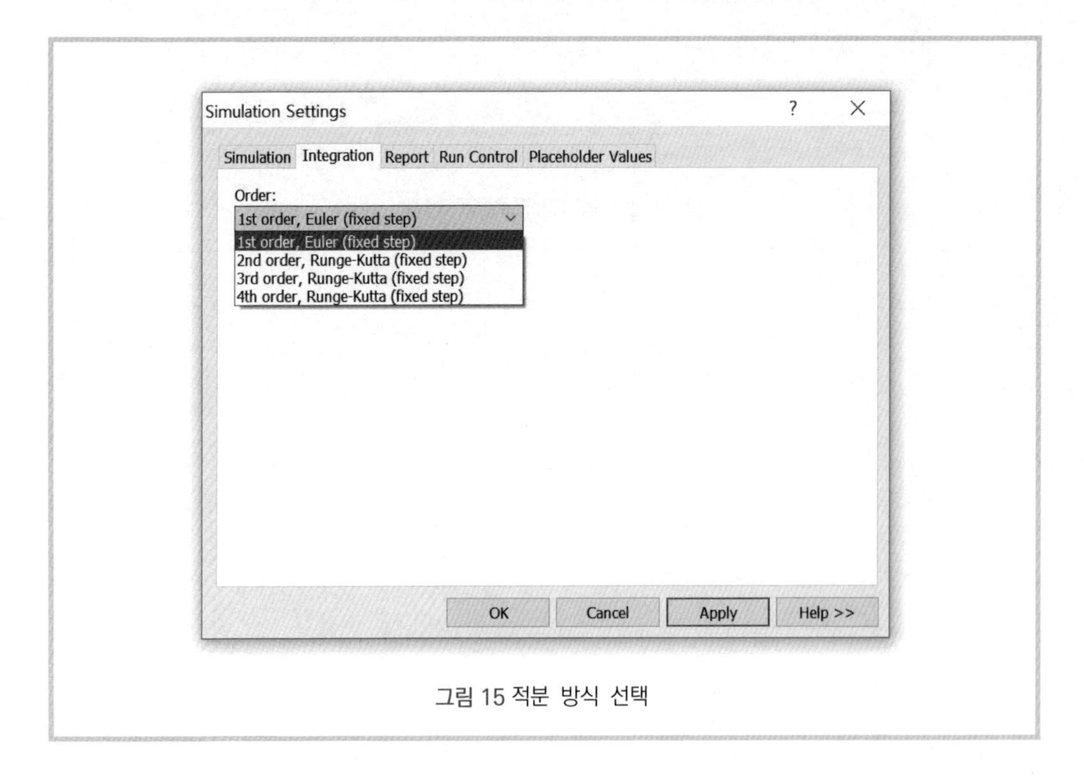

그림 15 적분 방식 선택

• 시뮬레이션 설정에서 적분 방식 설정

1st order, Euler(fixed step)

모델

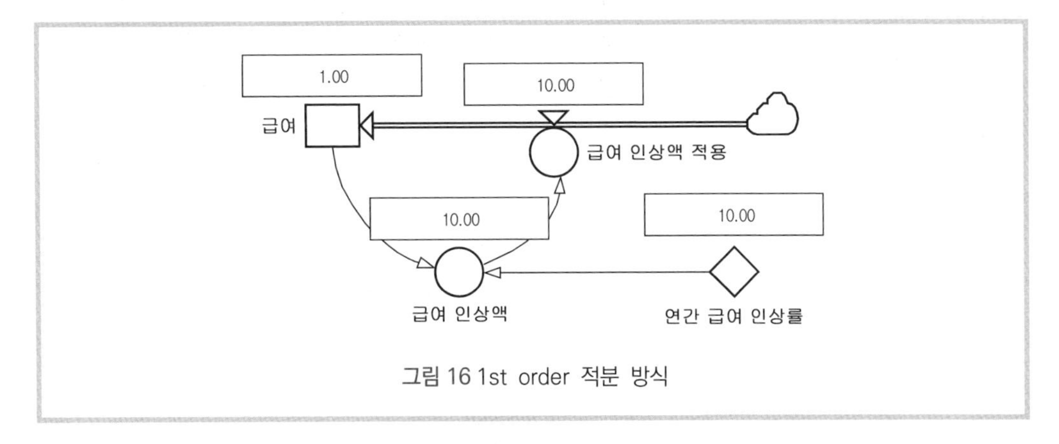

그림 16 1st order 적분 방식

수식 정의

변수	수식 정의
급여	1
연간 급여 인상률	10
급여 인상액	연간 급여 인상률
급여 인상액 적용	급여 인상액

6.3.5 적분 방식 설명 예제

(1) First Order - Flow Rate 변수의 예제

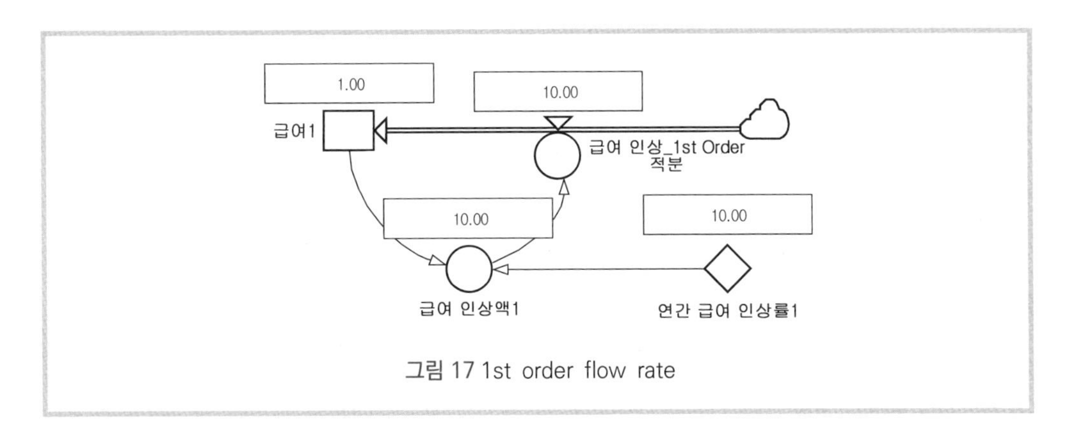

그림 17 1st order flow rate

변화율 변수의 적분 방법 설정

- First Order는 각 시뮬레이션 시간 간격(Time Step)의 시작 시점에 플로우(Flow Rate) 변수의 적분 값을 계산한다. 연속적인 흐름(continuous flow)을 갖는 변수로 오일러 적분 방식을 따른다. 플로우 변수 '급여 인상_1st Order 적분'변수를 클릭하면 일반적으로 다음과 같이 설정되어 있다.

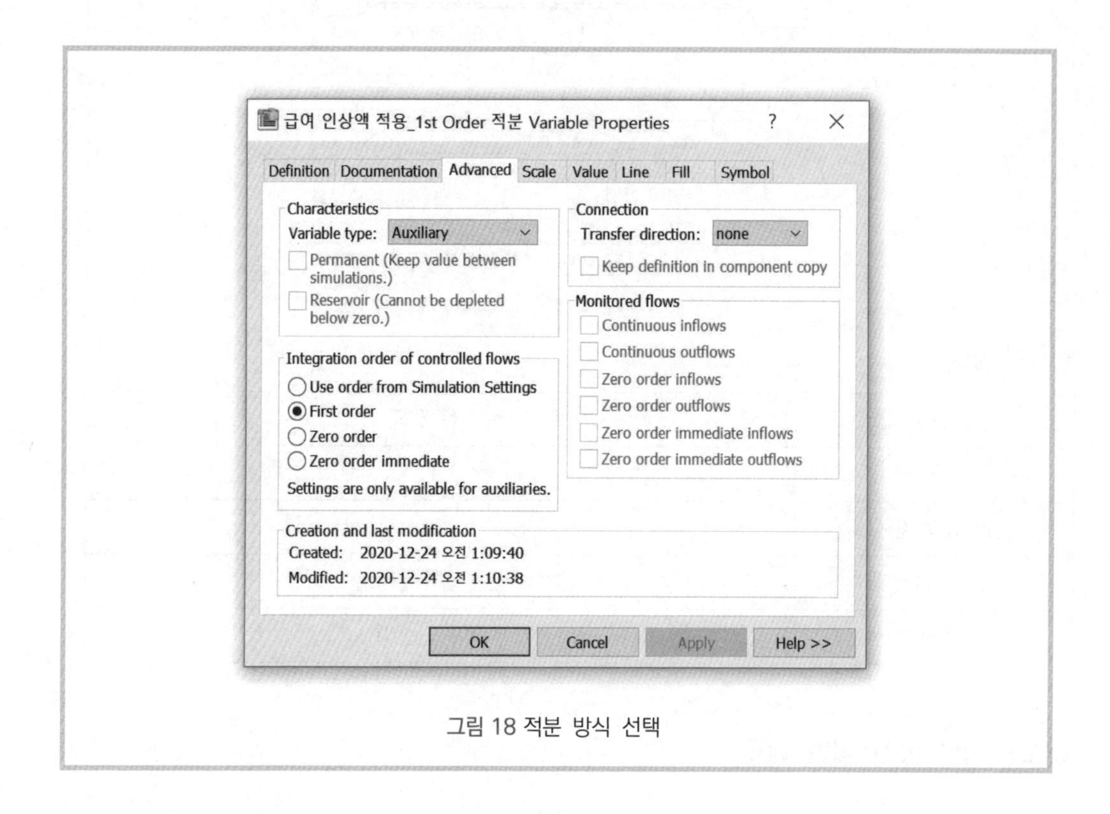

그림 18 적분 방식 선택

- 참고로 적분 방법의 설정으로 Use order from Simulation Settings로 설정하면 이는 시뮬레이션 설정(Simulation Settings)에서 설정한 적분 방식을 따르게 된다. 적분 설정을 별도로 하지 않으면 시스템에서 제공하는 First Order 시뮬레이션 설정의 적분 방식을 따른다.

(2) Zero Order-Flow Rate 변수의 예제

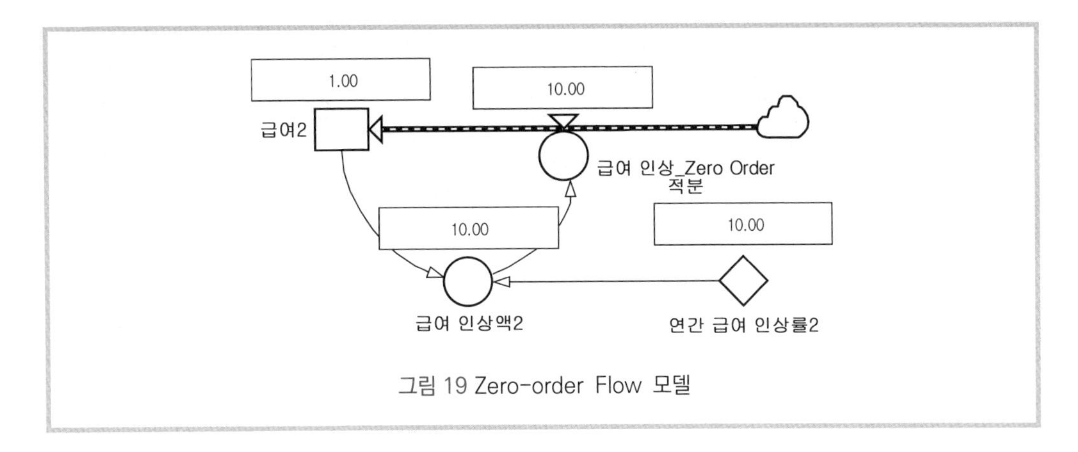

그림 19 Zero-order Flow 모델

변화율 변수의 적분 방법 설정

- Zero Order로 설정하면 이산적인(Discrete) 변수의 값으로 처리되어 변수의 값은 각 시간 간격의 시작 시점에 적용된다. 그리고 플로우 변수의 모양도 위와 같이 이산적인 점선 형태로 자동으로 변한다.
- Zero Order의 이산적인 플로우 변수(Discrete Flow Rate) 단위는 레벨변수(스톡변수)의 단위와 같다. 즉 시간으로 나누지 않는다.

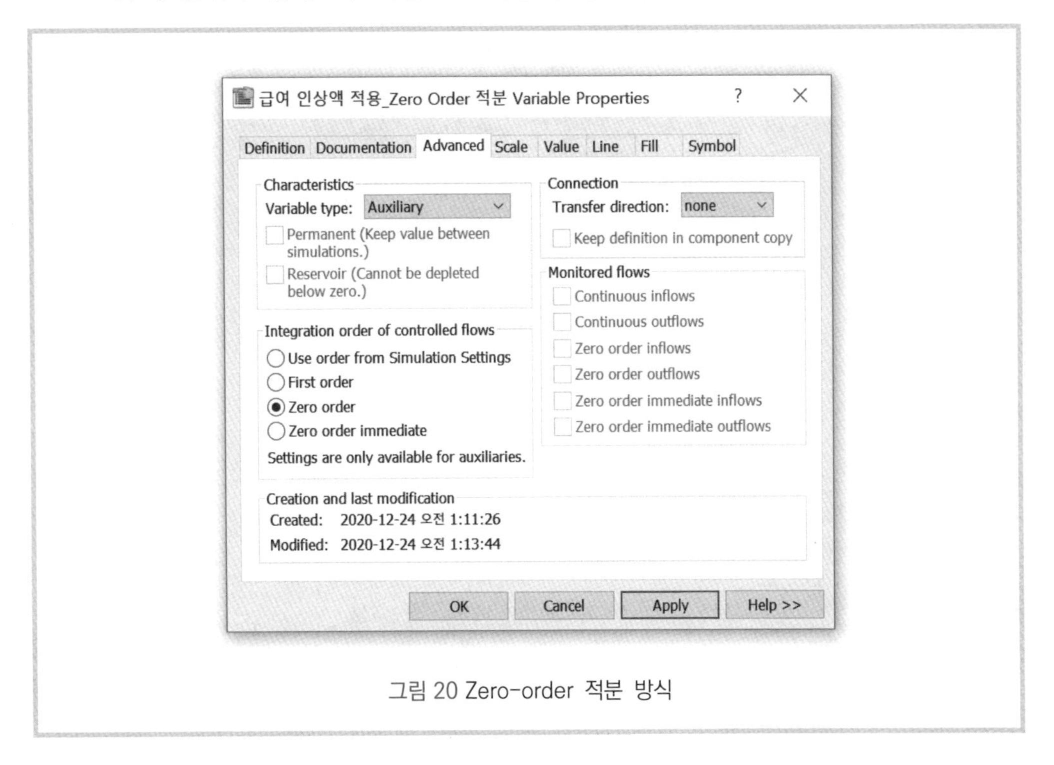

그림 20 Zero-order 적분 방식

(3) Zero Order Immediate -Flow Rate 변수의 예제

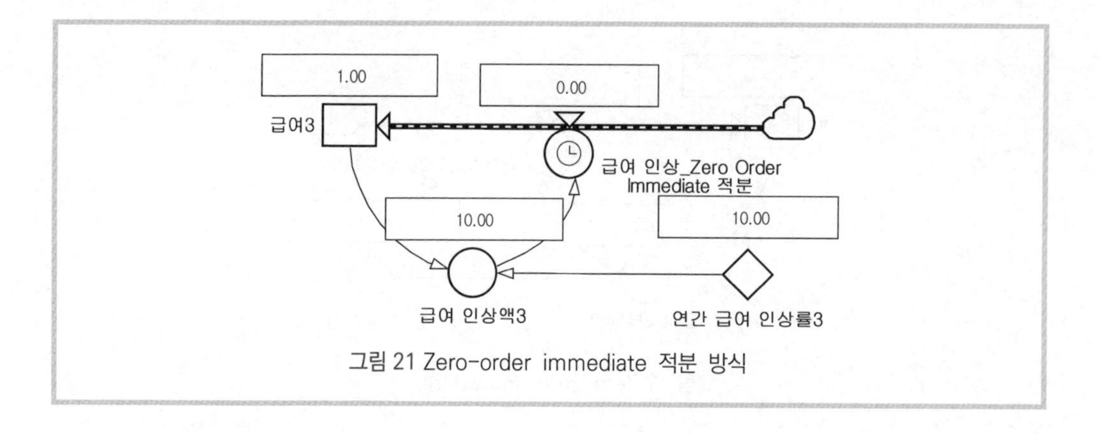

그림 21 Zero-order immediate 적분 방식

변화율 변수의 적분 방법 설정

- Zero Order Immediate는 이산적인 흐름(discrete flow)을 갖는 변수의 시뮬레이션에서 각 시간 간격)의 시작 순간에 변수의 값이 적용된다.
- Flow Rate 변수의 단위는 레벨(스톡) 변수의 단위와 같다.

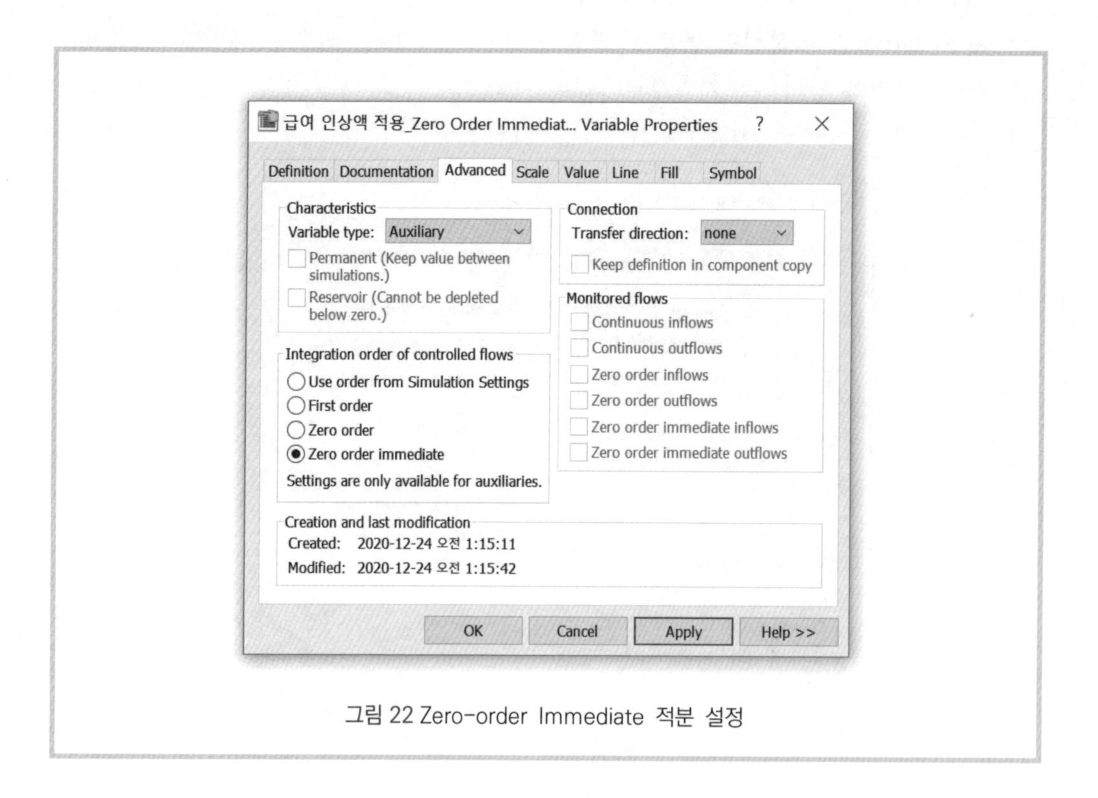

그림 22 Zero-order Immediate 적분 설정

6.3.6 달력 독립형 시뮬레이션 모델의 적분 Order에 따른 결과 비교

(1) 시뮬레이션 모델 설정

- Project Setting: Time Independent
- Simulation Settings: Start–time 1, End–time 6
- Timestep: 1
- 비교하는 적분 Orders: First Order, Zero–Order, Zero–Order Immediate

(2) 모델 수식 정의

- 모델 수식

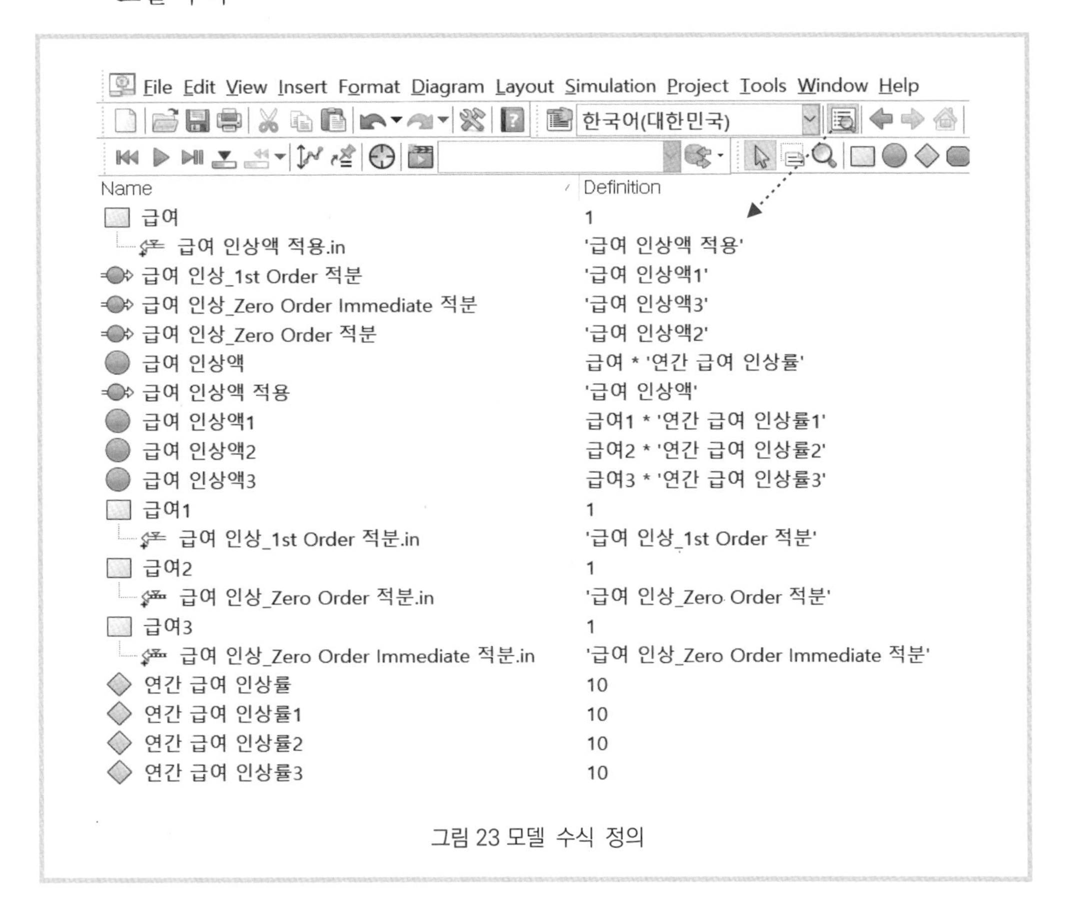

Name	Definition
급여	1
급여 인상액 적용.in	'급여 인상액 적용'
급여 인상_1st Order 적분	'급여 인상액1'
급여 인상_Zero Order Immediate 적분	'급여 인상액3'
급여 인상_Zero Order 적분	'급여 인상액2'
급여 인상액	급여 * '연간 급여 인상률'
급여 인상액 적용	'급여 인상액'
급여 인상액1	급여1 * '연간 급여 인상률1'
급여 인상액2	급여2 * '연간 급여 인상률2'
급여 인상액3	급여3 * '연간 급여 인상률3'
급여1	1
급여 인상_1st Order 적분.in	'급여 인상_1st Order 적분'
급여2	1
급여 인상_Zero Order 적분.in	'급여 인상_Zero Order 적분'
급여3	1
급여 인상_Zero Order Immediate 적분.in	'급여 인상_Zero Order Immediate 적분'
연간 급여 인상률	10
연간 급여 인상률1	10
연간 급여 인상률2	10
연간 급여 인상률3	10

그림 23 모델 수식 정의

(3) 시뮬레이션 비교

▒ Case 1. 시뮬레이션 기간: simulation time = 1일 때 시뮬레이션 결과

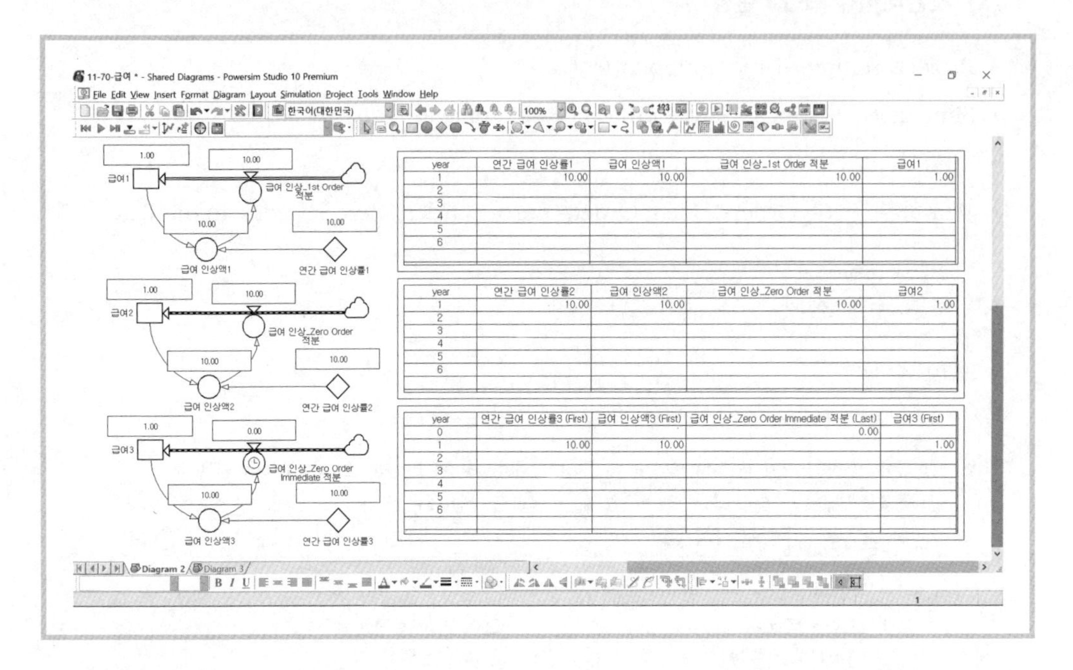

'급여 인상_Zero Order Immediate 적분'변수는 아직 초깃값으로 0이다.

▒ Case 2. 시뮬레이션 기간: simulation time = 2일 때 시뮬레이션 결과

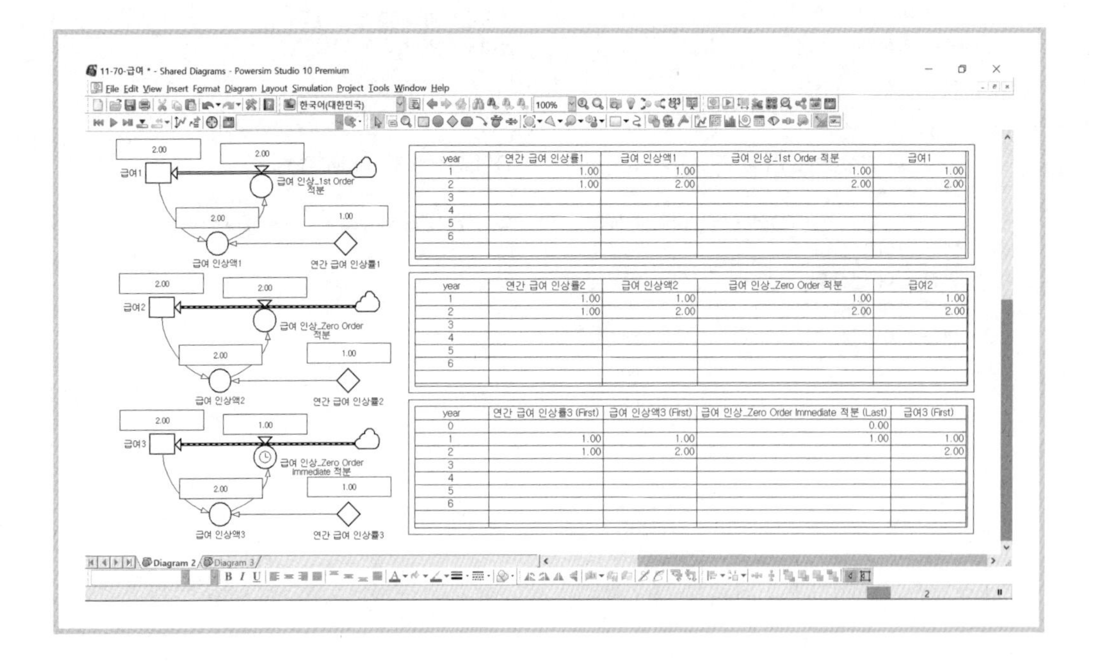

'급여 인상_Zero Order Immediate 적분'변수의 값은 1이다. 즉 다른 변수에 비하여 한 타임 스텝(시간 간격)이 늦은 값을 갖는다.

▒ Case 3. 시뮬레이션 기간: simulation time = 6일 때 시뮬레이션 결과

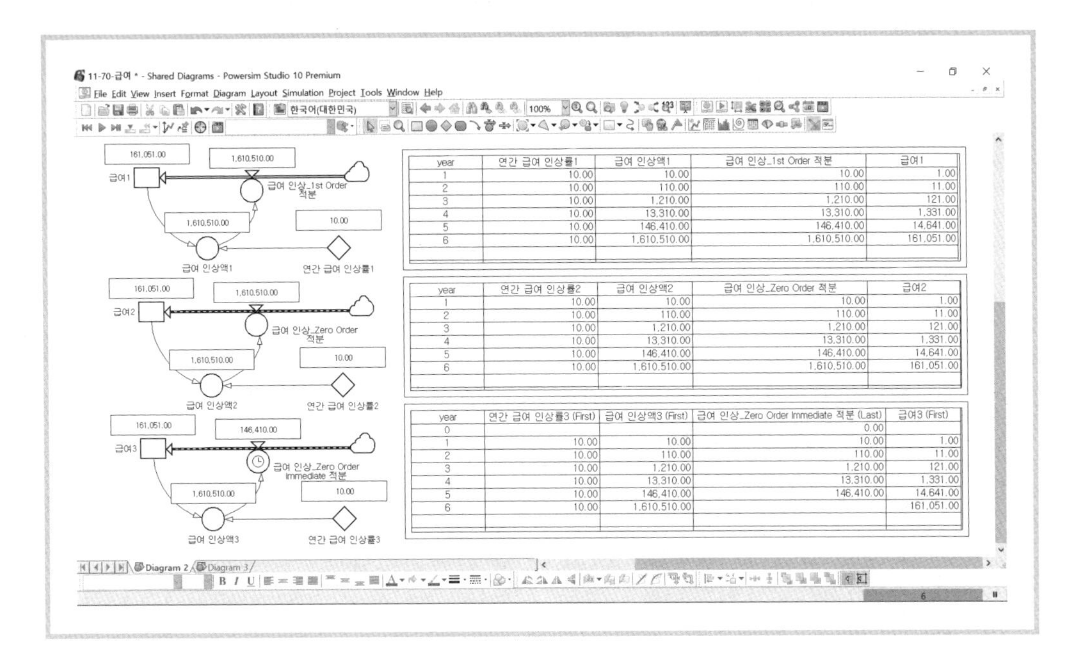

year	연간 급여 인상률1	급여 인상액1	급여 인상_1st Order 적분	급여1
1	10.00	10.00	10.00	1.00
2	10.00	110.00	110.00	11.00
3	10.00	1,210.00	1,210.00	121.00
4	10.00	13,310.00	13,310.00	1,331.00
5	10.00	146,410.00	146,410.00	14,641.00
6	10.00	1,610,510.00	1,610,510.00	161,051.00

year	연간 급여 인상률2	급여 인상액2	급여 인상_Zero Order 적분	급여2
1	10.00	10.00	10.00	1.00
2	10.00	110.00	110.00	11.00
3	10.00	1,210.00	1,210.00	121.00
4	10.00	13,310.00	13,310.00	1,331.00
5	10.00	146,410.00	146,410.00	14,641.00
6	10.00	1,610,510.00	1,610,510.00	161,051.00

year	연간 급여 인상률3 (First)	급여 인상액3 (First)	급여 인상_Zero Order Immediate 적분 (Last)	급여3 (First)
0			0.00	
1	10.00	10.00	10.00	1.00
2	10.00	110.00	110.00	11.00
3	10.00	1,210.00	1,210.00	121.00
4	10.00	13,310.00	13,310.00	1,331.00
5	10.00	146,410.00	146,410.00	14,641.00
6	10.00	1,610,510.00		161,051.00

- 세 가지 시뮬레이션 설정에서 '급여 총액' 변수는 별다른 차이가 없다.
- '급여 인상_Zero Order Immediate 적분'변수는 다른 변수에 비하여 이전 값을 갖고 있게 된다.

6.3.7 달력 의존형 시뮬레이션 모델의 적분 Order에 따른 결과 비교

(1) 시뮬레이션 모델 설정

▒ 달력 의존형 시뮬레이션 모델 설정

- Project Setting: Time dependent
- Simulation Settings: Start-time 2021-01-01, End-time 2026-01-01
- Timestep: 1 yr. 즉 360일(360 da)
- 적분 Order 비교: First Order, Zero-Order, Zero-Order Immediate

(2) 모델 수식 정의

• 모델 수식

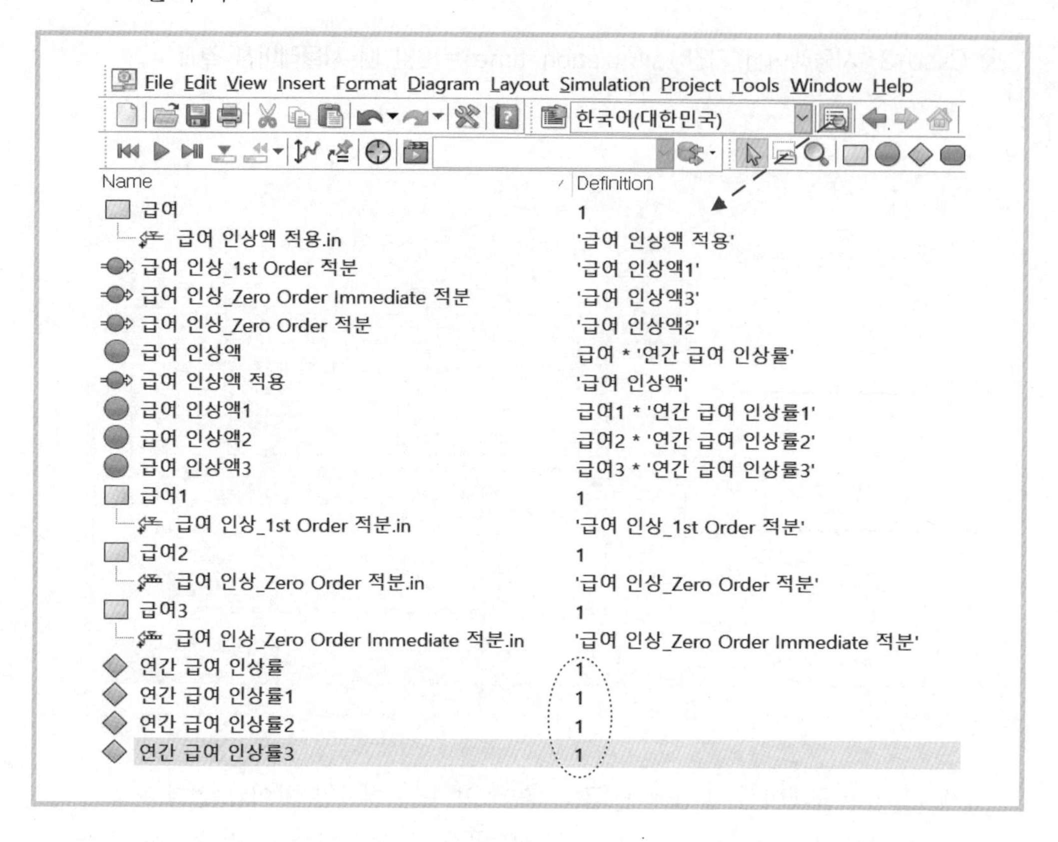

• '급여 인상_1st Order 적분' 변수의 정의는 '급여 인상액1'을 그대로 받아들이는 것으로 되어 있다.

(3) 달력 종속형 프로젝트 및 시뮬레이션 환경설정

프로젝트 환경설정

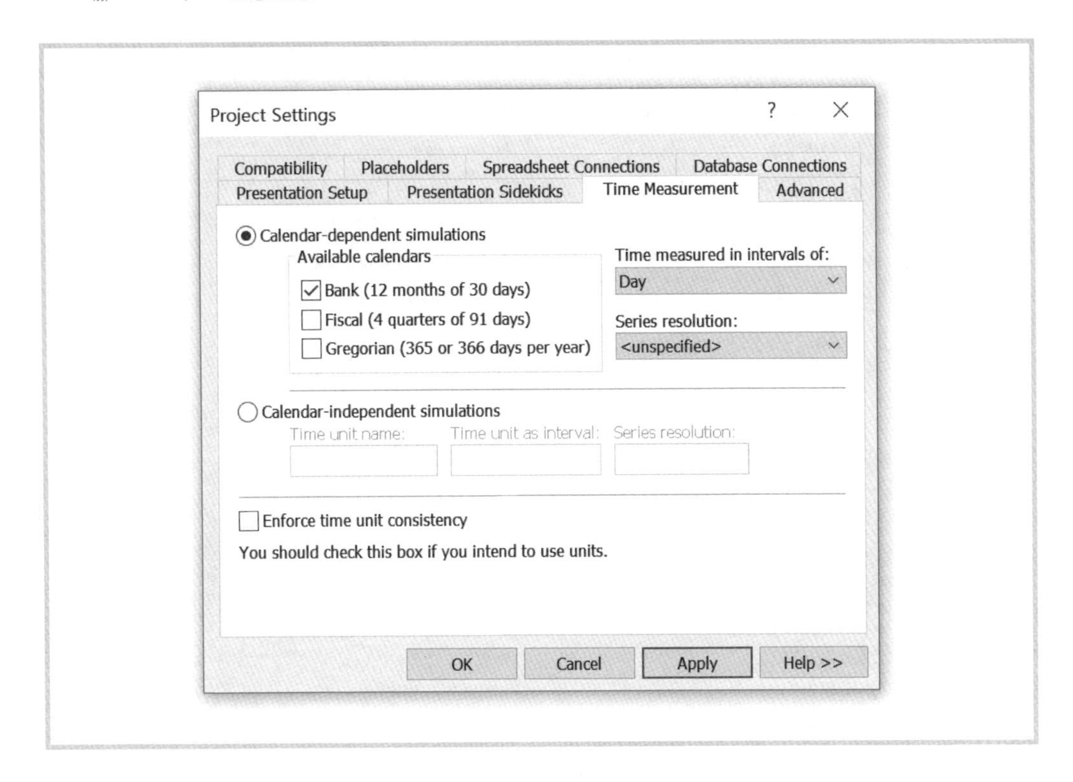

• 프로젝트 환경설정은 Time Dependent로 설정되어 있다.

시뮬레이션 환경설정

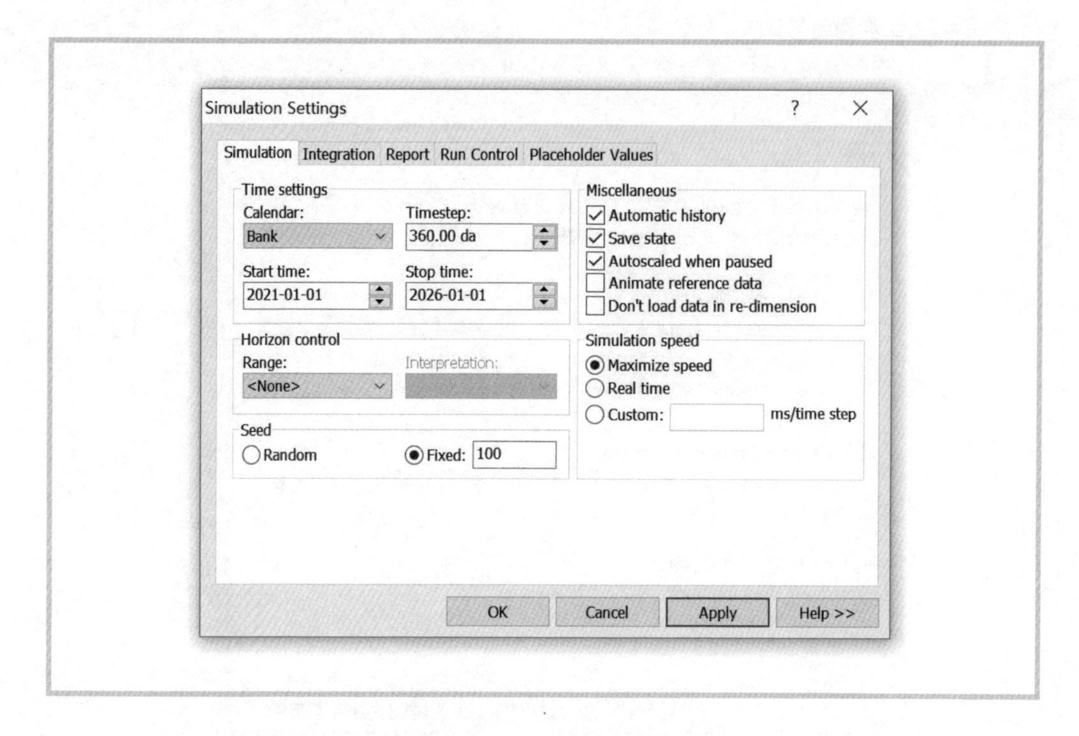

- 시뮬레이션 환경설정은 1년 360일로 설정되어 있다.
- 연간 단위로 시뮬레이션하도록 설정되어 있다.

(4) 시뮬레이션 비교

Case 1. 시뮬레이션 기간: simulation time = 2021-01-01일 때

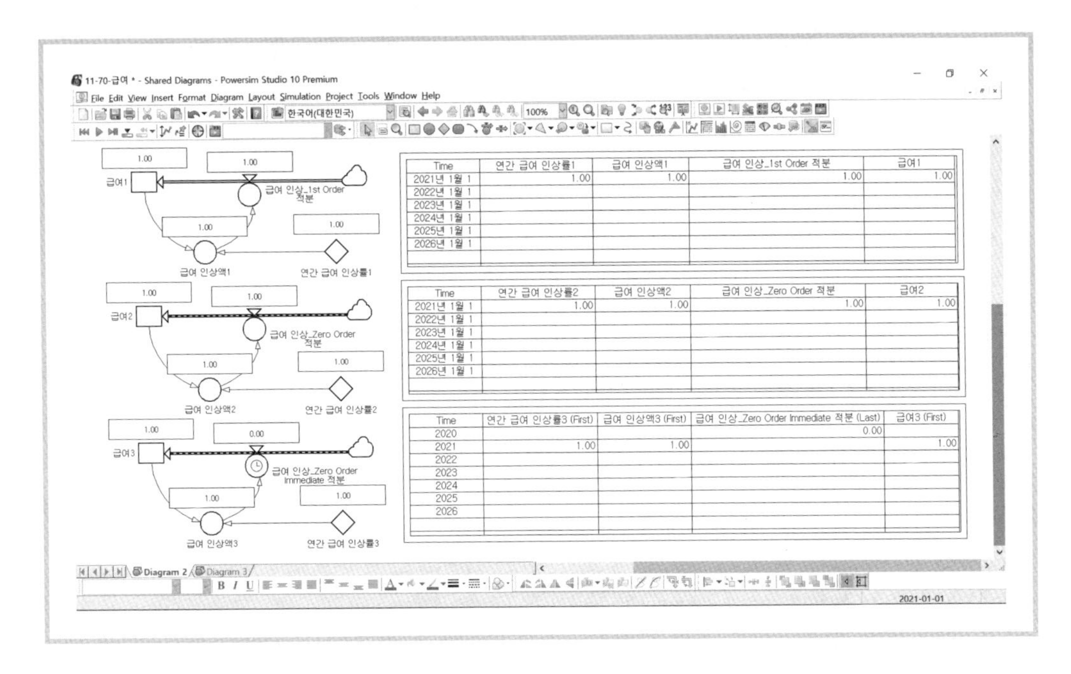

Case 2. 시뮬레이션 기간: simulation time = 2022-01-01일 때

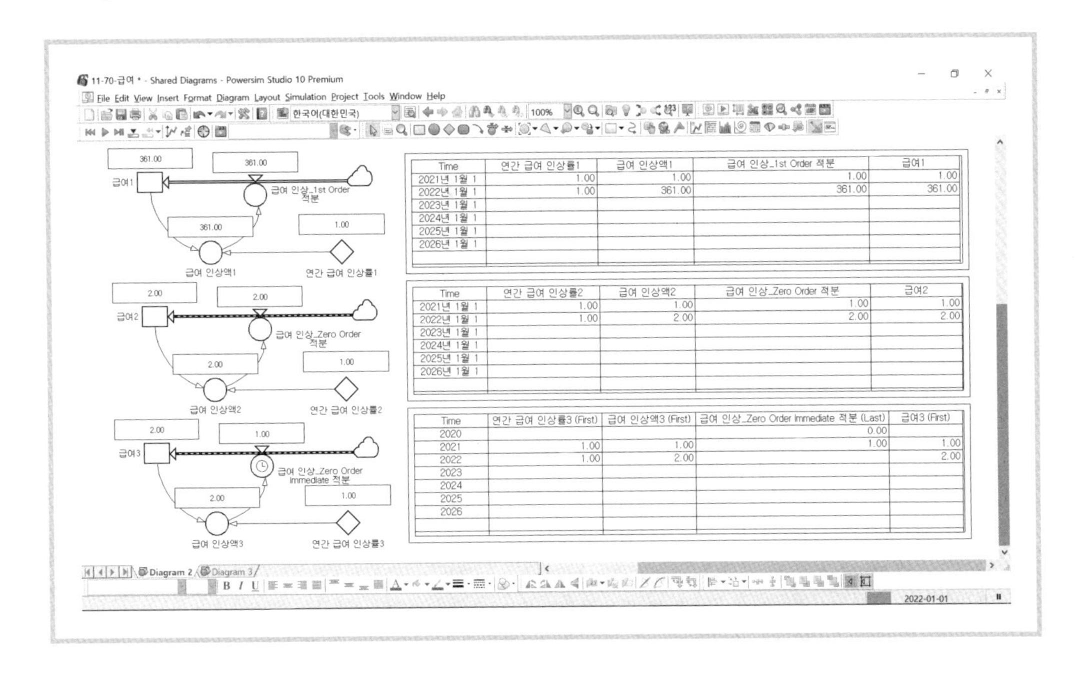

- Time Dependent 시뮬레이션에서는 항상 레벨(스톡) 변수보다 플로우 변수가 시간의 미분 값을 가져야 한다. 그리고 시뮬레이션 간격은 1 yr, 즉 360<<da>>로 설정되어 있다.
- 그런데 위의 예에서 '급여 인상_1st Order 적분'변수에 특별히 나누는 시간을 설정하지 않았기 때문에, 시스템에서는 시뮬레이션 시간 간격을 360<<da>>로 설정되어 있어 최소 단위 기간으로 1<<da>>로 Flow Rate 변수, 즉 '급여 인상_1st Order 적분'을 Daily 값으로 인식한다.
- 따라서 '급여 인상_1st Order 적분'에서는 '급여 인상액1'을 Daily 값으로 인식하고, 이를 360<<da>>로 환산하여 자동 인식하게 된다. 즉 '급여 인상_1st Order 적분'변수의 값은 '급여 인상액1'을 360배 한 360으로 인식하여, 스톡변수에 더해져서 2021년 01월 01일에는 '급여1'의 값이 361이 된다.

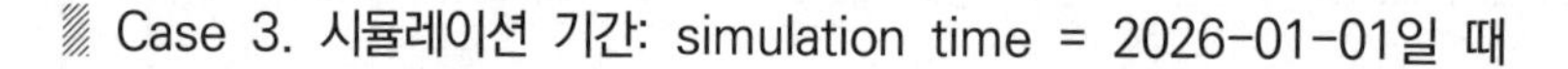

Case 3. 시뮬레이션 기간: simulation time = 2026-01-01일 때

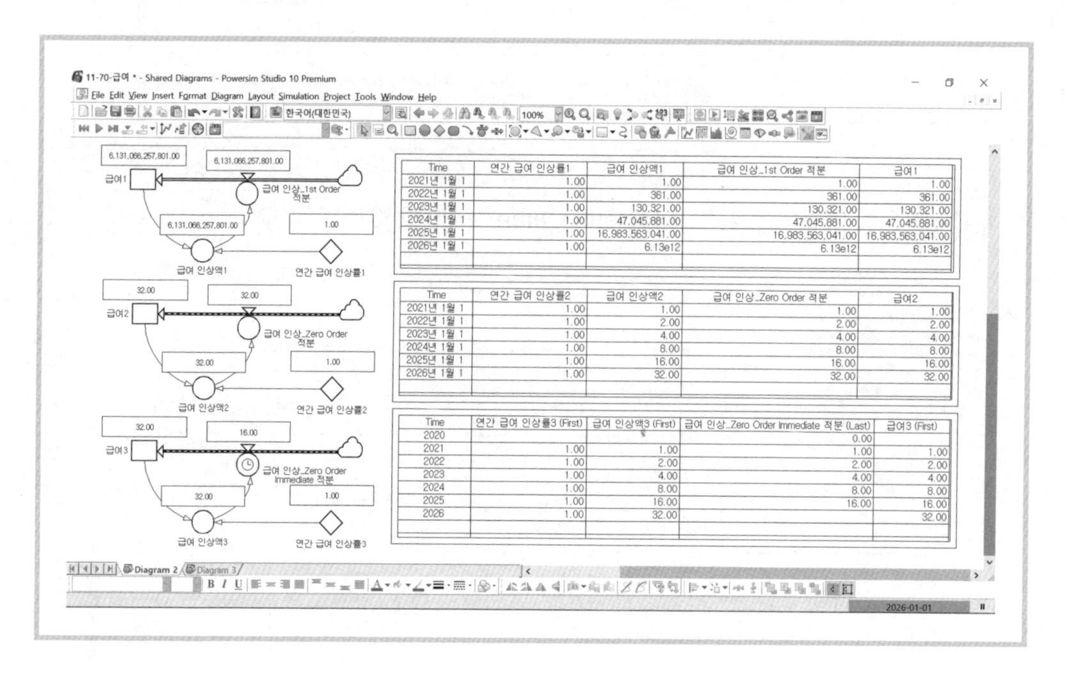

Time	연간 급여 인상률1	급여 인상액1	급여 인상_1st Order 적분	급여1
2021년 1월 1	1.00	1.00	1.00	1.00
2022년 1월 1	1.00	361.00	361.00	361.00
2023년 1월 1	1.00	130,321.00	130,321.00	130,321.00
2024년 1월 1	1.00	47,045,881.00	47,045,881.00	47,045,881.00
2025년 1월 1	1.00	16,983,563,041.00	16,983,563,041.00	16,983,563,041.00
2026년 1월 1	1.00	6.13e12	6.13e12	6.13e12

Time	연간 급여 인상률2	급여 인상액2	급여 인상_Zero Order 적분	급여2
2021년 1월 1	1.00	1.00	1.00	1.00
2022년 1월 1	1.00	2.00	2.00	2.00
2023년 1월 1	1.00	4.00	4.00	4.00
2024년 1월 1	1.00	8.00	8.00	8.00
2025년 1월 1	1.00	16.00	16.00	16.00
2026년 1월 1	1.00	32.00	32.00	32.00

Time	연간 급여 인상률3 (First)	급여 인상액3 (First)	급여 인상_Zero Order Immediate 적분 (Last)	급여3 (First)
2020			0.00	
2021	1.00	1.00	1.00	1.00
2022	1.00	2.00	2.00	2.00
2023	1.00	4.00	4.00	4.00
2024	1.00	8.00	8.00	8.00
2025	1.00	16.00	16.00	16.00
2026	1.00	32.00		32.00

6.3.8 시뮬레이션 시간 간격에 맞춘 플로우 변수(Flow Rate) 기간 설정

(1) 시간 의존형 환경설정에 따른 플로우 변수 재정의

달력 의존형(Calendar Dependent) 시뮬레이션에서 Flow Rate 변수, 즉 '급여 인상_1st Order 적분'을 연간 기간 단위로 미분하는 수식을 정의하면 다음과 같다.

- '급여 인상_1st Order 적분' = '급여 인상액1'/ 1 <<yr>>

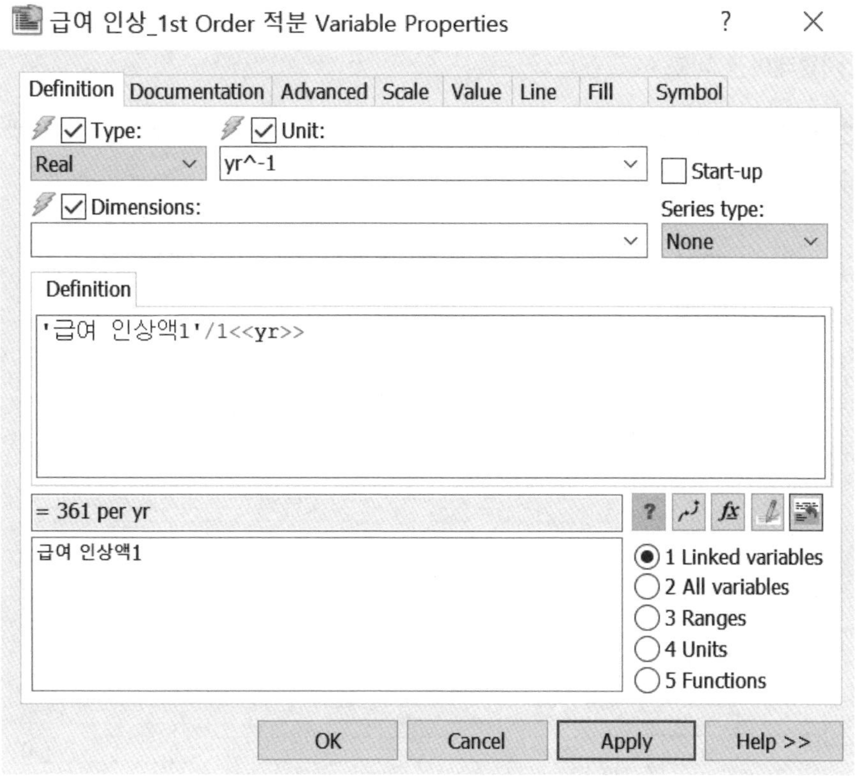

그림 24 변수 정의

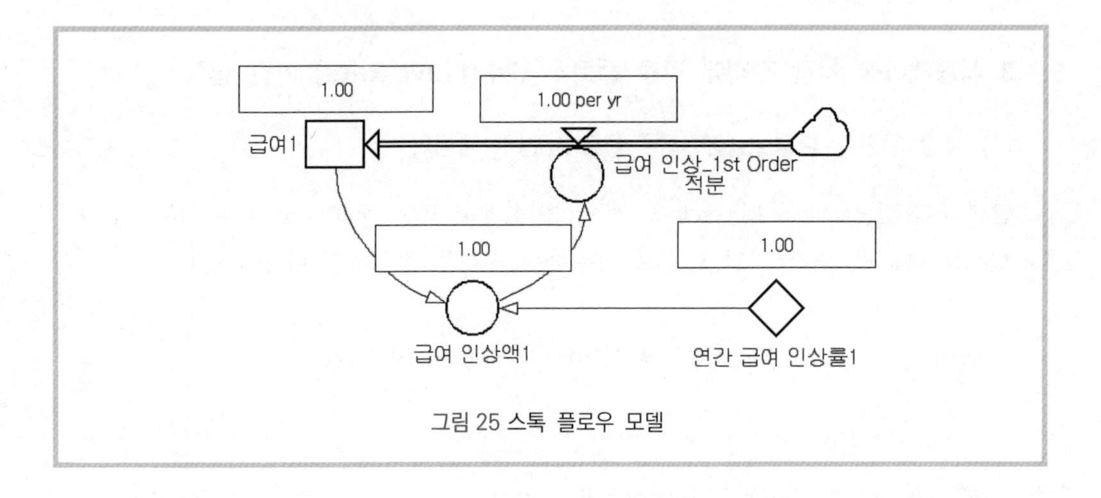

그림 25 스톡 플로우 모델

(4) 시뮬레이션 비교

- 연간 시간 간격으로(Yearly Time Step) 수행하는 세 가지 시뮬레이션 적분 방식의 시뮬레이션 결과는 같다.

Case 1. t=2021-01-01에서 시뮬레이션 결과

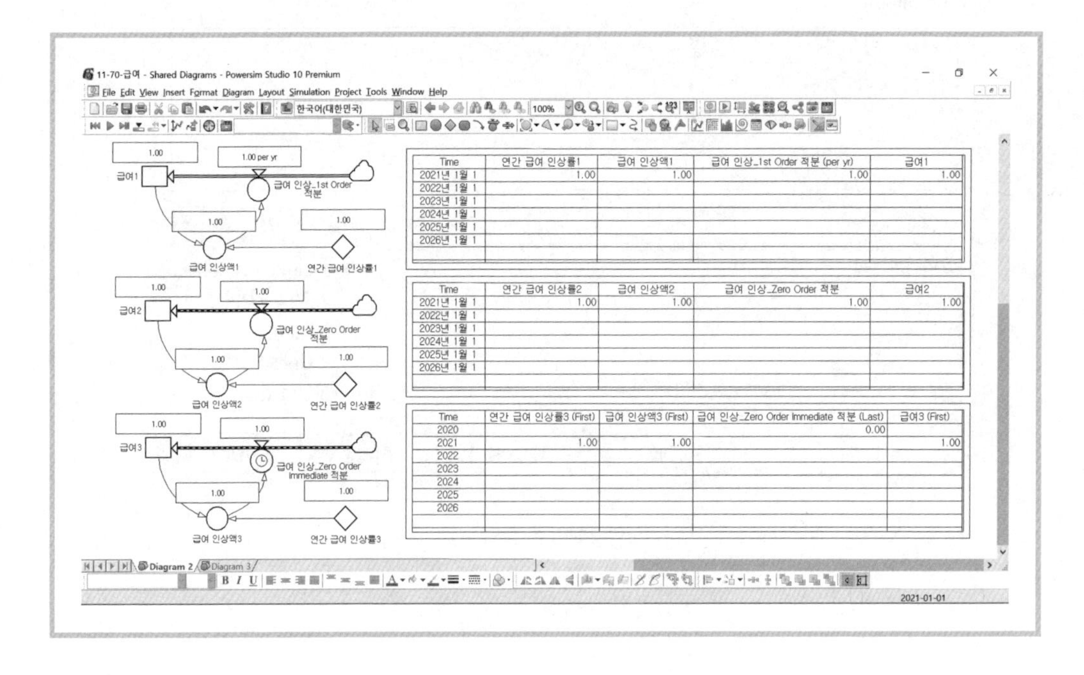

Case 2. t=2022-01-01에서 시뮬레이션 결과

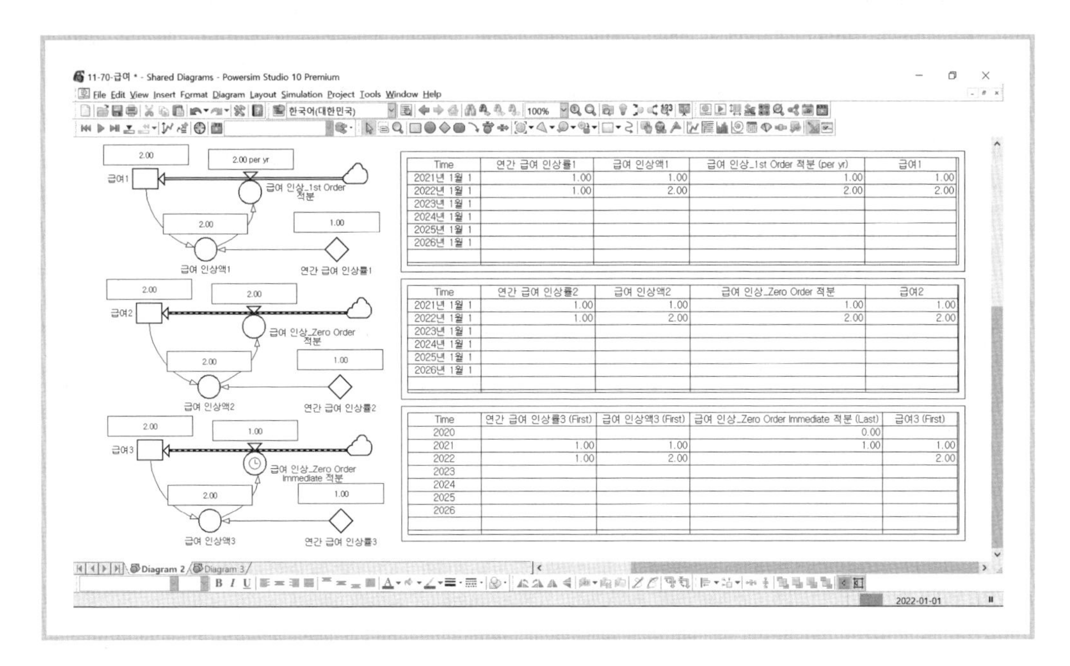

Time	연간 급여 인상률1	급여 인상액1	급여 인상_1st Order 적분 (per yr)	급여1
2021년 1월 1	1.00	1.00	1.00	1.00
2022년 1월 1	1.00	2.00	2.00	2.00
2023년 1월 1				
2024년 1월 1				
2025년 1월 1				
2026년 1월 1				

Time	연간 급여 인상률2	급여 인상액2	급여 인상_Zero Order 적분	급여2
2021년 1월 1	1.00	1.00	1.00	1.00
2022년 1월 1	1.00	2.00	2.00	2.00
2023년 1월 1				
2024년 1월 1				
2025년 1월 1				
2026년 1월 1				

Time	연간 급여 인상률3 (First)	급여 인상액3 (First)	급여 인상_Zero Order Immediate 적분 (Last)	급여3 (First)
2020			0.00	
2021	1.00	1.00	1.00	1.00
2022	1.00	2.00		2.00
2023				
2024				
2025				
2026				

Case 3. t=2026-01-01에서 시뮬레이션 결과

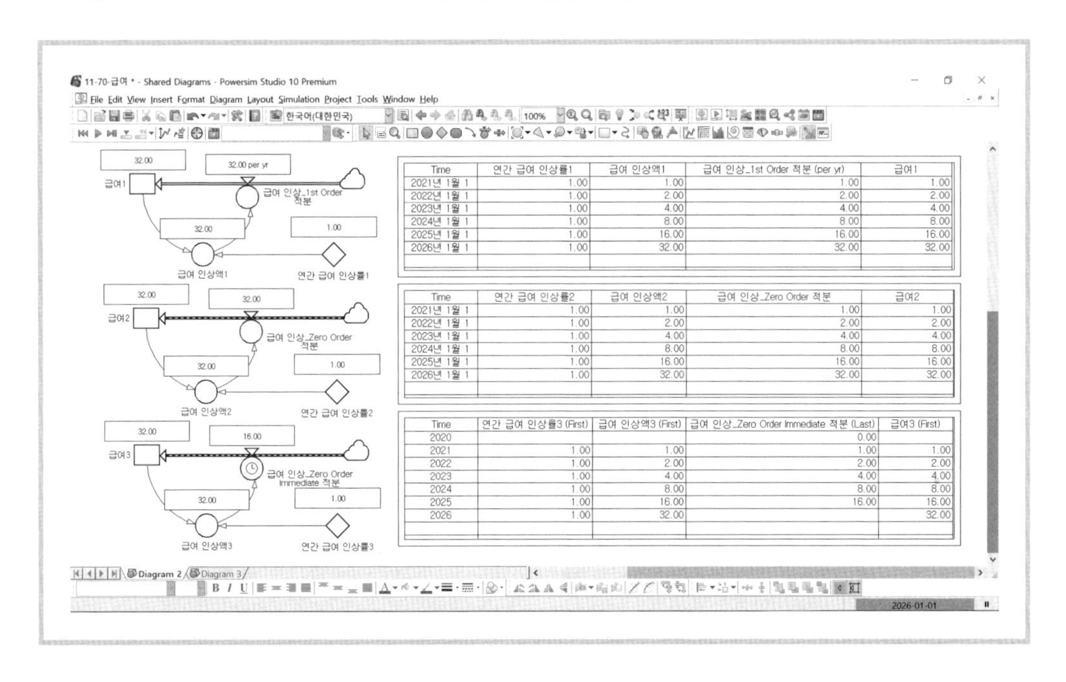

Time	연간 급여 인상률1	급여 인상액1	급여 인상_1st Order 적분 (per yr)	급여1
2021년 1월 1	1.00	1.00	1.00	1.00
2022년 1월 1	1.00	2.00	2.00	2.00
2023년 1월 1	1.00	4.00	4.00	4.00
2024년 1월 1	1.00	8.00	8.00	8.00
2025년 1월 1	1.00	16.00	16.00	16.00
2026년 1월 1	1.00	32.00	32.00	32.00

Time	연간 급여 인상률2	급여 인상액2	급여 인상_Zero Order 적분	급여2
2021년 1월 1	1.00	1.00	1.00	1.00
2022년 1월 1	1.00	2.00	2.00	2.00
2023년 1월 1	1.00	4.00	4.00	4.00
2024년 1월 1	1.00	8.00	8.00	8.00
2025년 1월 1	1.00	16.00	16.00	16.00
2026년 1월 1	1.00	32.00	32.00	32.00

Time	연간 급여 인상률3 (First)	급여 인상액3 (First)	급여 인상_Zero Order Immediate 적분 (Last)	급여3 (First)
2020			0.00	
2021	1.00	1.00	1.00	1.00
2022	1.00	2.00	2.00	2.00
2023	1.00	4.00	4.00	4.00
2024	1.00	8.00	8.00	8.00
2025	1.00	16.00	16.00	16.00
2026	1.00	32.00		32.00

- 달력 의존형 시뮬레이션에서 Zero Order 및 Zero Order Immediate는 시뮬레이션이 한 단계식 진행될 때 이산적인 값으로 Flow Rate 변수의 값을 산정한다.
- 1st order 적분 방식에서 Flow Rate 변수 정의에서 특별한 시간 미분 값을 정의하지 않으면 시스템에서는 최소 단위의 시뮬레이션 간격으로 Flow Rate 값을 산정한다.
- 위의 예에서는 Flow Rate 변수를 '급여 인상액1'/ 1<<yr>>로 설정하여 연간 변화량 값으로 Flow Rate를 인식한다. 연간 단위로 시뮬레이션이 진행되면 위의 세 가지 시뮬레이션 결과는 같게 된다.
- 참고로 이와 같은 Zero Order 적분과 Zero Order Immediate 적분 방식이 필요한 이유는 퇴직연금 적립계산이나 각종 연금지급 산정 시에 유용하게 사용되기 때문이다.

PART 03

스톡 플로우 모델링

모듈 3 스톡 플로우 모델링

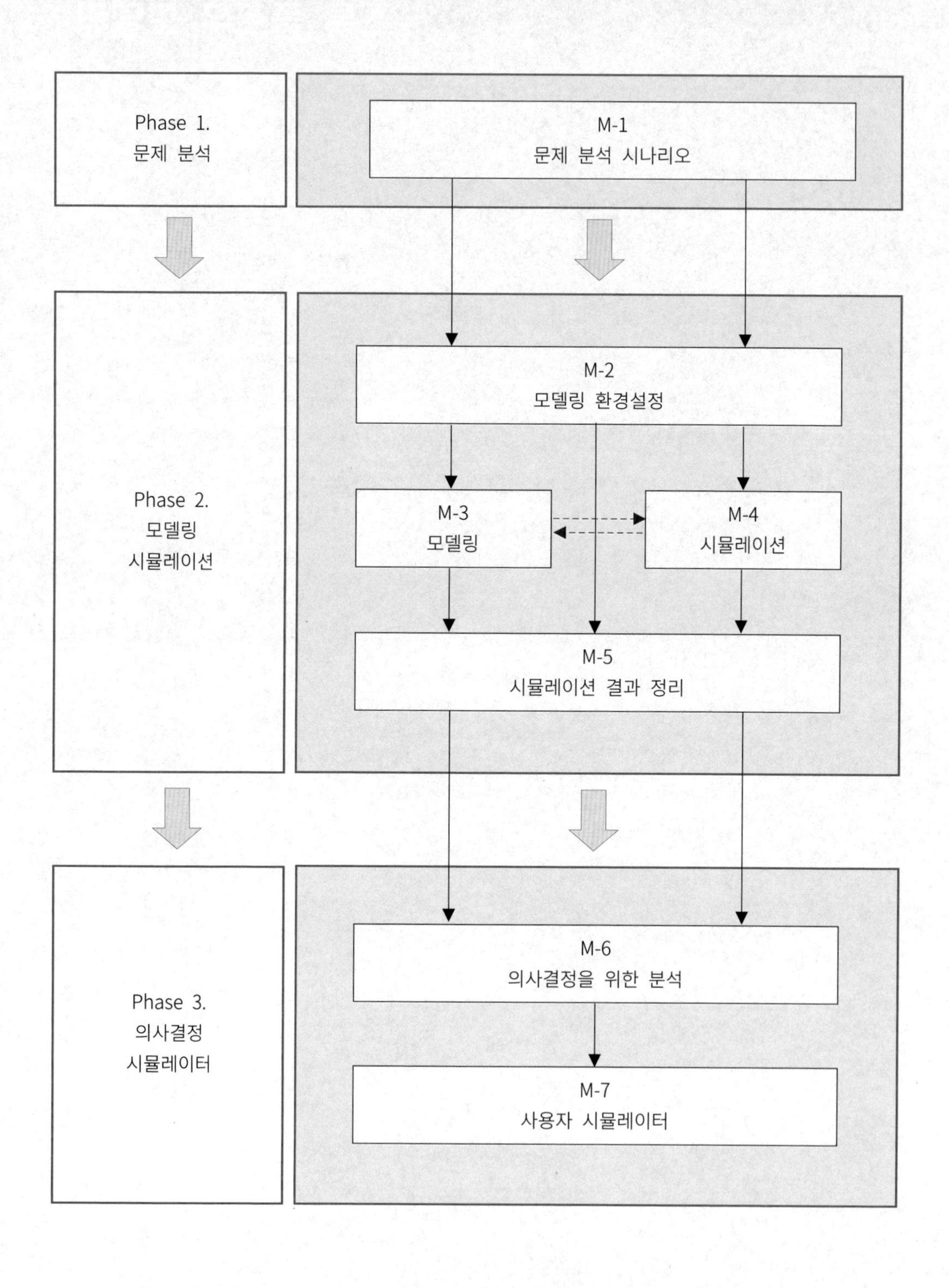

제7장

스톡 플로우 모델링

모델링 과정에서 모듈 3. 모델링은 다음의 작업항목을 갖는다.

> 일반적인 모델링 절차
>
> **Phase 2: 모델링 시뮬레이션**
>
> 모듈 3. 모델링
> (1) 스톡 또는 레벨(Level) 변수 생성 및 정의
> (2) 플로우(Flow) 변수 생성 및 정의
> (3) 보조변수(Auxiliary) 변수 생성 및 정의
> (4) 상수변수(Constant) 변수 생성 및 정의
> (5) Link(링크, 연결선)로 변수들을 연결
> (6) 외부 데이터 연결

7.1 스톡 플로우 모델링 개요

시스템 다이내믹스 기반의 모델은 변화량(미분)과 누적량(적분량)을 컴퓨터 프로그램 아이콘으로 나타낸 것이다. 주요 구성 아이콘은 스톡(Stock, Level), 플로우(Rate, Flow), 보조변수(Auxiliary), 상수(Constant), 시차효과(Delay) 그리고 이를 연결하는 링크(Link) 선이다.

(1) 모델링 주요 아이콘 설명

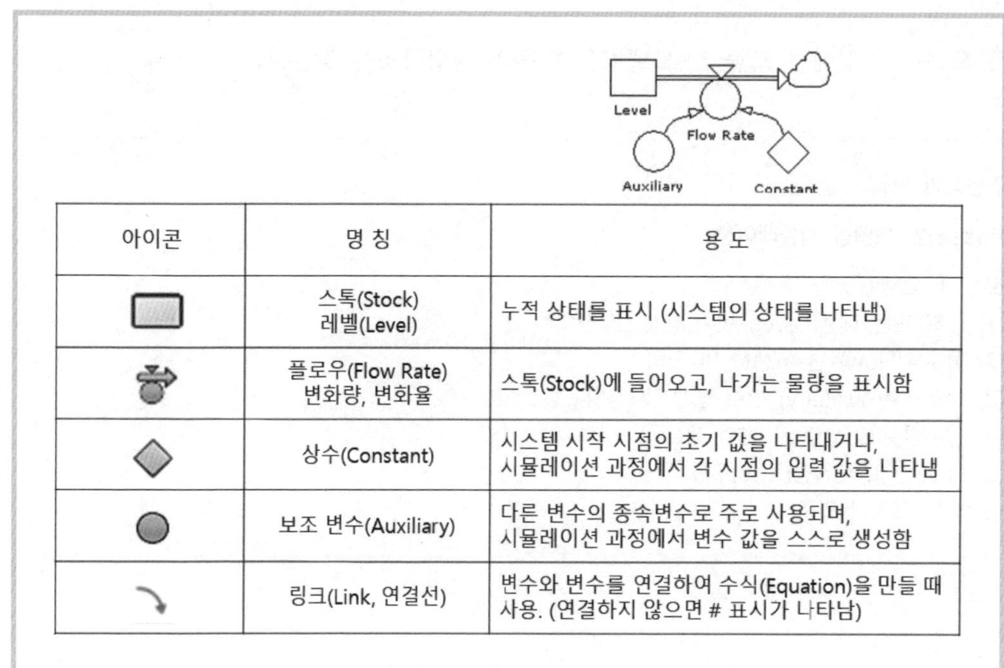

아이콘	명 칭	용 도
	스톡(Stock) 레벨(Level)	누적 상태를 표시 (시스템의 상태를 나타냄)
	플로우(Flow Rate) 변화량, 변화율	스톡(Stock)에 들어오고, 나가는 물량을 표시함
	상수(Constant)	시스템 시작 시점의 초기 값을 나타내거나, 시뮬레이션 과정에서 각 시점의 입력 값을 나타냄
	보조 변수(Auxiliary)	다른 변수의 종속변수로 주로 사용되며, 시뮬레이션 과정에서 변수 값을 스스로 생성함
	링크(Link, 연결선)	변수와 변수를 연결하여 수식(Equation)을 만들 때 사용. (연결하지 않으면 # 표시가 나타남)

그림 1 모델링 주요 아이콘

(2) 파워심으로 작성된 스톡 플로우 모델(Stock Flow Model) 예시

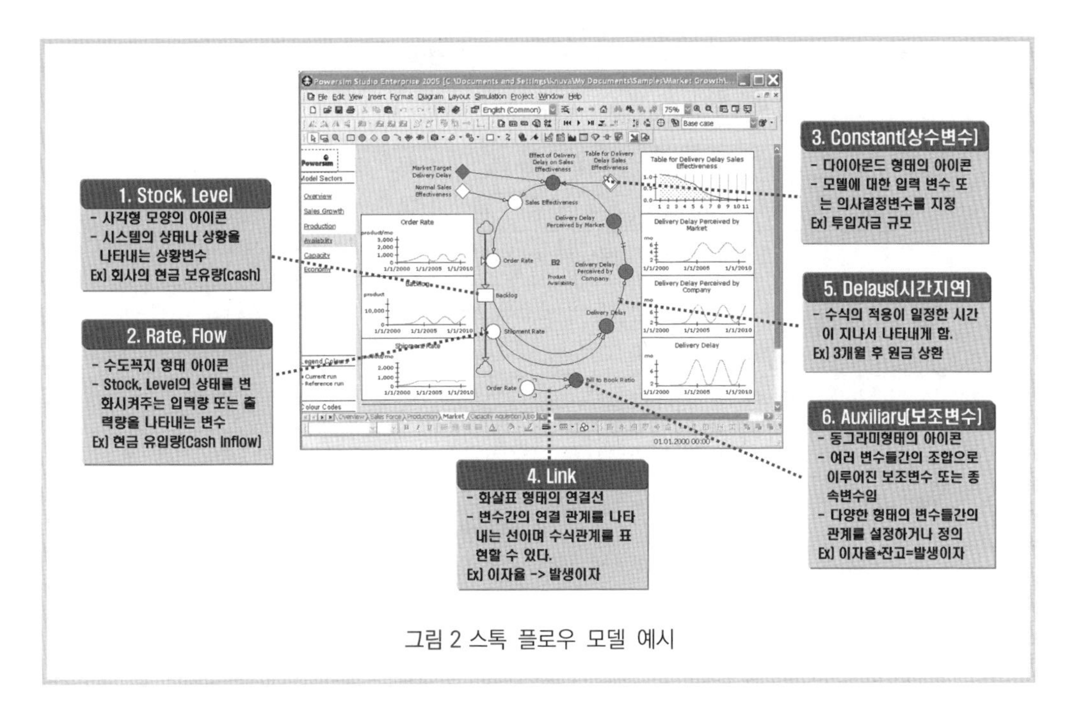

그림 2 스톡 플로우 모델 예시

(3) 스톡 변수와 플로우 변수 예시

플로우 변수	스톡 변수
매월 입금액, 매월 출금액	은행 잔고
매월 전입자 수, 매월 전출자 수	도시 인구
일일 입고량, 일일 출고량	재고량
일일 건강상태 변화량	건강상태
손익계산서의 계정 과목	재무상태표의 계정 과목
변화량 변수, 미분 변수	누적 변수, 적분 변수

(4) 주요 모델링 아이콘(modeling icon)

아이콘	설명
	스톡 변수(Stock, Level)
	기간에 따라 변화하는 시스템의 상태를 나타내는 변수 댐 수량, 은행 잔고, 재고량, 인구 규모
	플로우 변수(변화량, Flow, Rate)
	스톡 변수에 연결되어 스톡의 변화를 직접 유발하는 변수 유입량, 유출량, 입금액, 입고량, 출고량, 전입자 수, 전출자 수
	보조 변수(Auxiliary)
	중간 연결 변수로서 플로우 변수(변화량 변수)에 연결되어 스톡 변수의 변화에 간접적으로 기여하거나, 다른 보조 변수에 연결된다. 스톡 변수와 상수변수, 플로우 변수를 비롯한 다른 보조 변수 등에서 연결되어 수식 관계를 통하여 종속변수로서 값을 갖는다.
	상수변수(Constant)
	상수변수는 자신의 값을 자신이 결정할 수 있는 독립변수이다. 주로 입력 값이나, 환경변수 설정값을 적용할 때 사용한다. 외적 환경변화에 대한 시나리오를 구성할 때 자주 사용된다.

(5) 파워심 기반 스톡과 플로우 모델 예시

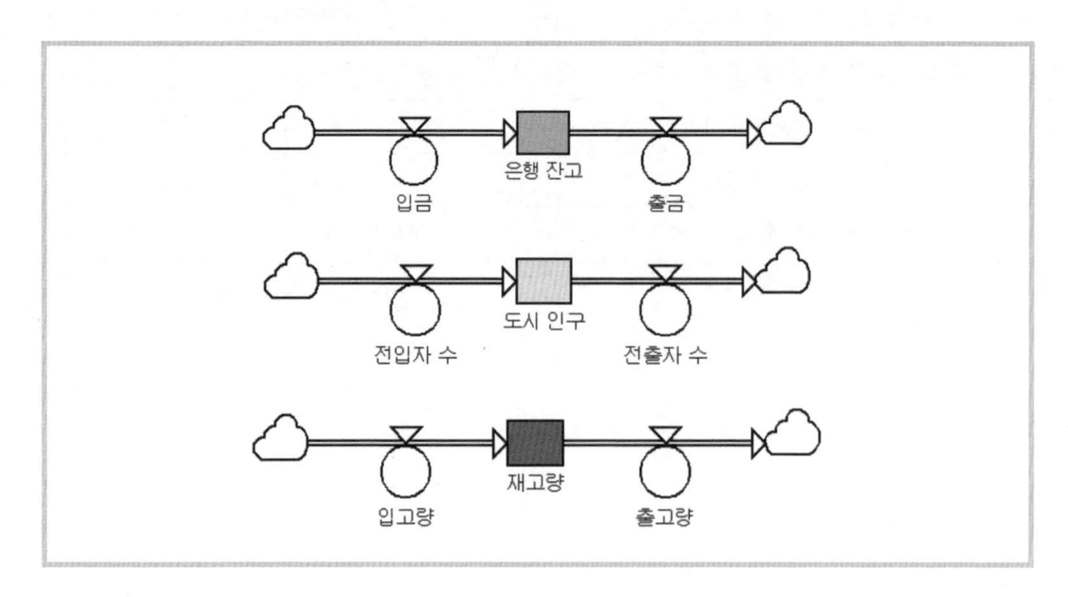

(6) 스톡 변수(Stock variable, Level)

시스템의 상태를 파악하기 위해서는 그 시스템의 상태 변수를 보면 알 수 있다.

- 이러한 스톡 변수는 시스템의 상태를 나타내는 상태 변수(State variable)로서 스톡 변수의 값은 어떤 시점의 지속적인 시간의 흐름에 따른 변화량, 즉 플로우(Flow) 변수를 누적하는 값이다.
- 아래 그림에서 스톡 변수인 저수지 수준(水準, 수량의 높이)은 시간당 강우량을 모은 값이다.

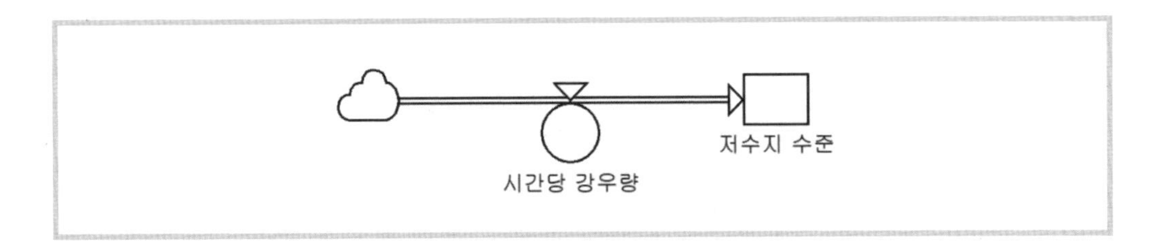

- 아래 그림에서 시스템의 상태를 나타내는 저수지의 수준은 지금까지 그 저수지에서 일어난 수많은 유입량과 유출량의 역사적 변화량을 기억하는 동적 특성(dynamics)을 기억하는 값(memory value)이 된다.

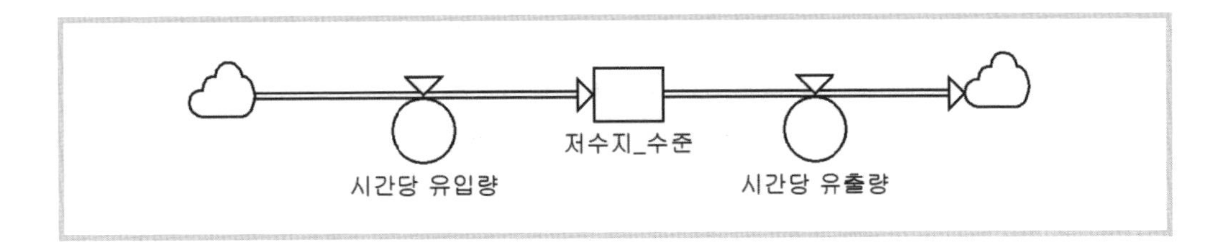

(7) 플로우 변수(Flow variable)

플로우 변수는 시간에 따른 변화량으로 미분(微分, differential) 특성을 갖는다.

플로우 변수는 시간에 대한 값으로 그 예시는 다음과 같다.

- 입고량 변수는 1일 입고량, 출고량은 1일 출고량
- 전입자 변수는 1일 전입자 수, 전출자는 1일 전출자 수
- 은행 입금 변수는 1일 입금액, 출금은 1일 출금액

플로우 변수는 일종의 행위 결과량 또는 작동 결과량(Action)에 대한 변수이다.

- 4차 산업혁명에서 말하는 시스템 상태를 변화시키는 작동기(作動機, Actuator) 기능을 갖는다.
- 이러한 플로우 변수에 의해 발생하는 '시간에 따른 값'은 하나씩 믿음이 쌓이듯 스톡 변수에 쌓이게 된다.
- 따라서 플로우 변수의 시간에 따른 역사적(historical)인 변화량은 스톡 변수에 그 값들이 그대로 누적되어 보관되게 된다. 따라서 스톡 변수에 누적된 값들은 언제든 그 쌓여 있는 값을 나타낼 수 있다.(예: 수시로 입금되는 금액은 특정 시점에서 확인할 수 없으나 은행 잔고는 언제든지 원하는 때에 확인할 수 있게 된다.)

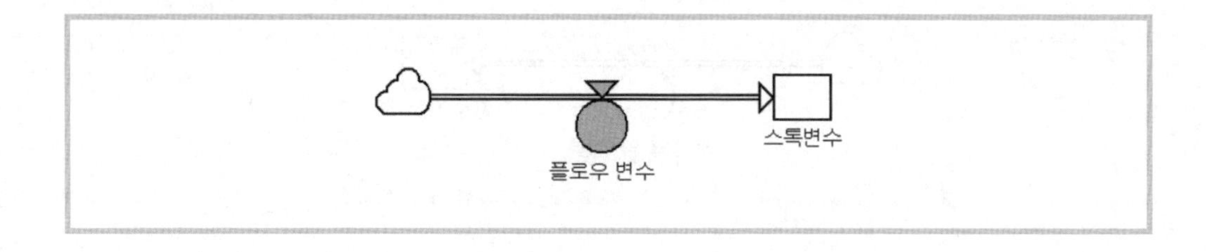

(8) 상수변수(Constant variable)

- 모델을 구성하는 상수변수는 실험 기간에 하나의 값을 계속 갖도록 설정할 수도 있고, 각각 기간에 특정한 값들을 갖도록 미리 설정해 둘 수도 있다.
- 상수변수는 사람의 개입으로 그 값이 정해질 수 있는 변수이다. 즉 상수변수는 의사결정 변수이다. 예를 들어 잠자는 시간에 따라서 건강상태가 변한다고 할 때 최적의 잠자는 시간은 상수변수로서 의사결정 변수가 된다.

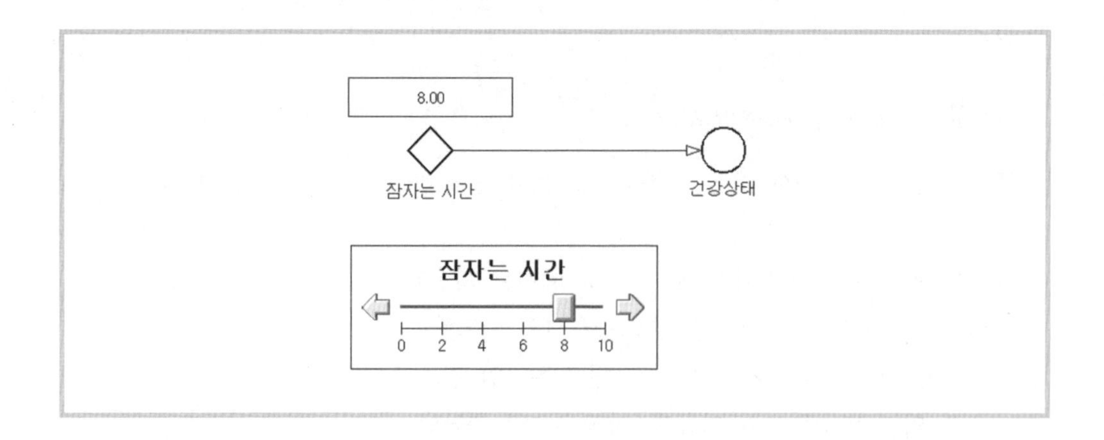

(9) 보조 변수(Auxiliary variable)

보조 변수는 여러 변수의 정보를 합치거나 재구성하는 역할을 하여 모델에 현실적 상황을 다채롭게 이야기로 전개하는 서술(敍述)의 역할을 하는 변수이다.

- 이러한 보조 변수나 상수변수는 결국에는 플로우 변수에 연결되어 시스템의 변화, 즉 스톡 변수의 변화를 유발하게 된다.

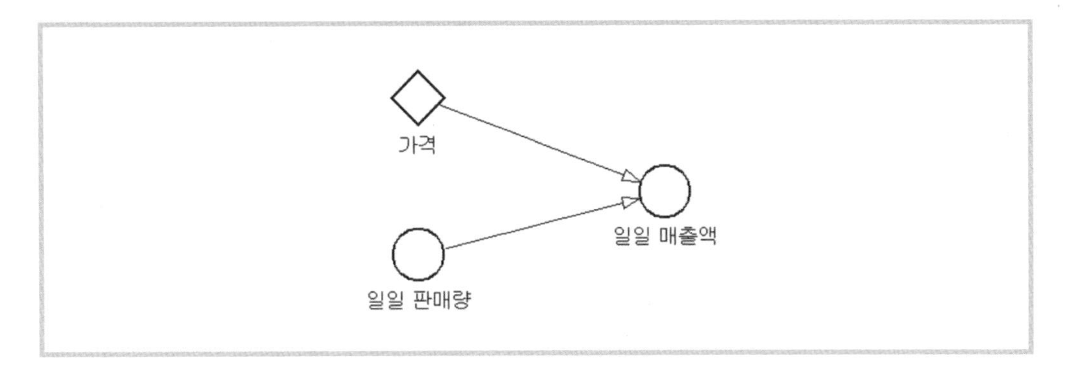

- 일일 매출액 보조변수의 정의

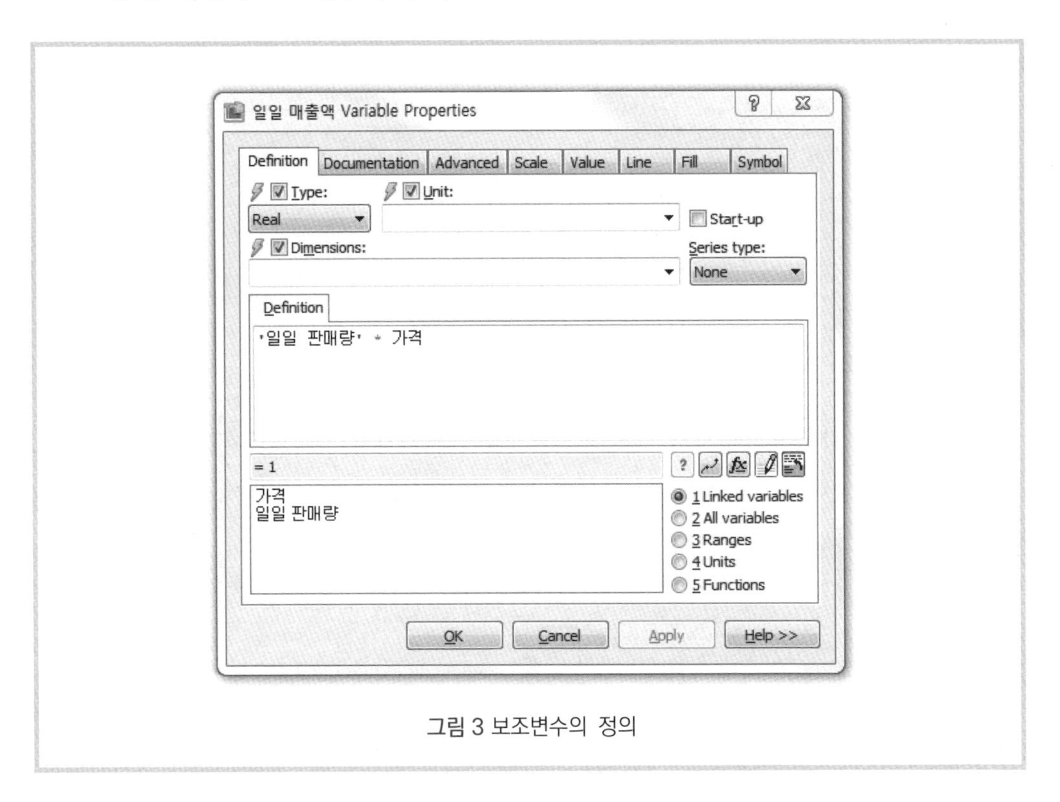

그림 3 보조변수의 정의

7.2 스톡(Stock, Level) 변수 만들기

스톡 플로우 모델링(Stock Flow Modeling)을 위하여 스톡 변수 만들기

(1) 스톡 변수 생성하기

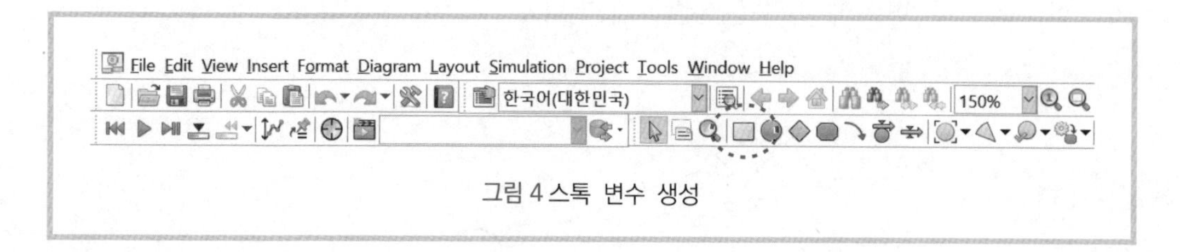

그림 4 스톡 변수 생성

• 스톡 변수 선택: 위와 같이 파워심 프로그램의 툴바 메뉴에서 사각형 모양의 Stock 변수 아이콘을 마우스로 선택한다.(마우스 왼쪽 클릭)

(2) 스톡 변수 위치 결정

모델링 다이어그램에서 원하는 위치에 마우스 왼쪽을 클릭하면 다음과 같이 표시된다.

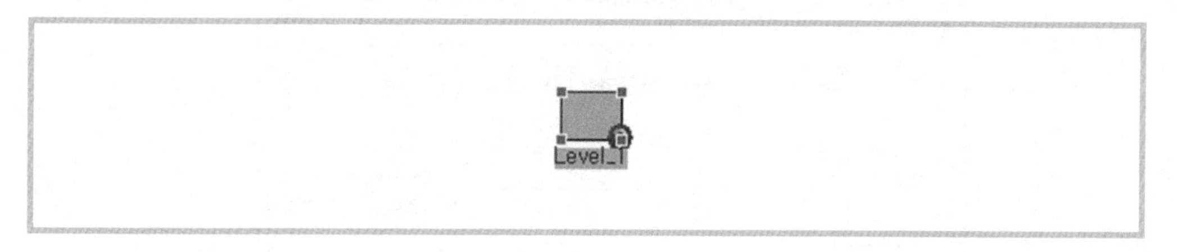

(3) 스톡 변수 이름 결정

스톡 변수를 다이어그램에 클릭하면 Level_1이라는 변수 이름이 자동으로 생성된다. 변수 이름을 클릭하여 원하는 변수 이름을 입력하고 Enter 키(입력 키)를 누른다. 예를 들어 '공부시간'을 스톡 변수로 만들면 다음과 같다.

여기서 물음표(?)가 나타나는 것은 변수 정의(variable definition)가 아직 제대로 안 되었다는 표시이다.

(4) 변수 정의하기

- 변수 수식 정의: 변수의 수식을 정의하지 않으면 다음과 같은 화면이 나타난다.

- 변수를 정의하려면 해당 변수를 더블 클릭(double clicks, 연달아 두 번 클릭)한다. 그러면 아래와 같은 변수 정의 화면이 표시된다.

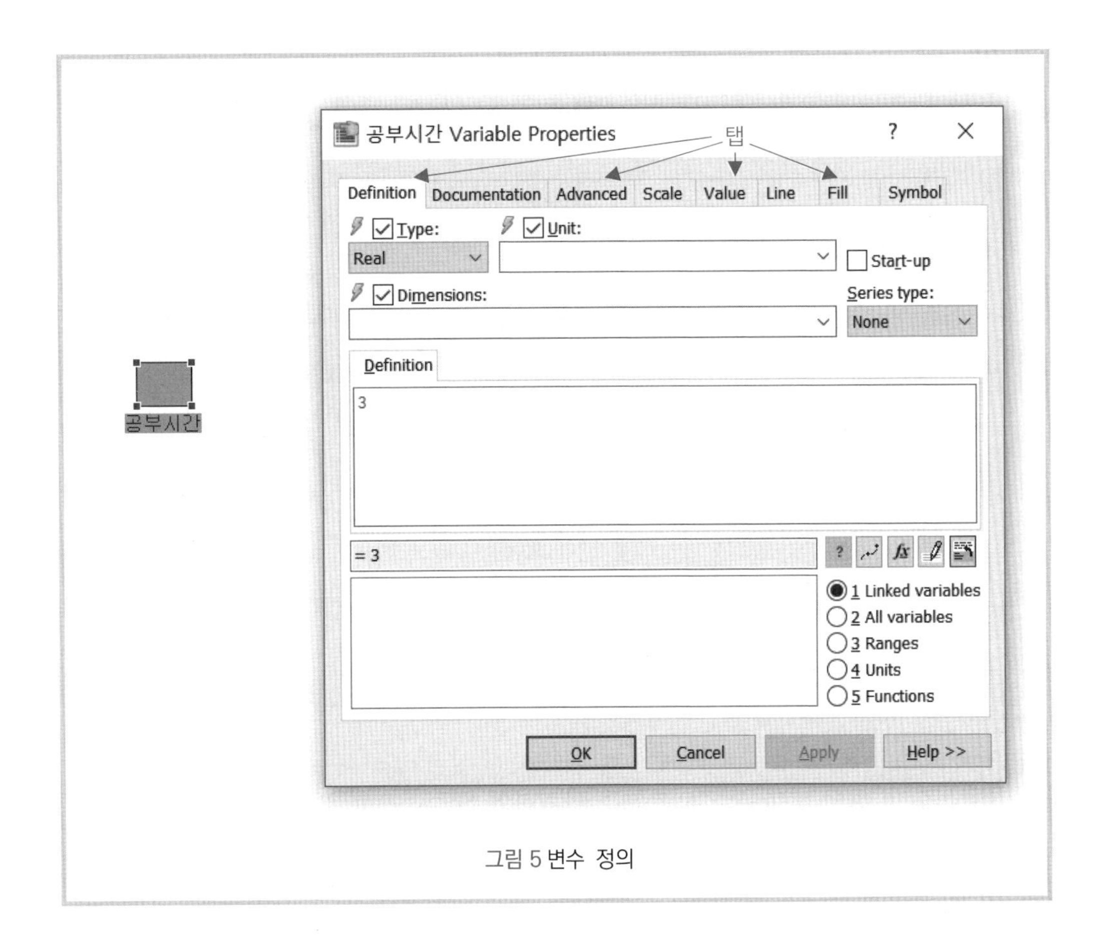

그림 5 변수 정의

- 변수 속성정의: '공부시간'이라는 변수를 수리적으로 정의(mathematical definition)한다. 예를 들어 '공부시간' 변수의 초깃값이 세 시간인 경우 변수 정의 화면(definition)에서 3을 입력한다. 즉 공부시간 초깃값은 세 시간이라는 의미이다.
- 변수 속성정의 완료: 변수에 대한 수치 또는 수식을 입력하고, 변수 정의를 마무리하려면 OK 버튼을 클릭하면 된다.
- 변수 정의와 관련하여 변수 정의 화면 외에 탭(tab), 즉 Documentation, Advanced, Scale, Value, Line, Fill, Symbol 등을 추가 정의하려면 아래에 있는 Apply 버튼을 눌러 임시저장하고, 변수 정의 이외의 나머지 정의할 탭들을 정의하고 최종적으로 OK 버튼을 눌러 '공부시간' 변수 정의를 완료한다.
- 변수 정의가 완료되어 OK 버튼을 누르면 다음과 같이 물음표가 없어지고 '공부시간'이라는 변수가 나타난다.

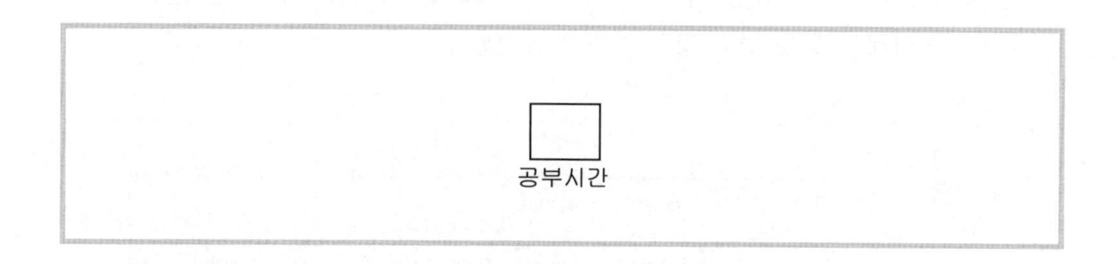

(5) 정의한 변수의 값 확인하기

- 정의한 변수의 값은 Auto Report 기능을 이용하여 변수 내부 값을 확인할 수 있다.(변수 정의 확인)
- '공부시간'이라는 변수에 마우스 커서를 변수 위에 올리면 다음과 같이 변수 내부의 값이 표시된다.

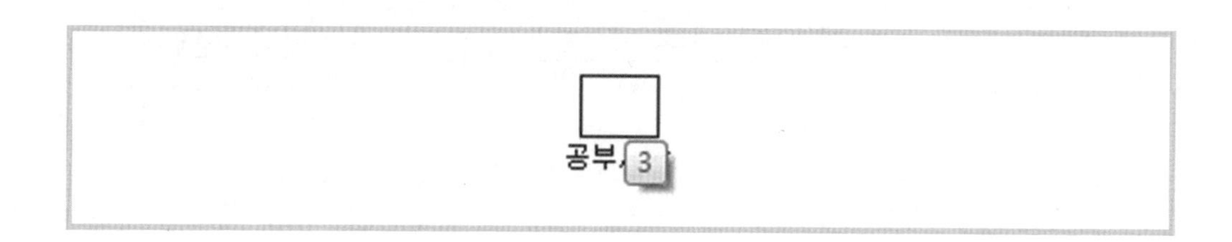

- 해당 변수 위에서 마우스 오른쪽을 클릭하여 Show Auto Report 항목을 아래와 같이 선택하면

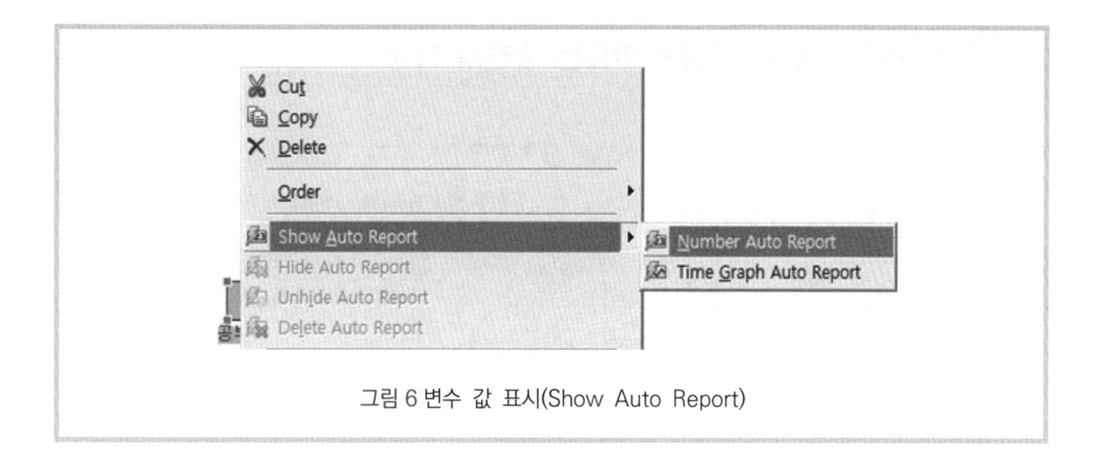

그림 6 변수 값 표시(Show Auto Report)

- 다음과 같은 변수 내부의 값이 표시된다. 참고로 변수의 값 표시 방법은 수치로 표시하는 방법과 그래프로 패턴을 표시하는 방법이 있다.
- 일반적으로 수치를 이용한 변수의 값을 표시한다. 표시 결과는 다음과 같다.

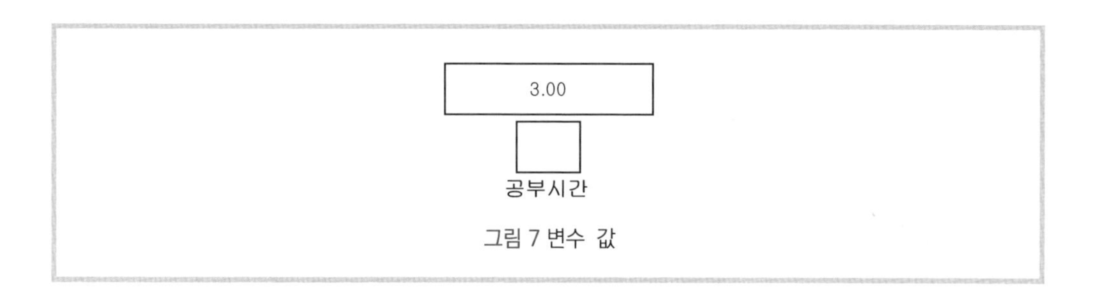

그림 7 변수 값

- Auto Report 기능을 이용하여 시뮬레이션 시작과 끝 그리고 시뮬레이션 진행 중에도 해당 변수의 변화 값을 수시로 관찰할 수 있다. 시뮬레이션이 완료되면 시뮬레이션 결과가 값으로 표시된다.

7.3 파워심 스톡 플로우 모델을 만드는 일련의 과정

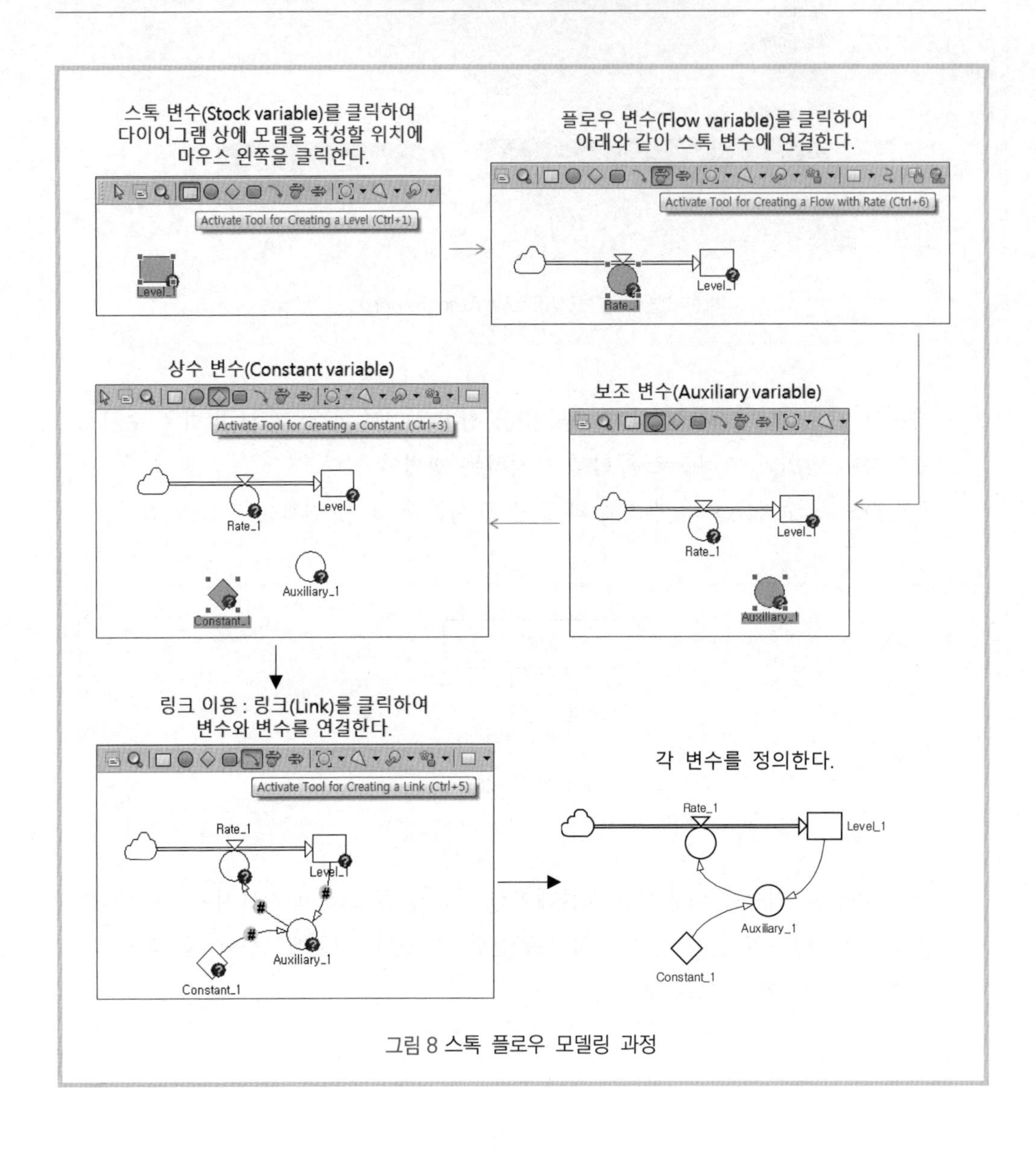

그림 8 스톡 플로우 모델링 과정

7.4 기본 스톡과 플로우 모델링

(1) 스톡(Stock 또는 Level) 변수 만들기

리본 메뉴에서 스톡 변수(Stock variable) 아이콘을 클릭하여 아래와 같이 다이어그램 상에 모델을 작성할 위치에 마우스 왼쪽을 클릭한다.

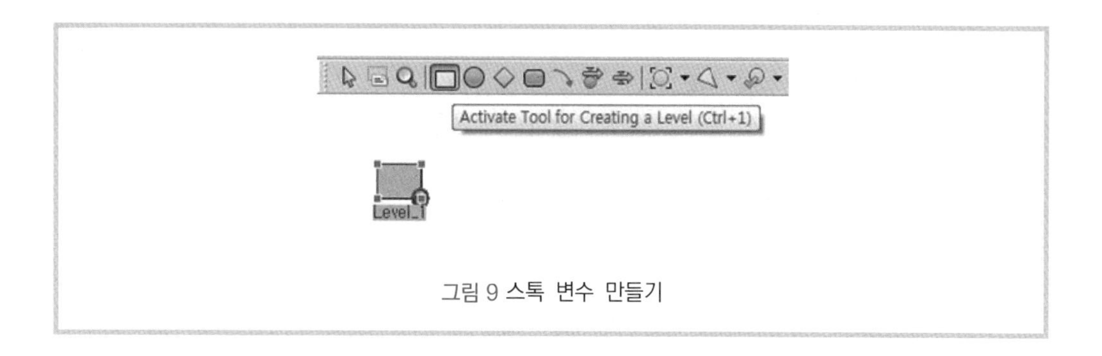

그림 9 스톡 변수 만들기

(2) 플로우(Flow) 변수 만들기

플로우 변수(Flow variable)를 클릭하여 아래와 같이 스톡 변수에 연결한다.

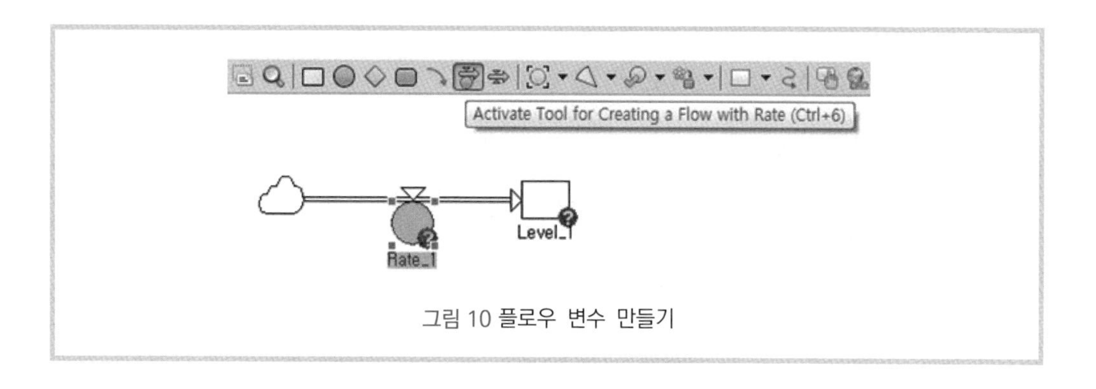

그림 10 플로우 변수 만들기

- 위와 같이 리본 메뉴에서 플로우 아이콘을 선택하고, 위의 모델과 같이 스톡 변수 왼쪽에 구름 모양의 지점에 시작점으로 클릭한 후에 Level_1 스톡 변수에 플로우 변수를 연결하면 Level_1 변수위에 + 표시가 나타난다. 이때 마우스를 클릭하면 위와 같이 스톡변수에 플로우 변수 연결이 완성된다.

참고로 변수 위에 빨간색으로 물음표(?)가 표시되는 것은 아직 변수에 대한 정의가 되지 않았다는 표시이다.

(3) 보조 변수(Auxiliary variable) 만들기

아래와 같이 파워심 메뉴 아래에 있는 리본 메뉴에서 동그라미 모양의 보조 변수 아이콘을 마우스로 선택(클릭)한다.

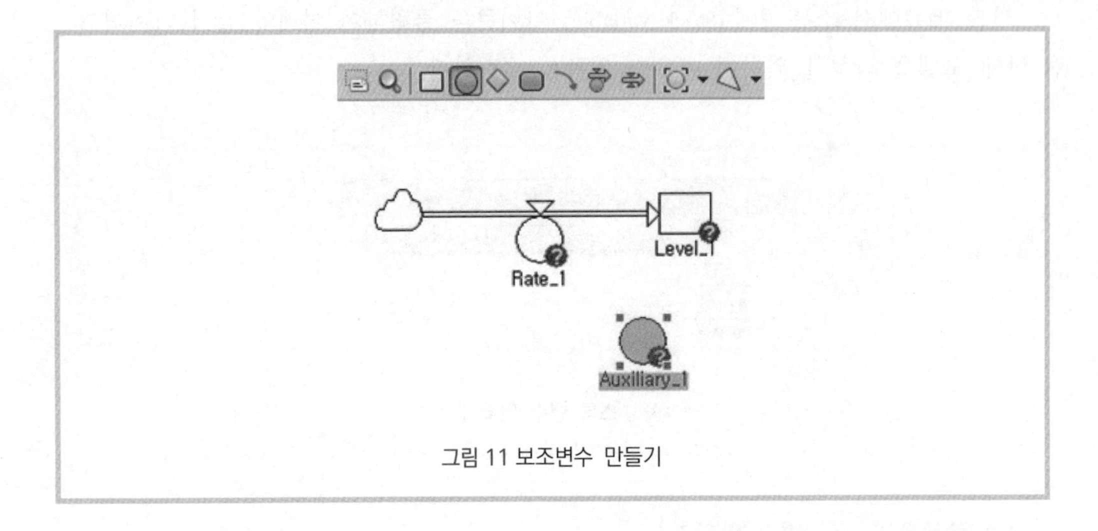

그림 11 보조변수 만들기

선택한 보조 변수를 그림과 같이 스톡 변수와 플로우 변수 아래에 클릭하면 그림 11과 같이 Auxiliary_1이라는 이름의 보조 변수가 생성된다.

(4) 상수 변수(Constant variable) 만들기

리본 메뉴에서 마름모 모양의 상수변수를 선택하고 그림 12와 같은 위치에 마우스를 클릭한다.

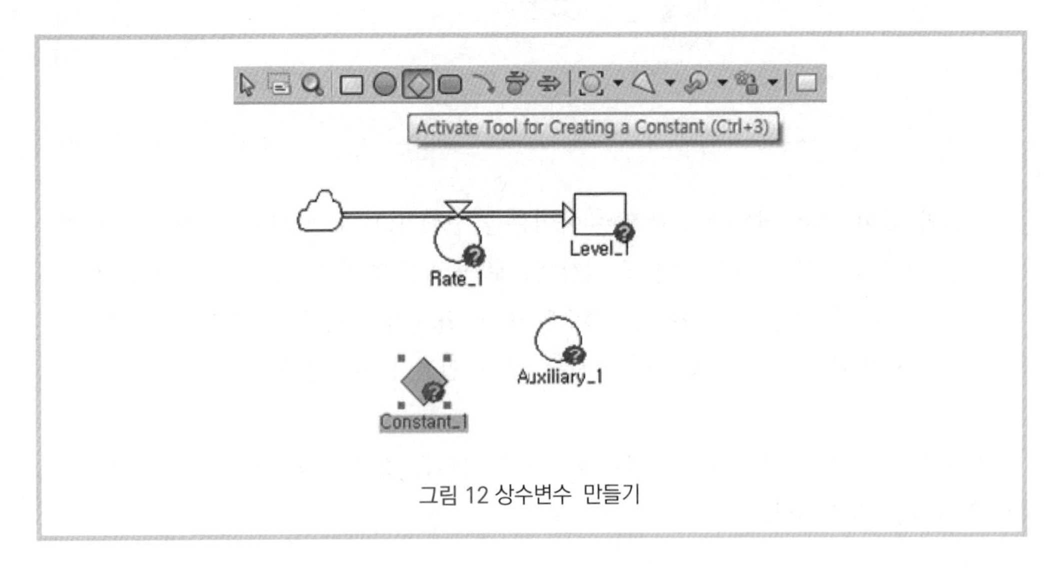

그림 12 상수변수 만들기

(5) 연결선(링크 선, Link line) 만들기

리본 메뉴에서 아래 그림과 같이 링크 아이콘을 선택한다.

- 링크 아이콘을 클릭하고, 변수와 변수를 연결한다.
- 즉, 링크 아이콘을 누르고, 그림 13과 같이 두 변수 사이에서 출발 변수를 먼저 클릭하고 도착변수를 클릭하여 링크 선 연결을 완성한다.

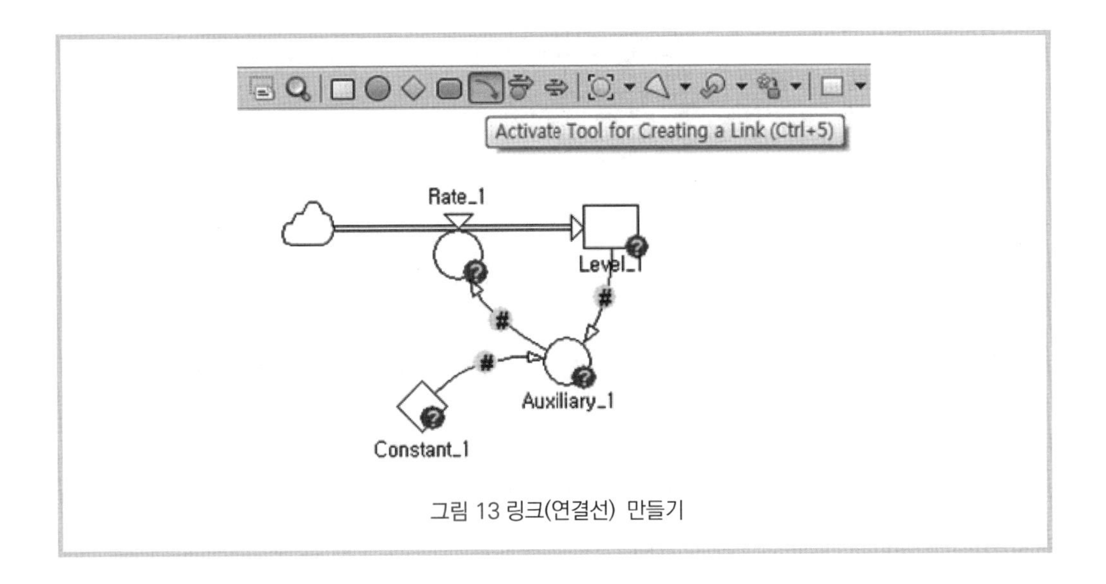

그림 13 링크(연결선) 만들기

- 링크(연결선)를 이용하여 변수를 정의할 때, 이미 연결된 변수를 이용하여 변수 정의를 하지 않으면 #(Hash, #) 표시가 나타난다.
- 다이어그램에서 연결된 변수를 모두 정의하면 # 표시가 사라진다.

참고로 일부 # 표시가 남아 있어도 변수 수식 정의가 잘못되었다고는 할 수 없다. 즉 시뮬레이션 수행에는 문제가 없고, 다만 변수 정의에 사용된 변수들 가운데 아직 연결이 안 된 변수가 있음을 표시하고 있다.

7.5 스톡 플로우 모델 정의하기(definition)

(1) 스톡 변수 정의

- 정의(define)할 스톡 변수를 더블 클릭하고, 변수 속성정의 화면에서 계량값을 직접 입력하거나, 변수와 변수를 조합하여 수식을 작성하여 변수를 정의한다.

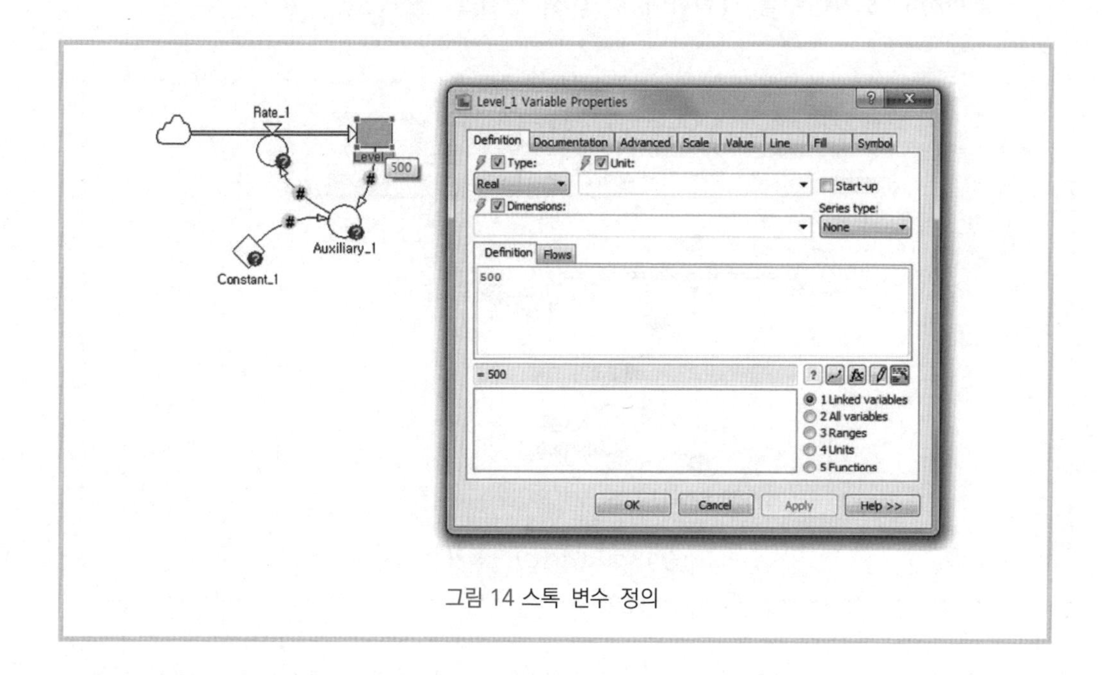

그림 14 스톡 변수 정의

- 변수 속성정의 화면에서 500을 입력하고, OK 버튼을 누른다. 마찬가지로 상수변수(Constant_1)에는 20을 입력한다.

(2) 상수변수 정의

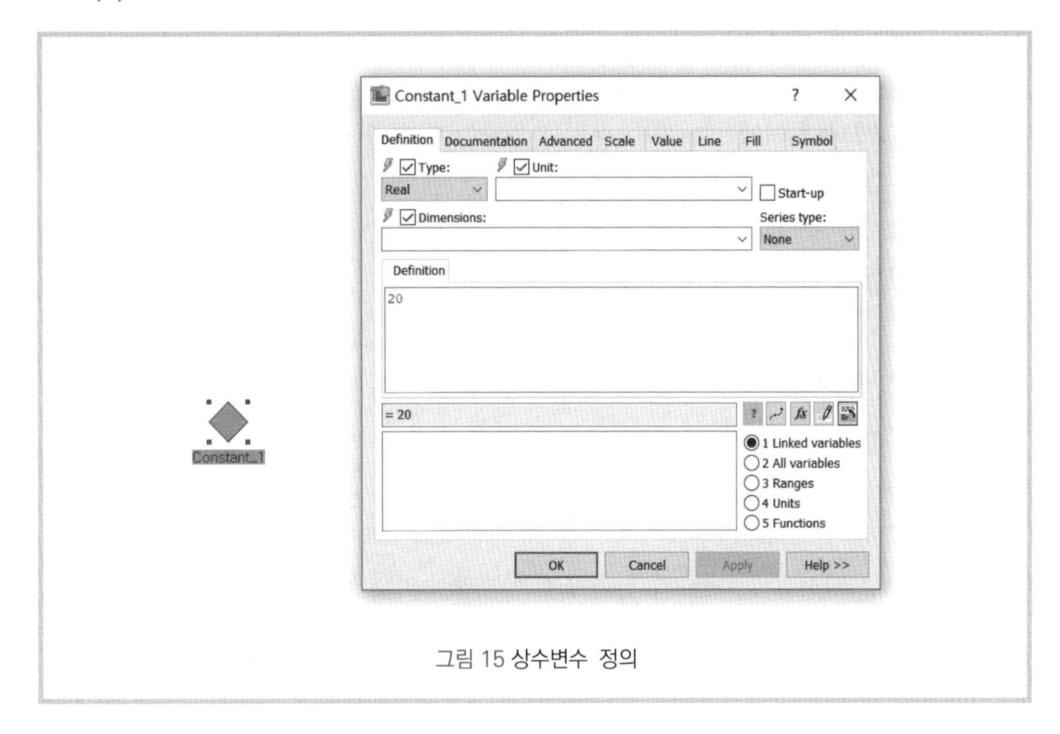

그림 15 상수변수 정의

(3) 보조 변수(Auxiliary variable) 정의

- 정의할 보조 변수를 클릭하여 변수 정의 화면에서 계량값을 직접 입력하거나, 변수와 변수를 조합하여 수식을 작성한다.

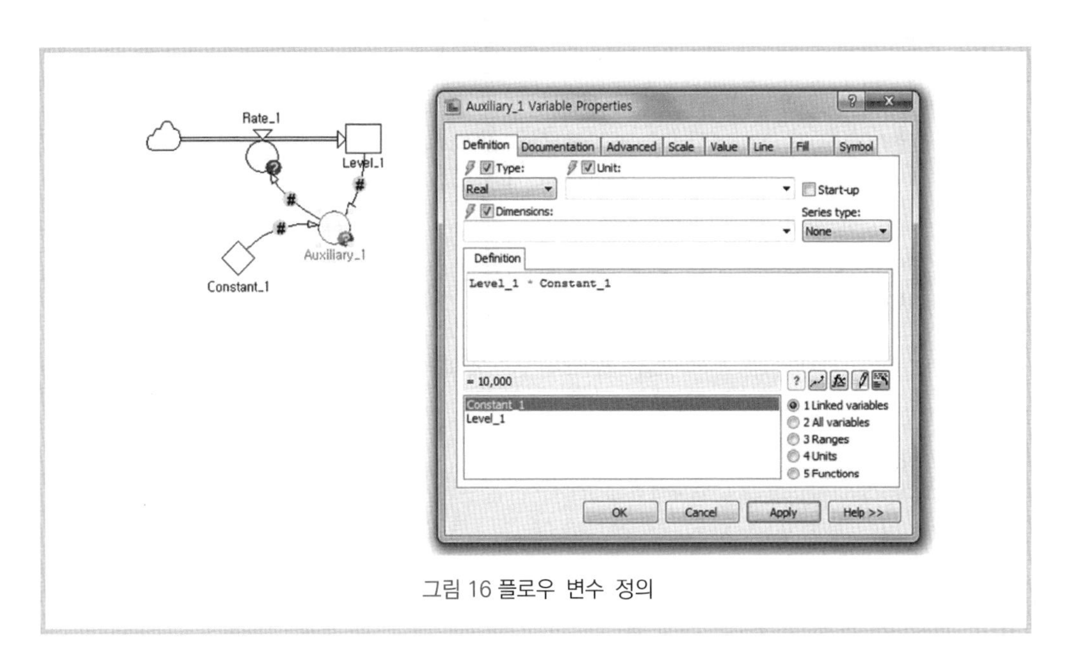

그림 16 플로우 변수 정의

- 그림 16과 같이 변수를 정의하기 위하여 변수 정의 창 아래에 있는 Constant_1과 Level_1을 클릭하여 해당 변수 수식 정의(Definition) 공간에 클릭한 변수가 올라간다.
- 파워심 소프트웨어에서는 변수 정의를 위하여 변수 이름을 변수 창에서 직접 키보드를 통하여 입력하는 것은 권하지 않는다. 위와 같이 연결할 변수 후보들을 더블 클릭하여 위로, 변수 정의 창으로 옮긴 후에 적당한 수식을 입력하여 연산식을 만들게 된다.

(4) 플로우 변수 정의

- 플로우 변수는 주로 시간의 흐름에 따른 스톡 변수의 변화량을 나타낼 때 사용한다. 따라서 변화량은 스톡 변수를 시간으로 나누어준 수식 단위로 표현된다.
- 플로우 변수는 스톡 변수의 변화량을 의미하므로 스톡 변수와 같은 단위를 가져야 한다. 따라서 스톡 변수의 변화량은 스톡 변수의 시간에 따른 미분 값이 된다. 즉 플로우 변수는 스톡 변수를 시간으로 나눈 성질을 갖게 된다.

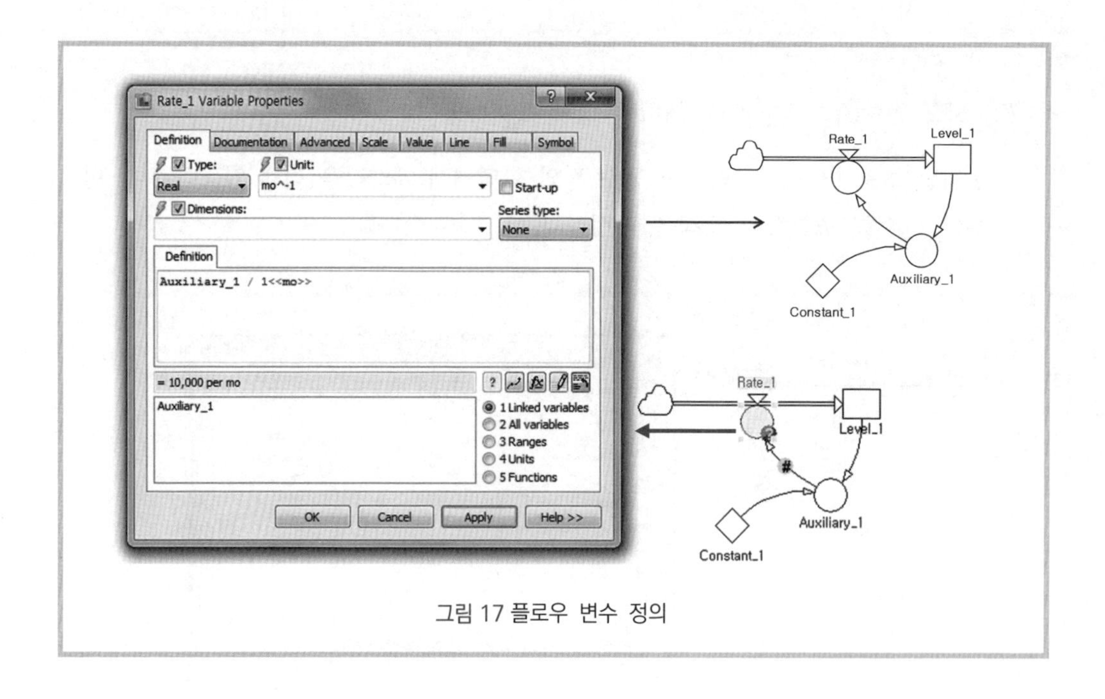

그림 17 플로우 변수 정의

- 변수 정의 창 아래에 있는 Auxiliary_1 변수를 클릭하고, 수식 정의 화면(Definition)에서 / 1<<mo>>를 입력하여, 시간에 따른 변화량임을 표시한다.
- 참고로 파워심에서는 단위 표시를 <<　>>로 하고, <<　>> 사이에 단위 이름이 표시된다. 그리고 mo는 month의 약어로 한 달(月)을 의미한다.
- yr → year, qtr → quarter, da → day, hr → hour, min → minute을 나타낸다. 참고로 파워심에서는 명령어나 함수 및 단위에 대문자, 소문자를 별도로 구분하지 않는다. 대문자 소문자 무엇을 사용하여도 된다.

7.6 스톡과 플로우 연결하기

스톡 플로우 아이콘을 이용한 모델링

파워심 소프트웨어는 스톡과 플로우(Stock Flow) 아이콘 등 시각화된 모델링 기능을 이용하여 이제 일반인도 복잡한 코딩 없이 누구나 손쉽게 수식화(Equations)된 미분 · 적분 시뮬레이션 프로그램을 만들 수 있도록 지원한다.

(1) 시각화된 아이콘을 이용한 시뮬레이션 모델 개발

- 파워심 소프트웨어는 복잡한 미분 및 적분과 같은 복잡하고, 어려운 수학적 수식 모델링을 간단히 표현할 수 있는 시각화된 아이콘으로 대신하고 있다.
- 이를 통하여 복잡한 수학적 연산을 프로그램 코딩 없이 시각화된 아이콘을 이용하여 누구나 손쉽게 모델링 프로그램을 생성할 수 있도록 '아이콘으로 시각화된 모델링을 지원하는 기능(visualized modeling functionality)'을 제공한다.

(2) 플로우 변수(flow variable) 만들기

- 플로우 변수는 미분, 변화율 변수의 성질을 나타낸다. 일반적으로 스톡 변수를 시간으로 나눈 값(미분 값)을 플로우 변수의 단위로 갖는다.

• 플로우 변수를 다이어그램에 나타내기

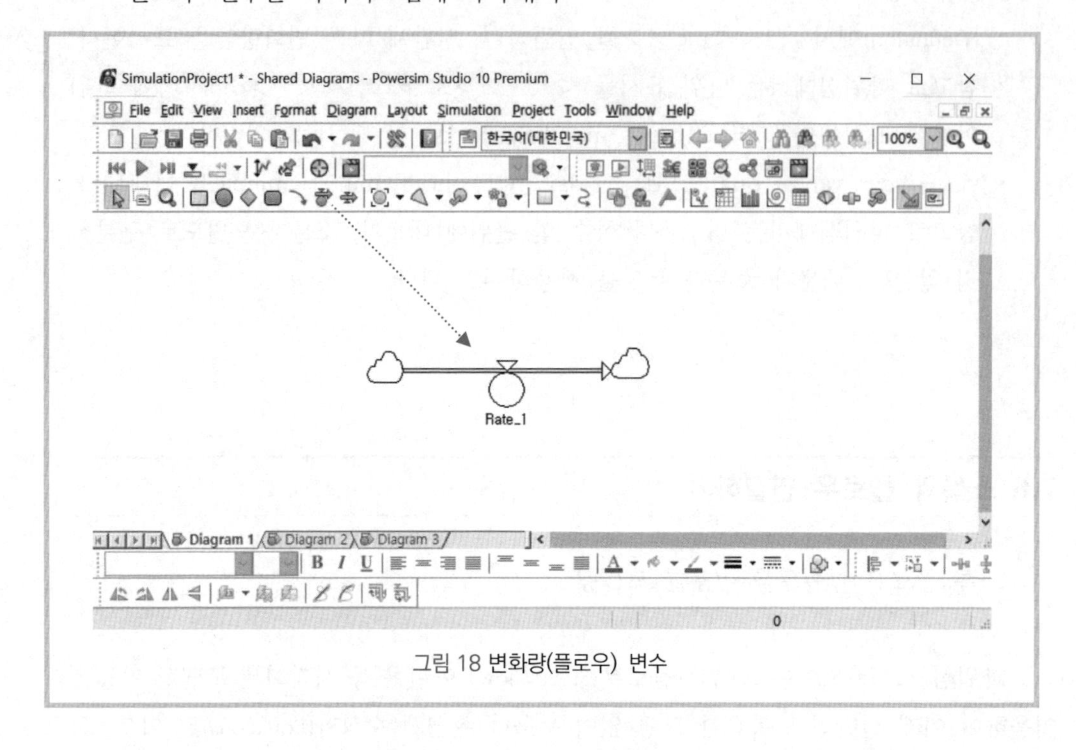

그림 18 변화량(플로우) 변수

• 그림 18과 같이 도구 모음(리본 메뉴)에서 플로우(flow with rate) 변수 아이콘을 선택하고, 다이어그램에 플로우 변수를 클릭하고, 오른쪽으로 마우스를 옮겨서 더블 클릭하면 위와 같이 생성한다.
• 변수 이름은 Rate_1로 자동으로 표시된다. 이러한 플로우 변수, Rate_1 변수는 시간에 따라 변화하는 미분 성질을 갖는다.

(3) 스톡 변수 만들기

- 스톡 변수(Stock variable)는 설명한 것처럼 적분 및 누적 성질을 갖는다.
- 스톡 변수를 다이어그램에 나타내기

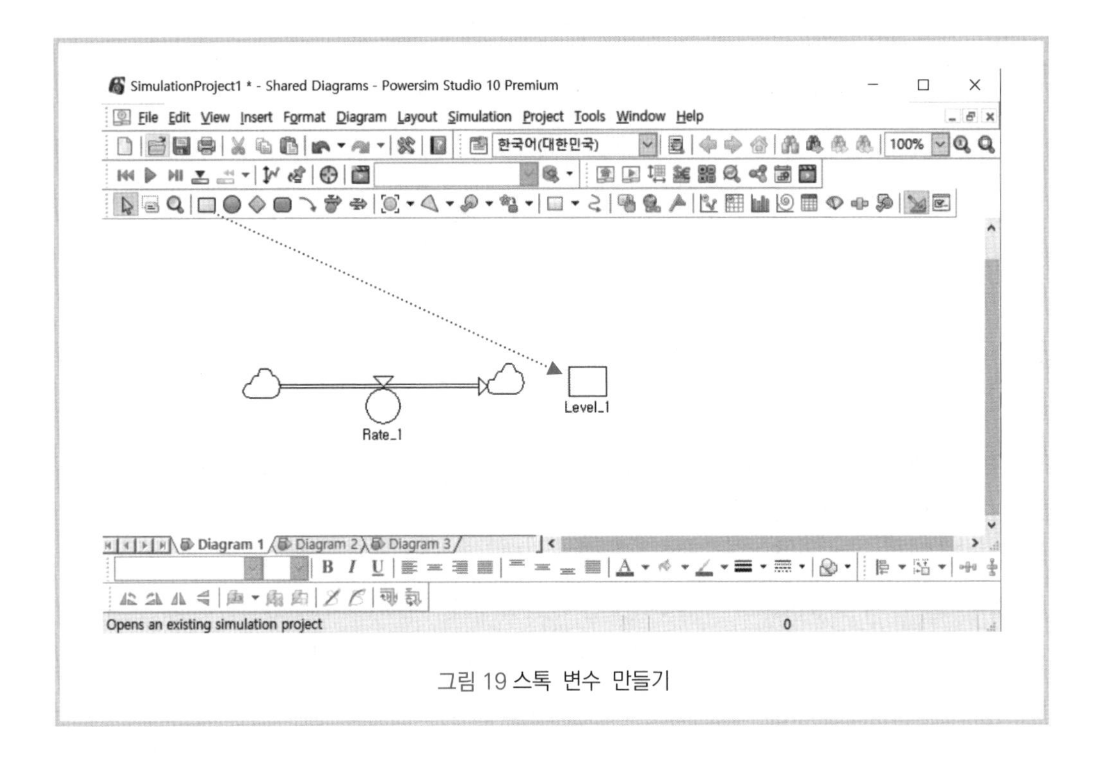

그림 19 스톡 변수 만들기

(4) 플로우 변수를 스톡 플로우에 연결하는 두 가지 방법

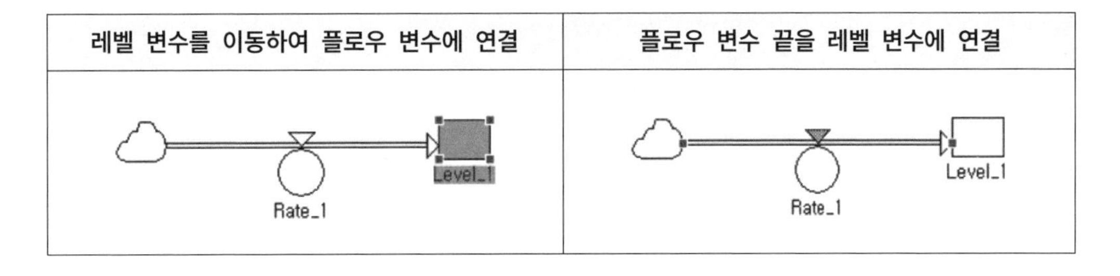

레벨 변수를 이동하여 플로우 변수에 연결	플로우 변수 끝을 레벨 변수에 연결
Level_1 Rate_1	Level_1 Rate_1

7.7 스톡 플로우 모델과 수식

(1) 스톡과 플로우 모델의 수학적 의미

스톡 플로우 모델(Stock Flow Model)의 수학적 의미는 변화량이 누적으로 쌓이는 것과 같다.

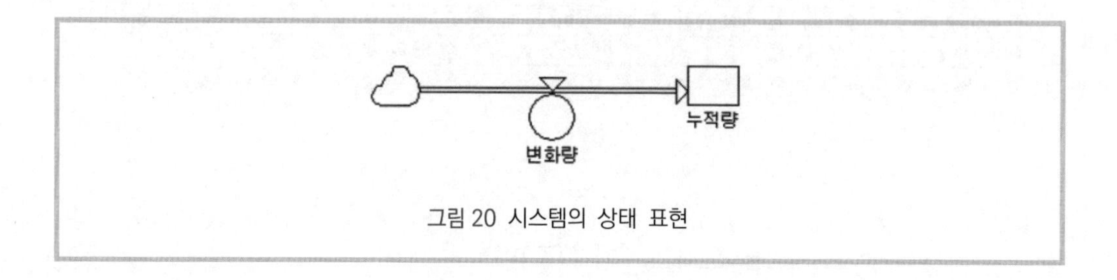

그림 20 시스템의 상태 표현

위의 스톡 변수인 누적량 변수는 변화량의 누적이고, 플로우 변수인 변화량 변수는 기간별 변화량을 의미한다.

예를 들어, 누적량(Stock) 변수로는 은행 잔고, 댐 저량(Reservoir)이 되고, 변화량(flow) 변수에는 매월 저축액(입금액), 댐으로 들어오는 초당 유입량이 있다.

스톡 변수는 플로우 변수를 누적(accumulation)하는 성질을 갖고, 플로우 변수는 시스템이 변화를, 스톡 변수는 그 변화를 누적한 시스템의 상태를 나타낸다. 그래서 스톡 변수를 시스템의 변화를 기억하는 변수(memory of the system)로 부르기도 한다.

(2) 스톡과 플로우 변수의 수식 표현

스톡 플로우(Stock flow) 아이콘 구조를 수식으로 나타내면 다음과 같다,

- 변화하는 시간이 이산적인(discrete) 경우: $\text{누적량} = \sum_{t=1}^{t=n} \text{변화량}_t$
- 변화하는 시간이 연속적인(continuous) 경우: $\text{누적량} = \int_{t=1}^{t=n} (\text{변화량}_t)\, dt$

수학적 표기

- 누적량을 $F(x)$, 변화량을 $f(x)$라 하자.
- 누적량 $F(x)$는 짧은 기간(dt 또는 Δt)의 변화량 $f(x)$를 시뮬레이션 기간에 걸쳐서 모은 것을 말한다.

$$누적량 = \sum_{t=1}^{t=n} 변화량_t 또는 누적량 = \int_{t=1}^{t=n} (변화량_t)\,dt 이다.$$

- 변화량은 누적량의 기간별 변동량, 즉 미분량이다. 즉

$f(x)$는 $F(x)$의 기간별 변화량이다.

- 변화량은 단위 시간에 따른 변화량으로, 변화의 성질(패턴)을 나타낸다.

$$변화량 = \frac{\Delta 누적량\ 변화}{단위기간}\ 이고,\ f(x) = \frac{\Delta F(x)}{\Delta t} 이다.$$

- 따라서 변화량 변수는 시간에 따른 변화량, 즉 미분변수로서 스톡의 적분 값으로 아래와 같이 수식으로 연결된다.

$$F(x) = \int_{t=1}^{t=n} f(x)dt 이다.$$

7.8 변수 유형(variable types) 정의

변수의 계량화를 위한 변수 정의는 아래와 같이 네 가지 유형으로 구분된다.

- 실수(Real, 實數) 형태
- 정수(Integer, 整數) 형태

- 복소수(Complex, 複素數) 형태
- 논리(Logical, 論理) 형태

(1) 실수(real number) 형태의 변수 정의

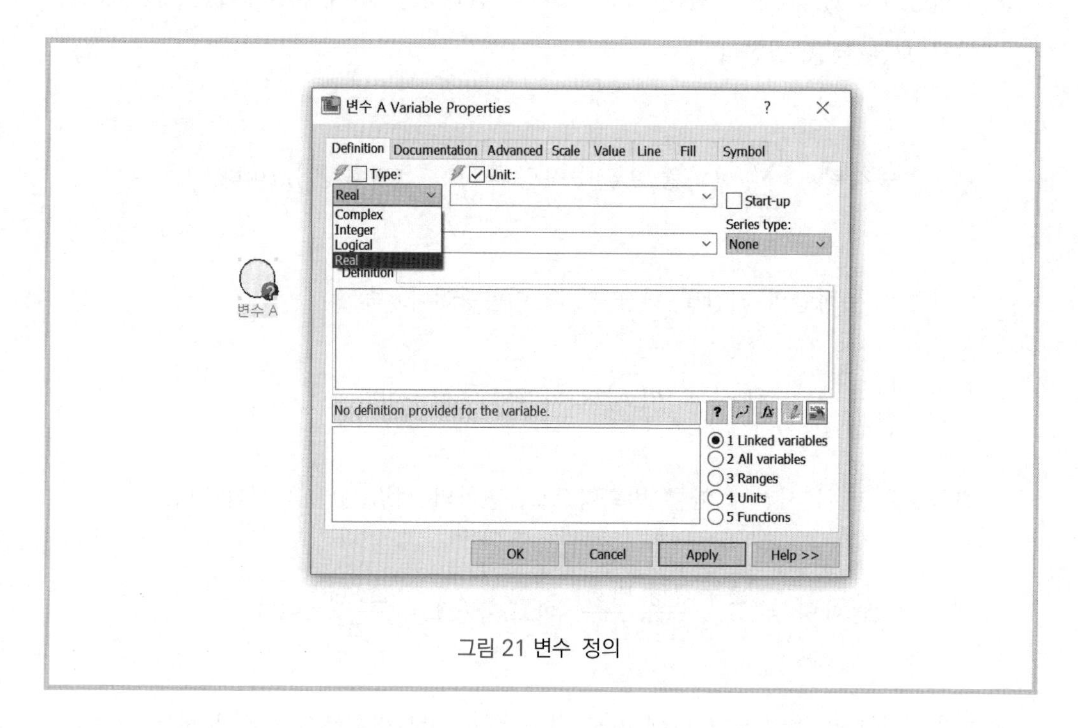

그림 21 변수 정의

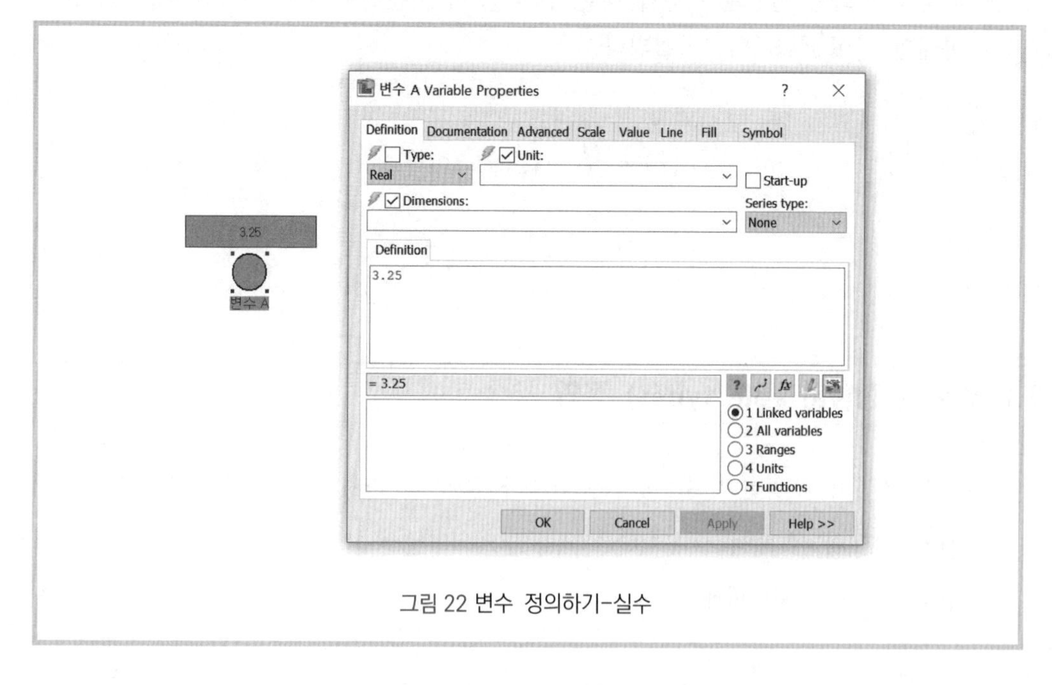

그림 22 변수 정의하기-실수

(2) 정수(Integer) 변수형 정의

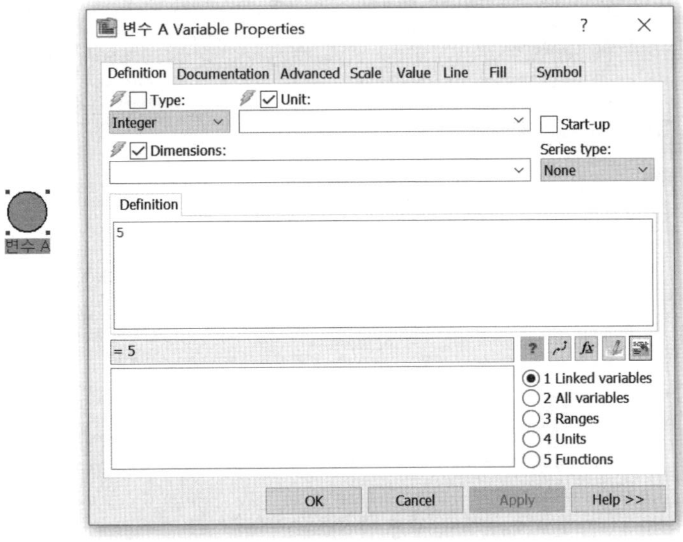

그림 23 변수 정의하기-정수

(3) 복소수(Complex) 변수형 정의

복소수 $Z = Real + i\,Imag$라 하면, $Z = x + iy$ 형식이다.

여기서 $Imag$ 함수는

$Imag(Z) = Imag(x+iy) = y$이다.

모델 변수에서 복소수는$(Real, Imag)$ 형식으로 변수를 정의하거나, 복소수 함수(Complex)를 사용할 수도 있다. 예: (2,3) 또는 $Complex(2,3)$

변수 A Variable Properties
Definition Documentation Advanced Scale Value Line Fill Symbol
Type:
Unit:
Complex
Start-up
Dimensions:
Series type:
None
Definition
(2, 3)
= (2,3)
1 Linked variables
2 All variables
3 Ranges
4 Units
5 Functions
OK Cancel Apply Help >>
변수 A

그림 24 변수 정의하기-복소수

(4) 논리(Logical) 변수형 정의

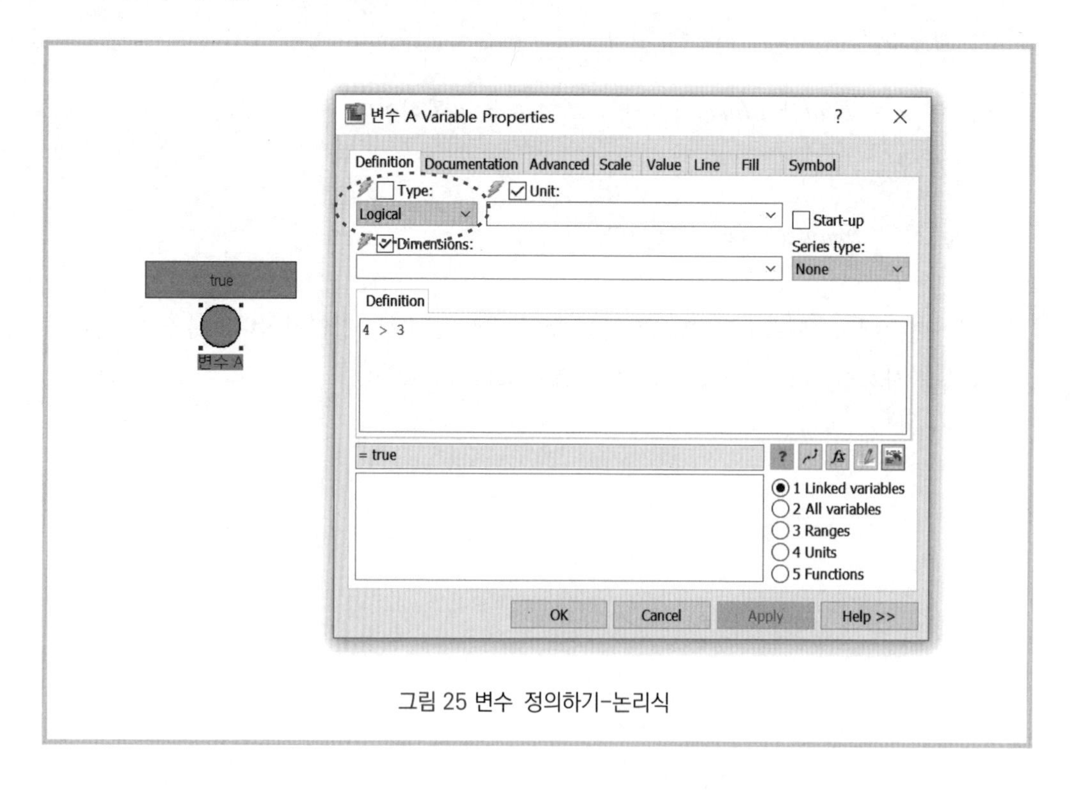

그림 25 변수 정의하기-논리식

논리값을 갖는 수식 함수

Logical Functions	
< - Less Than	FALSE - Logical False
<= - Less Than or Equal To	ISNAN - Check for NAN
<> - Not Equal To	NOT - Negation
= - Equal To	OR - Logical Or
> - Greater Than	TRUE - Logical True
>= - Greater Than or Equal To	XOR - Exclusive Logical Or
AND - Conjunction, Logical And	

AND 논리값

Condition1	Condition2	Condition1 AND Condition2
FALSE	FALSE	FALSE
FALSE	TRUE	FALSE
TRUE	FALSE	FALSE
FALSE	INDEFINITE	FALSE
INDEFINITE	FALSE	FALSE
TRUE	TRUE	TRUE
TRUE	INDEFINITE	INDEFINITE
INDEFINITE	TRUE	INDEFINITE
INDEFINITE	INDEFINITE	INDEFINITE

7.9 스톡 플로우 모델링 복습

(1) 달력 의존형 모델링

프로젝트 환경설정

- 프로젝트 환경: 달력 의존형 환경설정(Calendar-dependent)
- 시간 단위 일치 체크(Enforce Time Unit Consistency)를 하지 않는다.

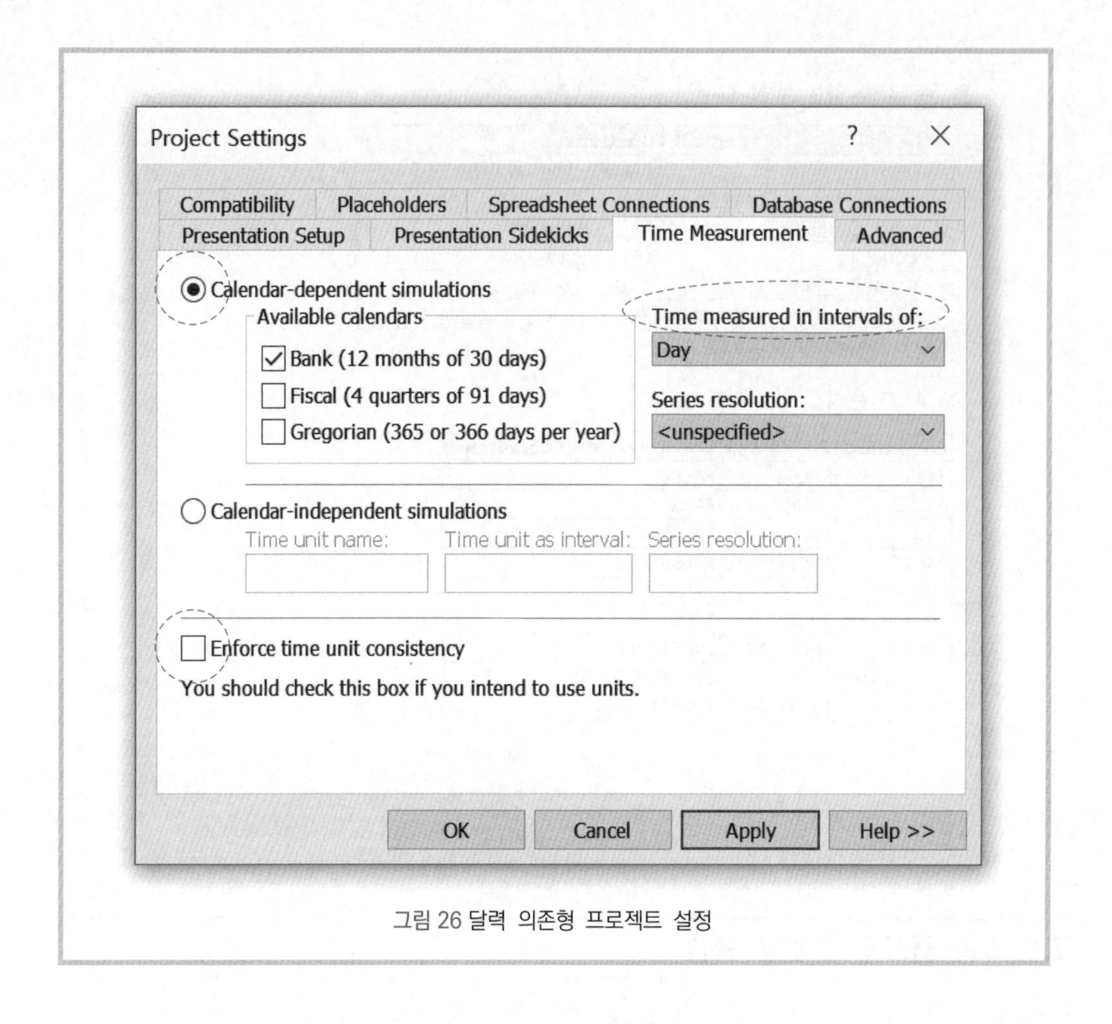

그림 26 달력 의존형 프로젝트 설정

시간 단위 일치 체크를 하지 않으면 앞서 설명한 바와 같이 모델 개발자는 프로그램에서 경고하는 변수별 단위 맞춤 에러 메시지에 일일이 대응해야 하는 부수적인 일에 신경을 쓰지 않아도 된다.

시뮬레이션 환경설정

- 시뮬레이션 기간설정: 2020－06－01~2020－06－30

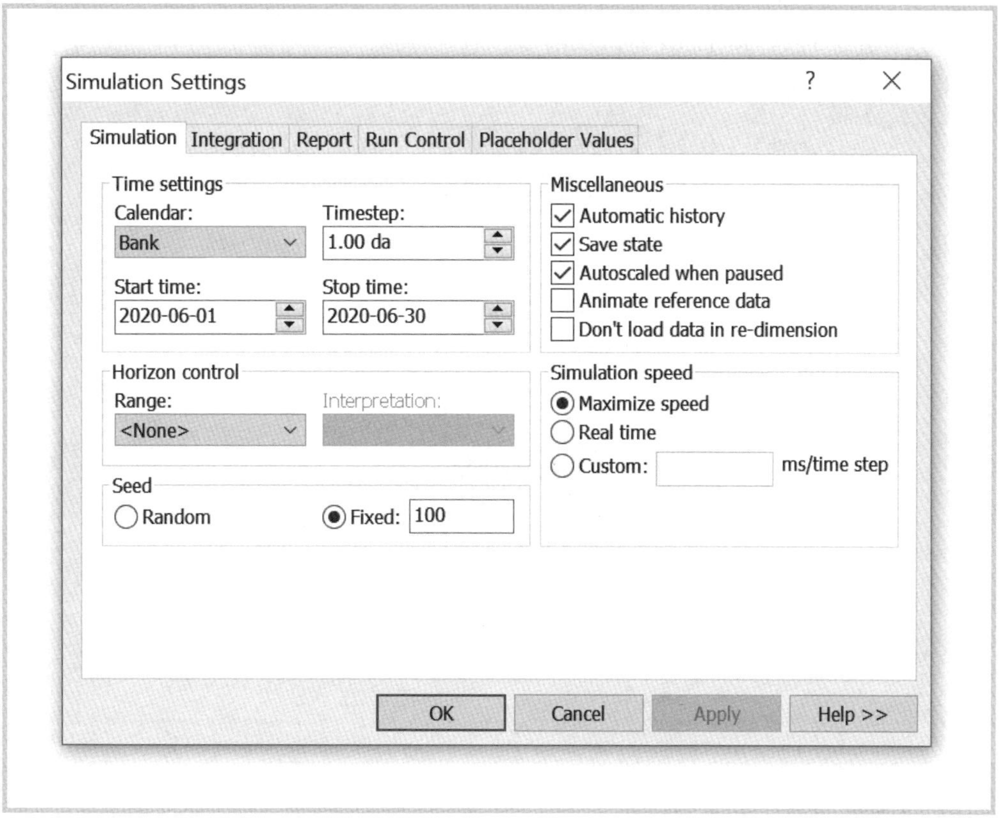

• 시뮬레이션 표시 간격: 매일(daily)

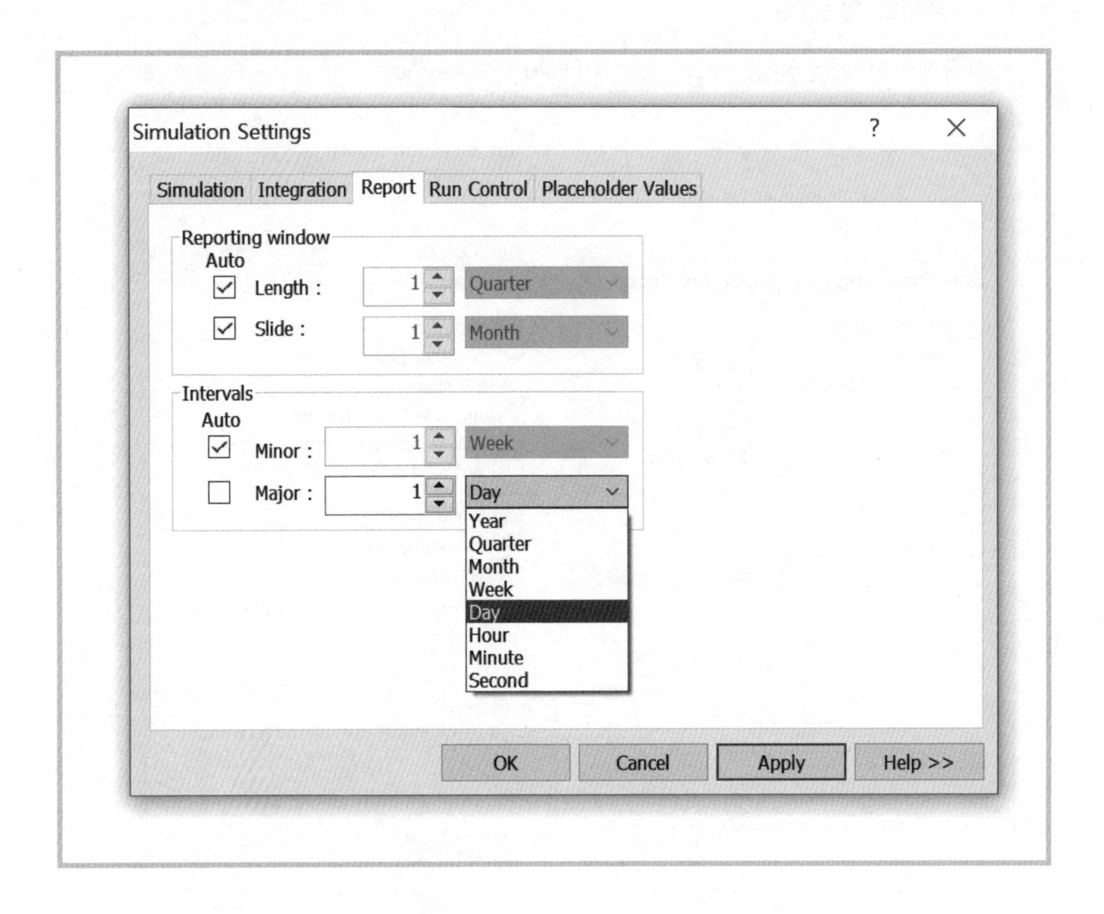

(2) 스톡과 플로우 변수 만들기

저량변수 만들기

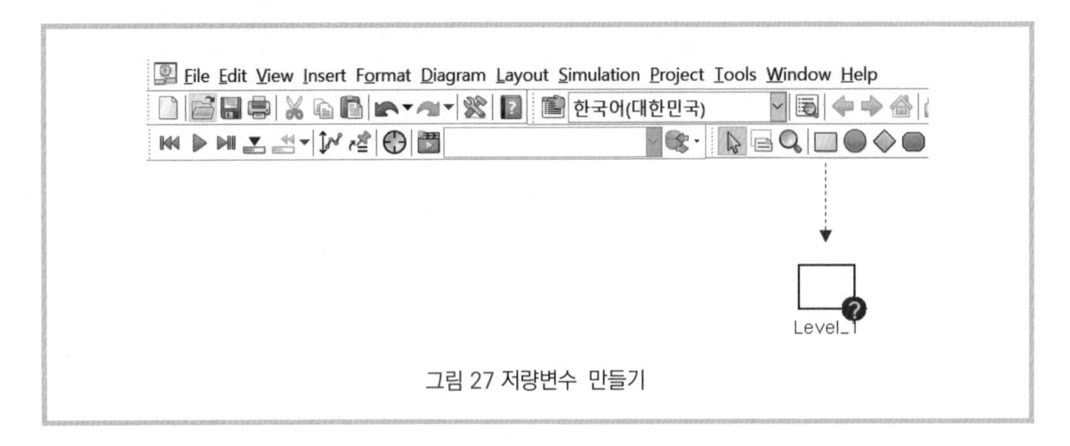

그림 27 저량변수 만들기

• 변수에 이름 부여하기: 저량
• 변수 정의하기: 0(초깃값)

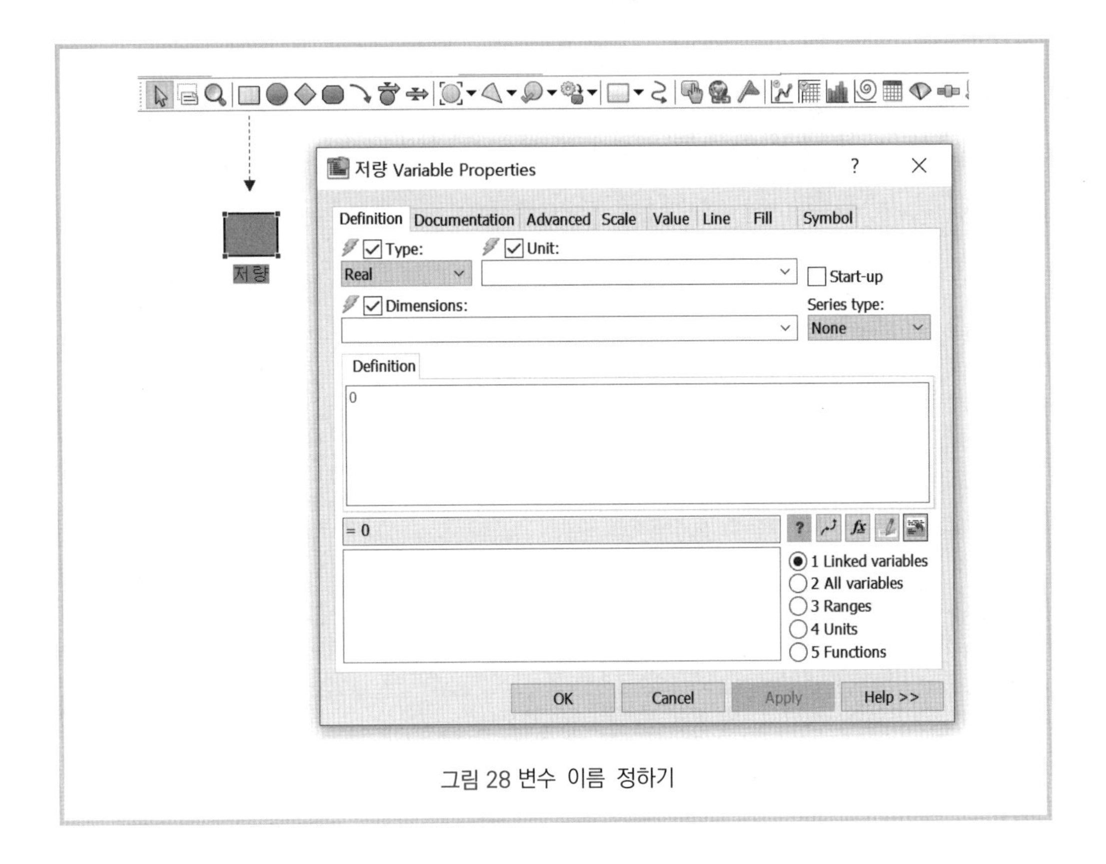

그림 28 변수 이름 정하기

플로우 변수 만들기

• 플로우 변수에 이름 부여하기: 유량
• 유입량 변수 정의하기: 10 / 1<<da>>, 즉 하루에 10mm 강우량이 내리는 것을 나타냄.

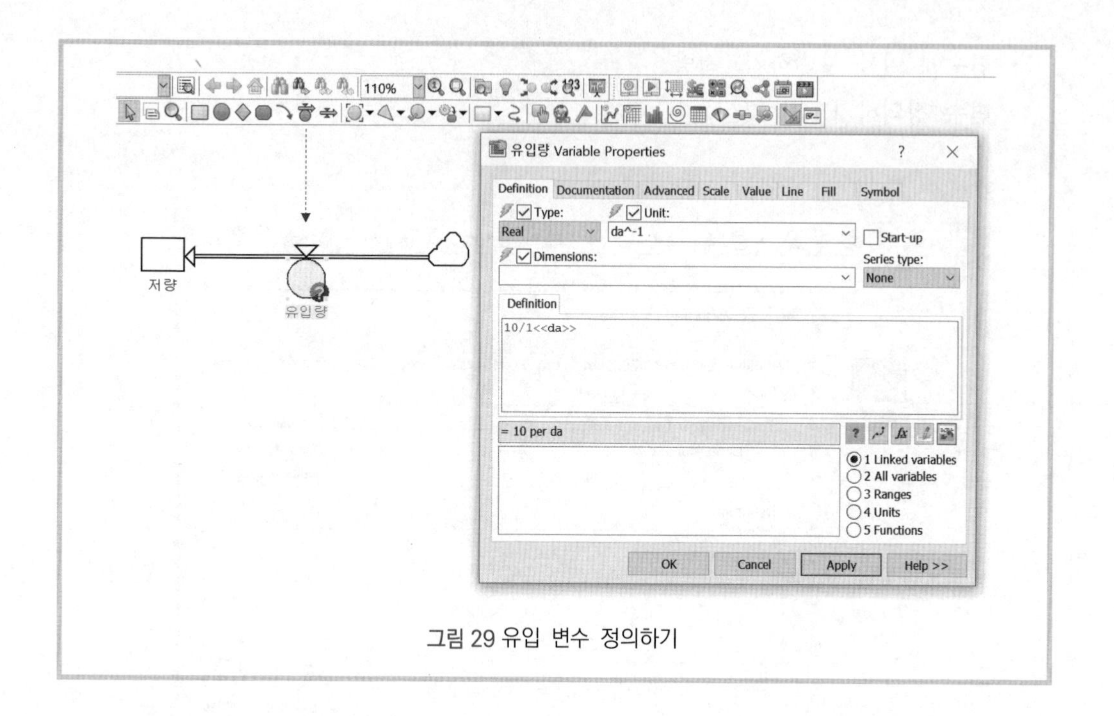

그림 29 유입 변수 정의하기

- 유출량 변수 정의하기: 8 / 1<<da>>, 즉 하루에 8mm 유출되는 것을 나타냄.

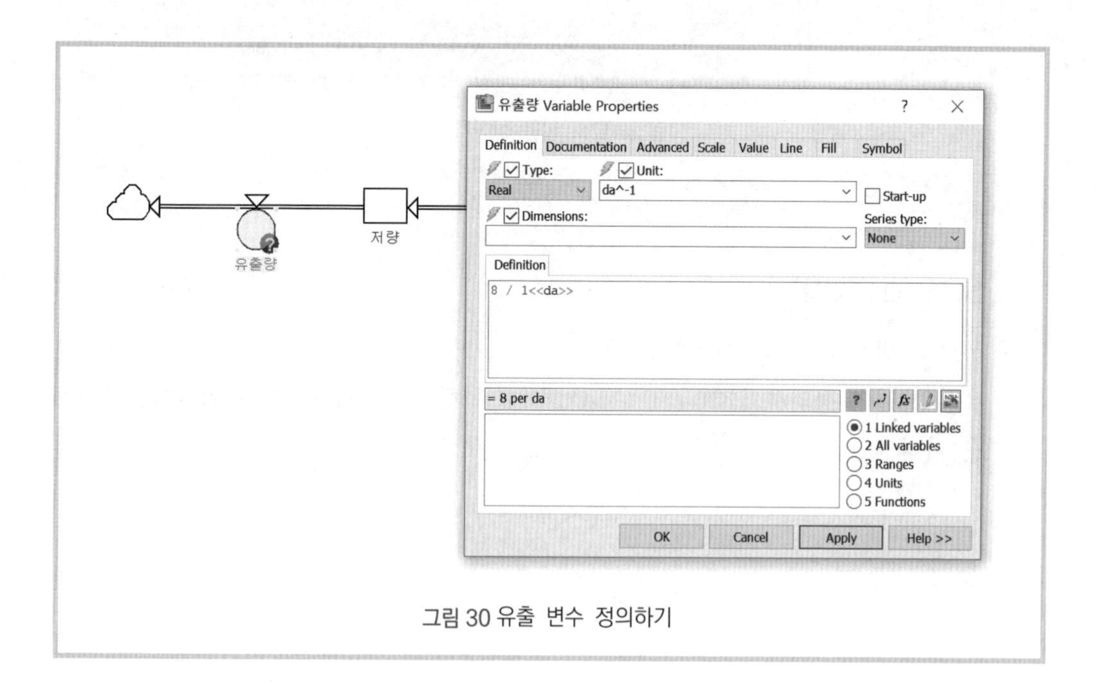

그림 30 유출 변수 정의하기

스톡변수 정의 확인

- 스톡(레벨)변수에서는 플로우 변수들의 흐름을 자동으로 계산한다.
- 스톡변수의 정의는 아래와 같이 Definition 옆에 있는 Flows 탭을 누르면, 아래와 같이 유입되는 변수와 유출되는 변수의 계산 과정을 확인할 수 있다.
- 유입량은 +dt 또는 Δt 단위로 유입된다.
- 유출량은 -dt 또는 Δt 단위로 유출된다.

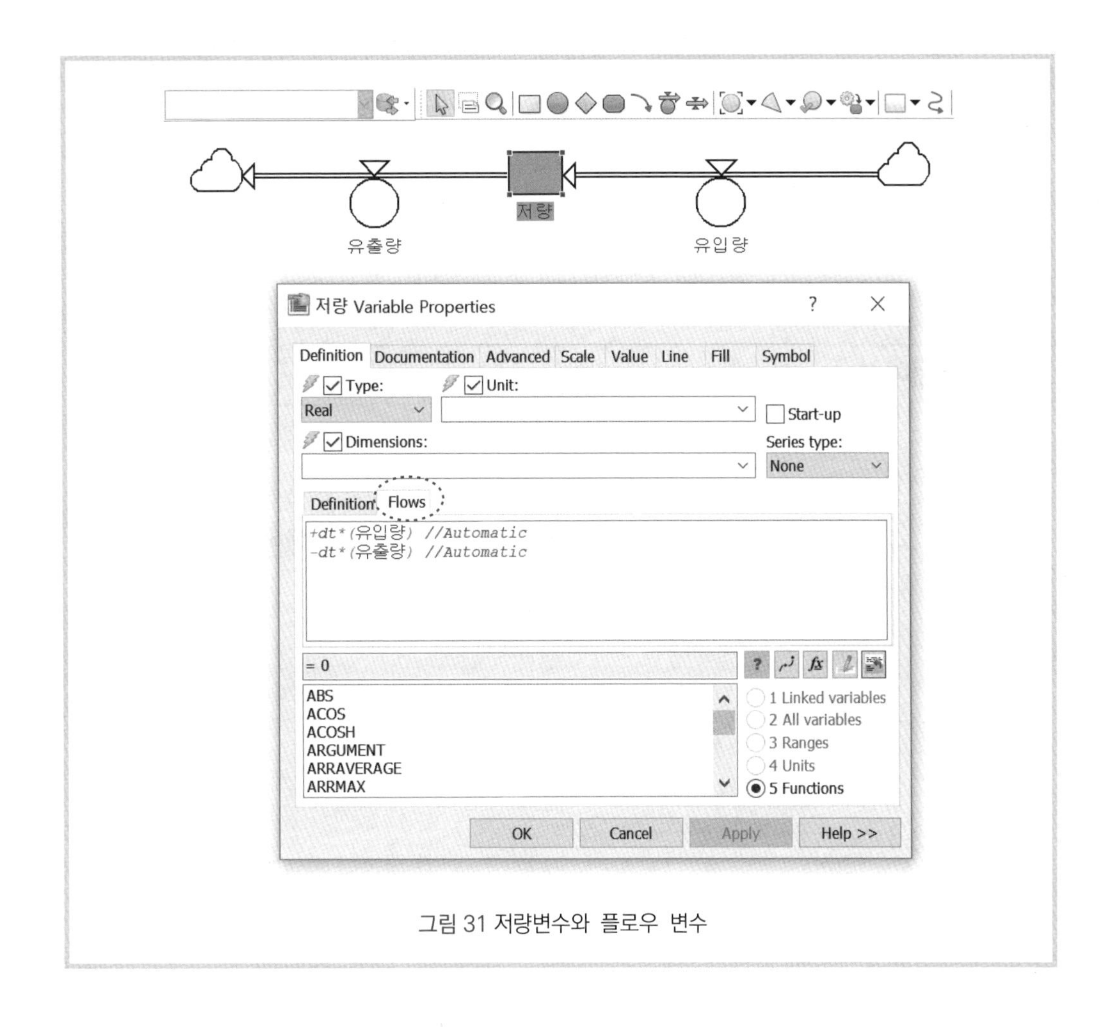

그림 31 저량변수와 플로우 변수

• 스톡(레벨)변수 초깃값과 두 개의 플로우 변수 모델 구성

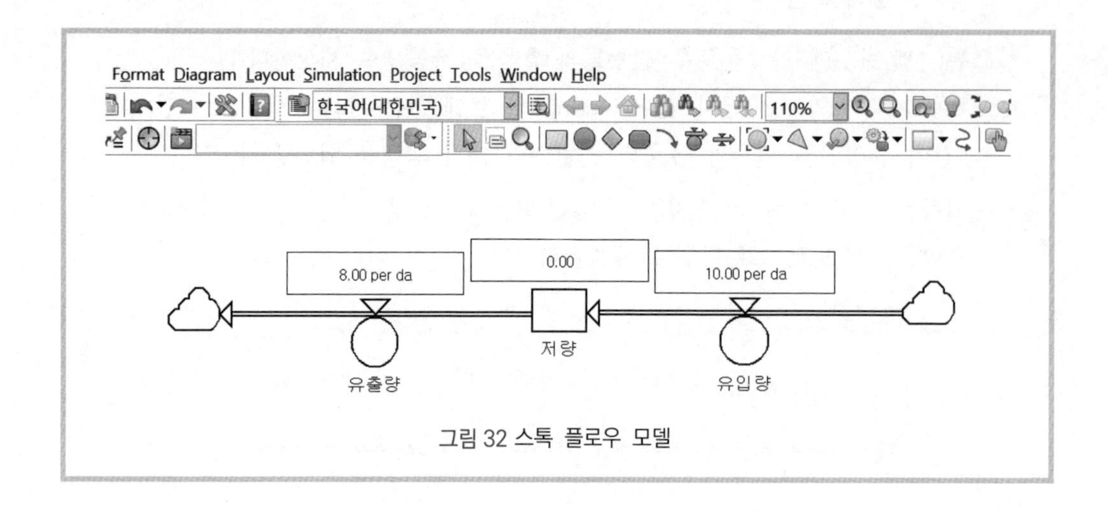

그림 32 스톡 플로우 모델

7.10 시뮬레이션

시뮬레이션 화면

• 타임 그래프와 타임 테이블에 '저량', '유입량', '유출량' 시뮬레이션
(변수를 타임 그래프와 타임 테이블에 Drag and Drop으로 표시)

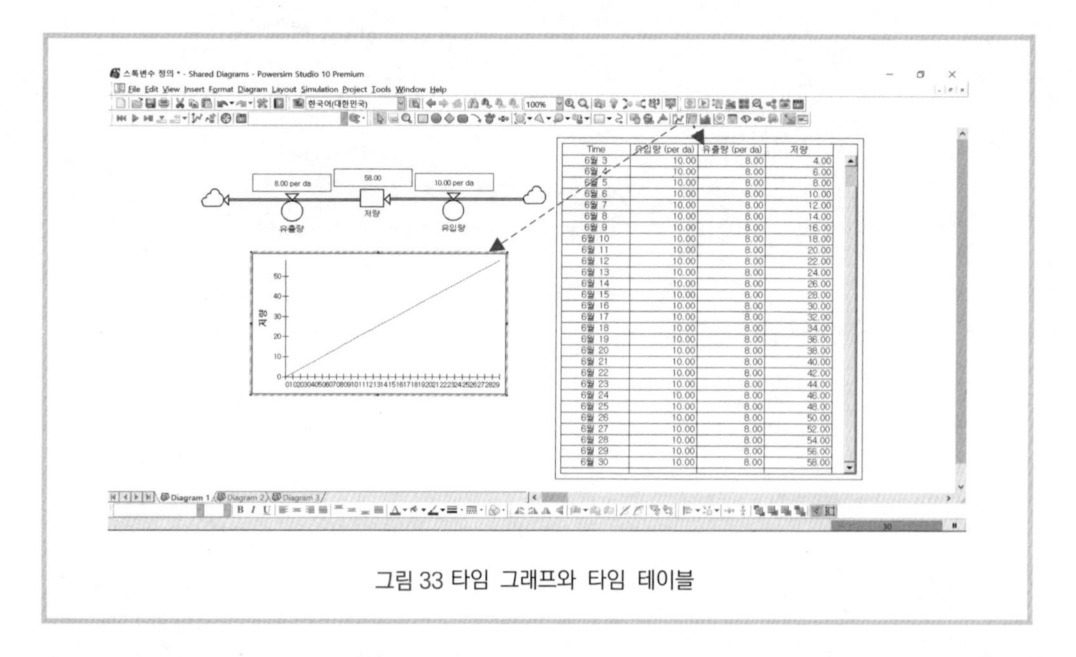

그림 33 타임 그래프와 타임 테이블

7.11 누적(accumulation)의 원리

- 프로젝트 달력 설정: Calendar Independent
- 시뮬레이션 기간설정: 0부터 30까지
- 시간 단위 일치 체크(Enforce Time Unit Consistency)를 하지 않는다.

(1) 매 기간 일정한 값을 누적하는 경우를 모델링

- 매 기간 발생량을 누적시킨 값은 누적상태 값을 통하여 알 수 있다. 일정 기간의 기간별 발생량에 총누적량을 구조적으로 표현하면 그림 34와 같다.

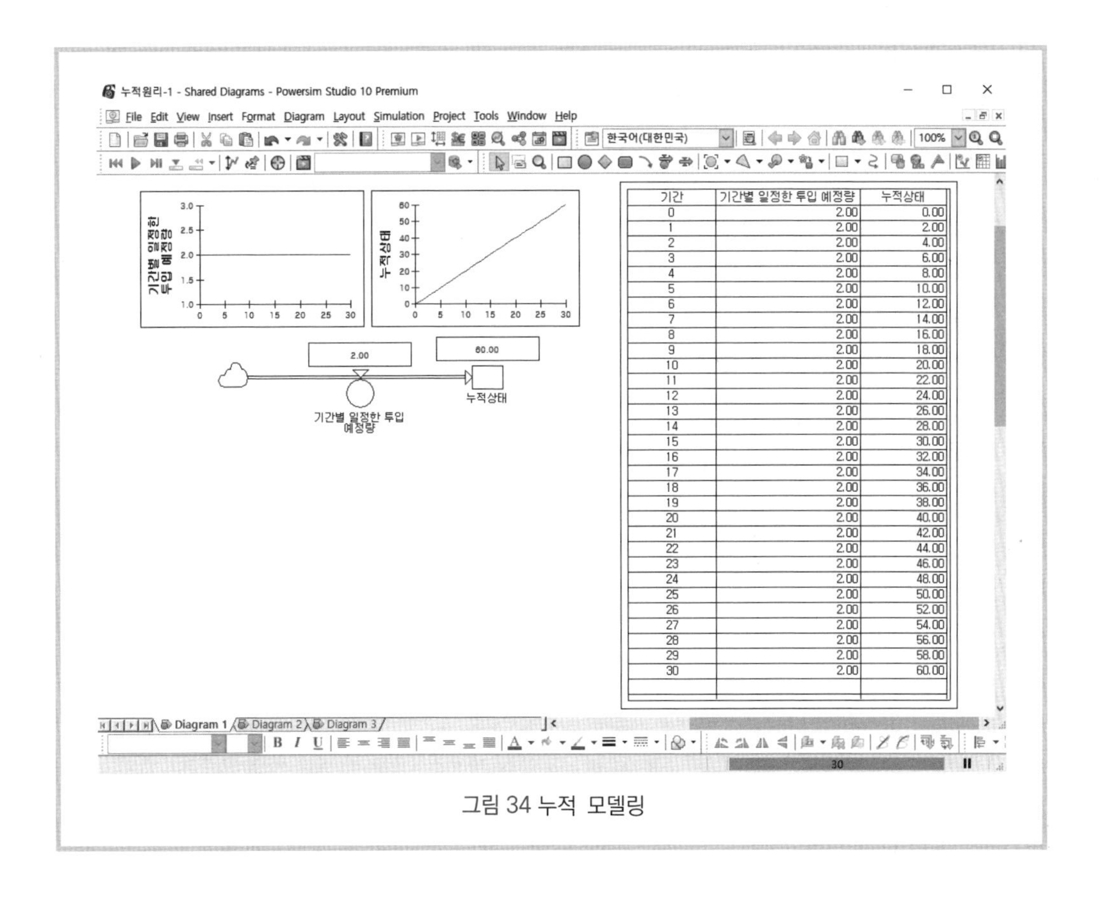

기간	기간별 일정한 투입 예정량	누적상태
0	2.00	0.00
1	2.00	2.00
2	2.00	4.00
3	2.00	6.00
4	2.00	8.00
5	2.00	10.00
6	2.00	12.00
7	2.00	14.00
8	2.00	16.00
9	2.00	18.00
10	2.00	20.00
11	2.00	22.00
12	2.00	24.00
13	2.00	26.00
14	2.00	28.00
15	2.00	30.00
16	2.00	32.00
17	2.00	34.00
18	2.00	36.00
19	2.00	38.00
20	2.00	40.00
21	2.00	42.00
22	2.00	44.00
23	2.00	46.00
24	2.00	48.00
25	2.00	50.00
26	2.00	52.00
27	2.00	54.00
28	2.00	56.00
29	2.00	58.00
30	2.00	60.00

그림 34 누적 모델링

- 위에 있는 모델은 시뮬레이션 기간이 0부터 30까지이다. 처음 시작할 때 증가량은 2가 발생하고, 초기 누적량의 상태 값은 아직 없는 상태로 0이다. 즉 처음 시작할 때의 누적량 초깃값은 0이다.

- 1기간이 지나면 초기 누적상태 값은 0기간에 들어와서 도착한 '기간별 일정한 투입 예정량' 값 2로 인하여 기간 1의($at\,t = 1$) 누적상태 값인 2의 값으로 갱신된다.
- 이처럼 매기간의 증가량에 따른 누적 상태 값의 변화량이 누적량이 된다. 여기서 매 기간 증가량은 미분 값, 즉 변화량이 되고, 누적량은 일종의 적분 값이 된다.

$$F(x) = \int_{t=0}^{t=30} f(x_t)dt + F_0(x)$$

(2) 매 기간 일정한 발생량을 누적하는 경우

- 변화량이 매 기간 2의 크기만큼 지속적으로 추가로 증분(增分)되는 경우 '매 기간 증가되는 예정량', 즉 유입되는 변화량은 2, 4, 6 ... 으로 변한다. 이때 누적상태 값은 그림 35와 같이 급격하게 증가한다.

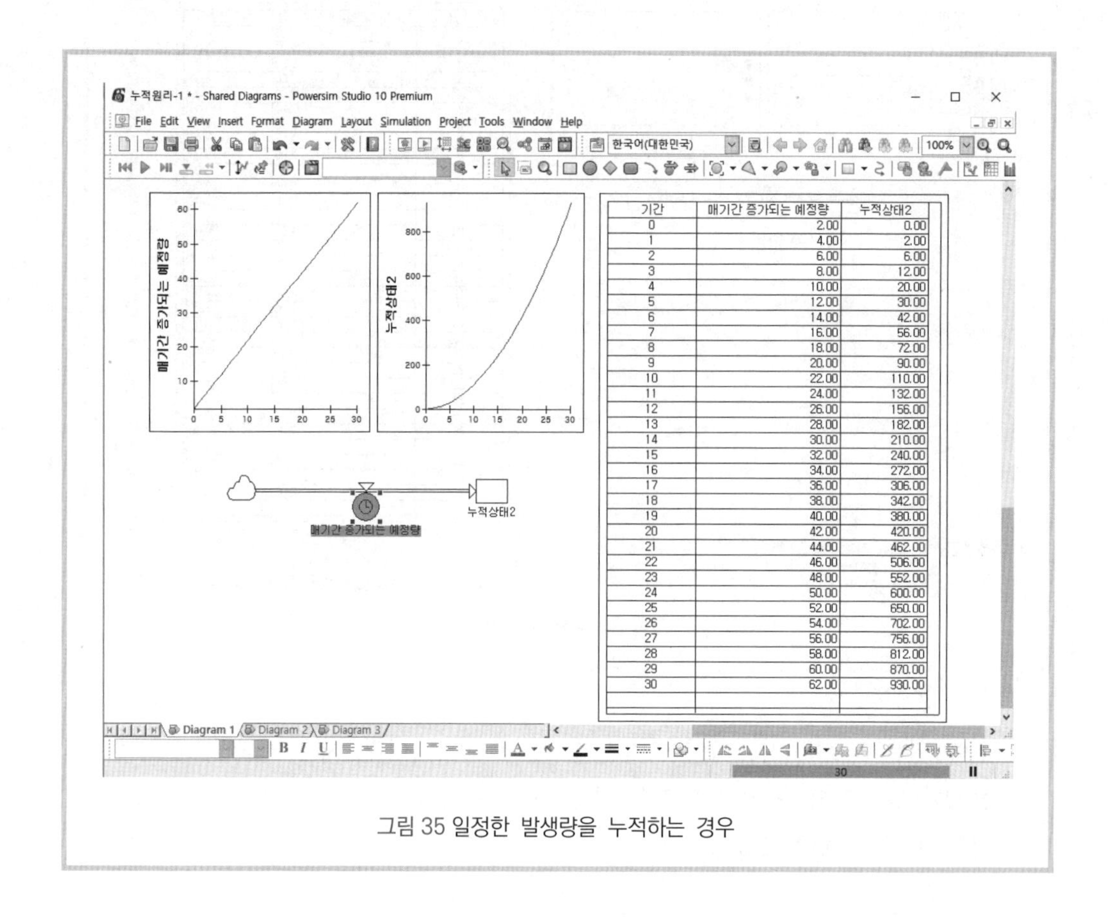

기간	매기간 증가되는 예정량	누적상태2
0	2.00	0.00
1	4.00	2.00
2	6.00	6.00
3	8.00	12.00
4	10.00	20.00
5	12.00	30.00
6	14.00	42.00
7	16.00	56.00
8	18.00	72.00
9	20.00	90.00
10	22.00	110.00
11	24.00	132.00
12	26.00	156.00
13	28.00	182.00
14	30.00	210.00
15	32.00	240.00
16	34.00	272.00
17	36.00	306.00
18	38.00	342.00
19	40.00	380.00
20	42.00	420.00
21	44.00	462.00
22	46.00	506.00
23	48.00	552.00
24	50.00	600.00
25	52.00	650.00
26	54.00	702.00
27	56.00	756.00
28	58.00	812.00
29	60.00	870.00
30	62.00	930.00

그림 35 일정한 발생량을 누적하는 경우

- 위의 예시에서 0기간부터 30기간까지 유입되는 매 기간 플로우 변수는 처음에 0에서 시작하여 매 기간 2씩 증가하여 30기간에는 60으로 증가된 변화량으로 스톡 변수에 유입된다.
- 그리고 누적상태 값(Stock 변수)은 0기간에 0에서 시작하여 1기간에는 2의 값을, 2기간에는 6의 값을, 3기간에는 12의 값을 누적량으로 갖게 된다.

(3) 매 기간 증가량이 볼록 곡선 형태로 변화하는 경우

- 예를 들어서 변화량 변수(flow variable)의 변동량이 아래와 같이 변화하는 경우 이를 누적하는 누적상태(Stock variable) 값은 다음과 같다.
- 입력값이 증가하다가 특정한 시점을 기준으로 감소하는 변화량을 나타내는 것을 누적하면 그 형태는 그림 36과 같이 S-커브 모양이 된다.

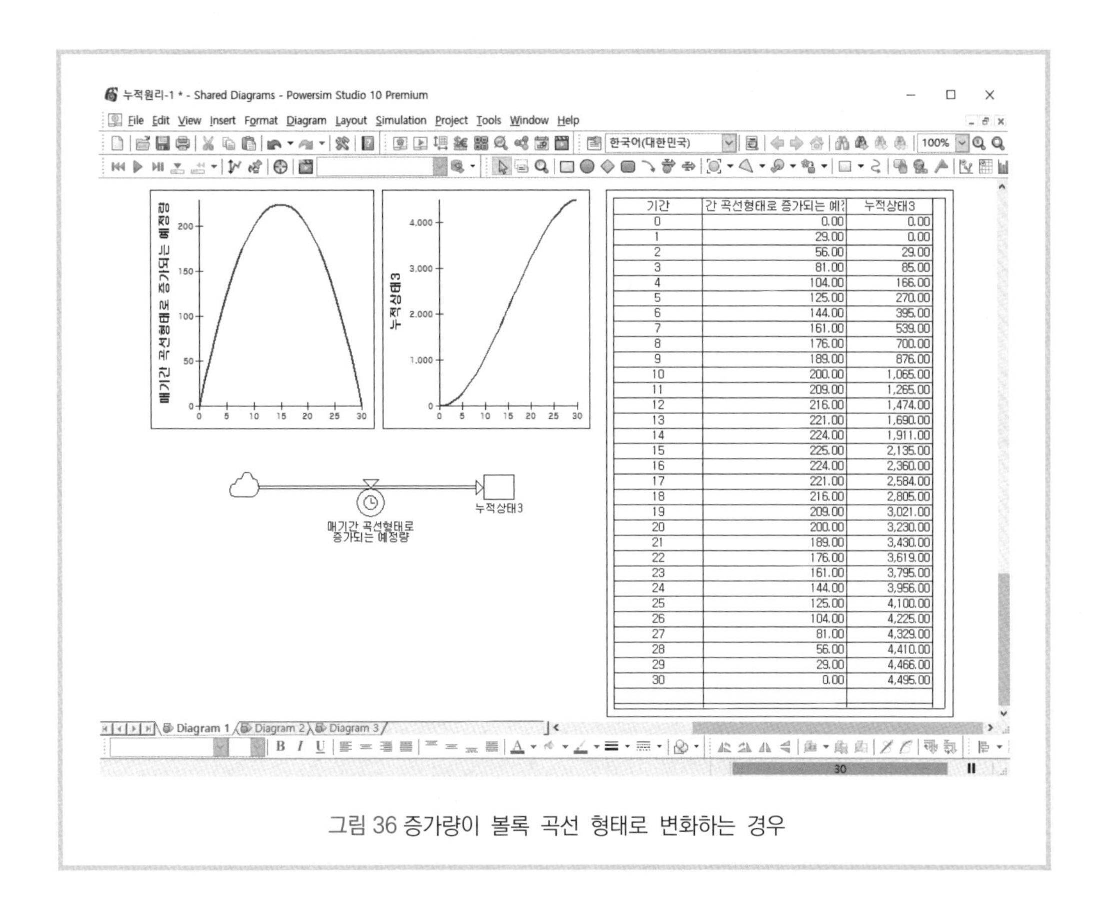

기간	간 곡선형태로 증가되는 예	누적상태3
0	0.00	0.00
1	29.00	0.00
2	56.00	29.00
3	81.00	85.00
4	104.00	166.00
5	125.00	270.00
6	144.00	395.00
7	161.00	539.00
8	176.00	700.00
9	189.00	876.00
10	200.00	1,065.00
11	209.00	1,265.00
12	216.00	1,474.00
13	221.00	1,690.00
14	224.00	1,911.00
15	225.00	2,135.00
16	224.00	2,360.00
17	221.00	2,584.00
18	216.00	2,805.00
19	209.00	3,021.00
20	200.00	3,230.00
21	189.00	3,430.00
22	176.00	3,619.00
23	161.00	3,795.00
24	144.00	3,956.00
25	125.00	4,100.00
26	104.00	4,225.00
27	81.00	4,329.00
28	56.00	4,410.00
29	29.00	4,466.00
30	0.00	4,495.00

그림 36 증가량이 볼록 곡선 형태로 변화하는 경우

(4) 매 기간 증가량이 오목 곡선 형태로 변화하는 경우

- 예를 들어서 증가량이 아래와 같이 변화하는 경우 누적상태 값은 다음과 같다.

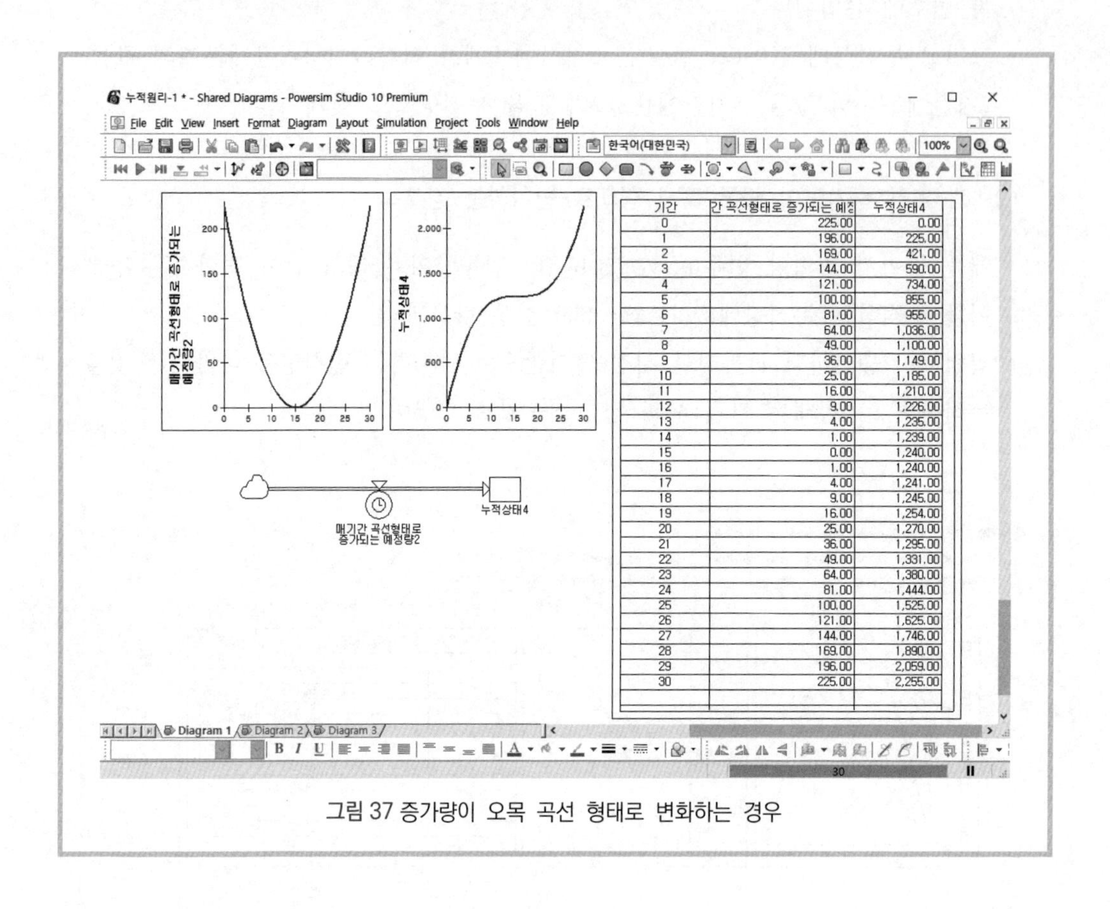

기간	간 곡선형태로 증가되는 예정	누적상태4
0	225.00	0.00
1	196.00	225.00
2	169.00	421.00
3	144.00	590.00
4	121.00	734.00
5	100.00	855.00
6	81.00	955.00
7	64.00	1,036.00
8	49.00	1,100.00
9	36.00	1,149.00
10	25.00	1,185.00
11	16.00	1,210.00
12	9.00	1,226.00
13	4.00	1,235.00
14	1.00	1,239.00
15	0.00	1,240.00
16	1.00	1,240.00
17	4.00	1,241.00
18	9.00	1,245.00
19	16.00	1,254.00
20	25.00	1,270.00
21	36.00	1,295.00
22	49.00	1,331.00
23	64.00	1,380.00
24	81.00	1,444.00
25	100.00	1,525.00
26	121.00	1,625.00
27	144.00	1,746.00
28	169.00	1,890.00
29	196.00	2,059.00
30	225.00	2,255.00

그림 37 증가량이 오목 곡선 형태로 변화하는 경우

(5) 매 기간 증가량이 다양한 곡선 형태로 변화하는 경우

- 예를 들어 증가량이 아래와 같이 기간별로 다양하게 변화하는 경우 이를 누적하는 상태 값은 그림 38과 같다.
- 이처럼 누적생태 값은 시스템의 변화 과정을 그대로 나타내는 상태변수의 역할을 한다.

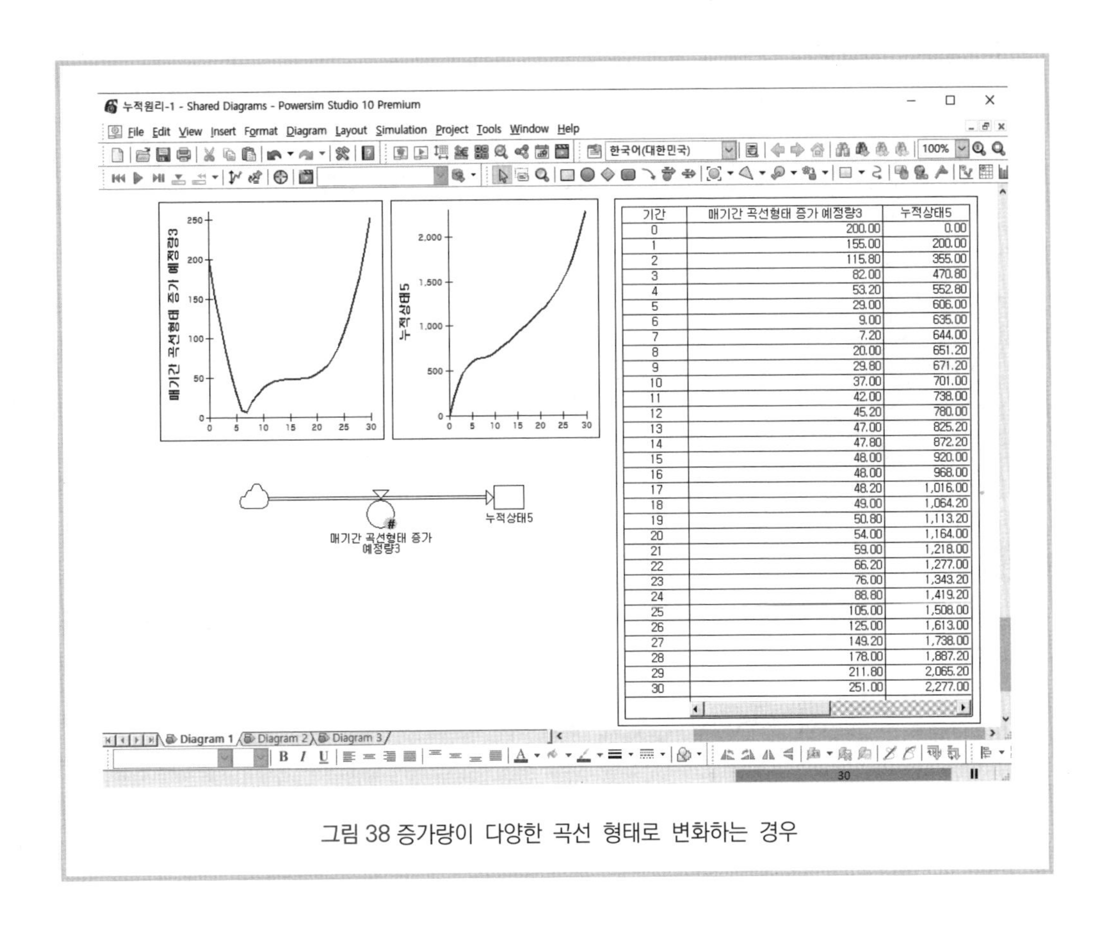

기간	매기간 곡선형태 증가 예정량3	누적상태5
0	200.00	0.00
1	155.00	200.00
2	115.80	355.00
3	82.00	470.80
4	53.20	552.80
5	29.00	606.00
6	9.00	635.00
7	7.20	644.00
8	20.00	651.20
9	29.80	671.20
10	37.00	701.00
11	42.00	738.00
12	45.20	780.00
13	47.00	825.20
14	47.80	872.20
15	48.00	920.00
16	48.00	968.00
17	48.20	1,016.00
18	49.00	1,064.20
19	50.80	1,113.20
20	54.00	1,164.00
21	59.00	1,218.00
22	66.20	1,277.00
23	76.00	1,343.20
24	88.80	1,419.20
25	105.00	1,508.00
26	125.00	1,613.00
27	149.20	1,738.00
28	178.00	1,887.20
29	211.80	2,065.20
30	251.00	2,277.00

그림 38 증가량이 다양한 곡선 형태로 변화하는 경우

7.12 누적량 예제(실습)

- 프로젝트 달력 설정: Calendar Independent
- 시뮬레이션 기간설정: 0부터 12까지
- 시간 단위 일치 체크(Enforce Time Unit Consistency)를 하지 않는다.

(1) 일정한 변화량의 누적 모델

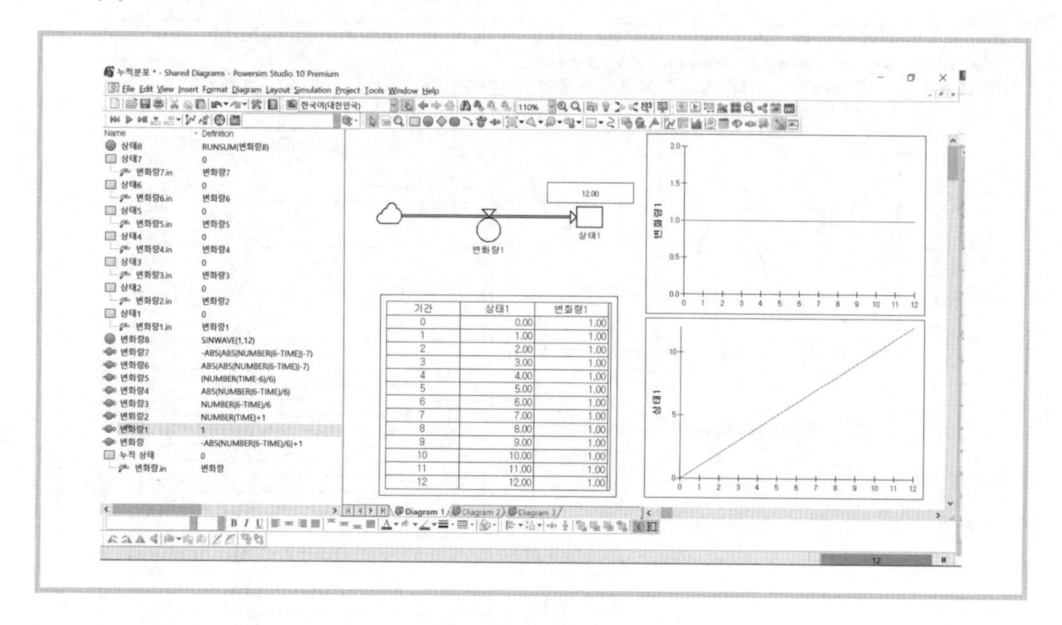

(2) 선형으로 증가하는 변화량의 누적 모델

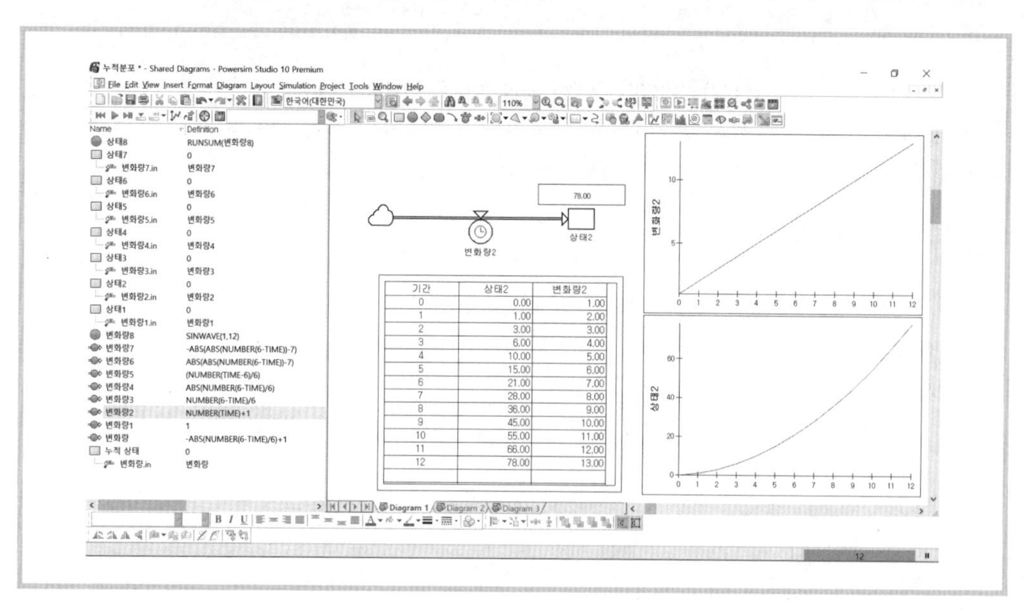

(3) 선형으로 감소하는 변화량의 누적 모델

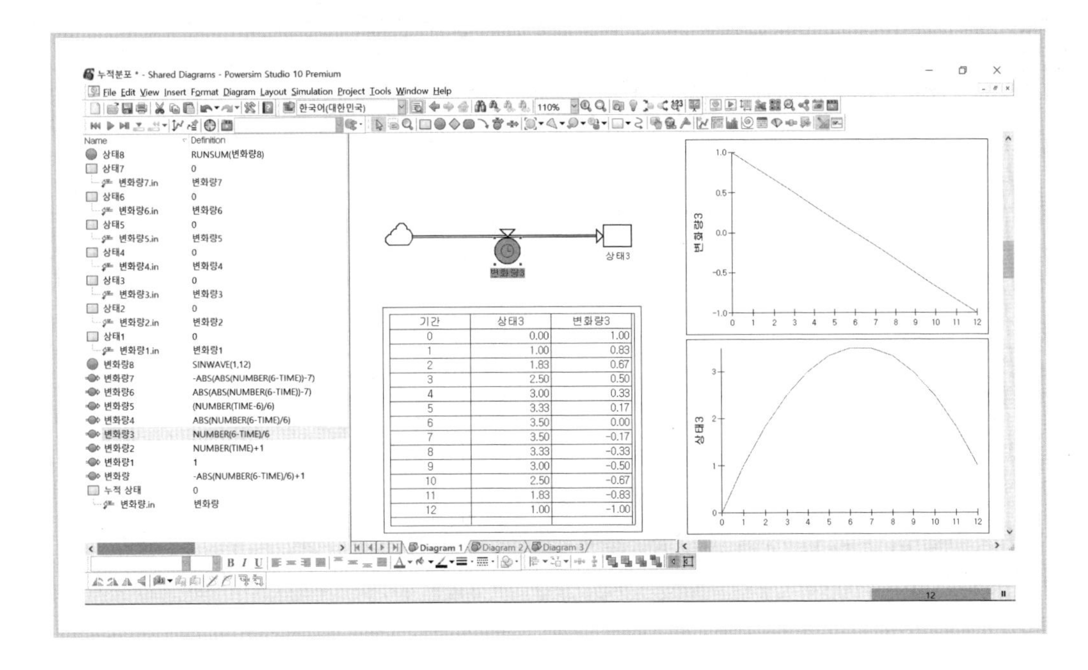

(4) 감소하다 증가하는 변화량의 누적 모델

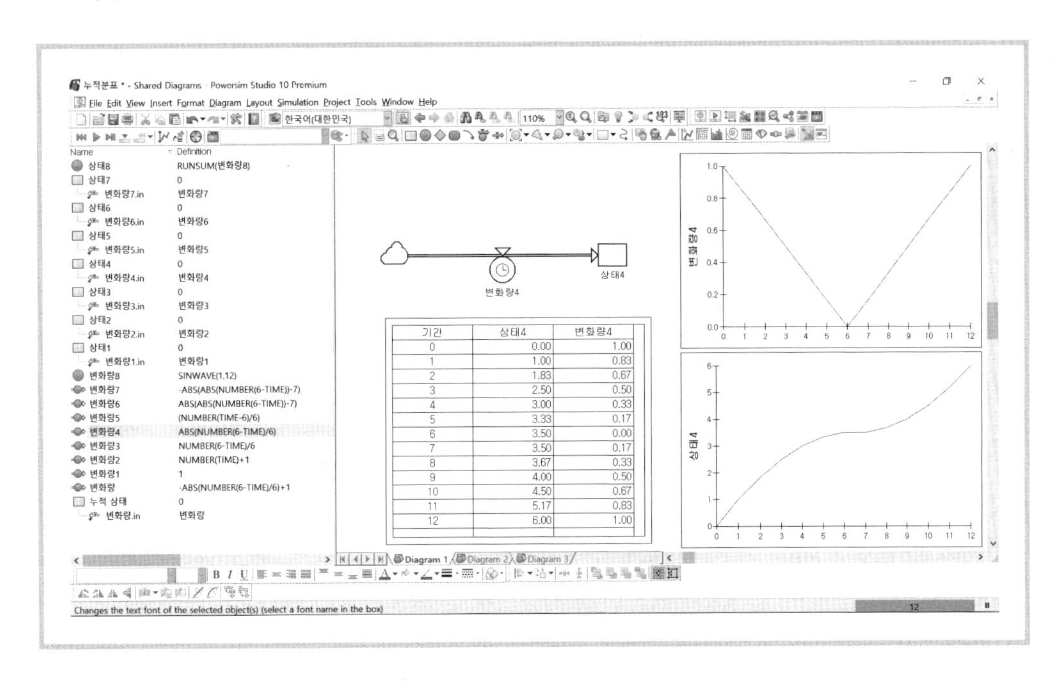

(5) -에서 +로 변화하는 전환점을 갖는 변화량의 누적량 모델

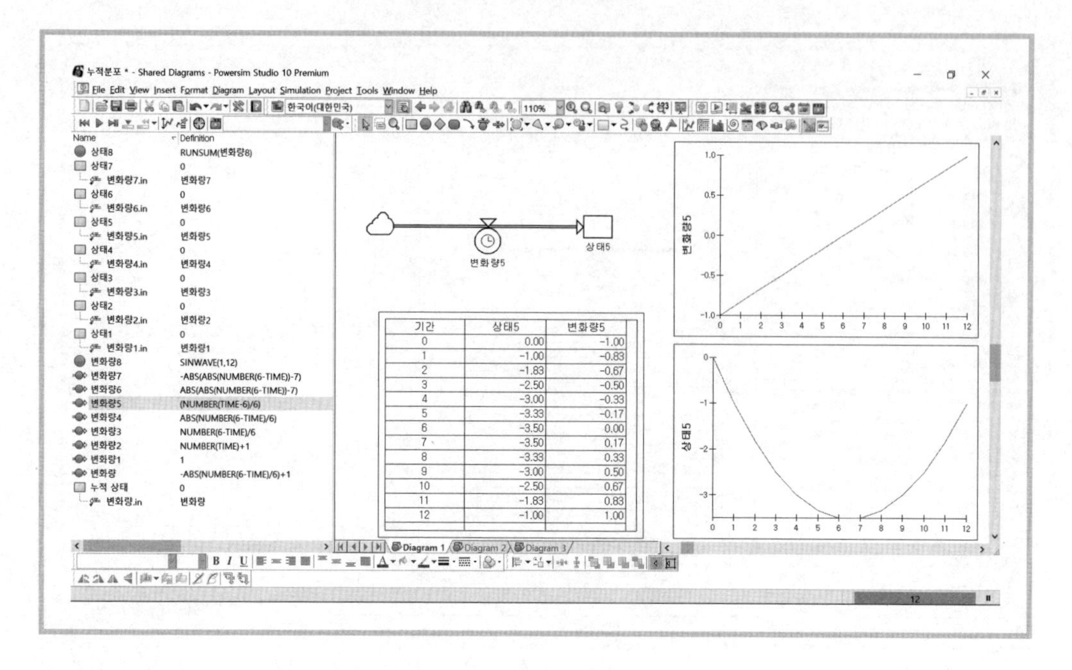

기간	상태5	변화량5
0	0.00	-1.00
1	-1.00	-0.83
2	-1.83	-0.67
3	-2.50	-0.50
4	-3.00	-0.33
5	-3.33	-0.17
6	-3.50	0.00
7	-3.50	0.17
8	-3.33	0.33
9	-3.00	0.50
10	-2.50	0.67
11	-1.83	0.83
12	-1.00	1.00

(6) 증가하다 감소하는 변화량의 누적 모델

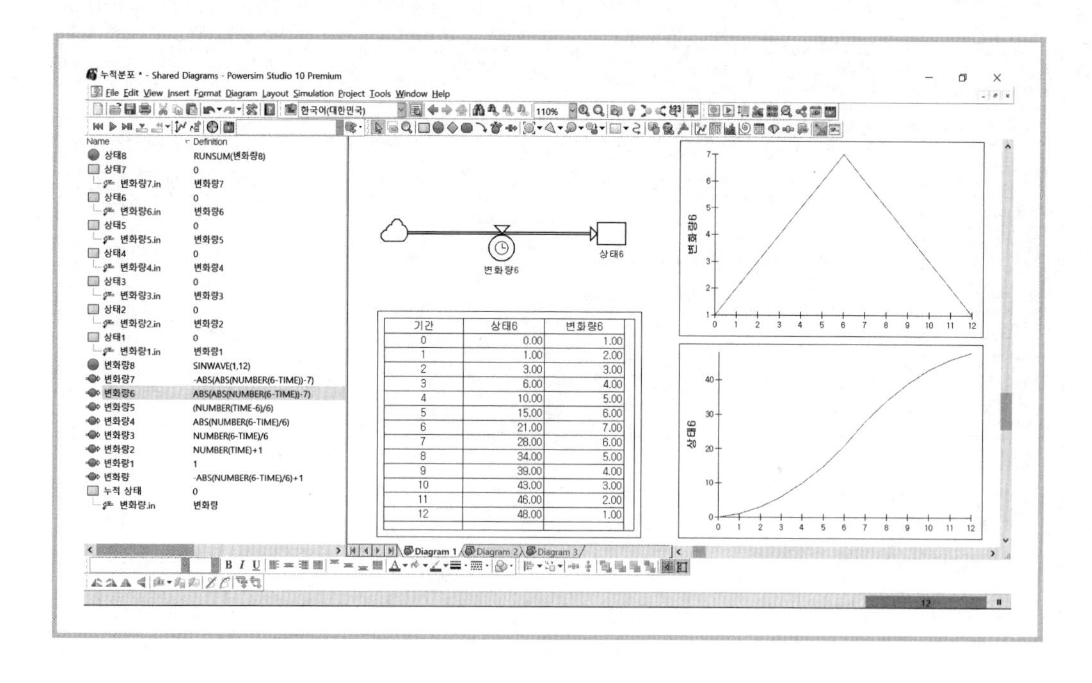

기간	상태6	변화량6
0	0.00	1.00
1	1.00	2.00
2	3.00	3.00
3	6.00	4.00
4	10.00	5.00
5	15.00	6.00
6	21.00	7.00
7	28.00	6.00
8	34.00	5.00
9	39.00	4.00
10	43.00	3.00
11	46.00	2.00
12	48.00	1.00

(7) 감소량의 변화량을 누적하는 모델

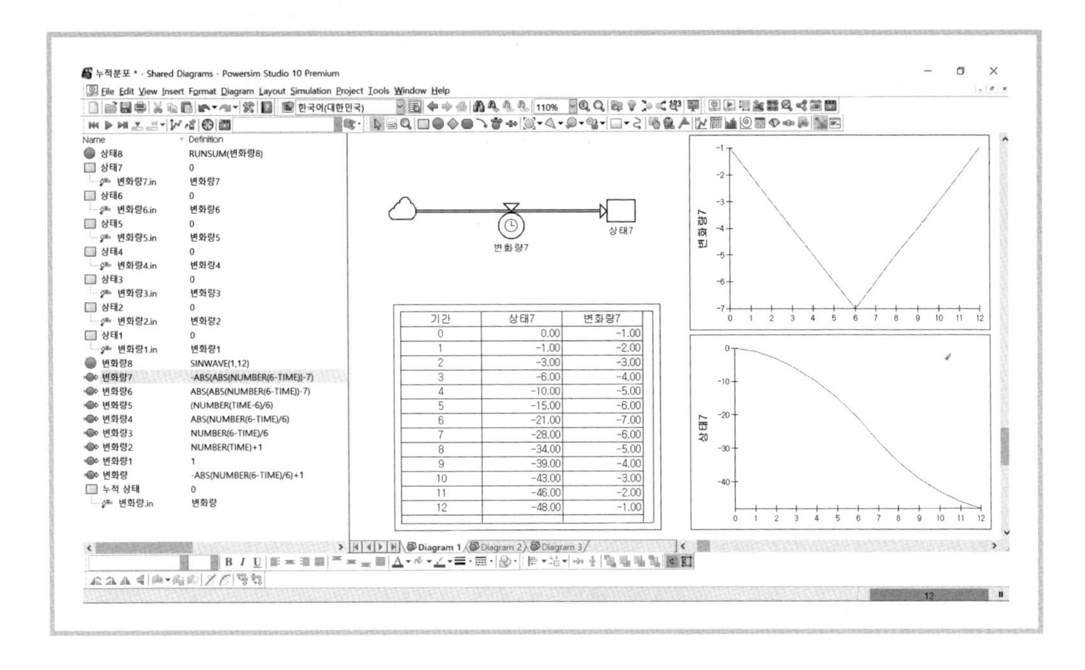

(8) 정현파(Sine) 변화량의 누적 모델

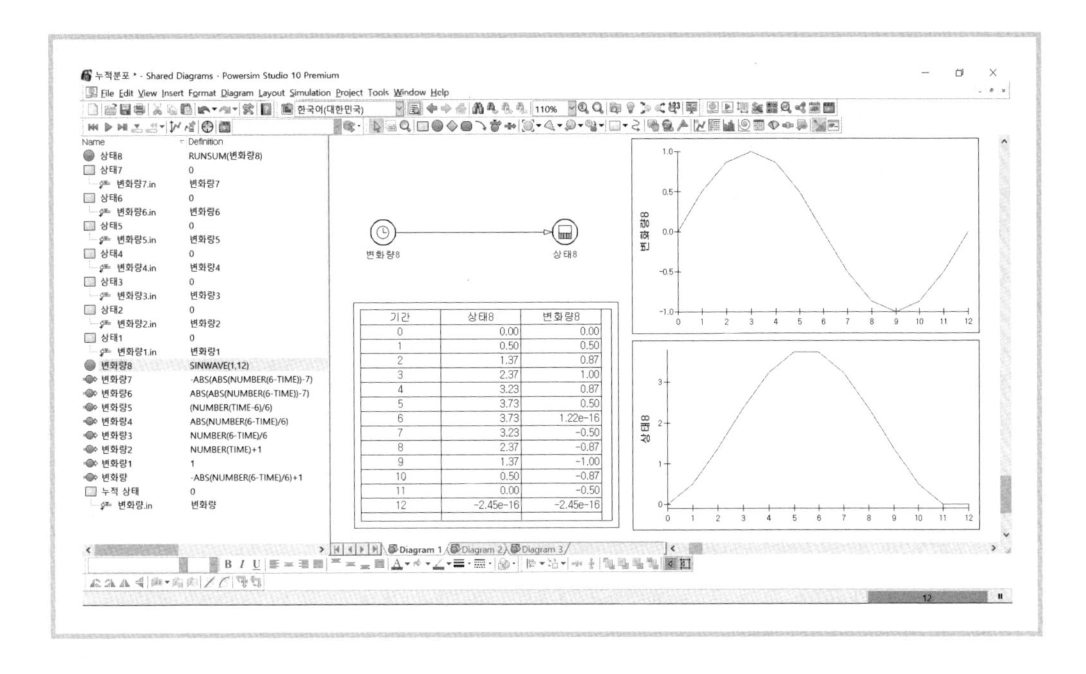

7.13 누적 개념 예제

(1) 변화량의 누적 - 댐 수량 증가

댐으로 물이 유입(+)하는 과정을 나타내면 다음과 같다.

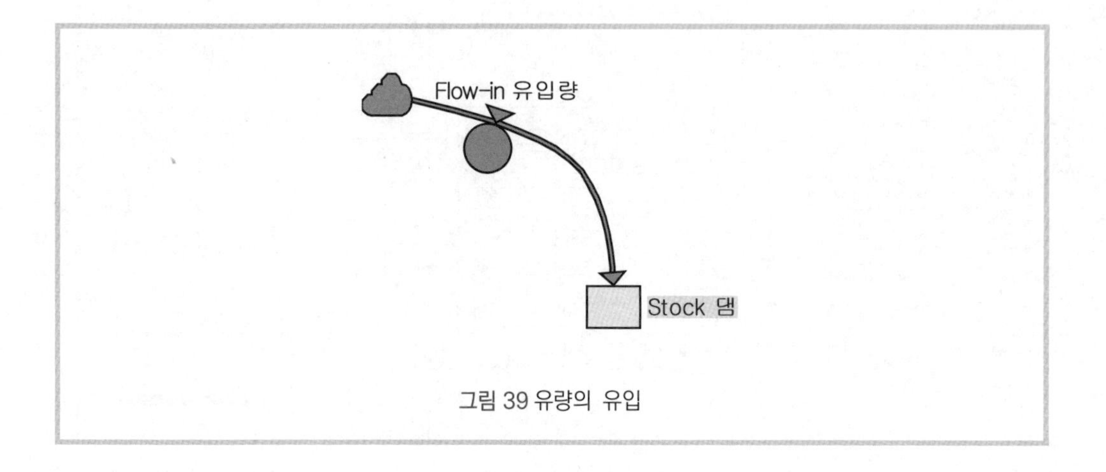

그림 39 유량의 유입

- 어디선가 무한 소스(Sources)에서 댐으로 물이 유입된다.
- 이렇게 댐으로 유입되는 양(+)은 변화량으로 유입량(Flow-in 또는 inflow)으로 표시된다.
- 댐은 유입량을 저장(Store), 누적(accumulate)하는 것으로 스톡(Stock 또는 Level)이다. 스톡은 시스템의 상태를 나타낸다.

(2) 유입량의 누적 사례

- 매달 저축액으로 은행예금잔고가 증가
- 눈이 내려 쌓이는 것
- 폭우로 댐에 물이 유입되는 현상

- 스트레스가 계속 쌓이는 것
- 몸속에 노폐물이 쌓이는 것
- 몸에 영양분을 섭취하는 것

- 매일 공부하여 지식이 쌓이는 것
- 지속적인 노력으로 실력이 향상되는 것
- 아파트 가격이 계속 상승하는 경우

- 국가 간의 분쟁으로 긴장이 높아지는 것

(3) 변화량의 누적 – 댐 수량 감소

댐에서 물이 유출(−)되는 과정을 나타내면 다음과 같다.

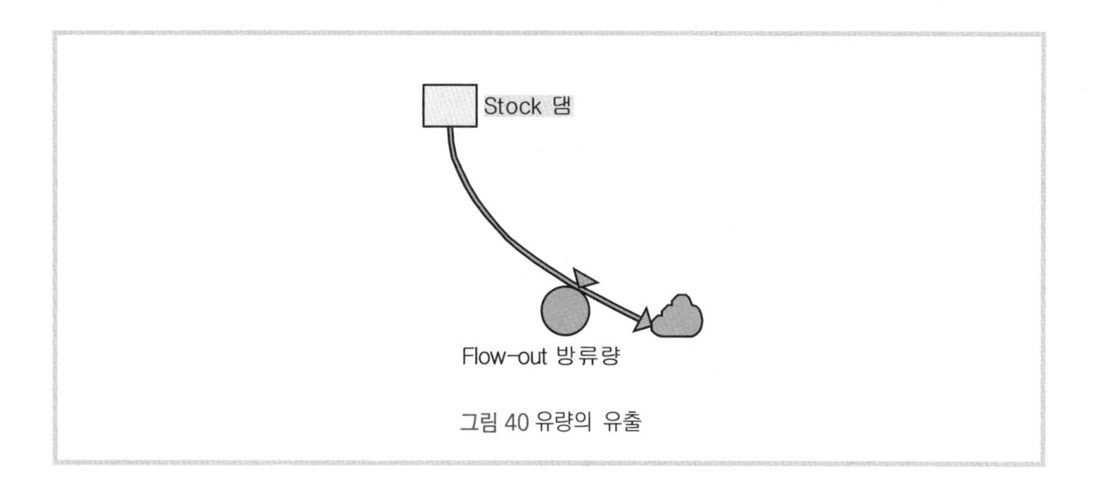

그림 40 유량의 유출

- 댐에 있던 물이 하류로 내려가면 유출량(outflow 또는 flow−out)이 된다.
- 이렇게 유출되는 방류량(−)으로 댐의 물(Stock 또는 Level)은 감소한다.
- 방류된 물은 하류의 어디론가 무한 소스(Sources)로 흘러간다.

(4) 유출되는 사례

- 댐에서 물이 유출되는 것
- 부채가 감소하는 것
- 스트레스가 운동으로 풀리는 것

- 망각으로 지식이 줄어드는 것
- 지출이 늘어나 은행예금잔고가 줄어드는 것
- 미움이 자꾸 생겨나 좋아하는 마음이 감소하는 것

- 온도 상승으로 쌓인 눈이 점점 녹는 것
- 노블레스 오블리주(noblesse oblige)로 사회 빈부격차가 점점 감소하는 것
- 가뭄으로 댐에서 물이 빠져나가는 것

- 평화와 화해로 국가 간의 긴장이 완화되는 것

7.14 스톡과 플로우 시스템 예시

(1) 저량과 유량

어떤 변화량을 누적하는 시스템을 스톡 플로우(Stock Flow) 시스템으로 경제학에서는 이를 저량과 유량(stock and flow)이라고도 한다.

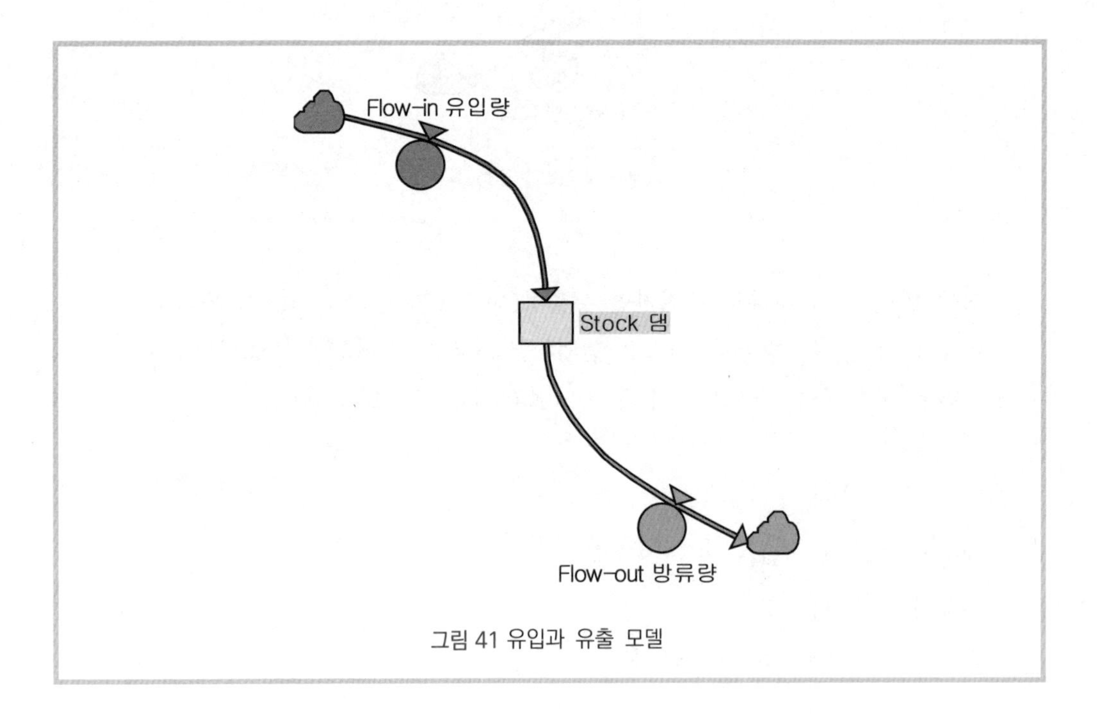

그림 41 유입과 유출 모델

- 댐의 상태, 즉 시스템의 상태는 스톡 값을 살펴보면 알 수 있다.
- 위의 그림에서 스톡은 유입량에 따라 증가하고, 유출량(방류량)에 의해 감소한다. 유입량은 댐의 저장량(reservoir, stock)과는 상관없이 물이 일방적으로 유입되고, 유출량도 유입량이나 댐의 저장량과는 상관없이 물이 있는 경우 독립적으로 유출될 수 있다.

(2) 개방 시스템

이러한 일방적인 시스템(one-way system)을 개방 시스템(Open System)이라 한다.

개방 시스템

개방 시스템은 입력에 따른 그 출력값(결과)이 그다음 단계에서 입력값으로 다시 반영되지 않는 시스템을 말한다.

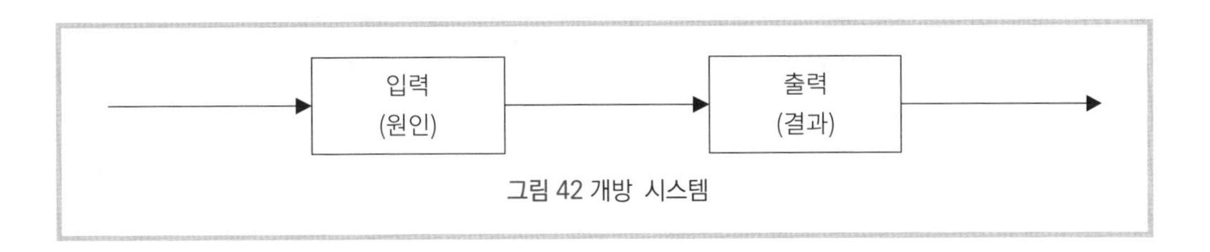

그림 42 개방 시스템

개방 시스템은 출력 결과가 입력값에 반영되지 못하기 때문에 실제 출력값과 원하는 출력값을 비교하여 입력값을 조절하는 과정을 거칠 수 없다. 다만 출력 결과를 고려하여 미리 입력값을 잘 준비하여 순차적으로(sequentially) 적용하면 기간에 따라 원하는 출력값을 얻을 수 있다.

(3) 피드백 시스템

피드백 시스템은 입력값에 의한 결과가 그다음 입력값에 다시 반영되는 시스템이다.

피드백 시스템은 입력 결과를 검토하여 원하는 결과가 나올 때까지 입력값을 조정하는 조절 과정(Adjustment Process)을 거친다. 이를 통하여 목적하는 목표를 달성하는 시스템이다.

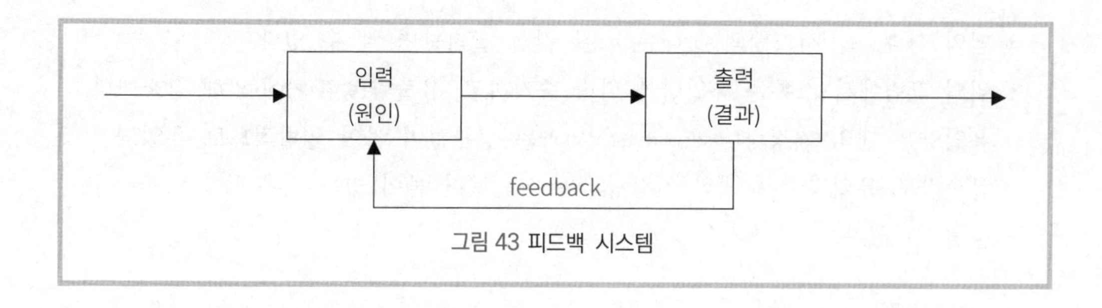

그림 43 피드백 시스템

(4) 순수한 피드백 시스템

순수한 피드백 시스템(Pure feedback system)은 외적 영향이 전혀 없이 완전히 닫힌 시스템(closed system)으로 폐쇄 시스템이라고도 부른다. 순수 피드백 시스템은 시스템 목적에 따라서 시스템 설계 구조에 따라 상당한 폭발력을 가질 수 있는 위험한 시스템이 될 수도 있다.

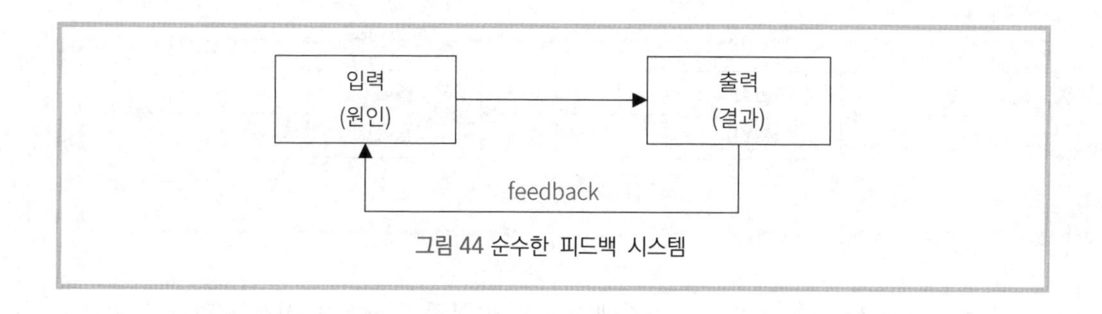

그림 44 순수한 피드백 시스템

7.15 모델링 개념(模型作成 槪念)

(1) 모델링을 위한 세 가지 개념

파워심 소프트웨어를 이용한 모델링에는 세 가지 개념을 사용한다.

- 시간에 따른 변화량(change) 개념의 적용
  (예) 유입량, 방류량(Flow, Flow－in, Flow－out)
- 변화의 기억(memory) 또는 누적(accumulation) 계산 개념
  (예) 댐, 저량(Stock), 감정, 화합, 통합, 이념, 융합

• 피드백(feedback) 과정
(예) 방류량 조절, 온도조절, 의료정책, 외교정책, 건강관리

(2) 모델링 개념의 누적 변화량 구조

이들 개념을 구조로 나타내면 그림 45와 같다.

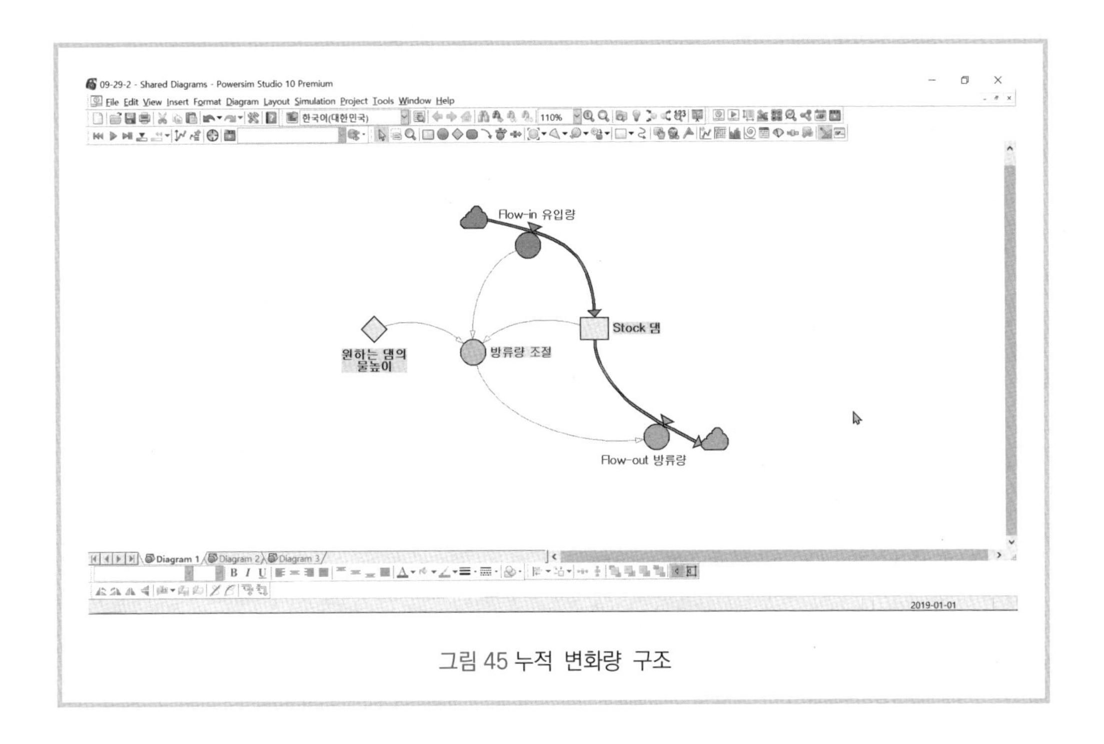

그림 45 누적 변화량 구조

• 댐에 유입되는 수량은 조절 불가능한 것이다. 이러한 유입량은 댐의 수량을 증가시킨다. 댐의 수량이 원하는 물 높이는 초과하면 그 초과량을 하류로 방류하는 방류량 조절 과정을 거치게 된다.
• 예를 들어 장마철에 폭우 시기가 예상되면 댐에서는 홍수에 대비하기 위하여 미리 방류량을 늘리게 된다.

(3) 논리적 피드백 구조

방류량 조절 과정

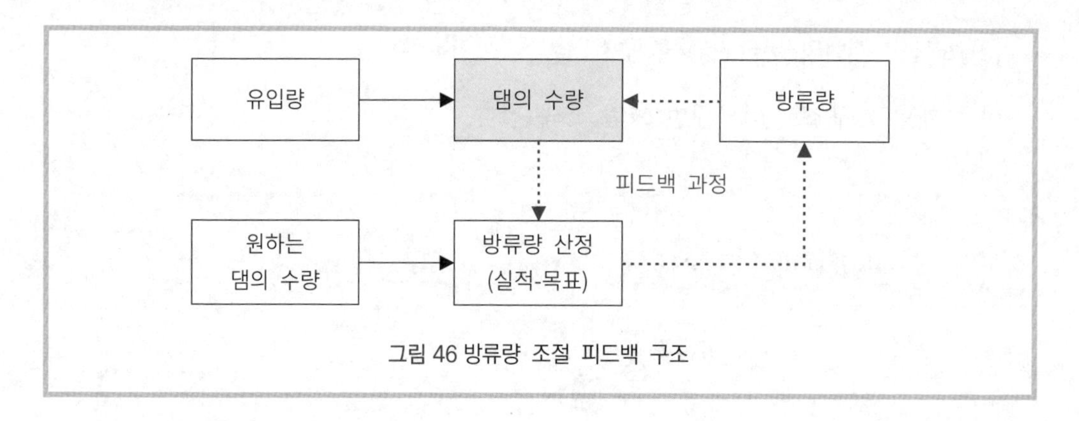

그림 46 방류량 조절 피드백 구조

여름에 갑자기 또는 불규칙하게 폭우가 내리는 기간에 댐을 관리한다는 것은 쉬운 일이 아니다. 댐관리를 위한 주요 고려 요소는 다음과 같다.

- 불확실성을 갖는 상류의 강수량 예측에 의한 댐 유입량을 예측하여 방류량 산정
- 댐의 규모 및 안정성 검토
- 댐의 방류로 하류 지역의 홍수 가능성

이를 구조적으로 표현하면 그림 47과 같다.

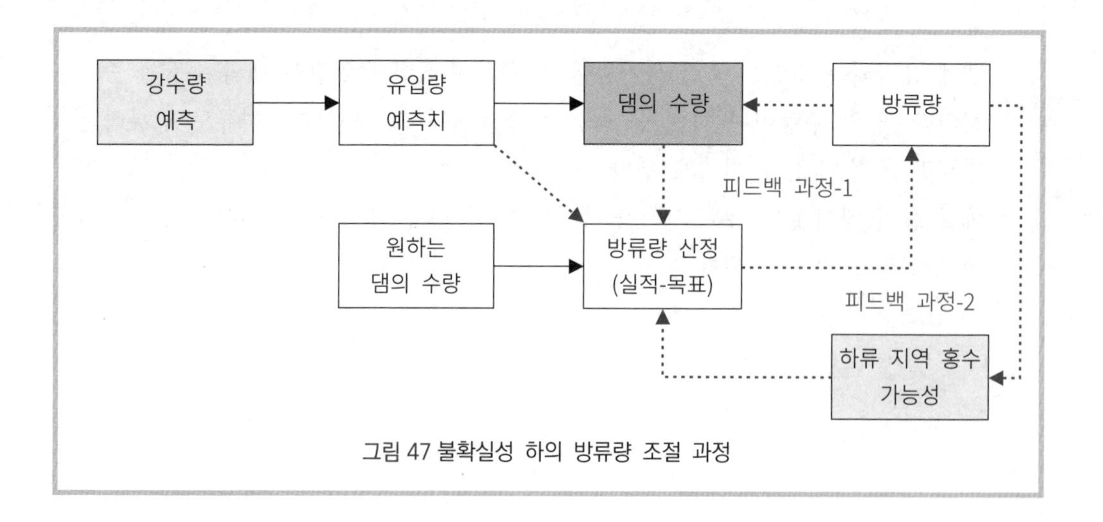

그림 47 불확실성 하의 방류량 조절 과정

- 그림 47에서 댐을 안정적으로 관리하고, 방류로 인하여 예상되는 하류 지역 홍수를 동시에 예방하는 '슬기로운 방류량 산정'을 위해서는 앞으로 비가 얼마나, 어떤 식으로 내릴 것인가? 등의 불확실성을 갖는 요소를 동시에 고려하여야 한다.
- 이처럼 하나의 댐관리에도 검토 대상이 되는 수많은 변수와 요인에 대하여 '안전성', '정책성', '경제성', '효과성' 등 여러 가지 의사결정 기준(decision criteria)의 조합을 종합적으로 검토되어야 한다.
- 이러한 종합적 의사결정체계에서는 현실적 상황에 정통한 인간의 경험과 직관에 의존하는 방법도 하나의 대안이 될 수 있으나, 컴퓨터 시뮬레이션 기법을 병행하여 더욱 과학적이고 체계적인(systematical) 판단을 내리는 것이 필요하다.
- 시뮬레이션 기법을 적용하면 다양한 고려사항에 대한 중요도(importance), 의사결정 가치에 따른 가중치(weights)와 '의사결정 대상이 갖는 피드백 구조'를 시간의 흐름에 따라(dynamic) 고려하는 동적 최적화(dynamic optimization)를 실행할 수 있다.
- 여기에 컴퓨터 시뮬레이션 소프트웨어를 활용하면 '위험요소 파악기능', '위험요소 관리기능', '시스템 목적 달성을 위한 의사결정 최적화 기능', '모델링 및 시뮬레이션 기능' 등 원하는 분석목적에 따라 가상세계(Micro-world)에서 자유자재로 정책설계, 정책수립 및 정책효과평가를 정책실행 이전에 그 효과분석을 할 수 있다.

(4) 시뮬레이션 기반의 정책수립과정

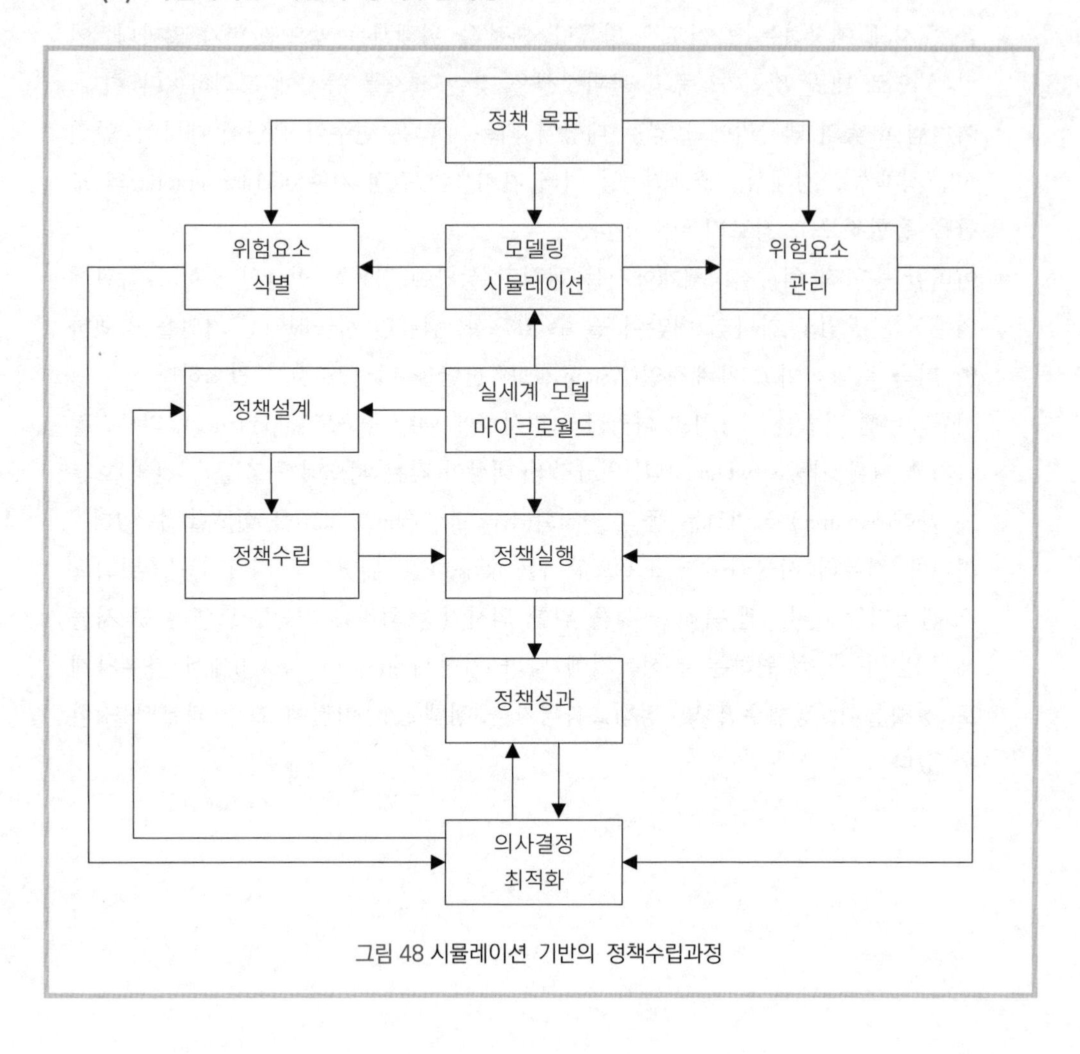

그림 48 시뮬레이션 기반의 정책수립과정

7.16 다양한 스톡 플로우 구조(Structure of Stock Flow)

(1) 스톡 플로우 아이콘 기반의 다양한 형태의 스톡 플로우 모델 구조

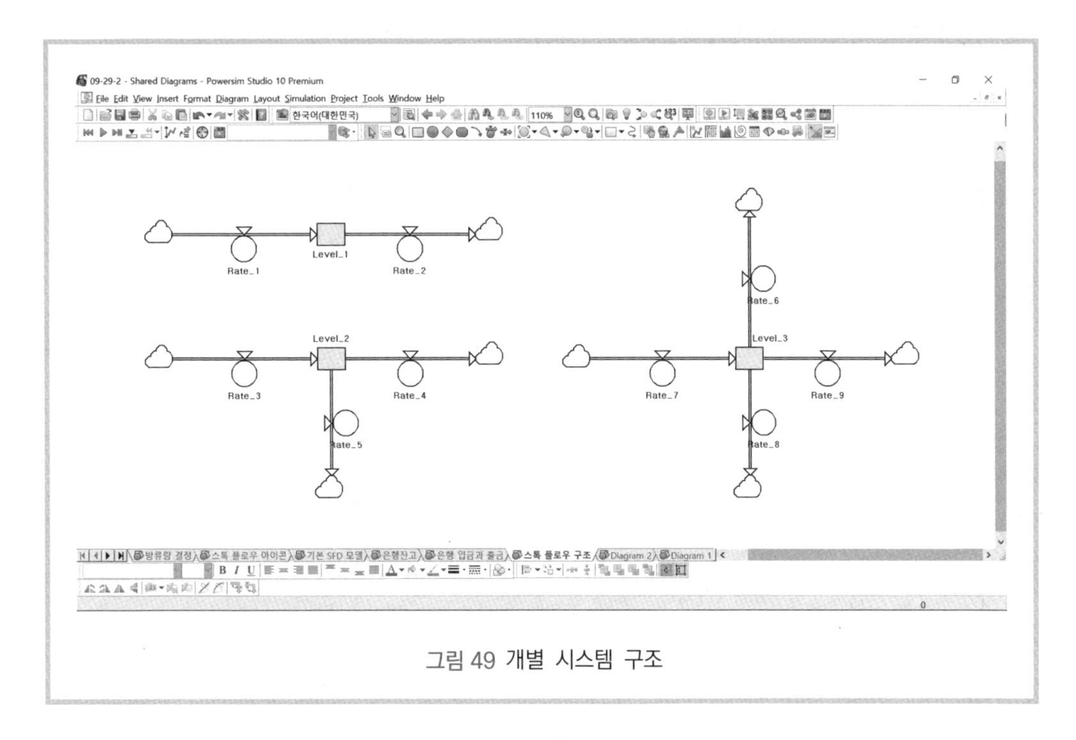

그림 49 개별 시스템 구조

- 모든 시스템은 생겨남과 사라짐을 하는데, 그림 49에서 양쪽 구름 모양으로 표시되는 빈 공간이 그 스톡 본연의 모습이다.
- 사각형 스톡은 주어진 기간에 잠시 그 모습으로 나타날 뿐이다.

(2) 여러 개의 스톡과 플로우 연결을 통한 모델의 복잡성 증가

- 서로 연결된 피드백 구조는 프로그램에서 미분·적분 연산으로 자동 계산된다.
- 서로 다른 변수들이 새로운 스톡과 플로우 연결 관계를 형성하게 되어 모델의 연립방정식 복잡성과 계산량은 증가한다.

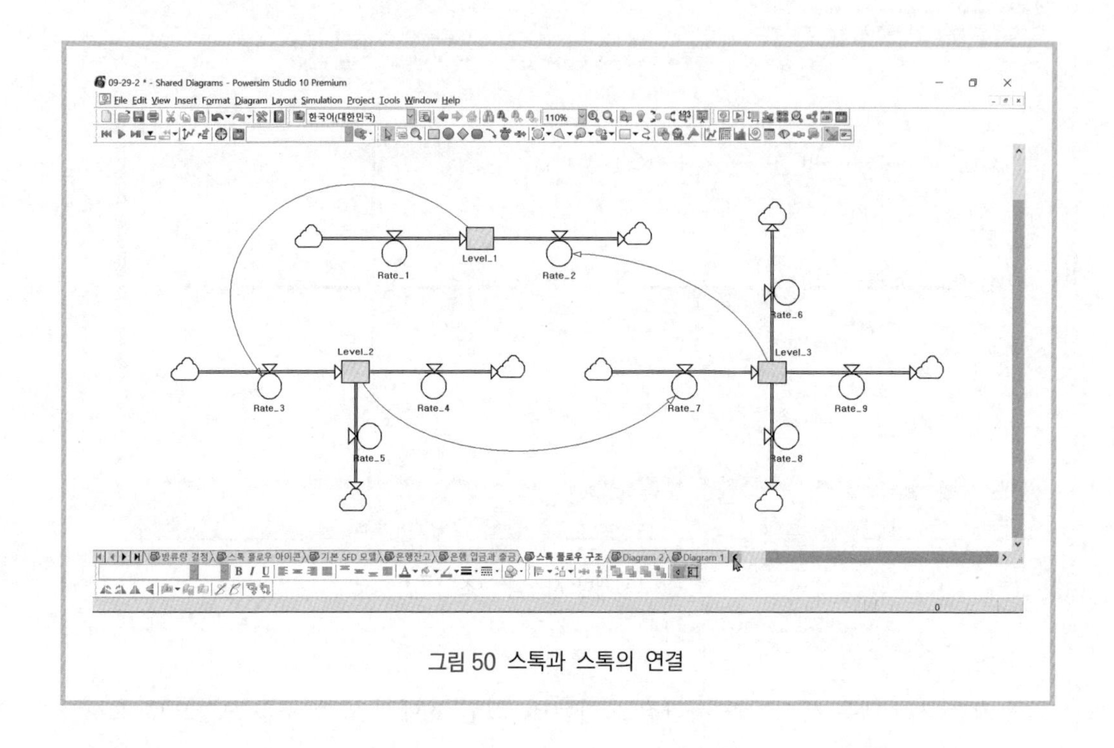

그림 50 스톡과 스톡의 연결

(3) 보조 변수를 이용한 스톡 플로우 모델의 확장

- 보조 변수(Auxiliary variable)를 이용하여 스톡 플로우 모델을 확장할 수 있다.
- 예를 들어 스톡 플로우 모델이 스톡 변수(Stock variable)와 플로우 변수(Flow variable)로 구성되어 있다고 하자.
- 여기에 보조 변수를 이용하여 스톡 플로우 모델을 확장할 수 있다. 즉 스톡 플로우 모델에서 다 표현하지 못한 부분을 보조 변수를 도입하여 더 자세히 현상을 시뮬레이션 모델로 설명하는 것이다.

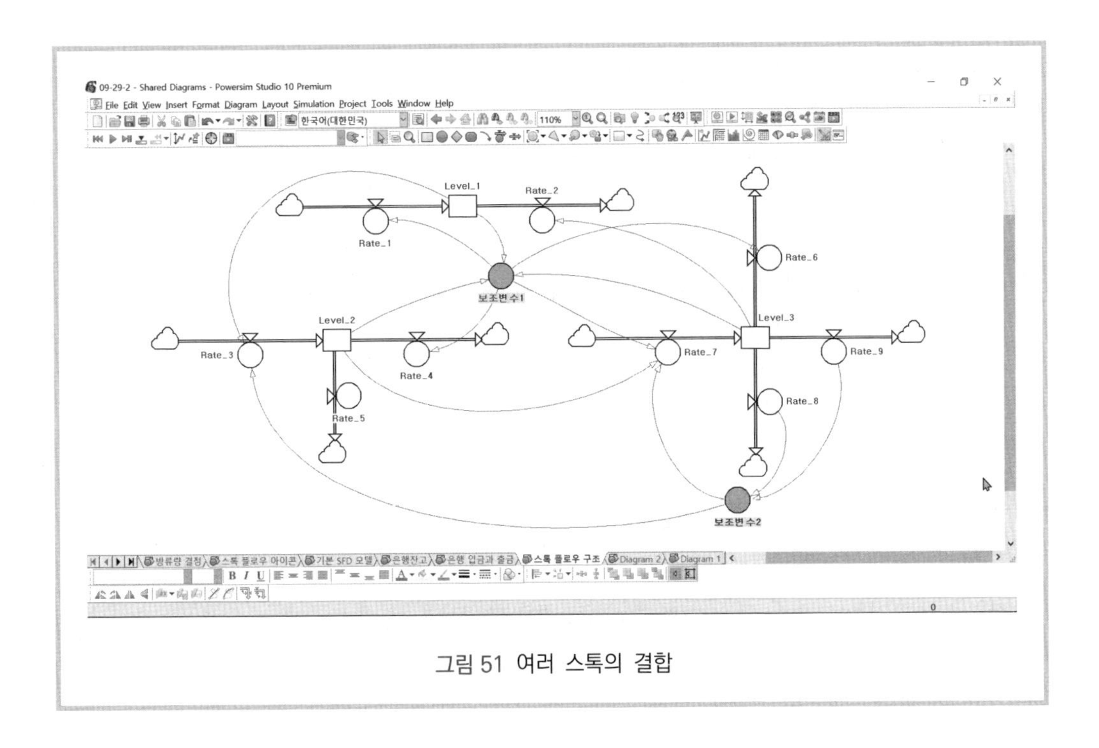

그림 51 여러 스톡의 결합

(4) 상수변수를 이용한 모델의 확장

- 상수(Constant) 변수 아이콘을 이용하여 모델에 입력값 적용 및 입력값 변동에 따른 모델의 결괏값을 비교하는 실험을 할 수 있다.
- 의사결정 최적화를 위하여 다양한 입력값 조합으로 모델의 결괏값을 관찰하거나, 상수변수 아래에 있는 슬라이드 바(Slider bar)를 이용하여 사용자가 직접 입력값을 변화시킬 수 있다.

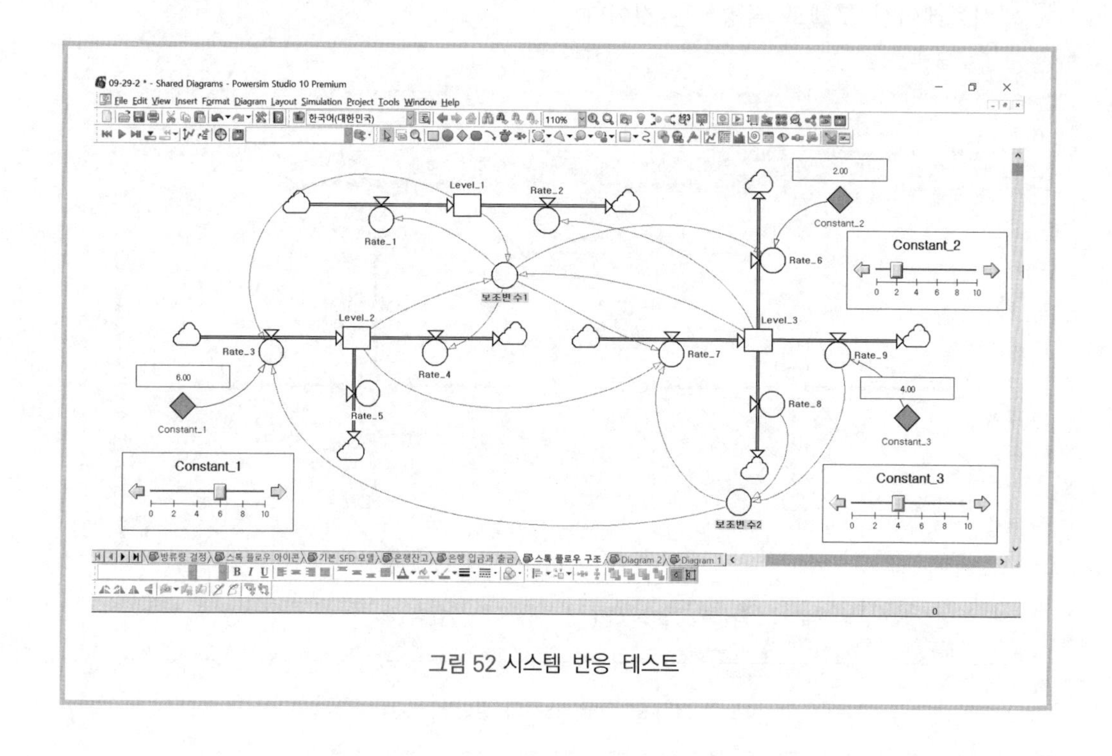

그림 52 시스템 반응 테스트

7.17 서브 모델

(1) 서브 모델의 필요성

모델을 개발하면 매우 복잡한 모델을 개발할 필요가 있게 된다. 이때 서브 모델(Sub model)을 이용하면 각각의 서브 모델에 모듈(module) 방식의 모델을 구분하여 둘 수 있다. 이를 통하여 메인 모델에서는 각 서브 모델, 즉 각 모듈에서 꼭 필요한 모델을 선택하여 표시할 수 있다.

이는 계층 모델에서, 예를 들어 전국 각 시도의 시도별 지역 총생산(GRDP, Gross Regional Domestic Product) 모델을 서브 모델로 구성하고, 국내 총생산(GDP, Gross Domestic Product) 메인 모델에서는 각 서브 모델에서 'GRDP', '지역 인구' 변수 등을 메인 모델에서 표시하고, 이들을 이용한 계산모델을 만들어 국내 총생산 시뮬레이션 모델을 구성할 수 있다.

또한, 국내 총생산(GDP) 메인 모델에서 다음 예시와 같은 서브 모델로 연결하여 표현할 수 있다.

(2) 서브 모델 예제

- 프로젝트 설정: Calendar-dependent 모델링
- 시뮬레이션 설정: 2021.01.01. ~ 2022.01.01.

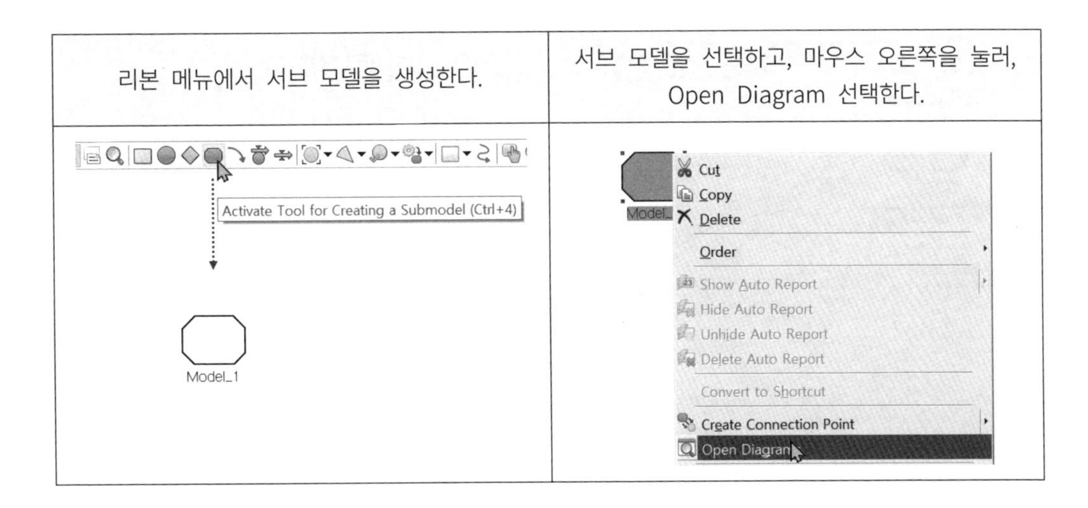

• 서브 모델에 아래와 같이 간단한 모델을 구성한다. 그리고 다이어그램에 나타내고 싶은 변수에 마우스 오른쪽을 누르고, Public 항목을 선택하여, 서브 모델에서 다이어그램에 나타나게 한다.

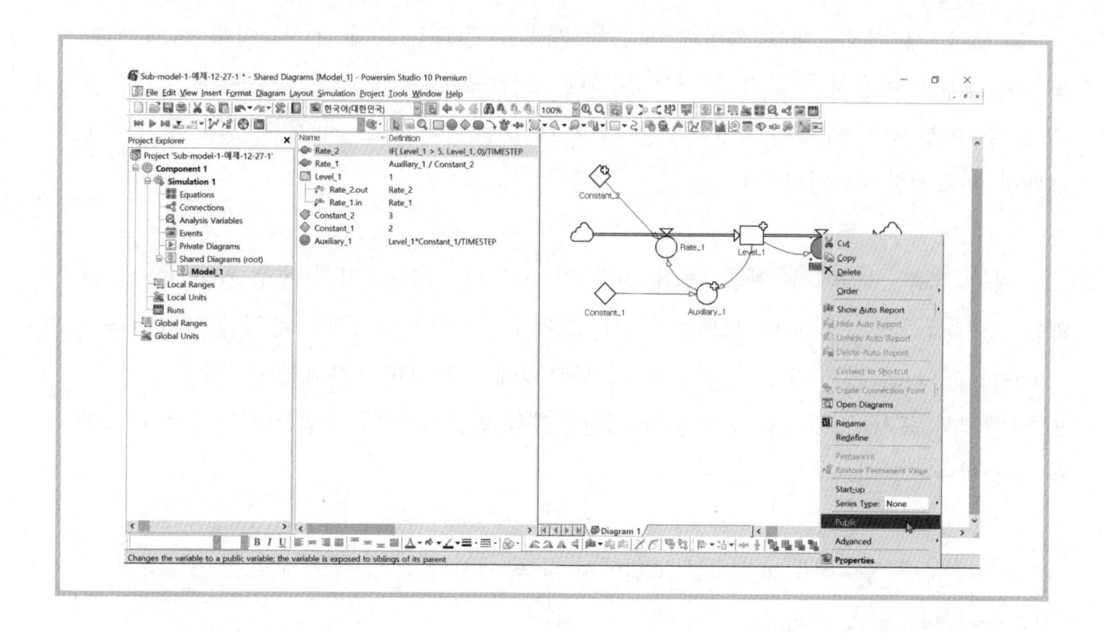

• 공유(Shared) 다이어그램의 서브 모델 아이콘 위에서 마우스 오른쪽을 눌러 Create Connection Point를 선택하고, 서브 모델에서 다이어그램으로 나타낼 변수를 선택하고, 다이어그램의 빈 공간에 클릭한다.

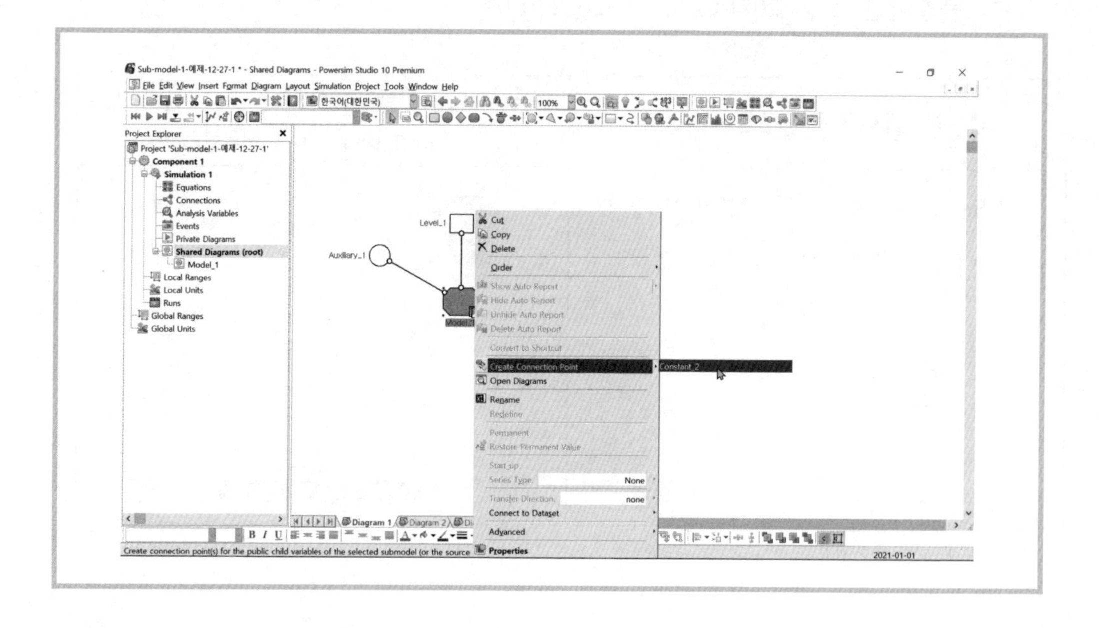

• Time Graph를 이용하여 서브 모델의 Level 변수를 출력한다.

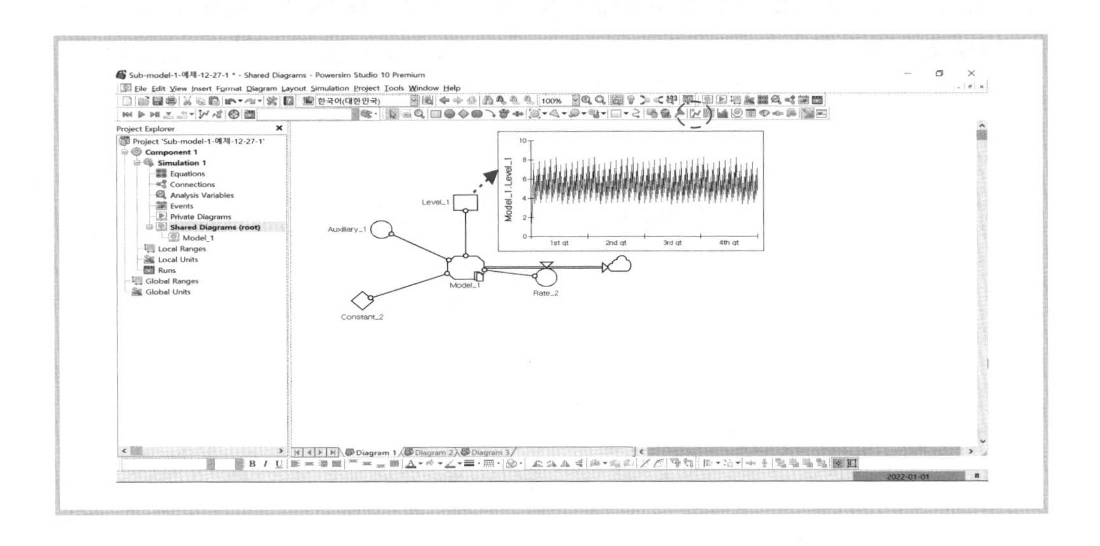

• 시뮬레이션 Play 버튼을 눌러서 Time Graph에 Level_1 변수의 값을 아래와 같이 표시한다.

• 다이어그램에서 서브 모델에 제어 값을 연결할 수 있다. 아래와 같이 '설정값' 변수를 이용하여 '3'의 값을 입력하고, 이를 Rate_2 변수에 다음과 같이 변수를 정의한다.

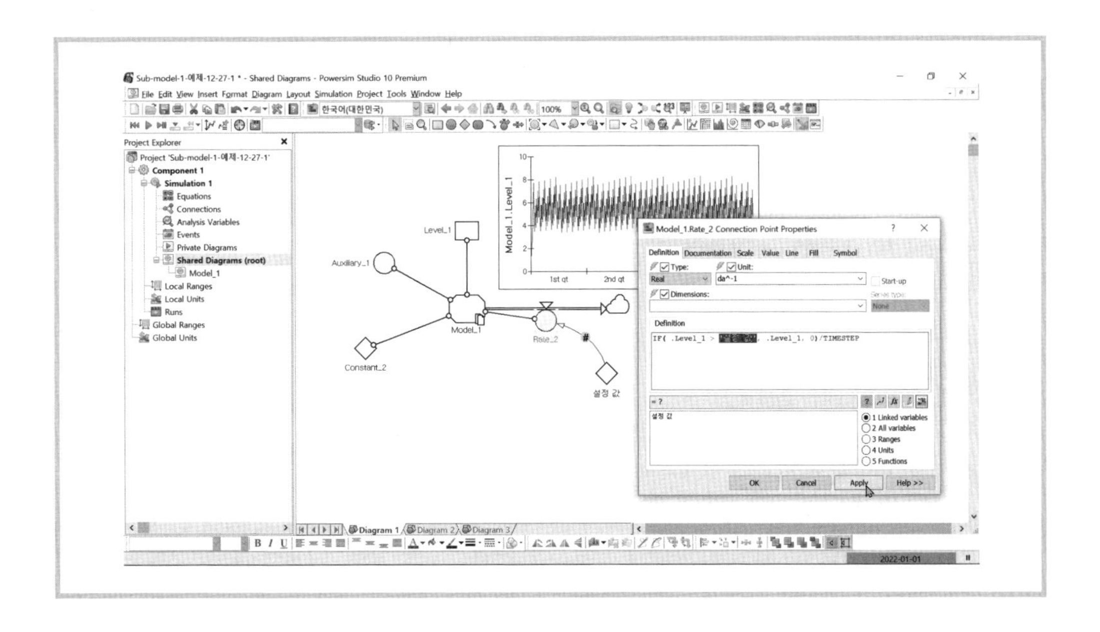

• 다이어그램에서 Level_1 변수를 시뮬레이션하면 다음과 같다.

• Time Graph에 서브 모델을 나타내는 변수가 Model_1.Level_1로 아래와 같이 나타난다.

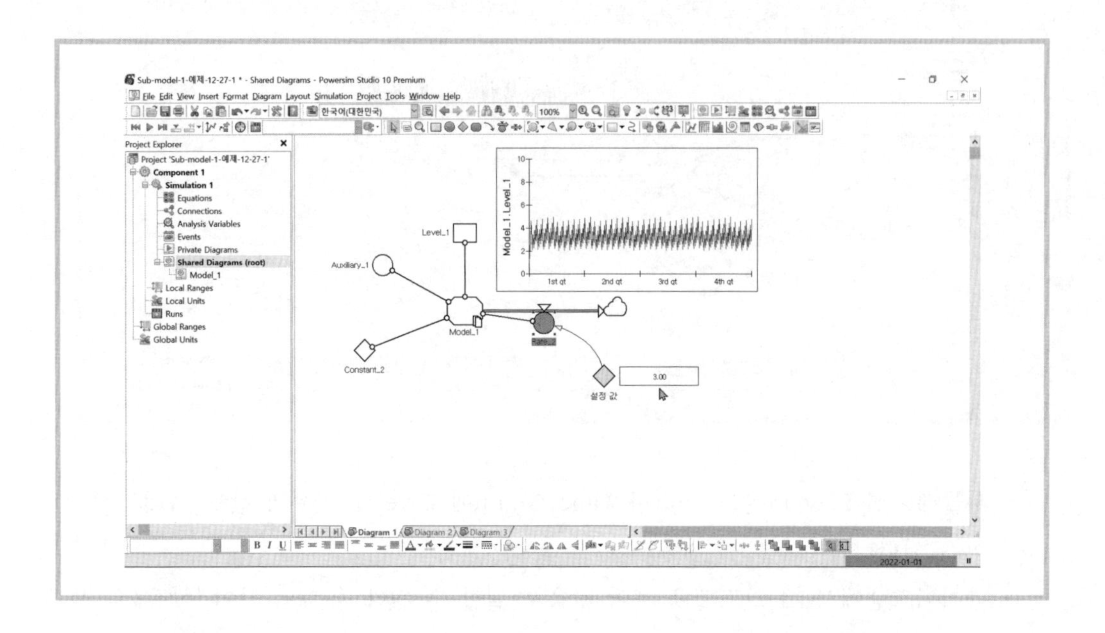

• 아래와 같이 다이어그램에서 설정한 값이 서브 모델에 있는 Rate_2 변수의 수식 정의에 나타난다.(Parent~'설정값')

• Rate_2 = IF(Level_1 > Parent~'설정값', Level_1, 0)/TIMESTEP

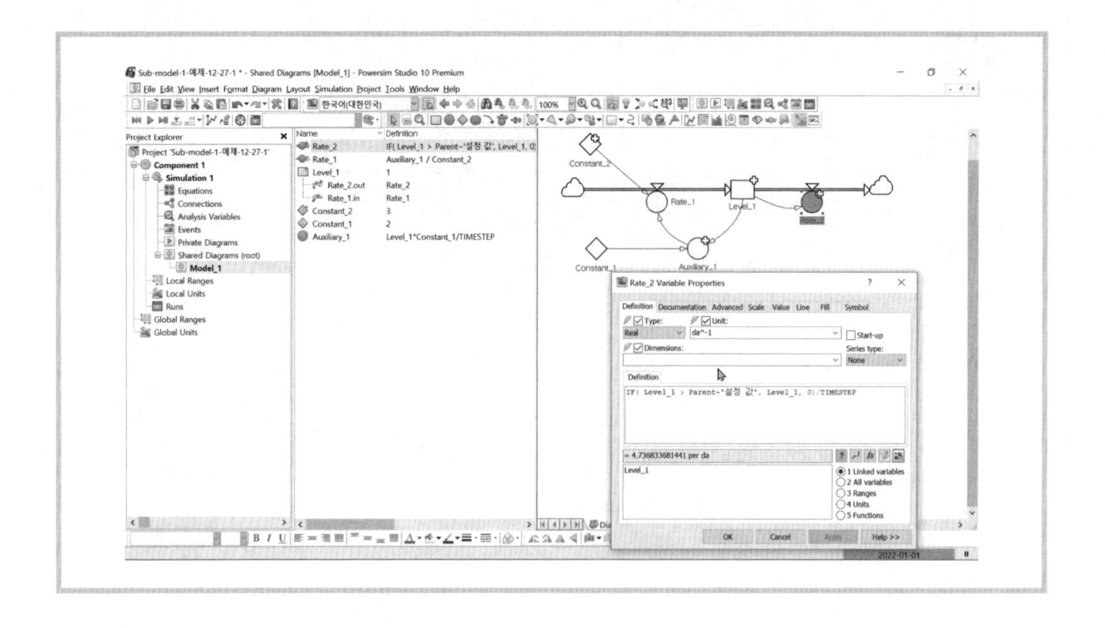

7.18 누적 스톡 값을 원하는 주기로 나타내는 모델[1]

- Project Setting: Calendar dependent simulation
- Simulation Settings: 2005－01－01 ~ 2016－01－01, Time Step: 1.00 da

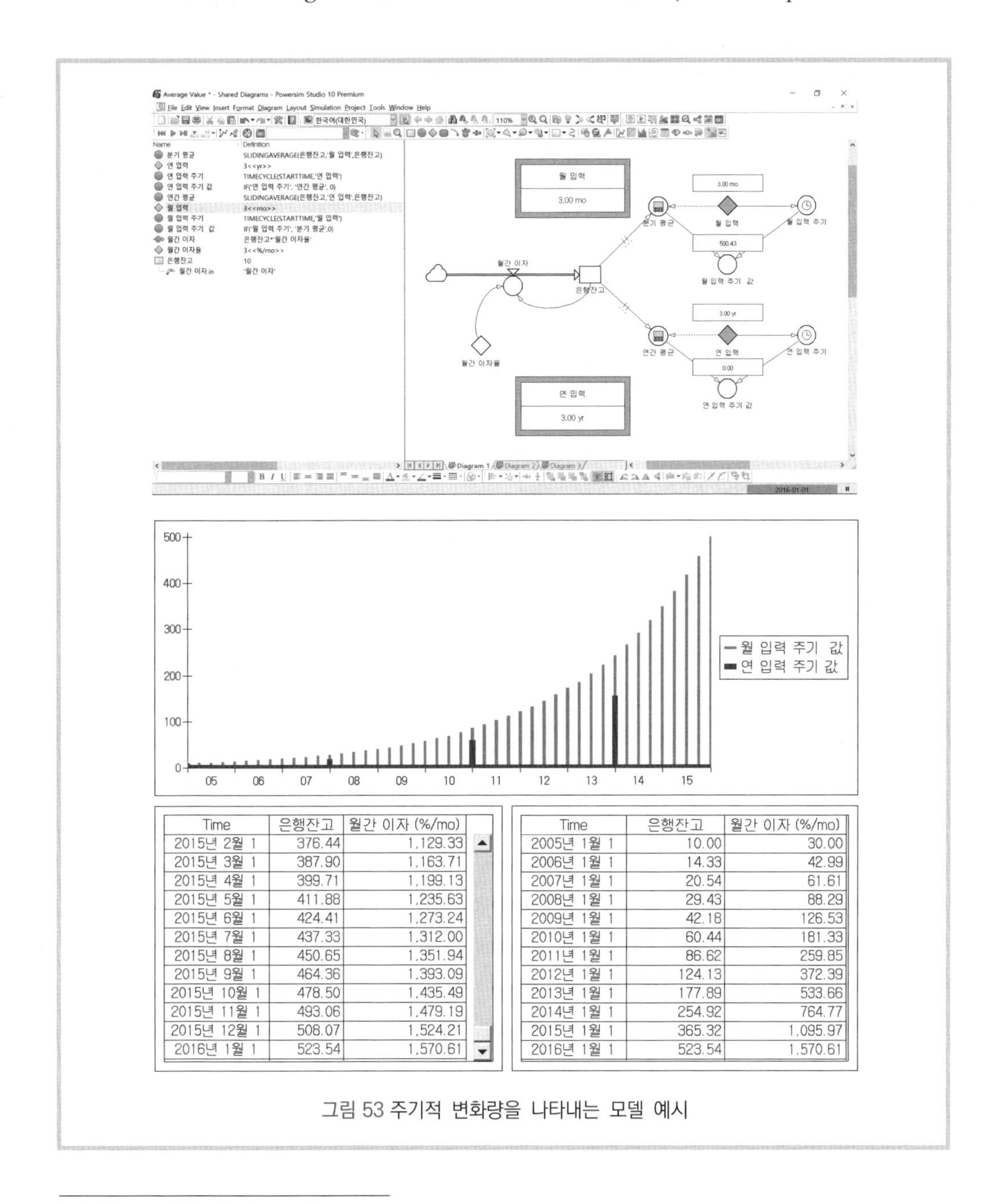

Time	은행잔고	월간 이자 (%/mo)
2015년 2월 1	376.44	1,129.33
2015년 3월 1	387.90	1,163.71
2015년 4월 1	399.71	1,199.13
2015년 5월 1	411.88	1,235.63
2015년 6월 1	424.41	1,273.24
2015년 7월 1	437.33	1,312.00
2015년 8월 1	450.65	1,351.94
2015년 9월 1	464.36	1,393.09
2015년 10월 1	478.50	1,435.49
2015년 11월 1	493.06	1,479.19
2015년 12월 1	508.07	1,524.21
2016년 1월 1	523.54	1,570.61

Time	은행잔고	월간 이자 (%/mo)
2005년 1월 1	10.00	30.00
2006년 1월 1	14.33	42.99
2007년 1월 1	20.54	61.61
2008년 1월 1	29.43	88.29
2009년 1월 1	42.18	126.53
2010년 1월 1	60.44	181.33
2011년 1월 1	86.62	259.85
2012년 1월 1	124.13	372.39
2013년 1월 1	177.89	533.66
2014년 1월 1	254.92	764.77
2015년 1월 1	365.32	1,095.97
2016년 1월 1	523.54	1,570.61

그림 53 주기적 변화량을 나타내는 모델 예시

1) www.powersim.com 참조.

7.19 기타 모델링 및 시뮬레이션 아이콘 설명

	변수 복제 기능 Shortcut	변수를 복제하여 동일한 변수를 다른 위치에 만든다. 복제 상태에서는 변수를 정의할 수 없다. 변수 복제는 원본 변수가 있는 그 다이어그램에서도 가능하고, 다른 다이어그램에도 가능하다.
	슬라이스 기능 Slices	복제된 변수에서 변수를 바로 정의할 수 있다. 변수 슬라이스는 원본 변수가 있는 다이어그램에서는 안 되고, 다른 다이어그램에서 슬라이스 버튼을 눌러서 변수 복제가 가능하다.
	변수 포함 기능 Including Variables	다이어그램상에서 있는 모델에 사용되는 변수는 변수의 오른쪽을 마우스로 눌러 Advanced 항목에서 해당 다이어그램에서 보이지 않게 할 수 있다. 이때 사용하는 선택항목에 Exclude 이다. 제외(Exclude) 항목을 선택하면, 해당 변수는 그 다이어그램에서 나타나지 않게 된다. 제외(Exclude) 변수가 있는 경우에는 다이어그램 명칭 옆에 Exclude 변수가 있다는 것을 시스템에서 자동으로 표시해 준다. Diagram 1 다이어그램에서 표시가 제외된 변수(Excluded variable)를 다시 다이어그램에서 나타내고자 할 때에, 리본 메뉴에 있는 Including variables 아이콘을 선택하면 된다.

(1) 변수 복제(Shortcut) 상태에서 변수를 정의하기 위해서는 Go to Source 또는 Swap with Source를 한 다음, 변수를 정의하여야 한다

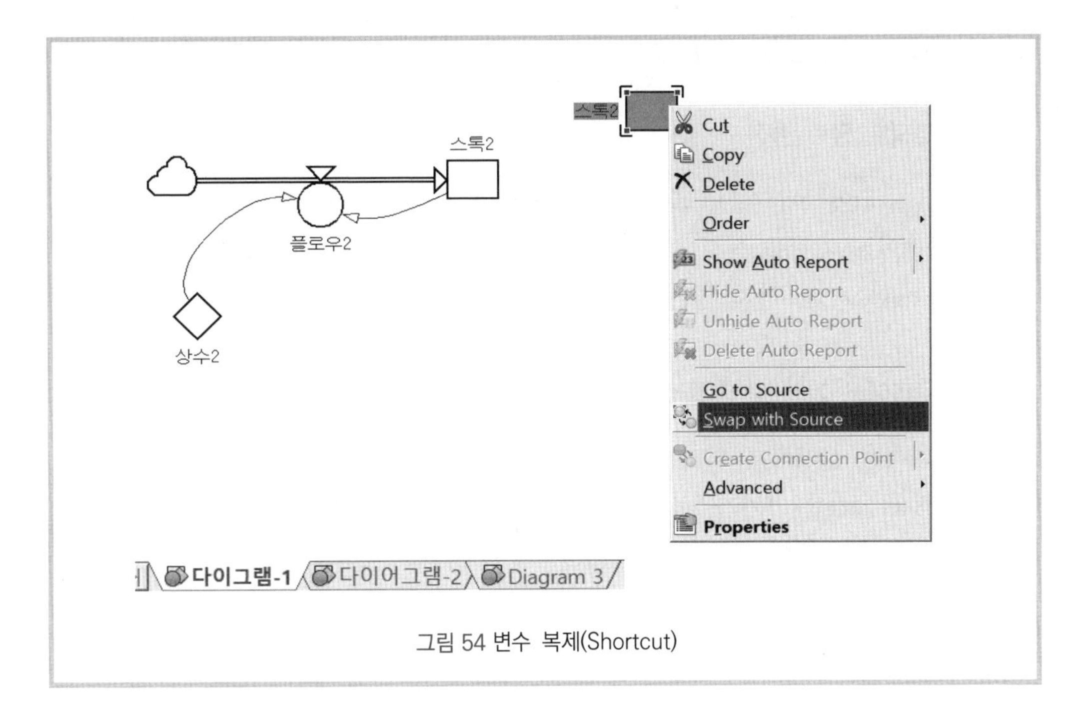

그림 54 변수 복제(Shortcut)

(2) 변수를 여러 군데 복제한 Slice 상태에서 어디서나 복제된 변수를 바로 정의할 수 있다. 변수를 새로 정의하면, 나머지 복제된 변수들도 새로 정의된 수식과 값으로 자동으로 갱신(update)된다

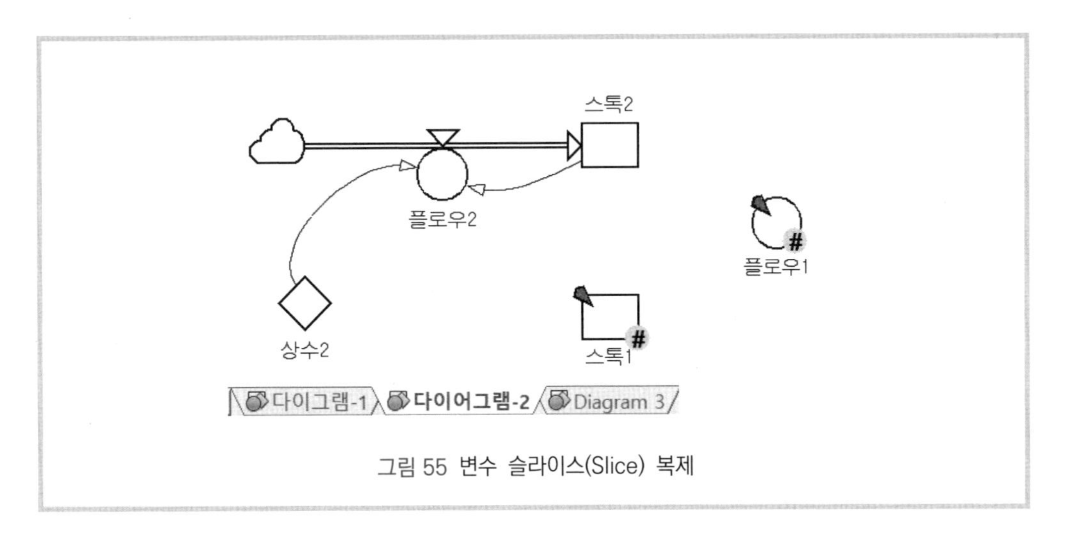

그림 55 변수 슬라이스(Slice) 복제

7.20 달력 독립형 스톡 플로우 모델링

7.20.1 달력 독립형 모델링 환경설정

(1) 프로젝트 달력 설정

달력(Calendar)에 독립적인(Calendar independent) 시간 흐름을 설정한다. 즉 모델 개발자가 시뮬레이션 기간을 직접 설정하는 것이다. 그리고 시간 단위 일치 체크(Enforce Time Unit Consistency)는 하지 않는다.

(2) 시뮬레이션 기간 및 시뮬레이션 간격 설정

- 시뮬레이션 설정에서 원하는 기간을 설정할 수 있다. 아래는 시뮬레이션 시작 시점(Start time)이 1기간, 종료 시점(Stop time)이 6기간인 시뮬레이션 설정이다. 시뮬레이션 간격은 각각 1기간이다.

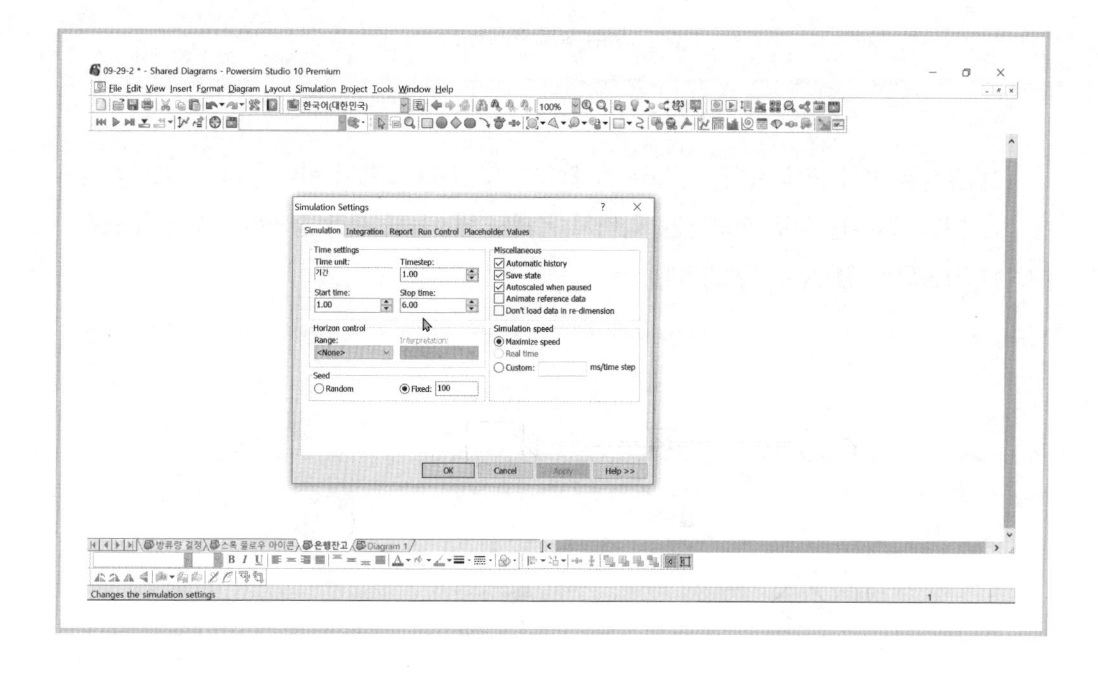

7.20.2 시뮬레이션 적용 값 설정

- 각 시뮬레이션 기간 진행은 매 기간 초기(first)를 기준으로 한다. 즉 매 기간 초기에 어떤 현상이 발생하는 것으로 한다. 그리고 매 기간이 하나의 크기를 가진 기간이라는 것을 의미한다.
- 예를 들어 댐에 물이 매 시간당 600톤이 유입된다고 하자. 모델에서는 '유입량'을 한 시간에 600톤이라고 정의한다. 한 시간에 600톤은 아래 그림에서 어느 시점에 적용될까? 예를 들어, 매 기간 초기에 적용하면 매 기간 시작 시점인 A 시점에 600톤이 적용된다.

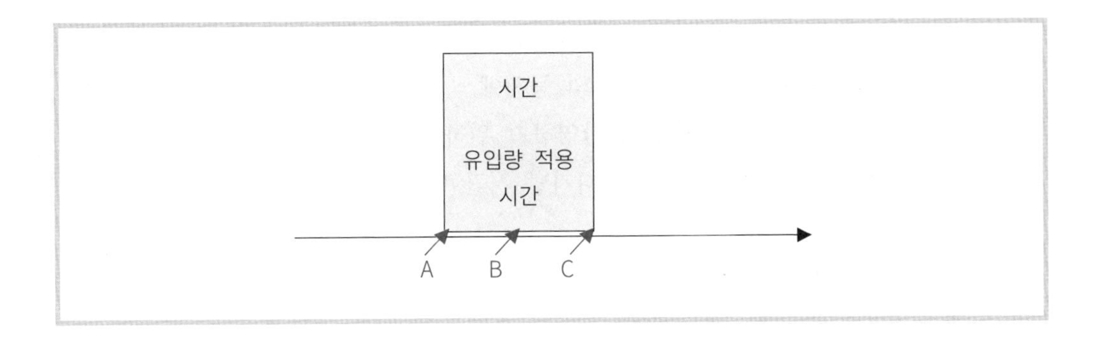

이러한 규칙은 저량인 댐 스톡 변수에도 적용된다.

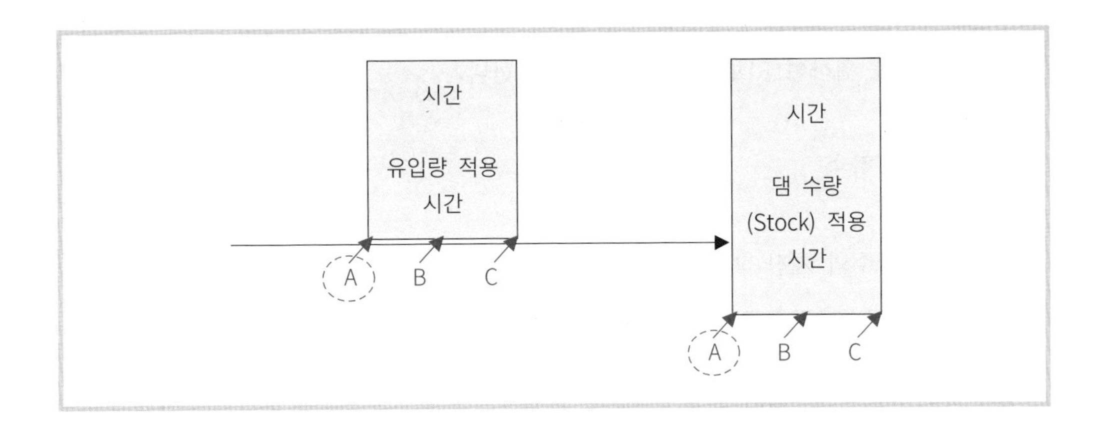

- 위의 그림에서 어떤 시점의 유입량 600톤은 댐의 수량으로 반영되기 위해서는 단위 적용 시간을 지나야 한다. 즉 <u>유입량의 기초 값은 한 단위의 적용 시간의 크기를 지나야, 댐 수량 스톡 변수의 기초(期初) 값으로 반영된다</u>. 즉 유입량(유

량, flow)은 한 시간 단위를 지나서 스톡 변수(저량, Stock, Level)로 반영된다.

- 선뜻 이해가 어려울 수도 있으나 이는 어떤 단위 시간도 그 크기가 있어서 단위 시간에도 그 초기, 중기, 말기가 있기 때문이다. 이 책에서는 매 기간 적용되는 시간 단위의 시점을 기초(期初)로 설정하였으나, 이는 반드시 이렇게 정해진 것은 아니다. 매 기간 유입량 적용 시점은 기초, 중간, 기말(期末) 등 모델 작성자가 원하는 시점으로 정할 수 있다.
- 이러한 시뮬레이션 기간의 적용방식은 모델링 대상에 따라 수리적인 적용이 다를 수 있다. 예를 들어 상품의 이동과 같이 물리적인 성격이 아닌 논리적인 성격의 변화량을 다루는 경우에는 변화량이 누적량으로 즉각 반영되어야 한다. 예를 들어 은행에서 입금액은 은행 잔고에 즉각 반영되어야 한다.
- 은행에 어떤 시간에 600원을 입금하였다면 현실적으로는 은행 온라인 전산 시스템에서 실시간으로 은행 입금과 거의 동시에 곧바로 은행 잔고에 600원이 반영된다. 이를 시뮬레이션 모델링에 반영하기 위하여서는 적용 시간의 기초, 중간, 기말의 개념은 없어지고 1이라는 디지털 시간 단위가 적용된다.

$\frac{flow}{1} = Stock$ 으로 $\frac{600}{1} = 600$ 으로 즉각 반영되는 수식을 적용한다.

- 파워심 프로그램에서는 이를 위하여 유입량(flow)이 바로 스톡(stock_에 적용되도록, 유입되는 기간에 상관없이 유입량을 스톡 값에 바로 더하는 방식을 취하면 된다. 이를 위하여 RUNSUM 함수를 사용한다.

- RUNSUM 함수

RUNSUM 함수의 계산 과정은 다음과 같다.

———————————————————————→ 시간의 흐름

1 + 1 + 1 + 1 + 1 + 1 + 1 + 1 + 1 + 1 + 1 + 1

(RUNSUM 함수 적용 결과)

1 2 3 4 5 6 7 8 9 10 11 12

7.20.3 유입량에 시간이 소요되는 경우의 모델링

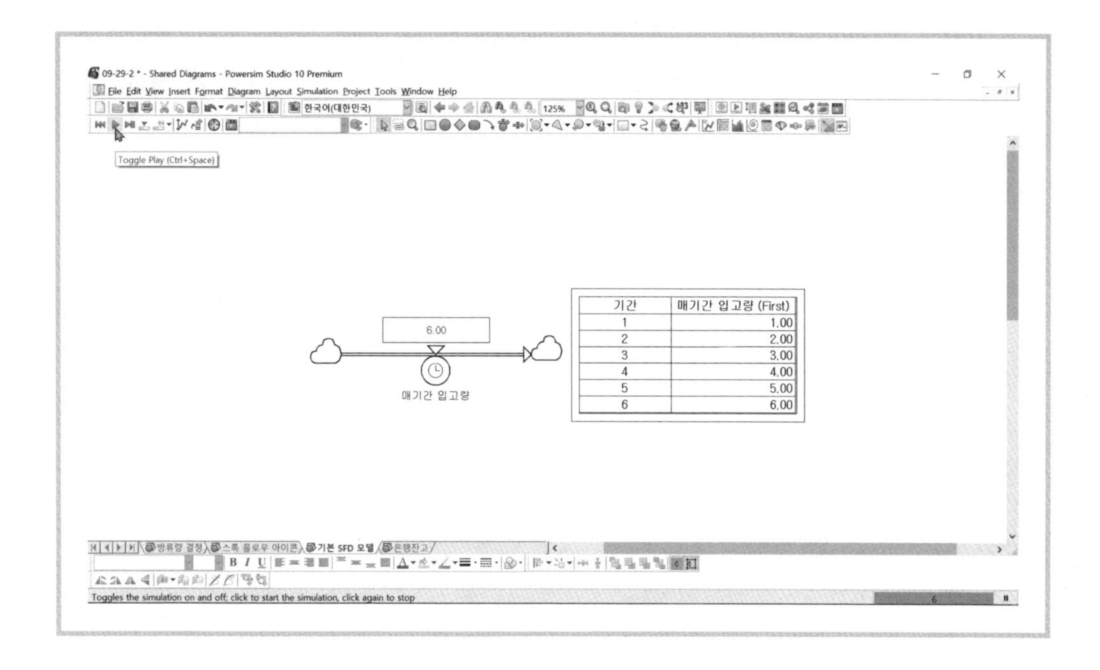

- 여기서 모델링 단위는 1기간씩을 기간 단위로 하여, 1기간 시작 시점부터 6기간 시작 시점까지를 시뮬레이션 기간으로 설정하였다.(예: 6개월)

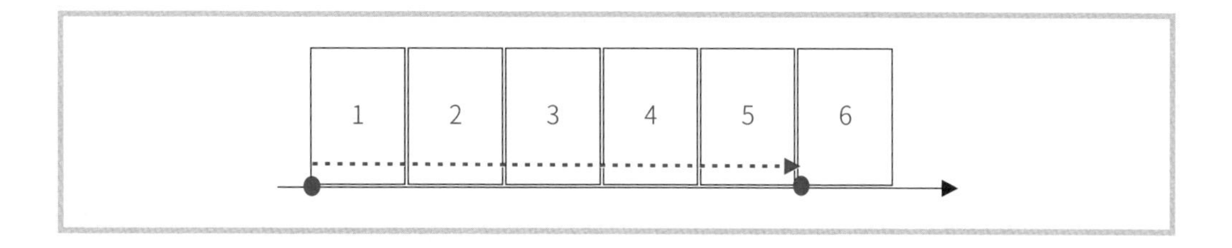

- 예를 들어 월초에 매월 1월 1일 0시 0분에 입금된다고 하자.
- 변화량을 나타내는 플로우 변수와 상태를 나타내는 스톡 변수 간에는 Δt의 시차가 발생한다. 예를 들어 이번 달 시작 시점에서 은행 잔고는 100만 원이고, 이번 달에 20만 원을 입금한다. 이때 한 달에 한 번 은행 잔고를 체크하는 경우 이번 달 은행 잔고는 100만 원이고, 다음 달 은행 잔고는 120만 원이 된다.
- 그리고 예를 들어 이번 달 1일 0시 0분 0초 시작 시점의 은행 잔고는 100만 원이고, 이번 달에 입금은 20만 원을 1일 0시 0분 0초에 했다고 하자. 이때 은행잔고 체크를 1초에 한 번씩 하는 경우 이번 달 1일 0시 0분 0초에 은행 잔고는 100만

원이었고, 이번 달 0시 0분 1초에 은행잔고는 120만 원이 된다. 이러한 현상은 0.001초도 마찬가지이다.

- 이처럼 유입되는 변화량 변수와 시스템의 상태를 나타내는 스톡 변수 간에는 시뮬레이션 모델에서 정한 시뮬레이션 간격 Δt 만큼의 시차가 존재하게 된다. 그러므로 시뮬레이션에서 시뮬레이션 간격(Timestep)을 얼마로 설정하는가는 모델링 과정 및 시뮬레이션 결과와 그 분석에 상당한 영향을 미치는 중요한 결정요소이다.

7.20.4 유입량에 시간이 소요되지 않는 누적 개념

은행에 1월부터 매달(monthly) 3천 원을 입금한다고 하자. 5개월이 지나, 6월 시작 시점에 은행 잔고는 얼마나 될까?

	1	**2**	**3**	**4**	**5**
매월 입금액	3	3	3	3	3
누적 금액	3	6	9	12	15

이를 파워심 프로그램을 이용하여 모델링 및 시뮬레이션하여 보자.

모델링 절차는 다음과 같다.

(1) 프로젝트에 적용할 달력을 설정한다.

(2) 시뮬레이션 기간과 시뮬레이션 간격을 설정한다.

(3) 1월부터 5개월 동안 입금하는 모델을 작성한다.

(4) 시뮬레이션을 통하여 매월 입금액과 매월 누적 금액을 확인한다.

7.20.5 누적 예제 모델

예제를 위한 프로젝트 환경설정

- 프로젝트 달력 설정: Calendar Independent
- 시뮬레이션 기간설정: 1부터 6까지, 시간 단위 일치 체크(Enforce Time Unit Consistency)를 하지 않는다.

(1) 유입량에 시간이 소요되는 것을 누적하는 모델

- 물리적인 현상의 시뮬레이션 모델링: 유입량이 스톡에 도착하기까지 시뮬레이션 시간 간격(Timestep) 크기만큼 지연시간이 발생한다.(예: 주문에서 입고에 따른 재고량)
- 논리적인 현상의 시뮬레이션 모델: 유입량이 스톡에 도착하는데 시간이 시간 지연(time delay) 없이 바로 스톡 변수에 유입량이 반영된다.(예: 은행잔고)

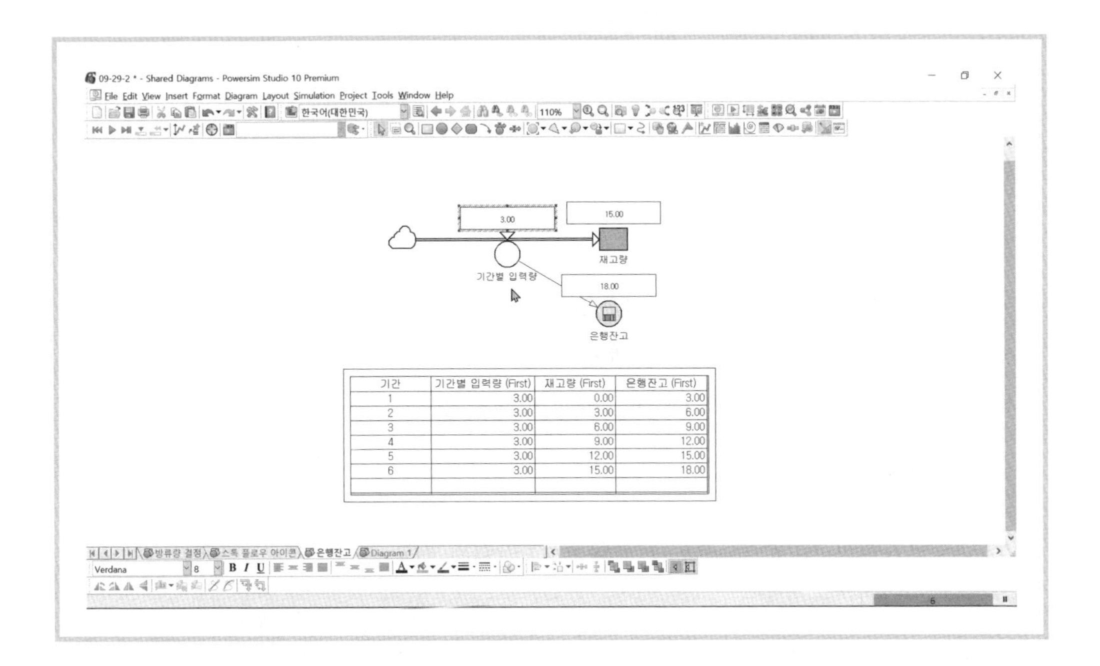

기간	기간별 입력량 (First)	재고량 (First)	은행잔고 (First)
1	3.00	0.00	3.00
2	3.00	3.00	6.00
3	3.00	6.00	9.00
4	3.00	9.00	12.00
5	3.00	12.00	15.00
6	3.00	15.00	18.00

(2) 시뮬레이션 결과 해석

- (물리적 변화량의 누적) 기간별 입력량이 재고량으로 반영되기 위해서 Δt 만큼의 시간 지연이 발생한다면, 이는 다음과 같은 미분·적분의 수식으로 표시된다.

$$\text{재고량} = \int_{t=1}^{t=6} f(x_t)dt + \text{재고량}_{t=0} = \int_{t=1}^{t=6} (\text{기간별 입력량}_t)dt + \text{재고량}_{t=0}$$

- (논리적 변화량의 누적) 기간별 입력량이 은행잔고로 반영되기 위해서는 시간 지연 없이, 시뮬레이션 간격이 진행되면서 곧바로 입력량은 스톡 변수로 반영된다.

$$\text{재고량} = \sum_{t=1}^{t=6} \text{입력량}_t$$

7.20.6 입금액 - 은행 잔고 - 출금액 만들기

예제의 시나리오 구성

- 시작 시점에 은행 잔고는 100이 있다.
- 매 기간 입금액은 5이고, 출금액은 3이다.
- 매 기간 입금액과 출금액의 차이는 2이다.
- 결과적으로 매 기간 은행 잔고는 2만큼 증가한다.

(1) 예제 모델링

모델링 환경설정

- 프로젝트 달력 설정: Calendar Independent
- 시뮬레이션 기간설정: 0부터 12까지
- 시간 단위 일치 체크(Enforce Time Unit Consistency)를 하지 않는다.

스톡 변수 정의

- 도구 모음에서 ▢ 스톡 변수를 선택하고, 아래와 같이 '은행 잔고' 변수를 만든다.

스톡 변수 생성	스톡 변수에 이름 입력
Level_1	은행 잔고

• 변수를 더블 클릭[2]하여 수식 정의하기

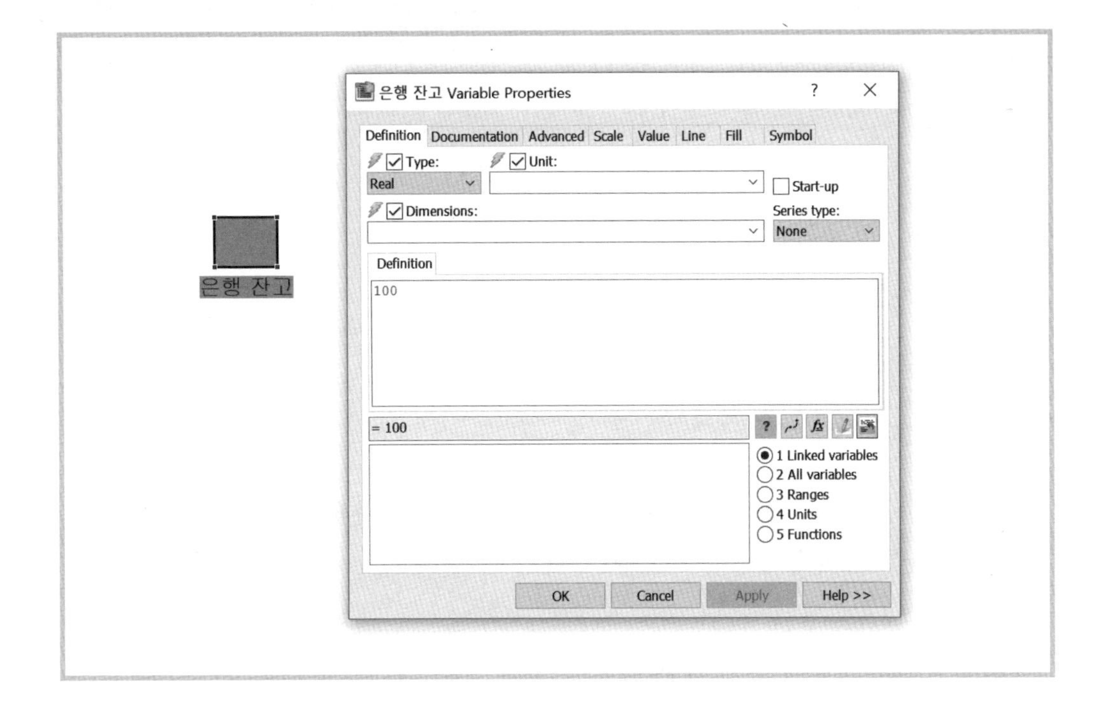

Auto Report 기능

• Auto Report를 사용하여 변수에 정의된 값을 임시로 표시

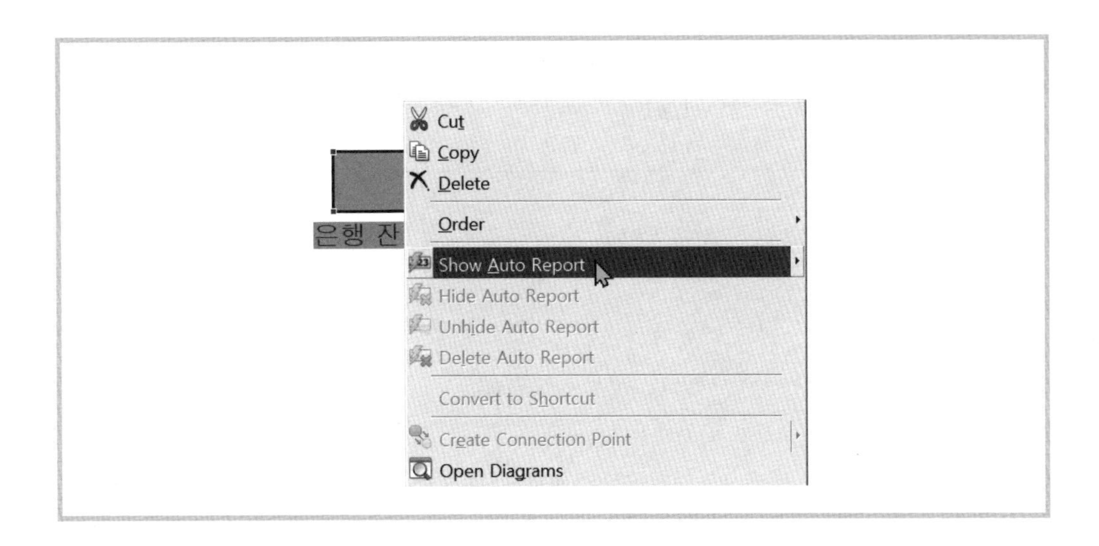

2) 더블 클릭: 마우스 왼쪽 버튼을 두 번 연속으로 클릭.

앞서 학습한 바와 같이 커서[3]를 변수 위에 두고, 마우스 오른쪽을 클릭하면 위와 같이 Show Auto Report 항목이 나타난다. 위를 누르면 다음과 같이 변수 값이 임시로 표시된다.

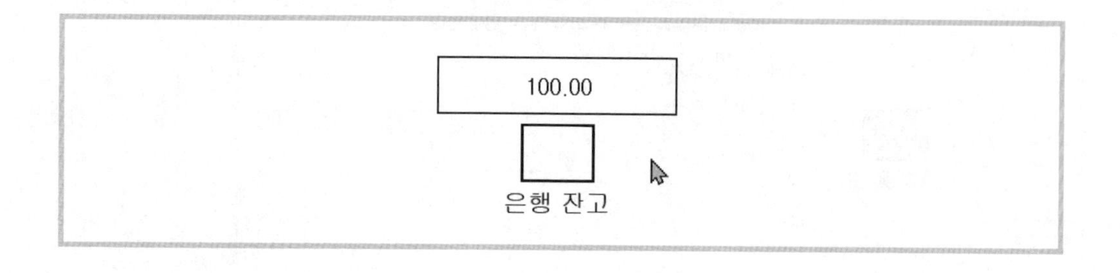

플로우 변수 만들기

- 플로우 변수를 선택하고, '매 기간 입금액' 변수를 아래와 같이 만든다. (앞서 설명한 플로우 변수 생성 방식과 같다.)

리본 메뉴에서 플로우 변수를 선택하고, 구름 모양 지점에 마우스를 클릭하고, 은행 잔고 변수 위에까지 플로우 변수를 끌어당기면(드래그, Drag) 아래와 같이 + 표시와 플로우 변수 모양이 나타난다. 이때 클릭하면 오른쪽과 같다.	아래 플로우 변수의 Rate_1 변수 이름을 클릭하고, 매기간 입금액 이라는 변수 이름을 입력하고 Enter 키를 누른다. 이렇게 하면 플로우 변수 생성이 완성된다.
100.00 / 은행 잔고	100.00 / 은행 잔고 / Rate_1

3) 커서(Cursor): 마우스가 가리키는 곳을 나타내는 조그만 화살표 모양의 지시 지점.

• '매기간 입금액' 변수를 아래와 같이 만들고, 수식을 정의한다.

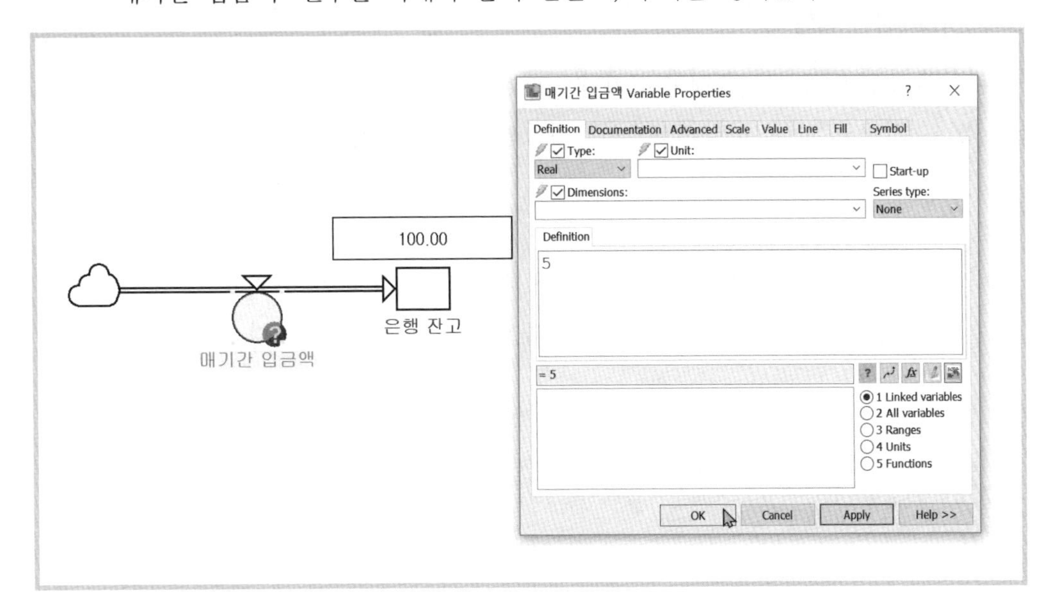

• 같은 방법으로 '매기간 출금액' 변수도 3을 입력하여 만든다.

예제 모델

이같이 작성된 모델은 다음과 같다.

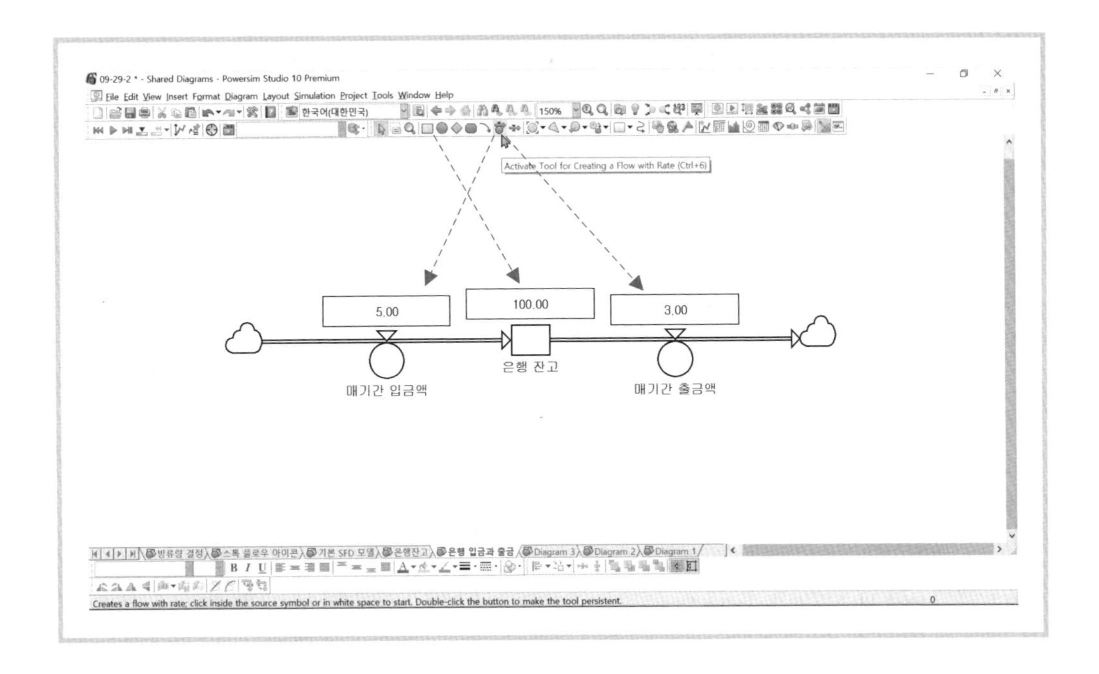

▒ 시뮬레이션 실행

주어진 모델에 대한 시뮬레이션 기간은 0부터 12까지로 설정하였고, 시뮬레이션 간격은 각 1기간으로 한다. 따라서 총 시뮬레이션 간격 회수는 12회이다.

- 타임 그래프(Time Graph)
  - 타임 그래프 아이콘을 리본 메뉴에서 아래와 같이 선택하고, 다이어그램 적당한 곳에 아래와 같이 타임 그래프를 드래그하여 그린다.

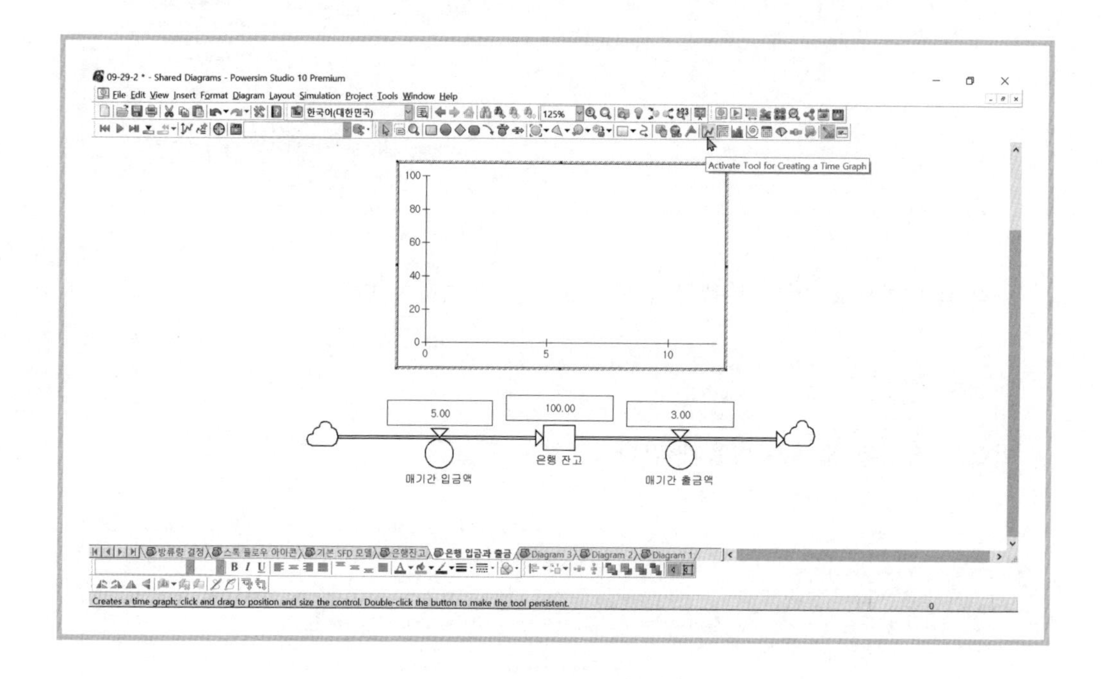

  - 타임 그래프 내부에 시뮬레이션을 원하는 변수를 끌어다 놓는다.(Drag and Drop)

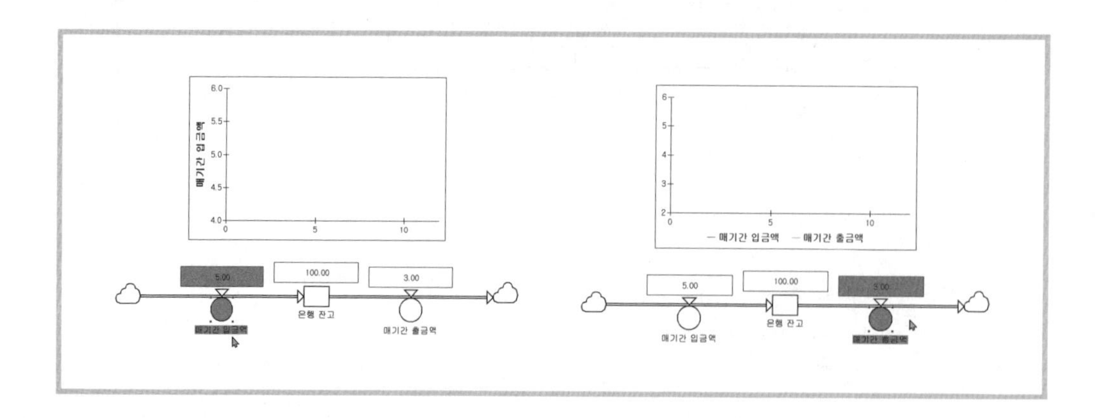

– 시뮬레이션 실행은 리본 메뉴에서 '시뮬레이션 Play' ▶ 버튼을 누르면 아래와 같다.

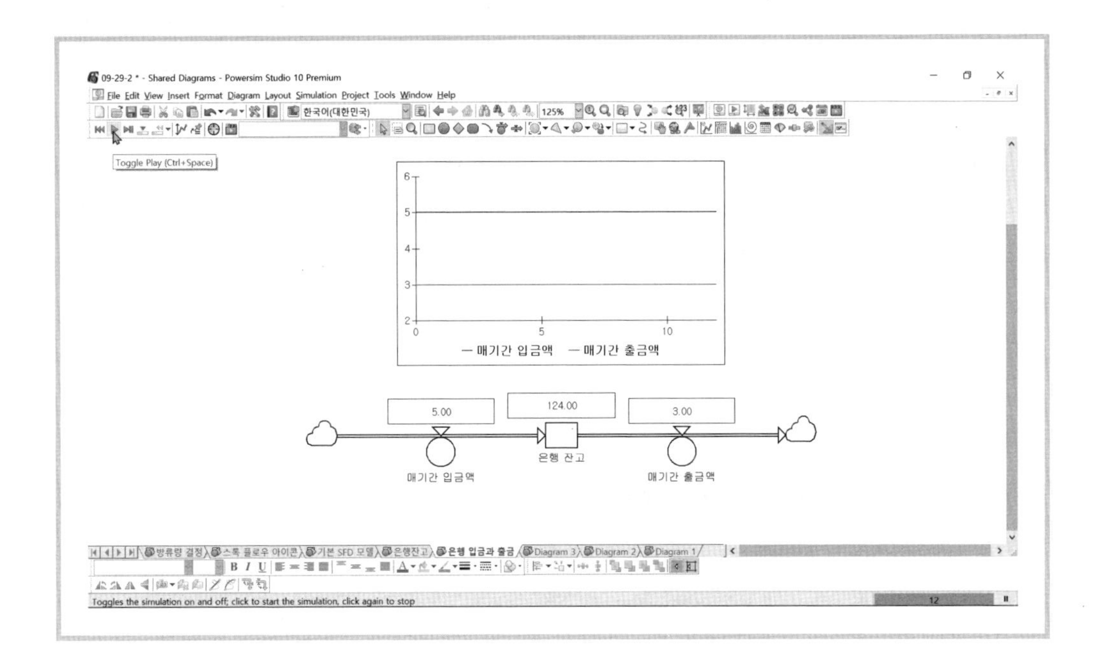

– 위와 같이 타임 그래프를 하나 더 만들고, '은행 잔고' 스톡 변수에 대해 시뮬레이션을 실행하면 다음과 같다.

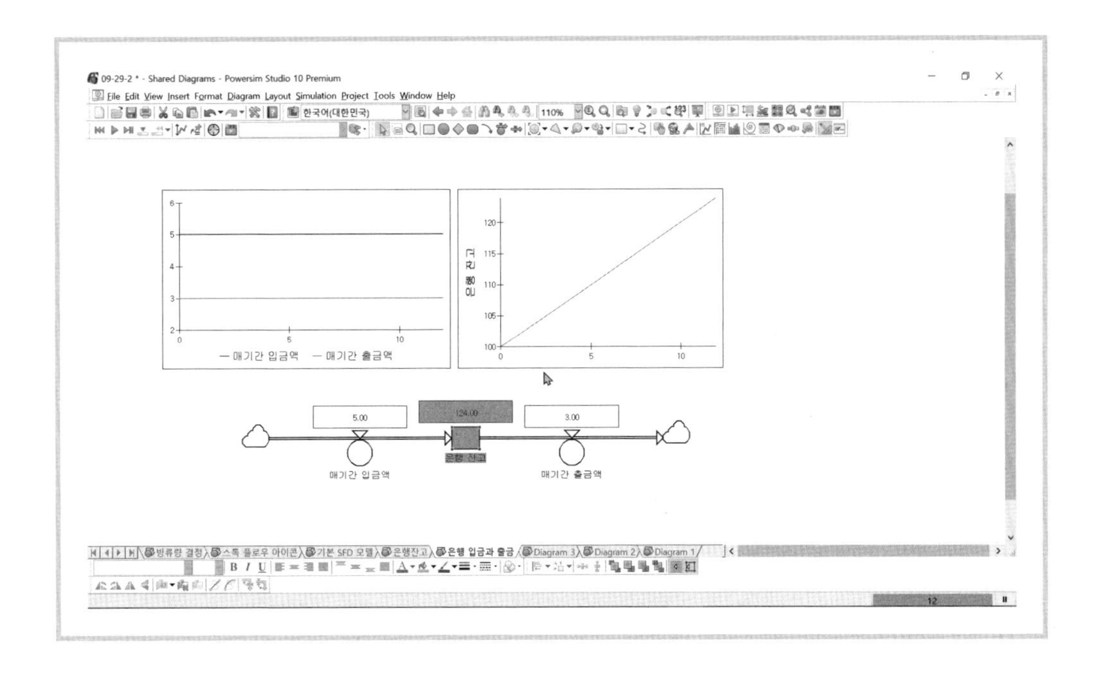

7.20.7 시뮬레이션 표시 단위 변경

위의 예제에서 시뮬레이션 결과인 '타임 그래프'에는 기간이 5기간씩 표시되어 있다. 이것을 1기간씩 표시하는 방법은 다음과 같다.

- 메뉴에서 > Simulation > Simulation Settings
- 세 번째 있는 Report 항목을 선택하고, Intervals에서 두 번째 Auto 선택을 해제하고 1기간을 입력한다. 그리고 OK 버튼을 누르면 5기간 간격을 1기간 간격으로 표시하게 된다.

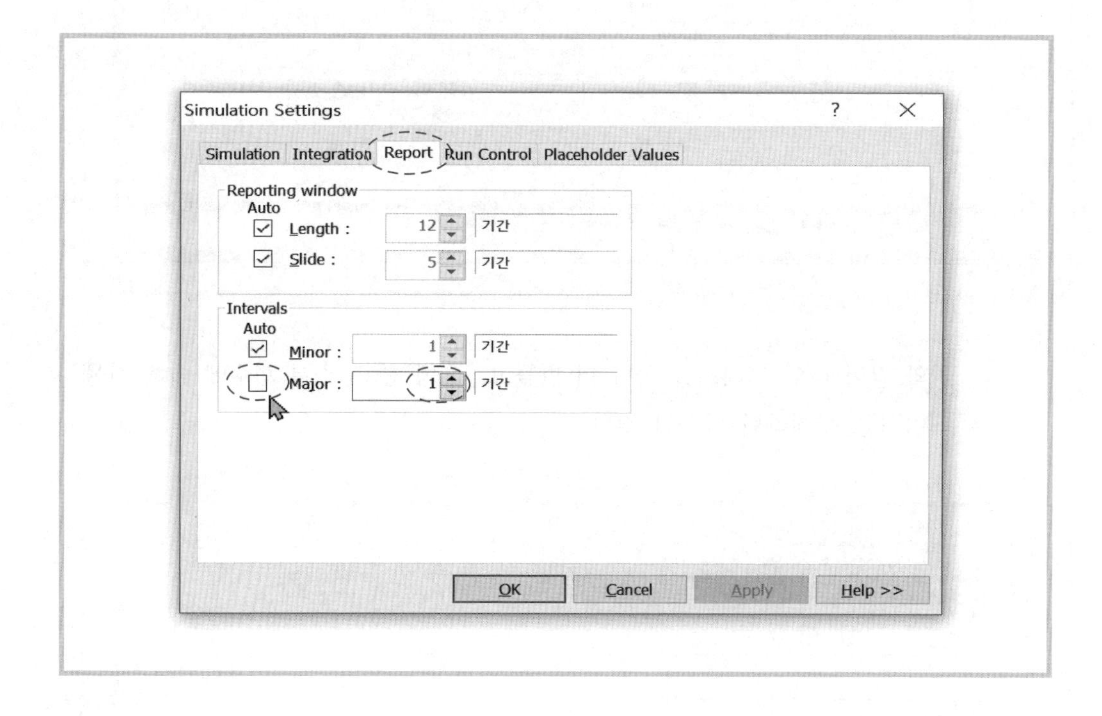

• 타임 그래프 실행 결과

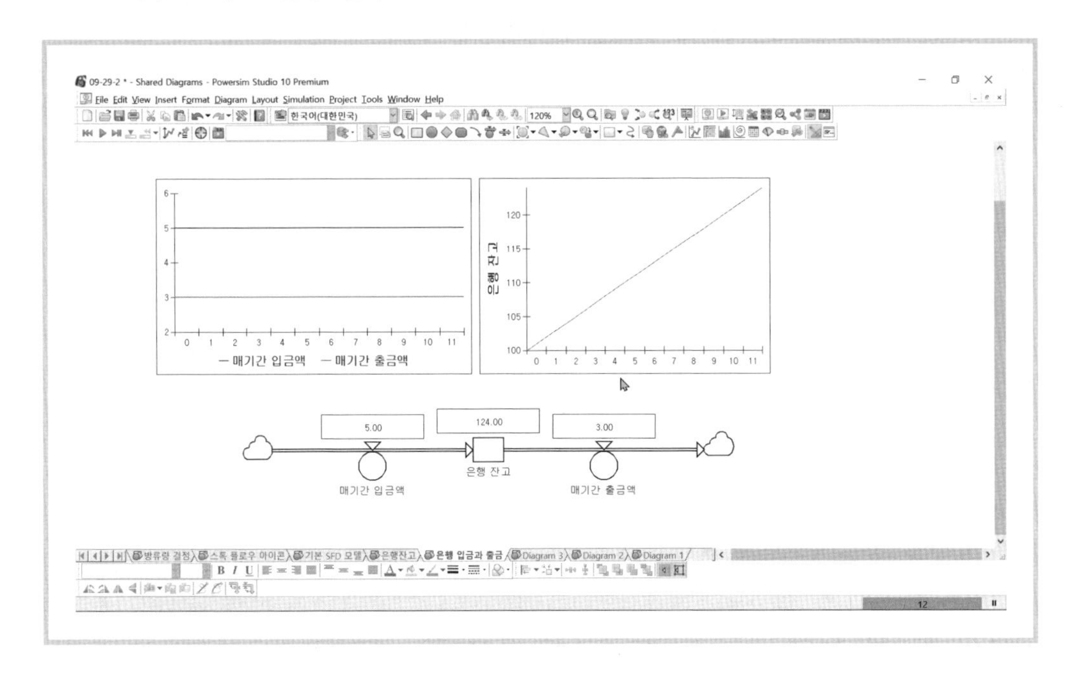

7.20.8 타임 테이블 시뮬레이션

• 리본 메뉴에 있는 타임 테이블 아이콘을 이용하여 시뮬레이션 결과를 다이어그램에 표시하면 다음과 같다.

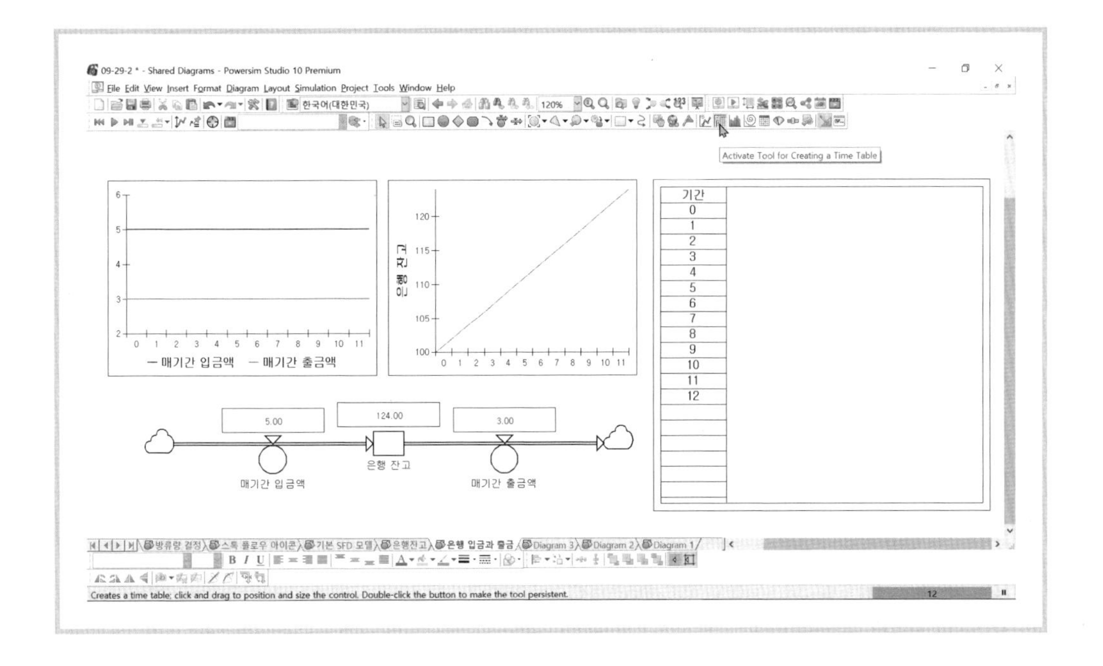

• 시뮬레이션을 원하는 변수를 타임 테이블(Time Table)에 하나씩 끌어서 놓으면 (Drag and Drop) 그 시뮬레이션 결과는 다음과 같다.

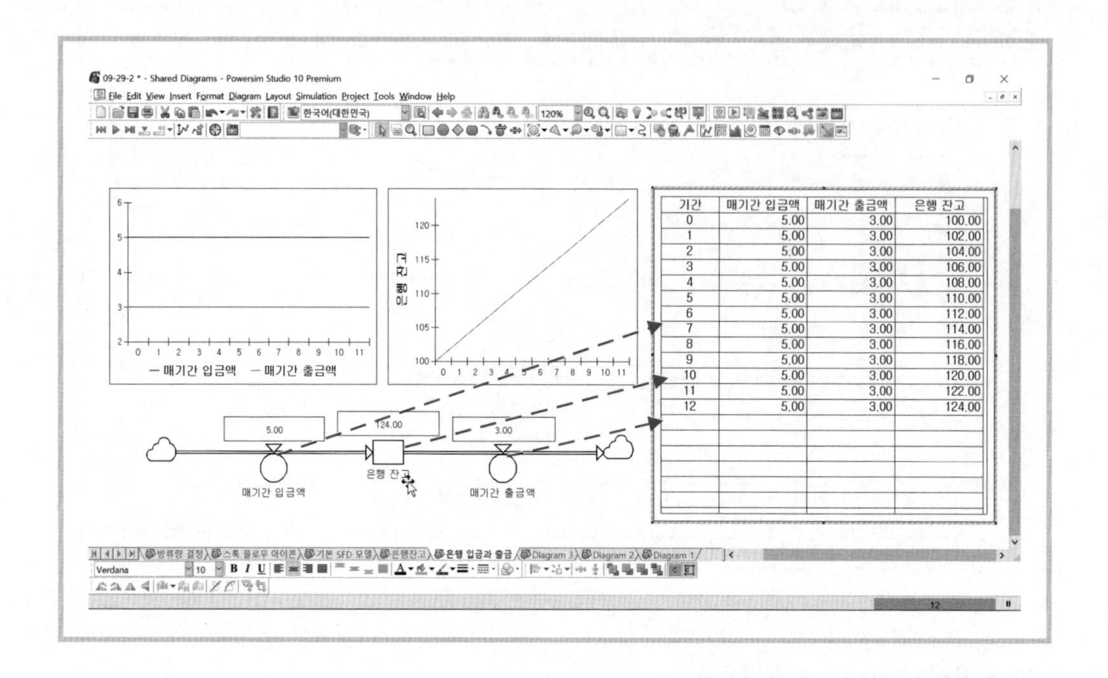

기간	매기간 입금액	매기간 출금액	은행 잔고
0	5.00	3.00	100.00
1	5.00	3.00	102.00
2	5.00	3.00	104.00
3	5.00	3.00	106.00
4	5.00	3.00	108.00
5	5.00	3.00	110.00
6	5.00	3.00	112.00
7	5.00	3.00	114.00
8	5.00	3.00	116.00
9	5.00	3.00	118.00
10	5.00	3.00	120.00
11	5.00	3.00	122.00
12	5.00	3.00	124.00

참고로 위의 시뮬레이션은 매 기간 초(first)에 시뮬레이션 값이 갱신되도록 설정되어 있다.

매 기간 출금액 변경

예제에서 매기간 출금액은 3으로 되어 있다. 만약 출금액이 매 기간마다 1씩 증가한다면 시뮬레이션 결과는 어떻게 될까?

- 매 기간 출금액을 클릭하여 변수 정의 창에서 아래와 같이 변수 정의를 수정한다.

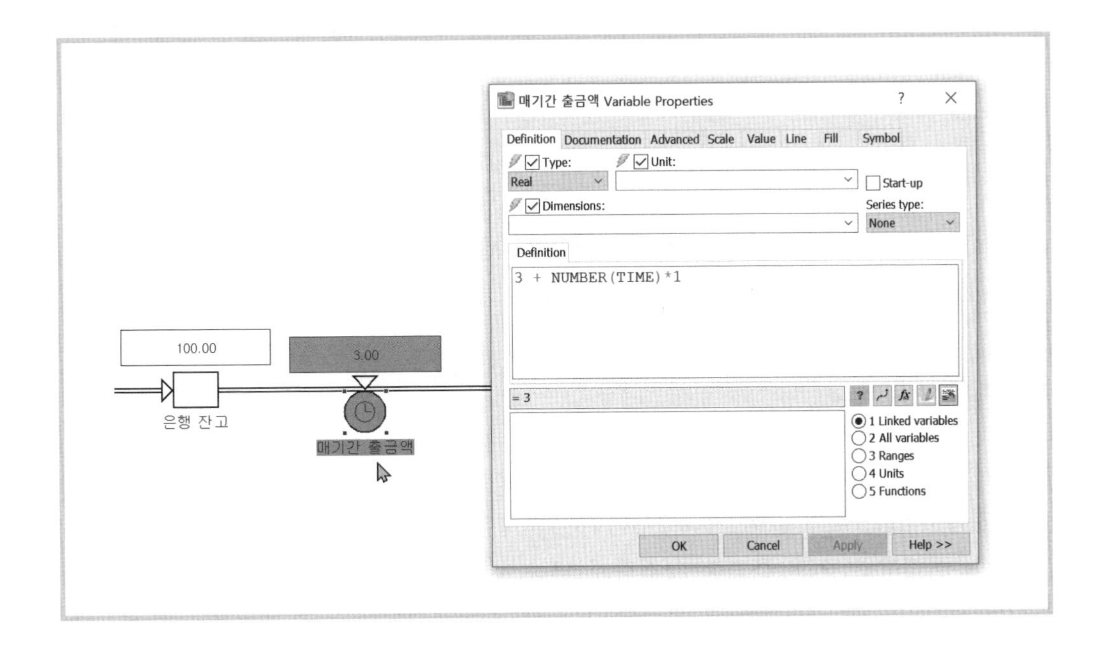

- 여기서 NUMBER(TIME)의 의미는 시간을 수치화하여 변수 정의에 활용한다는 의미이다. 즉 시간은 0부터 12까지 변하는 것으로 정의되어 있다. 그러므로 시작 시점은 NUMBER(0)이 되어 그 값은 0이 된다. 따라서 시작 시점의 '매 기간 출금액' 변수 값은 3 + NUMBER(0)*1 으로 출금액은 3 이 된다.
- 그리고 그 다음 시점인 TIME이 1되는 시점은 3 + NUMBER(1)*1로 출금액은 4의 값을 갖는다.

이를 시뮬레이션하면 매 기간 출금액의 결과는 다음과 같다.

시뮬레이션 실행은 리본 메뉴에서 '시뮬레이션 Play' ▶ 버튼을 누르면 아래와 같다.

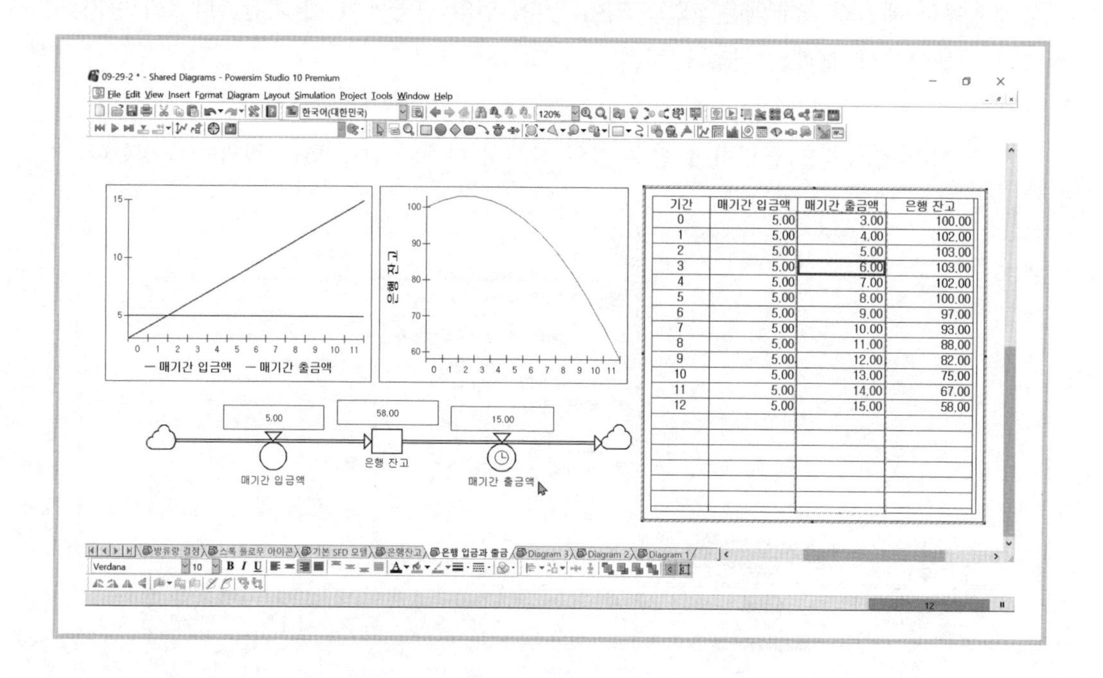

기간	매기간 입금액	매기간 출금액	은행 잔고
0	5.00	3.00	100.00
1	5.00	4.00	102.00
2	5.00	5.00	103.00
3	5.00	6.00	103.00
4	5.00	7.00	102.00
5	5.00	8.00	100.00
6	5.00	9.00	97.00
7	5.00	10.00	93.00
8	5.00	11.00	88.00
9	5.00	12.00	82.00
10	5.00	13.00	75.00
11	5.00	14.00	67.00
12	5.00	15.00	58.00

- 위에서 보는 바와 같이 기간 3부터 입금액보다 출금액이 많아지는 것을 알 수 있다. 이때부터 은행 잔고는 감소하게 된다.

7.21 달력 의존형 스톡 플로우 모델링

(1) 프로젝트 환경설정(Project setting)은 달력 의존(Calendar-dependent)으로 설정

시간 의존형(Time Dependent) 스톡 플로우 시뮬레이션 환경설정은 다음과 같다.

- 파워심 메뉴에서 Project > Project Settings

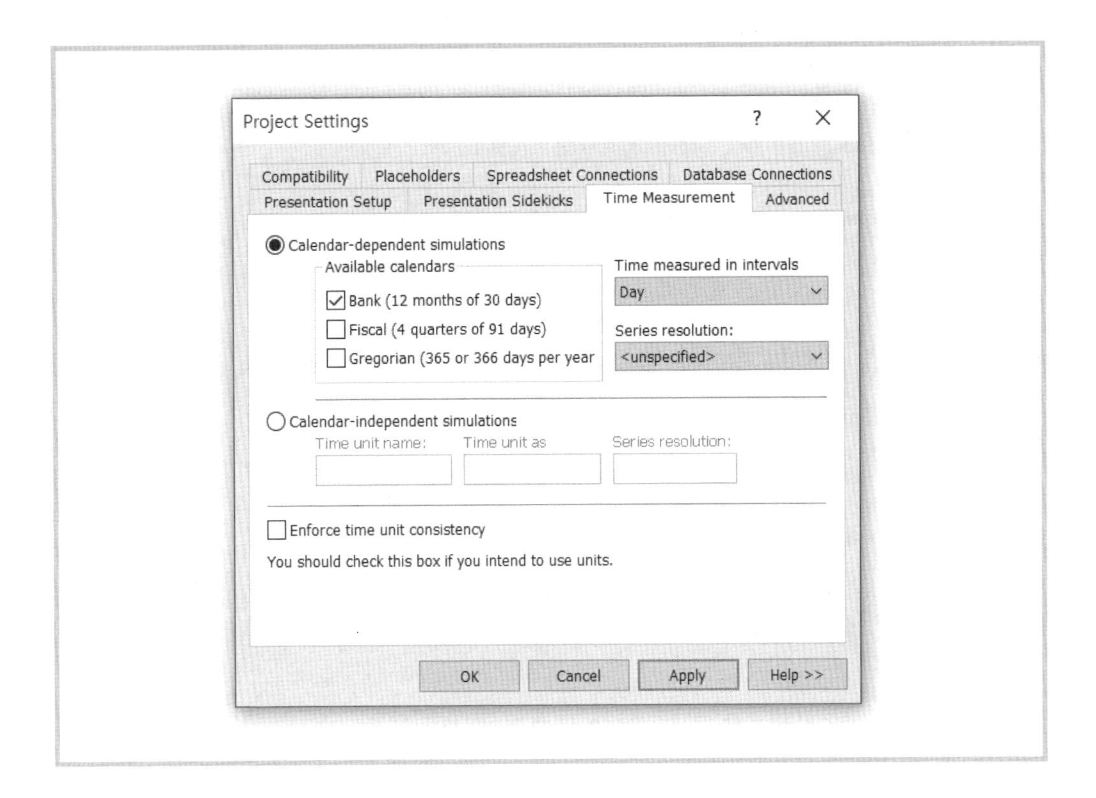

(2) 시뮬레이션 환경설정은 다음과 같이 설정한다.

• 파워심 메뉴에서 Simulation > Simulation settings

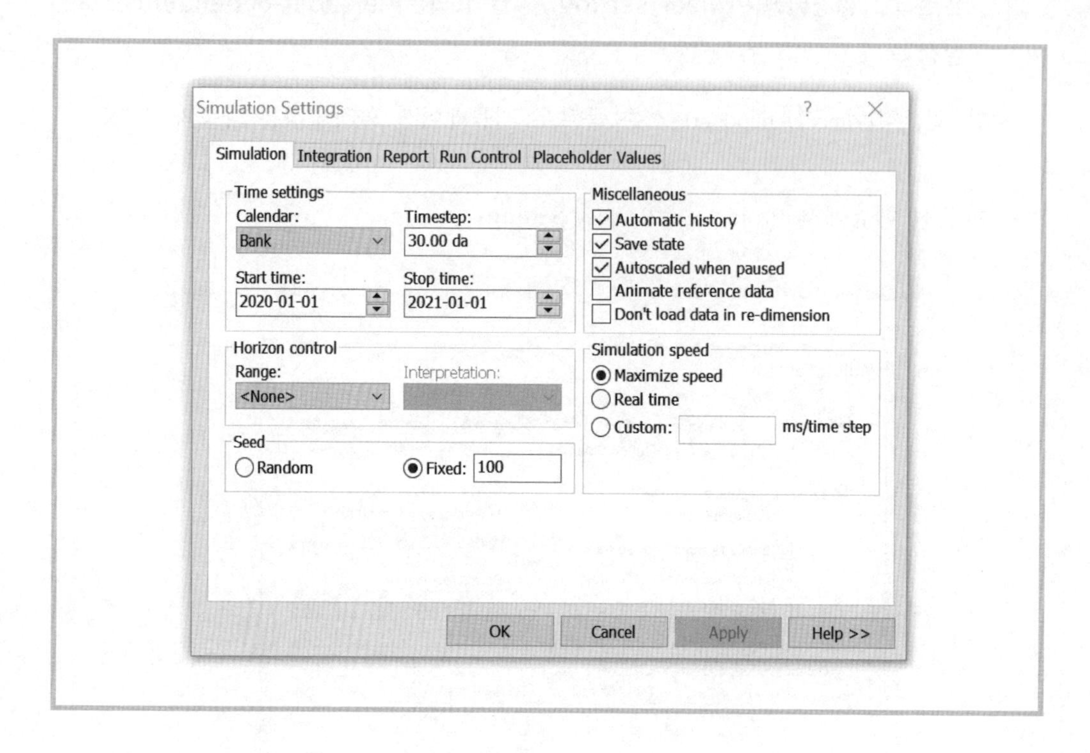

(3) 스톡변수(레벨변수, 저량변수) 만들기

• 다음은 앞서 설명한 것과 같은 변수 생성, 변수 이름 부여하는 과정이다.

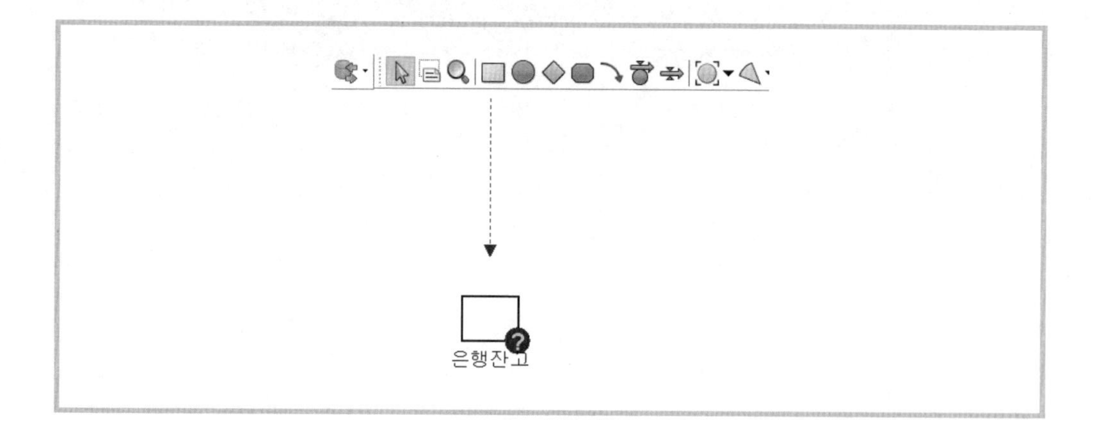

(4) 스톡변수(레벨변수, 저량변수) 정의하기

• 변수 정의를 위하여, 해당 변수를 두 번 클릭, 즉 더블클릭하면 변수 정의 창이 아래와 같이 열리고, 변수 정의 창에 1,000을 입력한다.

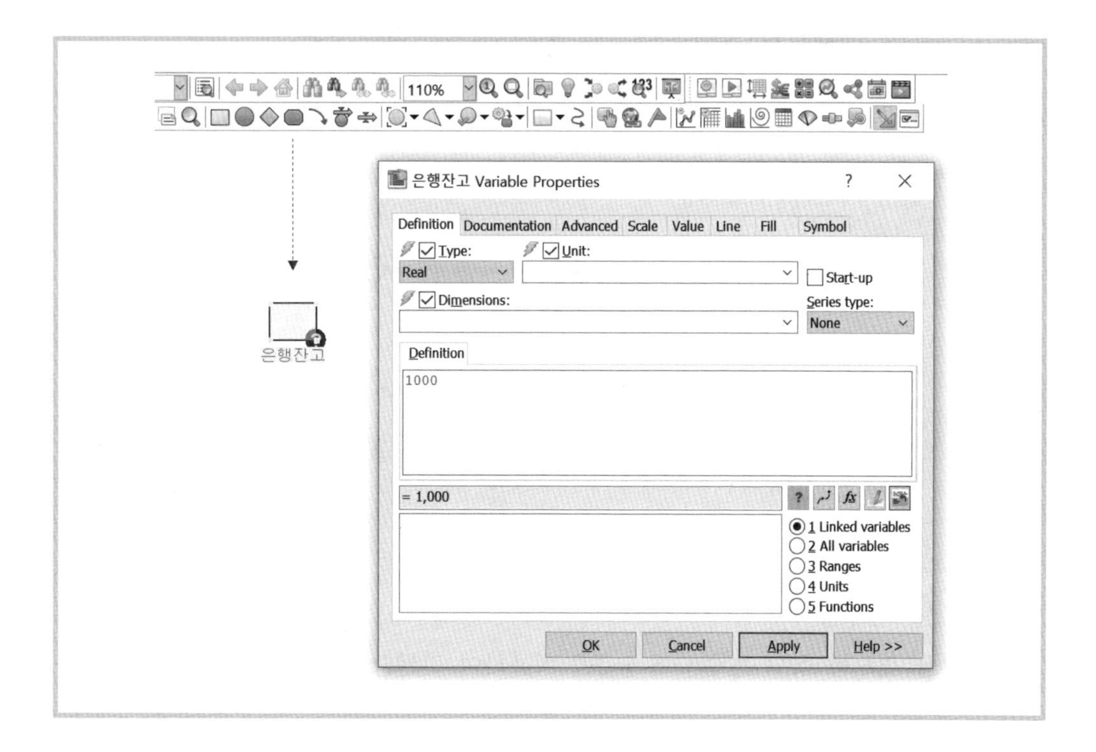

(5) 플로우 변수(Rate 변수, 유량변수) 만들기

• 플로우 변수를 클릭하고, 잔고증가 변수를 만든다.

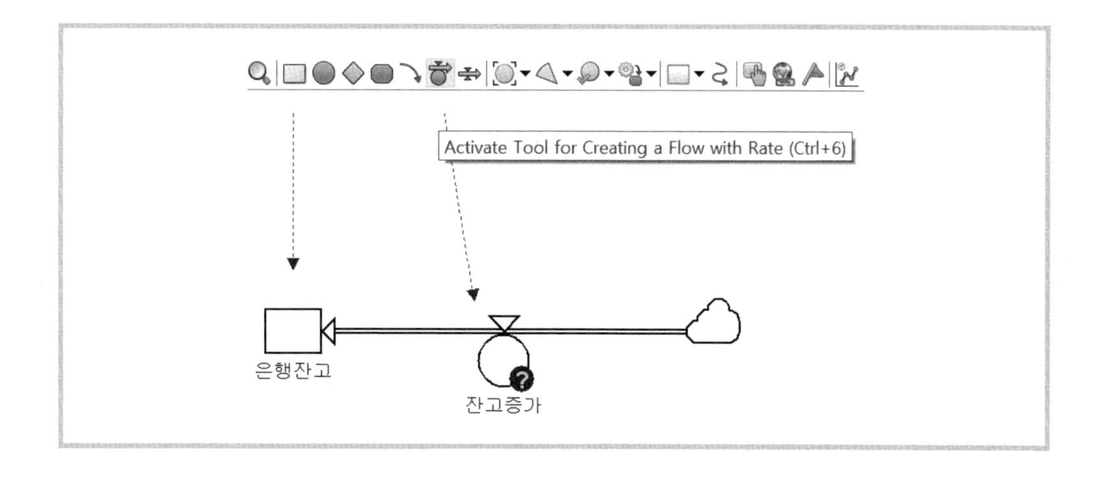

(6) 보조 변수 만들기

- 보조 변수(Auxiliary)를 이용하여 발생이자 변수를 만든다.

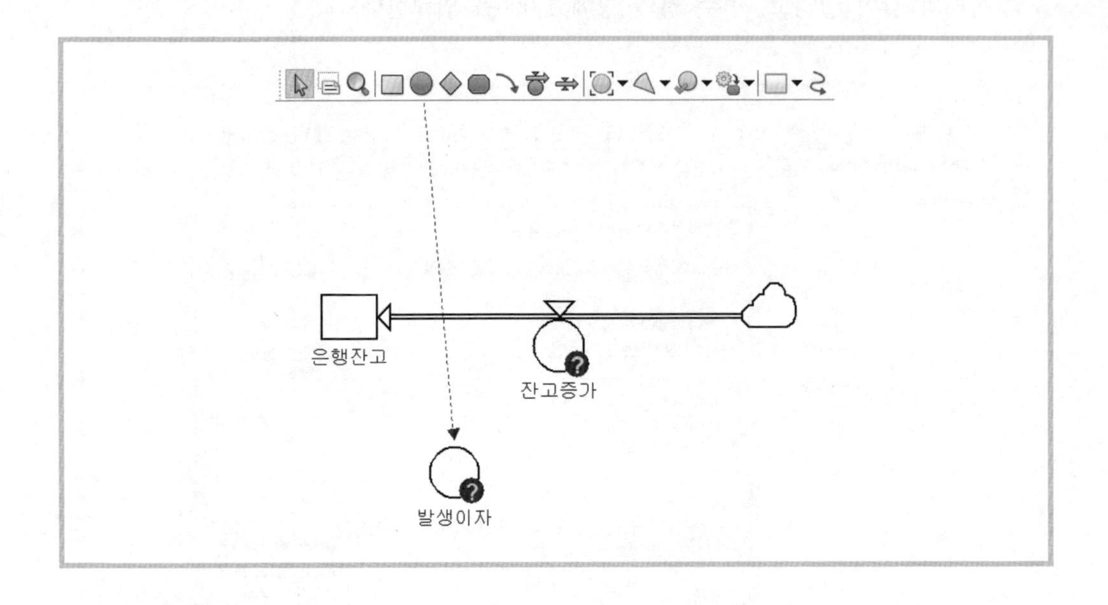

(7) 상수 변수 만들기

- 이자율 변수를 상수 변수(Constant)를 이용하여 만든다.

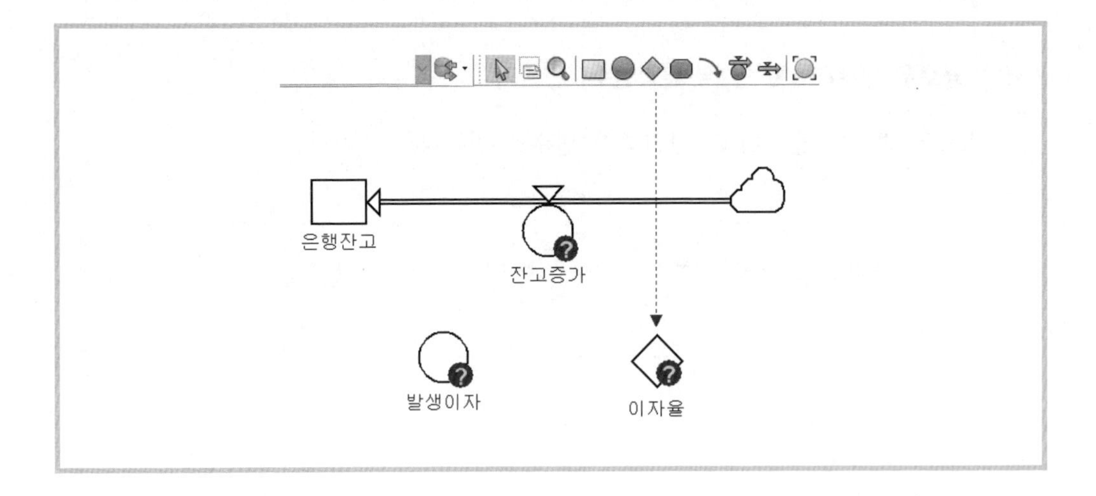

(8) 링크 선으로 연결하기

• 링크 아이콘을 이용하여 변수들을 논리에 따라 수식화를 위하여 서로 연결한다.

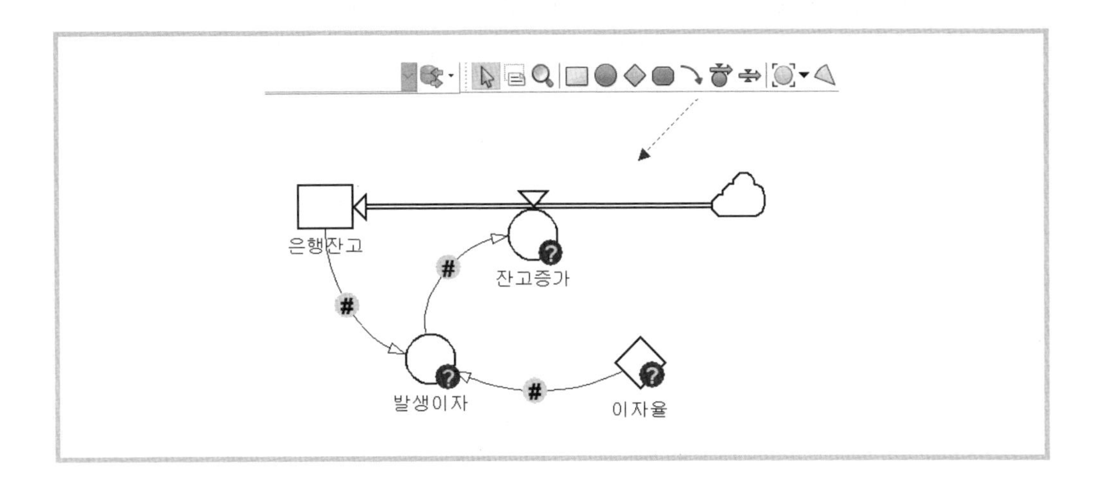

(9) 상수 변수(Constant) 정의하기

• 이자율 변수를 더블 클릭하여, 아래와 같이 3 <<%/yr>>로 연간 3% 이자율을 정의한다.

• 참고로 yr은 year를 나타낸다.

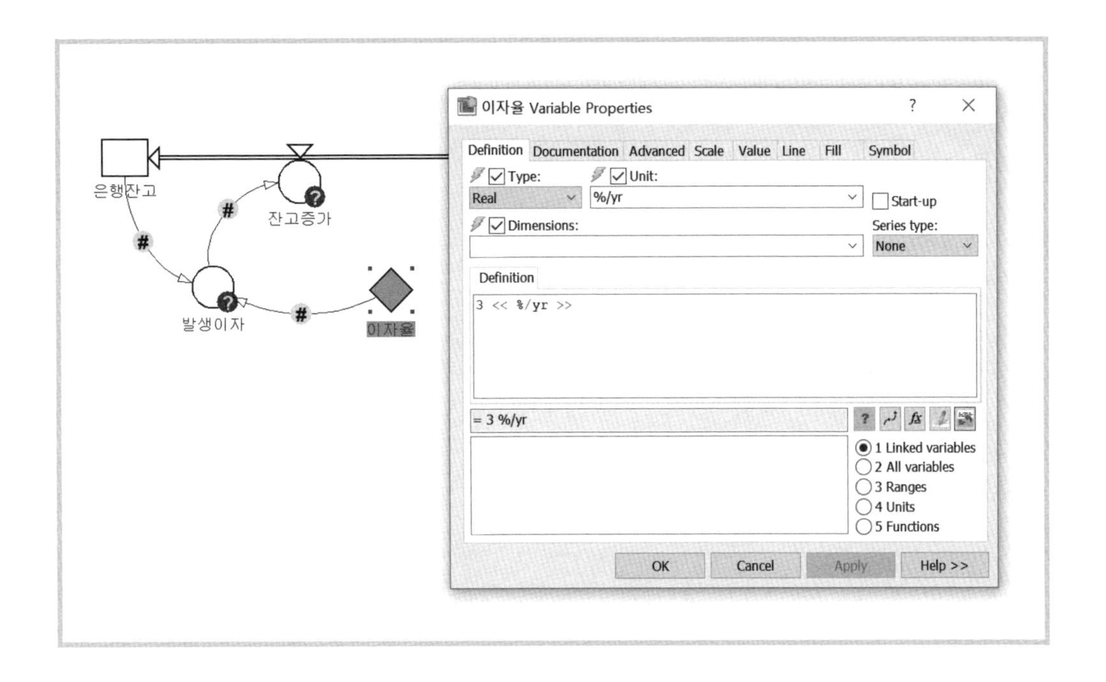

(10) 보조 변수, 발생이자 정의하기

- 발생이자 변수를 더블 클릭하고 화면 아래에 있는 변수 후보 리스트에서 은행잔고와 이자율 변수를 더블 클릭하여 변수정의 창으로 옮긴다.
- 변수정의 창에서 은행잔고 변수와 이자율 변수를 곱하면 아래와 같다.

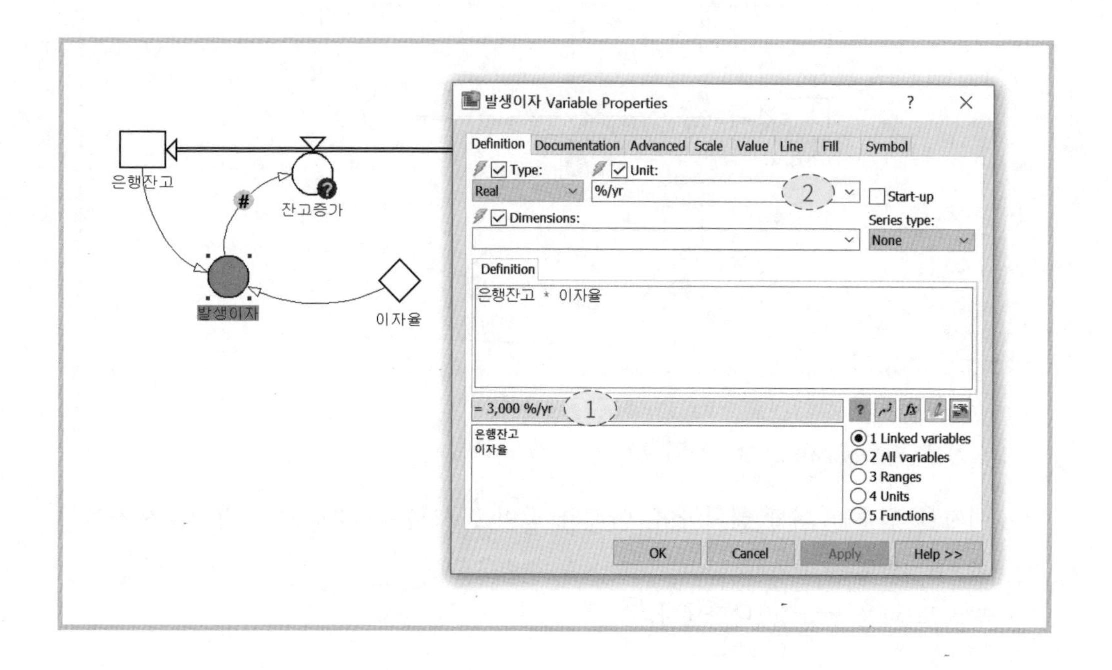

여기서 화면 중간 (1)에 = 3,000%/yr로 표시되는 것은 (2)의 단위 표시가 %/yr로 되어 있기 때문이다. 여기서 %/yr 단위 표시를 1/%로 고쳐서 분자를 숫자로 표시하도록 한다.

(11) 플로우 변수, 잔고증가 변수 정의

- 잔고증가 변수를 정의하는 화면이다. 여기서 잔고증가는 발생 이자를 그대로 가져오는 것으로 정의한다.

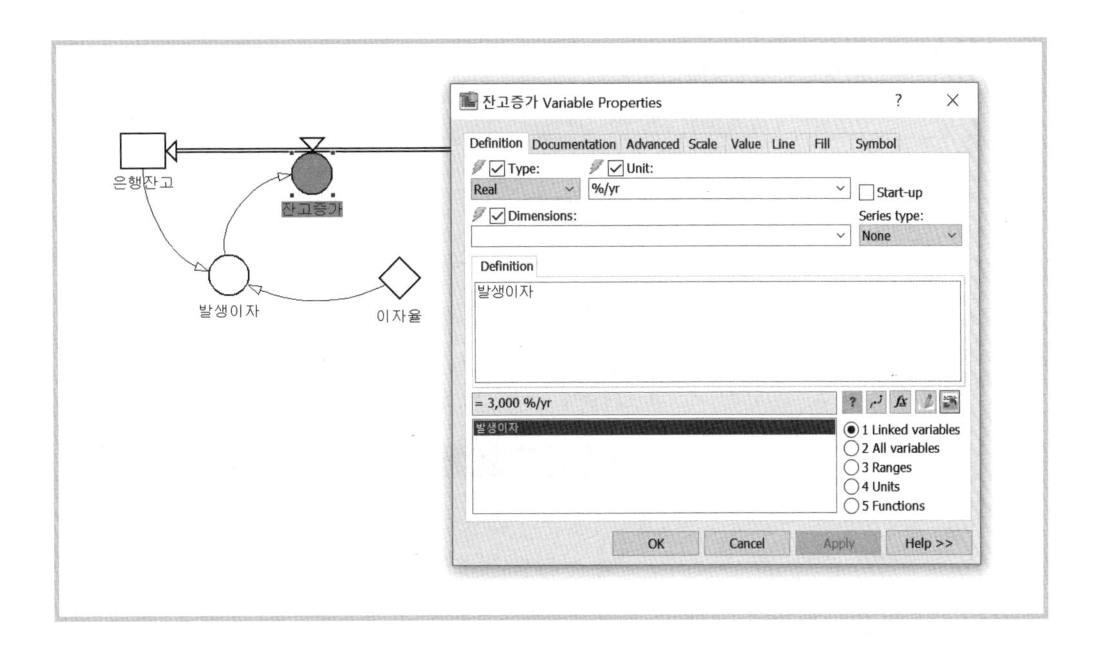

(12) 다음은 완성된 모델이다.

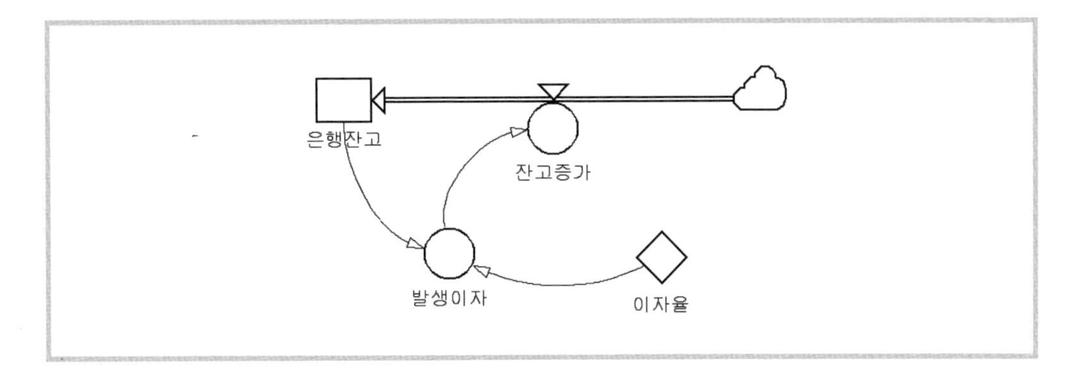

(13) 변수의 설정된 값 표시

- Show Auto Report 기능을 이용하여 각 변수의 설정된 값을 표시하면 다음과 같다.
- 변수 값을 표시하기를 원하는 변수에 마우스 커서를 올리고, 마우스 오른쪽을 클릭하고 다음과 같이 Show Auto Report 항목을 선택한다.
- 그러면 아래와 같이 잔고증가 변수 위에 30.00 1/yr라는 임시 변수 값이 표시된다.

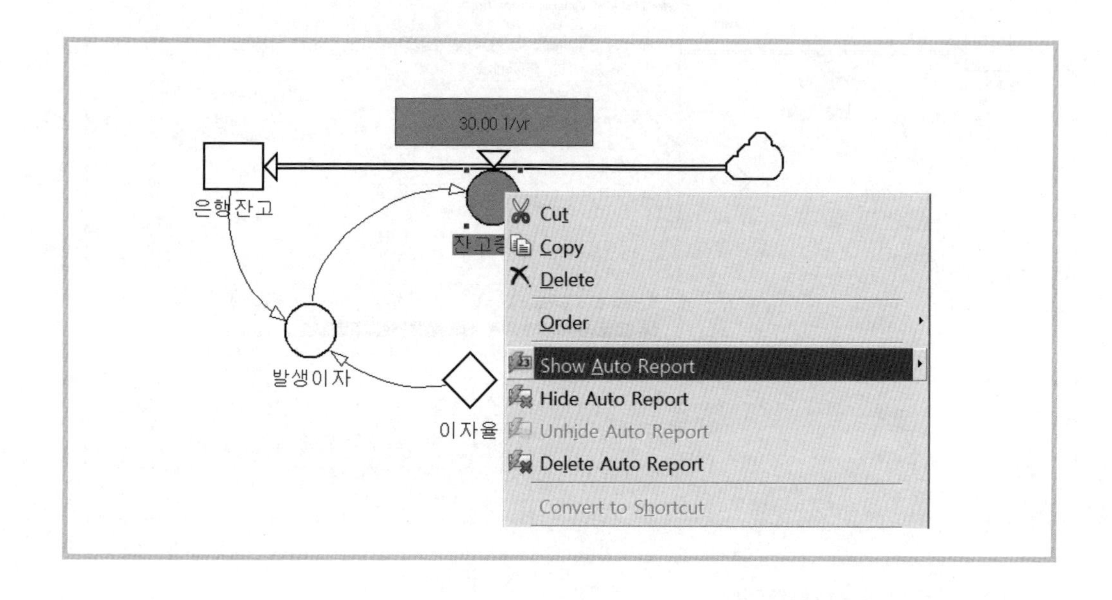

제8장

비선형 관계와 시차효과 모델링

8.1 비선형 관계 모델링(Non-linear Relationship modeling)

변수 간의 비선형 관계에 대하여 설명해주세요.

(1) 물의 온도와 겨울에 얼음 그리고 물고기

영하의 겨울이나 더운 여름날에도 강물에 사는 물고기는 적정 온도에서 잘 살아간다. 그 이유는 그림 1과 같이 물은 4℃를 기준으로 온도가 낮아지면 물의 밀도가 낮아져, 즉 얼음으로 변하면 무게가 가벼워져 물 위로 뜨게 된다.

마찬가지로 물이 햇빛으로 4℃ 위로 올라가면 더워진 물은 물의 밀도가 낮아져 수면으로 위로 향해 올라가게 된다. 따라서 물속에 있는 물고기는 항상 4℃의 수온을 유지하면서 상쾌하게 지낼 수 있게 된다. 이것은 물의 신비라고 할 수 있다.

(2) 비선형 관계 표현을 위한 그래프 함수(GRAPH function)

이를 수학적으로 모델링하기 위해서는 아래 그래프를 수식으로 표현하여야 하는데 이는 결코 쉬운 일이 아니다. 시스템 다이내믹스에서는 비선형(Non-linearity) 관계를 그래프(GRAPH) 함수를 이용하여 모델링하게 된다.

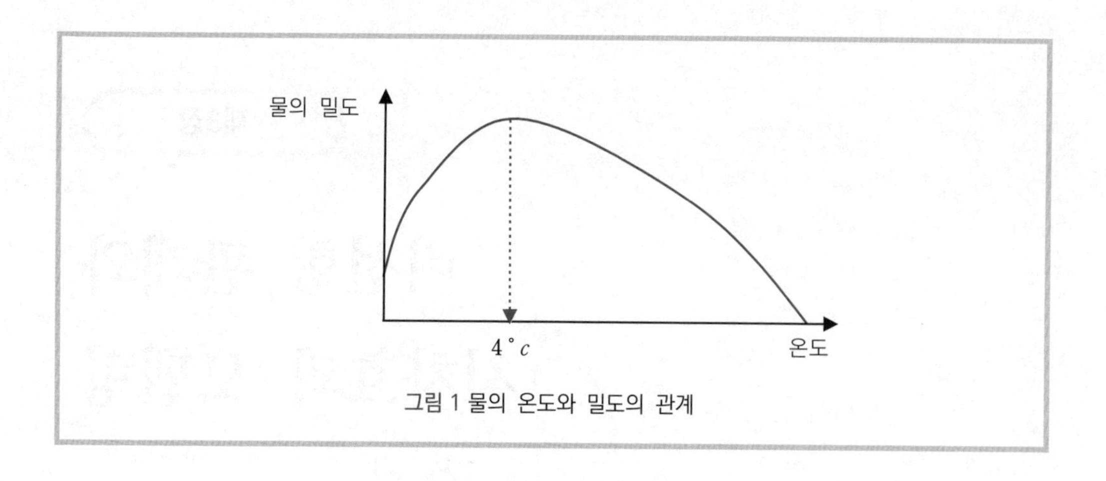

그림 1 물의 온도와 밀도의 관계

단계 1.

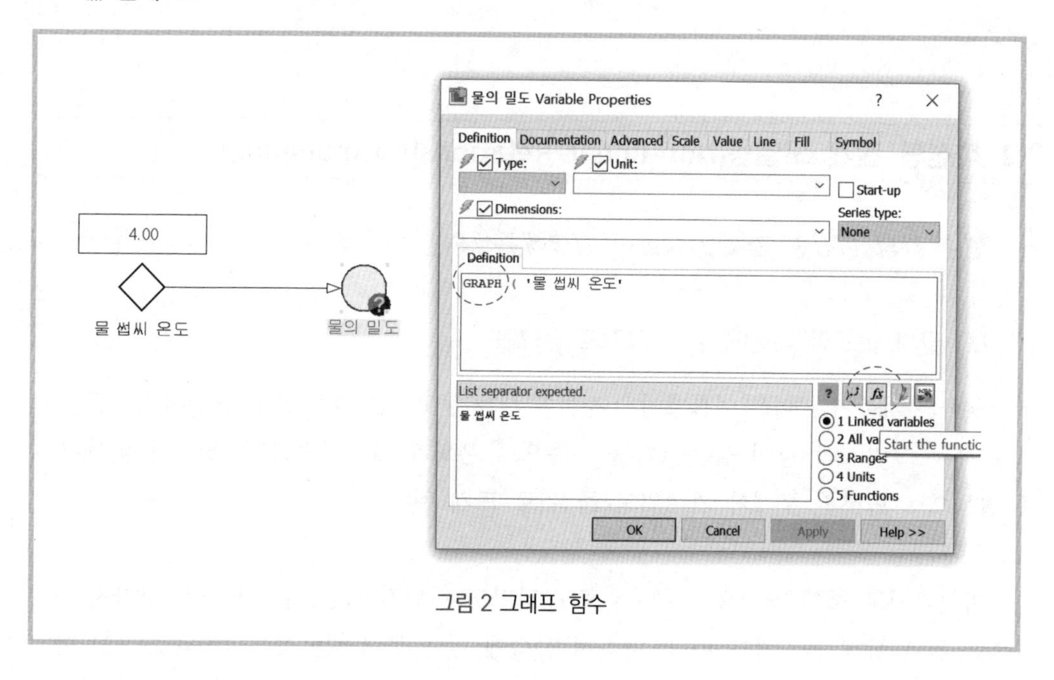

그림 2 그래프 함수

물의 밀도 변수에 정의 화면을 열고, GRAPH을 입력하고, 물의 썹씨 온도를 클릭하여 위와 같이 만들다. 그리고 마우스 커서를 GRAPH에 두고, 오른쪽 가운데에 있는 fx를 누른다.

단계 2.

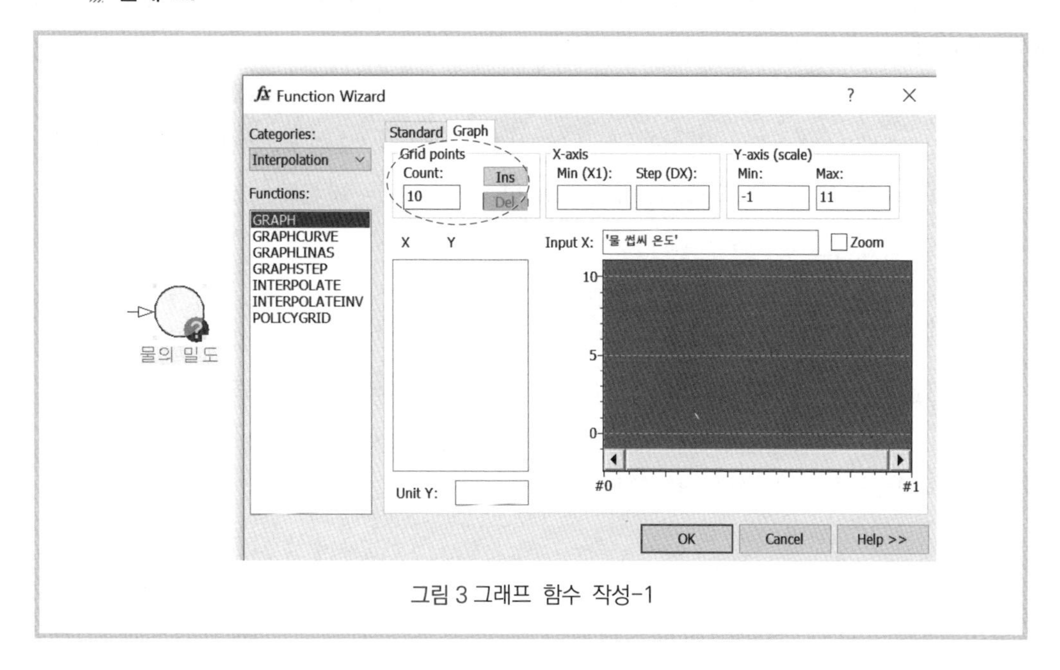

그림 3 그래프 함수 작성-1

X축을 10개의 구간으로 나누기 위하여 Count에 10을 입력하고, Insert를 누른다. 그리고 예를 들어 수온 4℃에서 물의 밀도는 1g/ml이다. 예를 들어 다음과 같다고 하자.

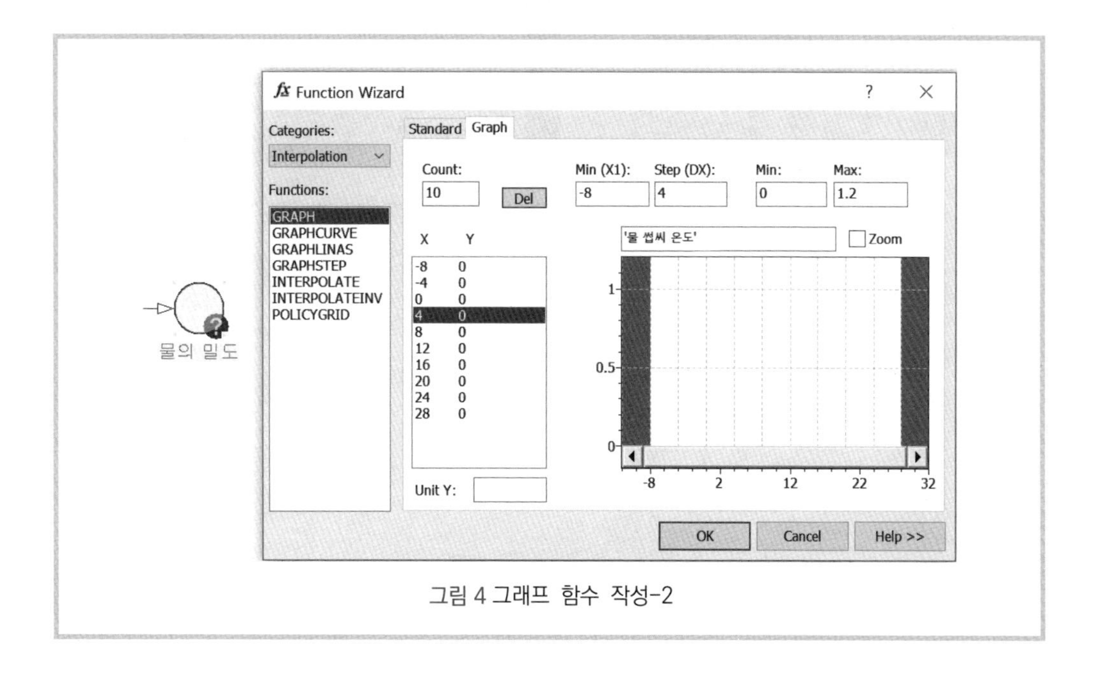

그림 4 그래프 함수 작성-2

위의 그림에서 X축은 최솟값이 −8℃이고 4℃씩 증가하여 10칸을 더 나아가 최댓값이 +32℃가 된다고 하자. 그리고 Y 축은 물의 밀도로서 0g/ml부터 1g/ml까지 분포한다고 하자.

여기서 그래프 함수를 사용하는 이유는 직접 곡선을 그으면서 수식을 만들 수 있다는 것이다. 일정의 전환함수(Transformation) 함수를 만드는 것이다. 그 방법은 아래와 같다.

▒ 단계 3.

우선 물의 온도 4℃에 1g/ml의 1을 입력한다. 그러면 오른쪽 그래프에 아래와 같이 나타난다. 여기서 뾰족한 점을 마우스로 선택하면 조그만 사각형이 나타나는데 이를 드래그하면 원하는 곡선의 그래프를 그릴 수 있다.

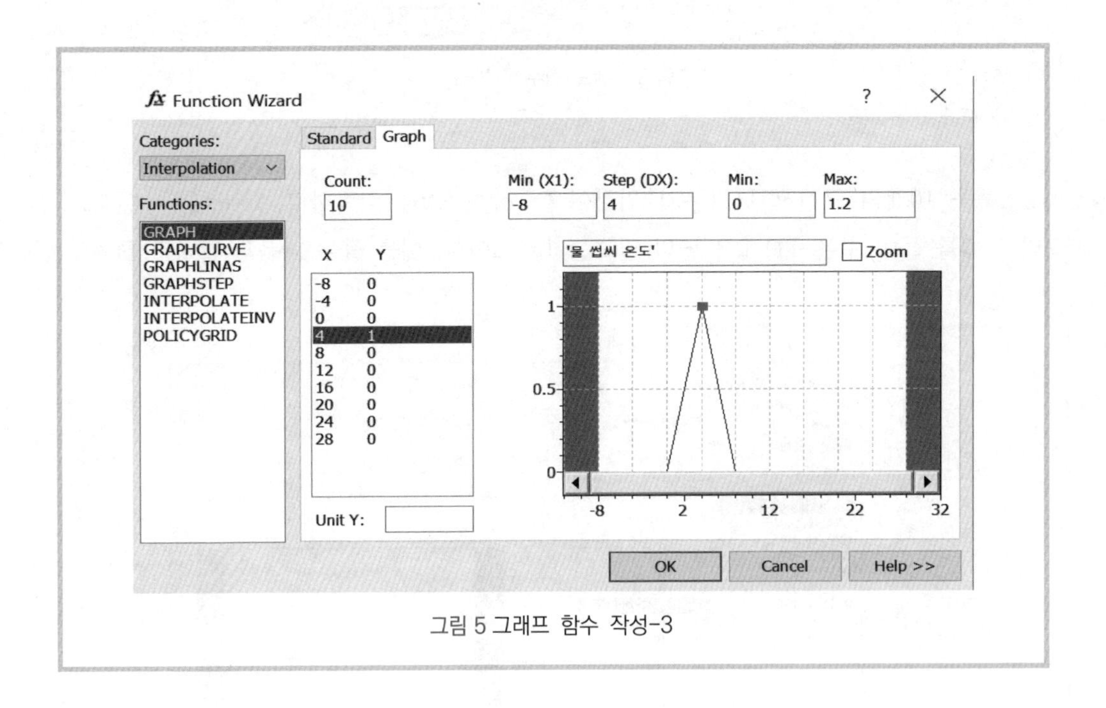

그림 5 그래프 함수 작성-3

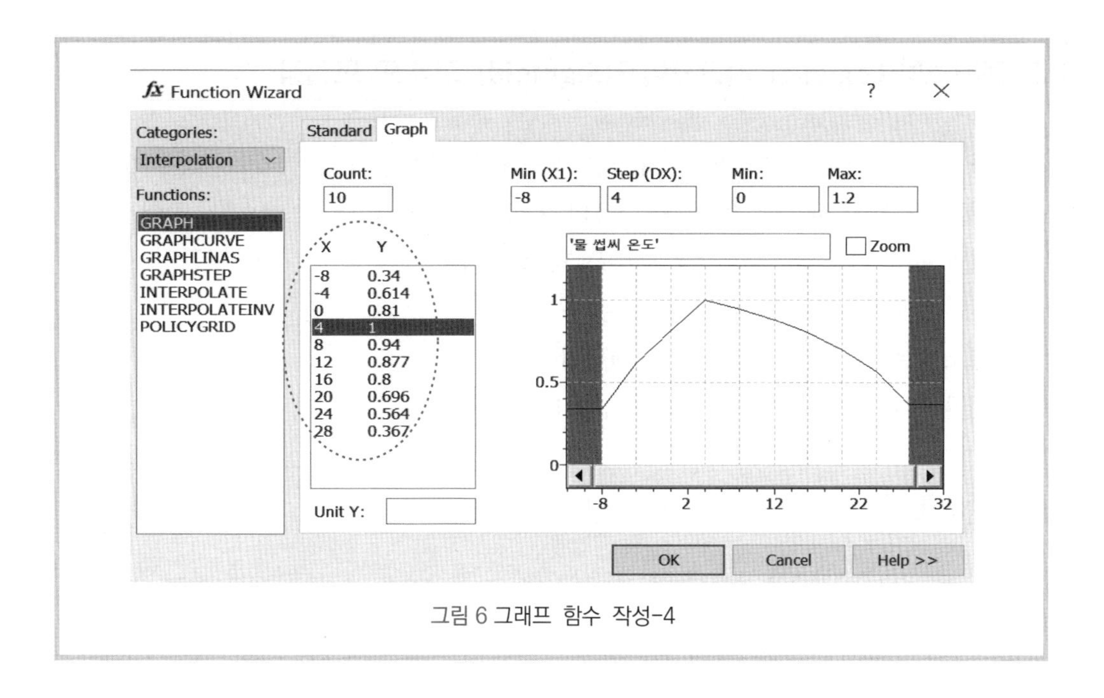

그림 6 그래프 함수 작성-4

그래프 함수(Graph function)의 의미는 특별한 함수 수식을 정하지 않고도, X축의 값을 Y축의 값으로 곡선 그래프를 이용하여 전환 할 수 있다는 것이다.

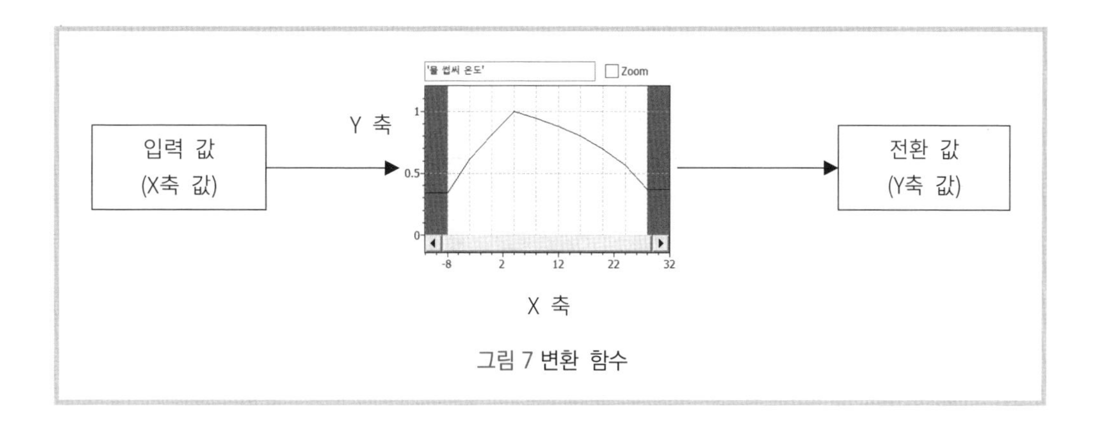

그림 7 변환 함수

전환 결과 예시

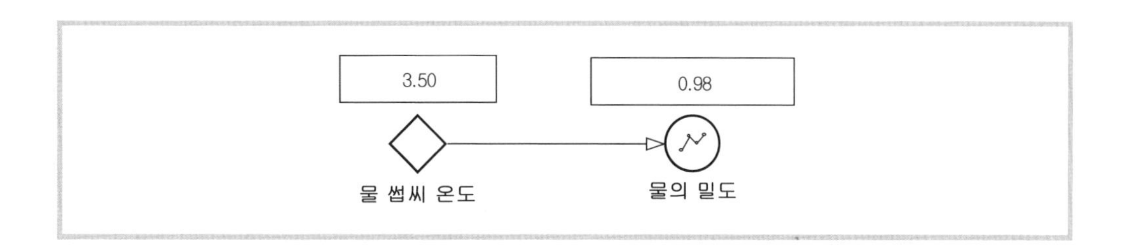

8.2 로지스틱(Logistic) 시그모이드(Sigmoid) 그래프 모델링

비선형(Non-linear) 그래프는 대부분 S-커브를 활용하면 그래프 함수(Graph function)를 대신하여 사용할 수 있다. 다음의 여러 가지 패턴의 S-커브이다. 주어진 예제는 X축에 따라 증가하는 Y 값의 패턴을 담고 있다.

- 프로젝트 설정: 달력 독립 시뮬레이션
- 시뮬레이션 설정: 기간 1~10, 시간 간격: 1

로지스틱 함수의 일반화(General Logistic Function)

$$f(x) = \frac{L}{1 + a^* e^{-K(X - X_0)}} \quad a=1 \text{ 일 때,}$$

만약 X 값의 증가에 따라 Y값, 즉 $f(x)$ 값이 감소하는 경우에는 Logistic_Curve 값의 역수를 취하면 된다.

(1) L=4, K=0.5, X_0=5

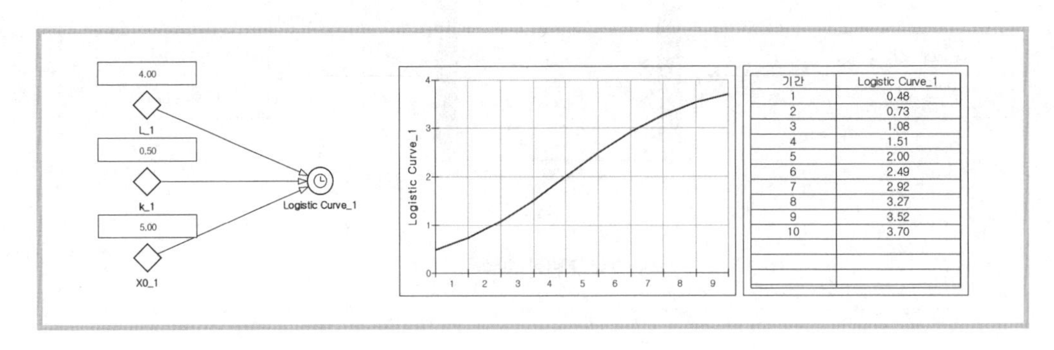

기간	Logistic Curve_1
1	0.48
2	0.73
3	1.08
4	1.51
5	2.00
6	2.49
7	2.92
8	3.27
9	3.52
10	3.70

(2) L=4, K=1.0, X_0=5

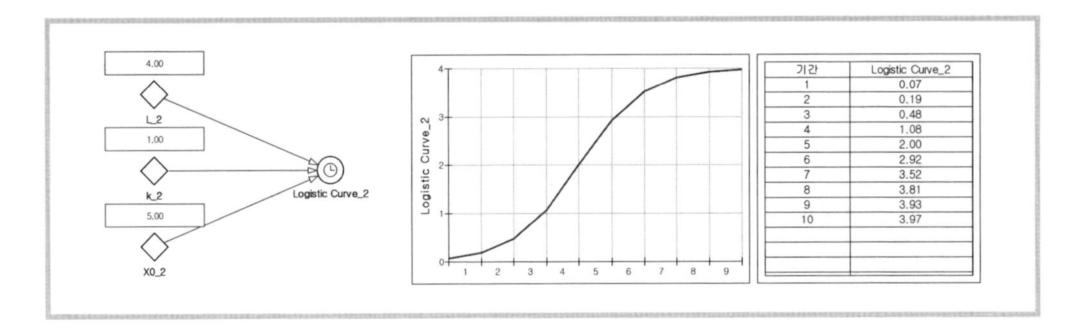

기간	Logistic Curve_2
1	0.07
2	0.19
3	0.48
4	1.08
5	2.00
6	2.92
7	3.52
8	3.81
9	3.93
10	3.97

(3) L=4, K=1.5, X_0=5

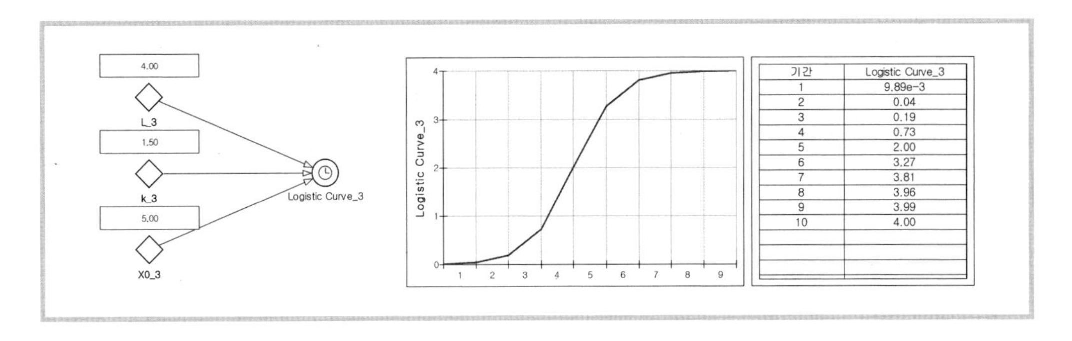

기간	Logistic Curve_3
1	9.89e-3
2	0.04
3	0.19
4	0.73
5	2.00
6	3.27
7	3.81
8	3.96
9	3.99
10	4.00

(4) L=4, K=2, X_0=5

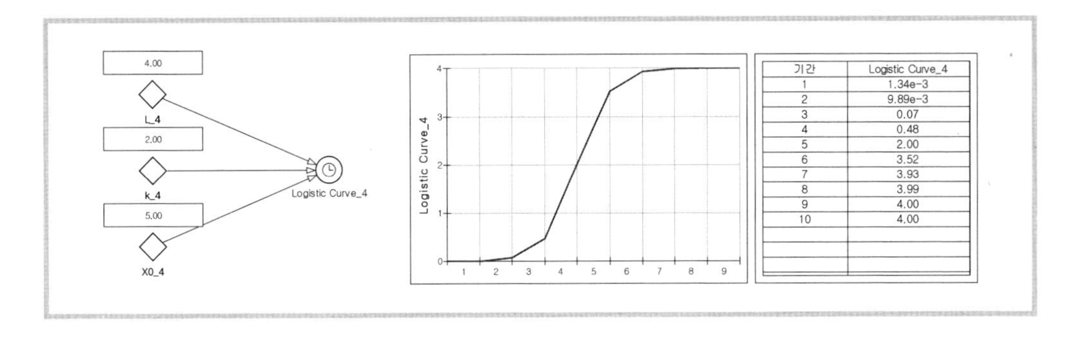

기간	Logistic Curve_4
1	1.34e-3
2	9.89e-3
3	0.07
4	0.48
5	2.00
6	3.52
7	3.93
8	3.99
9	4.00
10	4.00

(5) L=4, K={0.5, 1.0, 1.5, 2.0}, X_0=5

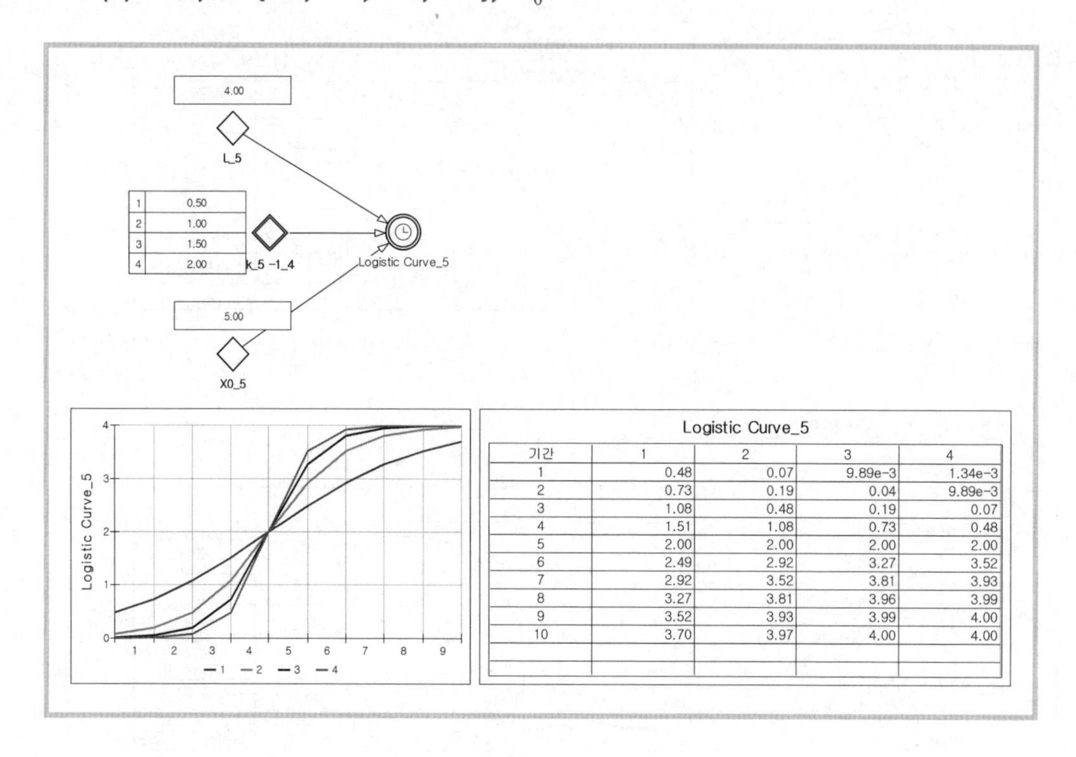

Logistic Curve_5

기간	1	2	3	4
1	0.48	0.07	9.89e-3	1.34e-3
2	0.73	0.19	0.04	9.89e-3
3	1.08	0.48	0.19	0.07
4	1.51	1.08	0.73	0.48
5	2.00	2.00	2.00	2.00
6	2.49	2.92	3.27	3.52
7	2.92	3.52	3.81	3.93
8	3.27	3.81	3.96	3.99
9	3.52	3.93	3.99	4.00
10	3.70	3.97	4.00	4.00

(6) L=4, K={0.5, 1.0, 1.5, 2.0}, X_0=3

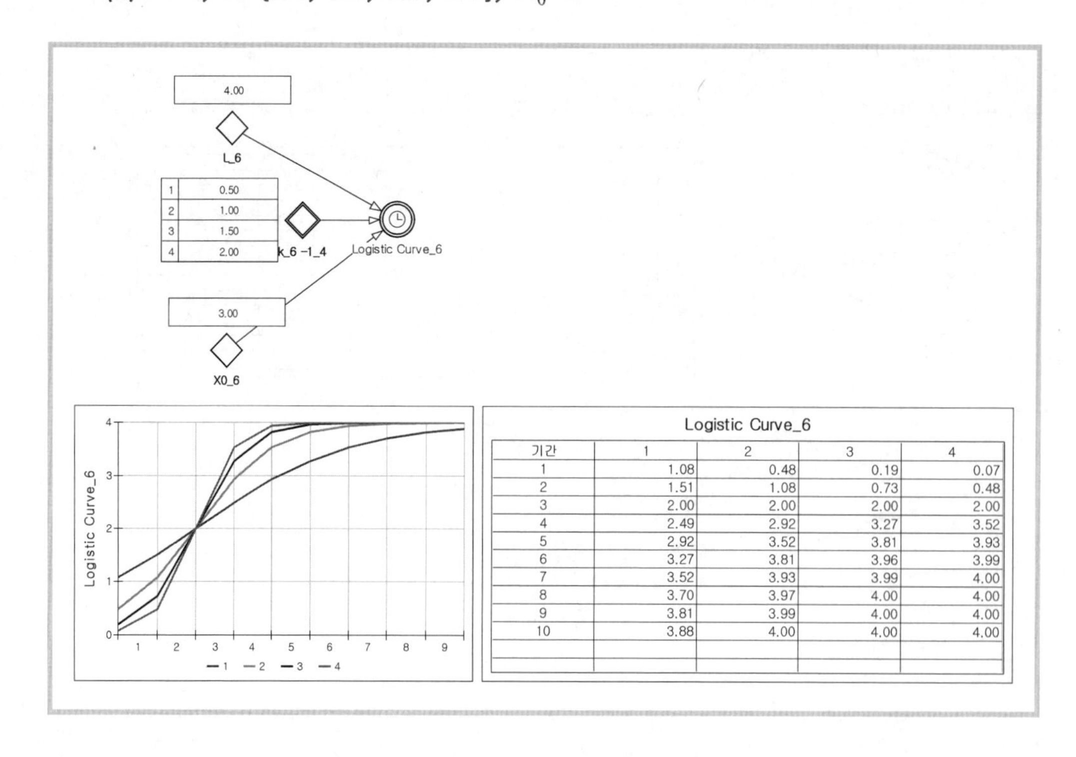

Logistic Curve_6

기간	1	2	3	4
1	1.08	0.48	0.19	0.07
2	1.51	1.08	0.73	0.48
3	2.00	2.00	2.00	2.00
4	2.49	2.92	3.27	3.52
5	2.92	3.52	3.81	3.93
6	3.27	3.81	3.96	3.99
7	3.52	3.93	3.99	4.00
8	3.70	3.97	4.00	4.00
9	3.81	3.99	4.00	4.00
10	3.88	4.00	4.00	4.00

(7) L=4, K={0.5, 1.0, 1.5, 2.0}, X_0=7

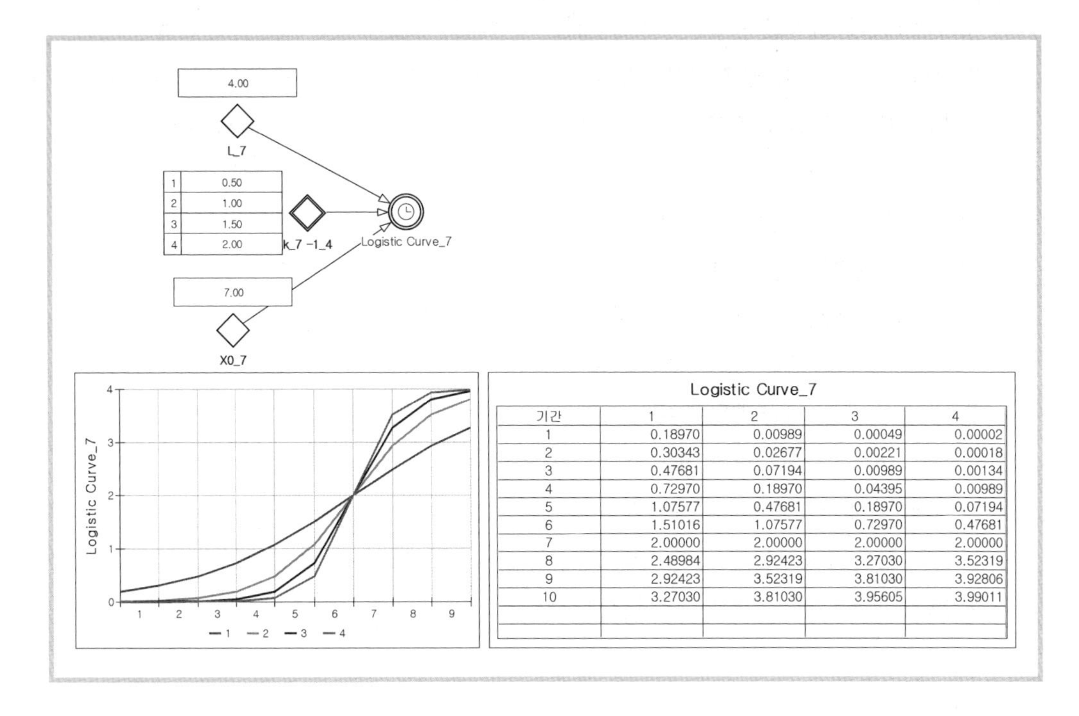

Logistic Curve_7

기간	1	2	3	4
1	0.18970	0.00989	0.00049	0.00002
2	0.30343	0.02677	0.00221	0.00018
3	0.47681	0.07194	0.00989	0.00134
4	0.72970	0.18970	0.04395	0.00989
5	1.07577	0.47681	0.18970	0.07194
6	1.51016	1.07577	0.72970	0.47681
7	2.00000	2.00000	2.00000	2.00000
8	2.48984	2.92423	3.27030	3.52319
9	2.92423	3.52319	3.81030	3.92806
10	3.27030	3.81030	3.95605	3.99011

(8) L=4, K={0.5, 1.0, 1.5, 2.0}, X_0=5, $a=1$

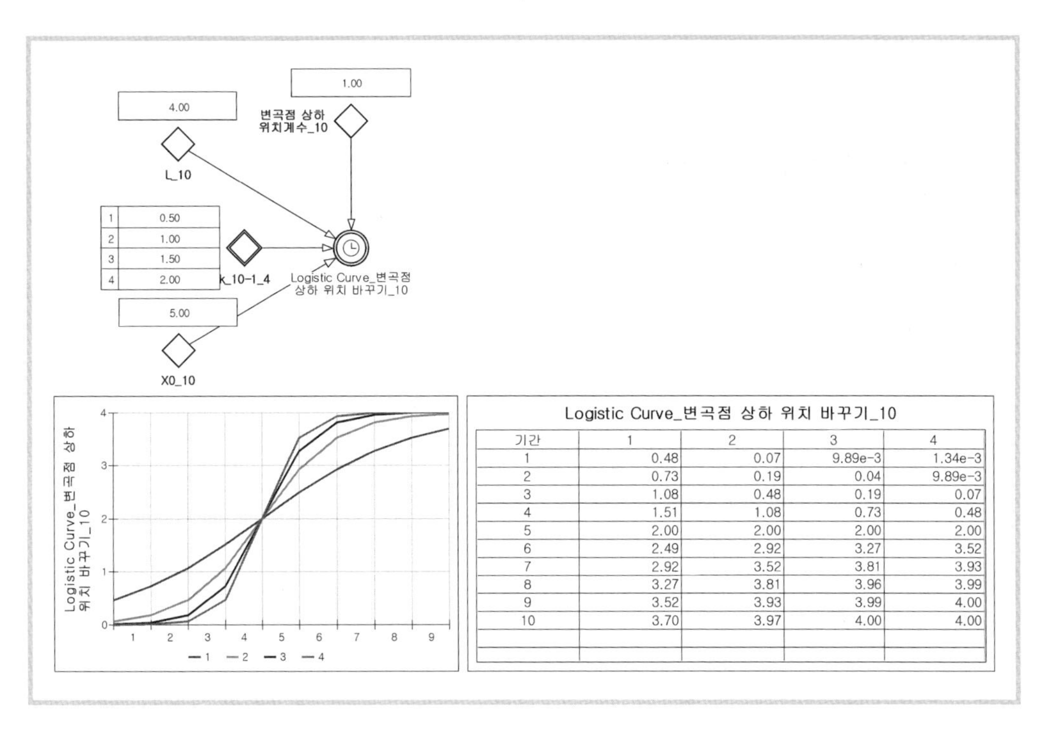

Logistic Curve_변곡점 상하 위치 바꾸기_10

기간	1	2	3	4
1	0.48	0.07	9.89e-3	1.34e-3
2	0.73	0.19	0.04	9.89e-3
3	1.08	0.48	0.19	0.07
4	1.51	1.08	0.73	0.48
5	2.00	2.00	2.00	2.00
6	2.49	2.92	3.27	3.52
7	2.92	3.52	3.81	3.93
8	3.27	3.81	3.96	3.99
9	3.52	3.93	3.99	4.00
10	3.70	3.97	4.00	4.00

(9) L=4, K={0.5, 1.0, 1.5, 2.0}, X_0=5, a=0.5

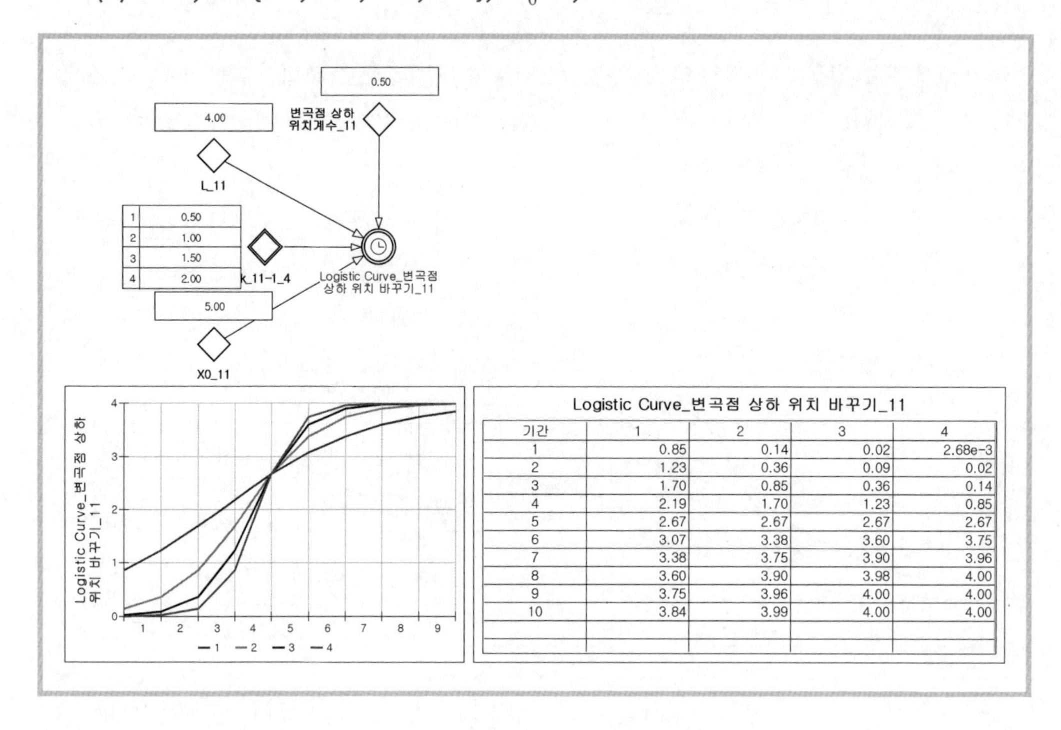

기간	1	2	3	4
1	0.85	0.14	0.02	2.68e-3
2	1.23	0.36	0.09	0.02
3	1.70	0.85	0.36	0.14
4	2.19	1.70	1.23	0.85
5	2.67	2.67	2.67	2.67
6	3.07	3.38	3.60	3.75
7	3.38	3.75	3.90	3.96
8	3.60	3.90	3.98	4.00
9	3.75	3.96	4.00	4.00
10	3.84	3.99	4.00	4.00

(10) L=4, K={0.5, 1.0, 1.5, 2.0}, X_0=5, a=2

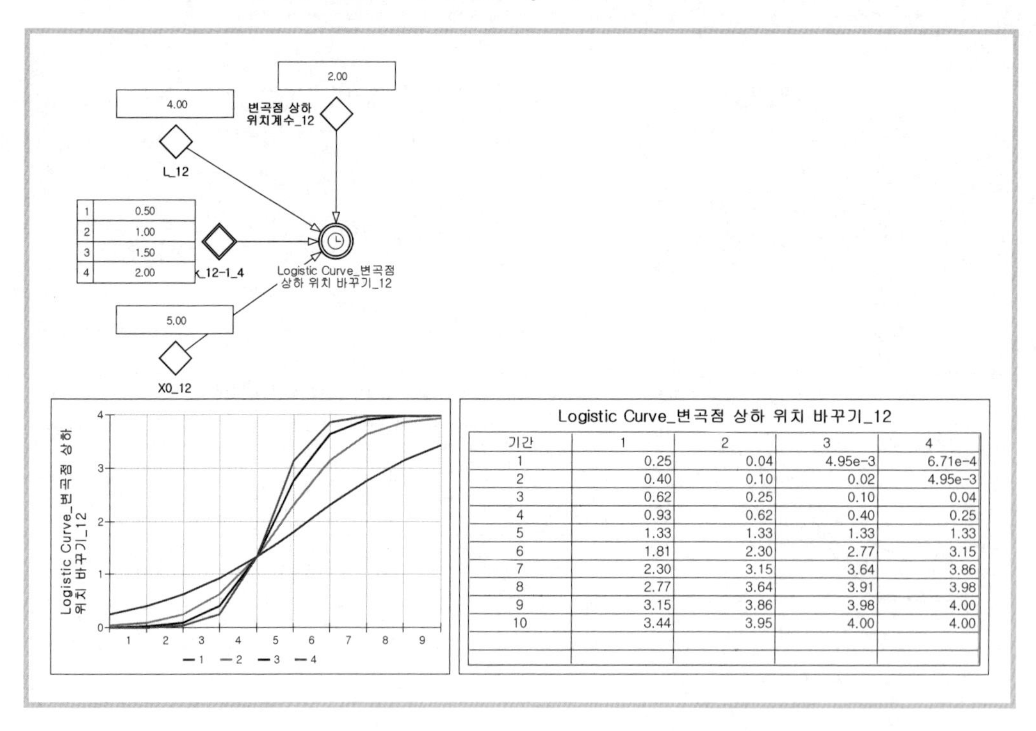

기간	1	2	3	4
1	0.25	0.04	4.95e-3	6.71e-4
2	0.40	0.10	0.02	4.95e-3
3	0.62	0.25	0.10	0.04
4	0.93	0.62	0.40	0.25
5	1.33	1.33	1.33	1.33
6	1.81	2.30	2.77	3.15
7	2.30	3.15	3.64	3.86
8	2.77	3.64	3.91	3.98
9	3.15	3.86	3.98	4.00
10	3.44	3.95	4.00	4.00

(11) S-커브 모델 수식 정의

Name	Definition
• k_1	0.5
• k_10-1_4	{0.5, 1, 1.5, 2}
• k_11-1_4	{0.5, 1, 1.5, 2}
• k_12-1_4	{0.5, 1, 1.5, 2}
• k_2	1
• k_3	1.5
• k_4	2
• k_5 –1_4	{0.5, 1, 1.5, 2}
• k_6 –1_4	{0.5, 1, 1.5, 2}
• k_7 –1_4	{0.5, 1, 1.5, 2}
• L_1	4
• L_10	4
• L_11	4
• L_12	4
• L_2	4
• L_3	4
• L_4	4
• L_5	4
• L_6	4
• L_7	4
• Logistic Curve_1	L_1 DIVZ0 (1 + E^(-k_1*(TIME-X0_1)))
• Logistic Curve_2	L_2 DIVZ0 (1 + E^(-k_2*(TIME-X0_2)))
• Logistic Curve_3	L_3 DIVZ0 (1 + E^(-k_3*(TIME-X0_3)))
• Logistic Curve_4	L_4 DIVZ0 (1 + E^(-k_4*(TIME-X0_4)))
• Logistic Curve_5	L_5 DIVZ0 (1 + E^(-‘k_5 -1_4’*(TIME-X0_5)))
• Logistic Curve_6	L_6 DIVZ0 (1 + E^(-‘k_6 -1_4’*(TIME-X0_6)))

• Logistic Curve_7	L_7 DIVZ0 (1 + E^(-'k_7 -1_4'*(TIME-X0_7)))
• Logistic Curve_변곡점 상하 위치 바꾸기_10	L_10 DIVZ0 (1 + '변곡점 상하 위치계수_10'* E^(-'k_10-1_4'*(TIME-X0_10)))
• Logistic Curve_변곡점 상하 위치 바꾸기_11	L_11 DIVZ0 (1 + '변곡점 상하 위치계수_11'* E^(-'k_11-1_4'*(TIME-X0_11)))
• Logistic Curve_변곡점 상하 위치 바꾸기_12	L_12 DIVZ0 (1 + '변곡점 상하 위치계수_12'* E^(-'k_12-1_4'*(TIME-X0_12)))
• X0_1	5
• X0_10	5
• X0_11	5
• X0_12	5
• X0_2	5
• X0_3	5
• X0_4	5
• X0_5	5
• X0_6	3
• X0_7	7
• 변곡점 상하 위치계수_10	1
• 변곡점 상하 위치계수_11	0.5
• 변곡점 상하 위치계수_12	2

8.3 시차효과 모델링(Time Delay Modeling, TDM)

(1) Delay Pipeline 시차 지연 함수

물건이 도착하는 것과 같이 DELAYPPL은 일정한 시간이 지나면 도착한다. 물건이 도착하기 전에는 초깃값을 갖는다. 대체로 초깃값은 0이다.

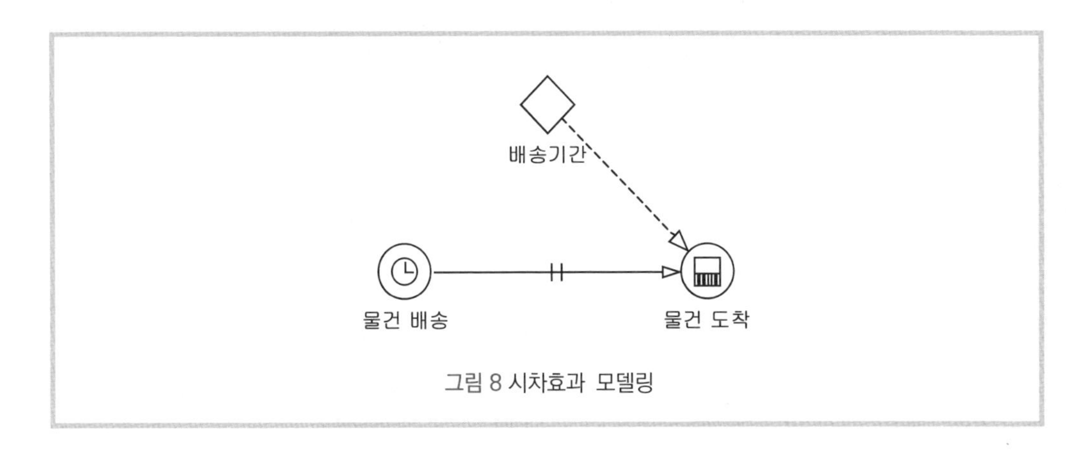

그림 8 시차효과 모델링

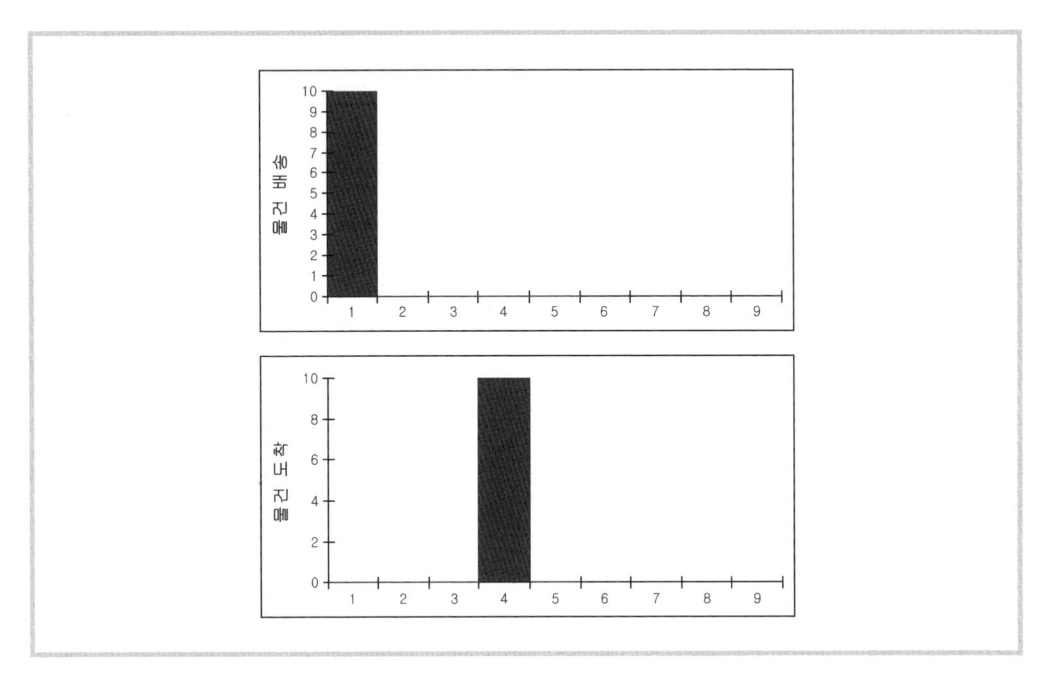

시간	물건 배송	배송소요기간	물건 도착
1	10.00	3.00	0.00
2	0.00	3.00	0.00
3	0.00	3.00	0.00
4	0.00	3.00	10.00
5	0.00	3.00	0.00
6	0.00	3.00	0.00
7	0.00	3.00	0.00
8	0.00	3.00	0.00
9	0.00	3.00	0.00
10	0.00	3.00	0.00

▶ 수식 정의

Name	Definition
• 배송기간	3
• 물건 배송	IF(TIME=1, 10, 0)
• 물건 도착	DELAYPPL ('물건 배송', 배송기간, 0)

8.4 시차 효과가 있는 진동 모델

진동 모델(Oscillation model)

- 진동 모델은 기본적으로 음의 피드백 루프를 갖는 균형 루프(Balancing Loop) 모델이다.
- 진동 모델은 목적 지향적인 균형 루프를 가지나 피드백 루프 속에 시차효과(Time－delay)를 갖는 변수가 있는 경우 정보 지연(information delay)이나 물질 지연(material delay)으로 Goal Seeking Loop에 혼란(disturbances)이 발생하면서 나타나는 현상이다.
- 시스템 운영자(operator) 또는 시스템 조절자(controller)가 개입하여 지속적인 조절을 하는 경우 시스템은 시차효과를 극복하고 마침내 시스템의 목표를 달성하게 된다.

(1) 프로젝트 설정과 시뮬레이션 설정

- 프로젝트 설정: 달력 독립적인 시뮬레이션(Calendar–independent)
- 시뮬레이션 설정:
- Start time: 0
- Stop time: 48
- Time Step: 1

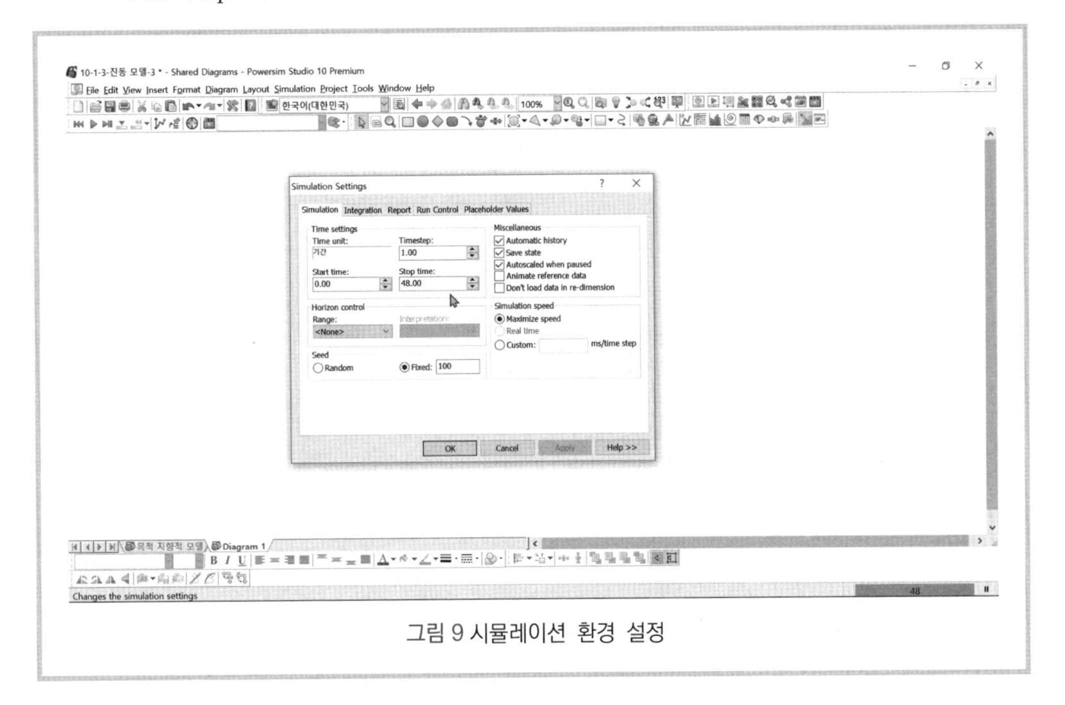

그림 9 시뮬레이션 환경 설정

(2) 시차가 있는 목표 지향적인 시뮬레이션 모델링

- 다음은 공동주택 가격과 같이 바람직한 가격을 추종하는 공급량 모델이다. 공급량은 건축 기간 등을 고려하여 3기간의 기간이 소요된다고 하자.

(3) 모델 수식 구성

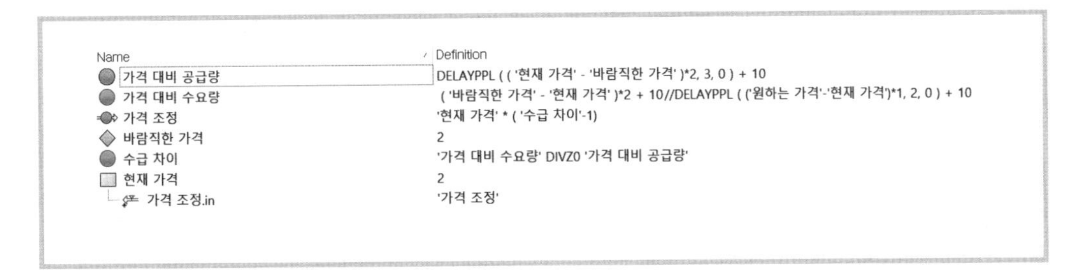

Name	Definition
가격 대비 공급량	DELAYPPL (('현재 가격' - '바람직한 가격')*2, 3, 0) + 10
가격 대비 수요량	('바람직한 가격' - '현재 가격')*2 + 10//DELAYPPL (('원하는 가격'-'현재 가격')*1, 2, 0) + 10
가격 조정	'현재 가격' * ('수급 차이'-1)
바람직한 가격	2
수급 차이	'가격 대비 수요량' DIVZ0 '가격 대비 공급량'
현재 가격	2
가격 조정.in	'가격 조정'

(4) 시뮬레이션 모델

- 모델은 현재 공동주택 가격이 2이다. 미래 공동주택의 바람직한 가격도 2로 그림 10과 같이 설정되어 있다.

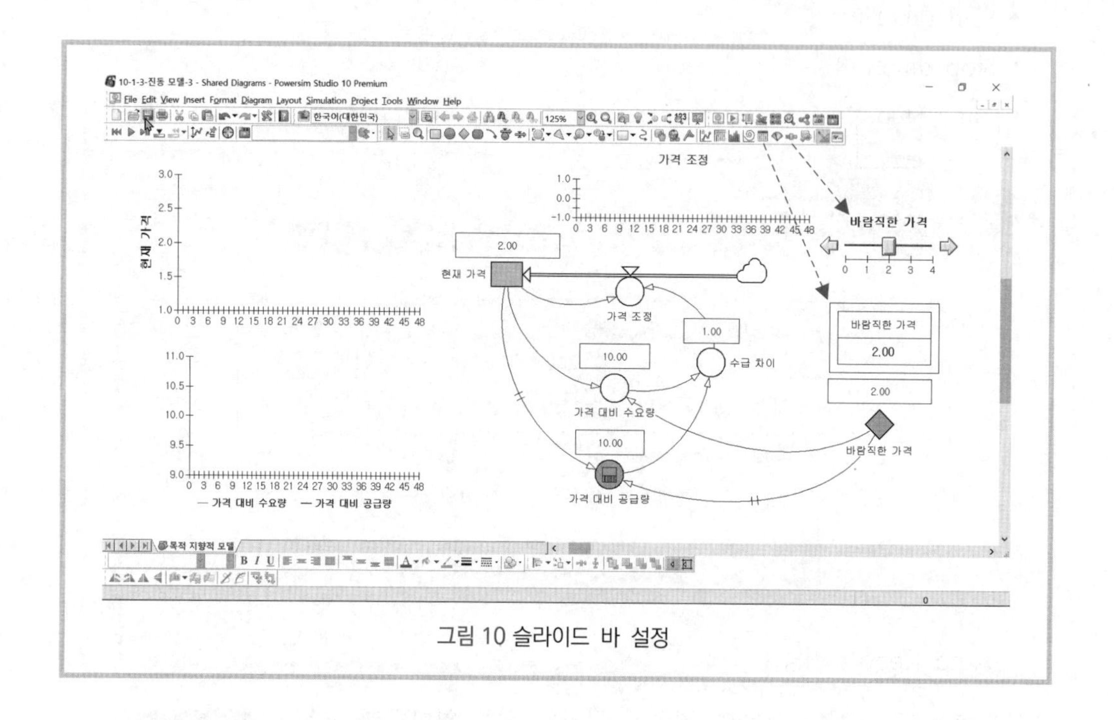

그림 10 슬라이드 바 설정

- 참고로 슬라이더 바(Slider bar)는 도구 모음에서 클릭하여, 다이어그램에 적당한 크기로 그린 다음, 변수를 끌어다 놓으면 된다(Drag and Drop).

- 마찬가지로 테이블 아이콘도 도구 모음에서 가져와, 변수를 테이블 아이콘에 드래그 & 드롭(Drag & Drop)하면 된다.

- 테이블에 변수를 가져올 때, 아래 칸 숫자를 표시할 부분에 먼저 변수를 가져오고, 위 칸에는 마우스 오른쪽을 클릭하고 아래와 같이 변수 이름을 선택하면 된다.

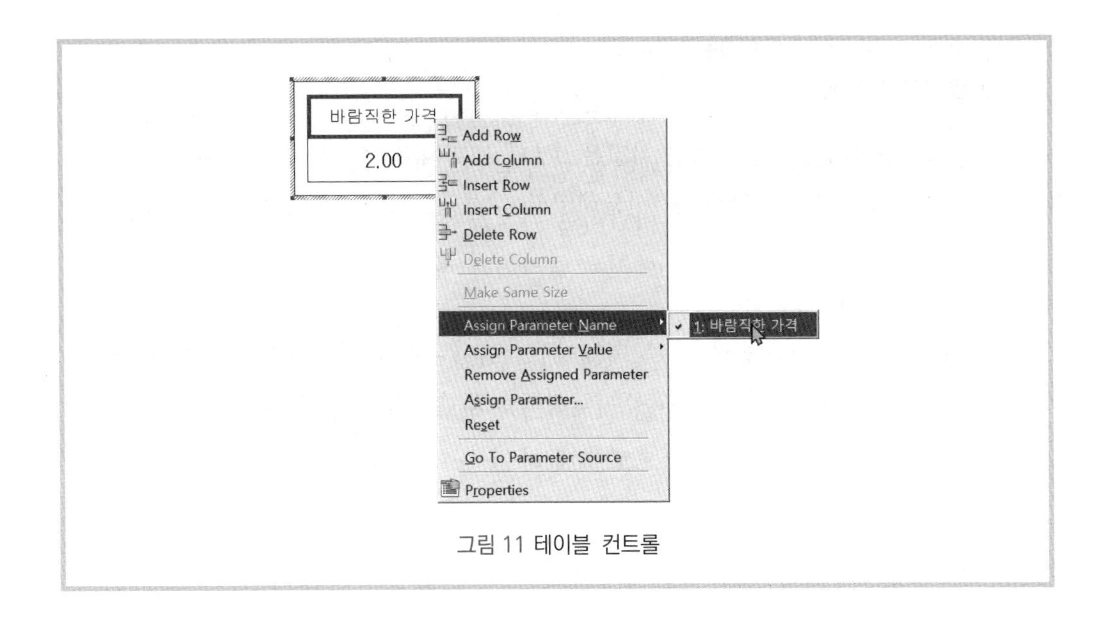

그림 11 테이블 컨트롤

- 바람직한 가격에 2를 입력하고, 아래와 같이 시뮬레이션 버튼을 눌러, 시뮬레이션하면 그림 12와 같은 결과가 나타난다.

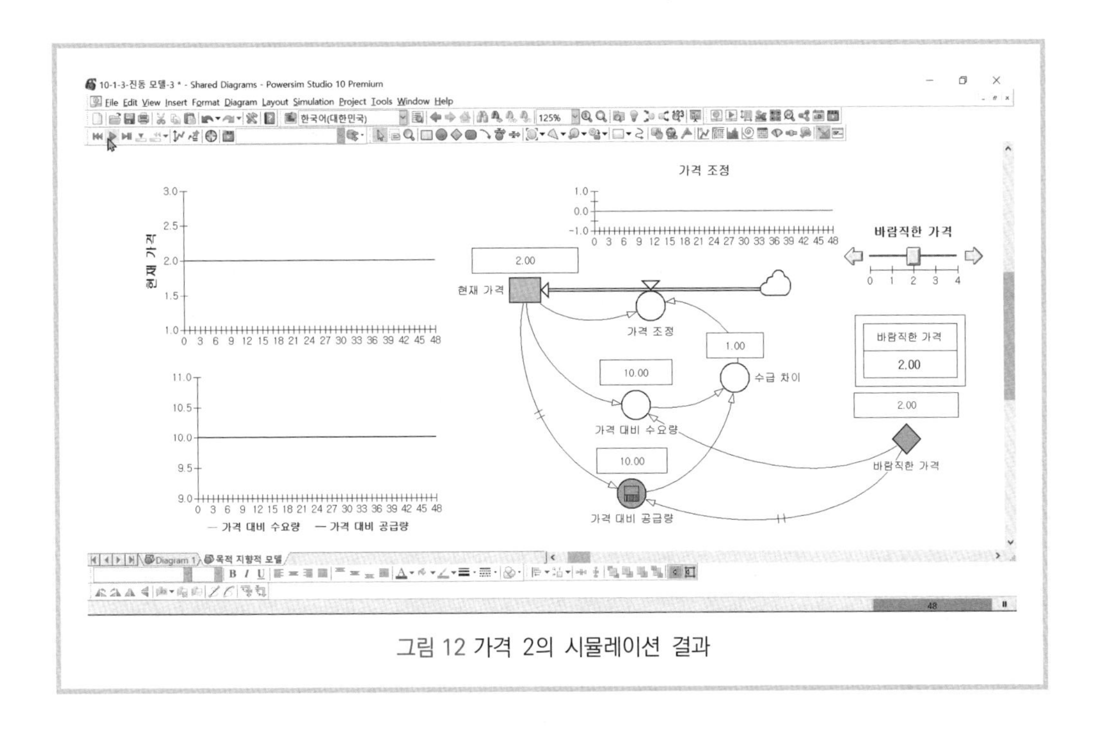

그림 12 가격 2의 시뮬레이션 결과

(5) 목표 가격 변경 시뮬레이션 결과-1

- 바람직한 공동주택 가격을 현재 공동주택 가격 2보다 낮은 1.5로 아래와 같이 설정하고, 시뮬레이션하면 시뮬레이션 결과는 다음과 같다.
- 참고로 시뮬레이션을 위하여 바람직한 가격을 설정할 때 시뮬레이션 기간이 이미 미래 시점에 가 있는 상태에서는 슬라이더 바나 테이블 아이콘에 새로운 값 입력이 안된다.
- 따라서, 이때에는 시뮬레이션 상태를 시작 시점으로 되돌리고, 바람직한 가격을 설정하여야 한다. 즉 시뮬레이션 진행관리 아이콘에서 아래와 같이 Reset 버튼을 눌러 시뮬레이션 기간을 처음으로 되돌려 놓아야 한다.

- 그리고 바람직한 가격을 1.5로 설정하고 시뮬레이션 Play 버튼을 누르면, 그 시뮬레이션 결과는 그림 13과 같다.

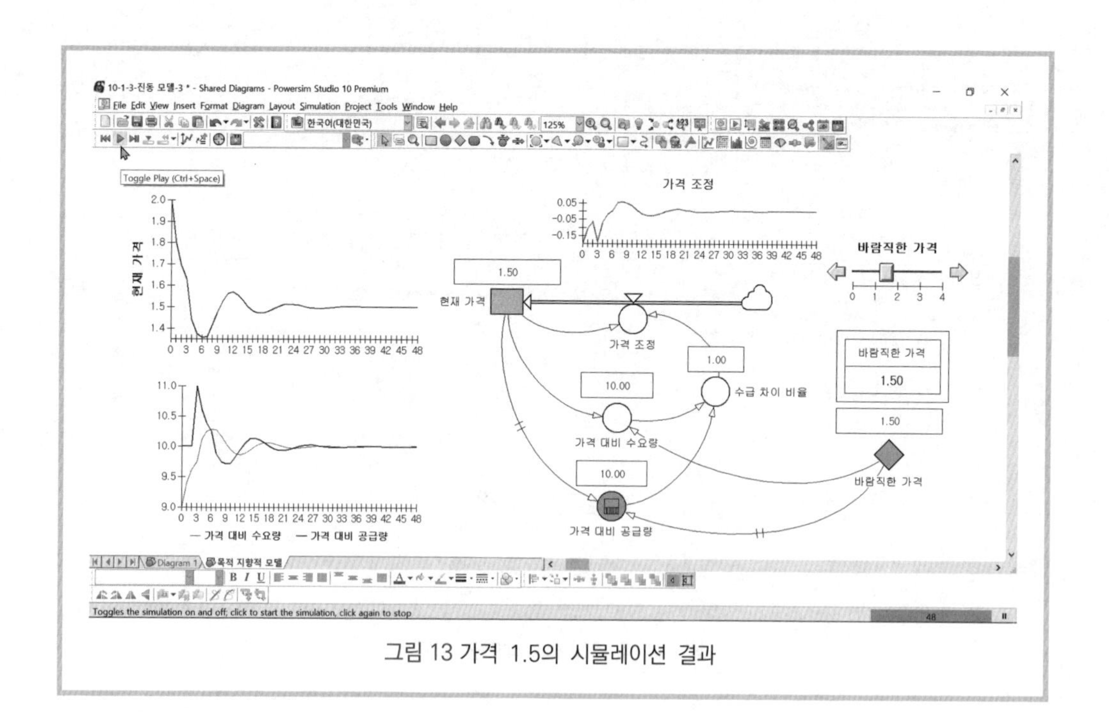

그림 13 가격 1.5의 시뮬레이션 결과

- 위의 시뮬레이션 결과에서 보는 바와 같이 현재 상태에서 목표 값을 탐색하기 위하여, 일정 기간에 걸쳐서 시뮬레이션 결과가 진동(Oscillation)하는 것을 볼 수 있다.
- 이는 위의 모델에서 현재 가격이 목표 가격을 단번에 달성할 수 없는 것으로 '가격 대비 공급량' 변수에서 공급량에 시간이 걸린다(Time-delay)는 것이다.

(6) 가격 대비 공급량 모델

다음은 가격에 반응하는 공급량의 시뮬레이션이다.

- 공동주택의 공급량 모델은 아래와 같은 '가격 대비 공급량' 변수의 정의에서, 공급량은 기본 공급량(10)에서 현재 가격과 바람직한 가격의 차이에 따라 변동하는 것으로 설정하였다.
- 그리고 공급변동량은 시차효과 현상에서 어떤 결과가 나타날 때까지 단순 시간이 소요되는 현상을 나타내는 Delay Pipeline 함수(DELAYPPL)를 사용하였다.
- 현실적인 공동주택 공급조정 과정에서 건설 기간 등을 고려하여 3기간의 시차가 존재하는 것을 모델에서 가정하였다.

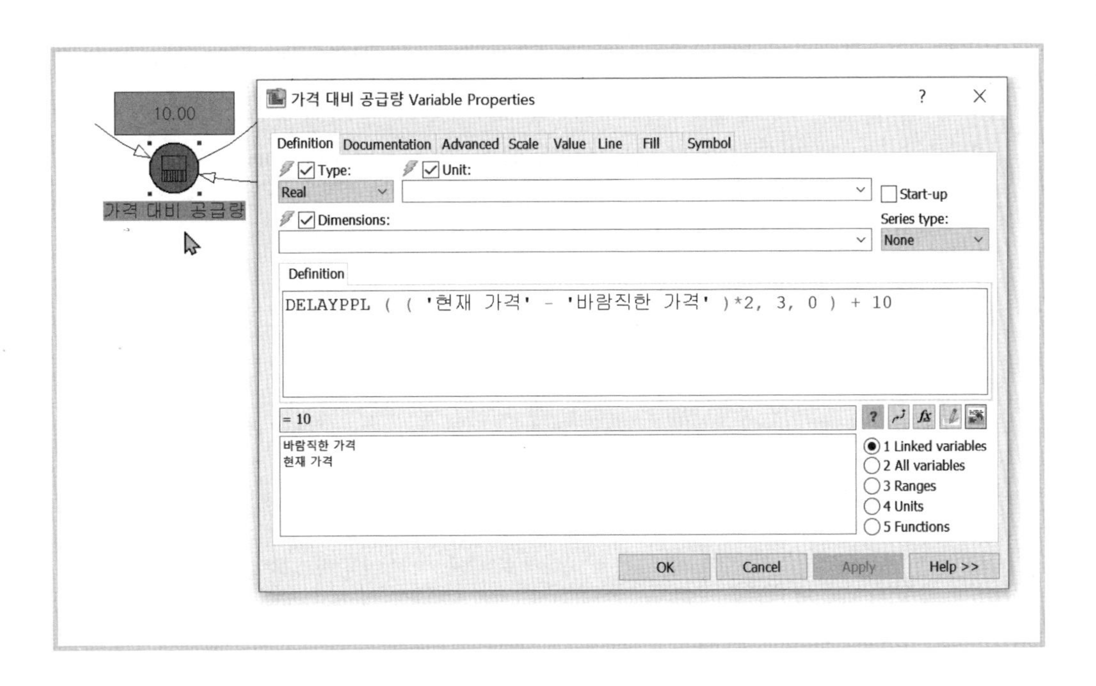

• 공공주택 가격은 기간 31 정도에서 바람직한 가격인 1.5를 안정적으로 나타내는 것을 알 수 있다.

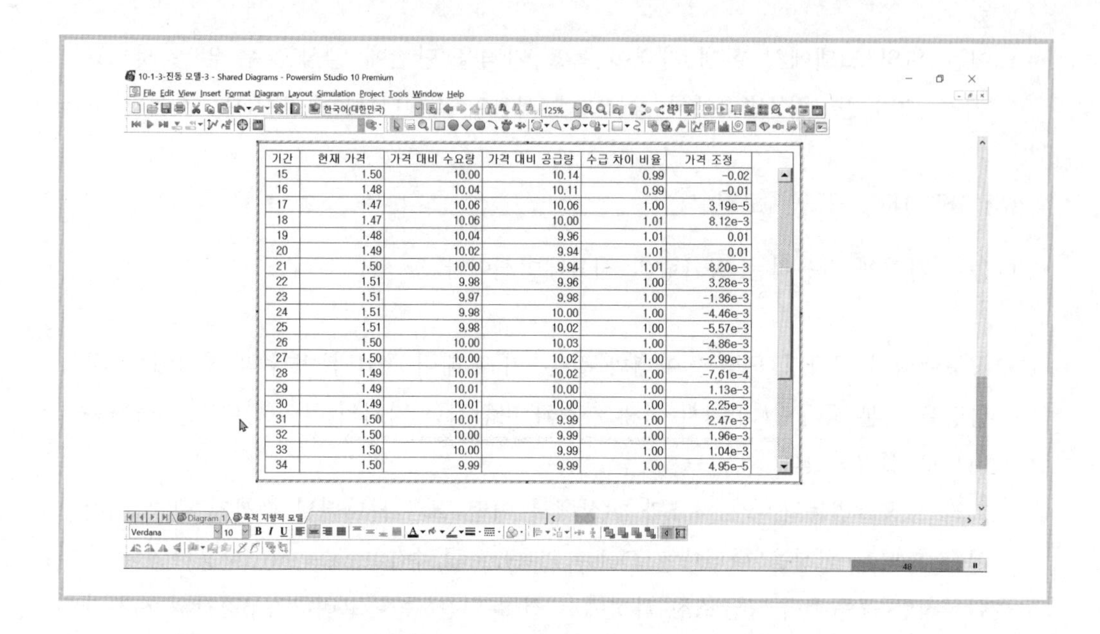

기간	현재 가격	가격 대비 수요량	가격 대비 공급량	수급 차이 비율	가격 조정
15	1.50	10.00	10.14	0.99	-0.02
16	1.48	10.04	10.11	0.99	-0.01
17	1.47	10.06	10.06	1.00	3.19e-5
18	1.47	10.06	10.00	1.01	8.12e-3
19	1.48	10.04	9.96	1.01	0.01
20	1.49	10.02	9.94	1.01	0.01
21	1.50	10.00	9.94	1.01	8.20e-3
22	1.51	9.98	9.96	1.00	3.28e-3
23	1.51	9.97	9.98	1.00	-1.36e-3
24	1.51	9.98	10.00	1.00	-4.46e-3
25	1.51	9.98	10.02	1.00	-5.57e-3
26	1.50	10.00	10.03	1.00	-4.86e-3
27	1.50	10.00	10.02	1.00	-2.99e-3
28	1.49	10.01	10.02	1.00	-7.61e-4
29	1.49	10.01	10.00	1.00	1.13e-3
30	1.49	10.01	10.00	1.00	2.25e-3
31	1.50	10.01	9.99	1.00	2.47e-3
32	1.50	10.00	9.99	1.00	1.96e-3
33	1.50	10.00	9.99	1.00	1.04e-3
34	1.50	9.99	9.99	1.00	4.95e-5

(7) 인플레이션을 고려한 공동주택 가격 목표설정(Desired Goal Setting)

• 바람직한 가격을 2.5로 설정하는 경우의 시뮬레이션 결과는 다음과 같다.

• 현재 가격 2에서 바람직한 가격 2.5를 추종하기 위하여 공급량을 줄여야 하는데, 앞서 공급 기간은 3기간이 소요되므로 공급에 있어 시차(Time Delay)가 발생한다.

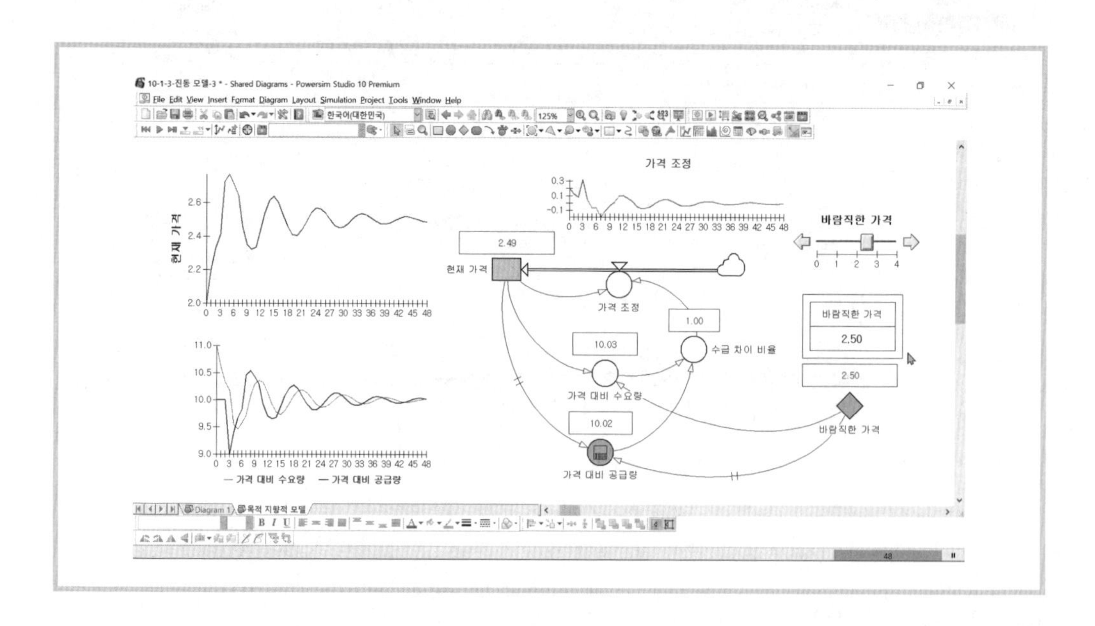

- 공공주택 가격은 41기간 정도에서 바람직한 가격인 2.5를 나타내는 것을 알 수 있다.

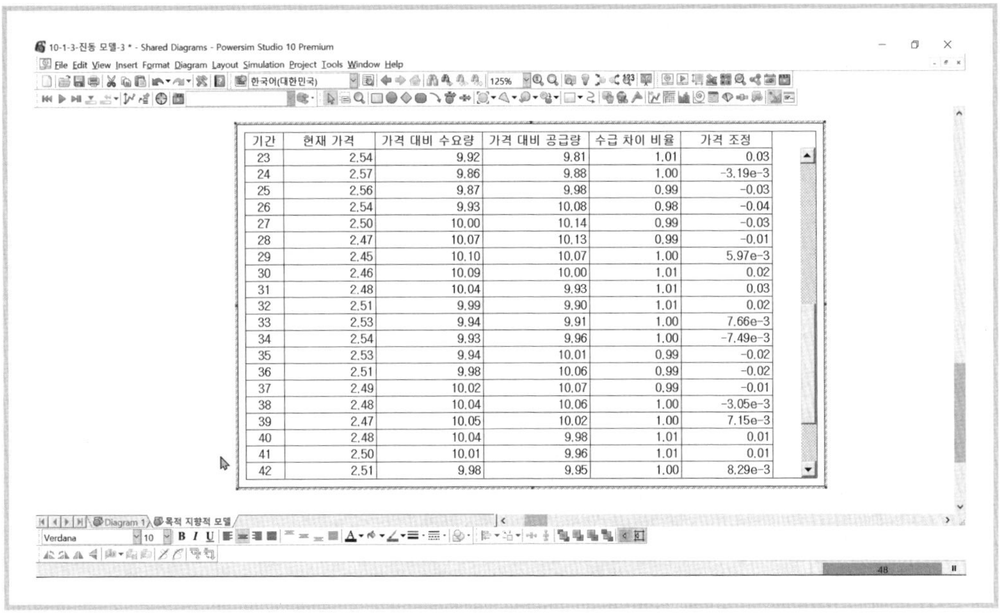

10-1-3-진동 모델-3 * - Shared Diagrams - Powersim Studio 10 Premium

기간	현재 가격	가격 대비 수요량	가격 대비 공급량	수급 차이 비율	가격 조정
23	2.54	9.92	9.81	1.01	0.03
24	2.57	9.86	9.88	1.00	-3.19e-3
25	2.56	9.87	9.98	0.99	-0.03
26	2.54	9.93	10.08	0.98	-0.04
27	2.50	10.00	10.14	0.99	-0.03
28	2.47	10.07	10.13	0.99	-0.01
29	2.45	10.10	10.07	1.00	5.97e-3
30	2.46	10.09	10.00	1.01	0.02
31	2.48	10.04	9.93	1.01	0.03
32	2.51	9.99	9.90	1.01	0.02
33	2.53	9.94	9.91	1.00	7.66e-3
34	2.54	9.93	9.96	1.00	-7.49e-3
35	2.53	9.94	10.01	0.99	-0.02
36	2.51	9.98	10.06	0.99	-0.02
37	2.49	10.02	10.07	0.99	-0.01
38	2.48	10.04	10.06	1.00	-3.05e-3
39	2.47	10.05	10.02	1.00	7.15e-3
40	2.48	10.04	9.98	1.01	0.01
41	2.50	10.01	9.96	1.01	0.01
42	2.51	9.98	9.95	1.00	8.29e-3

피드백 구조 모델링

시스템 다이내믹스의 주요 피드백 아키타입[1)]

9.1 강화 루프

9.1.1 강화 루프의 예시

- 제품 판매에서 판매량이 많을수록 (+) 구전효과(예: 제품 추천)는 늘어나고, 그에 따른 신규제품 판매량이 더 많아져, 결국 제품 판매량은 지속적 증가하는 피드백 구조를 나타낸다. 이는 지수적으로 증가 또는 감소 피드백 과정은 강화 루프(Reinforcing feedback loop)의 한 사례이다.

▶ 강화 루프(Reinforcing Loop) 피드백 과정

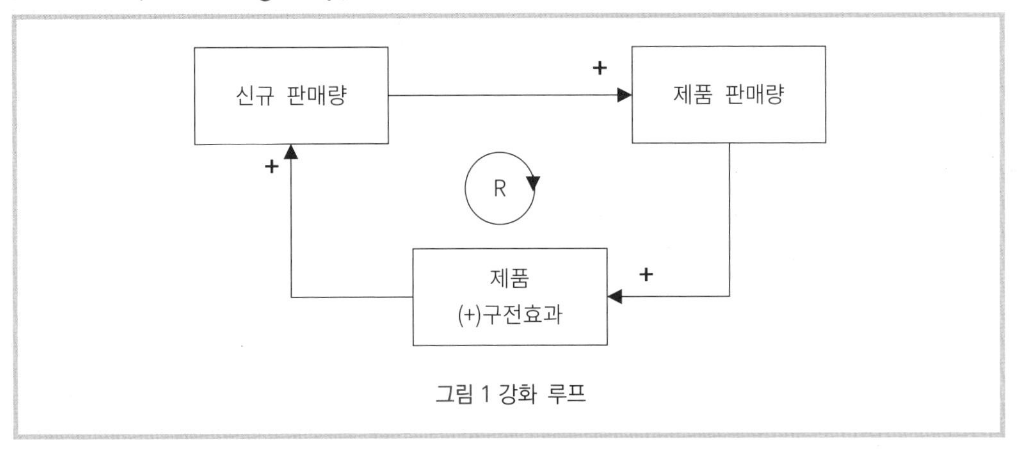

그림 1 강화 루프

1) 아키타입(Archetype)은 대표적인 주요 행태를 말한다. 시스템에서 출력되는 결과의 유형이다.

• 참고로 여기서 + 기호는 제품에 대한 긍정적인 구전효과가 많을수록 신규 판매량은 증가하는 것을 나타낸다. (−) 기호는 그 반대 현상이 된다.
• 가운데 R 표시는 강화(Reinforcing) 피드백 루프로 이루어진 순환고리(circular)가 지수적으로 상승 또는 하강하는 것을 나타낸다. 보통 순환 피드백 루프에 변수 간의 영향 관계를 나타내는 + 표시가 짝수 개 있으면, 강화 루프(Reinforcing Loop, R)를 나타낸다.

(참고로) 균형 루프(Balancing Loop)의 예시
• 순환 피드백 루프에서 변수 간의 영향 관계가 음(−)이면 균형 루프를 나타낸다. 보통 순환 피드백 루프에서 음의 관계를 나타내는 (−)의 개수가 홀수 개이면 균형 루프이다.

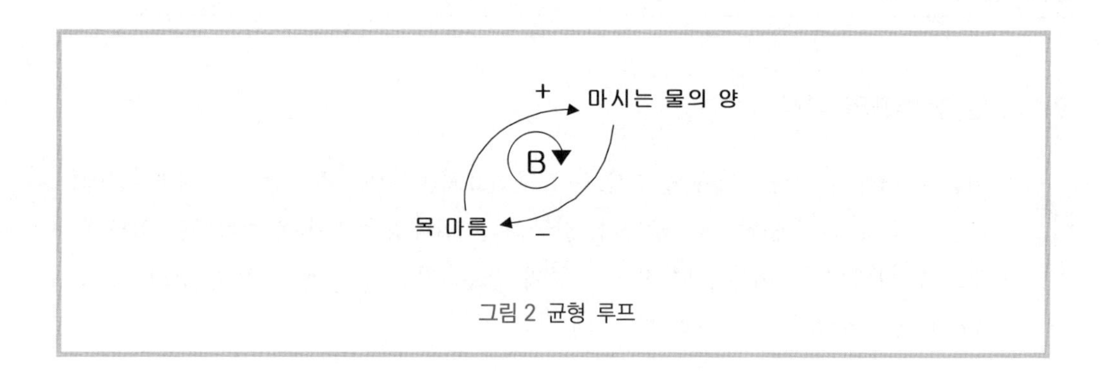

그림 2 균형 루프

9.1.2 제품 판매량 시뮬레이션 환경설정

(1) 프로젝트 및 시뮬레이션 환경설정

• 프로젝트 달력 설정: Calendar Independent
• 시뮬레이션 기간설정: 0부터 12까지
• 시간 단위 일치 체크(Enforce Time Unit Consistency)를 하지 않는다.

9.1.3 제품 판매량 모델 변수 정의

- 제품 판매량(스톡 변수)
- 초기 판매량 10, 월간 판매량 2

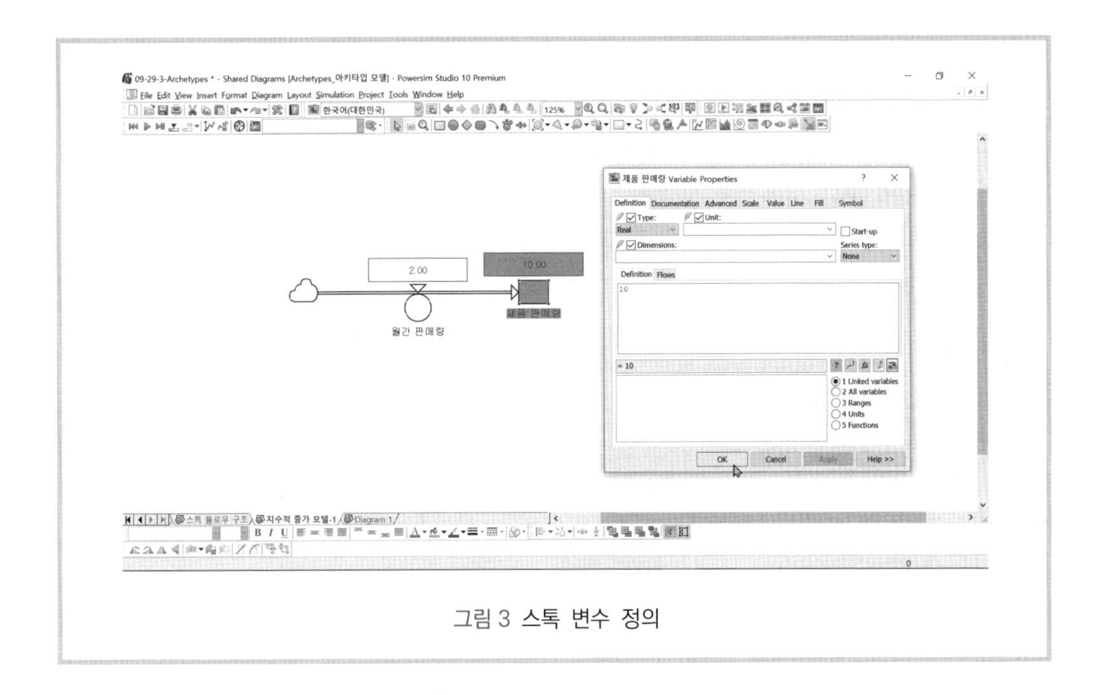

그림 3 스톡 변수 정의

- 월간 판매량(플로우 변수, Rate, Flow) 추가

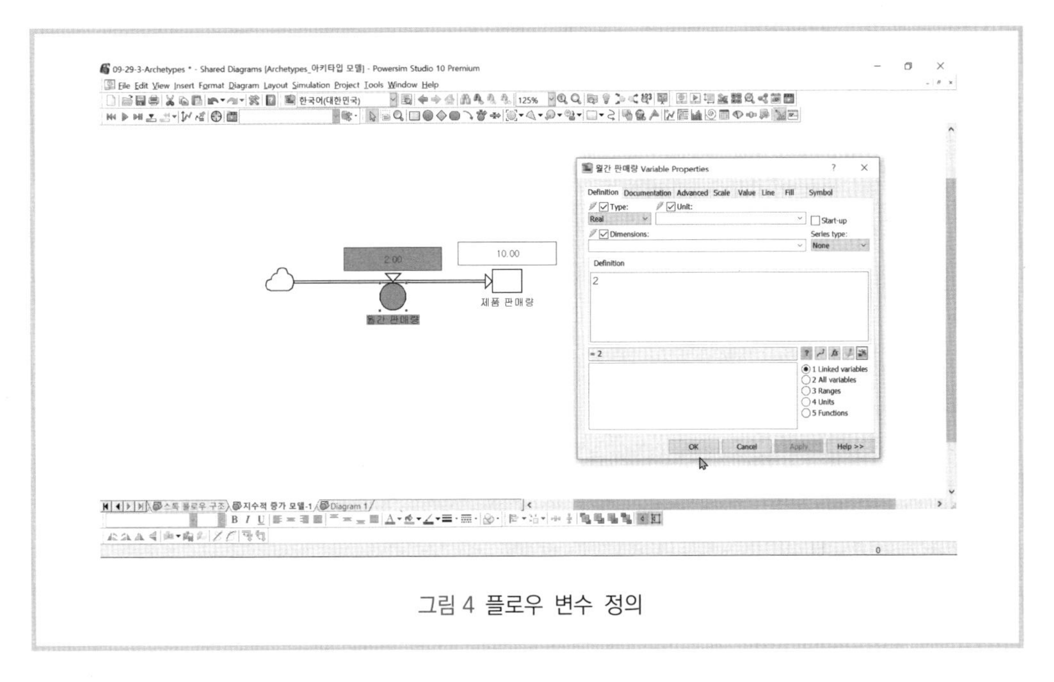

그림 4 플로우 변수 정의

9.1.4 타임 그래프(Time Graph)를 이용한 시뮬레이션

도구 모음에서 타임 그래프(Time Graph)를 선택하여 시뮬레이션 결과를 그래프로 표시한다.

- 시뮬레이션 간격을 표시하기 위하여 아래와 같이, 타임 그래프를 그린 후에 타임 그래프 개체의 테두리 선을 더블 클릭하여 왼쪽과 같은 속성(Properties) 정의 창을 띄운다.
- 속성정의 창에서 오른쪽 아래와 같이 Placement, Format 등을 아래와 같이 선택하면, 타임 그래프가 아래와 같이 기간이 표시된다.

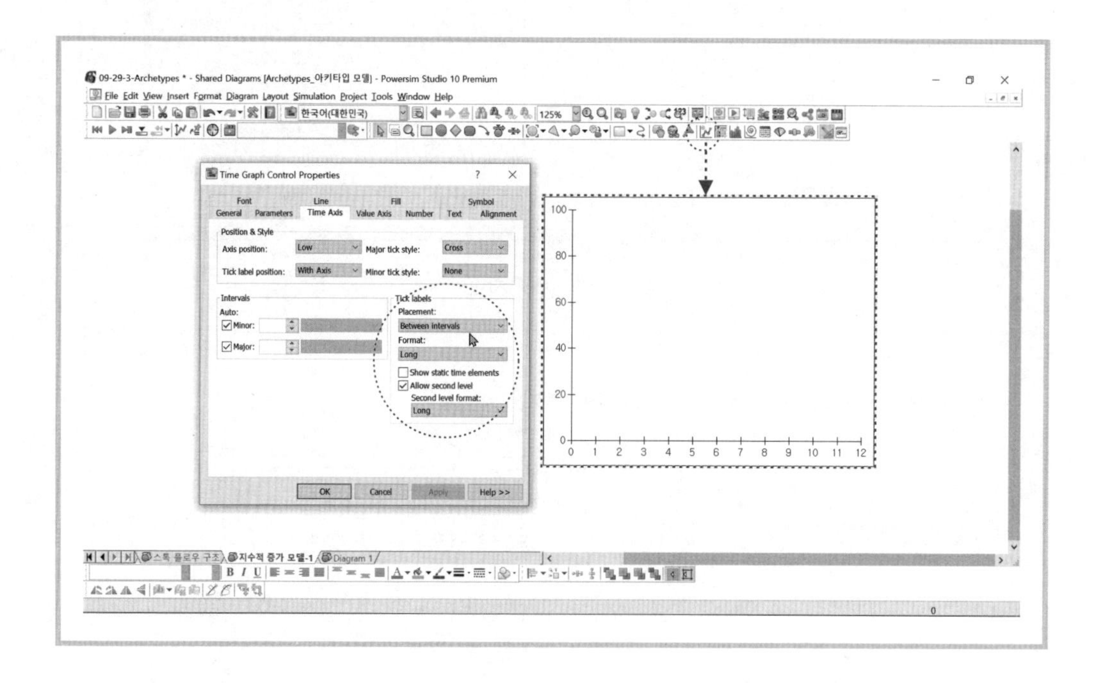

9.1.5 제품 판매량 시뮬레이션

- 아래와 같이 제품 판매량 변수를 타임 그래프 개체에 끌어다 놓는다.(Drag and Drop)

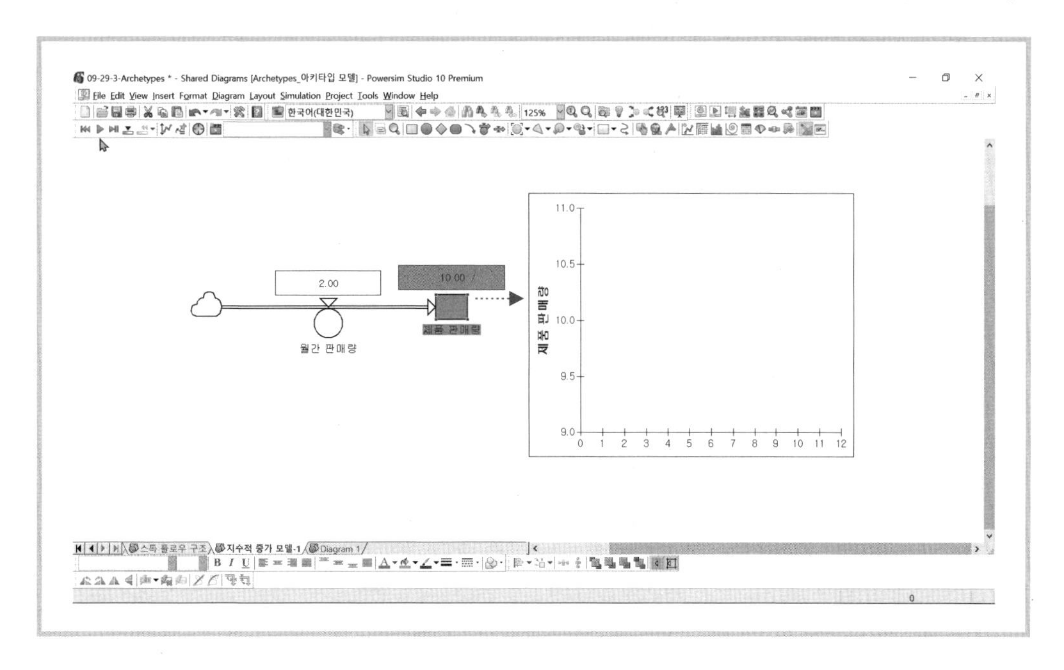

- 그리고 도구 모음에서 시뮬레이션 진행(Play) 버튼 ⏮▶⏭을 클릭하여, 시뮬레이션을 실시한다.

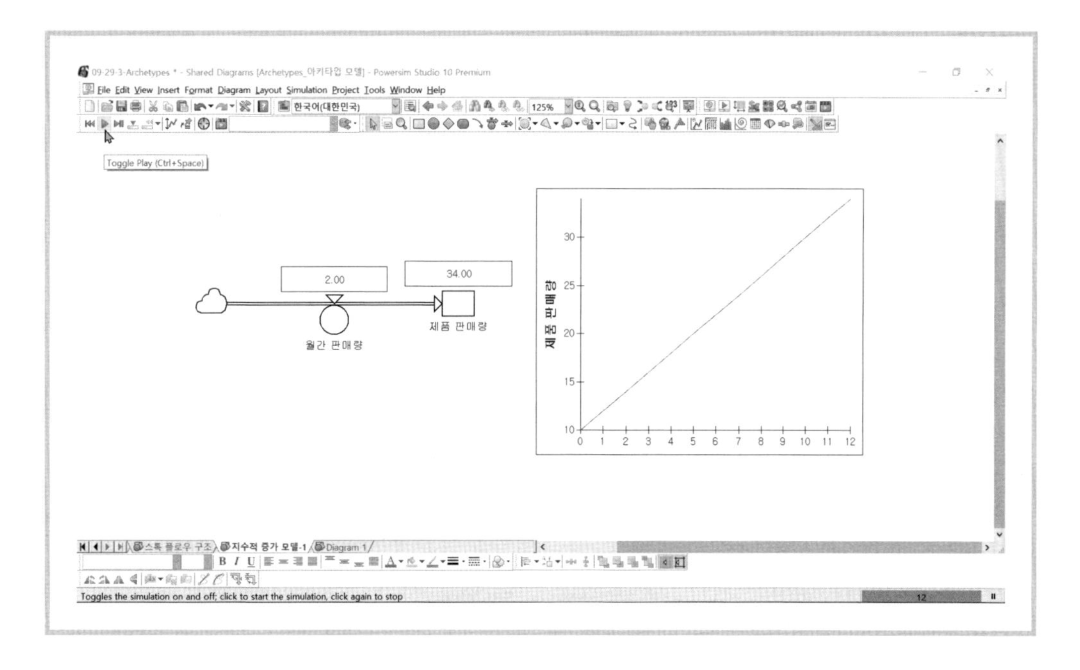

9.1.6 지수적 증가 모델링(Exponential Growth modeling)

- 예를 들어, 최신 핸드폰 판매량에 제품 사용자 2명당 1대를 추천하는 구전효과 (word of mouth)가 있다고 하자.

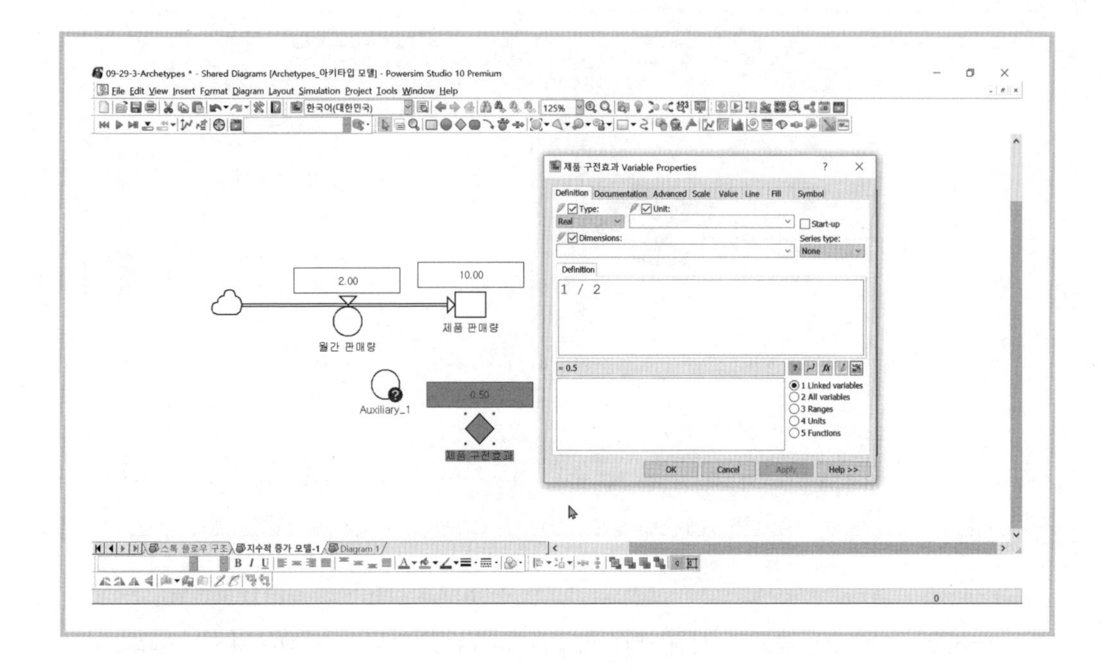

- 기존 판매 제품으로 인한 월간 신규 판매량 변수 모델링

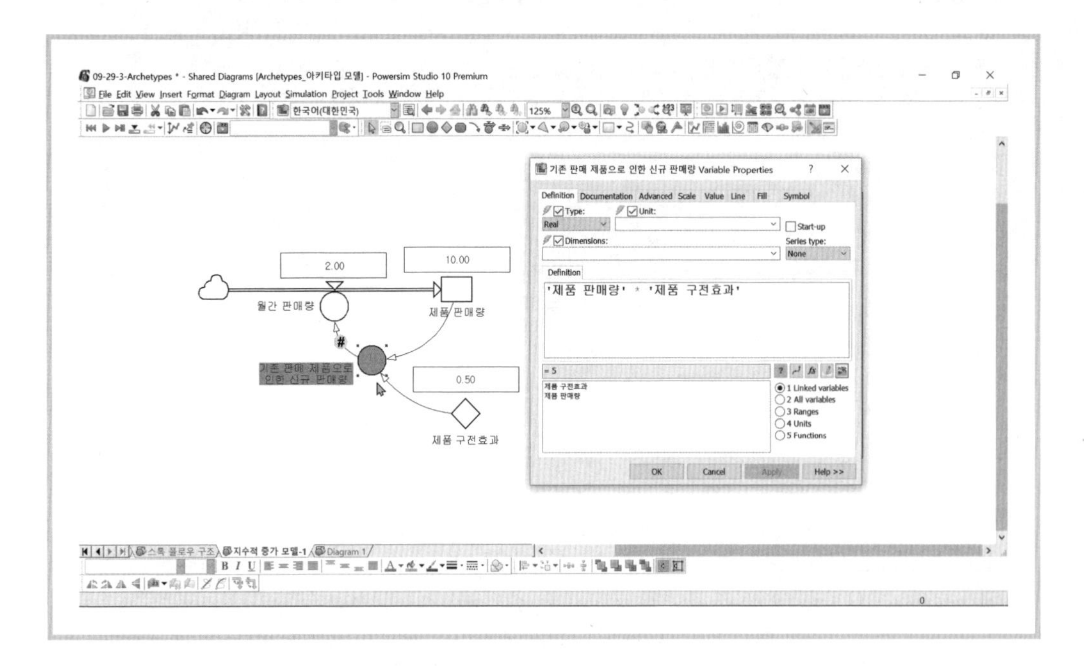

• 월간 판매량은 기존의 월간 2대 판매량에서 구전효과로 인한 판매량을 합한 값이다.

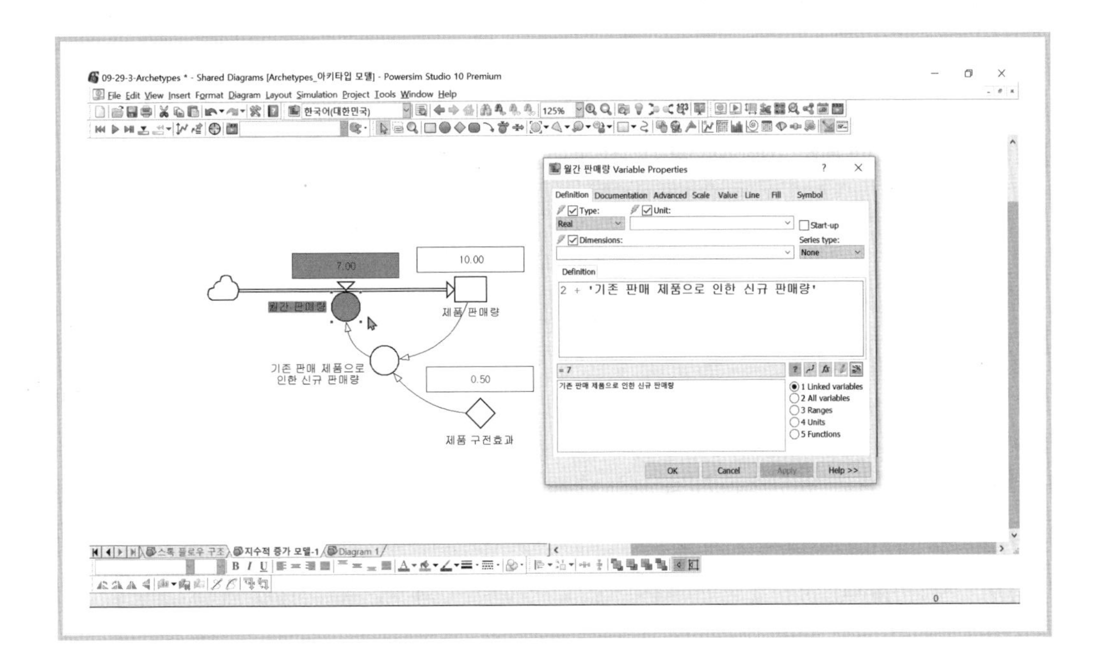

9.1.7 제품 판매량 작성 모델은 다음과 같다.

• 시작 시점의 작성된 모델과 각 변수의 설정값

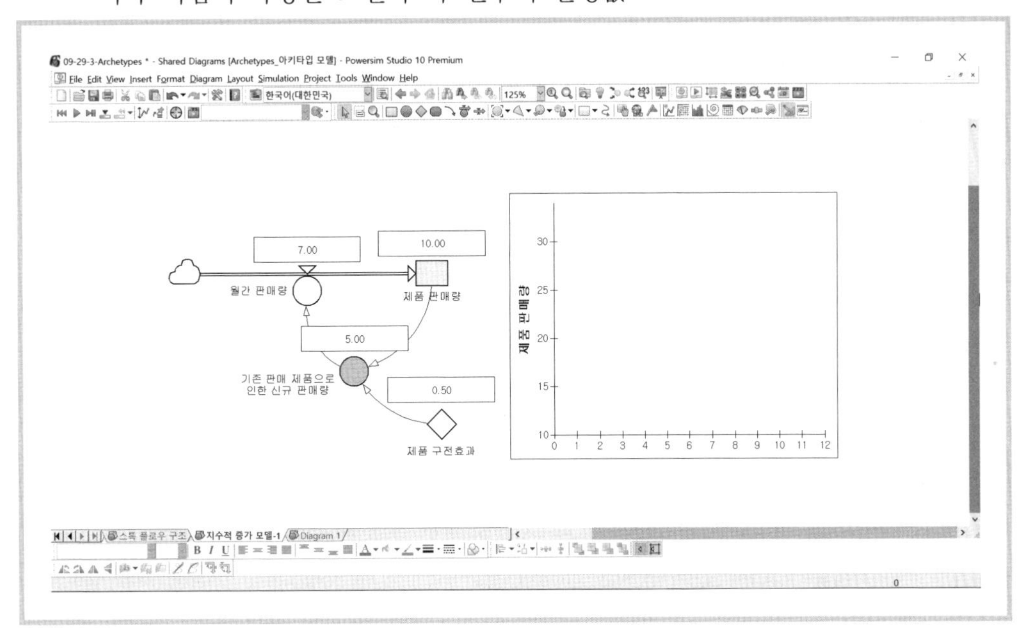

9.1.8 강화 루프 모델(Reinforcing model)

제품 판매량 시뮬레이션 결과

- 시뮬레이션 기간: 0기간부터 12기간까지
- 타임 그래프(Time Graph), 타임 테이블(Time Table) 작성

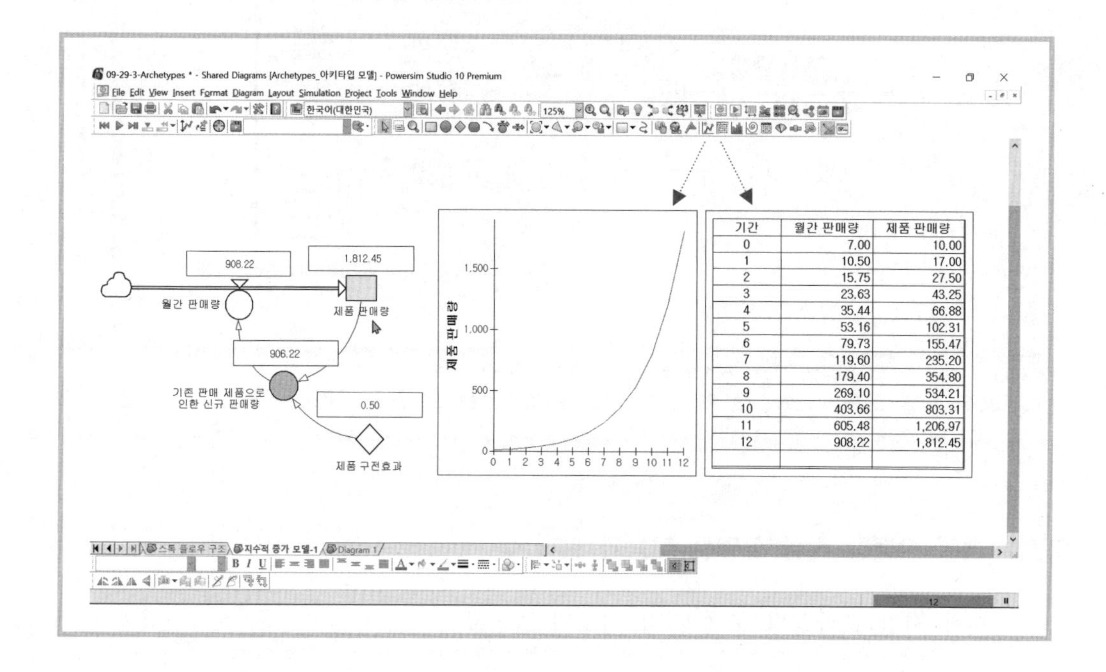

기간	월간 판매량	제품 판매량
0	7.00	10.00
1	10.50	17.00
2	15.75	27.50
3	23.63	43.25
4	35.44	66.88
5	53.16	102.31
6	79.73	155.47
7	119.60	235.20
8	179.40	354.80
9	269.10	534.21
10	403.66	803.31
11	605.48	1,206.97
12	908.22	1,812.45

- 시뮬레이션 결과를 살펴보면 제품 판매량은 초기에는 10대로 시작하였으나, 구전효과가 2대에 1대로 설정되어 12개월의 짧은 기간에도 기하급수적으로 증가하였다.
- 제품 판매량 결과는 타임 그래프와 타임 테이블에서 나타난 바와 같이 지수적(Exponentially)으로 증가하였다.

9.1.9 부정적인 구전효과가 발생하는 경우

반대로 제품에 어떤 문제가 있어 고객들의 제품에 대한 구전효과가 부정적인 (−)음의 값을 갖는 경우를 시뮬레이션하면 그 결과는 다음과 같다.

- 초기 제품 판매량은 5,000이다.
- 부정적인 구전효과는 2대 사용자가 1대를 비추천하는 것으로 가정하였다. $\frac{-1}{2}$

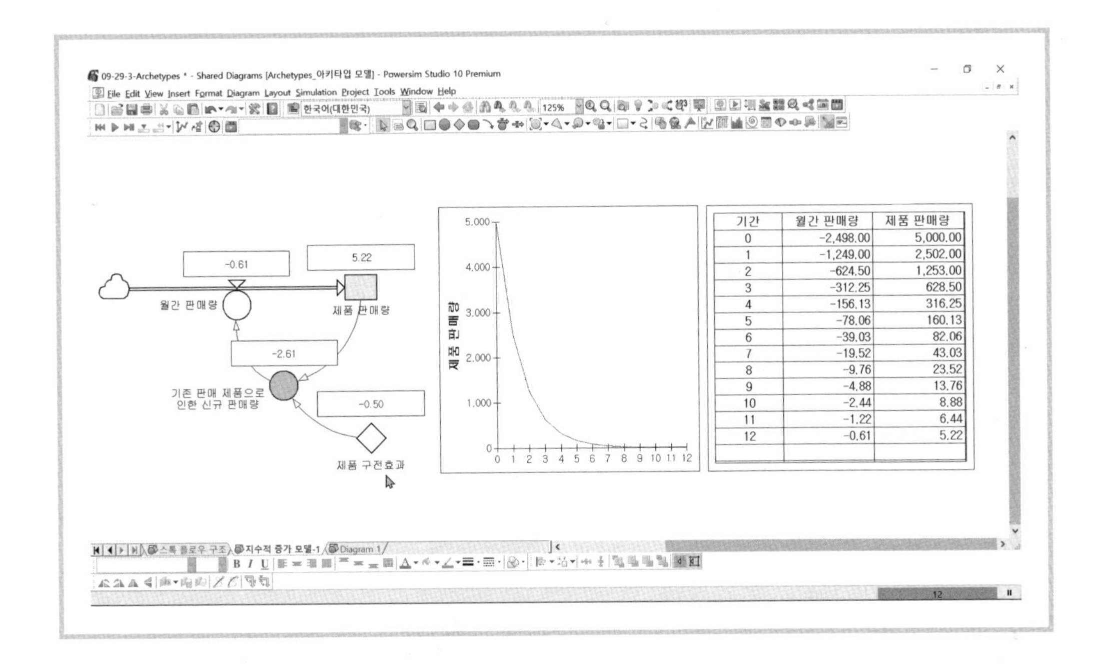

기간	월간 판매량	제품 판매량
0	-2,498.00	5,000.00
1	-1,249.00	2,502.00
2	-624.50	1,253.00
3	-312.25	628.50
4	-156.13	316.25
5	-78.06	160.13
6	-39.03	82.06
7	-19.52	43.03
8	-9.76	23.52
9	-4.88	13.76
10	-2.44	8.88
11	-1.22	6.44
12	-0.61	5.22

- 시뮬레이션 결과 5,000대에서 시작한 제품 판매량은 비추천, 즉 부정적인 (−) 구전효과로 12기간 만에 5대로 줄어들었다.
- 모델에서 기존 판매량은 고객 수를 나타낸다.(1인 1대의 제품을 갖는 경우를 가정함)
- (−) 값을 갖는 신규 판매량은 이탈 고객으로 처리된다.

9.2 균형 루프

9.2.1 균형 루프(Balancing Loop) 예시

(목적 지향적 모델, Goal Seeking model)

목적 지향적 시뮬레이션 모델 구조

- 시작 시점의 목표치와 실제 결과의 비교

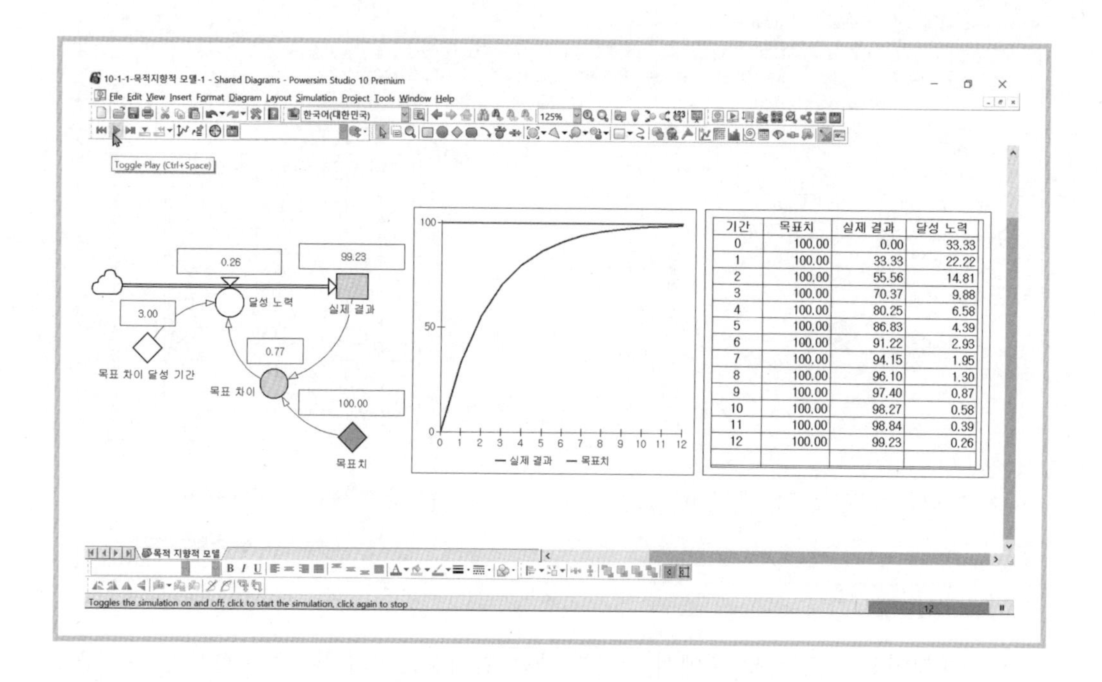

기간	목표치	실제 결과	달성 노력
0	100.00	0.00	33.33
1	100.00	33.33	22.22
2	100.00	55.56	14.81
3	100.00	70.37	9.88
4	100.00	80.25	6.58
5	100.00	86.83	4.39
6	100.00	91.22	2.93
7	100.00	94.15	1.95
8	100.00	96.10	1.30
9	100.00	97.40	0.87
10	100.00	98.27	0.58
11	100.00	98.84	0.39
12	100.00	99.23	0.26

- 프로그램 내에서 설정되는 연립방정식의 변수 정의

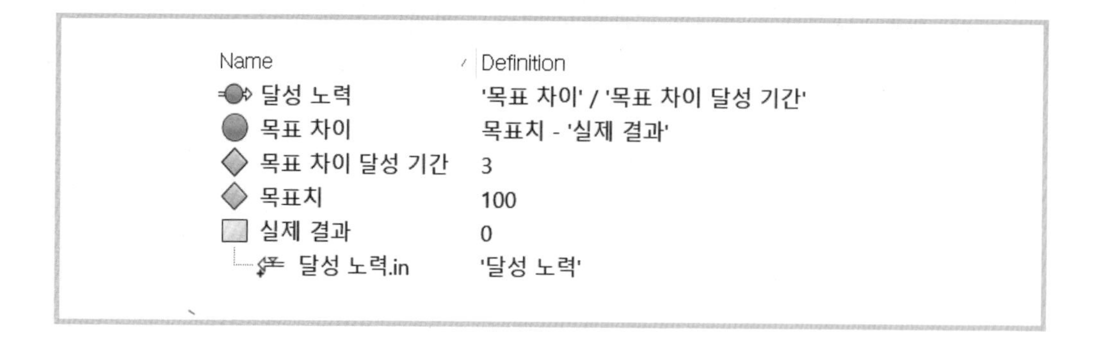

Name	Definition
달성 노력	'목표 차이' / '목표 차이 달성 기간'
목표 차이	목표치 - '실제 결과'
목표 차이 달성 기간	3
목표치	100
실제 결과	0
달성 노력.in	'달성 노력'

목표 달성을 위한 목적 지향적 시스템의 시뮬레이션

- 앞서 설명한 것처럼, 목표 지향적 시뮬레이션은 시뮬레이션 결괏값이 목표치를 추종(tracing)하는 모델이다.
- 아래 모델에서 목표 차이 달성 기간은 3기간으로 설정되어 있는데, 목표 차이 달성 기간을 2기간으로 당기면 보다 빨리 목표를 달성할 수 있게 된다.

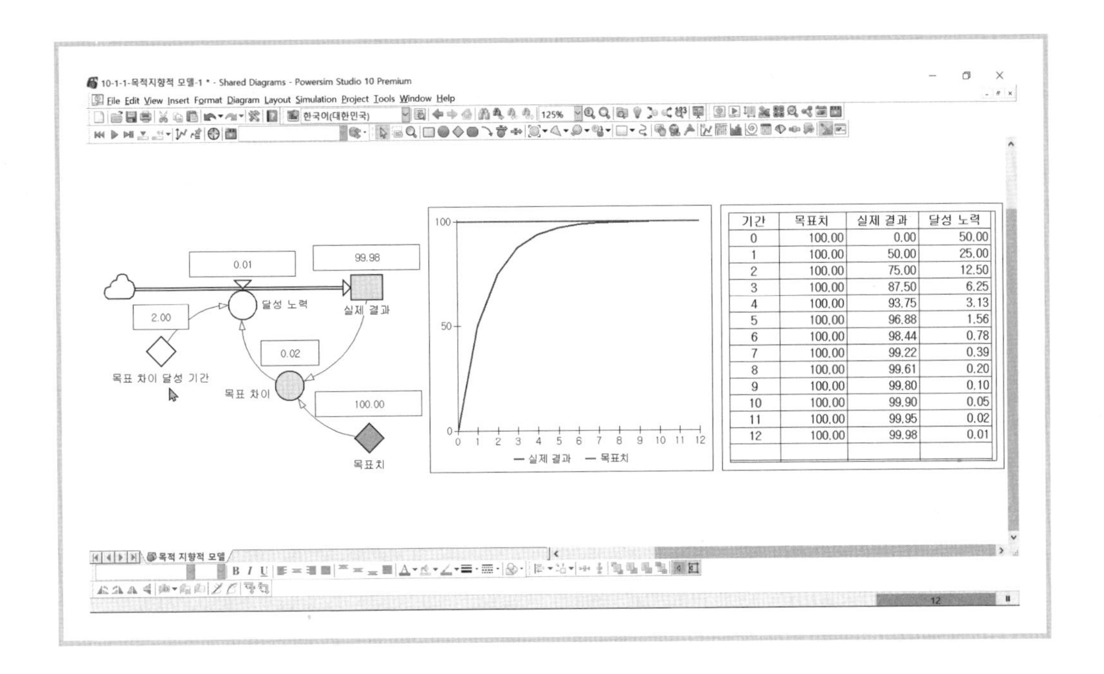

기간	목표치	실제 결과	달성 노력
0	100.00	0.00	50.00
1	100.00	50.00	25.00
2	100.00	75.00	12.50
3	100.00	87.50	6.25
4	100.00	93.75	3.13
5	100.00	96.88	1.56
6	100.00	98.44	0.78
7	100.00	99.22	0.39
8	100.00	99.61	0.20
9	100.00	99.80	0.10
10	100.00	99.90	0.05
11	100.00	99.95	0.02
12	100.00	99.98	0.01

9.2.2 목표지향(Goal Seeking) 루프 모델링 예제

다음 예제는 공동주택 공급량 목표를 달성하기 위하여 건설허가비율을 얼마로 하는 것이 바람직한가를 시뮬레이션하는 공동주택공급 시뮬레이션 모델이다.

(1) 모델링 환경설정

- 프로젝트 달력 설정: Calendar Independent
- 시뮬레이션 기간설정: 1부터 15까지
- 시간 단위 일치 체크(Enforce Time Unit Consistency)를 하지 않는다.
- 공급량 초깃값: 200
- 공급량 목표: 500
- (연간) 공급 최대용량: 100

(2) 부족량에 대한 연간 건설허가 비율이 100%일 때 목표 도달까지 4년이 소요됨

• '공급량 조절' 수식은 다음과 같다.

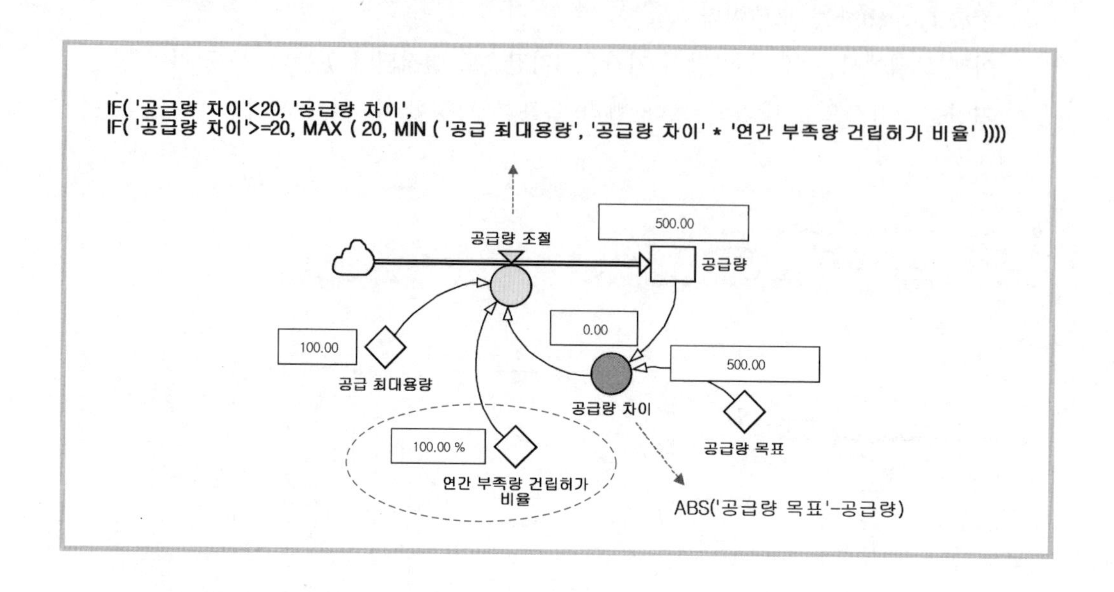

(3) 시뮬레이션 결과(1에서 15기간)

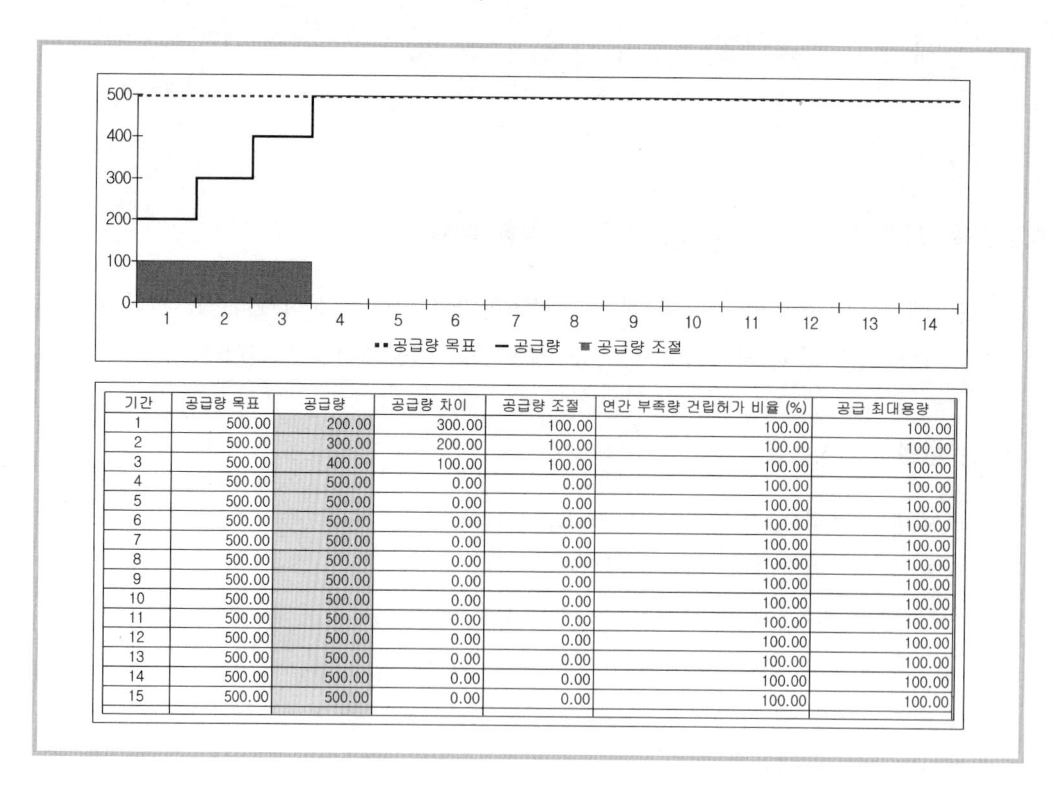

기간	공급량 목표	공급량	공급량 차이	공급량 조절	연간 부족량 건립허가 비율 (%)	공급 최대용량
1	500.00	200.00	300.00	100.00	100.00	100.00
2	500.00	300.00	200.00	100.00	100.00	100.00
3	500.00	400.00	100.00	100.00	100.00	100.00
4	500.00	500.00	0.00	0.00	100.00	100.00
5	500.00	500.00	0.00	0.00	100.00	100.00
6	500.00	500.00	0.00	0.00	100.00	100.00
7	500.00	500.00	0.00	0.00	100.00	100.00
8	500.00	500.00	0.00	0.00	100.00	100.00
9	500.00	500.00	0.00	0.00	100.00	100.00
10	500.00	500.00	0.00	0.00	100.00	100.00
11	500.00	500.00	0.00	0.00	100.00	100.00
12	500.00	500.00	0.00	0.00	100.00	100.00
13	500.00	500.00	0.00	0.00	100.00	100.00
14	500.00	500.00	0.00	0.00	100.00	100.00
15	500.00	500.00	0.00	0.00	100.00	100.00

(4) 부족량에 대한 연간 건설 허가비율이 50%일 때, 목표 도달까지 7년이 소요됨

- '공급량 조절' 수식은 다음과 같다.

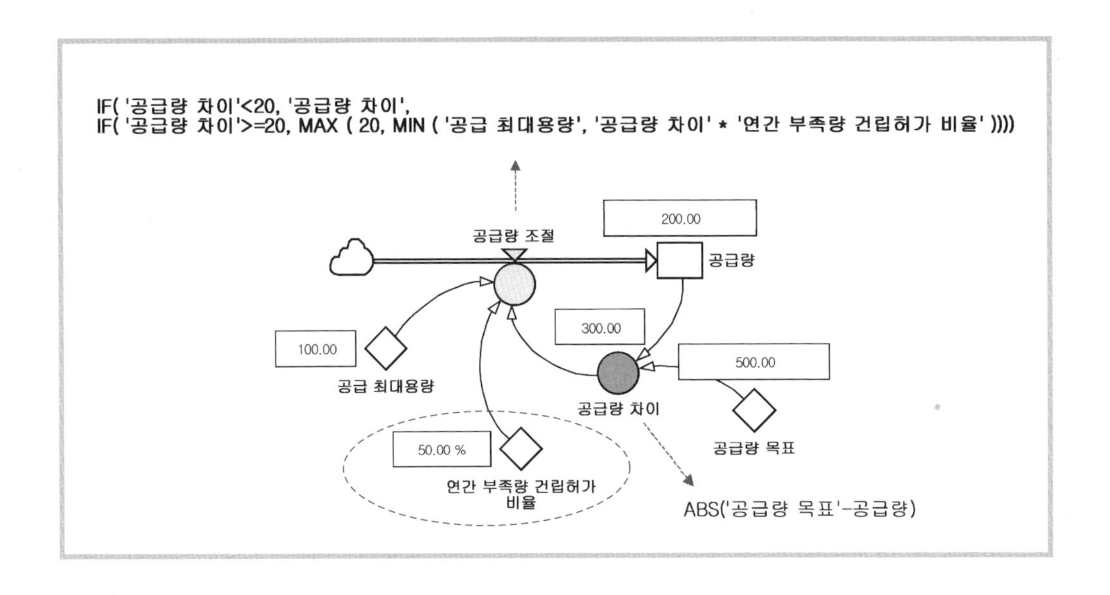

(5) 시뮬레이션 결과(1에서 15기간)

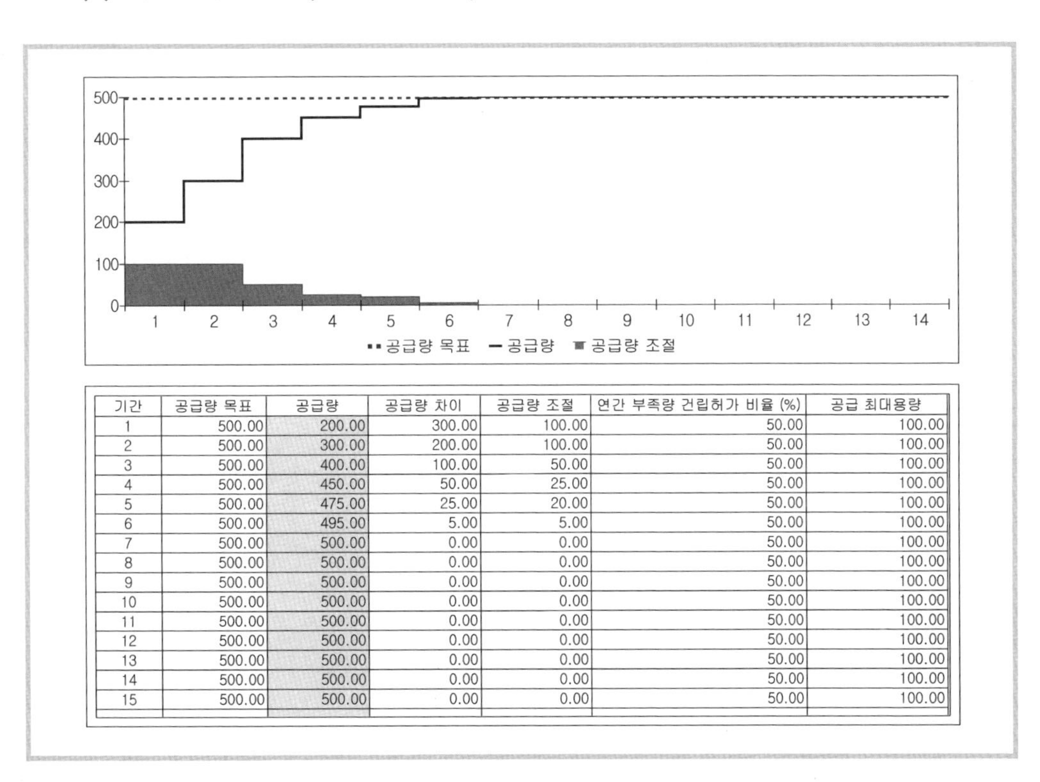

기간	공급량 목표	공급량	공급량 차이	공급량 조절	연간 부족량 건립허가 비율 (%)	공급 최대용량
1	500.00	200.00	300.00	100.00	50.00	100.00
2	500.00	300.00	200.00	100.00	50.00	100.00
3	500.00	400.00	100.00	50.00	50.00	100.00
4	500.00	450.00	50.00	25.00	50.00	100.00
5	500.00	475.00	25.00	20.00	50.00	100.00
6	500.00	495.00	5.00	5.00	50.00	100.00
7	500.00	500.00	0.00	0.00	50.00	100.00
8	500.00	500.00	0.00	0.00	50.00	100.00
9	500.00	500.00	0.00	0.00	50.00	100.00
10	500.00	500.00	0.00	0.00	50.00	100.00
11	500.00	500.00	0.00	0.00	50.00	100.00
12	500.00	500.00	0.00	0.00	50.00	100.00
13	500.00	500.00	0.00	0.00	50.00	100.00
14	500.00	500.00	0.00	0.00	50.00	100.00
15	500.00	500.00	0.00	0.00	50.00	100.00

(6) 부족량에 대한 연간 건설허가 비율이 30%일 때, 목표 도달까지 9년이 소요됨

• '공급량 조절' 수식은 다음과 같다.

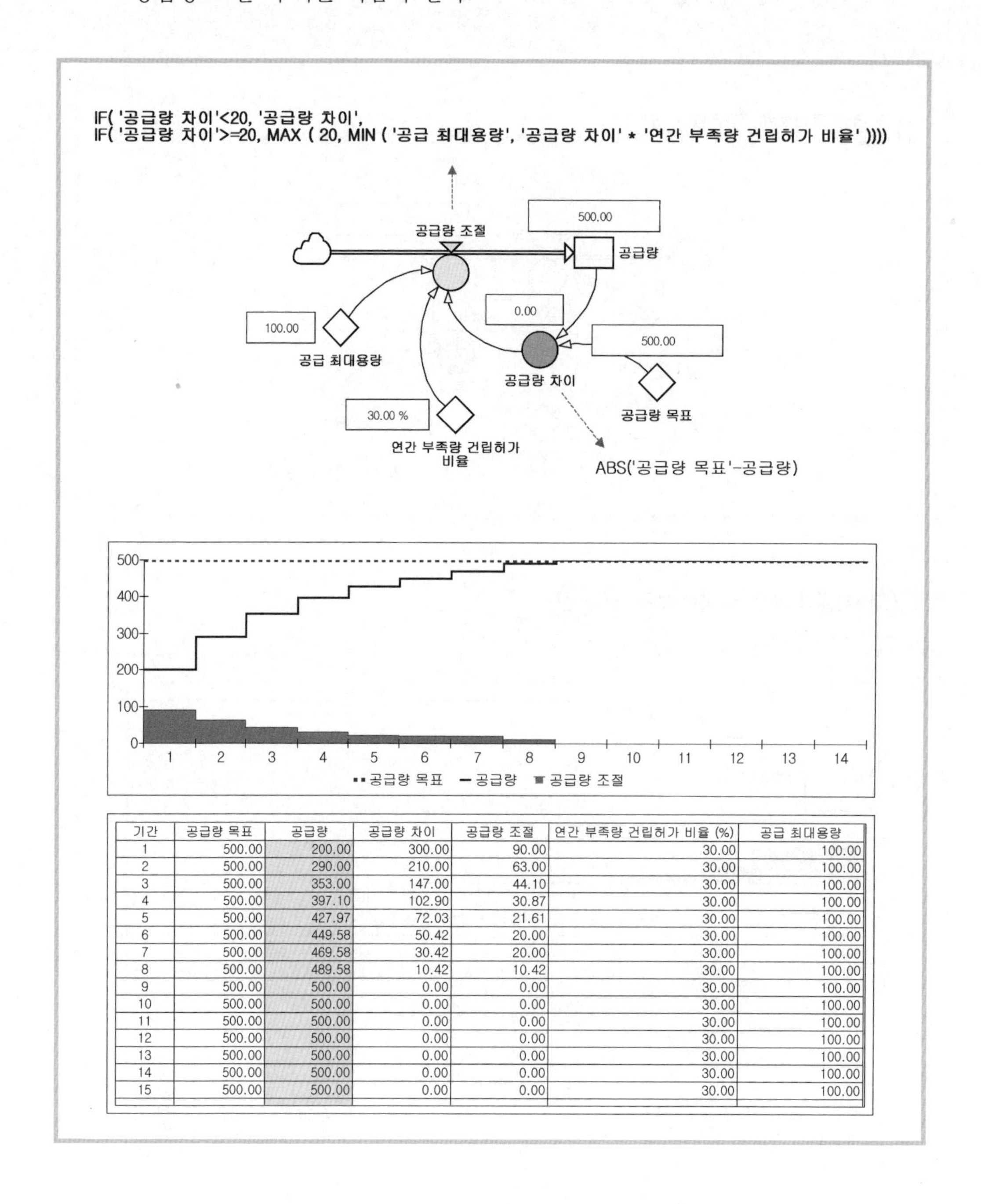

기간	공급량 목표	공급량	공급량 차이	공급량 조절	연간 부족량 건립허가 비율 (%)	공급 최대용량
1	500.00	200.00	300.00	90.00	30.00	100.00
2	500.00	290.00	210.00	63.00	30.00	100.00
3	500.00	353.00	147.00	44.10	30.00	100.00
4	500.00	397.10	102.90	30.87	30.00	100.00
5	500.00	427.97	72.03	21.61	30.00	100.00
6	500.00	449.58	50.42	20.00	30.00	100.00
7	500.00	469.58	30.42	20.00	30.00	100.00
8	500.00	489.58	10.42	10.42	30.00	100.00
9	500.00	500.00	0.00	0.00	30.00	100.00
10	500.00	500.00	0.00	0.00	30.00	100.00
11	500.00	500.00	0.00	0.00	30.00	100.00
12	500.00	500.00	0.00	0.00	30.00	100.00
13	500.00	500.00	0.00	0.00	30.00	100.00
14	500.00	500.00	0.00	0.00	30.00	100.00
15	500.00	500.00	0.00	0.00	30.00	100.00

(7) 부족량에 대한 연간 건설 허가비율이 20%일 때, 목표 도달까지 10년이 소요됨

- '공급량 조절' 수식은 다음과 같다.

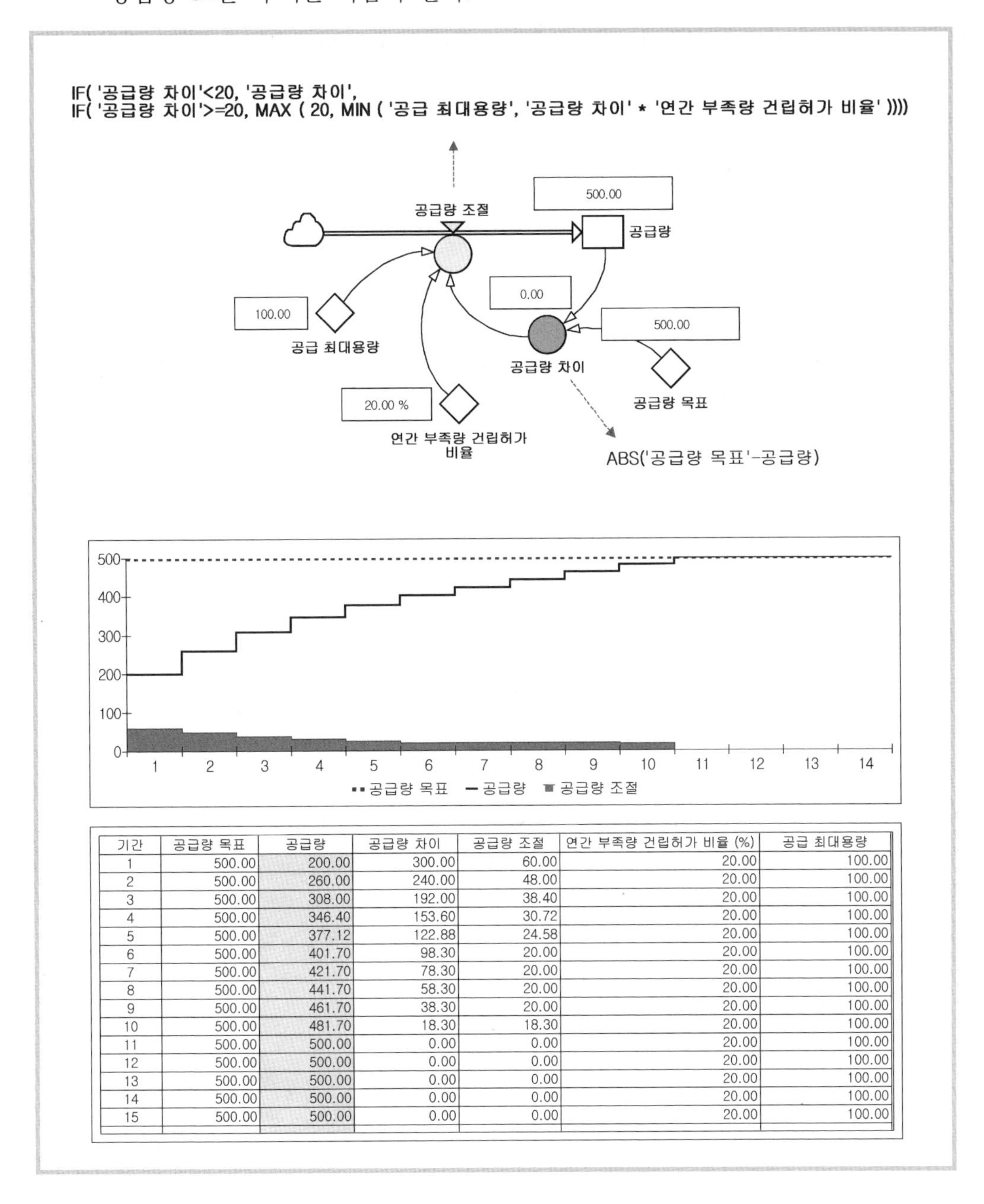

기간	공급량 목표	공급량	공급량 차이	공급량 조절	연간 부족량 건립허가 비율 (%)	공급 최대용량
1	500.00	200.00	300.00	60.00	20.00	100.00
2	500.00	260.00	240.00	48.00	20.00	100.00
3	500.00	308.00	192.00	38.40	20.00	100.00
4	500.00	346.40	153.60	30.72	20.00	100.00
5	500.00	377.12	122.88	24.58	20.00	100.00
6	500.00	401.70	98.30	20.00	20.00	100.00
7	500.00	421.70	78.30	20.00	20.00	100.00
8	500.00	441.70	58.30	20.00	20.00	100.00
9	500.00	461.70	38.30	20.00	20.00	100.00
10	500.00	481.70	18.30	18.30	20.00	100.00
11	500.00	500.00	0.00	0.00	20.00	100.00
12	500.00	500.00	0.00	0.00	20.00	100.00
13	500.00	500.00	0.00	0.00	20.00	100.00
14	500.00	500.00	0.00	0.00	20.00	100.00
15	500.00	500.00	0.00	0.00	20.00	100.00

(8) 조절변수의 고정(Permanent) 상태 필요성

시뮬레이션에서 '연간 부족량 건립허가 비율'과 같은 조절변수의 값을 변경하려면, 우선 시뮬레이션 상태를 시뮬레이션 초기 상태(Simulation Reset ⏮▶⏯)로 변경하여야 한다.

그리고 변경된 조절변수를 시뮬레이션 초기 상태로 되돌리고자 할 때는 Simulation Reset을 하면 그 변수는 원래 변수가 갖는 값으로 다시 돌아간다. 시뮬레이션이 다시 초기 상태가 되어도 변경된 값을 유지하도록 하는 것이 '변수의 변경된 값의 고정'이다.

변수 값을 고정하면, ⟡ 표시가 나타난다.

▒ 변경된 값의 고정(Permanent)

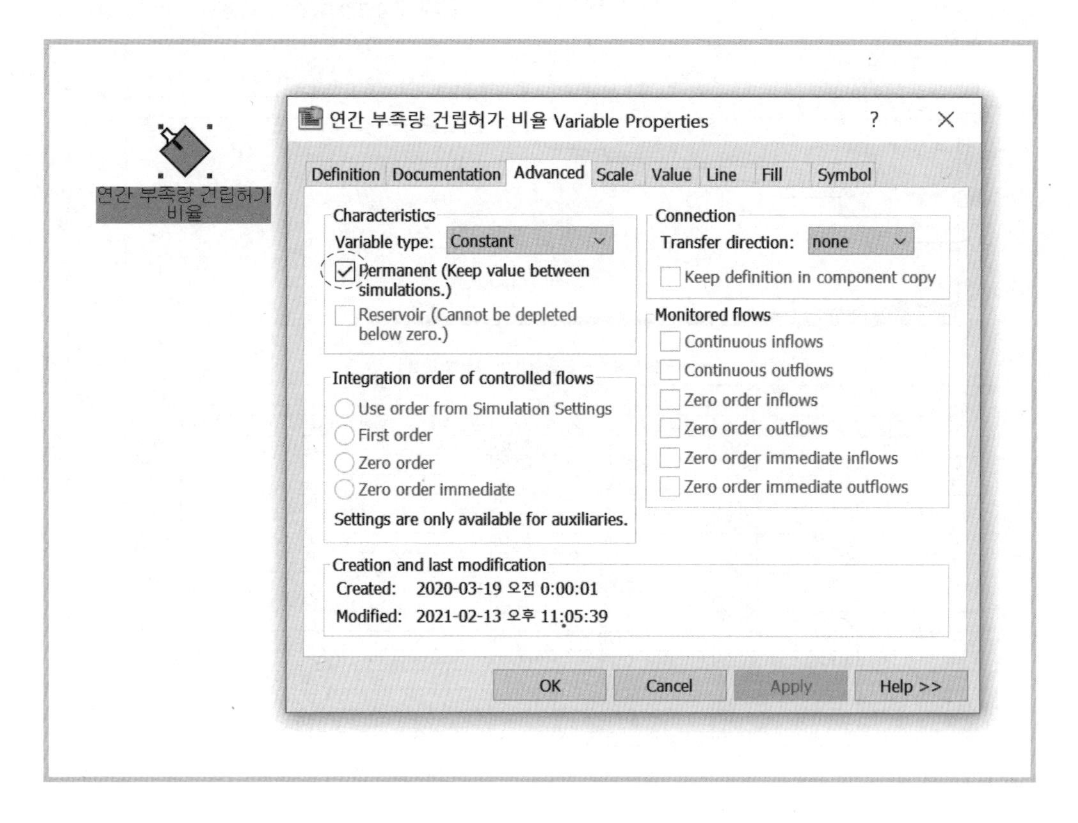

(9) 다차원 모델링을 이용한 모델링 및 시뮬레이션

'연간 부족량 건립허가 비율'을 열 가지로 구분하여 시뮬레이션하기 위해서는 배열 모델링(array modeling)을 하여야 한다.

- 배열을 이용한 모델

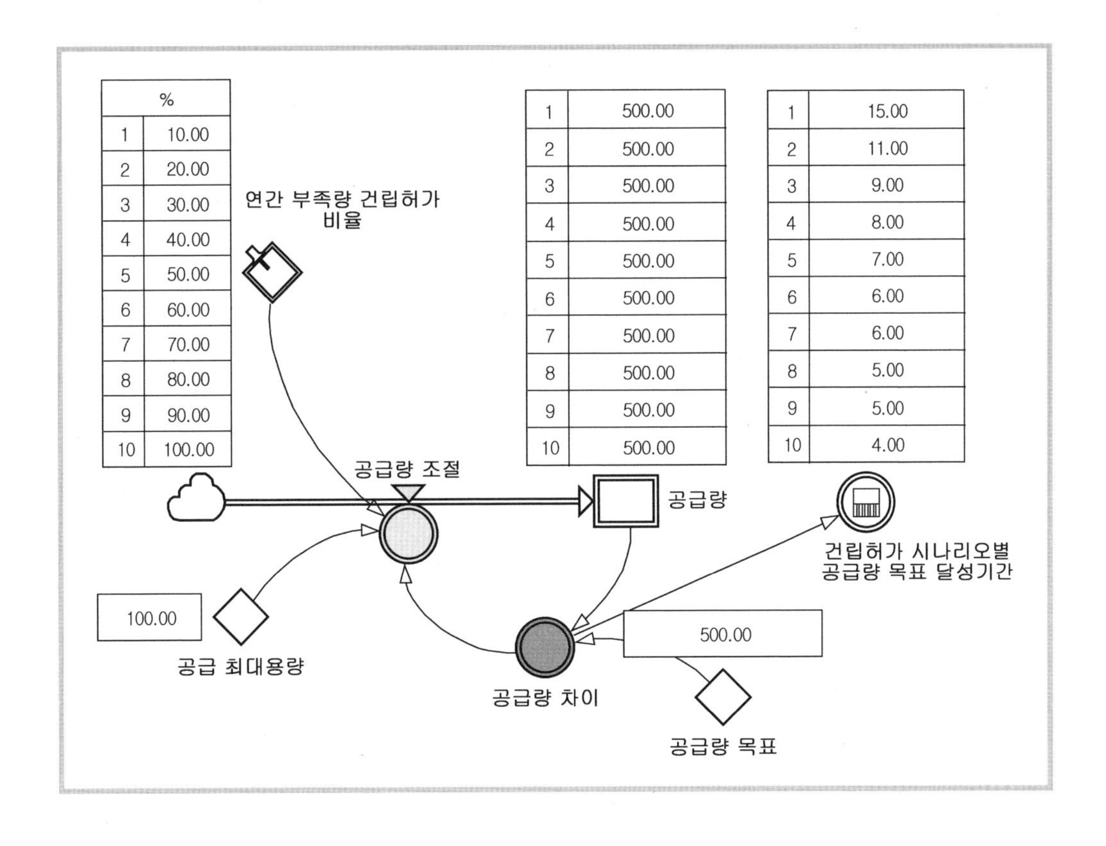

- 배열모델의 수식 구성

Name	Definition
1) 연간 부족량 건립허가 비율	FOR(i=1..10|i*10%)
2) 공급량 차이	ABS('공급량 목표'-공급량)
3) 공급량 조절	IF('공급량 차이'<20, '공급량 차이', IF('공급량 차이'>=20, MAX (20, MIN ('공급 최대용량', '공급량 차이' * '연간 부족량 건립허가 비율'))))
4) 공급량 목표	500
5) 공급량	200
6) 공급 최대용량	100
7) 건립허가 목표달성 기간	RUNMAX(IF('공급량 차이'>0, 1, 0) * TIME)+1

- 시뮬레이션 결과(Time Graph)

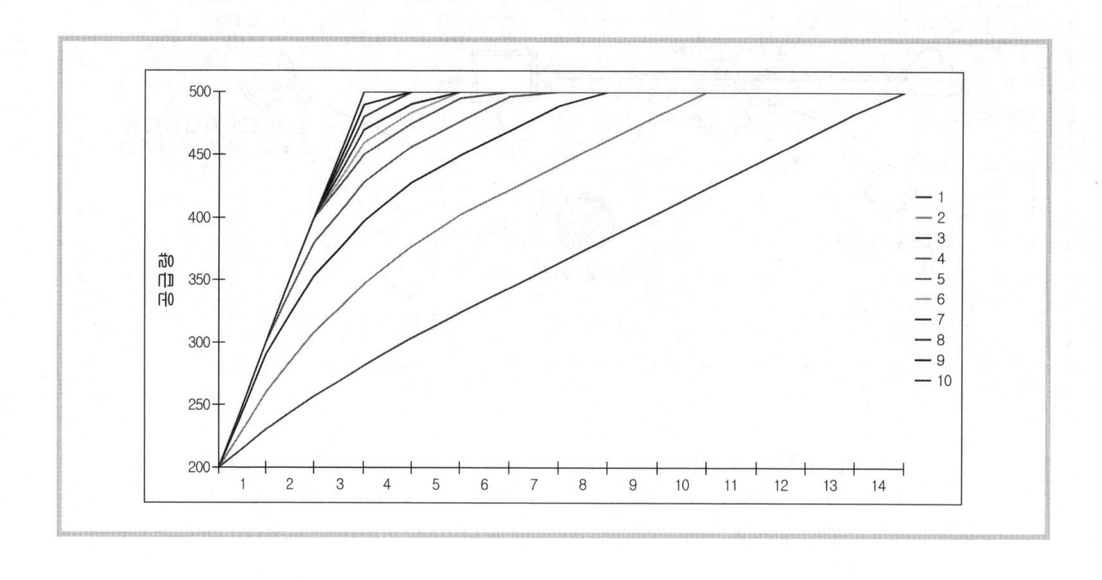

• 시뮬레이션 결과(Time Table)

공급량										
기간	1	2	3	4	5	6	7	8	9	10
1	200	200	200	200	200	200	200	200	200	200
2	230	260	290	300	300	300	300	300	300	300
3	257	308	353	380	400	400	400	400	400	400
4	281	346	397	428	450	460	470	480	490	500
5	303	377	428	457	475	484	491	500	500	500
6	323	402	450	477	495	500	500	500	500	500
7	343	422	470	497	500	500	500	500	500	500
8	363	442	490	500	500	500	500	500	500	500
9	383	462	500	500	500	500	500	500	500	500
10	403	482	500	500	500	500	500	500	500	500
11	423	500	500	500	500	500	500	500	500	500
12	443	500	500	500	500	500	500	500	500	500
13	463	500	500	500	500	500	500	500	500	500
14	483	500	500	500	500	500	500	500	500	500
15	500	500	500	500	500	500	500	500	500	500

• 공급목표 달성 Goal Seeking 시뮬레이션 결과

사례 번호	초기 공급량	목표 공급량	부족분 건립 시나리오	목표 달성 소요기간
1	200	500	10.00 %	15.00
2	200	500	20.00 %	11.00
3	200	500	30.00 %	9.00
4	200	500	40.00 %	8.00
5	200	500	50.00 %	7.00
6	200	500	60.00 %	6.00
7	200	500	70.00 %	6.00
8	200	500	80.00 %	5.00
9	200	500	90.00 %	5.00
10	200	500	100.00 %	4.00

• 목표 달성 시점 표시

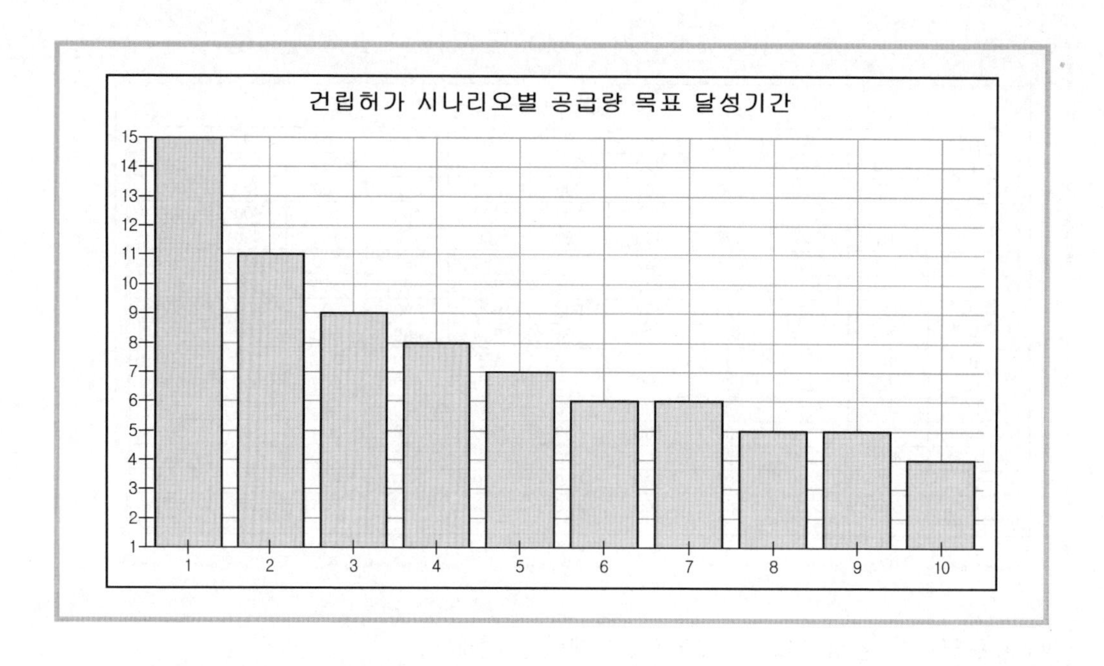

참고로 시뮬레이션 조건은 다음과 같다.

• 공급량 초깃값: 200, 공급량 목표: 500,
• (연간) 공급 최대용량: 100
• 시뮬레이션 모델 구성

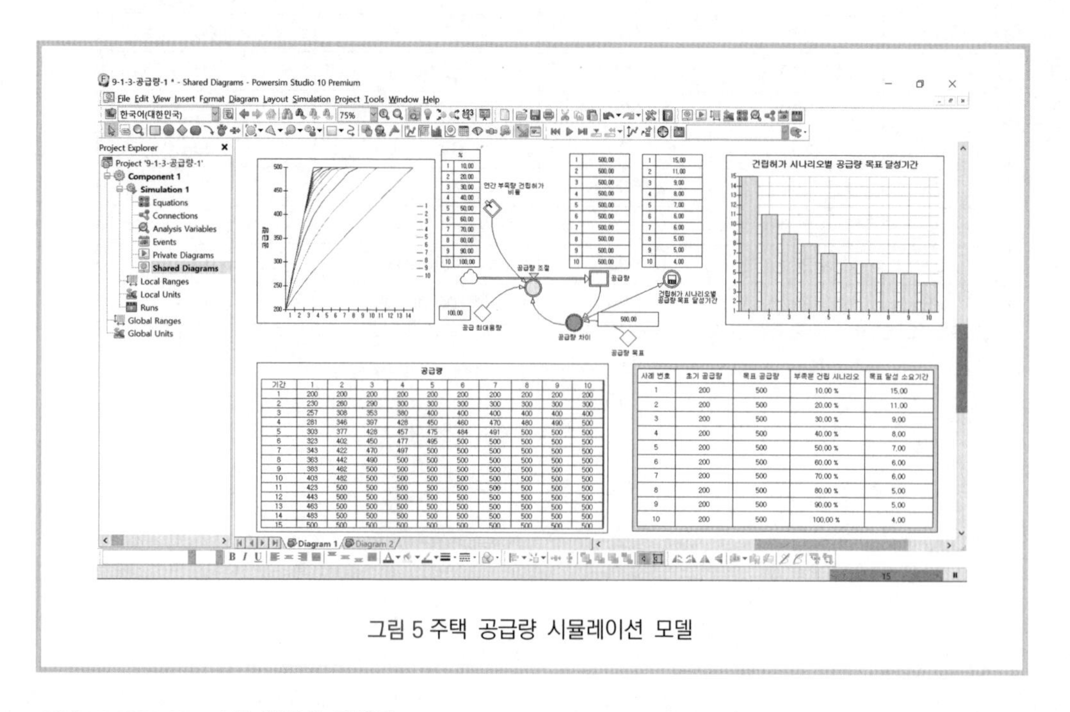

그림 5 주택 공급량 시뮬레이션 모델

9.3 S-커브 시뮬레이션 모델링

다음은 S자 형태의 시뮬레이션 결과를 나타내는 모델을 만들기 위한 예제이다.

- S자 형태의 그래프는 시그모이드 곡선(Sigmoid Curve) 또는 로지스틱(Logistic) 함수 곡선으로도 부른다.

$$\text{로지스틱 S커브 함수(Logistic function)} = \frac{1}{1+e^{-k(t-t_m)}}$$

- S커브는 지수적으로 증가하다가 균형적으로 수렴하는 형태의 곡선이다. 이는 종(bell) 모양의 정규분포 또는 삼각형의 모양의 삼각분포의 변화량을 누적한 누적 함수 형태이다.

9.3.1 유행성 질병 감염모델

- 다음은 건강한 사람이 무증상 환자와 접촉을 통하여 질병에 감염되는 모델이다.

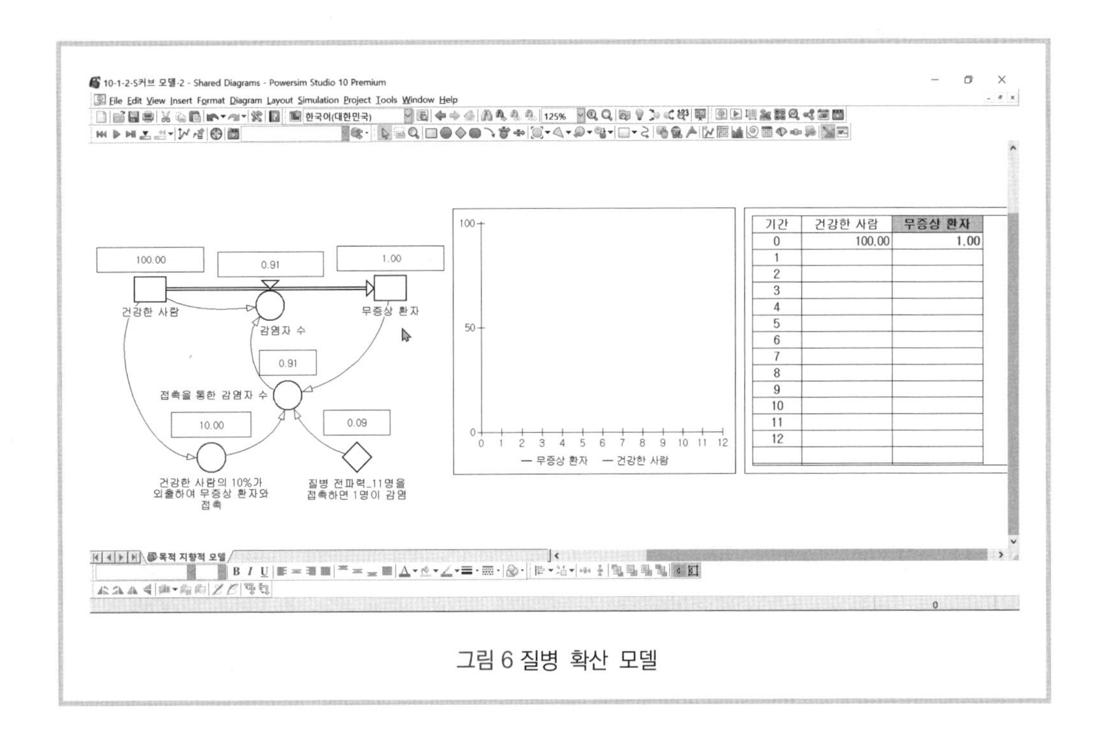

그림 6 질병 확산 모델

▨ 프로젝트 및 시뮬레이션 환경설정

- 프로젝트 달력 설정: Calendar Independent
- 시뮬레이션 기간설정: 0부터 12까지
- 시간 단위 일치 체크(Enforce Time Unit Consistency)를 하지 않는다.

▨ 변수 정의

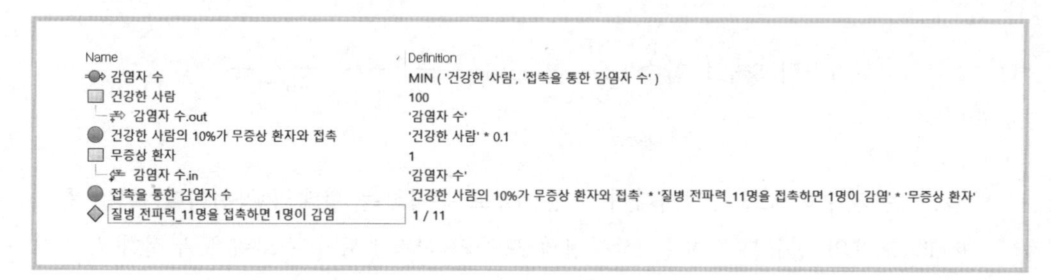

Name	Definition
감염자 수	MIN ('건강한 사람', '접촉을 통한 감염자 수')
건강한 사람	100
감염자 수.out	'감염자 수'
건강한 사람의 10%가 무증상 환자와 접촉	'건강한 사람' * 0.1
무증상 환자	1
감염자 수.in	'감염자 수'
접촉을 통한 감염자 수	'건강한 사람의 10%가 무증상 환자와 접촉' * '질병 전파력_11명을 접촉하면 1명이 감염' * '무증상 환자'
질병 전파력_11명을 접촉하면 1명이 감염	1 / 11

▨ S-커브 형태의 시뮬레이션 결과

- 다음은 건강한 사람이 무증상 환자와 접촉을 통하여 감염자가 되는 과정을 나타낸다.

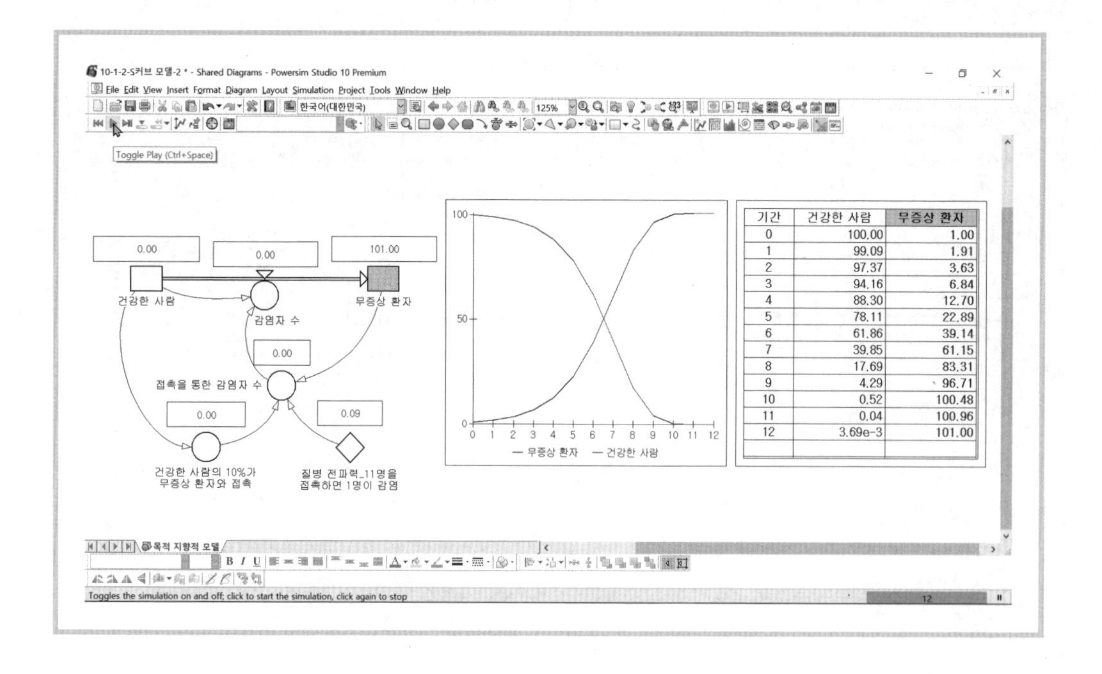

기간	건강한 사람	무증상 환자
0	100.00	1.00
1	99.09	1.91
2	97.37	3.63
3	94.16	6.84
4	88.30	12.70
5	78.11	22.89
6	61.86	39.14
7	39.85	61.15
8	17.69	83.31
9	4.29	96.71
10	0.52	100.48
11	0.04	100.96
12	3.69e-3	101.00

- 일반적으로 S커브는 아래와 같은 감염자 수가 증가하다가 다시 감소세로 내려가는 변곡점(變曲點)을 갖는다.
- 모델에서는 기간 7에서 감염자 수가 피크(Peak)를 기록하고, 그 이후로는 소강상태를 가지는 것을 알 수 있다. 이를 누적한 그래프는 아래 오른쪽에 나타나는 S커브 형태를 나타낸다.

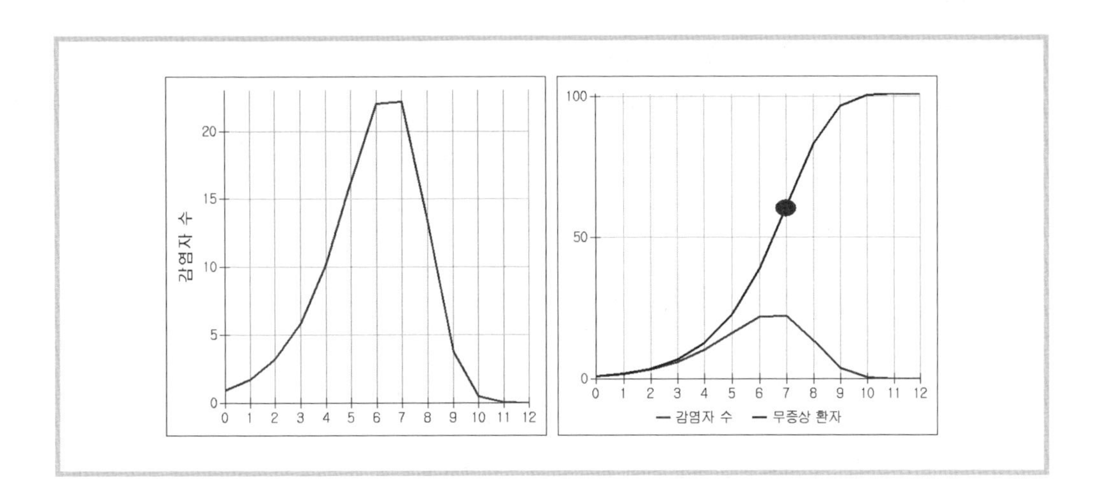

9.3.2 시차 효과가 있는 진동 모델

진동 모델(Oscillation model)

- 진동 모델은 기본적으로 음의 피드백 루프를 갖는 균형 루프(Balancing Loop) 모델이다.
- 진동 모델은 목적 지향적인 균형 루프를 가지나 피드백 루프 속에 시차효과(Time－delay)를 갖는 변수가 있는 경우 정보 지연(information delay)이나 물질 지연(material delay)으로 Goal Seeking Loop에 혼란(disturbances)이 발생하면서 나타나는 현상이다.
- 시스템 운영자(operator) 또는 시스템 조절자(controller)가 개입하여 지속적인 조절을 하는 경우 시스템은 시차효과를 극복하고 마침내 시스템의 목표를 달성하게 된다.

9.3.3 진동 모델링 실습

(1) 진동 모델을 작성하고 시뮬레이션하기 위하여 시뮬레이션 설정을 아래와 같이 변경하자.

프로젝트 및 시뮬레이션 환경설정

- 프로젝트 달력 설정: Calendar Independent
- 시뮬레이션 기간설정: 0부터 48까지
- 시간 단위 일치 체크(Enforce Time Unit Consistency)를 하지 않는다.

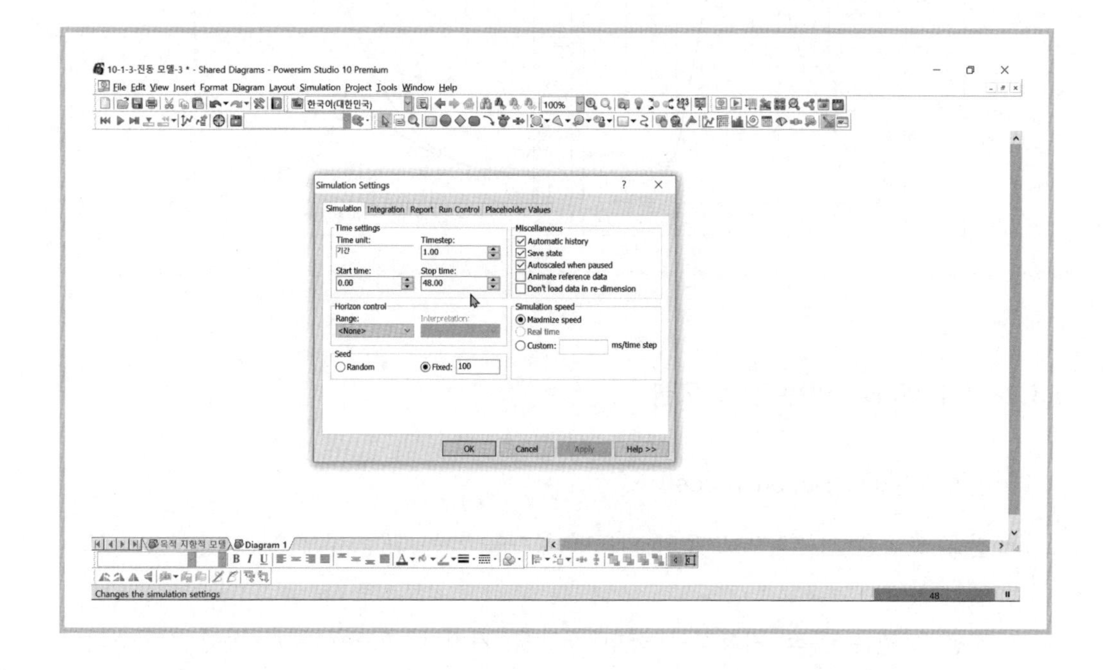

(2) 시차(Time Delay)가 있는 목표 지향적인 시뮬레이션 모델링

- 다음은 공동주택 가격과 같이 바람직한 가격을 추종하는 공급량 모델이다. 공급량은 건축 기간 등을 고려하여 3기간의 기간이 소요된다고 하자.

(3) 모델 수식

Name	Definition
가격 대비 공급량	DELAYPPL (('현재 가격' - '바람직한 가격')*2, 3, 0) + 10
가격 대비 수요량	('바람직한 가격' - '현재 가격')*2 + 10//DELAYPPL (('원하는 가격'-'현재 가격')*1, 2, 0) + 10
가격 조정	'현재 가격' * ('수급 차이'-1)
바람직한 가격	2
수급 차이	'가격 대비 수요량' DIVZ0 '가격 대비 공급량'
현재 가격	2
가격 조정.in	'가격 조정'

시뮬레이션 모델

- 아래 모델은 현재 공동주택 가격이 2이다. 미래 공동주택의 바람직한 가격도 2로 그림 7과 같이 설정되어 있다.

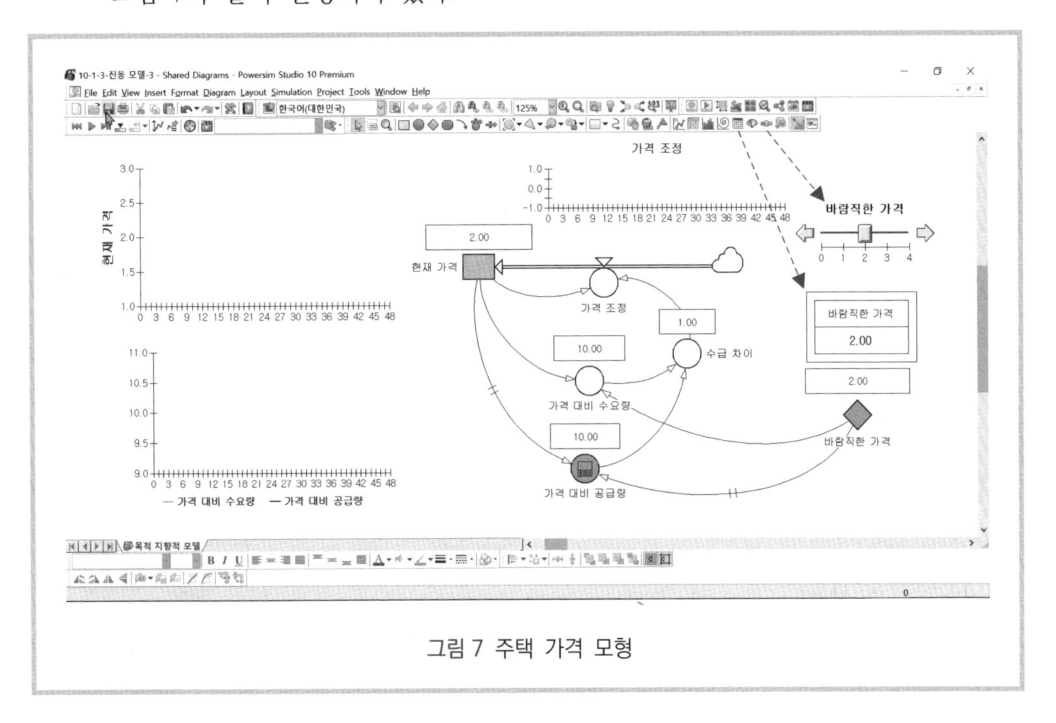

그림 7 주택 가격 모형

- 참고로 슬라이더 바(Slider bar)는 도구 모음에서 클릭하여, 다이어그램에 적당한 크기로 그린 다음 변수를 끌어다 놓으면 된다(Drag and Drop).
- 마찬가지로 테이블(Table) 아이콘도 도구 모음에서 가져와, 변수를 테이블(Table) 아이콘에 드래그 & 드롭하면 된다.
- 테이블에 변수를 가져올 때, 아래 칸 숫자를 표시할 부분에 먼저 변수를 가져오고, 위 칸에는 마우스 오른쪽을 클릭하고 아래와 같이 변수 이름을 선택하면 된다.

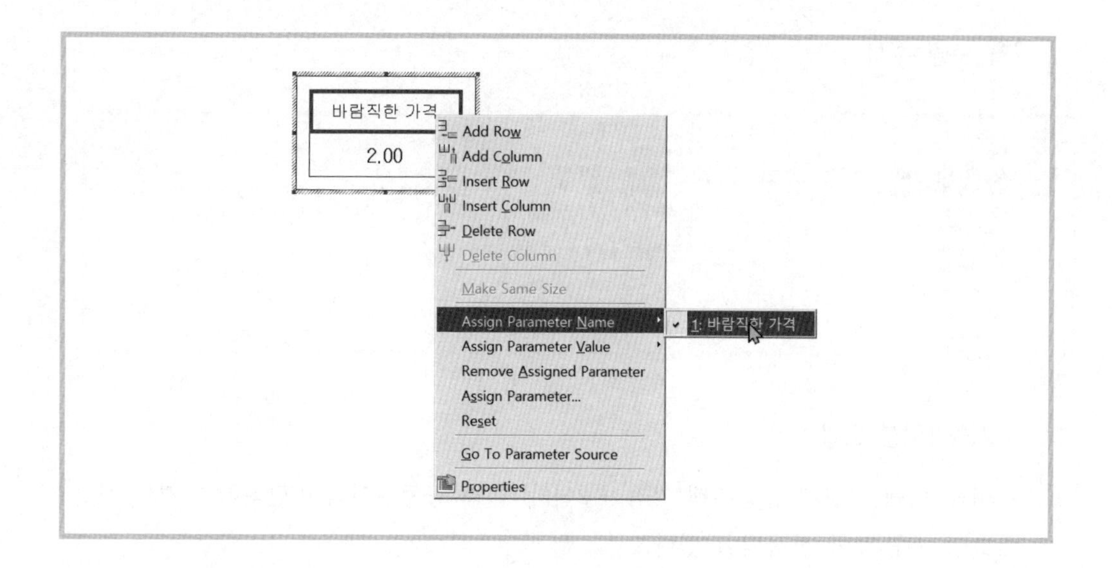

• 바람직한 가격에 2를 입력하고, 아래와 같이 시뮬레이션 버튼을 눌러 시뮬레이션 하면 그림 8과 같은 결과가 나타난다.

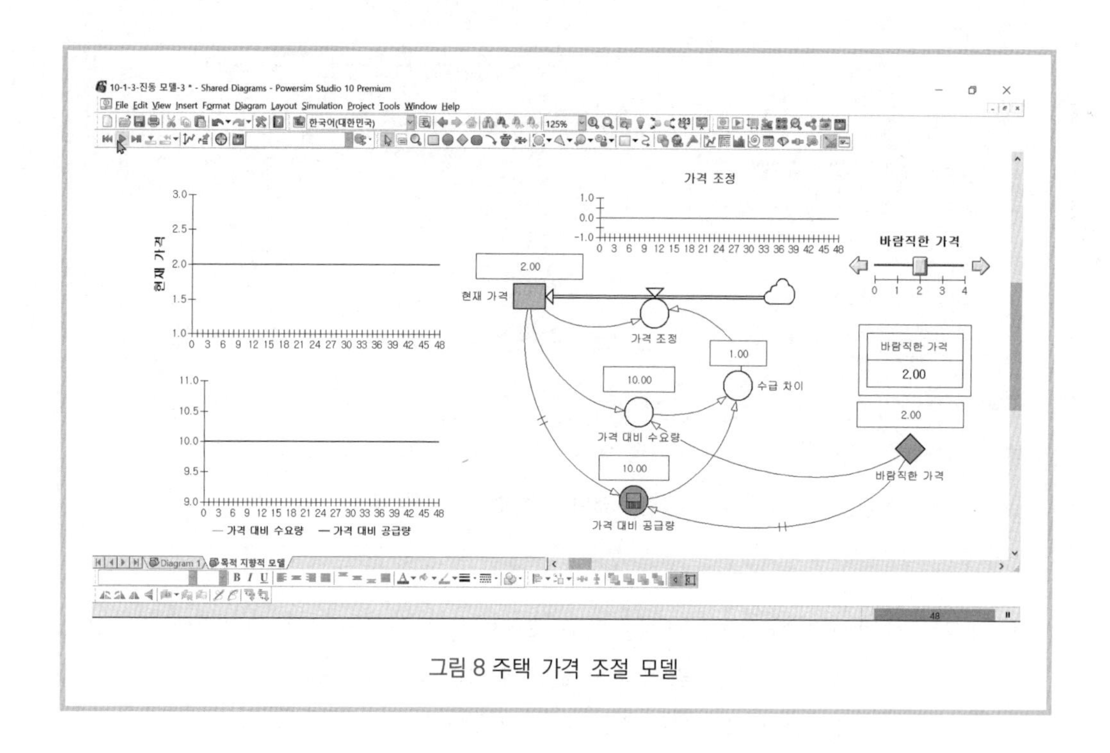

그림 8 주택 가격 조절 모델

시뮬레이션 결과

- 바람직한 공동주택 가격을 현재 공동주택 가격 2보다 낮은 1.5로 아래와 같이 설정하고, 시뮬레이션하면 시뮬레이션 결과는 다음과 같다.
- 참고로 시뮬레이션을 위하여 바람직한 가격을 설정할 때 시뮬레이션 기간이 이미 미래 시점에 가 있는 상태에서는 슬라이더 바(Slider bar)나 테이블(Table) 아이콘에 새로운 값 입력이 되지 않는다.
- 따라서, 이때에는 시뮬레이션 상태를 시작 시점으로 되돌리고 바람직한 가격을 설정하여야 한다. 즉 시뮬레이션 진행관리 아이콘에서 아래와 같이 Reset 버튼을 눌러 시뮬레이션 기간을 처음으로 되돌려 놓아야 한다.

그리고 바람직한 가격을 1.5로 설정하고 시뮬레이션 Play 버튼을 누르면, 그 시뮬레이션 결과는 그림 9와 같다.

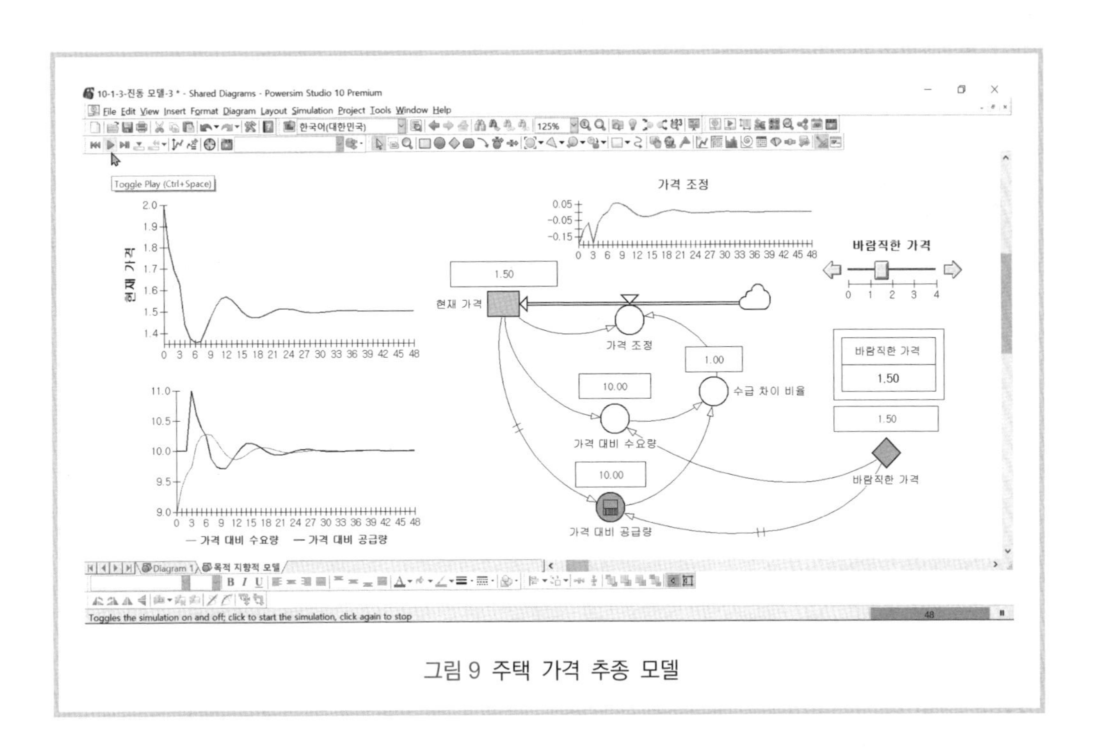

그림 9 주택 가격 추종 모델

- 위의 시뮬레이션 결과에서 보는 바와 같이, 현재 상태에서 목표 값을 탐색하기 위하여 어느 정도의 기간 동안 시뮬레이션 결과가 진동(Oscillation)하는 것을 볼 수 있다.
- 이는 위의 모델에서 현재 가격이 목표 가격을 단번에 달성할 수 없는 것으로 '가격 대비 공급량'변수에서 공급량에 시간이 걸린다(Time-delay)는 것이다.

9.3.4 가격 대비 공급량 모델

다음은 가격에 반응하는 공급량의 시뮬레이션이다.

- 공동주택의 공급량 모델은 아래와 같은 '가격 대비 공급량'변수의 정의에서, 공급량은 기본 공급량(10)에서 현재 가격과 바람직한 가격의 차이에 따라 변동하는 것으로 설정하였다.
- 그리고 공급변동량은 시차효과 현상에서 어떤 결과가 나타날 때까지 단순 시간이 소요되는 현상을 나타내는 Delay Pipeline 함수(DELAYPPL)를 사용하였다.
- 현실적인 공동주택 공급조정 과정에서 건설 기간 등을 고려하여 3기간의 시차가 존재하는 것을 모델에서 가정하였다.

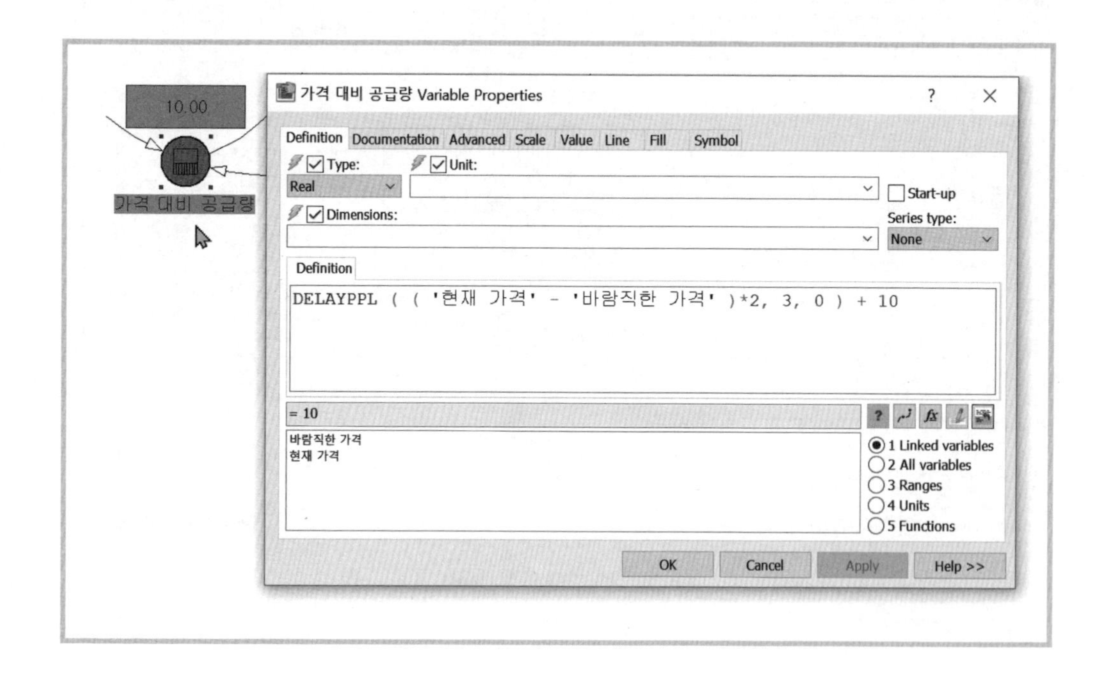

▨ 시뮬레이션 결과

- 공공주택 가격은 기간 31 정도에서 바람직한 가격인 1.5를 안정적으로 나타내는 것을 알 수 있다.

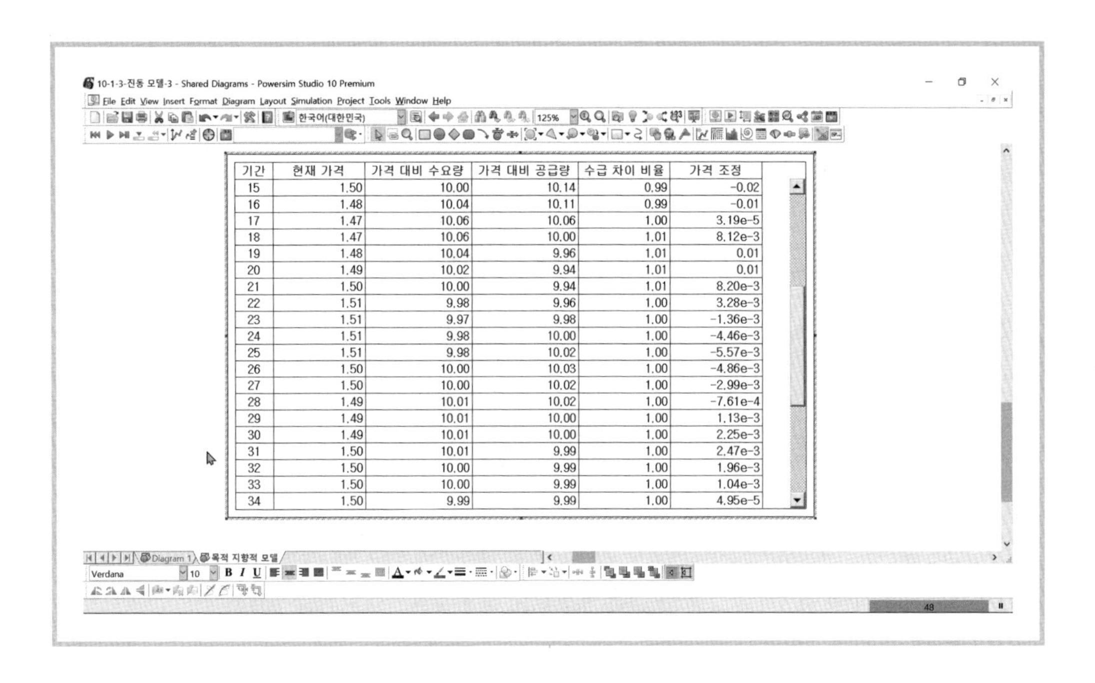

기간	현재 가격	가격 대비 수요량	가격 대비 공급량	수급 차이 비율	가격 조정
15	1.50	10.00	10.14	0.99	-0.02
16	1.48	10.04	10.11	0.99	-0.01
17	1.47	10.06	10.06	1.00	3.19e-5
18	1.47	10.06	10.00	1.01	8.12e-3
19	1.48	10.04	9.96	1.01	0.01
20	1.49	10.02	9.94	1.01	0.01
21	1.50	10.00	9.94	1.01	8.20e-3
22	1.51	9.98	9.96	1.00	3.28e-3
23	1.51	9.97	9.98	1.00	-1.36e-3
24	1.51	9.98	10.00	1.00	-4.46e-3
25	1.51	9.98	10.02	1.00	-5.57e-3
26	1.50	10.00	10.03	1.00	-4.86e-3
27	1.50	10.00	10.02	1.00	-2.99e-3
28	1.49	10.01	10.02	1.00	-7.61e-4
29	1.49	10.01	10.00	1.00	1.13e-3
30	1.49	10.01	10.00	1.00	2.25e-3
31	1.50	10.01	9.99	1.00	2.47e-3
32	1.50	10.00	9.99	1.00	1.96e-3
33	1.50	10.00	9.99	1.00	1.04e-3
34	1.50	9.99	9.99	1.00	4.95e-5

9.3.5 인플레이션을 고려한 바람직한 공동주택 가격 목표설정(Desired Goal Setting)

- 현재 가격 2에서 바람직한 가격 2.5를 추종하기 위하여 공급량을 줄여야 하는데, 공급은 3기간이 소요되는 공급 시차(Time Delay)가 발생한다.

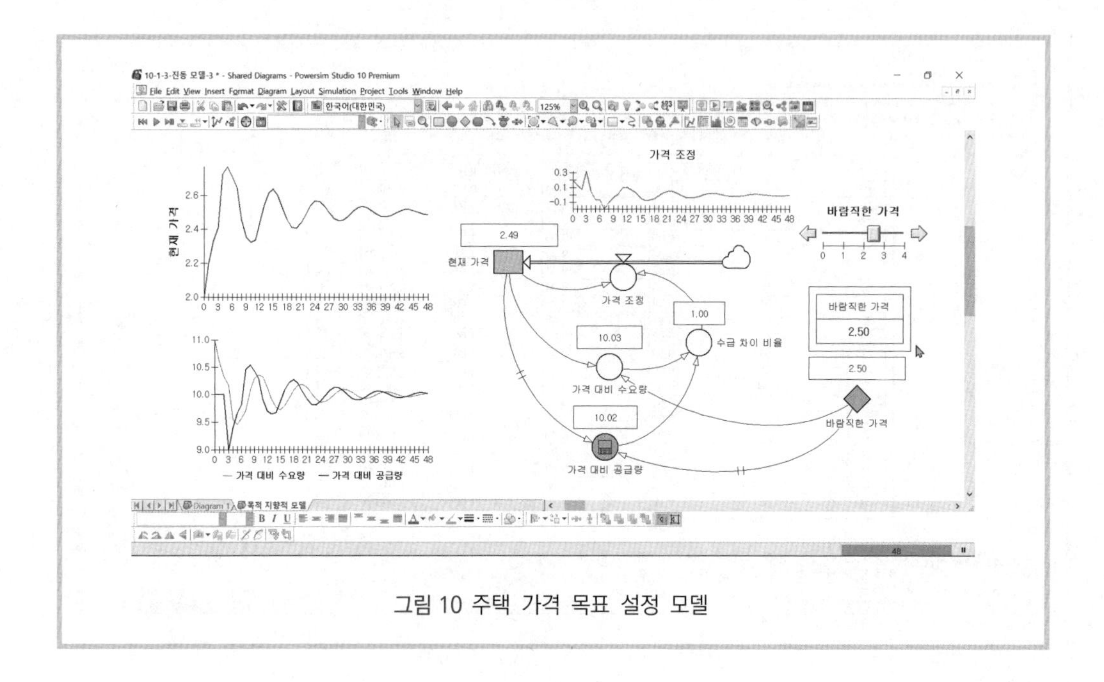

그림 10 주택 가격 목표 설정 모델

- 공공주택 가격은 41기간 정도에서 바람직한 가격인 2.5를 나타내는 것을 알 수 있다.

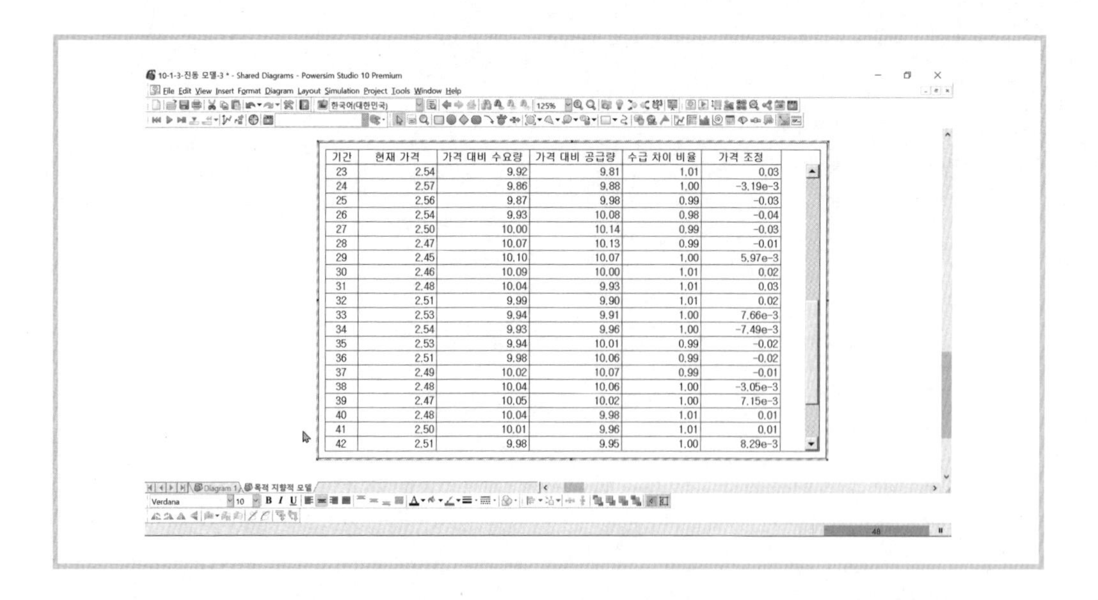

기간	현재 가격	가격 대비 수요량	가격 대비 공급량	수급 차이 비율	가격 조정
23	2.54	9.92	9.81	1.01	0.03
24	2.57	9.86	9.88	1.00	-3.19e-3
25	2.56	9.87	9.98	0.99	-0.03
26	2.54	9.93	10.08	0.98	-0.04
27	2.50	10.00	10.14	0.99	-0.03
28	2.47	10.07	10.13	0.99	-0.01
29	2.45	10.10	10.07	1.00	5.97e-3
30	2.46	10.09	10.00	1.01	0.02
31	2.48	10.04	9.93	1.01	0.03
32	2.51	9.99	9.90	1.01	0.02
33	2.53	9.94	9.91	1.00	7.66e-3
34	2.54	9.93	9.96	1.00	-7.49e-3
35	2.53	9.94	10.01	0.99	-0.02
36	2.51	9.98	10.06	0.99	-0.02
37	2.49	10.02	10.07	0.99	-0.01
38	2.48	10.04	10.06	1.00	-3.05e-3
39	2.47	10.05	10.02	1.00	7.15e-3
40	2.48	10.04	9.98	1.01	0.01
41	2.50	10.01	9.96	1.01	0.01
42	2.51	9.98	9.95	1.00	8.29e-3

제10장

다차원 배열 모델링

10.1 배열을 이용한 모델링(array modeling)

10.1.1 데이터베이스 분야와 시스템 다이내믹스 분야

배열(array)[1]은 현상이 여러 범주 또는 구분, 속성을 갖는 것을 말한다. 전국 모든 중학교는 학년이라는 배열에 1학년, 2학년, 3학년이 있고, 과목이라는 배열에는 국어, 영어, 수학이 있다.

이처럼 현실의 대부분 문제는 배열 속성을 갖는다. 따라서 이 책에서는 이러한 배열 분석을 손쉽게 하는 방법과 더 나아가 배열 분석정보를 토대로 의사결정(decision making)을 할 수 있는 모델링 시뮬레이션 및 분석체계를 다룬다.

1) 배열(配列)은 어떤 규칙을 적용하여 일정한 간격으로 데이터를 배치한 것을 말한다. 프로그램에서 각 배열은 데이터를 갖는데, 이들 데이터는 자기만의 주소(index)를 갖는다. 예를 들어 배열 X는 {100, 200, 300}일 때 X의 첫 번째(index) 값은 100이다. 즉 X[1]=100이 된다. X [주소 값] 형식이다.

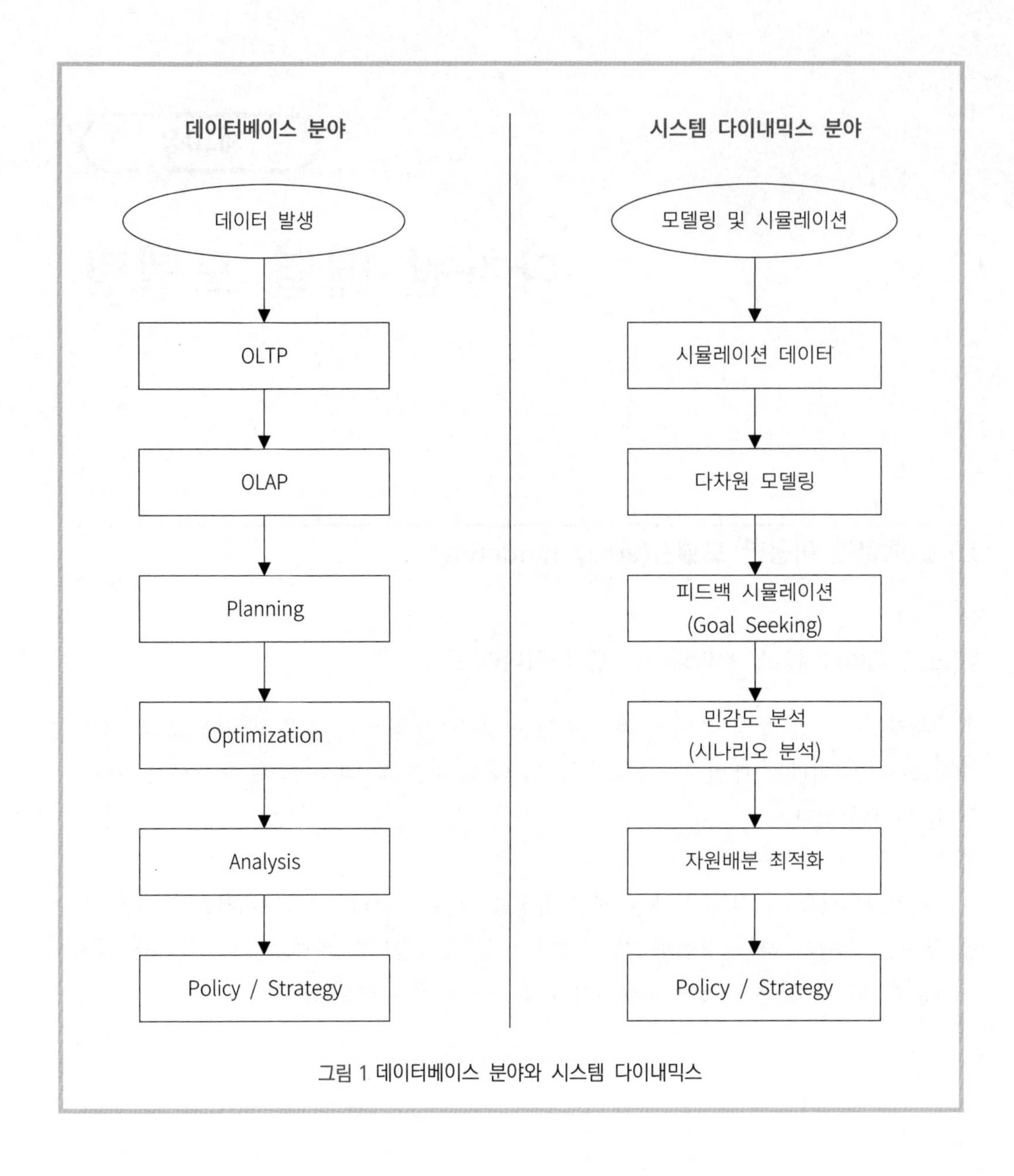

그림 1 데이터베이스 분야와 시스템 다이내믹스

10.1.2 배열(array)

현실의 대부분 문제는 여러 가지 동일한 유형의 형태를 나타내는데, 이들은 배열의 성질을 갖고 있다. 예를 들어 무지개(rainbow)가 패턴이 동일한 일곱가지 색깔로 이루어진 것과 같다. 무지개를 모델링하려면 색깔별로 일곱 개의 모델을 만들어도 되나, 일곱 가지 원소를 갖는 배열을 이용하면 하나의 무지개 모델로 모델링하면 된다.

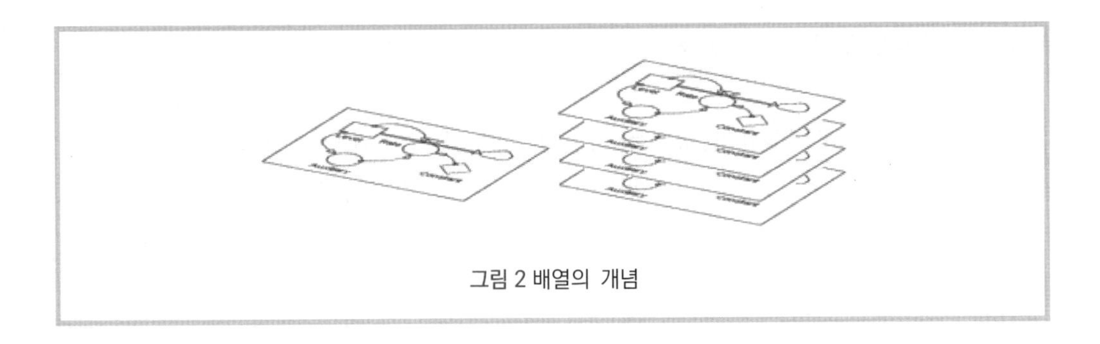

그림 2 배열의 개념

예를 들어, 과일 판매량을 모델링하는 경우에 판매되는 과일의 종류에는 사과, 배, 복숭아, 포도의 네 가지 과일이 있다고 하자. 이들 과일 종류 각각의 판매량을 모델링하는 것보다는 네 가지 배열 원소를 갖는 과일이라는 카테고리를 이용하여 모델링하는 것이 효과적일 것이다.

10.1.3 다차원 모델링(multi-dimensional modeling)

다차원이란 일차원의 확장형태를 말한다. 예를 들어 한국에 1년간 음료수 제품 판매량이 1,000박스라는 정보가 있다고 하자. 보다 유용한 정보를 얻기 위하여 판매량 1,000박스를 음료수 제품 종류별로 구분할 수 있다. 사이다가 300박스, 콜라가 500박스, 사과주스가 200박스로 구분한다. 이렇게 제품 종류로 구분할 때 제품 종류는 1차원 구분 기준이 된다.

이를 판매 지역을 기준으로 다시 구분하면 서울 600박스, 인천 300박스, 대전 100박스로 나눌 수 있다. 이때 판매지역별 판매량을 모두 합하면 1,000박스이며, 판매지역 구분이 제품 종류 구분과 더해지면 2차원이 된다.

그리고 1년 동안 판매된 1,000박스를 월별로 구분된 정보로 구분할 수 있다. 제품 종류별, 각 지역별, 매월 판매량으로 구분하여, 판매된 기간을 추가하면 3차원의 판매량 데이터가 만들어진다. 물론 지역별 매월 판매량을 모두 합하면 1,000박스가 된다.

여기에 3개월 단위로 묶은 분기별로 다시 구분하면 4차원의 데이터 세트가 만들어지고, 제품 가격대별로 다시 구분하면 5차원 등등으로 계속 구분된다. 이렇게 다차원 배열모델(Multi－dimensional model)이 완성되면 어느 제품이, 어느 지역에서, 몇 월에, 몇 개가 판매되었는지, 어느 지역에서 어떤 제품가격대가 매월 얼마나 판매되었는지 등 보다 상세한 정보를 얻을 수 있게 된다.

이 같은 늘어나는 차원을 감당하는 다차원 분석 계산을 위하여 과거에는 프로그램이나 스프레드시트를 돌리고, 다음날 아침에 출근하여 그 결과를 얻는 경우도 있었으나, 요즈음 컴퓨터 계산능력의 획기적인 향상과 보다 효과적인 계산 방법이나 새로운 알고리즘의 활용으로 다차원 계산은 과거에 비하여 월등히 빨라지는 추세이다.

최근 빅 데이터, 인공지능, 사물인터넷, 센서 기술 발달, 디지털 트윈의 발달 등 4차 산업혁명 분위기에 따라 미세하고 풍부한 데이터의 가용성, 더욱 구체적이고 세분화된 분석정보에 대한 요구수준의 증가는 다차원 분석과 다차원 분석 모델링에 대한 필요성을 더욱 절실하게 한다.

데이터베이스 분야, 통계 분야, 데이터 분석, Business Intelligence 분야에서 다차원 데이터 분석을 하는 이유는 1차원적인 기본 데이터들을 이용하여 의사결정자에게 보다 다양하고 유용한 다차원 분석정보를 제공하기 위해서다.

위의 예제와 같이 다차원 분석을 이용하면, 맨 처음 제시된 연간 판매량 1,000박스라는 개략적인 정보에 비하여, 어느 지역에 매월 어떤 제품이 어느 가격대로 얼마나 판매되었는가? 등의 정보를 손쉽게 얻을 수 있게 된다.

10.2 배열 모델링 예제

10.2.1 과일 종류 모델링

동일한 형태의 속성이나 개체들의 값을 표현할 때 배열을 사용한다. 배열(配列)은 영어로 Dimension, Range 또는 Array라고 한다.

파워심 프로그램에서는 배열 시작과 끝 사이에 ..을 입력하여 배열 원소를 표시한다. 예를 들어 2개의 원소가 있는 배열은 1..2로 표시하고, 5개 원소가 있는 배열은 1..5로 표기한다.

예를 들어, 판매되는 과일이 사과, 배, 복숭아, 포도로 네 가지 있다. 이들 과일을 순서대로 번호를 부여하여 배열로 나타내면 다음과 같다.

Case 1. 직접 번호 입력

파워심에서는 배열을 구성하는 원소(element)를 표현할 때 사용하는 기호는 중괄호 { }이다. 중괄호 { } 안에 배열 원소를 나열한다.

네 가지 과일 종류를 나타낼 때 변수 정의 화면에 과일 번호를 {1, 2, 3, 4}로 직접 입력한다. 이렇게 입력하면 Dimensions 정보 창에 1..4라는 배열 표시가 자동으로 나타난다.

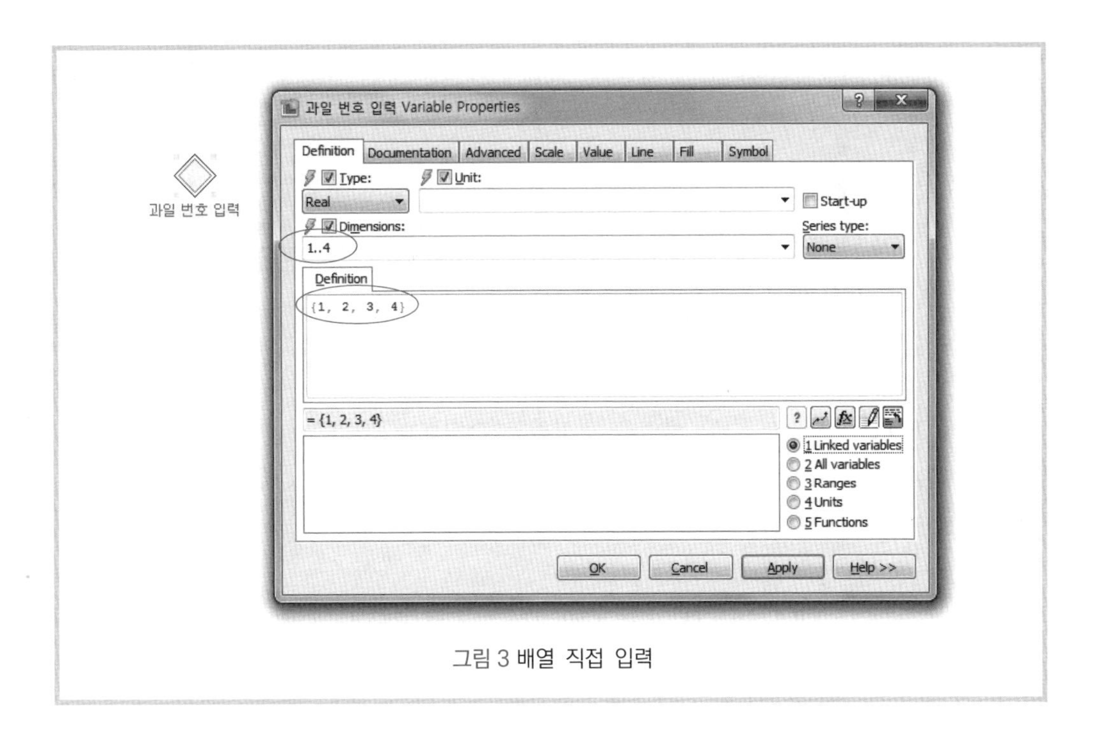

그림 3 배열 직접 입력

Case 2. 배열을 이용한 모델링

A = {1..4}

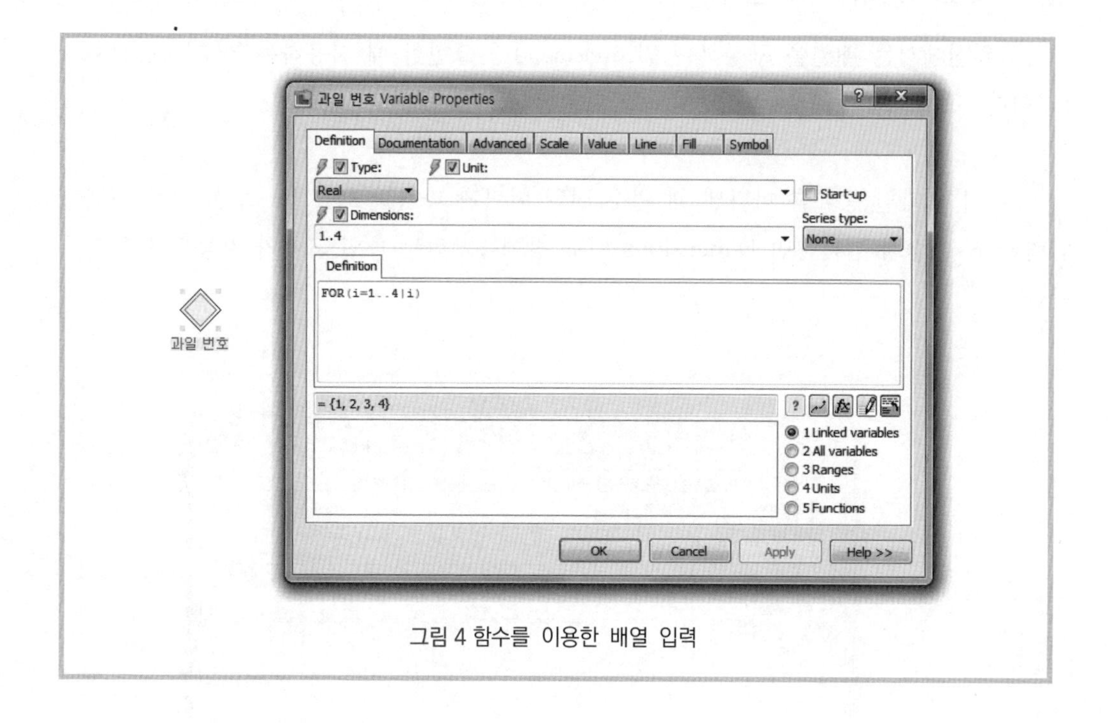

그림 4 함수를 이용한 배열 입력

여기서, FOR (i=1..4 | i)는 배열을 생성하는 수식이다. FOR는 파워심 소프트웨어에서 제공하는 함수로, 배열을 만들 때 사용한다. 위의 화면에서 OK 버튼을 누르면 FOR (i=1..4 | i) 명령어가 실행된다.

FOR (i=1..4 | i)라는 컴퓨터 프로그램 코드의 실행 결과는 아래와 같이 {1, 2, 3, 4}이다.

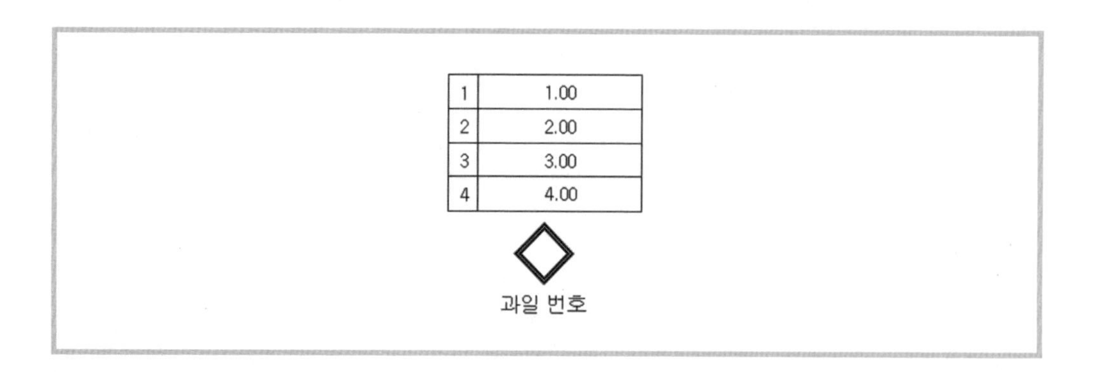

1	1.00
2	2.00
3	3.00
4	4.00

10.2.2 과일 판매량 모델링

Case 1. 직접 판매량 나열하기

'과일 판매량 입력 변수'를 클릭하고, 다음과 같이 화면의 변수 창에서 {200, 300, 500, 400}을 입력하고 OK 버튼을 클릭하면 과일 종류별 판매량이 실행된다.

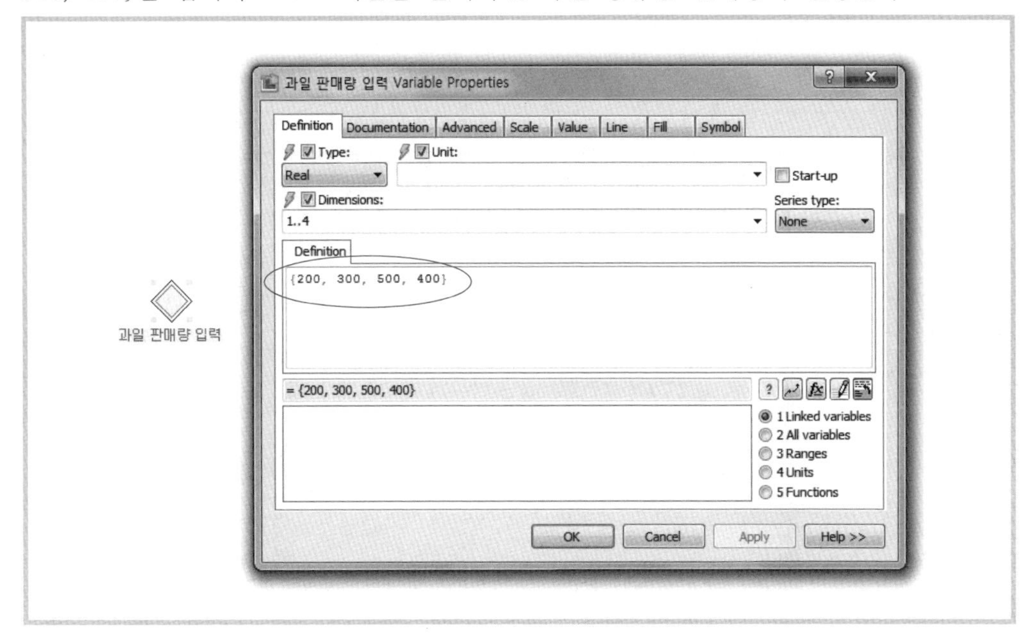

{200, 300, 500, 400}은 사과 200개, 배 300개, 복숭아 500개, 포도 200 송이를 뜻한다고 하자.

위의 1..4는 배열의 개수를 나타낸다.

실행 결과는 다음과 같다.

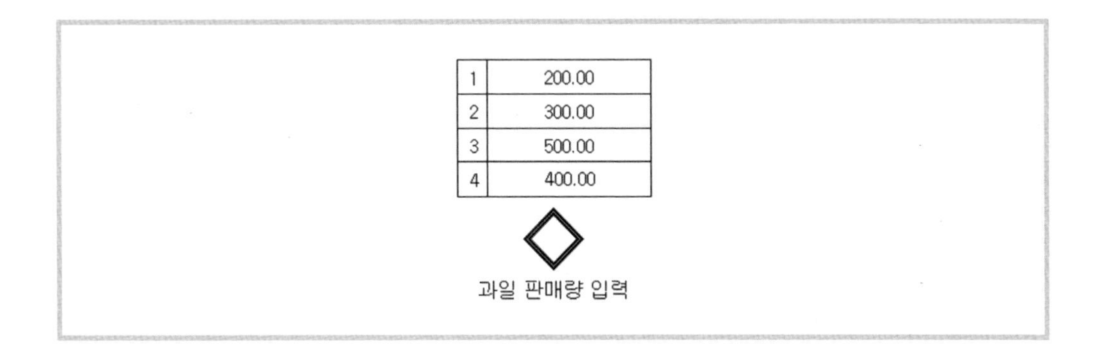

1	200.00
2	300.00
3	500.00
4	400.00

Case 2. 파워심 함수 FOR를 이용한 배열 모델링

FOR 함수를 이용하여 과일 판매량 모델은 다음과 같다.

과일 판매량 변수의 수식 정의 화면에서 FOR(i=1..4 | {200, 300, 500, 400}[i])을 입력한다. 여기서 FOR는 파워심 소프트웨어 함수를 나타내고, i=1..4로 배열의 크기를 선언한다.

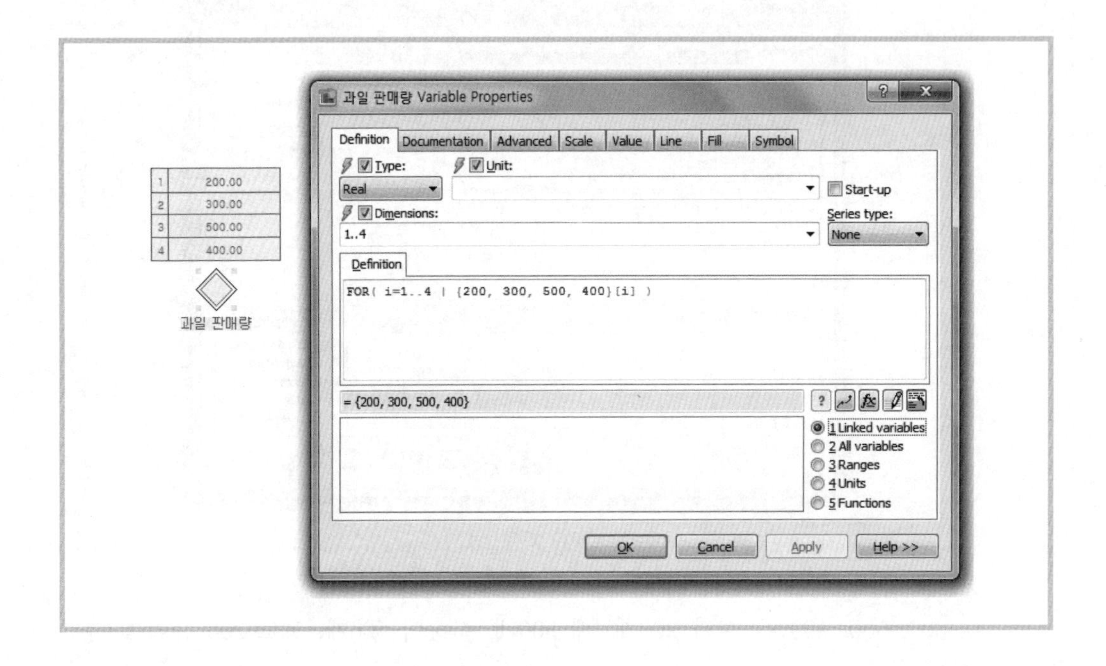

FOR함수 속에 있는 {200, 300, 500, 400}은 네 가지 과일의 판매량을 나타내고, [i]는 배열의 각 원소, 즉 네 가지 과일을 나타낸다.

파워심에서 배열의 원소 값을 참조하기 위해서는 배열 속에 있는 원소가 위치하는 주소를 이용해야 한다. [ ]는 배열에서 어떤 원소를 해당 주소(위치 번호)로 지정할 때 사용하는데, 예를 들어 A={400, 500, 600} 이라는 배열이 있다고 하자. 이때 A의 두 번째 주소의 값, A[2]는 500을, 세 번째 주소에 있는 값 A[3]은 600을 나타낸다.

FOR(i=1..4 | {200, 300, 500, 400}[i])

위에서 {200, 300, 500, 400}[i]라고 하면, 4개의 원소를 지정한 i=1..4가 각각 지정된다. i의 첫 번째 원소는 200을, i의 두 번째 원소는 300을, i의 세 번째 원소는 500을, i의 네 번째 원소는 400을 나타낸다.

FOR(i=1..4 | {200, 300, 500, 400}[i])의 실행 결과는 다음과 같다.

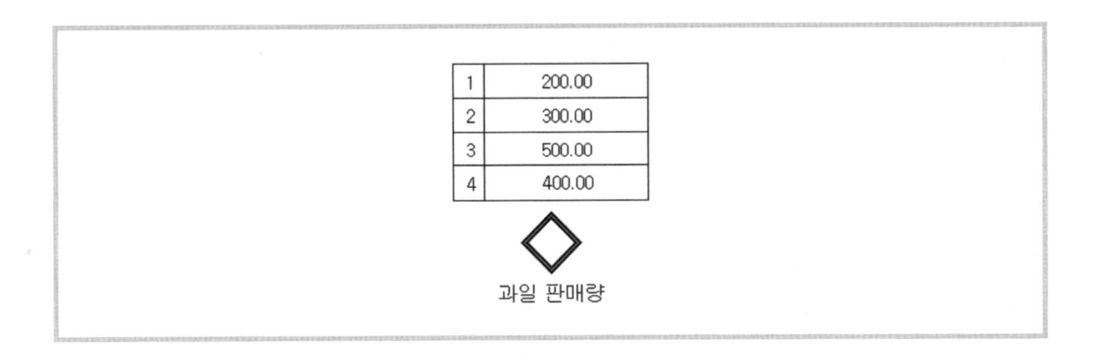

1	200.00
2	300.00
3	500.00
4	400.00

10.2.3 다차원 배열모델과 엑셀 데이터의 연결

그림 5와 같은 엑셀이 있다고 하자.

과일 종류	재고량
사과	300
배	100
복숭아	80
포도	60

그림 5 엑셀 데이터

이를 파워심 모델로 연결하자. 엑셀 데이터를 파워심 모델로 연결하는 방법은 여러 가지가 있으나 여기서는 엑셀의 값들을 선택하고, 그대로 복사하여 파워심으로 자동 연결하는 방법을 해보자.

Step 1. 엑셀의 셀을 선택한다.

과일 종류	재고량
사과	300
배	100
복숭아	80
포도	60

그림 6 엑셀 데이터 선택

엑셀 영역을 선택하고 CTRL+C를 이용하여 복사한다.

Step 2. 파워심 모델에서 다이어그램에 원하는 엑셀 데이터를 옮길 위치에 마우스를 클릭하고, 붙여넣기(CTRL+V)를 한다.

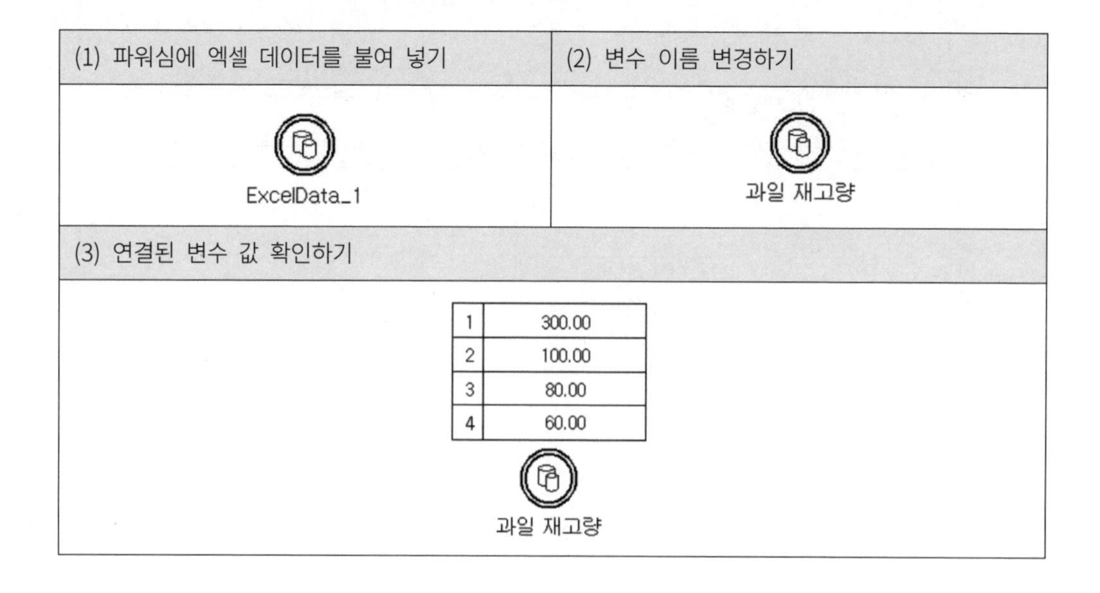

(1) 파워심에 엑셀 데이터를 불여 넣기	(2) 변수 이름 변경하기
ExcelData_1	과일 재고량

(3) 연결된 변수 값 확인하기

1	300.00
2	100.00
3	80.00
4	60.00

과일 재고량

10.2.4 인덱스 함수

인덱스(Index) 함수는 다차원 배열 모델링에서 매우 중요한 기능이다. 실습 과정을 통하여 알아보자.

Step 1. 예를 들어 과일 재고량 모델에서 아래와 같이 과일 재고량, 과일 종류 지정, 과일 종류별 재고량 변수를 만들고, 링크(연결선)를 이용하여 변수를 구성한다. 과일 종류 지정에는 1을 입력한다.

Step 2. 데이터 입력 테이블 만들기

리본(Ribbon) 메뉴에 있는 Table Control을 선택하고, 다이어그램에서 가로 2개 행이 나오는 크기로 테이블을 생성한다. 과일 종류 지정 변수를 테이블 아래에 끌어다 놓는다.(Drag and Drop)

가로 1행에 마우스를 클릭하고 마우스 오른쪽을 눌러 아래 그림과 같이 Assign Parameter Name을 선택하고, 오른쪽 조그만 삼각형 누르면 1 과일 종류 지정 변수가 나타난다. 이를 클릭하면 테이블에 과일 종류 지정이라는 변수명칭이 나타난다.

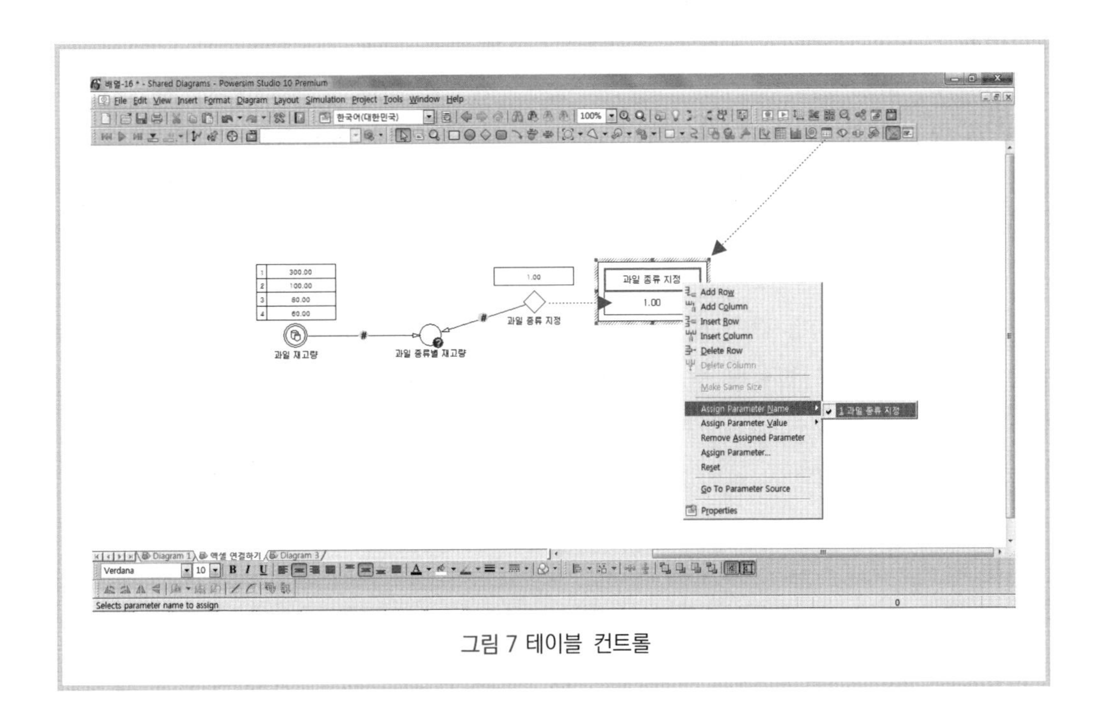

그림 7 테이블 컨트롤

Step 3. 인덱스 함수 사용 예제

그림 8과 같이 과일 종류별 재고량 변수를 정의한다.

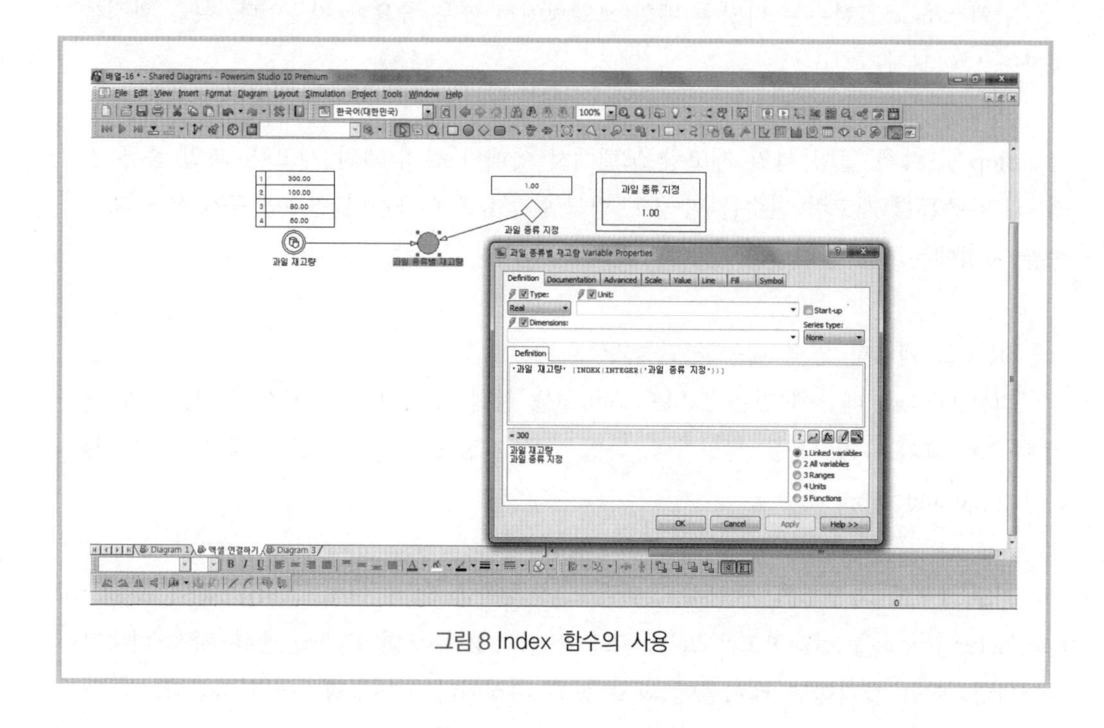

그림 8 Index 함수의 사용

'과일 재고량' [INDEX (INTEGER ('과일 종류 지정'))]

위의 변수 정의 코드는 다차원 변수인 '과일 재고량' 변수의 원소를 지정하기 위하여 각 원소의 주소를 Index 함수를 이용하여 지정하는 기능을 사용한다. 주소는 소수점을 갖는 실수가 아닌 정수(integer)이어야 하므로 INTEGER(과일 종류 지정)을 사용하였다.

이는 과일 종류 지정 값을 테이블을 통하여 입력 받으면 Integer 함수를 통하여 정수로 변경하고, 정수로 변환된 주소 값을 가지고 Index 함수를 사용하여 과일 재고량 변수의 해당 주소에 있는 값을 가져다 표시하게 된다.(출력한다.)

Step 4. 인덱스 함수 사용 결과 표시

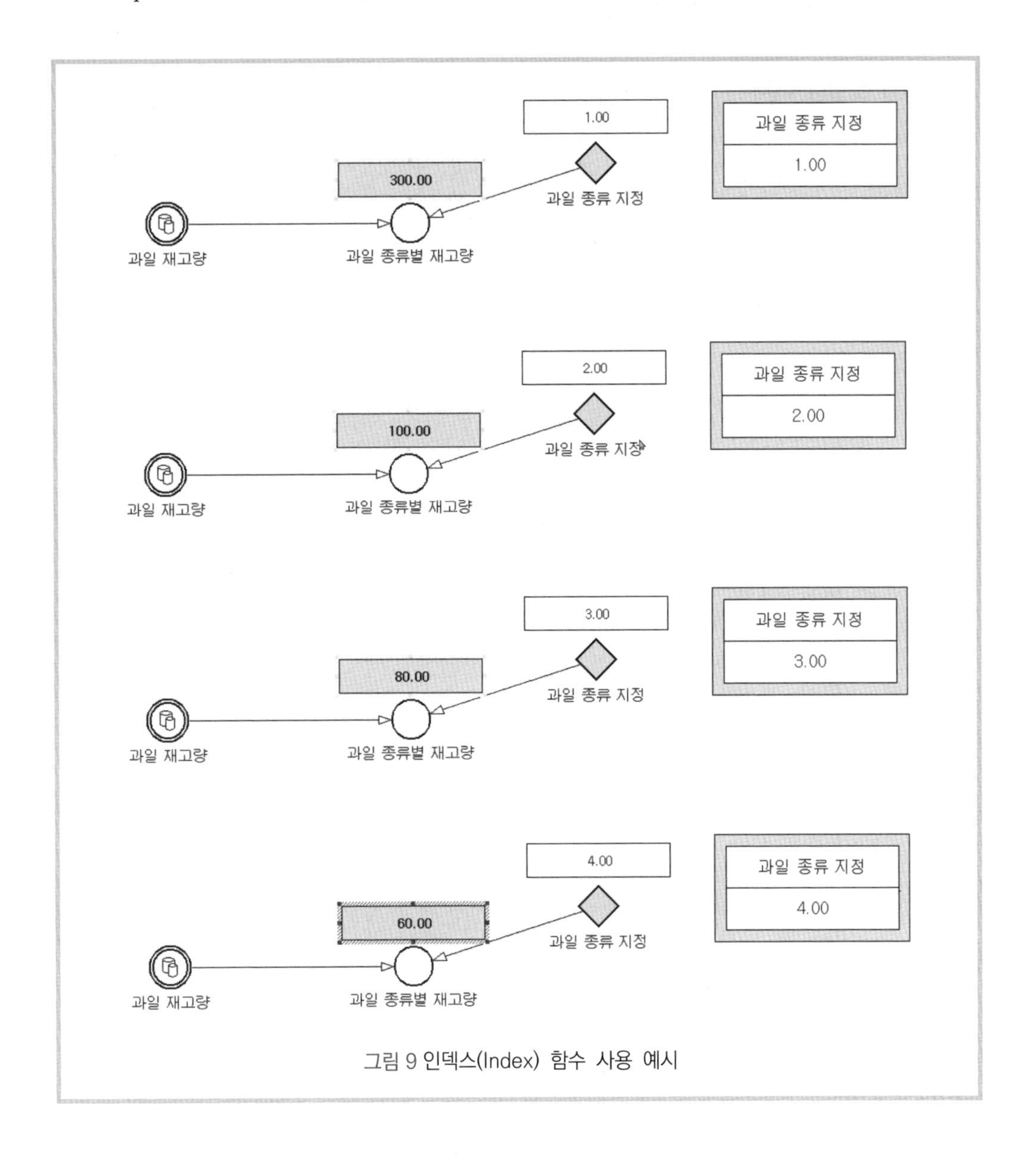

그림 9 인덱스(Index) 함수 사용 예시

10.2.5 배열을 이용한 숫자 더하기

▒ 배열 모델링 예제

1부터 3까지 더하기 합

▒ Case 1. 보조 변수에 직접 입력하는 방법

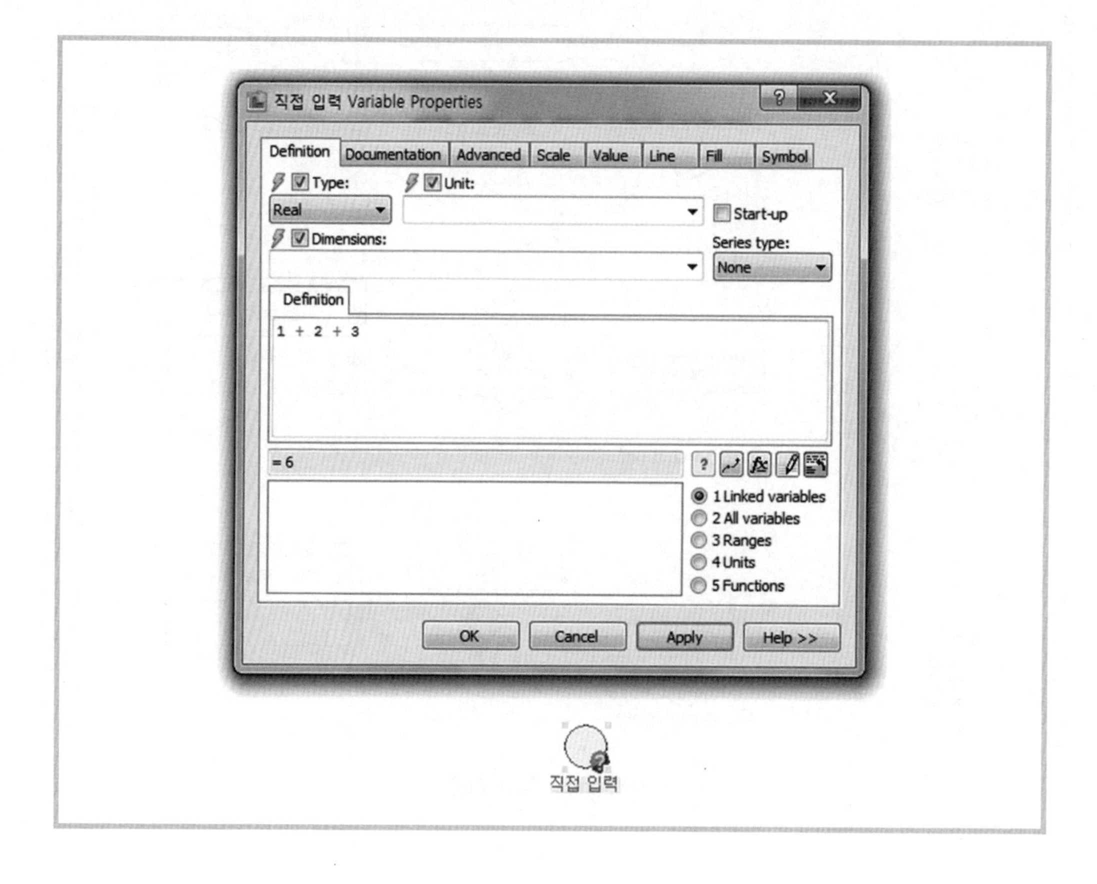

Case 2. 낱개로 하나씩 더하는 방법

• 상수변수(Constant)와 보조 변수(Auxiliary)를 이용하여 덧셈 구조를 만든다.

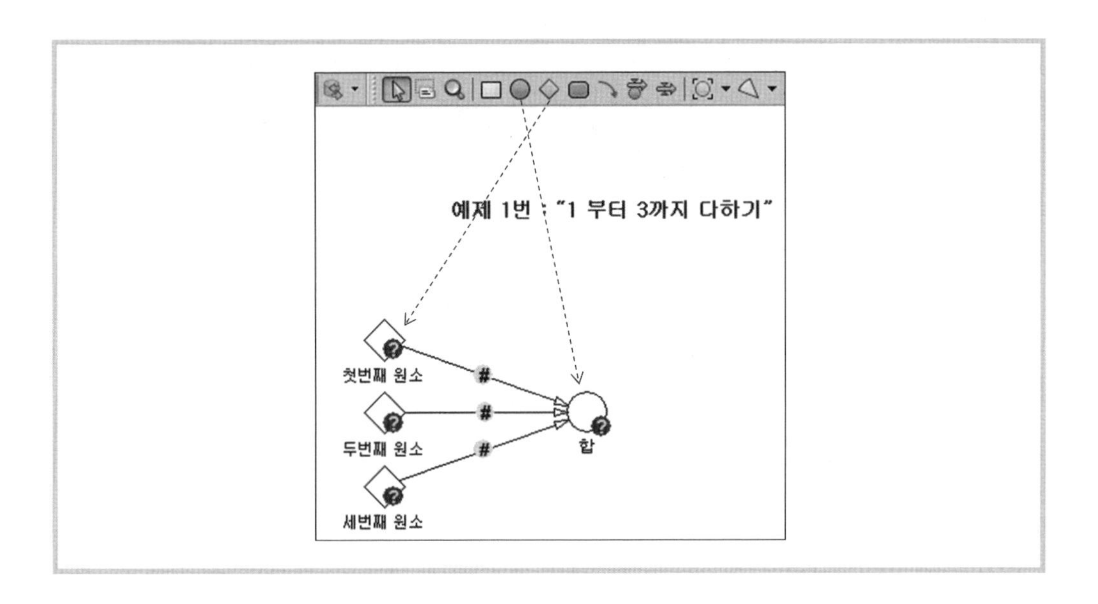

• 각 변수 정의하기
  첫 번째 원소에 1, 두 번째 원소에 2, 세 번째 원소에 3을 아래와 같이 정의한다.

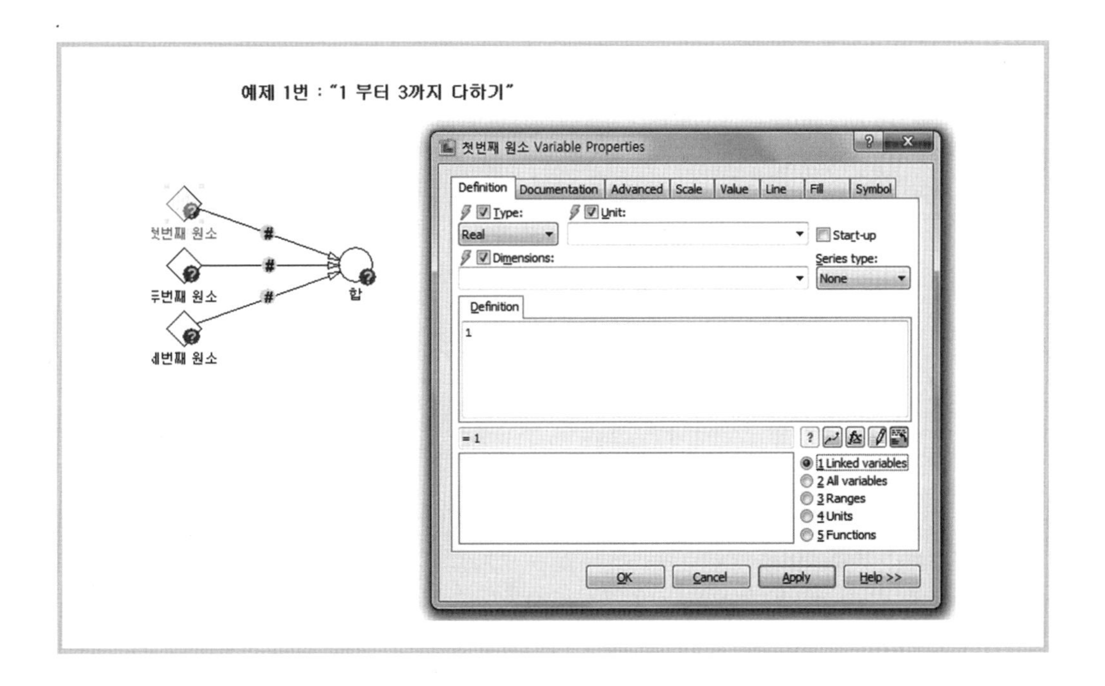

• 보조변수 '합 변수'에 각 변수를 더 한다.

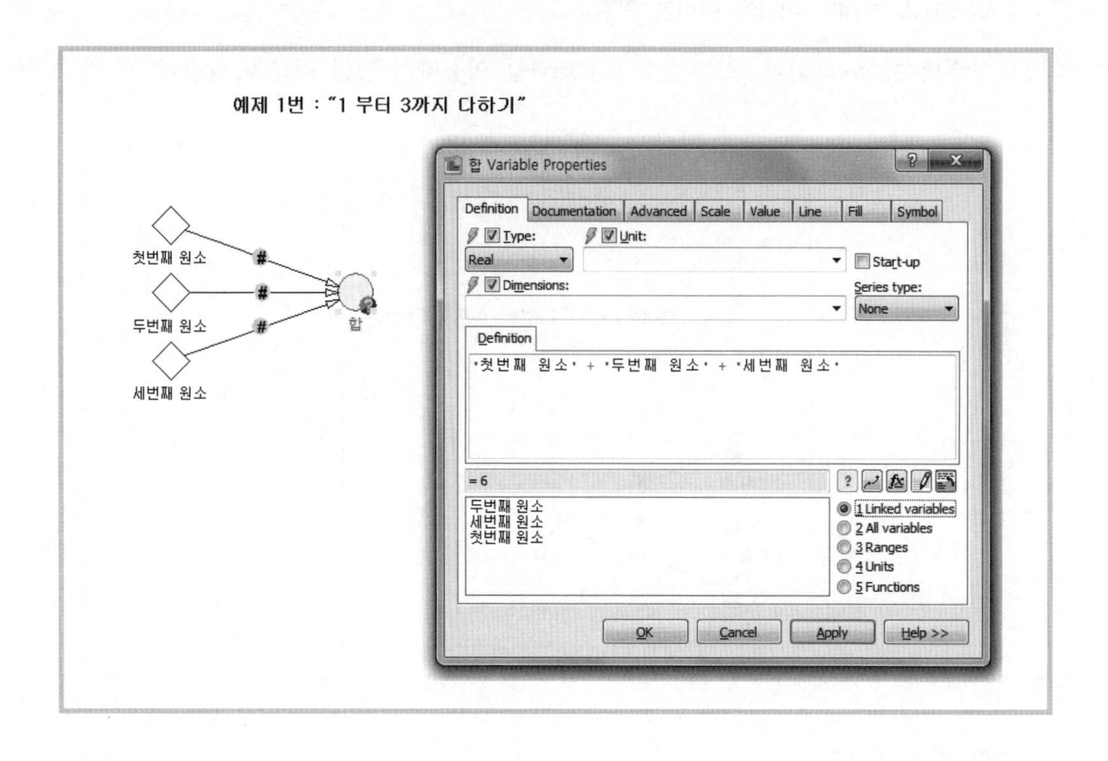

Case 3. 배열(array)을 이용하는 방법

방법 1. 직접 배열에 값을 입력하는 방법

배열을 만들 때에는 중괄호 { } Curly Bracket 또는 Brace를 사용한다. 중괄호 안에 원소(elements)를 , 콤마 표시로 구분하여 배열을 구성한다.

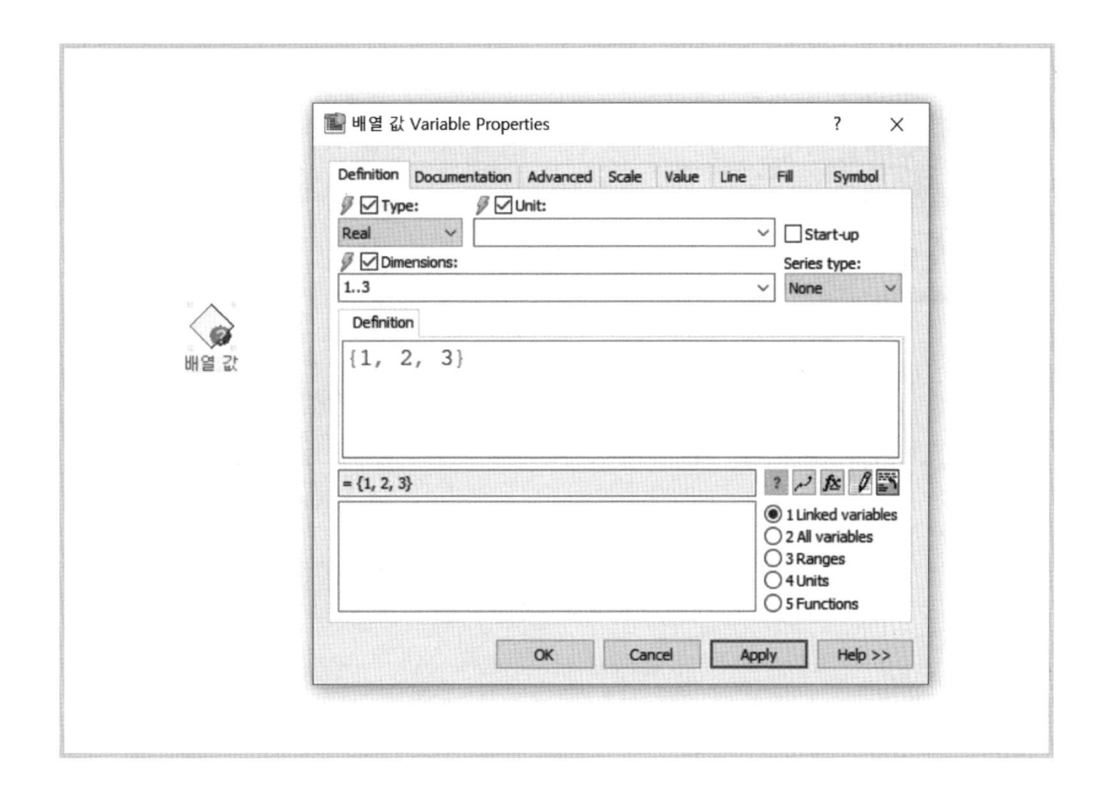

방법 2. 변수에서 직접 배열을 함수로 지정하는 방법

예를 들어, 배열을 만드는 FOR 함수를 이용하여 다음과 같이 배열 직접 만들 수 있다.

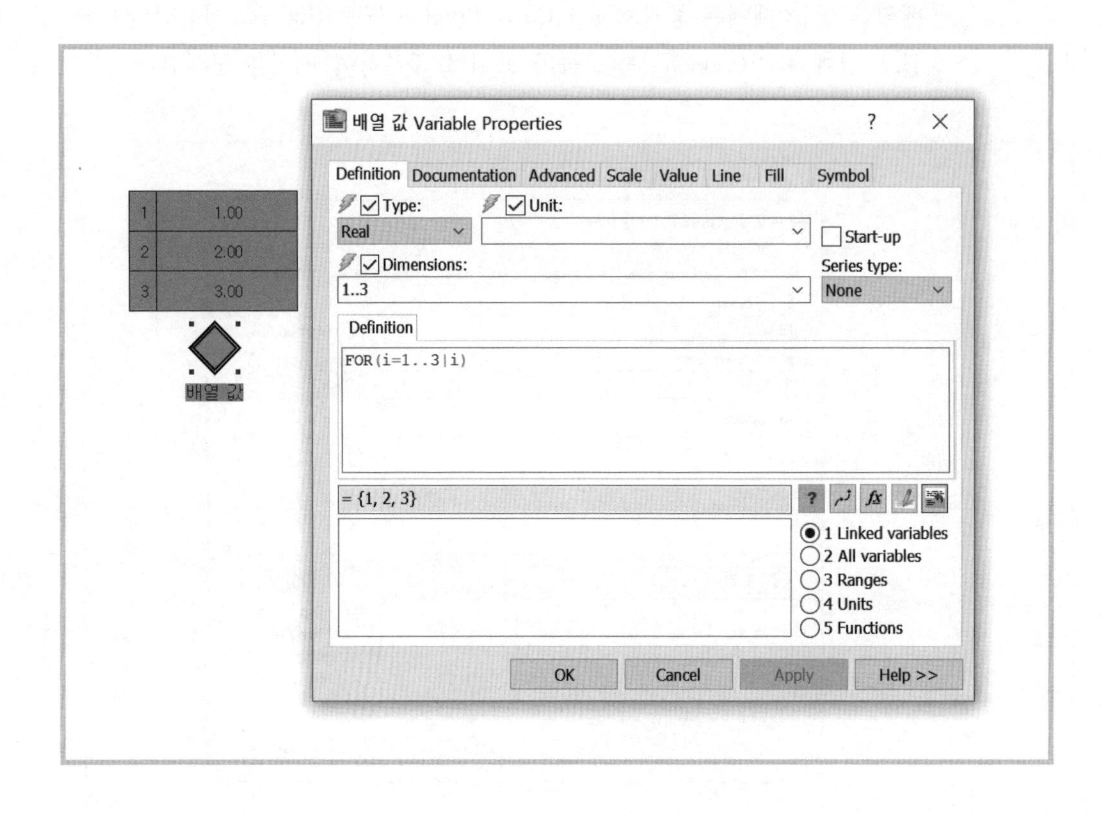

- 배열 변수의 합하기

  배열변수 합은 Array Sum을 의미하는 ARRSUM 함수를 사용한다.

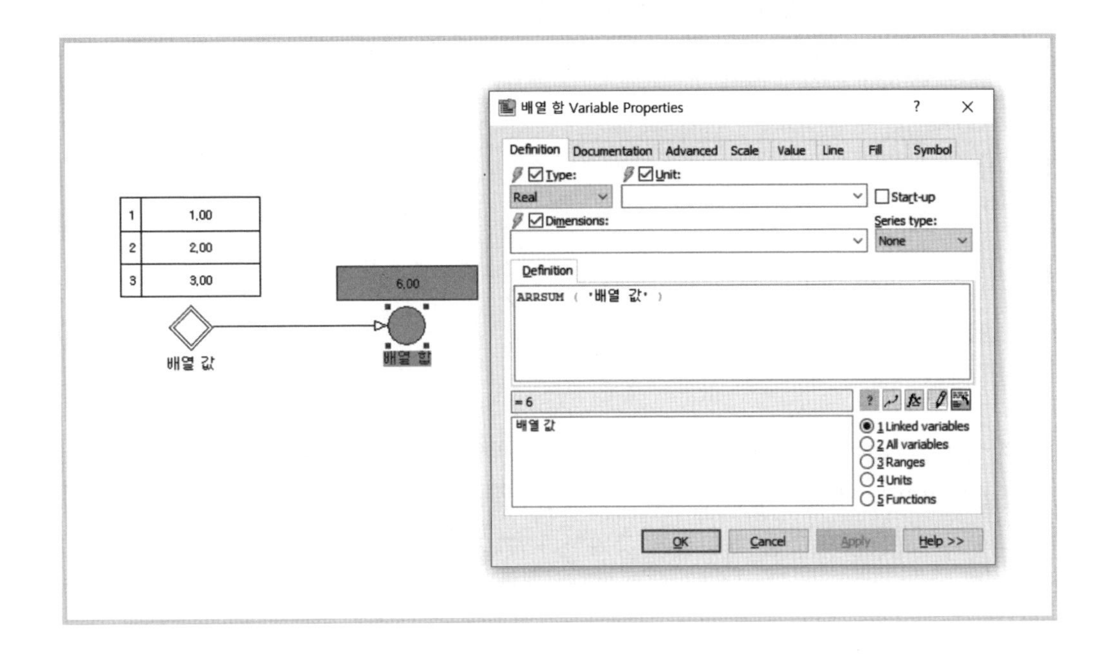

- 다차원 배열 만들기(multi–dimensional array model)

  배열을 만드는 FOR 함수를 사용하면, 다양한 크기의 배열을 $m*n*k*p*s$... 등 원하는 차원으로 만들 수 있다.

  예: FOR(i=1..3, j=1..4, k=1..8, p=1..9 | x)

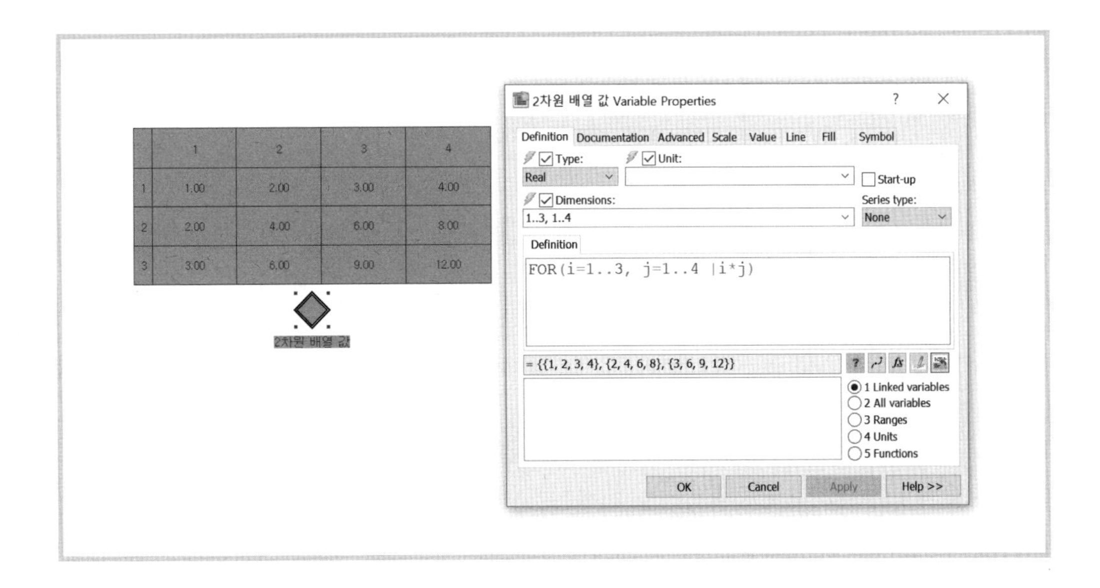

참고로 배열 행렬(matrix)의 전치행렬은 TRANSPOSE 함수를 사용한다.

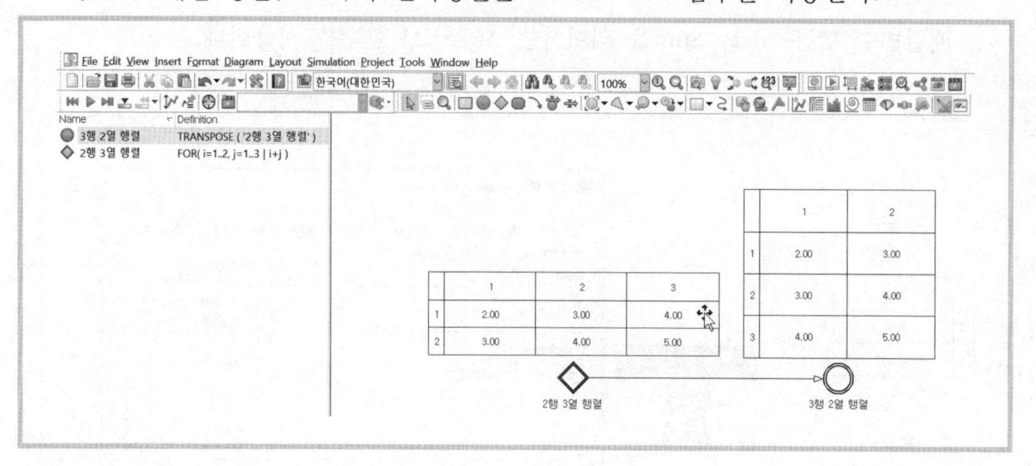

	1	2	3
1	2.00	3.00	4.00
2	3.00	4.00	5.00

	1	2
1	2.00	3.00
2	3.00	4.00
3	4.00	5.00

※ 실세계(real world) 모델링에서 다차원 배열 모델링(multi-dimensional array modeling)을 얼마나 자유자재로 구사할 수 있는가에 따라 시뮬레이션 모델의 품질과 가치와 더불어 그 실용적 활용 가능성은 증가한다. 그만큼 시스템 다이내믹스 모델링에서 배열을 잘 다루는 것이 중요하다.

제11장

모델과 외부 데이터 연결

11.1 파워심 소프트웨어와 엑셀 스프레드시트 비교

(1) 시뮬레이션 모델과 디지털 트윈(Digital Twin)을 위한 엑셀 데이터베이스

복잡계 시스템(Complex System)을 분석하기 위한 하나의 대안으로 파워심 소프트웨어 기반의 분석 모델을 이용하게 된다.

데이터 측면에서 Complex 시스템은 변수들의 데이터와 데이터들이 서로 연결되고, 변수 간의 복잡한 피드백 관계는 동적 시뮬레이션(Dynamic Simulation) 데이터로 파악된다.

복잡계 시스템에서 하나의 변수가 변화하면 다른 변수는 서서히 변화할 수 있다. 어떤 경우에는 변화되고 있다는 것을 아예 아무도 못 느낄 수도 있다. 하지만 전체 시스템의 안정적인 관리 측면에서는 시스템의 미세한 변화를 신속히 파악하는 것이 중요하다.

이를 위하여 파워심 소프트웨어 기반의 대상 시스템 변화모형, 즉 디지털 트윈을 이용하여 대상 시스템을 컴퓨터 모델로 구축하면, 시스템 내부 혹은 외부에 존재하는 어떤 미세한 변수(조절변수 포함)의 변화가 다른 변수들에게 상호 영향 관계를 통하여 어떻게 영향을 미치는지를 파악할 수 있다.

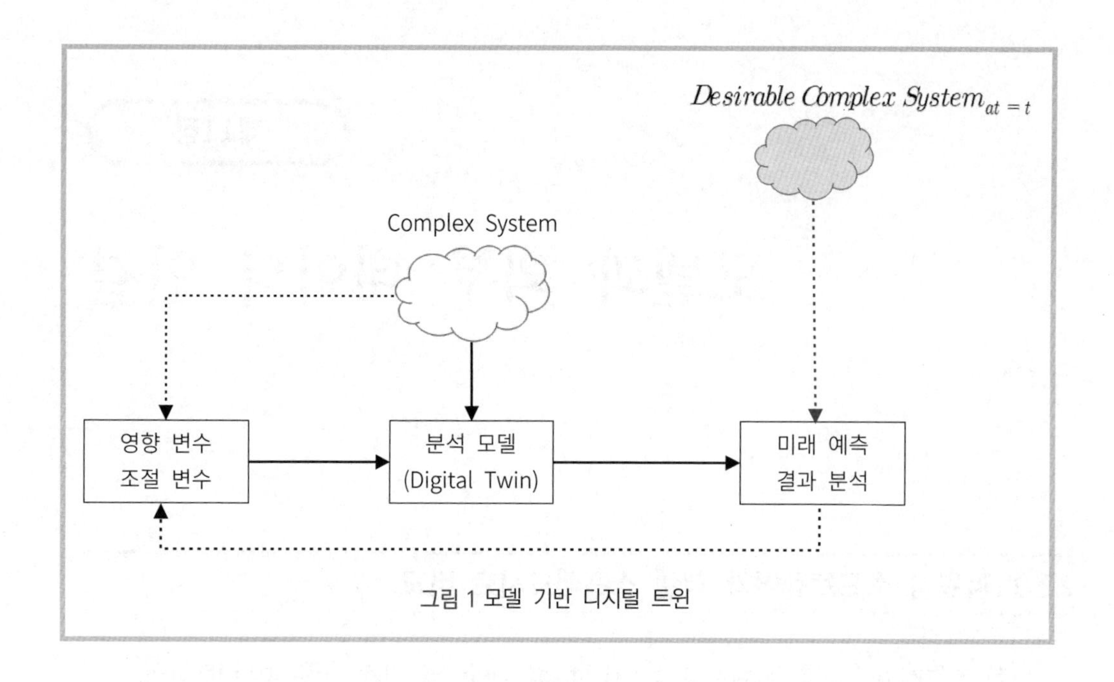

그림 1 모델 기반 디지털 트윈

디지털 트윈(Digital Twin) 시스템은 실세계에 존재하는 사물(Object)이나 시스템을 원하는 바대로 다루는 것을 목적으로 한다. 이를 위하여 실세계의 현상을 그대로 본떠 수리적인 계량모델(mathematical model)을 구상하고, 이를 컴퓨터 모델로 구축하는 것이다.

디지털 트윈 컴퓨터 모델은 실세계 대상물의 관심 있는 특징요소를 변수로 계량화하고, 이를 이용하여 모델을 구축한 것이다. 일단 디지털 트윈(DT) 모델이 구축되면 현실에서 발생 가능한 다양한 환경변수, 입력변수, 영향매개변수, 의사결정 변수 등의 시나리오를 디지털 트윈 모델에 입력하여 그 결과를 분석할 수 있다. 특히 영향매개변수는 동적 시뮬레이션 환경에서 시간이 지남에 따라 계속 새로운 값으로 갱신(update)된다.

즉, 살아있는 실세계(Live Objects)를 본떠 만든 컴퓨터 모델을 이용하여 인간이 원하는 실세계 시스템의 상태 또는 목표(desirable system state)를 달성할 수 있도록 다양한 개입(intervention)이나 제어(control) 전략을 컴퓨터 시스템에서 설계하도록 한다.

이러한 디지털 트윈 모델을 구축하기 위해서는 실세계 대상물과 관련한 다양한 정보를 필요로 한다. 문제의 대상이 되는 정보는 다양한 매체를 통하여 수집하거나, 또는 직접 구하거나, 시뮬레이션 모델을 만들어 그 정보를 가상으로 생성할 수 있다.

하지만 반드시 필요한 정보를 모르거나 작성하는 디지털 트윈 모델의 범위를 벗어나 있는 정보는 별도의 데이터로 입력 처리하게 된다.

그리고 환경변수의 변동 데이터나 가용하지 않는 정보의 데이터 그리고 모델링 범위를 벗어난 영역의 정보 등은 '엑셀 데이터 세트(data set)'를 이용하여 구축하고, 이를 디지털 트윈 시뮬레이션 모델과 연계한다.

(2) 엑셀 스프레드시트 모델(Excel Model)

엑셀 스프레드시트(Excel Spreadsheet)에서 작업한 대부분의 모델이나 데이터 그리고 산술식 알고리즘(Algorithm)의 실행 결과는 파워심 소프트웨어와 손쉽게 연결되어, 엑셀에서 만들어 놓은 엑셀 특유의 시스템 노하우를 그대로 파워심 소프트웨어 모델에서 활용할 수 있다.

예를 들어 엑셀 스프레드시트 모델에 있는 어떤 특정한 입력변수가 있고, 그리고 그 입력변수(Input) 값에 따라 주어진 논리체계(계산과정, 계산 로직)로 변화하는 출력변수(Output)가 있다고 하자.

11.2 파워심 모델과 엑셀 스프레드시트 모델의 연동

11.2.1 파워심 모델과 엑셀 연결을 통한 시너지 효과

파워심 프로그램을 이용하면 엑셀 입력 변수 셀(input cell)에 아주 다양한 값을 손쉽게 입력할 수 있게 된다. 예를 들어 파워심 소프트웨어로 만들어진 복잡한 동적 피드백 시스템 모델(Dynamic Feedback System Model)에서 발생하는 파워심 프로그램 시뮬레이션 값을 엑셀 입력 변수와 연계할 수 있다. 즉 파워심 모델과 연결된 엑셀 시트의 입력 셀에 연동하여, 시간의 흐름에 따라 주기적으로 서로 다른 시뮬레이션 결괏값을 엑셀의 입력값으로 사용할 수 있다.

(1) 엑셀 Only(Before)

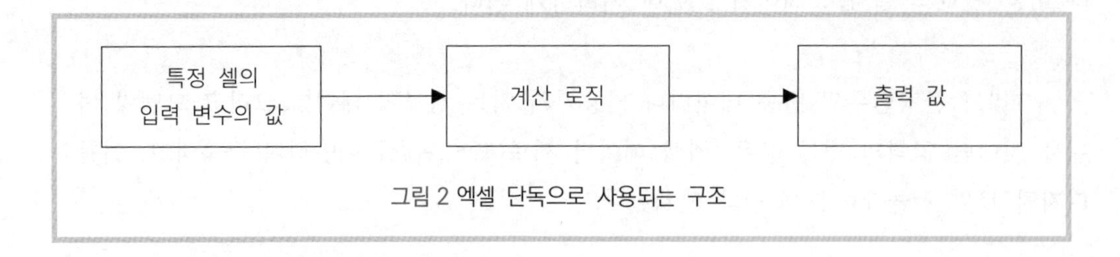

그림 2 엑셀 단독으로 사용되는 구조

(2) 엑셀과 파워심의 시너지 효과(After)

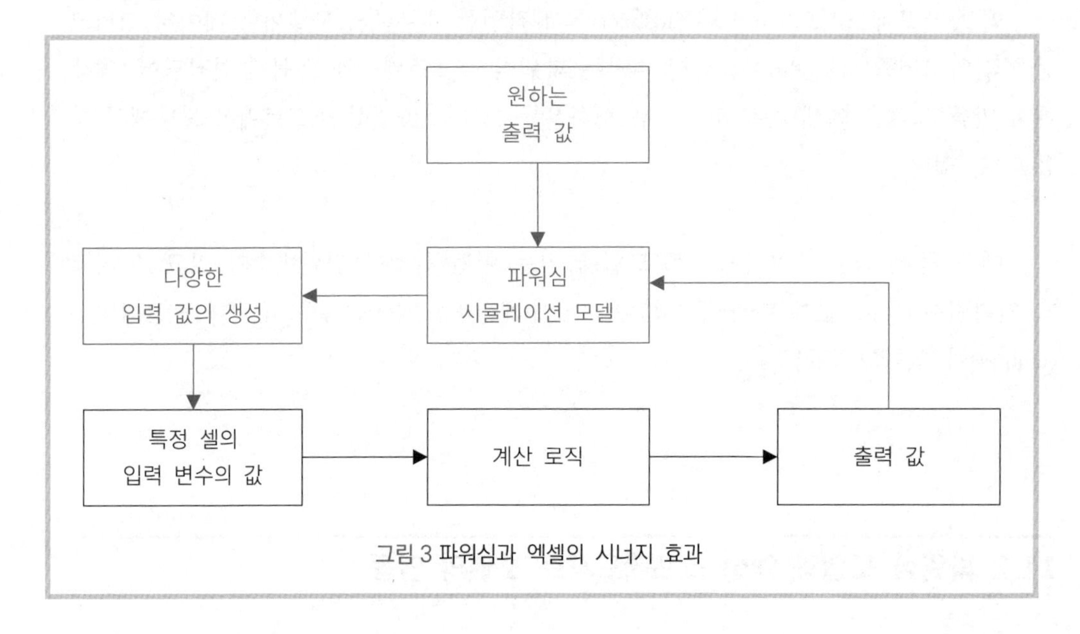

그림 3 파워심과 엑셀의 시너지 효과

11.2.2 파워심 모델과 엑셀 스프레드시트 모델의 연동 효과

엑셀과 파워심 소프트웨어를 통합하면 다음과 같은 이점이 있다.

파워심 프로그램을 적용하면, 해당 입력값을 갖는 셀에 파워심 모델의 출력값을 입력 할 수 있다.

파워심 프로그램을 적용하면, 해당 입력값을 갖는 셀에 다양한 입력값을 적용할 수 있다.

파워심 프로그램을 적용하면, 해당 입력값을 갖는 셀에 미리 짜놓은 시나리오 기반의 매 기간별 서로 다른 값을 갖는 시나리오 세트(Scenario Set)로 입력값을 적용할 수 있다.

엑셀의 정적인 분석(Static Analytical Tools) 한계를 넘어 파워심 모델과 연동함으로써 살아있는(Live) 동적 피드백 시스템에 대한 분석이 가능하다.

파워심과 엑셀의 연동으로 데이터 수준을 넘어 정보로 가공된다. 또한 정보 동적 움직임이 시각화를 의사결정 지원 시스템으로 사용된다.

파워심 시뮬레이션 모델에서 발생하는 귀납적 시뮬레이션 데이터를 엑셀과 연동하여 체계적으로 파악할 수 있다. 또한 이러한 데이터를 이용하여 새로운 가설(Hypothesis)을 세울 수 있다.

What if simulation을 위해서는 주어진 가정(Assumption) 변수와 입력되는 투입변수의 데이터가 모델에 적용되어야 한다. 엑셀 데이터 세트를 이용하면 많은 입력변수 및 복잡성을 갖는 입력값을 편리하게 모델에 연동할 수 있다. 또한 What if Simulation 분석 결과를 엑셀에 다시 출력하여 다양한 통계 분석을 할 수 있게 한다.

파워심 모델에서는 다양한 분석(Analysis)을 자원한다. 이를 위하여 입력 자료와 출력 자료는 데이터베이스 형태로 체계적으로 정리되어 요약될 필요가 있다. 파워심 프로그램을 통한 리스크 관리(Risk Management)나 최적화(optimization) 기능 실행 후에 획득되는 자원배분 결괏값들은 엑셀 데이터 세트를 통하여 출력되어 실무에서 손쉽게 활용되게 된다.

11.2.3 파워심 프로그램의 외부 데이터 입출력 체계

데이터 세트를 이용한 파워심 외부 데이터 연동

파워심 프로그램은 모델변수와 외부 데이터의 연동을 다음과 같이 데이터 세트(Dataset)를 이용하여 연결한다. 데이터 세트는 연결하고자 하는 모델변수와 외부 데이터 소스(data source) 사이에 있는 일종의 중간 매개체로 파워심 모델에서 데이터 세트를 정의한다.

예를 들어, 외부 데이터 소스로부터 모델변수에 데이터를 입력하기 위해서는 데이터 세트에서 모델로 데이터가 출력되어야 하고, 모델에서 엑셀과 같은 외부 소스로 데이터가 출력하기 위해서는 데이터 세트는 모델로부터 입력 상태가 설정되어 있어야 한다.

(1) 모델에서 데이터가 출력되는 경우

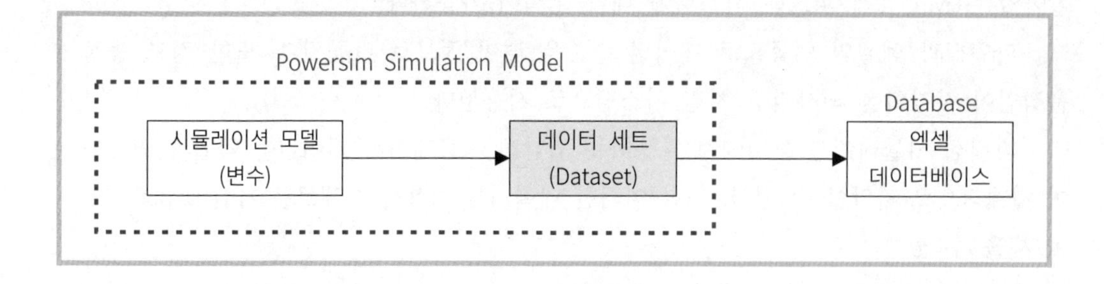

(2) 모델로 데이터가 입력되는 경우

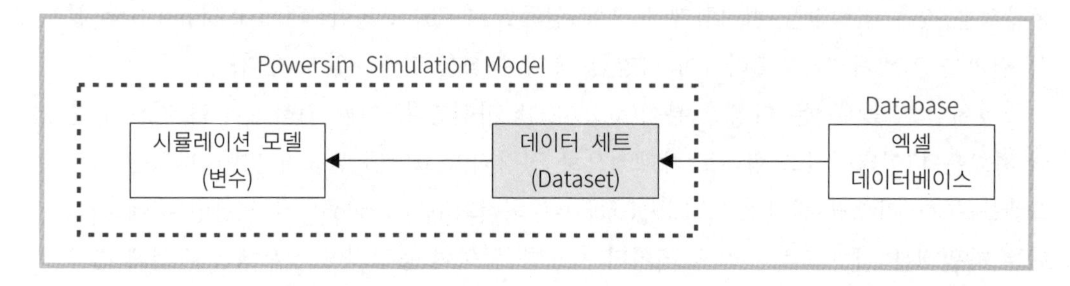

(3) 데이터 입력 및 출력체계(입출력 아이콘 속성 정의)

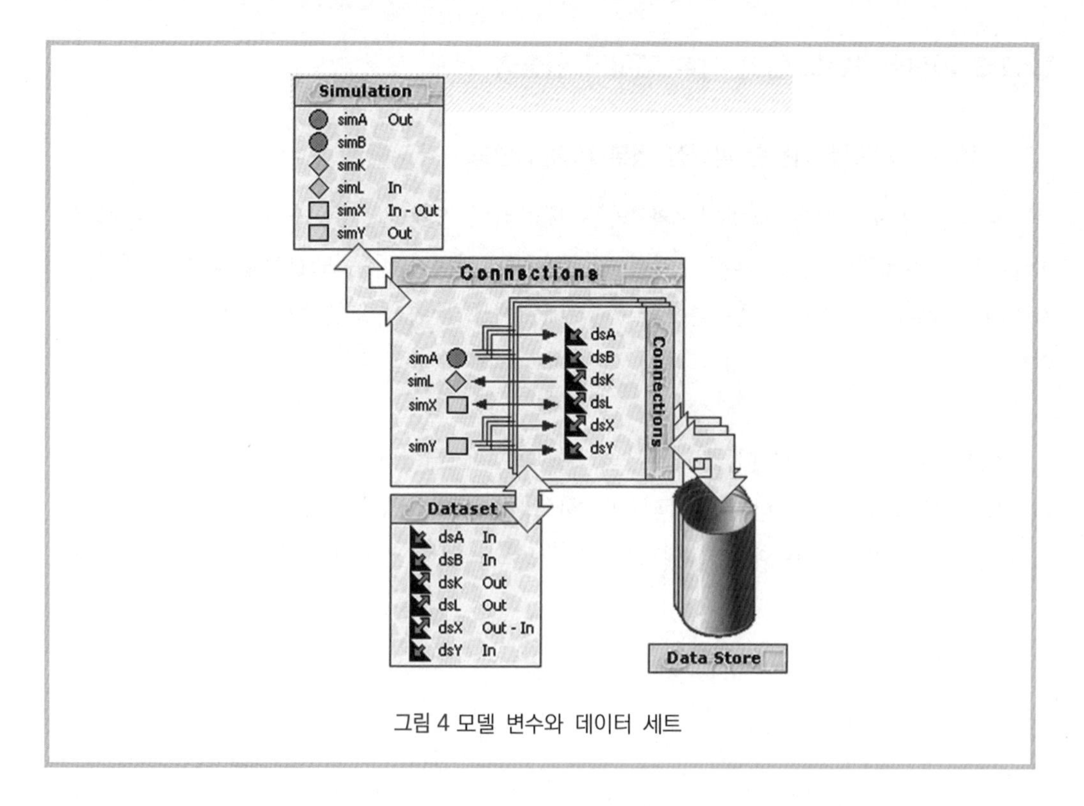

그림 4 모델 변수와 데이터 세트

(4) 액셀 데이터 특성

엑셀 데이터는 행렬(matrix)로 이루어진 데이터 세트이다.

배열(array)을 이루는 경우 행렬은 여러 개 행으로 이루어진 행의 그룹과 여러 개의 열로 이루어진 열의 그룹으로 구성되어, 배열을 형성한다.

다음 엑셀에서 X 변수는 1..M, 1..N, 1..P, 1..Q 차원을 갖는 변수이다.

		Variable 1							...	Variable X						
		1			...	M			...	1			...	M		
		1	...	N	...	1	...	N	...	1	...	N	...	1	...	N
1	1	<x>	<x>	<x>	<x>	<x>	<x>	<x>	<x>	<x>	<x>	<x>	<x>	<x>	<x>	<x>
	...	<x>	<x>	<x>	<x>	<x>	<x>	<x>	<x>	<x>	<x>	<x>	<x>	<x>	<x>	<x>
	Q	<x>	<x>	<x>	<x>	<x>	<x>	<x>	<x>	<x>	<x>	<x>	<x>	<x>	<x>	<x>
...	...	<x>	<x>	<x>	<x>	<x>	<x>	<x>	<x>	<x>	<x>	<x>	<x>	<x>	<x>	<x>
P	1	<x>	<x>	<x>	<x>	<x>	<x>	<x>	<x>	<x>	<x>	<x>	<x>	<x>	<x>	<x>
	...	<x>	<x>	<x>	<x>	<x>	<x>	<x>	<x>	<x>	<x>	<x>	<x>	<x>	<x>	<x>
	Q	<x>	<x>	<x>	<x>	<x>	<x>	<x>	<x>	<x>	<x>	<x>	<x>	<x>	<x>	<x>

11.3 모델과 외부 데이터 입출력 예제

11.3.1 데이터 입력 및 출력(입출력 아이콘 속성 정의)

(1) 파워심 모델에 외부 데이터 입력하기

▒ 단계 1. 외부 데이터를 입력할 모델변수 선택

(1) 해당 변수의 정의를 완료한다.

(2) 입력할 엑셀 데이터를 준비한다.

(3) 입력할 데이터가 있는 외부 파일의 위치, 파일 이름, 시트 이름, 데이터가 시작되는 셀을 비롯하여, 데이터의 시간 간격 및 데이터 시계열 등을 체크한다.

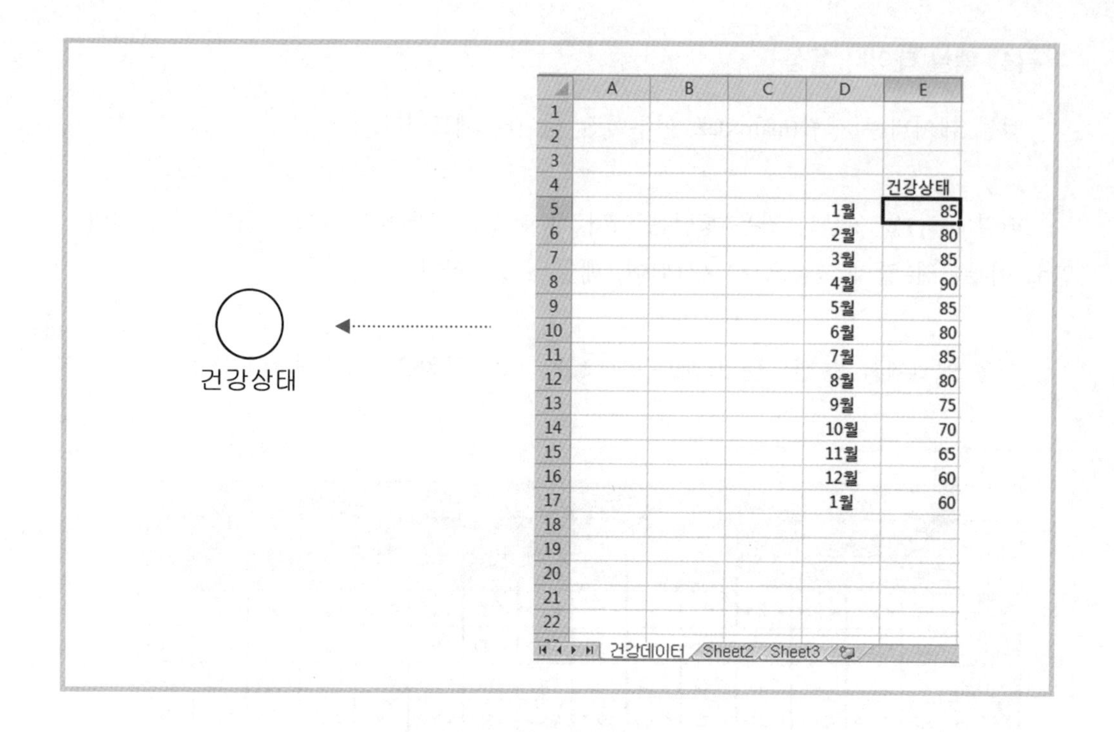

건강상태
A
B
C
D
E
건강상태
1월 85
2월 80
3월 85
4월 90
5월 85
6월 80
7월 85
8월 80
9월 75
10월 70
11월 65
12월 60
1월 60
건강데이터
Sheet2
Sheet3

단계 2. 변수의 데이터 입출력 아이콘 속성 정의

- 데이터를 입력할 변수를 더블 클릭하고, 변수 속성 정의 창에서 Advanced Tab을 선택한다.
- Connection에서 in을 선택하고 OK 버튼을 클릭한다. 아래 그림과 같이 변수에 화살표가 입력되는 형태가 된다.

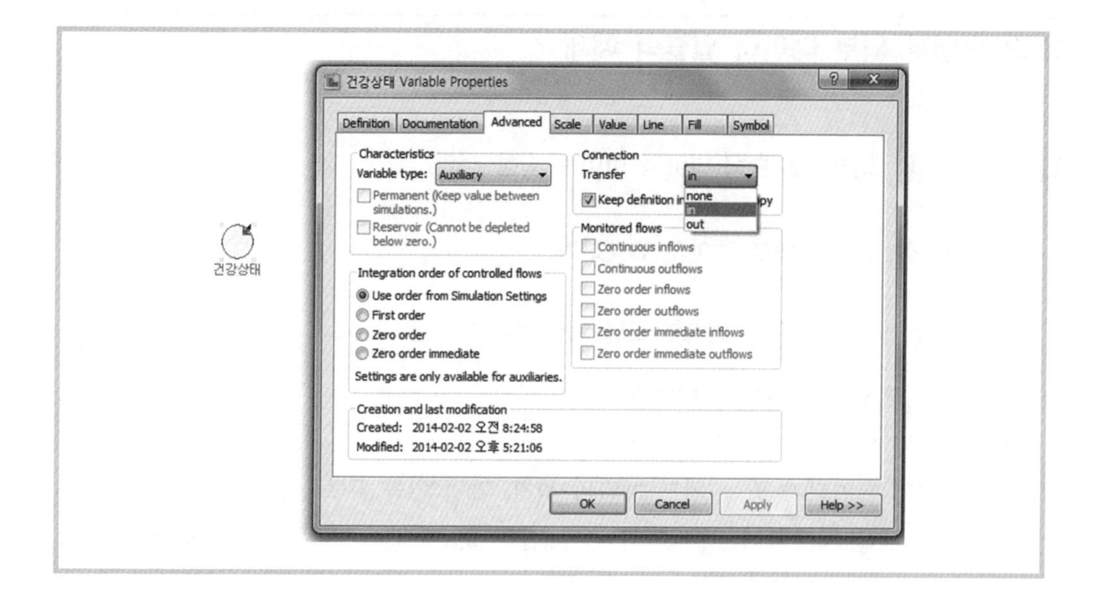

▒ 단계 3. 입력 데이터 세트 정의

- 입력 및 출력 화살표 방향 정의
  화살표가 입력 모양으로 표시된 변수 위에 커서를 옮기고 마우스 오른쪽을 클릭한다. 아래 그림과 같이
  (1) Connect to Dataset을 선택하고,
  (2) New Dataset → Spreadsheet Dataset을 선택한다.

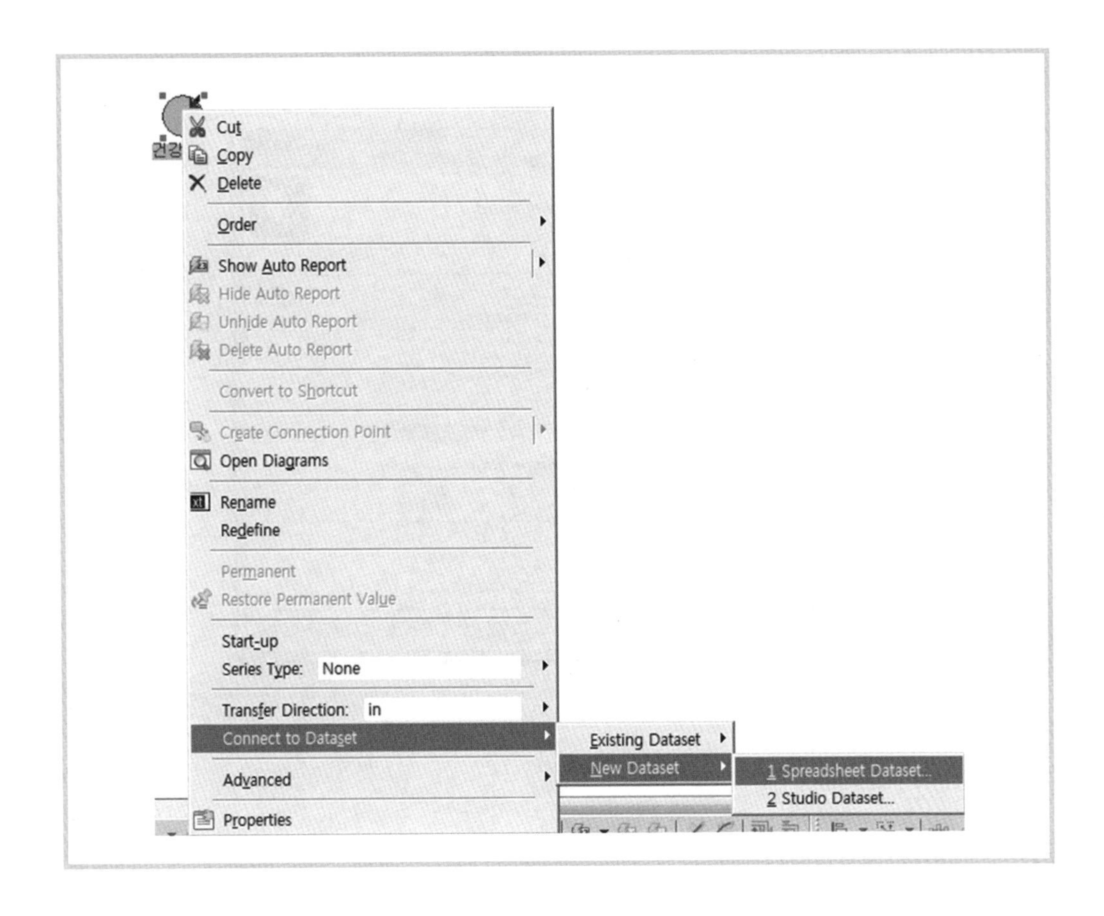

(2) 엑셀 스프레드 시트(Excel Spreadsheet)에 대한 데이터 세트 정의하기

단계 4. 입력할 데이터가 있는 위치 지정하기

(1) 데이터 세트에 데이터 위치(Data Location)를 지정한다.
(2) Workbook의 ...을 눌러 입력할 데이터가 있는 파일의 위치를 지정한다.
(3) Worksheet를 지정한다.
(4) 입력할 데이터가 있는 데이터 셀을 지정한다.
(5) 이상을 완료하였으면 Next를 누른다.

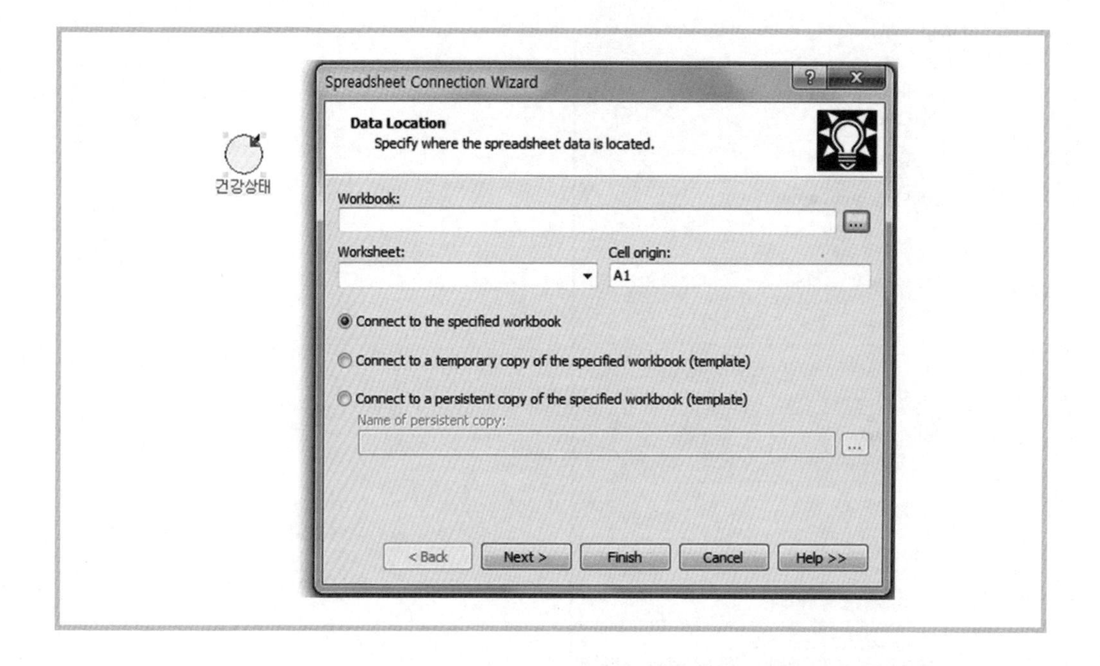

▨ 단계 5. 데이터 위치 정의

- 읽어 올 엑셀 파일(Excel File) 위치
- 엑셀 시트(Sheet) 이름
- 엑셀 셀(Cell)의 위치

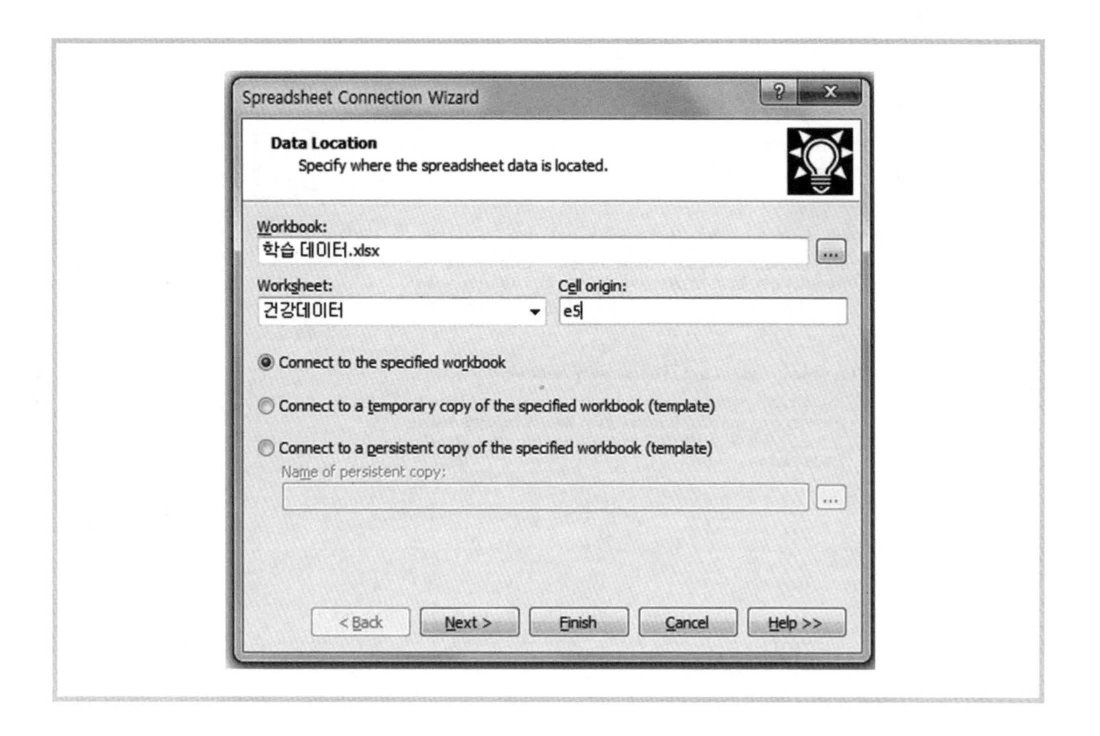

▒ 단계 6. 데이터의 Time Dependency(의존성) 여부 체크

(1) 시계열 데이터 여부 체크

(2) 입력할 데이터가 시간에 따른 시계열 데이터이면 Time-dependent data 선택

(3) 시간과 관계없는 데이터인 경우 Time-independent data 선택

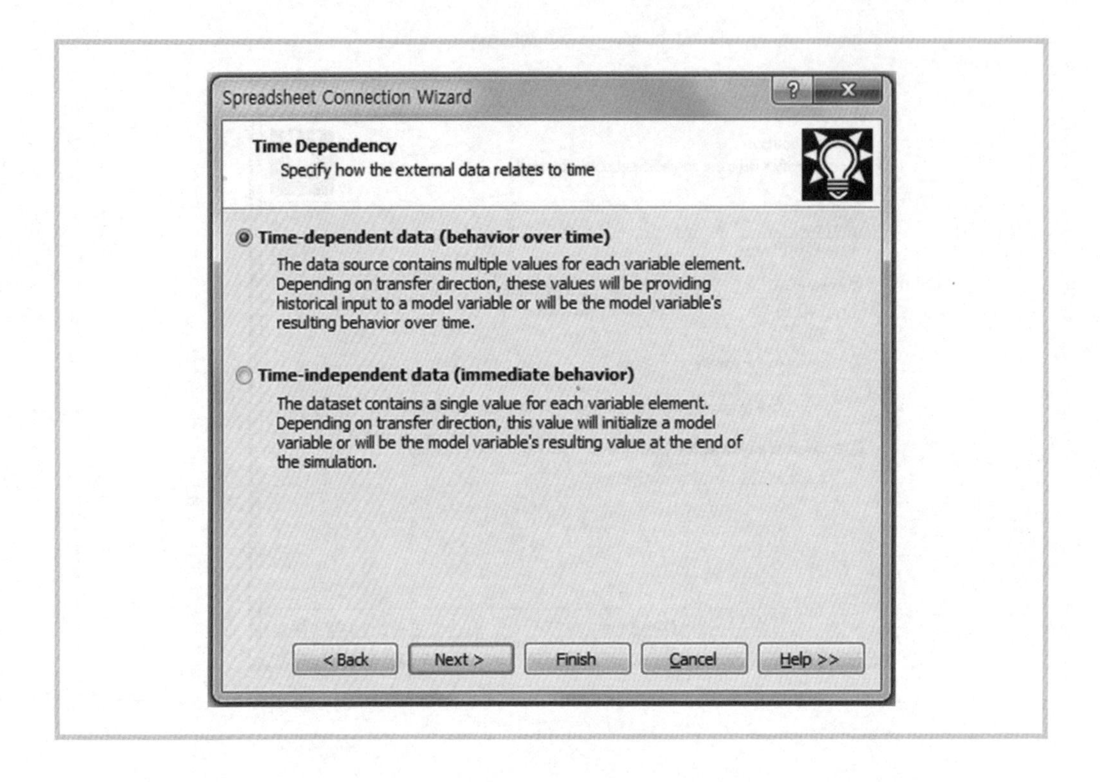

단계 7. 데이터 연결(Transfer) 방향 및 교환(Sampling) 주기설정

- 데이터 입력 방향 및 입력주기 설정

(1) 데이터 이동(Transfer) 방향 설정

(2) 외부 데이터 소스로부터 데이터 입력이면 From spreadsheet 체크

(3) 외부 데이터 소스로 출력이면 To spreadsheet 체크

(4) 교환 주기(Sampling times) 설정

(5) 데이터의 교환 주기에 따라 월(Month), 연간(Year), 일(Day) 주기 등을 선택한다.

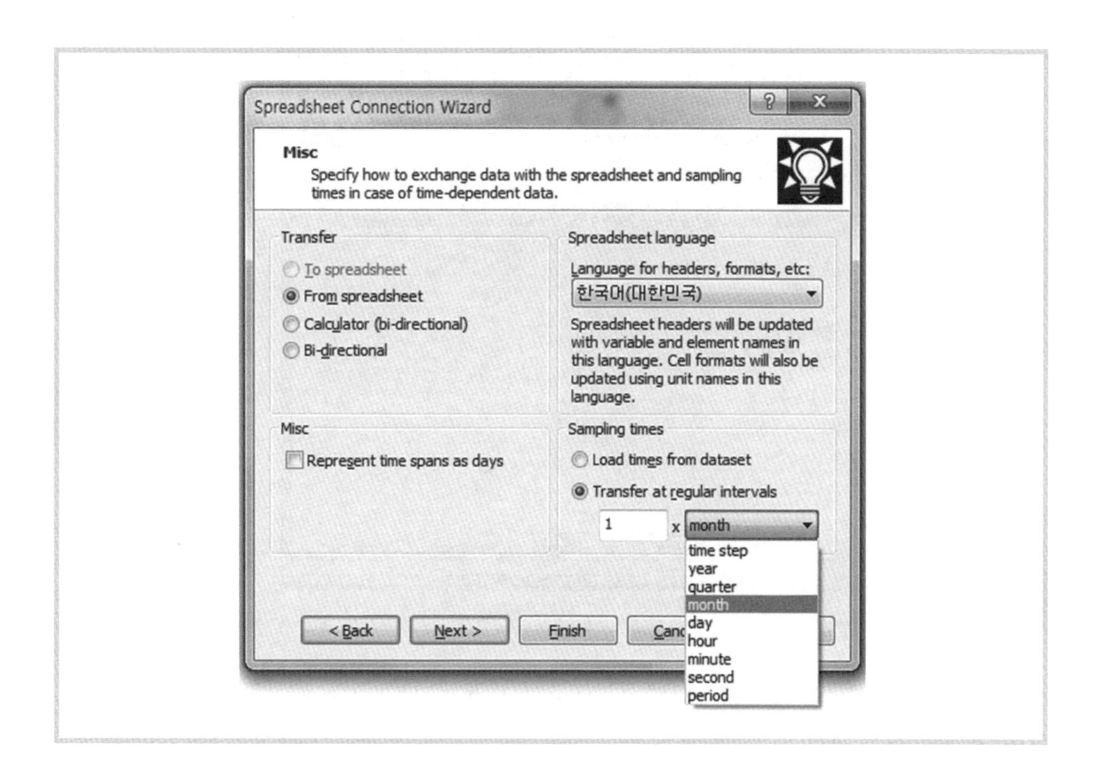

단계 8. 데이터 배열 속성 설정

• 데이터 배열 환경 지정

연결할 데이터의 배열(다차원)이 있는 경우 표시한다.

예를 들어 데이터가 5차원이면 1..5 이고, 복수의 배열을 갖는 경우 2차원, 3차원, 4차원이 결합되어 있는 경우는 1..2, 1..3, 1..4, 1..5이다.

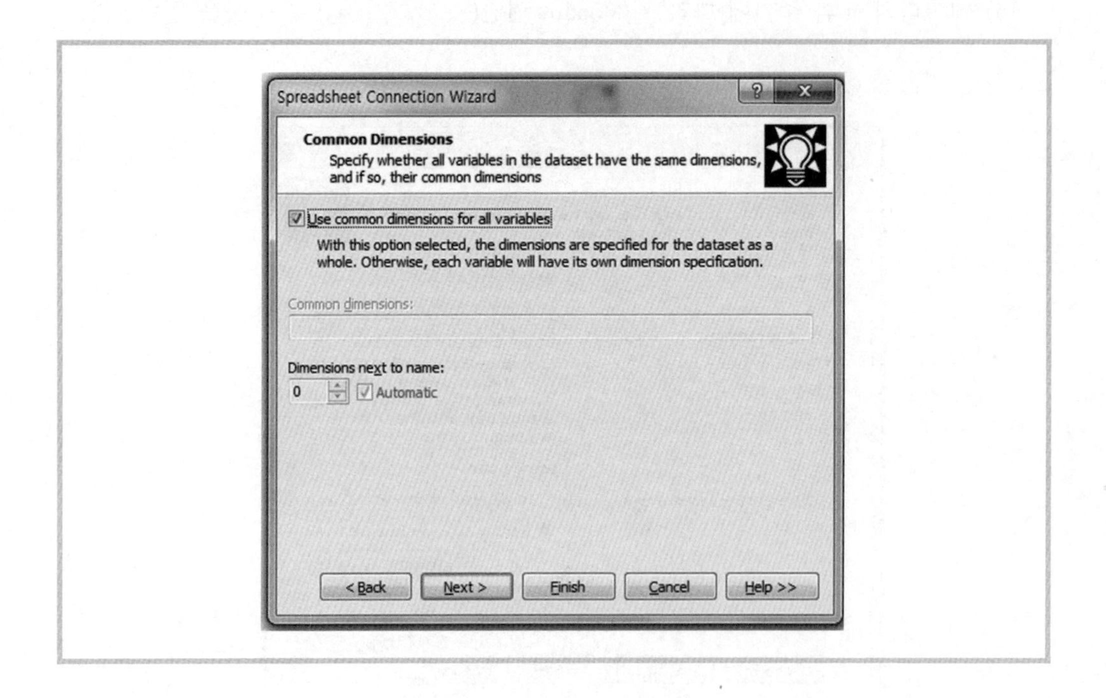

이러한 다차원배열 기능의 지원으로 파워심 모델에서는 실세계의 현상(現像)과 4차 산업혁명에서 요구되는 다차원 배열(Multi-dimensional array)을 속성(attributes)을 갖는 변수를 이용한 동적 시스템 모델링(Dynamic System Modeling)이나 이들의 결합함수(結合函數) 속성을 잘 표현할 수 있게 된다.

단계 9. 연결할 데이터의 속성 정의

① 데이터 속성 정의

연결할 데이터의 방향 및 데이터 시작 셀을 지정한다.(Orientation)
시간이 세로이면 데이터는 시간 옆 칼럼(열)부터 차례대로 변수가 지정되므로, 여러 변수의 나열 방향은 가로이다. 따라서 이 경우는 variable name across로 설정한다.
시간이 가로이면 데이터는 시간 아래에(행)으로 차례대로 변수가 쌓여지는 형태가 되므로, 여러 변수의 나열 방향은 세로이다. 따라서 이 경우는 variable name down으로 설정된다.
데이터가 포함하는 속성을 정하는 것으로(Data include) 숫자 데이터가 시작되는 지점(셀)의 위치를 바로 지정한다. 만약에 데이터가 시작하는 지점 이전에 별도의 서술이 붙어 데이터를 설명하는 경우에는 그러한 셀의 수를 고려하여야 한다.

② 데이터 이외의 별도의 변수 이름 구분 여부 선택

예를 들어 어떤 학생의 국어 성적은 90점인데 이를 표현하기 위하여 몇 학년, 몇 반, 과목 등으로 구분하여 셀을 지정할 필요가 있는 경우 사용한다. 예제의 경우 e5셀에 데이터가 위치한다고 하였으므로 Variable names:에서 Hidden을 선택하고 나머지는 선택하지 않는다.

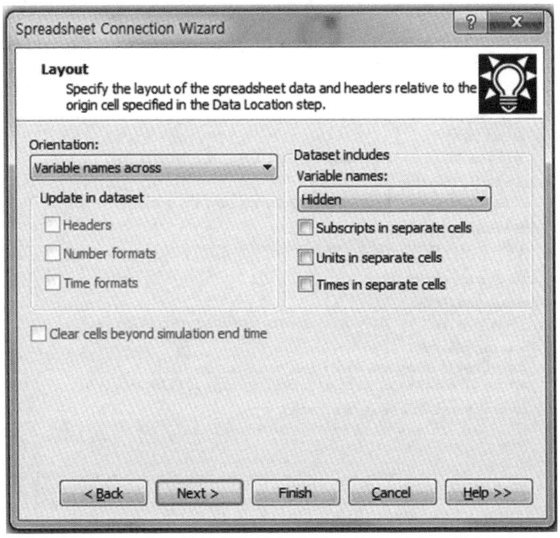

단계 10. 데이터 세트에 있는 데이터 변수 확인

연결할 데이터가 데이터 세트가 있는지를 확인한다.

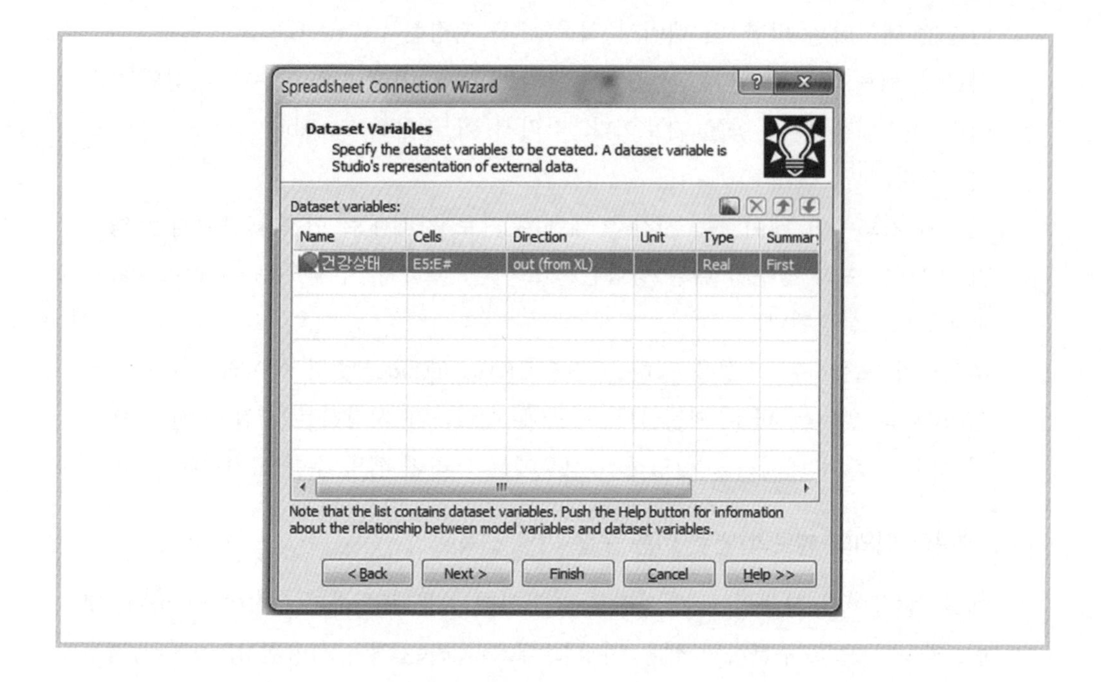

단계 11. 데이터 연동 옵션을 확인

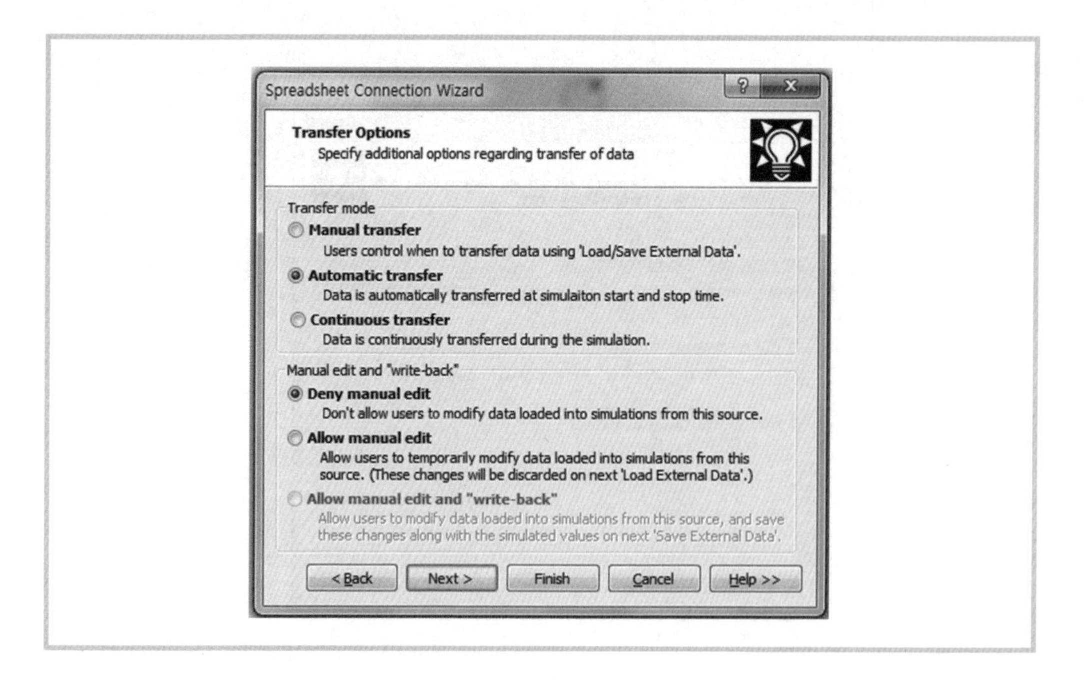

단계 12. 데이터 세트 이름 확인

연결할 데이터 세트 이름을 확인하거나 수정하고 OK 버튼을 클릭한다.

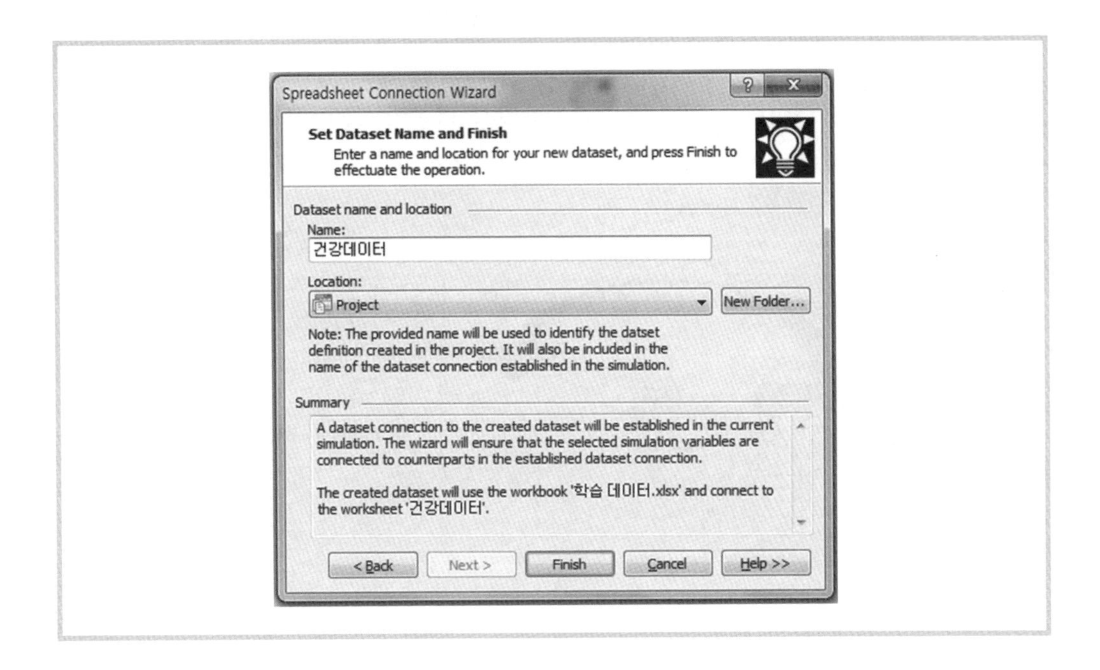

단계 13. 파워심 모델에서 시뮬레이션 Reset 버튼과 Play 버튼을 눌러서 데이터가 제대로 연결되는지를 확인한다.

11.4 엑셀 데이터 직접 복사하여 시뮬레이션 모델로 읽어오기

이 절에서는 외부 데이터를 파워심 모델로 연결하는 방법으로 외부 데이터를 직접 복사하여 파워심 모델에 연결하는 방법에 대하여 설명한다.

다음은 엑셀에서 데이터를 복사한 다음, 파워심 다이어그램에서 붙여넣기(Paste)를 통하여 데이터를 연동하는 방법을 그림으로 나타낸 것이다.

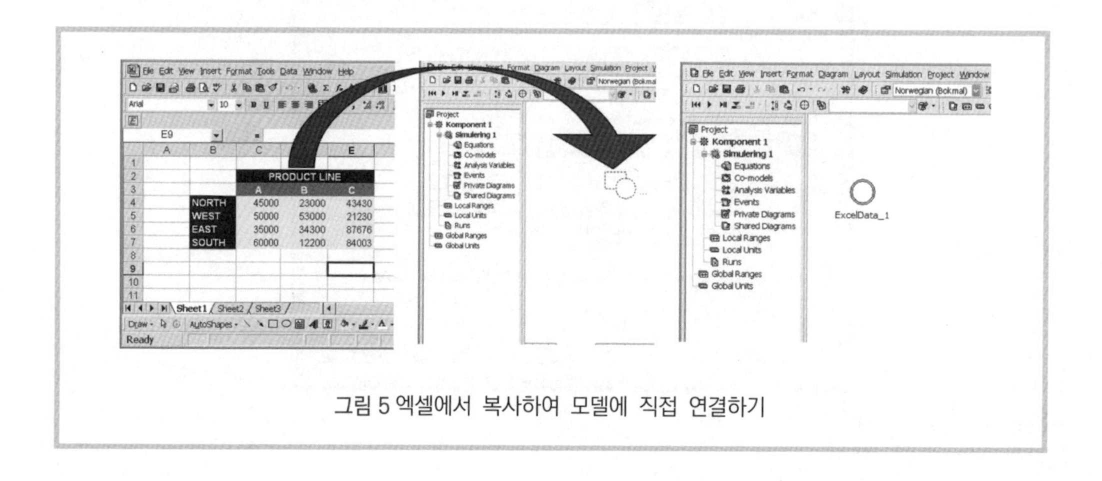

그림 5 엑셀에서 복사하여 모델에 직접 연결하기

예제-1. 파워심 모델로 외부 데이터 읽어오기(Read Data from Excel to Powersim)

먼저 파워심으로 읽어올 엑셀 데이터를 준비한다. 예를 들어 다음과 같은 엑셀 데이터 시트가 있다고 하자.

	재료1	재료2
제품 1	7	80
제품 2	10	200
제품 3	30	150
제품 4	5	300
제품 5	25	250

가로, 즉 행(row)이 5줄이고 세로, 즉 열(column)이 2줄인 데이터 세트이다.
이 엑셀 데이터를 파워심 모델로 읽어오는 절차는 다음과 같다.

단계 1.

첫 번째 행과 열에 있는 데이터, 즉 1행과 1열, 즉 하나의 셀에 있는 '7'을 엑셀에서 복사(Ctrl+C)하고, 파워심 다이어그램에서 붙여(Ctrl+V) 놓기를 한다.(Copy & Paste)

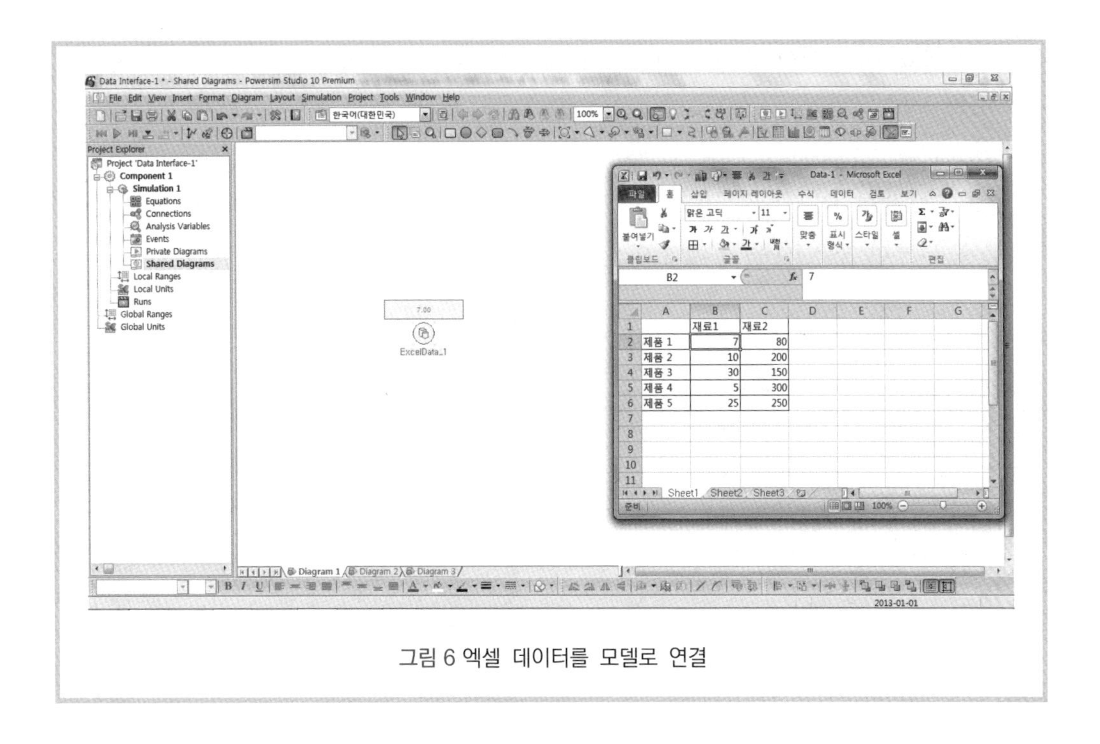

그림 6 엑셀 데이터를 모델로 연결

▒ 단계 2.

그러면 위와 같이 1행 1열에 있는 '7'이라는 숫자는 엑셀에서 파워심으로 새로운 변수 'ExcelData_1'이라는 이름으로 모델에 생성된다.

즉, 엑셀의 1행 1열의 셀과 파워심 모델에서 변수 ExcelData_1은 같은 통으로 연결된 것이다.

따라서 엑셀의 1행 1열에 있는 숫자를 '6'으로 변경하고, 파워심 모델에서 Reset 버튼 (⏮)을 누르면 ExcelData_1 변수의 값은 '6'으로 바뀐다.

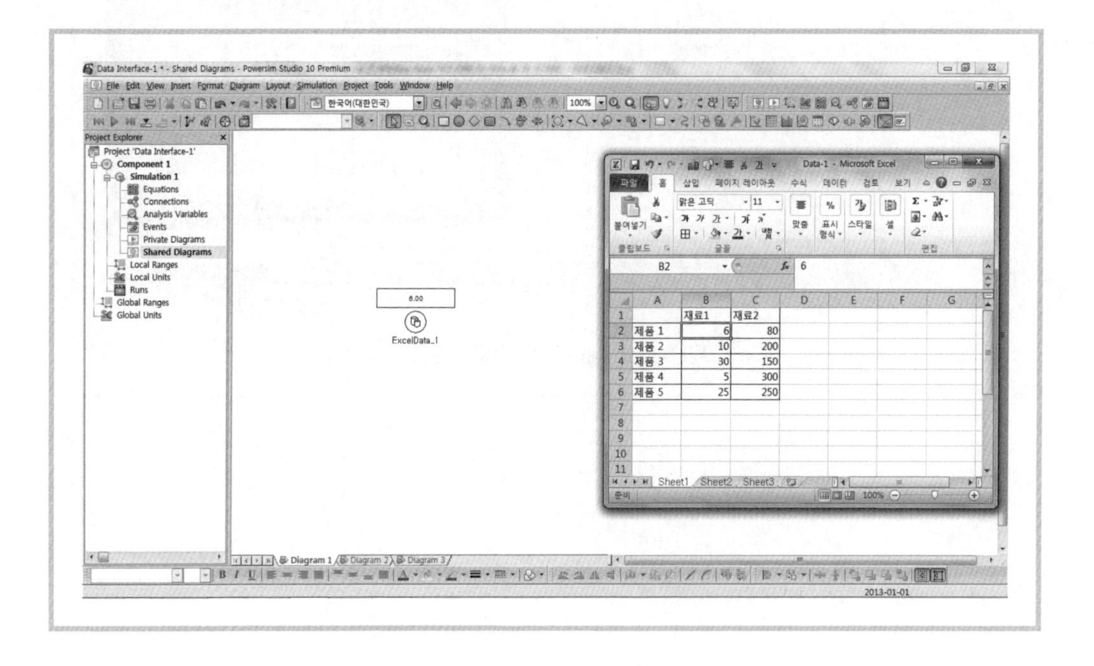

단계 3. 엑셀에서 읽어 온 파워심 변수의 이름 부여하기(이름 변경하기)

위의 예에서 파워심 모델의 변수 'ExcelData_1'를 '재료량'이라는 변수 이름으로 바꾸어 보자. 변수 이름을 누르고 재료량 이라는 변수 이름을 입력하고 키보드의 Enter 버튼을 누른다.

단계 4. 엑셀 데이터가 제대로 읽혀졌는지 확인

엑셀 데이터 읽어오기 이전 예제에서 엑셀 데이터는 다음과 같이 1행 1열의 셀에 있는 데이터가 파워심 모델의 재료량이라는 변수로 읽혀졌다. 이를 살펴보면 다음과 같다.

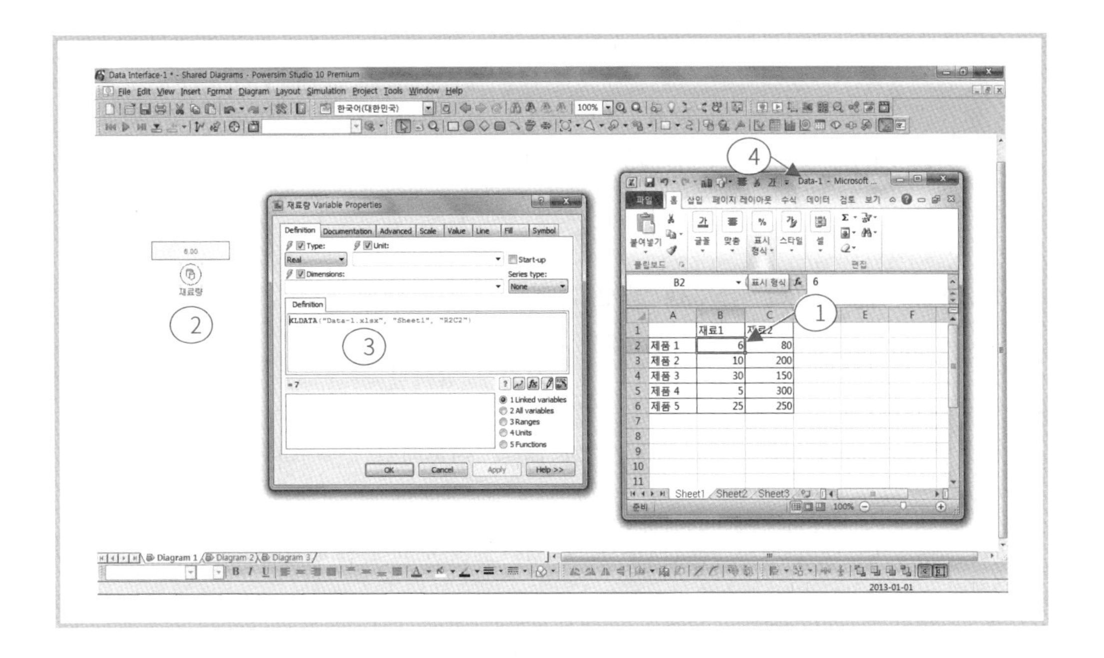

(1) 먼저 엑셀 데이터 시트 1번에 있는 1행, 1열 셀에 있는 6을 선택하고 복사(Ctrl+C)

(2) 파워심 모델 다이어그램을 클릭하고, 붙여넣기(Ctrl+V)를 하면 2번과 같이 새로운 변수가 생성된다.

(3) 생성된 변수의 이름을 재료량으로 바꾸면 위와 같다. 재료량 변수에는 1번 셀에 있는 값이 그대로 모델 다이어그램에 2번과 같이 나타나게 된다.

(4) 재료량 변수를 선택하고, 연달아 두 번 클릭하면(Double Clicks) 3번과 같이 2번 변수의 속성이 다음과 같이 나타난다. 이러한 변수 속성은 파워심 소프트웨어에서 자동으로 생성된다.

XLDATA("Data－1.xlsx", "Sheet1", "R2C2")

추가 설명

- XLDATA는 파워심 소프트웨어에서 제공하는 함수(function)로, 엑셀 데이터를 파워심 모델 변수로 연결하는 함수이다.
- XLDATA 함수의 문법(Syntax)은 다음과 같다.
  XLDATA("엑셀 파일 정보", "시트 정보", "셀 위치 정보")
- "Data－1.xlsx"는 4번에 있는 엑셀 파일의 이름이다.
- "Sheet1"은 해당 셀이 있는 엑셀 시트 이름이다.
- "R2C2"은 셀에 대한 정보로서, Row 2와 Column 2라는 의미이다. 즉 "2행 2열(여기서는 B열) 셀에 있는 데이터"라는 의미이다.

예제-2. 엑셀 데이터 확장하여 읽어오기

일단 파워심 모델 변수와 엑셀 데이터베이스(Excel Database)가 앞선 예제에서와 같이 연결되면, 파워심 모델 변수와 엑셀 파일 및 시트가 연결되어 있는 상태이므로 엑셀 셀(Cell)의 위치만 지정해주면 추가적으로 데이터를 연동시킬 수 있다.

만약 제품 1에 대한 재료 데이터를 모두 읽어오려면 파워심에 있는 재료량 변수에서 다음과 같이 속성을 정의해주면 된다.

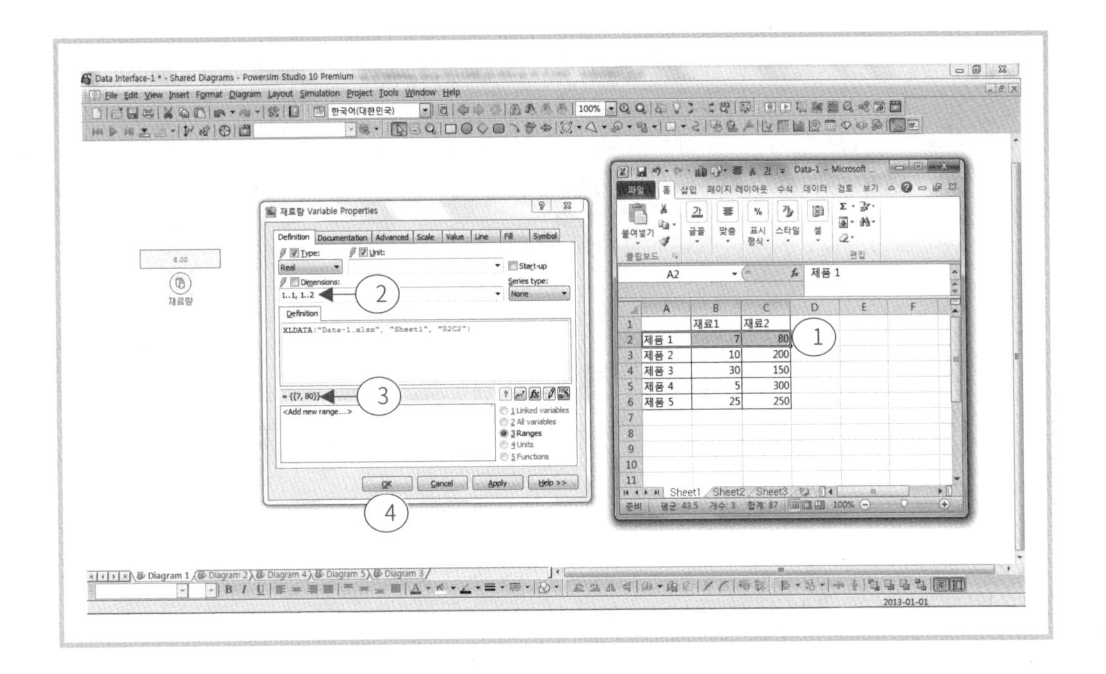

단계 1.

1번에 있는 제품 1의 모든 재료는 1행('제품1')에 있는 1열('7')과 2열('80')이다. 이를 파워심 소프트웨어의 속성 정의 창에 있는 배열(dimension)로 표현하면 2번과 같다.

단계 2.

파워심 모델 변수인 재료량 변수의 배열(dimension) 속성 정의에서 1..1, 1..2라고 입력하면, 행(row)은 1..1, 즉 1행이고, 열(column)은 1..2, 즉 1열에서 2열까지 있는 데이터 범위를 말한다.

	재료1	재료2
제품 1	7	80

위와 같이 선언하면, 결과는 3번과 같이 = {{7, 80}}로 나타난다. 변수 정의 창에서 4번 OK를 클릭하면 재료량 변수의 값은 다음과 같이 된다.

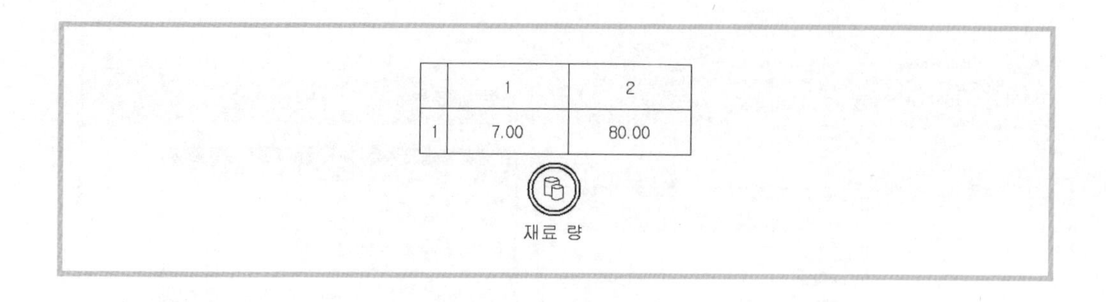

단계 3. 나머지 엑셀 데이터를 파워심 모델변수로 읽어오기

위의 예제에서 나머지 제품들과 재료들에 대한 데이터를 읽어오는 방법은 다음과 같다.

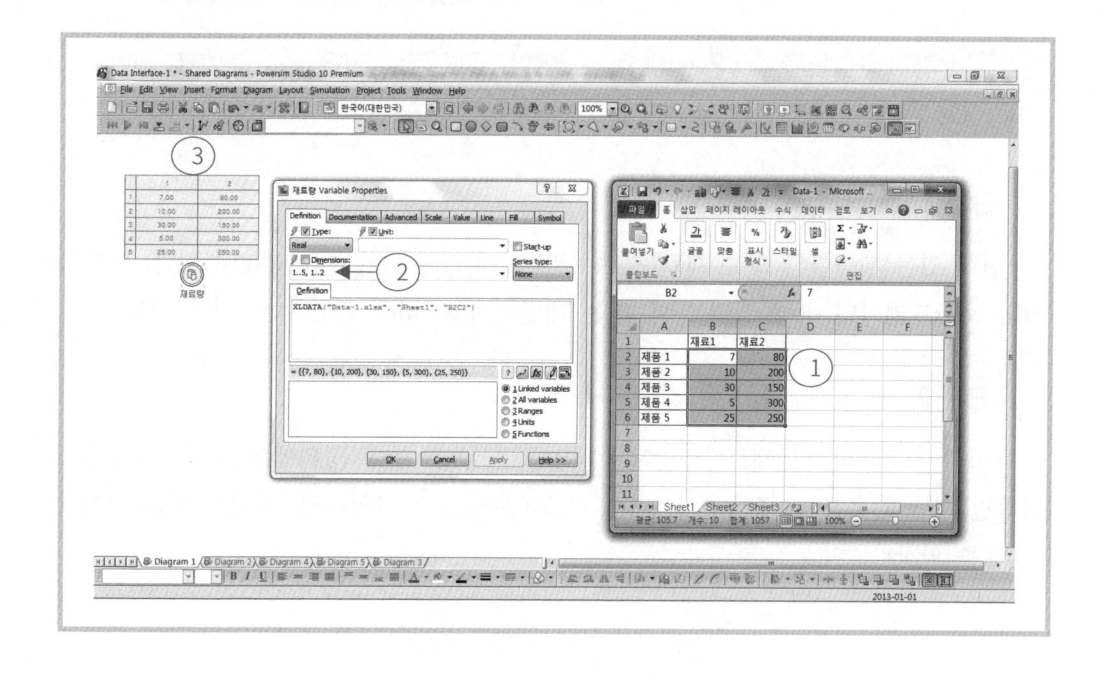

단계 4.

1번의 엑셀 시트에 있는 제품 5가지에 대한 재료 2가지를 모두 읽어오기 위해서는 2번과 같이 파워심 모델변수에서 배열(dimension)을 1..2, 1..5로 선언해주어야 한다.

▨ 단계 5.

이는 엑셀 1에서 2행까지 그리고 1열에서 5열까지의 범위를 설정하고, 그 안에 있는 데이터를 모두 행과 열로 읽어온다는 의미이다. 이를 시뮬레이션 Reset 버튼을 클릭하여 실행하면 3번과 같이 파워심 모델변수에 엑셀 데이터가 연결된다. 즉 2번의 배열(dimension)을 선언하는 방식에 따라 엑셀에 있는 데이터 연결 범위가 결정되는 것을 알 수 있다. 엑셀과 파워심 모델이 연결된 결과는 다음과 같다.

	1	2
1	7.00	80.00
2	10.00	200.00
3	30.00	150.00
4	5.00	300.00
5	25.00	250.00

재료량

▨ 단계 6.

엑셀 데이터 시트가 준비된 상태에서, 엑셀 데이터를 읽어 올 파워심 변수에서 2번 항목의 배열만 설정하면 엑셀 데이터를 손쉽게 읽어 올 수 있다.

예: 엑셀 데이터 시트의 40행 20열에 있는 800개 데이터를 읽어오려면 2번 항목을 1..40, 1..20 으로 정의하면 간단히 해결된다.

11.5 모델과 엑셀 데이터 파일 관리

(1) 데이터 세트를 이용한 데이터 연결

- 데이터 세트를 이용하여 모델에 엑셀 데이터를 연결하면, 나중에 파워심 모델을 부팅하면 자동으로 엑셀 파일이 같이 열리게 된다.

(2) 직접 엑셀에서 데이터를 모델 다이어그램으로 끌어다 놓는 경우

- XLDATA로 연결된 모델 데이터는 엑셀 파일이 모델과 동시에 부팅되지는 않으나, 모델에 엑셀 데이터가 저장되어 있어 모델이 돌아가는 데에는 별문제가 없다.

11.6 데이터 세트를 통한 외부 데이터와의 연동(Interface) 실습

▒ 단계-1: 외부 데이터를 연동할 변수를 선택

: 데이터를 In, Out, in－Out 할 것인지를 결정한다

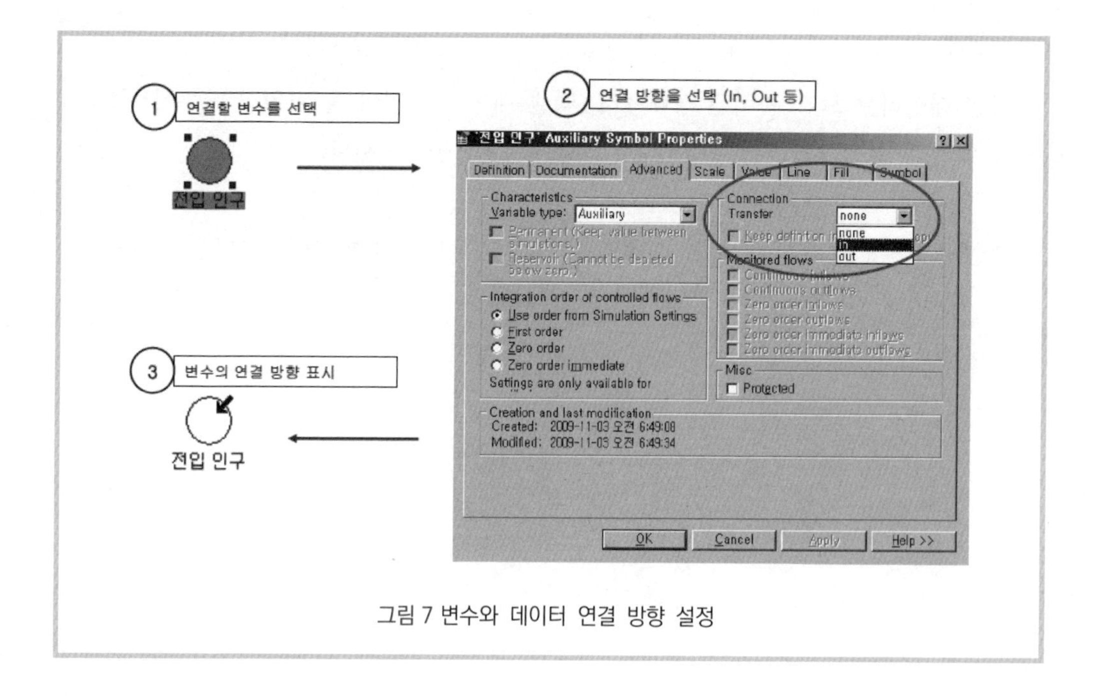

그림 7 변수와 데이터 연결 방향 설정

▨ 단계-2: 데이터 세트 작성

① Project Window를 열고,

② Project에서 마우스 오른쪽을 클릭하여, Add Dataset을 선택하고

③ Spreadsheet Dataset을 선택한다.

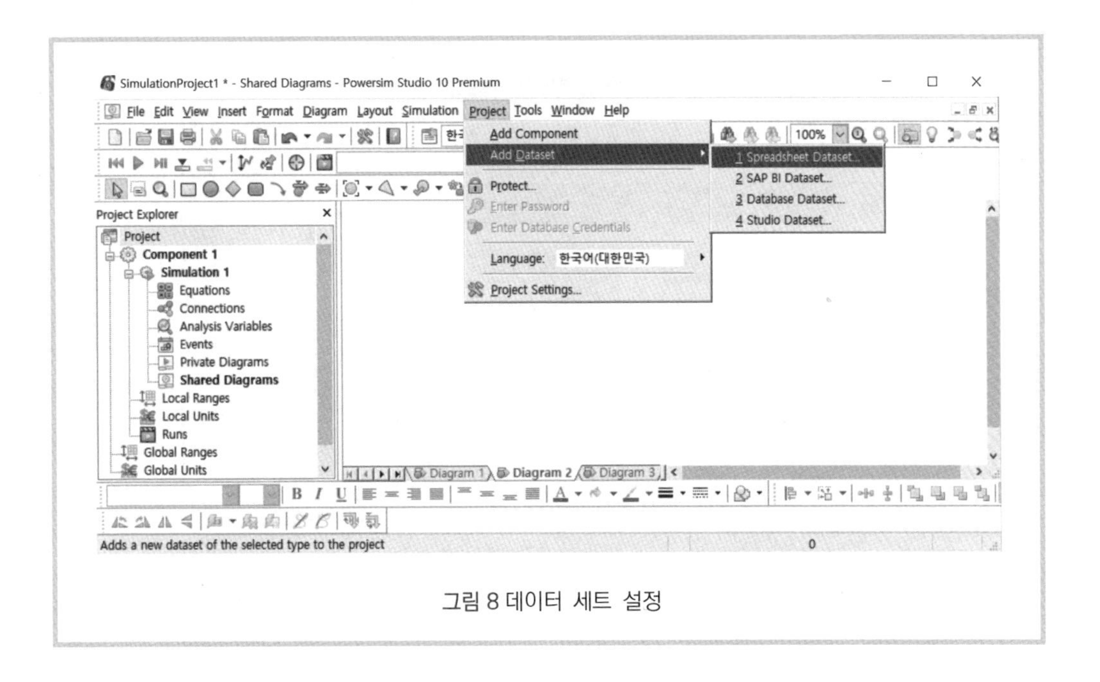

그림 8 데이터 세트 설정

단계-3: 데이터 위치를 지정

① Workbook을 눌러, 해당 엑셀 파일을 선택하고 열기를 선택한다.

② 해당 데이터가 있는 엑셀 시트를 선택한다.

③ 해당 데이터가 시작되는 셀의 위치를 입력한다. 예: C5

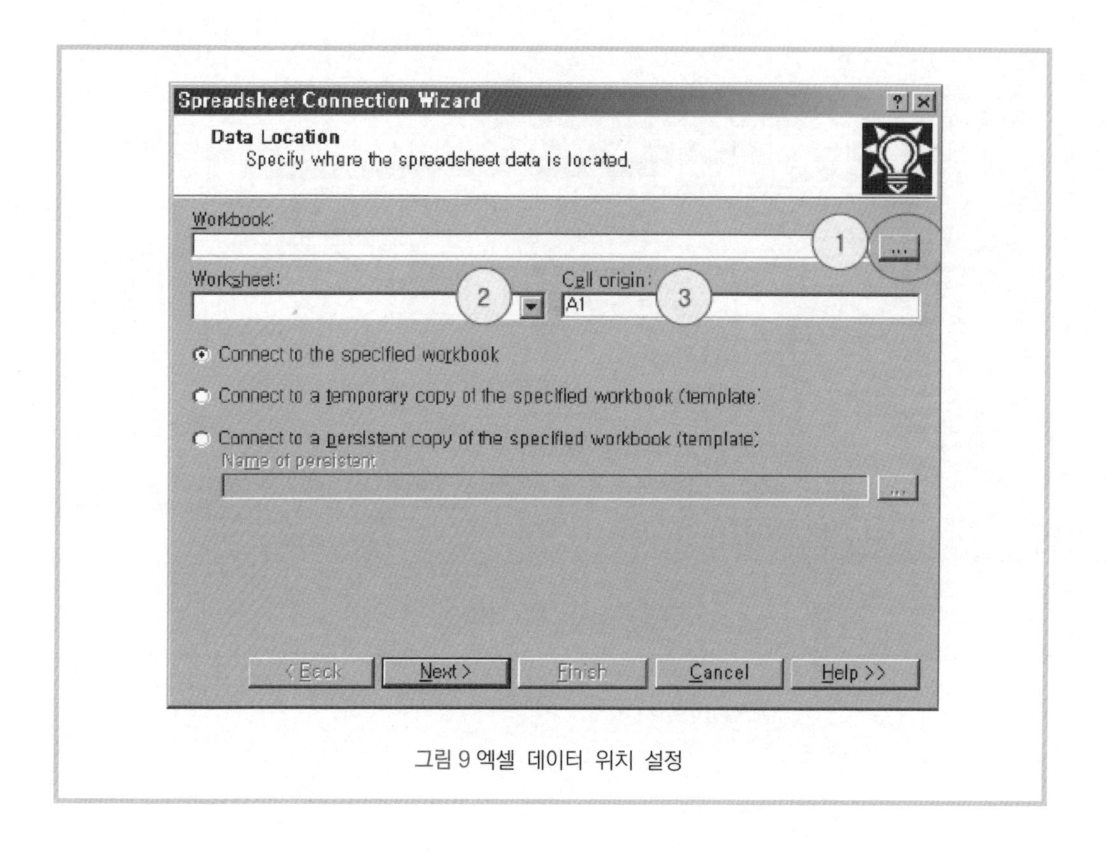

그림 9 엑셀 데이터 위치 설정

단계-4: Dataset에서 데이터 연결 정의하기

① 시간에 따라 변화하는 데이터인 경우 선택 예: 월간 판매량

② 시간에 따라 변하지 않는 데이터인 경우 선택 예: 비율

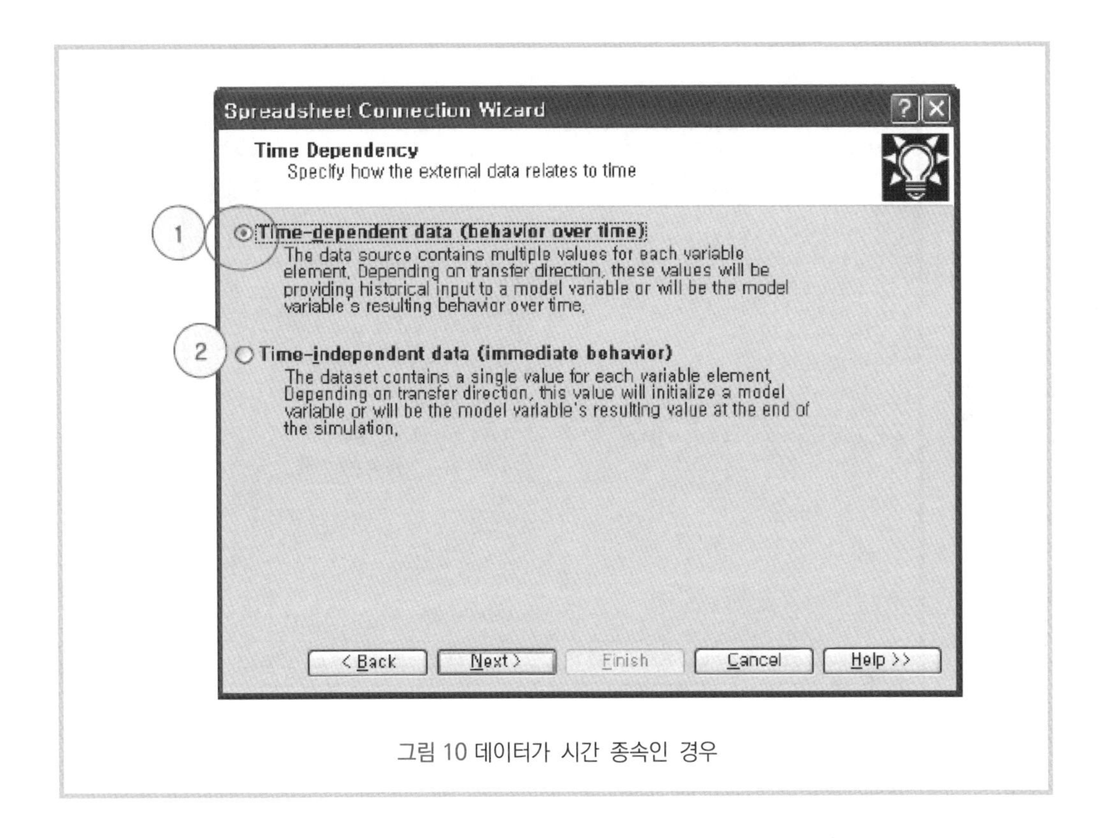

그림 10 데이터가 시간 종속인 경우

▒ 단계-5: 데이터 연동 방향 및 데이터 읽어오는 기간 선택

① 데이터 연결 방향 설정: 엑셀에서 읽어오는 경우 From Spreadsheet

② 데이터를 읽어오는 주기 선택: 월간 데이터, 연간 데이터 등

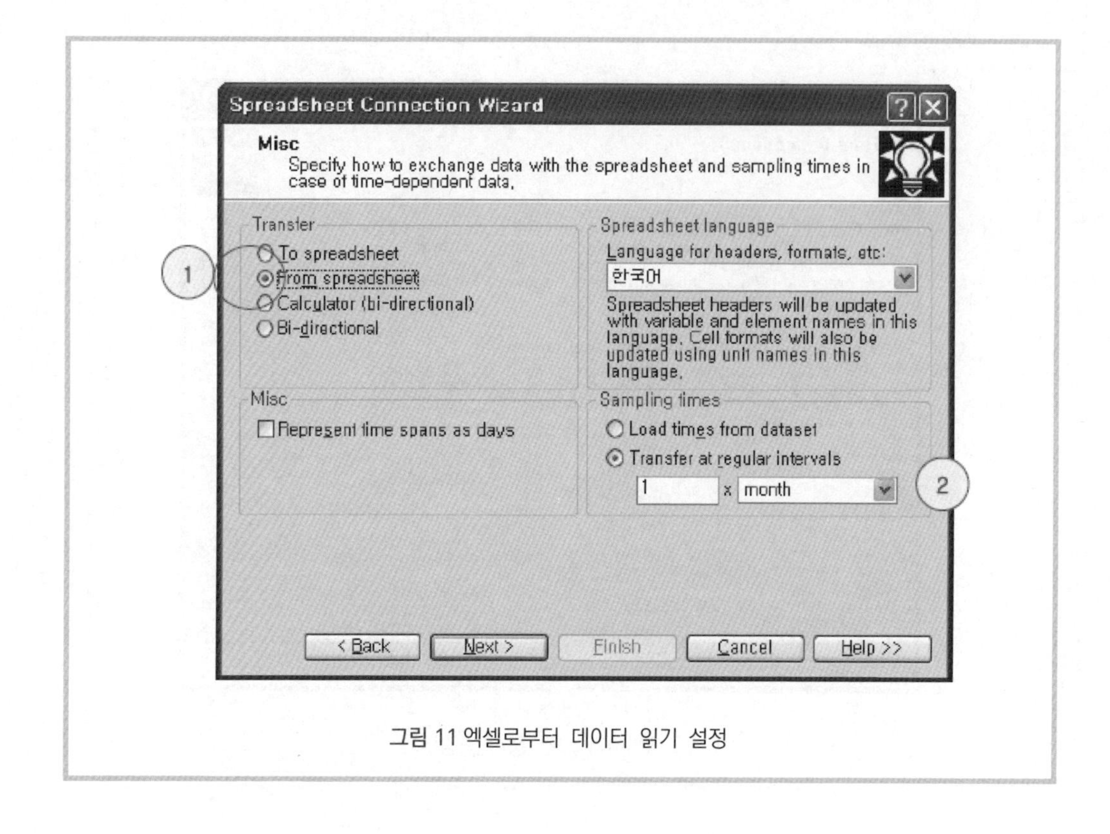

그림 11 엑셀로부터 데이터 읽기 설정

단계-6: 다차원 데이터인 경우 데이터 차원 정의

① 일반적인 경우로 다차원 데이터가 아닌 경우에 선택한다.

② 다차원 데이터인 경우 배열의 이름 또는 크기를 입력한다.

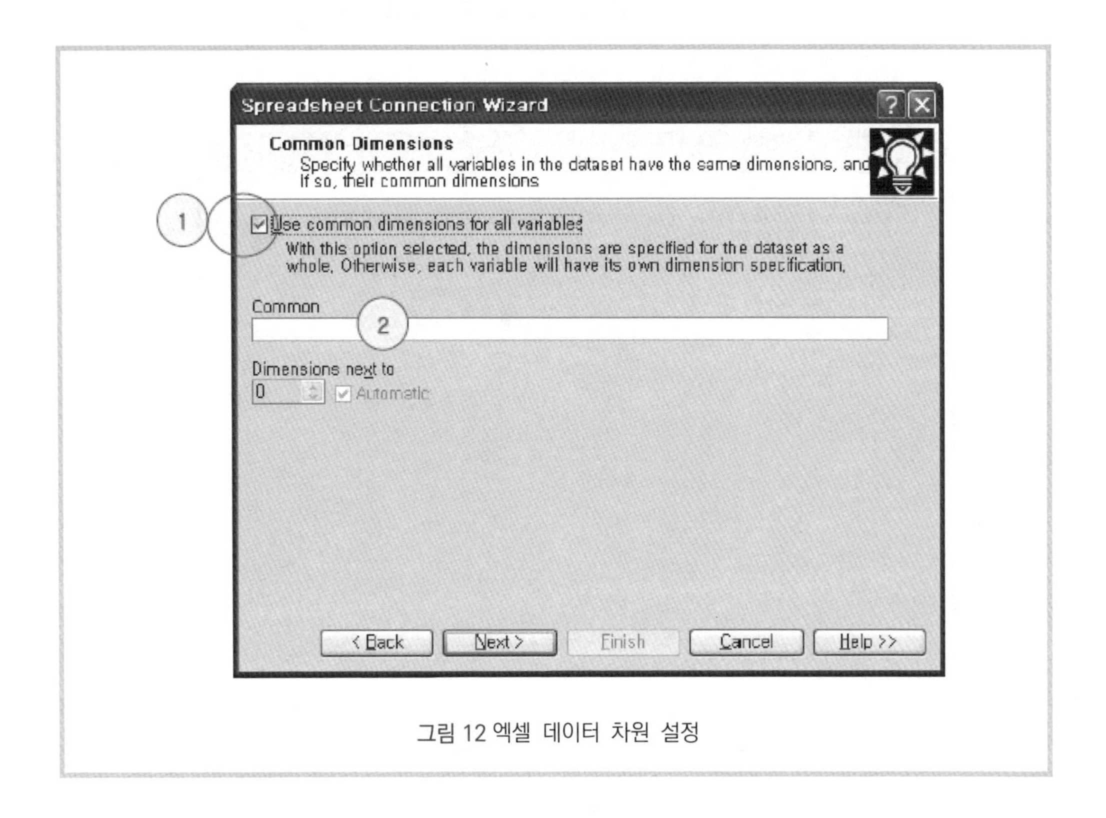

그림 12 엑셀 데이터 차원 설정

단계-7: Dataset Layout 정의

① 데이터의 구조로서, 변수가 가로인 경우(데이터가 세로)에 across를 선택
② 셀에서 시작되는 데이터 서식으로 Hidden을 권한다.
③ Hidden을 선택하고, 세 가지 항목에 대하여 선택하지 않는다.

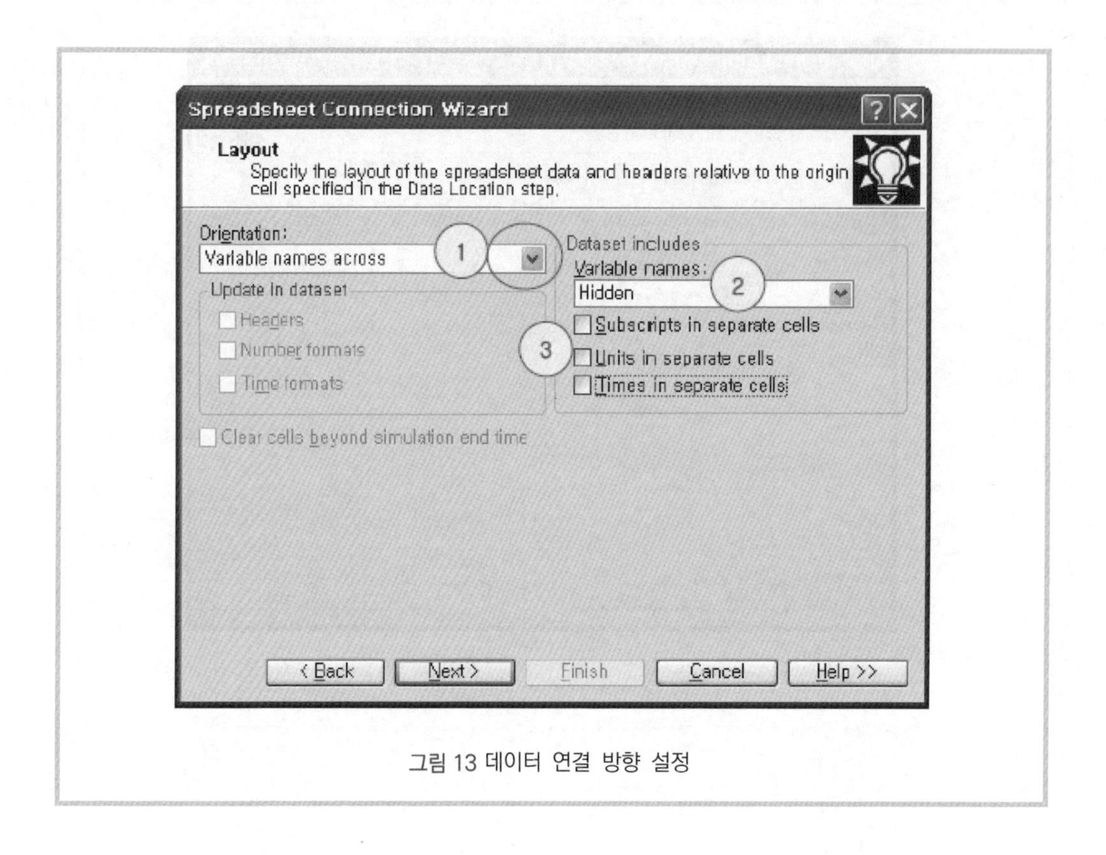

그림 13 데이터 연결 방향 설정

단계-8: Dataset Variable을 선택

① Dataset Variable에서 Next를 선택한다.

② Empty Dataset을 계속 유지할 것인가에 '예(Y)'를 선택한다.

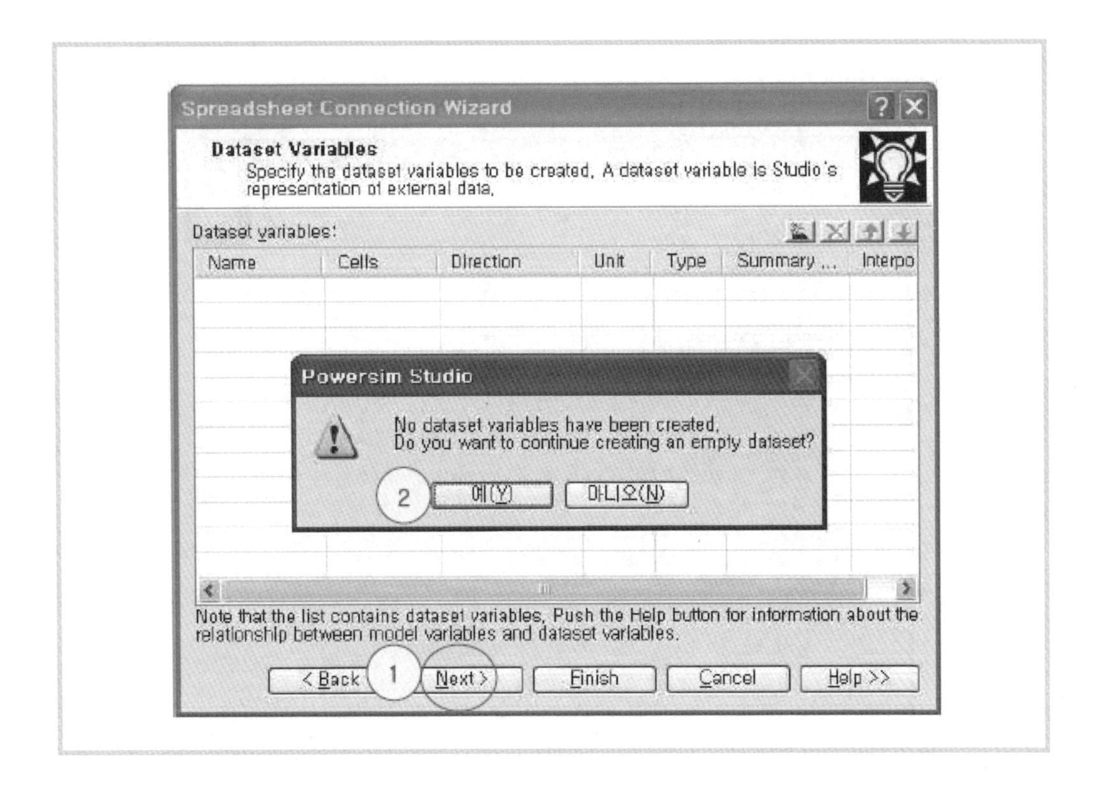

▒ 단계-9: 데이터 연결 모드 선택

① Automatic Transfer를 선택

② Deny Manual Edit를 선택

③ Next를 선택한다.

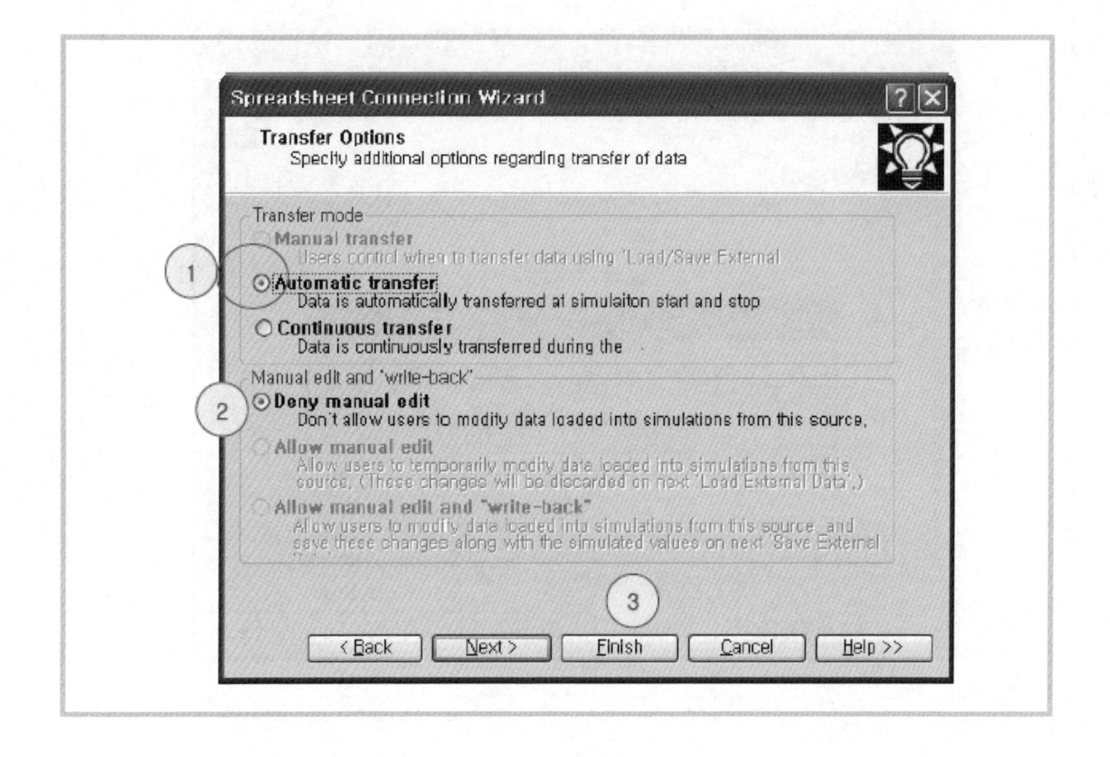

▒ 단계-10: Dataset Name을 확인하고 Finish를 선택

① Dataset 이름을 확인하고 Finish를 선택한다.

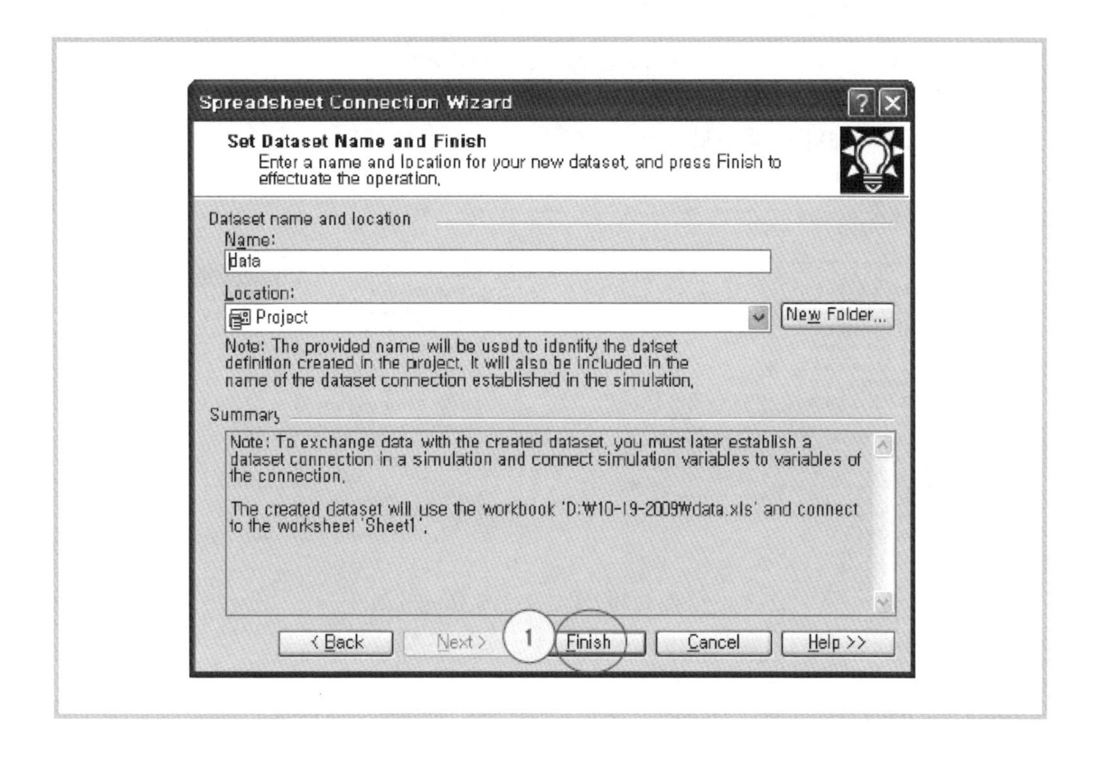

단계-11: shared diagram에 있는 변수를 dataset으로

① Shared Diagram에 있는 변수를 선택한다.
② 해당 변수를 Dataset에 끌어서(마우스로 변수를 Drag하여)
③ Dataset의 파란부분까지 끌어서(drag) 놓는다.(Drop)

3번과 같이 판매량이 표시된다.

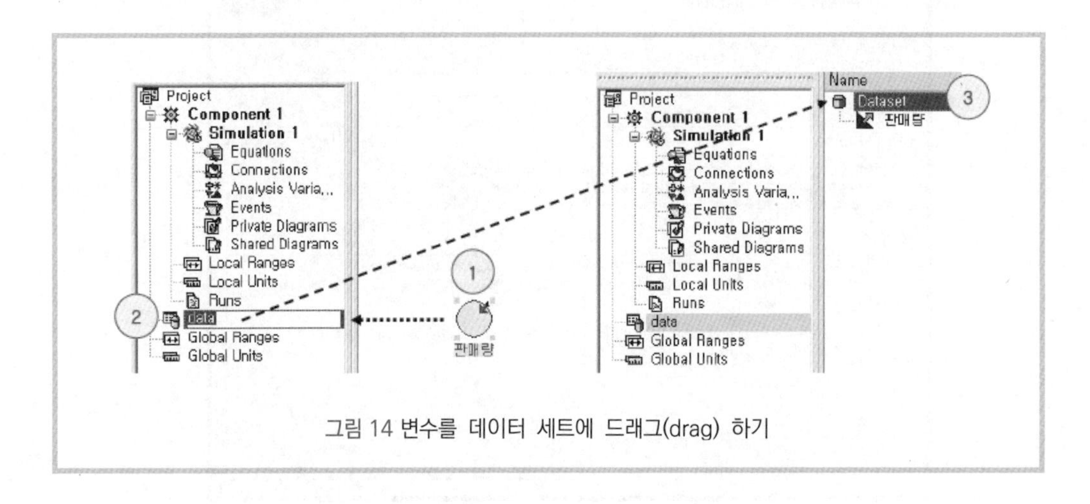

그림 14 변수를 데이터 세트에 드래그(drag) 하기

단계-12: Project Window에서 Connection을 선택

: Dataset에 해당되는 모델변수를 연결시킨다.
① 프로젝트 윈도우에서 Connection을 선택한다.
② Main에서 왼쪽에 있는 +를 눌러, 해당 변수를 펼치고, 해당변수에서 마우스 오른쪽버턴을 선택
③ Add Dataset Connection > Existing Dataset > 해당 변수를 선택한다.

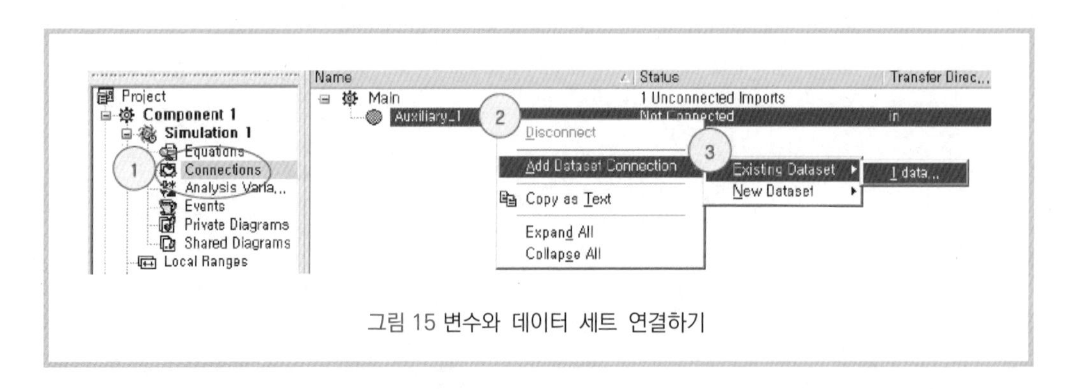

그림 15 변수와 데이터 세트 연결하기

단계-13: 데이터를 동기화(Synchronize)한다.

: 엑셀과 파워심 변수의 연결을 완성한다.

① Connection of Data에서 마우스 오른쪽을 누르고

② Synchronize Spreadsheet를 선택한다.

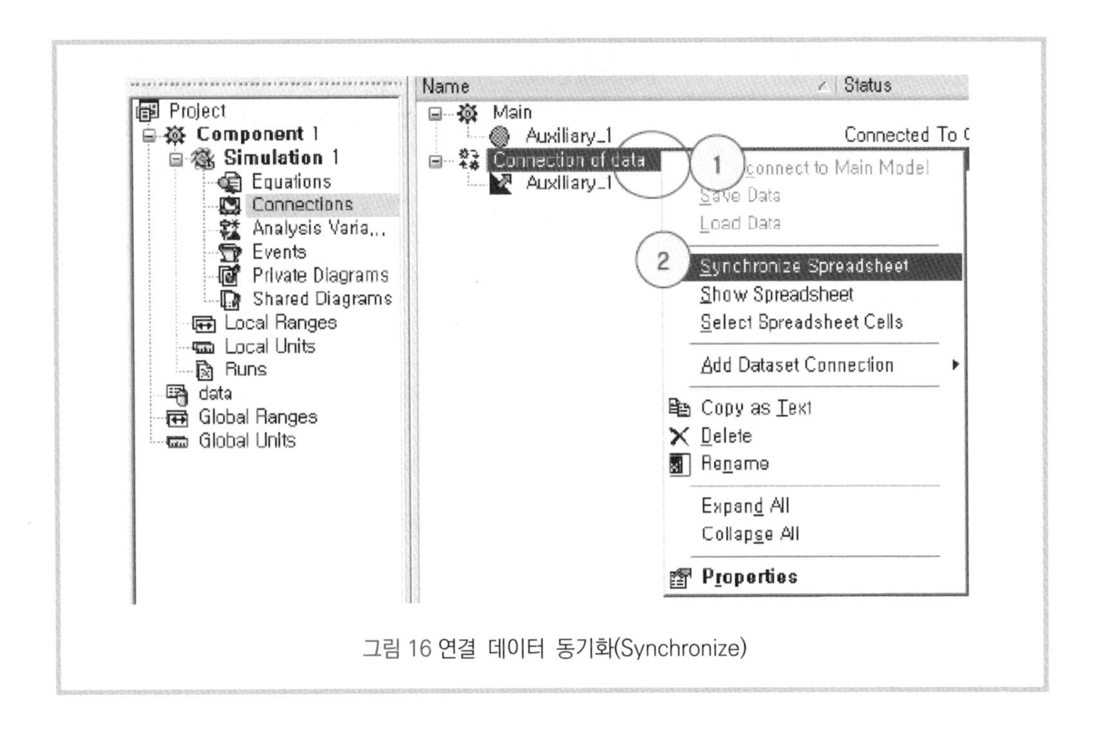

그림 16 연결 데이터 동기화(Synchronize)

11.7 모델과 데이터베이스 연결

11.7.1 Database Dataset 연결 종류

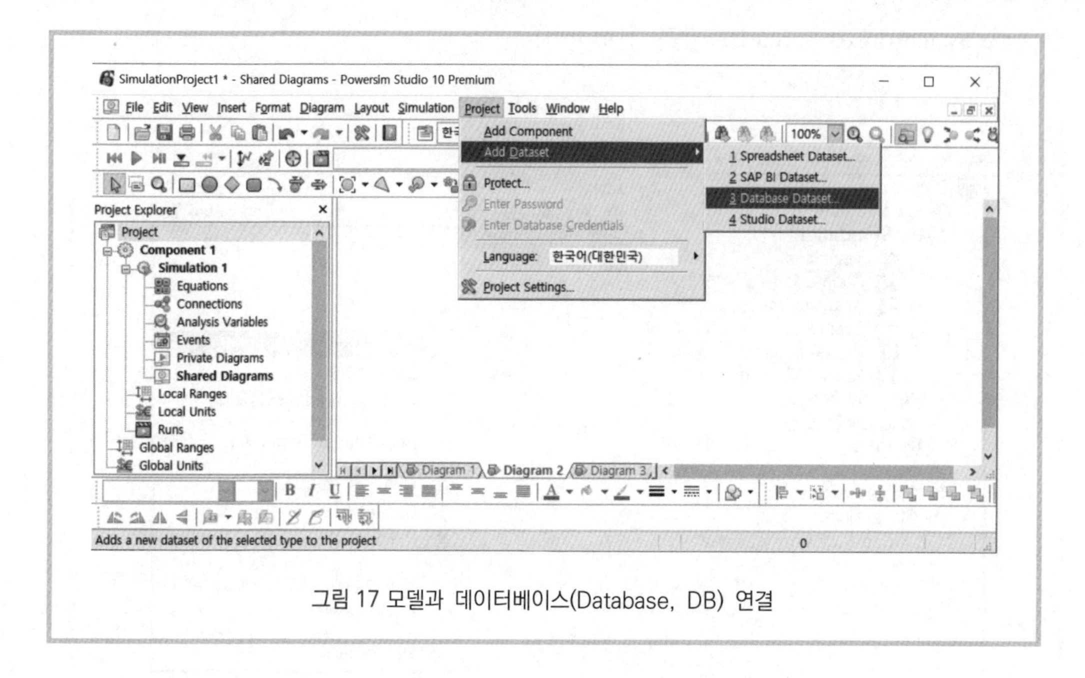

그림 17 모델과 데이터베이스(Database, DB) 연결

데이터베이스 데이터 세트(Database Dataset)는 아래의 데이터베이스 시스템을 연결한다.

- Microsoft Access
- Microsoft Excel
- Microsoft SQL Server
- Oracle
- SQL Anywhere(Sybase)
- MySQL(OpenSource)

11.7.2 모델 변수와 데이터베이스 연결

(1) Database 연결 마법사

Database Connection Wizard

Database Source
Specify the source you want your new Database Dataset to connect to.

Shared source (project-wide, defined by placeholder):
Placeholder:
Define Placeholders...
Powersim Studio allows you to define placeholders, some of which can represent database sources. By using a shared database placeholder you can easily change the source for multiple datasets.

Individual source (for this dataset only):
Database kind:
Database File (Microsoft Access/Excel)
Microsoft SQL Server
Oracle
MySQL
Other/Advanced
By using an individual source you set this dataset to connect to a database of the specified kind. You provide further information about the source on the next page.

< Back | Next > | Finish | Cancel | Help >>

(2) Database File 연결

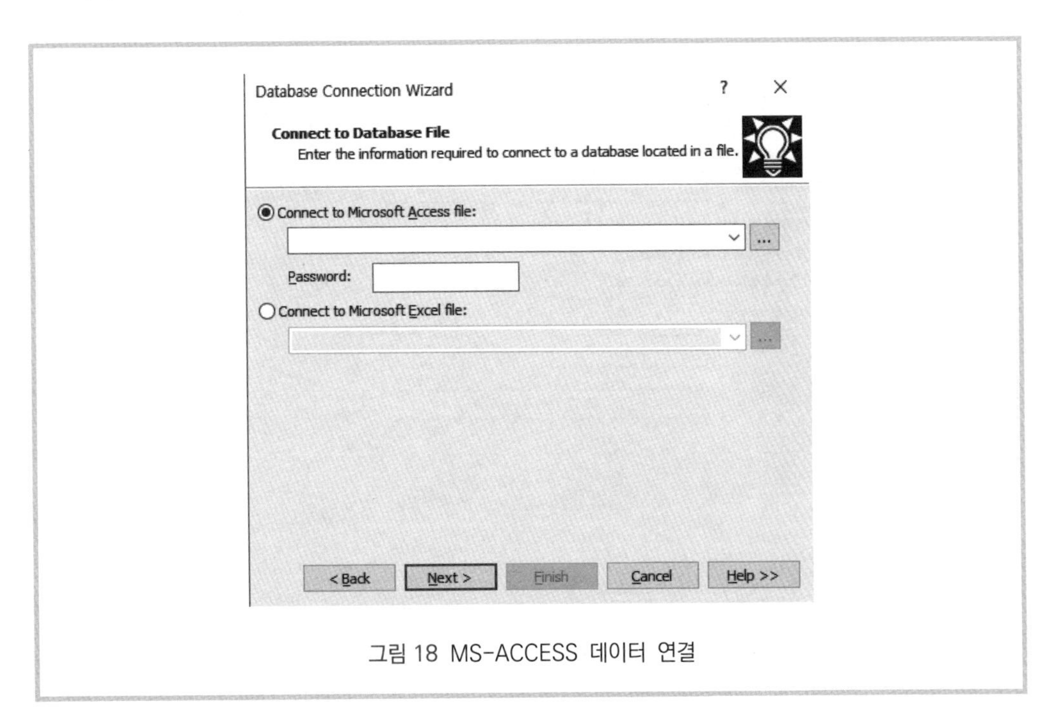

그림 18 MS-ACCESS 데이터 연결

(3) Microsoft SQL Server

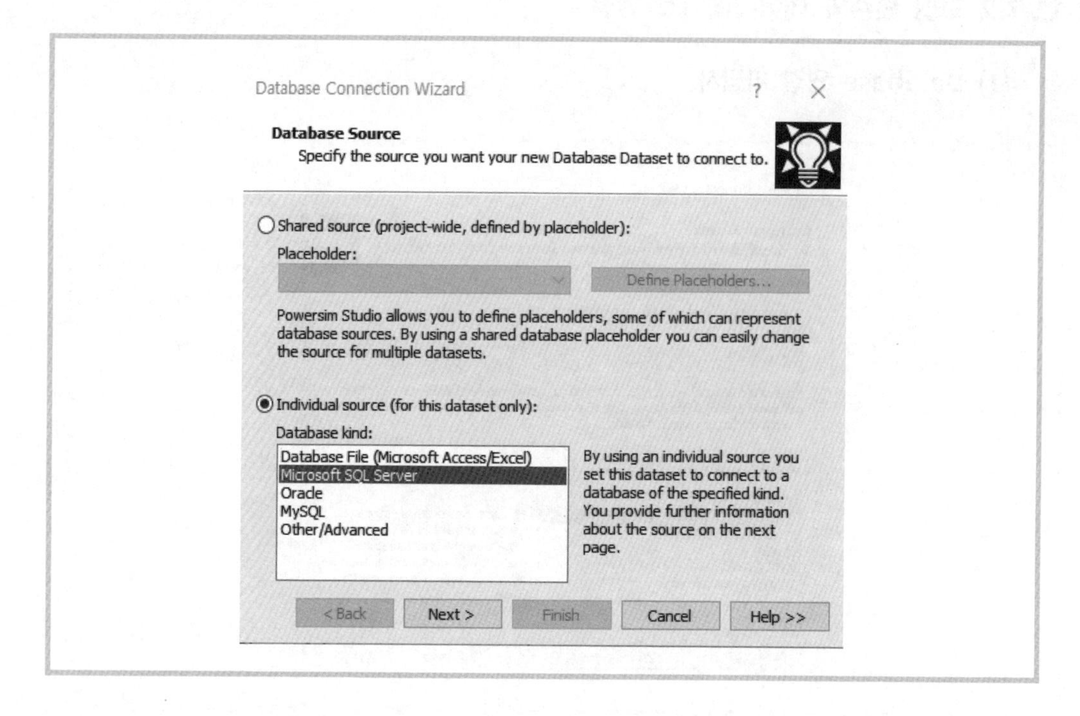

(4) Connect SQL Server

Database Connection Wizard

Connect to SQL Server

Enter the information required to connect to the database server.

Server name: Refresh

Log-on credentials:

Use Windows Authentication

Use the following credentials:

User name:

Password:

Database:

< Back Next > Finish Cancel Help >>

그림 19 MS-SQL 서버 연결

(5) Oracle 데이터 연결

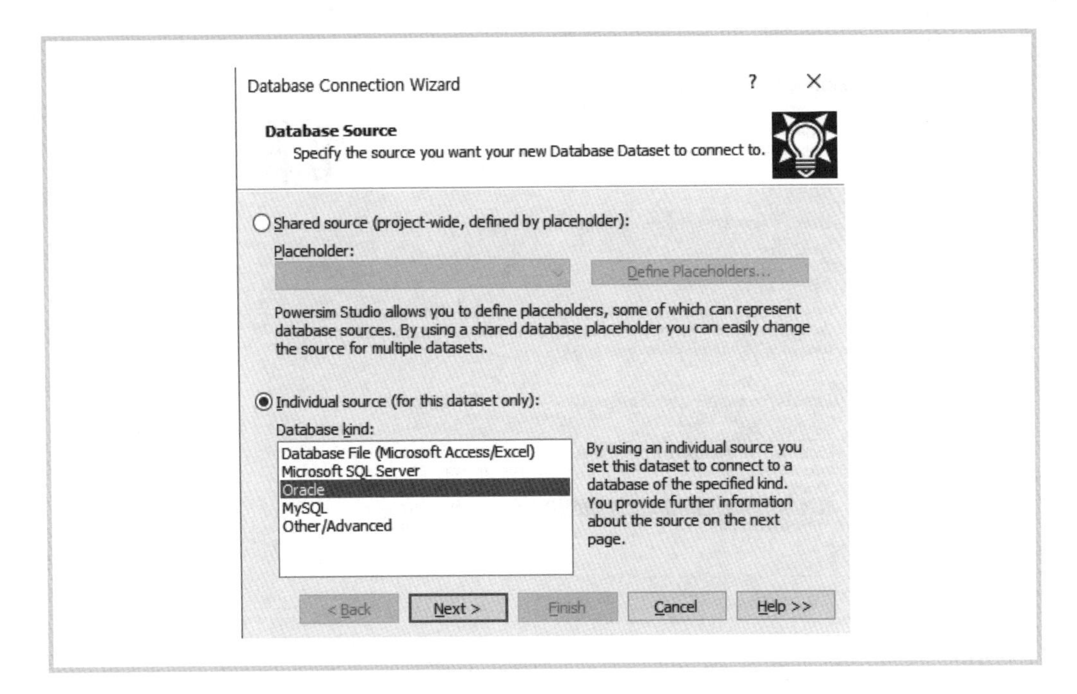

(6) Oracle Database Connection Wizard

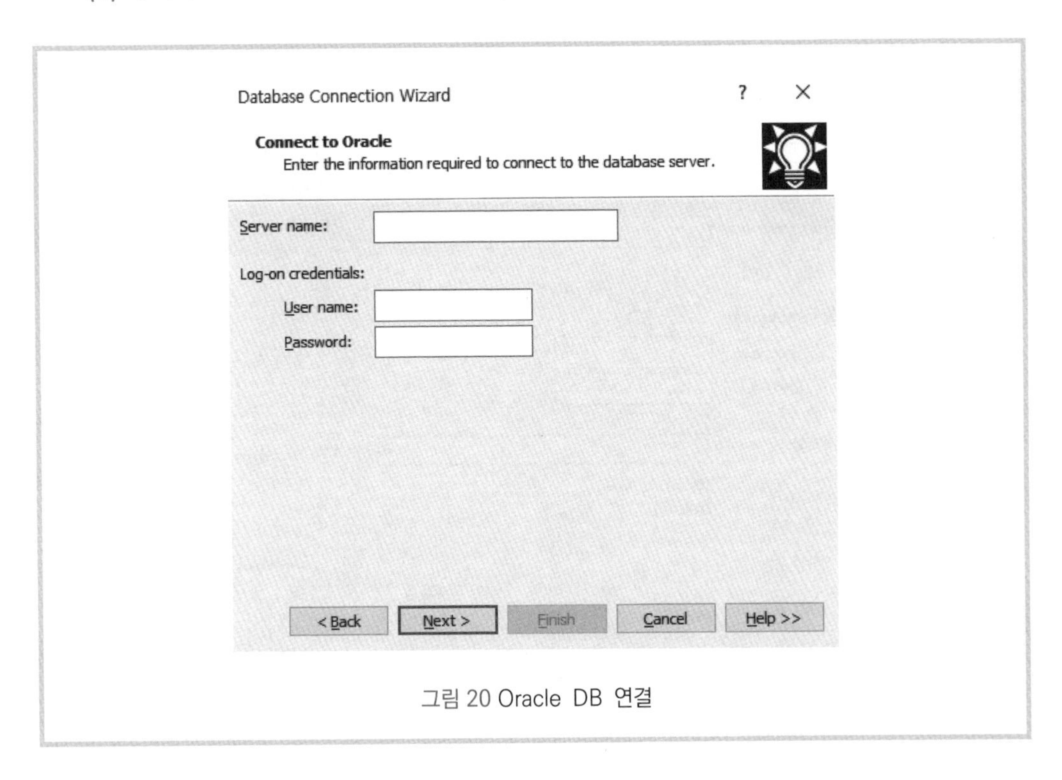

그림 20 Oracle DB 연결

(7) MySQL 데이터 연결

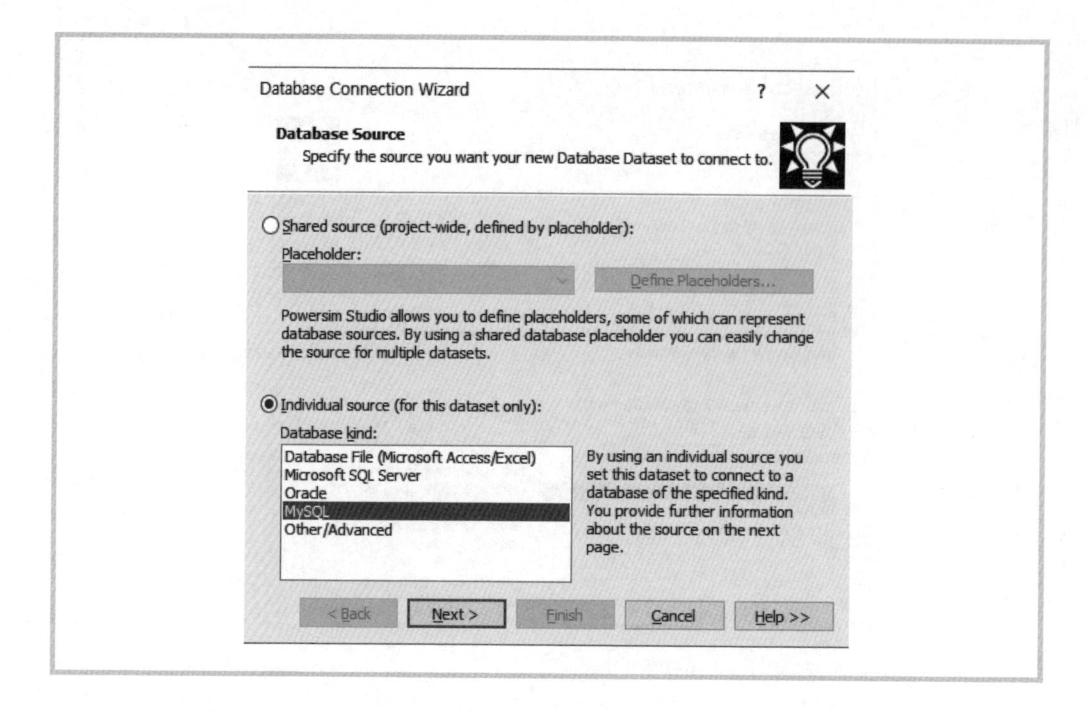

(8) Connect to MySQL

Database Connection Wizard

Connect to MySQL

Enter the information required to connect to the database server.

Server name:

Log-on credentials:

User name:

Password:

Database:

< Back | Next > | Finish | Cancel | Help >>

그림 21 MySQL 연결

(9) 기타 Database Source 연결

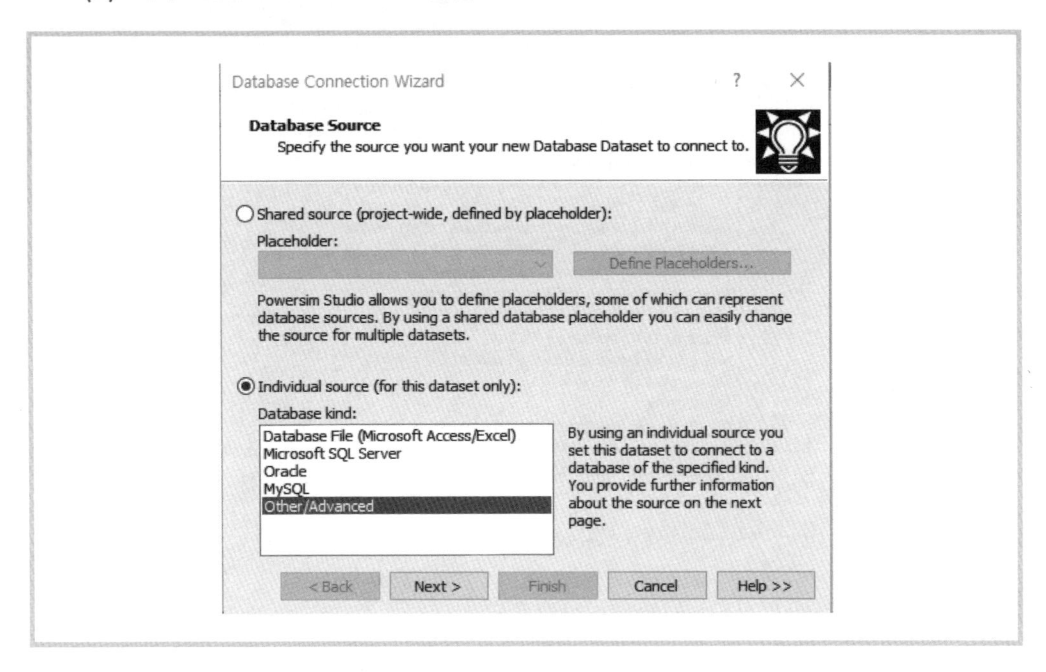

(10) 기타 데이터베이스 연결

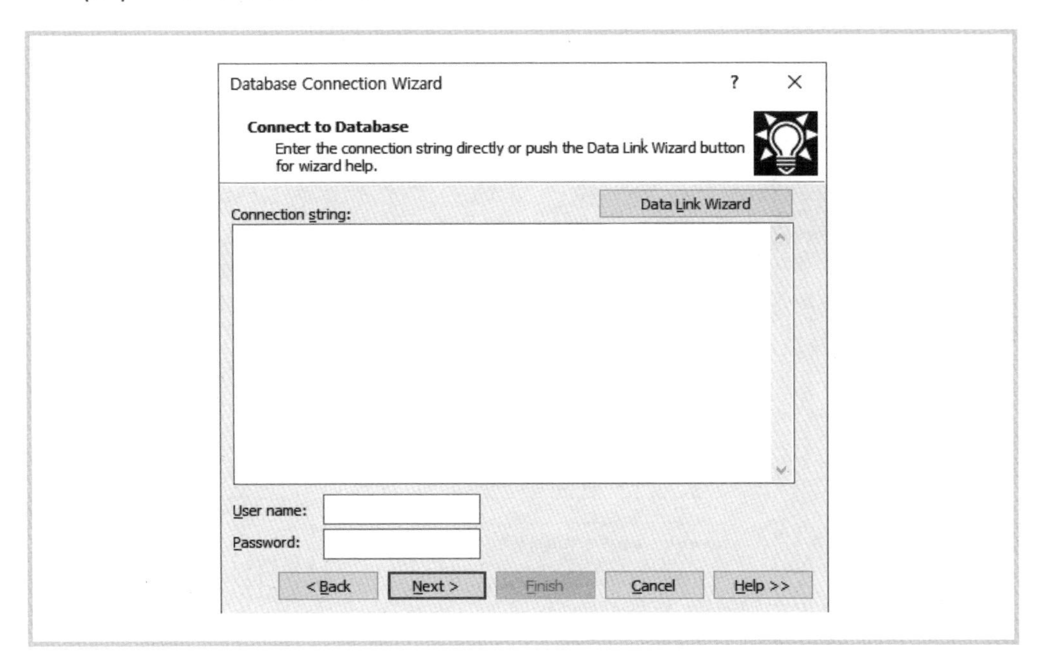

Data Link Wizard(데이터 연결 마법사)를 누르면 '데이터 연결 속성'에서 '공급자 속성'이 나타난다.

(11) 데이터 연결 공급자 속성

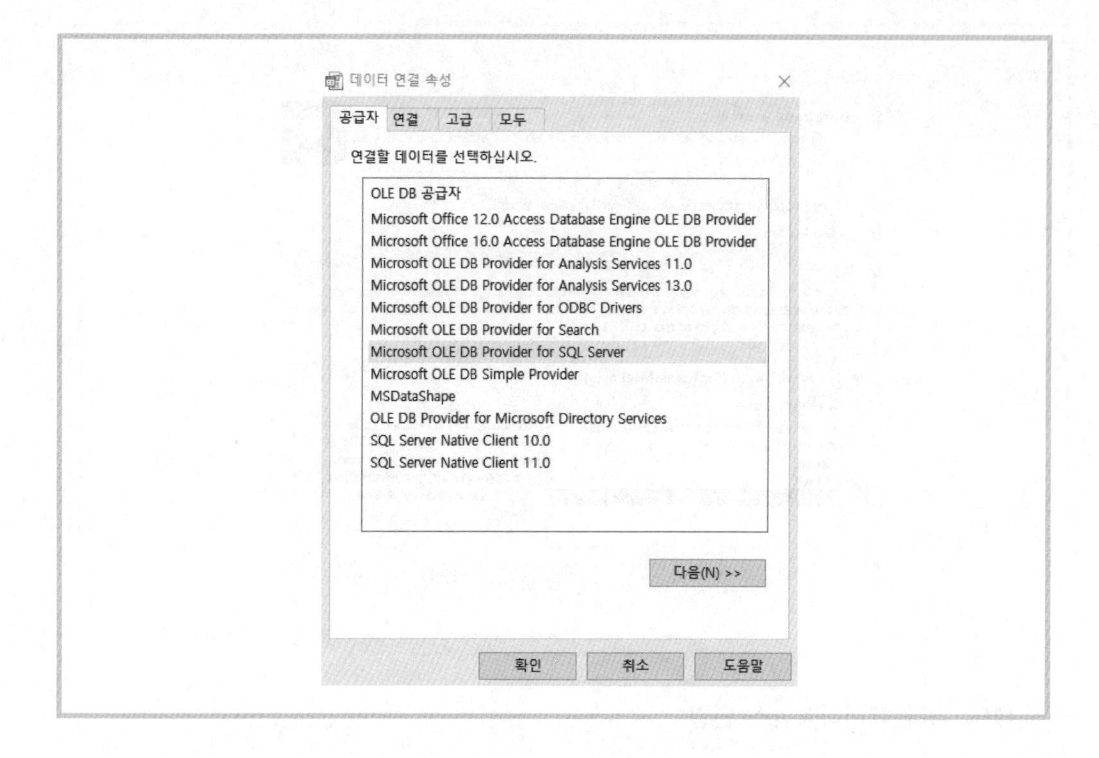

(12) '연결' 속성이 나타난다.

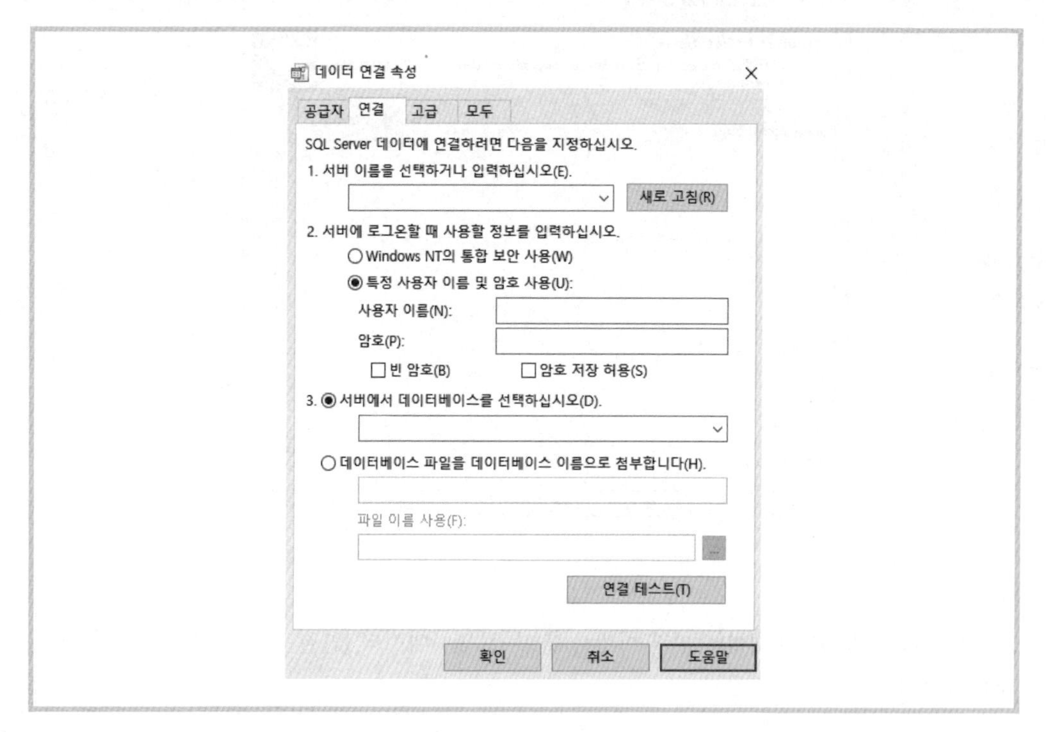

11.8 모델과 ERP 시스템 데이터와의 데이터 연동

11.8.1 Powersim 모델과 ERP1) 데이터 연동체계

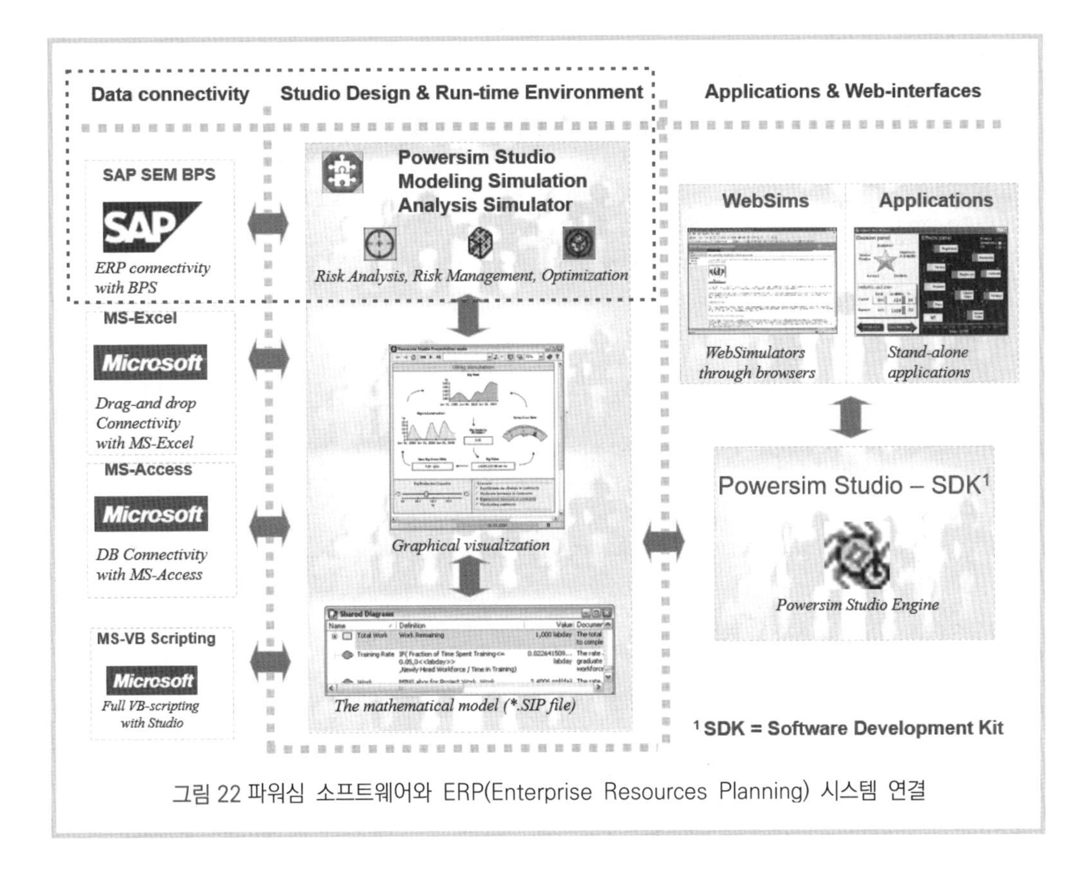

그림 22 파워심 소프트웨어와 ERP(Enterprise Resources Planning) 시스템 연결

---

1) 전사적 자원관리 시스템(ERP, Enterprise Resources Planning).

11.8.2 SAP BI Dataset 연결

(1) SAP BI Dataset 생성

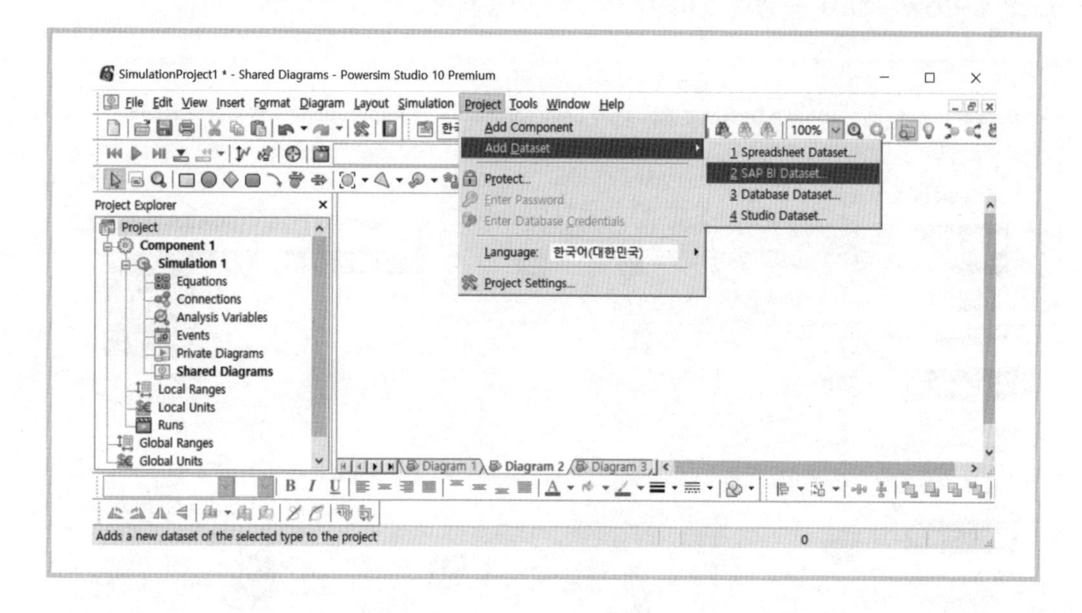

(2) SEM Dataset 1을 생성

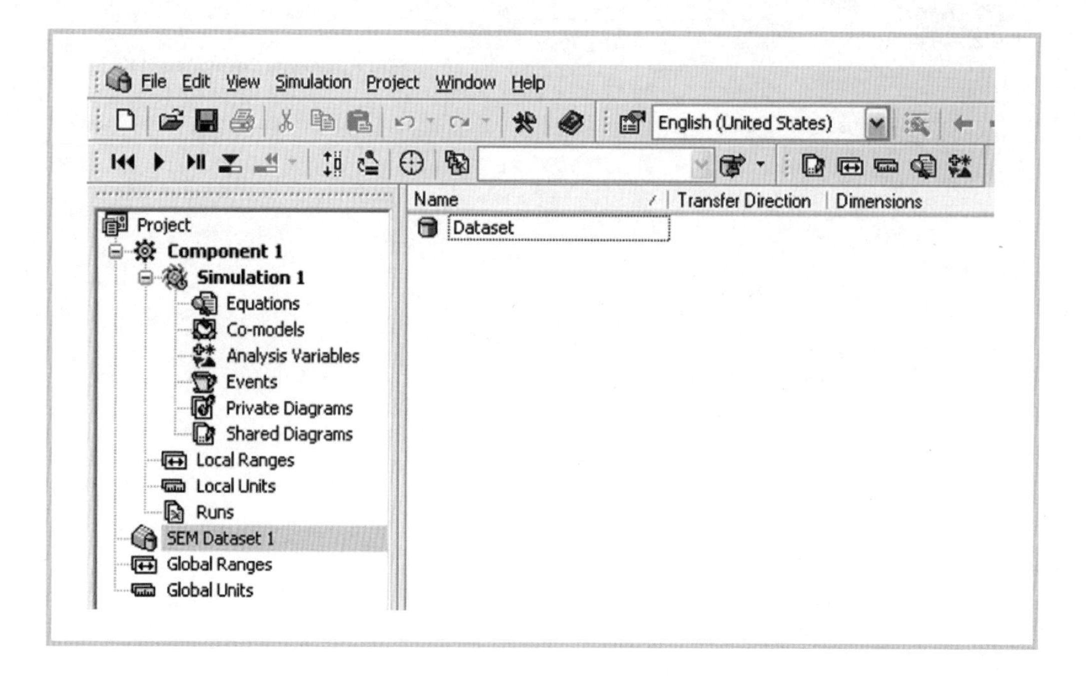

(3) 마우스 오른쪽을 눌러 SEM 연결을 설정한다

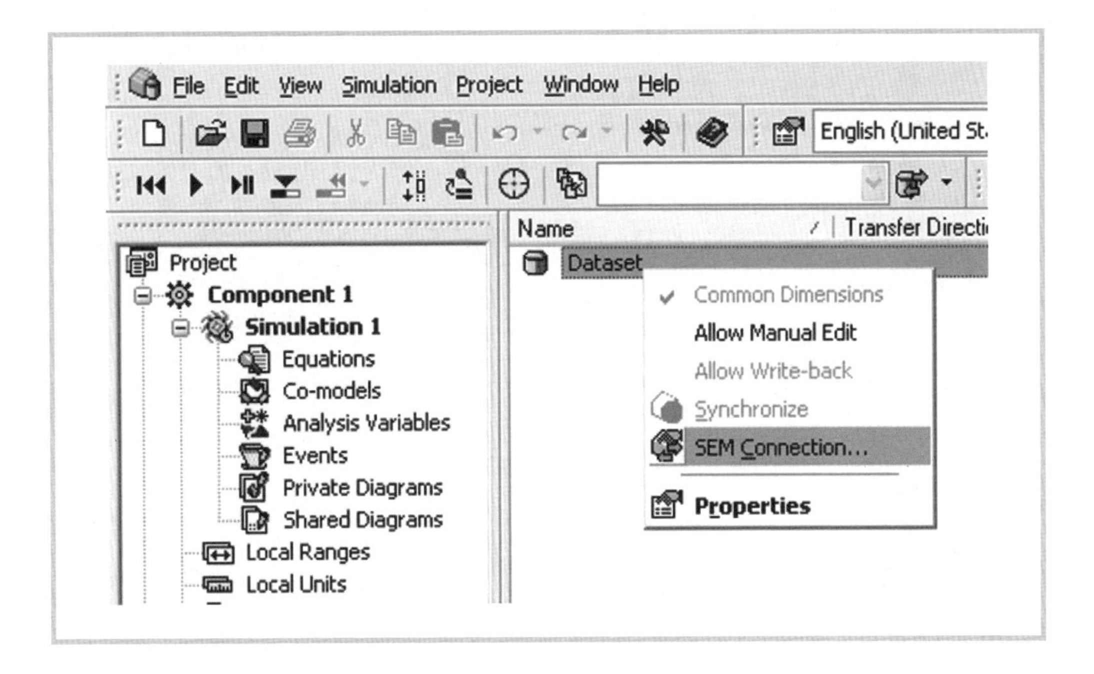

(4) 파워심 소프트웨어 환경에서 SAP 로그온 화면

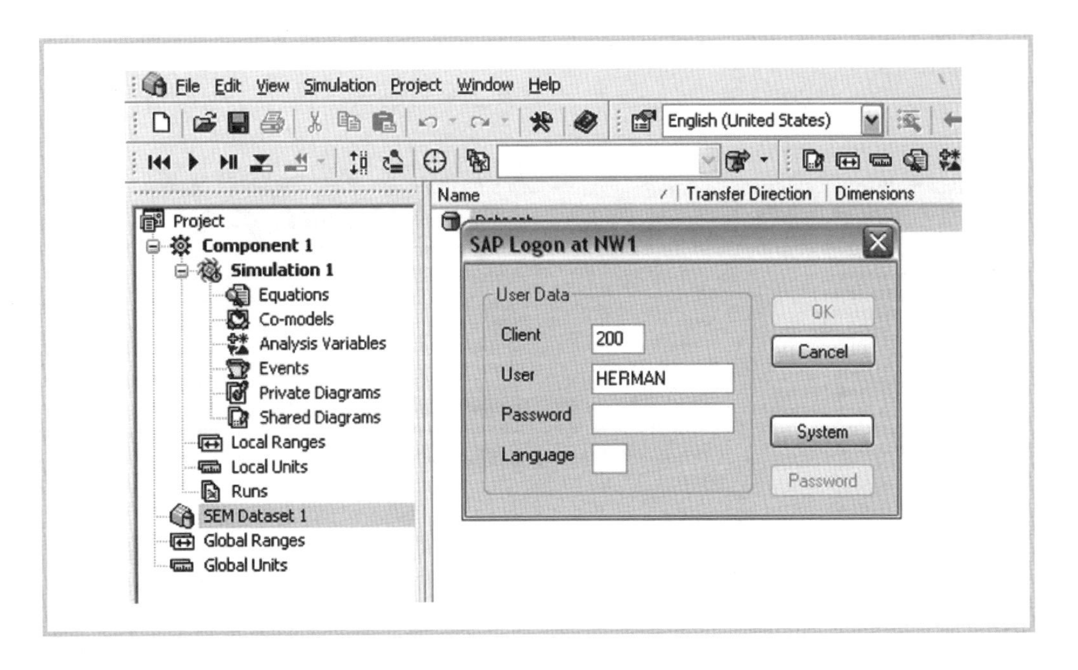

(5) SAP 로그온 세부사항 지정: Planning Area, Planning Level, Planning Layout, Planning Package

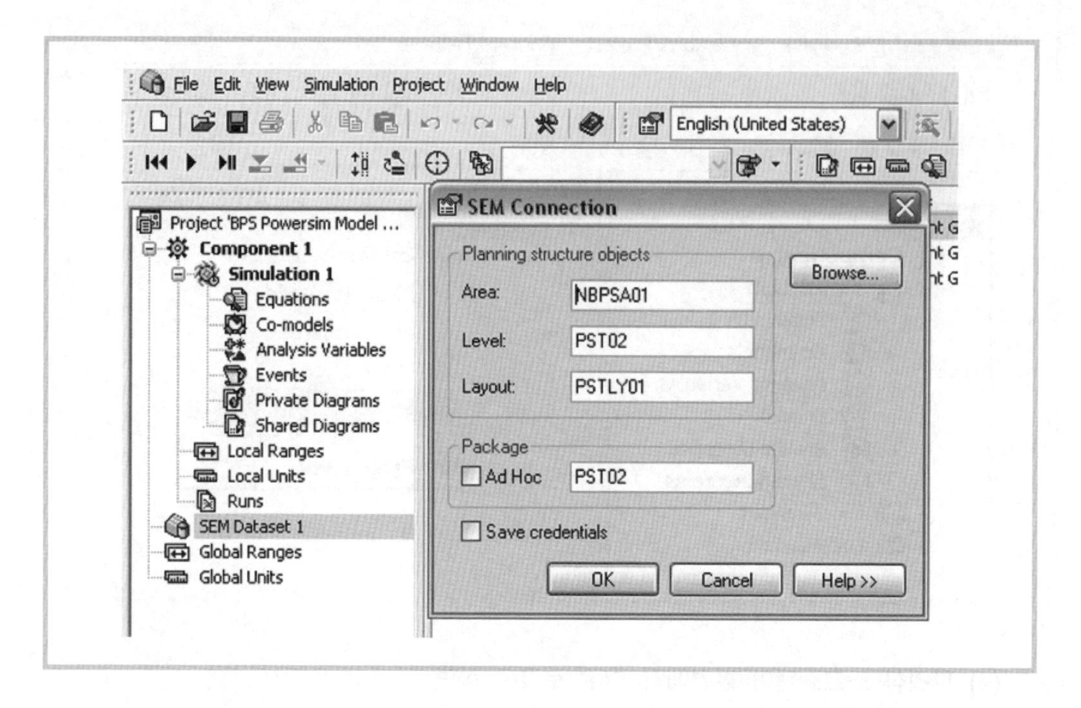

(6) Dataset 속성 정의

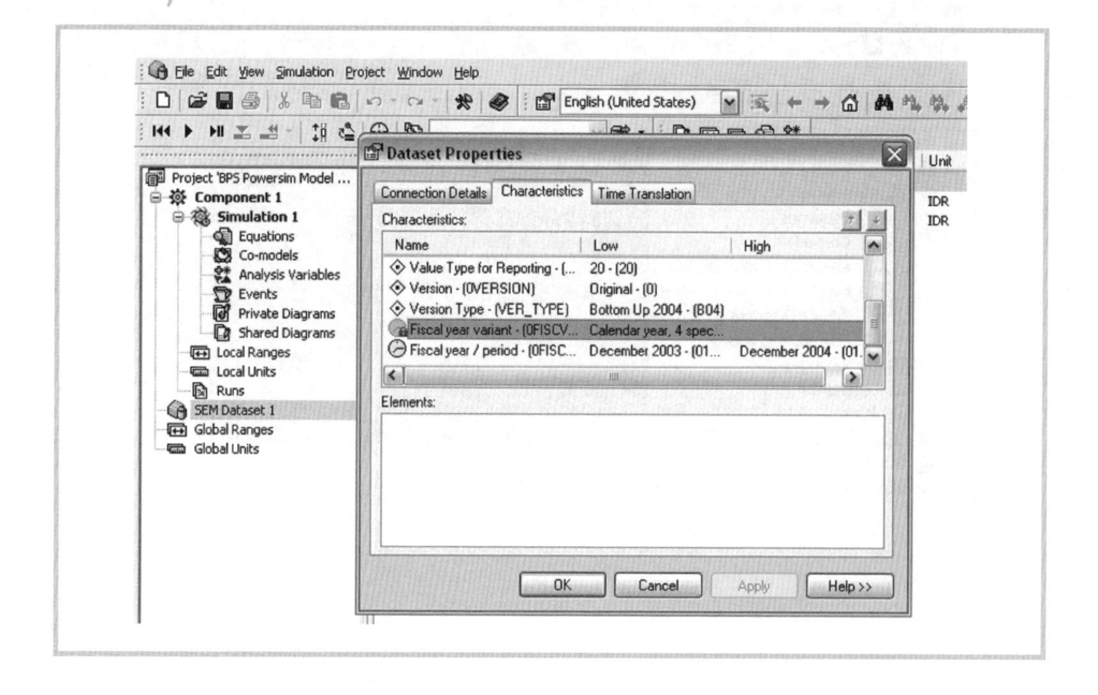

(7) 연결 변수를 데이터 세트에 연결하여 Key Figure 표시

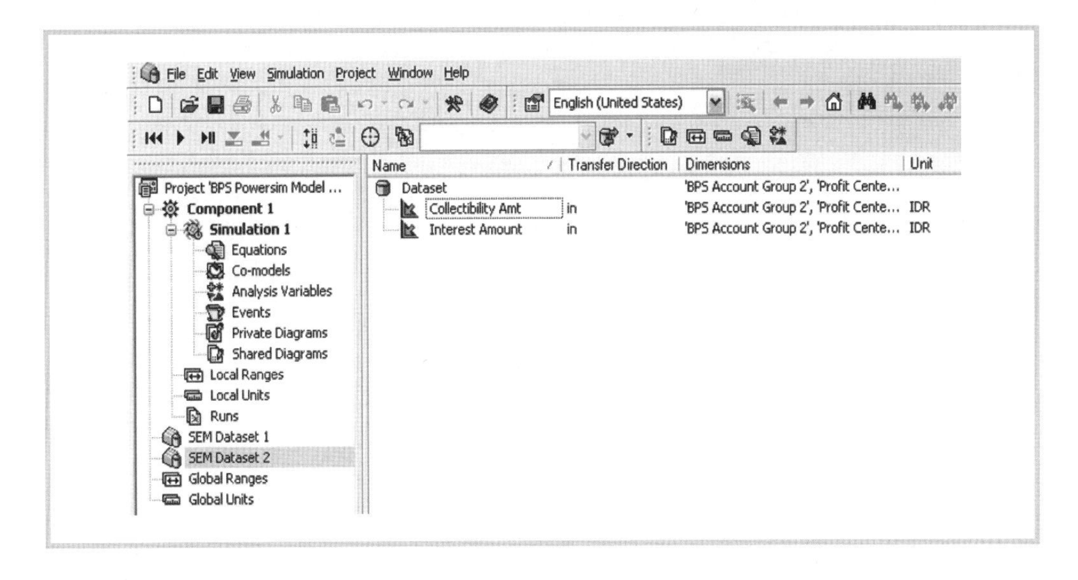

(8) 시뮬레이션 모델 변수와 SAP 시스템과의 데이터 연동체계

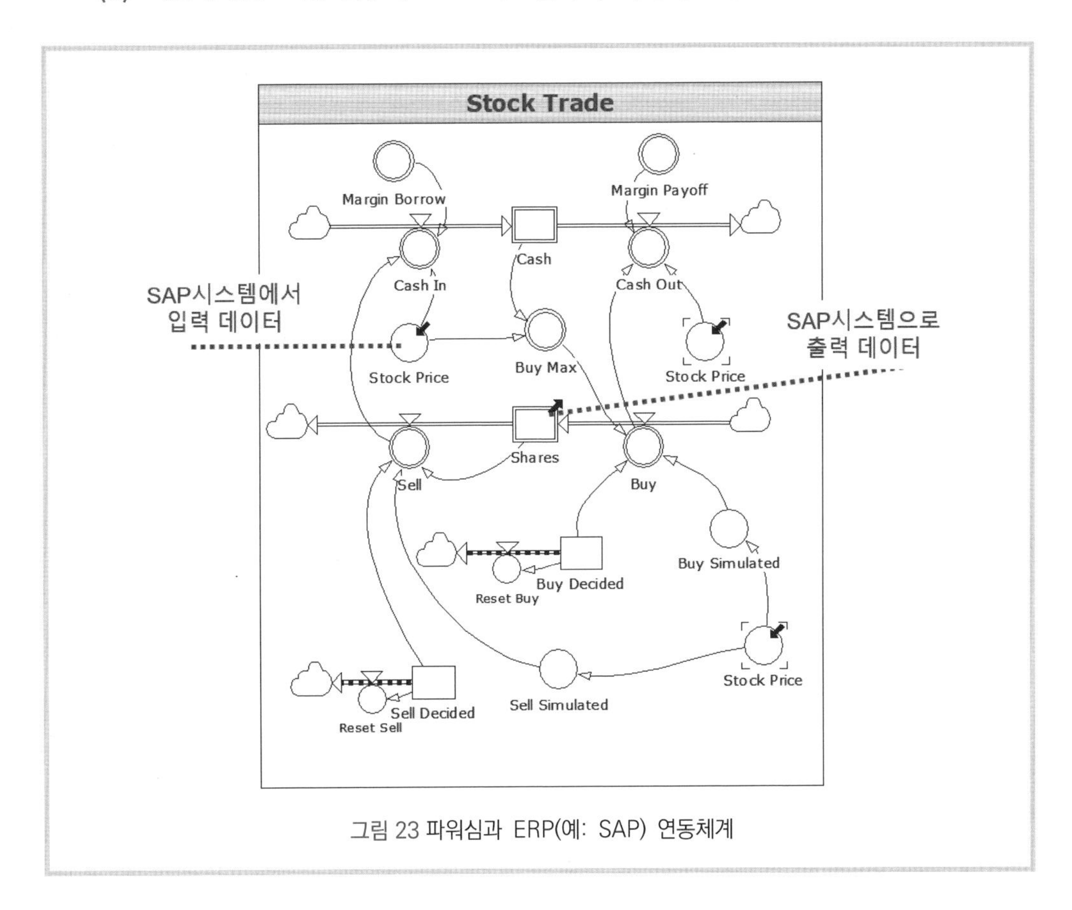

그림 23 파워심과 ERP(예: SAP) 연동체계

제12장

함수를 이용한 모델링

12.1 시스템 다이내믹스를 위한 모델링 함수

(1) 함수(function) 정의

함수는 일종의 요술 상자와 같은 블랙박스(black box)이다. 이 상자에 어떤 입력을 넣으면, 새로운 결과가 산출된다.

- 함수의 대표적인 사례로는 삼각함수(Trigonometric function)가 있다.

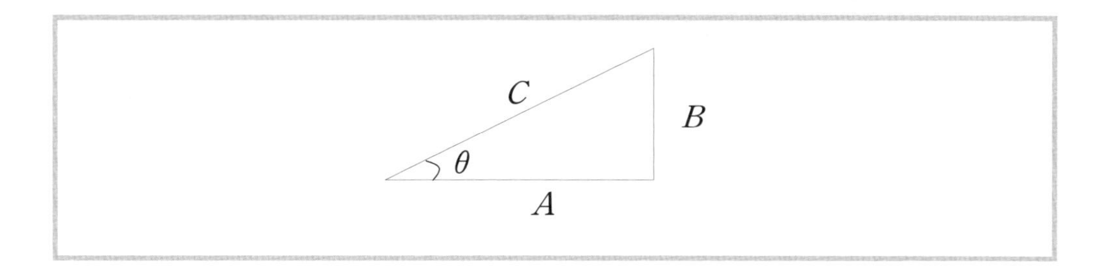

- $Sin\theta = \dfrac{B}{C}$이다. Sin 함수에 어떤 θ 값을 넣으면, 함수의 결과가 계산된다.

  여기서 어떤 θ 값은 조절 값으로 중요한 의사결정 변수로서, 전략이나 정책개발에 있어 핵심적인 항목이 된다.
- θ 값에 따라 A와 B 그리고 C는 의존적으로 변하게 된다.
- 참고로, 원하는 A, B, C에 대한 목적 값을 만족하는 후진적(backward) 피드백 시뮬레이션을 통하여 θ 값을 탐색하는 목적지향(Goal－oriented) 알고리즘에 삼각함수 로직을 적용할 수 있다.

(2) 함수 구조

함수는 아래와 같이 입력과 처리함수 그리고 출력(결과)으로 구성된다.

- 일반적으로 함수는 한번 만들면 새로 수정하기 전까지는 그 함수 정의가 변하지 않는다.
- 대부분 함수는 그 처리 과정이 명확한 투명상자(White Box) 함수이다.

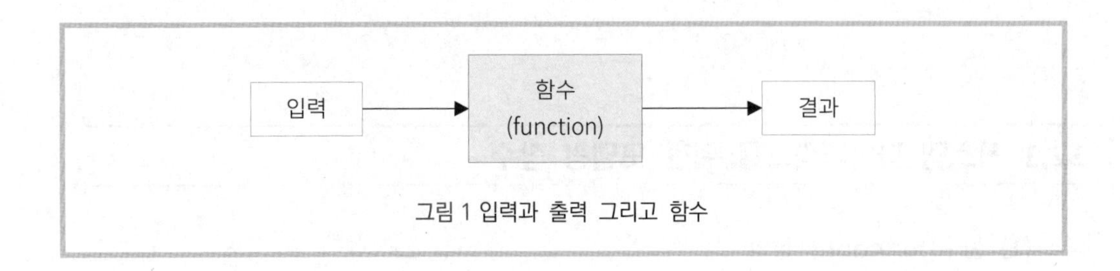

그림 1 입력과 출력 그리고 함수

(3) 동적 함수 구조

- 동적 함수(dynamic function)는 시간에 따라 변하는 함수를 말한다. 소규모 모델이나 프로그램 모듈이 함수 기능을 할 수도 있고, 모델 전체가 하나의 함수로 취급할 수도 있다.
- 동적 함수는 모델에서 생성시켜주는 함수로서 입력값이나 상수변수, 매개변수(parameter), 결과변수 등이 모두 시간에 따라 변하는 성질을 갖는다.

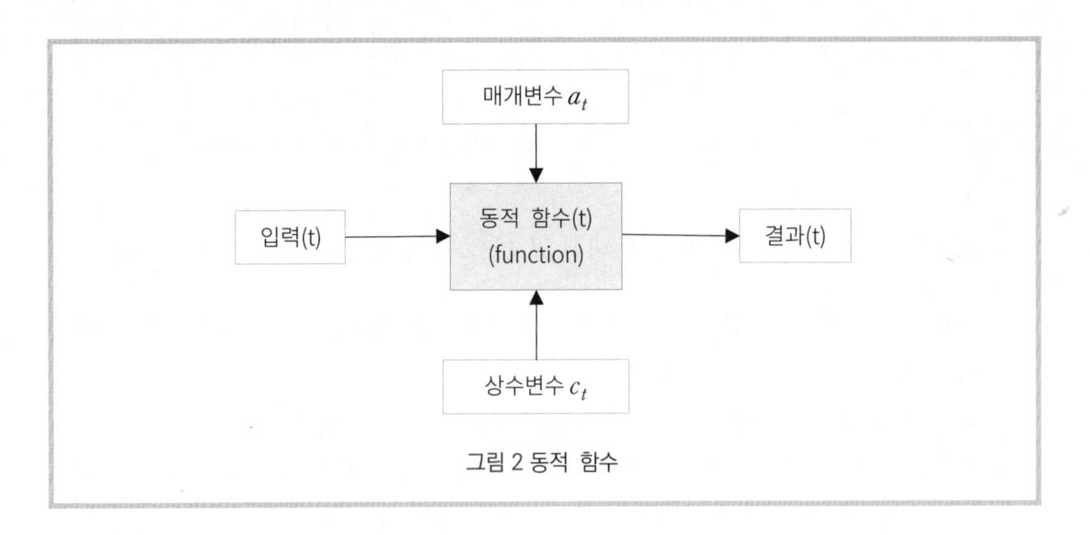

그림 2 동적 함수

- 프로그램을 만든다는 것과 모델링을 하고 시뮬레이션을 하는 것은 함수를 만드는 일련의 과정이라고 할 수 있다.
- 동적 함수는 피드백이 없는 경우에는 투명상자 함수가 되나, 피드백 루프를 3개 이상 갖는 경우에는 대부분 해석이 곤란한 블랙박스 함수가 된다.

그림 3 동적 함수 간의 결합체

12.2 모델링을 위한 주요 함수

12.2.1 주요 함수 정의

(1) ABS

(1) 함수	ABS
(2) 설명	ABS 함수는 어떤 변수의 절댓값(Absolute Value)을 구하는 함수이다. 배열의 경우 각 원소별로 절댓값을 계산한다.
(3) 문법	ABS (변수 또는 숫자)

(예제)

- ABS (-3) = 3
- ABS ({ 1, -2, 3, -4 }) = { 1, 2, 3, 4 }

- 복소수 (Complex number)는 z=(x, y)로 나타내는데, 이때 복소수는 z= x+yi이다.
- 이 복소수의 절댓값은 ABS(z) = |z| = SQRT (x^2 + y^2)이다.

- ABS ((3, 4)) = SQRT (3^2 + 4^2) = 5

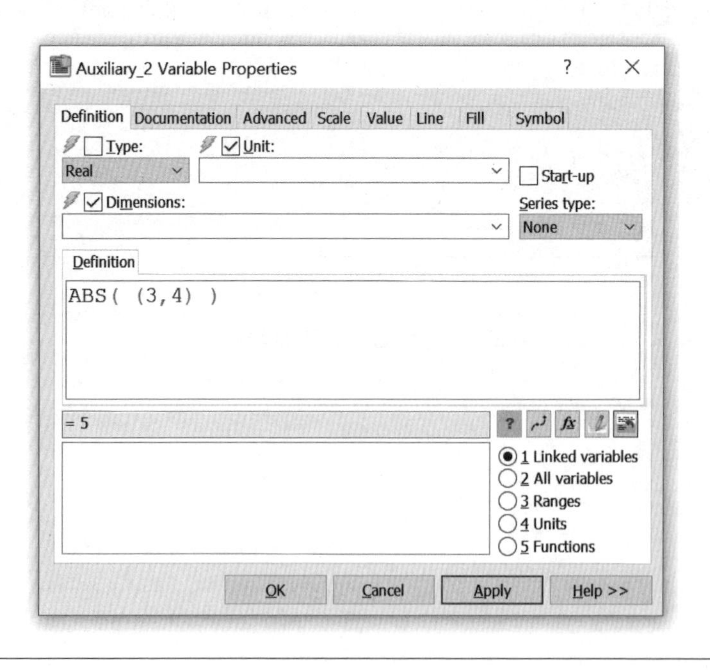

(2) AND

(1) 함수	AND
(2) 설명	AND 함수는 두 조건변수를 비교하여 결과를 출력한다. 배열에는 각 배열 원소별로 비교하여 결과를 출력한다.
(3) 문법	(조건1 AND 조건2)

(예제)

조건1	조건2	조건1 AND 조건2
FALSE	FALSE	FALSE
FALSE	TRUE	FALSE
TRUE	FALSE	FALSE
FALSE	Indefinite	FALSE
Indefinite	FALSE	FALSE
TRUE	TRUE	TRUE
TRUE	Indefinite	Indefinite
Indefinite	TRUE	Indefinite
Indefinite	Indefinite	Indefinite

• 배열 변수에 AND 함수 사용 예제

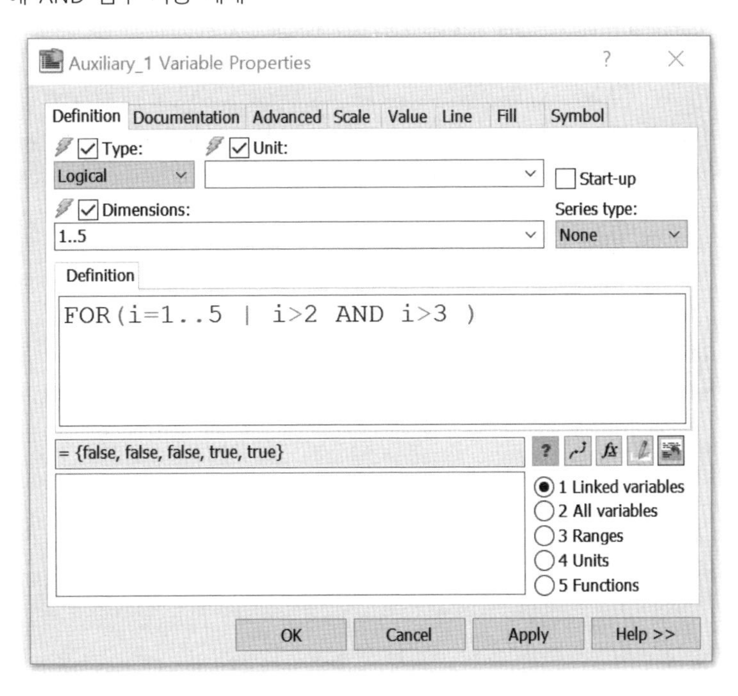

(3) ARRMAX

(1) 함수	ARRMAX
(2) 설명	배열의 최댓값을 갖는 원소를 출력한다.(Maximum of Array Elements)
(3) 문법	ARRMAX(Input [, FirstDim=1 [, LastDim=-1]])

(예제)

- ARRMAX ({ {1, 2}, {3, 4}, {5, 6} }) = 6

- ARRMAX ({ {3, 1, 2}, {1, 7, 3} }, 1, 1) = {1, 7, 3}
  // Over first dimension

- ARRMAX ({ {3, 1, 2}, {9, 7, 3} }, -1, -1) = {3, 9}
  // Over second dimension

- ARRMAX ({ {4, 11, 2}, {3, 7, 2} }, -1, -1) = { 11, 7 }
- ARRMAX ({ {4, 11, 2}, {3, 7, 2} }, 1, -1) = 11
- ARRMAX ({ {4, 11, 2}, {3, 7, 2} }, 2, -1) = { 11, 7 }

- ARRMAX ({ { {3, 1}, {9, 7} }, { {4, 2}, {5, 7} } }) = 9
- ARRMAX ({ { {3, 1}, {9, 7} }, { {4, 2}, {5, 7} } } , 1) = 9
- ARRMAX ({ { {3, 1}, {9, 7} }, { {4, 2}, {5, 7} } } , 2) = { 9, 7 }
- ARRMAX ({ { {3, 1}, {9, 7} }, { {4, 2}, {5, 7} } } , 3) = { {3, 9}, {4, 7} }

- ARRMAX ({ { {3, 1}, {9, 7} }, { {4, 2}, {5, 7} } } , 1, 1) = {{4, 2}, {9, 7}}
- ARRMAX ({ { {3, 1}, {9, 7} }, { {4, 2}, {5, 7} } }, 1, 2) = { 9, 7 }
- ARRMAX ({ { {3, 1}, {9, 7} }, { {4, 2}, {5, 7} } } , 1, 3) = 9
- ARRMAX ({ { {3, 1}, {9, 7} }, { {4, 2}, {5, 7} } } , 2, 2) = {{9, 7}, {5, 7}}
- ARRMAX ({ { {3, 1}, {9, 17} }, { {4, 2}, {5, 7} } } , 2, 3) = {17, 7}

유사한 함수: ARRMIN, ARRAVERAGE

(4) ARRPRODUCT

(1) 함수	ARRPRODUCT
(2) 설명	배열(Array)의 모든 원소를 곱한다(Product)는 의미이다.
(3) 문법	ARRPRODUCT ({ 배열 값은 실수}, 지정 신호는 정수)

(예제)

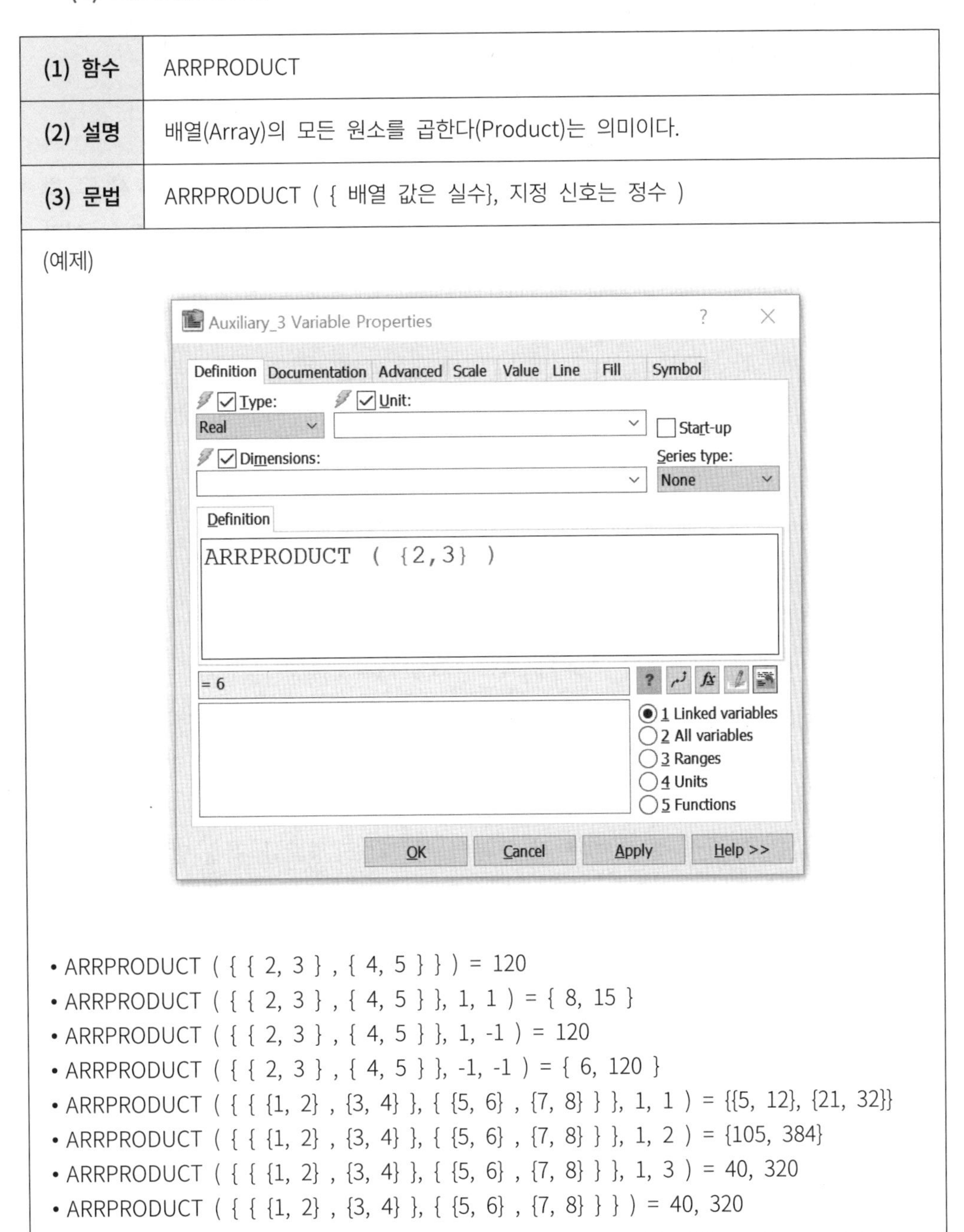

- ARRPRODUCT ({ { 2, 3 } , { 4, 5 } }) = 120
- ARRPRODUCT ({ { 2, 3 } , { 4, 5 } }, 1, 1) = { 8, 15 }
- ARRPRODUCT ({ { 2, 3 } , { 4, 5 } }, 1, -1) = 120
- ARRPRODUCT ({ { 2, 3 } , { 4, 5 } }, -1, -1) = { 6, 120 }
- ARRPRODUCT ({ { {1, 2} , {3, 4} }, { {5, 6} , {7, 8} } }, 1, 1) = {{5, 12}, {21, 32}}
- ARRPRODUCT ({ { {1, 2} , {3, 4} }, { {5, 6} , {7, 8} } }, 1, 2) = {105, 384}
- ARRPRODUCT ({ { {1, 2} , {3, 4} }, { {5, 6} , {7, 8} } }, 1, 3) = 40, 320
- ARRPRODUCT ({ { {1, 2} , {3, 4} }, { {5, 6} , {7, 8} } }) = 40, 320

(5) 통계함수를 위한 기초 통계 설명

표본과 표본 평균

표본(Sample)

- 표본은 모집단에서 무작위로(Randomly) 뽑은 자료를 말한다. 예를 들어 서울특별시에서 여론조사를 위하여 50명씩 30개를 뽑았을 때, 각각 50명씩을 표본들이라고 한다.

$$X_1 = \{ x_{1,1}, x_{1,2}, x_{1,3}, \dots, x_{1,48}, x_{1,49}, x_{1,50} \}$$

$$X_2 = \{ x_{2,1}, x_{2,2}, x_{2,3}, \dots, x_{2,48}, x_{2,49}, x_{2,50} \}$$

$$\vdots$$

$$X_{30} = \{ x_{30,1}, x_{30,2}, x_{30,3}, \dots, x_{30,48}, x_{30,49}, x_{30,50} \}$$

$$X_1, X_2, X_3, X_4, \dots, X_{29}, X_{30}$$

표본 평균(Sample Mean, $\overline{X}$)

- 표본 평균은 50개씩 뽑은 30개 각 표본의 평균값을 평균한 것을 말한다.

$$\overline{X_1} = \frac{(x_{1,1} + x_{1,2} + x_{1,3} + \dots + x_{1,48} + x_{1,49} + x_{1,50})}{50} = \frac{\sum_{i=1}^{i=50} x_{1i}}{50}$$

$$\overline{X_1}, \overline{X_2}, \overline{X_3}, \overline{X_4}, \dots, \overline{X_{29}}, \overline{X_{30}}$$

- 표본 평균

$$\overline{X} = \frac{(\overline{X_1} + \overline{X_1} + \overline{X_1} + \dots + \overline{X_{28}} + \overline{X_{29}} + \overline{X_{30}})}{30} = \frac{\sum_{i=1}^{i=30} X_i}{30}$$

유한 모집단과 무한 모집단

유한 모집단(Finite Population)

- 유한 모집단은 그 수가 많더라도 일정하게 한도가 정해져 있는 경우이다. 예를 들어 서울특별시 인구는 많지만 2020년 9,679,771명의 유한개로 유한 모집단이다.

유한 모집단의 표본 표준편차(s)

- 서울특별시에서 추출한 50개씩의 시료(data)로 이루어진 표본이 30개 있고, 이들 30개 표본의 각 표본의 평균들을 모두 합하고, 이를 30으로 나눈 값이 표본 평균값이다.($\overline{X}$)
- 따라서 표본들의 평균에 대한 표준편차는 다음과 같다. N을 적용

$$s = \sqrt{\frac{\sum_{i=1}^{i=30}(X_i - \overline{X})^2}{30}} = \sqrt{\frac{\sum_{i=1}^{i=N}(X_i - \overline{X})^2}{N}}$$

무한 모집단(Infinite Population)

- 무한 모집단은 그 수가 끊임없이 늘어나거나, 범위가 명확하지 않으며 막연하거나, 또는 유한 모집단이더라도 뽑은 표본을 다시 넣어 다시 무작위로 뽑는 복원(Replacement)추출하는 경우는 모집단이 작아도 무한 모집단에 해당한다. 예를 들어 밭에서 수확하는 땅콩의 수, 몸 안에 있는 세포 수 등이 무한 모집단이다.

무한 모집단의 표본 표준편차(s)

- 수확한 쌀에서 추출한 50개씩의 낟알 시료(data)로 이루어진 표본이 30개 있다고 하자.
- 이들 무한 모집단의 표본 평균값은 $\overline{X}$이다.
- 따라서 표본들의 평균에 대한 표준편차는 다음과 같다.(N−1)을 적용

$$s = \sqrt{\frac{\sum_{i=1}^{i=30}(X_i - \overline{X})^2}{30-1}} = \sqrt{\frac{\sum_{i=1}^{i=N}(X_i - \overline{X})^2}{(N-1)}}$$

(6) 유한 모집단 표준편차: ARRSTDEVP

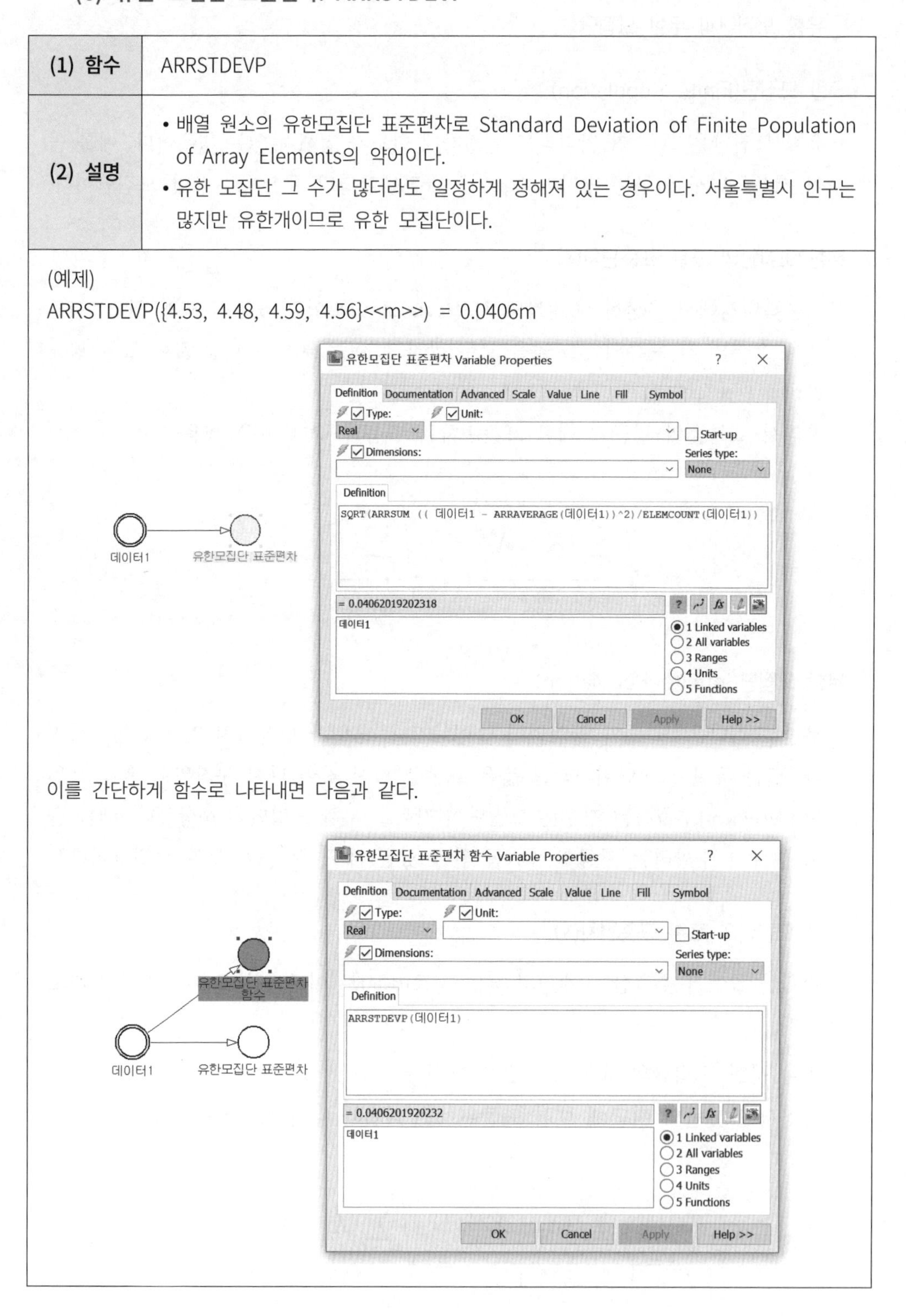

(1) 함수	ARRSTDEVP
(2) 설명	• 배열 원소의 유한모집단 표준편차로 Standard Deviation of Finite Population of Array Elements의 약어이다. • 유한 모집단 그 수가 많더라도 일정하게 정해져 있는 경우이다. 서울특별시 인구는 많지만 유한개이므로 유한 모집단이다.

(예제)

ARRSTDEVP({4.53, 4.48, 4.59, 4.56}<<m>>) = 0.0406m

이를 간단하게 함수로 나타내면 다음과 같다.

(7) 무한 모집단 표준편차: ARRSTDEV

(1) 함수	ARRSTDEV
(2) 설명	• Standard Deviation of Infinite Population of Array Elements 약어로 무한 모집단의 표본 표준편차이다. • 무한 모집단은 그 수가 끊임없이 늘어나거나, 막연하거나, 또는 유한 모집단이더라도 복원(Replacement)추출하는 경우는 무한모집단에 해당한다.

(예제)

ARRSTDEV({4.53, 4.48, 4.59, 4.56}<<m>>) = 0.0469m

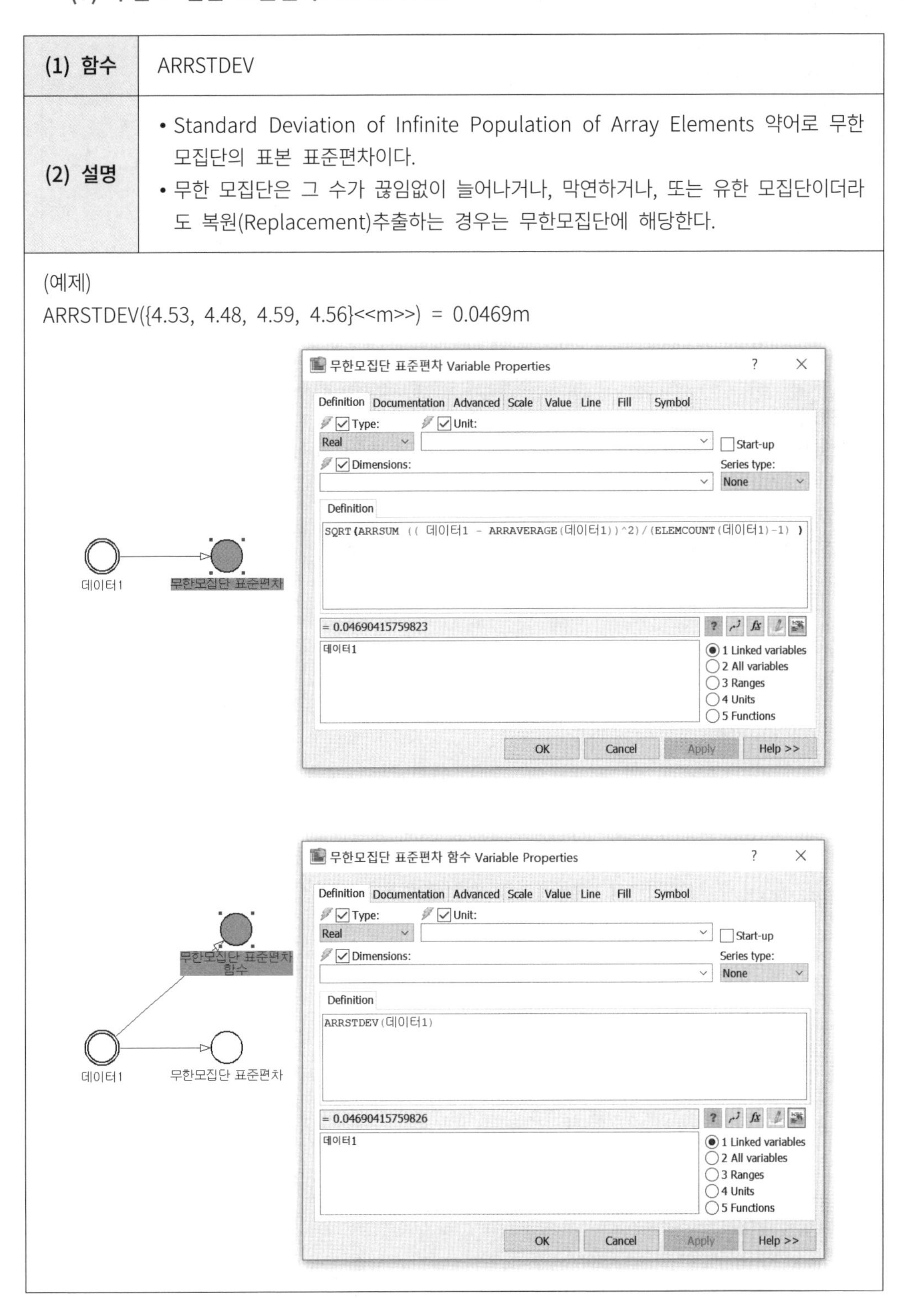

(ARRSTDEVP 예제)

- ARRSTDEVP ({ {3, 1, 2}, {9, 7, 3} }, 1, 1) = { 3, 3, 0.5 }
  // Over first dimension

- ARRSTDEVP ({ {3, 1, 2}, {9, 7, 3} }, -1, -1) = { 0.82, 2.49 }
  // Over second dimension

- ARRSTDEVP ({ { {3, 1}, {9, 7} }, { {4, 2}, {5, 7} } }, 1, 2) = { 2.28, 2.77 }
  // Over first and second dimension

(ARRSTDEV 예제)

- ARRSTDEV ({ {3, 1, 2}, {9, 7, 3} }, 1, 1) = { 4.24, 4.24, 0.71 }
  // Over first dimension

- ARRSTDEV ({ {3, 1, 2}, {9, 7, 3} }, -1, -1) = { 1, 3. 06 }
  // Over second dimension

- ARRSTDEV ({ { {3, 1}, {9, 7} }, { {4, 2}, {5, 7} } }, 1, 2) = { 2.63, 3.20 }
  // Over first and second dimension

(8) ARRSUM

(1) 함수	ARRSUM
(2) 설명	배열 원소를 모두 더한다는 의미로 Array Sum 함수이다.

(예제)

- A = ARRSUM ({ 4, 2, 3, 6, 2, 1 } = 18
- B = ARRSUM ({ { 3, 1, 2 }, {9, 7, 3 }, { 10, 2, 7 } }) = 44

- C = ARRSUM ({ { 3, 1, 2 }, {9, 7, 3 } }, 1, 1) = { 12, 8, 5 }
  // Over first dimension

- D = ARRSUM ({ { 3, 1, 2 }, { 9, 7, 3 } }, -1, -1) = { 6, 19 }
  // Over second dimension

- F = ARRSUM ({ { { 3, 1 }, { 9, 7 } }, { { 4, 2 }, { 5, 7 } } }, 1, 2) = { 21, 17 }
  // Over first and second dimension

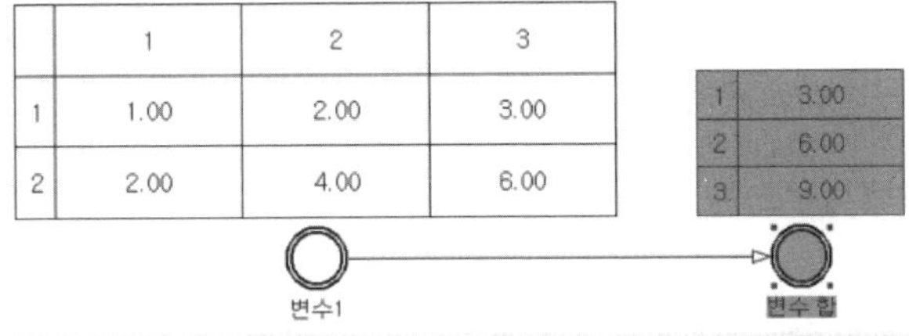

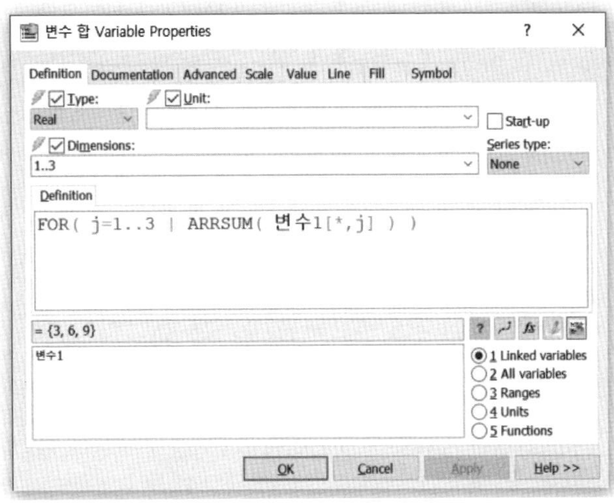

(9) CEIL

(1) 함수	CEIL
(2) 설명	수치를 올림하여 정수로 변환(Round Number Up to Nearest Integer)
(3) 문법	• CEIL (Input [, Resolution [, Offset]]) • x = k*Resolution + Offset (k: 정수) • CEIL (Input, Resolution, Offset) = CEIL ((Input-Offset) / Resolution) * Resolution + Offset

(예제)
C1 = CEIL (0.24) = 1
C2 = CEIL (-1.3) = -1
C3 = CEIL ((1.23, 1.4)) = (2, 2)
C4 = CEIL ({ 0.45, -0.1, 3.29, -7.5 }) = { 1, 0, 4, -7}

C5 = CEIL (1.24, 1) = 2
C6 = CEIL (12.7, 10) = 20
C7 = CEIL (67.24 <<@C>>, 1 <<C>>, 0 <<@C>>) = 68°C

C8 = CEIL (-10.4, 1, 0.7) = - 10.3
C9 = CEIL (-10.4, 2, 0.7) = - 9.3
C10 = CEIL (-10.4, 3, 0.7) = - 8.3
C11 = CEIL (-10.4, 4, 0.7) = - 7.3

C12 = CEIL (2.3, 4, 0.5) = 4.5
C13 = CEIL (2.3, 5, 0.5) = 5.5
C14 = CEIL(1.23<<mm>>, 1<<mm>>) = 2mm

(비교)
- CEIL(-1.4) = -1
- CEIL(1.8) = 2

- FLOOR(-1.4) = -2
- FLOOR(1.8) = 1

- ROUND(-1.4) = -1
- ROUND(1.8) = 2

- TRUNC(-1.4) = -1
- TRUNC(1.8) = 1

(10) CONCAT

(1) 함수	CONCAT
(2) 설명	• 여러 배열 변수를 하나의 배열로 만들 때, 사용한다.(Concatenate Arrays) • 서로 연결되어 묶는 변수의 차원(dimension)은 순서대로 되어야 한다.
(3) 문법	CONCAT(Array1, Array2, ...)

(예제)

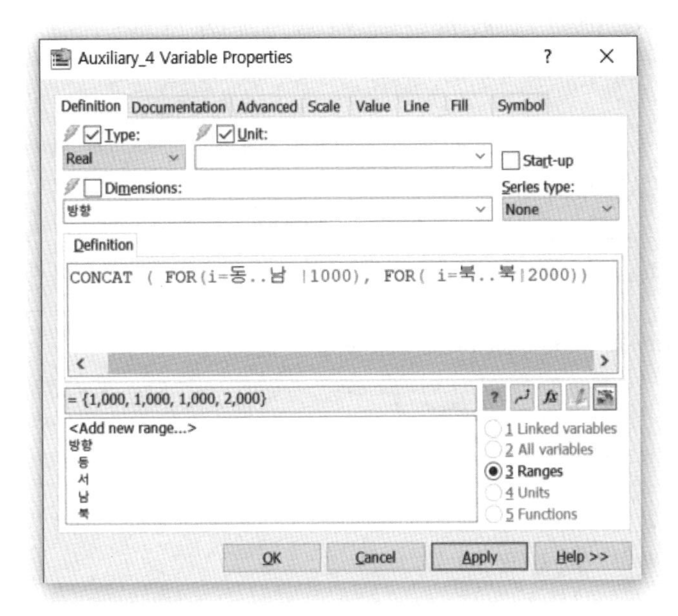

• A = {10, 20, 30, 40, 50, 60}
• Result = CONCAT (FOR(i=1..1 | A[i]/2), FOR(i=2..5 | A[i]*2), FOR(i=6..6 | A[i]*10))
= { 5, 40, 60, 80, 100, 600 }

• A = {1, 2, 3, 4}
• B = {5, 6, 7, 8}
• Result = CONCAT (A, B [5..8: 5..8]) = {1, 2, 3, 4, 5, 6, 7, 8}

• A = { {1, 2, 3}, {4, 5, 6}, {7, 8, 9} }
• B = { {10, 11, 12}, {13, 14, 15} }
• CONCAT (A, B[4..?: 4..5, *]) = { {1, 2, 3}, {4, 5, 6}, {7, 8, 9}, {10, 11, 12}, {13, 14, 15} }

위와 같이 변수 간의 배열 순서를 정확히 모를 때에는 ?를 표시하여, 모델링하면 된다.

(11) COUNT

(1) 함수	COUNT
(2) 설명	정의된 배열의 개수를 출력한다.
(3) 문법	COUNT (배열)
(예제) • 배열 정의 =>Regions = North, East, South, West • A = FOR (i = Regions | COUNT(i) * 3) = { 12, 12, 12, 12 }	

(12) CUMULATIVESUM

(1) 함수	CUMULATIVESUM
(2) 설명	Cumulative Sum of Array Elements
• CUMULATIVESUM({a1, a2, ... , aN}) = {a1, a1+a2, ..., a1+a2+...+aN} A = {4, 2, 3, 6, 2, 1} CUMULATIVESUM(A) = {4; 6; 9; 15; 17; 18} • CUMULATIVESUM({a1, a2, ... , aN}, TRUE) = {a1+a2+...+aN, a2+...+aN, ..., aN-1+aN, aN} A = {4, 2, 3, 6, 2, 1} CUMULATIVESUM(A, TRUE) = {18; 14; 12; 9; 3; 1} • CUMULATIVESUM({{a11, a12}, {a21, a22}, ... , {aN1, aN2}}) = {{a11, a12}, {a11+a21, a12+a22}, ..., {a11+a21+...+aN1, a12+a22+...+aN2}} B = {{3, 1, 2}, {9, 7, 3}, {10, 2, 7}} CUMULATIVESUM(B) = {{3, 1, 2}, {12, 8, 5}, {22, 10, 12}}	

(13) DIVZ0 함수

(1) 함수	DIVZ0, DIVZ1 등
(2) 설명	0으로 나누어질 때, 지정한 값을 갖도록 한다.

2 DIVZ0 0	2 DIVZ1 0	DIVZX (2, 0, 8)
Definition 2 DIVZ0 0 = 0	Definition 2 DIVZ1 0 = 1	Definition DIVZX (2, 0, 8) = 8

(14) ELEMCOUNT 함수

(1) 함수	ELEMCOUNT
(2) 설명	• 배열의 구성항목 개수를 표시한다.

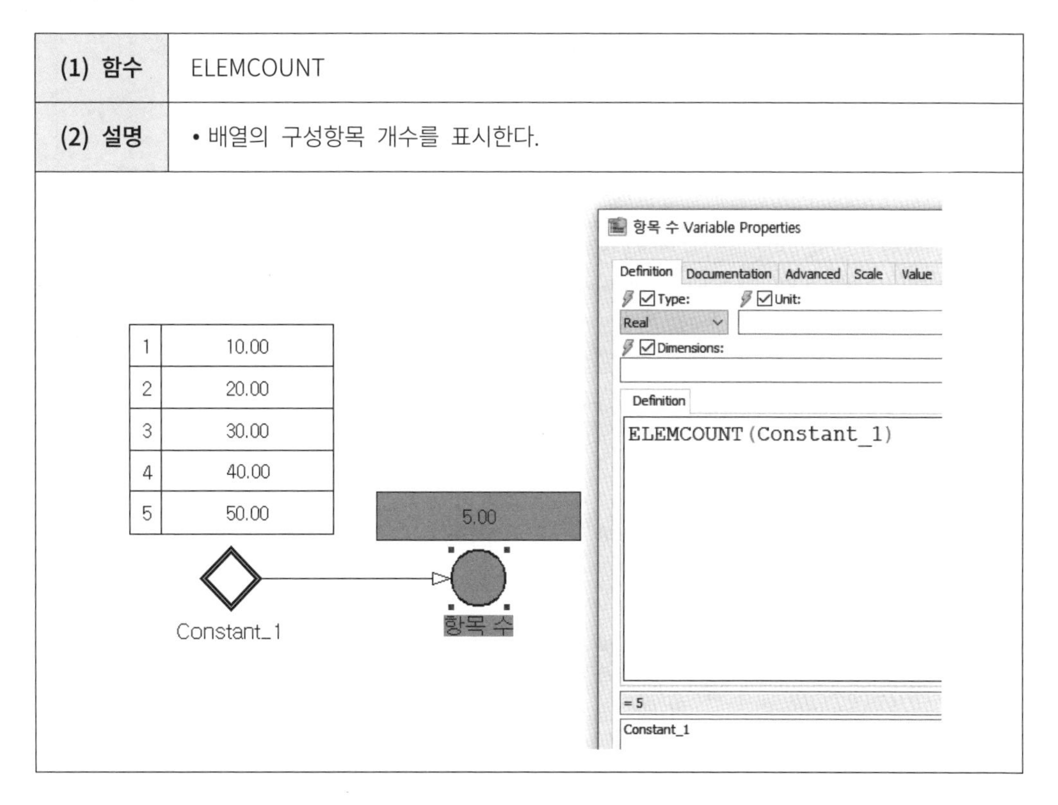

(15) FOR

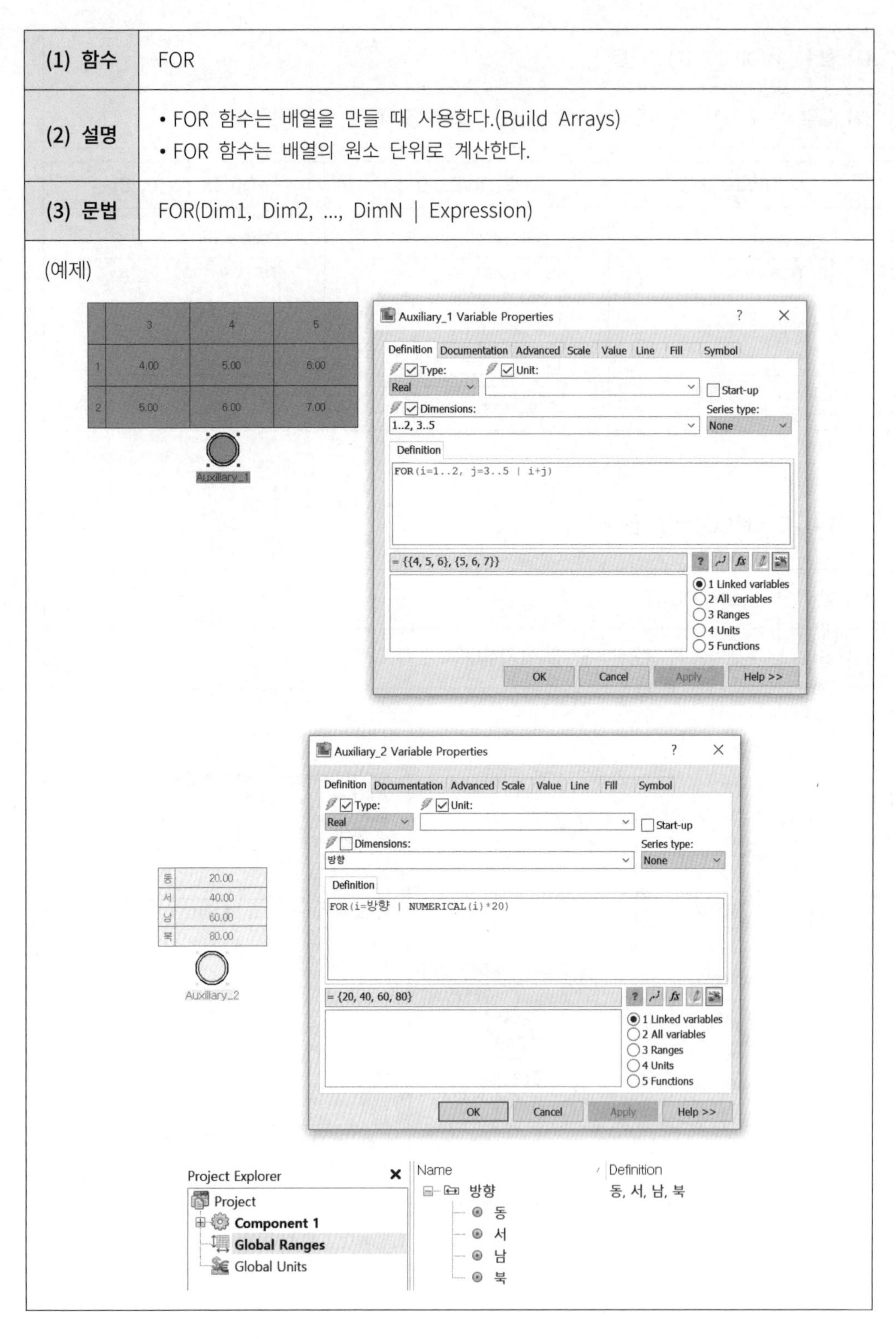

(1) 함수	FOR
(2) 설명	• FOR 함수는 배열을 만들 때 사용한다.(Build Arrays) • FOR 함수는 배열의 원소 단위로 계산한다.
(3) 문법	FOR(Dim1, Dim2, ..., DimN | Expression)

(예제)

(16) IF 함수

- A가 참이면(맞으면),

  IF (A, B, C) = B

- A가 거짓이면(틀리면),

  IF (A, B, C) = B

- 다단계 IF

  IF (조건−1,

  IF (조건−2, B, C))

(예제)

IF (TIMEIS (STOPTIME), 2, 0)

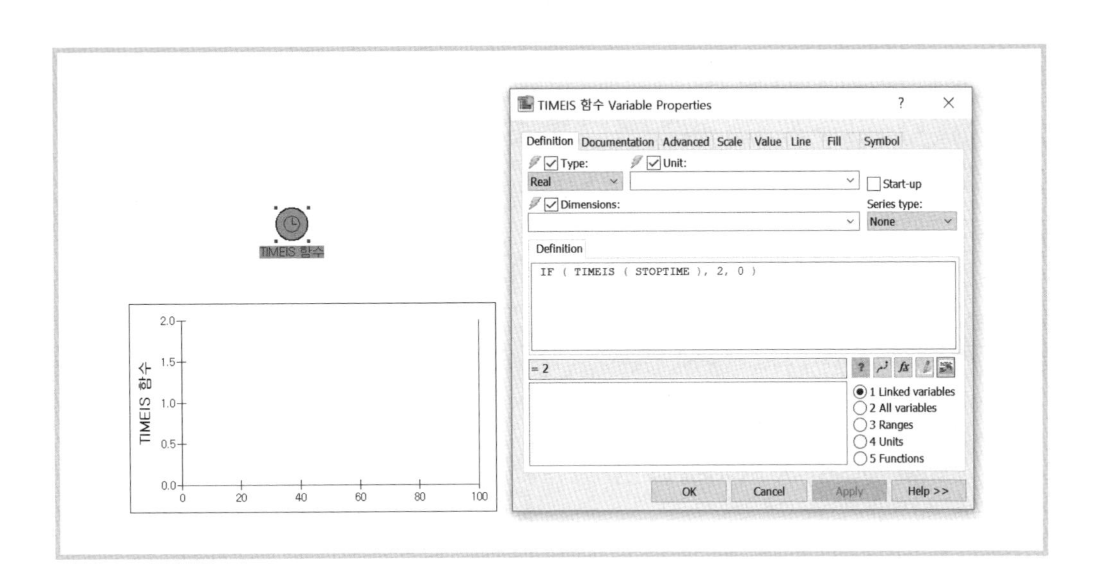

(17) INDEX

(1) 함수	INDEX
(2) 설명	변수를 인덱스로 변환(Convert a Variable to Index Variable)
(3) 문법	INDEX(A)

(예제)

Array [INDEX (INTEGER (NUMBER (변수)))]

VARIABLE= { 10, 23, 62, 31, 79 }
A = 2
B = 4.5
C = 3.2<<m>>
Result1 = VARIABLE [INDEX (A)] = VARIABLE [2] = 23
Result2 = VARIABLE [INDEX (INTEGER (B))] = VARIABLE [4] = 31
Result3 = VARIABLE [INDEX (INTEGER (NUMBER (C)))] = VARIABLE [3] = 62

1	10.00
2	20.00
3	30.00
4	40.00

CC

1	10.00
2	20.00
3	30.00
4	40.00
5	50.00
6	60.00

AA

30.00
BB

AA[INDEX (integer (P))]

3.00
P

FOR(i=1..4| AA [INDEX (i)])

(18) IRR

<table>
<tr><td>(1) 함수</td><td>IRR</td></tr>
<tr><td>(2) 설명</td><td>

- 내부수익률(Internal rate of return, IRR)은 어떤 현금흐름에서 투자금과 수익금의 현금흐름에 대하여 그 현재가치가 '0'이 되게 하는 수익률이다.
- 내부수익률은 순현재가치(Net Present Value, NPV)가 '0'이 되게 하는 수익률로 어떤 숫자로 딱 떨어지지 않을 수 있다. 즉 분수로 그 답이 될 수도 있다.
- IRR에서 취급하는 변수는 배열 형태(Array, Vector)로 들어와야 한다.
- IRR은 NPV가 '0' 이므로 내부수익률 r은 다음과 같이 구해진다.

$$NPV = \sum_{t=0}^{N} \frac{CF_t}{(1+r)^t} = 0$$

- IRR이 투자 대안에 대한 투자자의 기대 최소투자수익률보다 커야한다.

</td></tr>
<tr><td>(3) 문법</td><td>IRR(Values[, Guess=10%]), 추측(guess)은 일종의 Trial Error를 말한다.</td></tr>
</table>

(예제)
다음 투자현금 흐름은 내부수익률(IRR)이 연간 15.098%로 자금조달 이자율, 은행 이자율이 연간 7%인 경우 투자 가치가 있다고 할 수 있다.

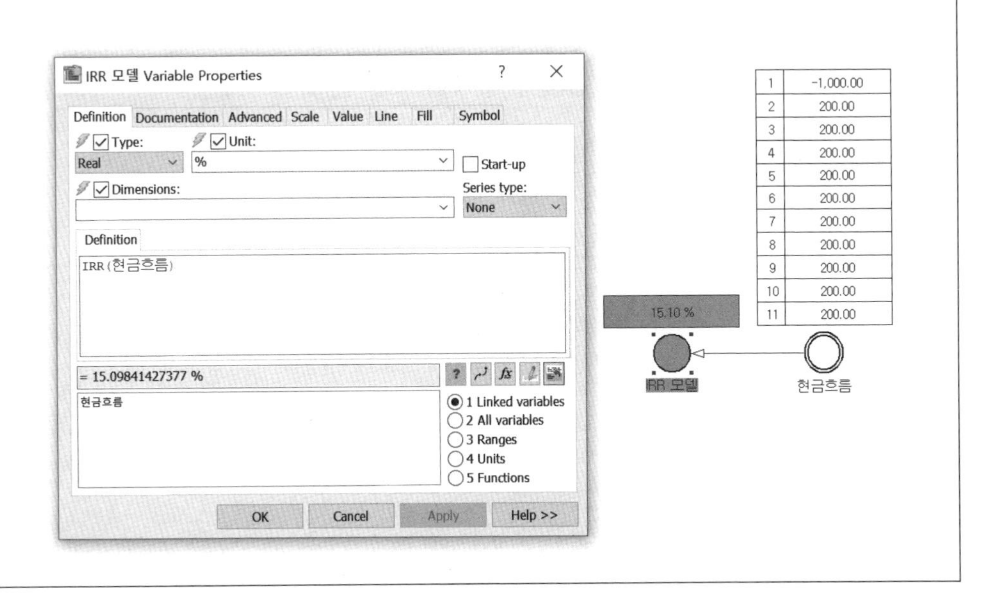

(19) NPV

(1) 함수	NPV
(2) 설명	• 투자금액과 이자율 그리고 주어진 매 기간 수익 발생에 순현재가치(NPV)를 측정한다.
(3) 문법	NPV(Payment, Rate)

(예제)

• 순현재가치 계산식

$$NPV = PMT_0 + \sum_{t=1}^{n} \frac{PMT_t}{(1+r_t)^t}$$

• PMT_0은 초기 투자금액(- 값), PMT_t는 매 기간 편익에서 비용을 차감한 발생 순수익, r 이자율

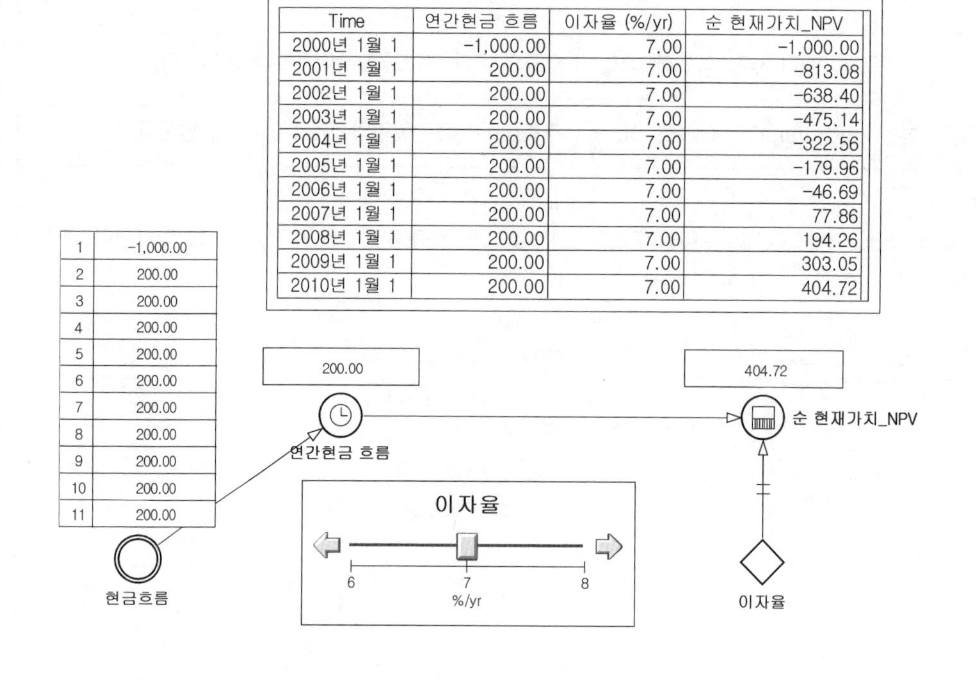

Time	연간현금 흐름	이자율 (%/yr)	순 현재가치_NPV
2000년 1월 1	-1,000.00	7.00	-1,000.00
2001년 1월 1	200.00	7.00	-813.08
2002년 1월 1	200.00	7.00	-638.40
2003년 1월 1	200.00	7.00	-475.14
2004년 1월 1	200.00	7.00	-322.56
2005년 1월 1	200.00	7.00	-179.96
2006년 1월 1	200.00	7.00	-46.69
2007년 1월 1	200.00	7.00	77.86
2008년 1월 1	200.00	7.00	194.26
2009년 1월 1	200.00	7.00	303.05
2010년 1월 1	200.00	7.00	404.72

Name	Definition
연간현금 흐름	Flow [INDEX(INTEGER(NUMBER(YEAR(TIME)))-1999)]
이자율	7<<%/yr>>
순현재가치_NPV	NPV('현금 흐름', 이자율)
현금흐름	{-1000, 200, 200, 200, 200, 200, 200, 200, 200, 200, 200}

참고로 순현재가치(NPV)는 현재 시점에서 바라본 투자 대안의 가치를 말한다. 현재 시점에서 투입되는 투자금 대비 장래의 수익의 현재가치가 0보다 크면 그 투자 대안(Investment Alternative)은 가치가 있는 것으로 판단한다.

$$NPV > 0$$

그리고 IRR은 내부수익률로서 투자 현금흐름이 순현재가치(NPV)로 환산하였을 때 NPV=0이 되는 투자수익률을 말한다. 이는 어떤 투자 대안에 필요한 투자자금을 조달하기 위하여 은행대출을 하는 경우 그 대출 이자율이 투자 대안 수익률보다 작아야 한다. 따라서 IRR은 은행 이자율보다 커야 한다.

$$IRR > \text{은행이자율 또는 최소기대수익률}$$

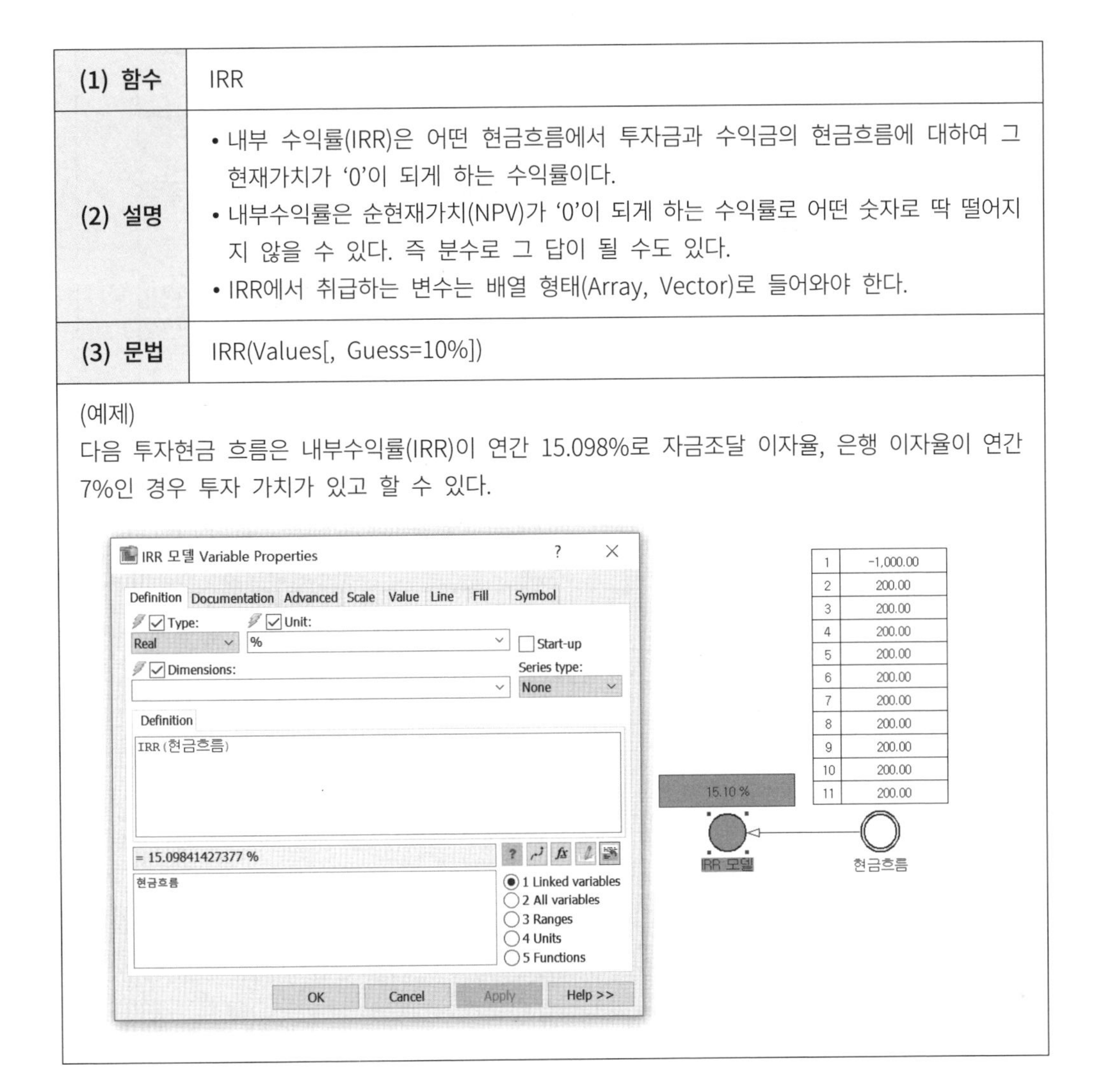

(1) 함수	IRR
(2) 설명	• 내부 수익률(IRR)은 어떤 현금흐름에서 투자금과 수익금의 현금흐름에 대하여 그 현재가치가 '0'이 되게 하는 수익률이다. • 내부수익률은 순현재가치(NPV)가 '0'이 되게 하는 수익률로 어떤 숫자로 딱 떨어지지 않을 수 있다. 즉 분수로 그 답이 될 수도 있다. • IRR에서 취급하는 변수는 배열 형태(Array, Vector)로 들어와야 한다.
(3) 문법	IRR(Values[, Guess=10%])

(예제)
다음 투자현금 흐름은 내부수익률(IRR)이 연간 15.098%로 자금조달 이자율, 은행 이자율이 연간 7%인 경우 투자 가치가 있고 할 수 있다.

(20) PRIORITYALLOC

(1) 함수	PRIORITYALLOC
(2) 설명	자원(Resources) 또는 용량(Capacity)을 정해주는 우선순위와 비중에 따라 각 대안에 배분한다.
(3) 문법	PRIORITYALLOC(Capacity, Requests, Priorities)

(예제)

Capacity	Request	Priority	Priority Group	Group Allocations	Weight	Allocated
35.0	10.0	2.0	2a	15.0	67% (10/15)	10.0
	5.0	2.0	2a	15.0	33% (5/15)	5.0
	10.0	1.1	1b	20.0	10% (0.1*10/10)	2.0
	10.0	1.2	1b	20.0	20% (0.2*10/10)	4.0
	10.0	1.3	1b	20.0	30% (0.3*10/10)	6.0
	10.0	1.4	1b	20.0	40% (0.4*10/10)	8.0
	10.0	1.0	1a	0.0	100%	0.0

Capacity	Request	Priority	Priority Group	Group Allocations	Weight	Allocated
45.0	10.0	2.0	2a	15.0	67% (10/15)	10.0
	5.0	2.0	2a	15.0	33% (5/15)	5.0
	10.0	1.2	1b	30.0	10% (0.2*10/20)	3.33 (3+0.33)
	10.0	1.4	1b	30.0	20% (0.4*10/20)	6.67 (6+0.67)
	10.0	1.6	1b	30.0	30% (0.6*10/20)	10.0 (9+1.0)
	10.0	1.8	1b	30.0	40% (0.8*10/20)	10.0 (12-2.0)
	10.0	1.0	1a	0.0	100%	0.0

Capacity	Request	Priority	Priority Group	Group Allocations	Weight	Allocated
60.0	10.0	2.0	2a	15.0	67% (10/15)	10.0
	5.0	2.0	2a	15.0	33% (5/15)	5.0
	10.0	1.1	1b	40.0	20% (2/10)	10.0
	10.0	1.2	1b	40.0	20% (2/10)	10.0
	10.0	1.3	1b	40.0	30% (3/10)	10.0
	10.0	1.4	1b	40.0	40% (4/10)	10.0
	10.0	1.0	1a	5.0	100%	5.0

PRIORITYALLOC (7, {4, 3, 4}, {1, 2, 1}) = {2.0, 3.0, 2.0}
PRIORITYALLOC (6, {4, 3, 4}, {2, 3, 1}) = {3.0, 3.0, 0.0}
PRIORITYALLOC (10, {2, 3, 2}, {1, 2, 1}) = {2.0, 3.0, 2.0}
PRIORITYALLOC (6, {4, 3, 4}, {1.2, 2, 1.4}) = {1.0, 3.0, 2.0}
PRIORITYALLOC (6, {4, 3, 4}, {1.1, 2, 1.2}) = {1.0, 3.0, 2.0}

(21) PRIORITYALLOCDISCRETE

(1) 함수	PRIORITYALLOCDISCRETE
(2) 설명	자원(Resources) 또는 용량(Capacity)을 정해주는 이산적인(Discrete) 우선순위와 비중에 따라 각 대안에 배분한다.(Discrete Prioritized Resource Allocation)
(3) 문법	PRIORITYALLOCDISCRETE(Capacity, Requests, Priorities, Forward)

(예제)

Capacity	Request	Priority	Priority Group	Group Allocations	Weight	Decimal Allocation	Allocated
30	10	2.0	2a	10	100%	10.0	10
	10	1.1	1b	20	10% (0.1*10/10)	2.0	2
	10	1.2	1b	20	20% (0.2*10/10)	4.0	4
	10	1.3	1b	20	30% (0.3*10/10)	6.0	6
	10	1.4	1b	20	40% (0.4*10/10)	8.0	8
	10	1.0	1a	0	100%	0.0	0

Capacity	Request	Priority	Priority Group	Group Allocations	Weight	Decimal Allocation	Allocated
40	10	2.0	2a	10	100%	10.0	10
	10	1.2	1b	30	10% (0.2*10/20)	3.33 (3+0.33)	3
	10	1.4	1b	30	20% (0.4*10/20)	6.67 (6+0.67)	7
	10	1.6	1b	30	30% (0.6*10/20)	10.0 (9+1.0)	10
	10	1.8	1b	30	40% (0.8*10/20)	10.0 (12-2.0)	10
	10	1.0	1a	0	100%	0.0	0

Capacity	Request	Priority	Priority Group	Group Allocations	Weight	Decimal Allocation	Allocated
55	10	2.0	2a	10	100%	10.0	10
	10	1.1	1b	40	10% (1/10)	10.0	10
	10	1.2	1b	40	20% (2/10)	10.0	10
	10	1.3	1b	40	30% (3/10)	10.0	10
	10	1.4	1b	40	40% (4/10)	10.0	10
	10	1.0	1a	5	100%	5.0	5

PRIORITYALLOCDISCRETE (7, {4, 3, 4}, {1, 2, 1}, true) = {2, 3, 2}
PRIORITYALLOCDISCRETE (7, {4, 3, 4}, {1, 2, 1}, false) = {2, 3, 2}
PRIORITYALLOCDISCRETE (6, {4, 3, 4}, {2, 3, 1}, true) = {3, 3, 0}
PRIORITYALLOCDISCRETE (10, {2, 3, 2}, {1, 2, 1}, true) = {2, 3, 2}
PRIORITYALLOCDISCRETE (6, {4, 3, 4}, {1.2, 2, 1.4}, true) = {1, 3, 2}
PRIORITYALLOCDISCRETE (6, {4, 3, 4}, {1.1, 2, 1.2}, true) = {1, 3, 2}
PRIORITYALLOCDISCRETE (20, {10, 3, 10}, {1, 2, 1}, true) = {9, 3, 8}
PRIORITYALLOCDISCRETE (20, {10, 3, 10}, {1, 2, 1}, false) = {8, 3, 9}
PRIORITYALLOCDISCRETE (9, {3, 40, 40}, {1, 1, 1}, true) = {0, 5, 4}

(22) PULSE

(1) 함수	PULSE
(2) 설명	일정한 주기에 따라 적용 값이 발생하는 함수
(3) 문법	PULSE(Volume, First, Interval) 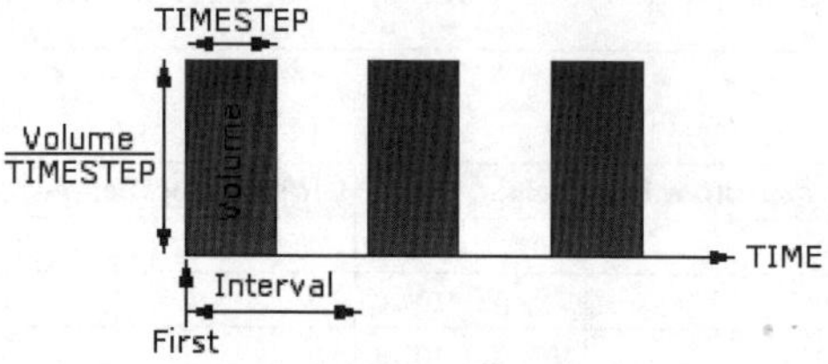 TIMESTEP Volume / TIMESTEP Volume TIME Interval First
(예제) 시간 독립적(time independent)으로 프로젝트를 설정한 경우 (예제) 시간 의존적(time dependent)으로 프로젝트를 설정한 경우	

(23) SORTINDEX

(1) 함수	SORTINDEX
(2) 설명	배열 원소의 크기에 따라 그 주소를 정렬한다.(Sort Vector Indices)
(3) 문법	SORTINDEX(Vector [, Ascending=TRUE])
(예제) A = SORTINDEX ({ 10, 50, 20, 30 }) = { 1, 3, 4, 2 } B = SORTINDEX ({ 30, 10, 20, 60 }<<m>>, FALSE) = { 4, 1, 3, 2 } 참고로 SORT 함수 (예제) SORT ({ 1, 5, 2, 3 }) = { 1, 2, 3, 5 } B = SORT ({ 3, 1, 2, 6 } , FALSE) = { 6, 3, 2, 1 } C = SORT ({ 1, 4, 2, 3 } , TRUE, { 10, 20, 30, 40 }) = { 10, 30, 40, 20 } D = SORT ({ 5, 1, 6, 2 } , FALSE, { 10, 20, 30, 40 }) = { 30, 10, 40, 20 }	

(24) SPARSEVECTOR

(1) 함수	SPARSEVECTOR
(2) 설명	• 지정해주는 배열 형태로 배열을 생성한다.(Sparse Vectorize)
(3) 문법	• SPARSEVECTOR(Count, Indices, Data, Padding) • 먼저, Count에서 배열의 원소 개수를 지정 • 특정 원소의 배열 주소를 입력 • 특정 주소에 할당되는 원소를 입력 • 특정 주소 이외의 주소에 채워 넣을 값을 입력

(예제)

A = SPARSEVECTOR (10, {1, 4, 7}, {12, 14, 16}, 10)
= { 12, 10, 10, 14, 10, 10, 16, 10, 10, 10 }

B = SPARSEVECTOR (8, {1, 4}, { {13, 15}, {12, 14} }, {1, 1})
= { {13, 15}, {1, 1}, {1, 1}, {12, 14}, {1, 1}, {1, 1}, {1, 1}, {1, 1} }

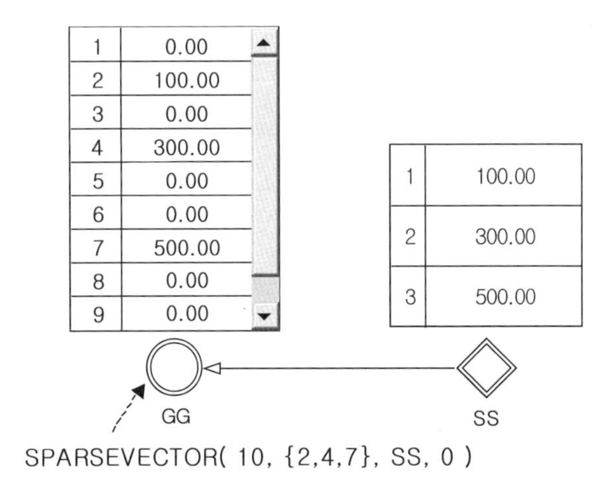

(25) 시뮬레이션 TIME함수

STARTTIME, STOPTIME, TIME, TIMESTEP

- 시뮬레이션 기간 = (STOPTIME - STARTTIME) // 왼쪽
- 시뮬레이션 기간 = (NUMBER(STOPTIME – STARTTIME) // 오른쪽

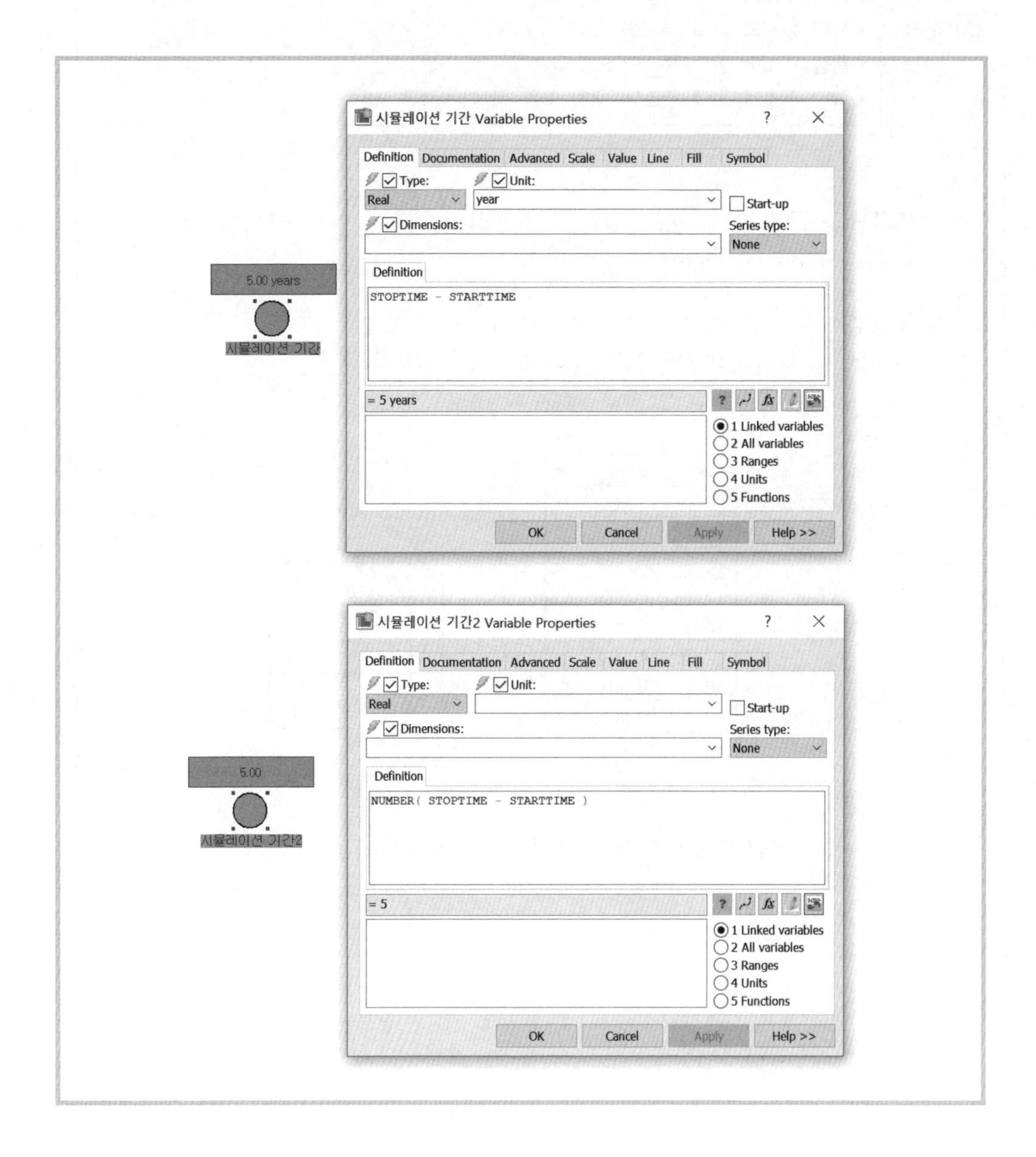

- TIMESTEP 긴 시뮬레이션 단위 간격을 나타낸다.

(26) STEP

(1) 함수	STEP
(2) 설명	STEP 함수는 일정한 시간이 지나, 입력 값이 발생하는 경우에 사용한다.
(3) 문법	STEP (적용 값, 시작 시점)

(예제-1)

• 시간 독립적(time independent)으로 프로젝트를 설정한 경우

STEP(1, 20)

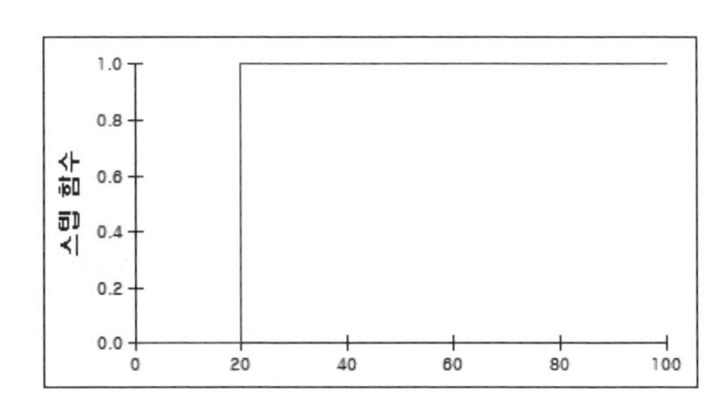

(예제-2)

• 시간 의존적(time dependent)으로 프로젝트를 설정한 경우

STEP(2<<m>>, STARTTIME + 30<<da>>)를 적용하면

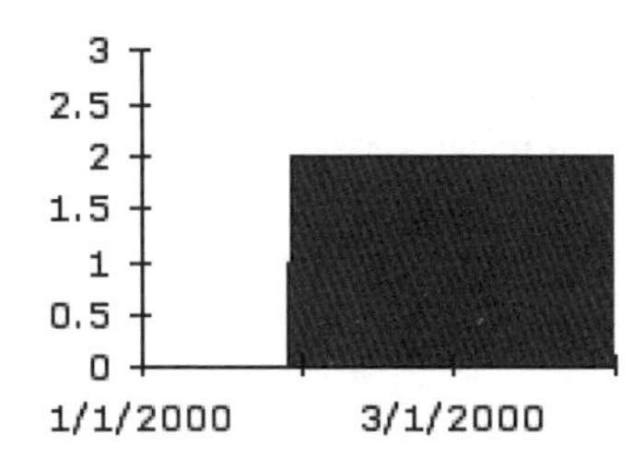

• STEP 함수 = STEP (100, STARTTIME + 2)

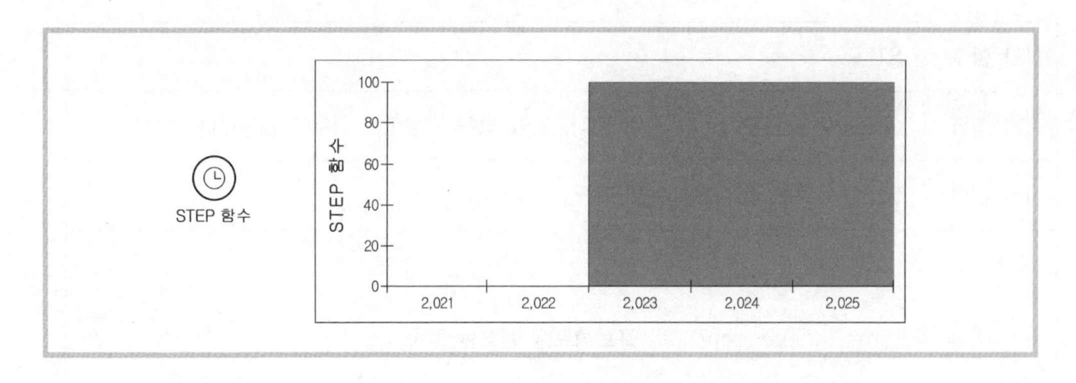

• RAMP 함수 = RAMP (100, STARTTIME + 2)

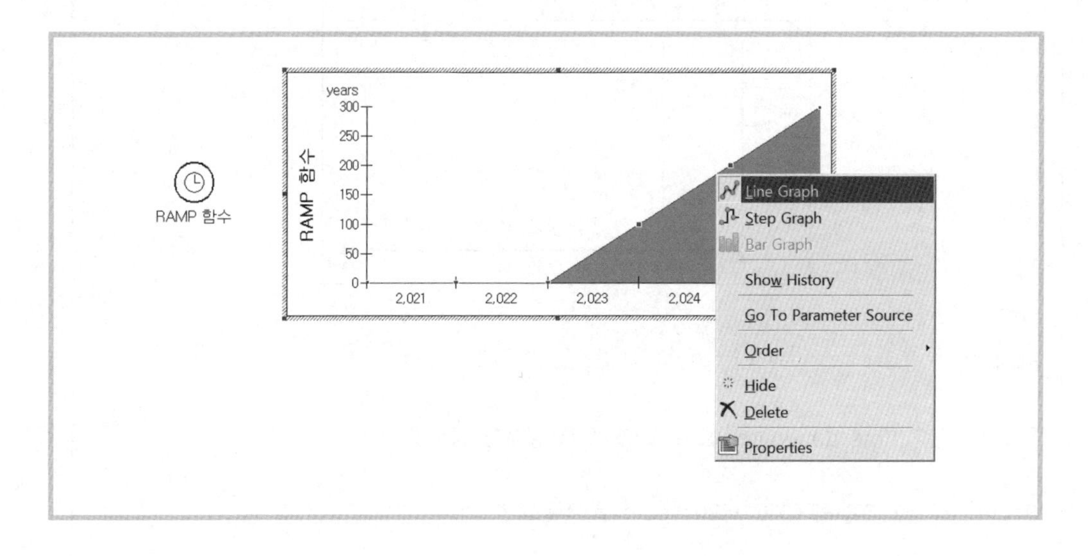

• 여러 RAMP 함수 =

RAMP({100, 90, 80}, {STARTTIME+1, STARTTIME+2, STARTTIME+3})

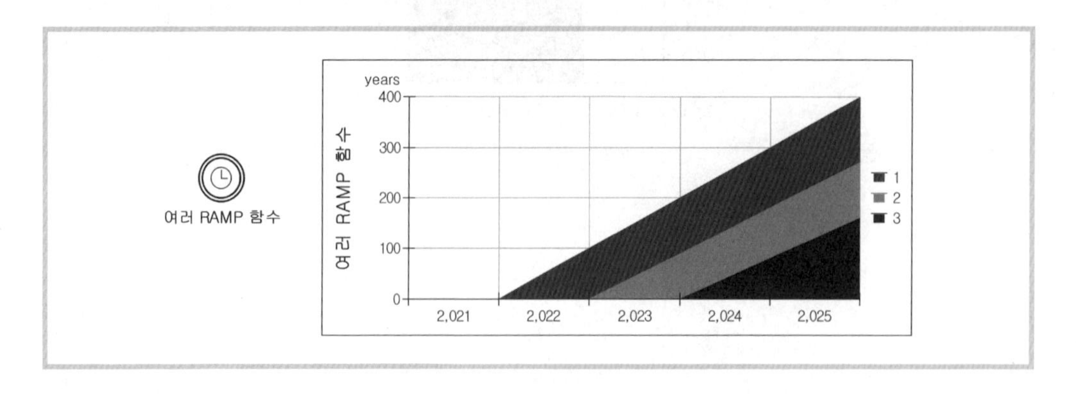

(27) TIME

TIME 함수는 시뮬레이션 기간을 나타낸다.

예를 들어 프로젝트 설정을 달력 의존형, 시뮬레이션 설정을 2021-01-01~2026-01-01로 설정하면 TIME은 다음과 같다.

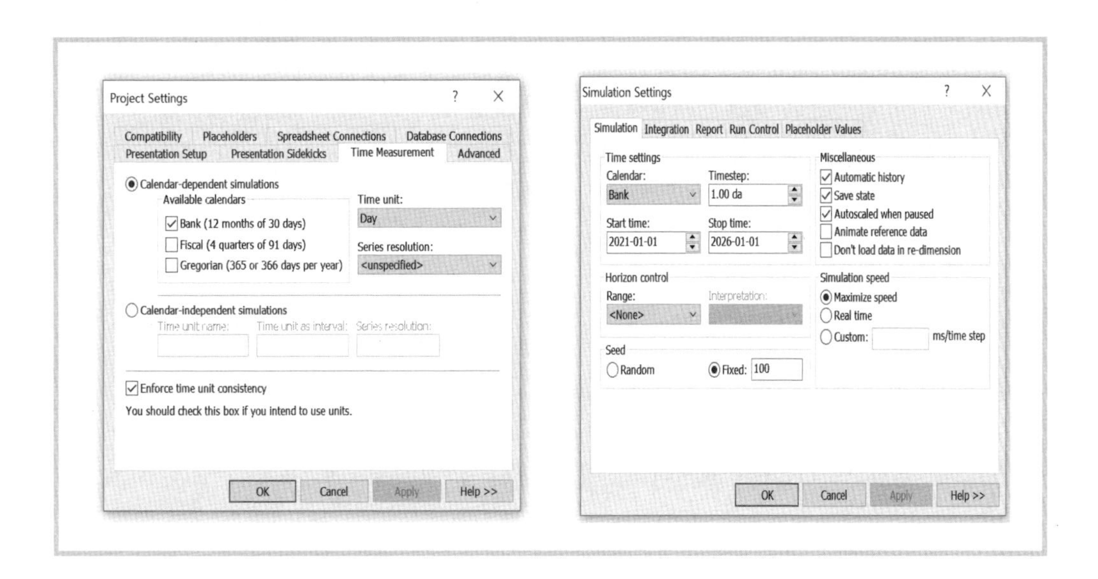

TIME을 연간으로(Yearly) 표시하고, 이를 다시 정수(integer)로 표시

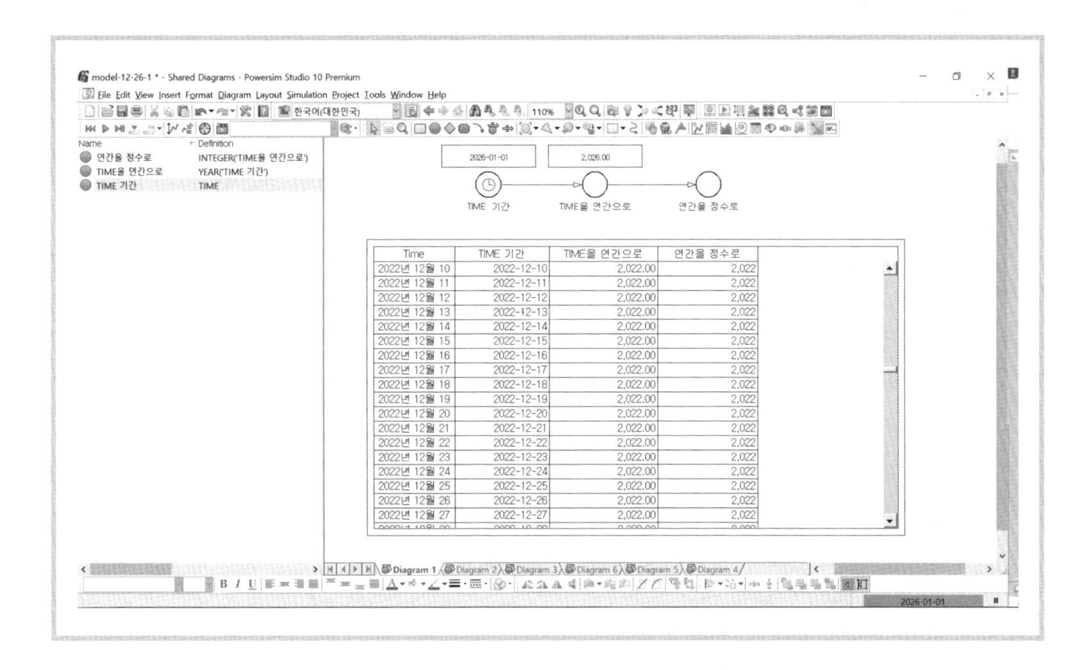

Time	TIME 기간	TIME을 연간으로	연간을 정수로
2022년 12월 10	2022-12-10	2,022.00	2,022
2022년 12월 11	2022-12-11	2,022.00	2,022
2022년 12월 12	2022-12-12	2,022.00	2,022
2022년 12월 13	2022-12-13	2,022.00	2,022
2022년 12월 14	2022-12-14	2,022.00	2,022
2022년 12월 15	2022-12-15	2,022.00	2,022
2022년 12월 16	2022-12-16	2,022.00	2,022
2022년 12월 17	2022-12-17	2,022.00	2,022
2022년 12월 18	2022-12-18	2,022.00	2,022
2022년 12월 19	2022-12-19	2,022.00	2,022
2022년 12월 20	2022-12-20	2,022.00	2,022
2022년 12월 21	2022-12-21	2,022.00	2,022
2022년 12월 22	2022-12-22	2,022.00	2,022
2022년 12월 23	2022-12-23	2,022.00	2,022
2022년 12월 24	2022-12-24	2,022.00	2,022
2022년 12월 25	2022-12-25	2,022.00	2,022
2022년 12월 26	2022-12-26	2,022.00	2,022
2022년 12월 27	2022-12-27	2,022.00	2,022

예를 들어, 프로젝트 설정을 달력 독립형, 즉 모델 개발자가 기간을 직접 설정하는 경우이다. 시뮬레이션 설정을 2021에서 2026으로 설정하면 TIME은 다음과 같다.

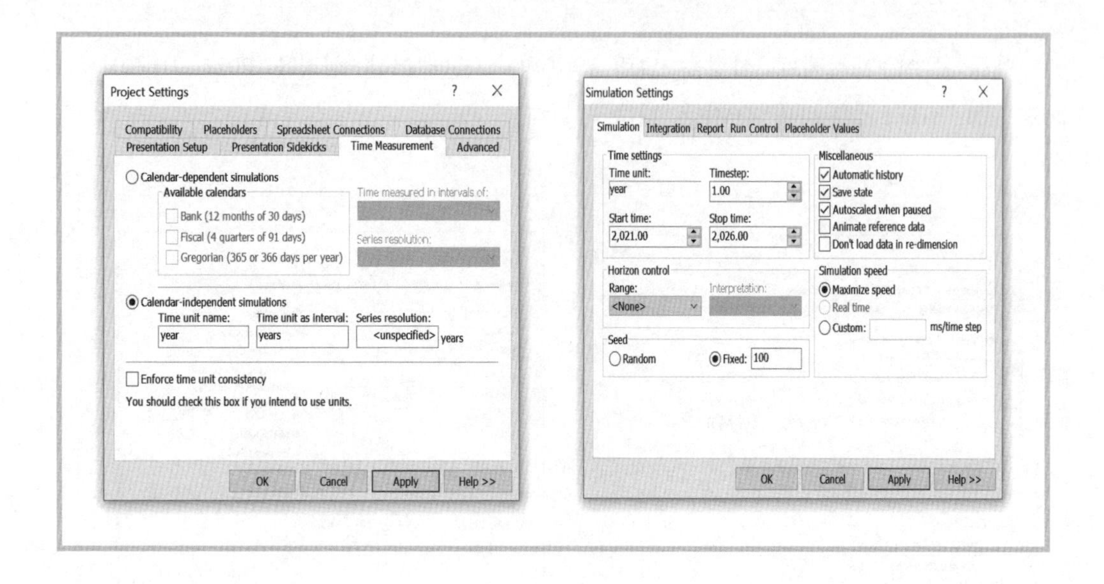

TIME을 연간으로(Yearly) 표시하고, 이를 다시 정수(integer)로 표시

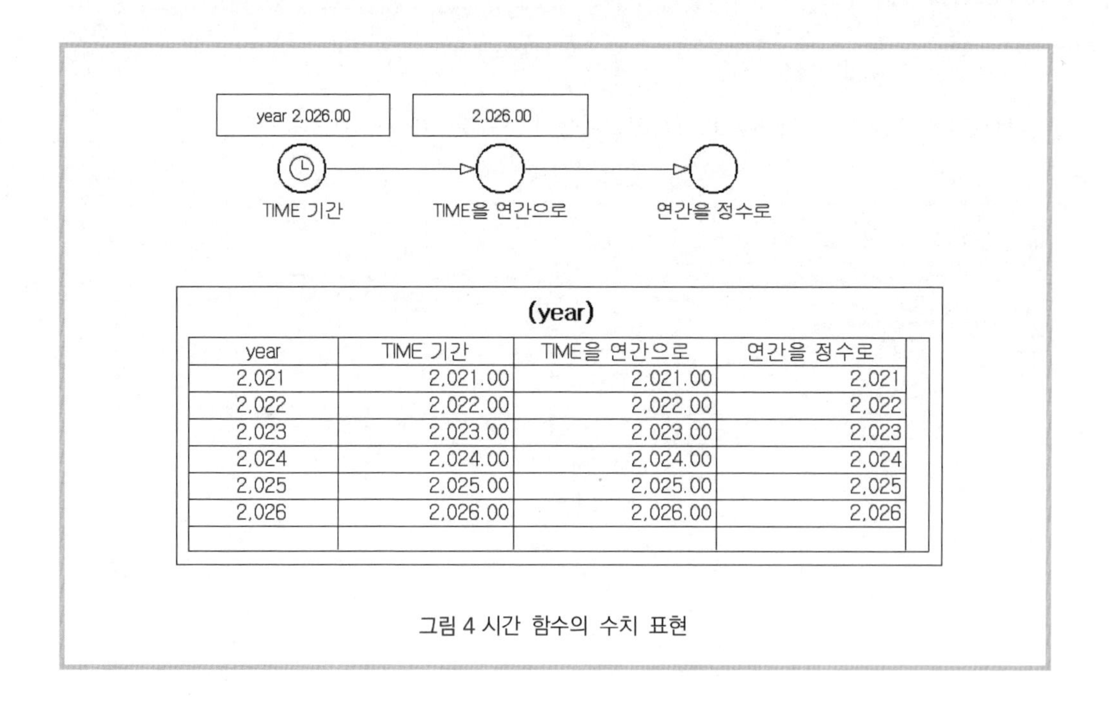

year	TIME 기간	TIME을 연간으로	연간을 정수로
2,021	2,021.00	2,021.00	2,021
2,022	2,022.00	2,022.00	2,022
2,023	2,023.00	2,023.00	2,023
2,024	2,024.00	2,024.00	2,024
2,025	2,025.00	2,025.00	2,025
2,026	2,026.00	2,026.00	2,026

그림 4 시간 함수의 수치 표현

12.2.2 VBFUNCTION 함수

(1) 함수 설명

VBFUNCTION을 이용하면 직접 함수를 만들어 사용할 수 있다.

- 함수 문법: VBFUNCTION (Dimensions | Expressions | Script)
- VBFUNCTION은 마이크로소프트 스크립트 엔진(Micro Script Engine)을 사용하여 스크립트(Script)가 실행된다.
- VBFUNCTION을 이용하면 현재 피워심 프로그램에서 제공하지 않은 함수를 만들어서 사용할 수 있어서 유용하다.
- VBFUNCTION을 실행하기 위해서는 프로젝트 설정(Project Settings)에서 Advanced page 탭에서 Enable active content를 선택하여야 한다.

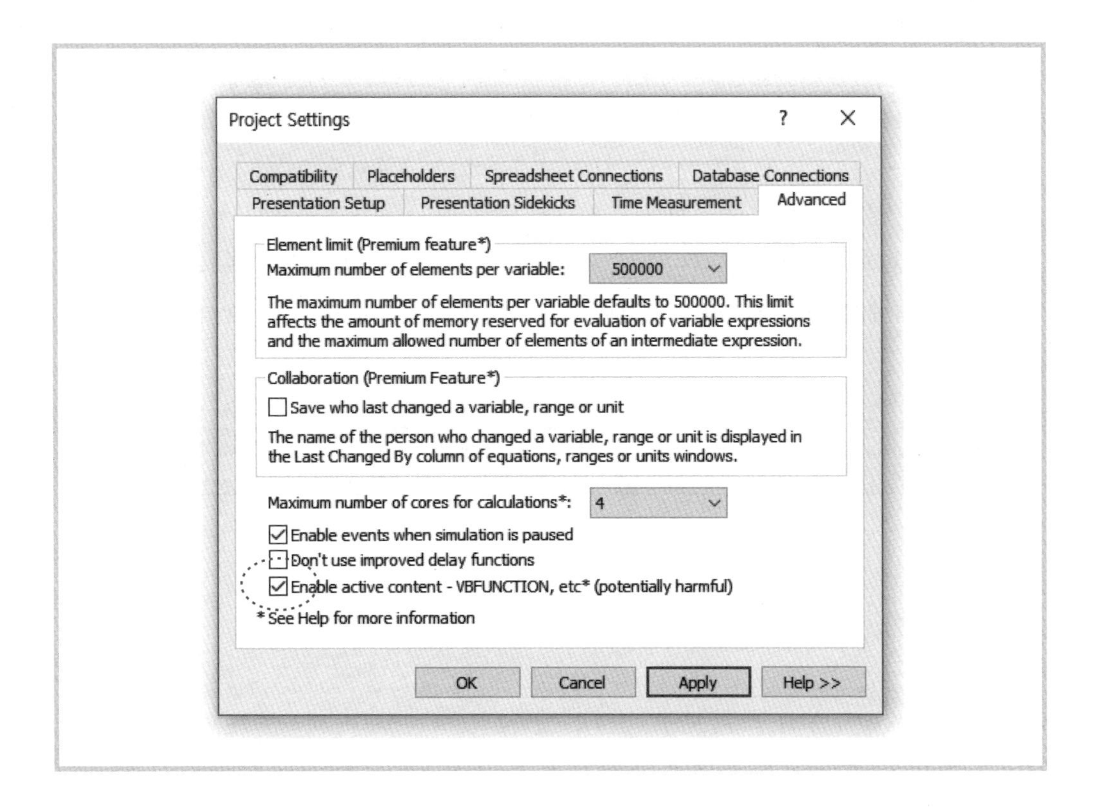

(2) VBFunction 문법

문법-1. VBFunction 구문

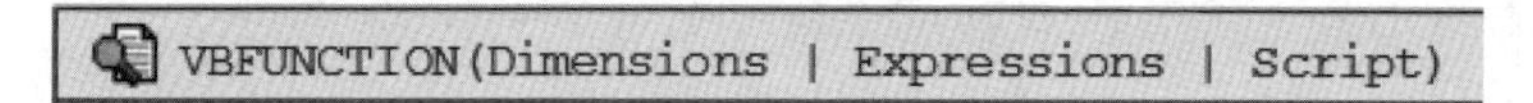

```
VBFUNCTION(Dimensions | Expressions | Script)
```

문법-2. Dimension 정의

```
Dimensions = [resultname=] <dimension>
    // default value for resultname is "Result"
```

```
VBFUNCTION( | ... | ...)
   // The result variable is named "Result" by default, and is a scalar
VBFUNCTION(1..3 | ... | ...)
   // The result variable is named "Result" by default, and has the dimension 1..3
VBFUNCTION("r" = 1..5 | ... | ...)
   // The result variable is named "r" and has the dimension 1..5
```

문법-3. Expression 변수 정의

- 스톡 플로우 모델에 있는 변수를 스크립트(Script) 변수로 변환한다.
- 스크립트에서 변수이름은 기본적으로 "Param1", "param2", ... 등으로 표현된다.

```
Expressions = [paramname=] <expression> [,[paramname=] <expression> [,...]]
   // default value for paramname is "Param1", "Param2", ...
```

Expression 이 사용된 예제:

```
VBFUNCTION( ... | {1,6,3} | ...)
   // a script variable "Param1" is defined as {1,6,3}
VBFUNCTION( ... | "p1" = C | ...)
   // a script variable "p1" is defined like the model variable C
VBFUNCTION( ... | "p1" = 4, "p2" = A*B | ...)
   // a script variable "p1" is defined like 4 and a script variable
   // "p2" is defined like the product of the model variables A and B
```

문법-4. 스크립트 정의

- 스크립트 작성 시 줄 바꿈(New line)은 CTRL + Enter를 하면 된다.
- 스크립트(Script)는 " " 인용부호 큰따옴표로 묶어준다.

```
Script = "script line 1" ["script line 2" [ ...] ]
    // Each line is enclosed in quotation marks. You can
    // edit the layout by inserting line break by hitting
    // CTRL-Enter
```

참고로 노트패드(Notepad)를 이용하여 스크립트를 작성할 때에는 " " 큰따옴표를 사용하지 않아도 된다.

(3) VBFunction 활용 예시

(예제) 간단한 스크립트 예시

```
VBFUNCTION( 1..3 | {1,6,3} |
    "for i = 0 to 2"
        "Result(i) = Param1(i)*10"
    "next"
    ) = {10,60,30}
```

- 참고로 스크립트에서 차원(Dimension)은 항상 0에서부터 시작한다.
- 스크립트 작성은 VBScript 문법을 따른다.

(4) VBFunction을 이용한 버블 소팅

- 버블 소팅(Bubble Sorting) 알고리즘을 표시하는 스크립트

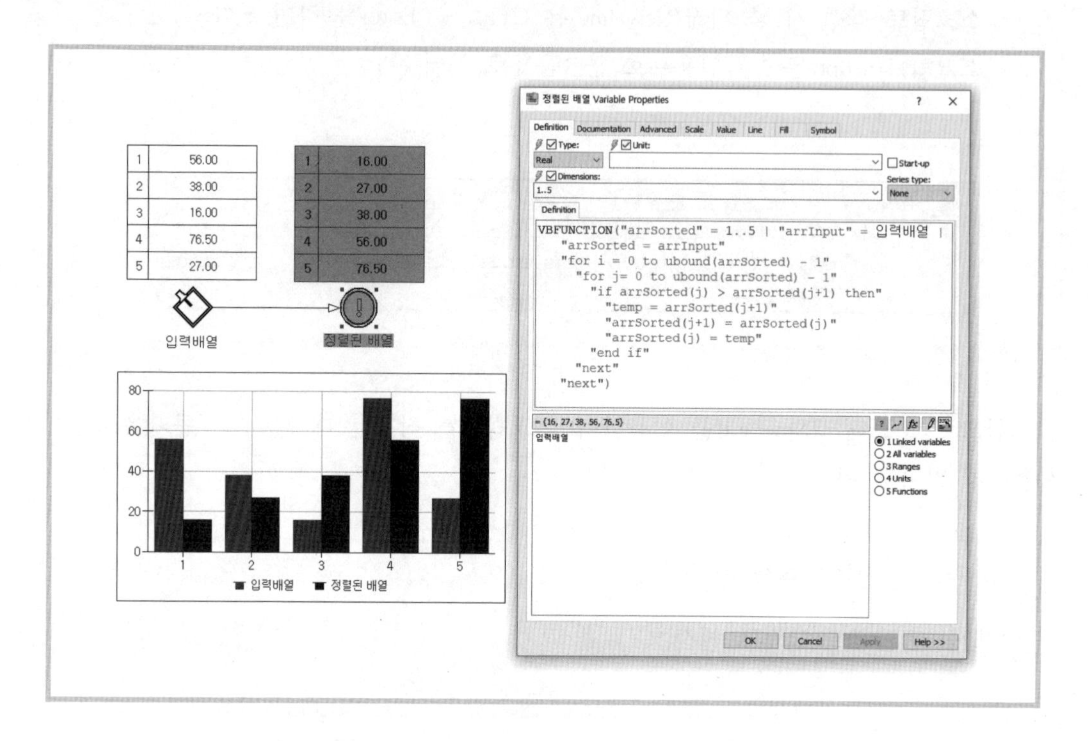

- VBFunction 변수 정의

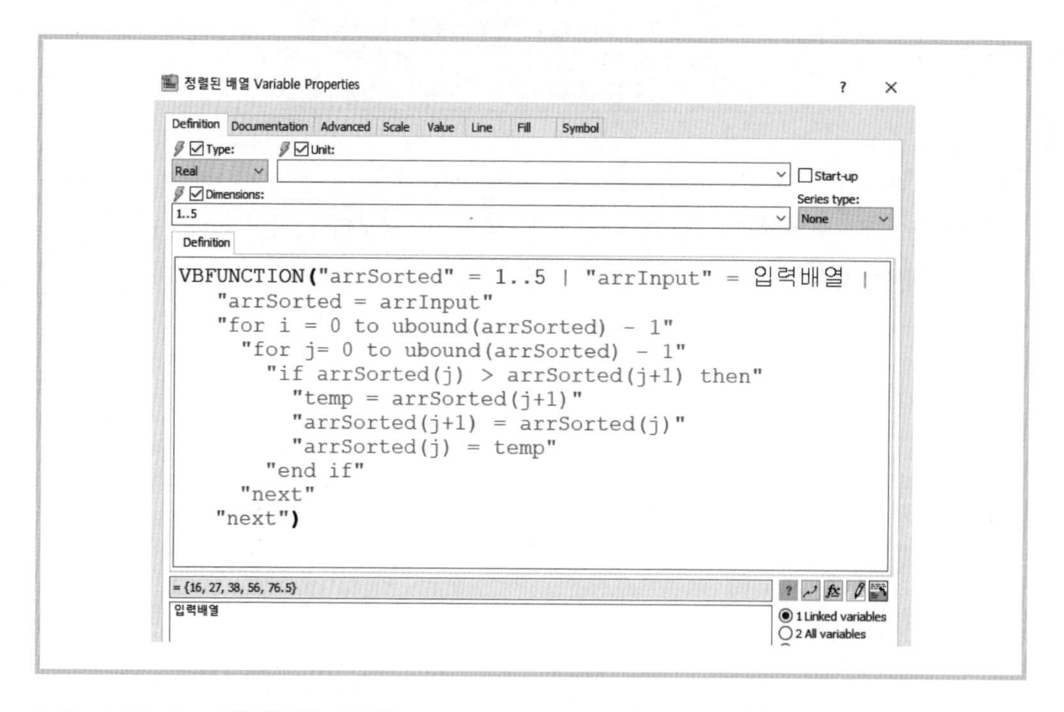

• 입력배열 값을 차트 컨트롤에서 마우스로 드래그하면 자동으로 Bubble sorting 된다.

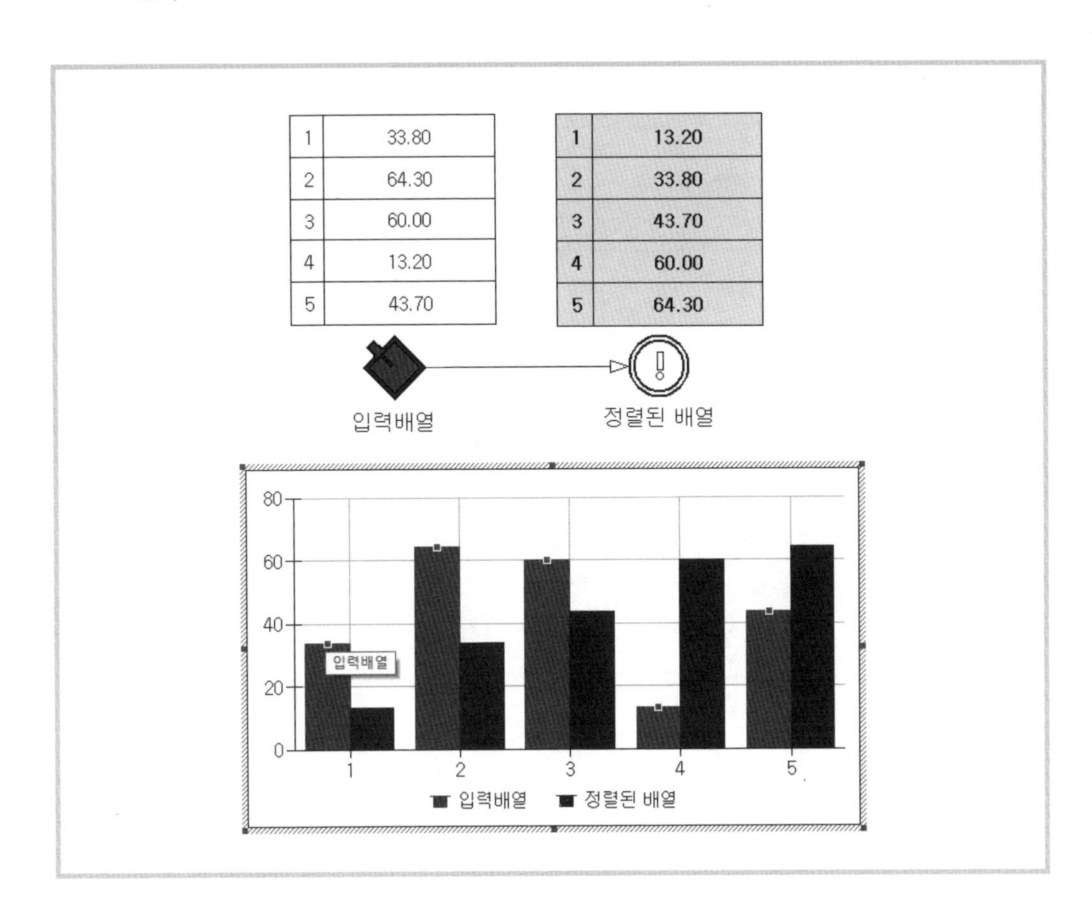

모듈 4-5 시뮬레이션 결과

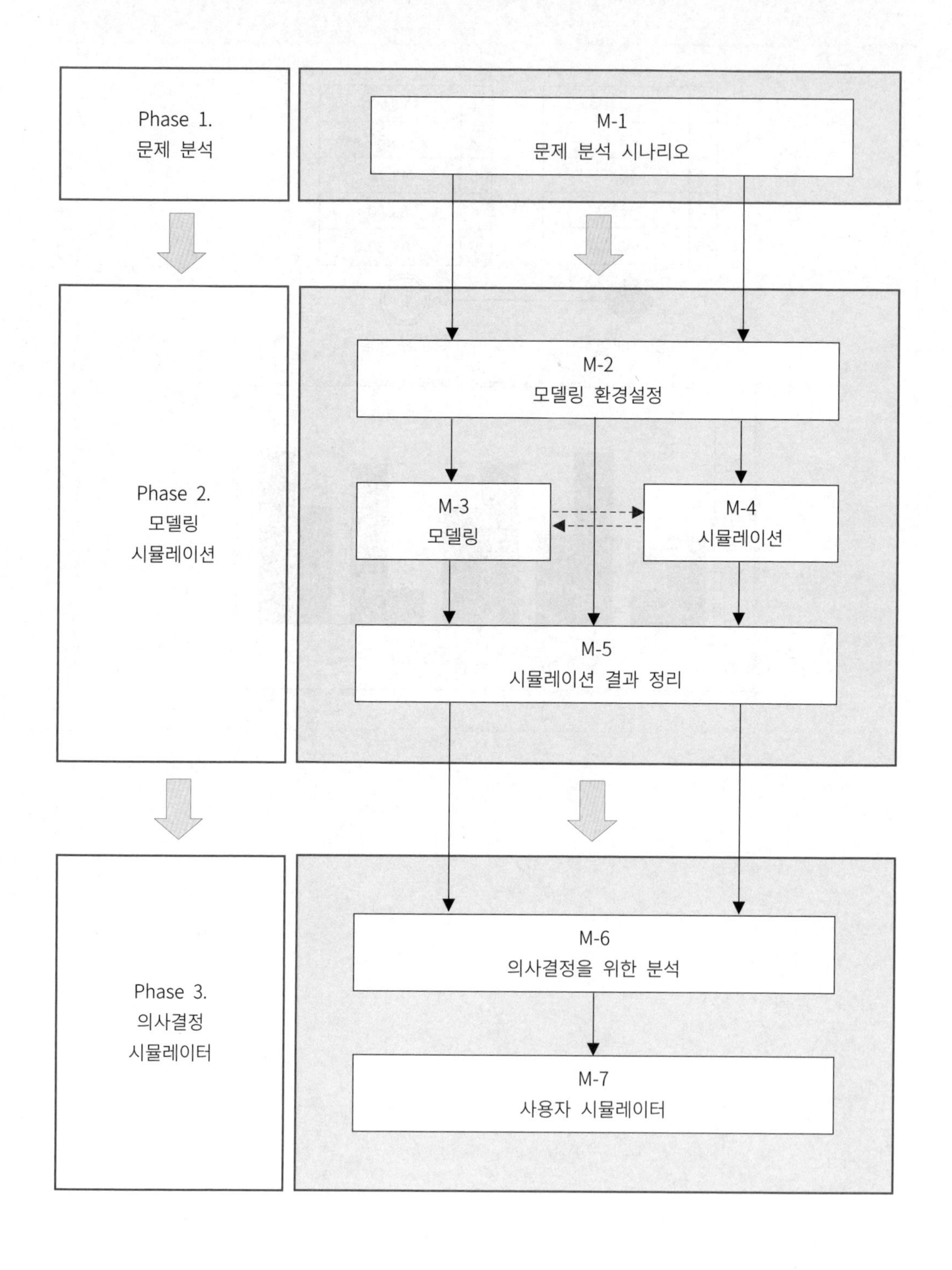

제13장

시뮬레이션

Phase 2

모듈 4. 시뮬레이션

시뮬레이션 환경설정
(1) 시뮬레이션 기간 설정
(2) 시뮬레이션 간격 설정

시뮬레이션 입력 설정
- Slider-Bar 생성 및 변수 끌어오기
- Table Control 생성 및 변수 끌어오기
- Chart-Control 생성 및 변수 끌어오기
- Time Graph 생성 및 변수 끌어오기

시뮬레이션 출력 설정
- Time Table 생성 및 변수 끌어오기
- Table Control 생성 및 변수 끌어오기
- Chart-Control 생성 및 변수 끌어오기

13.1 시뮬레이션 진행 제어 도구

13.1.1 시뮬레이션 Play, Stop, Reset 아이콘

- 파워심 소프트웨어에서 제공하는 시뮬레이션 제어 기능

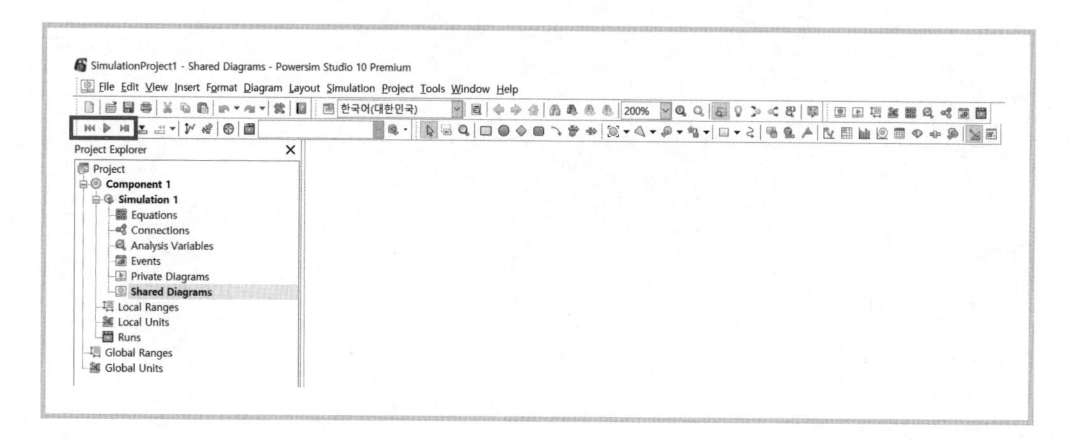

- 시뮬레이션 제어 기능 설명

아이콘	기능	설명
	시뮬레이션 진행	플레이 버튼(Play button) 시뮬레이션 진행 버튼(play the simulation)
	처음으로 되돌림	시작 시점 버튼(Reset button) 시뮬레이션을 시작 시점으로 되돌림(reset, return)
	한 시간 단위씩 시뮬레이션 진행	타임 스텝(One Time Step button) 시뮬레이션을 한 단계(one time step)씩 진행

- 시뮬레이션이 진행되면 화면 오른쪽 아래에 시뮬레이션 진행 기간이 표시됨

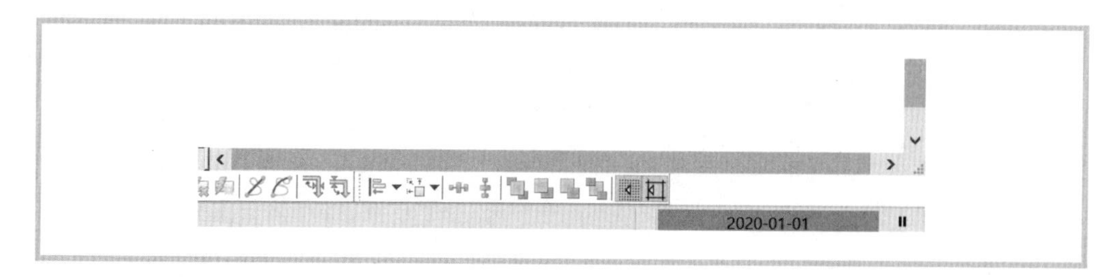

13.1.2 주요 입출력 아이콘

(1) 시뮬레이션을 위한 주요 입력 및 출력 아이콘 8가지

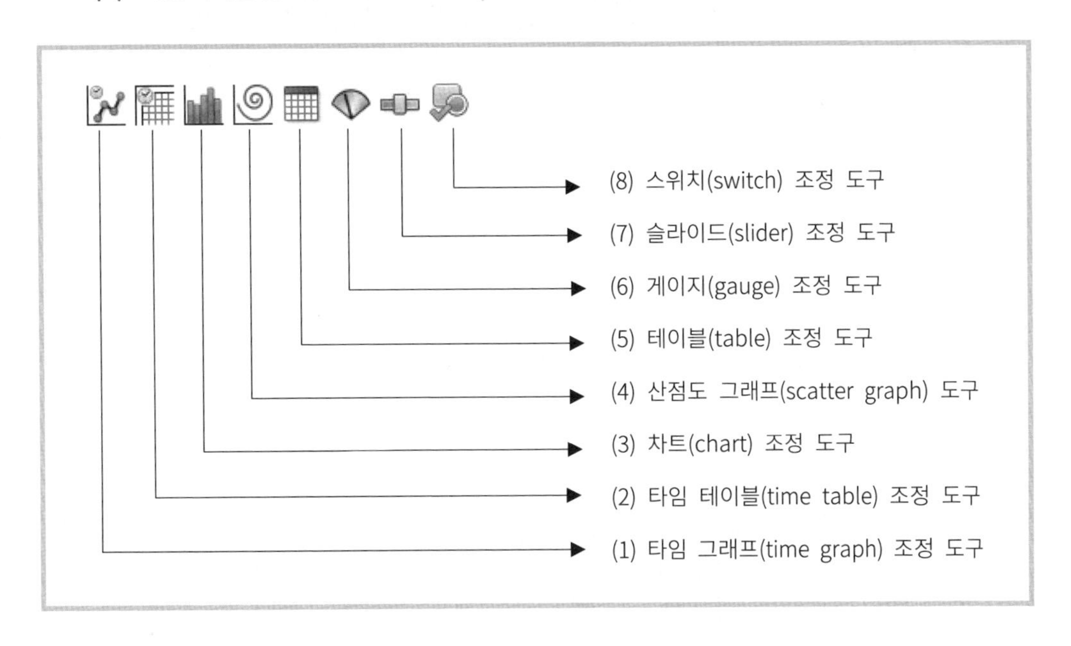

(2) 시뮬레이션 결과 시각화(visualization)

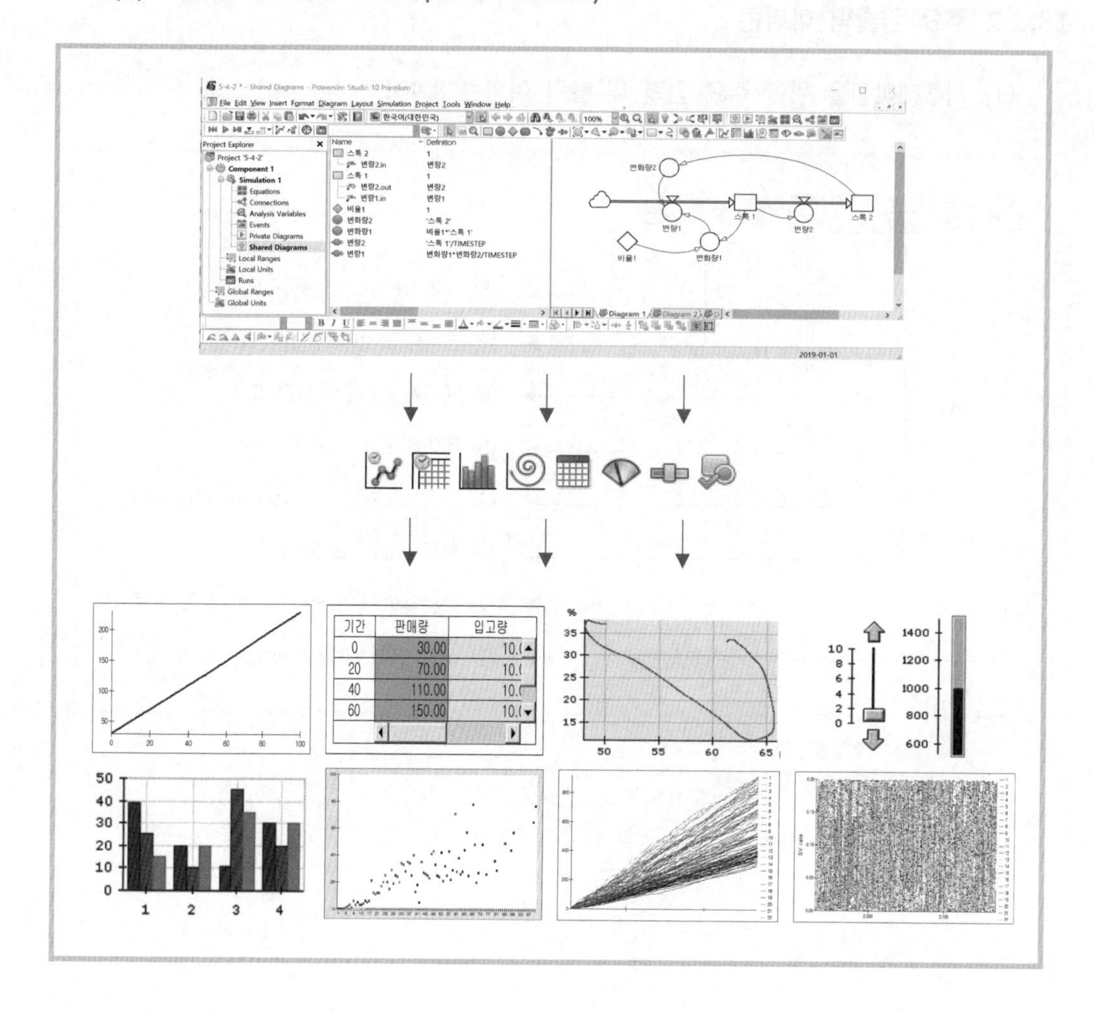

13.2 시뮬레이션 아이콘 8가지 설명

(1) 타임 그래프(time graph)

타임 그래프 아이콘은 시간에 따른 변수의 값을 시각화에 사용된다.

- 달력 독립 시뮬레이션 설정(Calendar–independent)
- 시뮬레이션 기간: Start time=0, Stop time=100, Timestep=1
- 입고량=10, 재고량=30, 판매량=8

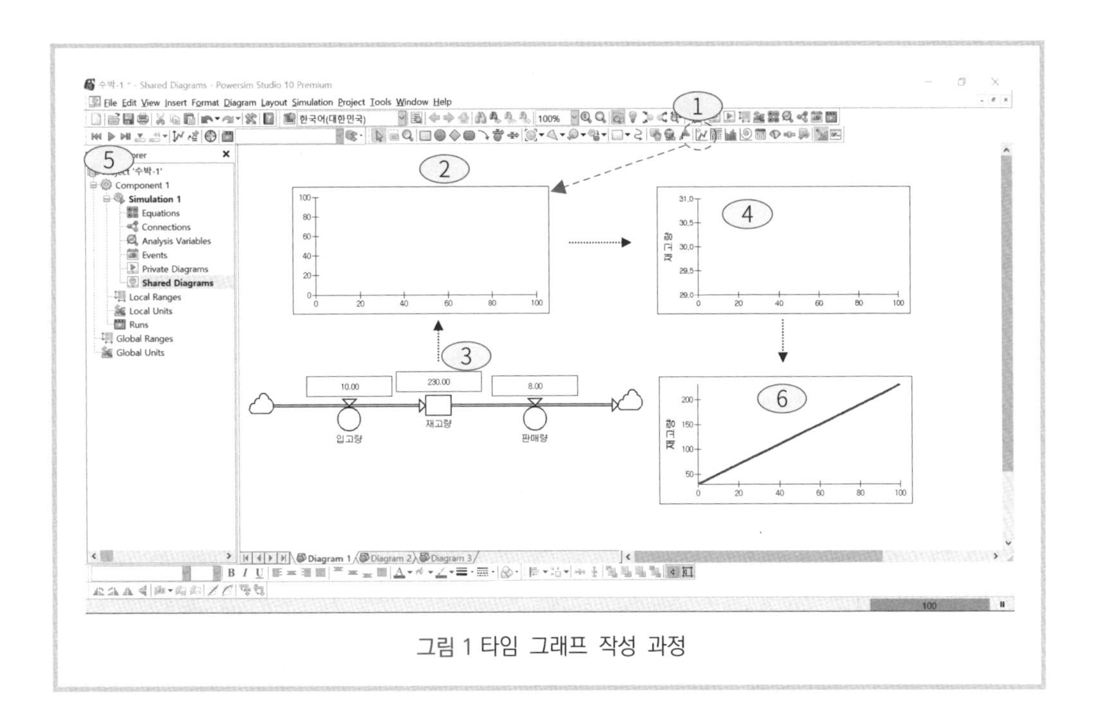

그림 1 타임 그래프 작성 과정

① 리본 메뉴에서 Time Graph를 선택하고
② 다이어그램에서 원하는 위치에 적당한 크기로 Time Graph를 드래그(마우스 끌기)한다.
③ Time Graph에 나타내고자 하는 변수를 선택하고, 드래그하여 Time Graph 속에 놓는다.
④ 재고량 변수를 Time Graph에 드래그하면 재고량 그래프가 생성된다.
⑤ 리본 메뉴에서 Play 버튼을 눌러 시뮬레이션한다.
⑥ Time Graph에 시뮬레이션 결과가 표시된다.

• Time Graph의 일반 속성

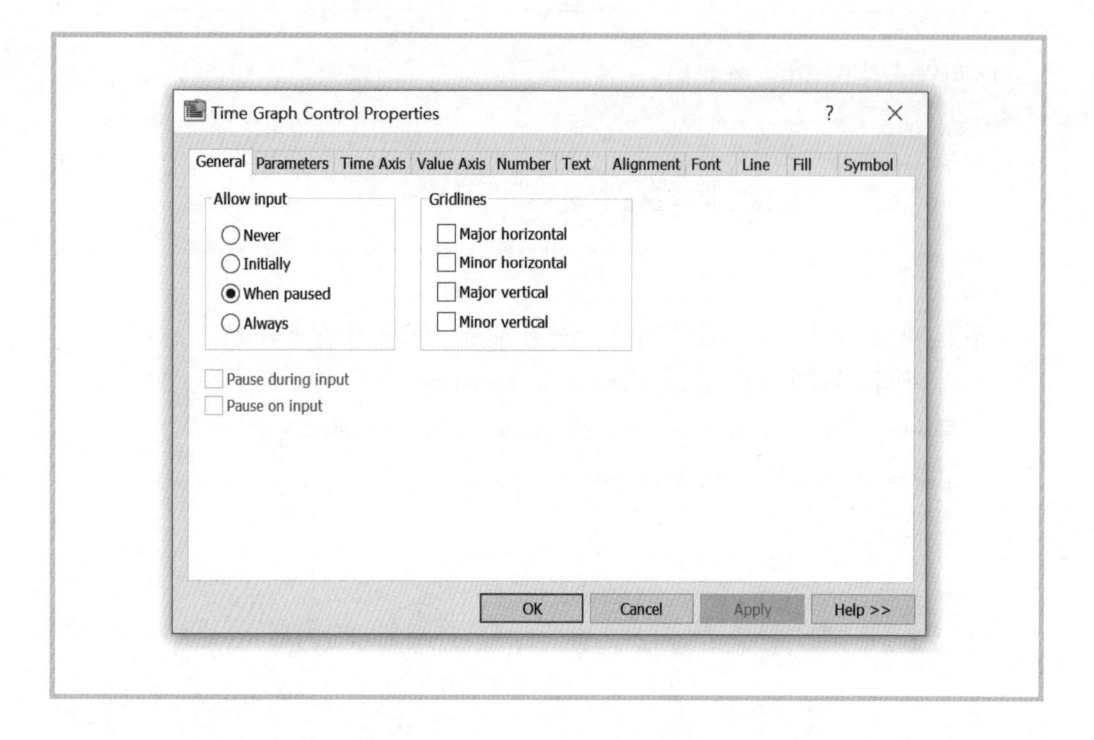

• Time Graph의 변수(Parameter) 선택

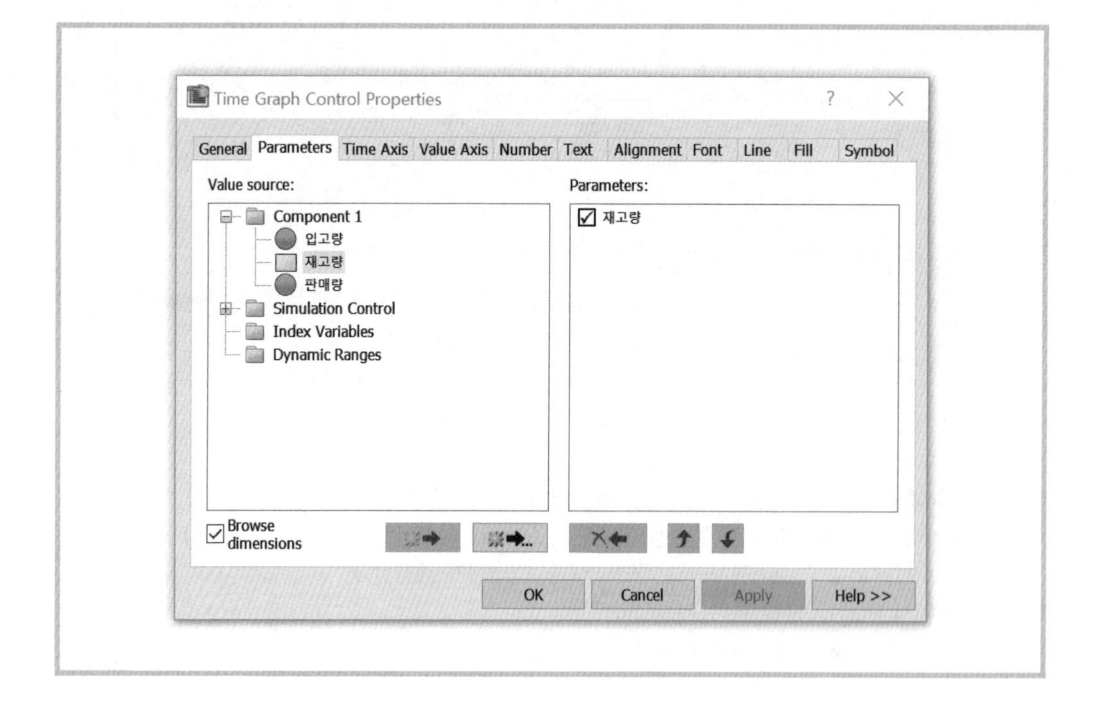

• Time Graph의 시간 X축 속성

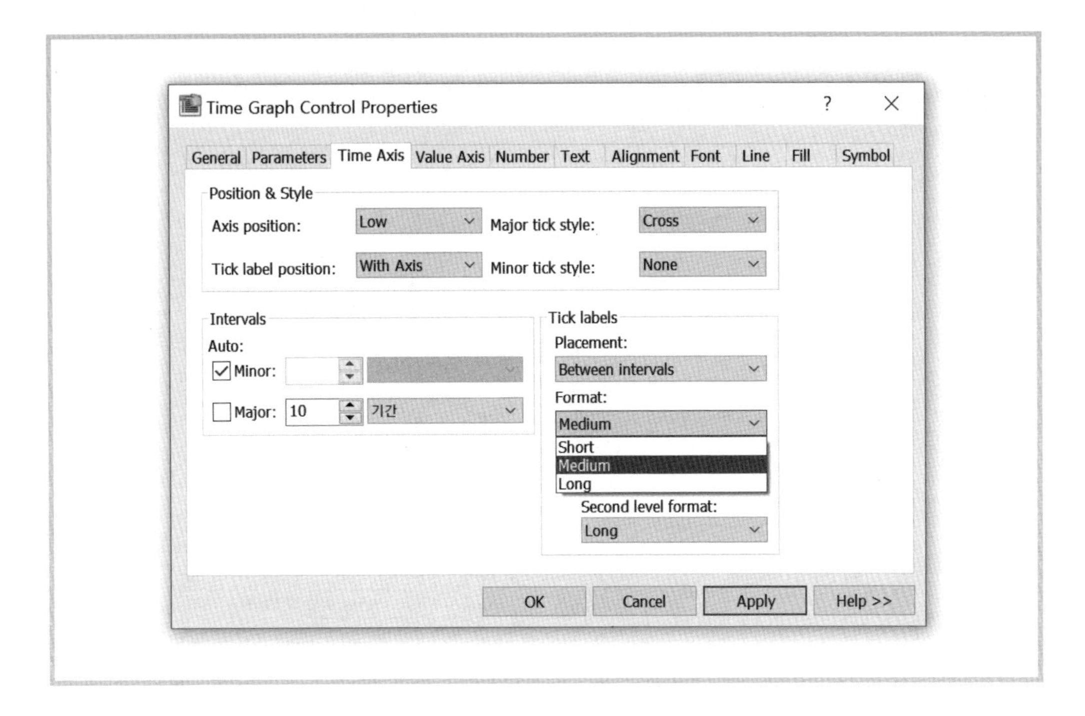

• Time Graph의 변수 Y축 값 설정

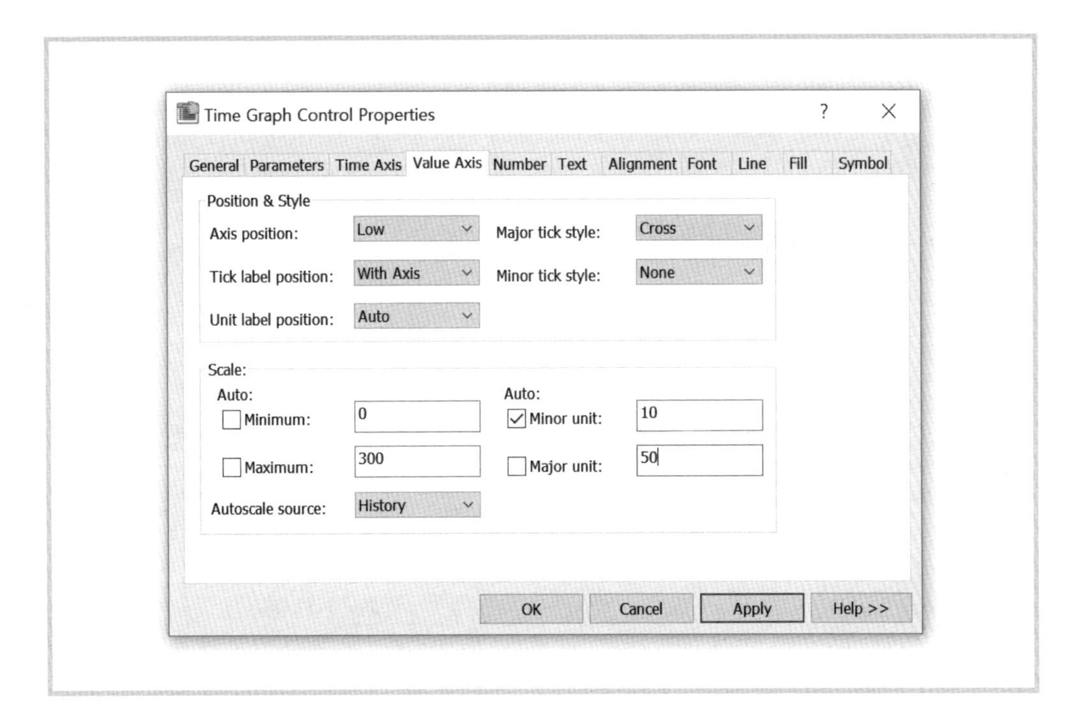

- Time Graph의 숫자 속성 설정

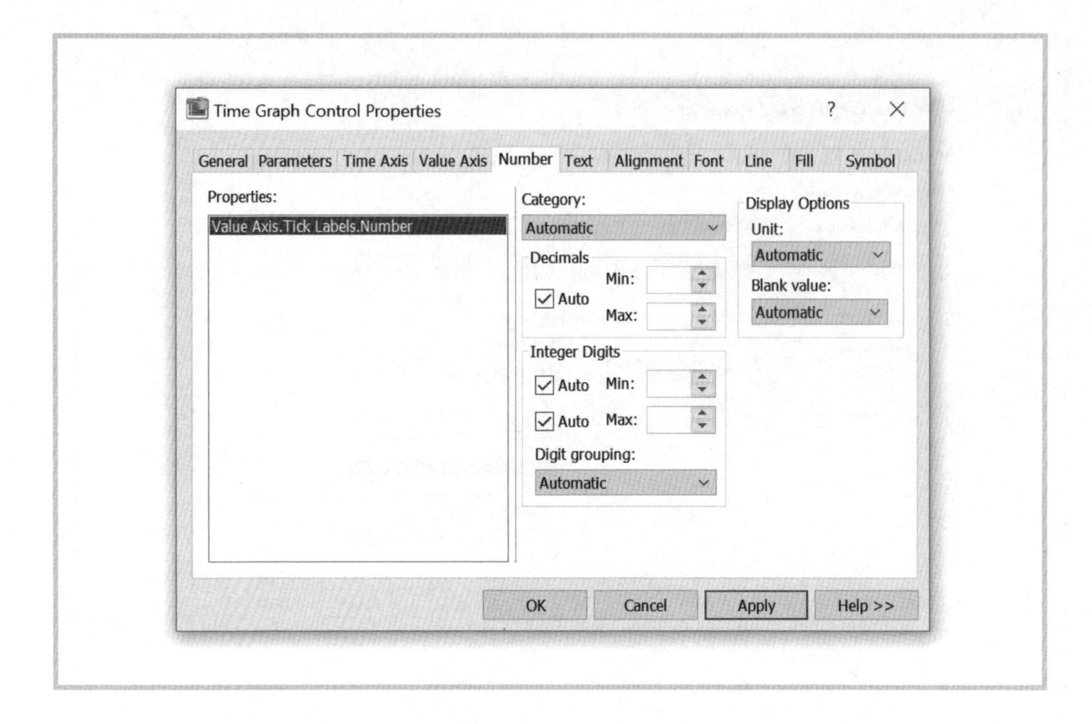

- Time Graph의 텍스트 표시 속성

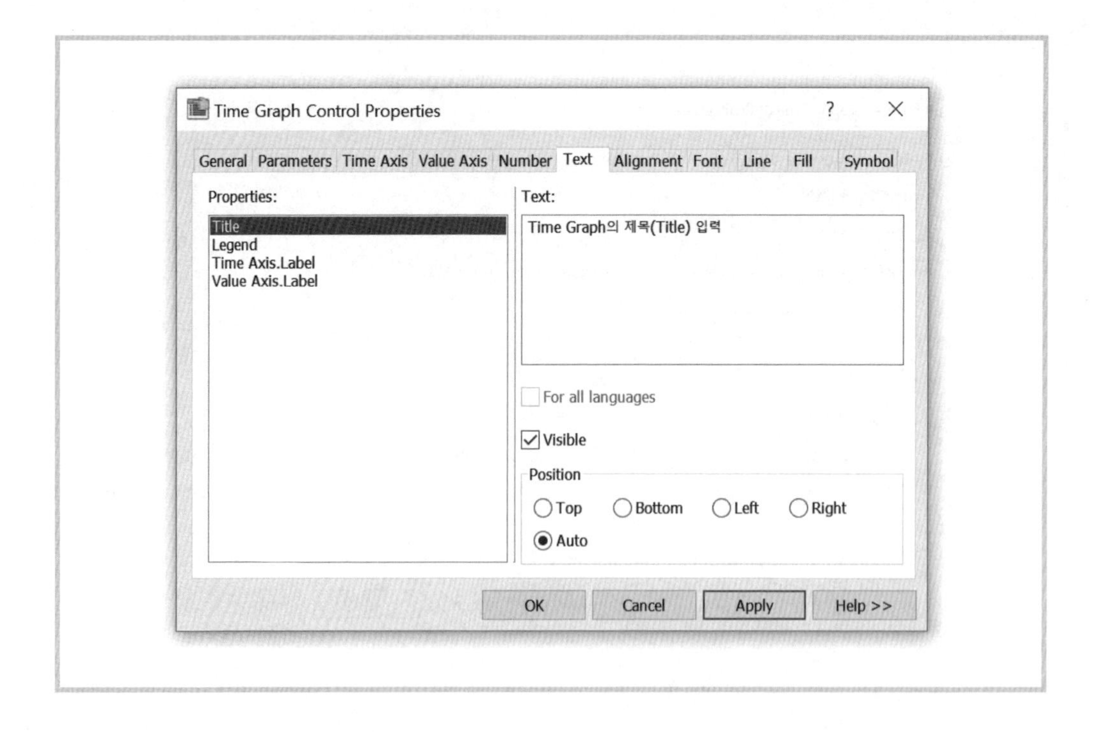

• Time Graph의 조정 배치(Alignment) 속성

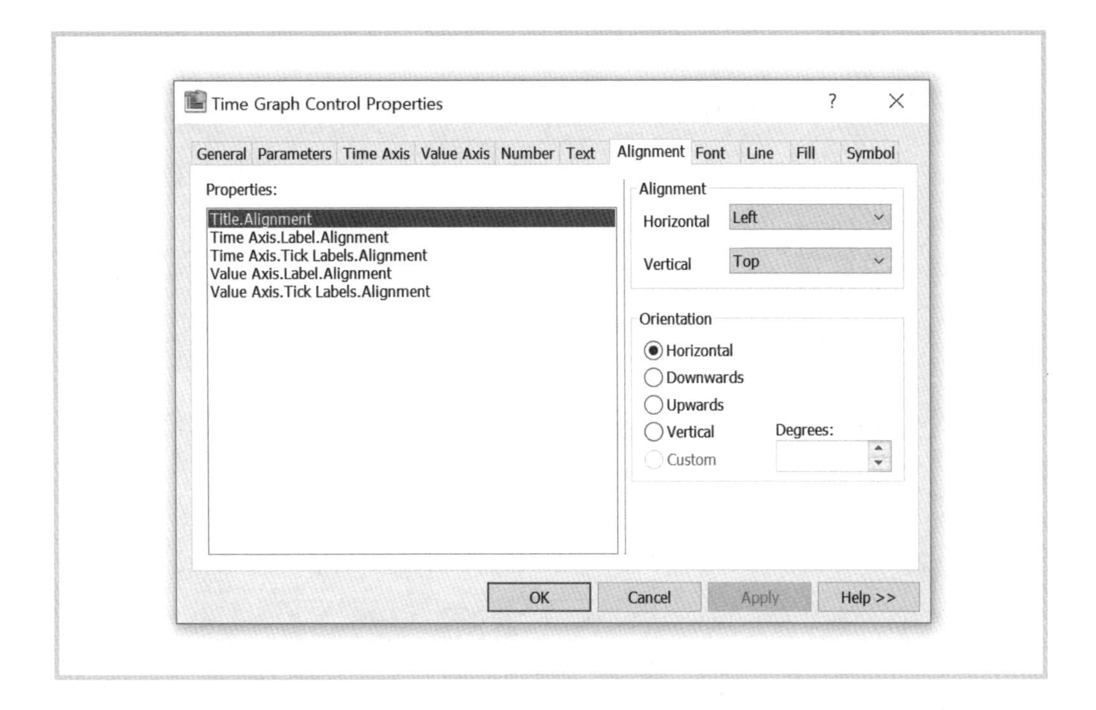

• Time Graph의 글자(Font) 속성 설정

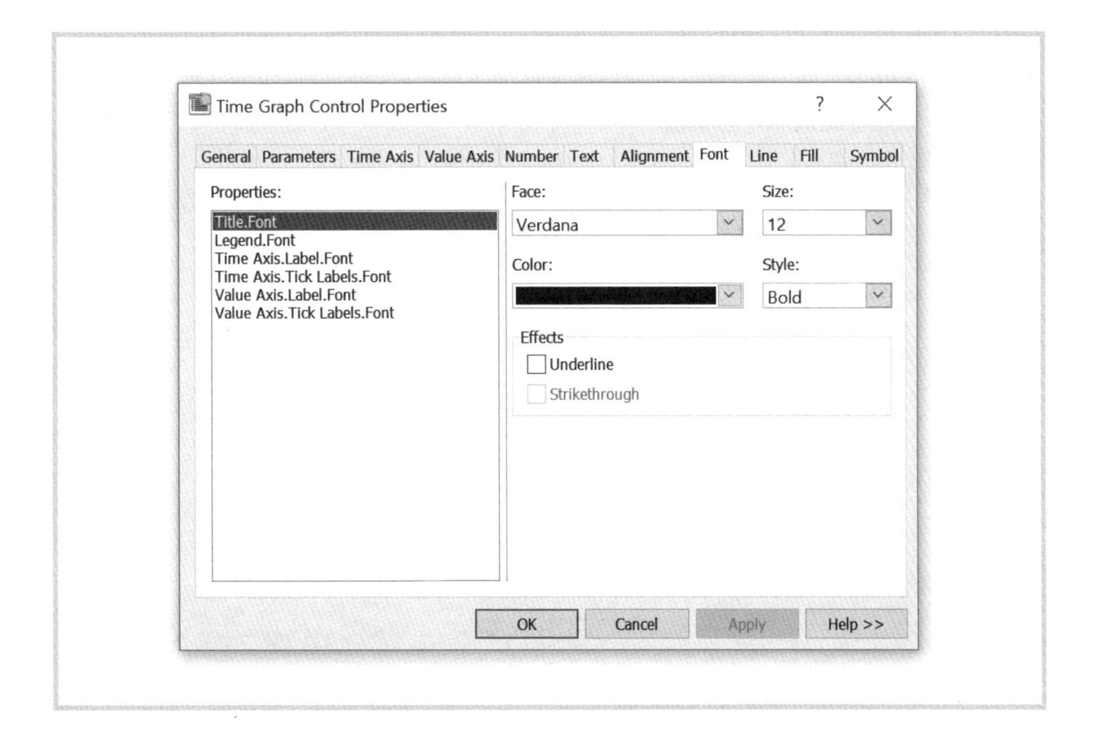

• Time Graph의 선(Line) 속성

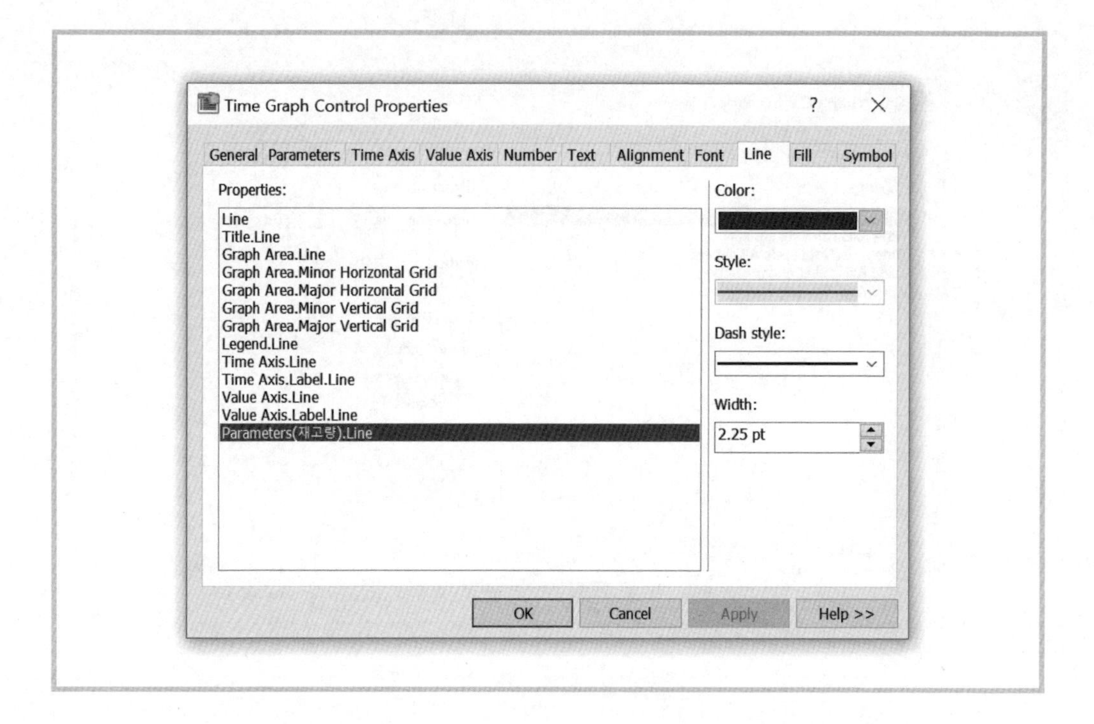

• Time Graph의 색 채우기(Fill) 속성

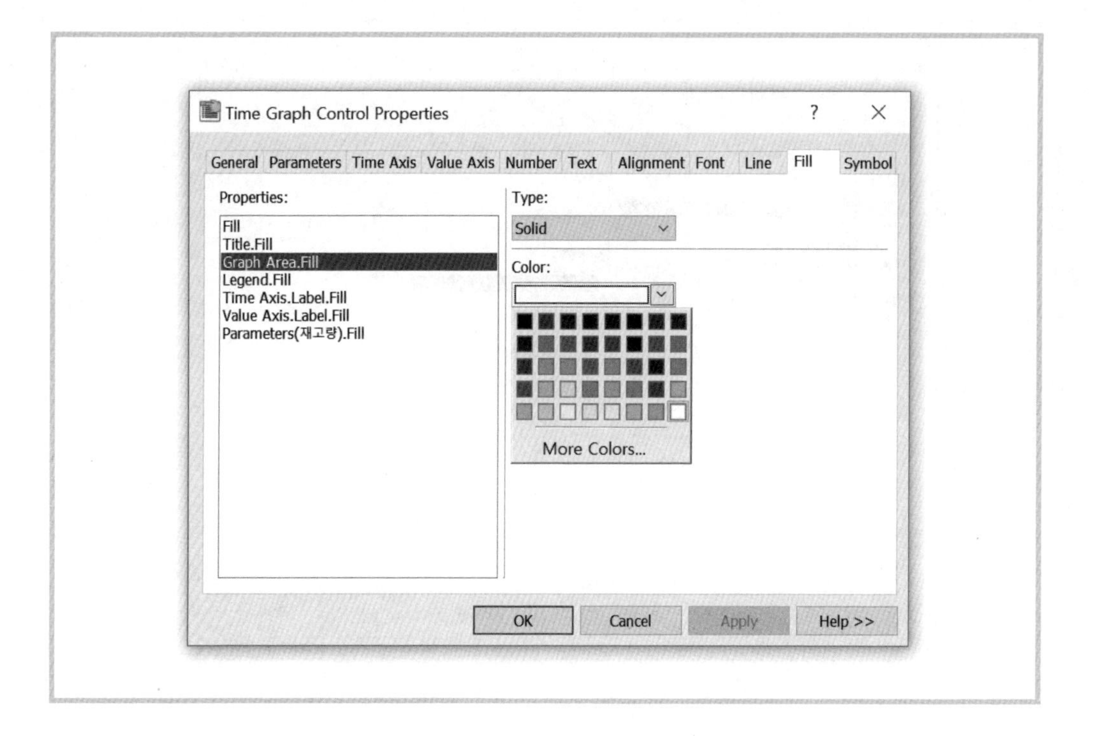

• Time Graph의 모양(Symbol) 속성

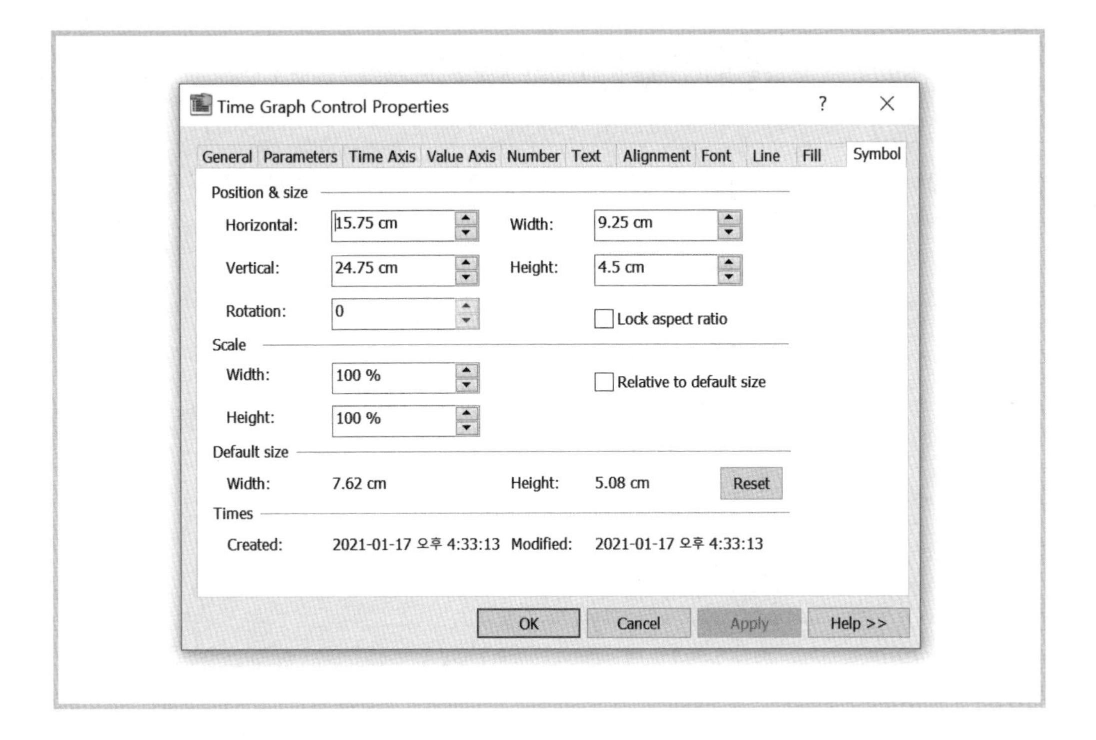

• Time Graph 설정 결과

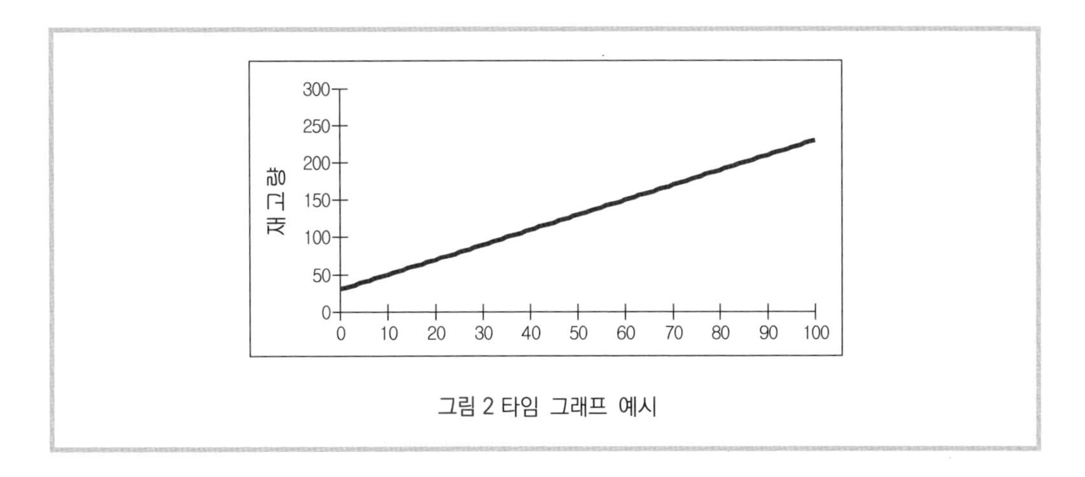

그림 2 타임 그래프 예시

(2) 타임 테이블 조정 도구

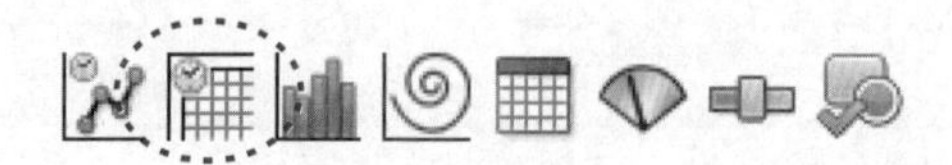

타임 테이블 아이콘은 시간에 따른 변수의 값을 테이블에 나타낼 때 사용된다.

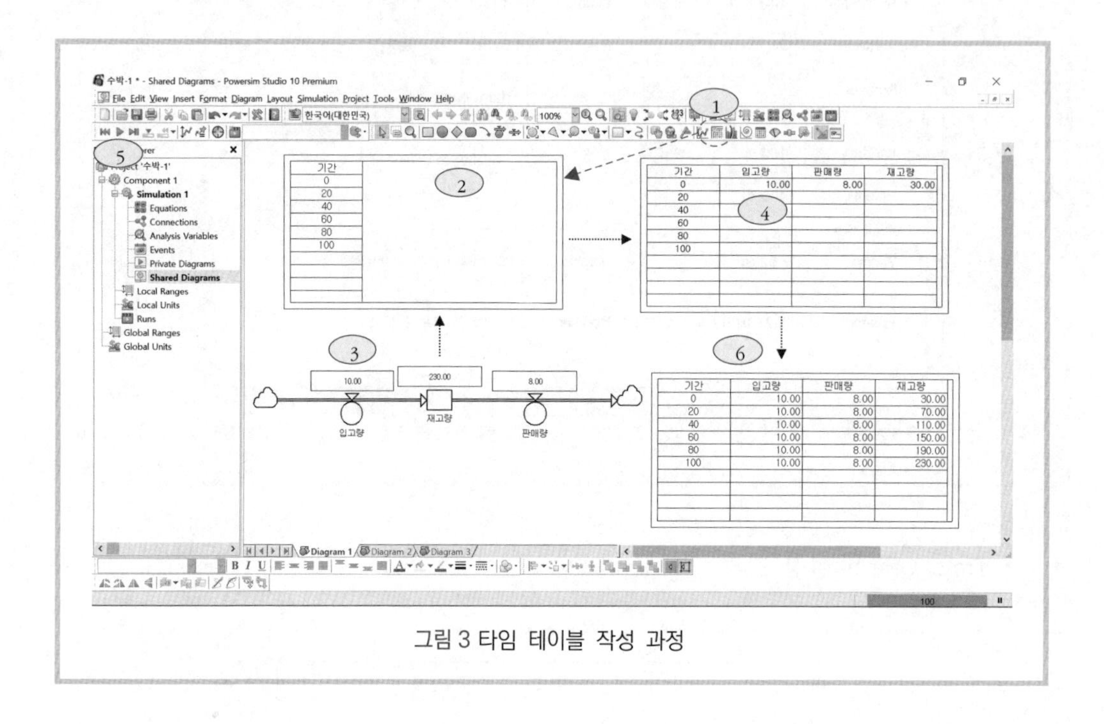

기간	입고량	판매량	재고량
0	10.00	8.00	30.00
20	10.00	8.00	70.00
40	10.00	8.00	110.00
60	10.00	8.00	150.00
80	10.00	8.00	190.00
100	10.00	8.00	230.00

그림 3 타임 테이블 작성 과정

① 리본 메뉴에서 Time Table을 선택하고
② 다이어그램에서 원하는 위치에 적당한 크기로 Time Table을 드래그(마우스 끌기)한다.
③ Time Table에 나타내고자 하는 변수를 선택하고, 드래그하여 Time Table 속에 차례로 놓는다.
④ 재고량 변수를 Time Table에 드래그하면 재고량 값이 생성된다.
⑤ 리본 메뉴에서 Play 버튼을 눌러 시뮬레이션한다.
⑥ Time Table에 시뮬레이션 결과가 표시된다.

• Time Table의 일반(General) 속성

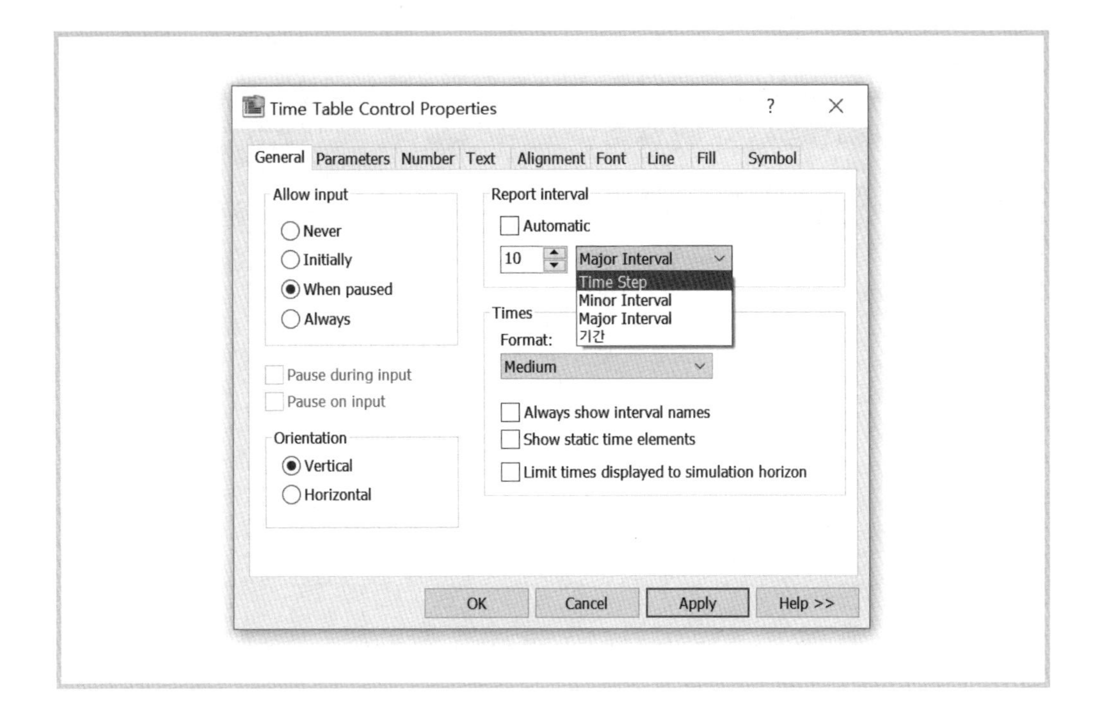

• Time Table의 변수(Parameter) 선택

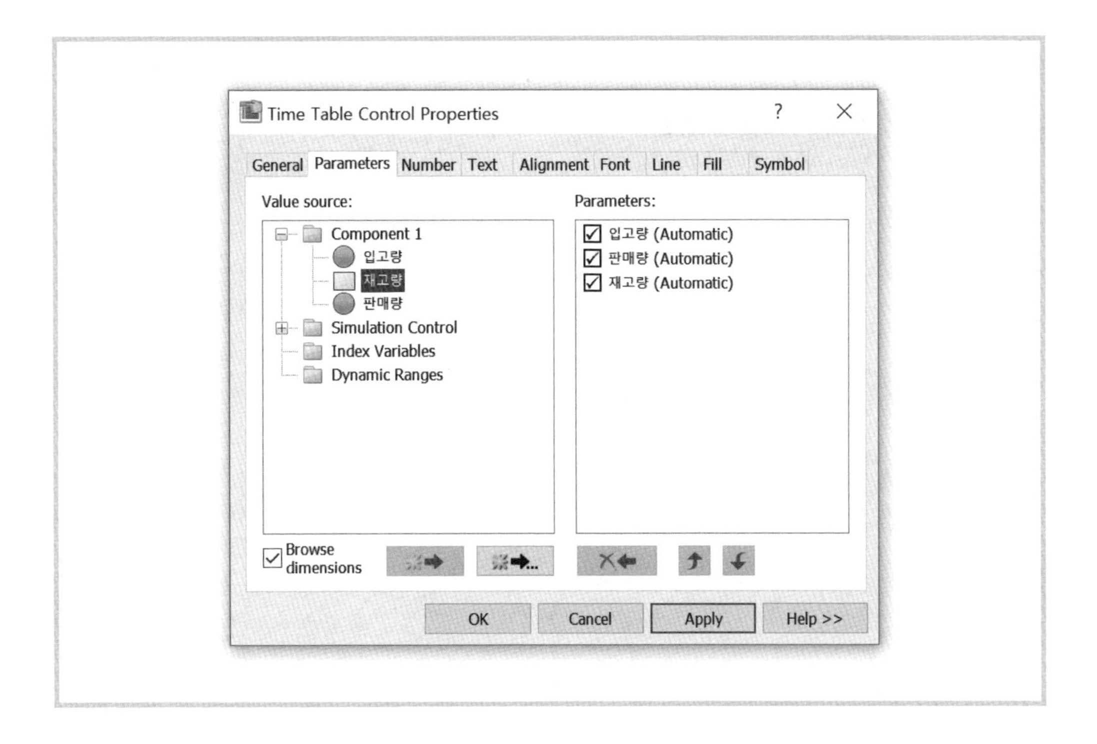

• Time Table의 숫자(Number) 속성 설정

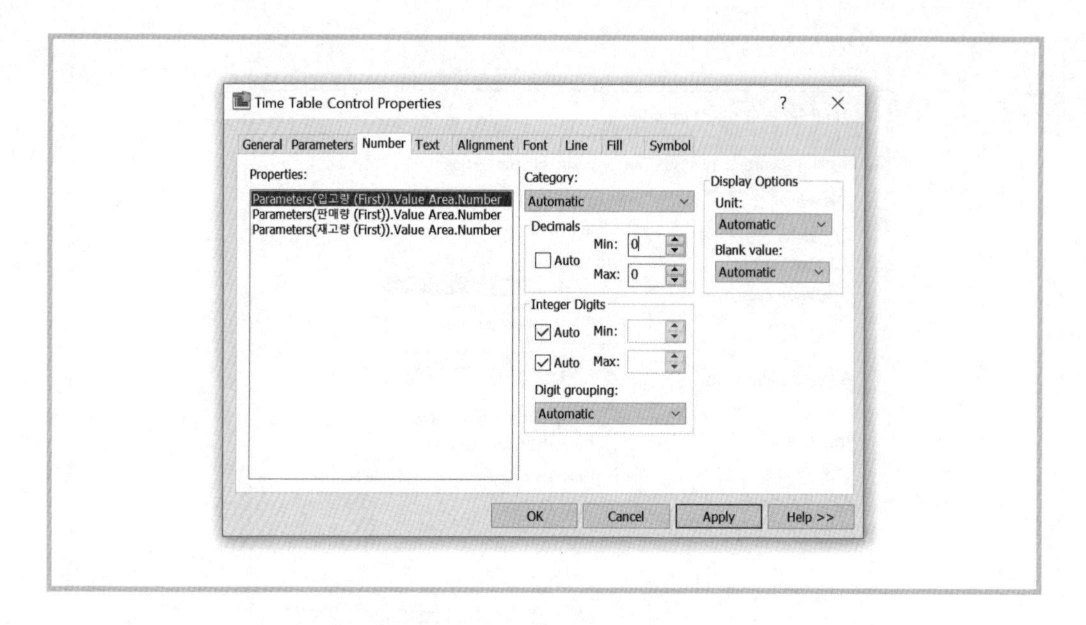

• Time Table의 텍스트 표시(Text) 속성

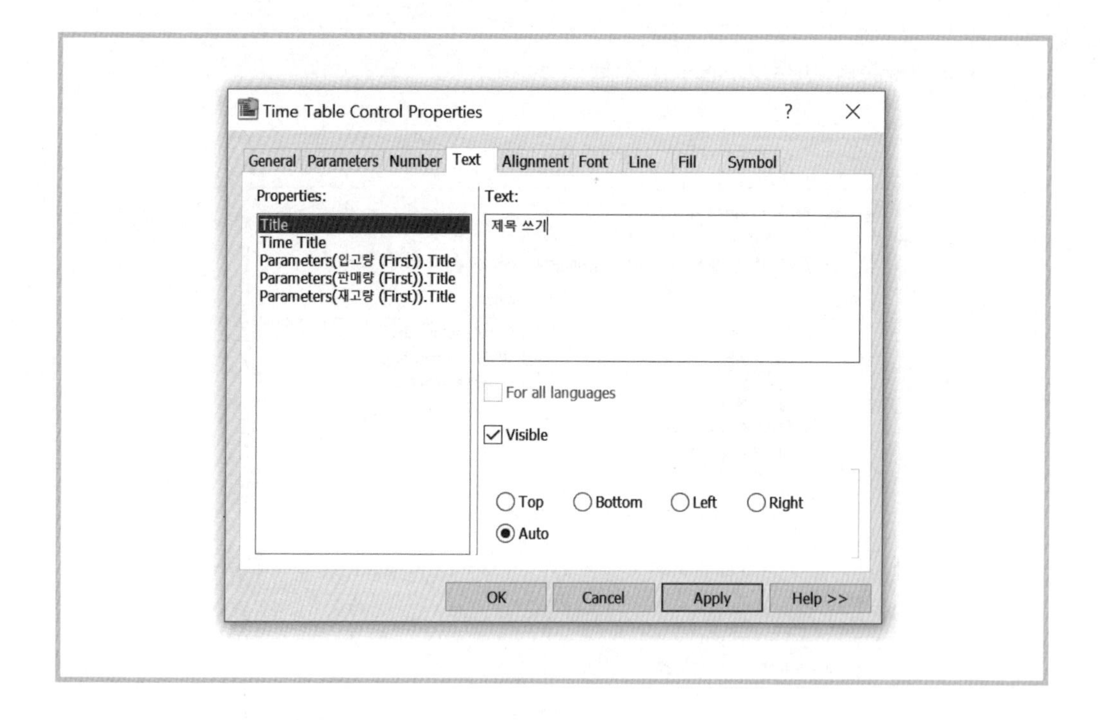

- Time Table의 조정 배치(Alignment) 속성

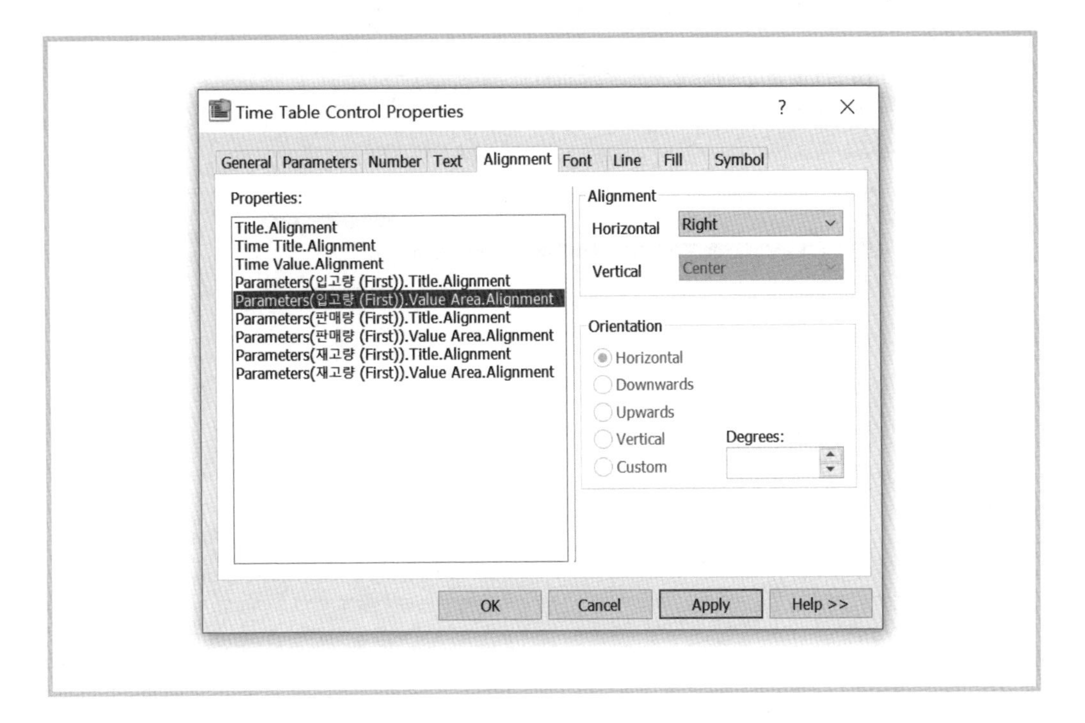

- Time Table의 글자(Font) 속성 설정

Time Table Control Properties
General Parameters Number Text Alignment Font Line Fill Symbol
Properties:
Title.Font
Time Title.Font
Time Value.Font
Parameters(입고량 (First)).Title.Font
Parameters(입고량 (First)).Value Area.Font
Parameters(판매량 (First)).Title.Font
Parameters(판매량 (First)).Value Area.Font
Parameters(재고량 (First)).Title.Font
Parameters(재고량 (First)).Value Area.Font
Face: Verdana
Size: 12
Color:
Style: Bold
Effects
Underline
Strikethrough
OK Cancel Apply Help >>

• Time Table의 선(Line) 속성

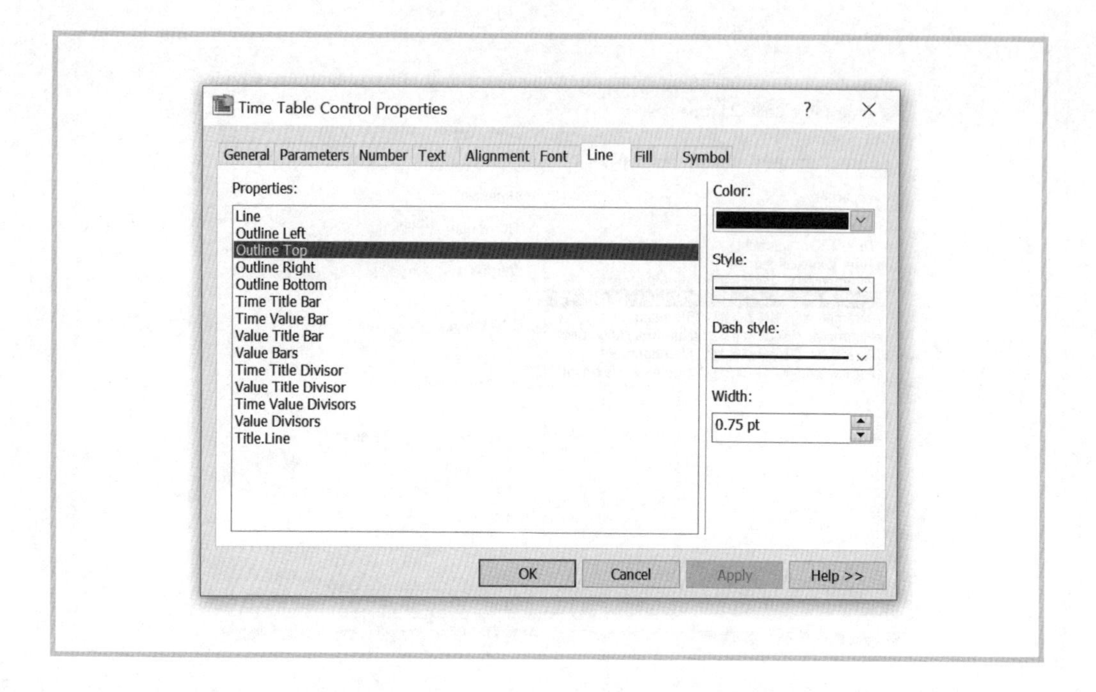

• Time Table의 색 채우기(Fill) 속성

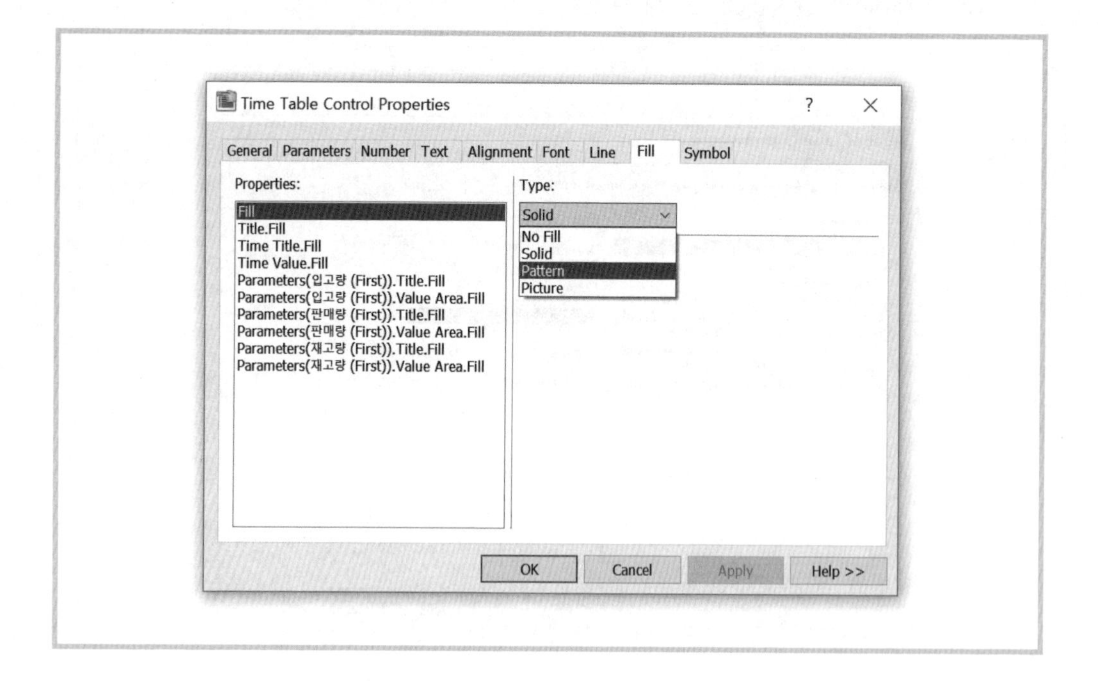

- Time Table의 모양(Symbol) 속성

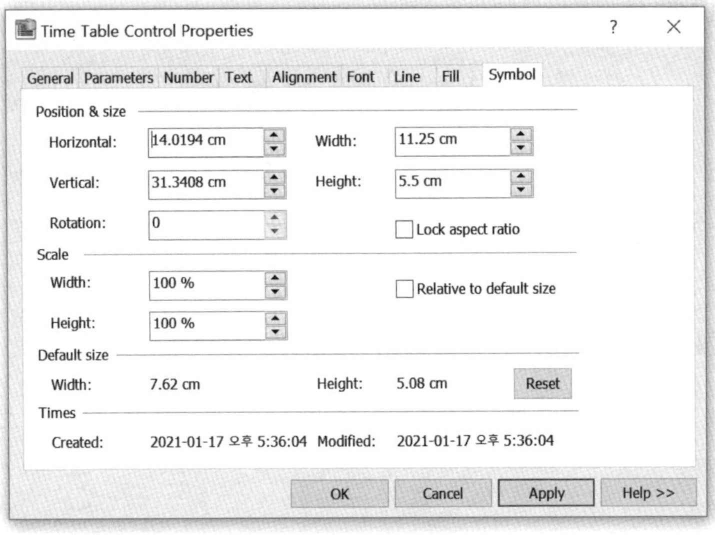

Time Table Control Properties

General | Parameters | Number | Text | Alignment | Font | Line | Fill | Symbol

Position & size

Horizontal: 14.0194 cm   Width: 11.25 cm

Vertical: 31.3408 cm   Height: 5.5 cm

Rotation: 0   Lock aspect ratio

Scale

Width: 100 %   Relative to default size

Height: 100 %

Default size

Width: 7.62 cm   Height: 5.08 cm   Reset

Times

Created: 2021-01-17 오후 5:36:04   Modified: 2021-01-17 오후 5:36:04

OK | Cancel | Apply | Help >>

- Time Table 설정 결과

제목 쓰기

기간	입고량	판매량	재고량
0	10	8	30

13.3 차트 조정 도구

차트 컨트롤

차트(Chart) 도구는 배열(array) 형태의 변수에 사용된다. 이를 위하여 간단한 배열모델을 만들어보자.

13.3.1 판매점 모델링

예를 들어 전국 4개 지점(배열)에 판매점을 갖는 곳에 입고량, 판매량 그리고 재고량을 계산해보자.

(1) Global Range 생성

- 프로젝트 Explorer 도구에서 Global Ranges를 선택하고
- 오른쪽 공간에 마우스 오른쪽을 눌러 Add Range를 선택한다.
- Range(배열) 이름에 지점을 입력한다. 그리고 Next 버튼을 클릭한다.

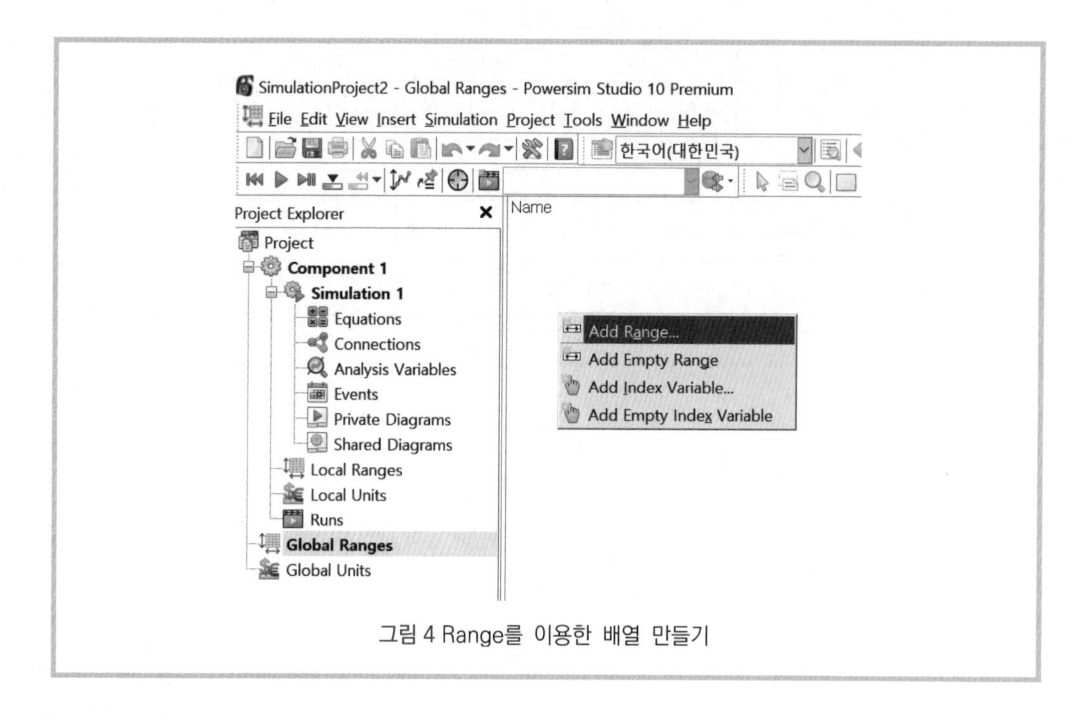

그림 4 Range를 이용한 배열 만들기

- Category에서 Enumeration range(배열 나열하기)를 선택하고
- Elements에서 오른쪽 노란색 조그만 동그라미를 눌러서 배열 원소(element) 하나씩 추가한다.
- 지점 = {서울, 수원, 평택, 안성}으로 설정한다.

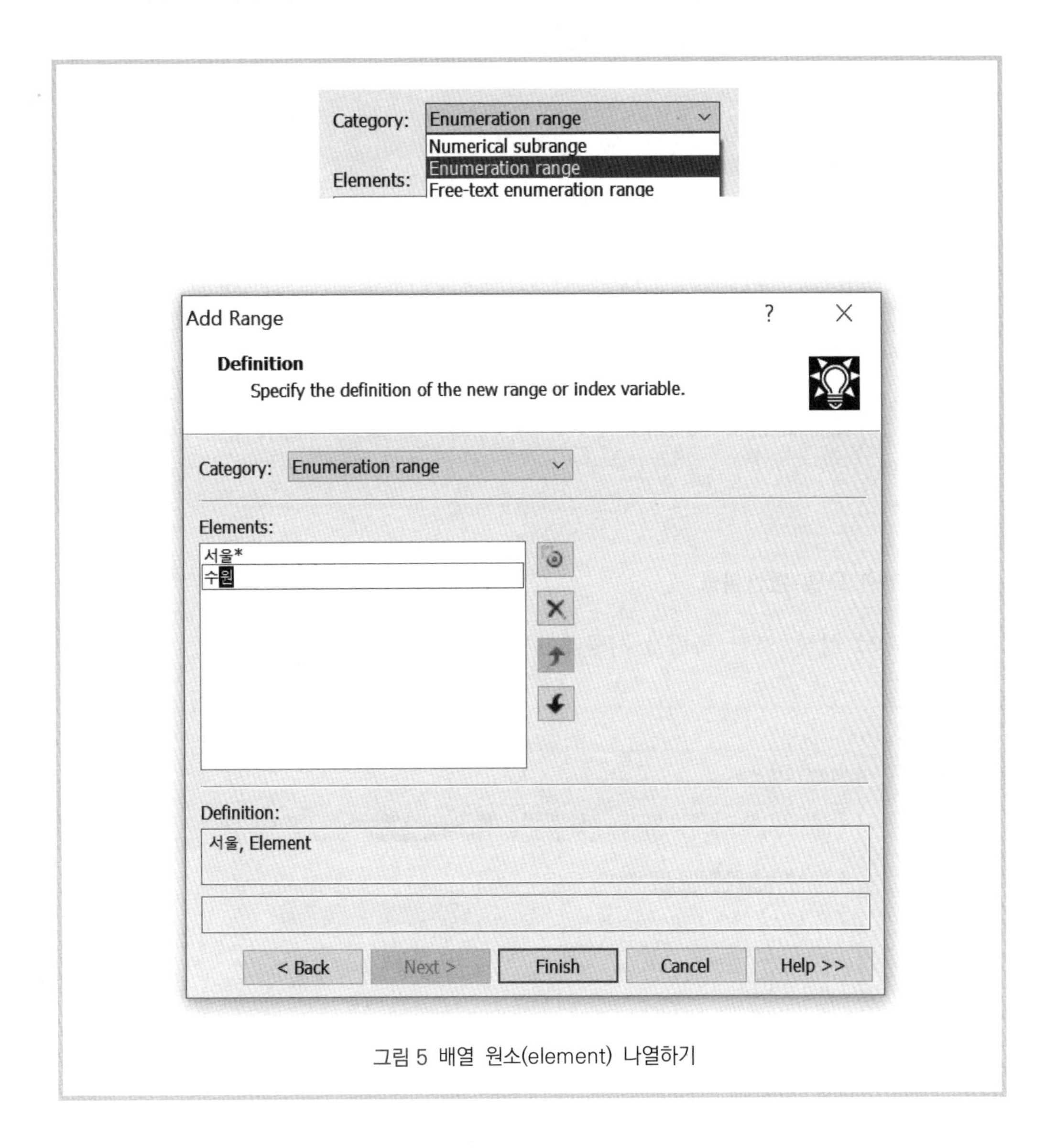

그림 5 배열 원소(element) 나열하기

• 생성된 배열 형태

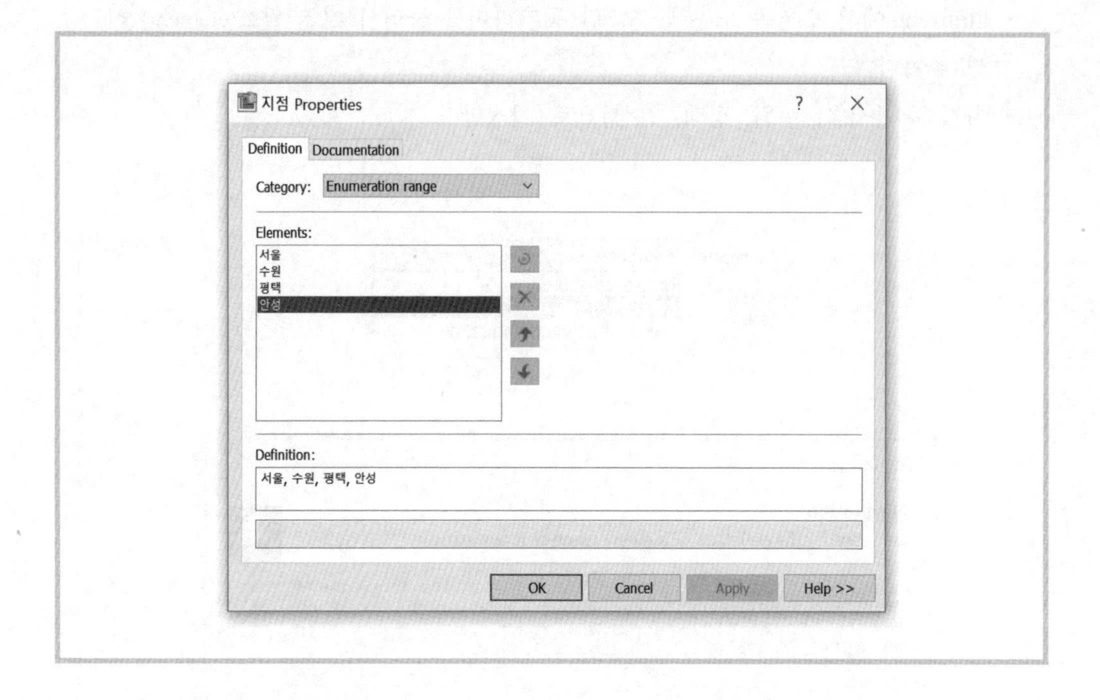

(2) 다차원 모델 환경설정

• 프로젝트 설정: 달력 독립적 시뮬레이션 설정

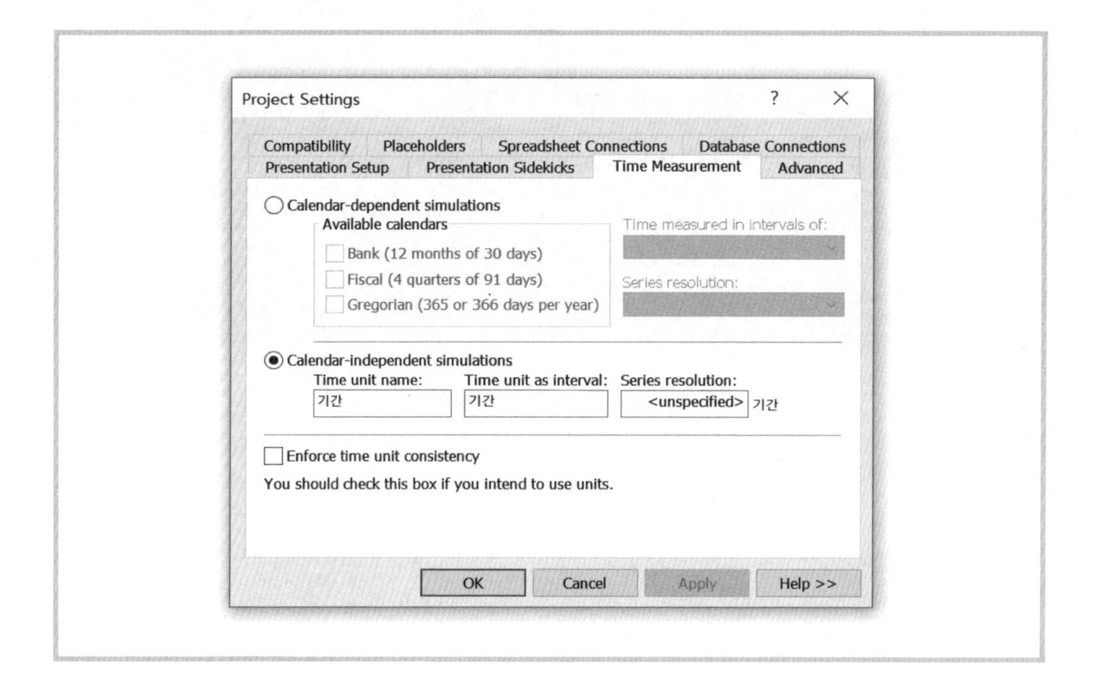

• 시뮬레이션 환경설정

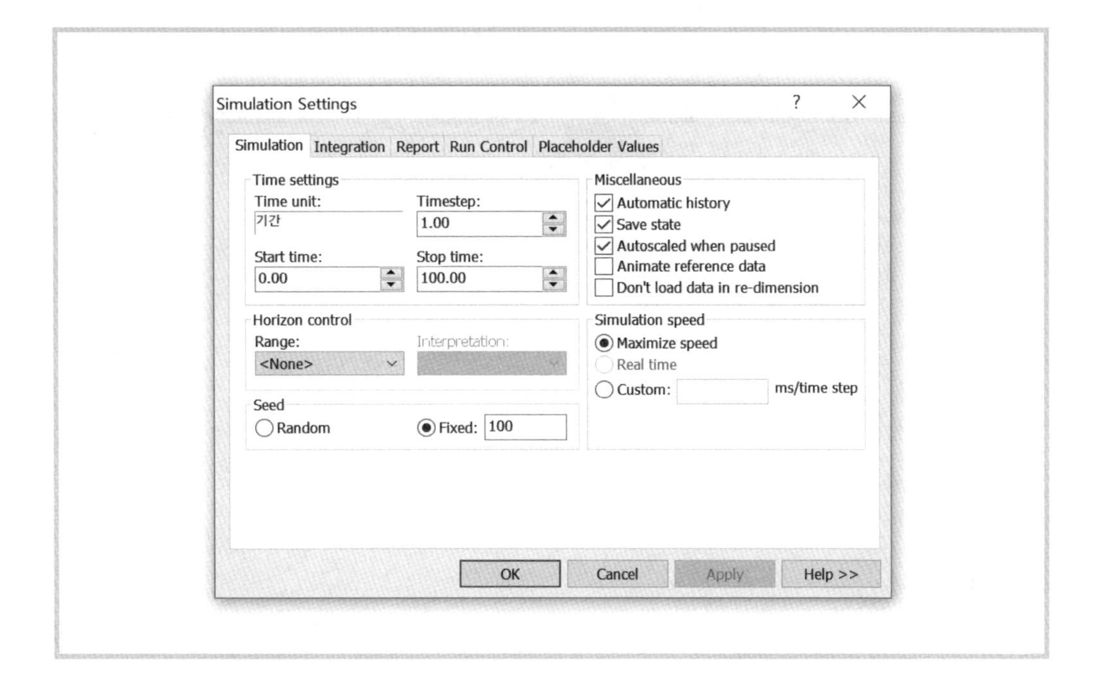

(3) 모델 수식 정의

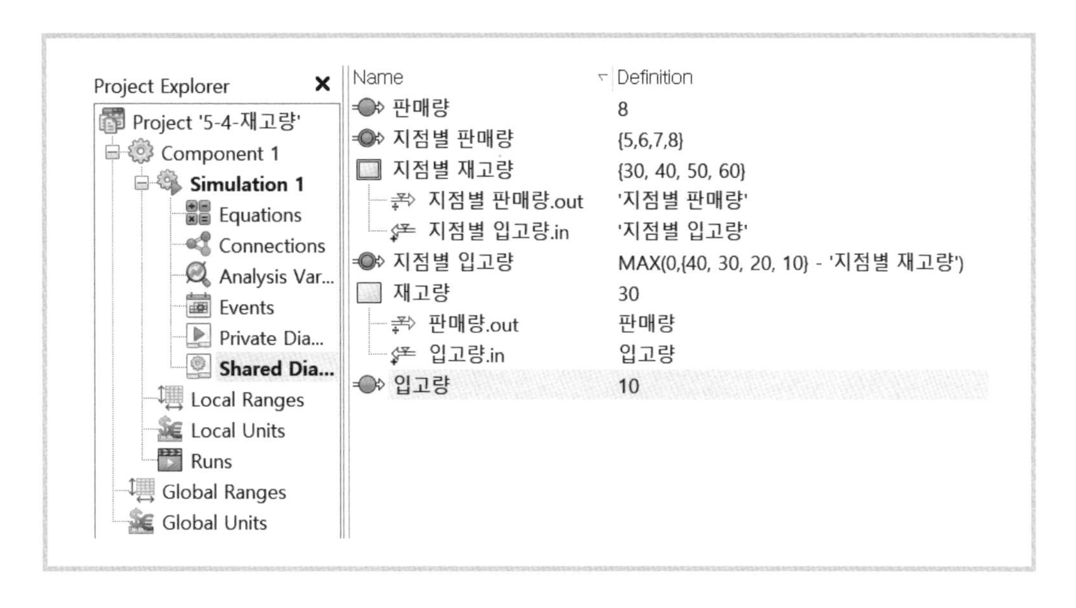

(4) 지점별 재고량 정의

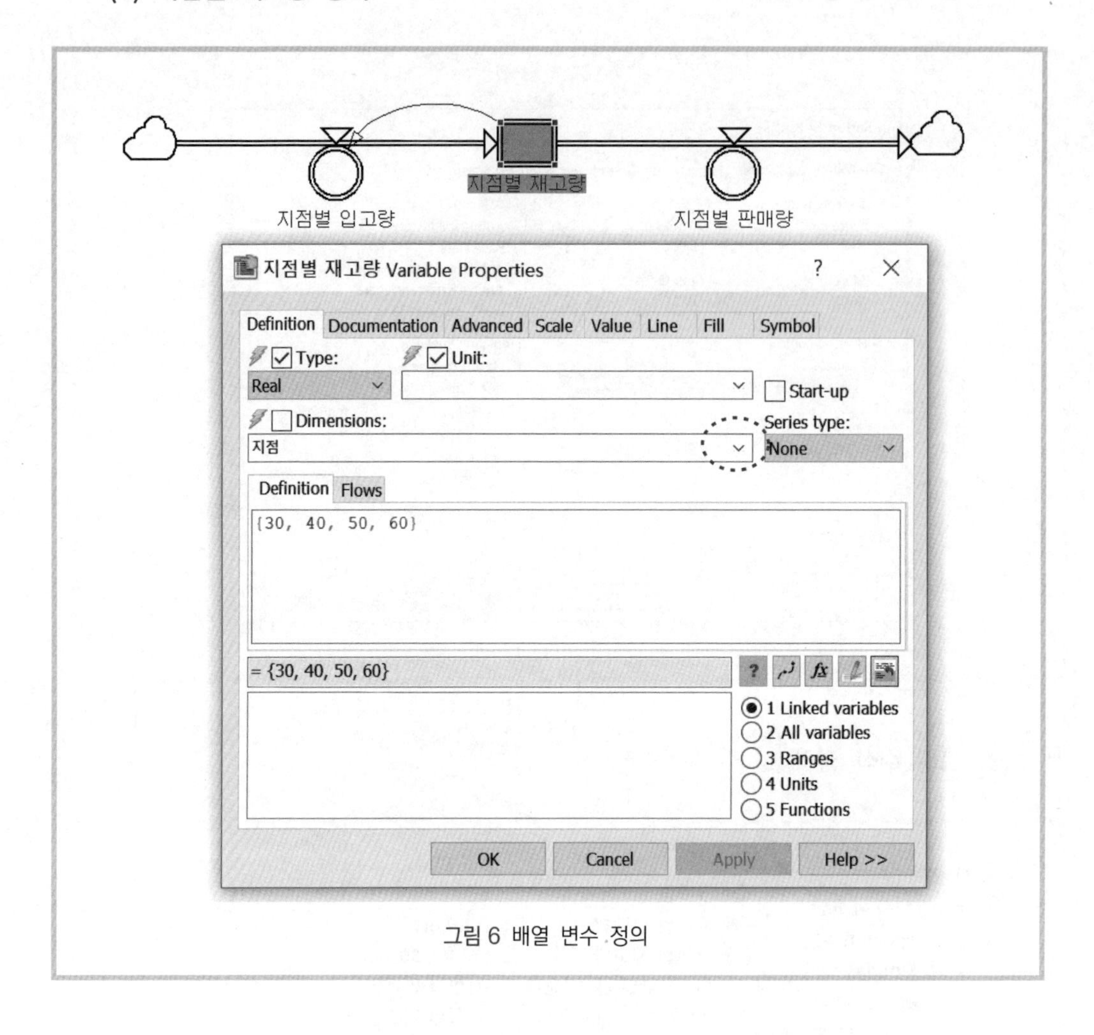

그림 6 배열 변수 정의

(5) 지점별 입고량 및 판매량 정의

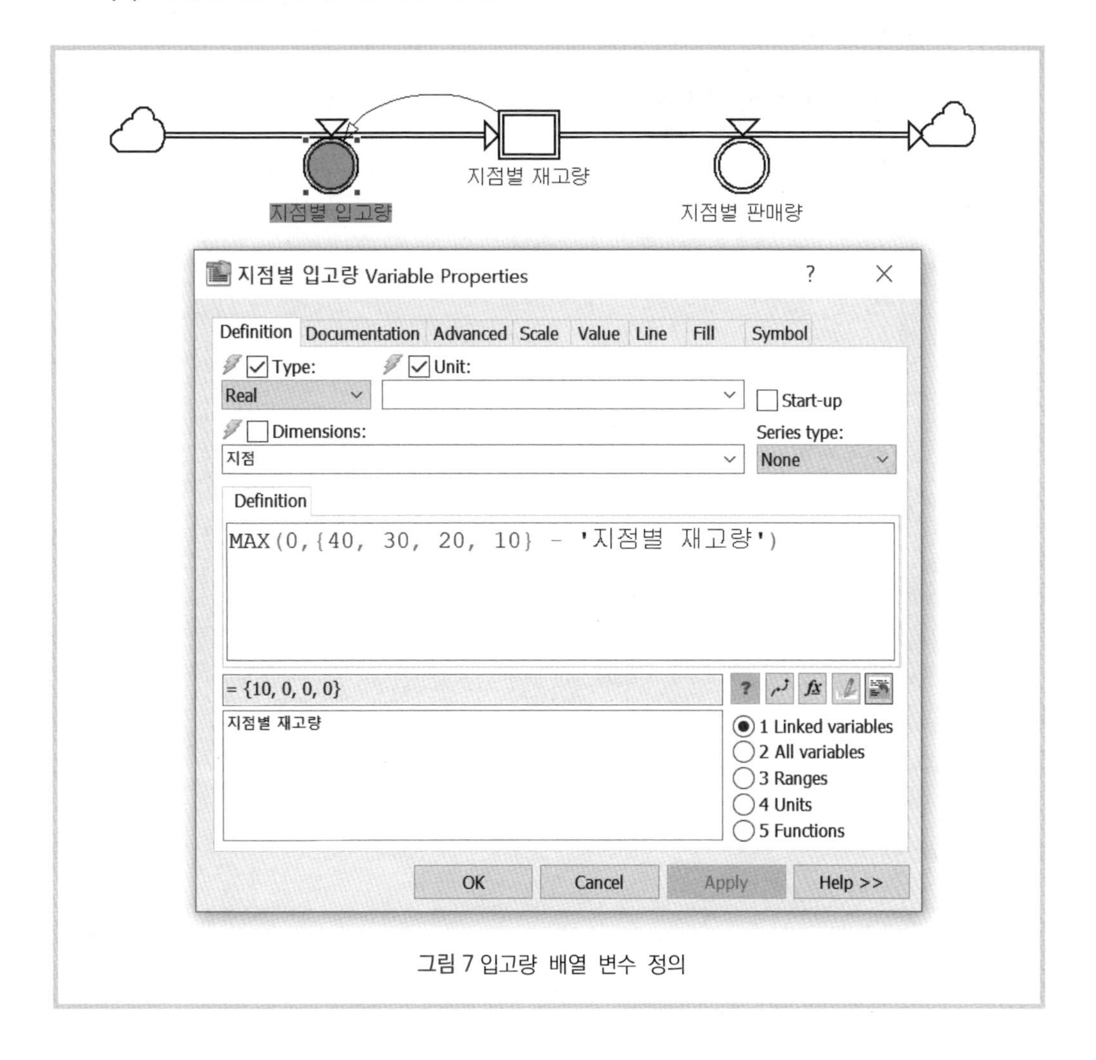

그림 7 입고량 배열 변수 정의

지점별 판매량 Variable Properties

Definition | Documentation | Advanced | Scale | Value | Line | Fill | Symbol

Type: Real

Unit:

Start-up

Dimensions: 지점

Series type: None

Definition

{5,6,7,8}

= {5, 6, 7, 8}

1 Linked variables
2 All variables
3 Ranges
4 Units
5 Functions

OK | Cancel | Apply | Help >>

그림 8 지점별 판매량 변수 정의

(6) 모델 설정

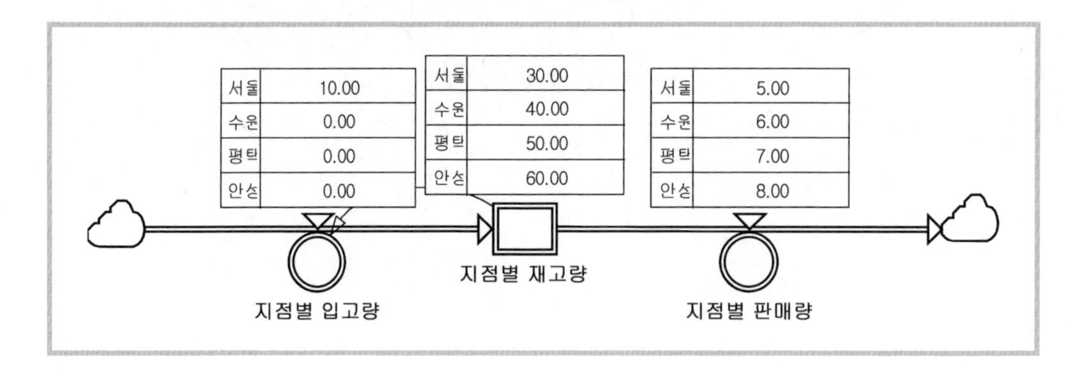

(7) 차트 컨트롤 도구로 배열 값 표시하기

- 차트 도구를 다이어그램에 생성하고, 지점별 재고량 변수를 드래그한다.
- 시뮬레이션 기간 초기 상태(time=0)

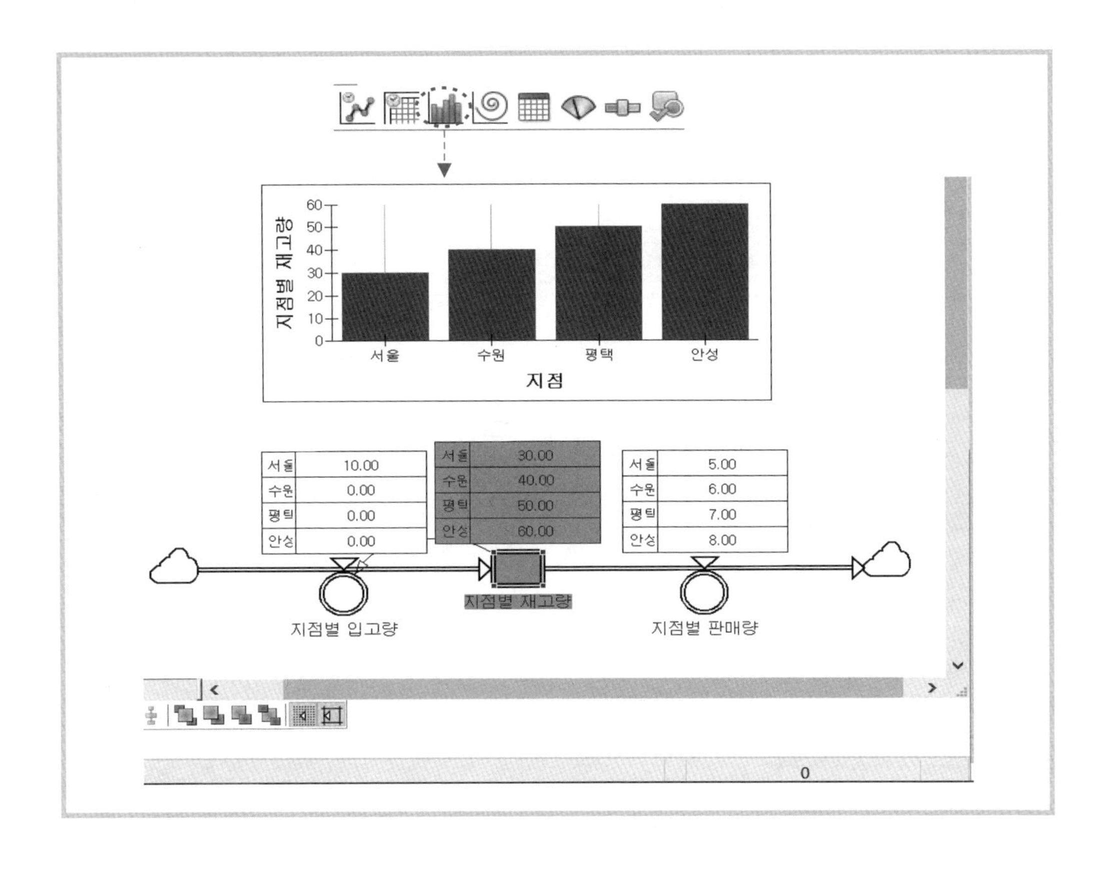

- 시뮬레이션 진행 상태(time = 100)
- 지점별 재고량이 달라진 것을 알 수 있다.

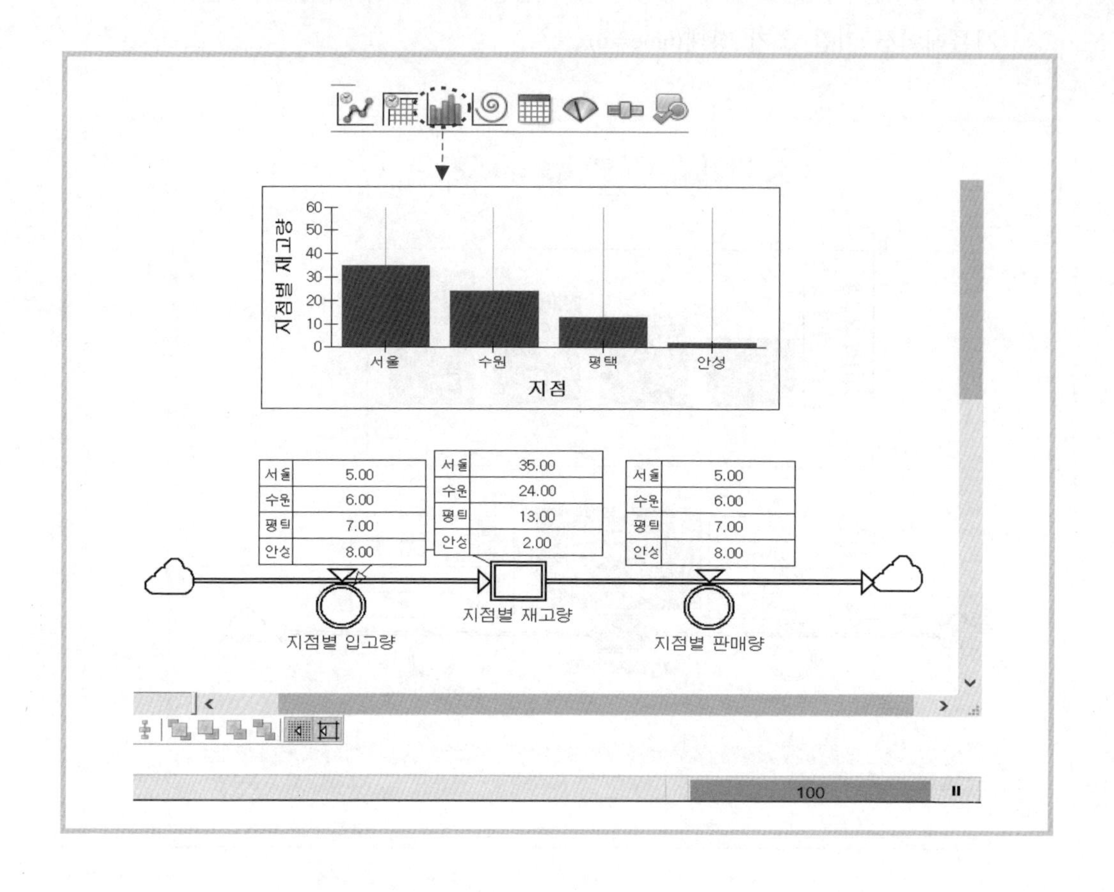

13.3.2 차트 컨트롤 속성 정의

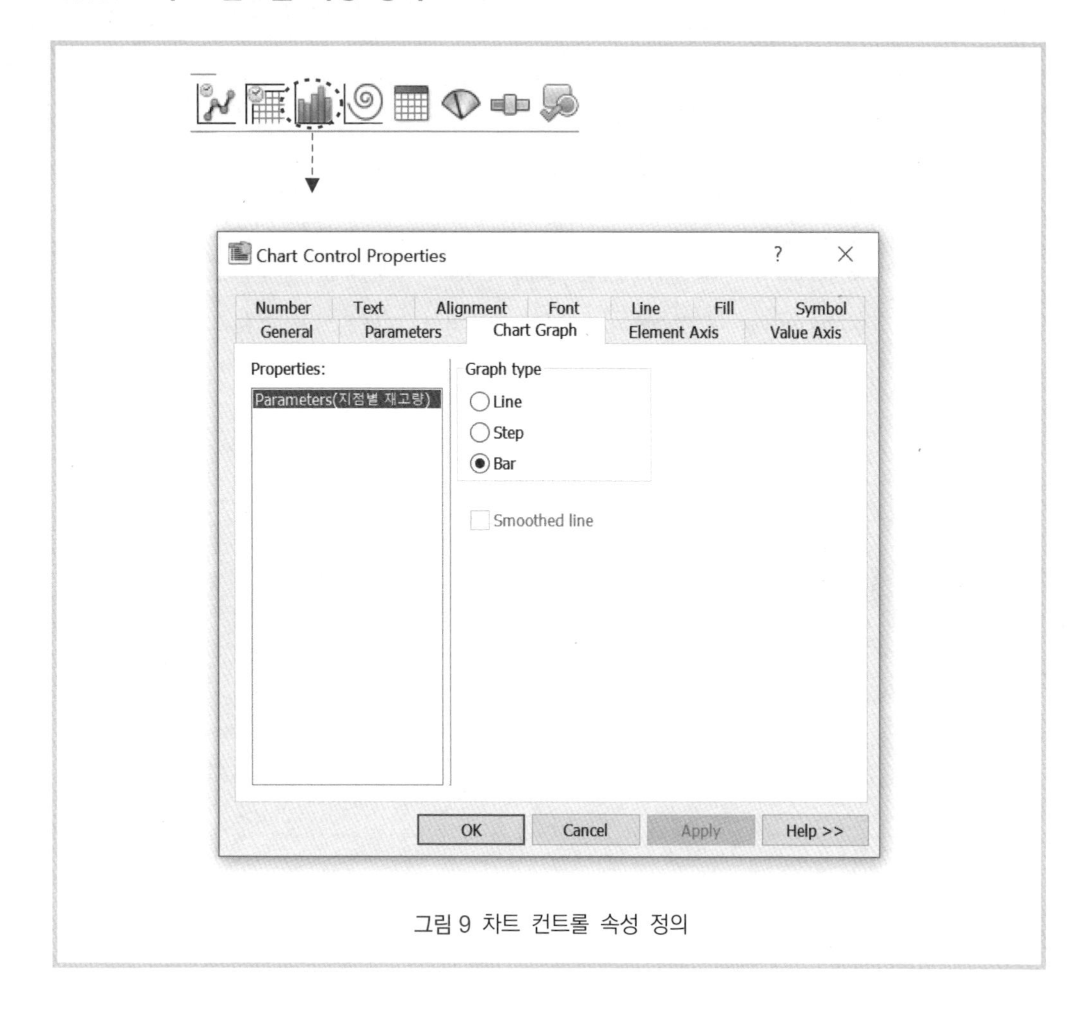

그림 9 차트 컨트롤 속성 정의

- 차트 컨트롤 속성에서 Graph Type을 선(Line), 계단(Step), 막대(Bar) 형태로 설정할 수 있다.

• Y축의 범위와 간격을 설정할 수 있다.

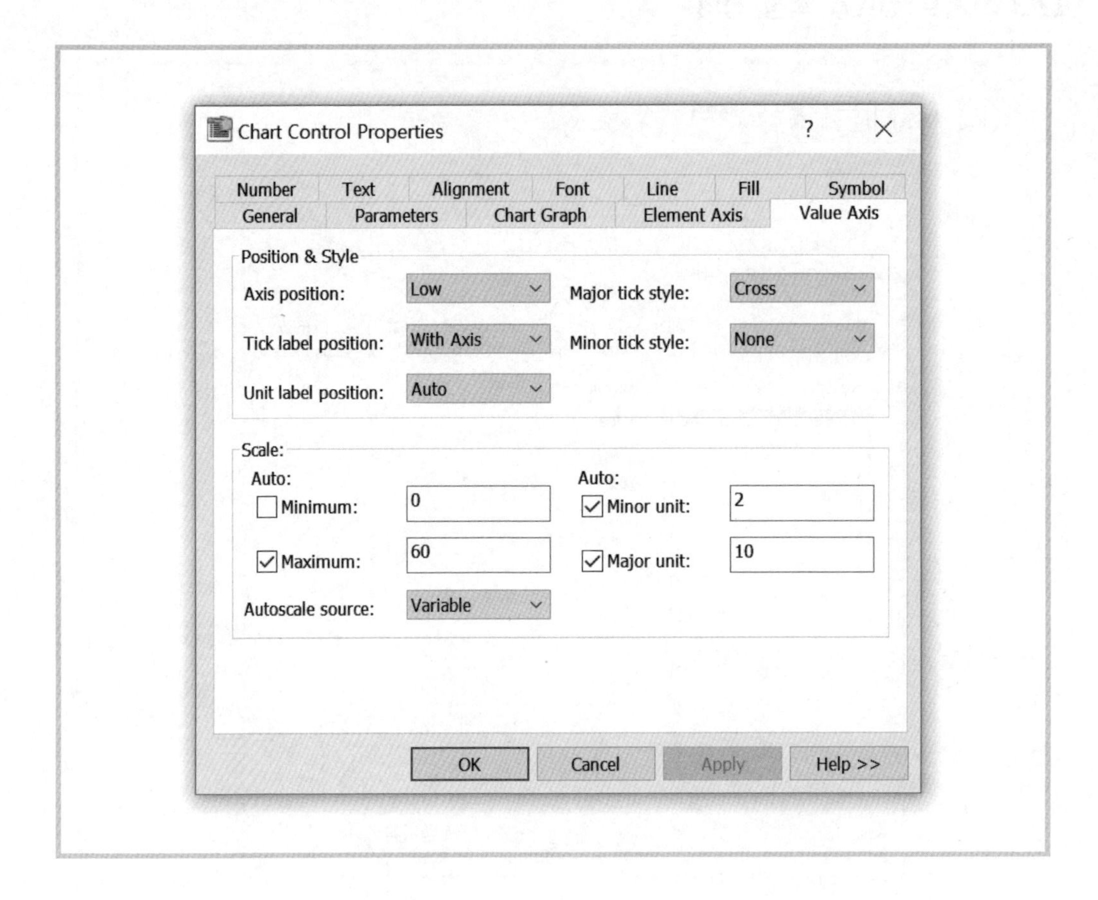

• 차트 컨트롤 속성 정의 결과

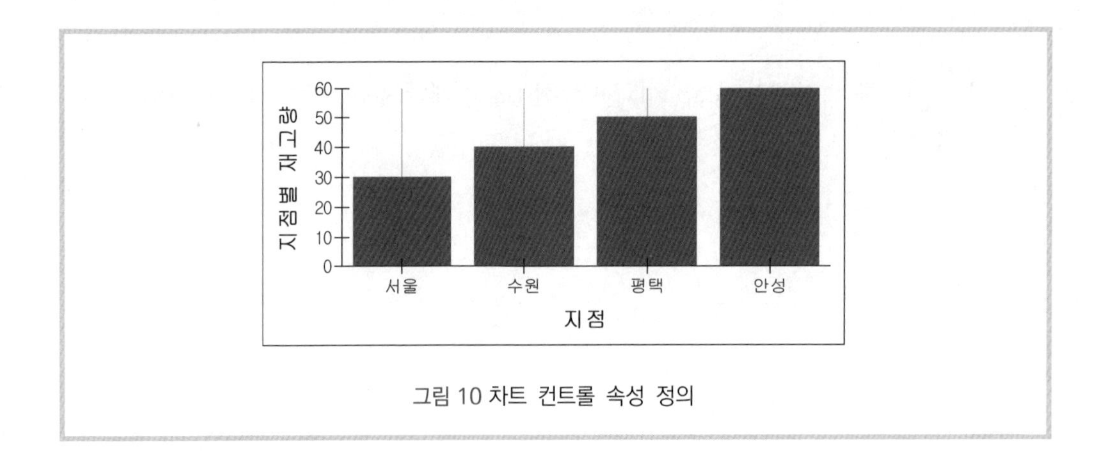

그림 10 차트 컨트롤 속성 정의

13.3.3 산점도 그래프 도구

산점도(scatter graph, 散點圖)를 그리기 위하여 부동산 규제 정책과 부동산 가격을 모델링하자.

- 아래와 같이 간단한 스톡 플로우 모델을 만들고, Time Graph로 그려보자.

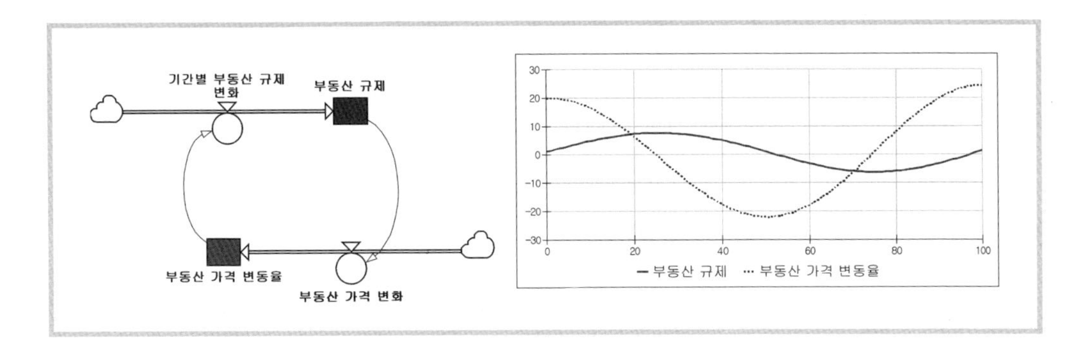

- 모델 수식 구성(참고로 시뮬레이션 기간은 0부터 100이다.)

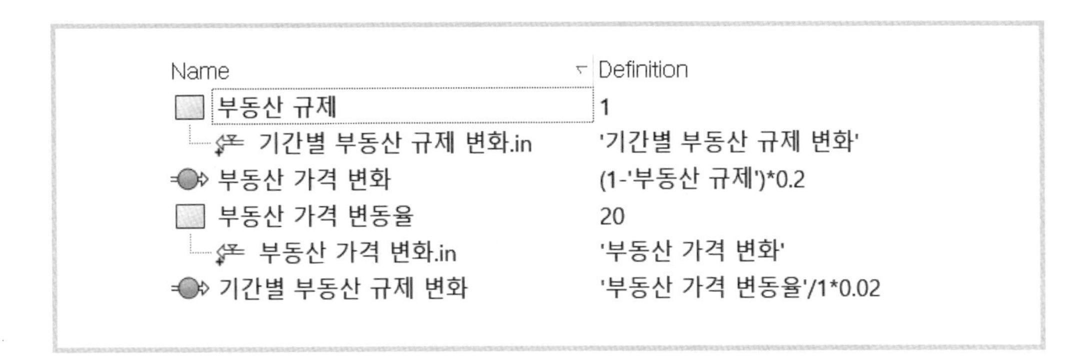

Name	Definition
부동산 규제	1
기간별 부동산 규제 변화.in	'기간별 부동산 규제 변화'
부동산 가격 변화	(1-'부동산 규제')*0.2
부동산 가격 변동율	20
부동산 가격 변화.in	'부동산 가격 변화'
기간별 부동산 규제 변화	'부동산 가격 변동율'/1*0.02

- 산점도는 시간에 따라 변화하는 X 변수와 Y 변수와의 관계를 Over Time으로 동적 변화 과정을 경로를 따라 표시한다. 위의 예제에서 부동산 규제와 부동산 가격을 상호비교할 수 있는 산점도를 그려보자.
- 다음은 타임 그래프(Time Graph), 타임 테이블(Time Table) 그리고 산점도(Scatter Graph)를 이용한 time=100까지 시뮬레이션한 결과이다.

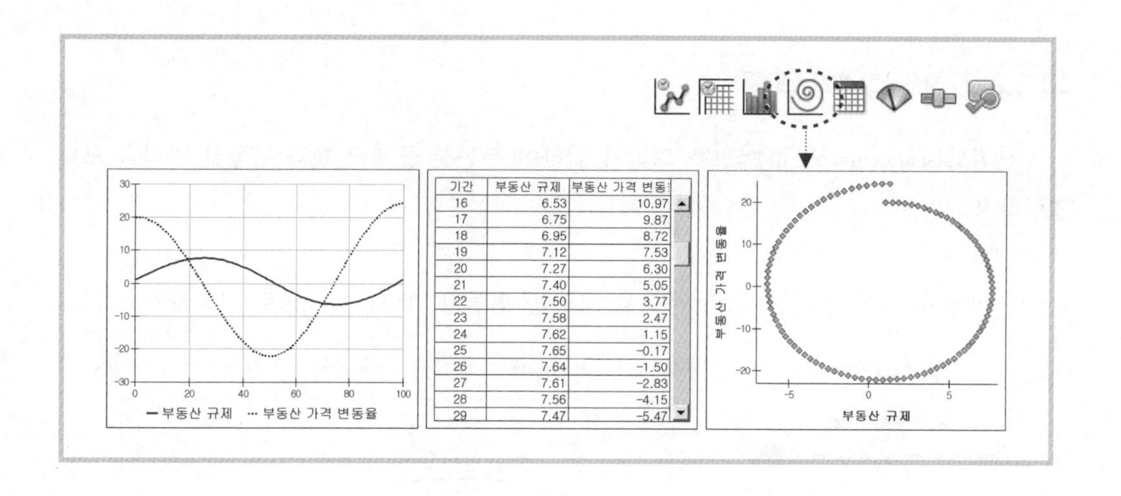

기간	부동산 규제	부동산 가격 변동
16	6.53	10.97
17	6.75	9.87
18	6.95	8.72
19	7.12	7.53
20	7.27	6.30
21	7.40	5.05
22	7.50	3.77
23	7.58	2.47
24	7.62	1.15
25	7.65	-0.17
26	7.64	-1.50
27	7.61	-2.83
28	7.56	-4.15
29	7.47	-5.47

13.3.4 차트 컨트롤을 위한 배열 만들기

여기서 차트 컨트롤을 설명하는 배열모델을 만들어보자. 앞에서 설명한 부동산 규제에 대한 부동산 가격 변동률은 몇 개 지역을 대상으로 배열모델(array model)을 만든다고 하자.

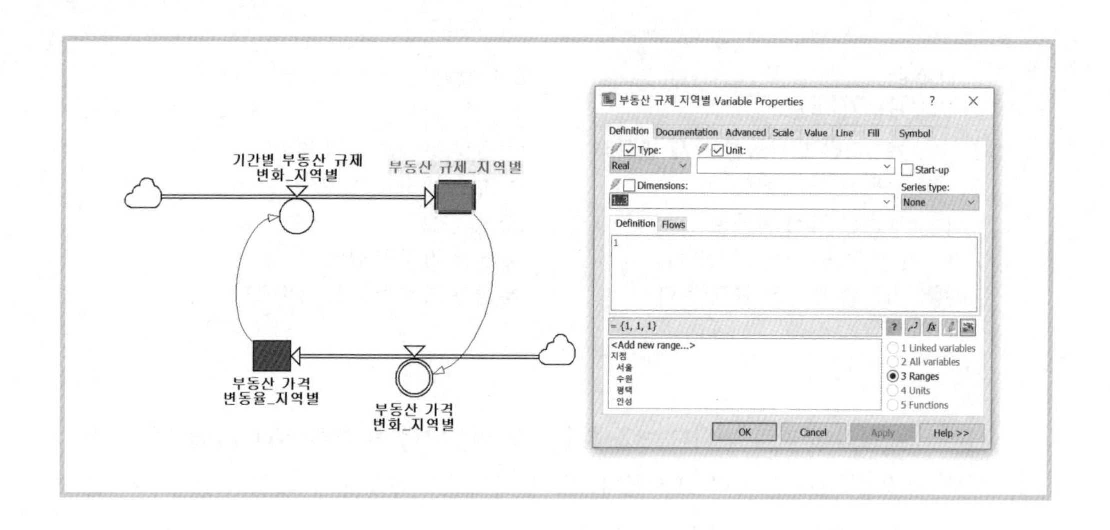

- 위와 같이 모델 변수 이름을 구성하고, 부동산 규제_지역별 변수의 배열을 나타내는 Dimension에 1..3 이라는 3개 지역을 나타내는 배열을 설정하자.

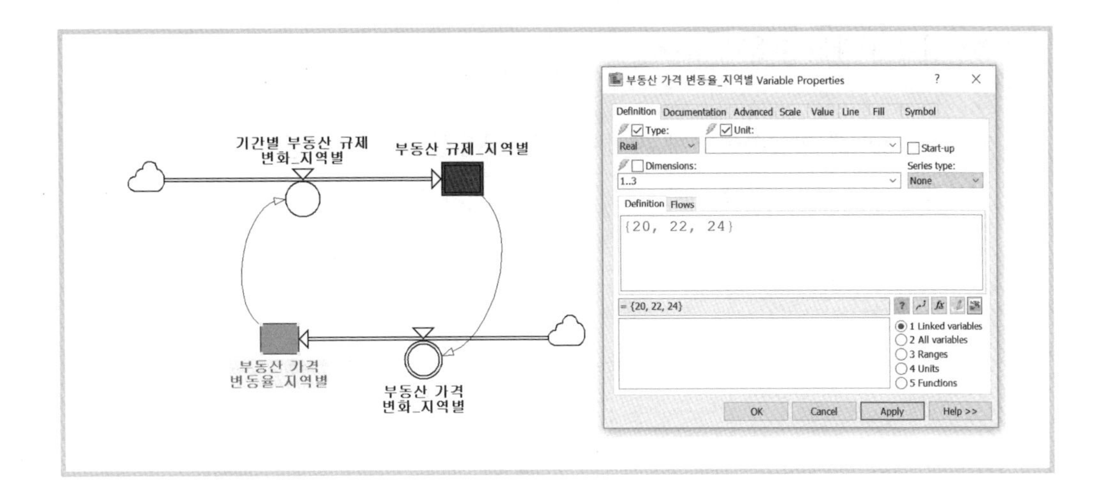

- 그리고 위와 같이 부동산 가격 변동률_지역별 변수 정의화면에서 {20, 22, 24}와 같이 3개 지역의 현재 부동산 가격 변동률을 임의로 설정해보자. 그리고 이들 3개 지역을 time=0에서 time=100까지 시뮬레이션을 돌려보자.

- 배열모델의 시뮬레이션

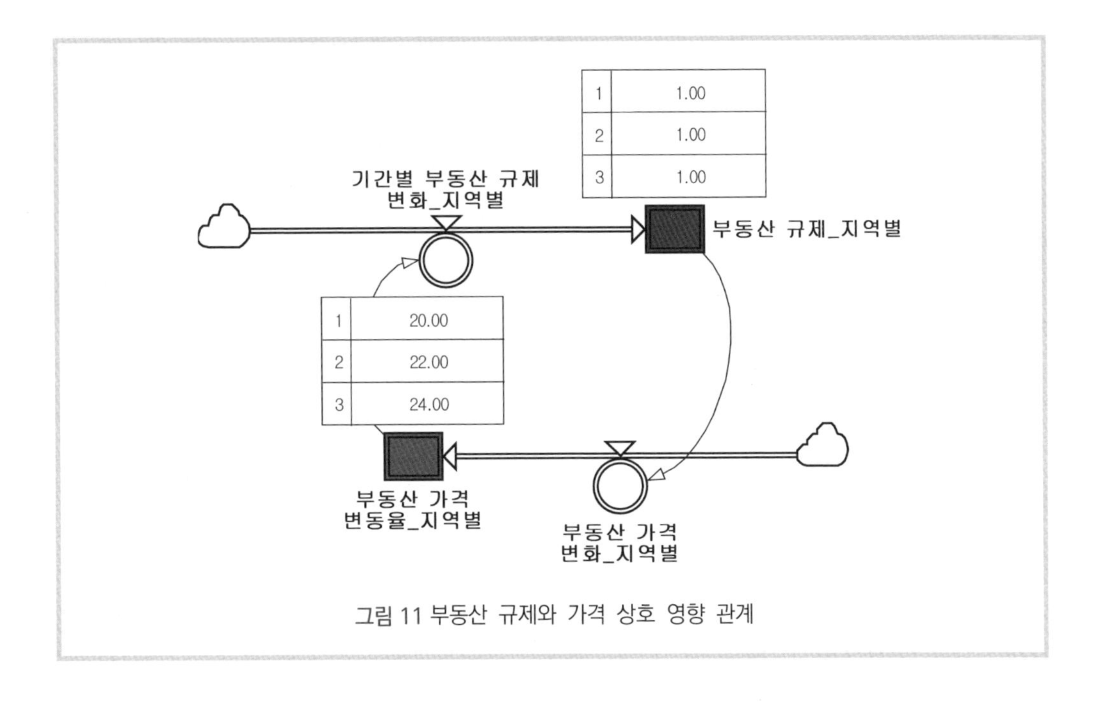

그림 11 부동산 규제와 가격 상호 영향 관계

시뮬레이션 결과는 다음과 같다.

- Time Graph를 이용하여 3개 지역에 대한 부동산 규제와 부동산 가격 변동률을 시뮬레이션 한 결과이다.

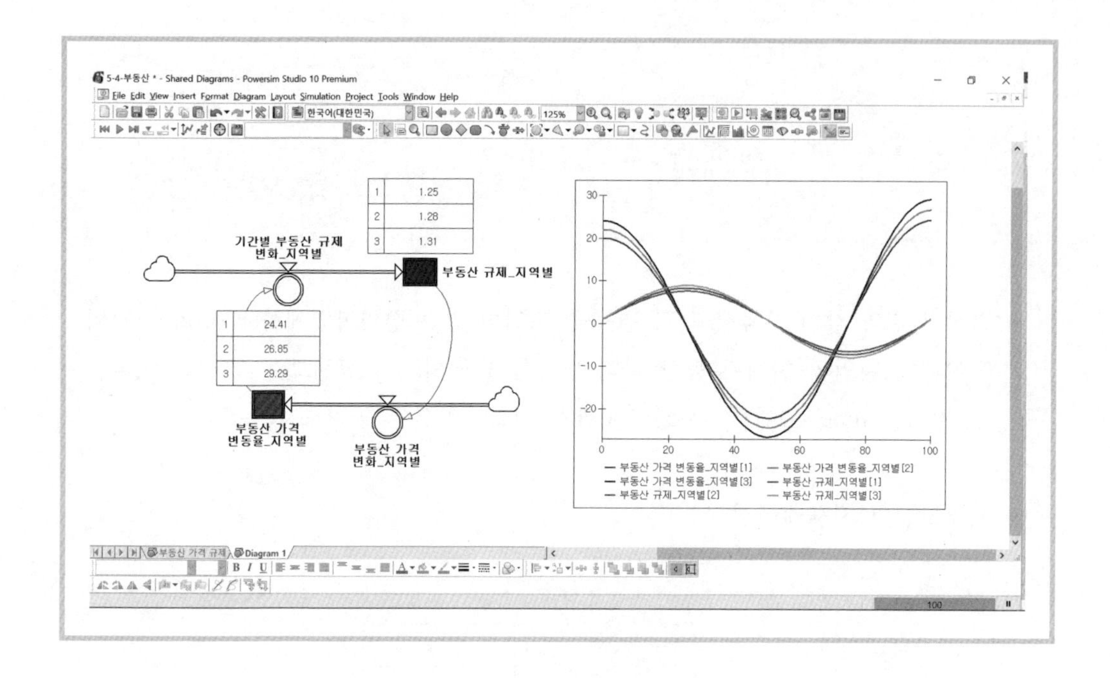

이를 차트 컨트롤을 이용하여 나타내면 다음과 같다.

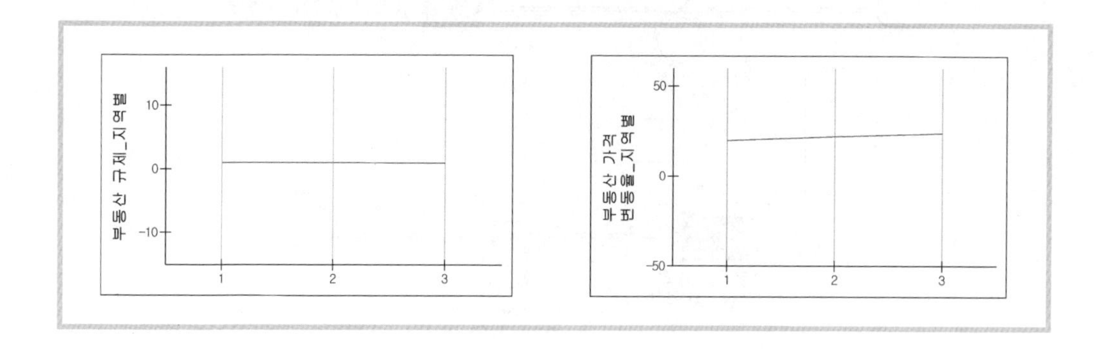

위의 차트 컨트롤은 선(Line)을 배열 값을 표시한 것이다. 이를 막대기(Bar) 형태로 표시하려면 다음과 같이 선을 선택하고, 오른쪽을 눌러서 Bar Graph를 선택한다.

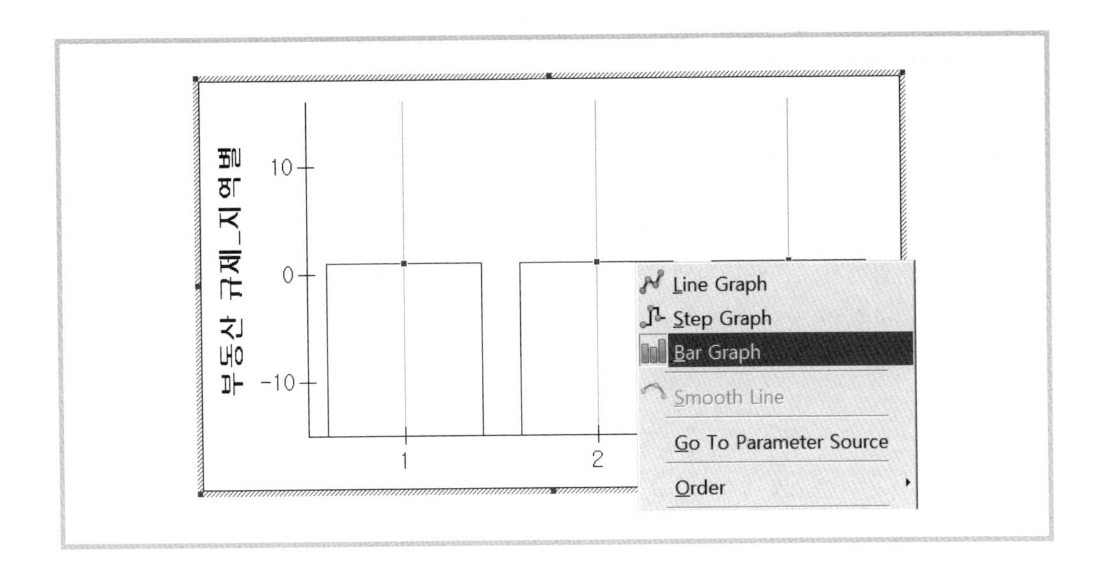

막대 그래프(Bar Graph) 속에 색깔을 채우려면 막대 그래프를 선택하고 아래에 있는 색깔 채우기(Fill Color)를 선택하고, 적당한 색깔을 선택한다.

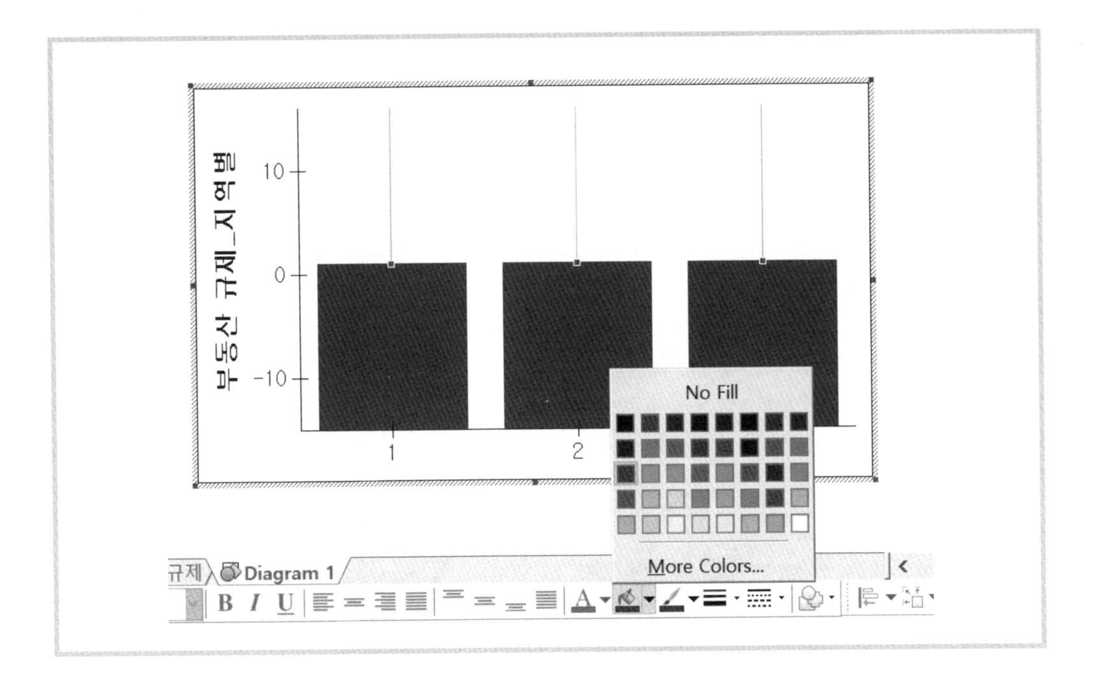

13.4 테이블 조정 도구

(1) 다차원 상수변수 생성

테이블 컨트롤을 설명하기 위하여 지역별 규제에 대한 탄력성이 다르다고 해보자. 이를 모델에 반영하기 위하여 지역별 규제 탄력성이라는 Constant Variable을 만들고, 오른쪽과 같이 변수를 정의하자.

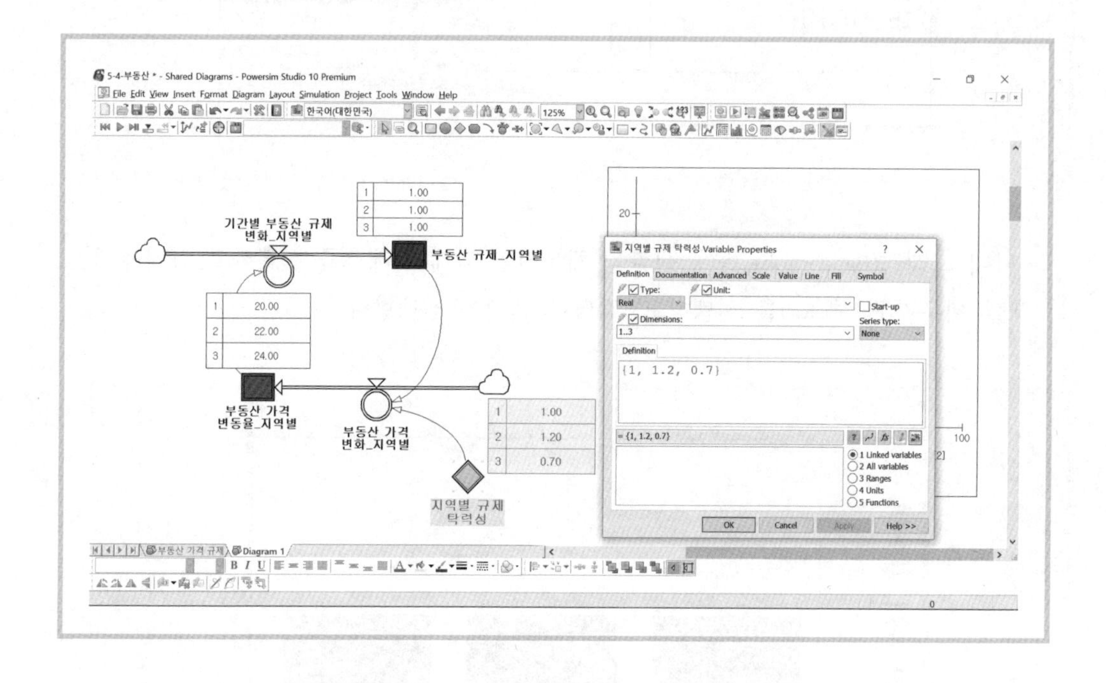

이를 시뮬레이션하면 다음과 같다.

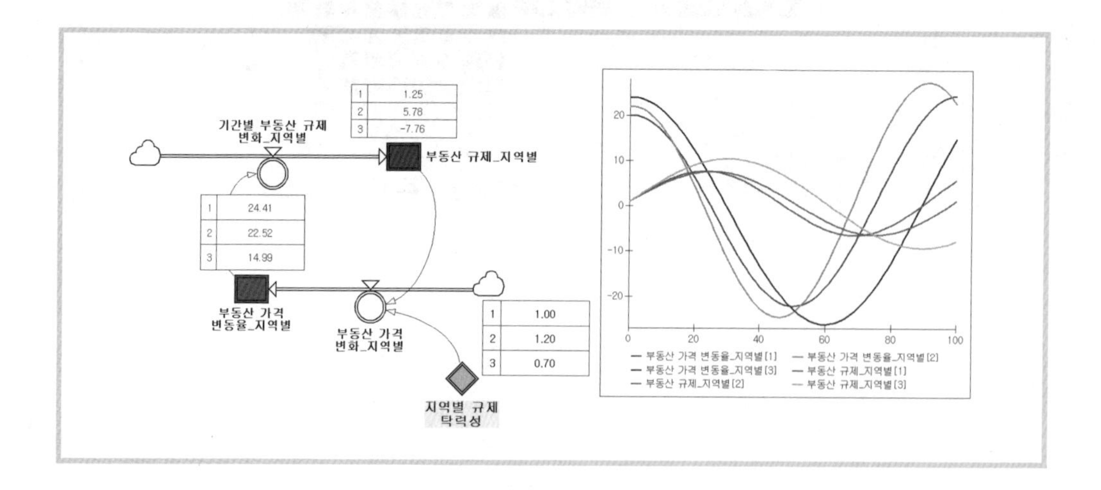

여기서 지역별 규제 탄력성을 계속 바꾸어 시뮬레이션하고 싶을 때 매번 지역별 규제 탄력성 변수를 클릭하고, 변수 정의화면을 열고 입력값을 적용하여야 한다.

이러한 작업을 간편하게 하는 기능이 Table Control 테이블 조정 기능이다.
테이블 컨트롤을 만들고, 여기에 { 1.5, 2, 0.5 }를 입력하고 시뮬레이션하자.

(2) Permanent 기능을 이용한 변수 입력 값 설정

(참고로) 상수변수(Constant variable)에 Table Control 또는 Slider Control 등을 이용하여 입력값을 적용할 때에는 시뮬레이션 전과 후에 그 값이 계속 유지되도록 고정 값(Permanent) 기능을 설정한다.

Permanent 기능은 해당 변수를, 예를 들면 Constant Variable(상수변수)을 더블 클릭하고, 변수화면에서 Advanced 탭과 Permanent 항목을 선택하면 된다.
(Permanent (Keep value between simulations))

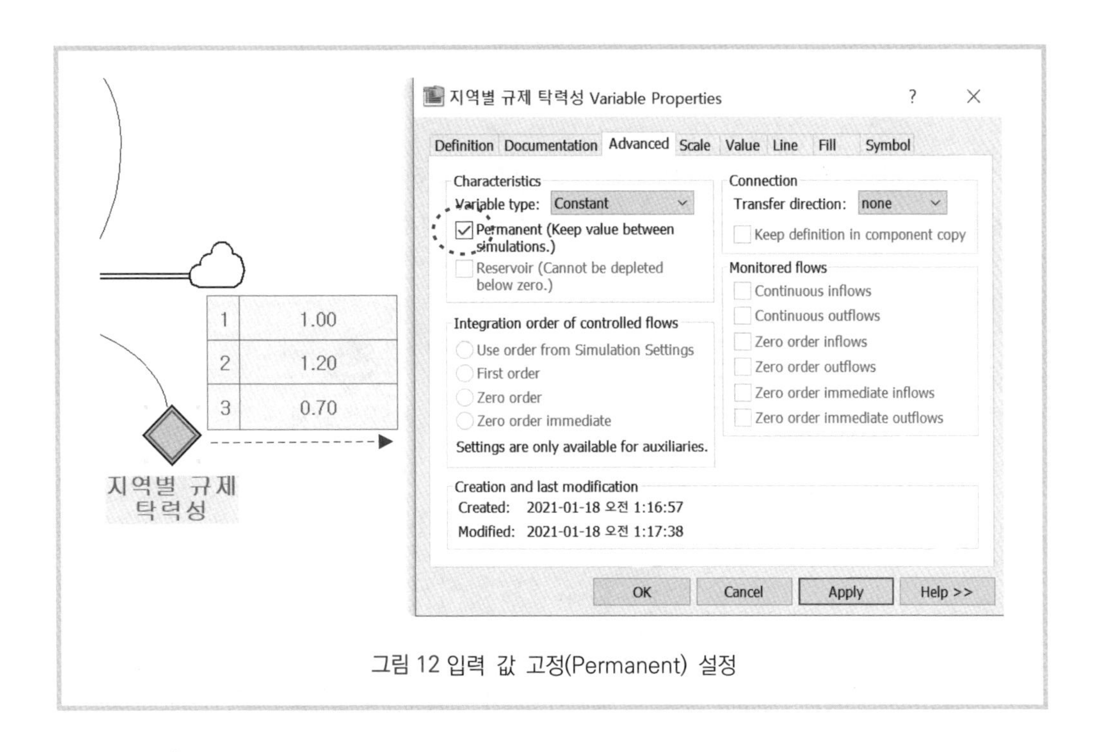

그림 12 입력 값 고정(Permanent) 설정

(3) 테이블 컨트롤 만들기

- 시뮬레이션 상태를 초기 상태로 되돌리고(Simulation Reset)
- 테이블(Table) 컨트롤을 이용하여 다이어그램에 적당한 크기로 아래와 같이 만든 다음
- 지역별 규제 탄력성 변수를 테이블 컨트롤(Table Control) 항목에 끌어다 놓는다(drag). 입력값을 설정한다.

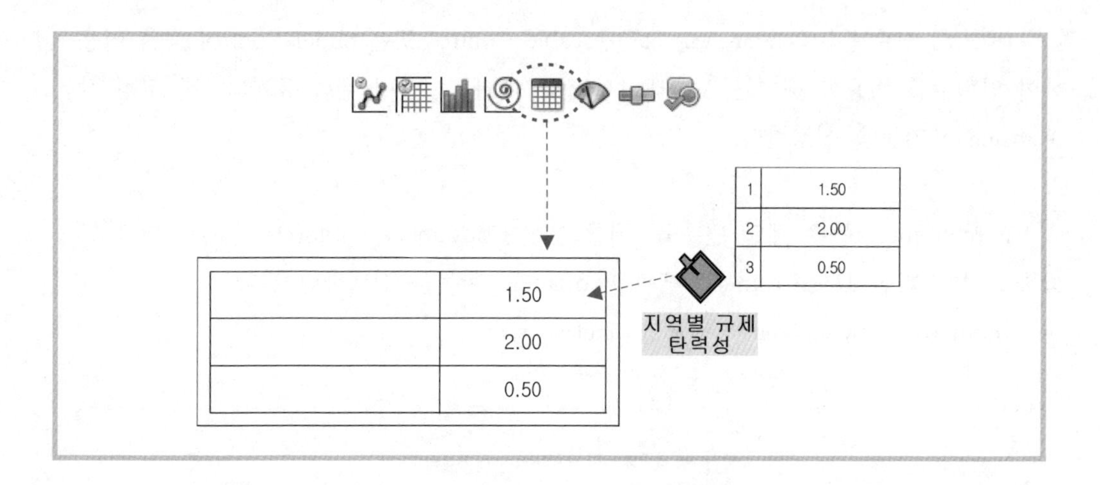

- 테이블 컨트롤에서 입력 항목의 이름을 직접 입력하거나, 아래와 같이 해당 셀을 선택하고, 마우스 오른쪽을 클릭하여 제시되는 변수 명칭을 선택할 수도 있다.

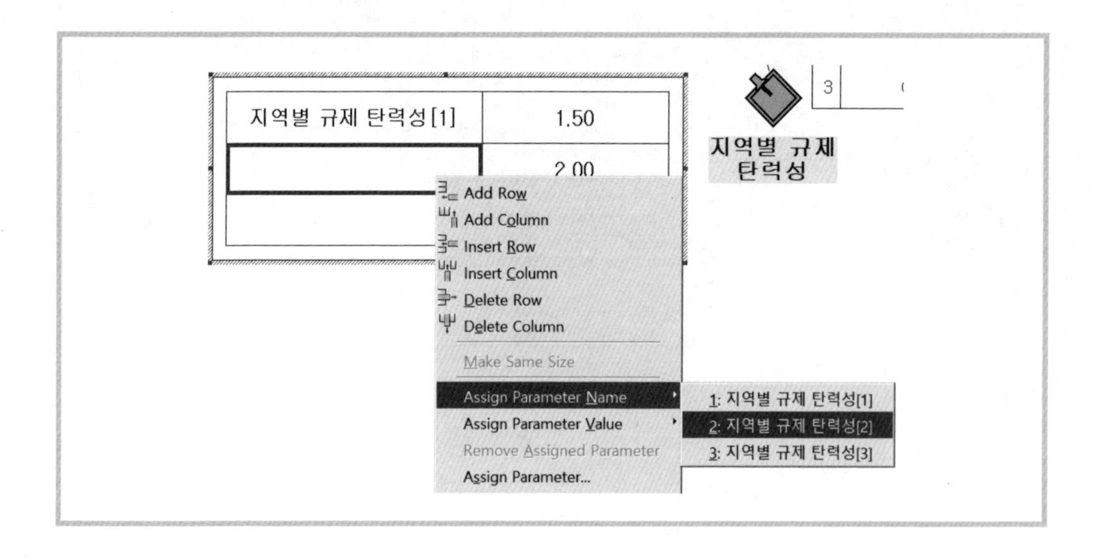

• 시뮬레이션 결과

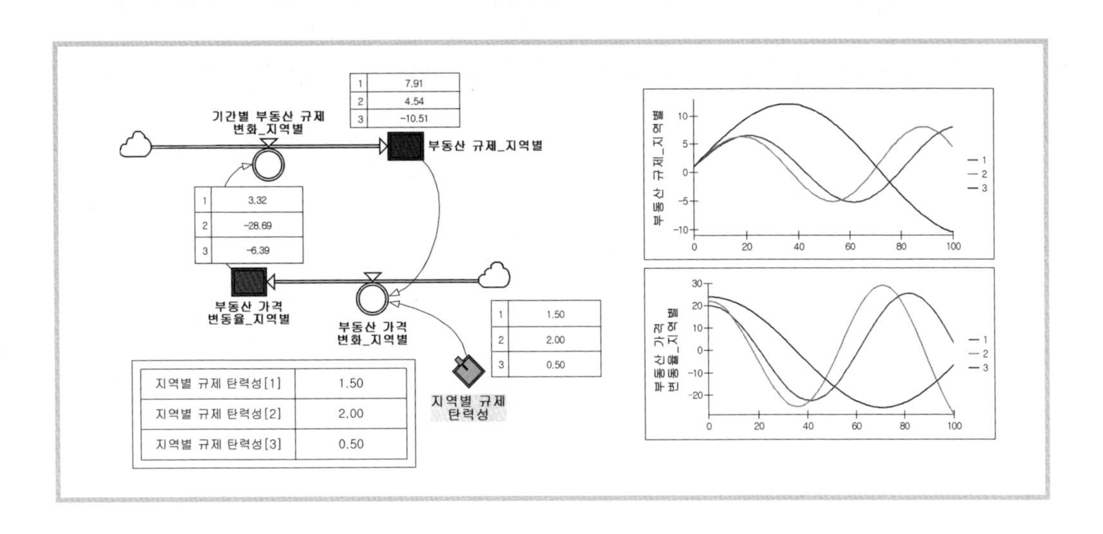

1 7.91
2 4.54
3 -10.51
기간별 부동산 규제 변화_지역별
부동산 규제_지역별
1 3.32
2 -28.69
3 -6.39
부동산 가격 변동율_지역별
부동산 가격 변화_지역별
1 1.50
2 2.00
3 0.50
지역별 규제 탄력성[1] 1.50
지역별 규제 탄력성[2] 2.00
지역별 규제 탄력성[3] 0.50
지역별 규제 탄력성
부동산 규제_지역별
부동산 가격 변동율_지역별

13.5 게이지 조정 도구

- 리본 메뉴에서 게이지(Gauge) 도구를 다이어그램에 그리고 표시할 변수를 끌어다 놓는다(drag).

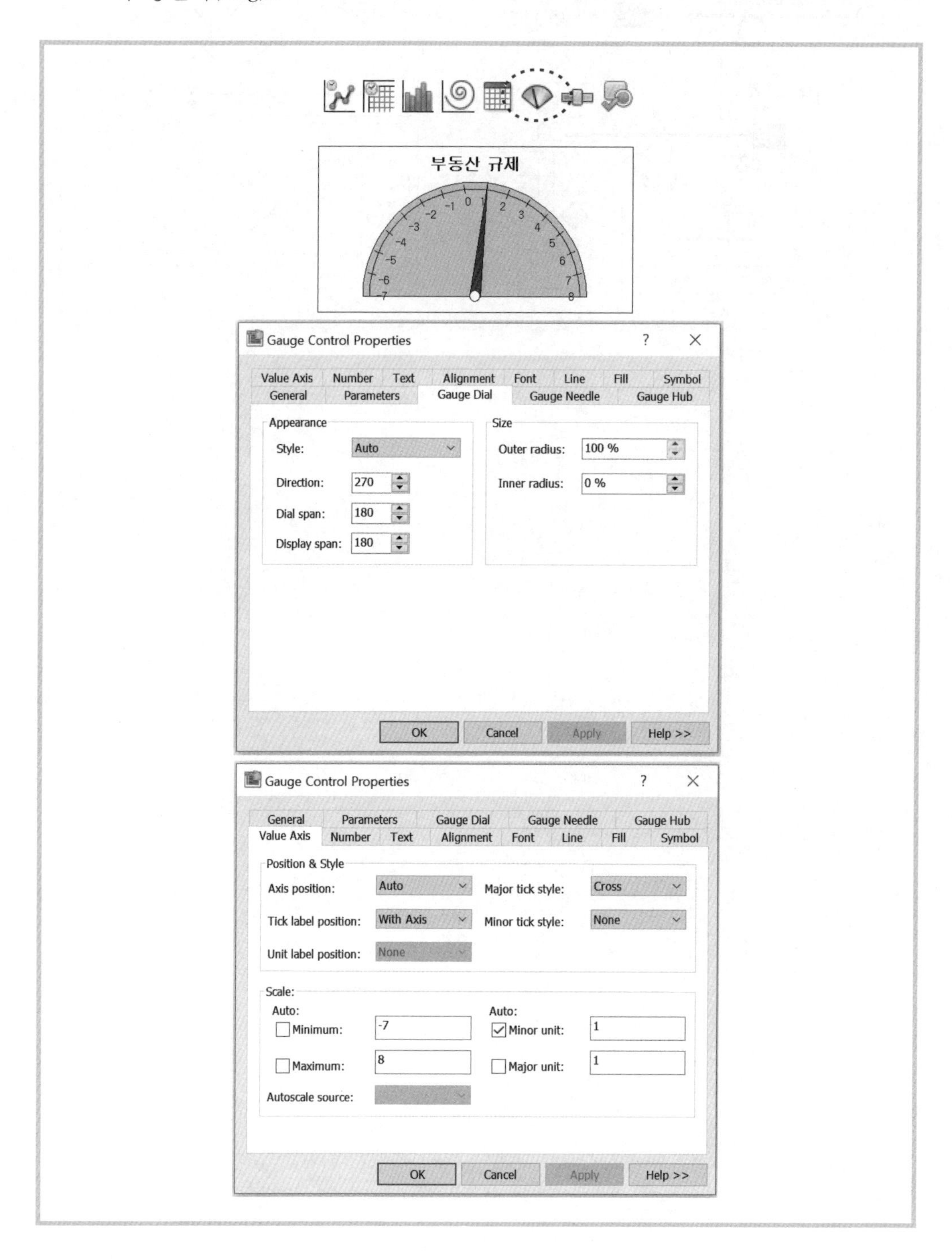

13.6 슬라이드 조정 도구

- 리본 메뉴에서 슬라이드 컨트롤(Slider Control)을 선택하고, 아래와 같이 적당한 크기를 만들고, 가격의 규제 영향도 변수를 드래그한다.

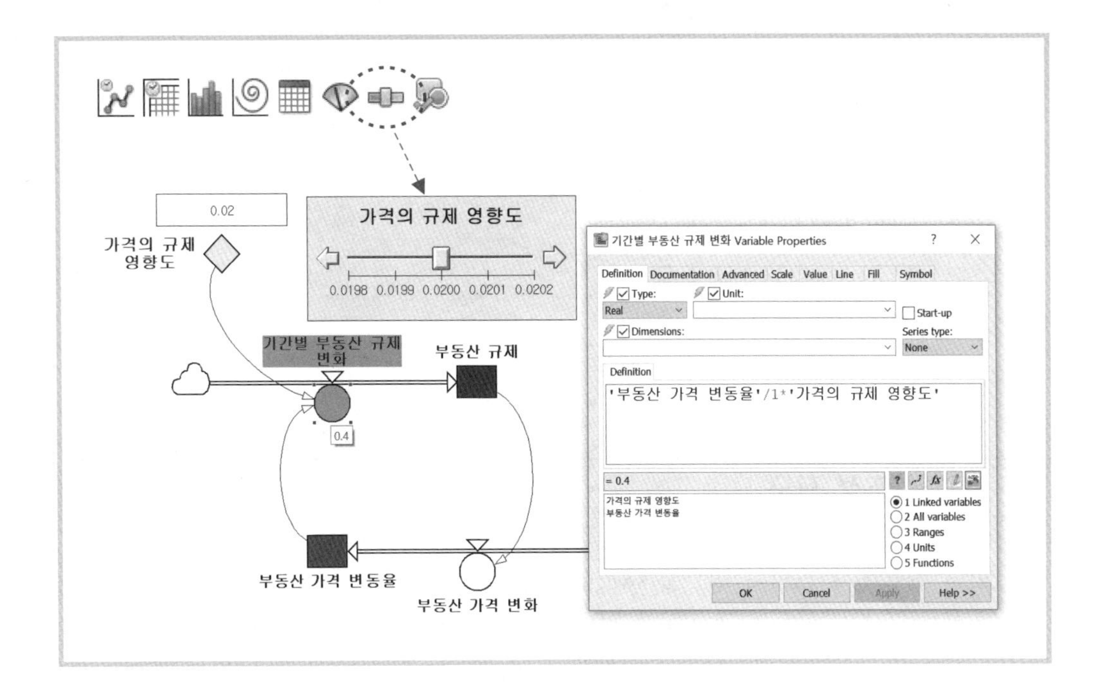

- 슬라이드(Slider)를 아래와 슬라이드 속성 화면을 열고 Value Axis를 선택하고 하한과 상한의 수치 폭을 변경하여 설정할 수 있다.
- 참고로 슬라이드 움직여 가격의 규제 영향도를 변경할 때에는, 시뮬레이션 상태를 Reset하여 초기화하여야 한다.

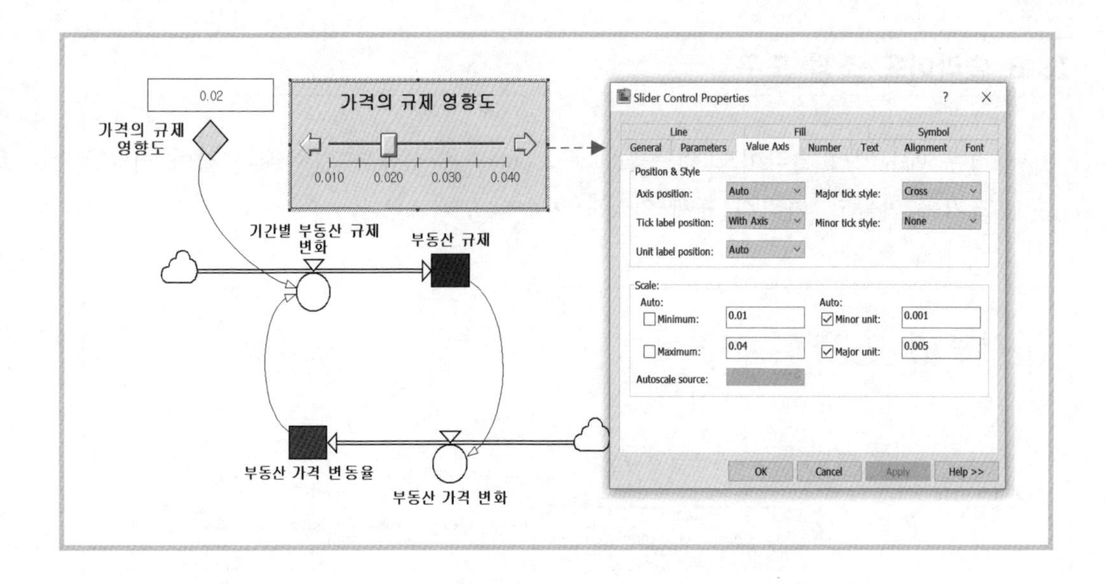

13.7 스위치 조정 도구

- 리본 메뉴에서 스위치 컨트롤(Switch Control)을 선택하고, 적당한 크기로 스위치 컨트롤을 만든 다음, 규제의 가격 영향도 변수를 스위치 컨트롤 개체로 드래그한다.
- 그리고 아래와 같이 Radio 버튼을 설정하고 OK 버튼을 누른다.

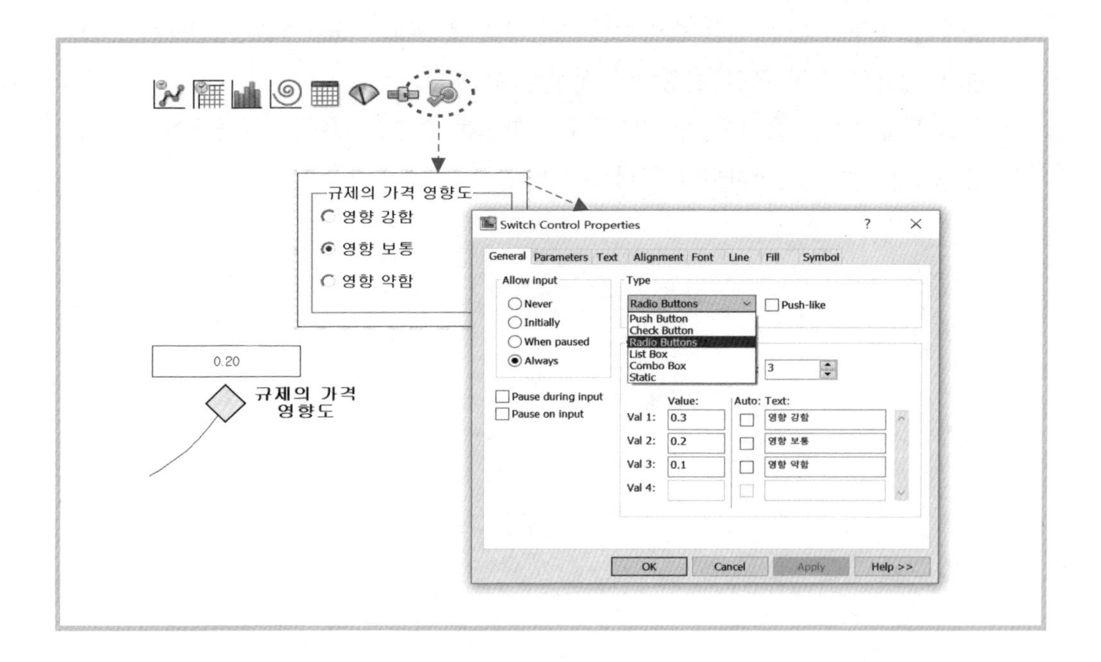

스위치 컨트롤은 콤보 박스(Combo Box) 등 다양한 형태로 사용자에게 시뮬레이션에 입력값을 만들 수 있다. 그리고 옵션 맨 아래 Static 기능을 설정하면 표시되는 메시지를 설정할 수 있다.

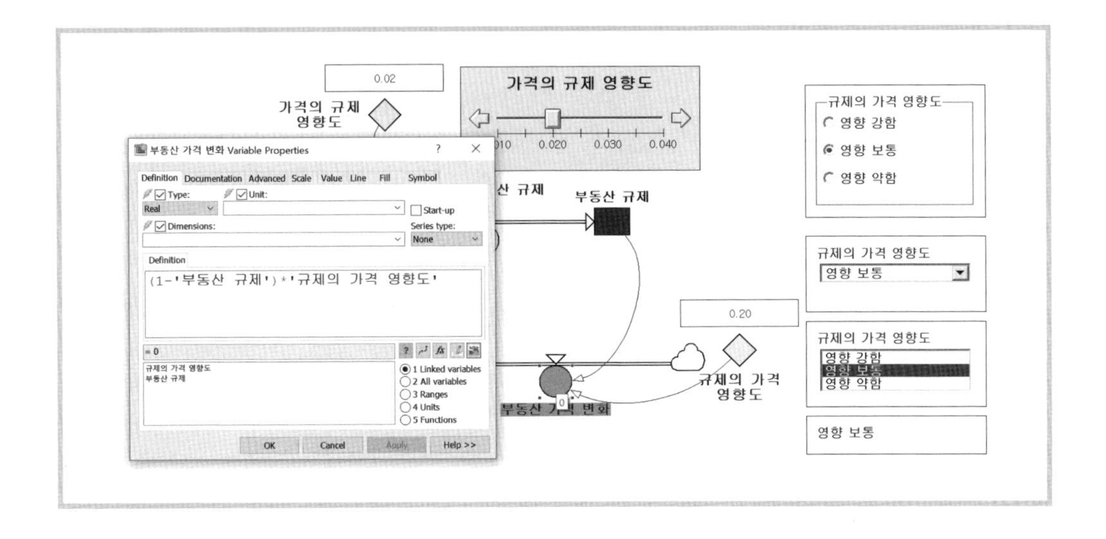

스위치 컨트롤(Switch Control) 제공 기능

스위치 선택 유형

- Push 버튼
- Check 버튼
- Radio 버튼
- List 박스
- Combo 박스
- Static

PART 04

의사결정 지원 모델링

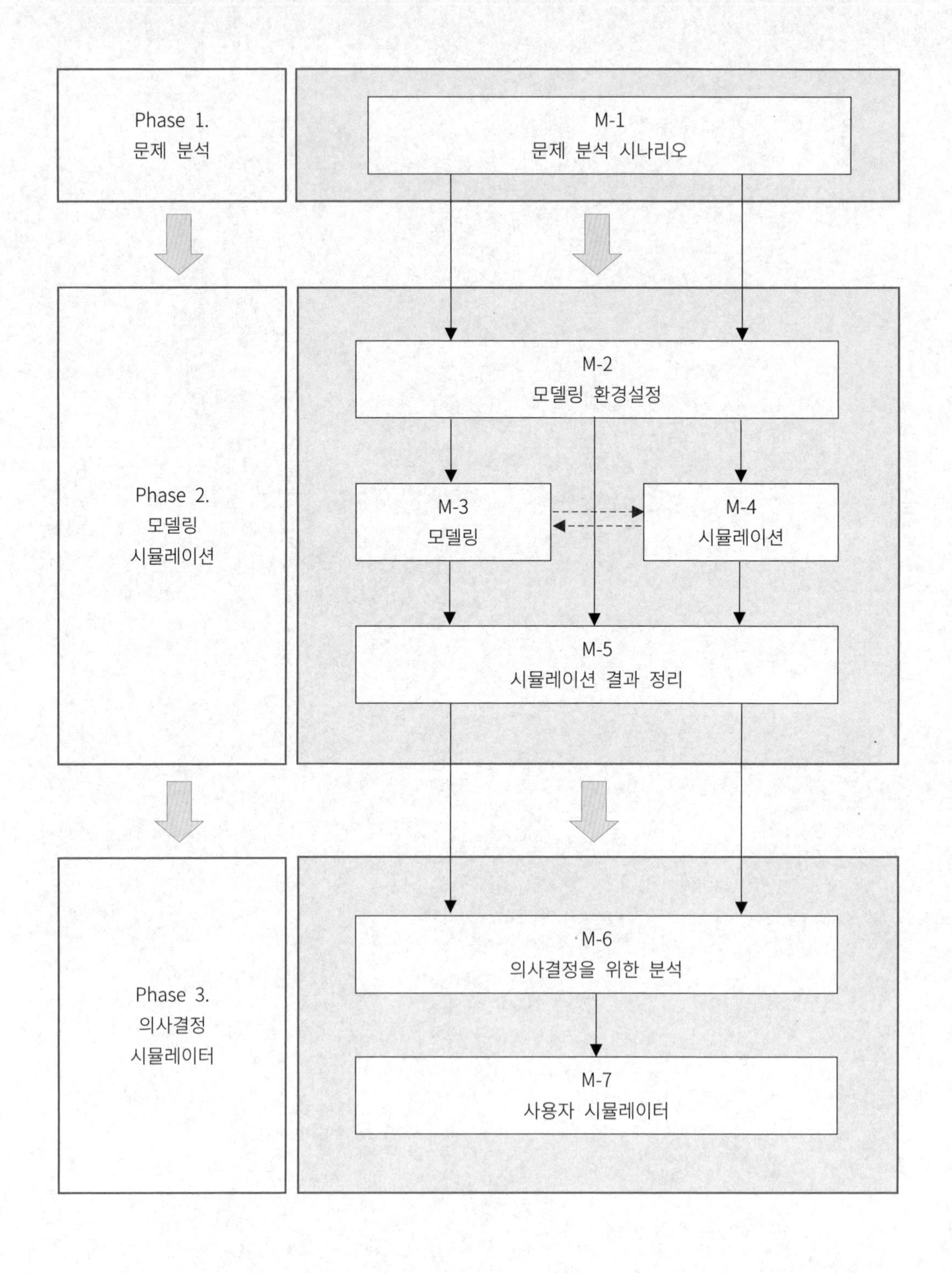

Phase 1.
문제 분석
M-1
문제 분석 시나리오
Phase 2.
모델링
시뮬레이션
M-2
모델링 환경설정
M-3
모델링
M-4
시뮬레이션
M-5
시뮬레이션 결과 정리
Phase 3.
의사결정
시뮬레이터
M-6
의사결정을 위한 분석
M-7
사용자 시뮬레이터

제14장

최적화와 리스크 관리 모델링

모듈 6. 결과 분석
- 최적화(Optimization)
- 위험요인 식별 및 영향 분석(Risk Assessment)
- 위험요인 관리(Risk Management)

14.1 최적화

(1) 최적화 개요

최적화(Optimization, 最適化)는 어떤 문제의 가장 적정한 답을 제시하는 것을 말한다. 최적의 상태는 시스템이 갖는 가장 이상적인 상태(state)로서, 모든 시스템은 최적의 상태를 추구한다. 따라서 시뮬레이션에서 최적화는 그만큼 중요하다.

이 책에서는 수학적인 최적화(mathematical optimization)를 다룬다. 수학적인 최적화의 대표적인 책으로는 Hiller와 Lieberman의 Operations Research[1)]을 들 수 있다. 저자도 이 책으로 학창시절 공부하였는데, 독자 여러분께도 권하고 싶다.

최적화는 원하는 시스템 상태(최적 상태)를 위하여 의사결정 변수의 최적 값(optimal value)을 탐색하는 문제로 다음과 같은 수식으로 구성된다.

---

1) Frederick S. Hiller, Gerald J. Lieberman, Introduction to Operations Research, 11th edition, McGrawHill, 2021 ISBN 1259872998.

① 가정 변수(Assumption variables)
② 목적 함수(Objective function)
③ 제약 수식(Constraint equations)
④ 의사결정 변수(Decision variables)

최적화 과정을 그림으로 나타내면 그림 1과 같다.

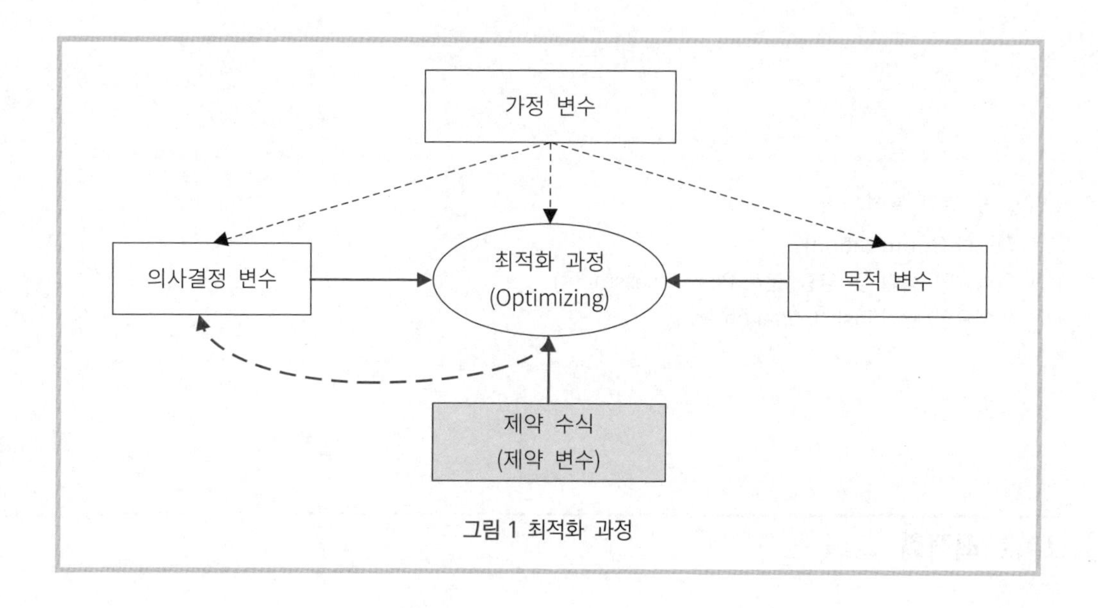

그림 1 최적화 과정

(2) 일반적인 최적화 과정

① 목적 변수 또는 목적 수식을 선정한다.
② 목적 수식은 주로 다음의 네 가지 판별 값 가운데 하나를 설정된다.
- Maximum: 목적 변수를 최대로 하는 의사결정 값 탐색
- Minimum: 목적 변수를 최소로 하는 의사결정 값 탐색
- <: 목적 변수를 주어진 값보다 최대한 작게 하는 의사결정 값 탐색
- >: 목적 변수를 주어진 값보다 최소한 크게 하는 의사결정 값 탐색
- In: 목적 변수를 주어진 값 범위 안에 있도록 하는 의사결정 값 탐색
- Not In: 목적 변수를 주어진 값 범위가 아닌 의사결정 값 탐색

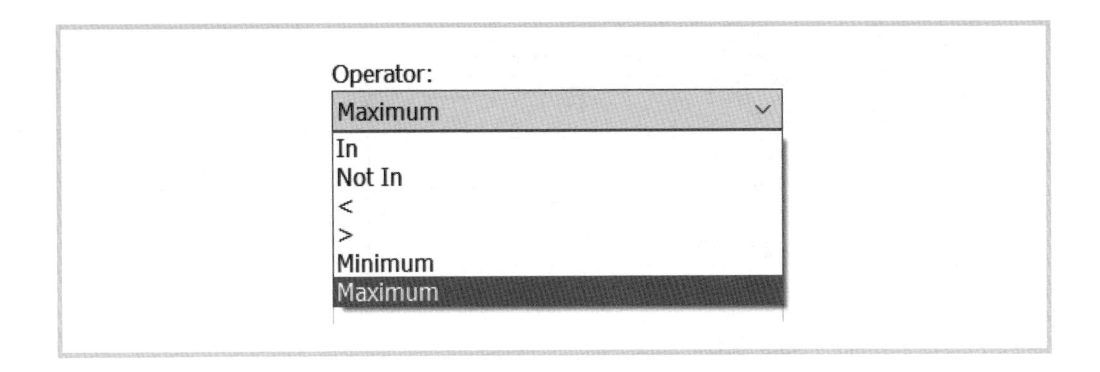

③ 가정 변수(Assumption variables)를 설정한다. 가정 사항이 없는 경우에는 생략한다.

④ 가정 변수의 값은 고정 값(fixed value)으로 지정한다. 이는 가정 변수의 값이 변동 값이 되면 최적화가 이루어지지 않게 된다.2)

- 주어진 문제를 최적화한다는 것은 환경조건을 만족하면서 이루어져야 한다. 즉 제한범위, 규칙, 허용된 법규 내에서 원하는 목적을 만족하는 의사결정 값을 구하여야 한다. 일종의 주어진 환경조건, 전제 사항이 된다.

⑤ 의사결정 변수(Decision variable)를 설정한다.
의사결정 변수는 주어진 선택 가능 가용자원 범위 내에서 이루어진다.

⑥ 목적 함수의 가중치(Weights) 설정
여러 목적 변수(objective variable)가 있는 경우 각 목적 변수의 비중이 같으면 가중치도 같다. 목적 변수의 중요도가 다르면 서로 다른 가중치를 부여한다.

⑦ 시스템 다이내믹스 모델의 최적화에서 제약 변수(Constraints)는 미분·적분 아이콘으로 구성된 모델 그 자체가 제약 수식이 된다.

⑧ 최적화 과정(optimizing process)은 목적 값을 만족하는 의사결정 변수의 값들 가운데에서 가장 목적 변수의 값을 만족하는 값이 된다. 이를 위하여 다양한 알고리즘이 활용되는데, 이 책에서 다루는 파워심 프로그램은 진화 탐색 기반의 유전적 알고리즘(Evolutionary Search based Genetic Algorithm)을 사용한다.

---

2) 그 이유는 어떤 기간(예: 12개월, 36개월)을 통틀어 최적화를 구하는 경우 목적 변수의 값이 기간을 누적한 최종값의 최적화를 구하기 때문이다. 매 기간의 가정 값을 적용하여 최적화하려면 매 기간 최적화를 실시하여야 한다.

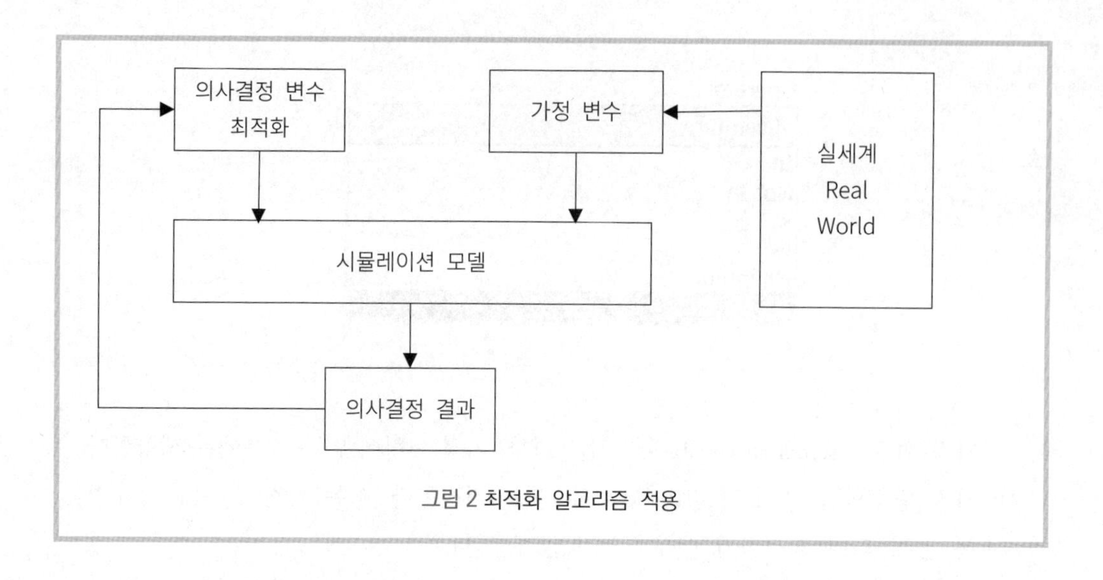

그림 2 최적화 알고리즘 적용

(3) 최적화 활용

최적화(Optimization, 最適化)는 기본적으로 정적(static) 최적화에서 출발하여, 시스템 다이내믹스에서의 동적(dynamic) 최적화를 위하여 시간의 흐름을 왕복하여 최선의 해를 탐색하는 피드백 최적화를 지향한다.

이를 위하여 전진적 시뮬레이션과 후진적(backward) 최적화를 시뮬레이션 기반으로 자유자재로 실시하게 된다. 이를 통하여 현실 상황을 모사한 디지털 트윈(DT, digital twin) 모델은 가상 물리체계(CPS, cyber physical system)에서 현실 상황을 최적 제어(optimal control) 할 수 있게 된다.

최근 인공지능(AI) GPT(Generative Pre-trained Transformer) 기반 대규모 언어모형(LLM, Large Language Model) 등 정보 수집과 분석을 위한 신기술의 등장으로 시스템 다이내믹스 모델 구축을 위한 모델링 기법은 한층 다채롭고 풍부한 정보 하에서 시뮬레이션 모델을 구축할 수 있게 되었다.

이는 시뮬레이션 모델을 기반으로 하는 최적화 분야에도 신기술 수용과 새로운 컴퓨팅 기술과 호흡하는 시스템 다이내믹스 모델링 기법의 변화와 새로운 개념과 모델링 체계의 등장을 암시하고 있다. 그중에서 최적화 기법은 인공지능 분야에서 각광을 받고 있는 기계학습(Machine Learning)과 심층학습(Deep Learning) 결과물을 모델링 입력변수로 흡수하는 연결자 역할을 할 것이다.

14.2 최적화 기본 예제

예를 들어 다음과 같이 세 가지 사업에 예산을 최적 배분하여 사업성과를 최대로 하는 최적화(optimization) 문제가 있다고 하자.

(1) 시뮬레이션 환경설정

- 프로젝트 설정(project setting): Calendar–dependent simulations
- 시뮬레이션 설정(simulation settings): 2021–01–01 ~ 2022–01–01
- 시뮬레이션 시간 간격(timestep): 1 da

(2) 최적화를 기본 모델

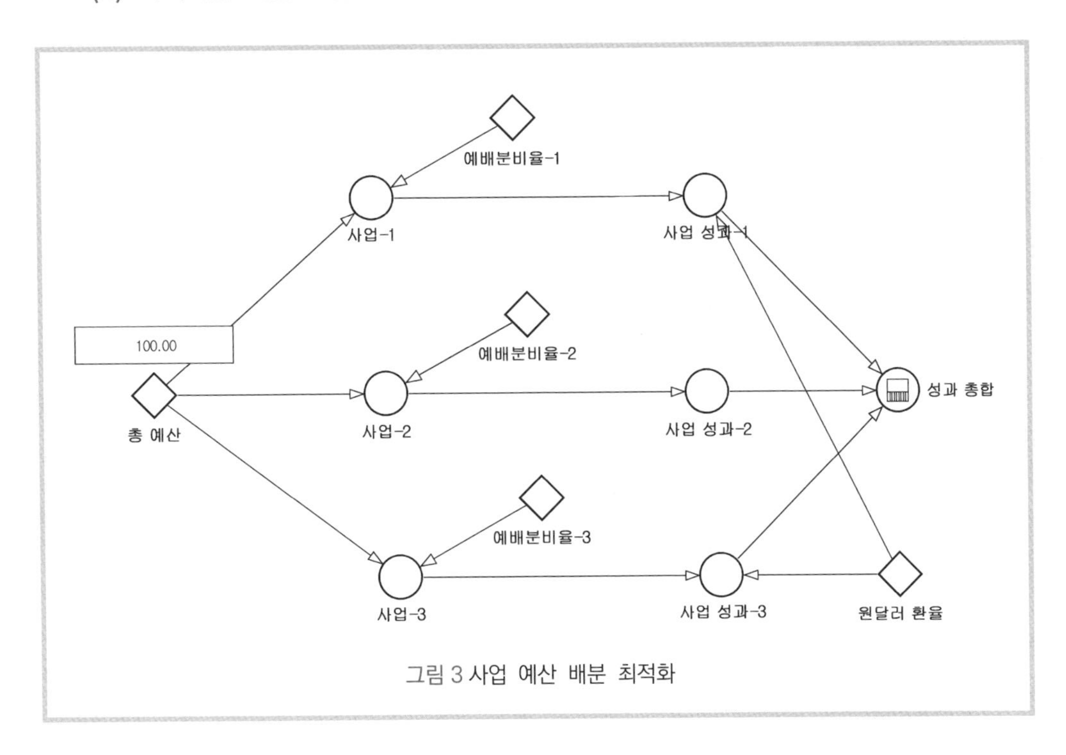

그림 3 사업 예산 배분 최적화

(3) 기본 모델 수식 구성

Name	Definition
① 사업 성과-1	'사업-1'*3*('원달러 환율'+1)
② 사업 성과-2	'사업-2'*2
③ 사업 성과-3	'사업-3'*1.5*(1+ 2*'원달러 환율')
④ 사업-1	'총예산' * '예배분비율-1'
⑤ 사업-2	'총예산' * '예배분비율-2'
⑥ 사업-3	'총예산' * '예배분비율-3'
⑦ 성과 총합	RUNSUM('사업 성과-1' + '사업 성과-2' + '사업 성과-3')/12
⑧ 예배분비율-1	0.2
⑨ 예배분비율-2	0.35
⑩ 예배분비율-3	0.45
⑪ 원달러 환율	0
⑫ 총예산	100

(4) 최적화 화면 설정

리본 메뉴에서 프로젝트 Explorer 아이콘을 눌러 Project Explorer를 연다.

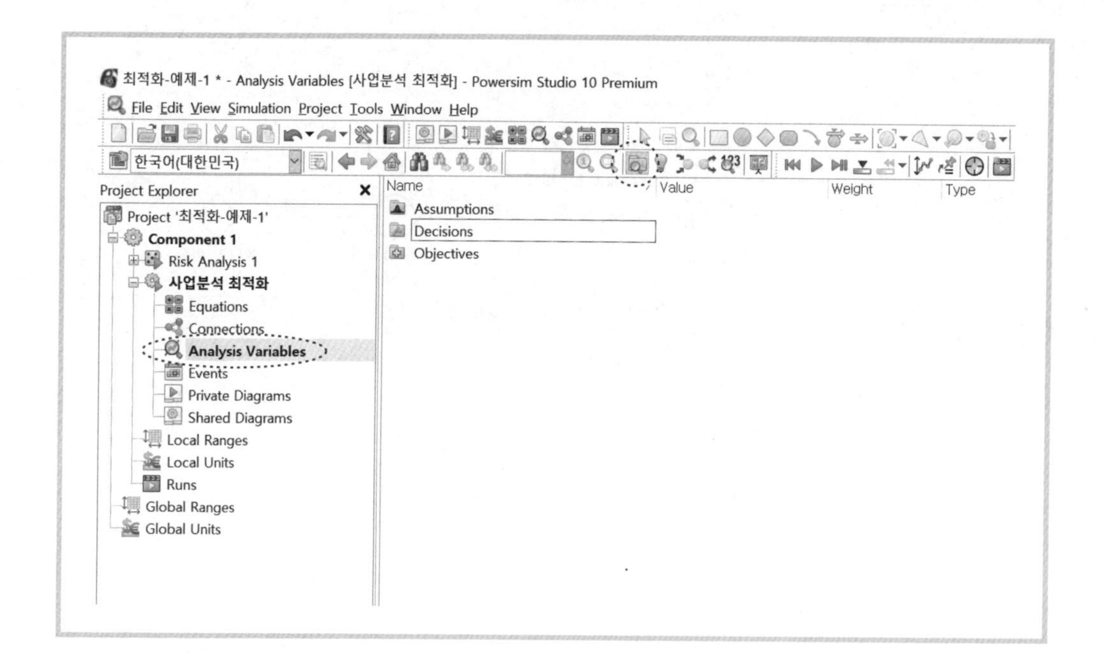

(5) 의사결정 변수 설정

이 예제에서는 의사결정(Decisions) 변수를 먼저 설정하였으나, 목적(Objectives) 변수를 먼저 설정하여도 상관없다.

• Decisions 항목에서 마우스 오른쪽을 누르고 각 의사결정 변수를 선택한다.

(6) 목적 변수 설정

- 목적 변수 '성과 총합'을 Add Objective로 설정하고
- 목적 변수 유형의 연산자(Operator)를 이용하여 최대화(Maximum)로 설정한다.

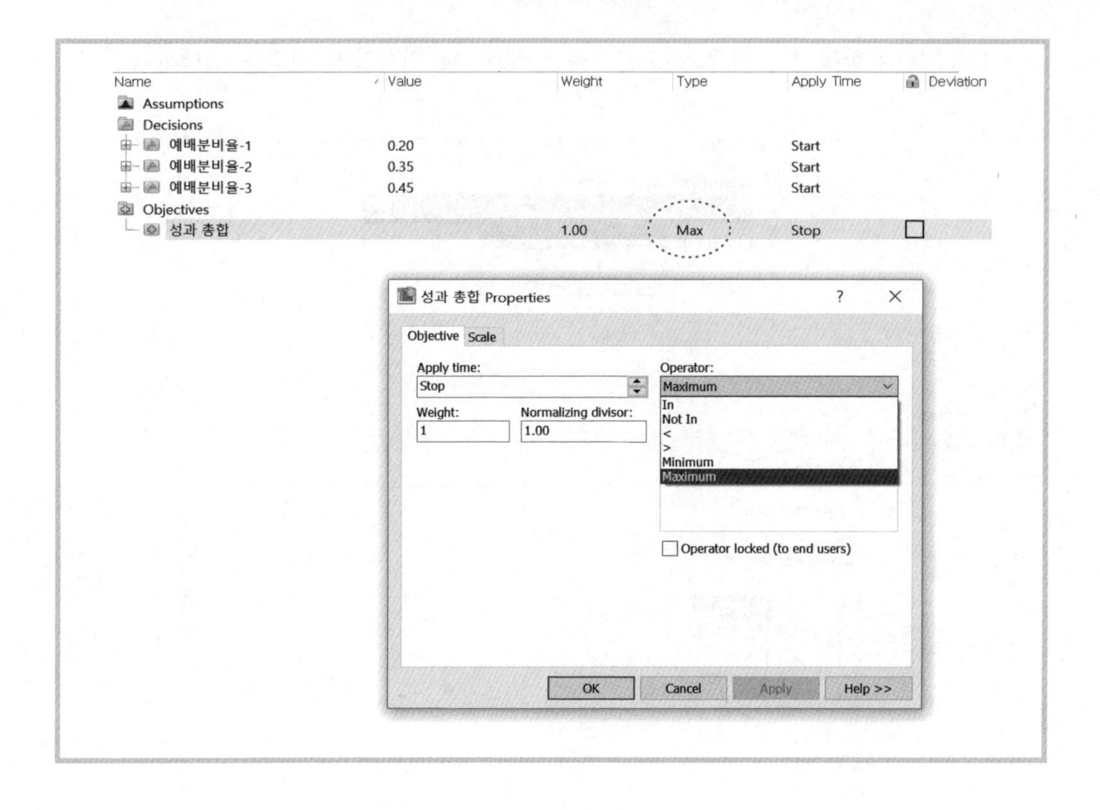

(7) 최적화 실시

- 리본 메뉴에서 최적화 아이콘을 눌러 최적화를 실시한다.

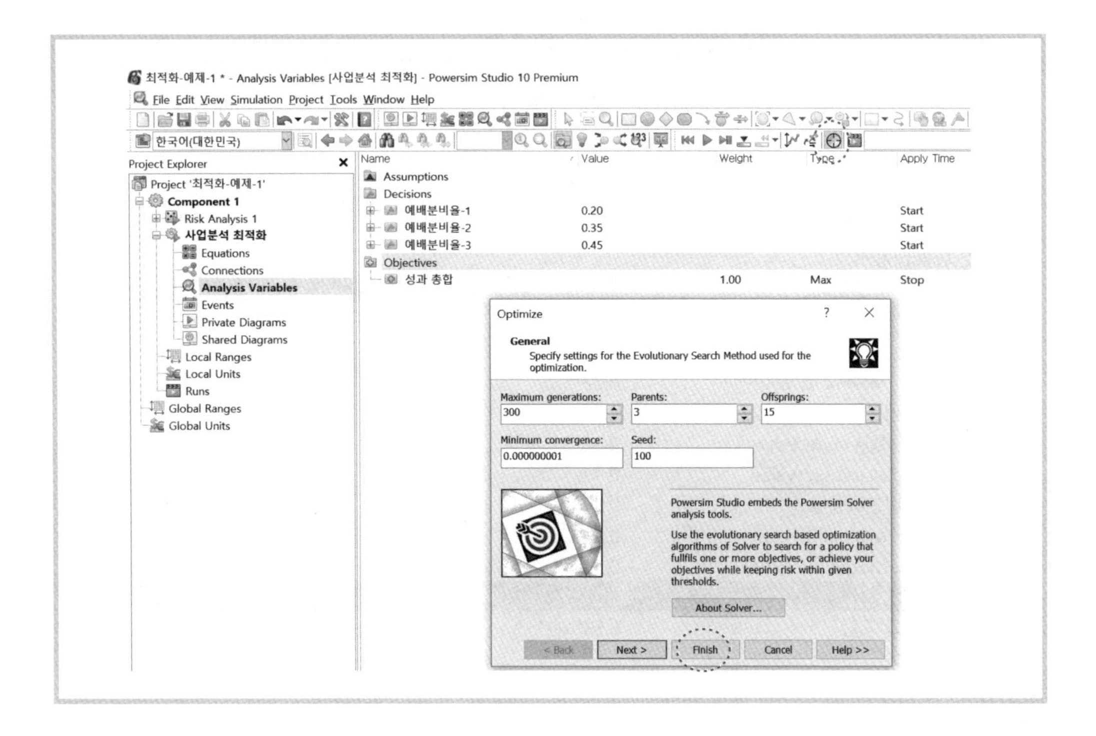

- 최적화 실행 화면

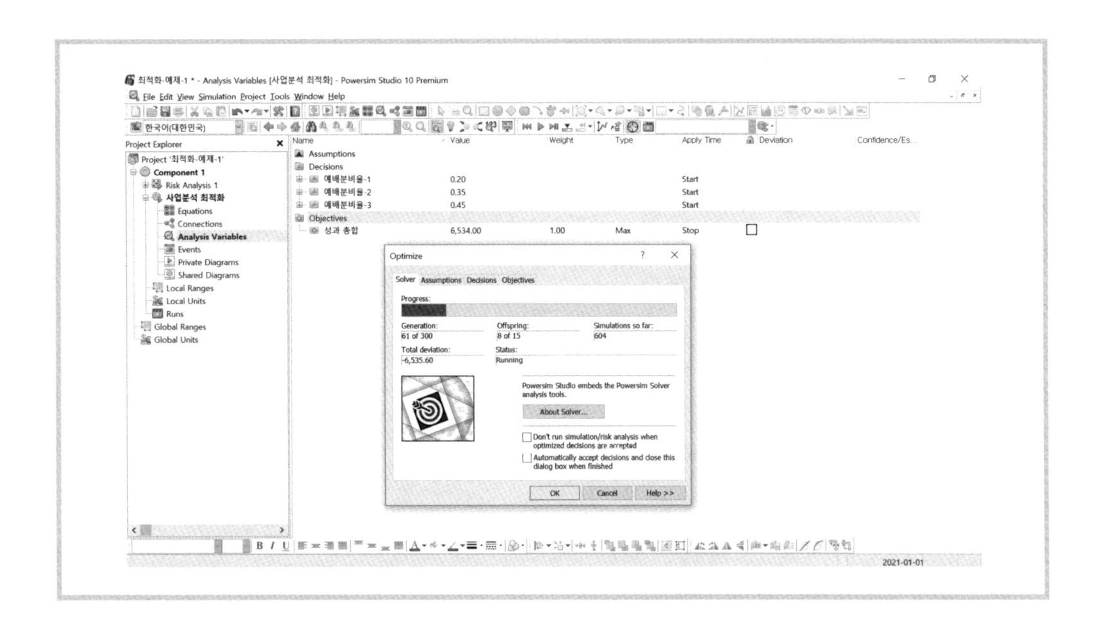

(8) 최적화 실행 결과

- 각 예산비율이 주어진 범위에서 결정되고, 이때의 목적 변수의 최적 값이 산출되었다.
- 의사결정 변수의 결정 범위는 기본적으로 ±10%를 시스템에서 설정하는데, 이는 사용자가 해당 의사결정 변수를 클릭하고 결정 범위를 바꾸어도 된다.

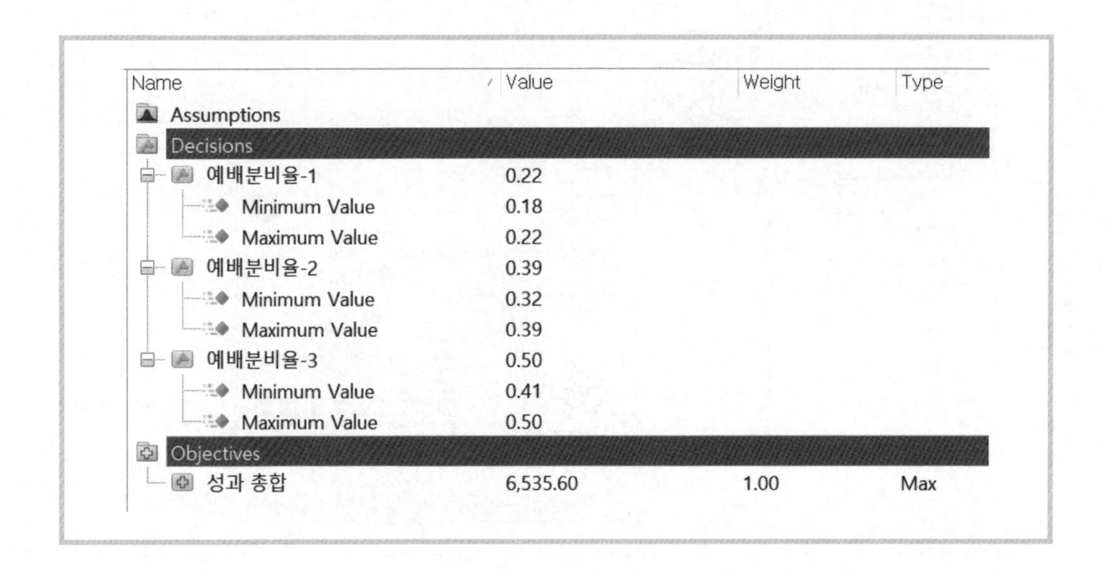

Name	Value	Weight	Type
Assumptions			
Decisions			
예배분비율-1	0.22		
Minimum Value	0.18		
Maximum Value	0.22		
예배분비율-2	0.39		
Minimum Value	0.32		
Maximum Value	0.39		
예배분비율-3	0.50		
Minimum Value	0.41		
Maximum Value	0.50		
Objectives			
성과 총합	6,535.60	1.00	Max

14.3 최적화 모형의 변경

예를 들어 위의 모델은 예산이 100 투입될 때 성과 총합을 최대로 하는 각 사업의 예산배분 비율을 조정하는 최적화 모델이다. 이를 통하여 사업성과 총합이 6,535.6이 도출되었다.

만약에 성과 총합을 7,000으로 하려면 추가적인 예산을 얼마나 투입해야 하는가에 대한 최적화를 실시해 보자.

(1) 총예산 항목 추가

- Decisions에서 마우스 오른쪽을 눌러 Add Decision을 선택하고
- 총예산 변수를 다음과 같이 선택한다.

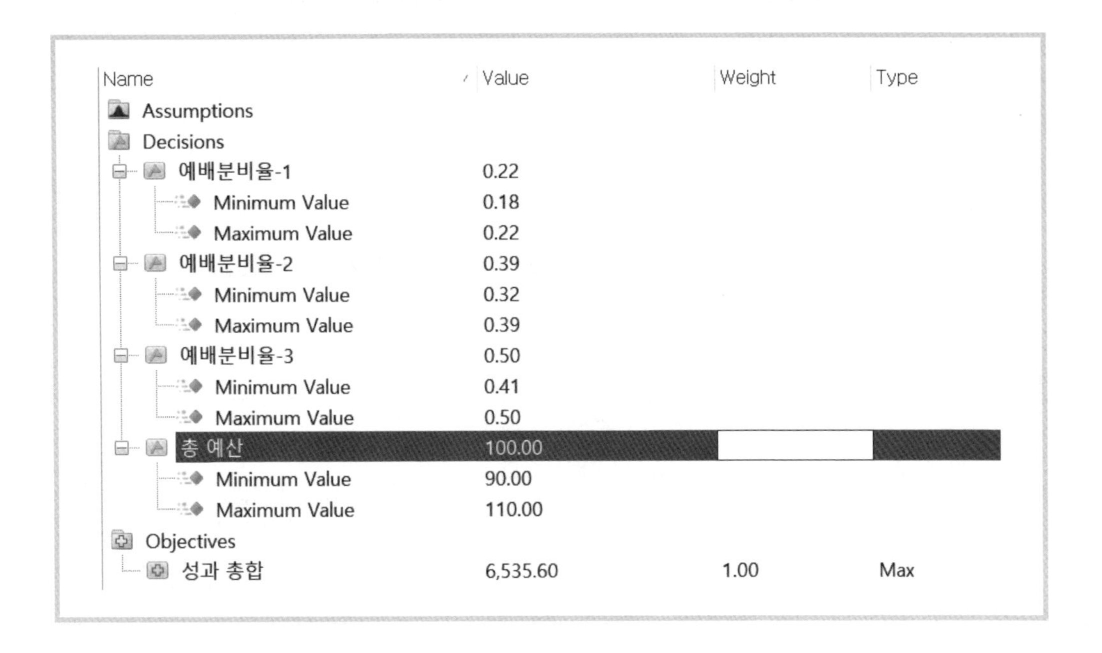

(2) 목적 변수를 설정한다.

- 목적 변수에서 성과 총합 7,000을 위하여 목적 함수 연산자 In을 선택한다.
- 목적 함수 연산자 In은 어떤 범위를 설정한다. 예를 들어 6,999에서 7,001 사이의 값을 설정한다. 이 범위는 사용자가 원하는 대로 바꾸어도 된다.

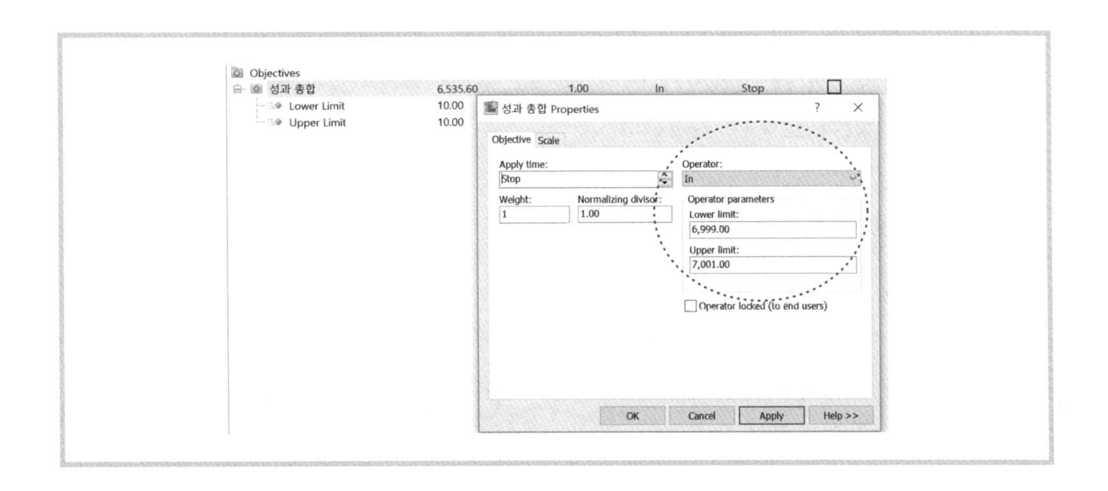

(3) 최적화 결과

- 최적화를 실시 후에 그 결과를 살펴보면 목적 변수의 값이 6,999.85를 만족하기 위해서는 총예산이 100에서 109.76으로 증액될 필요가 있음을 알 수 있다.
- 그리고 각 사업의 예산비율도 미세하게 바뀔 수 있다.

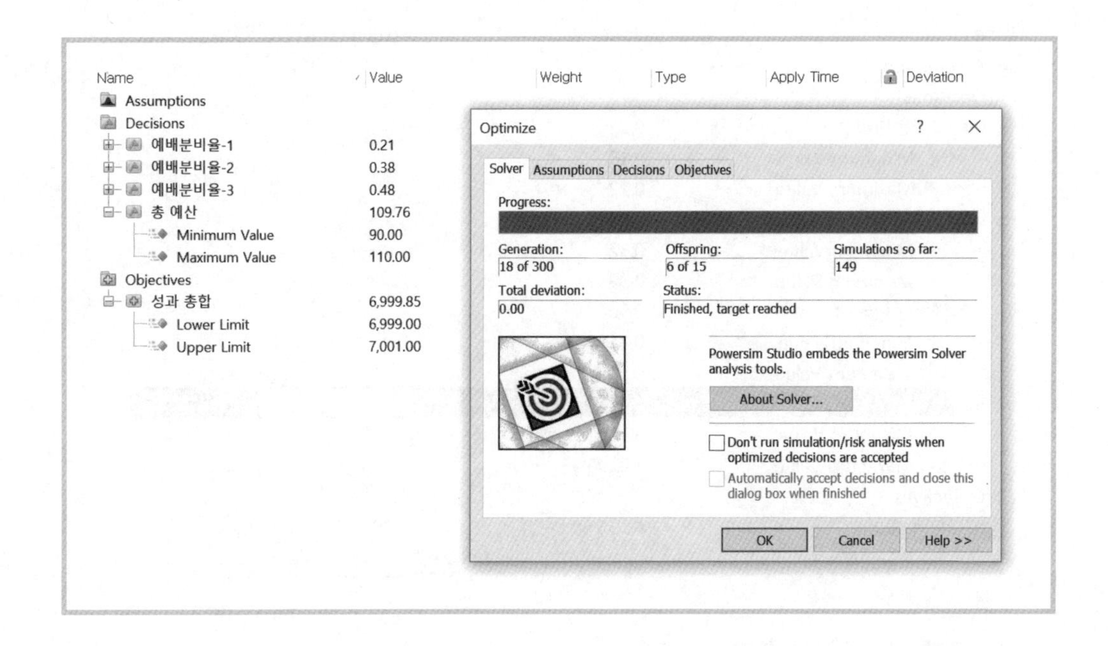

14.4 성과 총합의 목표를 추종하는 예산 및 예산배분 비율 최적화

- 이전 예제에서 성과 총합을 7,000으로 설정하고 최적화를 실시하였다.
- 만약에 성과 총합을 사용자가 여러 가지로 수시로 바꾸면서 최적화를 하고 싶다면 다음과 같이 모형을 조정한다.

(1) 성과 총합 설정을 추종하는 모델

- 예를 들어 성과목표, 즉 성과 총합을 8,000으로 하고 싶을 때 지금과 같은 사업구조에서 예산을 얼마로 책정하여야 하는가를 최적화를 통하여 구하여 보자.
- 이를 위하여 성과목표를 테이블 컨트롤 또는 슬라이드 바(Slider bar)를 이용하여 다음과 같이 설정한다.

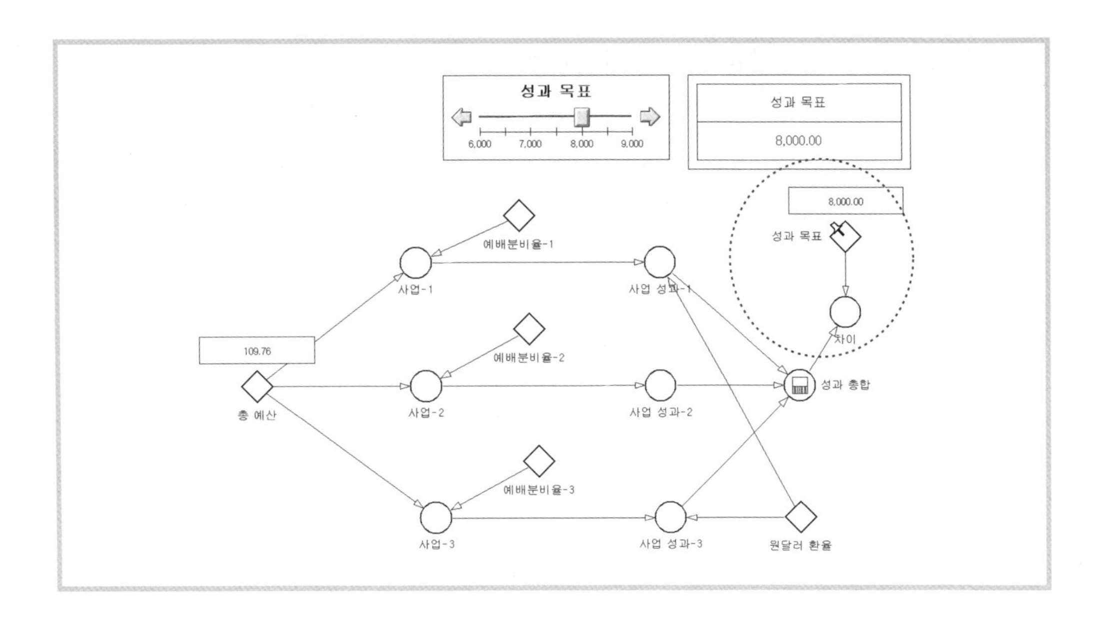

(2) 모델 수식 추가 및 변경

- 차이　　　　　ABS('성과 목표'−'성과 총합')
- 성과 목표　　7,000 // 성과 목표 변수는 수식 정의에서 7,000으로 설정
- 차이는 절댓값을 표시하는 ABS 함수를 이용하여 차이의 크기를 계산한다.

(3) 최적화 설정 변경

- 가정(Assumptions) 변수 설정에서 Add Assumption을 선택하고 성과목표 변수를 선택한다. 이는 이미 모형에서 사용자가 슬라이드 바나 테이블 컨트롤로 설정한 값이다.
- 그리고 맨 아래에 있는 목적 변수에 차이 값을 최소화하도록 선택한다.

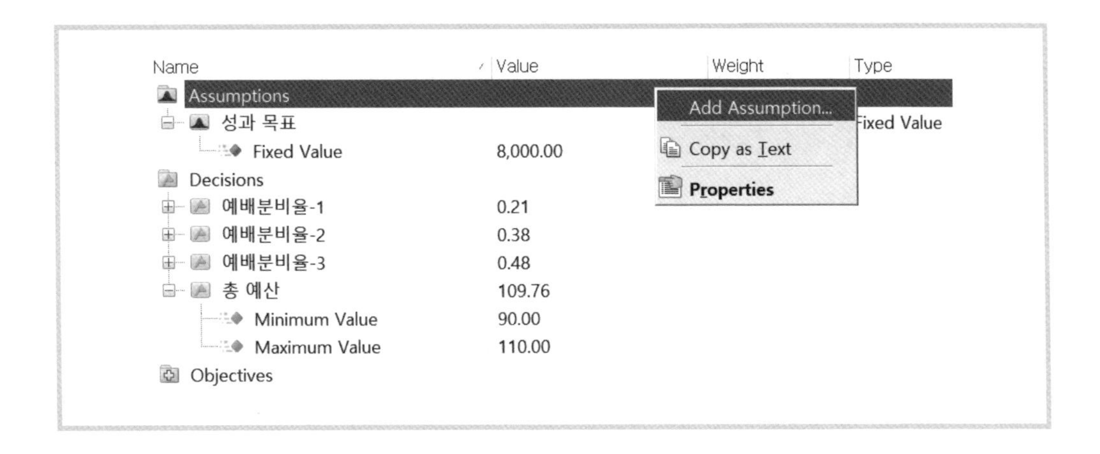

• 차이 값 최소화를 위한 최적화 환경설정

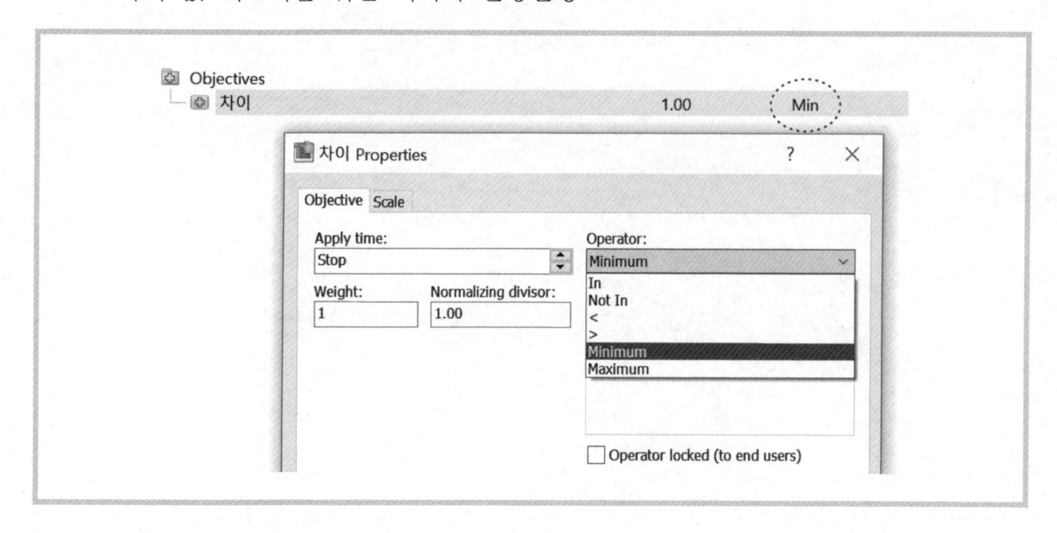

(4) 1차 최적화 실시 결과

• 1차 최적화 실시 결과 목표 값 8,000을 달성하기 위한 예산 설정은 주어진 범위 90~110에서 110을 적용하여도 여전이 8,000을 위해서는 810.84의 차이가 있음을 나타내고 있다.

• 이는 예산을 증액하거나 각 사업의 예산배분 비율을 조정하여야 함을 의미한다.

• 예산배분 비율은 크게 영향을 주지 않는다고 가정하고 총예산이 범위를 90에서 150 사이에서 결정할 수 있도록 허용하고 최적화 시뮬레이션을 실시하자.

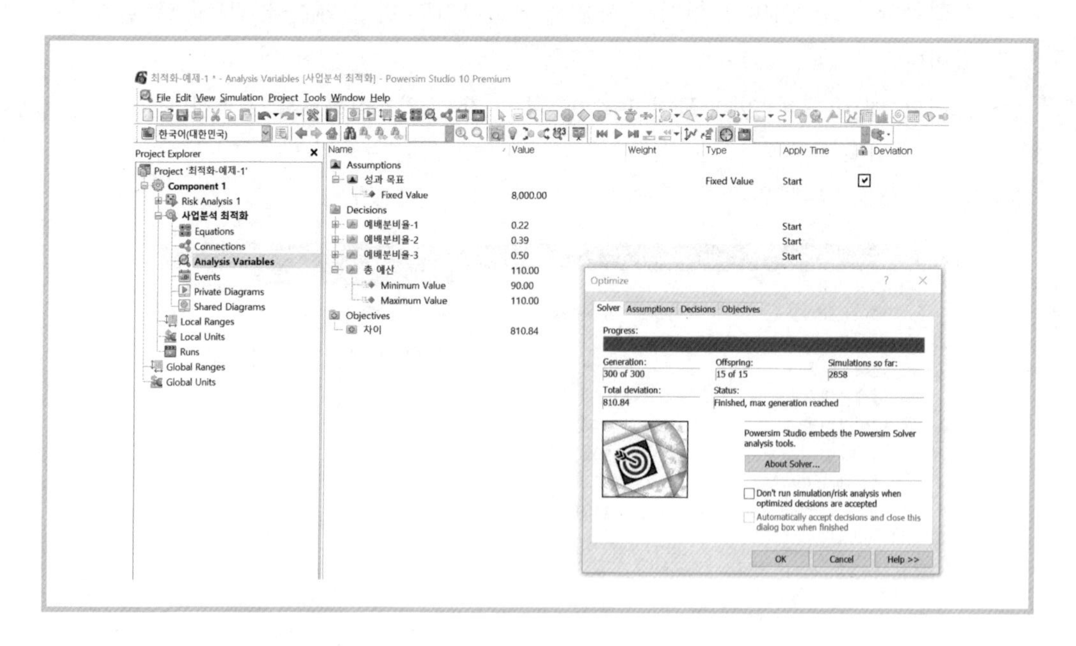

(5) 최적화 시뮬레이션 결과

- 최적화 시뮬레이션 결과 총예산이 128.93을 책정하면 각 사업의 배분비율을 거쳐서 전체 성과 목표 8,000을 오차 5.26e−9로 달성함을 의미한다.
- 여기서 오차 5.26e−9는 0.00000000526임을 나타낸다.

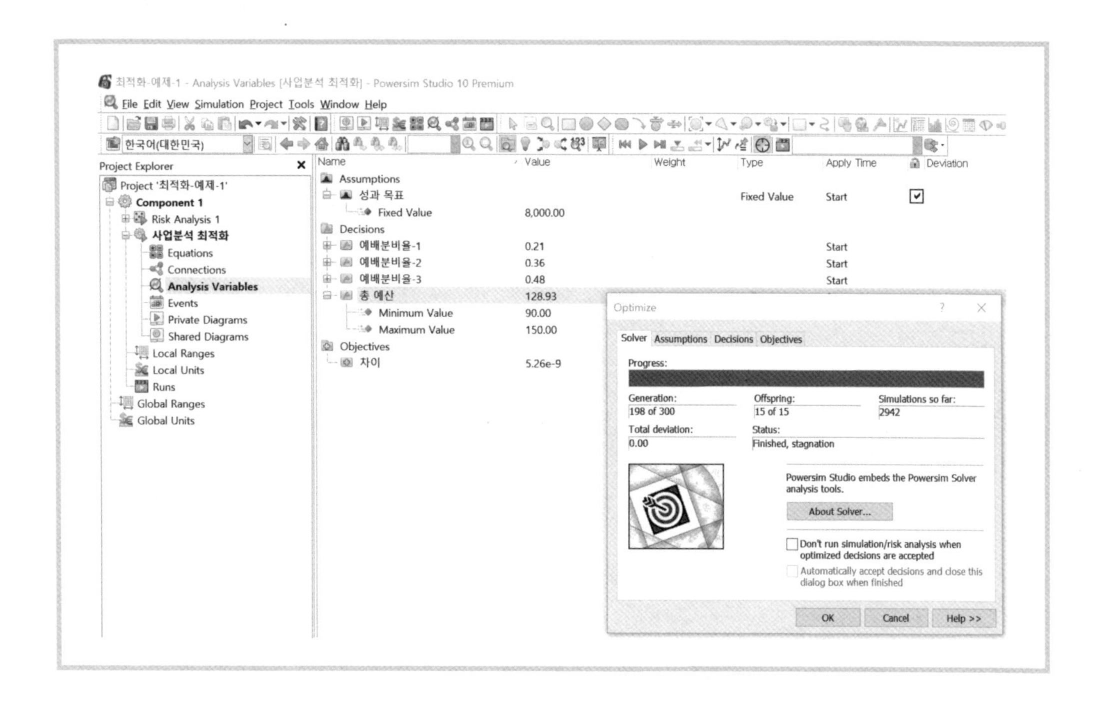

- 이제 사용자는 성과 목표를 원하는 대로 설정하고 최적화를 실행하기만 하면 최적화 과정을 통하여 필요한 총예산을 구할 수 있다.
- 예를 들어 성과 목표가 8,000인 경우와 성과 목표가 8,500일 때를 시뮬레이션 하면 다음과 같다. 참고로 새로운 목표 값을 설정할 때는 시뮬레이션 Reset을 눌러서 시뮬레이션 상태를 초기 상태로 되돌리고 8,500과 같은 새로운 성과 목표 값을 설정하여야 한다.

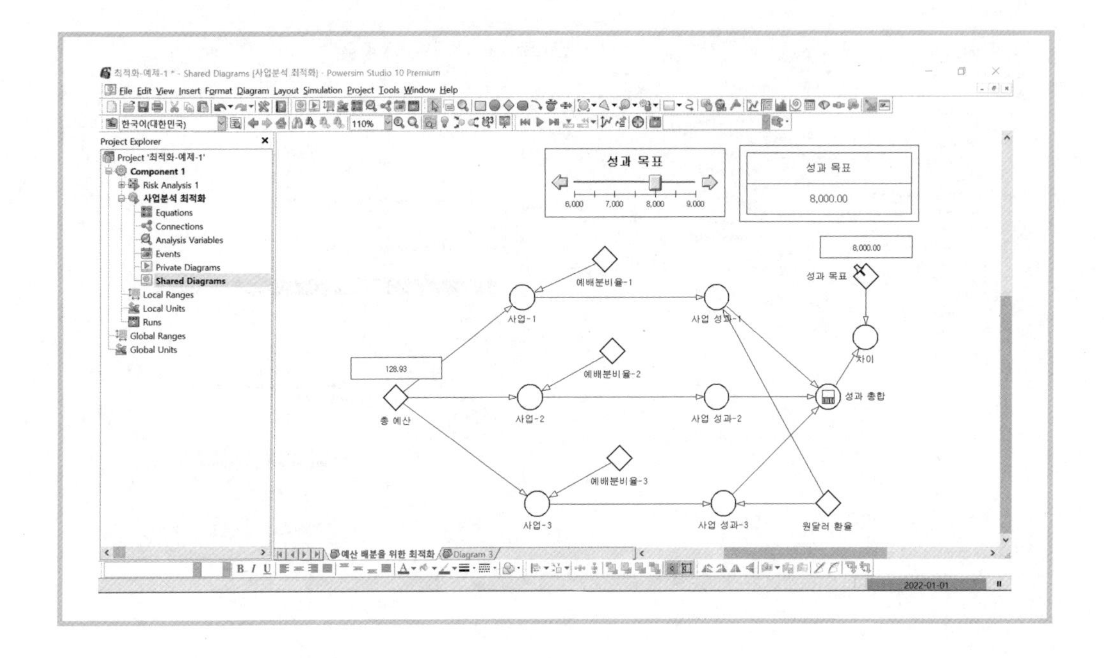

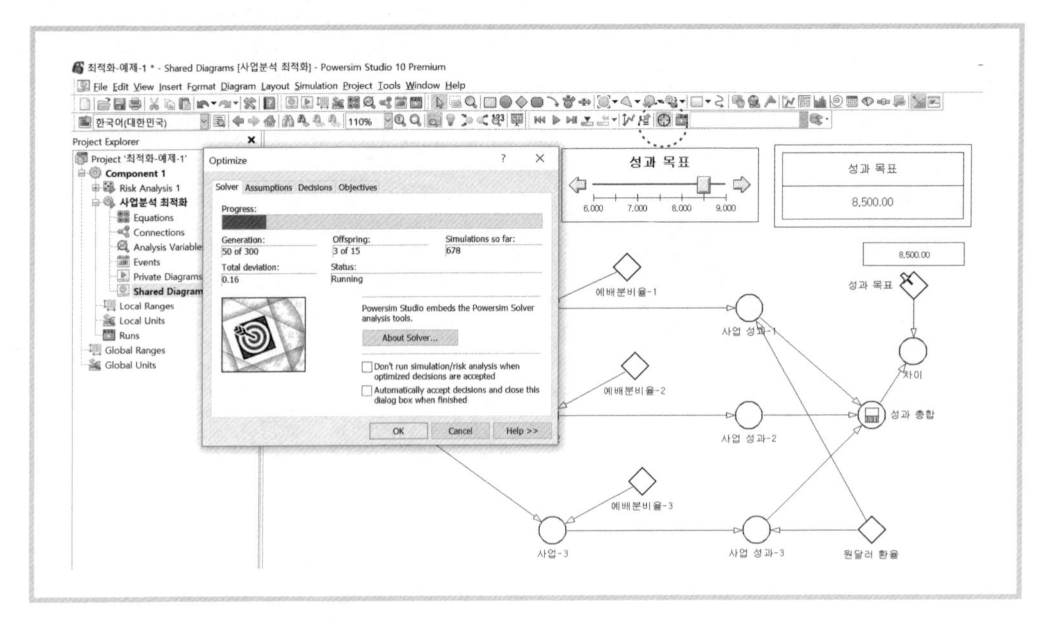

- 최적화 시뮬레이션 결과 새로운 총예산이 136으로 탐색되었다. 즉 예산 총액을 136으로 했을 때 총 사업성과는 원하는 목표치인 8,500이 된다.

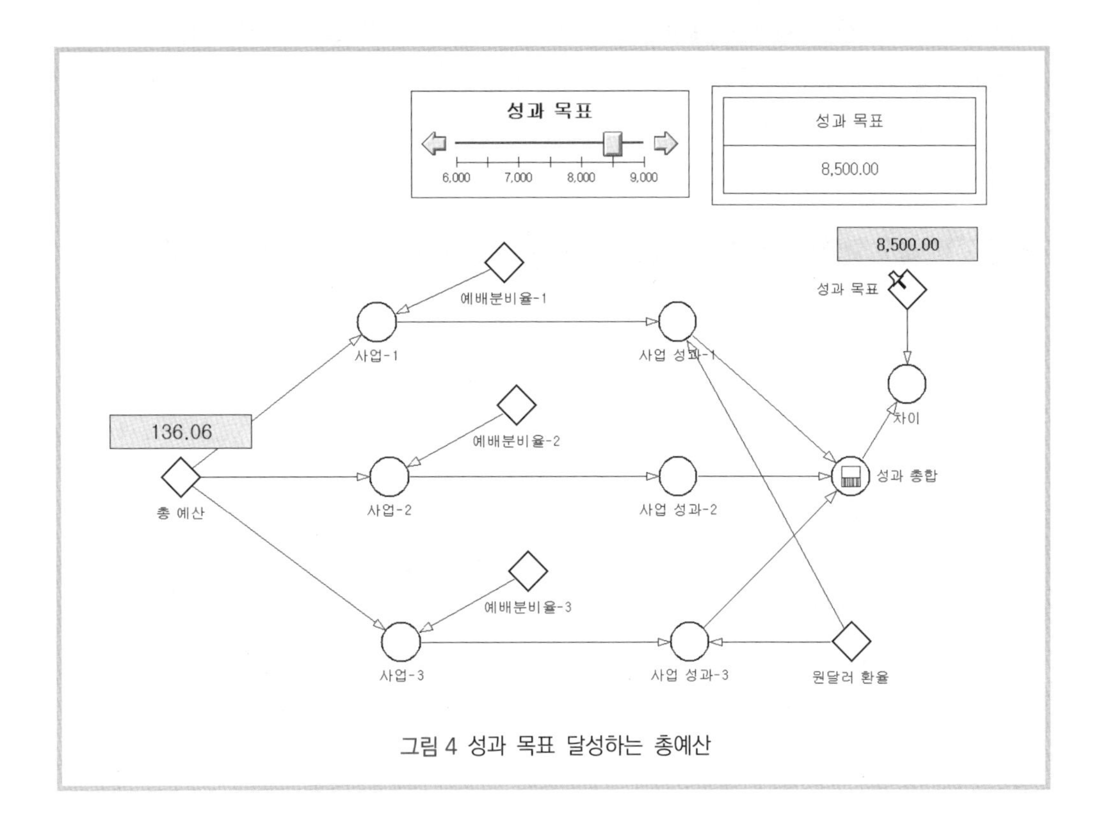

그림 4 성과 목표 달성하는 총예산

14.5 최적화 예제

14.5.1 국가 예산배분 최적화 모델

최적화를 위하여 예제를 만들어 보자. 예를 들어 아래 엑셀과 같이 2020년, 2021년도 대한민국의 예산이 518.1조와 556조 원이라고 하자. 예산이 배분되는 12개 분야에 대해 전년도 대비 증감비율은 (1) '증감 비중(%)', (2) '예산성과 기대치', (3) 예산편성에 대한 '국민 만족도'가 엑셀과 같다고 하자.

(1) 문제 개요

현재 예산편성은 여러 가지 부득이한 상황을 반영하여 다음과 같이 편성되어 있다고 가정할 때 순수한 과학적인 방법으로 예산성과와 국민 만족도를 최대화할 수 있는 예산증감 비율을 최적화 기법을 통하여 재조정하여 보라.(예산편성 목적 변수인 '예산성과'와 '국민 만족도'의 가중치(weights)는 6 대 4이다.)

I18 =SUM(I6:I17)

번호	분야	2020년 예산(조원)	2021년 예산(조원)	증감 비중(%)	예산성과 계수	국민 만족도
	2021년 예산안 재정운용 현황					
1	산업중소기업에너지	23.7	29	22.36	1	1
2	환경	9	10	11.11	0.85	0.95
3	연구개발(R&D)	24.2	28	15.70	0.86	0.7
4	SOC(사회간접시설확충)	23.3	25	7.30	1.1	1.2
5	보건복지고용	180.3	198	9.82	1.8	2
6	일반지방행정	79	86	8.86	0.92	1
7	국방	50.2	52	3.59	0.9	1.01
8	문화체육관광	8	9	12.50	1.2	1.25
9	공공질서안전	20.8	21	0.96	1.3	1.35
10	외교통일	5.5	6	9.09	1.25	1.15
11	농림수산식품	21.5	22	2.33	1.01	0.9
12	교육	72.6	70	-3.58	1.5	1.6
		2020년 518.1조	2021년 556조	100%	13.69	14.11

그림 5 국가 예산 배분 예시

(2) 분석 환경설정

- 프로젝트 설정: 달력 독립적 시뮬레이션 선택
- 시뮬레이션 환경설정: 시뮬레이션 시작 기간 0, 시뮬레이션 종료 기간 100 시뮬레이션 간격: 1로 설정한다.

(3) 최적화를 위한 모형 구축

단계 1. 엑셀에서 해당 셀을 블록으로 아래와 같이 선택하고 복사(Copy)하여 다이어그램에서 붙여넣기(Paste) 하면 엑셀 수치들이 모델로 들어온다. 자동으로 생성된 변수의 이름을 '예산배분자료'라 하자.

	2021년 예산안 재정운용 현황					
번호	분야	2020년 예산(조원)	2021년 예산(조원)	증감 비중(%)	예산성과 계수	국민 만족도
1	산업중소기업에너지	23.7	29	22.36	1	1
2	환경	9	10	11.11	0.85	0.95
3	연구개발(R&D)	24.2	28	15.70	0.86	0.7
4	SOC(사회간접시설확충)	23.3	25	7.30	1.1	1.2
5	보건복지고용	180.3	198	9.82	1.8	2
6	일반지방행정	79	86	8.86	0.92	1
7	국방	50.2	52	3.59	0.9	1.01
8	문화체육관광	8	9	12.50	1.2	1.25
9	공공질서안전	20.8	21	0.96	1.3	1.35
10	외교통일	5.5	6	9.09	1.25	1.15
11	농림수산식품	21.5	22	2.33	1.01	0.9
12	교육	72.6	70	-3.58	1.5	1.6
		2020년 518.1조	2021년 556조	100%	13.69	14.11

예산배분자료

엑셀에서 복사하고 모델로 붙여넣기를 한 '예산배분자료' 변수는 배열변수(array variable)로 다음과 같다. 12개 분야에 5개 변수 항목으로 구성되어 있다.

	1	2	3	4	5
1	23.70	29.00	22.36	1.00	1.00
2	9.00	10.00	11.11	0.85	0.95
3	24.20	28.00	15.70	0.86	0.70
4	23.30	25.00	7.30	1.10	1.20
5	180.30	198.00	9.82	1.80	2.00

예산배분자료

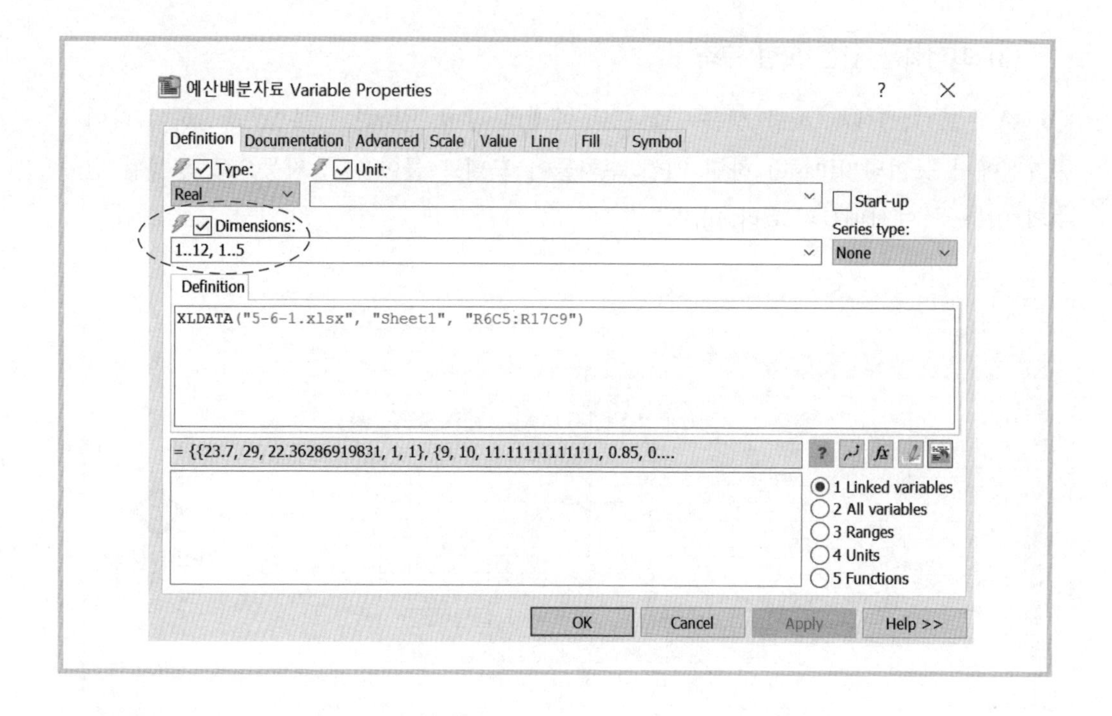

단계 2. 시뮬레이션 모델 작성

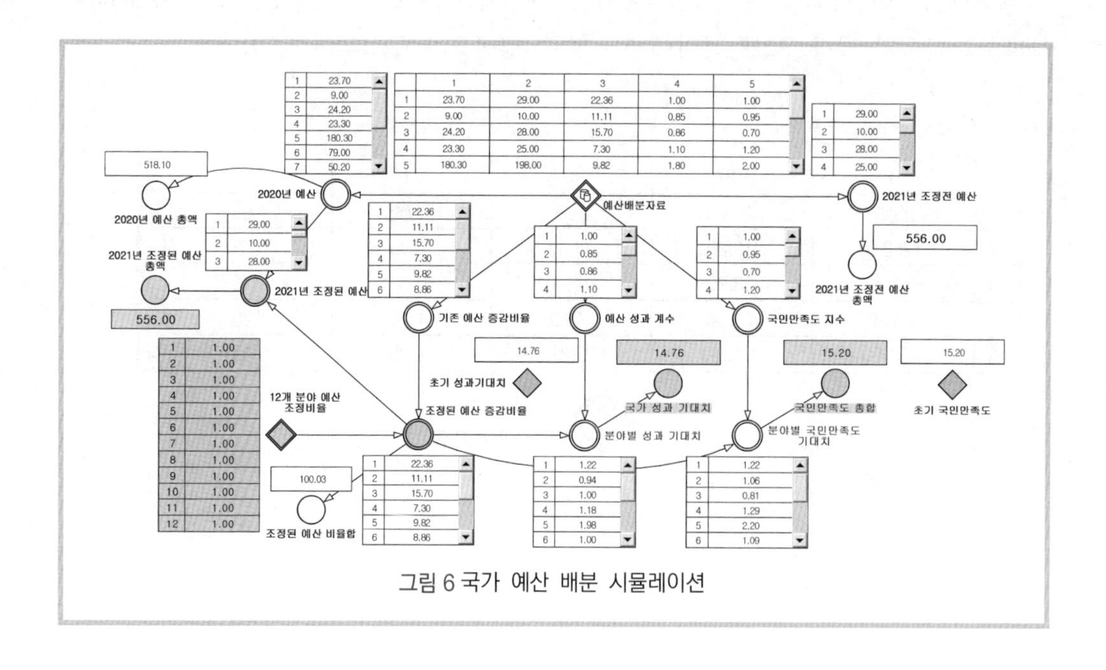

그림 6 국가 예산 배분 시뮬레이션

▶ 모델의 계산 알고리즘

Name	Definition
12개 분야 예산 조정비율	1
2020년 예산	예산배분자료[*, 1]
2020년 예산 총액	ARRSUM('2020년 예산')
2021년 조정된 예산	(1+'조정된 예산 증감비율'/100)*('2020년 예산')
2021년 조정된 예산 총액	ARRSUM('2021년 조정된 예산')
2021년 조정 전 예산	예산배분자료[*, 2]
2021년 조정 전 예산 총액	ARRSUM('2021년 조정전 예산')
국가 성과 기대치	ARRSUM('분야별 성과 기대치')
국민만족도 지수	예산배분자료[*, 5]
국민만족도 총합	ARRSUM('분야별 국민만족도 기대치')
기존 예산 증감비율	예산배분자료[*, 3]
분야별 국민만족도 기대치	(1+'조정된 예산 증감비율'/100)*'국민만족도 지수'
분야별 성과 기대치	(1+'조정된 예산 증감비율'/100)*'예산 성과 계수'
예산 성과 계수	예산배분자료[*, 4]
예산배분자료	XLDATA("5-6-1.xlsx", "Sheet1", "R6C5:R17C9")
조정된 예산 비율합	ARRSUM('조정된 예산 증감비율')
조정된 예산 증감비율	'12개 분야 예산 조정비율' * '기존 예산 증감비율'
초기 국민만족도	15.20
초기 성과기대치	14.76

단계 3. 각 변수의 정의(예시)

예를 들어 '예산배분자료' 변수에서 '예산성과 계수' 항목을 불러와서 정의한다.

예산 성과 계수 Variable Properties

Definition Documentation Advanced Scale Value Line Fill Symbol

Type: Real

Unit:

Start-up

Dimensions: 1..12

Series type: None

Definition

예산배분자료[*,4]

= {1, 0.85, 0.86, 1.1, 1.4, 0.92, 0.9, 1.2, 1.3, 1.25, 1.01, 1.2}

예산배분자료

1 Linked variables
2 All variables
3 Ranges
4 Units
5 Functions

OK Cancel Apply Help >>

단계 4. '12개 분야 예산 조정비율' 최적화 계수를 설정한다.

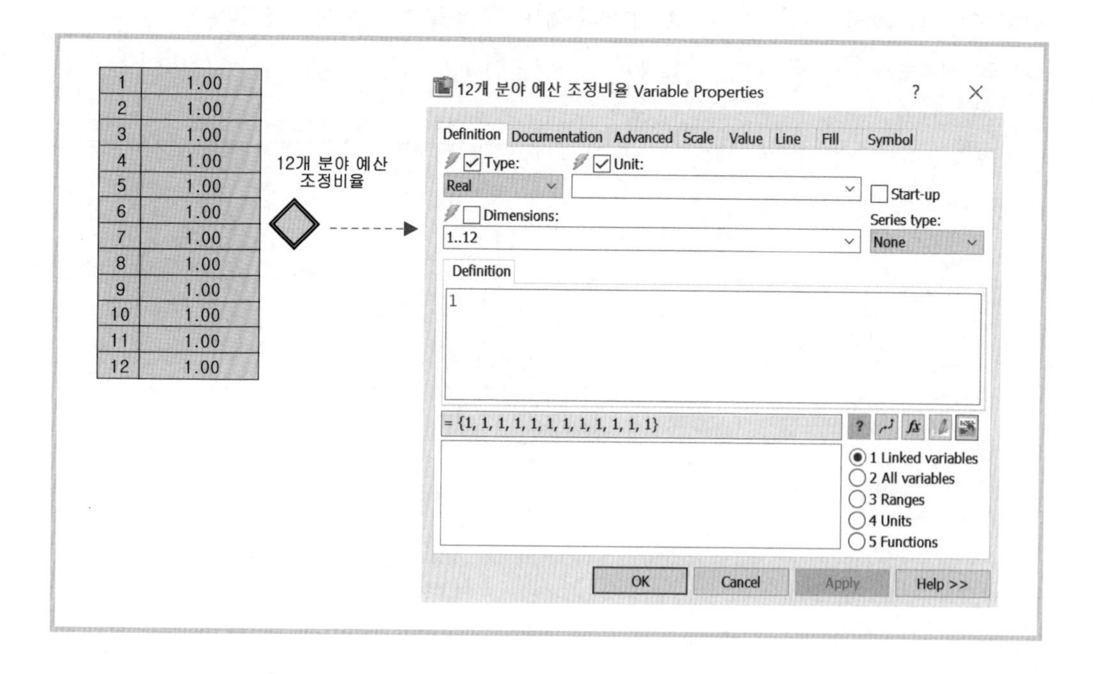

단계 5. 2021년 (1) 예산 총액 556조 원을 유지하면서 (2) 국가성과 기대치와 (3) 국민 만족도 총합을 최대화하는 (4) 12개 분야 예산 조정비율을 최적화하여야 한다.

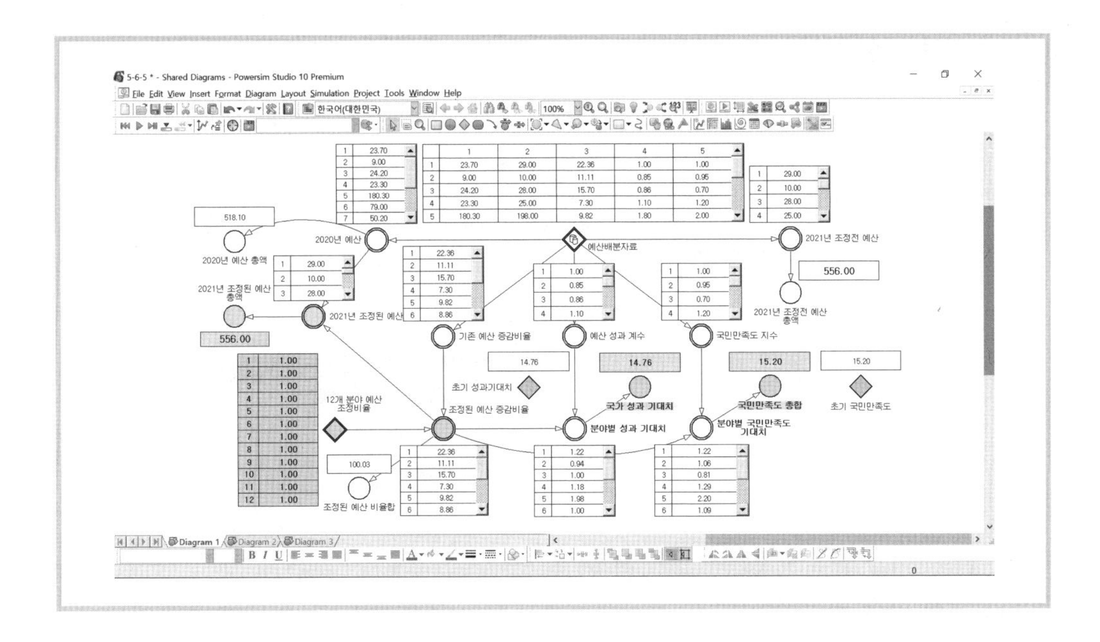

단계 6. 최적화 변수 설정

(1) 리본 메뉴에서 오른쪽 프로젝트 관리 도구(Project Explorer)를 열고, 화면에서 분석 변수(Analysis Variables) 화면 열기를 선택한다.

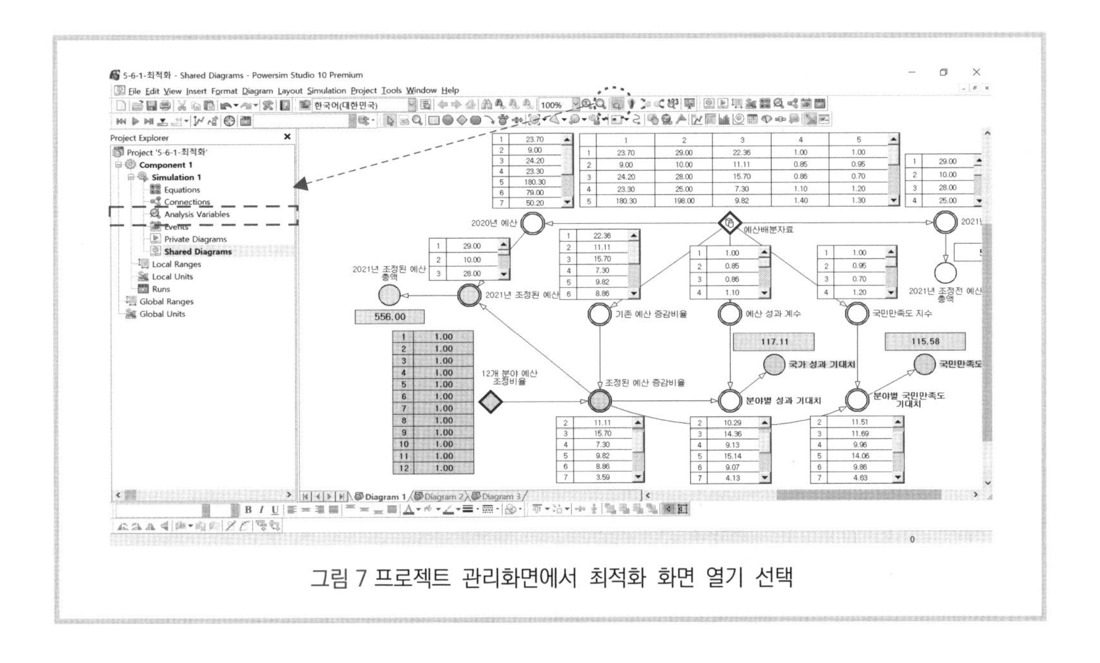

그림 7 프로젝트 관리화면에서 최적화 화면 열기 선택

단계 7. 분석(Analysis) 화면에서 목적 변수 설정(Objectives)에서 마우스 오른쪽을 클릭하고 목적 변수 추가(Add Objectives)를 선택한다.

(1) 목적 변수 설정

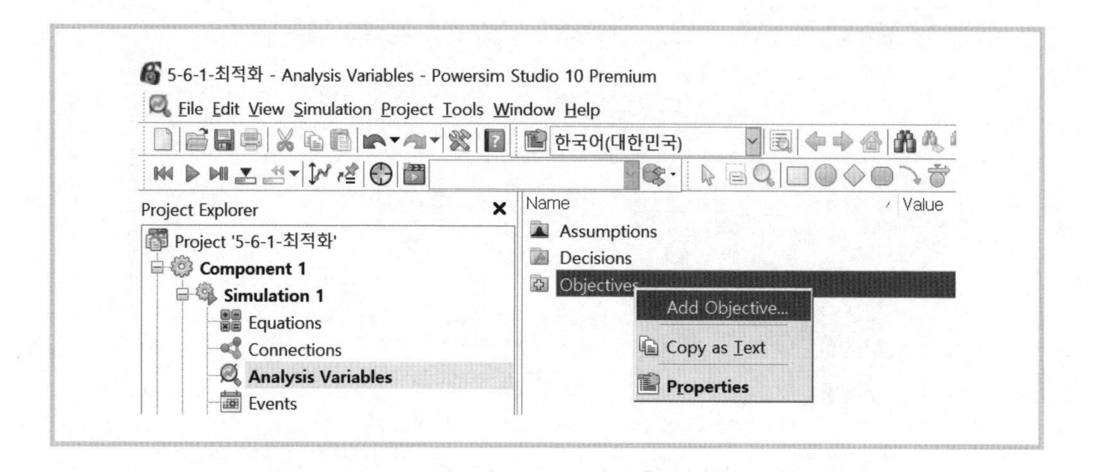

(2) 목적 함수 방향 설정

- MAX, MIN, <, >, Not In, In

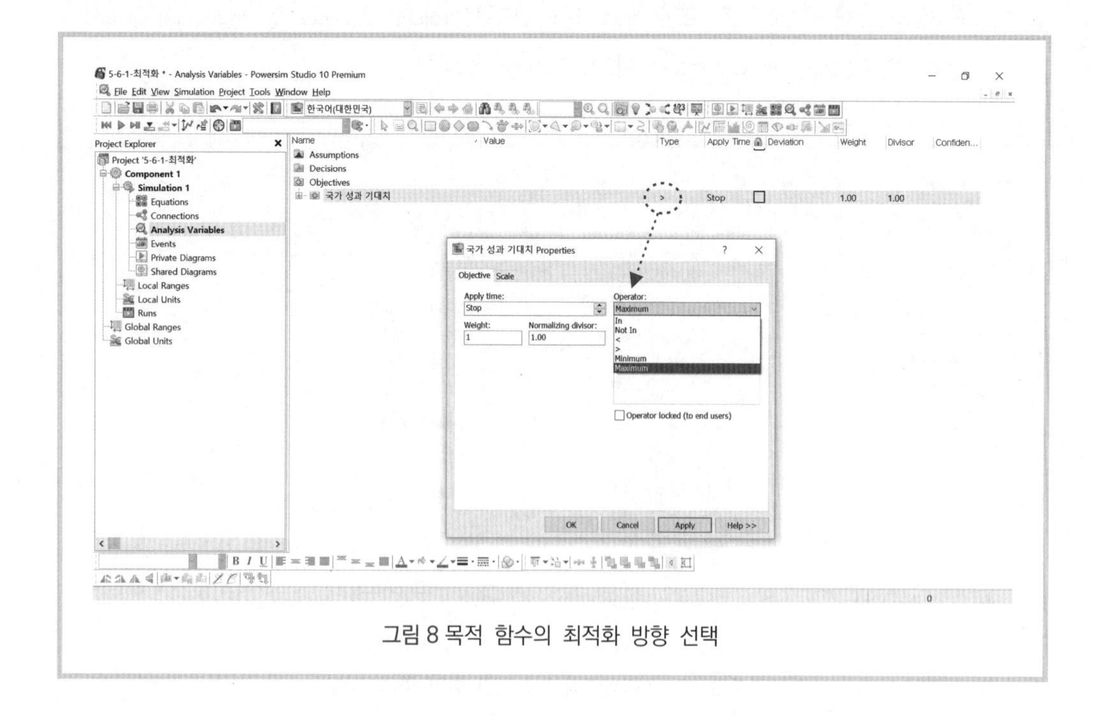

그림 8 목적 함수의 최적화 방향 선택

(3) 목적 변수가 여러 개일 때는 목적 변수 간의 중요도, 즉 가중치 설정

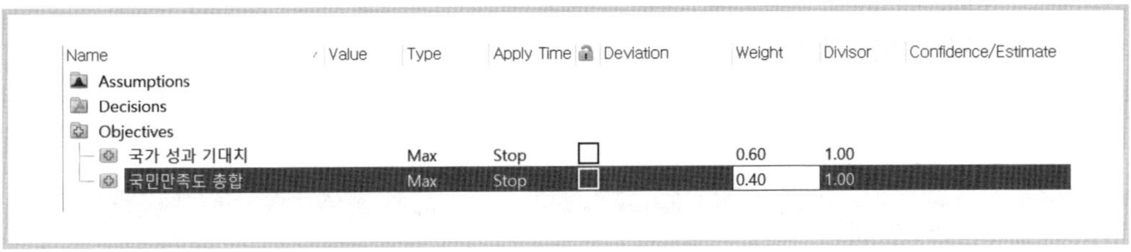

Name	Value	Type	Apply Time	Deviation	Weight	Divisor	Confidence/Estimate
Assumptions							
Decisions							
Objectives							
국가 성과 기대치		Max	Stop	☐	0.60	1.00	
국민만족도 총합		Max	Stop	☐	0.40	1.00	

단계 8. 목적 변수 범위 및 가중치 설정

그리고 2021년 조정된 예산 총액 556조 원을 유지하면서 12개 분야별 예산이 조정되어야 한다. 목표 변수 설정 판별식(Operator)을 Operator로 설정하고 556조 원을 범위로 지정하기 위하여 예산목표를 [555.9조~556조]원으로 설정하자.

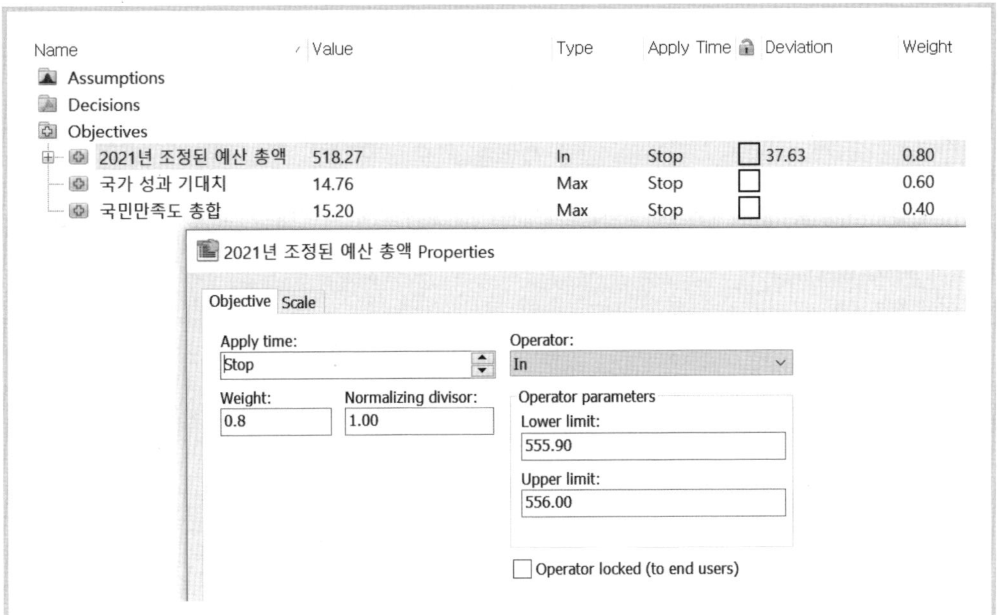

Name	Value	Type	Apply Time	Deviation	Weight
Assumptions					
Decisions					
Objectives					
2021년 조정된 예산 총액	518.27	In	Stop	☐ 37.63	0.80
국가 성과 기대치	14.76	Max	Stop	☐	0.60
국민만족도 총합	15.20	Max	Stop	☐	0.40

2021년 조정된 예산 총액 Properties

Objective | Scale

Apply time: Stop

Operator: In

Weight: 0.8

Normalizing divisor: 1.00

Operator parameters

Lower limit: 555.90

Upper limit: 556.00

☐ Operator locked (to end users)

그림 9 목적 함수의 범위 설정

단계 9. 최적화를 위한 의사결정 변수의 설정

(1) 의사결정 변수 선택

Assumptions
Decisio Add Decision...
Object
20. Copy as Text

20.	518.27	In	Stop	37.63	0.80
국가 성과 기대치	14.76	Max	Stop		0.60
국민만족도 총합	15.20	Max	Stop		0.40

(2) 의사결정 변수의 선택 범위 설정

시스템에서는 기본적으로 의사결정 변수에 대하여 ±10% 값을 상한과 하한의 기본 결정 폭을 제공한다. 1차 최적화 시뮬레이션 이후에 선택 범위를 조절할 수 있다.

Name	Value	Type	Apply Time	Deviation	Weight
Assumptions					
Decisions					
12개 분야 예산 조정비율	1.00		Start		
Minimum Value	0.90				
Maximum Value	1.10				
Objectives					
2021년 조정된 예산 총액	518.27	In	Stop	37.63	0.80
국가 성과 기대치	14.76	Max	Stop		0.60
국민만족도 총합	15.20	Max	Stop		0.40

(3) 최적화 실행 아이콘을 클릭하여 최적화 실시

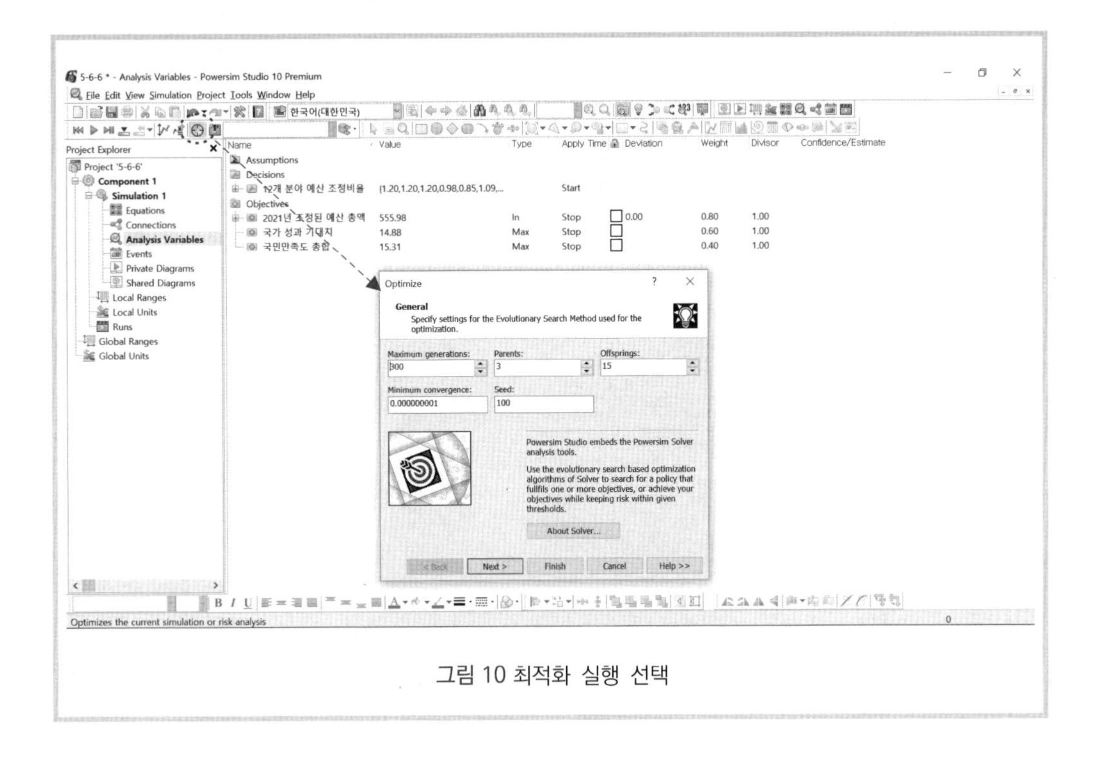

그림 10 최적화 실행 선택

(4) 최적화 실행 단계

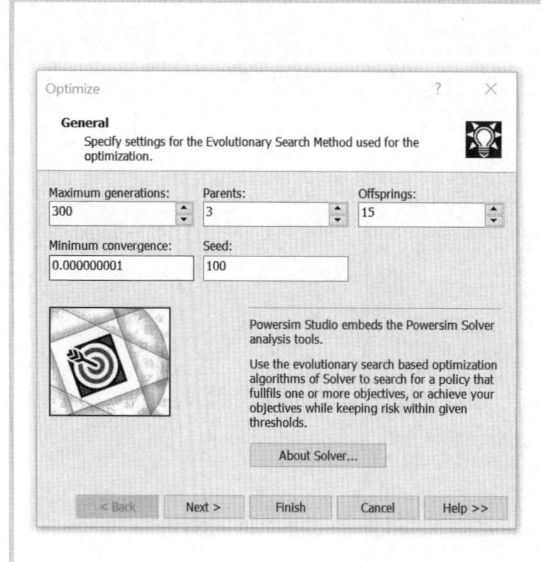

최적화 시뮬레이션 구성

- Maximum generation
- Parents
- Offsprings
- Minimum convergence
- Seed

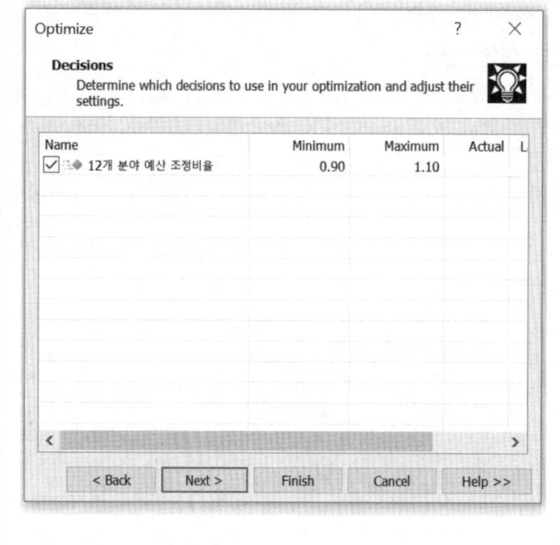

의사결정 변수 설정

- 의사결정 변수의 변동 폭 설정 ±10%
- 선택 가능한 최솟값과 최댓값을 직접 설정할 수도 있다.

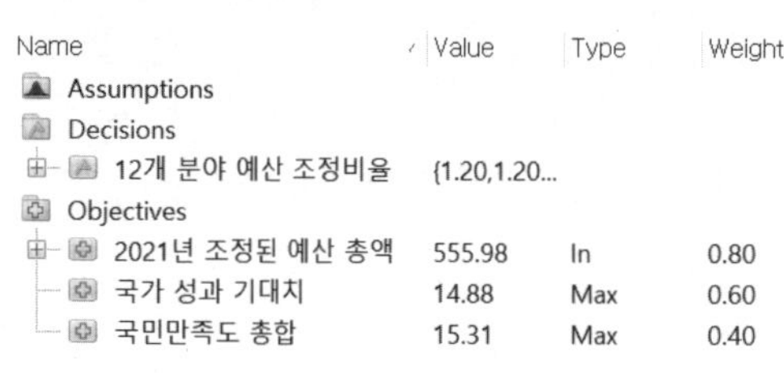

목적 변수 설정

- 목적 변수의 판별식 설정 In, Max, Min 등
- 목적 변수 간의 가중치(Weight) 설정

(5) 최적화 탐색 완료 메시지

최적화가 완료되면 Status에 'Finished, max generated reached'라는 메시지가 나타난다.

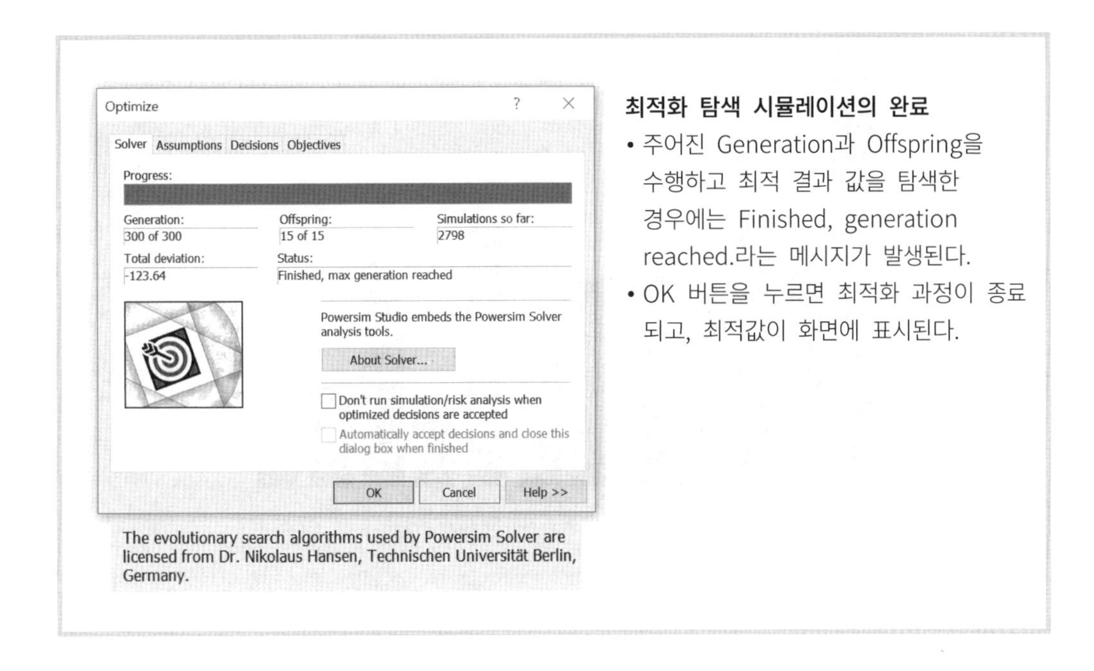

최적화 탐색 시뮬레이션의 완료
- 주어진 Generation과 Offspring을 수행하고 최적 결과 값을 탐색한 경우에는 Finished, generation reached.라는 메시지가 발생된다.
- OK 버튼을 누르면 최적화 과정이 종료되고, 최적값이 화면에 표시된다.

(6) 의사결정 변수의 결정 폭이 조정

12개 분야 예산증감률 조정비율을 ±10%로 하는 경우의 전년 대비 예산증감비율

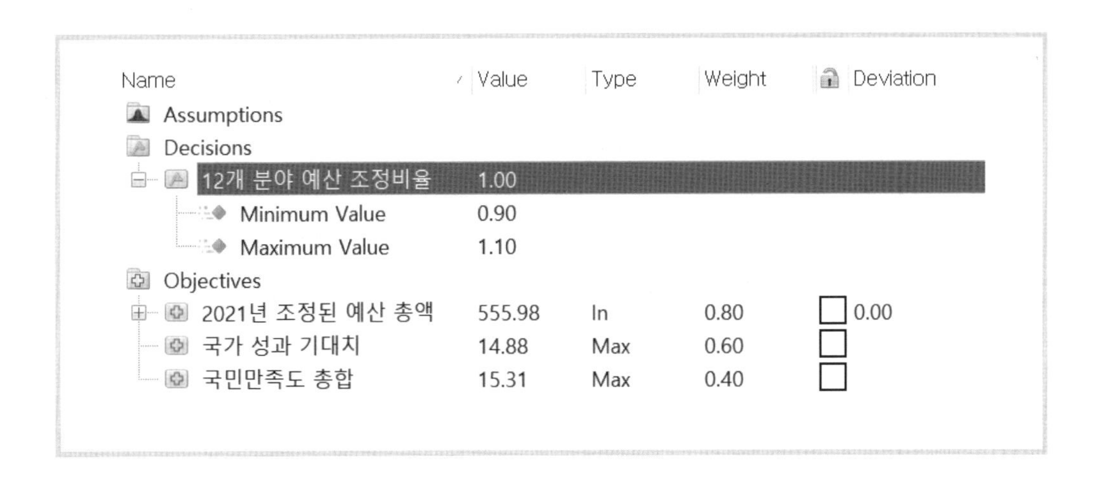

Name	Value	Type	Weight	Deviation
Assumptions				
Decisions				
12개 분야 예산 조정비율	1.00			
Minimum Value	0.90			
Maximum Value	1.10			
Objectives				
2021년 조정된 예산 총액	555.98	In	0.80	0.00
국가 성과 기대치	14.88	Max	0.60	
국민만족도 총합	15.31	Max	0.40	

단계 10. 최적화 시뮬레이션 결과 요약

(1) 조정비율을 ±10%로 하는 경우의 전년 대비 예산증감비율

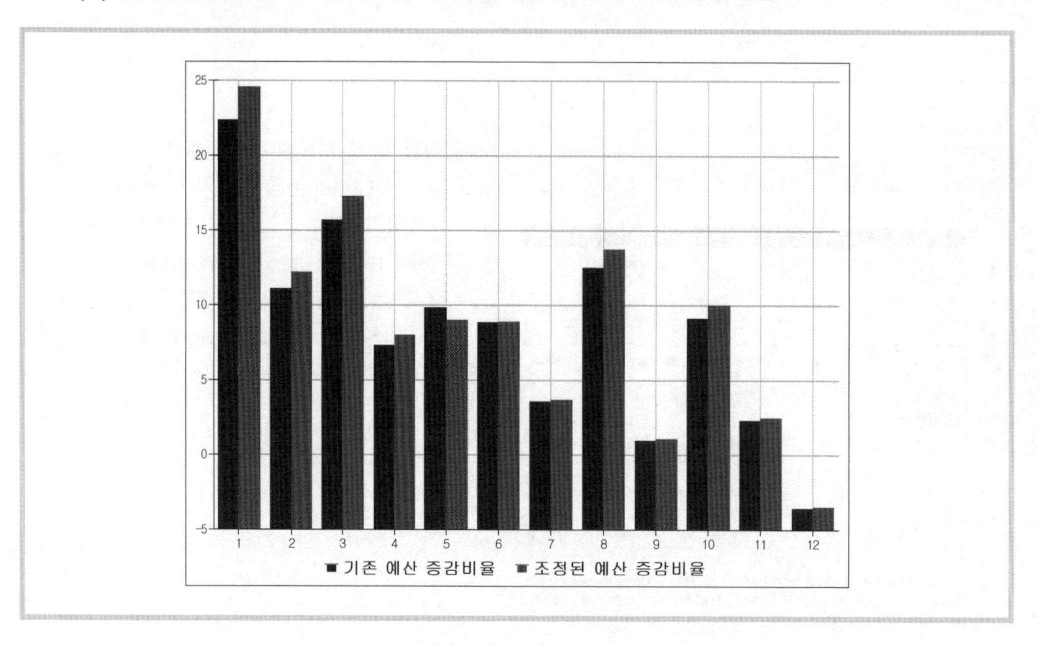

(2) 최적화 결과

예산 분야	2020년 예산	기존 예산 증감 비율	2021년 기존 예산	조정 예산 증감 비율	2021년 조정 예산
1. 산업중소기업에너지	23.70	22.36	29.00	24.60	29.53
2. 환경	9.00	11.11	10.00	12.22	10.10
3. 연구개발(R&D)	24.20	15.70	28.00	17.27	28.38
4. 사회간접자본(SOC)	23.30	7.30	25.00	8.02	25.17
5. 보건복지고용	180.30	9.82	198.00	8.97	196.47
6. 일반지방행정	79.00	8.86	86.00	8.87	86.01
7. 국방	50.20	3.59	52.00	3.69	52.05
8. 문화체육관광	8.00	12.50	9.00	13.75	9.10
9. 공공질서안전	20.80	0.96	21.00	1.05	21.02
10. 외교통일	5.50	9.09	6.00	10.00	6.05
11. 농림수산식품	21.50	2.33	22.00	2.45	22.03
12. 교육	72.60	−3.58	70.00	−3.46	70.09
총합	518.10		556.00		556.00
국가 성과 기대치		14.76	**14.76**	14.83	**14.83**
국민만족도 지수		15.20	**15.20**	15.26	**15.26**

새로운 예산편성으로 성과지수는 14.76 → 14.83, 국민만족도 지수는 15.2 → 15.26으로 향상됨을 알 수 있다.

(3) 전년 대비 분야별 예산증감 비율에 대한 조정비율을 ±20%로 하는 경우

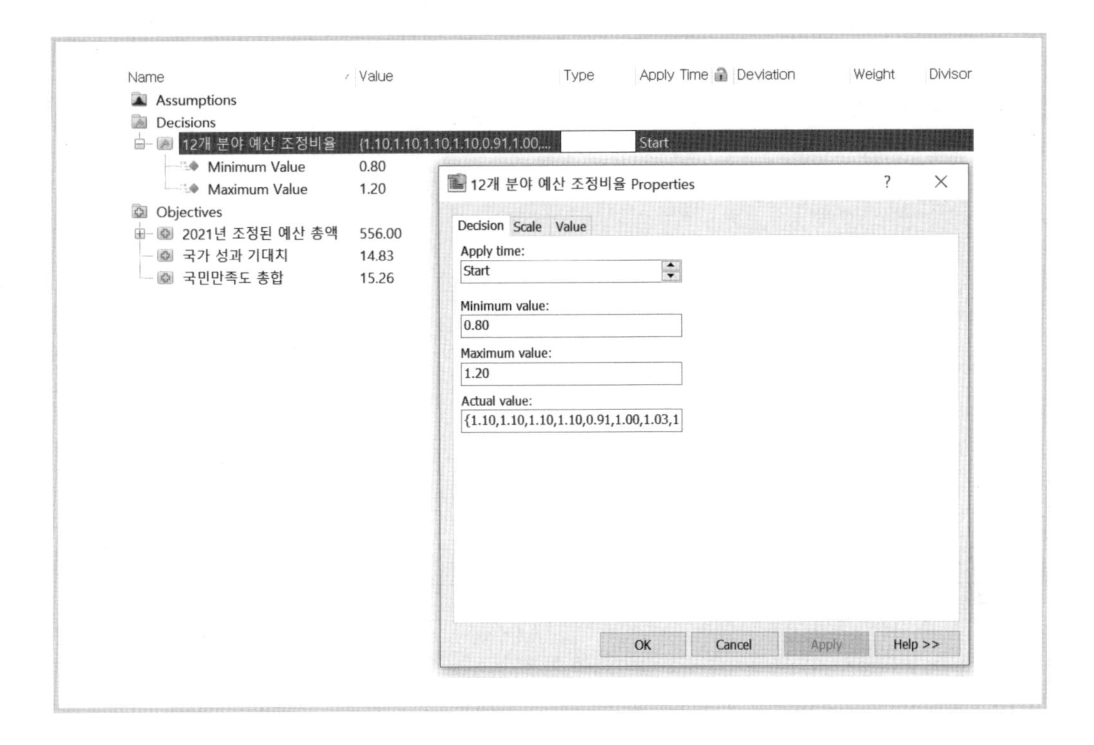

(4) 최적화 실행

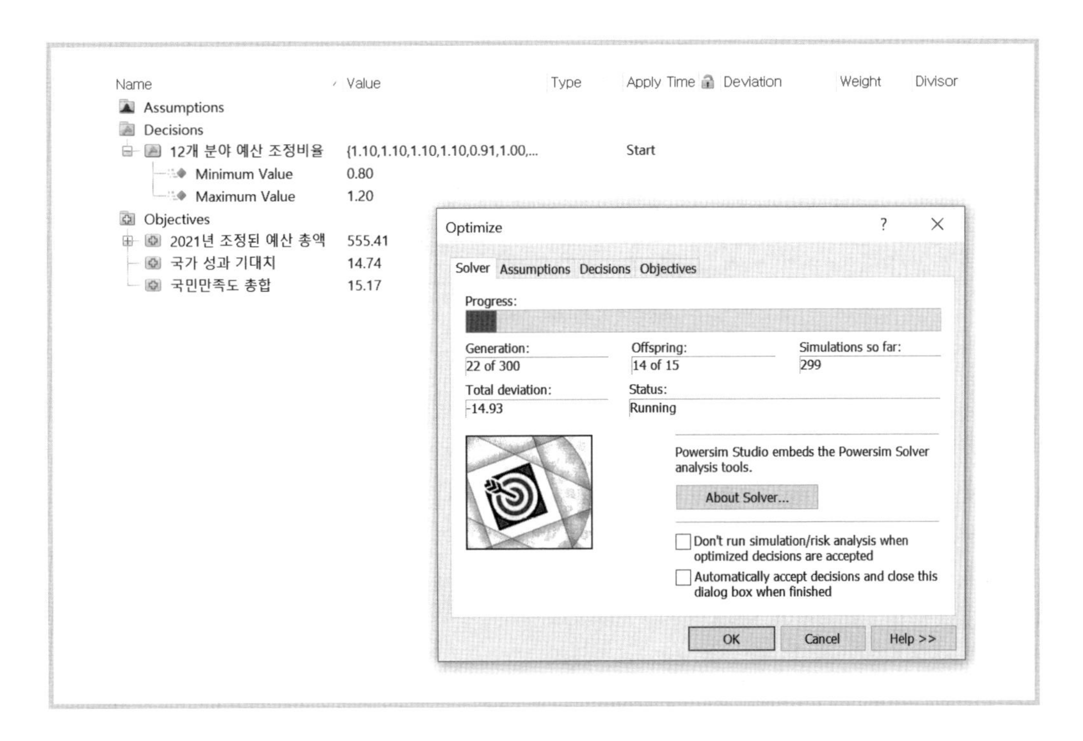

(5) 최적화 시뮬레이션 결과

Name	Value	Type	Apply Time	Deviation	Weight
Assumptions					
Decisions					
12개 분야 예산 조정비율	{1.20,1.20,1.20,0.98,0.85,1.09,...		Start		
Minimum Value	0.80				
Maximum Value	1.20				
Objectives					
2021년 조정된 예산 총액	555.98	In	Stop	0.00	0.80
국가 성과 기대치	14.88	Max	Stop		0.60
국민만족도 총합	15.31	Max	Stop		0.40

(6) 최적화 결과 비교표

예산 분야	2020년 예산	기존 예산 증감 비율	2021년 기존 예산	조정 예산 증감 비율	2021년 조정 예산
1. 산업중소기업에너지	23.70	22.36	29.00	26.82	30.06
2. 환경	9.00	11.11	10.00	13.29	10.20
3. 연구개발(R&D)	24.20	15.70	28.00	18.83	28.76
4. 사회간접자본(SOC)	23.30	7.30	25.00	7.15	24.96
5. 보건복지고용	180.30	9.82	198.00	8.30	195.27
6. 일반지방행정	79.00	8.86	86.00	9.68	86.65
7. 국방	50.20	3.59	52.00	3.42	51.92
8. 문화체육관광	8.00	12.50	9.00	14.99	9.20
9. 공공질서안전	20.80	0.96	21.00	1.13	21.04
10. 외교통일	5.50	9.09	6.00	10.90	6.10
11. 농림수산식품	21.50	2.33	22.00	2.11	21.95
12. 교육	72.60	-3.58	70.00	-3.75	69.88
총합	518.10		556.00		555.98
국가 성과 기대치		14.76	14.76	14.88	14.88
국민만족도 지수		15.20	15.20	15.31	15.31

전년 대비 분야별 예산증감 비율에 대한 조정비율을 ±20%로 하는 경우의 새로운 예산편성으로 성과지수는 14.76 → ±10%의 14.83에서 ±20%의 14.88로, 국민 만족도 지수는 15.2 → ±20%의 15.20에서 ±20%의 15.31로 향상됨을 알 수 있다.

(7) 조정비율을 ±20%로 하는 경우의 전년 대비 예산증감비율

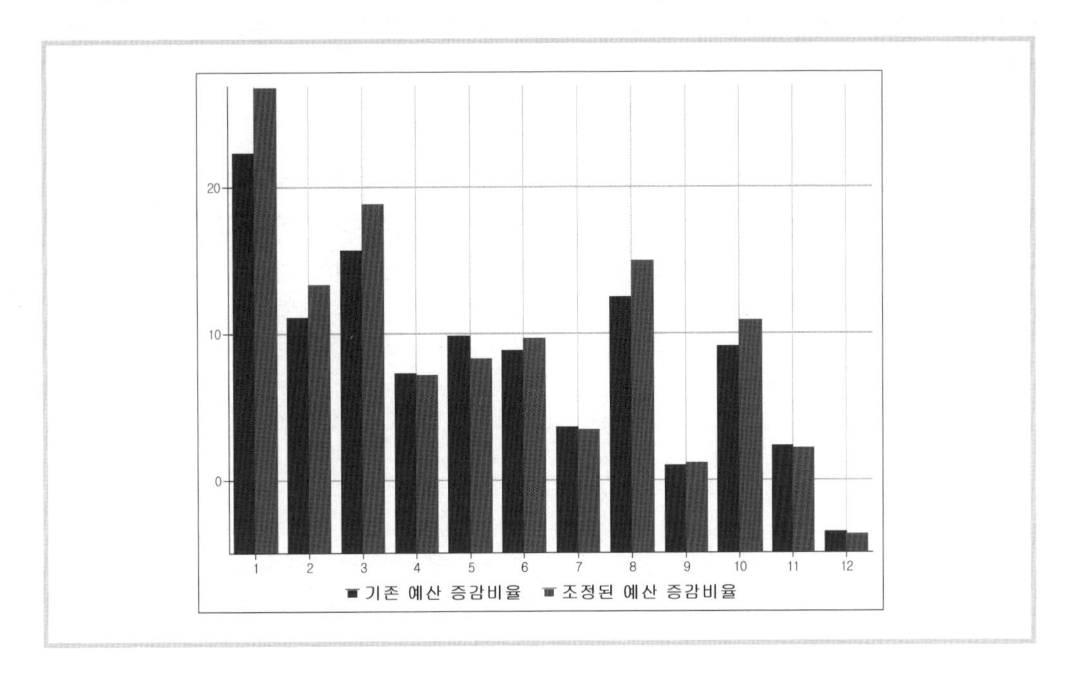

단계 11. 분야별 예산증감 비율 비교

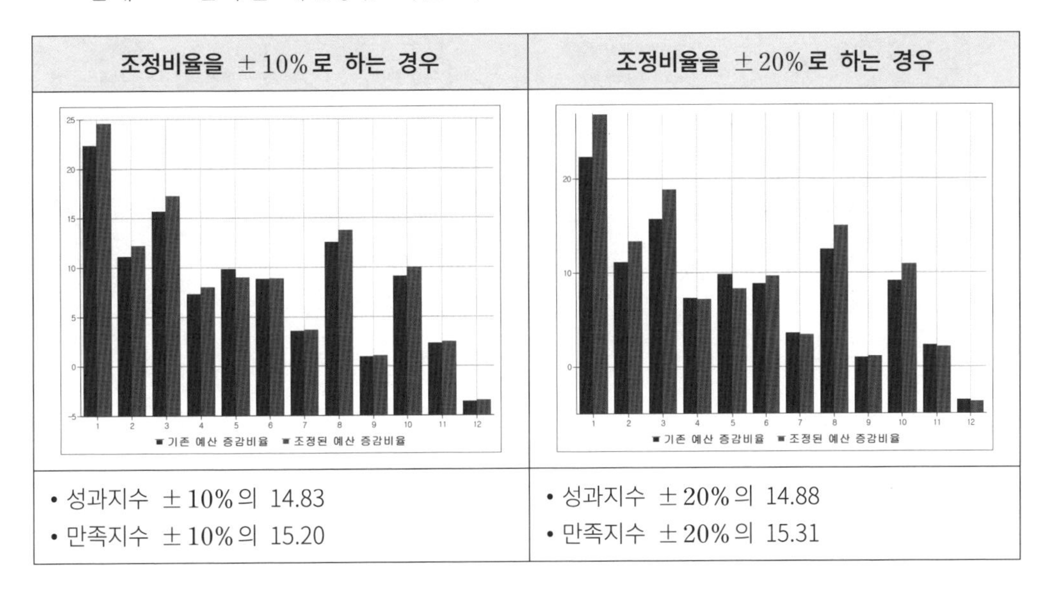

조정비율을 ±10%로 하는 경우	조정비율을 ±20%로 하는 경우
• 성과지수 ±10%의 14.83 • 만족지수 ±10%의 15.20	• 성과지수 ±20%의 14.88 • 만족지수 ±20%의 15.31

증감율 조정폭을 ±10%에서 ±20%로 변경하는 경우 전제적인 성과지수나 국민 만족지수는 상승하나, 각 분야의 예산 배분증감 비율은 일관성을 갖지 못하는 것으로 나타났다.

이는 각 분야 예산 총액을 556조 원으로 맞추는 것과 성과지수와 만족지수를 위하여 예산규모가 큰 5번 보건복지고용, 6번 일반지방행정, 7번 국방분야의 예산 증가가 상대적으로 둔화된 것을 알 수 있다.

이러한 최적화 시뮬레이션 결과는 예산비율 증감 조정 폭에 따른 단순한 최적화보다는 각 분야의 예산 규모와 예산 규모별 성과지수나 국민만족도 기여도를 동시에 고려할 수 있는 정교한 모델을 작성하고 난 뒤에 최적화를 수행하여야 함을 시사하고 있다.

(1) 최적화 이전 상태

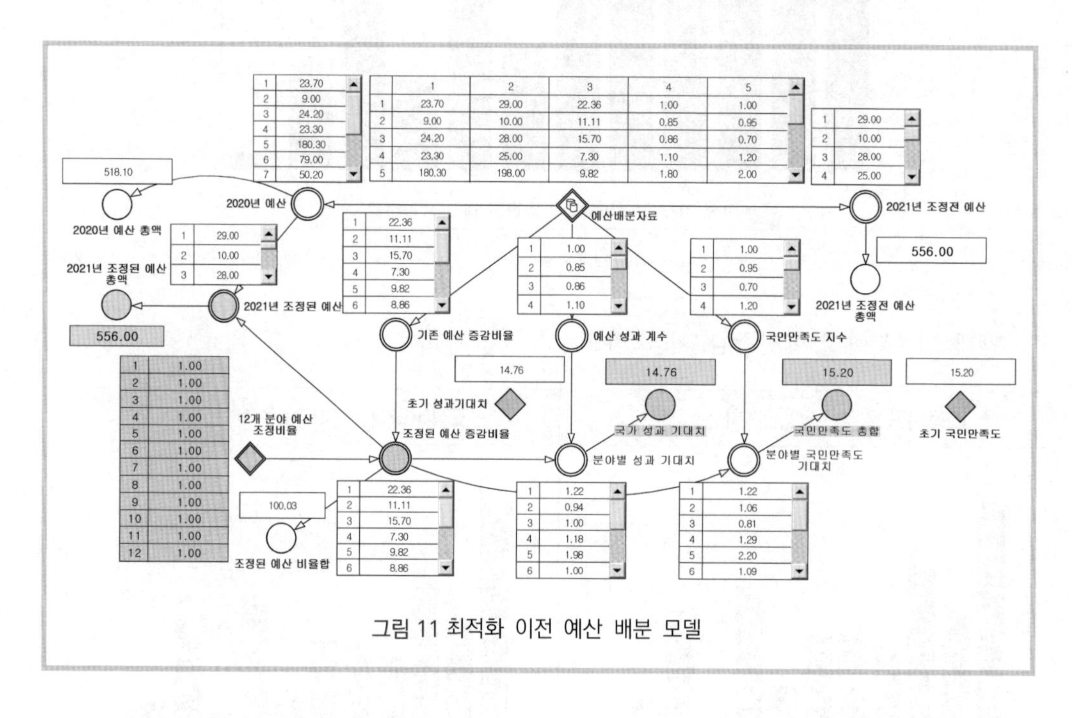

그림 11 최적화 이전 예산 배분 모델

(2) 최적화 이후 상태

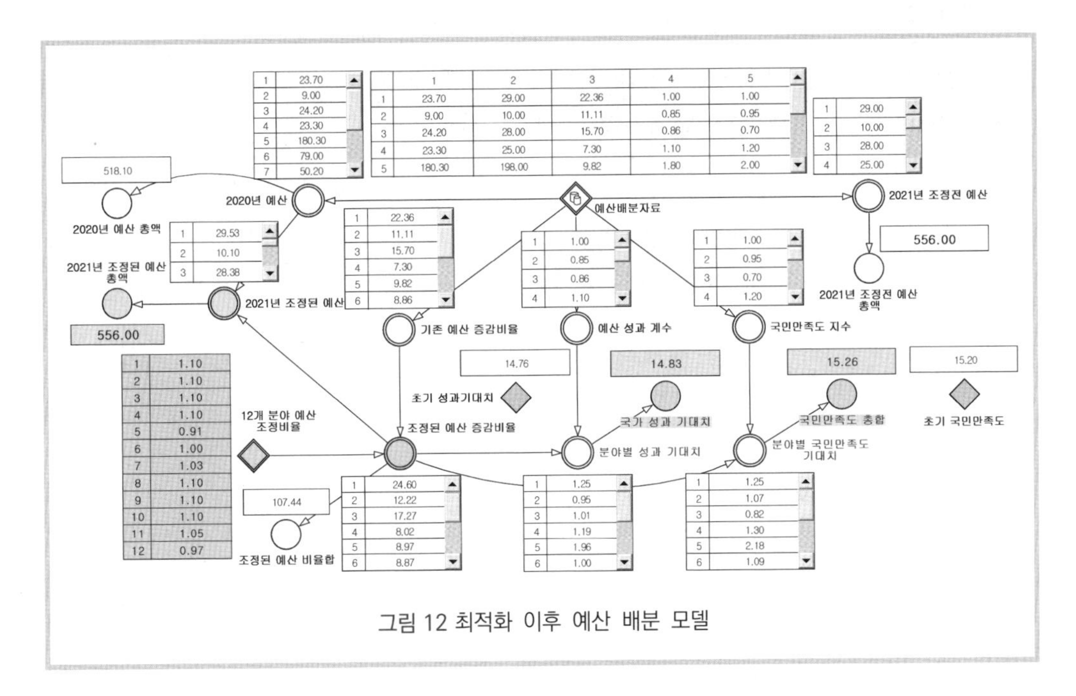

그림 12 최적화 이후 예산 배분 모델

14.6 배열을 이용한 최적화 예제

Case 1. 배열을 이용한 연령증가 모델

환경설정

- 프로젝트 설정(Project Setting): 달력 종속(Calendar dependent)
- 시뮬레이션 설정(Simulation Setting): 2011.01.01 ~ 2020.01.01
- 시뮬레이션 간격(Time Step): 1 yr

수식 정의

- 연령증가_Aging Chain = FOR(i=1..10 | 11−i)
- 연령 이동 = 연령증가_Aging Chain [1..9]/1<<yr>>
- 연령증가_Aging Chain 변수는 열 가지 나이 구분에 인구가 5명씩 있다고 하자. (1살에 10명, 2살에 9명, 3살에 8명...)
- 인구의 연령변경은 각 연령대 인구가 1년이 지나면 그 다음 연령으로 변하게 된다.
- 마지막 10번째 구간 연령대 인구는 그 다음 연령대가 없으므로 계속 쌓인다고 하자.

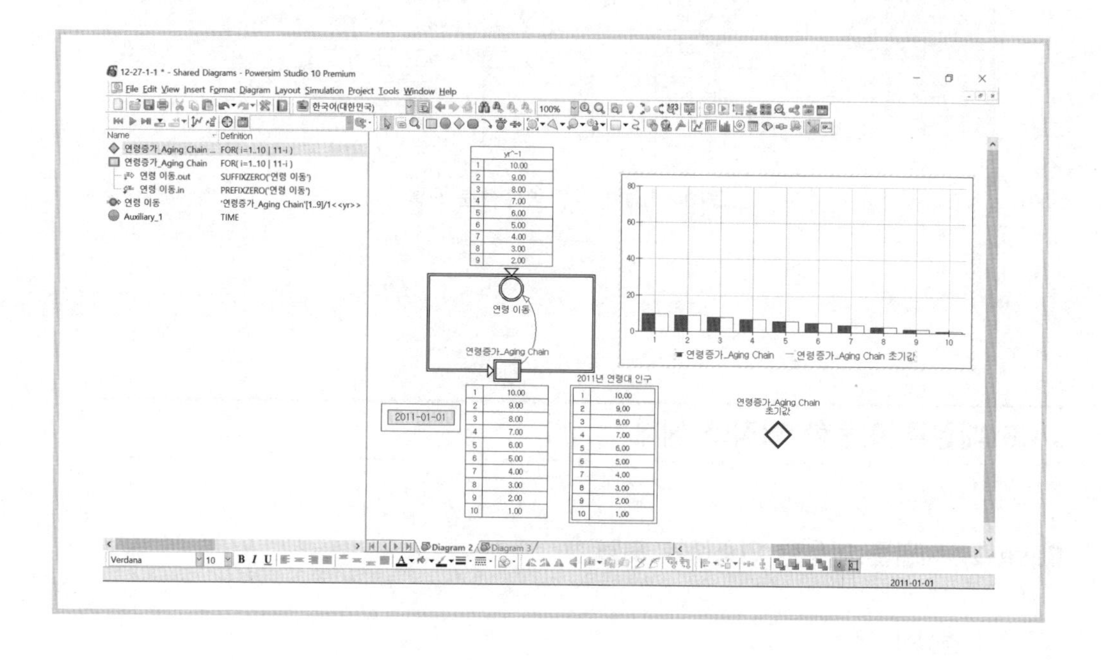

- 1년이 지난 2012년은 아래와 같이 연령대별 인구가 변한다.

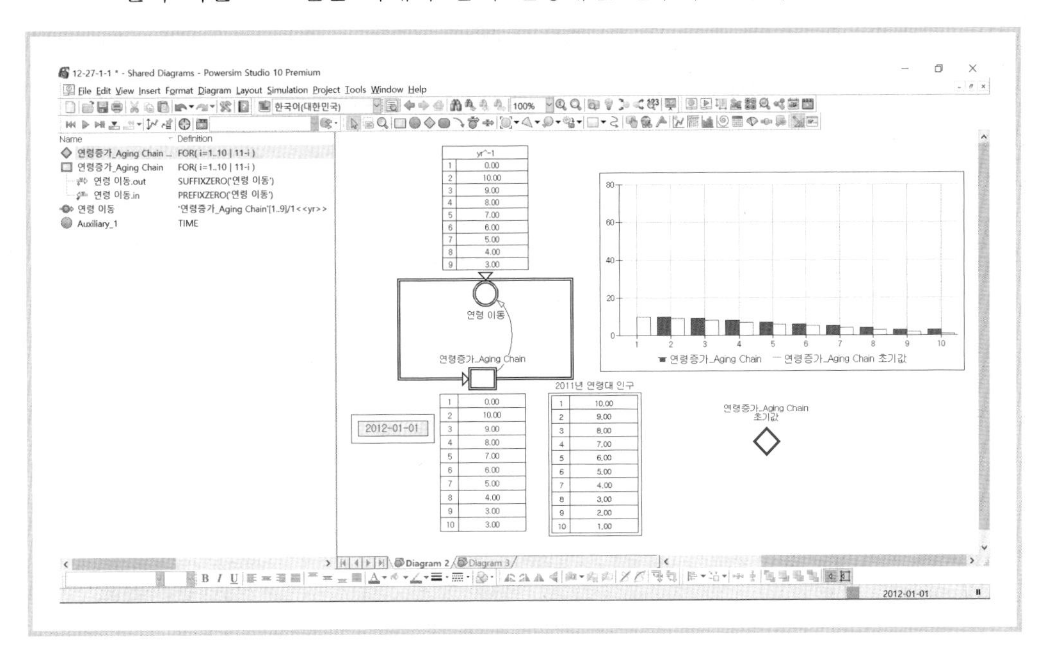

- 1년씩 지나 5년이 지나면 2016년은 아래와 같이 연령대별 인구가 변한다.

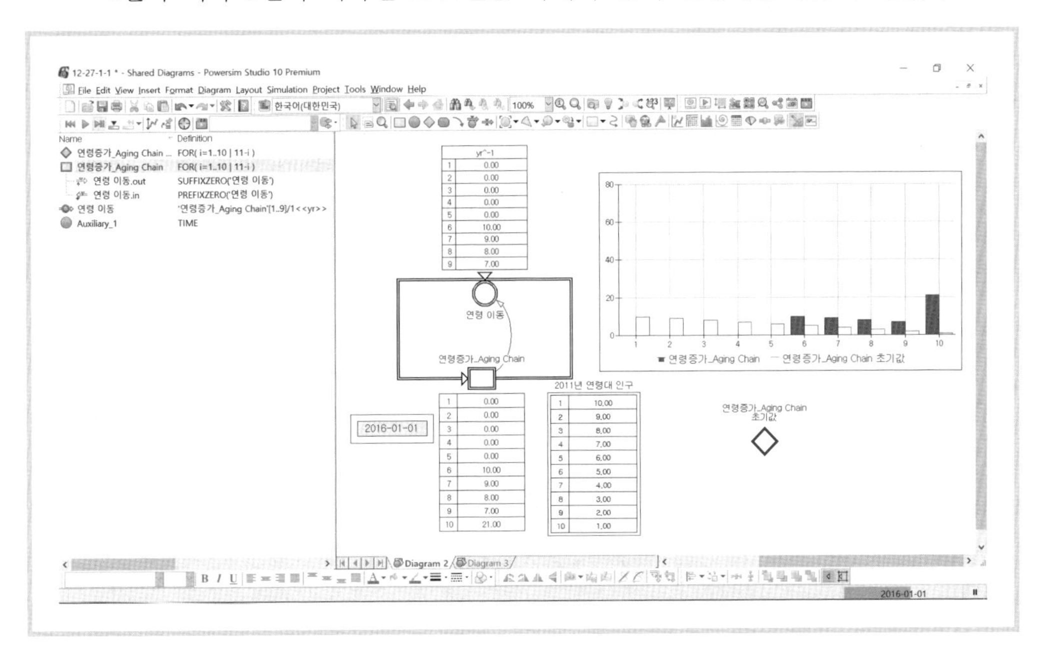

참고로 실제 모델을 열고 시뮬레이션 다양한 형태로 변화되는 모습을 관찰할 수 있다.

• 9년이 지나 2020년은 아래와 같이 연령대별 인구가 변한다.

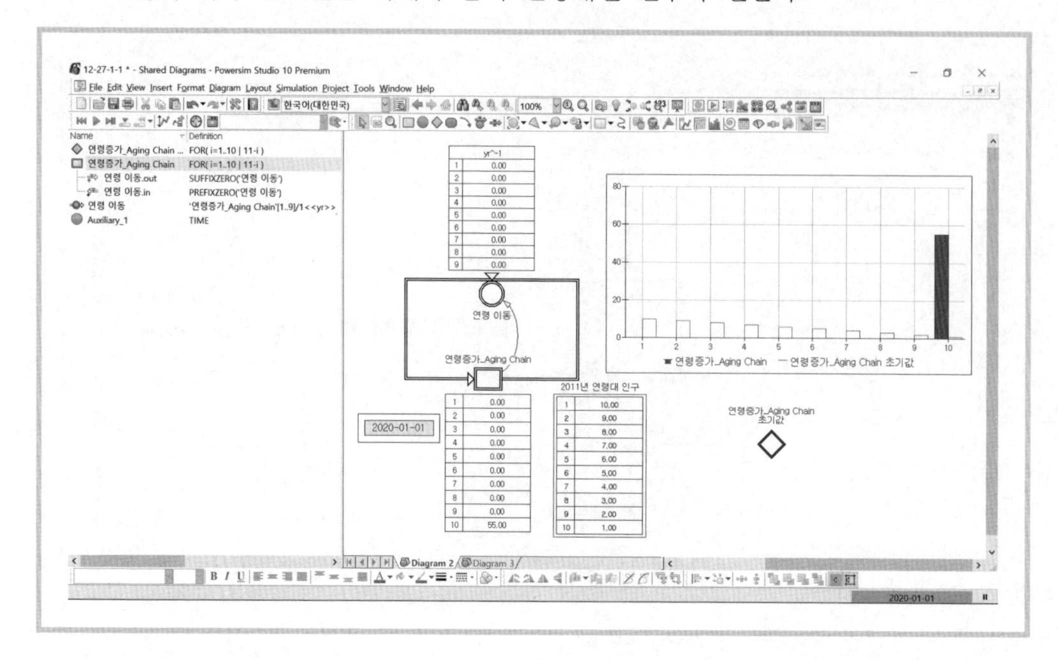

Case 2. 조직인력 구조 모형

환경설정

• 프로젝트 설정(Project Setting): 달력 종속(Calendar dependent)

• 시뮬레이션 설정(Simulation Setting): 2011.01.01 ~ 2020.01.01

• 시뮬레이션 간격(Time Step): 1 yr

직급별 승진 이동 모델

• 2011년 어떤 조직에 직급이 10개 있고, 각 직급에는 100명이 있다고 하자.

• 인사정책은 각 직급의 10%의 다음 직급으로 승진하는 승진율을 적용한다고 하자.

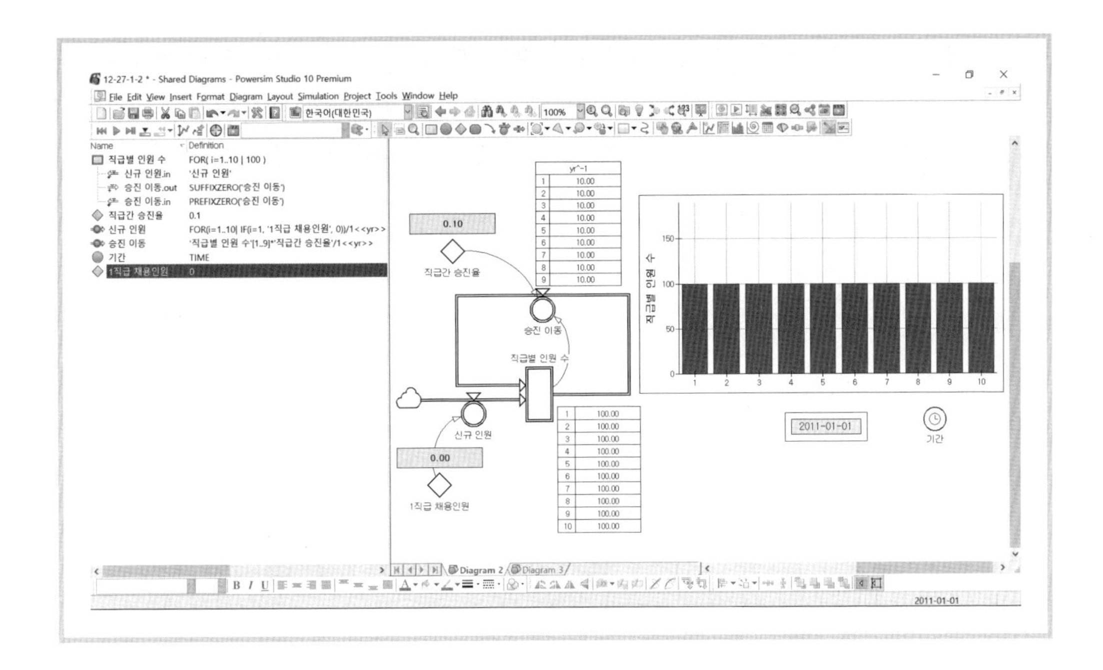

• 신규 채용을 하지 않는 경우 2020년 각 직급별 인원 변화는 다음과 같다.

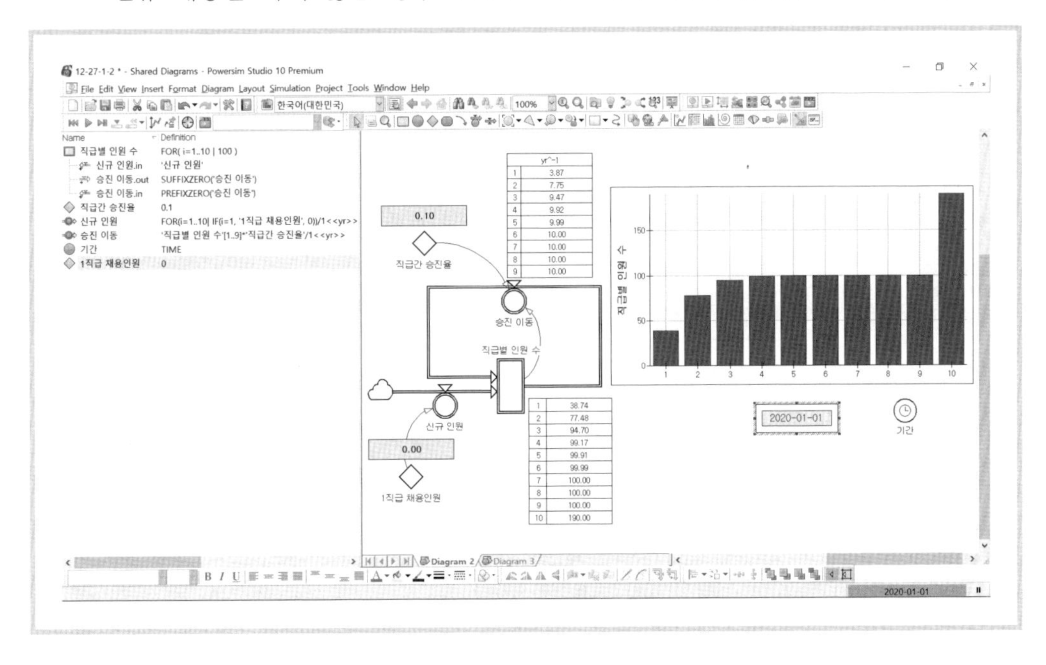

- 신규로 1직급에 연간 10명을 채용하는 경우 2020년 조직 구조는 다음과 같다.
- 시뮬레이션 결과와 같이 신규로 10명을 1직급에 채용하고 각 직급별로 연간 10%씩을 승진시키므로, 각 직급의 인원변동은 없고 10직급에는 승진 인원이 누적되는 형태이다.

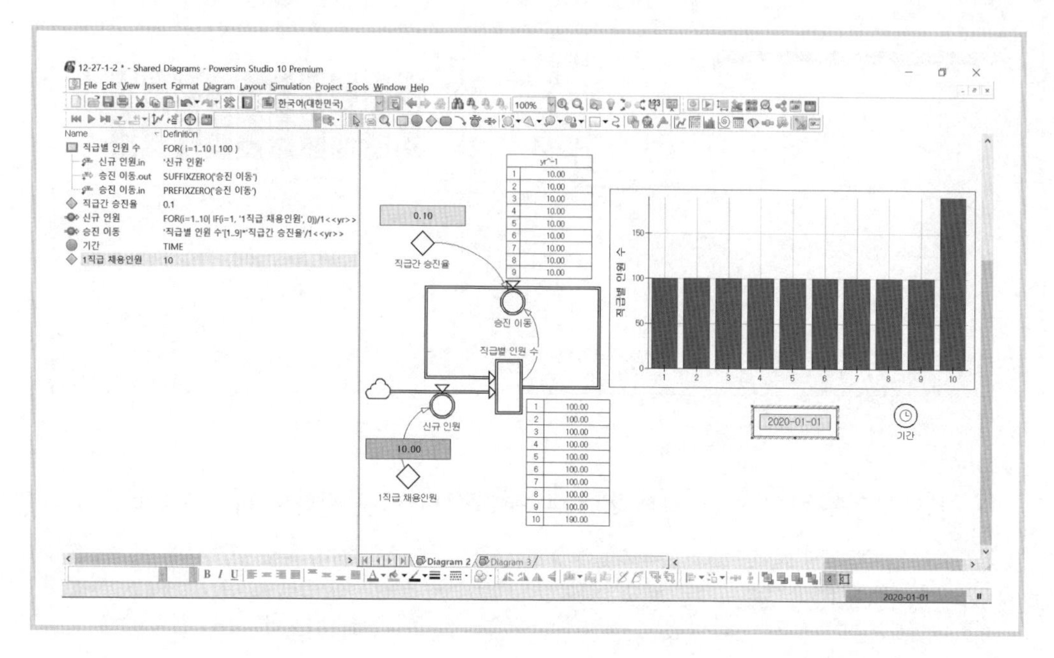

- 다음은 각 직급별 승진율을 30%씩 적용하는 경우 2020년 직급별 인원 변화이다.

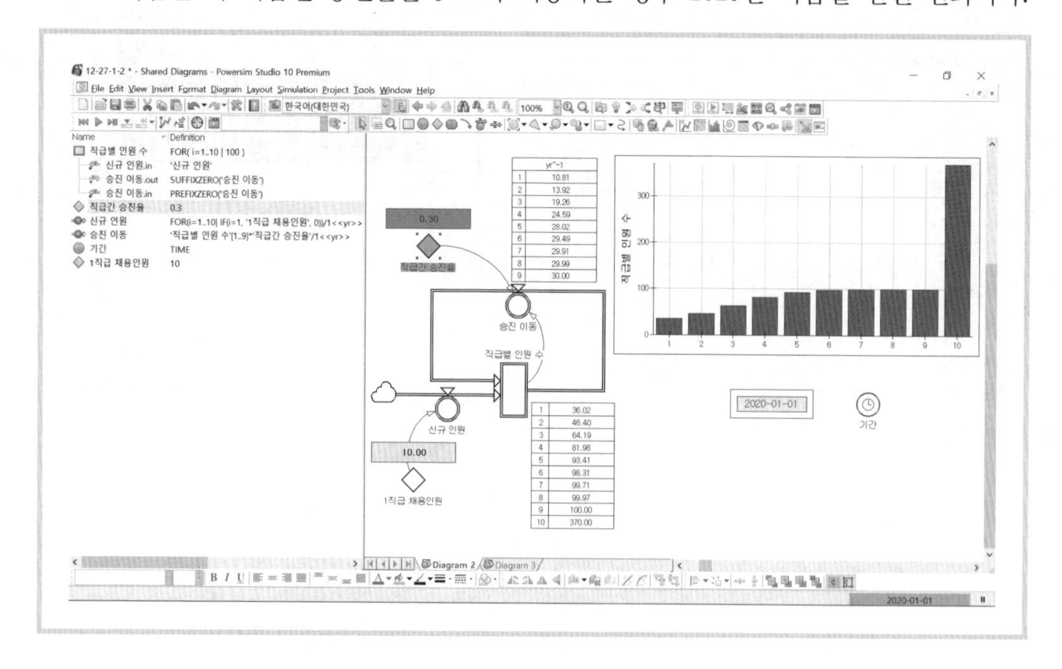

• 다음은 각 직급별 승진율을 50%씩 적용하는 경우 2020년 직급별 인원 변화이다.

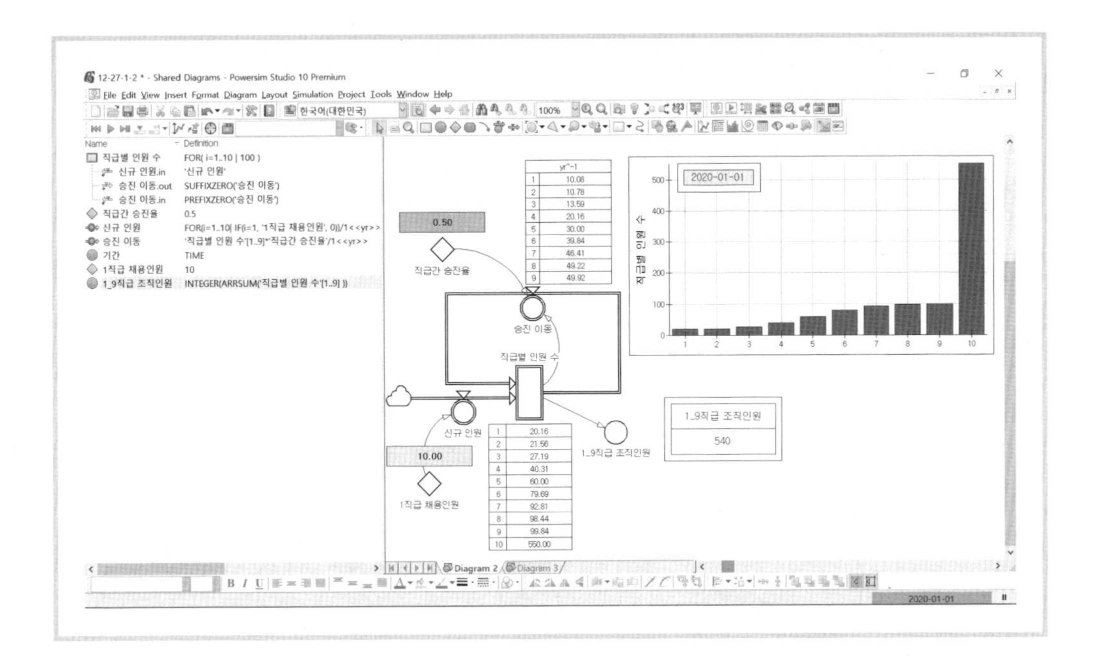

• 여기서 조직의 직무를 제대로 수행하기 위해서는 1직급부터 9직급까지 인원을 합하여 총원은 900명이 필요하다고 하자.

• 위와 같이 신규 채용인원을 연간 10명, 직급간 승진율을 50%일 경우에는 1직급에서 9직급까지 조직 인원은 540명으로 900명에서 360명이 부족하게 된다.

Case 3. 채용인원 최적화 시뮬레이션

- 신규 채용은 1직급과 5직급에서 할 수 있다고 하면 다음과 같이 신규 채용인원을 1직급에서 연간 10명, 5직급에서 연간 10명씩 채용한다고 하자. 우선 이러한 채용 시나리오를 적용하여 시뮬레이션하면 그 결과는 다음과 같다. 1에서 9직급 총인원은 622명이다.

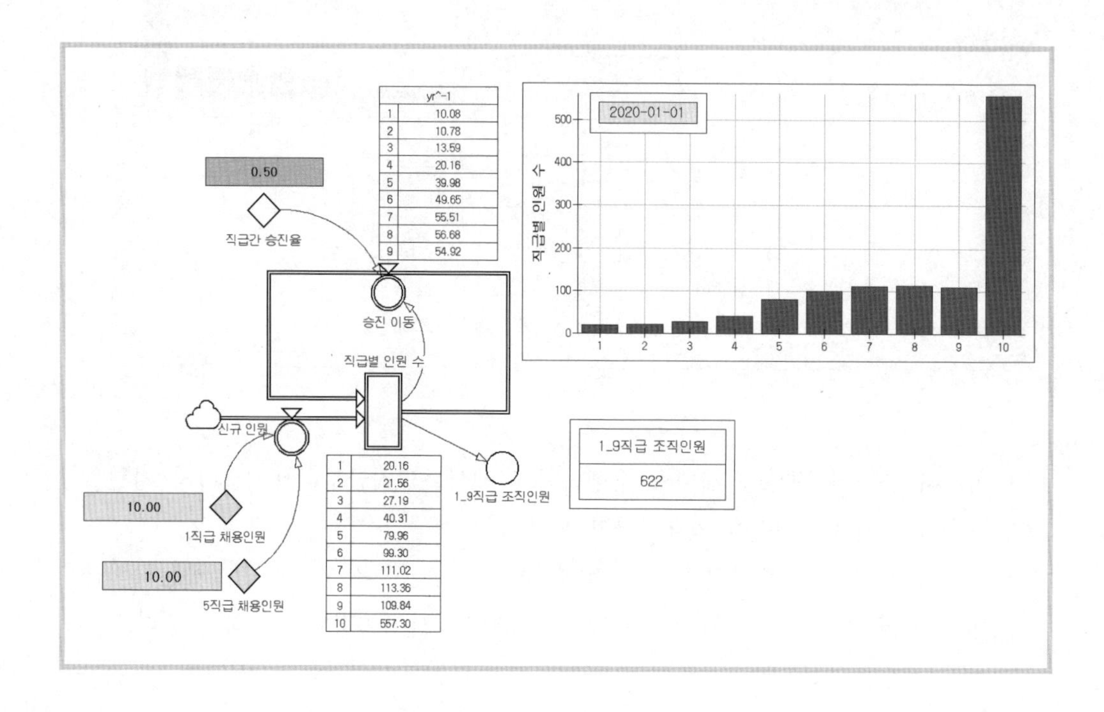

- 1급_9급 총인원을 900으로 하려면 1급 채용인원과 5급 채용인원을 몇 명씩 하여야 할까?

단계-1. 최적화를 위하여 '1_9급 조직인원'변수를 아래와 같이 정수에서 실수(Real)로 변경한다.

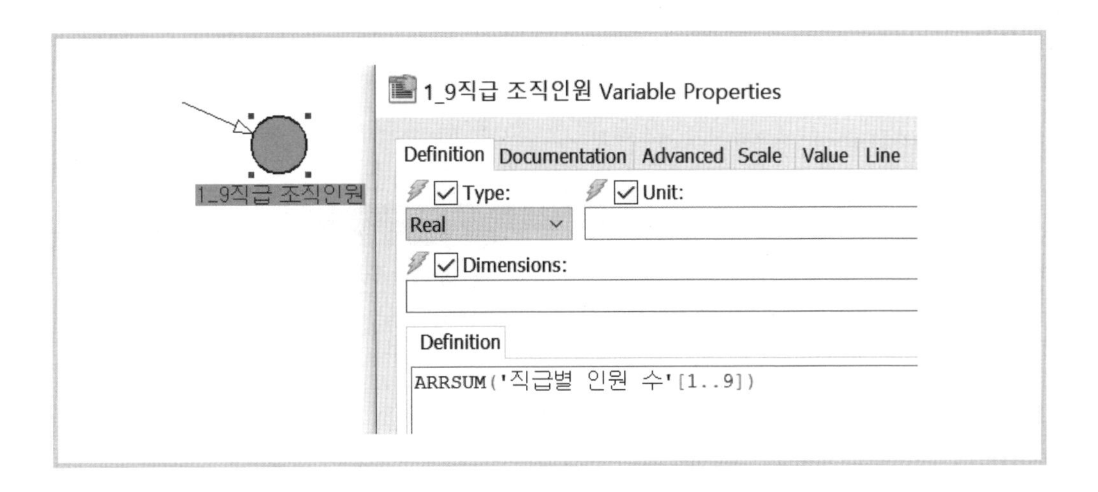

단계-2. 아래 그림과 같이 Project Explorer 화면을 왼쪽과 같이 연다. 그리고 Analysis variables를 클릭하여 최적화 화면을 연다.

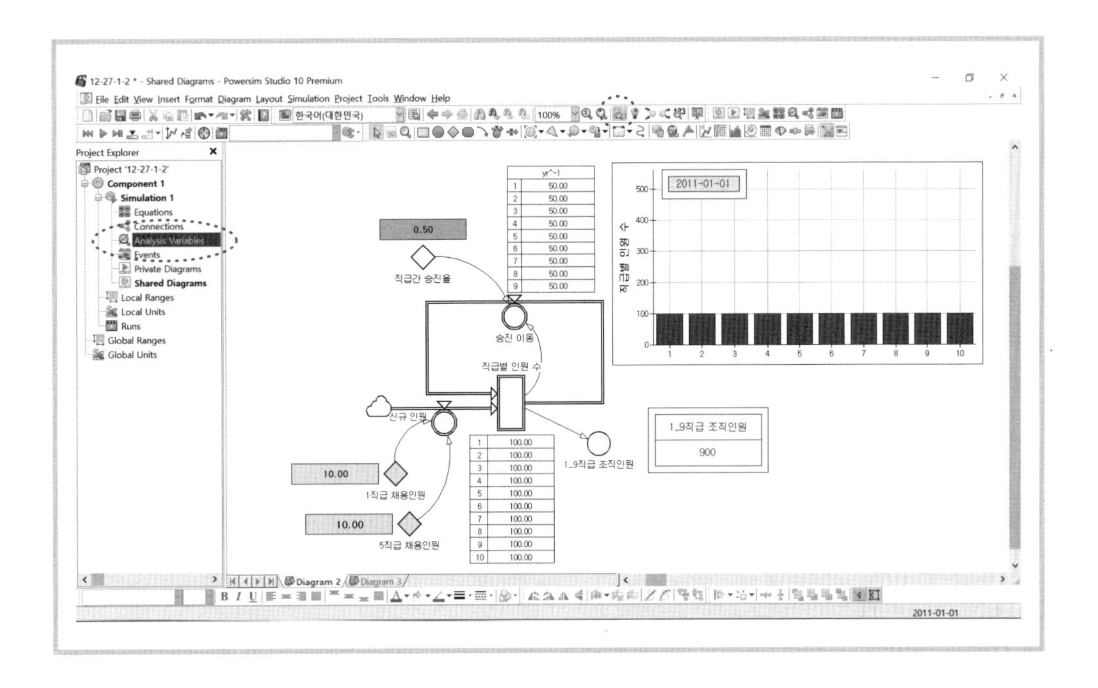

단계－3. 최적화 화면에서 objectives를 선택하고 오른쪽 마우스를 클릭하여 Add Objective를 선택한다. 그리고 목적함수(Objective function)의 변수로 '1_9직급 조직인원'을 선택한다.

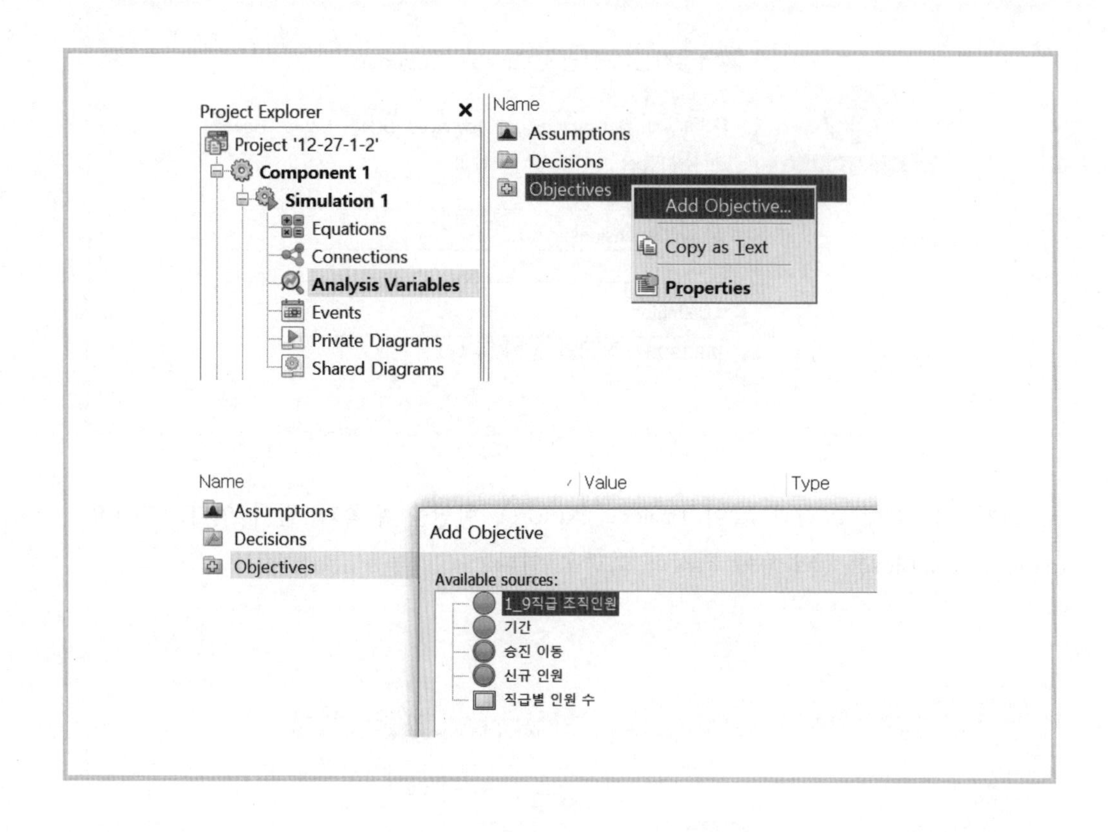

단계－4. Type을 눌러 900명을 기준으로 하한 880명, 상한 920명으로 범위를 주고 최적화하는 경우에는, 아래와 같이 Operator를 'in'으로 선택하고 Lower Limit에 880, Upper Limit에 920을 입력한다.

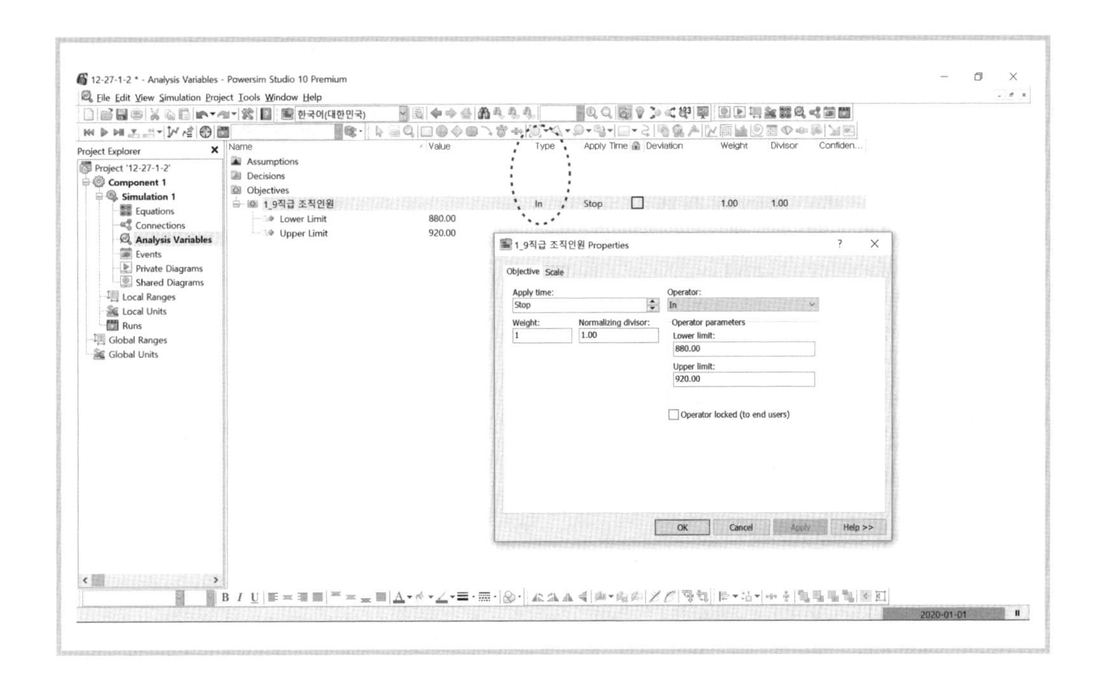

참고로 Operator에는 다음과 같이 여러 가지 목적식을 최적화는 수단이 있다.

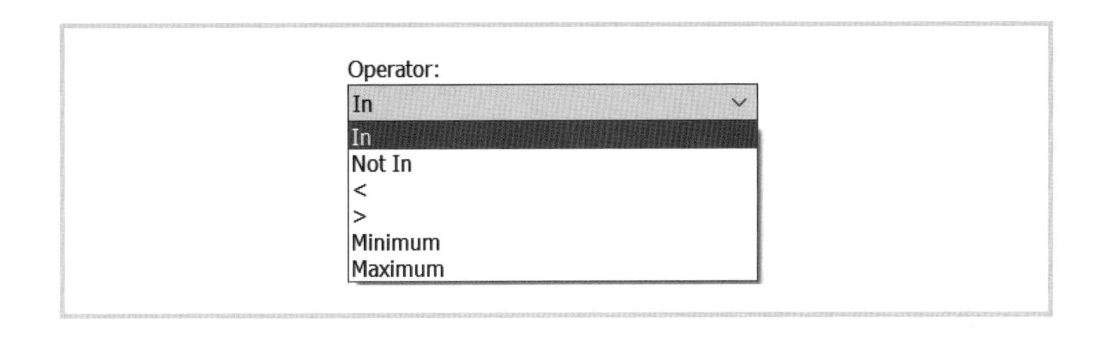

단계-5. 의사결정 변수(Decision variable) 선택은 Decision에서 마우스 오른쪽을 누르고, Add Decision을 눌러서 의사결정 변수(Decision Variable)를 선택한다.

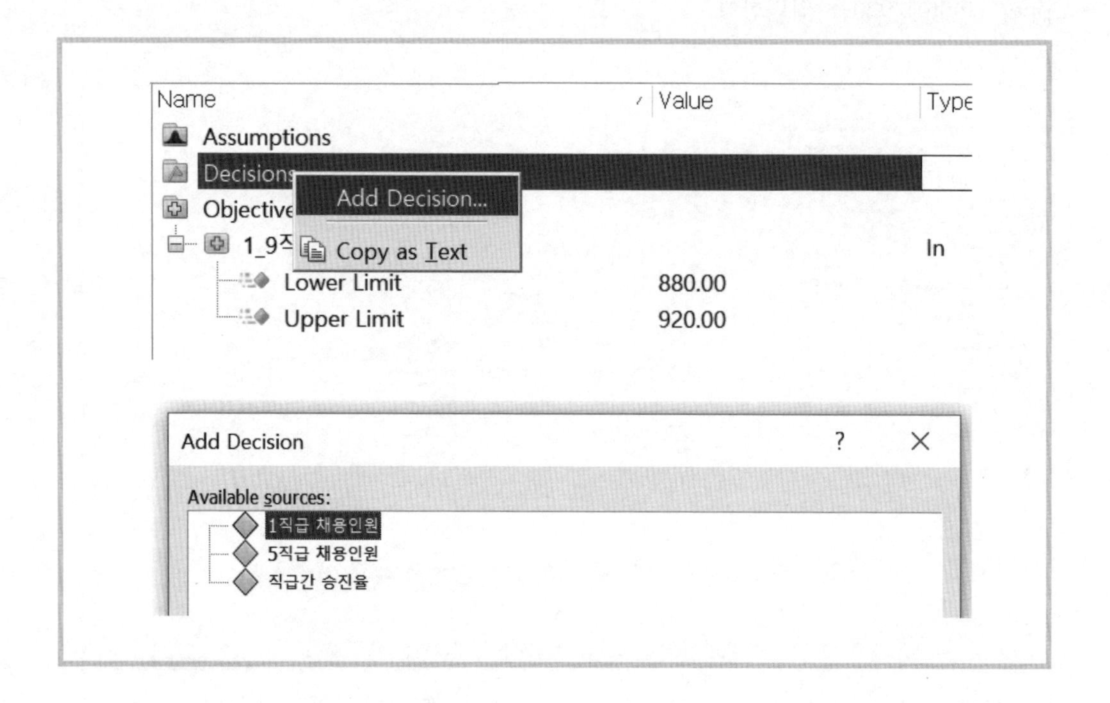

설정된 최적화 화면은 다음과 같다.

단계－6. 최적화 실행은 리본 메뉴에 있는 최적화 아이콘을 클릭한다.

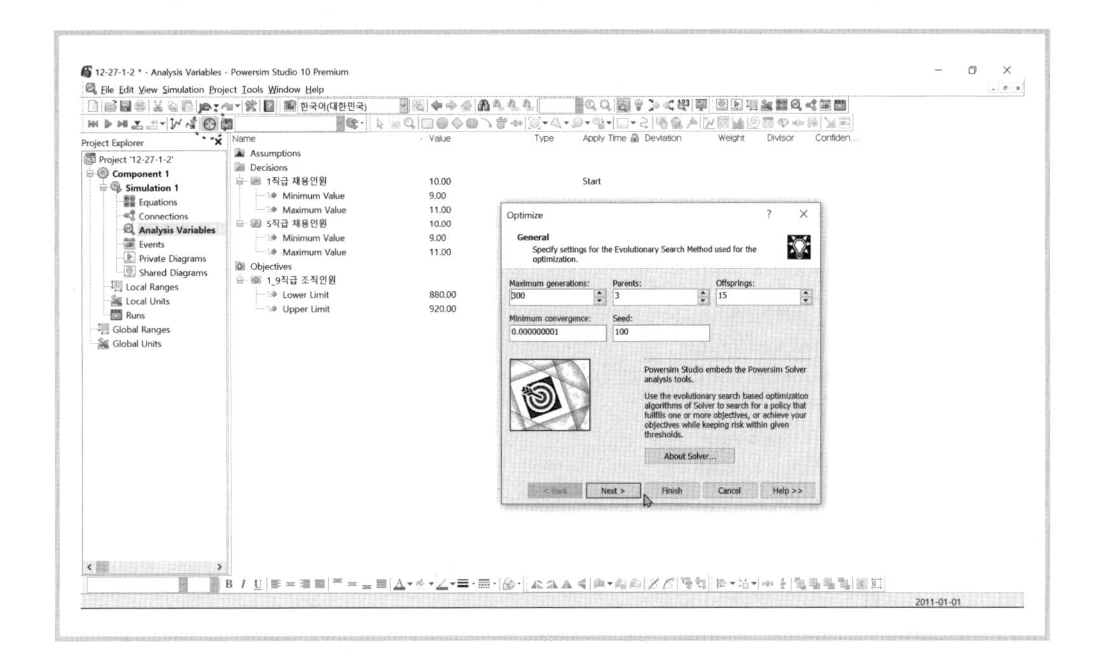

이를 최적화 시뮬레이션하면 다음과 같다.

Optimize

Solver | Assumptions | Decisions | Objectives

Progress:

Generation: 201 of 300

Offspring: 15 of 15

Simulations so far: 2197

Total deviation: 240.04

Status: Finished, stagnation

Powersim Studio embeds the Powersim Solver analysis tools.

About Solver...

Don't run simulation/risk analysis when optimized decisions are accepted

Automatically accept decisions and close this dialog box when finished

OK | Cancel | Help >>

단계-7. 시뮬레이션 결과

- 1직급 채용인원은 가용한 최대한도인 11을 취하고 5직급도 11명을 최대한도로 하고 있지만, 목적 값(Objective)은 아직 639명이다. 이는 채용인원을 늘려야 함을 의미한다.

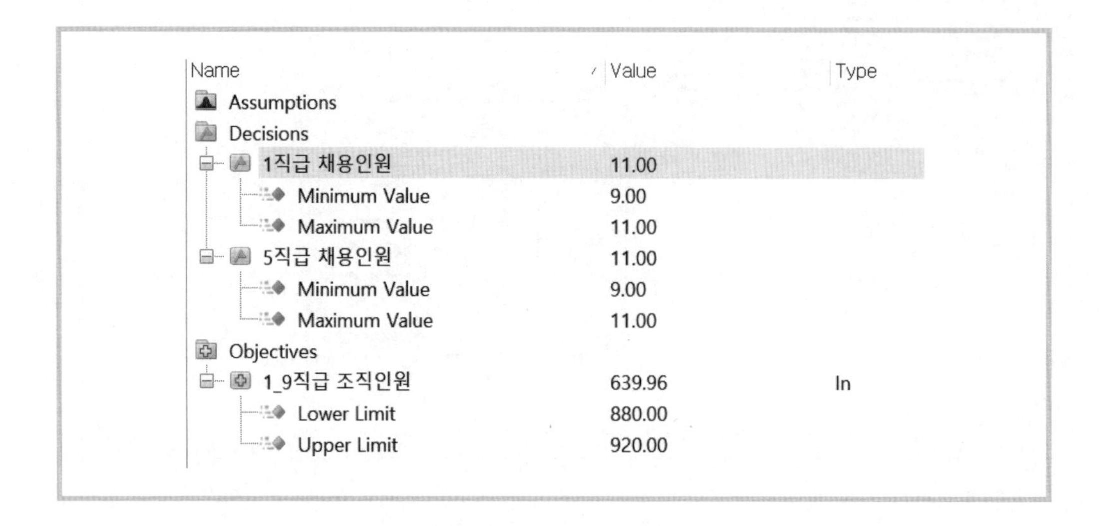

- 1직급 및 5직급 채용인원 범위를 각각 50명으로 넓히고, 최적화 시뮬레이션하면 그 결과 총인원은 원하는 대로 880~920명 사이에 존재하게 된다.

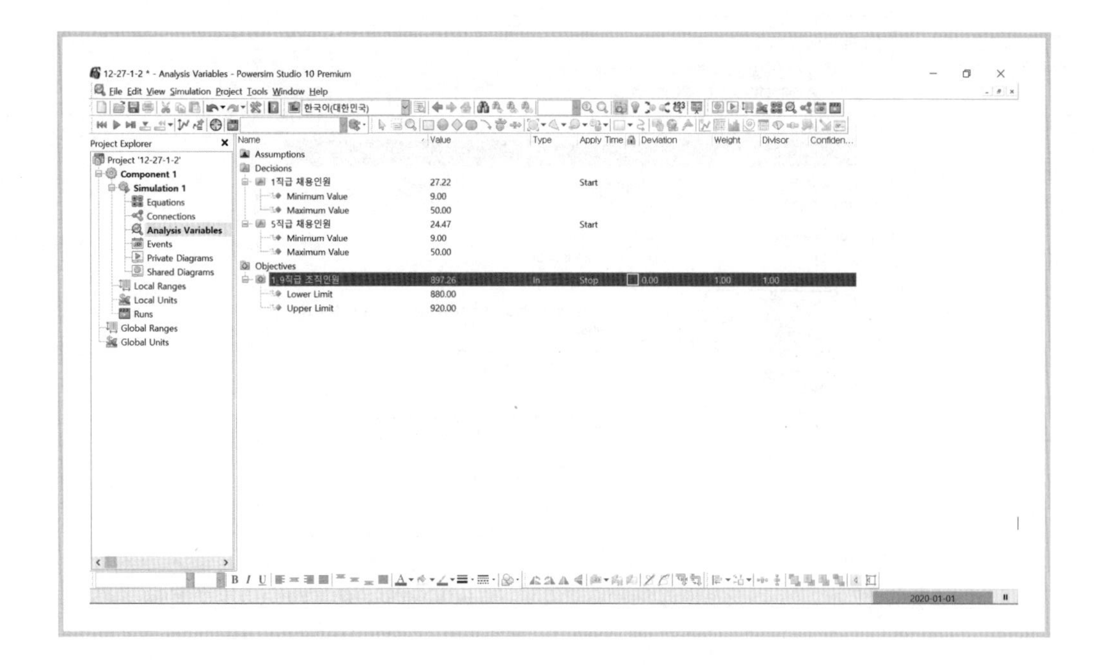

- 여기서 1직급은 연간 27명을, 5직급은 연간 24명을 채용하면 각 직급 간의 연간 승진율을 50%로 하는 경우 9년 후인 2020년 조직 인원(1급에서 9급 인원)은 약 897명이 된다.
- 이를 시각적으로 나타내면 다음과 같다.

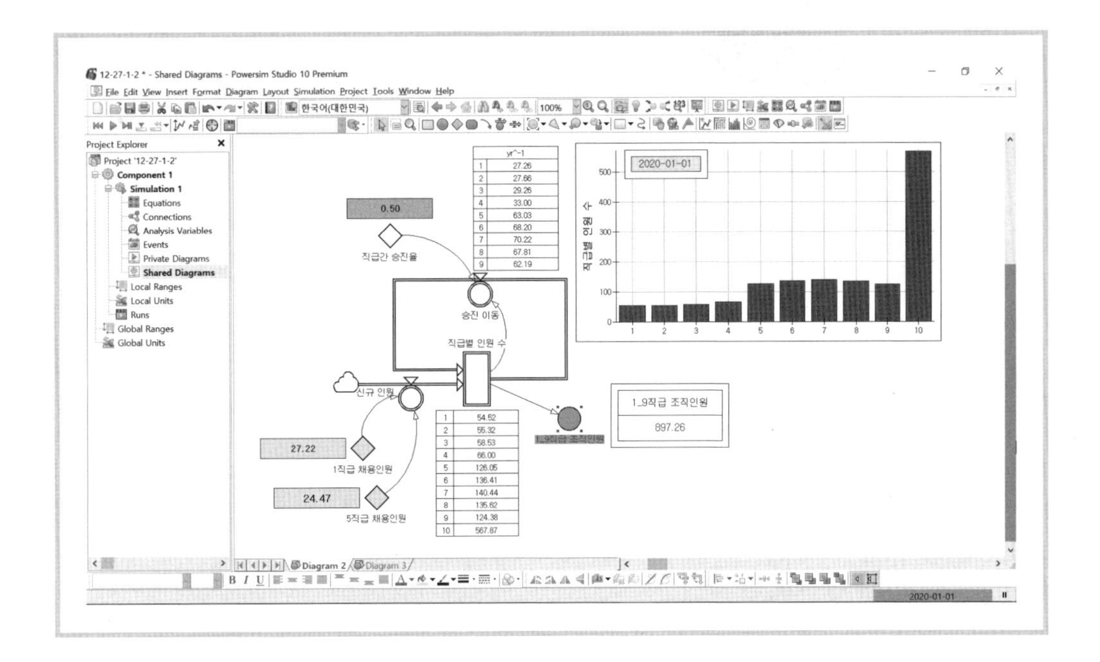

Case 4. 모델의 응용

만약 직급 간의 승진율을 서로 다르게 적용하는 경우

- 아래와 같이 직급 간 승진율을 설정한 경우에 이를 최적화하여 목적 값을 달성하는 최적화를 통하여 채용인원을 산정하여 보자.
- '직급 간 승진율'변수는 Permanent로 설정하고 차트 컨트롤(Chart Control) 아이콘을 이용하여 아래와 같이 Bar 그래프로 작성한다.(수치는 적당히 아래 그래프가 나오도록 Bar 그래프의 점선을 누르고 드래그한다.)

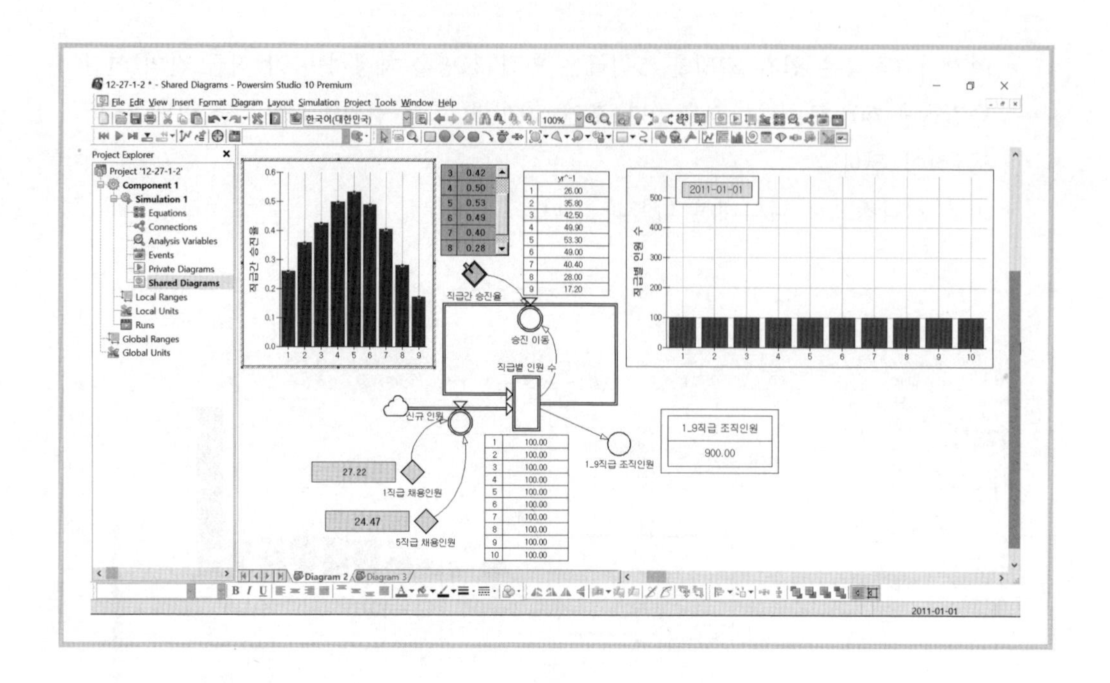

• 우선, 새로운 직급별 승진율을 작용하여 시뮬레이션하면 그 결과는 다음과 같다.

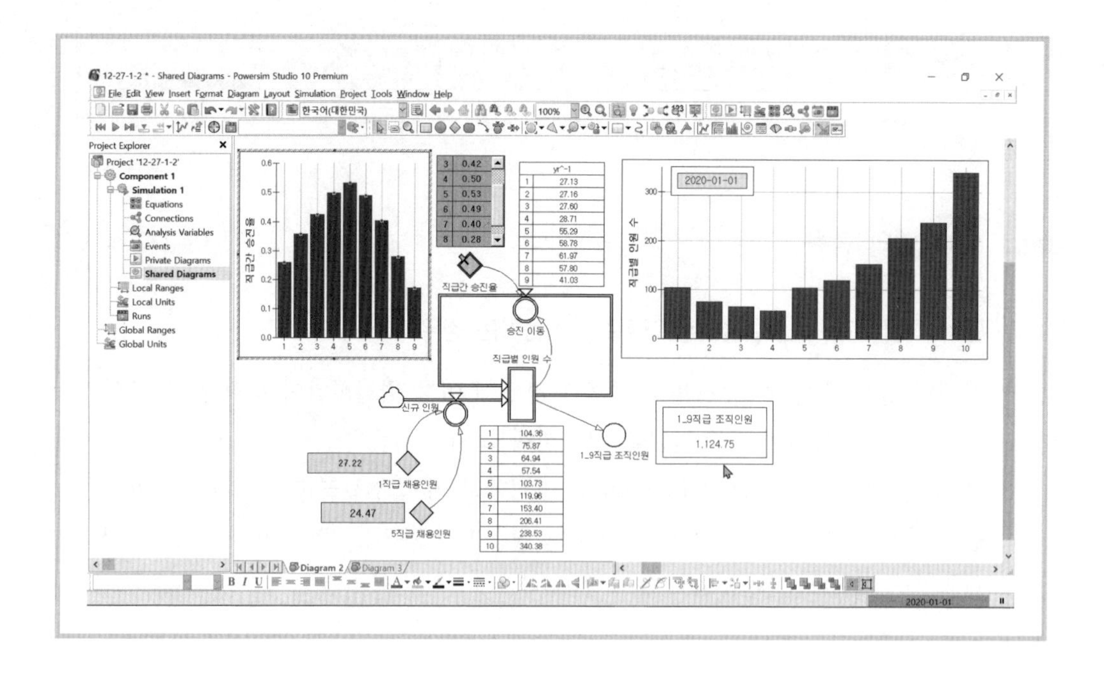

• 시뮬레이션 결과 전체 총인원(1직급에서 9직급)은 2020년에 1, 124명으로 900명을 훌쩍 넘는다. 따라서 이러한 승진정책을 유지하면서 총인원을 900명 내외로 유지하기 위한 채용정책(1급 채용 및 5급 채용)을 최적화를 통하여 설계하여야 한다.

현재 최적화 화면상태

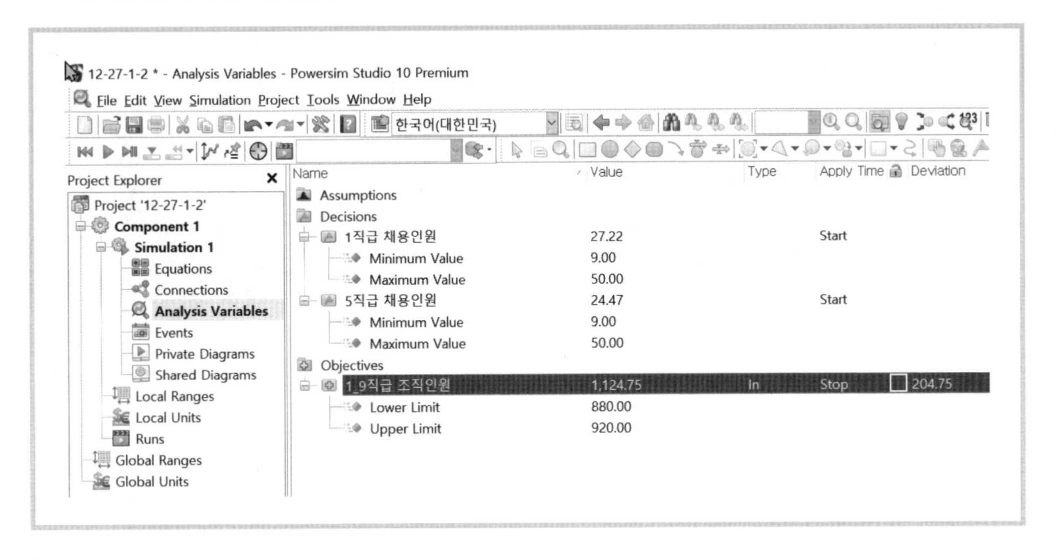

최적화(Optimization)를 수행한 상태

- 1직급과 5직급의 최적화를 수행하면 아래와 같이 만족할 만한 결과를 얻게 된다.
- 조직의 총인원은 2020년 918명으로 예상되어 수용 가능하며, 이를 위한 1직급 채용인원은 약 10명(9.64명) 그리고 5직급 채용인원은 약 19명(19.02명)이다.

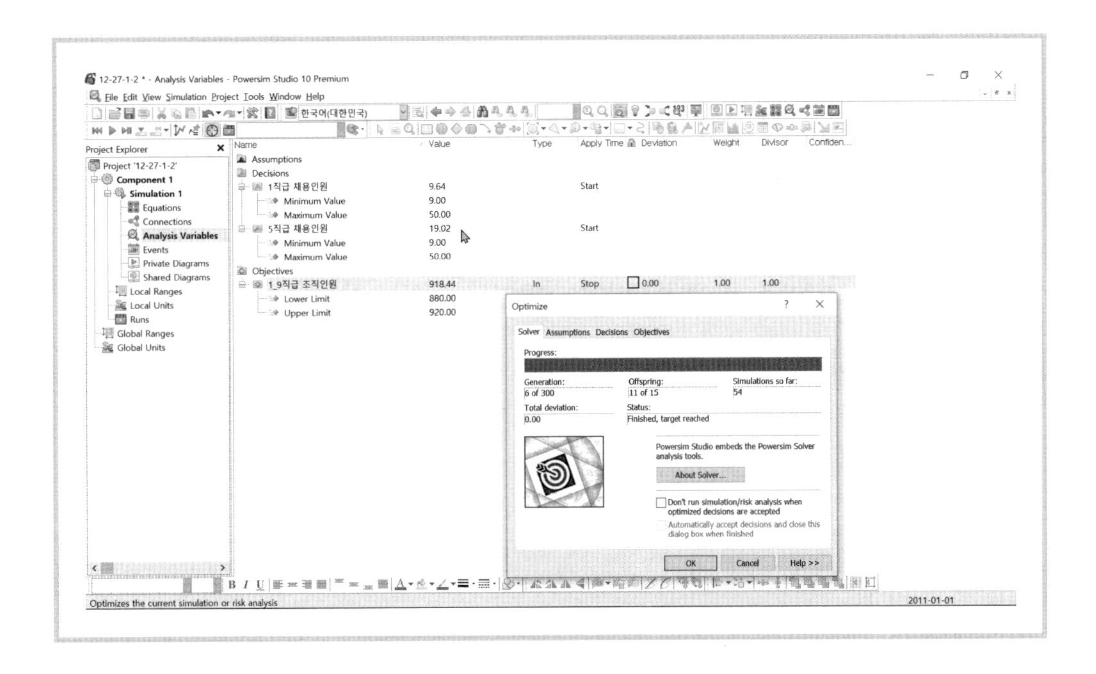

• 시뮬레이션 결과

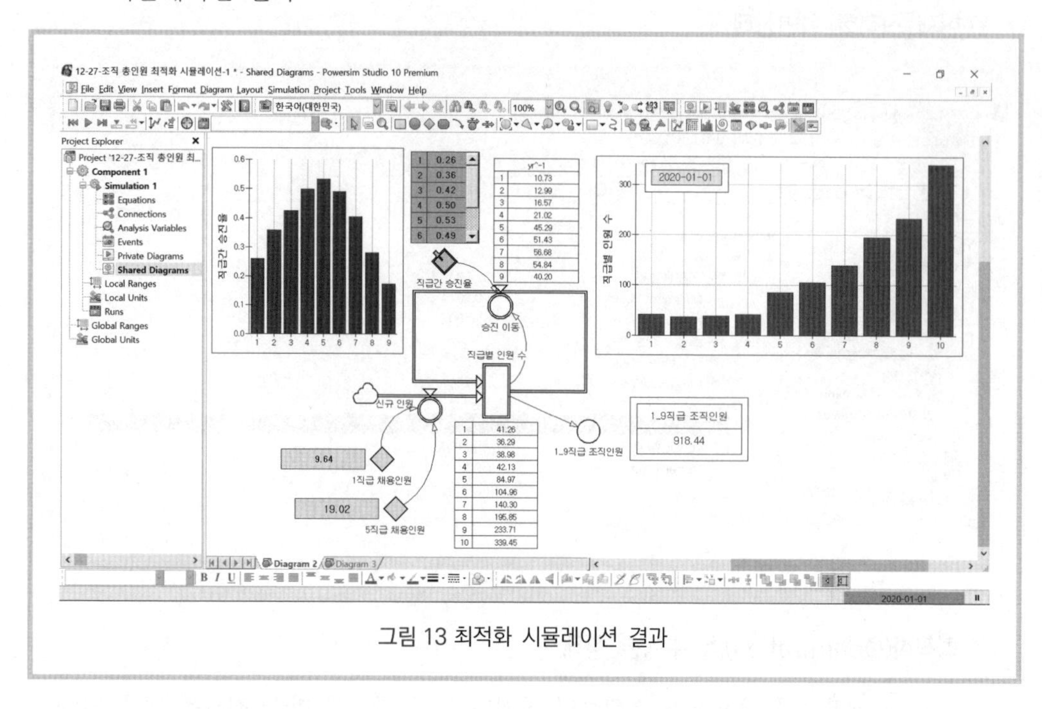

그림 13 최적화 시뮬레이션 결과

추가적인 자세한 내용은 '조직 총인원 최적화 시뮬레이션－1.sip'모델을 참조하면 된다.

14.7 위험요소 식별 및 평가

14.7.1 리스크 평가(Risk Assessment, Sensitivity) 개요

• 리스크 평가를 통하여 위험요인을 식별하고 그 위험요인의 영향을 평가하거나, 불확실성하의 영향이나 파급효과를 평가한다.

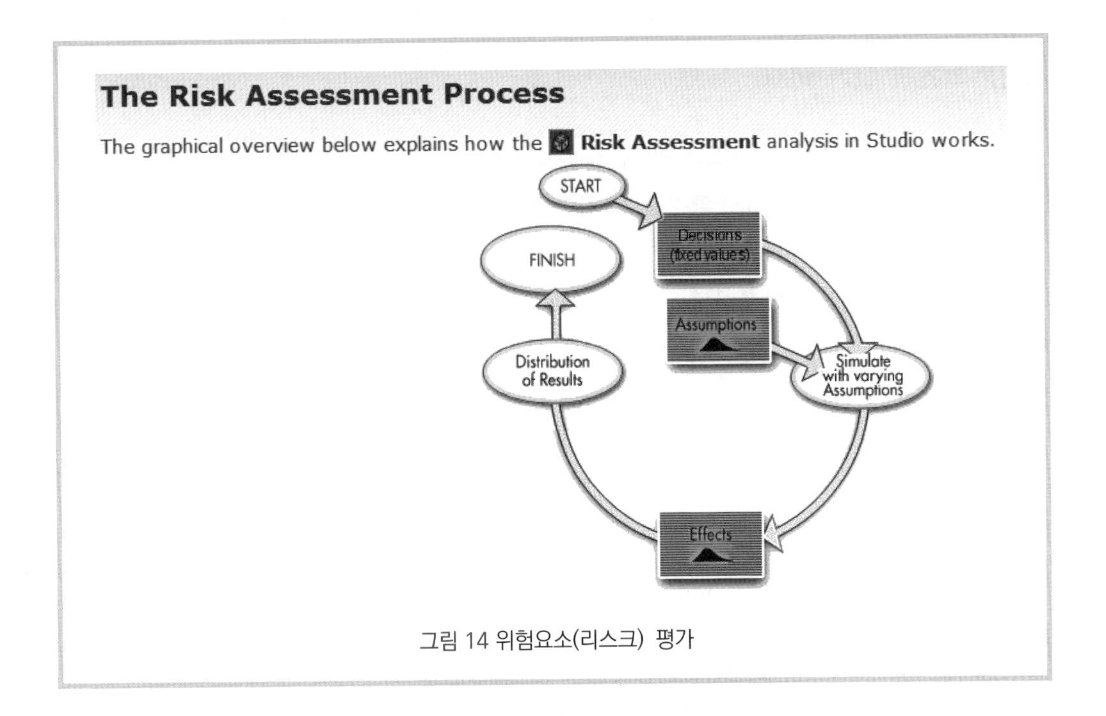

그림 14 위험요소(리스크) 평가

- 리스크 평가(Risk Assessment) 결과 표시(예시)
- 위험요소의 파급효과를 분석한다.

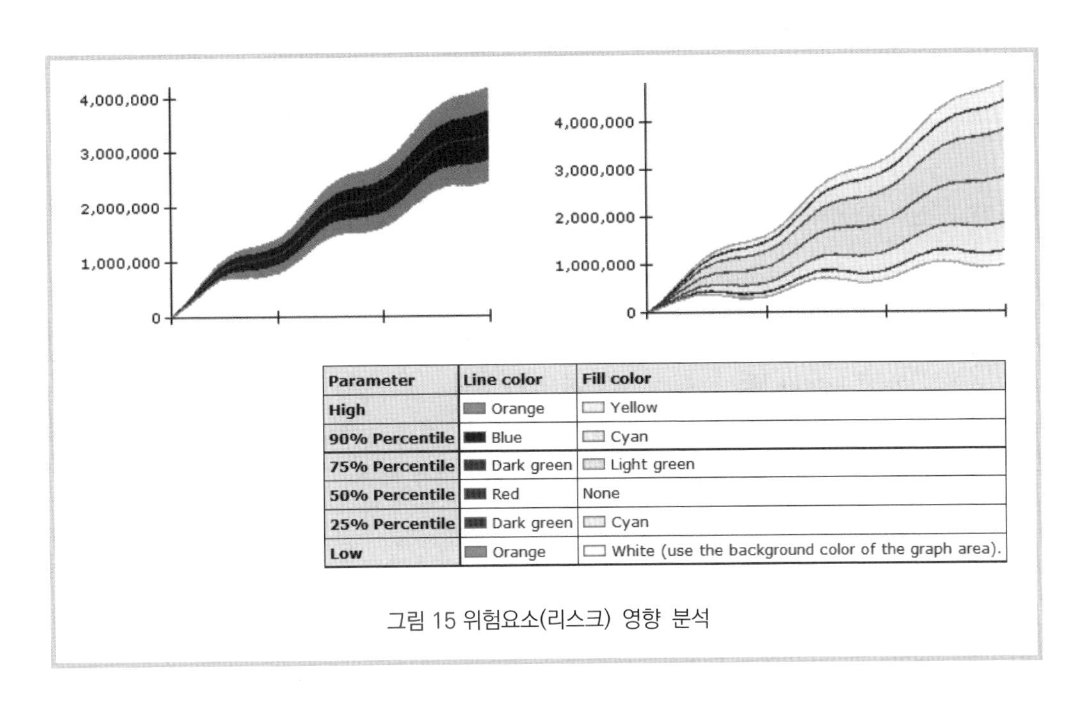

Parameter	Line color	Fill color
High	Orange	Yellow
90% Percentile	Blue	Cyan
75% Percentile	Dark green	Light green
50% Percentile	Red	None
25% Percentile	Dark green	Cyan
Low	Orange	White (use the background color of the graph area).

그림 15 위험요소(리스크) 영향 분석

14.7.2 리스크 평가 예제

이전 예제를 이용하여 리스크 평가(Risk Assessment)를 해보자. 리스크 평가를 위하여 다음과 같이 Risk Analysis 환경을 설정한다.

(1) Risk Analysis 환경설정

- 프로젝트 관리 화면(Project Explorer)에서 시뮬레이션 항목에서 마우스 오른쪽을 눌러 아래와 같이 Add Risk Analysis Clone을 선택한다.

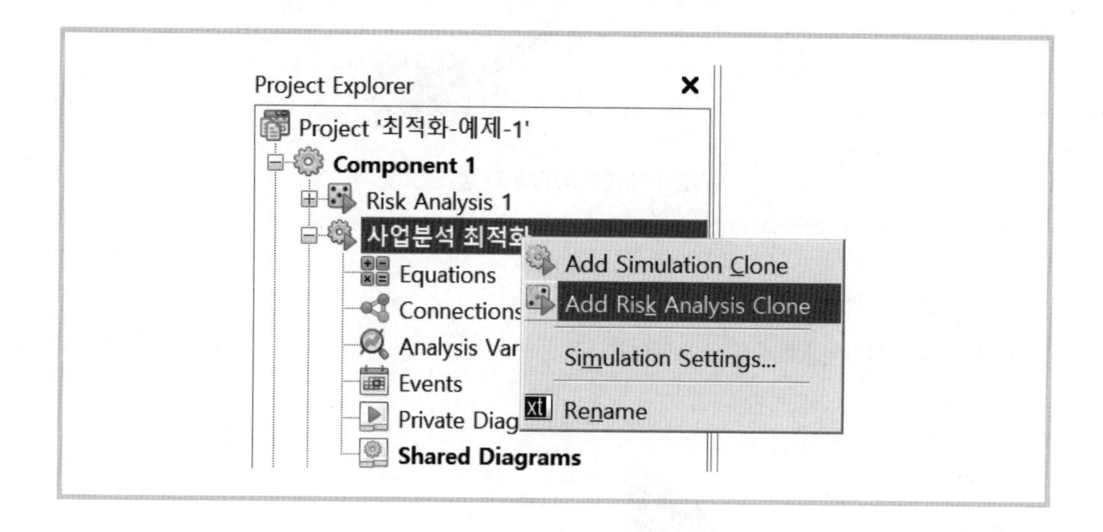

(2) 리스크 평가(Risk Assessment) 환경설정

- 리스크 평가는 가정변수의 불확실성에 대한 평가이다.
- 따라서 가정변수의 분포를 균등분포(Uniform distribution), 정규분포(Normal Distribution), 삼각분포(Triangular Distribution) 등으로 설정한다.
- 그리고 위의 분포에서 불확실성 값으로 적용할 값을 무작위로 추출할 수 있도록 Random selection 환경을 몬테카를로(Monte Carlo) 랜덤 시뮬레이션 환경으로 설정한다.

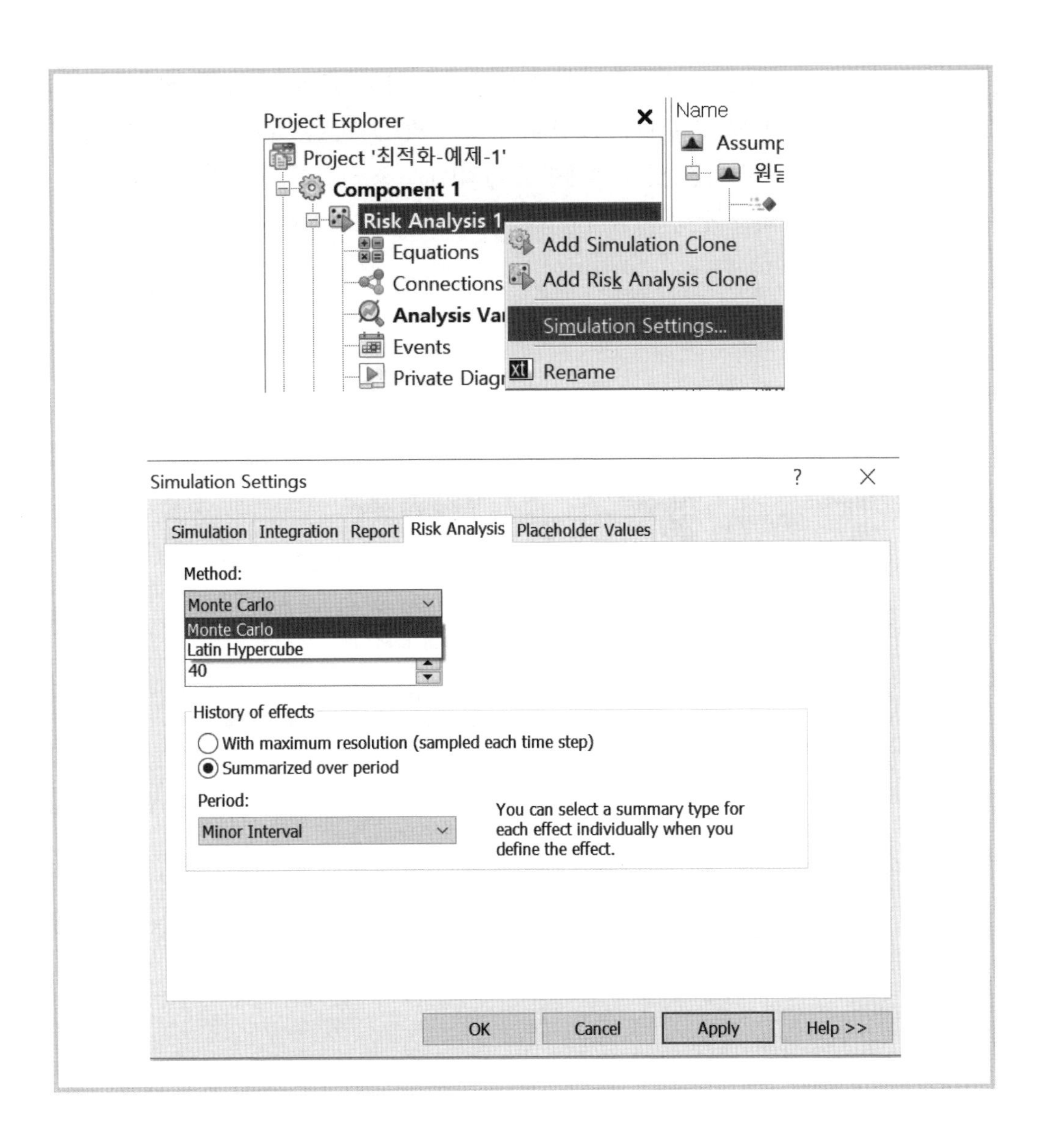
Project Explorer
Project '최적화-예제-1'
Component 1
Risk Analysis 1
Equations
Connections
Analysis Va
Events
Private Diag
Name
Assump
Add Simulation Clone
Add Risk Analysis Clone
Simulation Settings...
Rename
Simulation Settings
Simulation
Integration
Report
Risk Analysis
Placeholder Values
Method:
Monte Carlo
Monte Carlo
Latin Hypercube
40
History of effects
With maximum resolution (sampled each time step)
Summarized over period
Period:
Minor Interval
You can select a summary type for each effect individually when you define the effect.
OK
Cancel
Apply
Help >>

• 리스트 평가나 리스크 관리에서 흔히 발생하기 쉬운 실수는 Risk Analysis에서 환경설정을 확인하지 않는다는 것이다. 반드시 리스크 분석(Risk Analysis) 환경설정에서 시뮬레이션 기간 및 시뮬레이션 간격(Time Step)을 반드시 재확인하기 바란다. 즉 Simulation의 공유 다이어그램(Shared Diagram)인 메인 모델의 환경설정과 같게 해주어야 한다.

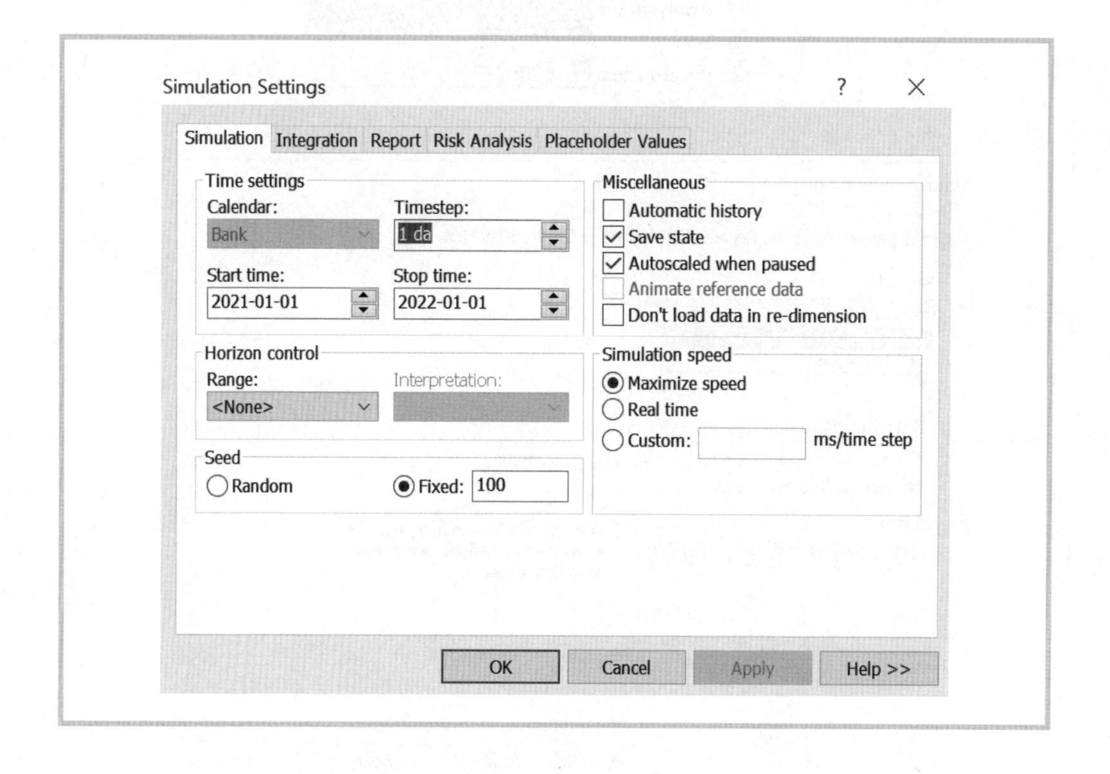

(3) 프로젝트 관리 화면에서 Risk Analysis를 선택하고 Assumptions에서 마우스 오른쪽을 눌러 Add Assumption을 선택하고 불확실성을 갖는 변수(Uncertainty variable) '원달러 환율 변동'변수를 선택한다.

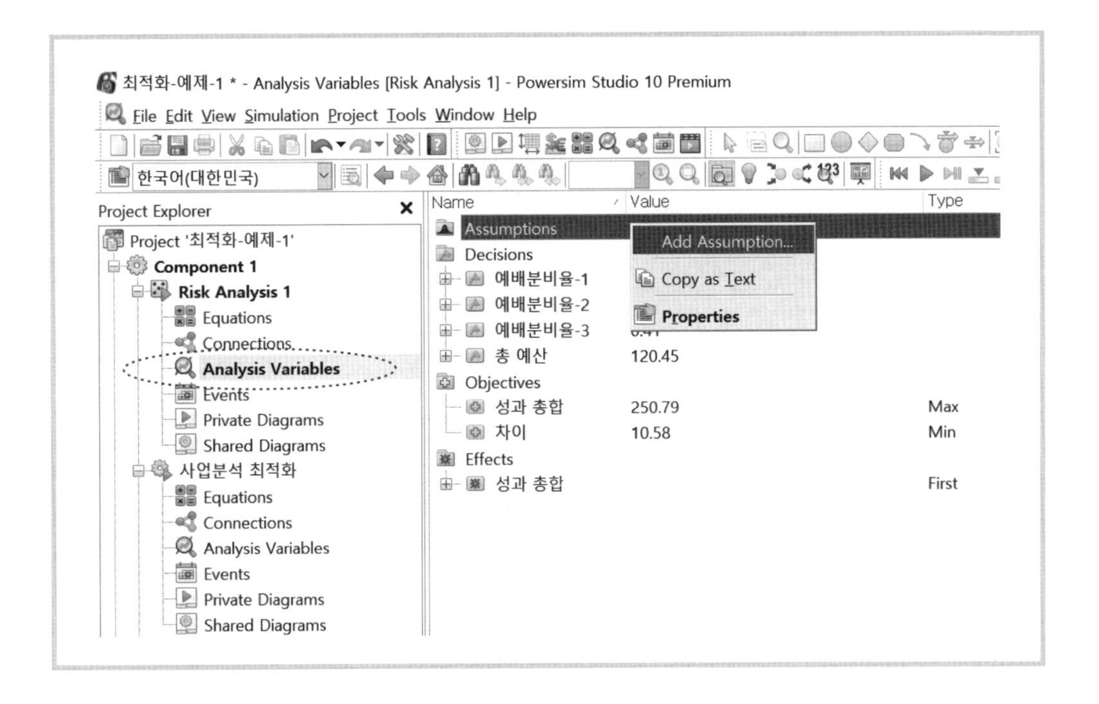

- 예를 들어 원달러 환율 변동 변수를 가정변수로 설정하는 경우 다음과 같이 불확실성을 삼각분포(Triangular Distribution)로 설정한다.
- 삼각분포는 최솟값, 피크 값(most likely, peak value), 최댓값으로 구성된다.
- 예제에서는 환율의 변동율을 -20%에서 _20%로, 즉 -0.2에서 0.2로 설정한다.
- 그리고 가정변수도 고정 값으로 8500을 설정한다.

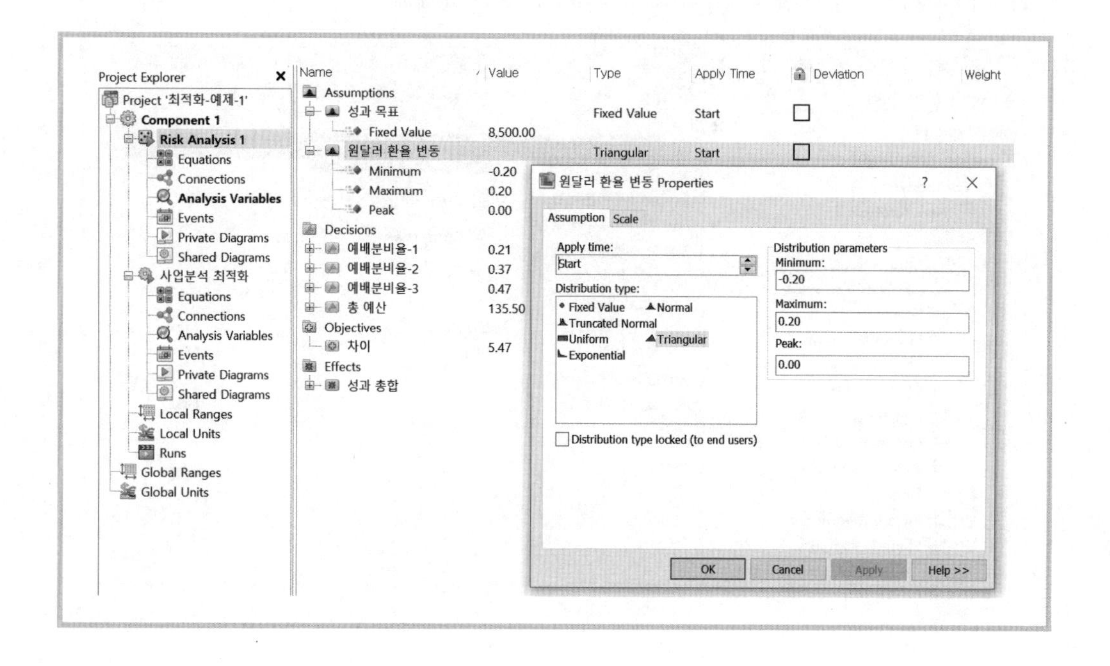

(4) 리스크 시뮬레이션 평가 설정 화면

- 리스크 평가는 기본적으로 가정변수(Assumption variable)의 변동에 따라 영향변수(Effect variable)의 파급효과를 관찰하는 것이다.

가정변수 ──────────▶ 영향변수

- 영향변수는 Effect 항목에서 성과총합 변수를 선택한다.
- 그리고 성과총합 변수를 클릭하고 성과총합 영향변수가 갖는 범위를 기준으로 100개 구간으로 구분하는 Percentile 백분위 구간을 설정한다.

백분위는 다음과 같이 설정된다.

$$\text{하나의 백분위(percentile) 구간 크기} = \frac{(\text{최댓값} - \text{최솟값})}{100}$$

- 다음과 같이 백분위 구간을 설정한다.

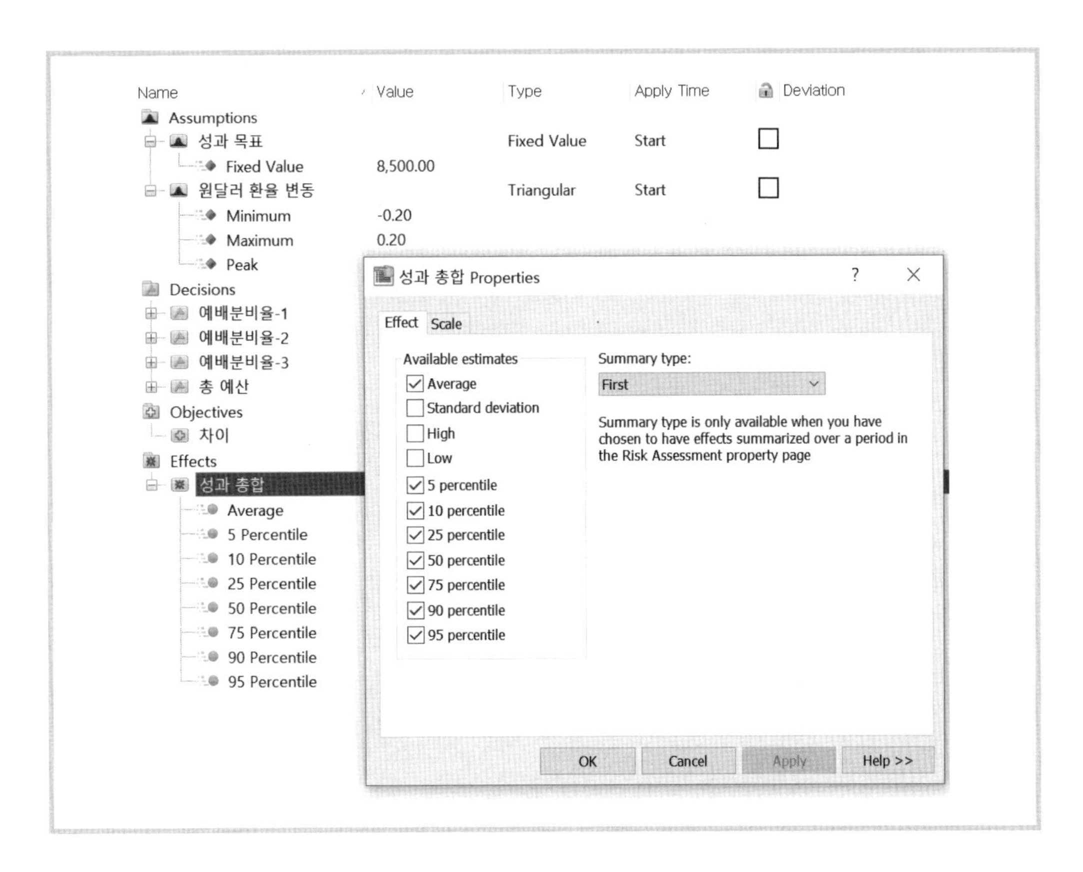

(5) 리스크 평가 시뮬레이션 결과 항목 설정

몬테카를로(Monte Carlo) 랜덤 시뮬레이션에 의한 리스크 평가(risk assessment)는 Risk Analysis의 Private Diagram(개별 다이어그램)에서 표시한다.

- 따라서 Risk Analysis 항목에서 Private Diagram을 선택하고
- 타임 그래프(Time Graph)와 타임 테이블(Time Table)을 만들고
- Risk Analysis 항목에 있는 성과총합 변수의 백분위 항목을 선택한다.

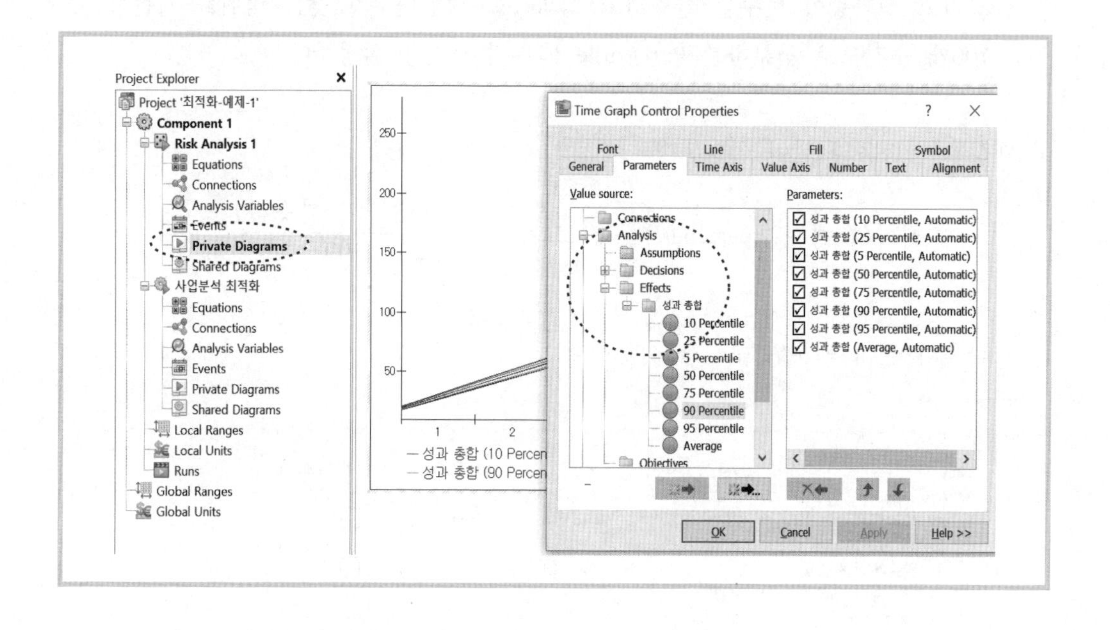

(6) 리스크 평가 시뮬레이션 결과 보기

- 다음과 같이 Play 버튼을 눌러 성과총합에 대한 원달러 환율 변동성의 몬테 카를로(Monte Carlo) 리스크 평가를 실행하면 그 결과는 다음과 같다.

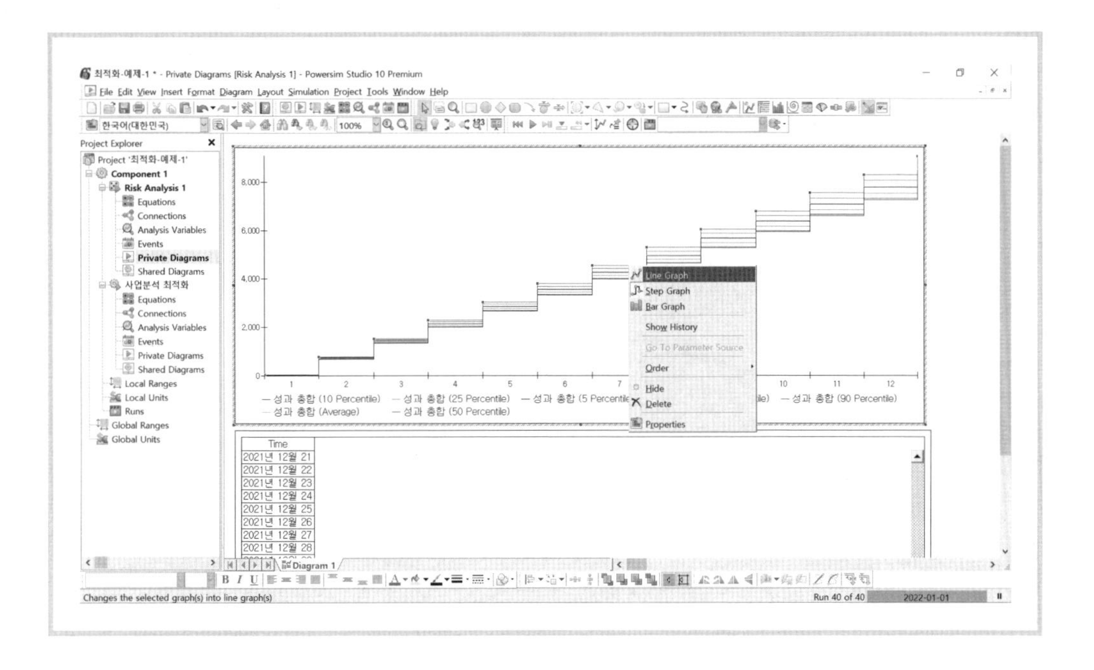

- 여기서 기간에 따라 계단 형태로 결과가 나타나는데, 위와 같이 결과 선을 선택하고 마우스 오른쪽을 눌러 Line Graph를 선택하면 그림 16과 같이 직선 형태가 된다.
- 타임 그래프도 마찬가지의 방식으로 설정한다.

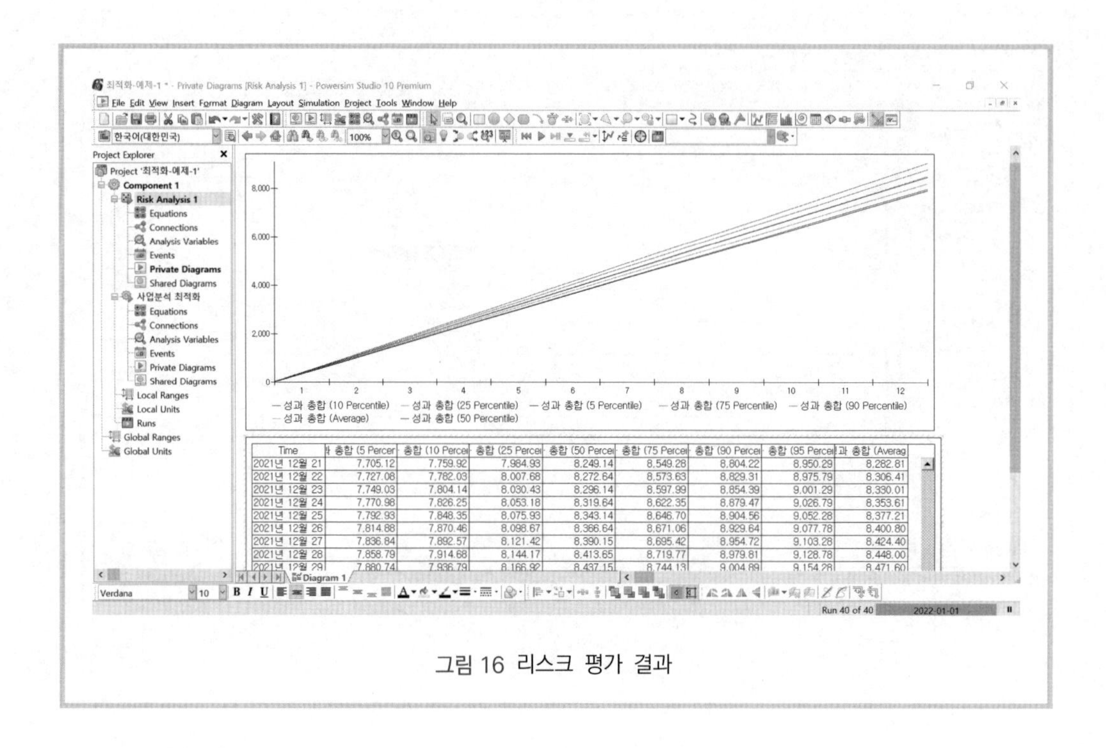

그림 16 리스크 평가 결과

14.8 위험요소 변동을 고려한 최적화를 통한 리스크 관리

14.8.1 리스크 관리(Risk Management) 체계

리스크 관리(위험요소 관리) 기능은 이론적으로 리스크 평가 기능과 최적화 기능을 결합하여 이루어진다.

리스크 관리 = (리스크 평가 + 최적화)

리스크 관리 세 가지 과정

- 위험요인이 없는 상황에서 최적 시스템 운영방안을 설계한다.(Optimization)
- 내부 또는 외부의 위험요인의 변동성을 확인한다.(Risk Assessment)
- 위험을 전제하고, 원하는 리스크 관리 방안을 설정하거나, 위험요인에 대한 적극적인 대응방안을 설계한다.(Risk Management)

(1) 리스크(위험요소) 평가 과정

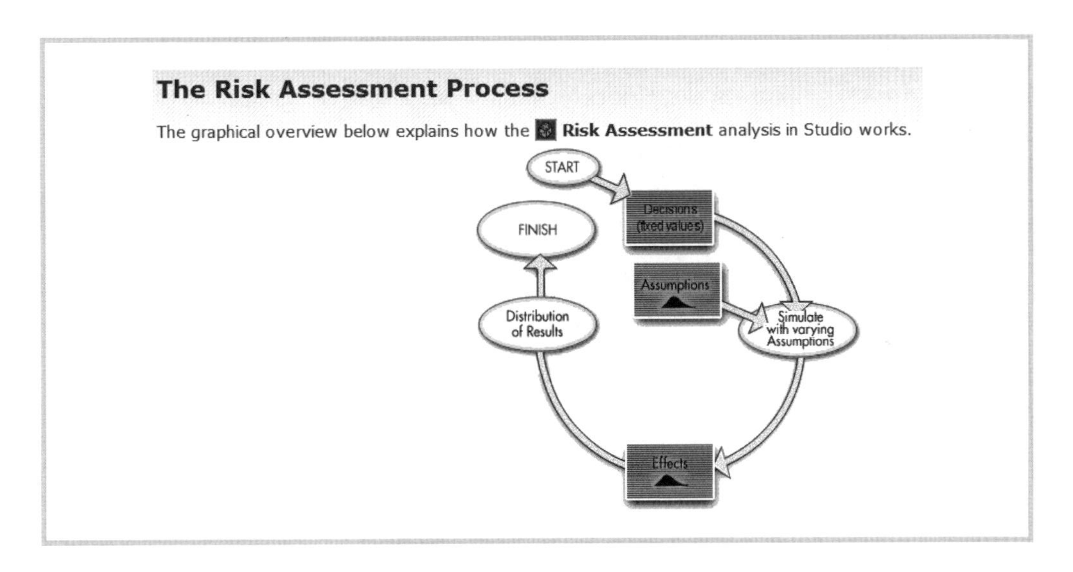

(2) 원하는 것 또는 원하는 바대로 최적화하는 과정

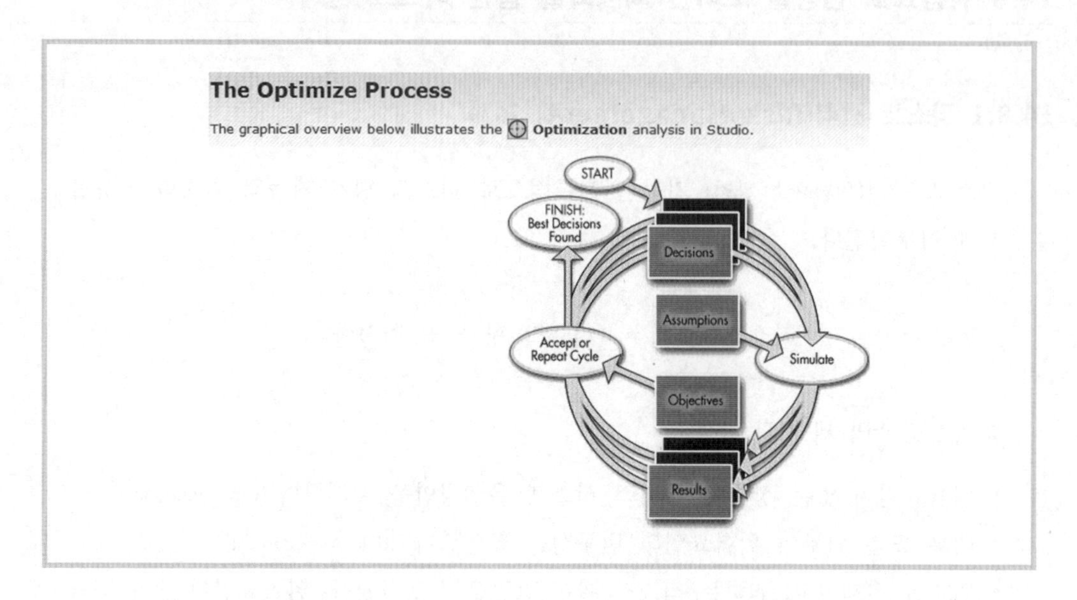

(3) 리스크 관리 과정(위험요소 관리)

- 원하는 바를 달성하기 위하여
- 변동요인의 불확실성을 고려하여
- 의사결정 변수의 최적 값(optimal value)을 구한다.
- 그리고 새롭게 구한 최적 값에 대한 원하는 바가 얼마나 달성되는지를 백분위(Percentile) 구간으로 나타낸다.

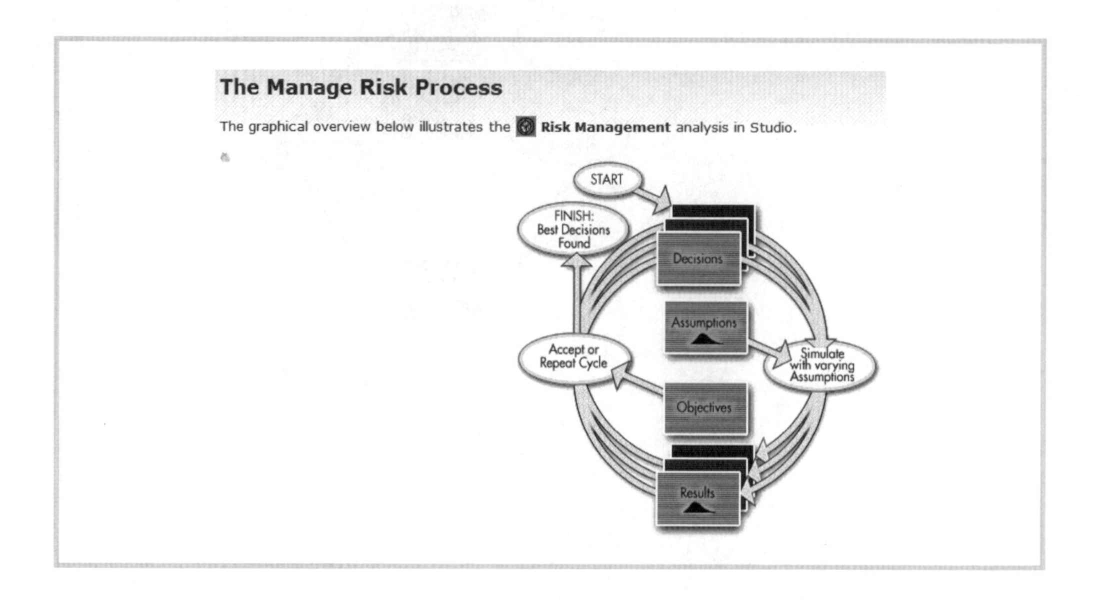

14.8.2 리스크 관리 실습 환경설정

리스크 관리 실습 예제 모델은 14−8−리스크 관리.sip를 참조하기 바란다.

(1) 시뮬레이션 환경설정

- 프로젝트 환경설정: Calendar−dependent simulations, Enforce time unit consistency

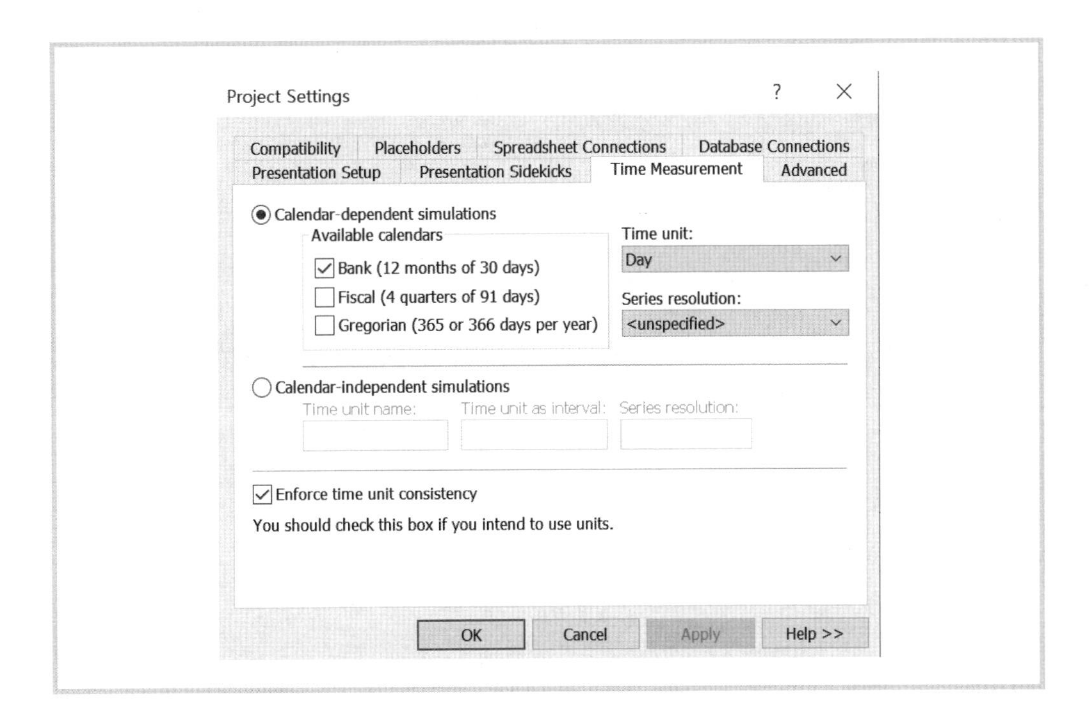

• 시뮬레이션 환경설정: 시뮬레이션 기간 2021-01-01~2022-01-01, 시뮬레이션 간격 1 da(1일 간격)

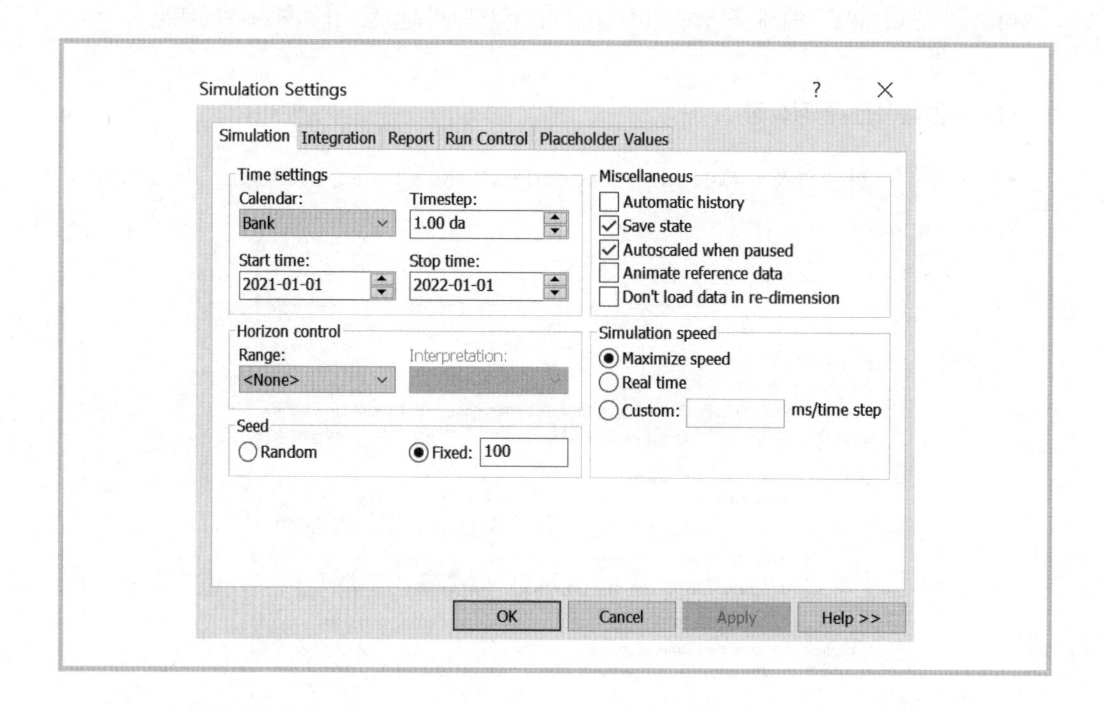

(2) 시뮬레이션 모델

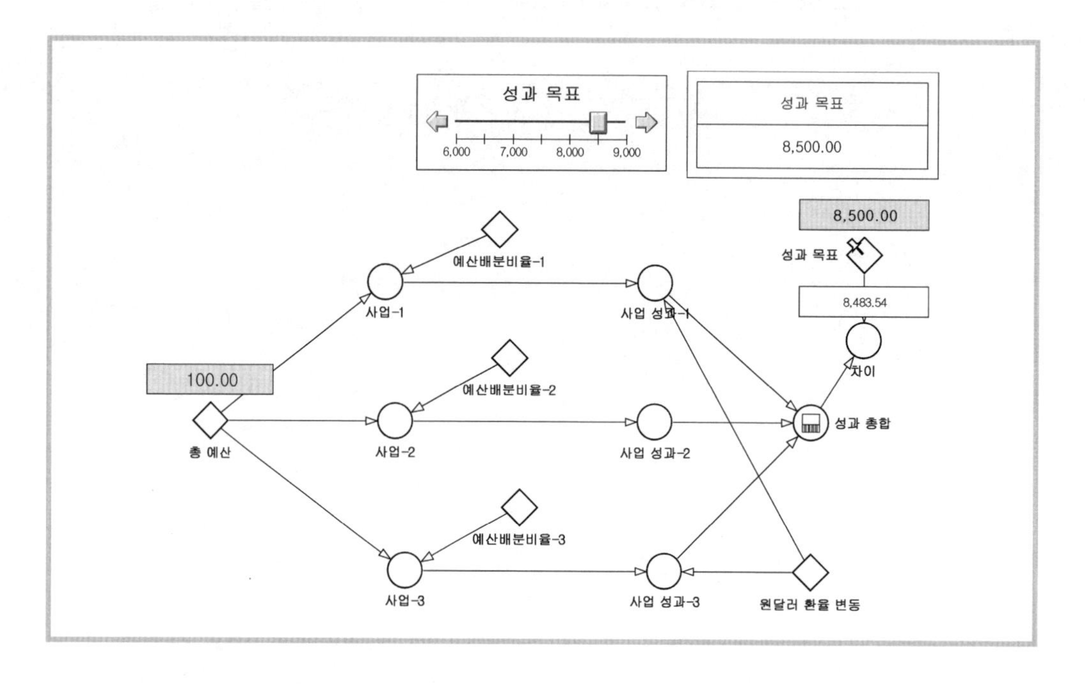

(3) 시뮬레이션 모델의 수식 정의

Name	Definition
① 사업 성과-1	'사업-1'*3*('원달러 환율 변동'+1)
② 사업 성과-2	'사업-2'*2
③ 사업 성과-3	'사업-3'*1.5*(1+ '원달러 환율 변동')
④ 사업-1	'총예산' * '예배분비율-1'
⑤ 사업-2	'총예산' * '예배분비율-2'
⑥ 사업-3	'총예산' * '예배분비율-3'
⑦ 성과 목표	7000
⑧ 성과 총합	RUNSUM('사업 성과-1' + '사업 성과-2' + '사업 성과-3')/12
⑨ 예배분비율-1	0.2
⑩ 예배분비율-2	0.35
⑪ 예배분비율-3	0.45
⑫ 원달러 환율 변동	0
⑬ 차이	ABS('성과 목표'-'성과 총합')
⑭ 총예산	100

14.8.3 성과총합 리스크 관리(Risk Management) 절차

- 시뮬레이션(Simulation) 모델이 있는 공유 다이어그램(Shared Diagram) 모델에서 '성과 목표'를 달성하도록 '예산배분 비율' 및 '총예산'의 최적화(optimization) 실시
- 불확실성(Uncertain) 또는 리스크(위험) 변수인 원달러 환율 변동을 적용하여, 환율 변동을 감안하여 성과 목표를 동시에 달성할 수 있는 '예산배분 비율'을 결정하는 리스크(위험) 관리(Risk Management)

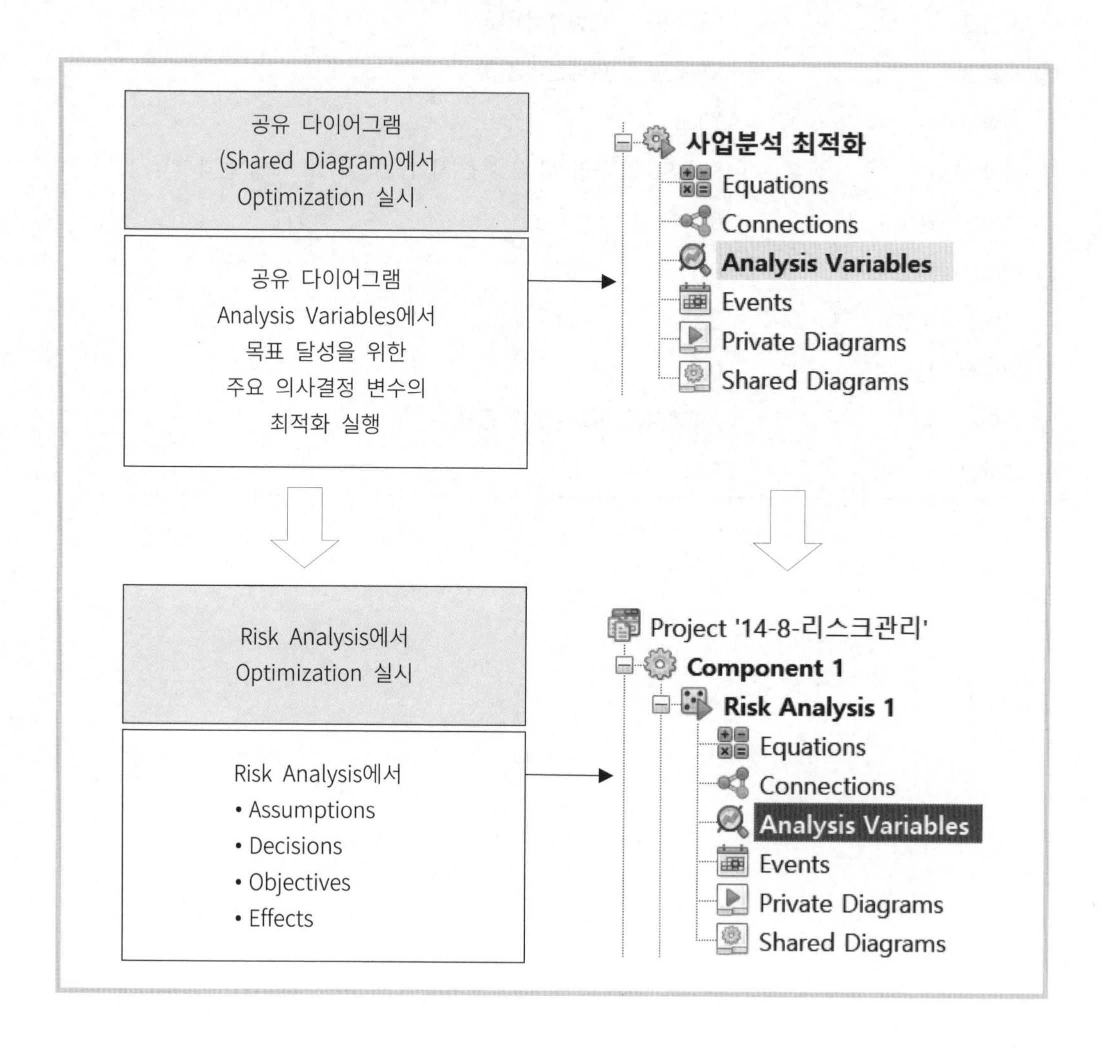

14.8.4 성과 목표 달성 최적화(Optimization) 실시

(1) 성과 목표와 성과총합 간의 차이를 최소화하는 의사결정 변수를 설정한다

- 차이를 최소화(Minimization)하도록 목표 값(Objective function 또는 Objective Value)을 설정
- 주요 의사결정 변수를 설정한다. 예제에서 1차로 예산비율을 조정하는 것으로 의사결정 변수를 설정한다.

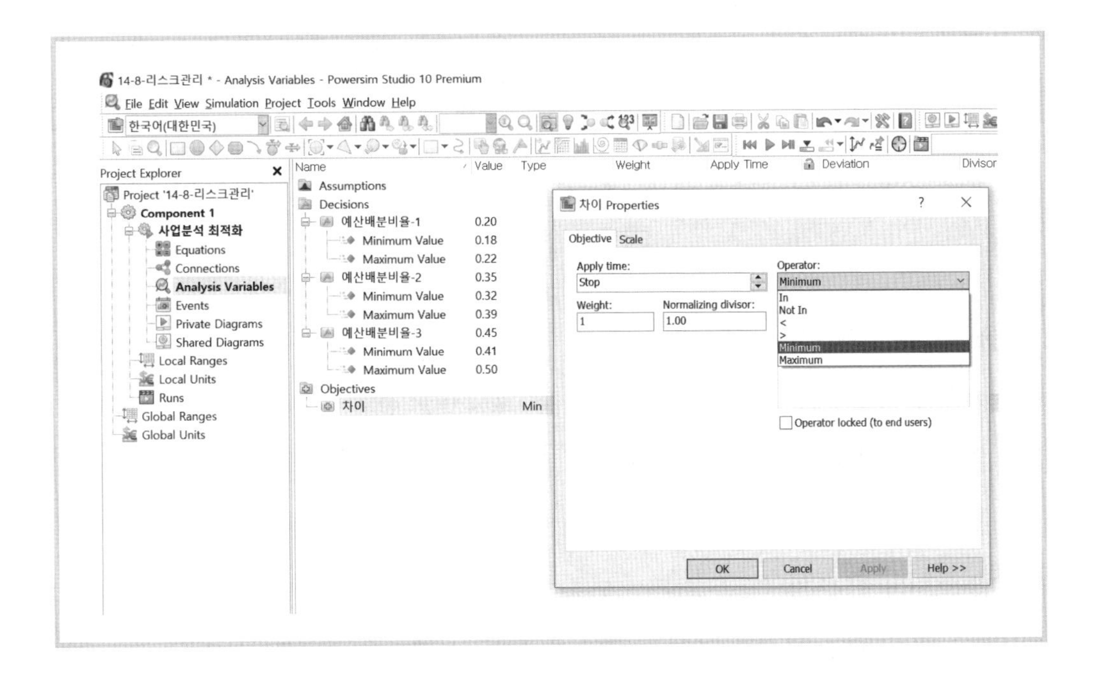

(2) 리본 메뉴에서 최적화 아이콘을 눌러 최적화를 실시한다

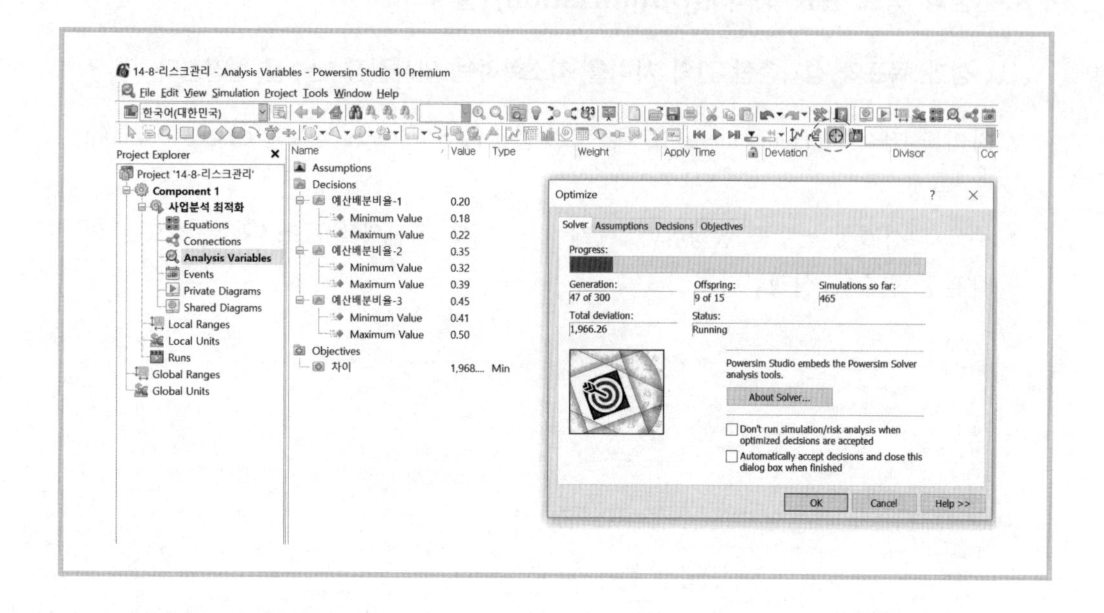

(3) 최적화 실행 결과 분석

- 최적화 이후에도 여전히 차이가 1,964로 존재하고 있음
- 이는 예산배분 비율만으로는 목표 달성할 수 없음을 의미함

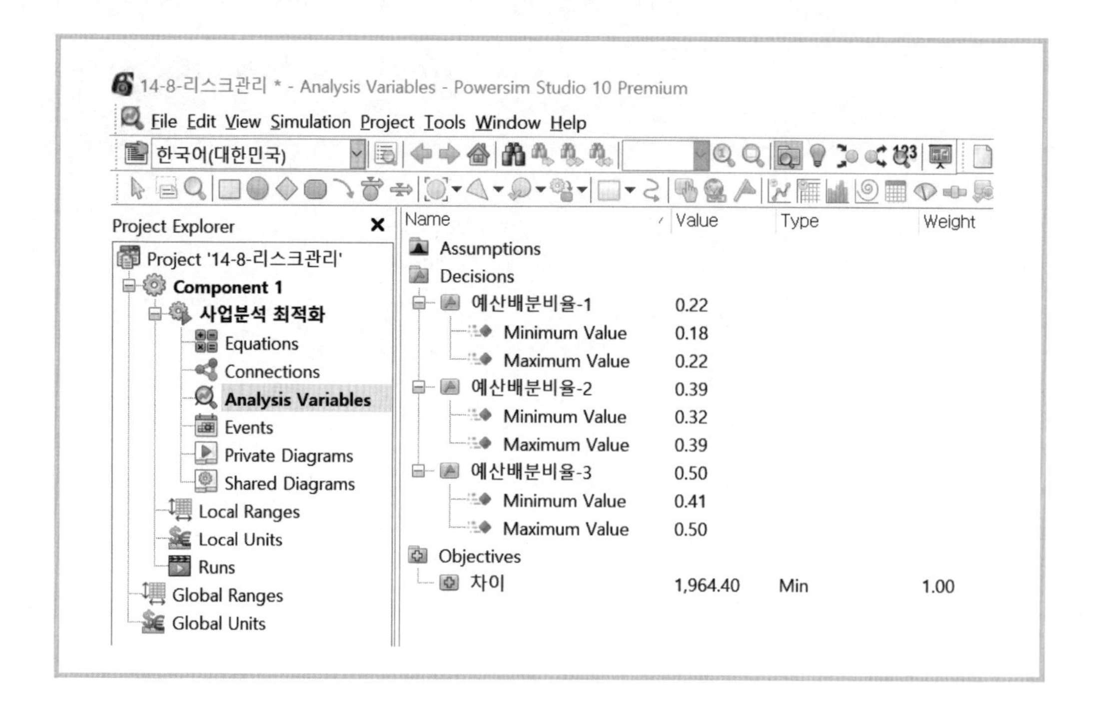

(4) 목표 달성을 위하여 '총예산'을 증액하도록 허용하고, 총예산을 최적화에서 의사결정 변수(Decision Variables)로 추가한다

- 총예산 한도를 90~200으로 의사결정 폭을 허용해 주고, 최적화 시뮬레이션(Optimizing Simulation)을 실행한다.

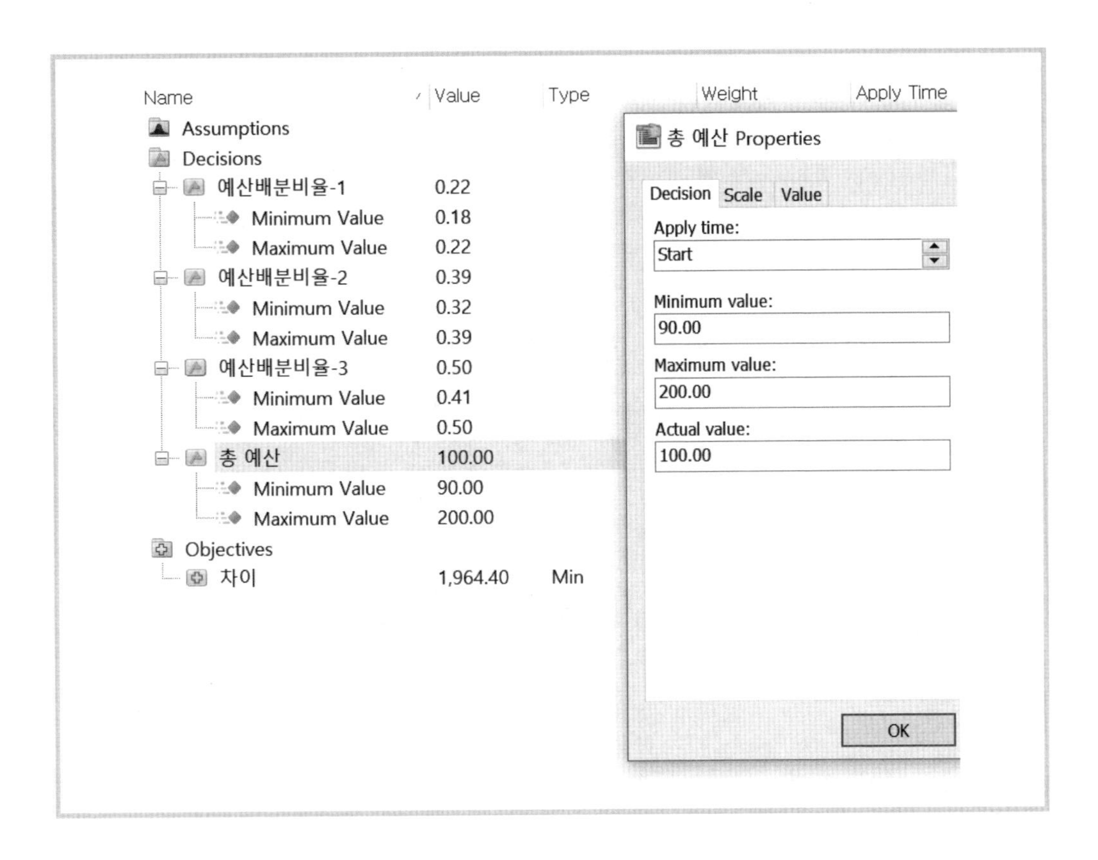

(5) 실행 결과

- 최적화 시뮬레이션 실행 결과, 총예산 141.37과 예산배분 비율-1을 0.2, 예산배분 비율-2을 0.34 그리고 예산배분 비율-3을 0.47로 할 때 성과 목표 8,500을 달성하는 것으로 나타났다.

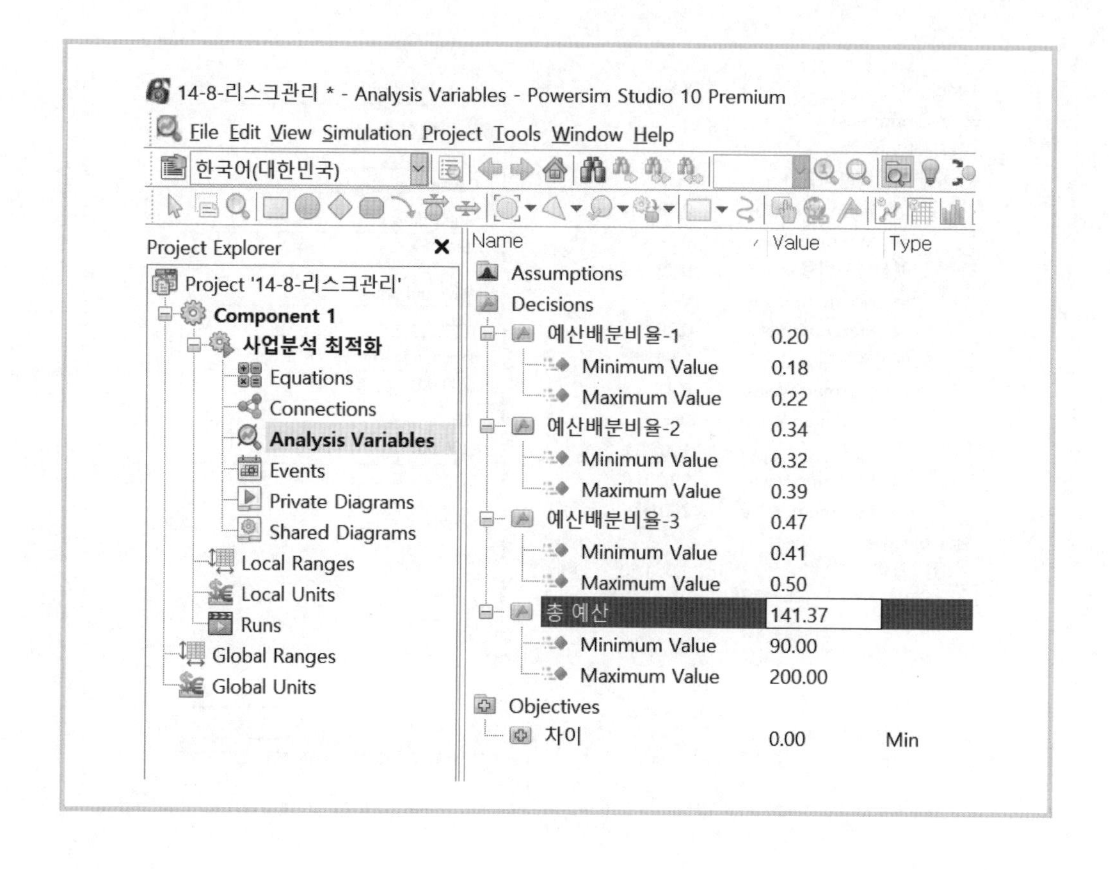

• 최적화를 통한 각 의사결정 변수의 최적 값이 갱신(Update)된다.

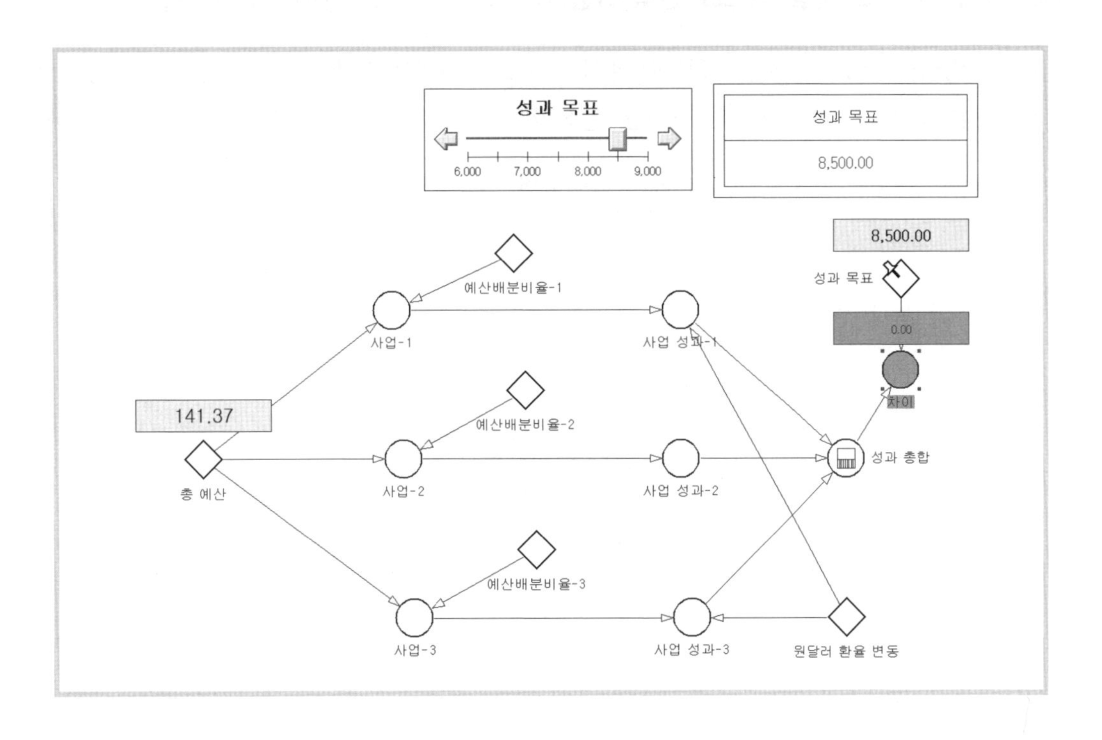

14.8.5 성과 목표 달성 리스크 관리(위험관리, Risk Management) 실시

(1) Simulation(사업분석 최적화)에서 마우스 오른쪽을 눌러, 리스크 분석(Add Risk Analysis Clone) 화면을 생성한다.

- Simulation에서 Risk Analysis를 실행하면, 기존의 최적화 결과가 나타난다.

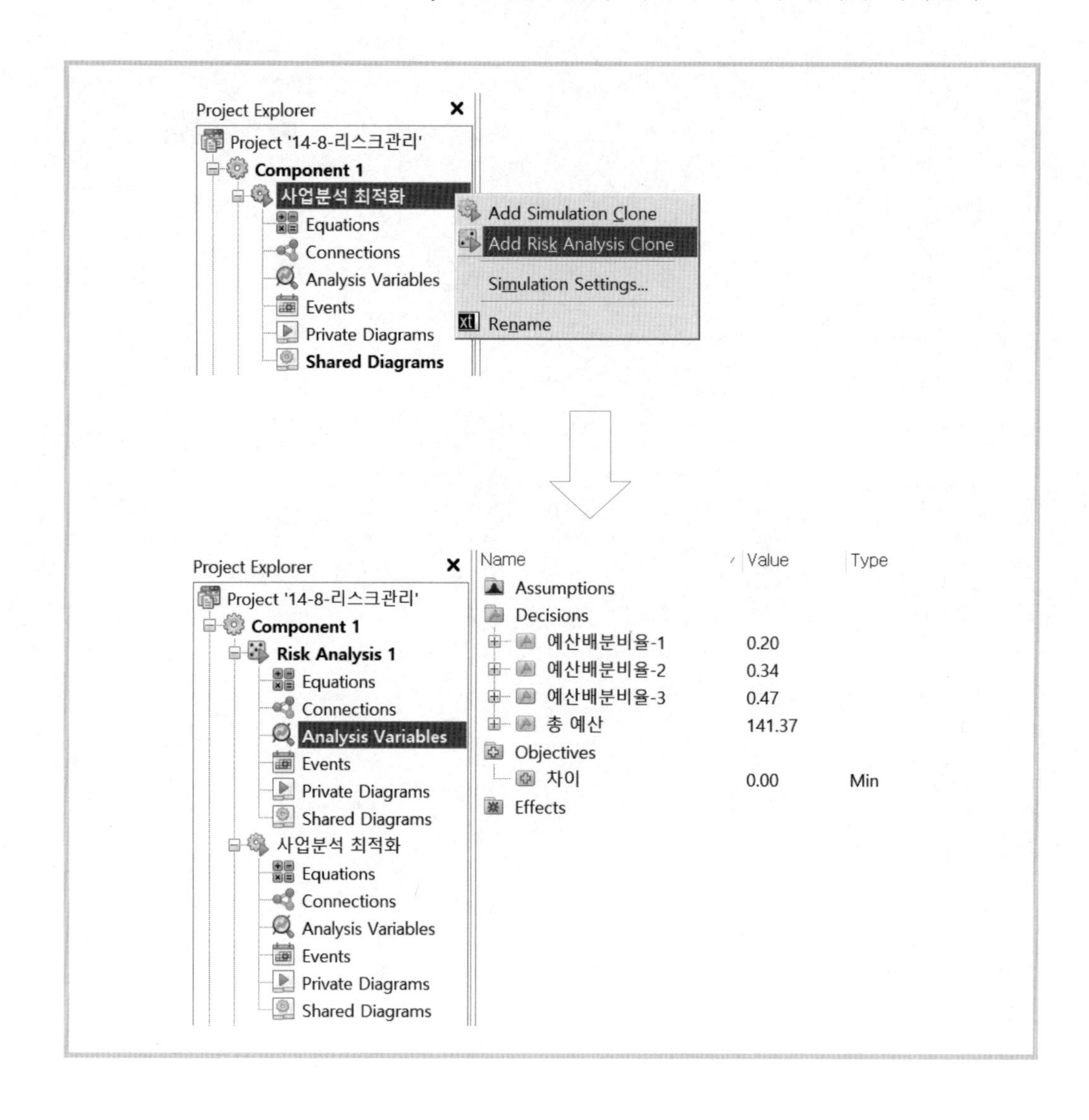

(2) Risk Management를 위한 리스크 분석 항목 설정

- '원달러 환율 변동' 변수를 불확실성을 갖는 가정변수(Assumptions)로 설정하자.
- 환율의 변동 분포는 예를 들어 삼각분포로 하자.
- 원달러 환율 변동비율은 삼각분포로 최소치 -10%, 즉 -0.1, 최대치 +10%, 즉 +0.1 그리고 가장 변동의 가능성이 높은 값으로(Most likely 또는 Peak 값) +5%, 즉 0.05를 설정해 보자.

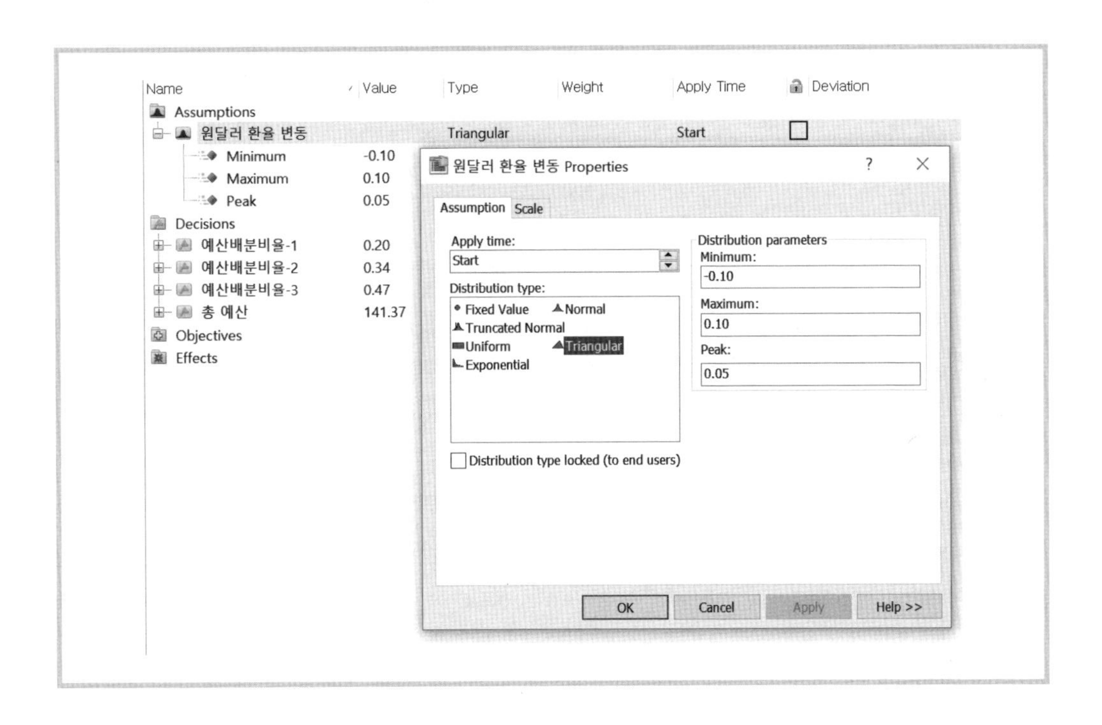

(3) 이러한 원 달러 환율 변동의 불확실성에도 불구하고 성과 총합의 목표 값으로 '성과 총합' 변수가 최소 8,200 이상을 달성하는 것을 90% 이상 신뢰하도록 하는 다음과 같은 의사결정 변수(Decision Variables)를 설정하자.

- 예산배분 비율-1, 예산배분 비율-2, 예산배분 비율-3, '총예산' 규모

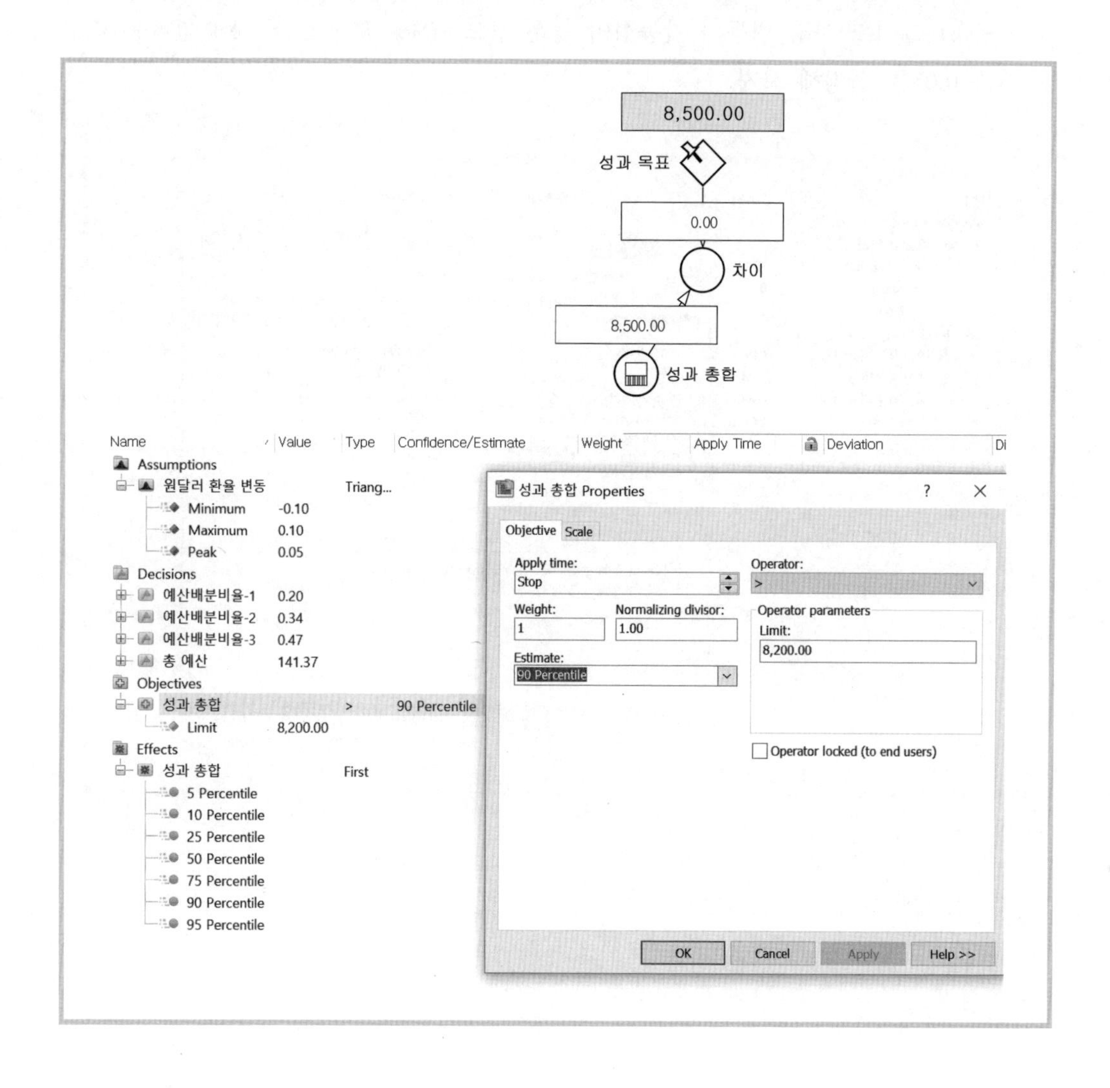

(4) 리스크 관리(Risk Management) 실행 주요 설정 항목

- Risk Analysis 화면에서 가정변수(Assumptions)
- 의사결정 변수(Decisions)
- 목적 변수(Objectives)
- 영향 변수(Effects)

(5) 예제에서 총예산을 삭제하고, 재설정한다. 즉 총예산 허용 한도를 90~110으로 설정하고

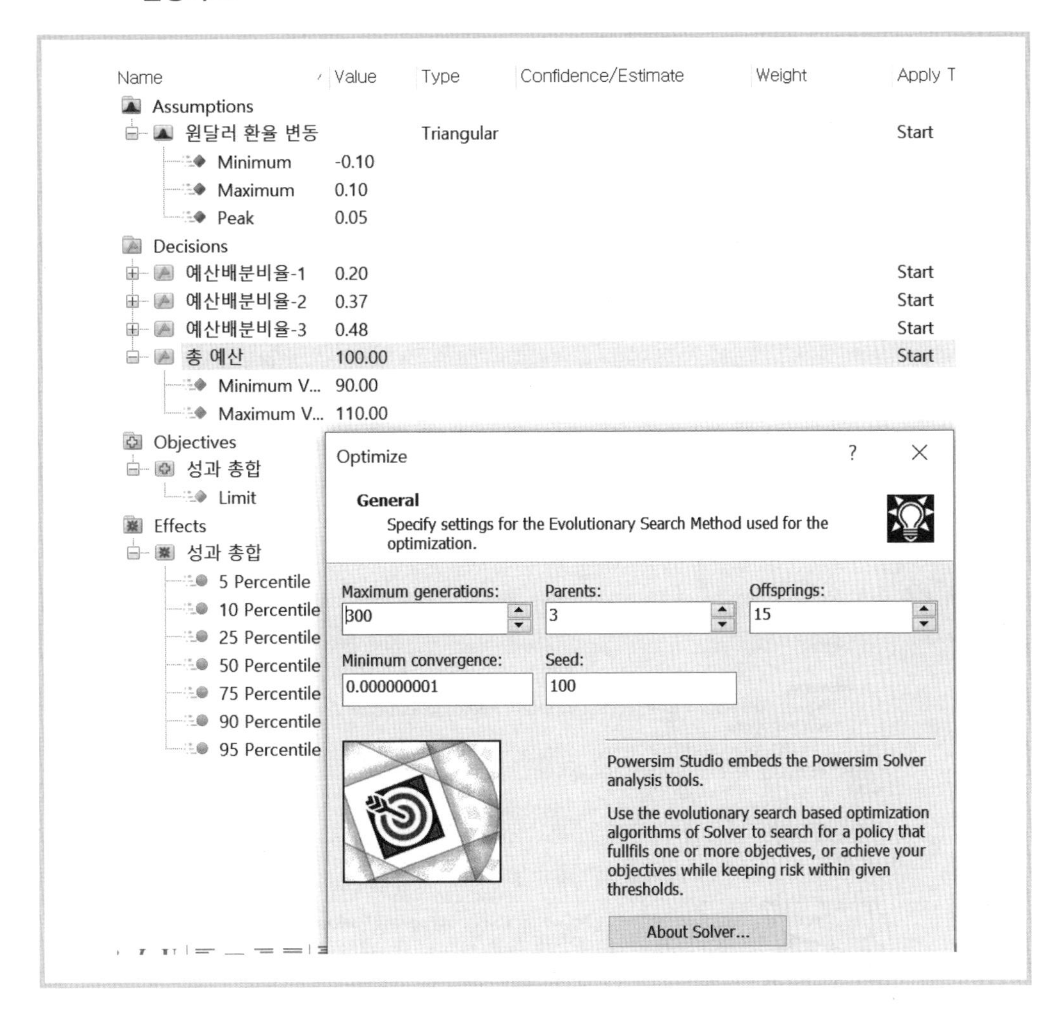

(6) 그리고 최적 예산배분 비율을 통하여 '성과총합'이 8,200 이상 될 것을 90% 이상 신뢰할 수 있도록 설정한다.

Objectives
성과 총합 6,384.21 > 90 Percentile 1.00
Limit 8,200.00

성과 총합 Properties ? ×
Objective Scale
Apply time: Stop
Operator: >
Weight: 1
Normalizing divisor: 1.00
Operator parameters
Limit: 8,200.00
Estimate: 90 Percentile
Operator locked (to end users)
OK Cancel Apply Help >>

(7) 최적화 실시 환경을 설정하고, 최적화 아이콘을 실행한다.

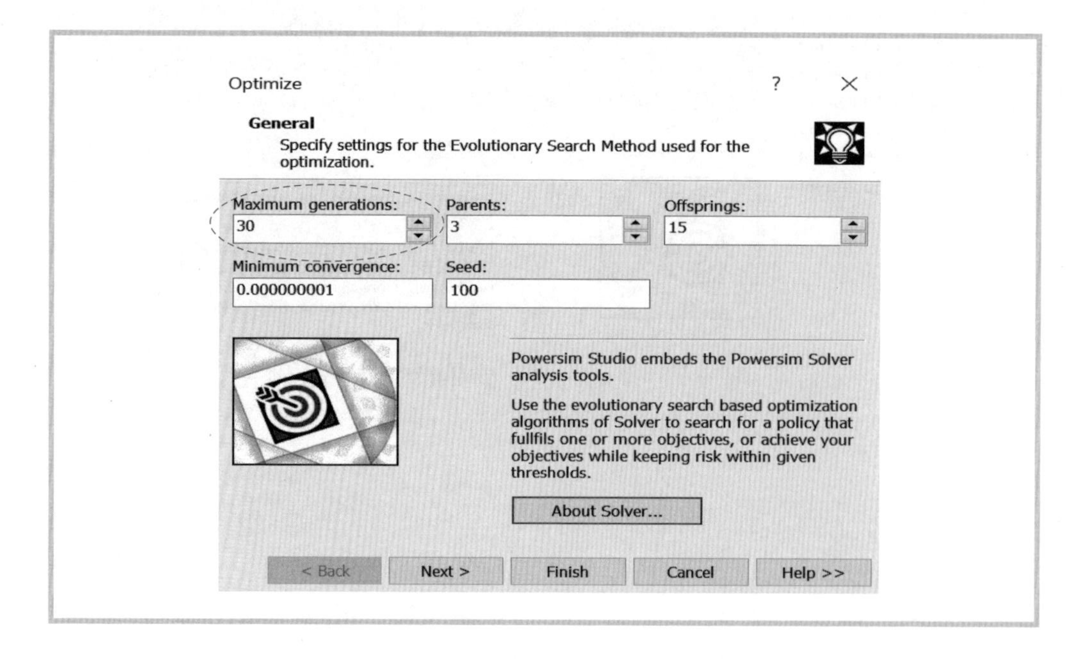

(8) 최적화 실행 결과(예산 90~110 허용)

- 최적화 실행 결과는 총예산 90~110 사이에서는 성과총합이 7,459.04로 8,200에는 미달하였다.
- 이때 성과총합의 백분위는 5분위에서 6,857 그리고 95분위(Percentile)에서 7,502로 나타났다.
- 따라서 총예산을 증가시켜서 시뮬레이션 할 필요가 있음을 알 수 있다.

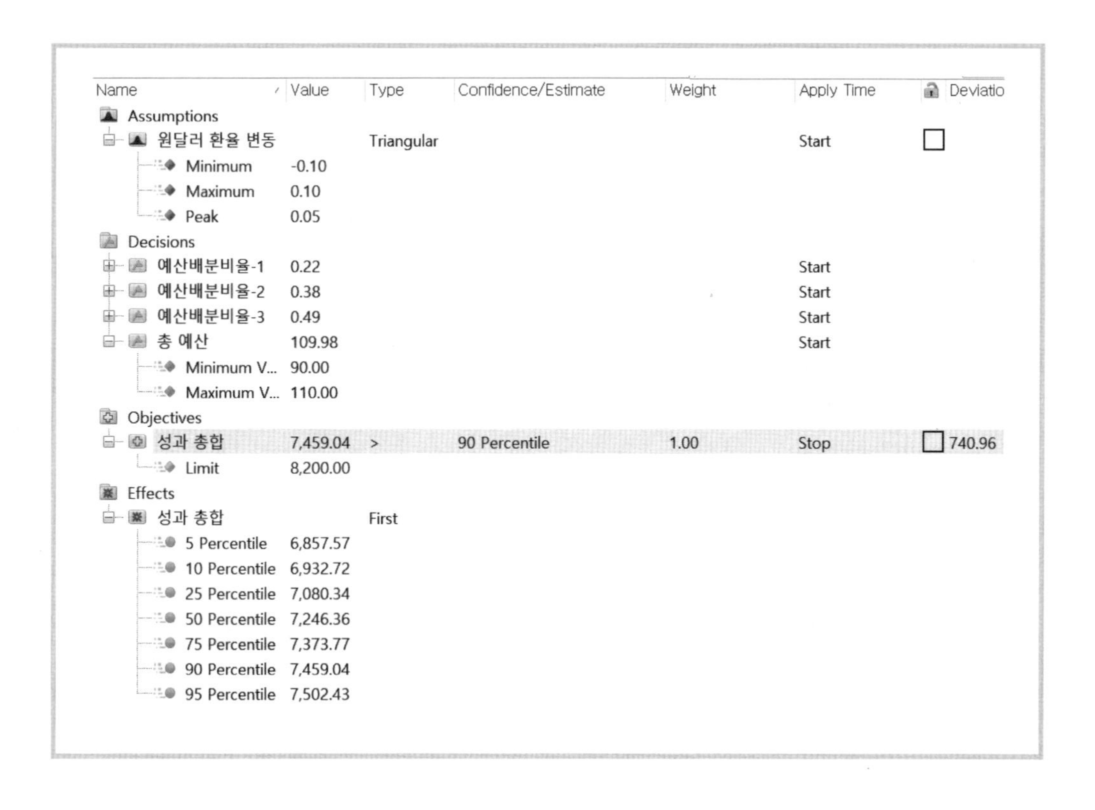

Name	Value	Type	Confidence/Estimate	Weight	Apply Time	🔒	Deviatio
Assumptions							
원달러 환율 변동		Triangular			Start	☐	
Minimum	-0.10						
Maximum	0.10						
Peak	0.05						
Decisions							
예산배분비율-1	0.22				Start		
예산배분비율-2	0.38				Start		
예산배분비율-3	0.49				Start		
총 예산	109.98				Start		
Minimum V...	90.00						
Maximum V...	110.00						
Objectives							
성과 총합	7,459.04	>	90 Percentile	1.00	Stop	☐	740.96
Limit	8,200.00						
Effects							
성과 총합		First					
5 Percentile	6,857.57						
10 Percentile	6,932.72						
25 Percentile	7,080.34						
50 Percentile	7,246.36						
75 Percentile	7,373.77						
90 Percentile	7,459.04						
95 Percentile	7,502.43						

(9) 최적화 실행 결과(예산 90~130 허용)

- 성과총합이 8,200을 초과하도록 되는 것을 90 백분위 이상 성과총합에서 8,412를 나타내는 총예산은 129.37를 얻었다.

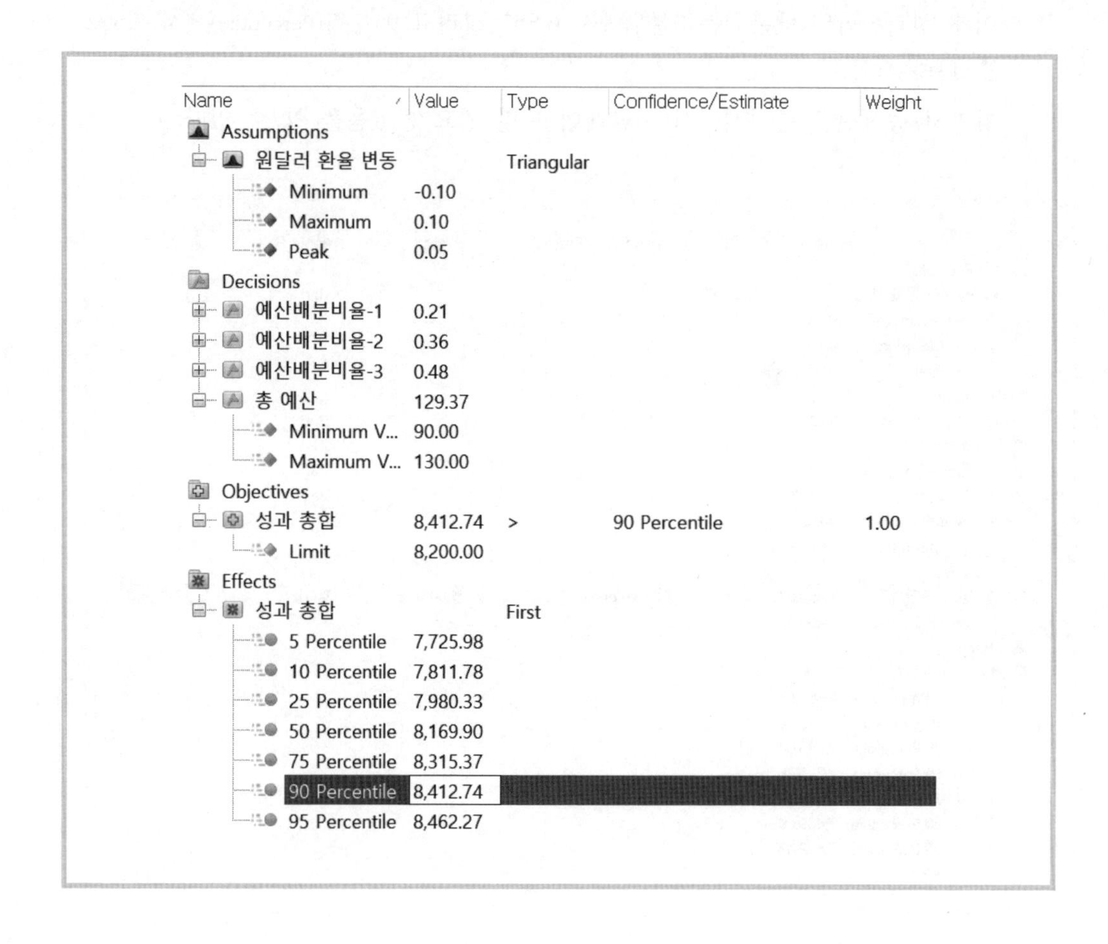

Name	Value	Type	Confidence/Estimate	Weight
Assumptions				
원달러 환율 변동		Triangular		
Minimum	-0.10			
Maximum	0.10			
Peak	0.05			
Decisions				
예산배분비율-1	0.21			
예산배분비율-2	0.36			
예산배분비율-3	0.48			
총 예산	129.37			
Minimum V...	90.00			
Maximum V...	130.00			
Objectives				
성과 총합	8,412.74	>	90 Percentile	1.00
Limit	8,200.00			
Effects				
성과 총합		First		
5 Percentile	7,725.98			
10 Percentile	7,811.78			
25 Percentile	7,980.33			
50 Percentile	8,169.90			
75 Percentile	8,315.37			
90 Percentile	8,412.74			
95 Percentile	8,462.27			

(10) 그런데 '성과총합'을 8,200 초과하도록 90% 이상 신뢰할 수 있는 예산은 얼마일까? 그것은 바꾸어 말하면, 백분위로 하위 10%가 8,200 이하가 되는 총예산 규모가 될 것이다

- 목적(Objective) 값의 10 Percentile 초과하는 값으로 8,200으로 설정한다.

성과 총합 Properties

Objective | Scale

Apply time: Stop

Weight: 1

Normalizing divisor: 1.00

Estimate: 10 Percentile

Operator: >

Operator parameters

Limit: 8,200.00

Operator locked (to end users)

OK | Cancel | Apply | Help >>

(11) 최적화 리스크 관리 시뮬레이션 결과

- 리스크 시뮬레이션 결과 총예산이 90~135가 주어졌을 때
- 총예산 134.11로 사업 1에 예산배분 21%, 사업 2에 예산배분 38%, 사업 3에 예산배분 47%를 실행하면, 1년 뒤에 성과총합은 최저 10 Percentile(백분위)에서 8,200을 초과한, 8,213.82가 구해지는 것을 알 수 있다.
- 즉, 환율이 ±10% 변동되는 과정에서 총예산과 각 사업에 배분 비율(allocation rate)을 최적화함으로써 성과총합을 8,200 이상으로 되는 것을 90% 이상 보증할 수 있다.

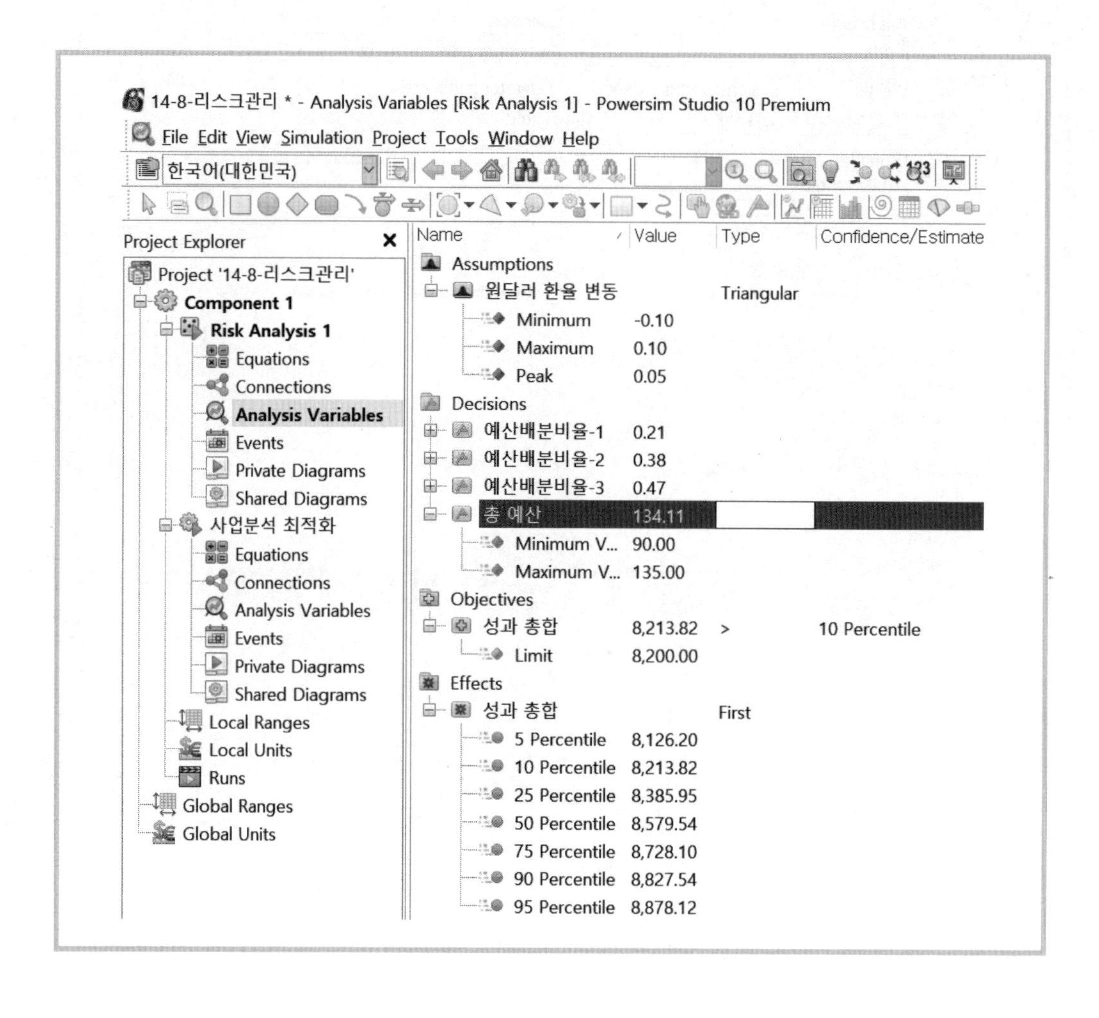

14.8.6 파워심 리스크 관리(위험관리, Risk Management) 학습자료

- 참고로, 리스크 관리 및 리스크 평가 그리고 최적화에 대한 시뮬레이션 예제 및 샘플이 파워심 프로그램을 설치하면 제공된다.
- 파워심 데모(Demo) 버전 프로그램이나 제품(Powersim Product)을 설치하면, 다음과 같이 학습자료(Tutorial)에서 제공된다.

(1) 도움말을 클릭하고 학습자료를 선택한다

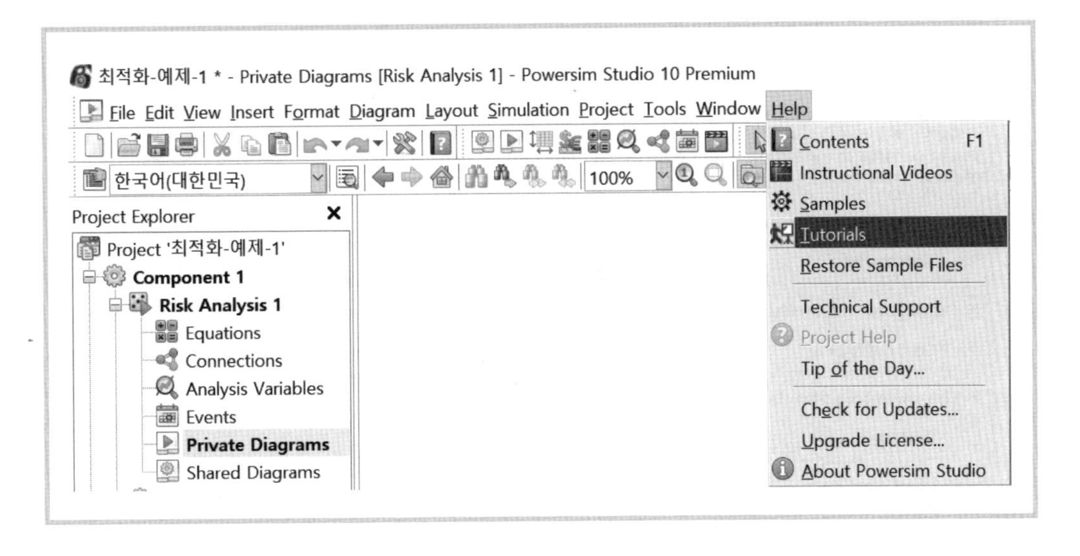

(2) 튜토리얼에는 아래와 같은 학습자료가 있다

각 학습자료에는 샘플 예제 모델과 자세한 설명이 되어 있다.

- 최적화
- 리스크 평가
- 리스크 관리

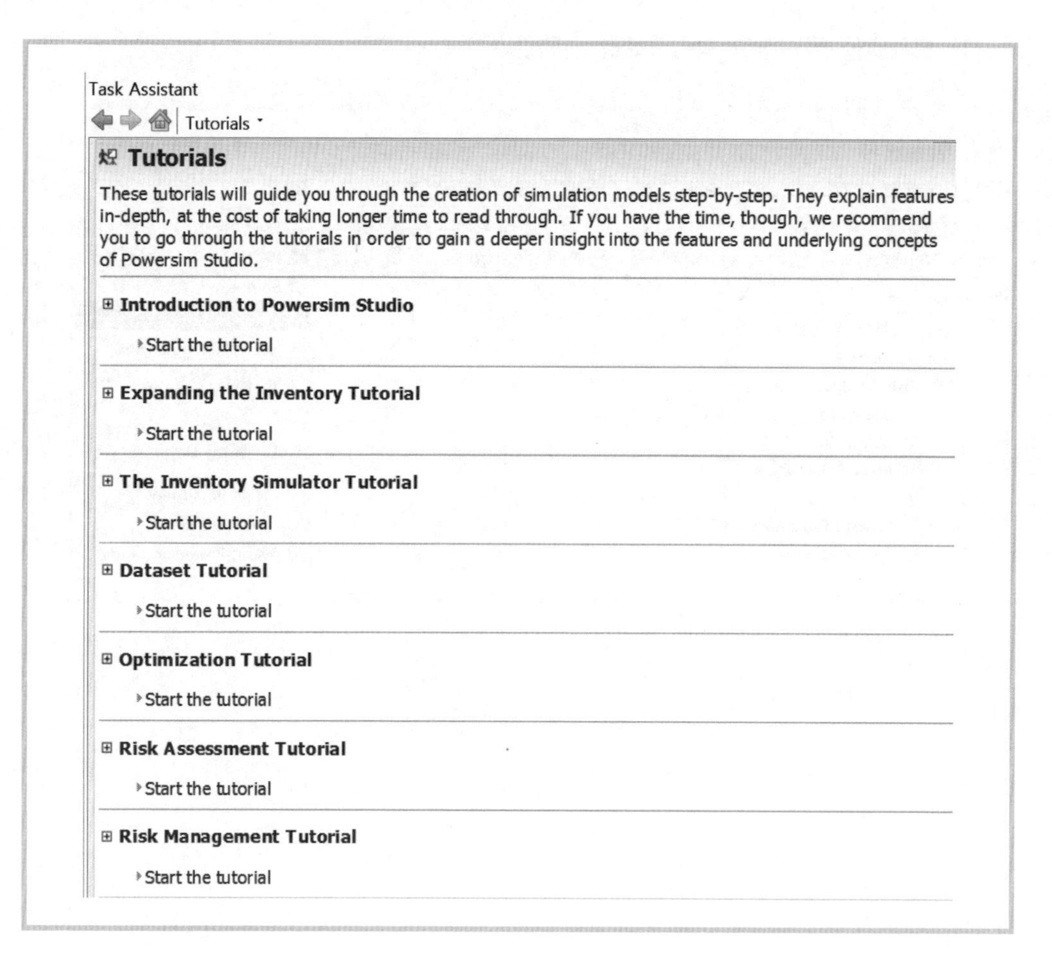

14.9 Bass 상태 변화 최적화 모델

14.9.1 Bass diffusion (상태 변화) 모델

이 세상의 모든 것은 변한다고 기원전 헤라클리토스(Heraclitus)의 말처럼 존재하는 모든 상태는 언젠가 변화한다. 미국의 프랭크 바스(Frank Bass)는 1969년 Bass Diffusion Model을 통하여 어떤 상태의 변화 방정식을 제시하였는데, 그는 신제품의 판매량을 초기에 변화를 재촉하는 '혁신 계수'와 이미 판매된 상태에 영향을 받은 '모방 계수'에 의하여 상태는 새로운 상태로 변한다고 하였다.

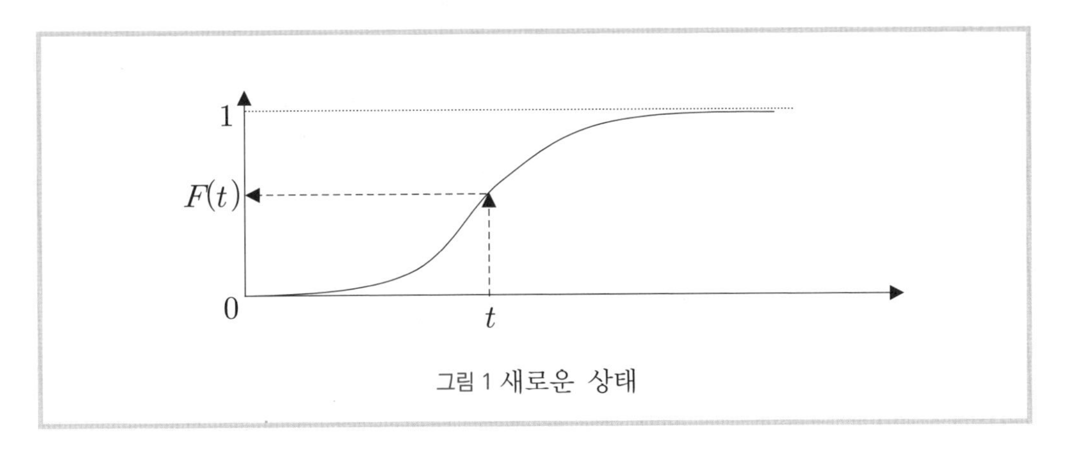

그림 1 새로운 상태

새로운 상태는 시간의 흐름 t 와 혁신 계수 p 와 모방 계수 q 에 의하여 변화, $F(t)$ 하는데 이를 수식으로 나타내면 다음과 같다.[3)]

$$F(t) = \frac{1 - e^{-(p+q)t}}{1 + \frac{q}{p} e^{-(p+q)t}}$$

이러한 Bass 누적 함수 $F(t)$는 $p=0$ 이면 로지스틱(logistic) 분포를, $q=0$ 이면 지수 함수를 나타낸다. 다만, Bass 함수가 지수 함수나 로지스틱 S-커브 함수와 다른 점은 시간에 따른 상태 변환 구조를 스톡(Stock)과 플로우(Flow) 변수 이루어진 피드백(feedback) 구조로 다양한 현실적인 상태 변환 모델링이 쉽다는 것이다.

3) https://en.wikipedia.org/wiki/Bass_diffusion_model

Bass 모델에서 제시한 혁신 계수와 모방 계수를 이용하여 Bass 상태 변화 모델은 다양한 분야 모델링에 활용된다. 예를 들어, 새로운 스마트 폰의 판매량, 전기차의 판매량, 산불의 확산, 암세포의 확산, 선거에서 후보자 지지층의 이동 등 Bass 모델을 적용하면 다양한 행태의 상태 변화(change of state)의 결과를 토대로 그 원인이나 변화 과정을 설명할 수 있다.

14.9.2 스톡 플로우 모델 기반 Bass diffusion 모델 구현

(1) 문제 개요

어떤 신제품이 출시되어 기존 제품 시장을 잠식해 가는 과정을 모델링 한다. 신제품 구매과정은 신제품을 제품의 디자인이나 품질에 따라 혁신적으로 구매하는 경우와 신제품에 노출되어 사용 후기, 제품 품평 등 구전효과에 의하여 모방적으로 구매하는 경우를 포함한다.

(2) 시뮬레이션 환경설정

- 프로젝트 설정: 달력 독립적 시뮬레이션 선택
- 시뮬레이션 기간 설정: 시뮬레이션 시작 기간 0, 시뮬레이션 종료 100
- 시뮬레이션 시간 간격(timestep)은 1로 설정

(3) Bass 상태 변화 시뮬레이션 모델

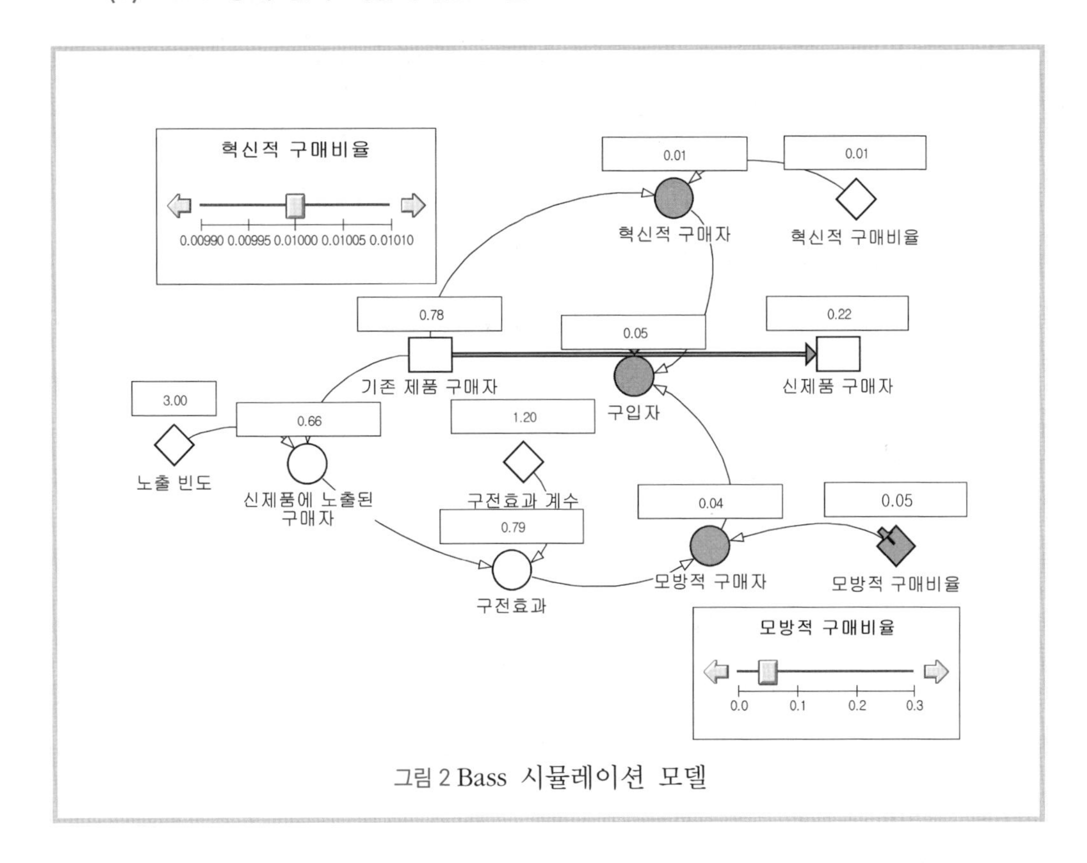

그림 2 Bass 시뮬레이션 모델

(4) 전진(forward) 시뮬레이션

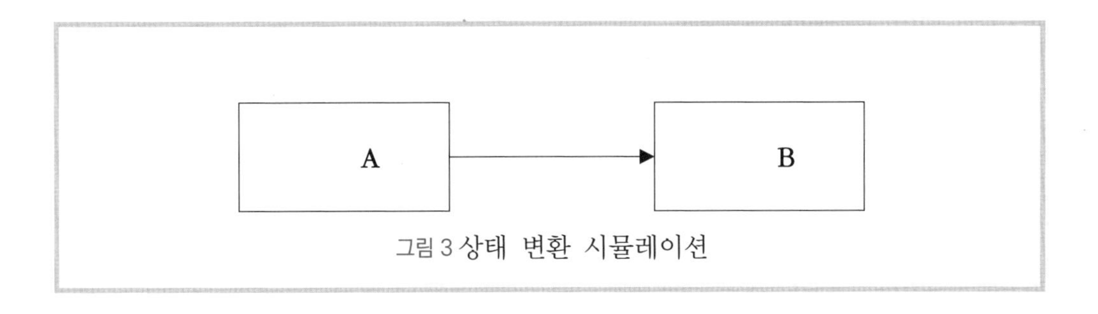

그림 3 상태 변환 시뮬레이션

Bass 모델을 기반으로 스톡 플로우(stock flow) 모델을 작성하고 혁신 계수(p)와 모방 계수(q)를 이용하여 시간의 흐름(t)에 따라 진전(forward) 시뮬레이션을 수행하면 상태 A가 상태 B로 변화하는 행태에 대한 시뮬레이션 결과를 미리 할 수 있다.

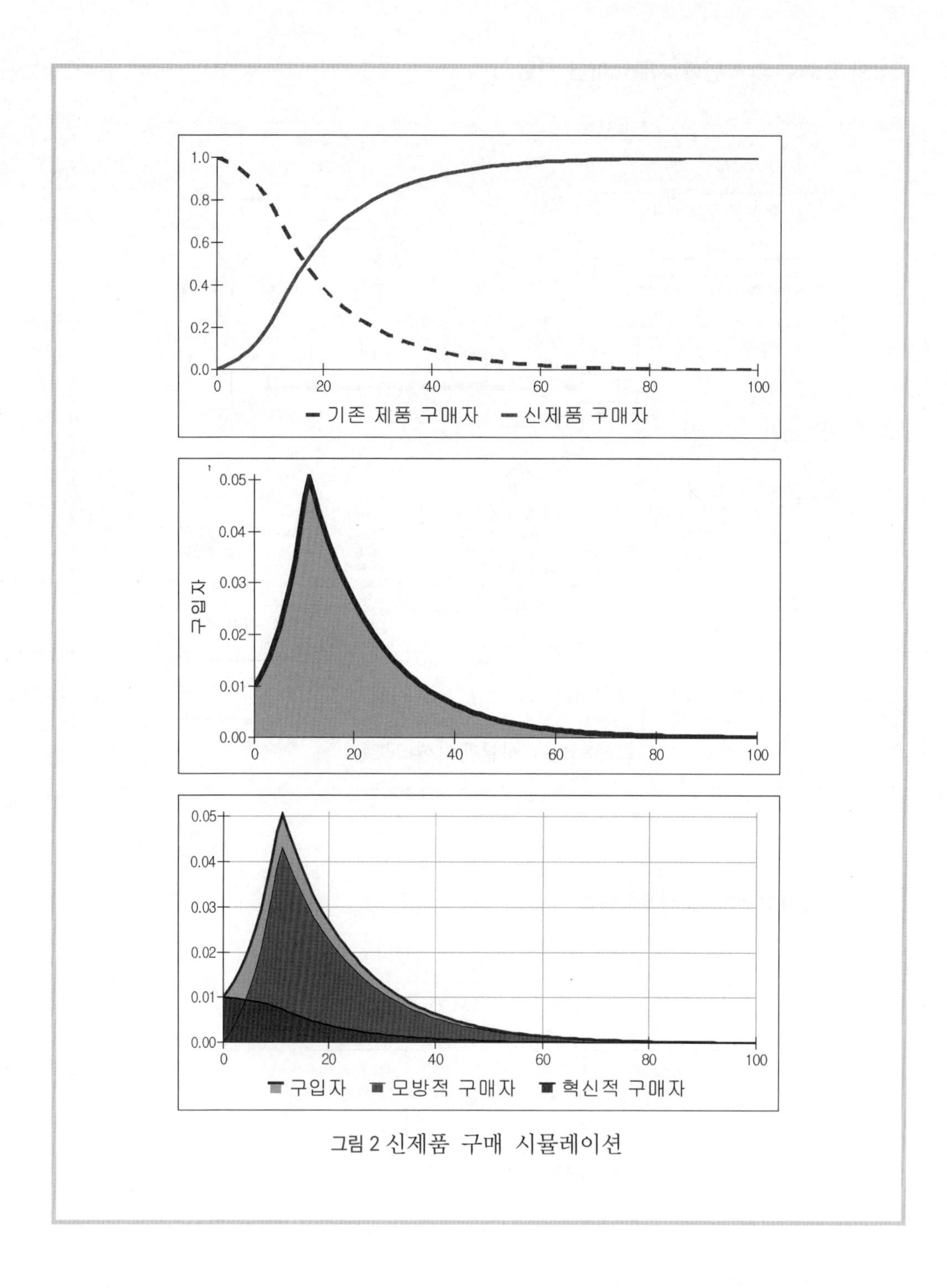

그림 2 신제품 구매 시뮬레이션

(5) Bass 모델 수식 구성

Name	Definition
① 혁신적 구매자	'기존 제품 구매자'*'혁신적 구매비율'
② 구전효과	'신제품에 노출된 구매자'*'구전효과 계수'
③ 구입자	'혁신적 구매자' + '모방적 구매자'
④ 신제품 구매자	0
⑤ 구입자.in	구입자
⑥ 모방적 구매비율	0.2
⑦ 구전효과 계수	1.2
⑧ 혁신적 구매비율	1/100
⑨ 노출 빈도	3
⑩ 신제품에 노출된 구매자	MIN ('신제품 구매자'*'노출 빈도', '기존 제품 구매자')
⑪ 모방적 구매자	구전효과 * '모방적 구매비율'
⑫ 기존 제품 구매자	1
⑬ 구입자.out	구입자

14.9.3 Bass diffusion 모델을 이용한 최적화 해법

(1) 결과를 토대로 원인과 진행 과정 알아내기

후진 시뮬레이션은 일종의 목적 지향(goal seeking)의 시뮬레이션으로 Bass 모델의 혁신 계수(p)와 모방 계수(q)의 다양한 조합을 반복적으로 수행하여 시뮬레이션 결과를 도출하는 방식이다. 후진적 최적화(backward optimization)를 실행하여 반복적인 실험 결과에서 가장 합리적인 값을 갖는 혁신 계수(p)와 모방 계수(q)를 출력한다.

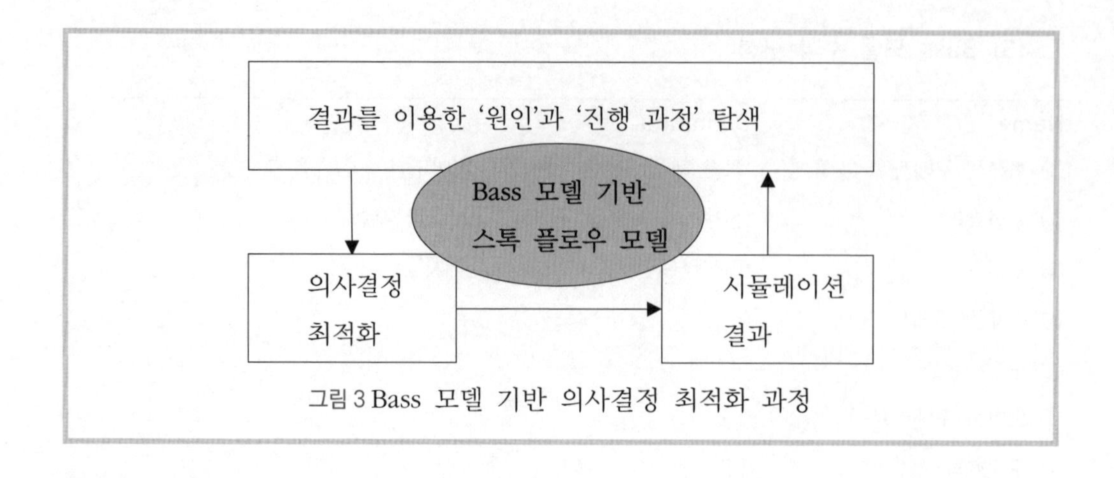

그림 3 Bass 모델 기반 의사결정 최적화 과정

이러한 Bass 모델 추정되는 구조에서 나온 사전(prior) 결과를 토대로 그 원인과 진행 과정을 탐색하는 방법으로 후진적 최적화를 적용하여 원인 변수인 혁신 계수(p)와 모방 계수(q) 값을 찾아내고, 혁신을 통한 변화와 모방을 통한 변화 과정을 알아낸다.

이를 기반으로 장래의 원하는 결과를 추종하는 원인 변수들의 최적 값을 피드백 최적화 원리를 이용하여 탐색하여, 전략(strategy)이나 정책(policy) 개발에 응용할 수 있다.

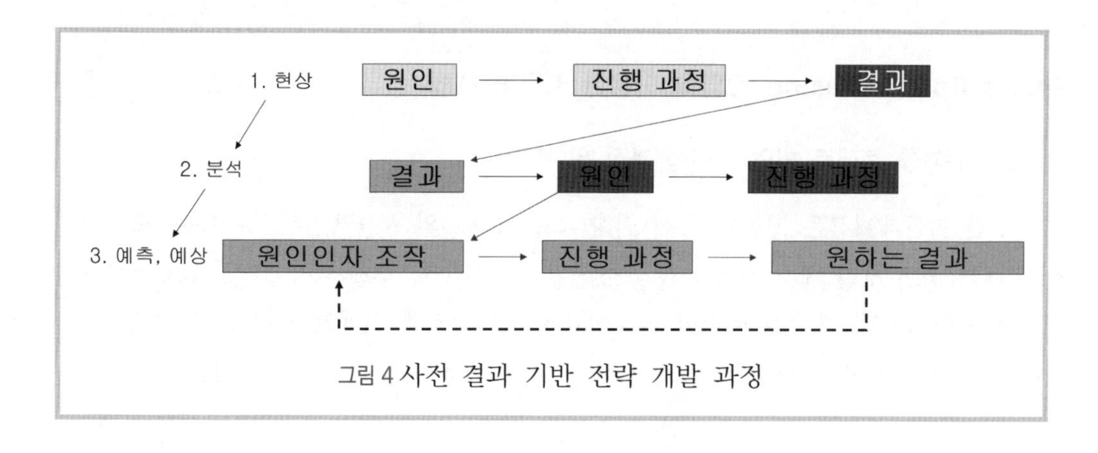

그림 4 사전 결과 기반 전략 개발 과정

(2) Bass 상태 변화 시뮬레이션 모델

리본 메뉴에서 프로젝트 Explorer 아이콘을 눌러 Project Explorer를 연다.

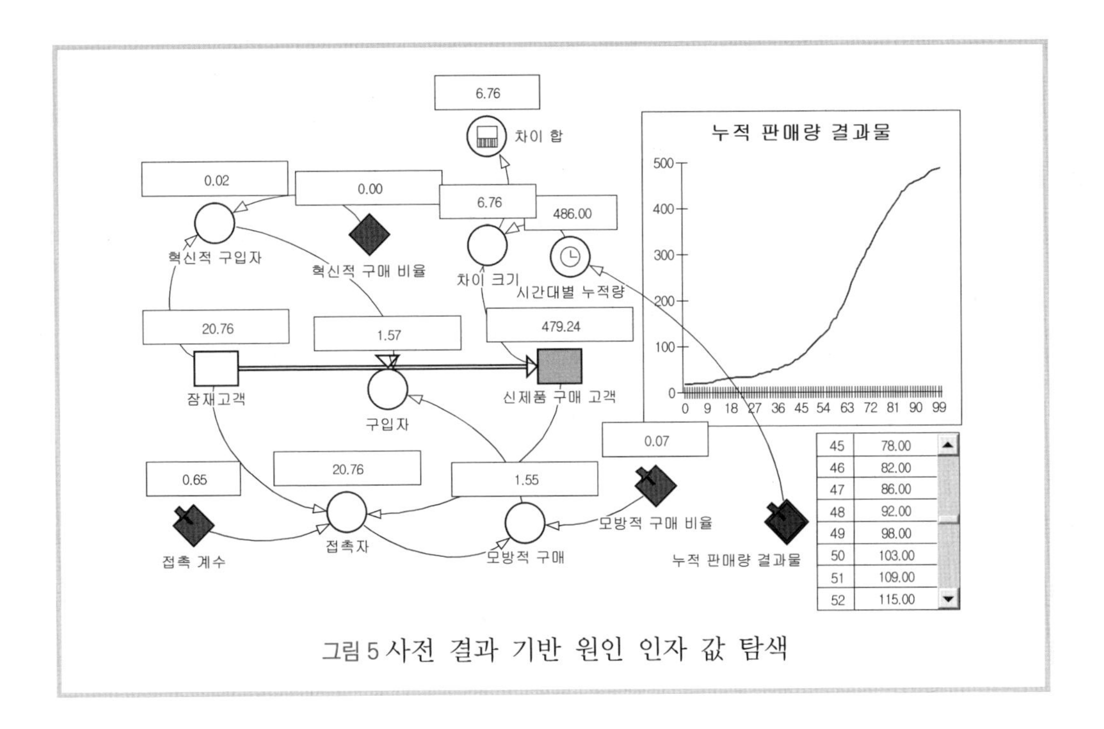

45	78.00
46	82.00
47	86.00
48	92.00
49	98.00
50	103.00
51	109.00
52	115.00

그림 5 사전 결과 기반 원인 인자 값 탐색

(3) 최적화 이전의 비교 시뮬레이션

최적화 이전 단계에서 Bass 모델 시뮬레이션 출력값과 주어진 결괏값(prior)을 비교한다.

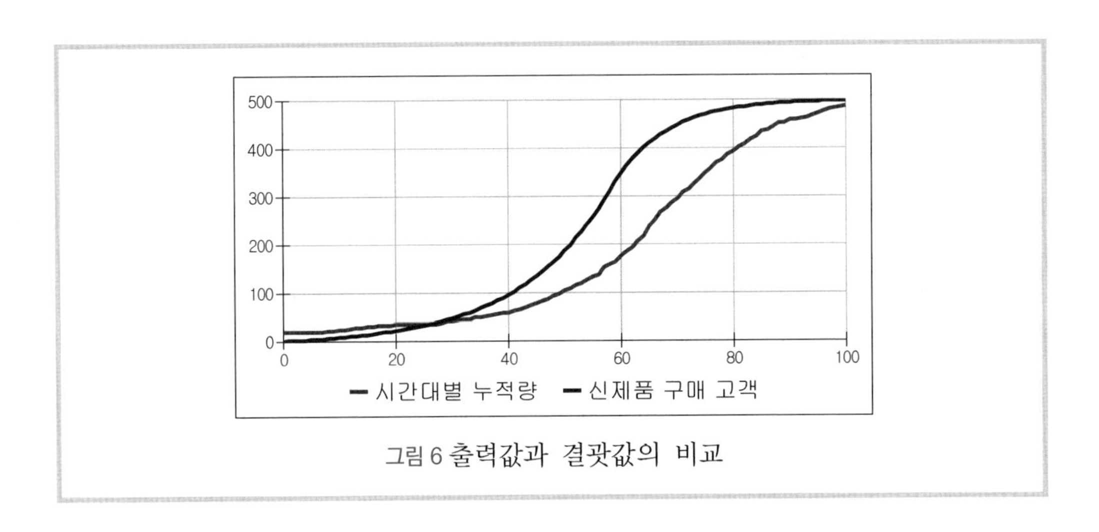

그림 6 출력값과 결괏값의 비교

(4) 진화 탐색(evolutionary search) 기반 후진적 최적화 실행

최적화 이전 Bass 모델 시뮬레이션 출력값과 주어진 결괏값(prior) 비교

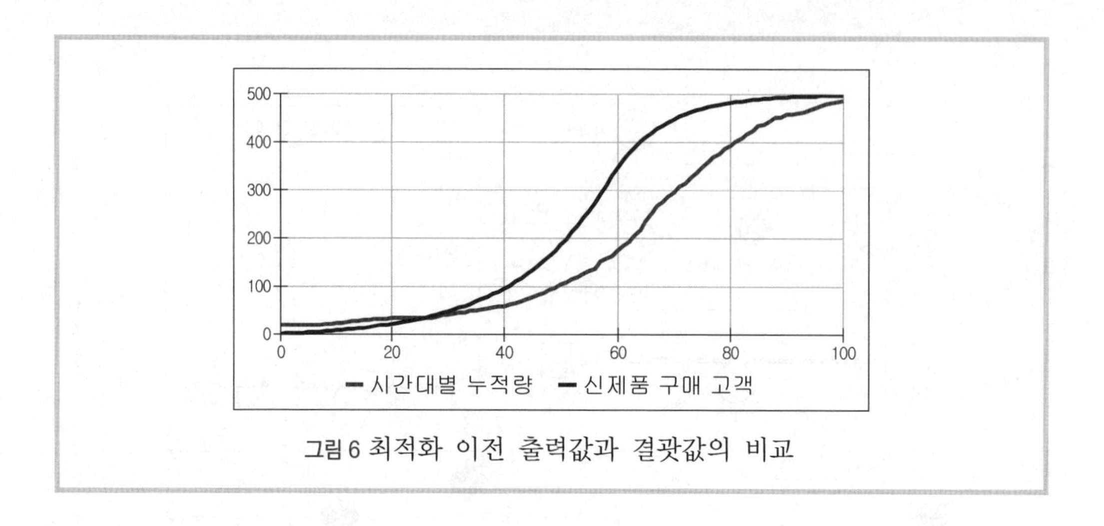

그림 6 최적화 이전 출력값과 결괏값의 비교

후진(backward) 최적화 시뮬레이션 이후의 Bass 모델 시뮬레이션 출력값과 주어진 결괏값(prior)의 비교

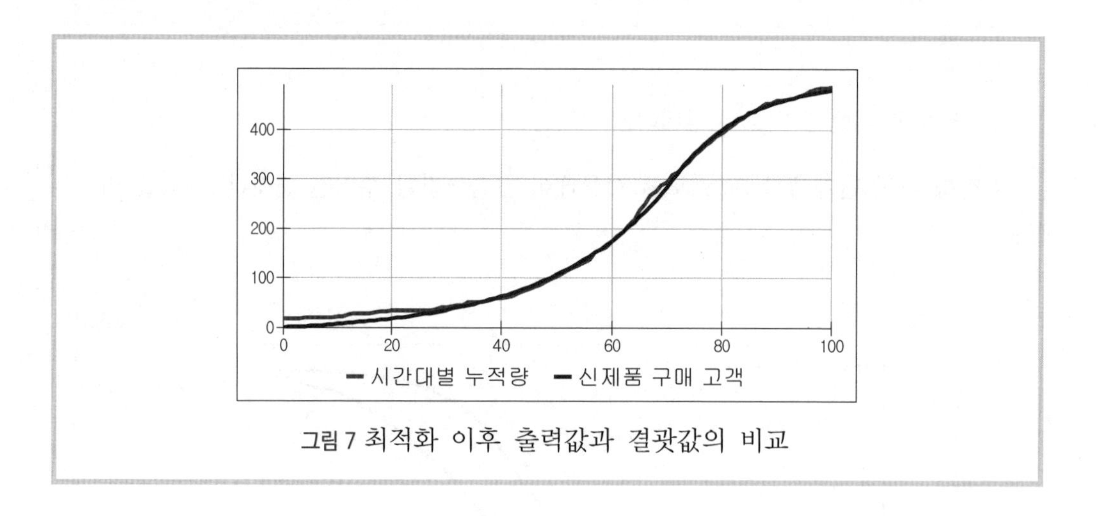

그림 7 최적화 이후 출력값과 결괏값의 비교

추정 모형의 신뢰성은 MAPE(mean absolute percentage error) 오차를 이용하여 신뢰성 = (1 − 오차)로 측정된다.

(5) 최적화를 위한 변수 설정 및 최적화 실행

- 목적 변수: 차이 합 최소화(minimization)
- 의사결정 변수: 혁신적 구매 비율, 접촉비율, 모방적 구매 비율

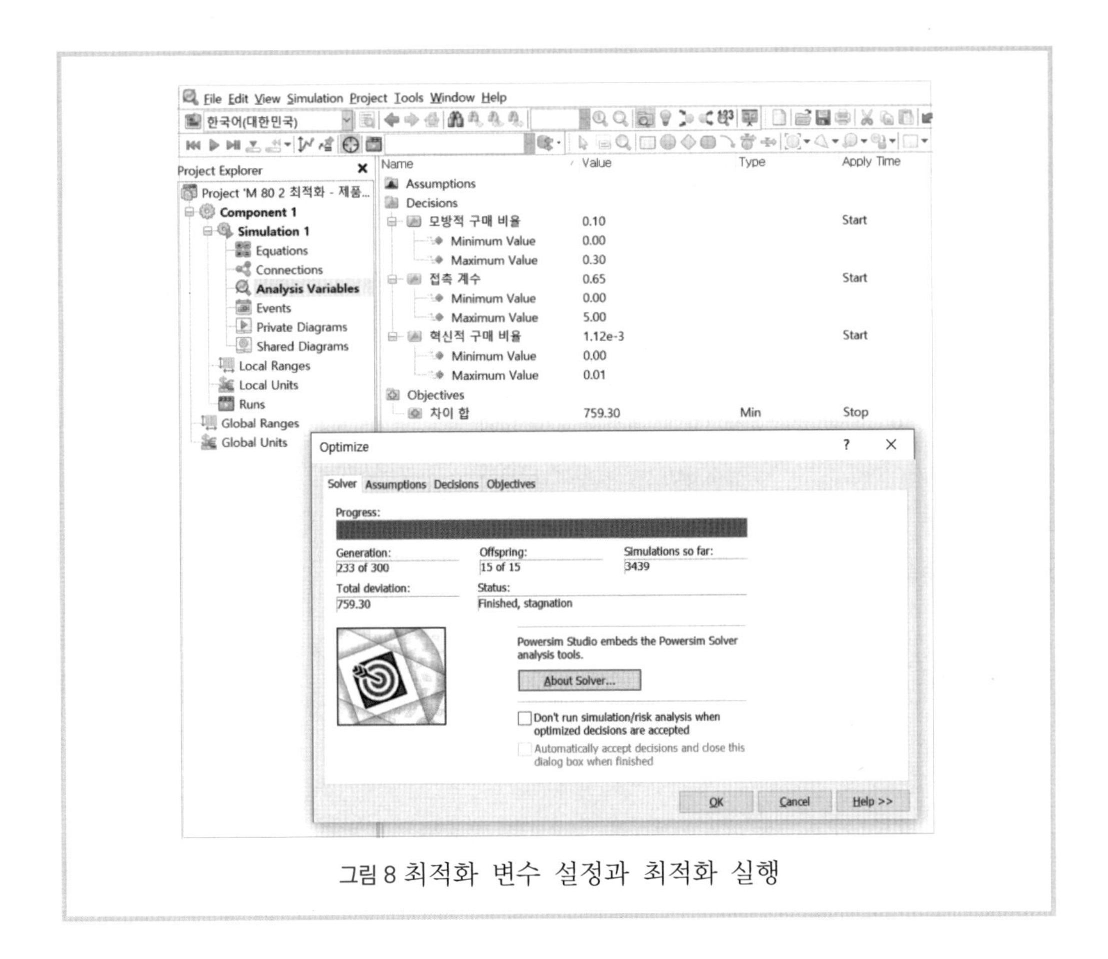

그림 8 최적화 변수 설정과 최적화 실행

(6) Bass 모델 수식 구성

Name	Definition
① 시간대별 누적량	'누적 판매량 결과물'[INDEX(INTEGER(NUMBER(TIME)))]
② 구입자	'혁신적 구입자' + '모방적 구매'
③ 신제품 구매 고객	0
④ 구입자.in	구입자
⑤ 혁신적 구매 비율	0.001
⑥ 모방적 구매 비율	0.05
⑦ 차이 크기	ABS('시간대별 누적량'-'신제품 구매 고객')
⑧ 접촉자	MIN(잠재고객, '접촉 계수'*'신제품 구매 고객')
⑨ 차이 합	RUNSUM ('차이 크기')
⑩ 혁신적 구입자	잠재고객*'혁신적 구매 비율'
⑪ 모방적 구매	접촉자*'모방적 구매 비율'
⑫ 접촉 계수	3
⑬ 누적 판매량 결과물	50
⑭ 잠재고객	500
⑮ 구입자.out	구입자

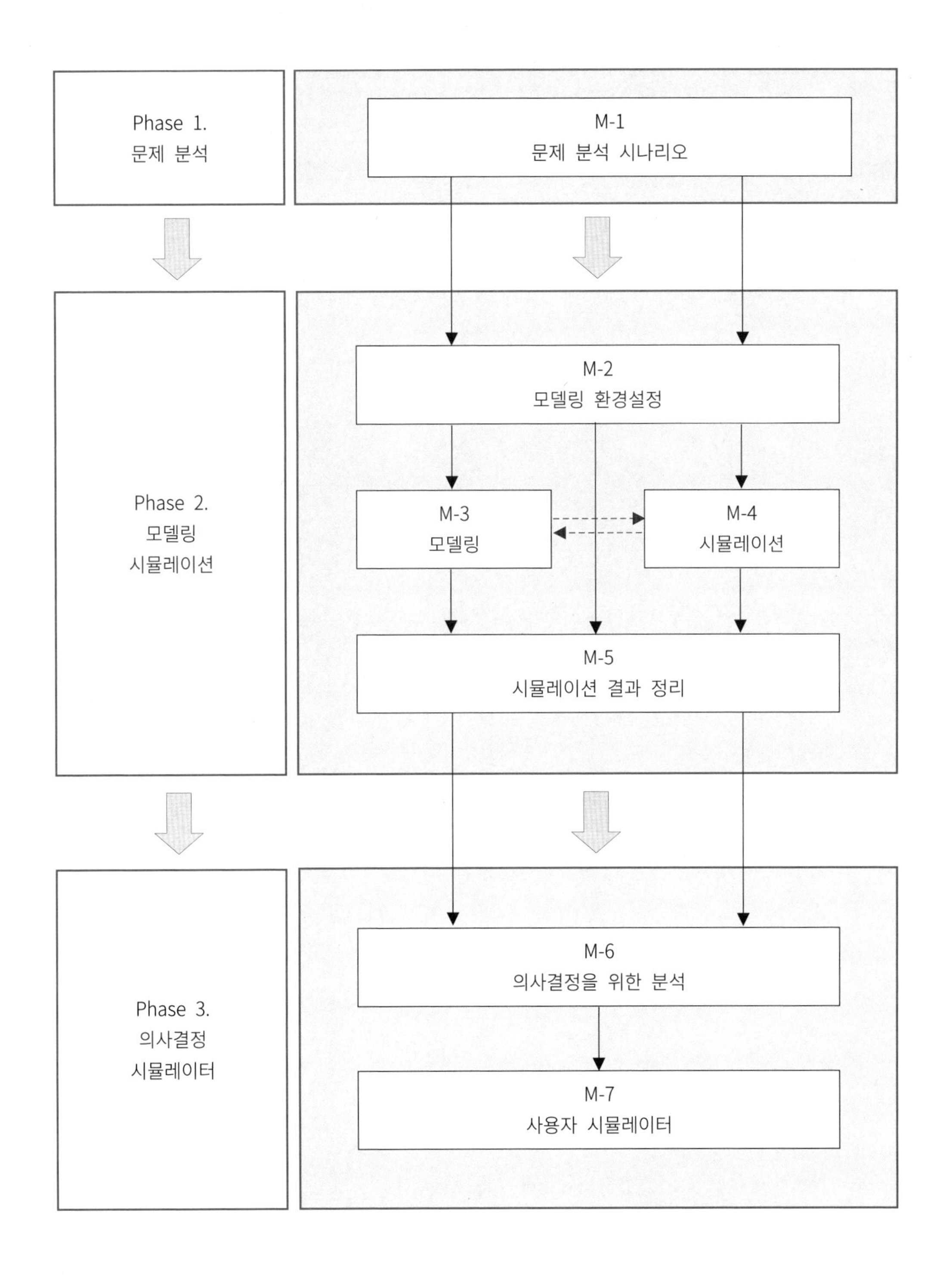
Phase 1.
문제 분석
M-1
문제 분석 시나리오
Phase 2.
모델링
시뮬레이션
M-2
모델링 환경설정
M-3
모델링
M-4
시뮬레이션
M-5
시뮬레이션 결과 정리
Phase 3.
의사결정
시뮬레이터
M-6
의사결정을 위한 분석
M-7
사용자 시뮬레이터

제15장

사용자 시뮬레이터

모듈 7. 사용자 시뮬레이터(User Simulator)
- Bookmark 및 Hyperlink 만들기
- 사용자 화면 만들기
- 시뮬레이션 Command Control

아이콘	명칭	설명
	하이퍼링크	하이퍼링크를 누르면 지정된 영역으로 화면이 이동
	북마크	원하는 영역에 주소나 이름을 부여하는 기능
	프레젠테이션	사용자를 위하여 제공되는 시뮬레이션 화면을 표시

15.1 하이퍼링크

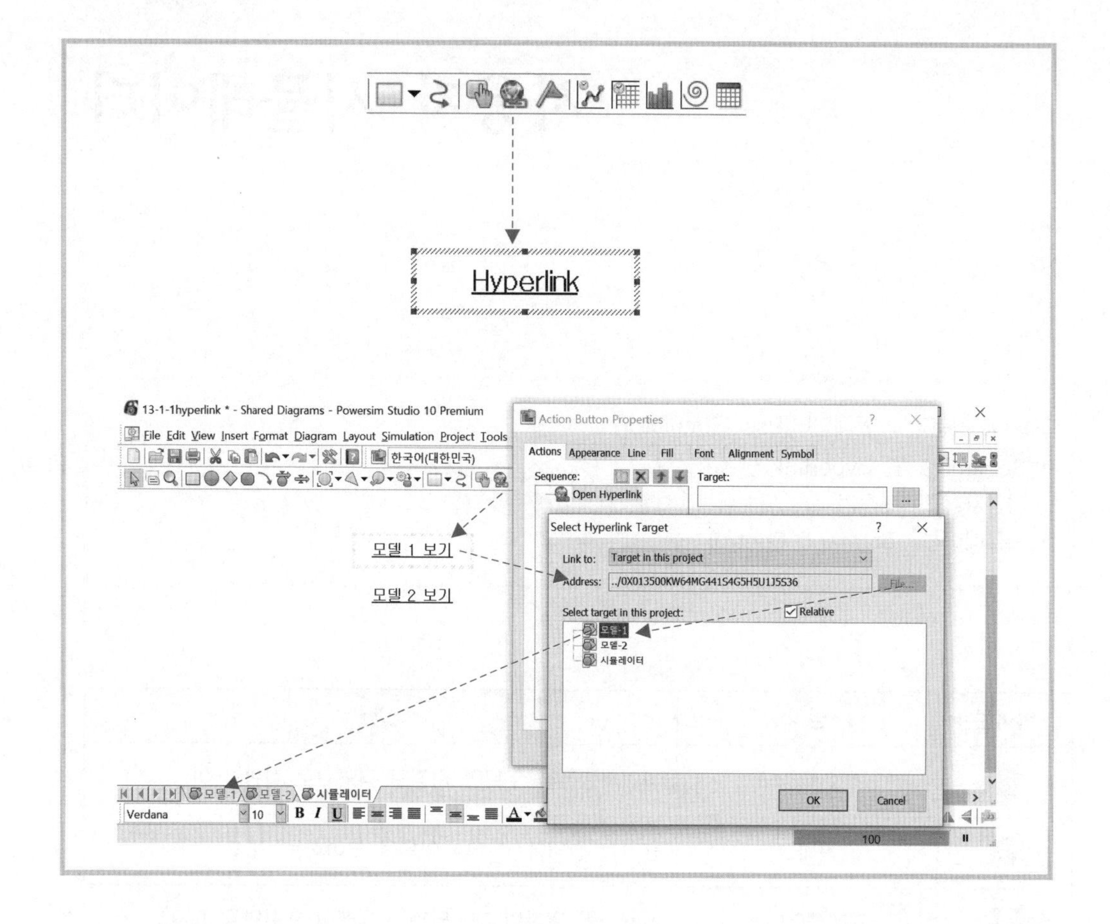

리본 메뉴에서 하이퍼링크(Hyperlink)를 이용하면 시뮬레이터 화면에서 하이퍼링크를 마우스로 눌러 하이퍼링크에서 미리 지정한 링크 지점으로 이동하게 된다.

하이퍼링크에서 지정할 수 있는 링크 지점은 다음과 같다.

- 현재 작성하고 있는 프로젝트(Target in this project) 내의 공유 다이어그램(Shared Diagram) 또는 개별 다이어그램(Private Diagram)과 다이어그램 내의 북마크(Bookmark)
- 인터넷이 연결되어 있으면 지정한 웹 페이지(Web page)
- 컴퓨터 내 엑셀 및 한글 파일을 비롯한 MS-Office 파일 또는 응용 프로그램 파일
- 이메일 주소(E-mail address) 등

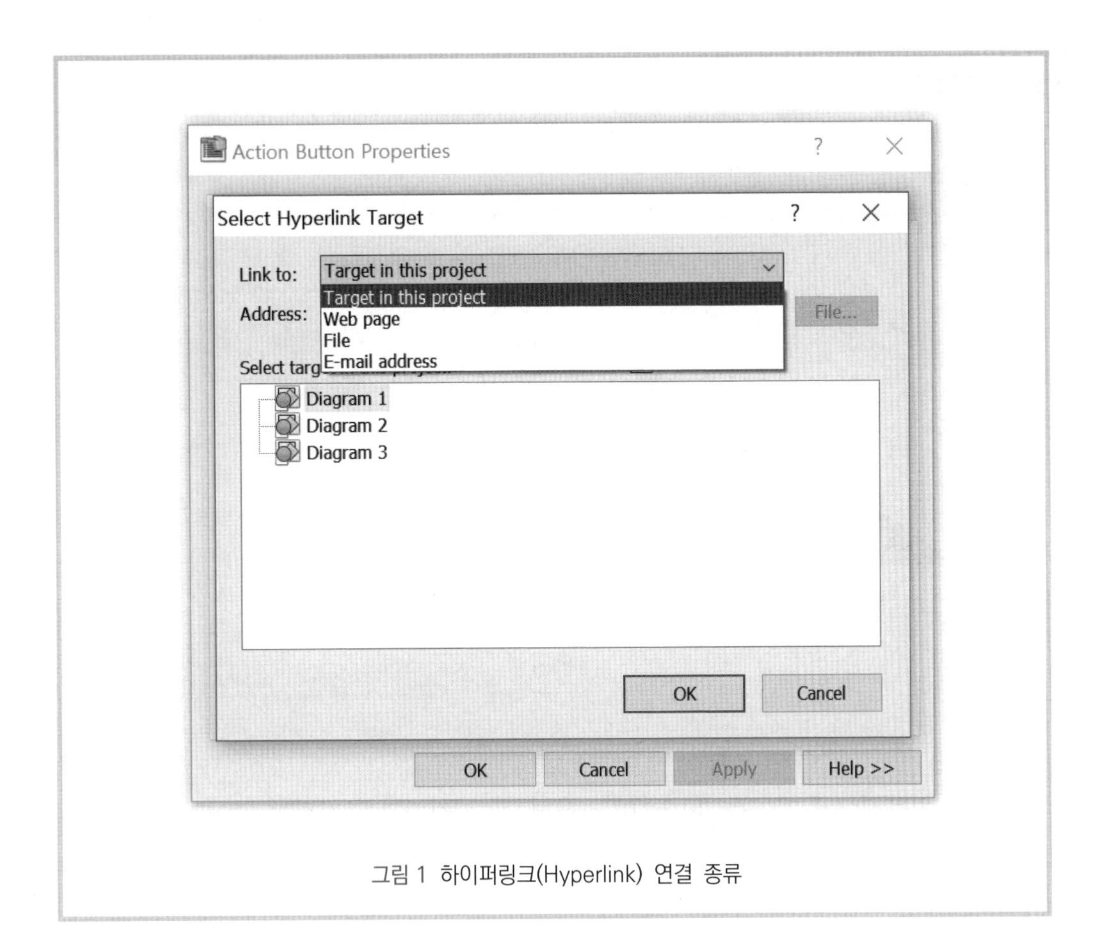

그림 1 하이퍼링크(Hyperlink) 연결 종류

15.2 북마크

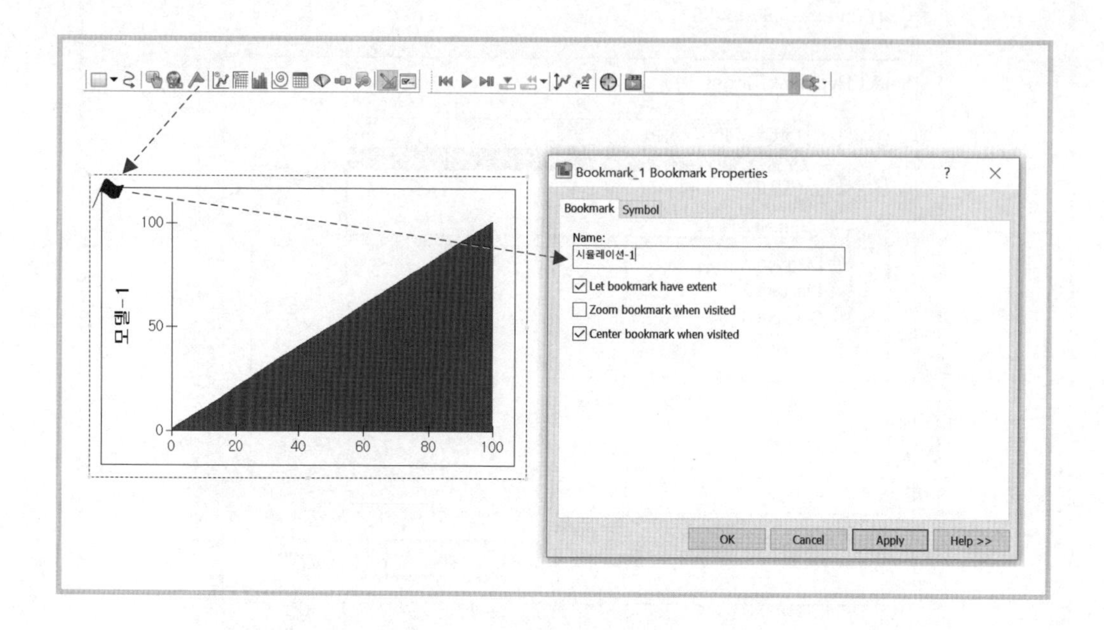

원하는 시뮬레이션 결과를 북마크(Bookmark)로 지정하고 표시하여 하이퍼링크에서 참조할 수 있도록 한다.

15.3 프레젠테이션 화면 바로 가기

시뮬레이터, 즉 사용자 화면의 시작 페이지를 지정하기 위하여 메뉴에서 프로젝트(Project) > 프로젝트 설정(Project Settings)를 누르고, 사용자 화면 시작 페이지 설정(Presentation Setup)을 Address > File을 눌러 에제와 같이 '시뮬레이터' 다이어그램을 선택한다.

	프레젠테이션	• 사용자를 위하여 제공되는 시뮬레이션 화면을 표시

시뮬레이터(Simulator)의 시작은 위의 아이콘 또는 F5키를 눌러 시뮬레이터 모드(Presentation mode)로 전환한다. 이는 MS-Office의 파워포인트에서 프레젠테이션 모드 설정과 유사하다.

15.4 시뮬레이터

(1) 사용자를 위한 시뮬레이터 예시

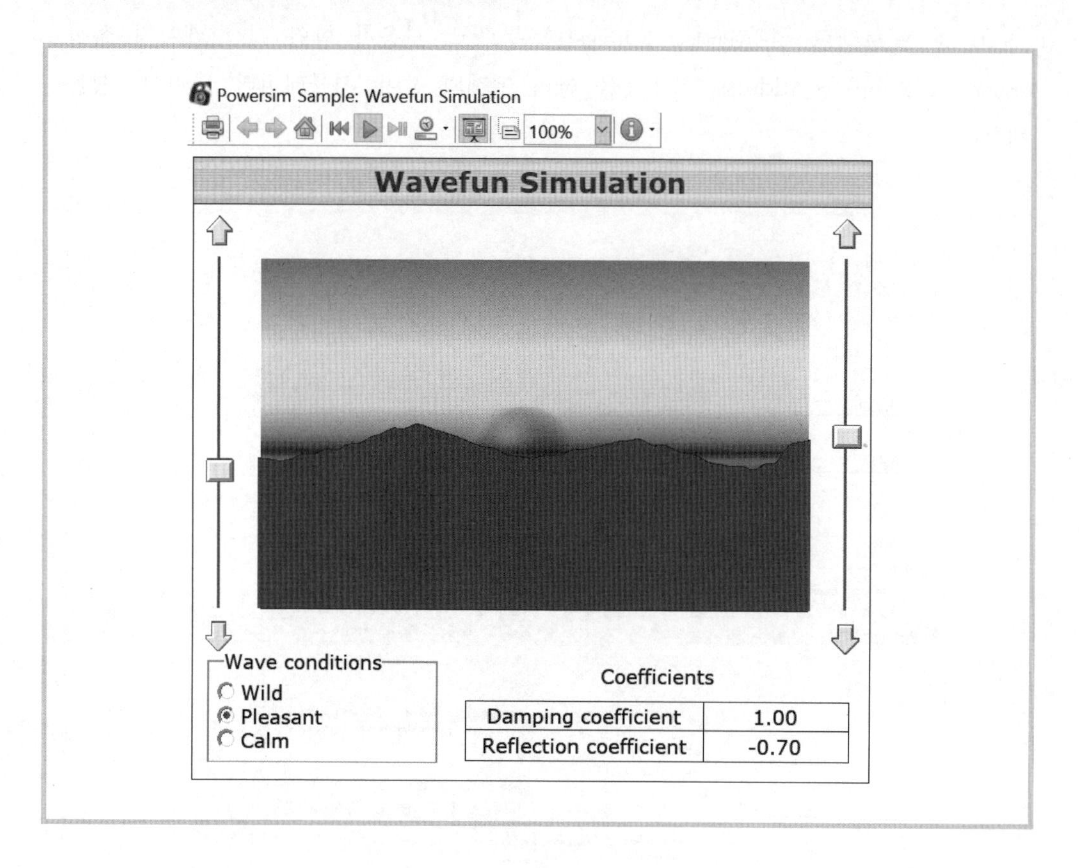

시뮬레이터에서 Radio Button 또는 Combo Box 등을 이용하여 시뮬레이션 시나리오 옵션(Simulation Scenario Options)을 선택하거나 슬라이드 바(Slider bar)나 테이블 컨트롤(Table Control)을 시뮬레이션 시나리오 값을 직접 입력할 수도 있다.

파워심 프로그램 도움말에 있는 Sample 파일에서 wavefun.sip 파일을 참조

(2) 재고관리 시뮬레이터

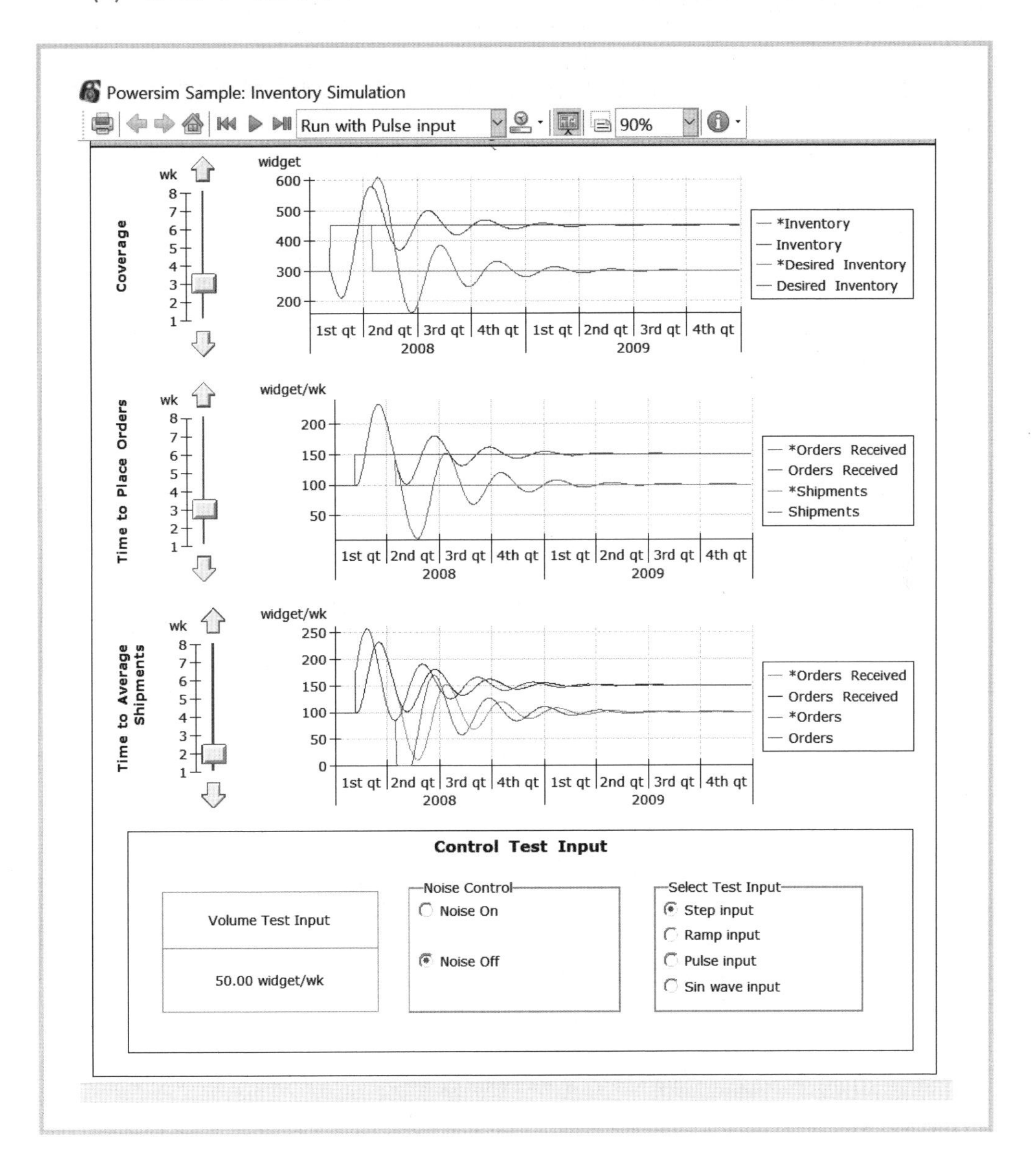

파워심 프로그램 도움말에 있는 Sample 파일에서 inventory.sip 파일을 참조

15.5 웹 시뮬레이션 아키텍처

웹 시뮬레이션(Web Simulation)을 위한 시스템 구성 및 모델링 아키텍처는 다음과 같다.

웹 시뮬레이션을 위하여 필요한 프로그램

- 모델 개발을 위한 프리미엄(Premium) 버전 제품
- 웹 시뮬레이션을 위한 Simulation Engine 제품
- 웹 시뮬레이션을 위한 소프트웨어 개발 도구, SDK 제품

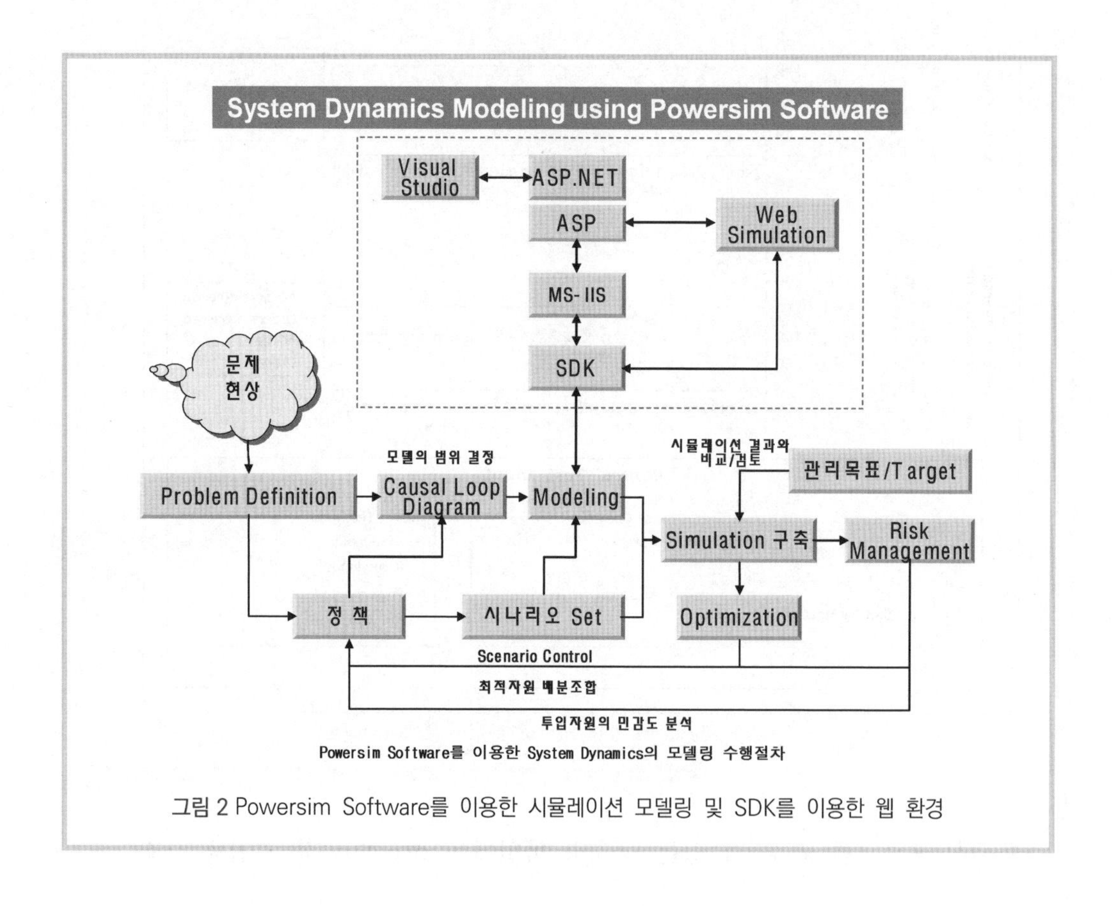

그림 2 Powersim Software를 이용한 시뮬레이션 모델링 및 SDK를 이용한 웹 환경

Powersim Premium

- 다양한 전략, 정책 수립을 위한 다이내믹 시뮬레이션 모델링 도구
- Stand−alone으로 독립적인 모델을 구축하여 자체 시뮬레이터 구축 지원
- 개발 모델을 다수의 사용자가 공유하기 위한 웹 시뮬레이션 기반 지원

Powersim SDK[1]

- 웹 서버와 같이 서버에서 시뮬레이션 프로그램을 지원하기 위한 프로그램 라이브러리(Program Library)
- Powersim Enterprise와 웹 구축 프로그램(ASP)[2]과 연동할 수 있는 개발 환경 제공
- 개발 환경이 ASP인 경우 MS 웹 서버 IIS[3] 만 필요
- 개발 환경이 ASP.NET인 경우 MS 웹 서버 IIS와 Visual Studio가 필요

---

1) SDK: Software Development Kits의 약어로서 소프트웨어를 타 프로그램과 연결하거나 별도의 프로그램을 통하여 주어진 개발 환경이나 사용자 제공 화면 등을 변경할 때 필요한 인터페이스 프로그램 라이브러리(Interface Program Library).

2) ASP: Active Server Page의 약어. Server Side Script로서, DB연동 등 HTML만으로 처리할 수 없는 작업을 위해 제작.

3) IIS: 인터넷 정보 서버(Internet Information Server)로서 ASP가 구동될 수 있도록 만들어진 웹 서버 프로그램.

15.6 웹 시뮬레이션 구축 절차

(1) 웹 시뮬레이션 개요

- 웹 시뮬레이션 WebSim은 ASP로 개발된다.
- ASP-scripts는 시뮬레이션을 실행(Run), 초기 상태(initialize)로 되돌리게 하고 사용자에게 웹 화면(HTML Pages)을 나타나게 한다.
- HTML 페이지는 디자인은 사용자가 원하는 대로 만들 수 있다.

(2) 사용되는 파일(예시)

① 시뮬레이션 프로젝트 Oilrigs.sip: The simulation project
② 시작 페이지 Default.asp: The starting page
③ 프로젝트 경로 Global.asa: Session information, contains the ProjectPath
④ 시뮬레이션 초기화 Initialize.asp: Initializes the simulation by getting an ActiveX object and getting value handles to the necessary variables
⑤ 사용자 인터페이스 MainInterface.asp: Contains the user interface itself
⑥ 시뮬레이션 초기화에 사용되는 파일 Initialize_Simulations launched by Initialize.asp and Process.asp
⑦ 프로세스 ASP 파일은 시뮬레이션 진행을 관리 Process.asp: Checks the status of the ActiveX control, and advances the simulation as required
⑧ 시뮬레이션이 끝나면 MainInterface.asp 파일을 시작한다.
⑨ WebEngineFunctions.asp는 Powersim SDK와 모델 변수에 Get Value handles을 해주는 Script library로 구성된다.
⑩ 최종 시뮬레이션 화면에는 다양한 형태의 사용자 시뮬레이션 항목을 배치할 수 있다.

(3) ASP pages

- ASP는 Internet Information Server(IIS)에서 작동되는 스크립트이다.
- 스크립트는 VBScript(Visual Basic Script)로 작성된다.
- ASP는 두 가지 코드를 갖는다.(VBScripts와 HTML)
- 실행 결과 파일은 HTML 형식을 갖게 된다.
- 스크립트는 <% 와 %> 사이에 코드를 갖는다.

(4) 간단한 ASP 작성 예제

```
<%
   strName = Request.QueryString("Name")
%>

<!doctype html public "-//w3c//dtd html 3.2 final//en">
<html>
   <head>
      <title>
         test script
      </title>
   </head>
<body>
   <p>
      Good morning, <%=strName%>!<br>
      The current time is: <%=time%>
   </p>
</body>
</html>
```

ASP Script가 서버에서 실행되고, 입력 매개변수에 name(이름)을 첫 줄에 추가하고 두 번째 줄에 시간을 표시하면 다음과 같이 출력된다.

이것의 HTML 코드는 다음과 같이 사용자 화면에 표시된다.

스크립트에서 나타나는 HTML 결과 코드

```
<!doctype html public "-//w3c//dtd html 3.2 final//en">
<html>
   <head>
      <title>
         test script
      </title>
   </head>
<body>
   <p>
      Good morning, Mario!<br>
      The current time is: 12:25:35 PM
   </p>
</body>
</html>
```

(5) ASP와 서버 세션

IIS는 세션(session) 변수에 세션에 대한 정보를 저장할 수 있도록 한다.

ASP를 활용한 OilRigs WebSim

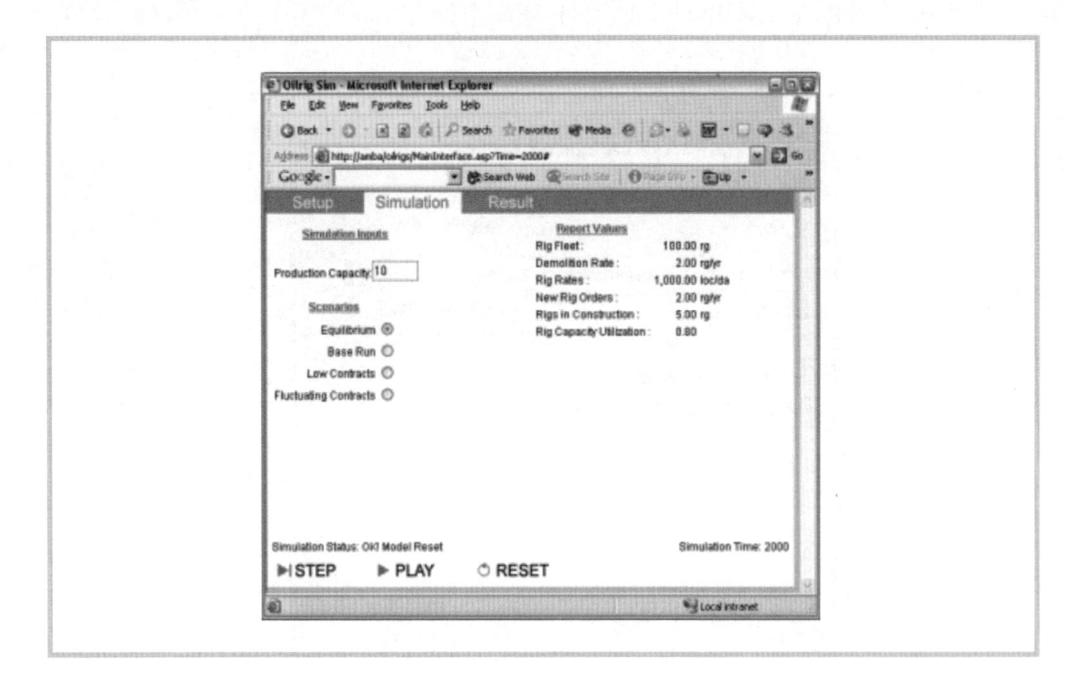

(6) 웹 시뮬레이션 작동 과정

① URL에서 default.asp을 호출한다.

② 이와 동시에 global.asa 와 ProjectPath가 설정되는 시작 세션이 된다.

③ Initialize.asp script가 시작된다.

④ 함수 GetEngine이 호출되어 다음의 작업을 수행한다.

a) PsEngineControls.EngineCtrl object를 생성한다.

b) 시뮬레이션 프로젝트의 ProjectPath와 언어를 설정한다.

c) 세션 변수에 Engine Control을 저장한다.

⑤ 함수 InitializeSimulation을 불러

a) Gets value handles for all necessary variables

b) Saves the value handles in session variables

⑥ HTML 코드가 들어 있는 MainInterface.asp 파일을 호출한다.

⑦ 함수 GetEngine function을 호출하여 세션 변수에서 Engine Control을 추출한다.

⑧ 값과 단위를 HTML 페이지에 표시한다.

⑨ 스크립트가 실행되면 HTML 코드가 사용자 화면에 표시된다. 결과 페이지는 Play와 Step 버튼을 클릭하면 서버로 전송된다.

⑩ 위의 화면에서 Production Capacity에 10을 입력하고 적용할 시나리오를 선택한다.

⑪ Step 버튼을 클릭하면 URL은 Process.asp?SimulationAction=Step을, Play 버튼을 클릭하면 URL은 Process.asp?SimulationAction=Run을, 서버에서 Process.asp가 실행되도록 요청한다.

⑫ 사용자에 의해 입력값이 설정된다.

⑬ SimulationAction 매개변수 값에 의해 StepModel 함수가 호출되어 시뮬레이션의 단계별 진행을 조절한다.

⑭ StepModel 함수에 의해 시뮬레이션이 진행되고, Engine Object로부터 반환 값의 상태가 확인된다.

⑮ 스크립트가 종료되면 Engine Object도 닫힌다.

⑯ Process.asp 결과 페이지는 사용자에 보내지고, HTML 페이지 onload 작업으로 URL에 새로운 HTML이 표시된다. MainInterface.asp?TIME=<CurrentTime>

⑰ MainInterface 화면이 다시 갱신되고 각 변수는 시뮬레이션 시점에 맞는 값으로 나타난다.

⑱ Step 버튼을 클릭하면 위의 단계 11~17번을 반복하게 된다. Play 버튼을 클릭하면 시뮬레이션은 실행하기 전에 재설정(reset)된다.

(7) 웹 시뮬레이션 과정 요약

위의 웹 시뮬레이션 진행 과정을 종합하면 다음과 같다.

- 시뮬레이션은 서버에서 실행된다.
- Engine Object와 Value handle은 세션 변수(session variable)에 저장된다.
- 전체 사용자 인터페이스(User Interface)는 각 시뮬레이션 시점에 재설정된다.
- Initialize.asp Script는 Engine Object와 Value handles을 설정한다.
- MainInterface.asp Script는 사용자 인터페이스와 시뮬레이션 데이터를 포함한다.
- 사용자 인터페이스 폼(form)은 Step, Play, Reset 버튼에 따라 서버에 전송된다.
- Process.asp 스크립트는 시뮬레이션 입력 매개변수 SimulationAction의 값에 따라 시뮬레이션을 Steps, Runs, Resets 등을 진행한다.

(8) 필요한 파일 요약

- ASP Scripts
- default.asp
- Initialize.asp
- MainInterface.asp
- Process.asp
- Global.asp
- WebEngineFunctions.asp
- HTML code(MainInterface에 연결)
- main.htm은 HTML로 위의 ASP Scripts에 추가되어, 사용자 인터페이스를 포함한다.

(9) 시뮬레이션 엔진(Simulation Engine) 구성요소

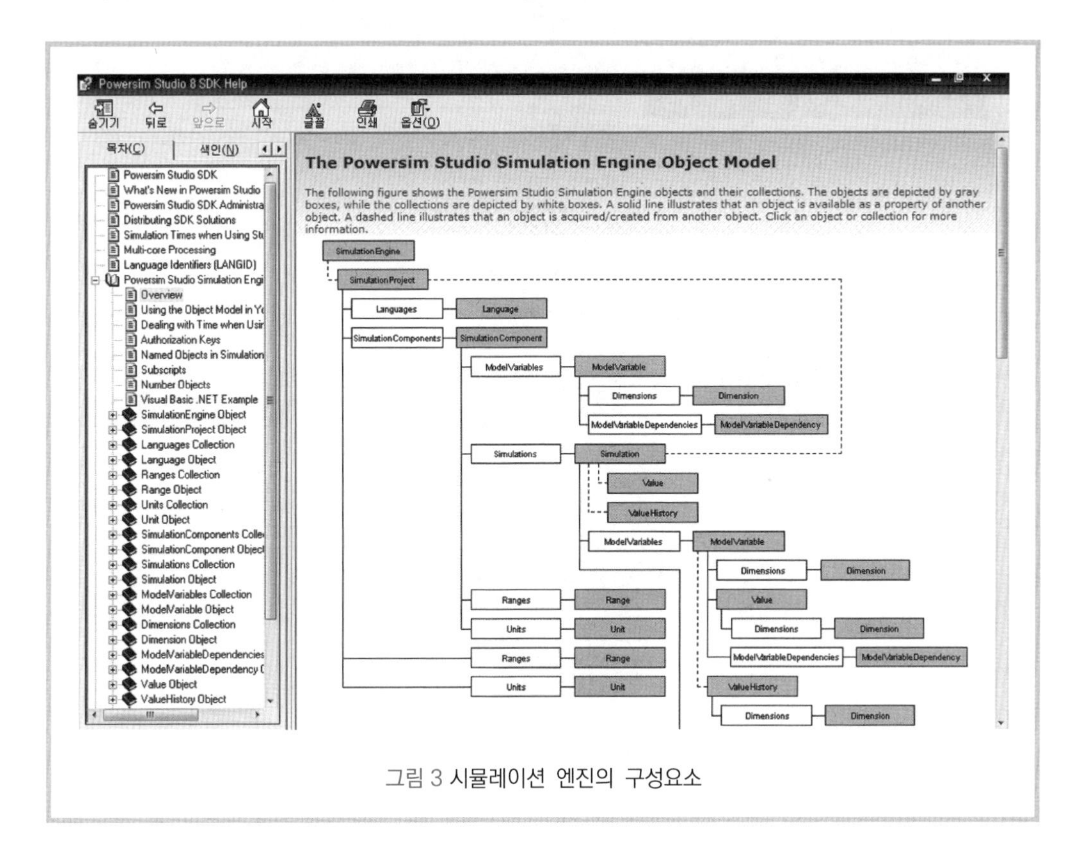

그림 3 시뮬레이션 엔진의 구성요소

(10) 웹 시뮬레이션을 위한 SDK(Software Development Kit)

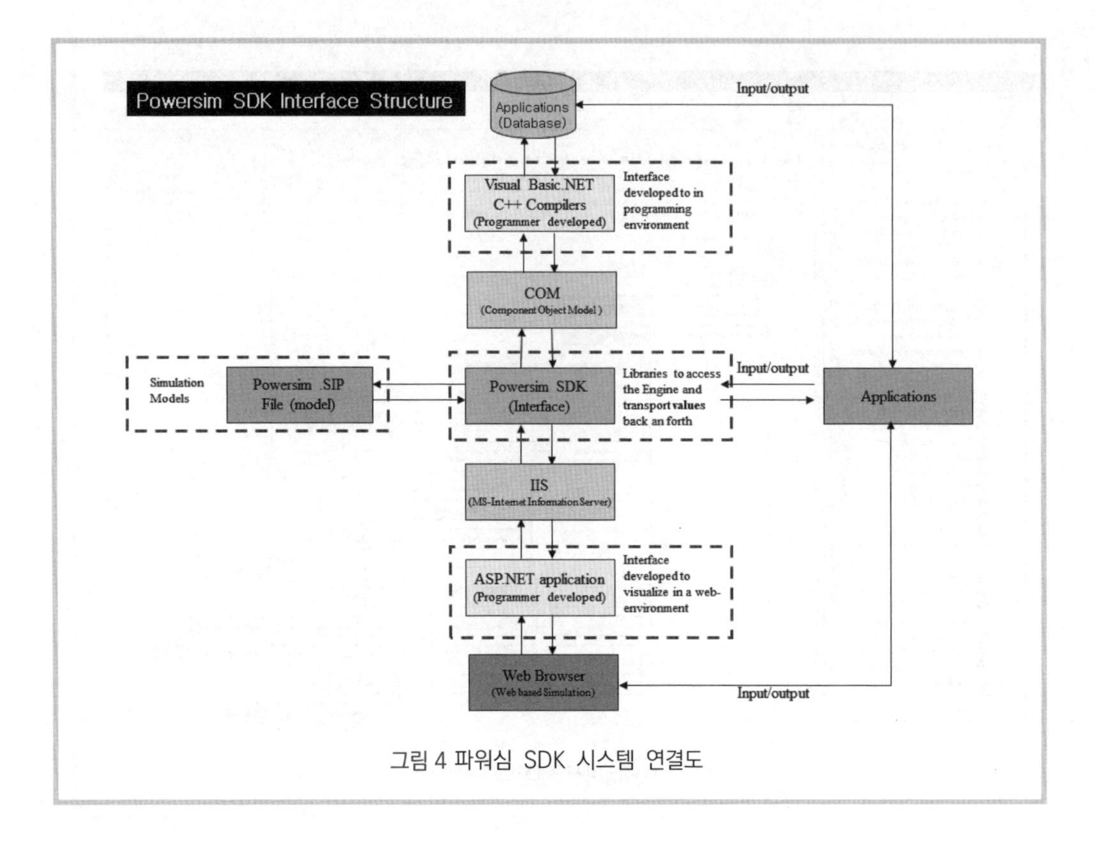

그림 4 파워심 SDK 시스템 연결도

(11) 웹 시뮬레이션 화면(예시)

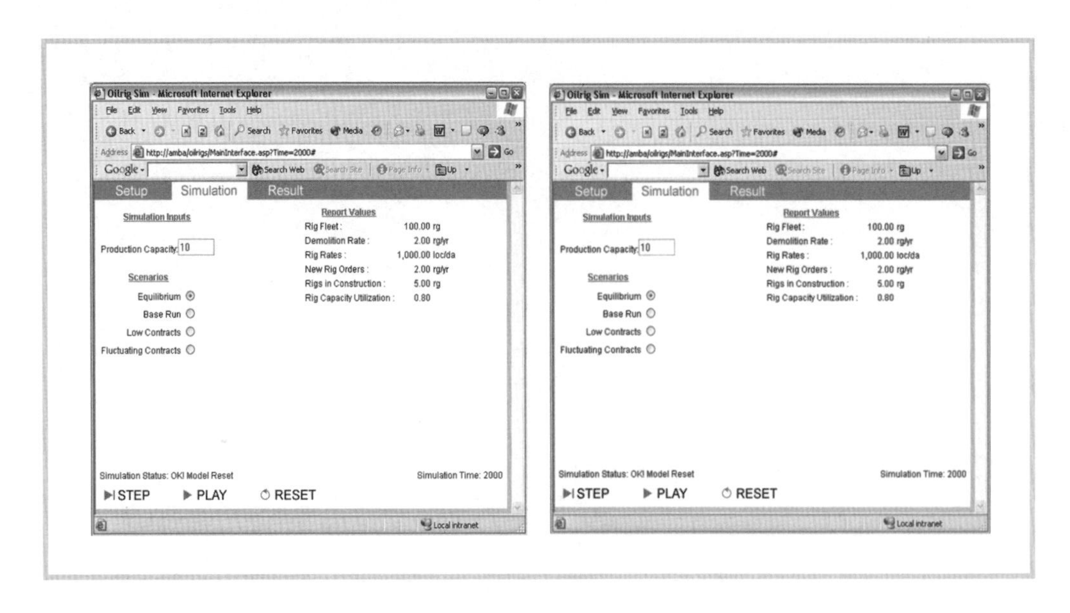

(12) Powersim SDK에서 제공하는 주요 기능

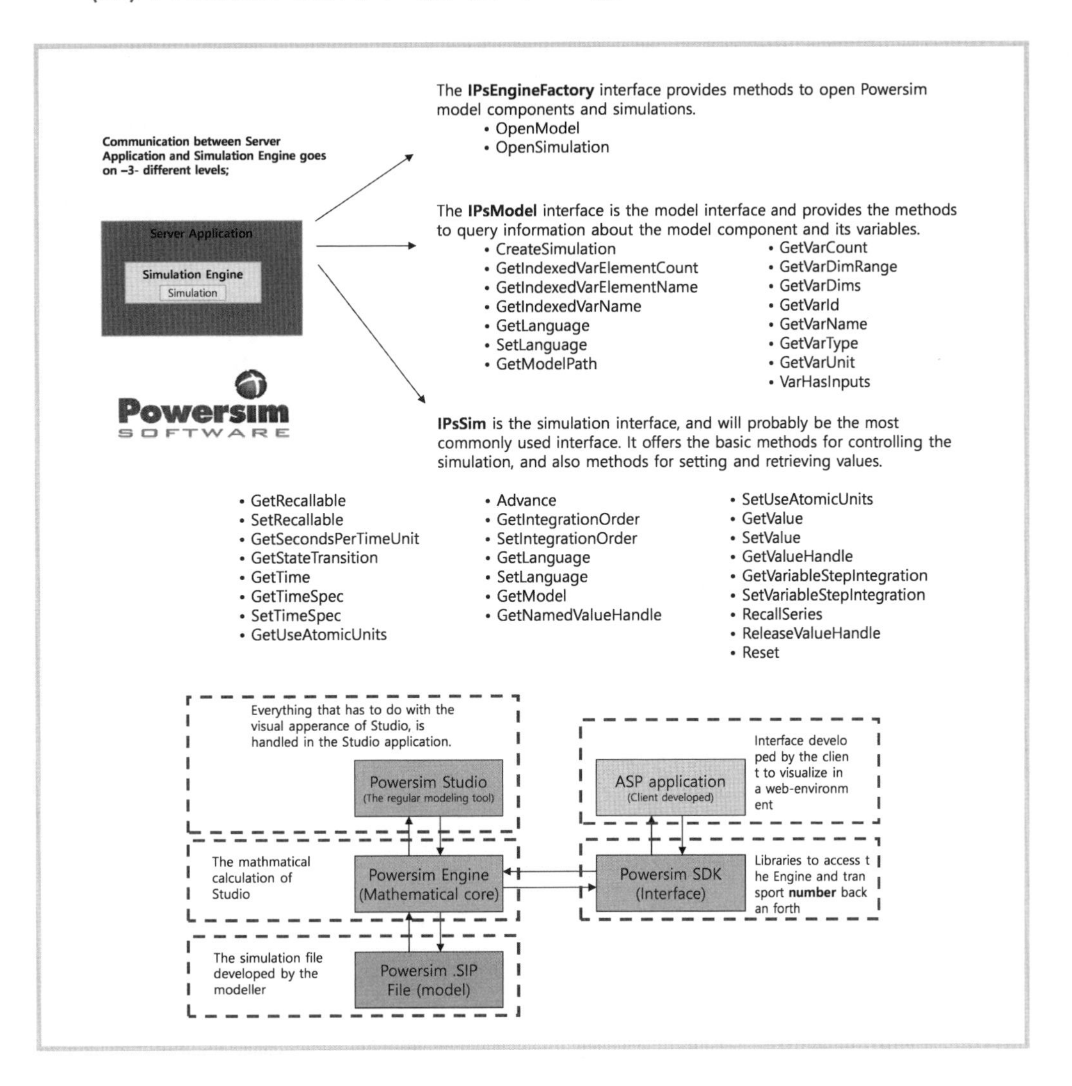

Communication between Server Application and Simulation Engine goes on -3- different levels;
Server Application
Simulation Engine
Simulation
Powersim
SOFTWARE
The IPsEngineFactory interface provides methods to open Powersim model components and simulations.
• OpenModel
• OpenSimulation
The IPsModel interface is the model interface and provides the methods to query information about the model component and its variables.
• CreateSimulation
• GetIndexedVarElementCount
• GetIndexedVarElementName
• GetIndexedVarName
• GetLanguage
• SetLanguage
• GetModelPath
• GetVarCount
• GetVarDimRange
• GetVarDims
• GetVarId
• GetVarName
• GetVarType
• GetVarUnit
• VarHasInputs
IPsSim is the simulation interface, and will probably be the most commonly used interface. It offers the basic methods for controlling the simulation, and also methods for setting and retrieving values.
• GetRecallable
• SetRecallable
• GetSecondsPerTimeUnit
• GetStateTransition
• GetTime
• GetTimeSpec
• SetTimeSpec
• GetUseAtomicUnits
• Advance
• GetIntegrationOrder
• SetIntegrationOrder
• GetLanguage
• SetLanguage
• GetModel
• GetNamedValueHandle
• SetUseAtomicUnits
• GetValue
• SetValue
• GetValueHandle
• GetVariableStepIntegration
• SetVariableStepIntegration
• RecallSeries
• ReleaseValueHandle
• Reset
Everything that has to do with the visual apperance of Studio, is handled in the Studio application.
Powersim Studio
(The regular modeling tool)
The mathmatical calculation of Studio
Powersim Engine
(Mathematical core)
The simulation file developed by the modeller
Powersim .SIP File (model)
ASP application
(Client developed)
Interface develo ped by the clien t to visualize in a web-environm ent
Powersim SDK
(Interface)
Libraries to access t he Engine and tran sport number back an forth

제16장

스톡 플로우 모델의 응용

16.1 변수와 변수의 관계 설정

16.1.1 변수, 원인 변수 그리고 결과변수

어떤 현상의 결과는 그 발생 '가능성'과 그 발생을 둘러싸고 있는 환경 '조건'의 결합으로 생긴다. 하지만 우리는 그 결합 과정을 명확히 알 수 없다. 다만 관념적으로 추정하고 유추할 뿐이다.

이처럼 유추 또는 추정(estimation, inference)은 자료나 데이터를 이용한 귀납적(inductively) 추정이나, 이미 존재하는 지식, 명제나 사실들로부터 증명된 논리에 의하여 연역적으로(deductively) 추정된다. 그리고 가추법(abduction)을 이용하여 예측을 할 수 있다.

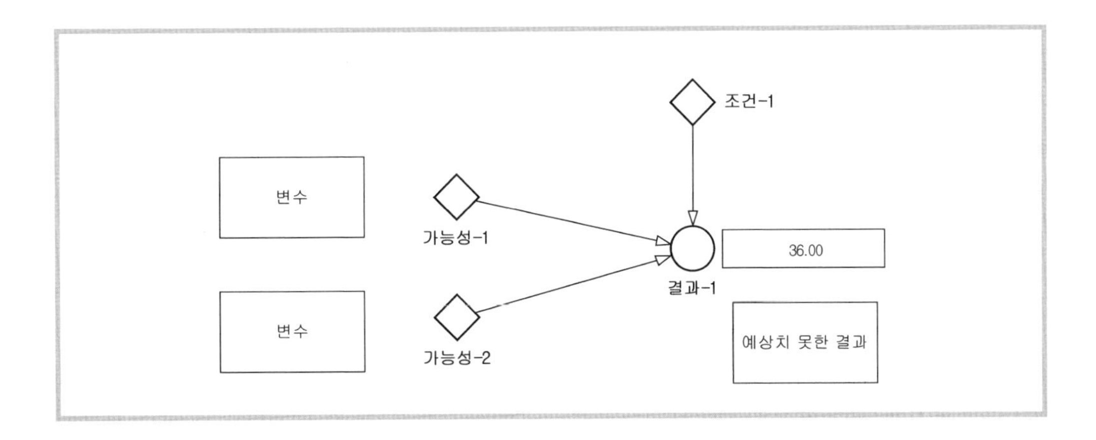

- 앞의 그림에서처럼 막연한 가능성을 구체적인 형태로 규정한 것이 '변수(Variable)'이다.
- 결과에 영향을 주는 가능성을 구체적인 형태로 규정한 것을 '원인 변수(cause variable)'라 한다.
- '결과변수(effect variable)'는 원인 변수들의 조합에 의하여 생기는 값들을 범위로 규정한 것이다.

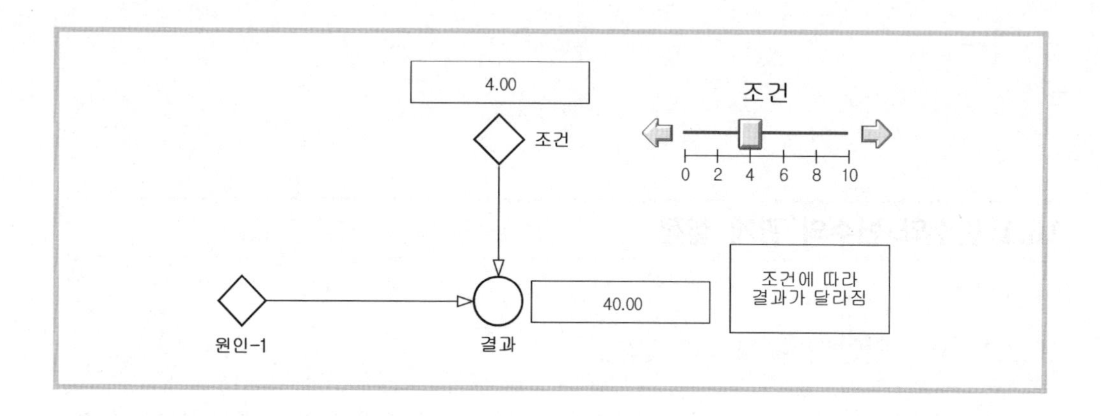

16.1.2 인과적 관계 모형

어떤 원인도 조건에 따라 그 결과가 달라진다. 이러한 조건변수는 내부 조건과 외부환경조건으로 구분할 수 있다. 만약 조건변수가 일정한 값을 갖는 고정 값(fixed value)으로 정해지면 원인 변수에 따라 결과변수는 달라지는 순수한 원인과 결과의 관계(Pure cause and effect relationship)가 성립한다.

- 원인에 따른 결과의 변화를 인과관계(因果關係)라고 하고 그 구조는 아래와 같다.

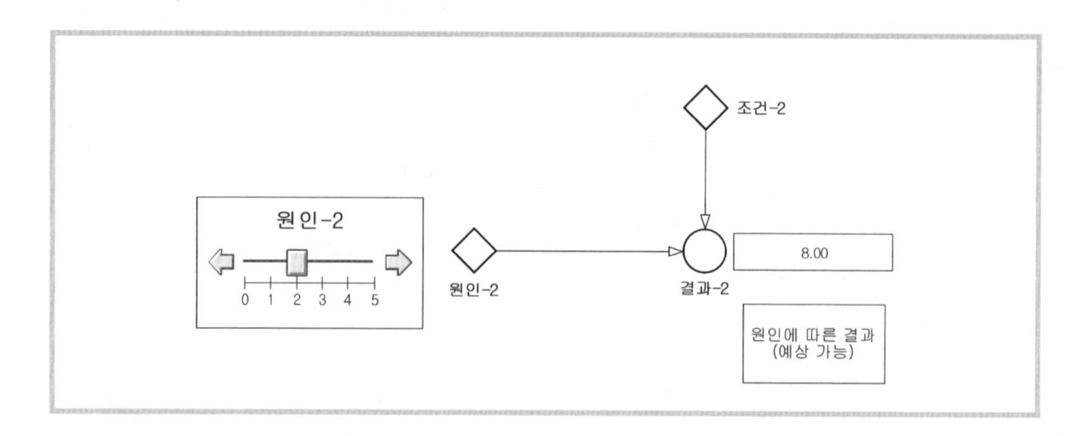

16.1.3 파워심 소프트웨어를 이용한 감염병 모델링

파워심 소프트웨어의 미분 및 적분 계산 기능과 시각화된 시뮬레이션 결과표시 아이콘을 사용하여 손쉽게 다양한 코로나 상황을 모델링하고 COVID－19 대응방안의 효과를 예측하면 다음과 같다. 참고로 이 절에서 소개하는 COVID－19 관련 감염병 모델은 코로나가 시작되던 2020년 2월, 대구에서 코로나19가 심각할 때에 필자가 만들어 본 예제(example) 모델들이다.

스터만(John Sterman) 교수는 2000년 그의 책에서 시스템 다이내믹스 이론이 감염병 대응[1)]에 적용될 수 있다는 것을 보여 주었다. 필자가 본 절에서 제시한 예제를 통하여 독자께서 시스템 다이내믹스 모형이 장래에 다가올 감염병 대응에 적용될 가능성을 이해할 수 있게 되기를 바란다.

---

1) 존 스터만(John Sterman)은 2000년 그의 책 'Business Dynamics' 303페이지에서 감염병 분야에서는 널리 알려진 SIR(Susceptible population－Infected population－Recovered population) 모델을 시스템 다이내믹스로 구현하였다.

(1) 코로나-19 감염병의 스톡 플로우 모델링

• 전체 총괄 수치를 기반으로 작성한 1차원적 스톡 플로우 모델

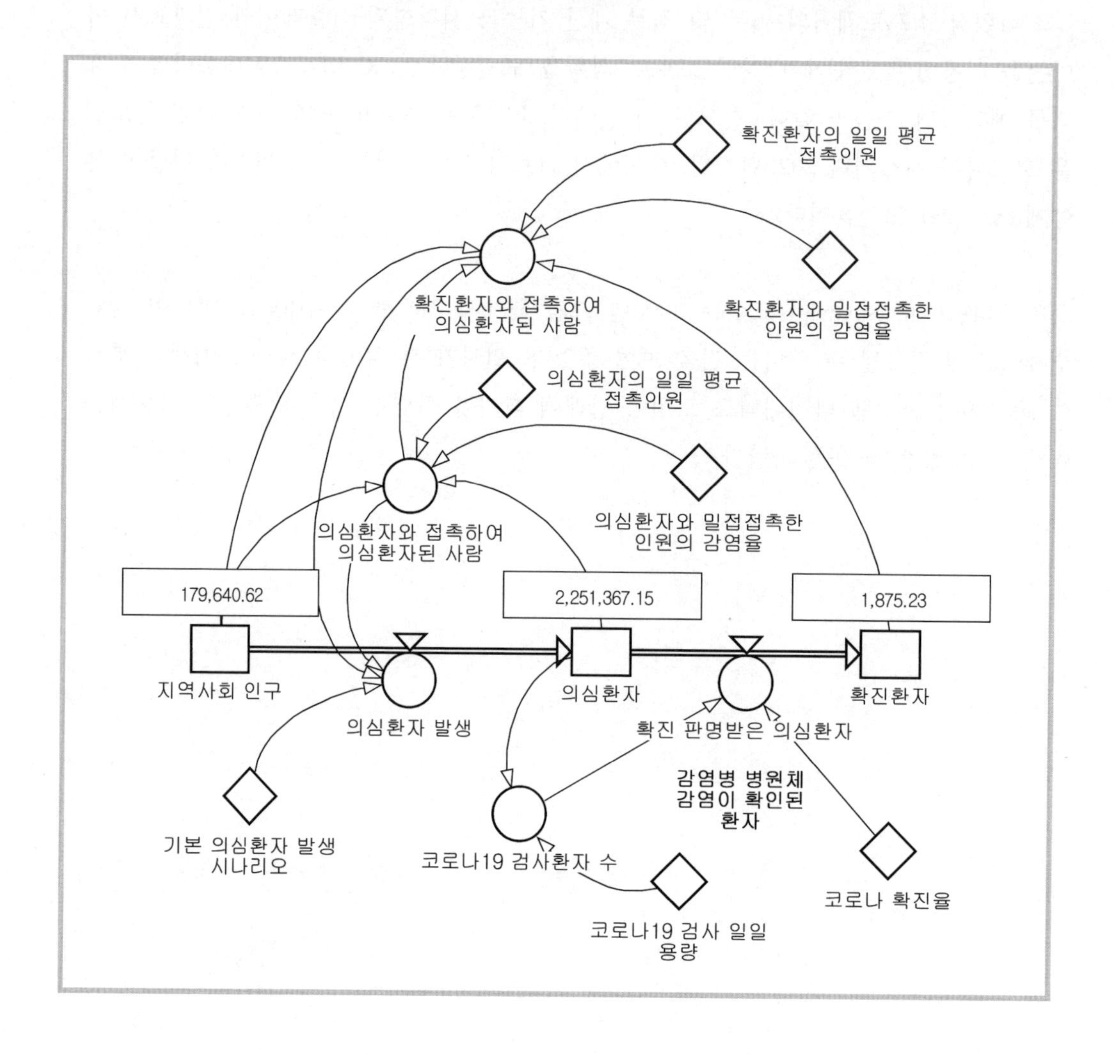

• COVID-19 전파과정을 모델링하는 방식은 분석 대상 인구를 인구수로 하여 모델링하는 것으로, 전체 수 총괄 방식(aggregate method)이다.

• 예를 들어 어떤 지역의 인구는 국가통계 자료에 의하면 2020년 2월 2,432,883명이다. 시뮬레이션 모델은 이 지역 인구수인 243만 2,883명을 인구변수의 값으로 본다.

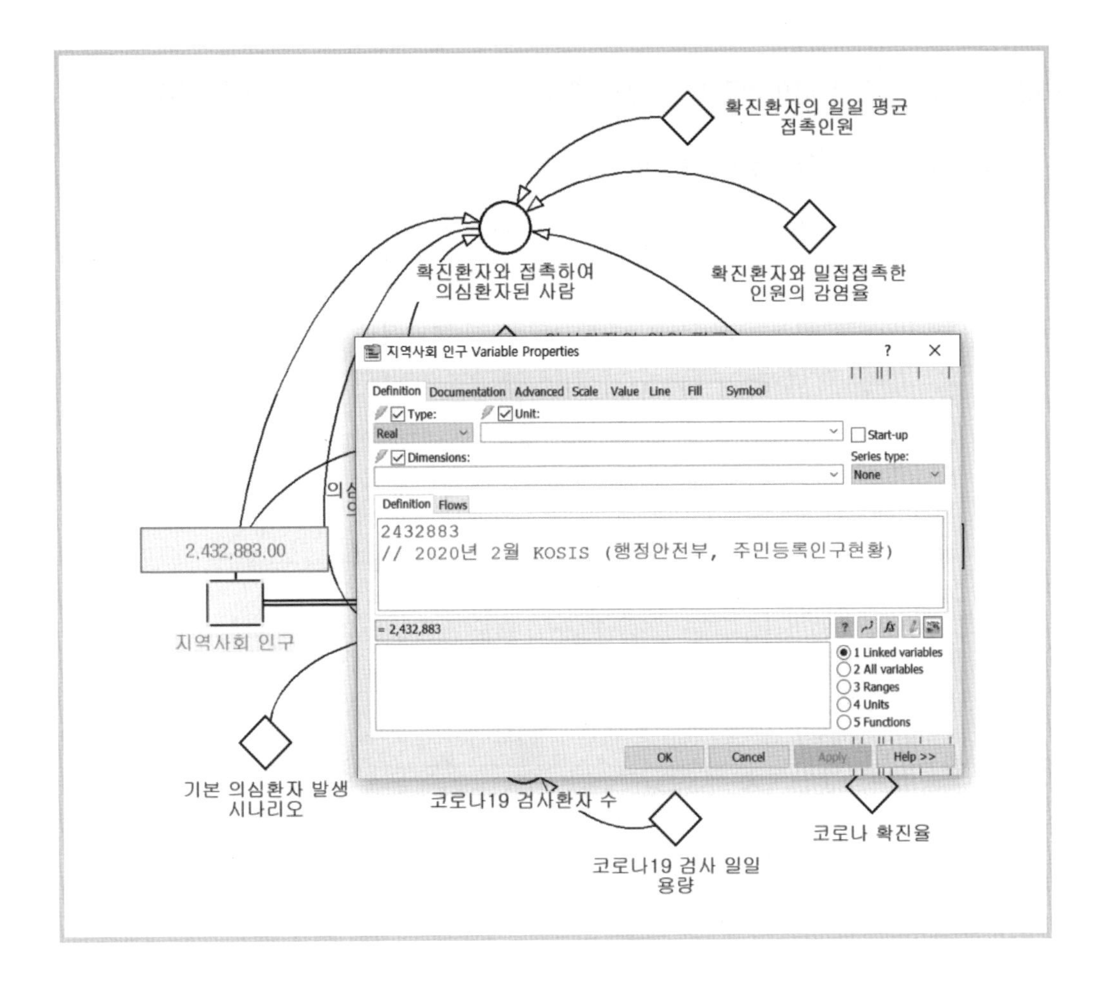

- 순수한 시스템 다이내믹스(Pure System Dynamics) 또는 전통적 시스템 다이내믹스(Traditional System Dynamics) 기법은 위와 같은 전체적 접근법을 따르고 있다. 예를 들어 전체 인구는 100명이고 어떤 질병에 감염률이 매월 10%이면 1개월 이후 10명, 2개월 이후 9명, 3개월 이후에는 8.1명이 발생한다는 것이다.
- 이러한 계산방식의 배경에는 평균 개념이 있다. 즉 전체 인구가 몇 명이고, 이들의 평균 감염률이 몇 %이고, 따라서 몇 명이 질병에 감염된다는 것이다. 이와 같은 전체 계산방식 모델 또는 총괄 모델(Aggregate Model)의 문제는 전체 인구 속에 있는 각 연령 그룹이나 각 개인의 속성이나 특성을 반영하지 못한다는 것이다.
- 예를 들면 COVID-19는 세계적으로 청소년이나 중장년층에 비하여 노년기의 노령인구의 질병 취약성이 높다. 라는 것이 데이터로 실증되고 있다. 따라서 이러한 연구대상 그룹의 특성을 반영하는 시뮬레이션 모델 개발이 필요한 것이다.

16.1.4 순수 시스템 다이내믹스 기반의 COVID-19 확산 및 치료 모델 예제

(1) 특정 지역 모델(Regional model)

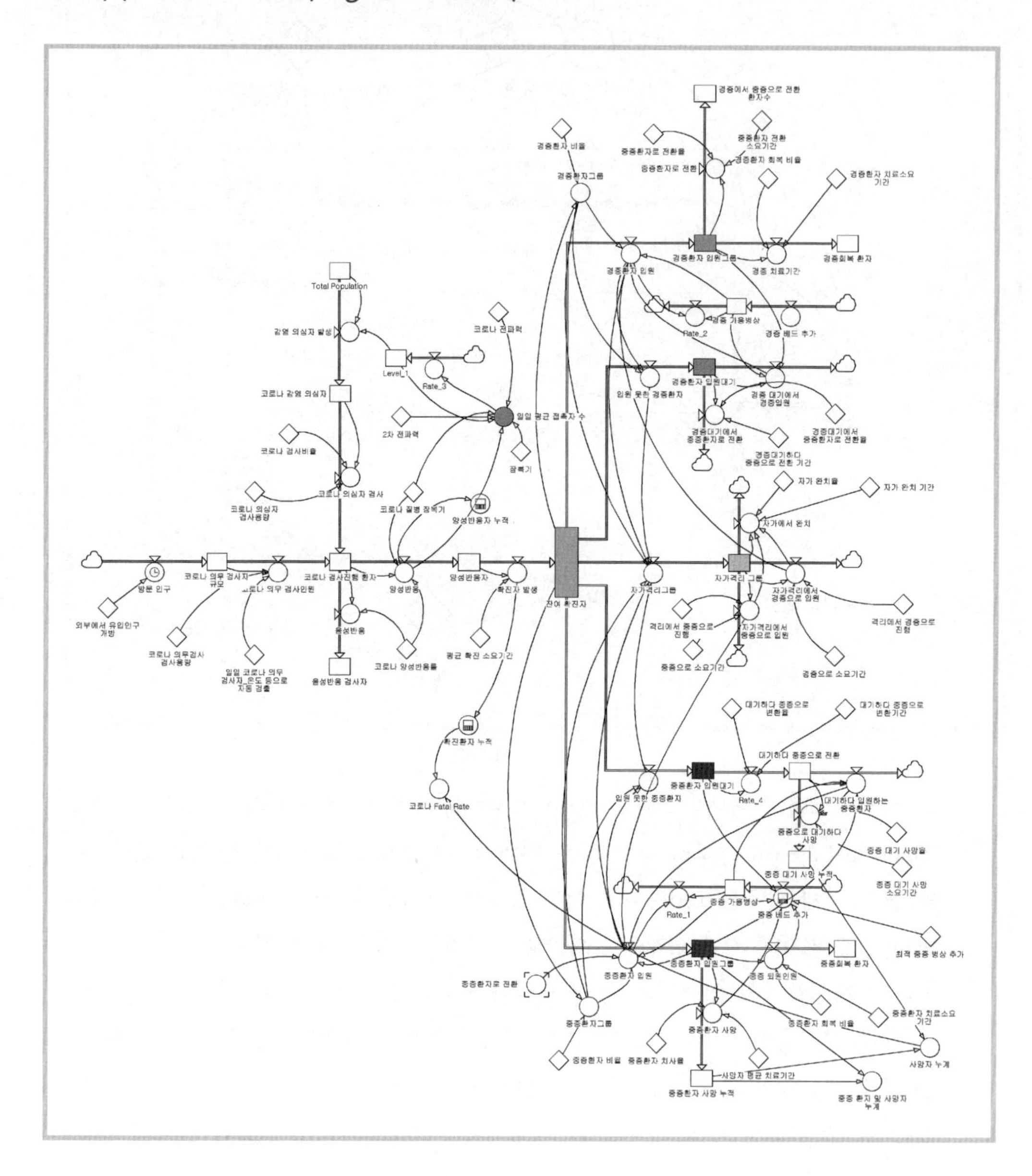

(2) 파워심 기반 발생지역 SIR[2] 모형 구조
[지역 모델, 전국 이동 모델, Age별 모델]

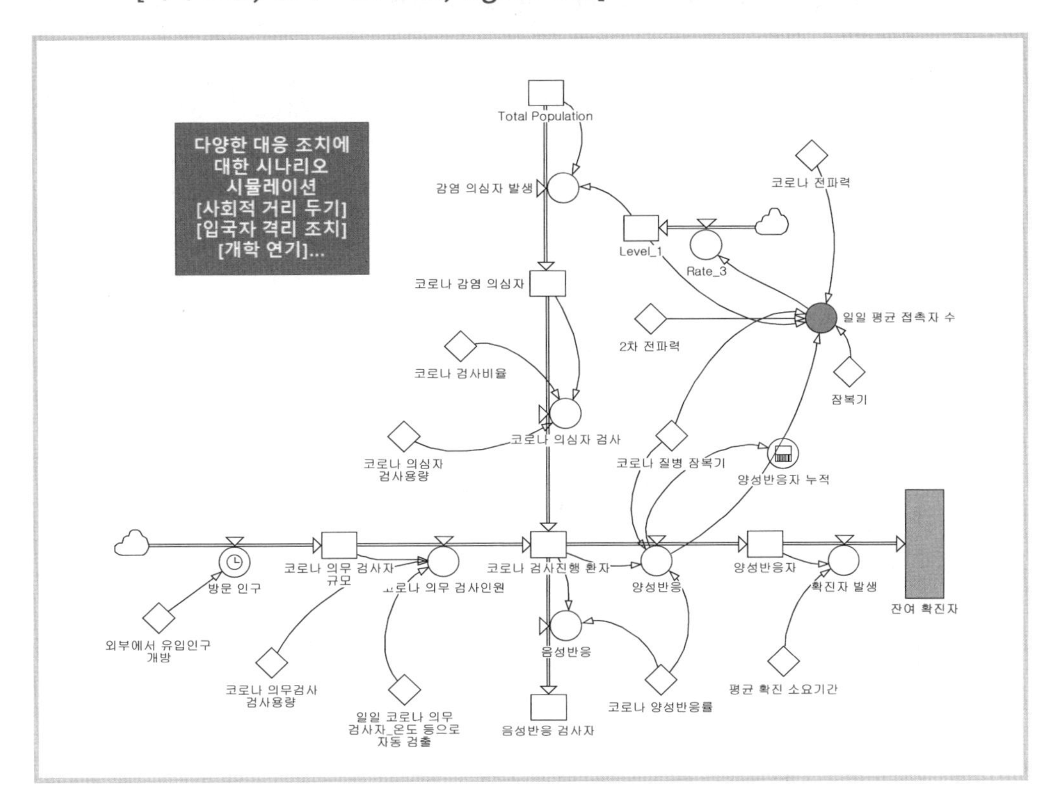

(3) 코로나19 대응조치에 따른 시뮬레이션 기반 예측 항목(예시)

- 기간별 확진자 수 예측
- 기간별 사망자 수 예측
- 코로나19 종료 시점 시뮬레이션
- 대응조치에 따른 종료 시점 시뮬레이션

(4) 코로나19 시뮬레이션 분석 방법

- 스톡 플로우 시뮬레이션(Stock Flow Modeling)
- 최적화 시뮬레이션(Optimization)
- 시나리오 시뮬레이션(정책 및 환경변화 시나리오 시뮬레이션)

---

2) Susceptible, Infected, Recovered의 약어로 일반 유행성 전염병 전이(transition) 모델이다.

(5) 경증환자 치료 모델(1)

• COVID-19 감염으로 경증환자 발생 및 치료 모델

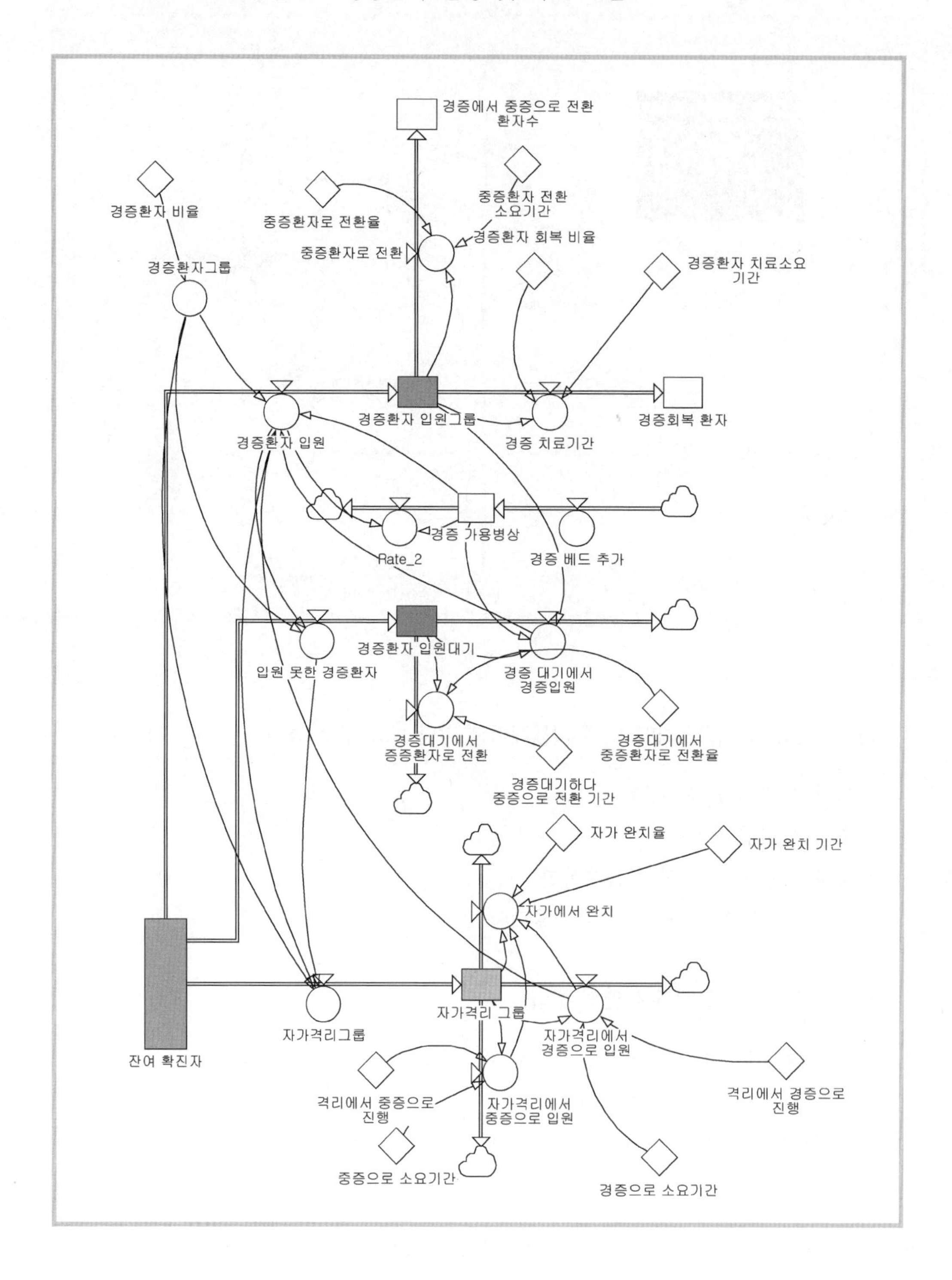

(6) 중증환자 치료 모델(2)

• COVID-19로 중증환자 발생 및 경증환자에서 중증환자로 변환 모델

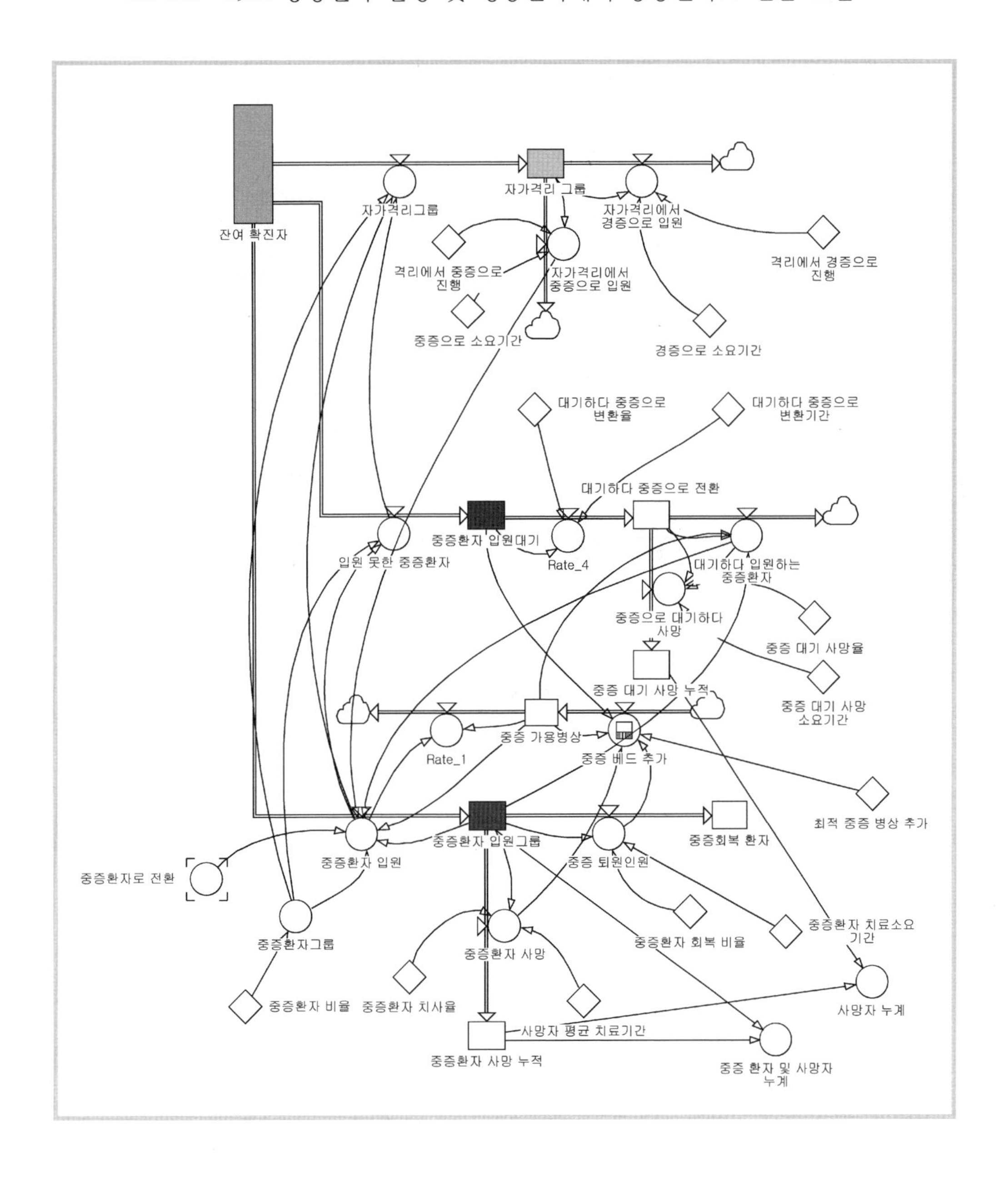

(7) 사회적 거리 두기 강도에 따른 파급효과 분석

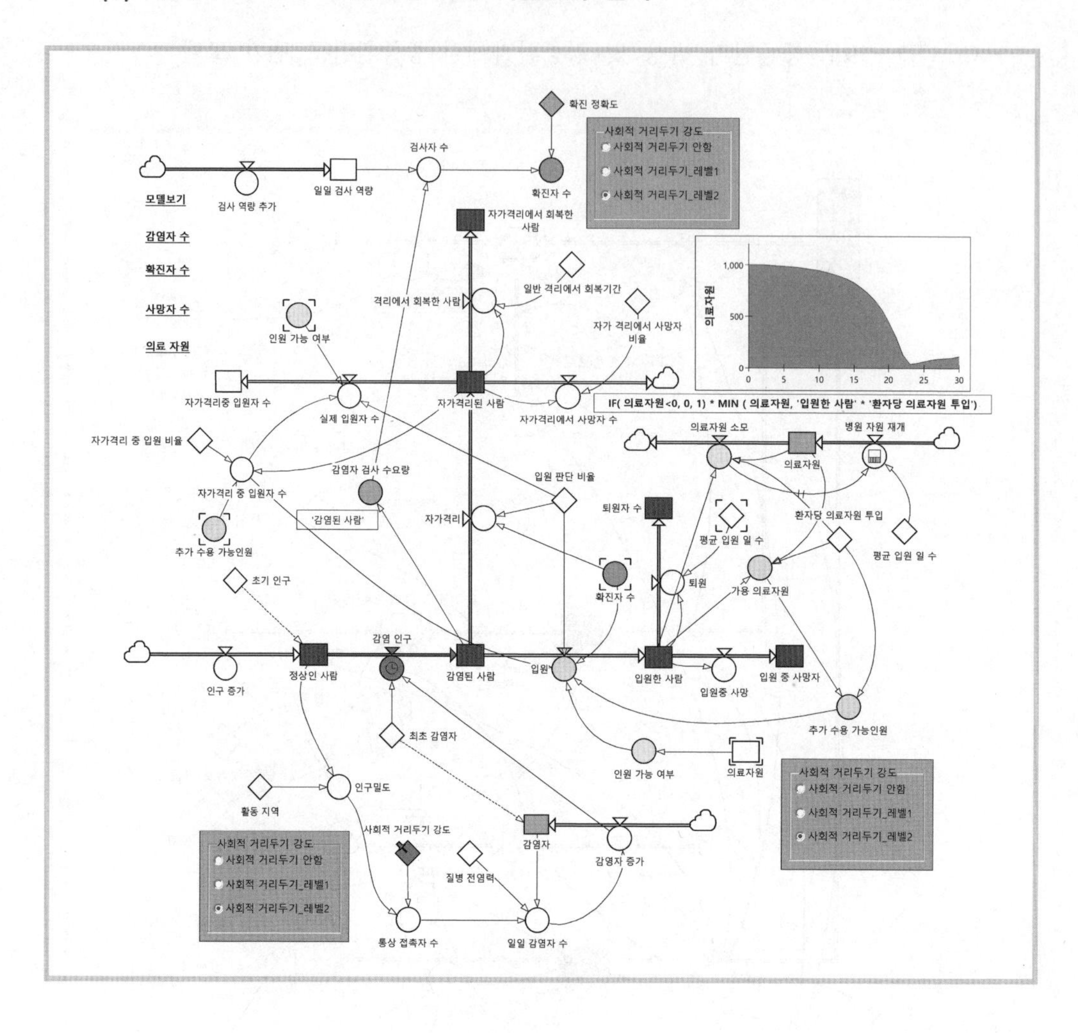

16.1.5 시뮬레이션 기반 백신 대응전략 모델 구조(예시)

(1) 논리 구조

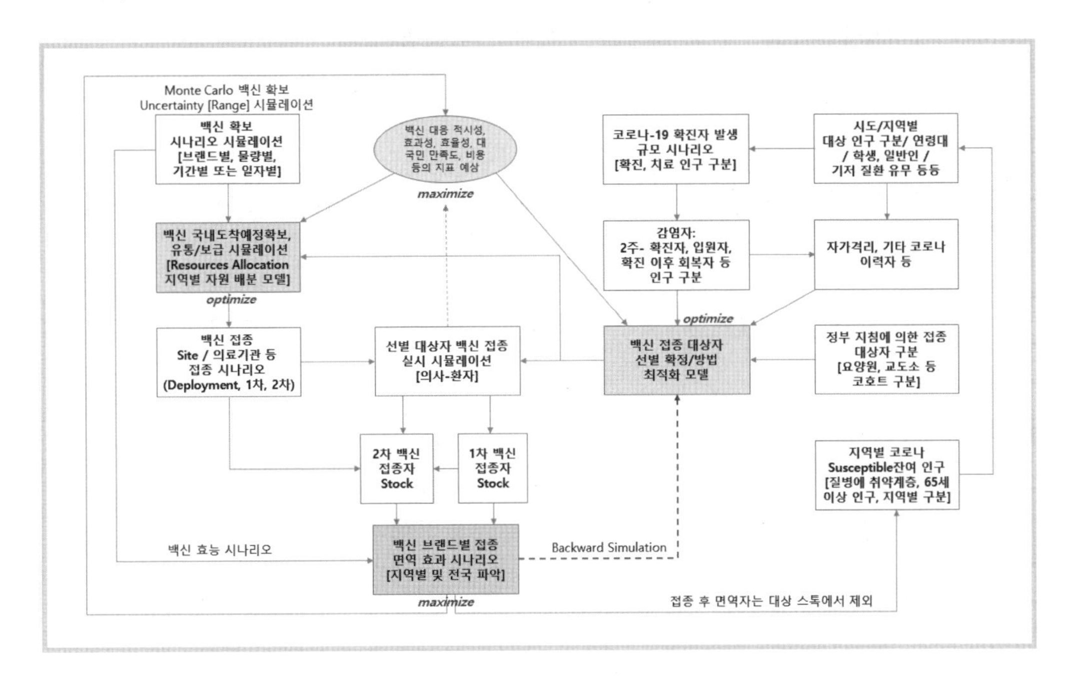

(2) 백신 접종 자원배분 최적화를 통한 성과예측 모델링 구조

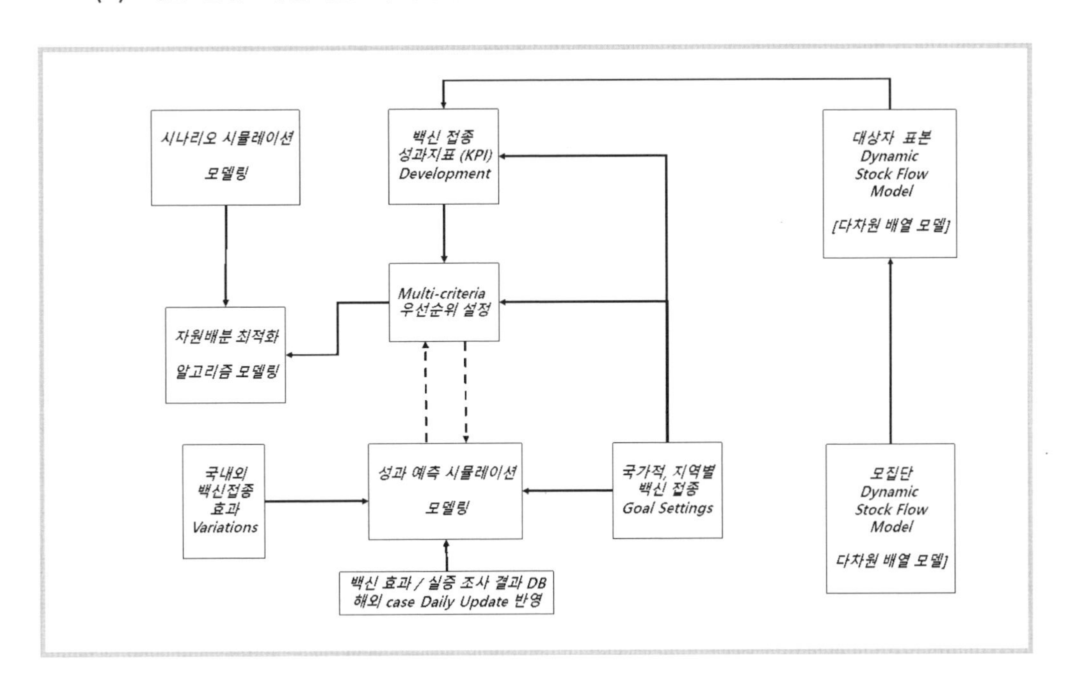

16.2 토끼와 거북이 경주 모델

- 토끼와 거북이가 달리기 경주를 하였다.
  이 이야기에 나오는 주요 요소를 구분하면 다음과 같다.

1. 시스템 목표	
• 잘한다고 방심하지 말라. • 꾸준히 노력하라.	• 자기 실력을 믿지 말라. • 남을 얕보지 말라.
2. 주체(개체)	
• 토끼 • 거북이	• 심판(경기 진행) • 구경꾼(관람자)
3. 규칙(Rule)	
• 출발 지점을 출발하여 골인 지점에 먼저 들어오면 승리한다. • 완주해야 한다. • 여름 나무 아래 누워 쉬면 낮잠이 온다.	• 경주 코스를 유지하여야 한다. • 상대방을 방해하면 안 된다. • 깡총깡총 뛰고 엄금엄금 걷는다.
4. 자원(Resources)	
• 도착 시점(골인 시점)에 먼저 들어온 자 • 달리는 속도 • 승리에 대한 보상의 크기	• 꾸준함(지구력, 포기하지 않음) • 자만심(방심, 흔한 승리) • 과거 기록(자기 능력 실적 증거)
5. 환경적 요인	
• 달리기 좋은 화창한 날씨 • 해가 떠 있는 나른하고 따뜻한 맑은 날	• 언덕 반환점에 나무가 있는 코스 • 오르막과 내리막이 있는 코스

▶ 참여자 속성

속성 (attributes)	토끼 속성 (Player 1)	거북이 속성 (Player 2)
달리는 속도	빠르다	느리다
달리는 모습	깡총깡총	엉금엉금
성격	자신만만하고 방심	겸손하고 꾸준
개체 스타일	남과 비교 얕보는 스타일	묵묵한 자기 스타일
목표 달성 의지	의지 약함	의지 강함
경험	달리기에서 이긴 경험 많음	달리기에서 이긴 경험 없음
보상에 반응	보상에 민감함	보상에 둔감함
스타일	남을 의식하는 스타일	남을 의식하지 않는 스타일

시뮬레이션 환경설정

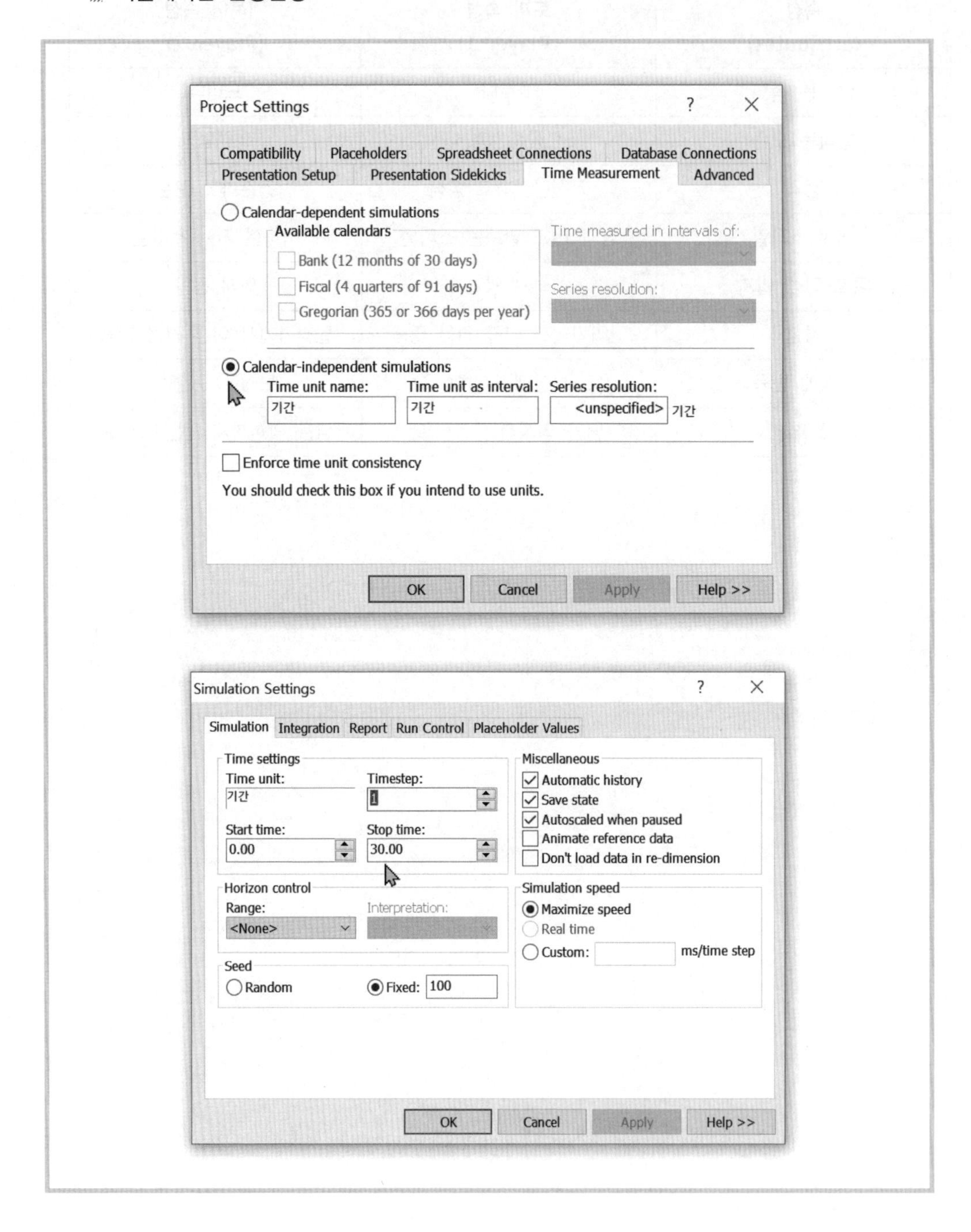
Project Settings
Compatibility
Placeholders
Spreadsheet Connections
Database Connections
Presentation Setup
Presentation Sidekicks
Time Measurement
Advanced
Calendar-dependent simulations
Available calendars
Bank (12 months of 30 days)
Fiscal (4 quarters of 91 days)
Gregorian (365 or 366 days per year)
Time measured in intervals of:
Series resolution:
Calendar-independent simulations
Time unit name:
Time unit as interval:
Series resolution:
기간
기간
<unspecified> 기간
Enforce time unit consistency
You should check this box if you intend to use units.
OK
Cancel
Apply
Help >>
Simulation Settings
Simulation
Integration
Report
Run Control
Placeholder Values
Time settings
Time unit:
기간
Timestep:
1
Start time:
0.00
Stop time:
30.00
Horizon control
Range:
<None>
Interpretation:
Seed
Random
Fixed: 100
Miscellaneous
Automatic history
Save state
Autoscaled when paused
Animate reference data
Don't load data in re-dimension
Simulation speed
Maximize speed
Real time
Custom:
ms/time step
OK
Cancel
Apply
Help >>

시뮬레이션 모델

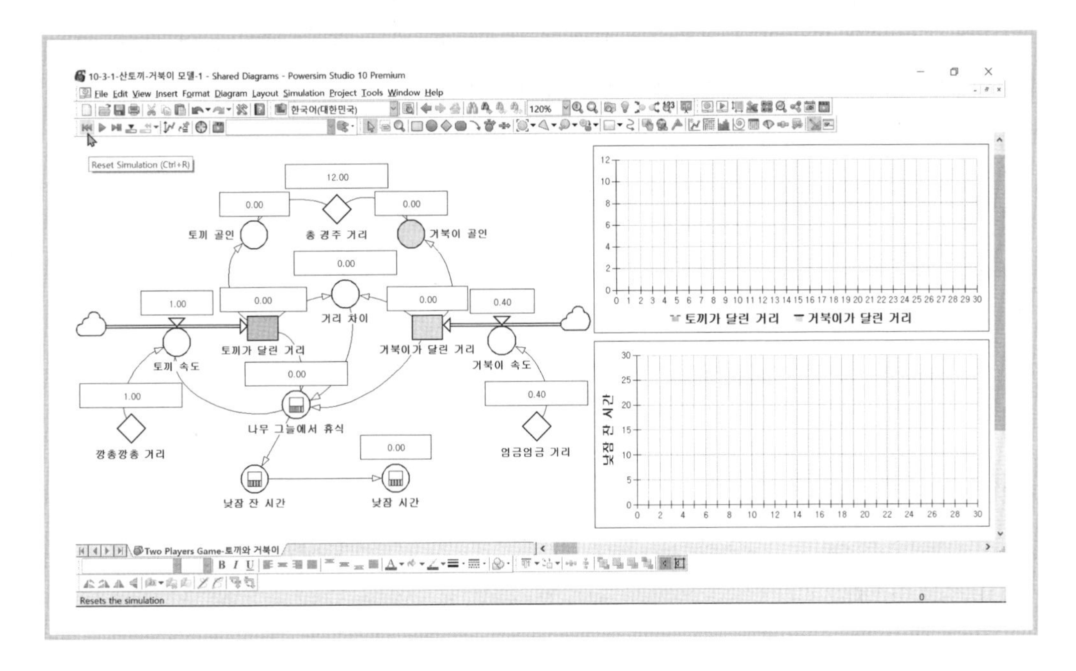

• 토끼의 속도는 1.0으로 표시되어 있고 토끼에 비하여 느린 거북의 속도는 0.4로 표시되어 있다.

모델 수식

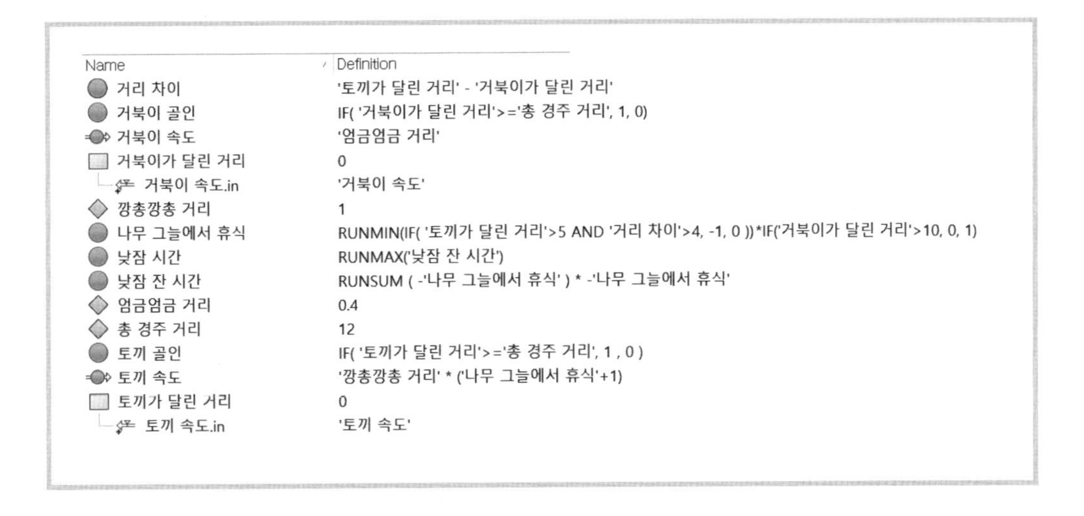

Name	Definition
거리 차이	'토끼가 달린 거리' - '거북이가 달린 거리'
거북이 골인	IF('거북이가 달린 거리'>='총 경주 거리', 1, 0)
거북이 속도	'엉금엉금 거리'
거북이가 달린 거리	0
거북이 속도.in	'거북이 속도'
깡총깡총 거리	1
나무 그늘에서 휴식	RUNMIN(IF('토끼가 달린 거리'>5 AND '거리 차이'>4, -1, 0))*IF('거북이가 달린 거리'>10, 0, 1)
낮잠 시간	RUNMAX('낮잠 잔 시간')
낮잠 잔 시간	RUNSUM (-'나무 그늘에서 휴식') * -'나무 그늘에서 휴식'
엉금엉금 거리	0.4
총 경주 거리	12
토끼 골인	IF('토끼가 달린 거리'>='총 경주 거리', 1 , 0)
토끼 속도	'깡총깡총 거리' * ('나무 그늘에서 휴식'+1)
토끼가 달린 서리	0
토끼 속도.in	'토끼 속도'

시뮬레이션 결과

- Time=18을 지나면서 거북이가 토끼를 추월하게 된다. 즉 거북이가 엉금엉금 기어간 거리가 토기가 달린 거리보다 많아진다.

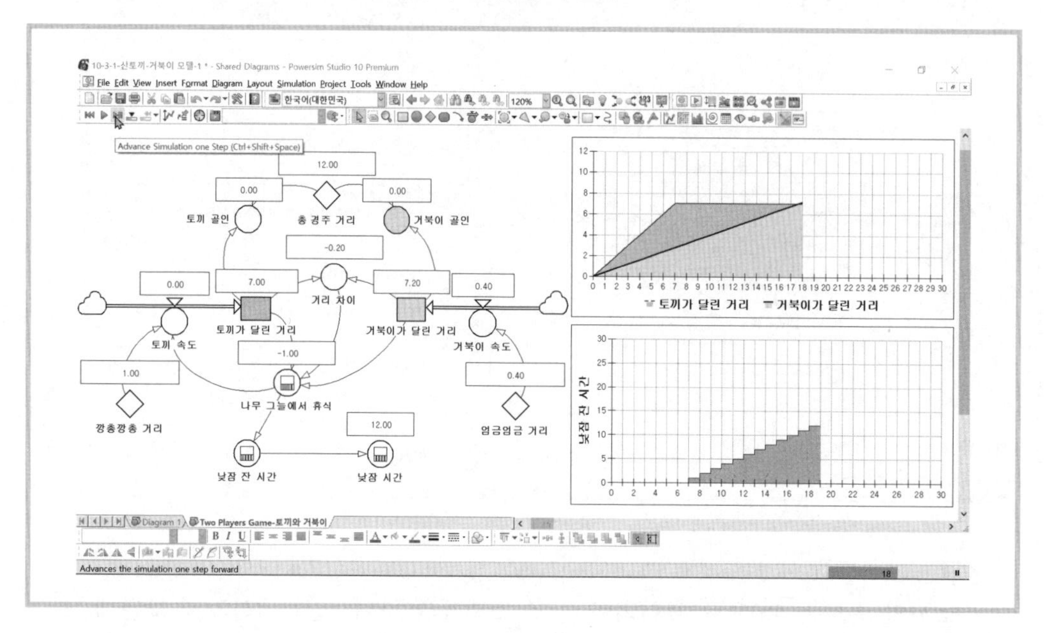

- Time=30에서 거북이는 총 경주거리, 즉 결승점(12지점)에 도착한 모습이고, 토끼는 간발의 차이로 결승점에서 1이 부족한 11지점을 지나는 과정이다.

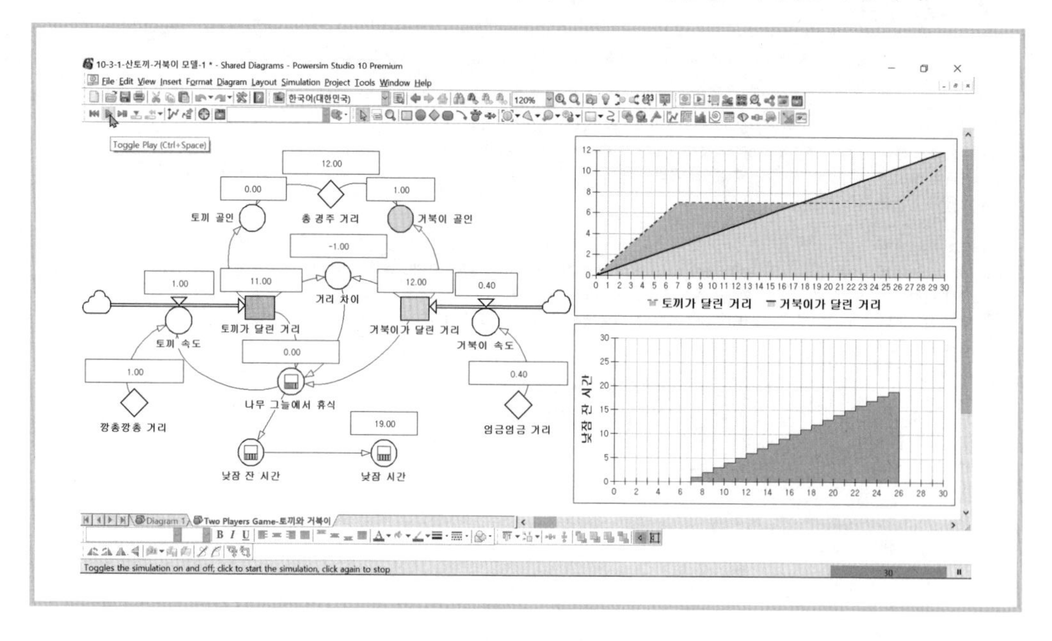

▨ 표 형태의 시뮬레이션 결과

기간	토끼 속도	거북이 속도	토끼가 달린 거리	거북이가 달린 거리	나무 그늘에서 휴식	낮잠 잔 시간
0	1.00	0.40	0.00	0.00	0.00	0.00
1	1.00	0.40	1.00	0.40	0.00	0.00
2	1.00	0.40	2.00	0.80	0.00	0.00
3	1.00	0.40	3.00	1.20	0.00	0.00
4	1.00	0.40	4.00	1.60	0.00	0.00
5	1.00	0.40	5.00	2.00	0.00	0.00
6	1.00	0.40	6.00	2.40	0.00	0.00
7	0.00	0.40	7.00	2.80	-1.00	1.00
8	0.00	0.40	7.00	3.20	-1.00	2.00
9	0.00	0.40	7.00	3.60	-1.00	3.00
10	0.00	0.40	7.00	4.00	-1.00	4.00
11	0.00	0.40	7.00	4.40	-1.00	5.00
12	0.00	0.40	7.00	4.80	-1.00	6.00
13	0.00	0.40	7.00	5.20	-1.00	7.00
14	0.00	0.40	7.00	5.60	-1.00	8.00
15	0.00	0.40	7.00	6.00	-1.00	9.00
16	0.00	0.40	7.00	6.40	-1.00	10.00
17	0.00	0.40	7.00	6.80	-1.00	11.00
18	0.00	0.40	7.00	7.20	-1.00	12.00
19	0.00	0.40	7.00	7.60	-1.00	13.00
20	0.00	0.40	7.00	8.00	-1.00	14.00
21	0.00	0.40	7.00	8.40	-1.00	15.00
22	0.00	0.40	7.00	8.80	-1.00	16.00
23	0.00	0.40	7.00	9.20	-1.00	17.00
24	0.00	0.40	7.00	9.60	-1.00	18.00
25	0.00	0.40	7.00	10.00	-1.00	19.00
26	1.00	0.40	7.00	10.40	0.00	0.00
27	1.00	0.40	8.00	10.80	0.00	0.00
28	1.00	0.40	9.00	11.20	0.00	0.00
29	1.00	0.40	10.00	11.60	0.00	0.00
30	1.00	0.40	11.00	12.00	0.00	0.00

이 예제는 어린이들이 흥미 삼아, 시스템 다이내믹스 모델을 체험할 수 있는 모델이다. 옛날이야기에 나오는 흥부 놀부, 별주부전, 선녀와 나무꾼 등을 모델링하면 더 재미있을 것 같다.

16.3 이동 통신기업 간의 경쟁 모델

16.3.1 두 기업의 경쟁 모델

(1) 초기 상태 설정

어떤 시장에서 두 기업이 고객을 끌어오는 경우를 모델링 해보자. 예를 들어 핸드폰 가입자 시장을 A와 B 두 기업이 자사 고객을 서로 가져오고, 상대 기업에 뺏기는 줄당기기와 같은 상황을 가정하자. 이를 시뮬레이션 모델로 만들어보자.

- 먼저 아래와 같이 다이어그램에 스톡(stock, level) 변수를 만든다.
- 긴 막대 모양의 스톡 변수 만드는 방법은 스톡 변수를 더블 클릭하여 변수 속성(Properties) 창을 열고, Lock aspect ratio에 선택을 해제한다. 그리고 아래 그림과 같이 막대 모양으로 스톡 모양을 늘려 크게 한다.
- 스톡 변수에 초깃값은 100으로 입력한다.

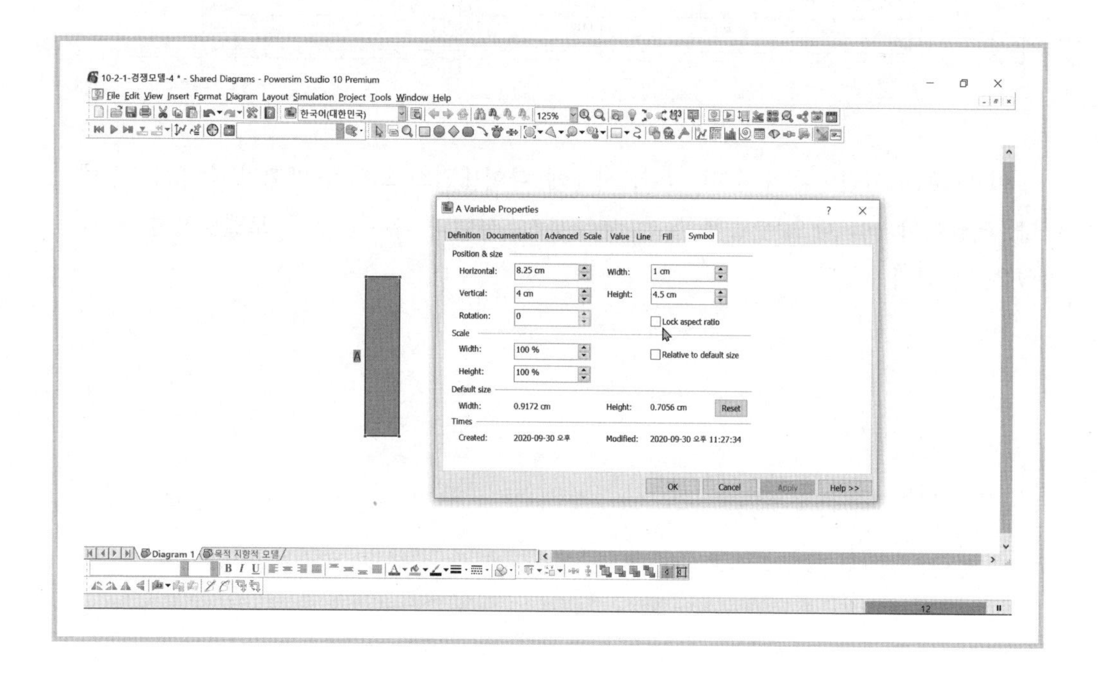

(2) 작성하려는 모델 세부설명

A, B 두 모바일 통신기업은 통신 인프라 투자를 통한 고객 서비스를 향상으로 상대 고객을 자사 고객으로 유치할 수 있다고 하자.

모델에서 각사의 인프라 투자비율에 따라 각 사의 서비스 수준을 높일 수 있다고 하자. 예제에서 각 사의 인프라 투자비율에 따른 서비스 수준은 랜덤(Random) 성향을 따르며, 다만 최저 투자비율과 최고 투자비율에 따라 서비스 수준은 달라짐을 '서비스 수준' 변수의 수식과 같이 가정하자.

서비스 수준 = RANDOM(최저투자비율, 최고투자비율)

예제에서 A 기업의 인프라 투자비율은 1.0~1.2 이고, B 기업의 인프라 투자비율은 0.9~1.1로 가정하여 A 기업이 고객 서비스를 위하여 인프라 투자를 많이 하도록 설정하였다. 하지만 두 기업 모두 투자비율 1.0~1.1은 공통된 부분으로, 이때에는 무작위(Random)로 경쟁하는 것을 가정하였다.

스톡 플로우 모델 구조는 다음과 같다.

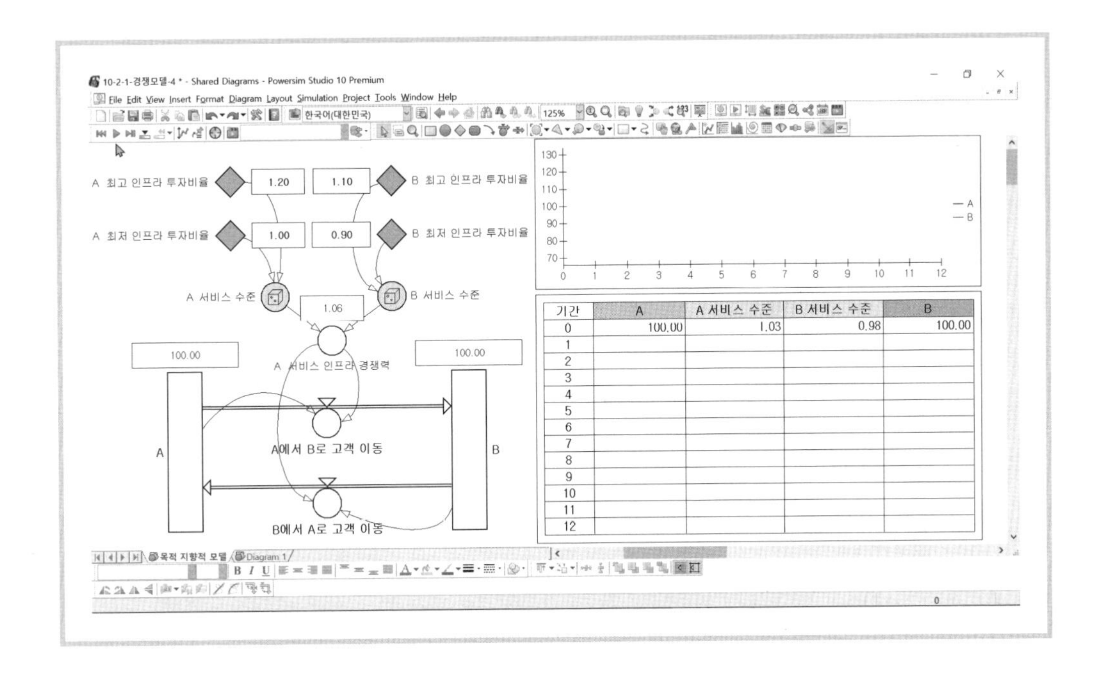

기간	A	A 서비스 수준	B 서비스 수준	B
0	100.00	1.03	0.98	100.00
1				
2				
3				
4				
5				
6				
7				
8				
9				
10				
11				
12				

(3) 다음은 각 변수의 모델 수식이다.

모델 수식

Name	Definition
A	100
A에서 B로 고객 이동.out	'A에서 B로 고객 이동'
B에서 A로 고객 이동.in	'B에서 A로 고객 이동'
A 서비스 수준	RANDOM ('A 최저 인프라 투자비율', 'A 최고 인프라 투자비율')
A 서비스 인프라 경쟁력	'A 서비스 수준' / 'B 서비스 수준'
A 최고 인프라 투자비율	1.2
A 최저 인프라 투자비율	1
A에서 B로 고객 이동	MAX (0, A * (1 - 'A 서비스 인프라 경쟁력'))// 서비스 인프라 경쟁력 + IF(A > 100, A*0.1, 0)// 서비스 지연에 따른 고객 이탈
B	100
A에서 B로 고객 이동.in	'A에서 B로 고객 이동'
B에서 A로 고객 이동.out	'B에서 A로 고객 이동'
B 서비스 수준	RANDOM ('B 최저 인프라 투자비율', 'B 최고 인프라 투자비율')
B 최고 인프라 투자비율	1.1
B 최저 인프라 투자비율	0.9
B에서 A로 고객 이동	MAX (0, B * ('A 서비스 인프라 경쟁력' - 1))// 서비스 인프라 경쟁력 + IF(B > 100, B*0.1, 0)// 서비스 지연에 따른 고객 이탈

(4) 시뮬레이션 결과

A 기업은 B 기업에 비하여 상대적으로 인프라 투자비율이 높게 설정되었기 때문에, 시뮬레이션 결과 B 기업보다 더 많은 고객을 끌어올 수 있게 되었다.

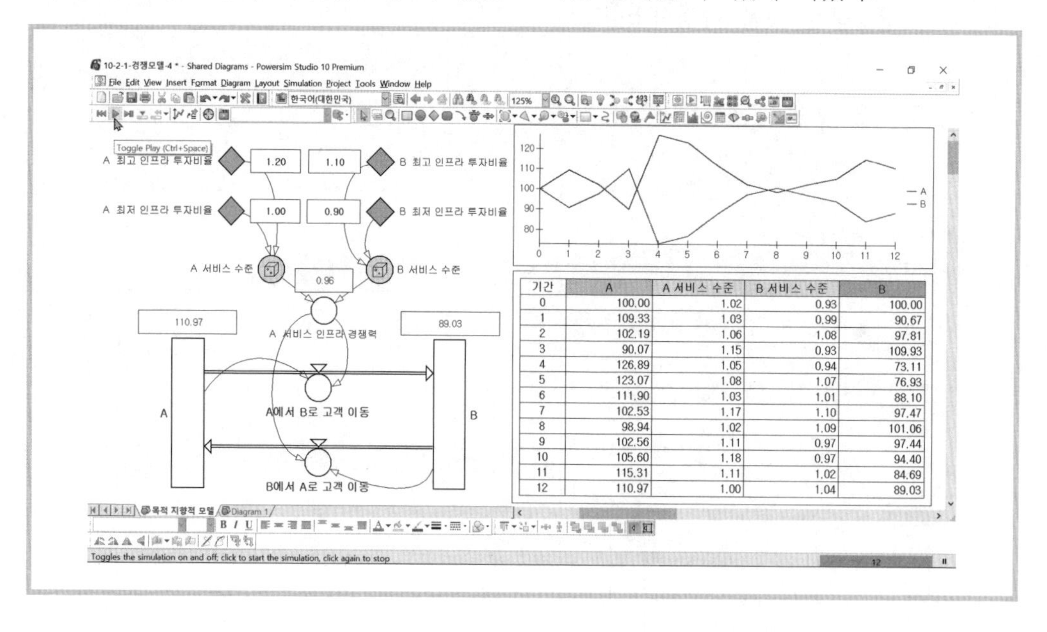

기간	A	A 서비스 수준	B 서비스 수준	B
0	100.00	1.02	0.93	100.00
1	109.33	1.03	0.99	90.67
2	102.19	1.06	1.08	97.81
3	90.07	1.15	0.93	109.93
4	126.89	1.05	0.94	73.11
5	123.07	1.08	1.07	76.93
6	111.90	1.03	1.01	88.10
7	102.53	1.17	1.10	97.47
8	98.94	1.02	1.09	101.06
9	102.56	1.11	0.97	97.44
10	105.60	1.18	0.97	94.40
11	115.31	1.11	1.02	84.69
12	110.97	1.00	1.04	89.03

시뮬레이션 버튼 ⏮▶⏭을 다시 클릭하면 또 다른 시뮬레이션 결과를 얻게 된다. 이는 가운데 있는 A 서비스 수준과 B 서비스 수준 변수가 Random으로 설정되어 있고, Random 함수에 들어가는 Seed[3] 값이 일정하게 정해지지 않았기 때문이다.

---

3) Random 함수에서 Seed 값은 일종의 무작위 여러 표본추출에서 하나의 표본을 정해주는 값이다.

그리고 각 기업이 지속적으로 고객이 증가하지 않는 이유는 어떤 기업의 고객이 많아질수록 서비스 대기 또는 서비스 지연 시간이 길어져, 고객 서비스 수준의 저하로 고객이 이탈하는 경우가 발생하기 때문이다. 이러한 현상은 아래와 같이 변수 정의에 표현되어 있다.

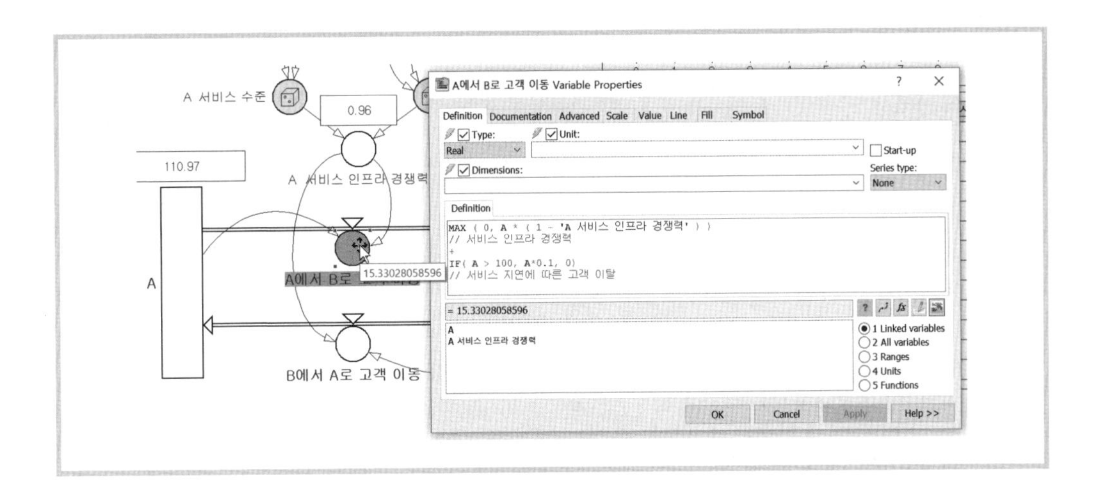

참고로 시뮬레이션 Play 버튼을 눌러 또 다른 랜덤 시뮬레이션을 시행하여 B 기업의 고객 수가 더 많아지는 시뮬레이션 결과는 다음과 같다.(기간 12 참조)

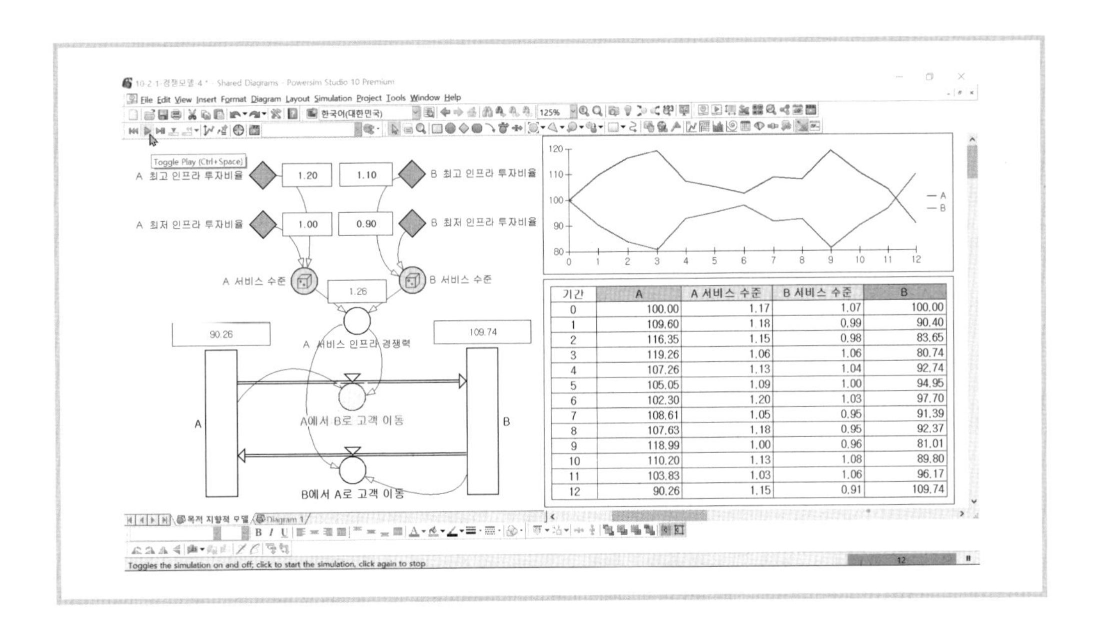

기간	A	A 서비스 수준	B 서비스 수준	B
0	100.00	1.17	1.07	100.00
1	109.60	1.18	0.99	90.40
2	116.35	1.15	0.98	83.65
3	119.26	1.06	1.06	80.74
4	107.26	1.13	1.04	92.74
5	105.05	1.09	1.00	94.95
6	102.30	1.20	1.03	97.70
7	108.61	1.05	0.95	91.39
8	107.63	1.18	0.95	92.37
9	118.99	1.00	0.96	81.01
10	110.20	1.13	1.08	89.80
11	103.83	1.03	1.06	96.17
12	90.26	1.15	0.91	109.74

16.3.2 신제품으로 시장 확보하기

(1) 새로운 제품이나 서비스로 고객 시장을 획득하는 모델

- 기존 시장에서 각 기업이 신제품 출시를 통하여 신규고객을 획득하는 과정에 대한 모델 수식 정의는 다음과 같다.

수식 정의

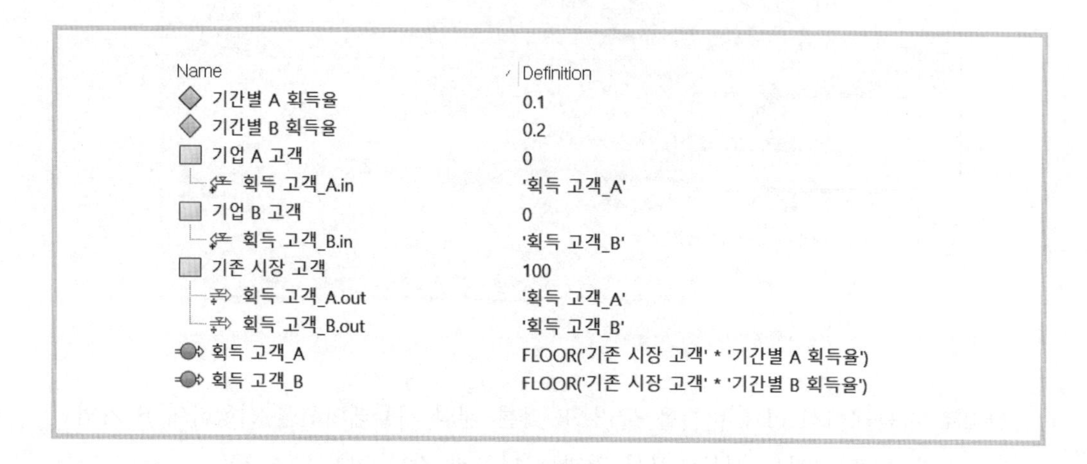

Name	Definition
기간별 A 획득율	0.1
기간별 B 획득율	0.2
기업 A 고객	0
획득 고객_A.in	'획득 고객_A'
기업 B 고객	0
획득 고객_B.in	'획득 고객_B'
기존 시장 고객	100
획득 고객_A.out	'획득 고객_A'
획득 고객_B.out	'획득 고객_B'
획득 고객_A	FLOOR('기존 시장 고객' * '기간별 A 획득율')
획득 고객_B	FLOOR('기존 시장 고객' * '기간별 B 획득율')

- 수식에서 FLOOR 함수는 주어진 실수(real number)를 내림하여 정수로 변환하는 역할을 한다.(예: FLOOR(1.3) = 1, FLOOR(2.8) = 2)

(2) 시뮬레이션 모델의 초기 상태

(이때는 오른쪽 아래에 시뮬레이션 진행 기간이 '0'으로 표시되어 있다.)

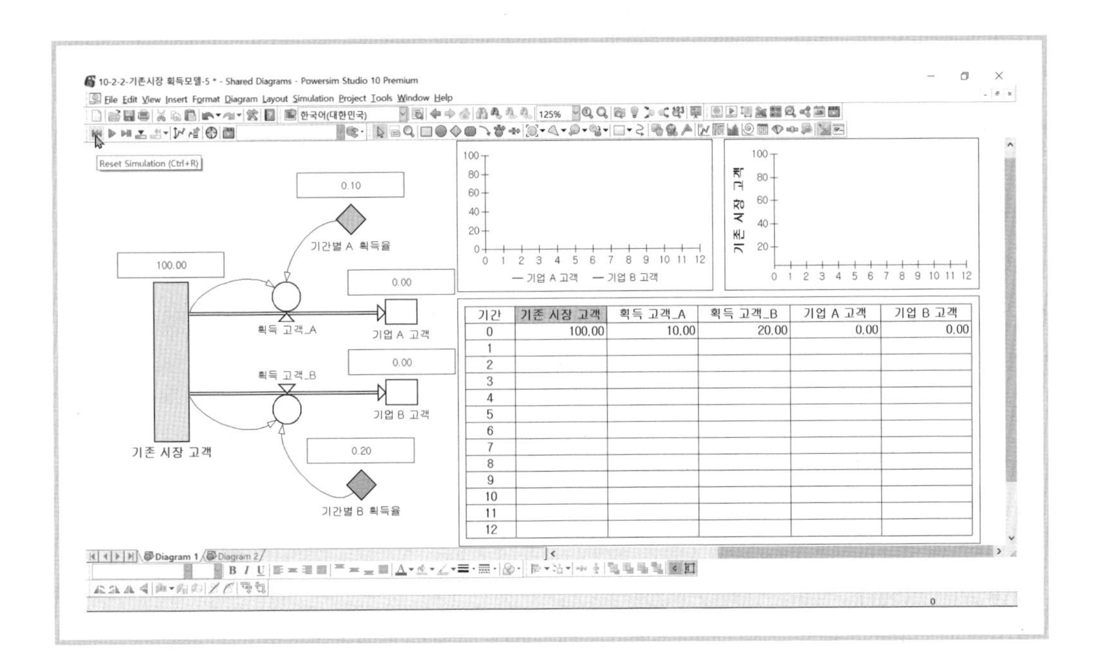

기간	기존 시장 고객	획득 고객_A	획득 고객_B	기업 A 고객	기업 B 고객
0	100.00	10.00	20.00	0.00	0.00
1					
2					
3					
4					
5					
6					
7					
8					
9					
10					
11					
12					

(3) 시뮬레이션 결과

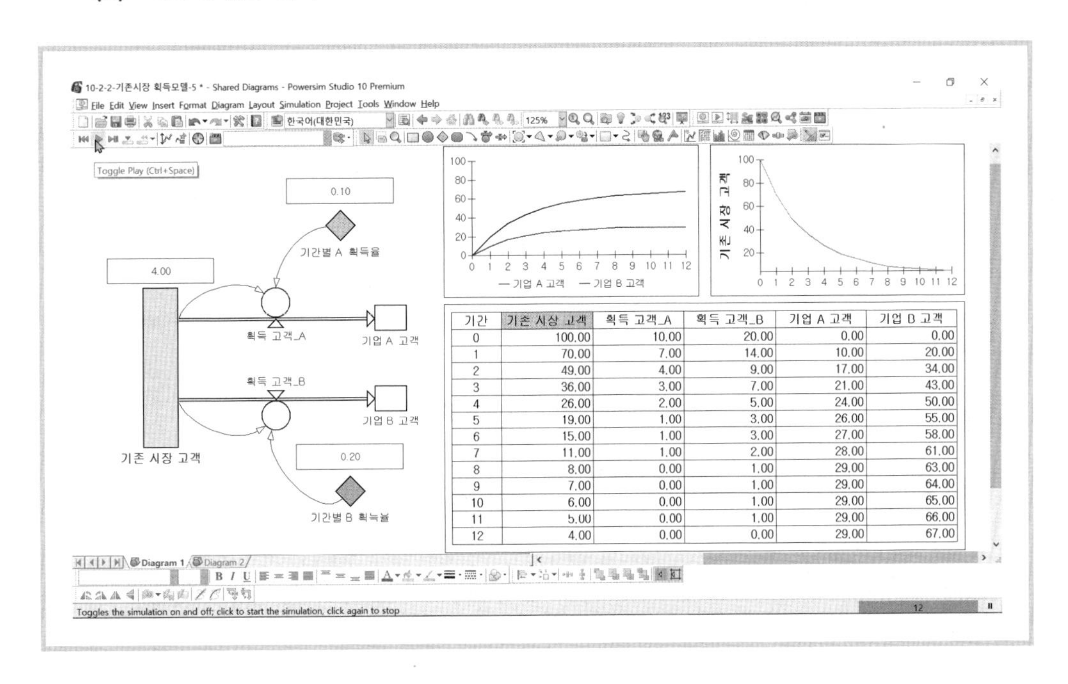

기간	기존 시장 고객	획득 고객_A	획득 고객_B	기업 A 고객	기업 B 고객
0	100.00	10.00	20.00	0.00	0.00
1	70.00	7.00	14.00	10.00	20.00
2	49.00	4.00	9.00	17.00	34.00
3	36.00	3.00	7.00	21.00	43.00
4	26.00	2.00	5.00	24.00	50.00
5	19.00	1.00	3.00	26.00	55.00
6	15.00	1.00	3.00	27.00	58.00
7	11.00	1.00	2.00	28.00	61.00
8	8.00	0.00	1.00	29.00	63.00
9	7.00	0.00	1.00	29.00	64.00
10	6.00	0.00	1.00	29.00	65.00
11	5.00	0.00	1.00	29.00	66.00
12	4.00	0.00	0.00	29.00	67.00

A, B 두 기업이 신제품을 출시하여 기존 시장에서 고객을 확보하는 과정이다. B 기업이 A 기업보다 더 나은 제품으로 기간별 고객 획득률이 높은 상태의 시뮬레이션 결과이다.

16.3.3 공통으로 공유하는 시장에서 경쟁적으로 매출 올리기 모델(Share of Wallet)

(1) 모델 구성 개요

다음은 두 가지의 제품(예: 햄버거)이 시장을 공유하면서 경쟁하는 경우이다. 이들 제품은 매출을 늘리기 위하여 제품 가격을 조정하거나 제품 품질을 높이거나 제품을 다양화하거나 아니면 서비스 수준을 높이는 전략을 취하게 된다.

- 이를 모델링하면 다음과 같다.

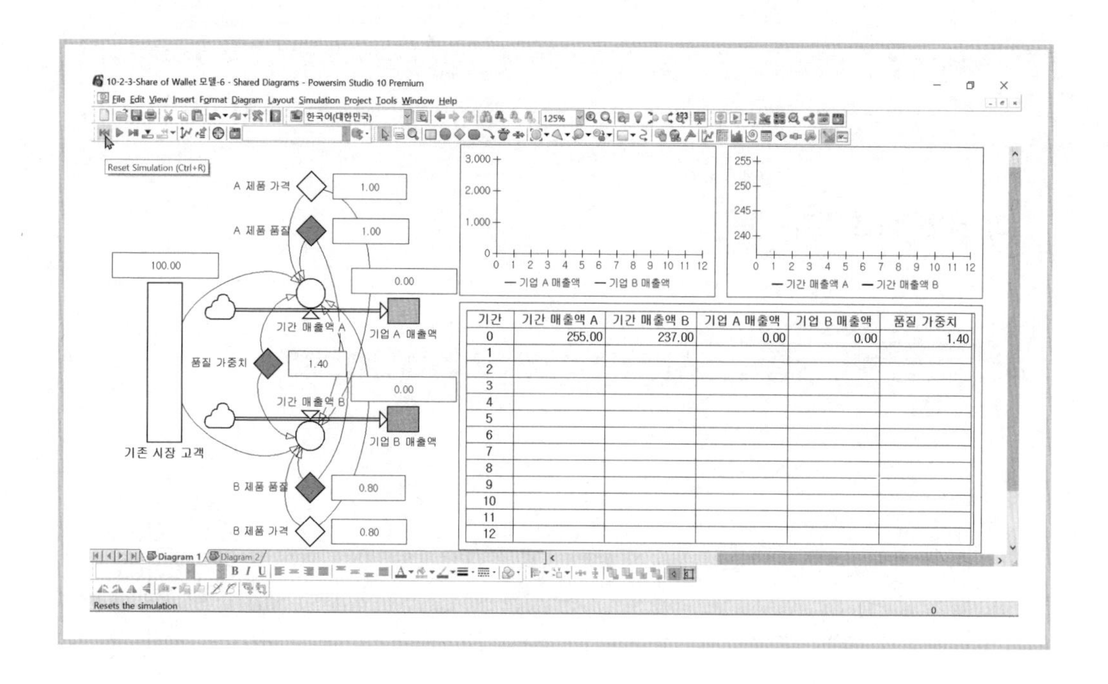

예를 들어 가격 경쟁을 하는 경우 각 변수의 수식 정의는 다음과 같다.

아래와 같이 가격은 A 제품이 1일 때 B 제품은 0.8이고, 품질은 A 제품이 1일 때 B 제품은 0.8이다. 그리고 고객의 품질 가중치는 1.4이다.

Name	Definition
A 제품 가격	1
A 제품 품질	1
B 제품 가격	0.8
B 제품 품질	0.8
기간 매출액 A	'기존 시장 고객' * (('B 제품 가격'/'A 제품 가격') + '품질 가중치'*('A 제품 품질'/'B 제품 품질'))
기간 매출액 B	'기존 시장 고객' * (('A 제품 가격'/'B 제품 가격') + '품질 가중치'*('B 제품 품질'/'A 제품 품질'))
기업 A 매출액	0
기간 매출액 A.in	'기간 매출액 A'
기업 B 매출액	0
기간 매출액 B.in	'기간 매출액 B'
기존 시장 고객	100
품질 가중치	1.4

(2) 시뮬레이션 결과

- 제품 품질 가중치는 가격 대비 품질로 가중치가 1이면 제품 선택에 가격과 품질을 동등한 정도로, 제품 품질 가중치가 1.4이면 제품 품질이 가격에 비해 40% 더 많은 비중을 두는 것을 의미한다.

경쟁적 매출액 모델-1

- 품질 가중치: 1.4

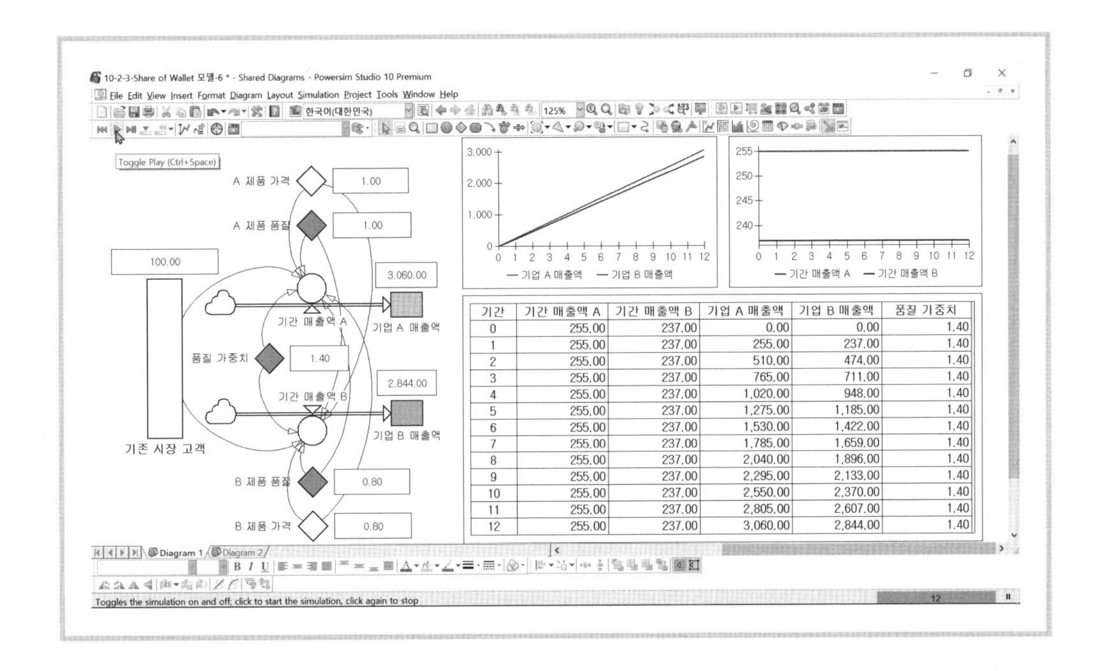

기간	기간 매출액 A	기간 매출액 B	기업 A 매출액	기업 B 매출액	품질 가중치
0	255.00	237.00	0.00	0.00	1.40
1	255.00	237.00	255.00	237.00	1.40
2	255.00	237.00	510.00	474.00	1.40
3	255.00	237.00	765.00	711.00	1.40
4	255.00	237.00	1,020.00	948.00	1.40
5	255.00	237.00	1,275.00	1,185.00	1.40
6	255.00	237.00	1,530.00	1,422.00	1.40
7	255.00	237.00	1,785.00	1,659.00	1.40
8	255.00	237.00	2,040.00	1,896.00	1.40
9	255.00	237.00	2,295.00	2,133.00	1.40
10	255.00	237.00	2,550.00	2,370.00	1.40
11	255.00	237.00	2,805.00	2,607.00	1.40
12	255.00	237.00	3,060.00	2,844.00	1.40

- 가격에 보다 제품 품질에 40% 비중을 더 많이 두는 고객 성향을 가진 시장에서는 A 제품 매출액이 3,060으로 B 제품 매출액 2,844보다 높은 결과를 나타낸다.

▒ 경쟁적 매출액 모델-2

- 품질 가중치: 0.7

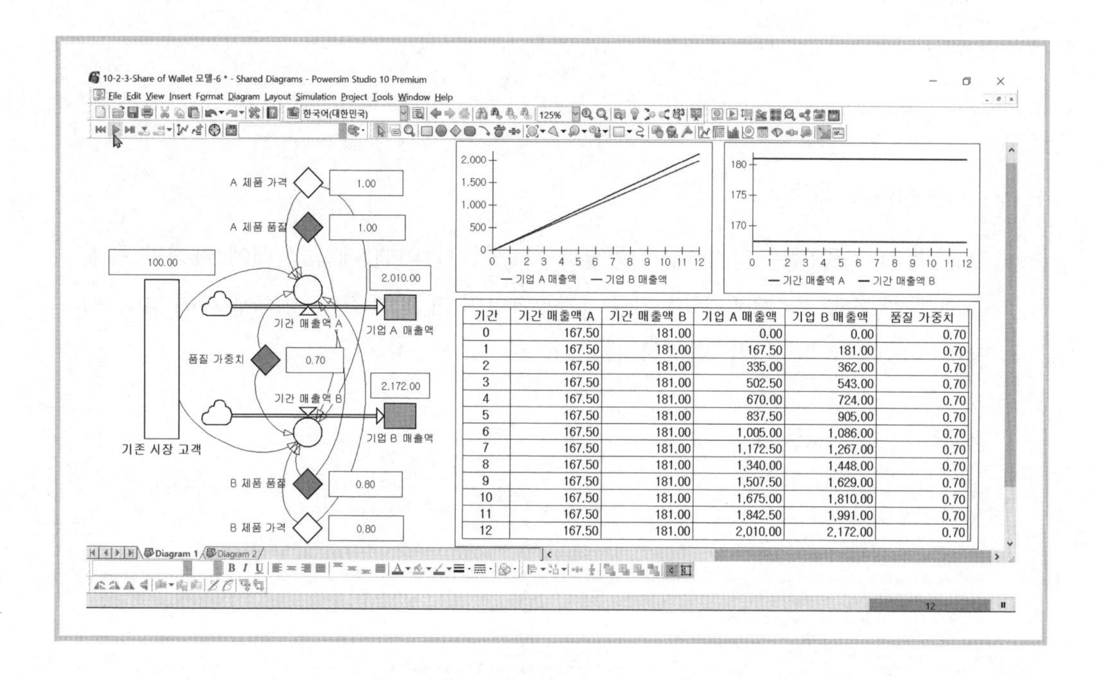

기간	기간 매출액 A	기간 매출액 B	기업 A 매출액	기업 B 매출액	품질 가중치
0	167.50	181.00	0.00	0.00	0.70
1	167.50	181.00	167.50	181.00	0.70
2	167.50	181.00	335.00	362.00	0.70
3	167.50	181.00	502.50	543.00	0.70
4	167.50	181.00	670.00	724.00	0.70
5	167.50	181.00	837.50	905.00	0.70
6	167.50	181.00	1,005.00	1,086.00	0.70
7	167.50	181.00	1,172.50	1,267.00	0.70
8	167.50	181.00	1,340.00	1,448.00	0.70
9	167.50	181.00	1,507.50	1,629.00	0.70
10	167.50	181.00	1,675.00	1,810.00	0.70
11	167.50	181.00	1,842.50	1,991.00	0.70
12	167.50	181.00	2,010.00	2,172.00	0.70

- 가격에 보다 제품 품질에 30% 비중을 더 적게 두는 고객 성향을 가진 시장에서는 B 제품 매출액이 2,172로 A 제품 매출액 2,010보다 높은 결과를 나타내었다.

16.4 다기준 의사결정(MCDM: multi criteria decision making)

16.4.1 다기준 의사결정 개요

의사결정은 어떤 기준을 적용하는가에 따라 그 결정 또는 의사결정 대안(decision alternatives)선택은 달라진다. 따라서 어떤 심각한 상황에서 어떤 기준(criteria)을 의사결정에 적용할 것인가는 매우 중요한 연구주제이다.

이에 대한 확정적인 정답이 없는 상태로 세계적으로 연구가 여전히 진행되고 있다. 따라서 다기준 의사결정 분야는 시스템 다이내믹스 이론을 접목하여 의사결정 모형개발이 활발히 이루어져야 할 연구 분야이다.

제이 포레스터(Jay W. Forrester) 교수의 시스템 다이내믹스 첫 책 'Industrial Dynamics'가 출간된 1960년대는 미국에서 전후(戰後) 응용학문이 활발히 나타나기 시작한 때이다. 비슷한 시기인 1968년 Howard Raiffa[4] 교수의 'Decision Analysis: Introductory Lectures on Choices Under Uncertainty'도 다기준 의사결정 분야의 지침서이다.

그리고 1976년 Raiffa 교수는 듀크대학 Ralph L. Keeney 교수와 공저 'Decisions with Multiple Objectives: Preferences and Value Tradeoffs'를 통하여 다기준 의사결정을 본격적으로 다루었다. 국내에는 1980년대 초부터 다기준 의사결정 이론을 FORTRAN, C언어 등 컴퓨터 프로그램으로 구현한 강맹규[5] 교수가 다기준 의사결정 분야의 선구자로 손꼽힌다.

다기준 의사결정 분야는 예를 들어 선호도 우선순위 기반 의사결정 기법인 PROMETHEE[6]가 벨기에에서 현재까지도 활발히 추가 개발되고 있다. 이와 같은 연구 추세는 앞으로도 다기준 의사결정 분야의 전망이 밝다는 것을 말해준다.

---

4) 미시간 대학(University of Michigan) 출신으로 하버드대학교 교수.

5) 미시간 대학(University of Michigan) 출신의 한양대학교 산업공학과 교수.

6) 벨기에 브루셀대학 Jean-Pierre Brans 교수가 개발한 PROMETHEE(Preference Ranking Organization METHod for Enrichment of Evaluations) 다기준 의사결정 기법.

16.4.2 다기준 의사결정 방법 구분

독자를 위하여 의사결정을 위한 모델링 분야를 간략히 구분하면 다음과 같다.

(1) 의사결정에는 단일목적(Single Objective) 의사결정과 다기준(Multi-criteria) 의사결정이 있다.

- 단일기준 의사결정의 대표적 분석 방법으로 의사결정 나무(decision tree)

(2) 다기준 의사결정(Multi Criteria Decision Making, MCDM)은 다속성 의사결정(Multi-attribute DM, MADM)과 다목적 의사결정(Multi-objective DM, MODM)으로 구분할 수 있다.

- 다목적 의사결정(MODM)의 대표적 방법으로는 OR(운용과학 또는 경영과학 operations research) 기법들로서 선형계획법(Linear Programming), 목적계획법(Goal Programming) 등이 있다.

(3) 다속성 의사결정(MADM)의 대표적인 방법(선호도(Preference)와 효용(Utility) 기준)

- 다속성 효용이론, MAUT(Multi－Attribute Utility Theory)
- 계층적 분석법(AHP, Analytic Hierarchy Process)
- ELECTRE, Elimination Et Choice Translating Reality
- PROMETHEE I, II(Preference Ranking Organization Method for the Enrichment of Evaluation)
- Technique for Order of Preference by Similarity to Ideal Solution.(TOPSIS)

16.4.3 다기준 의사결정 모델링 범위

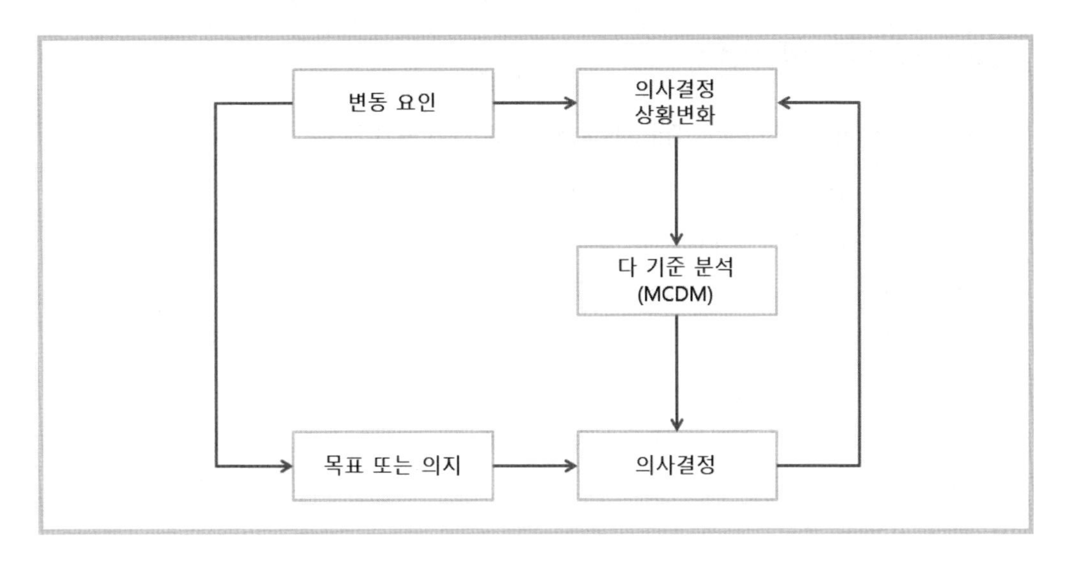

16.4.4 다기준 의사결정을 통한 협의 절충(trade-off) 과정

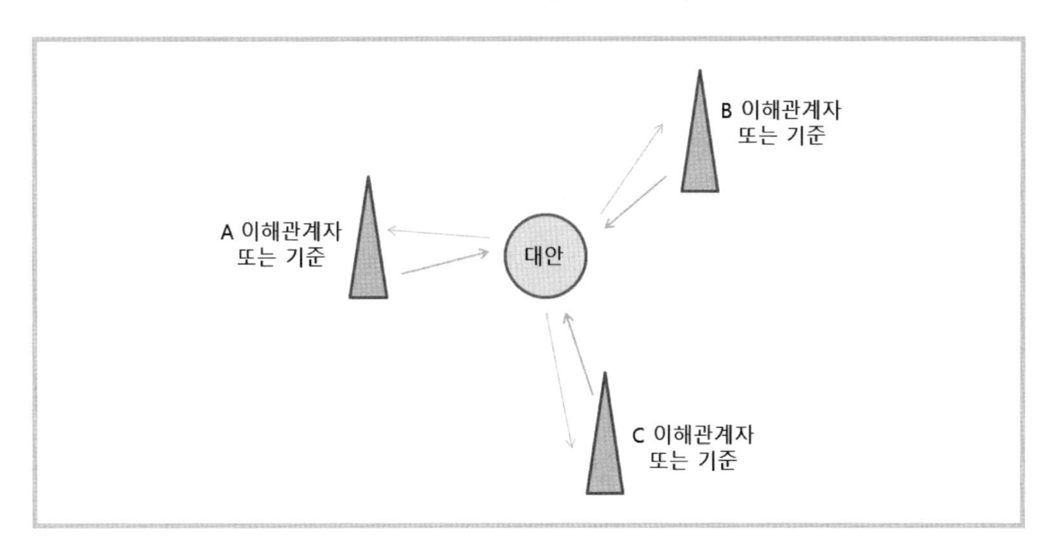

16.4.5 ELECTRE 다기준 의사결정 모델링

(1) ELECTRE 평가 개념

ELimination Et Choice Translating REality(ELECTRE)[7]

- 어떤 평가 범주(Criteria)에서 어느 대안이 더 나은가를 비교하는 Outranking 조화 비교법을 이용한다.(A Kind of Concordance Methods)
- 여기서 Outranking은 예를 들면 두 종류의 자동차가 있을 때 가격이 어느 것이 더 싼가를 비교한다. 차량 가격 자체의 수치보다, 둘 중에 어느 것이 더(outranking) 가격 측면에서 좋은가를 평가한다.
- 즉 대안을 특정 기준에 대해 평가하는데 조화(concordance)는 대안 i와 경쟁하는 대안 j보다 나쁘지 않는 모든 규준의 집합인 조화 세트(Concordance Set)를 도출한다.
- 그리고 부조화(dis-concordance)는 대안 i와 경쟁하는 대안 j보다 나쁜 모든 규준(criteria)의 집합인 조화 세트(Dis-concordance Set)를 작성한다.
- 이를 이용하여 조화와 부조화에 1 또는 0의 값을 부여하여 어느 대안이 더 많은 조화(concordance by outranking) 값을 갖는지를 비교하는 조화 지표를 구한다.
- 조화 지표(Concordance Index) $= \sum_{i=1}^{n}(\text{조화세트}_i * \text{부조화세트}_i * \text{가중치}_i)$

---

7) 선호기준에 따른 순위와 분류에 의한 다기준 의사결정 기법으로 1965년 프랑스 Paris-Dauphine 대학교수 Bernard Roy(1934-2017)가 개발하였다. ELECTRE는 현재 여섯 가지 정도의 파생기법이 있다.

(2) ELECTRE 평가 모델

ELECTRE 산정 모델[8]

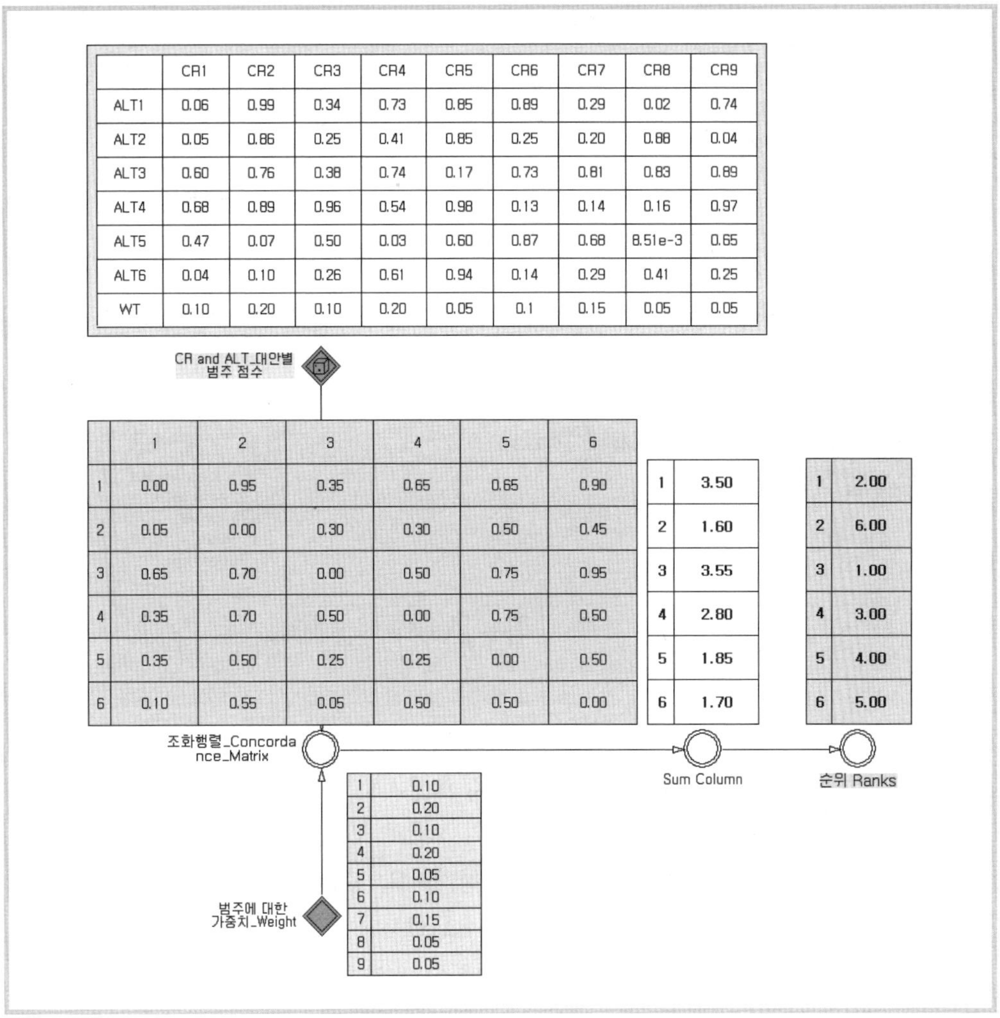

	CR1	CR2	CR3	CR4	CR5	CR6	CR7	CR8	CR9
ALT1	0.06	0.99	0.34	0.73	0.85	0.89	0.29	0.02	0.74
ALT2	0.05	0.86	0.25	0.41	0.85	0.25	0.20	0.88	0.04
ALT3	0.60	0.76	0.38	0.74	0.17	0.73	0.81	0.83	0.89
ALT4	0.68	0.89	0.96	0.54	0.98	0.13	0.14	0.16	0.97
ALT5	0.47	0.07	0.50	0.03	0.60	0.87	0.68	8.51e-3	0.65
ALT6	0.04	0.10	0.26	0.61	0.94	0.14	0.29	0.41	0.25
WT	0.10	0.20	0.10	0.20	0.05	0.1	0.15	0.05	0.05

CR and ALT_대안별 범주 점수

	1	2	3	4	5	6
1	0.00	0.95	0.35	0.65	0.65	0.90
2	0.05	0.00	0.30	0.30	0.50	0.45
3	0.65	0.70	0.00	0.50	0.75	0.95
4	0.35	0.70	0.50	0.00	0.75	0.50
5	0.35	0.50	0.25	0.25	0.00	0.50
6	0.10	0.55	0.05	0.50	0.50	0.00

조화행렬_Concordance_Matrix

	Sum Column
1	3.50
2	1.60
3	3.55
4	2.80
5	1.85
6	1.70

Sum Column

	순위 Ranks
1	2.00
2	6.00
3	1.00
4	3.00
5	4.00
6	5.00

순위 Ranks

	범주에 대한 가중치_Weight
1	0.10
2	0.20
3	0.10
4	0.20
5	0.05
6	0.10
7	0.15
8	0.05
9	0.05

범주에 대한 가중치_Weight

8) ELECTRE에 대한 다양한 기법은 Wikipedia를 참조하길 권한다.

(3) 조화행렬(Concordance matrix) 계산

- '조화행렬_Concordance_Matrix'변수 정의

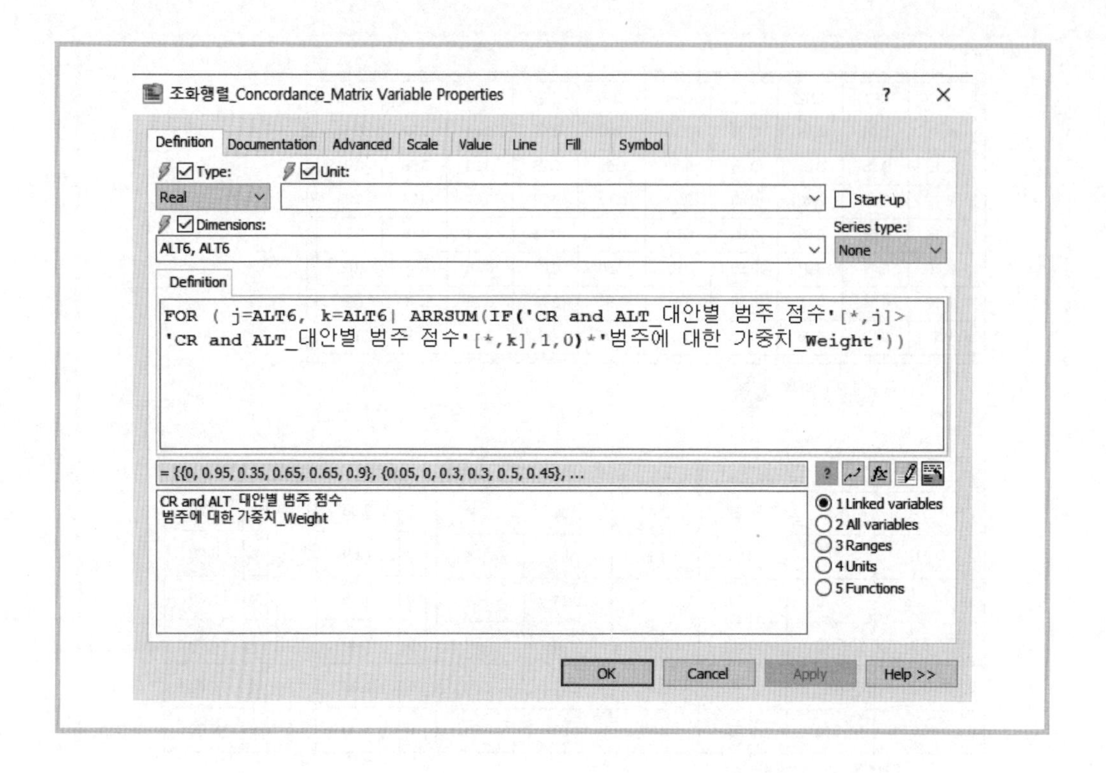

- 이를 통하여 대안의 우선 선호 순위는 2, 6, 1, 3, 4, 5로 산정된다.
- ELECTRE 방법을 시스템 다이내믹스 기반의 모델로 구하는 이유는 ELECTRE 방법은 다른 AHP, MAUT, PROMETHEE 등과 마찬가지로, 판단 또는 평가 기준(Criteria)에 어떤 가중치(Weight)를 부여하는가에 따라 그 의사결정 결과는 달라진다.
- 이를 위하여 Weight를 Stock 변수(Level 변수)로 하여 종속적으로 시스템에서 체계적인 시뮬레이션을 거쳐서 결정되도록 하는 방식을 취하는 것이다. 이렇게 하면 주관적인 직관으로 가중치 값을 입력하는 것에 대한 대안이 될 수 있다.
- 그리고 모델을 확대 적용하면 대안별 각 규준(criteria)에 대한 입력값 테이블[9]도 시뮬레이션 모델을 통하여 자동 산정되도록 할 수도 있다.

9) CR and ALT_대안별 범주 점수.

(4) 모델 수식 정의

ELECTRE 모델의 수식 정의

Name	Definition
CR and ALT_대안별 범주 점수	FOR (1..9, 1..6 | RANDOM (0, 1))
조화행렬_Concordance_Matrix	FOR (j=ALT6, k=ALT6| ARRSUM(IF('CR and ALT_대안별 범주 점수'[*, j]> 'CR and ALT_대안별 범주 점수'[*, k], 1, 0)*'범주에 대한 가중치_Weight'))
Sum Column	FOR(i=ALT6|ARRSUM(조화행렬_Concordance_Matrix[i, *]))
순위 Ranks	SORTINDEX(SORTINDEX('Sum Column', FALSE))
Criteria Weights	{ 0.2, 0.1, 0.1 , 0.1, 0.2, 0.3}
범주에 대한 가중치_Weight	{0.1, 0.2, 0.1, 0.2, 0.05, 0.1, 0.15, 0.05, 0.05}

16.5 저축금액 최적화 모델링

16.5.1 모델링 예제

시뮬레이션 시작부터 종료까지의 경제활동 허용기간 동안(수명 기간)에 이자율과 출금액을 고려하여 종료 시점에 목표로 하는 금액을 획득하기 위하여 얼마를 입금해야 할까?

16.5.2 인과지도 작성

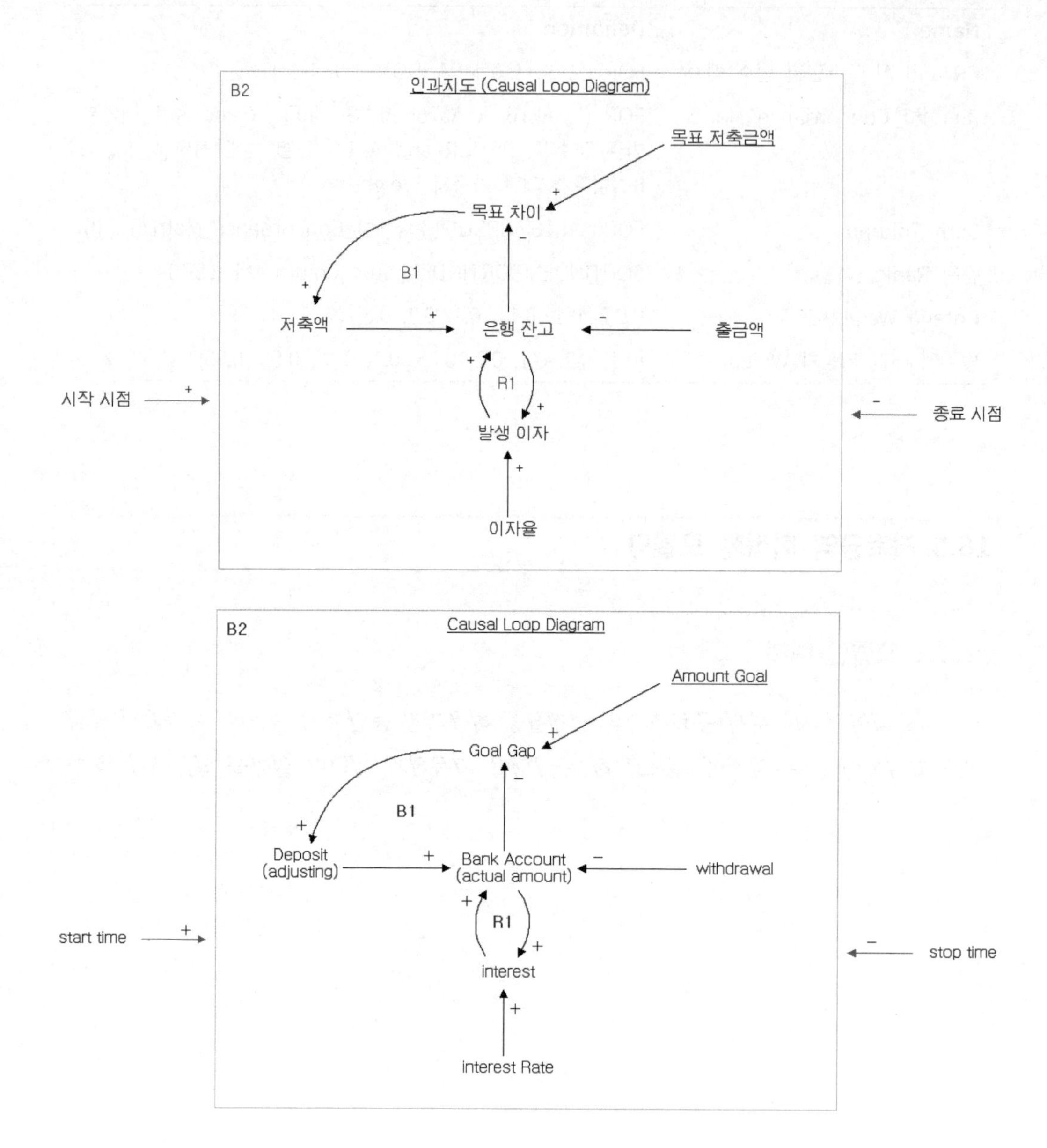

B2
인과지도 (Causal Loop Diagram)
목표 저축금액
목표 차이
B1
저축액
은행 잔고
출금액
R1
발생 이자
이자율
시작 시점
종료 시점
B2
Causal Loop Diagram
Amount Goal
Goal Gap
B1
Deposit (adjusting)
Bank Account (actual amount)
withdrawal
R1
interest
interest Rate
start time
stop time

16.5.3 환경설정

(1) 프로젝트 환경설정

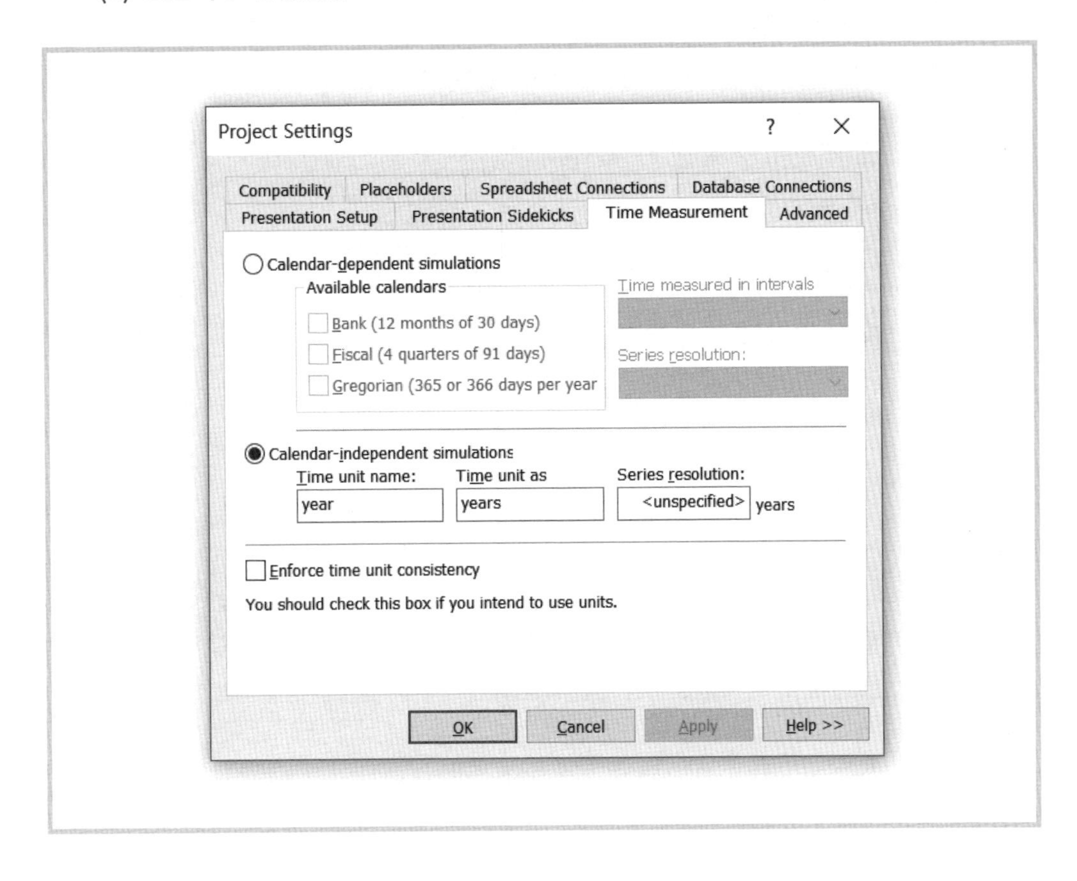

(2) 시뮬레이션 환경설정

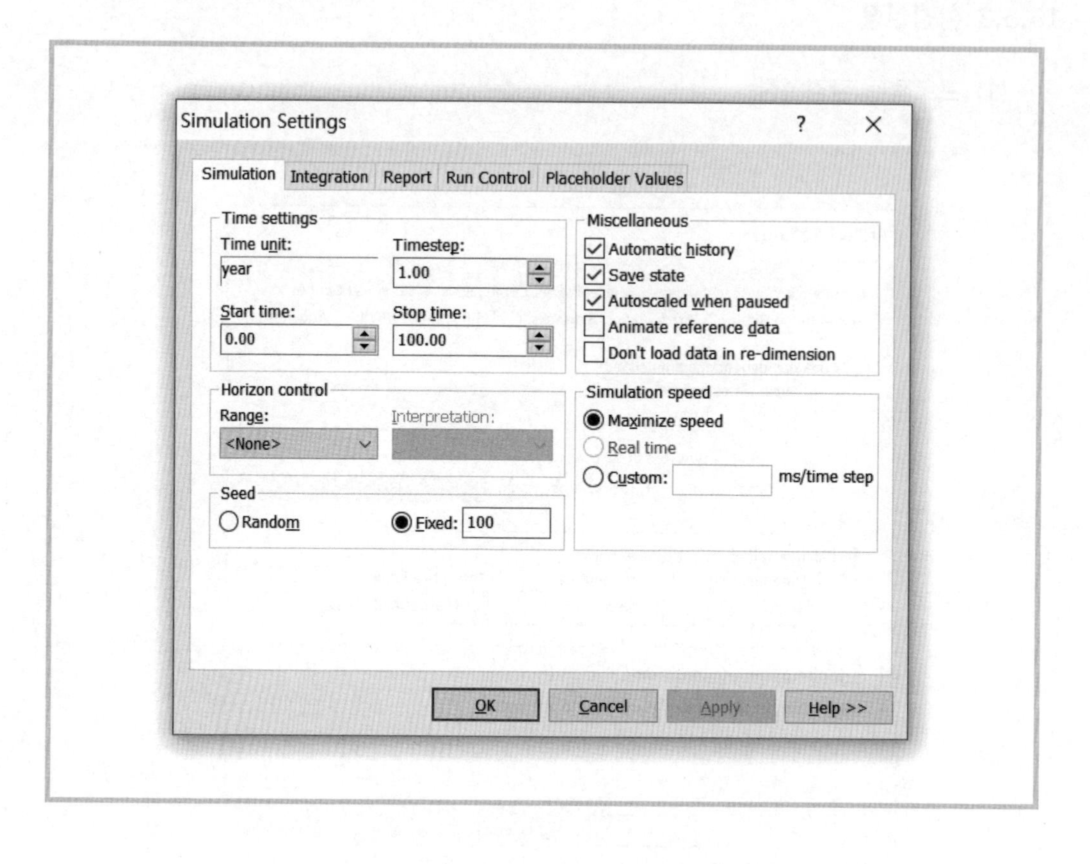
Simulation Settings
?
Simulation
Integration
Report
Run Control
Placeholder Values
Time settings
Time unit:
year
Timestep:
1.00
Start time:
0.00
Stop time:
100.00
Miscellaneous
Automatic history
Save state
Autoscaled when paused
Animate reference data
Don't load data in re-dimension
Horizon control
Range:
<None>
Interpretation:
Simulation speed
Maximize speed
Real time
Custom:
ms/time step
Seed
Random
Fixed:
100
OK
Cancel
Apply
Help >>

16.5.4 변수 설정하기

(1) Creating a Stock variable

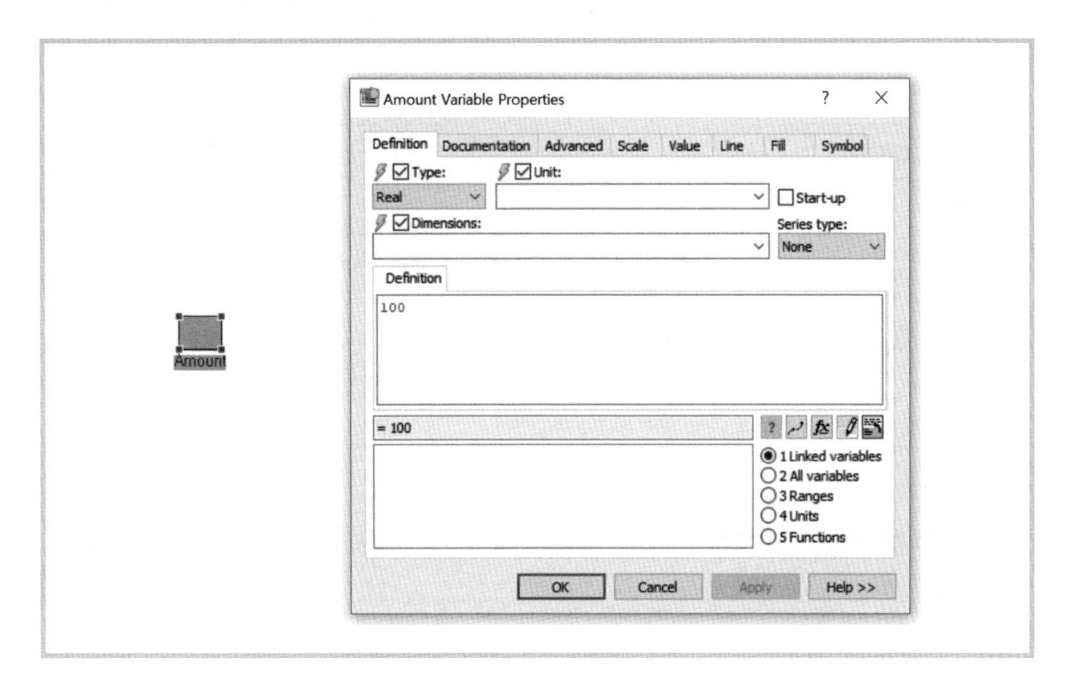

(2) Creating a Flow variable

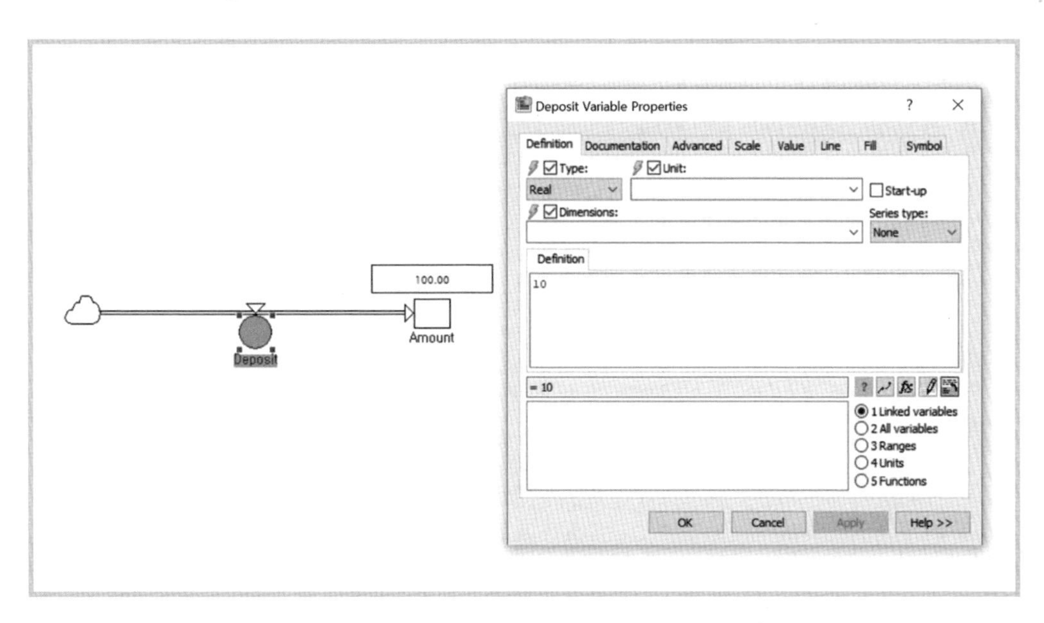

(3) Creating a Constant variable

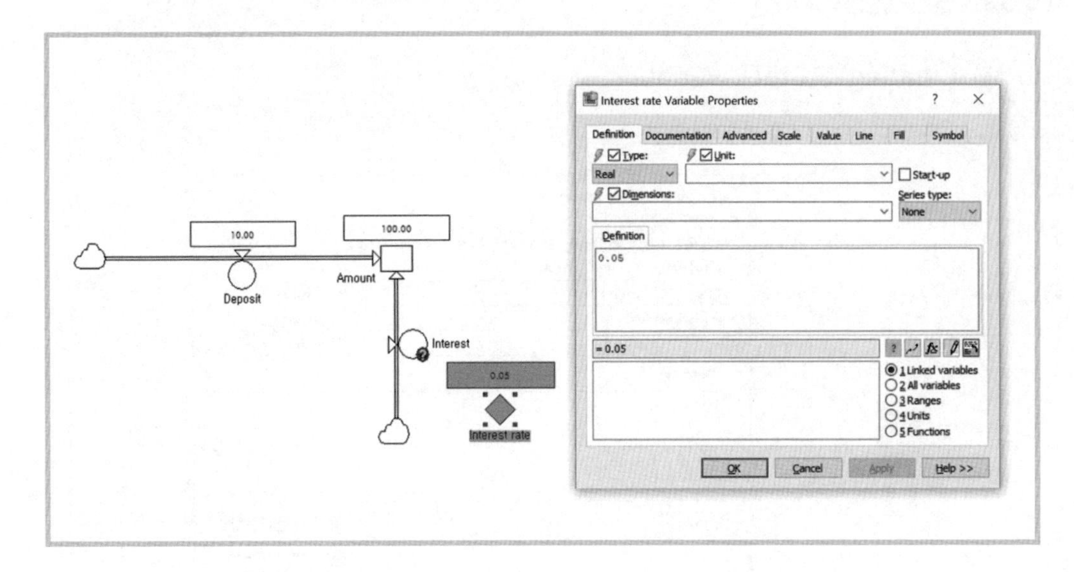

(4) Connecting Variables with Links and Variable definition

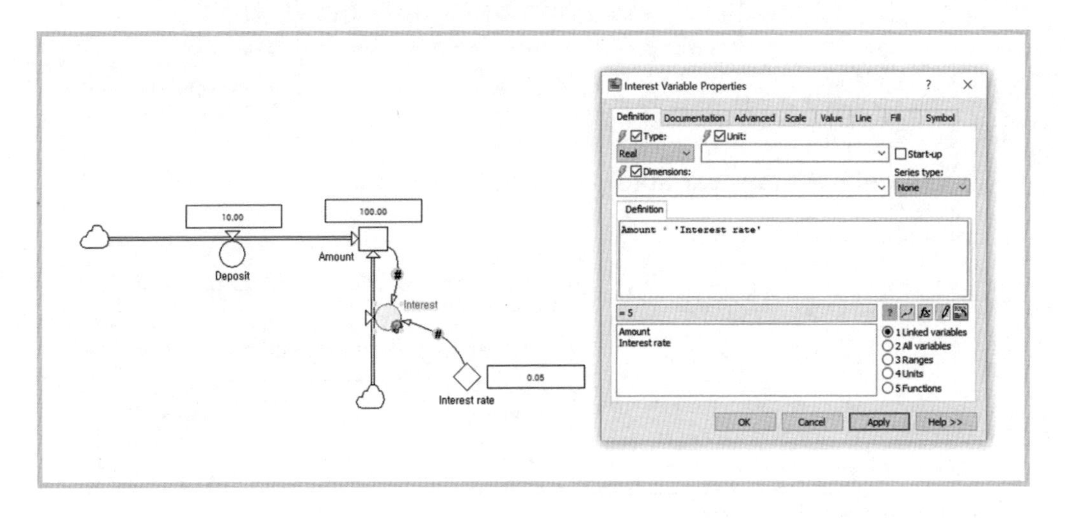

(5) Slider bar for Input and Output

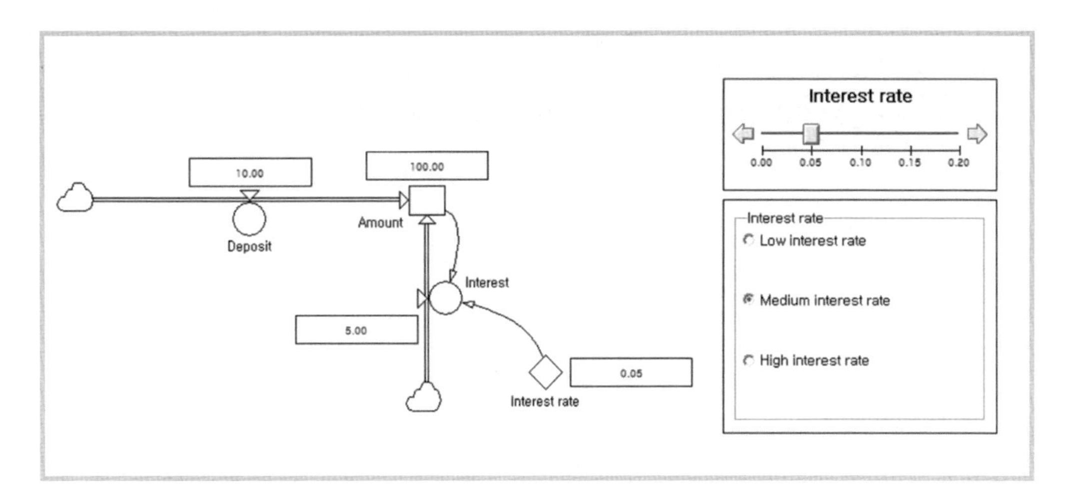

(6) Time Graph, Time Table for Output

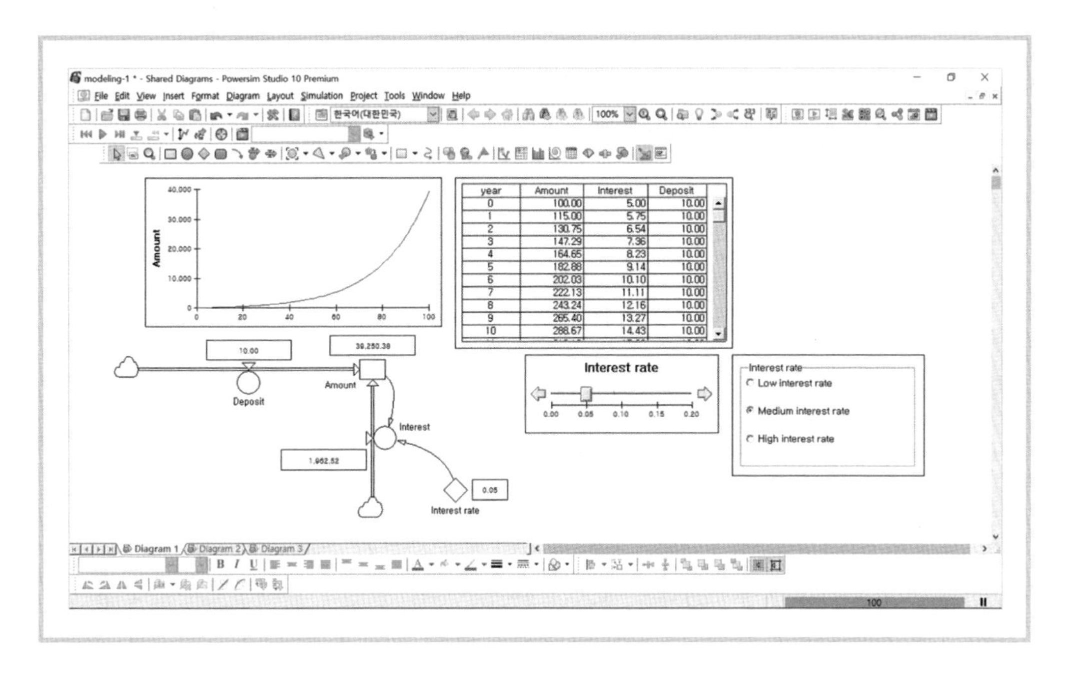

year	Amount	Interest	Deposit
0	100.00	5.00	10.00
1	115.00	5.75	10.00
2	130.75	6.54	10.00
3	147.29	7.36	10.00
4	164.65	8.23	10.00
5	182.88	9.14	10.00
6	202.03	10.10	10.00
7	222.13	11.11	10.00
8	243.24	12.16	10.00
9	265.40	13.27	10.00
10	288.67	14.43	10.00

(7) Desired deposit(목표 금액)

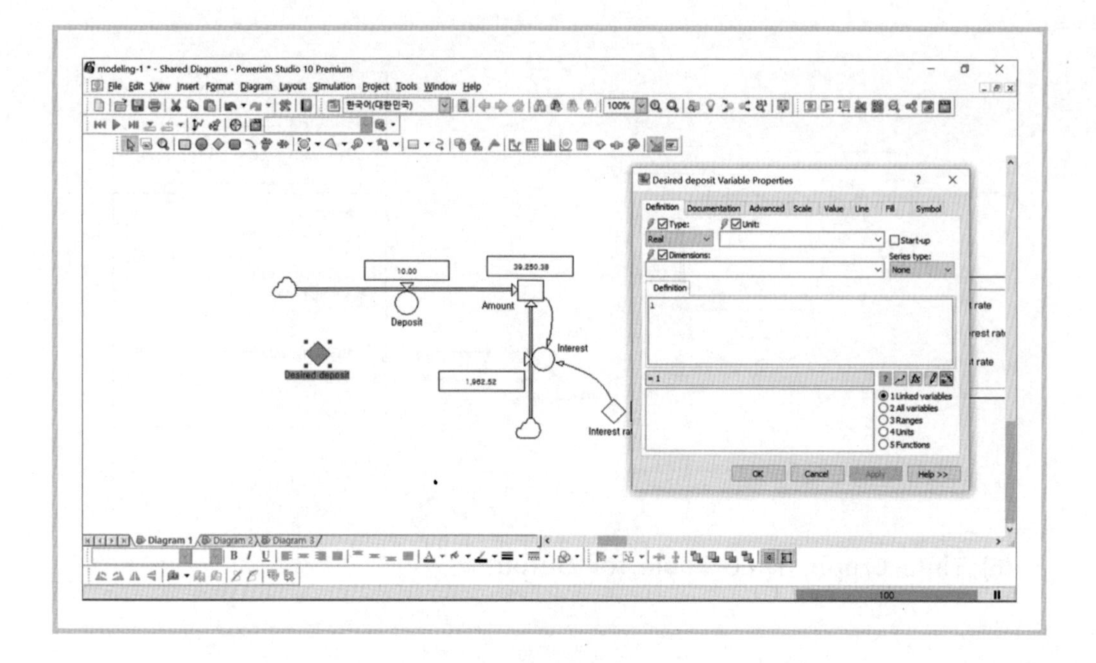

(8) Table Control for Input and Output

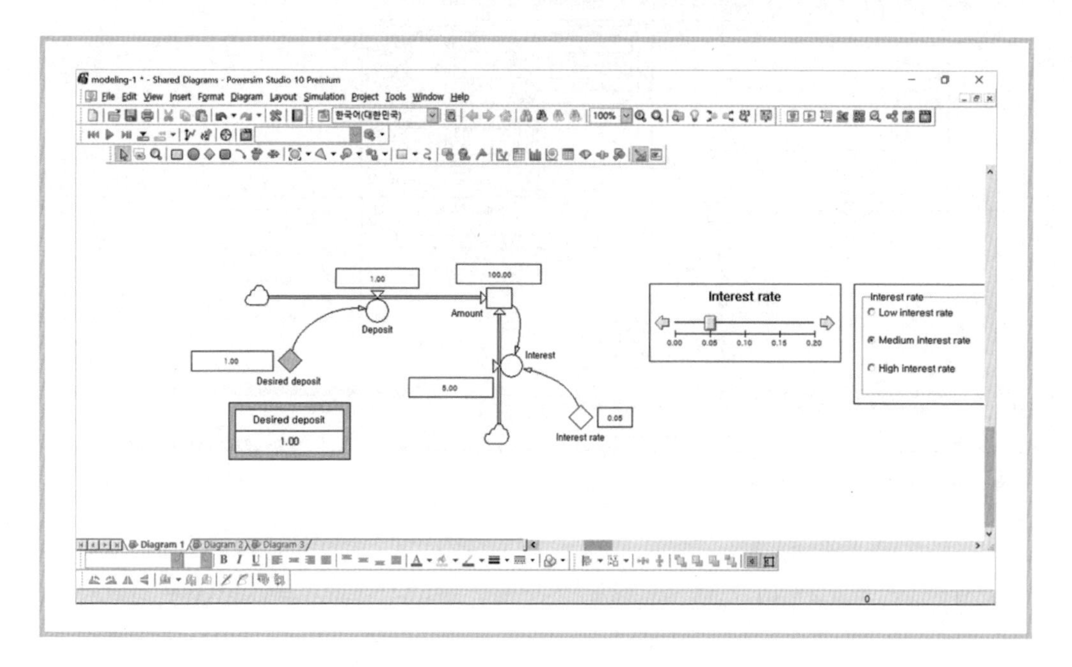

(9) Setting the Goal Amount

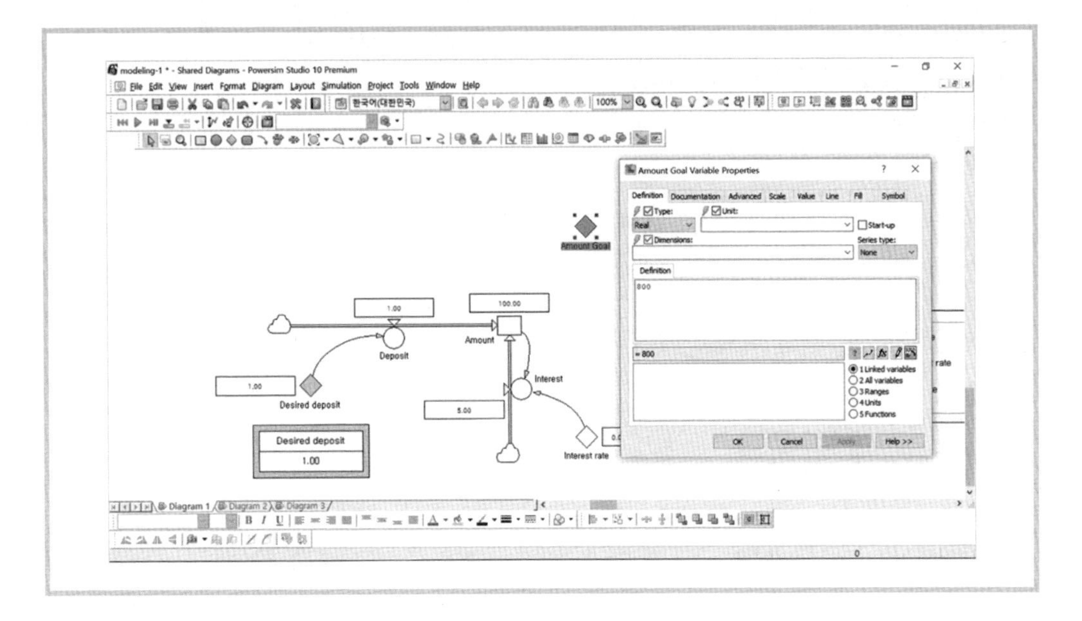

(10) Defining the Difference Variable

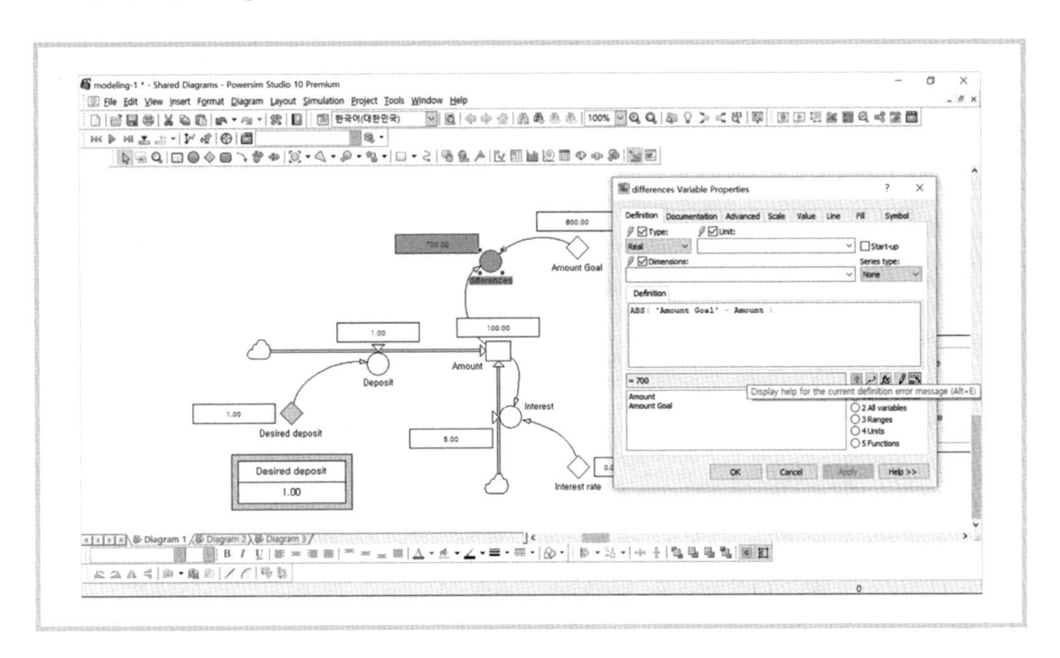

differences = ABS('Amount Goal'− Amount)

차이

(11) Difference between Actual amount and Goal amount

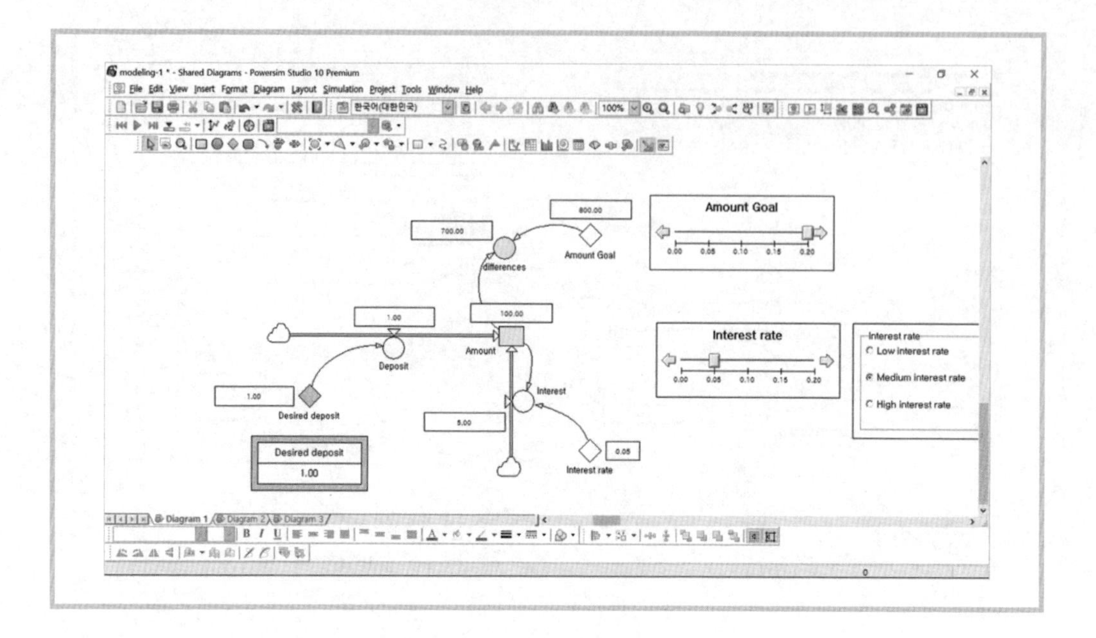

(12) Minimizing the differences variable achieving the Goal amount

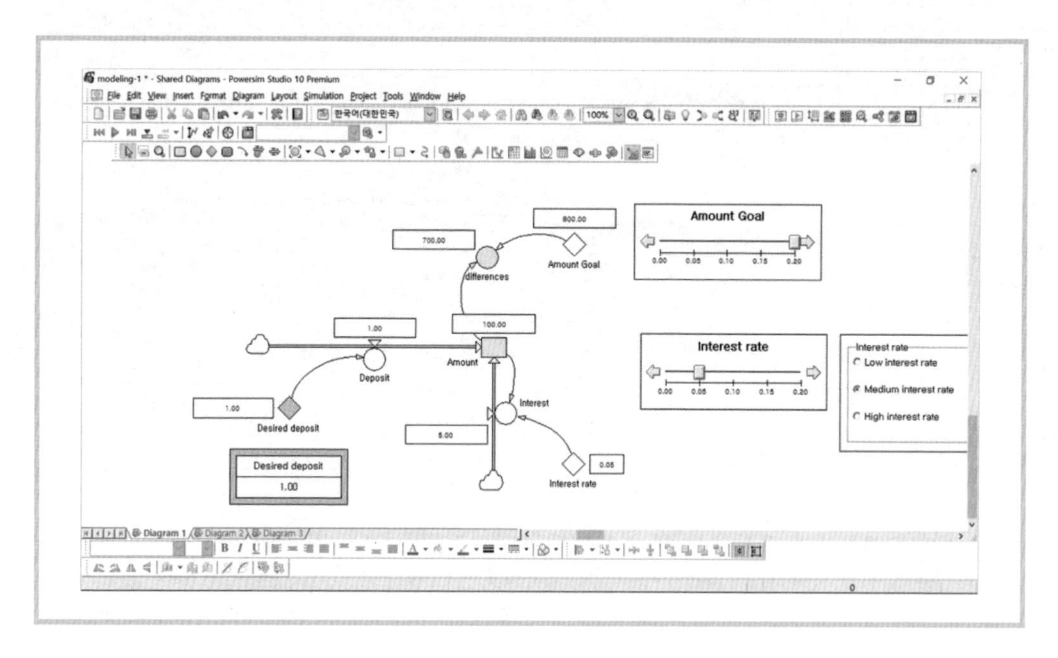

16.5.5 분석(Analysis) 단계

Optimization: (1) Assumption (2) Decisions (3) Objectives (4) Model is Constraints

(1) Setting the Objectives

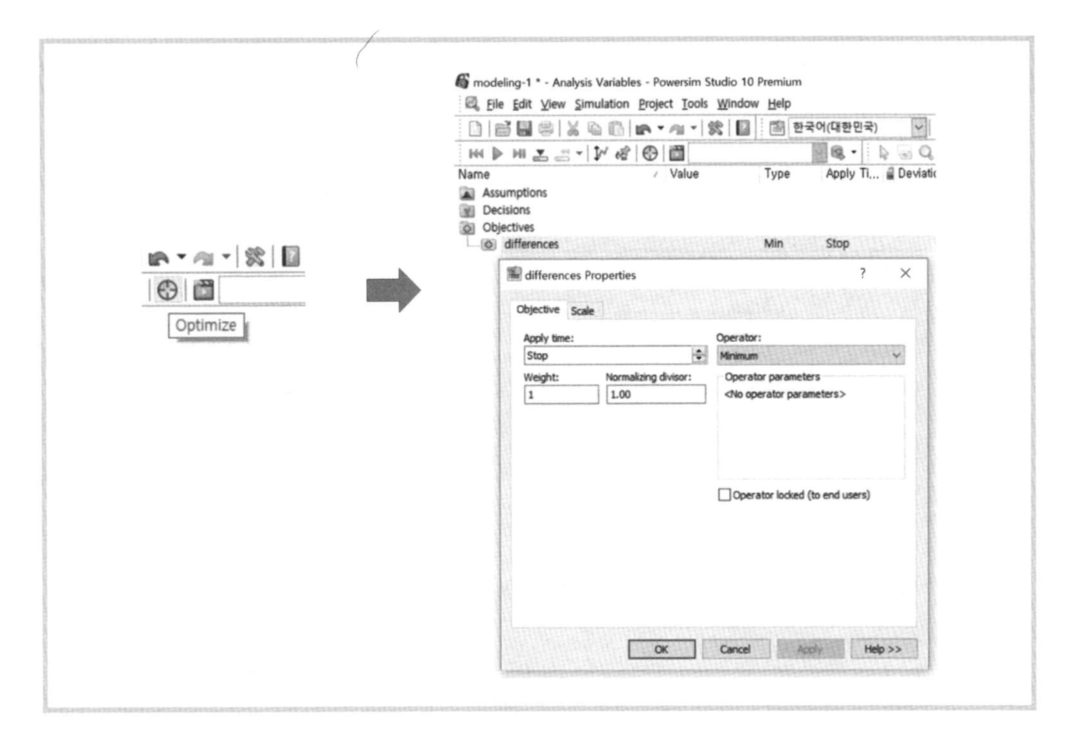

Optimizing the desired Deposit to minimize the difference variable: Decision variable

(2) Setting the Decisions

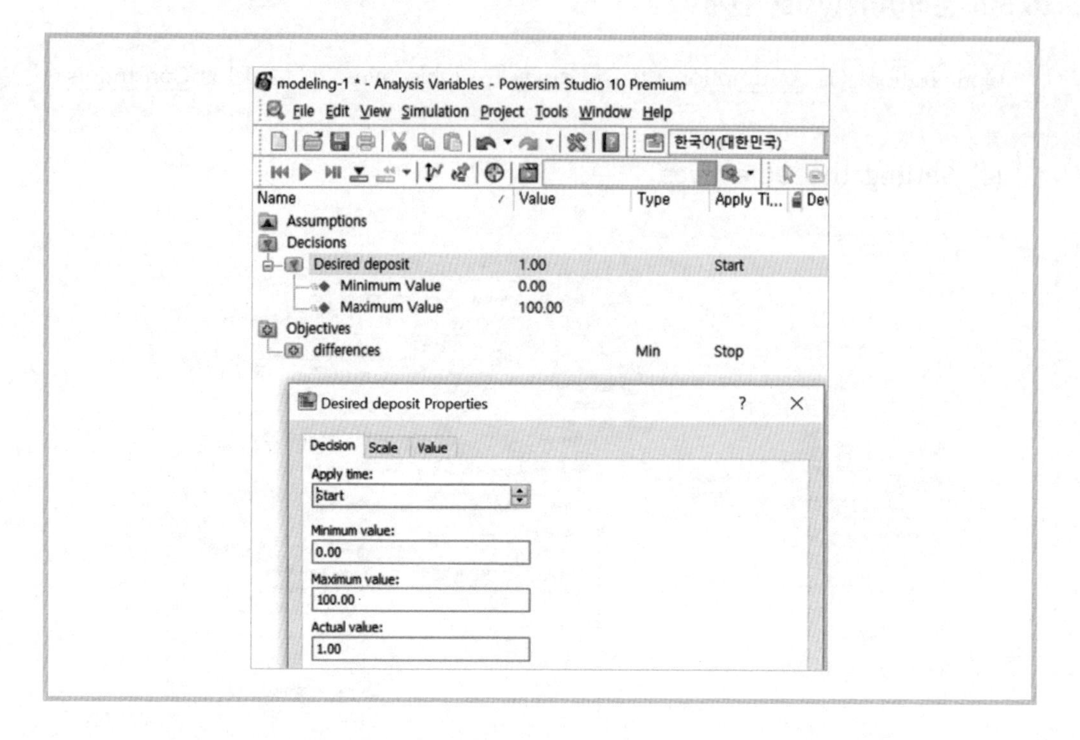

If we want to get 20,000 in the end, how much we have to deposit in each time period?

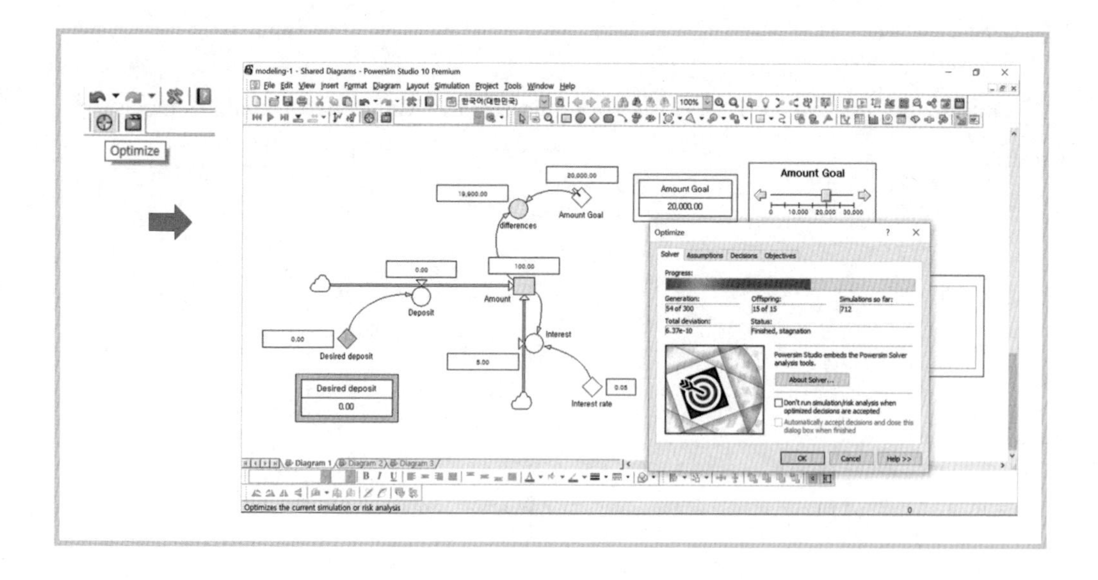

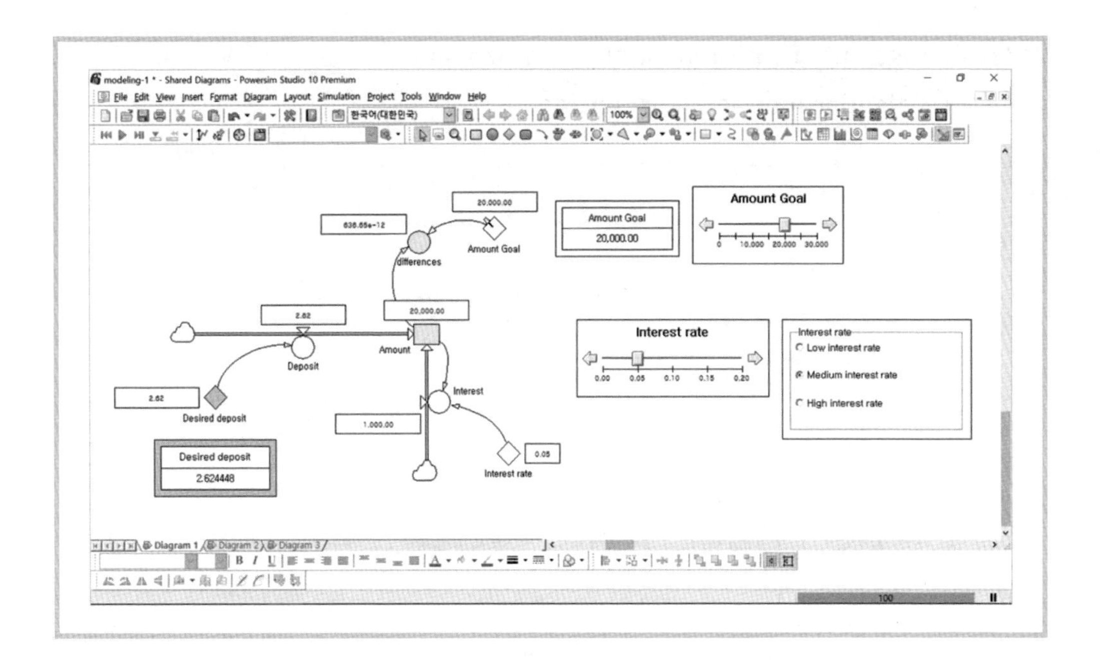

Desired deposit = 2.624448

(3) Change the Time unit name as you want
→ Calendar-Independent setting

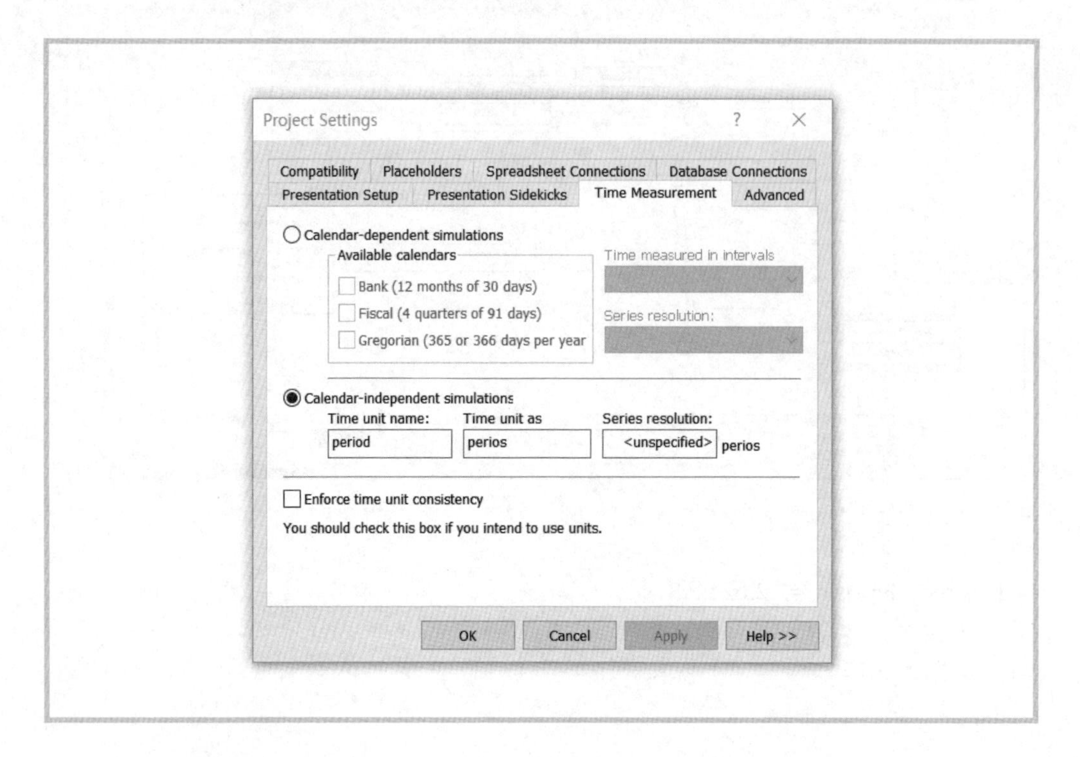

시뮬레이션 환경설정

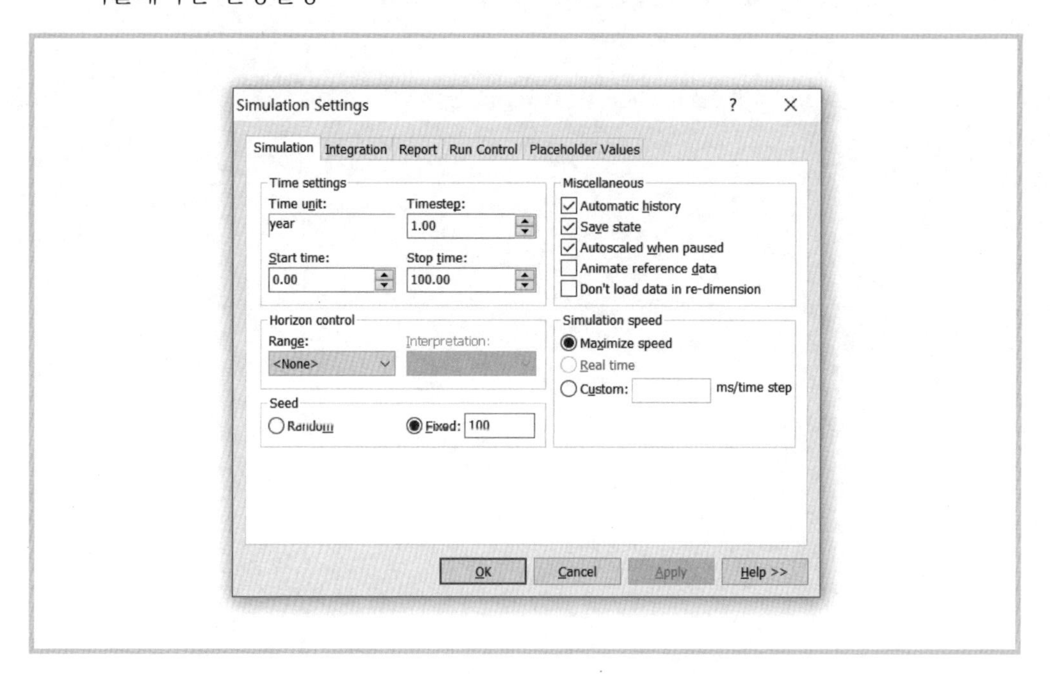

(4) Setting the time range by Start_time and Stop_time in the diagram.

• 시뮬레이션 기간, 즉 저축할 수 있는 수명(근로) 기간을 0부터 100까지 기간일 때

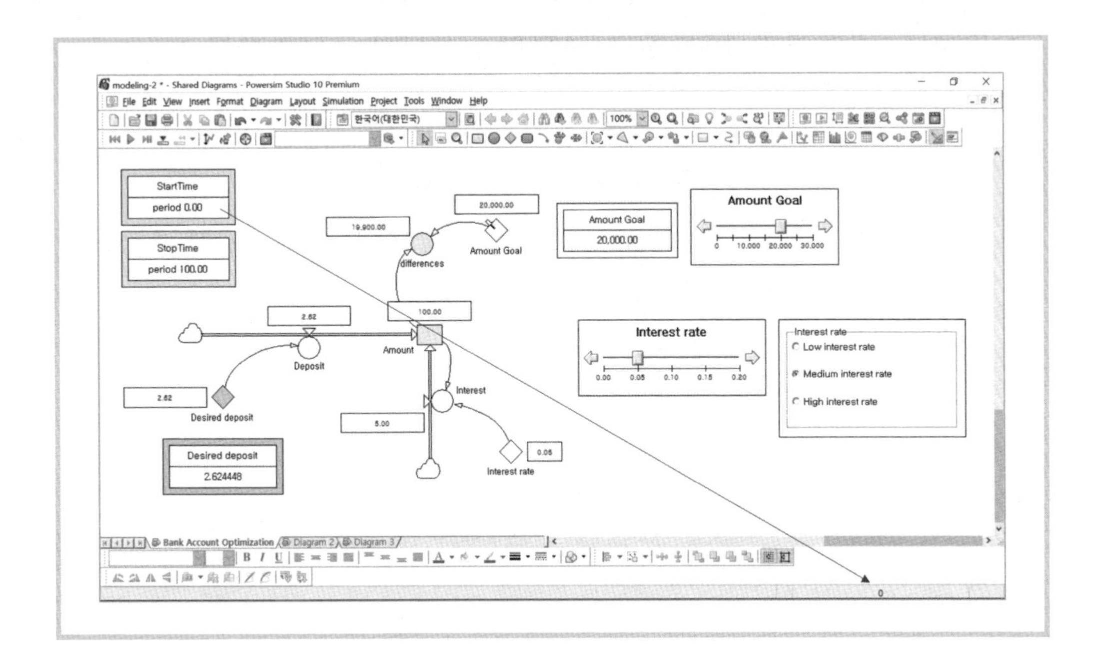

• 시뮬레이션 기간, 즉 저축할 수 있는 수명(근로) 기간을 10부터 50까지 기간일 때

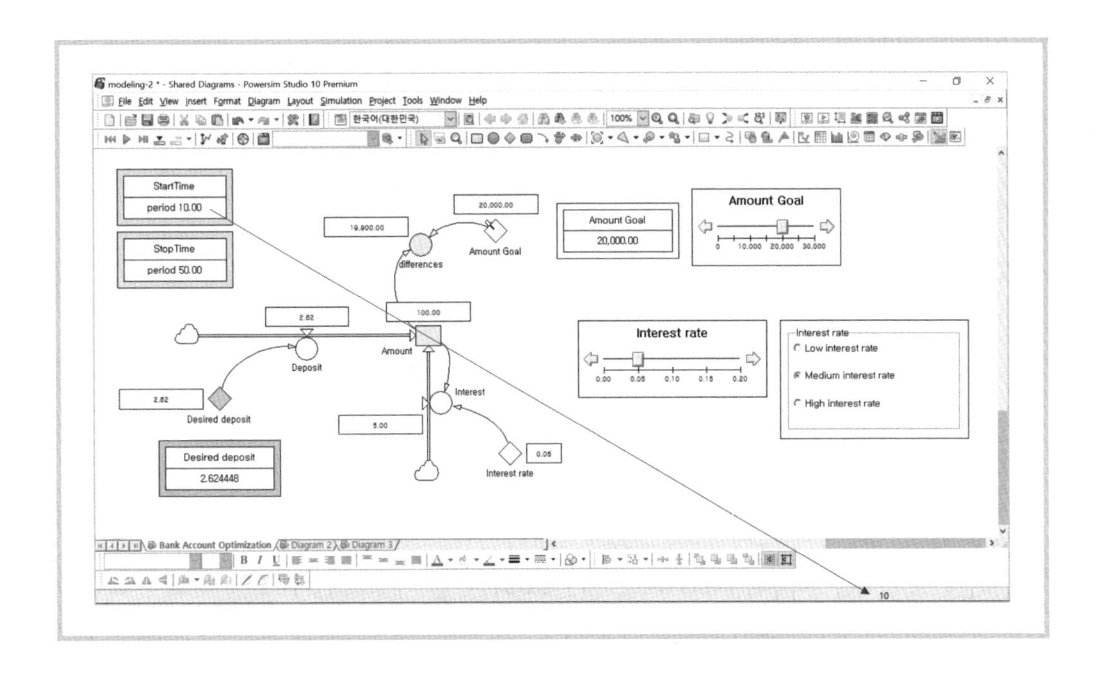

시뮬레이션 컨트롤(Simulation Control) 설정하는 방법

- 테이블 컨트롤(Table Control)을 누르고, 주변 둘레를 더블 클릭하여 속성(Properties)창을 열고 아래와 같이 Starttime과 Stoptime을 선택한다.

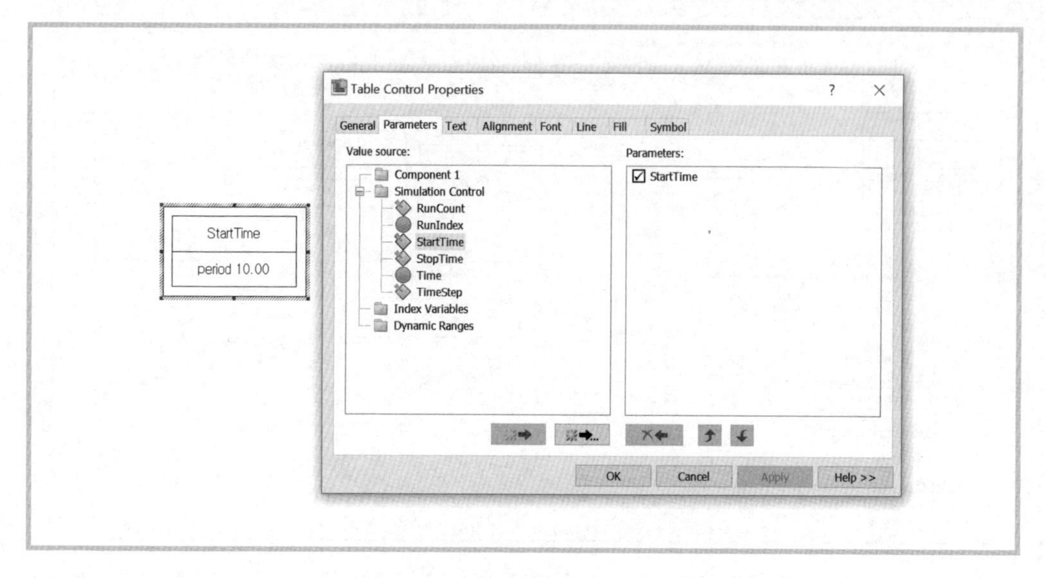

(5) Setting the time range by Start_time and Stop_time

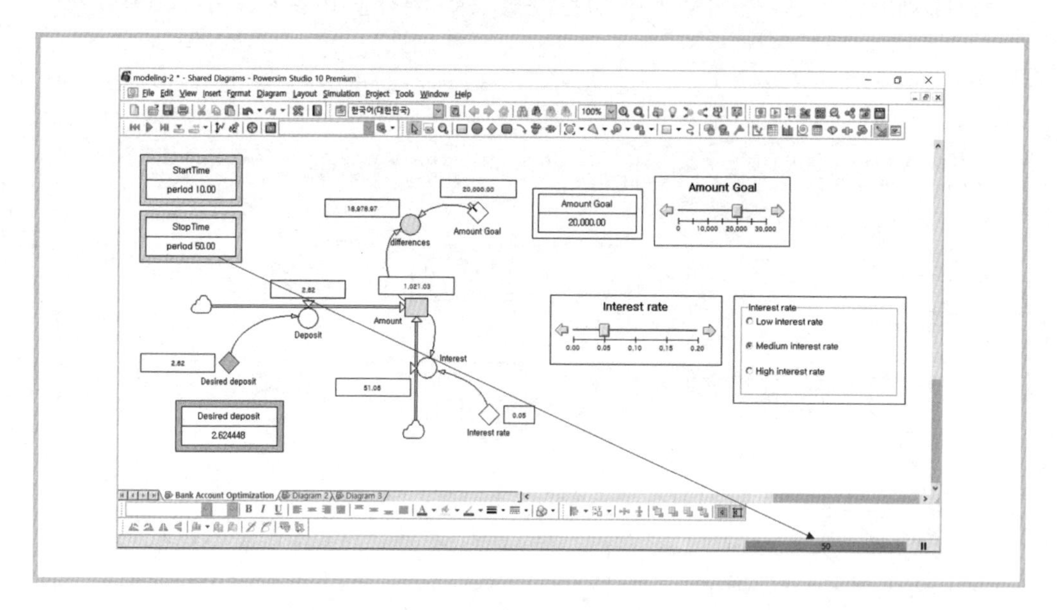

- 현재 요구되는 저축액(Desired deposit) 2.624448을 저축하면 Time=50에서 획득할 수 있는 금액은 1,021이다.

(6) Optimization Setting & Optimizing

- 최적화 변수 설정은 이전과 같다.
- 여기서 가용한 저축금액은 최소 0에서 최대 100이다.

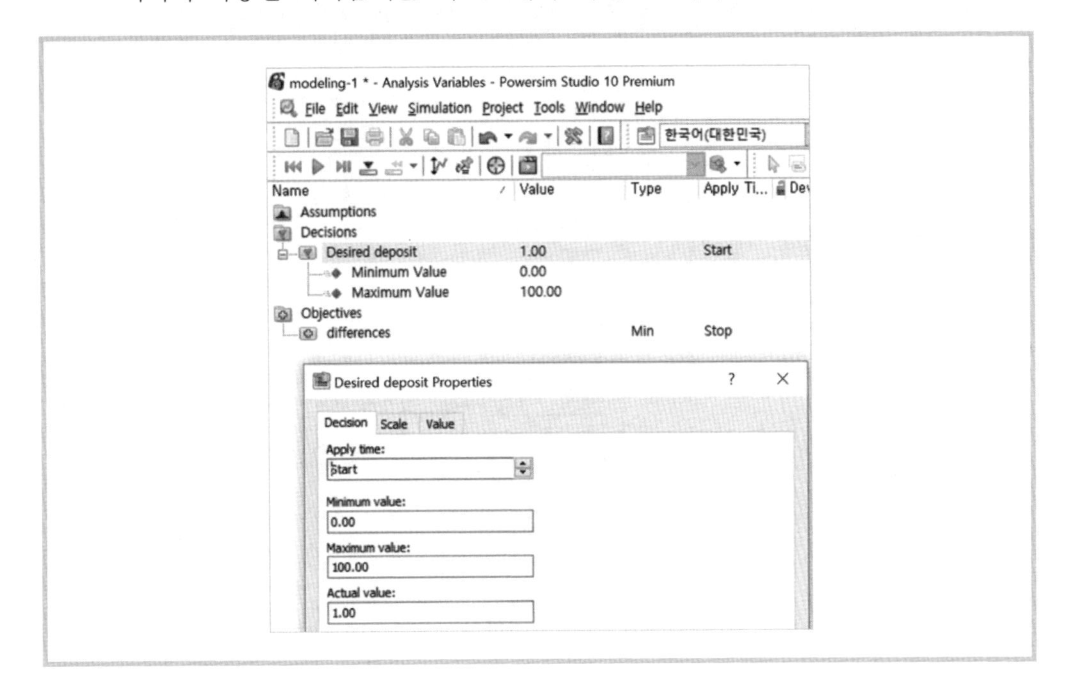

- 따라서 새로운 Desired Deposit을 탐색하기 위하여 최적화(Optimization)를 실시한다.

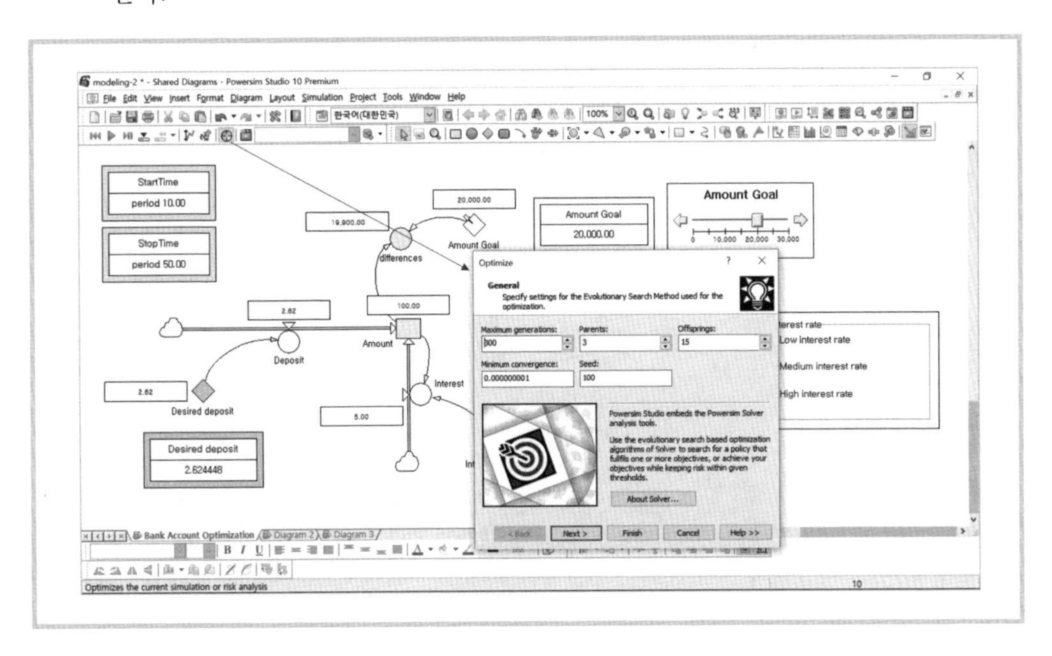

(7) Optimization Process

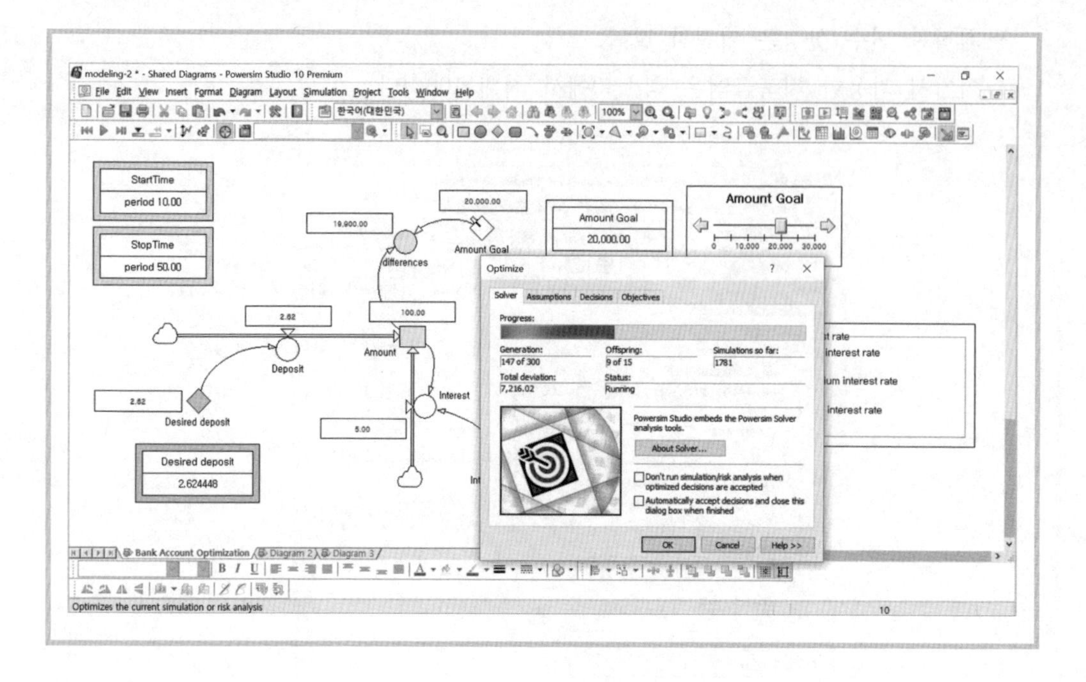

(8) To achieve the Goal, 'Desired deposit' should be increased

- 최대 저축금액 100을 적용하더라도 최종 기간에 획득 가능한 금액은 12,783이 된다.

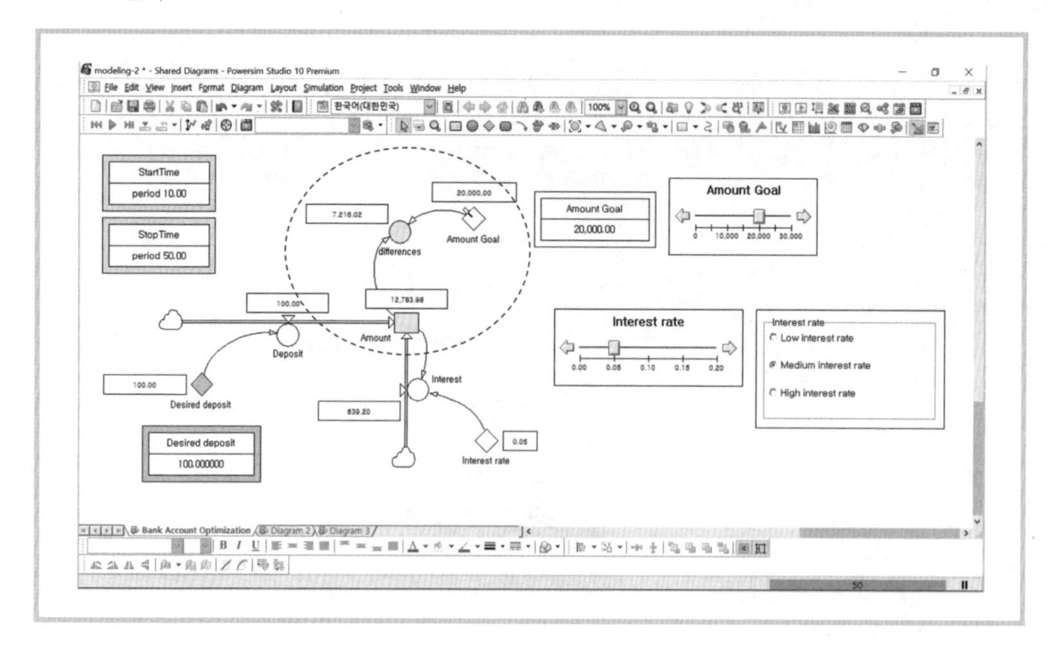

(9) The limit of ‘Desired deposit’ should be extended.

• 저축 가능 금액을 0에서 최대 800으로 증가해서 최적화를 다시 실시해 보자.

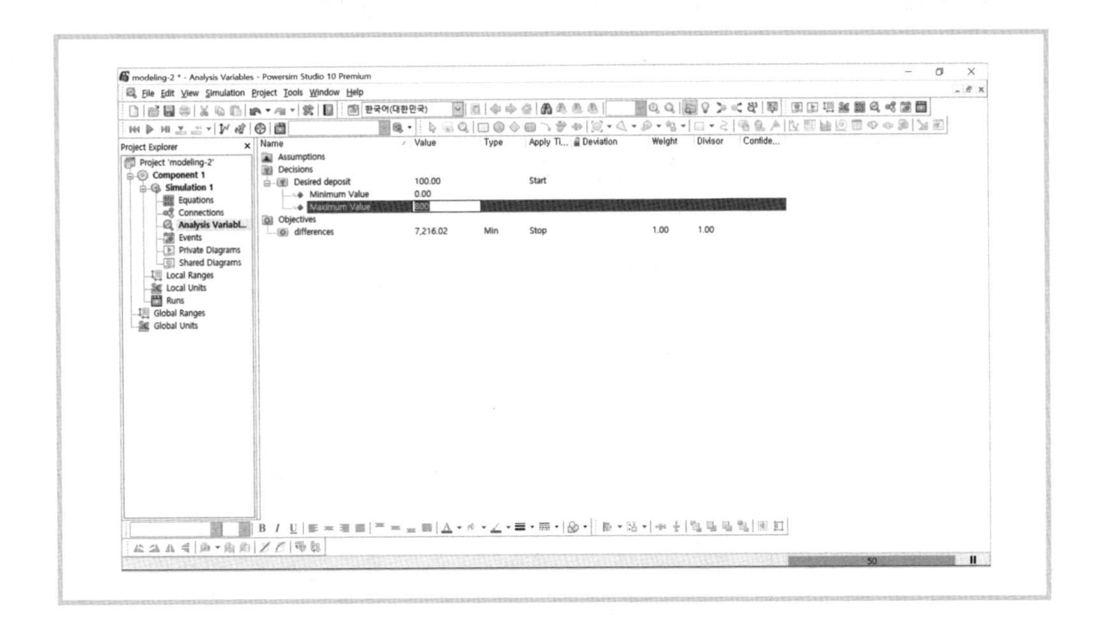

(10) The new Desired deposit is searched by the Optimizer. [Periods over 10~50]

• 목표금액 20,000을 위한 필요한 저축액(Desired deposit)이 159.735407이다.

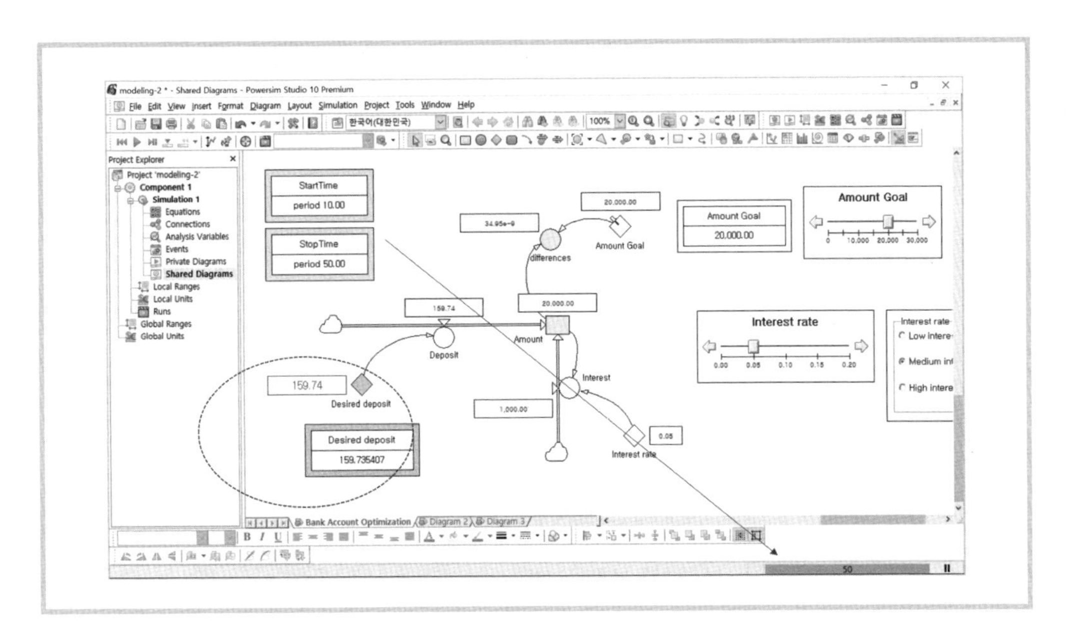

(11) The new Desired deposit is searched by the Optimizer. [Periods 0~60]

• 만약 새로운 수명(근로) 기간을 0부터 60까지 일 때 필요한 저축금액은?

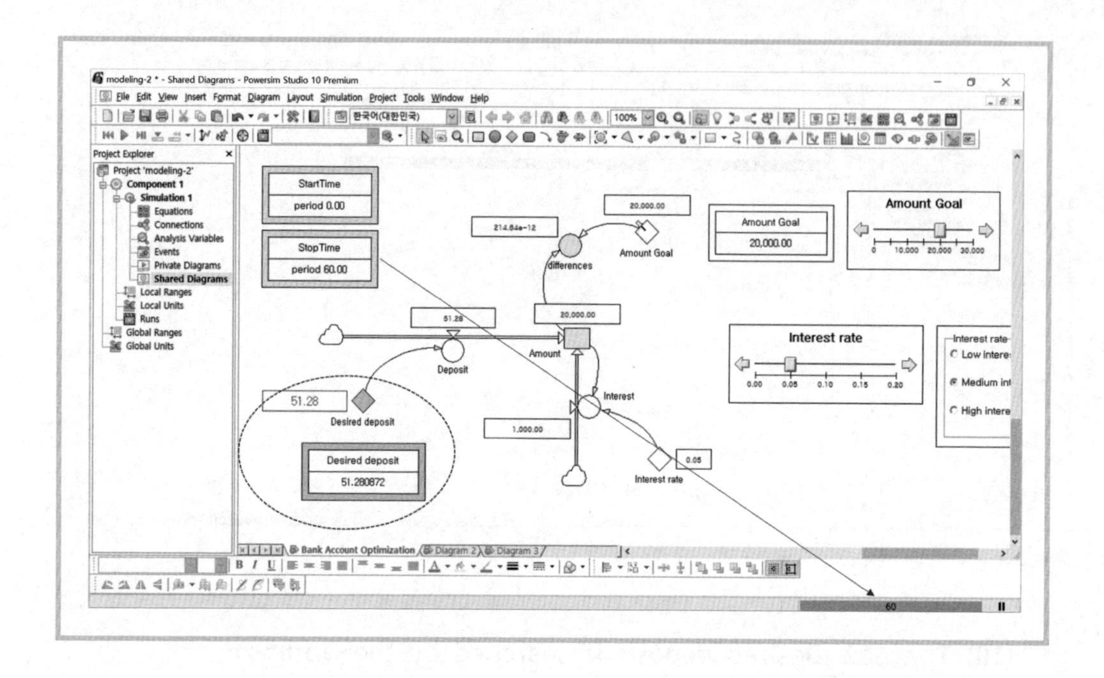

(12) Applying new variable: 'Every period Withdrawal'

• 이번에는 매 기간 인출금액 1을 적용하여 보자.

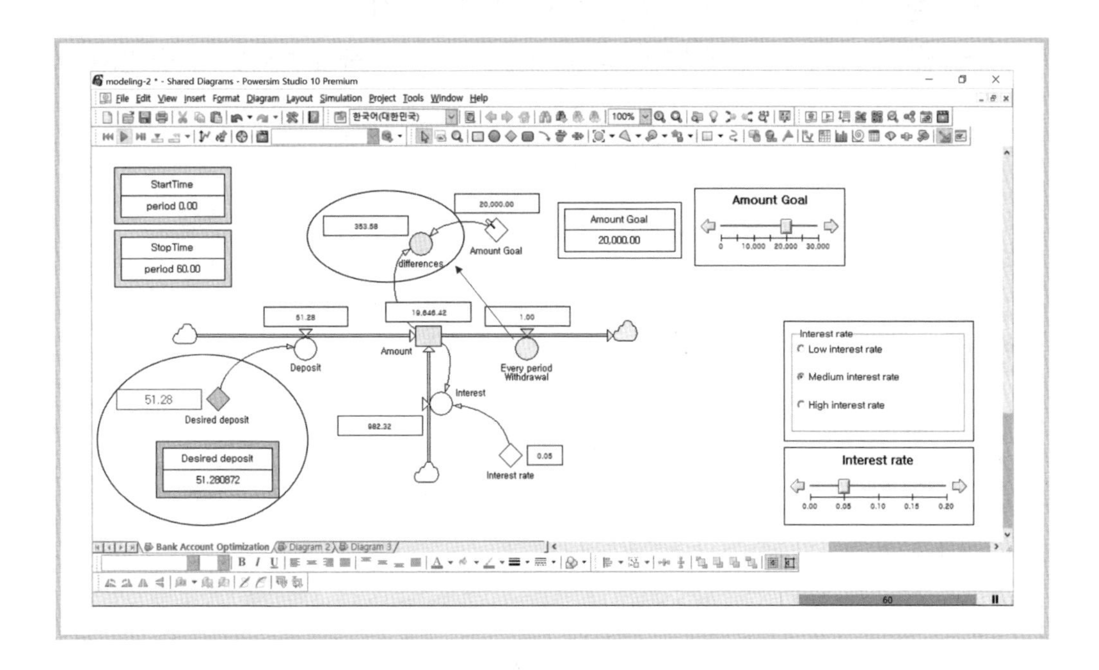

Differences = (Amount Goal − Amount)

(13) Withdrawal influences the Amount, differences, interest and Desired deposit

- 매 기간 1씩 인출(withdrawal)하면 최적화 상태가 깨어진다.
- 따라서 최적화를 다시 실행하면 그 결과는 52.28을 저축해야 함을 알 수 있다.

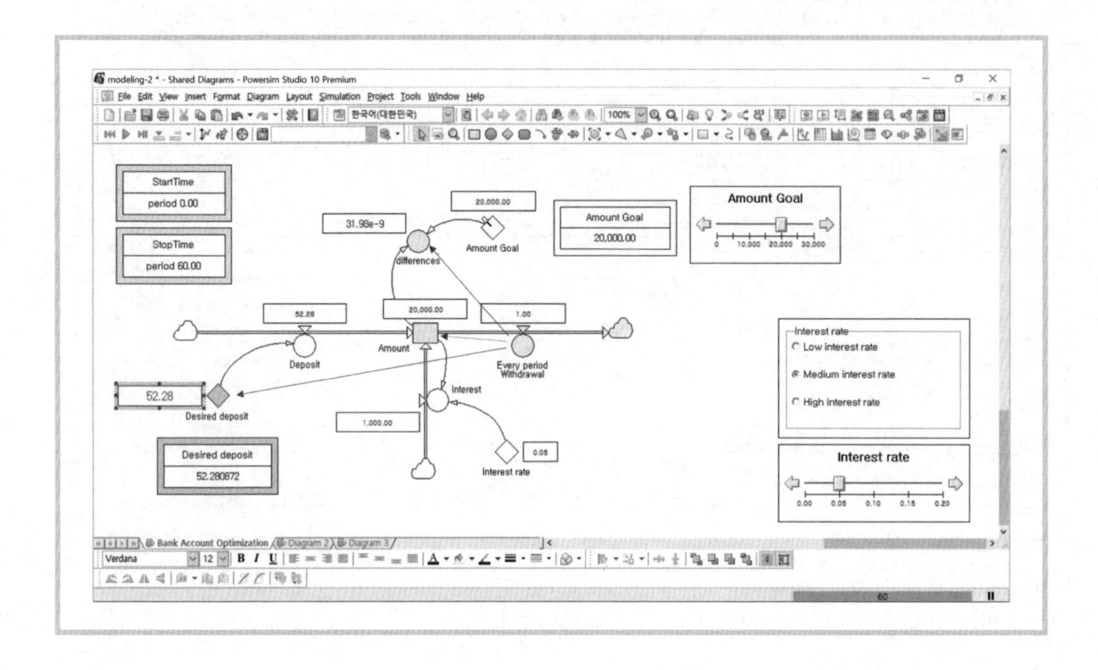

즉 매 기간 출금액이 1 증가하였기 때문에, 입금액이 51.28에서 52.28로 변경되었다.

(14) Applying New Interest Rate as 2%

• 은행 적금 이자율을 적용하여 보자.

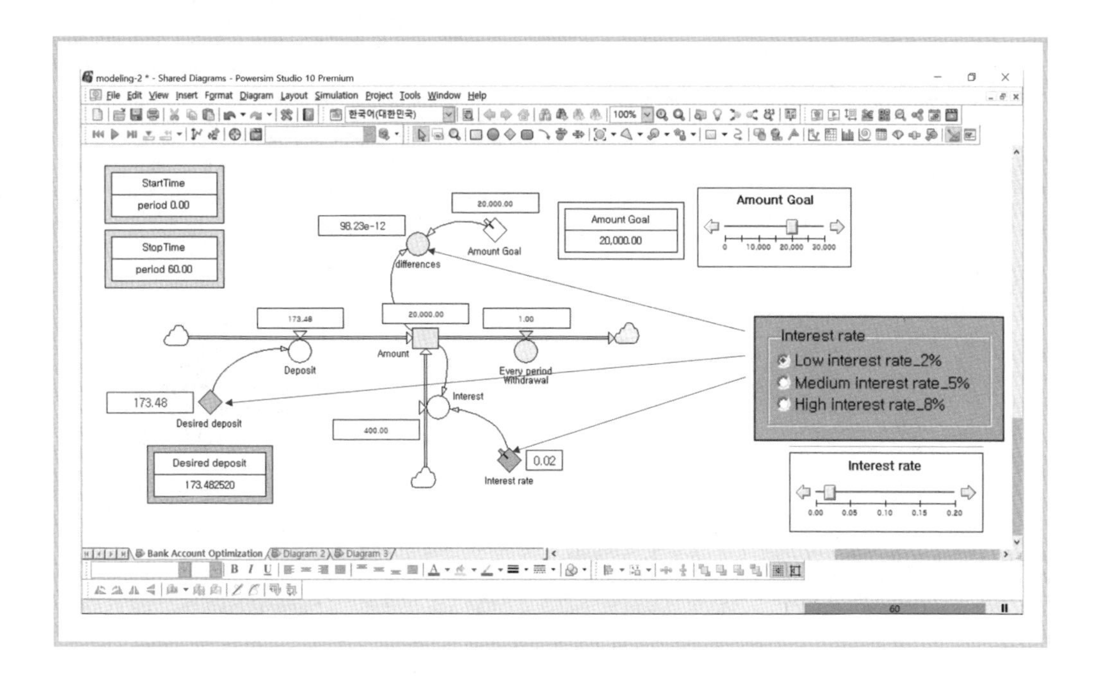

• 새로운 이자율을 적용하고 최적화 아이콘을 눌러서 최적화를 실행하면 새로운 최적해(optimal solution) 도출이 이루어진다.

(15) Applying New Interest Rate as 8%

- 이자율이 8%일 때 필요한 저축액 산정

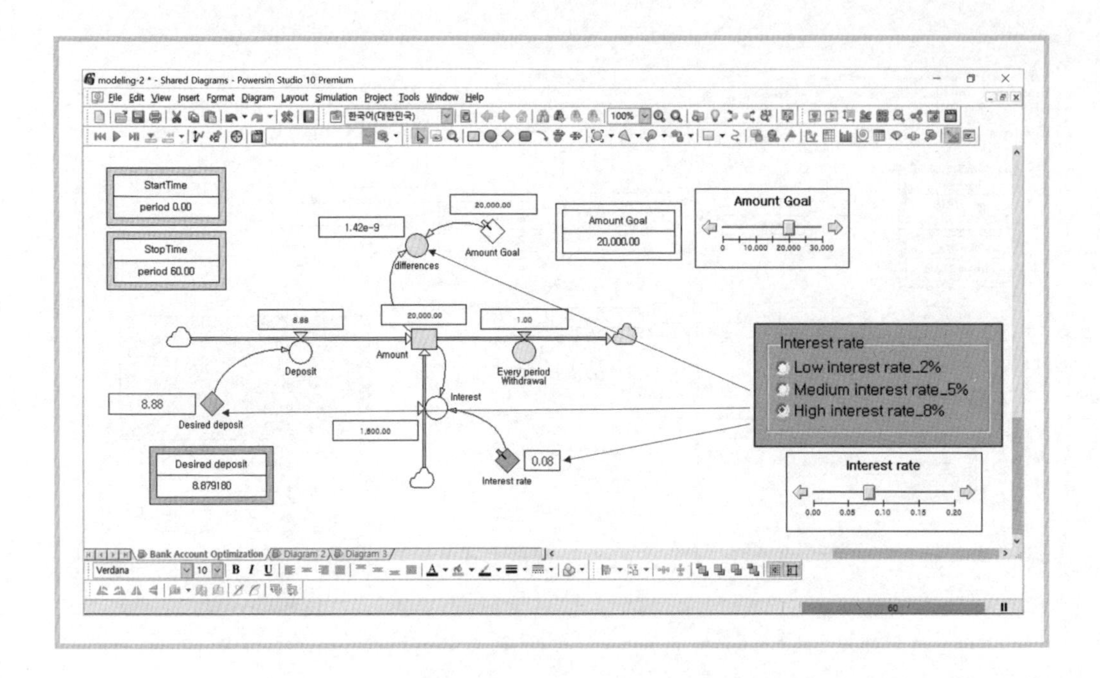

(16) 입금액(저축액) 최적화(Optimizing Deposit amount) 과정

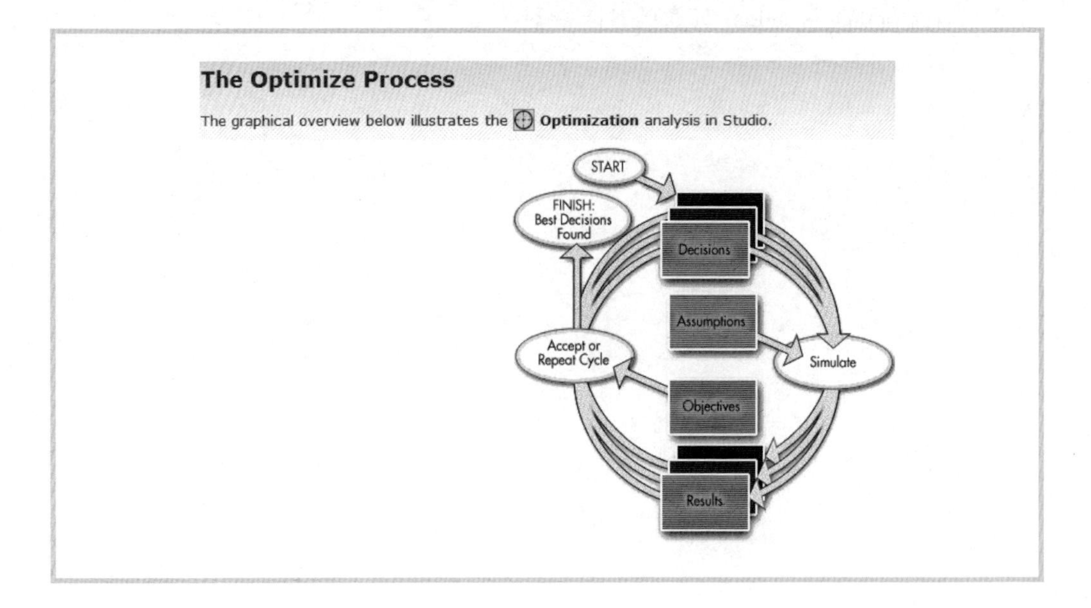

16.5.6 목적 지향적 시뮬레이션(Goal Seeking Simulation)

목적 지향적 최적화 시뮬레이션의 형태는 다음과 같다.

아래 최적화는 의사결정 변수(Decisions)의 값의 상한과 하한을 주고, 그 사이에 있는 값들 가운데에서 목적변수(Objectives), 즉 차이(differences)를 최소화하는 의사결정 값을 탐색하는 것이다.

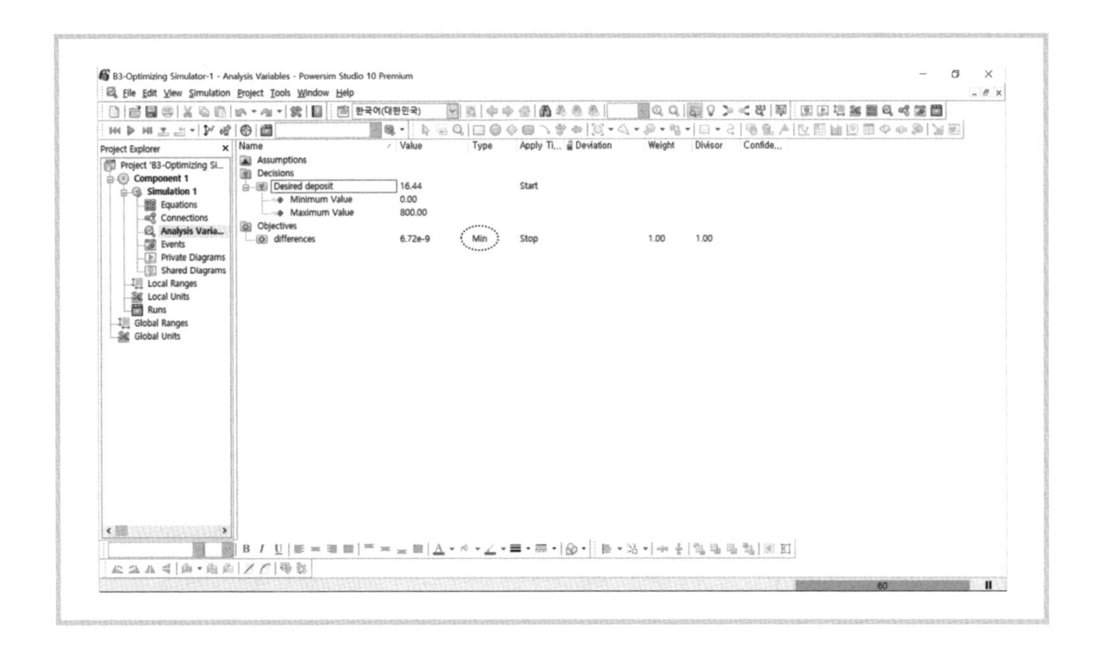

(1) 시뮬레이터(Simulator) 작성

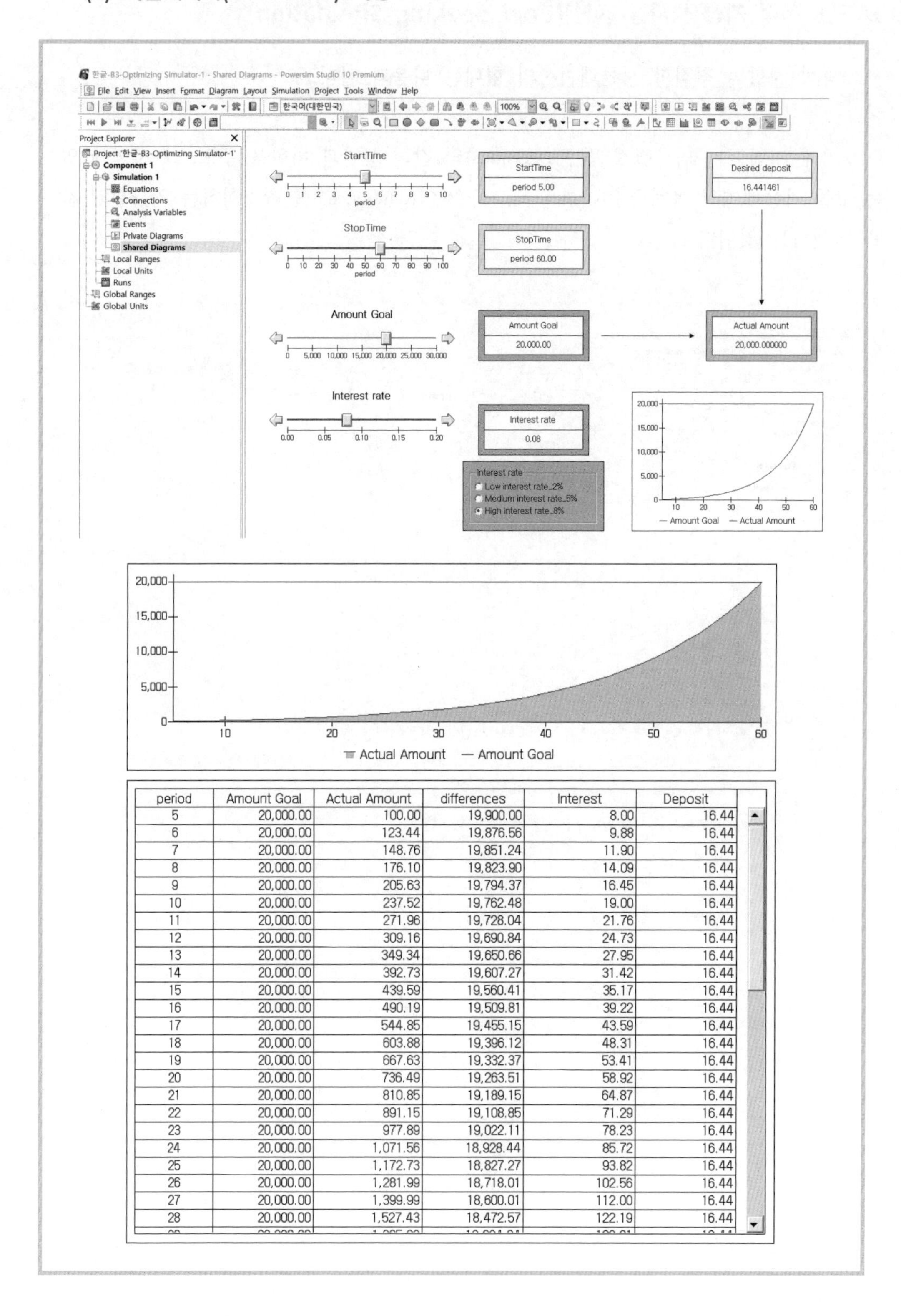

period	Amount Goal	Actual Amount	differences	Interest	Deposit
5	20,000.00	100.00	19,900.00	8.00	16.44
6	20,000.00	123.44	19,876.56	9.88	16.44
7	20,000.00	148.76	19,851.24	11.90	16.44
8	20,000.00	176.10	19,823.90	14.09	16.44
9	20,000.00	205.63	19,794.37	16.45	16.44
10	20,000.00	237.52	19,762.48	19.00	16.44
11	20,000.00	271.96	19,728.04	21.76	16.44
12	20,000.00	309.16	19,690.84	24.73	16.44
13	20,000.00	349.34	19,650.66	27.95	16.44
14	20,000.00	392.73	19,607.27	31.42	16.44
15	20,000.00	439.59	19,560.41	35.17	16.44
16	20,000.00	490.19	19,509.81	39.22	16.44
17	20,000.00	544.85	19,455.15	43.59	16.44
18	20,000.00	603.88	19,396.12	48.31	16.44
19	20,000.00	667.63	19,332.37	53.41	16.44
20	20,000.00	736.49	19,263.51	58.92	16.44
21	20,000.00	810.85	19,189.15	64.87	16.44
22	20,000.00	891.15	19,108.85	71.29	16.44
23	20,000.00	977.89	19,022.11	78.23	16.44
24	20,000.00	1,071.56	18,928.44	85.72	16.44
25	20,000.00	1,172.73	18,827.27	93.82	16.44
26	20,000.00	1,281.99	18,718.01	102.56	16.44
27	20,000.00	1,399.99	18,600.01	112.00	16.44
28	20,000.00	1,527.43	18,472.57	122.19	16.44

(2) Period 60 기간의 시뮬레이션 결과 표시

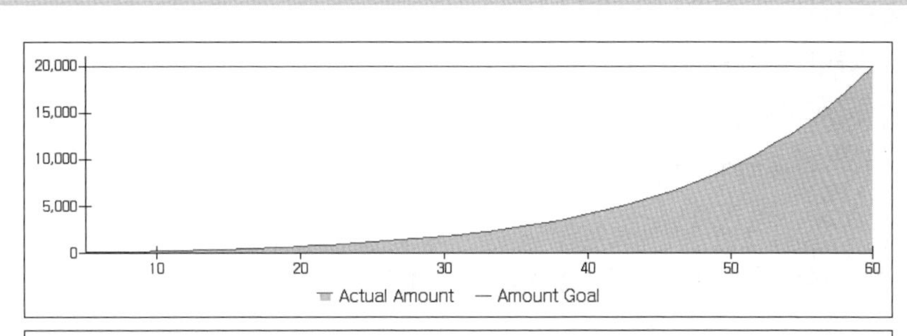

period	Amount Goal	Actual Amount	differences	Interest	Deposit
37	20,000.00	3,246.16	16,753.84	259.69	16.44
38	20,000.00	3,521.30	16,478.70	281.70	16.44
39	20,000.00	3,818.44	16,181.56	305.48	16.44
40	20,000.00	4,139.36	15,860.64	331.15	16.44
41	20,000.00	4,485.95	15,514.05	358.88	16.44
42	20,000.00	4,860.26	15,139.74	388.82	16.44
43	20,000.00	5,264.53	14,735.47	421.16	16.44
44	20,000.00	5,701.13	14,298.87	456.09	16.44
45	20,000.00	6,172.66	13,827.34	493.81	16.44
46	20,000.00	6,681.92	13,318.08	534.55	16.44
47	20,000.00	7,231.91	12,768.09	578.55	16.44
48	20,000.00	7,825.91	12,174.09	626.07	16.44
49	20,000.00	8,467.42	11,532.58	677.39	16.44
50	20,000.00	9,160.26	10,839.74	732.82	16.44
51	20,000.00	9,908.52	10,091.48	792.68	16.44
52	20,000.00	10,716.64	9,283.36	857.33	16.44
53	20,000.00	11,589.41	8,410.59	927.15	16.44
54	20,000.00	12,532.01	7,467.99	1,002.56	16.44
55	20,000.00	13,550.01	6,449.99	1,084.00	16.44
56	20,000.00	14,649.45	5,350.55	1,171.96	16.44
57	20,000.00	15,836.85	4,163.15	1,266.95	16.44
58	20,000.00	17,119.24	2,880.76	1,369.54	16.44
59	20,000.00	18,504.22	1,495.78	1,480.34	16.44
60	20,000.00	20,000.00	6.72e-9	1,600.00	16.44

(3) Goal Seeking Simulation

– 시뮬레이션 기간: 0~60 기간
– 목표 금액 20,000
– 이자율 8% 적용
– 매 기간 인출액이 1일 때

• 최적화 수행 결과: 매 기간 8.879160을 저축하면 된다.

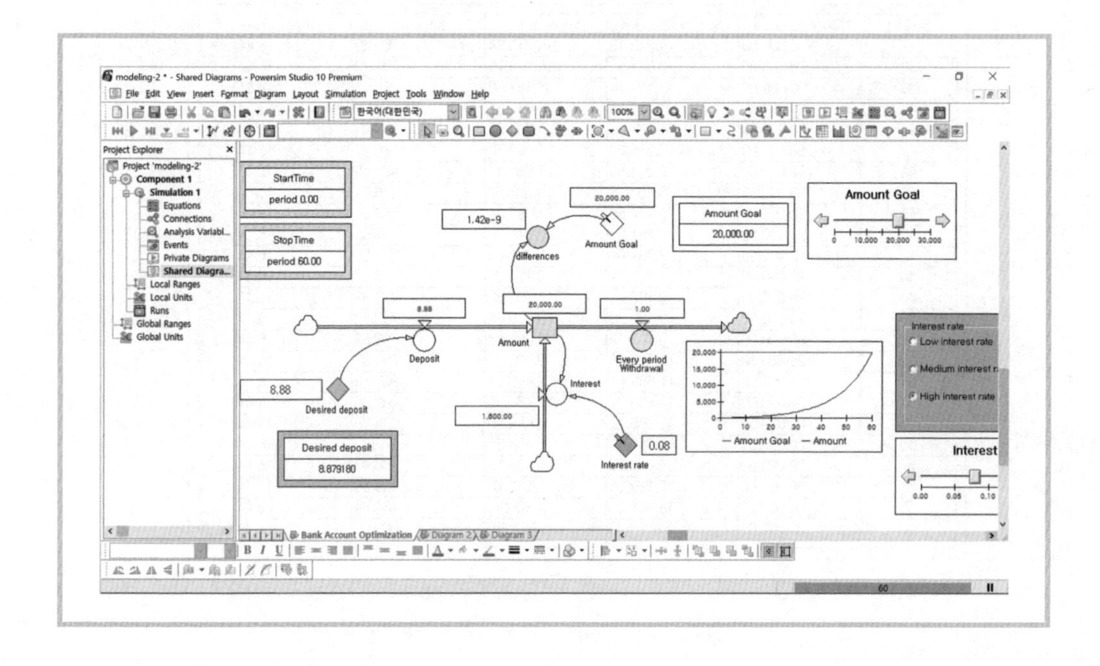

16.5.7 다차원 배열 적용 모델

(1) Expense Uncertainty를 다섯 가지 Cases로 정의(방법-1)

Dimensions에 1..5로 표시하여 5개 원소를 갖는 배열임을 지정한다.

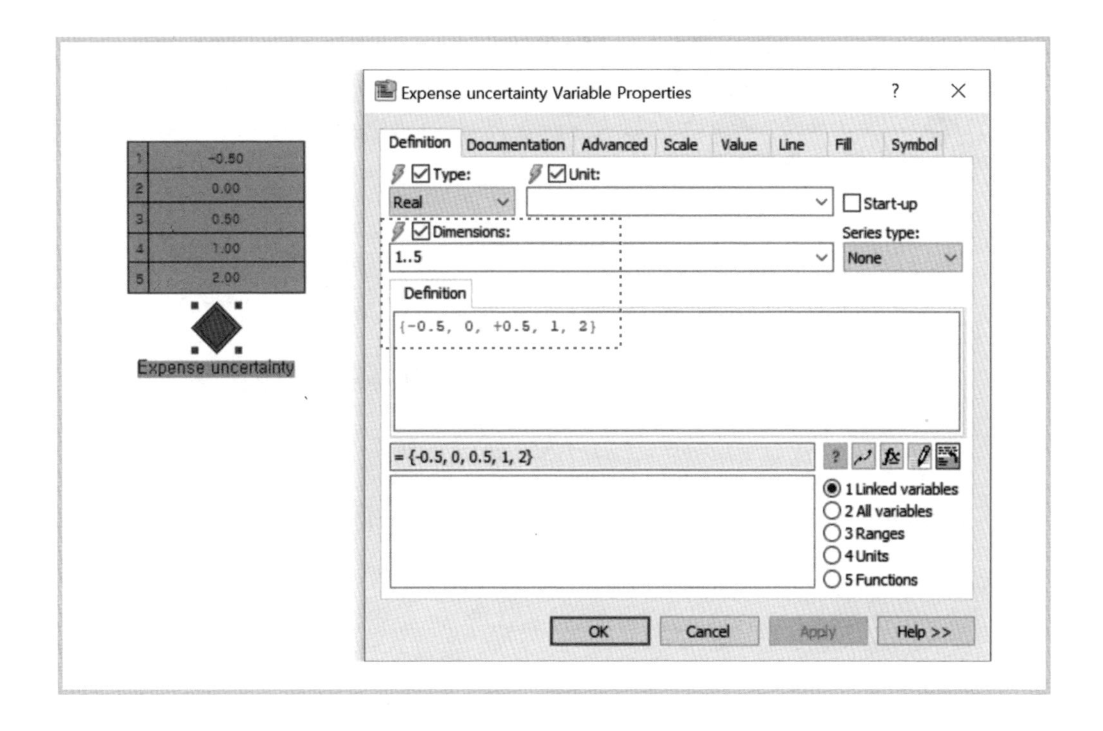

(2) Expense Uncertainty를 다섯 가지 Cases로 정의(방법-2)

- Array modeling using FOR function: 5 cases

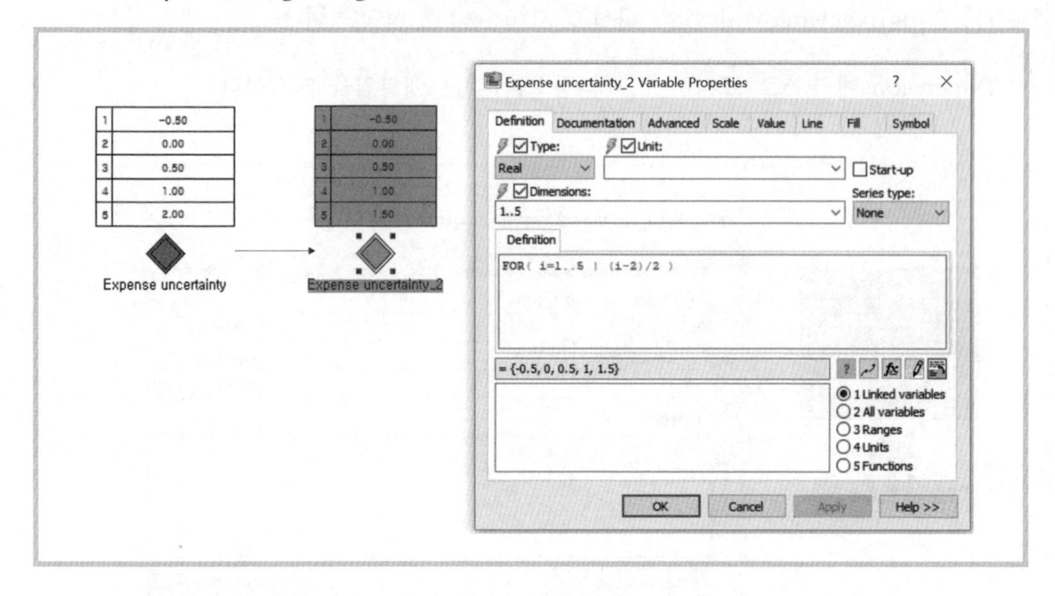

1	-0.50
2	0.00
3	0.50
4	1.00
5	2.00

(3) Applying Several Expenditure Scenarios [1..5] considering 5 cases

- 다차원 모델링

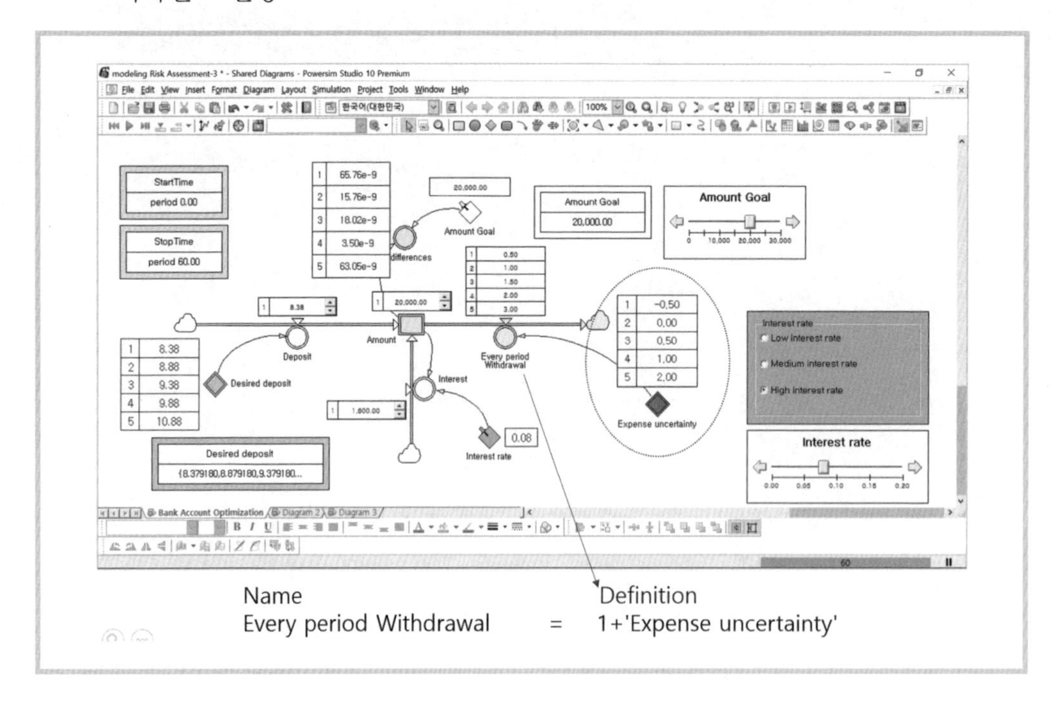

(4) Checking The optimization setting before applying several Expense Scenarios [1..5]

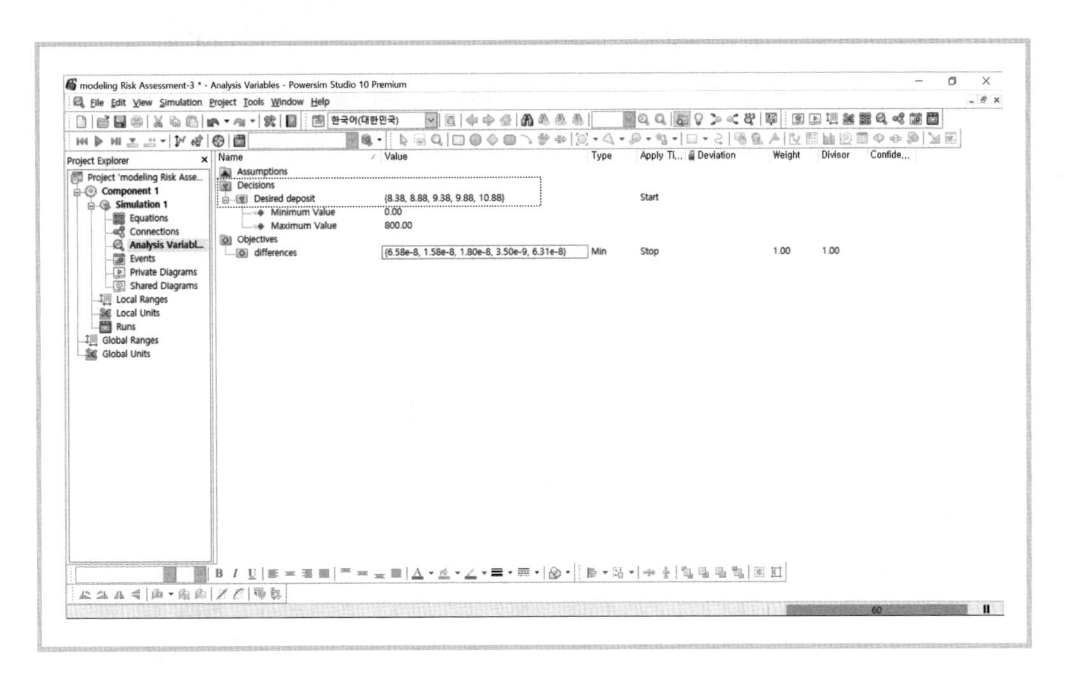

16.5.8 다차원 모델링 실습

(1) Array modeling using FOR function: 5 cases for 3 persons

기본적인 1차원 배열(array) 모델에서 더 나아가 다차원 배열(Multi-dimensional) 모델을 만들 수 있다.

- 예를 들어 3명 각각의 다섯 가지 지출액 시나리오를 적용하는 경우이다.

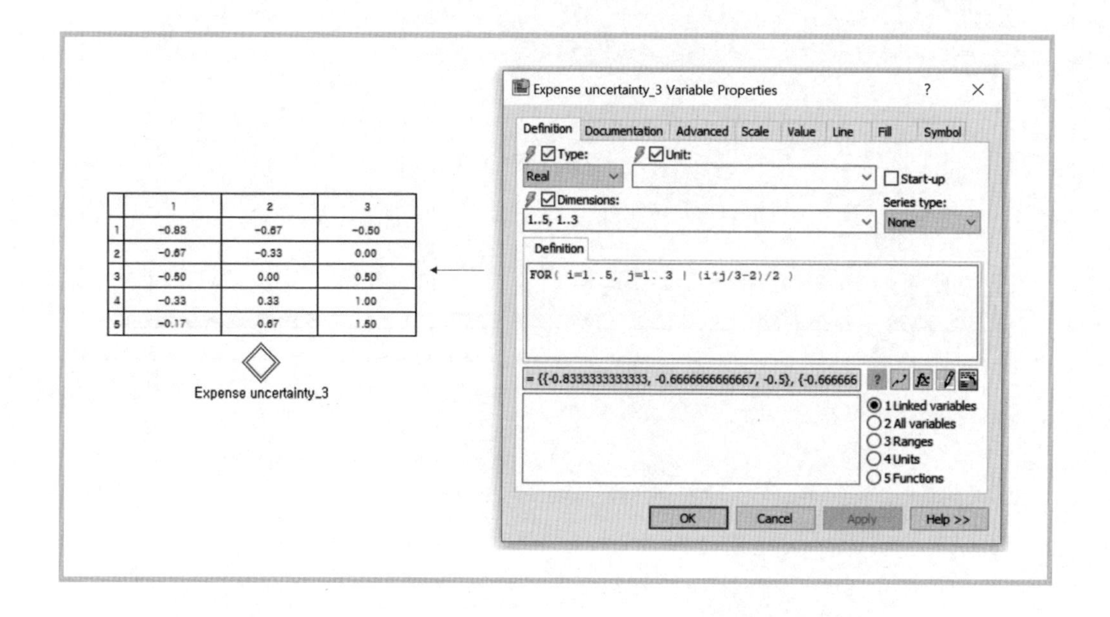

	1	2	3
1	-0.83	-0.67	-0.50
2	-0.67	-0.33	0.00
3	-0.50	0.00	0.50
4	-0.33	0.33	1.00
5	-0.17	0.67	1.50

Expense uncertainty_3 = FOR (i = 1..5, j = 1..3 | (i * j / 3 - 2) / 2)

(2) Array modeling using FOR function: 5 cases for 3 persons in 20 regions

기본적인 1차원 배열(array) 모델에서 더 나아가 다차원 배열(Multi−dimensional) 모델을 만들 수 있다.

- 예를 들어 20개 지역에 사는 3명을 선정하여 각각의 다섯 가지 지출액 불확실성 시나리오를 적용하여 3*5*20 => 300 가지 지출액을 산정하는 경우이다.

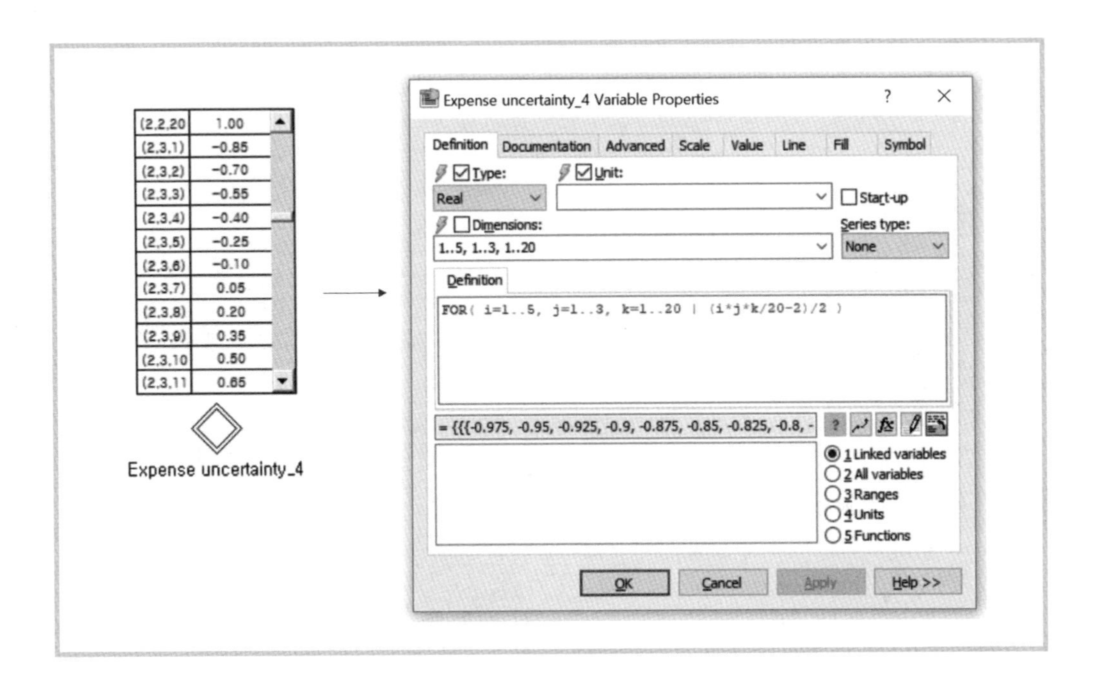

(3) Array modeling using FOR function: 5 cases for 3 persons in 20 regions and each ages

기본적인 1차원 배열(array) 모델에서 더 나아가 다차원 배열(Multi-dimensional) 모델을 만들 수 있다.

- 예를 들어 65세에서 130세 연령 구분을 가진 20개 지역에 사는 3명을 선정하여 각각의 다섯 가지 지출액 불확실성 시나리오를 적용하여 66*3*5*20 => 19, 800가지의 지출액을 산정하는 경우이다.

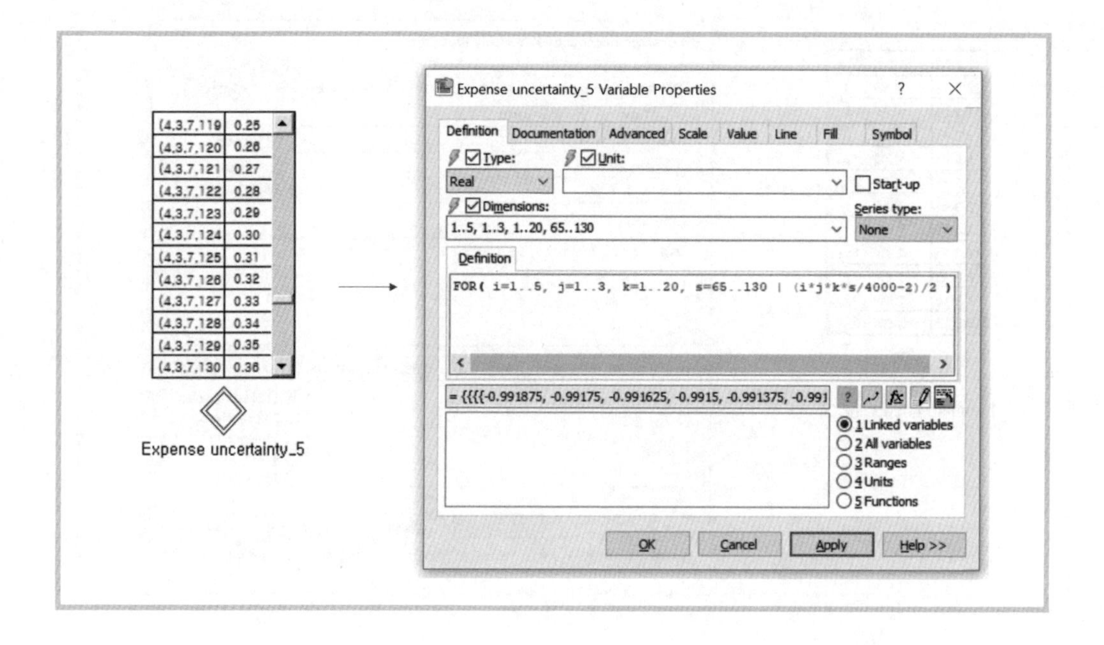

16.5.9 다차원 모델의 최적화

(1) Optimizing the array model of 5 cases for 3 persons in 20 regions and each ages

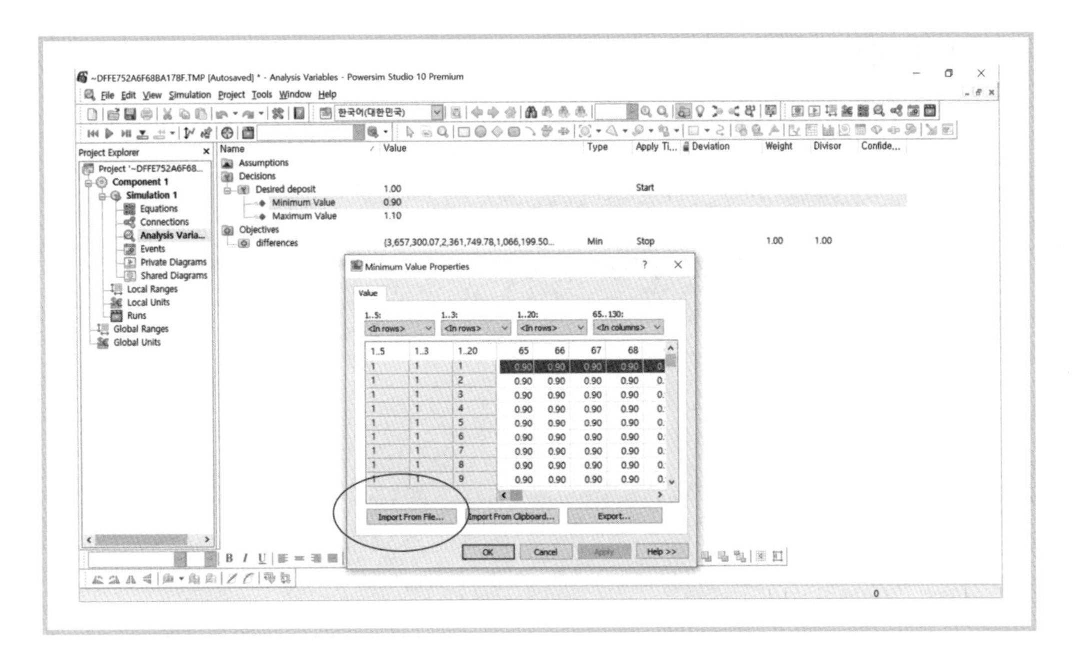

(2) 다차원 배열 모델의 최적화 예제

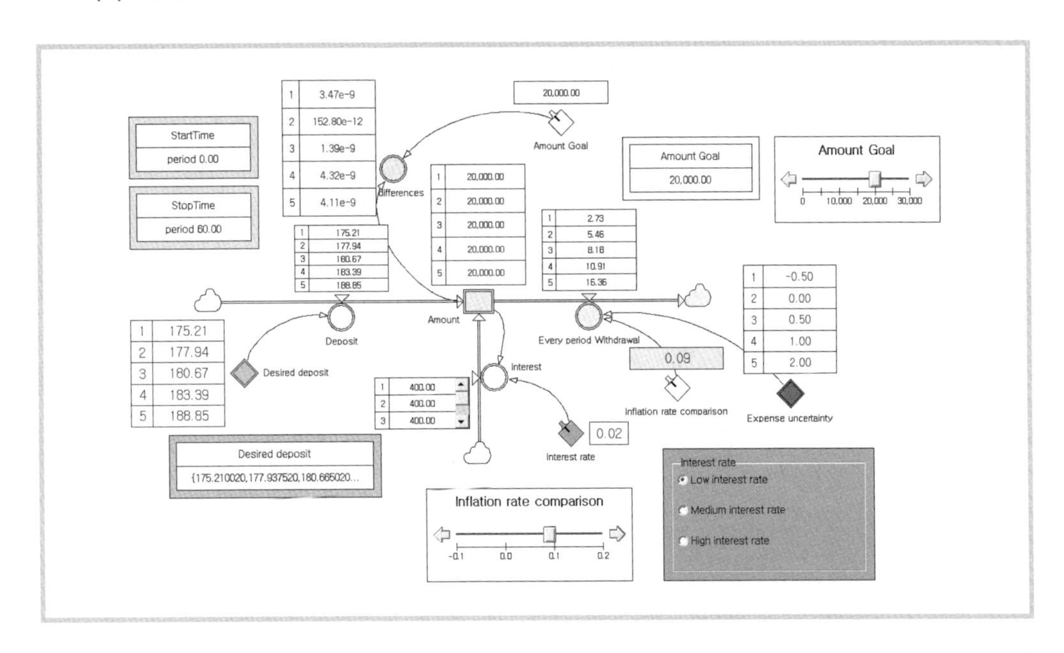

변수 정의

Every period Withdrawal 변수는 물가상승률(inflation rate)을 적용하여 다음과 같다.

5 * (1 + Expense uncertainty) * (1 + Inflation rate comparison)

최적화 화면

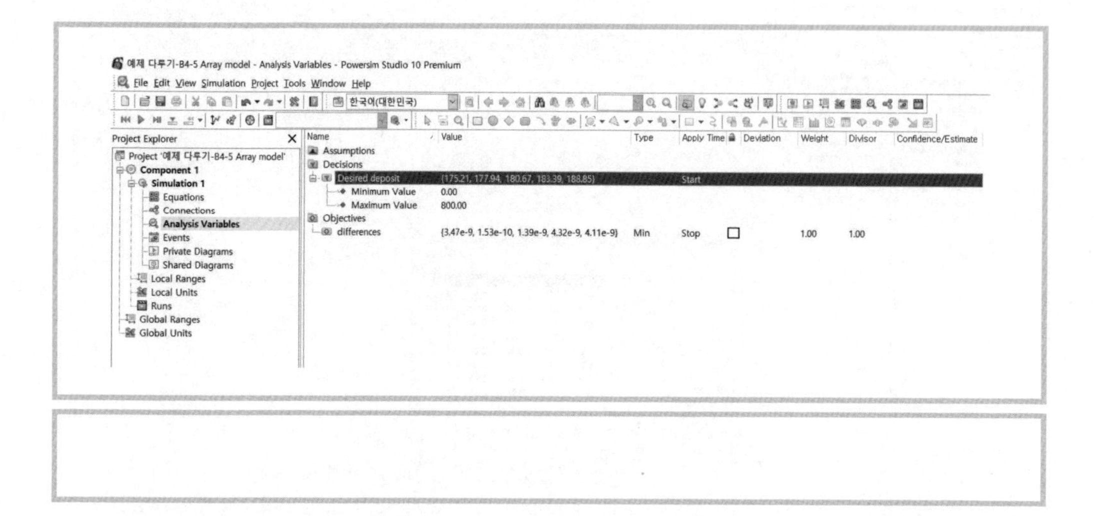

(3) 최적화 실행하기

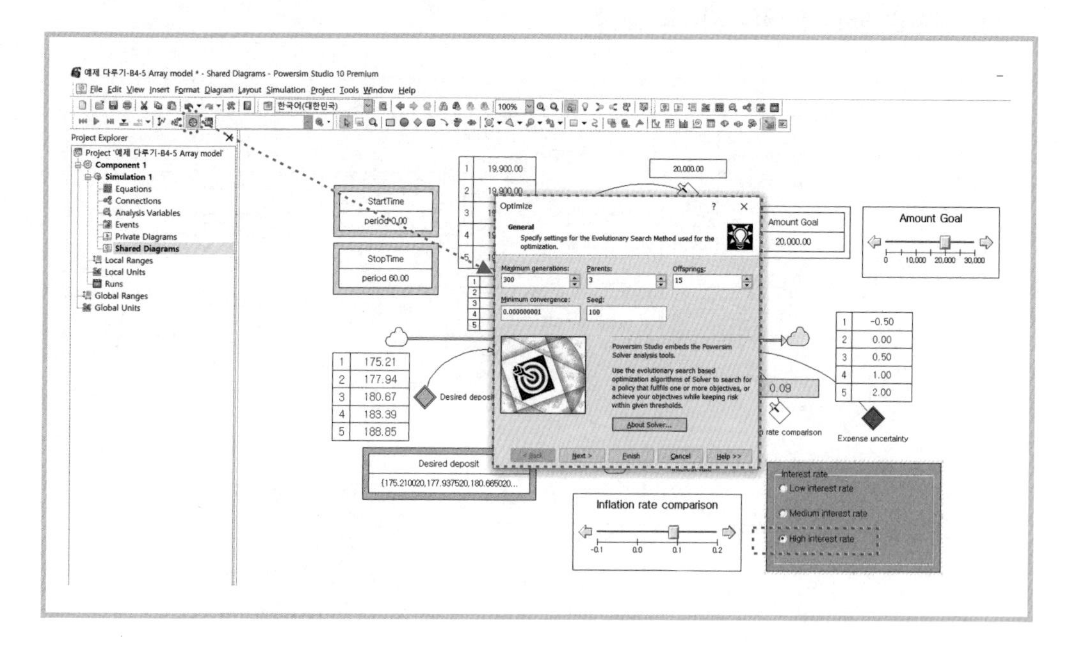

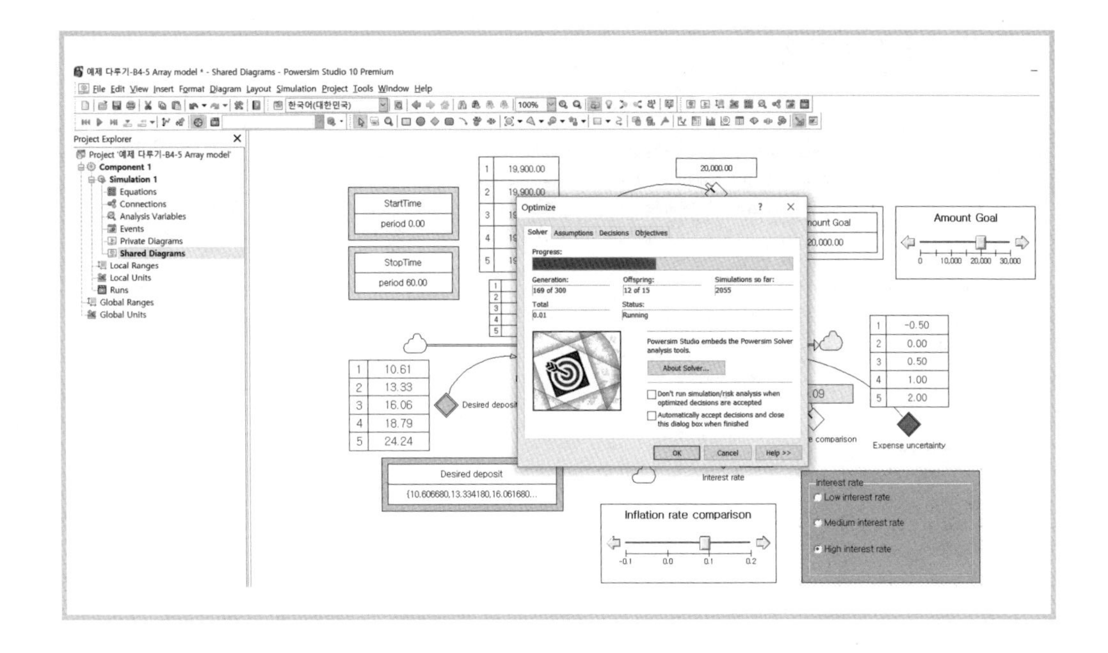

(4) 최적화 실행 결과

• 최적화된 Desired deposit에 의하여 Period 60에 Amount는 모두 20,000으로 갱신되었다.

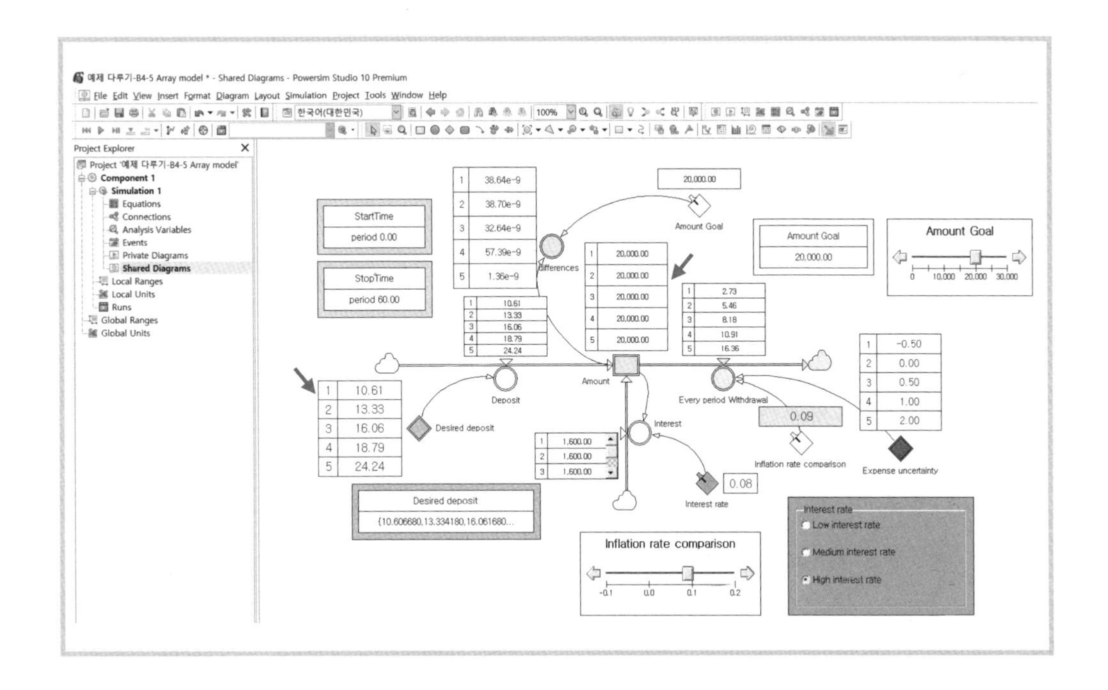

(5) 모형의 수식 정의

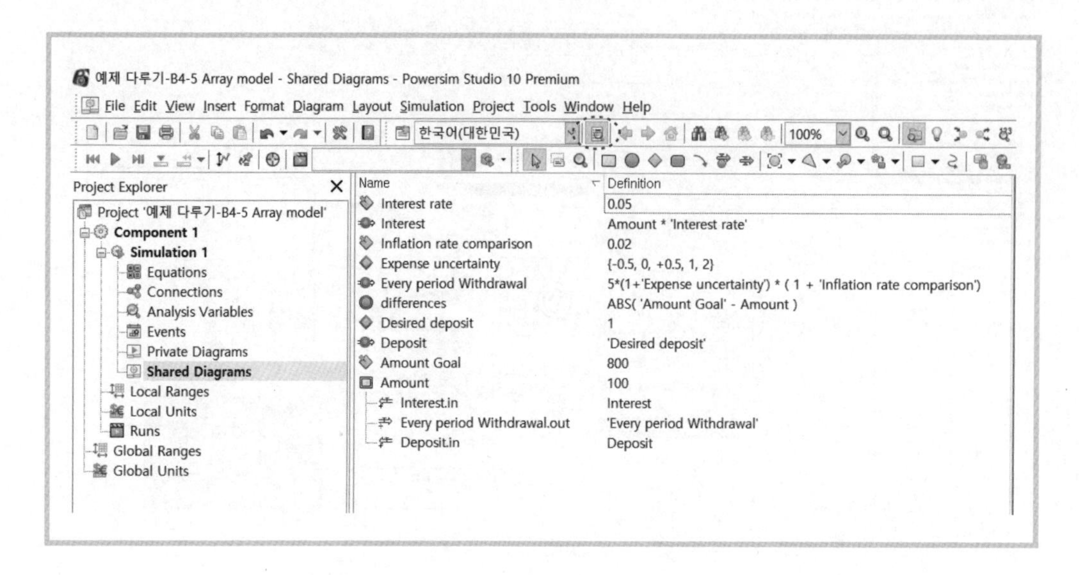

16.6 모델 기반 시뮬레이션(Model based System Simulation)

16.6.1 모델 기반 설비(Physical) 시뮬레이션

(1) 멀티 피직스(Multi-physics) 개요

멀티 피직스는 컴퓨터 시뮬레이션상에서 Physical 시뮬레이션을 수행하는 것이다.

- Physical 구성요소 간의 상호역학관계 검증
- 기술적 위험(technology risk) 사전 점검 및 최소화
- Physical 설계 유효성 진단
- Physical 설계 특성 또는 상황 시뮬레이션
- 설비 작동 및 제작 이후에 예상되는 문제점을 사전에 발견
- 시스템 성능 또는 수율(yield) 최적화

(2) 시스템 작동 구조도

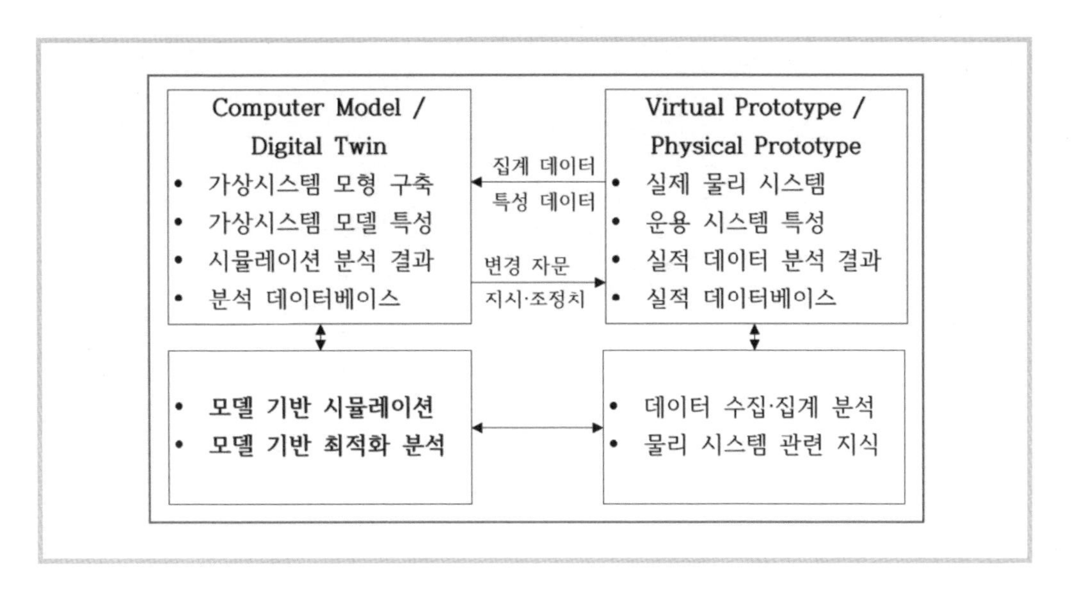

(3) 디지털 트윈(DT) 모델링 예시

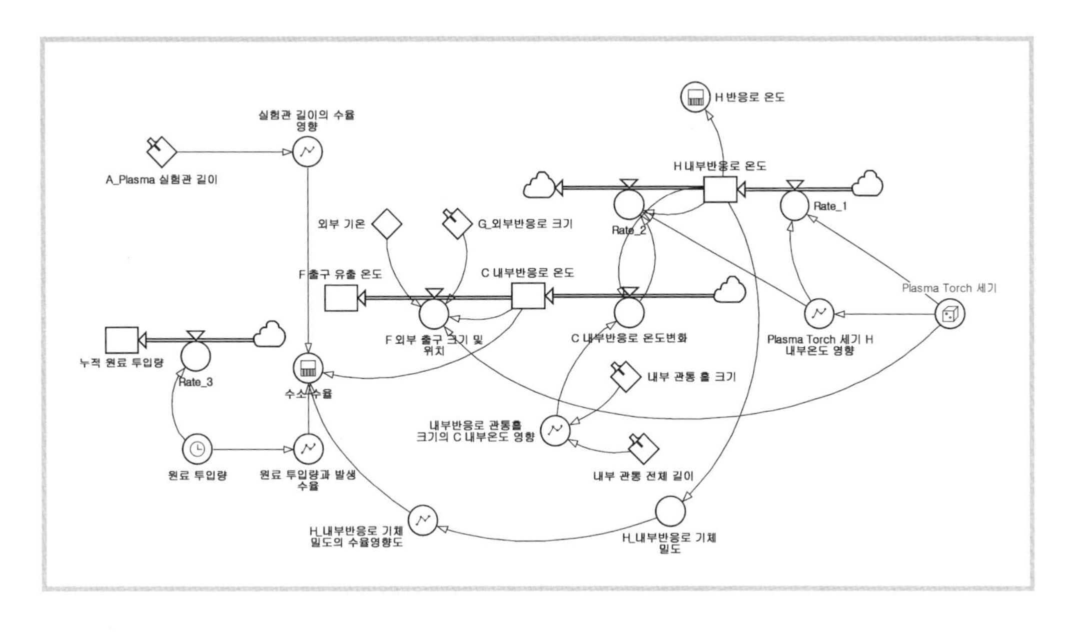

(4) 설비 작동 시뮬레이션

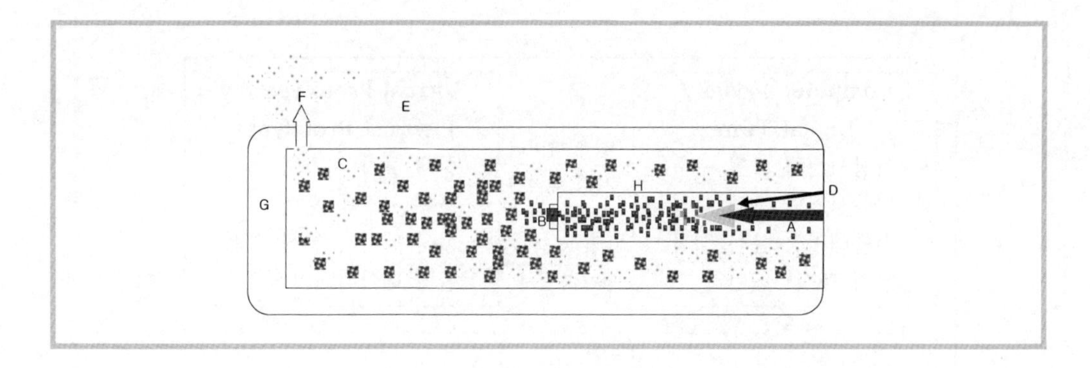

(5) 스톡 플로우 모델을 이용한 디지털 트윈(DT) 시뮬레이션 적용 예시

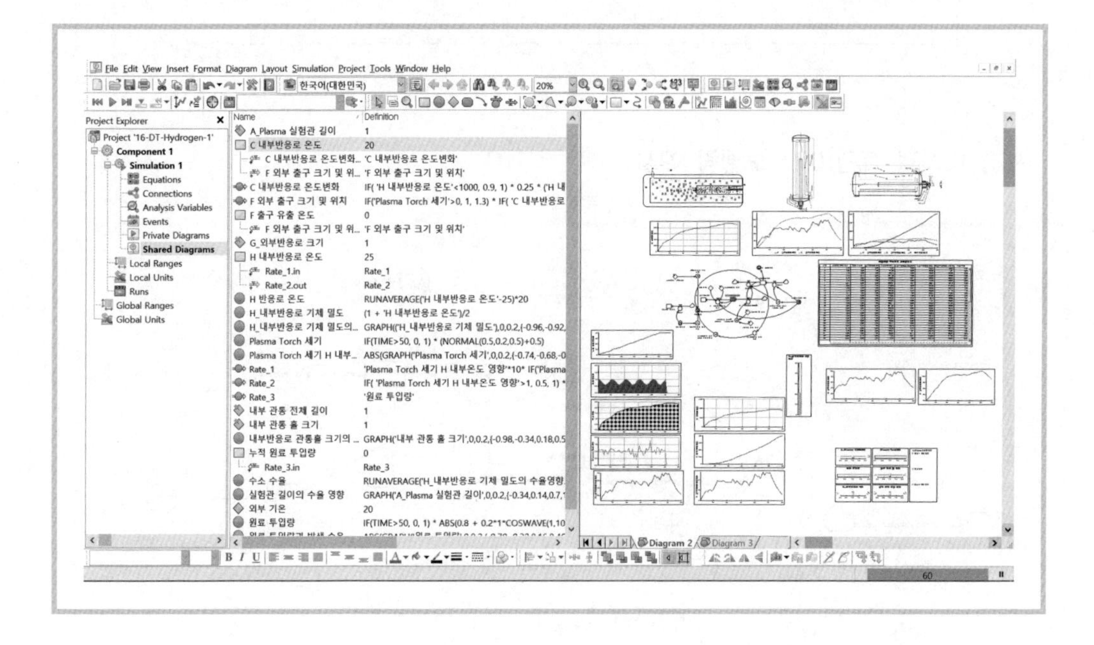

(6) 디지털트윈(digital twin) 모델 개발 절차 및 운용체계

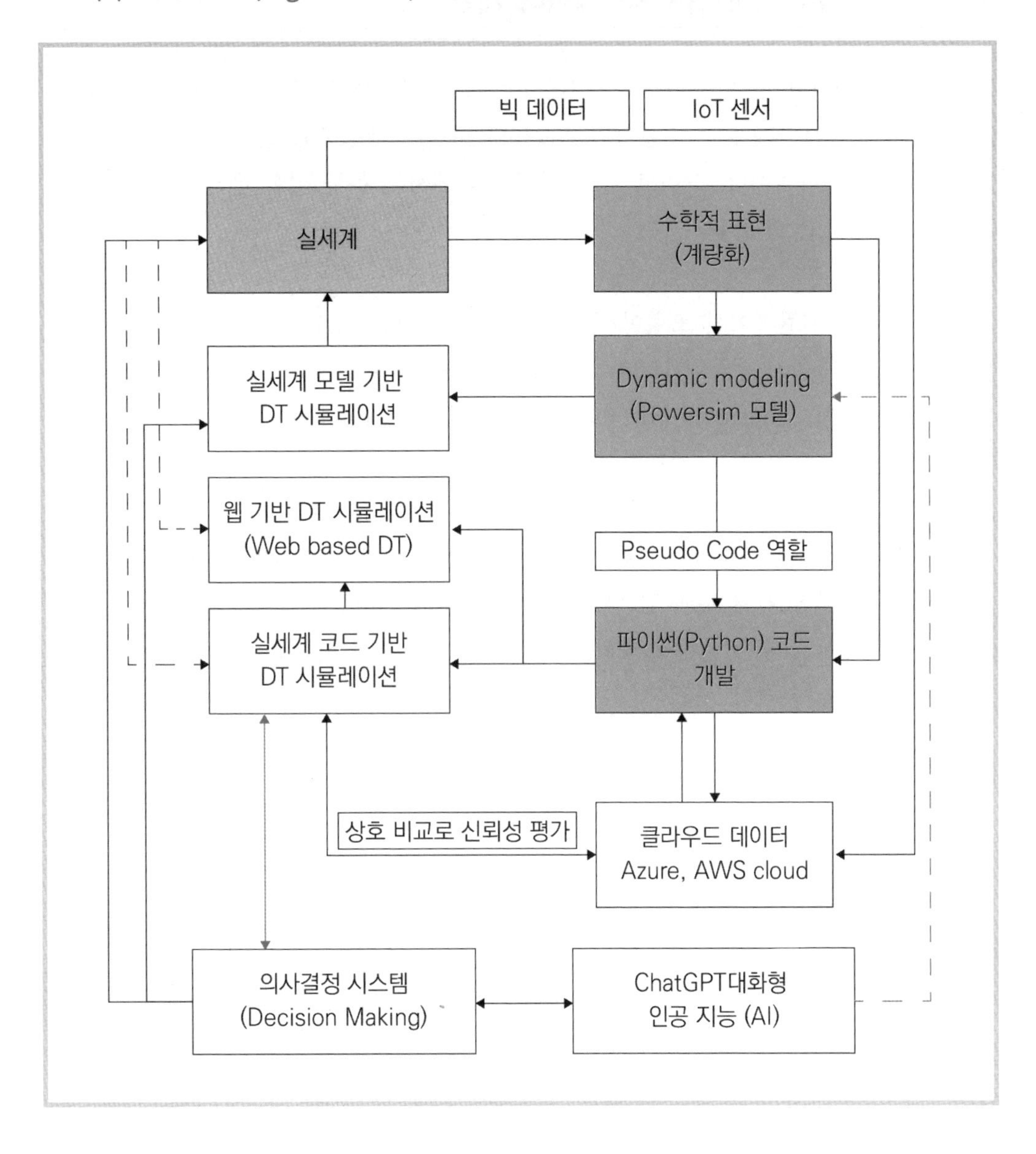

16.7 동물 실험을 대체하는 시뮬레이터 개발

의료분야의 실험 및 약품 개발을 위해서는 동물 실험을 하게 된다. 2020년 CFI[10]는 세계적으로 연간 실험동물 수는 1억 9, 210만 마리로 추정하고 있다. 참고로 국내는 2018년 약 372만 마리이다. 그리고 현재 세계 각국에서는 동물 실험 윤리성 강화를 위한 노력을 진행되고 있다.

만약 컴퓨터 시뮬레이션 모형이 동물 실험을 대체할 수 있다면 아마 그 수는 상당히 줄어들 것이다. 앞서 언급한 Hardware－in－the－loop이나 Human－in－the－loop과 같이 동물 실험 Simulation－in－the－loop에 시스템 다이내믹스 기반의 모델링 및 시뮬레이션을 적용하는 것을 검토할 수 있다.

이는 디지털 트윈 형태의 시뮬레이션 모델 개발로 마우스를 비롯한 개, 토끼나 원숭이 등의 동물 실험 개체 수의 감소와 동물 실험에서는 얻을 수 없는 보다 다양한 실험 시나리오하에서 정교한 실험 결과획득과 과학적인 재현성, 반복성을 보장할 수 있다. 시스템 다이내믹스 분야가 도전할 만한 분야라 생각된다.

10) CFI는 동물 실험 반대를 선도하는 비영리 국제기구이며, 4월 23일은 '세계 실험동물의 날(world Day for Animals in Laboratories)'이다.

16.8 인체 질병 모델링에 활용

(1) 혈당 조절모델

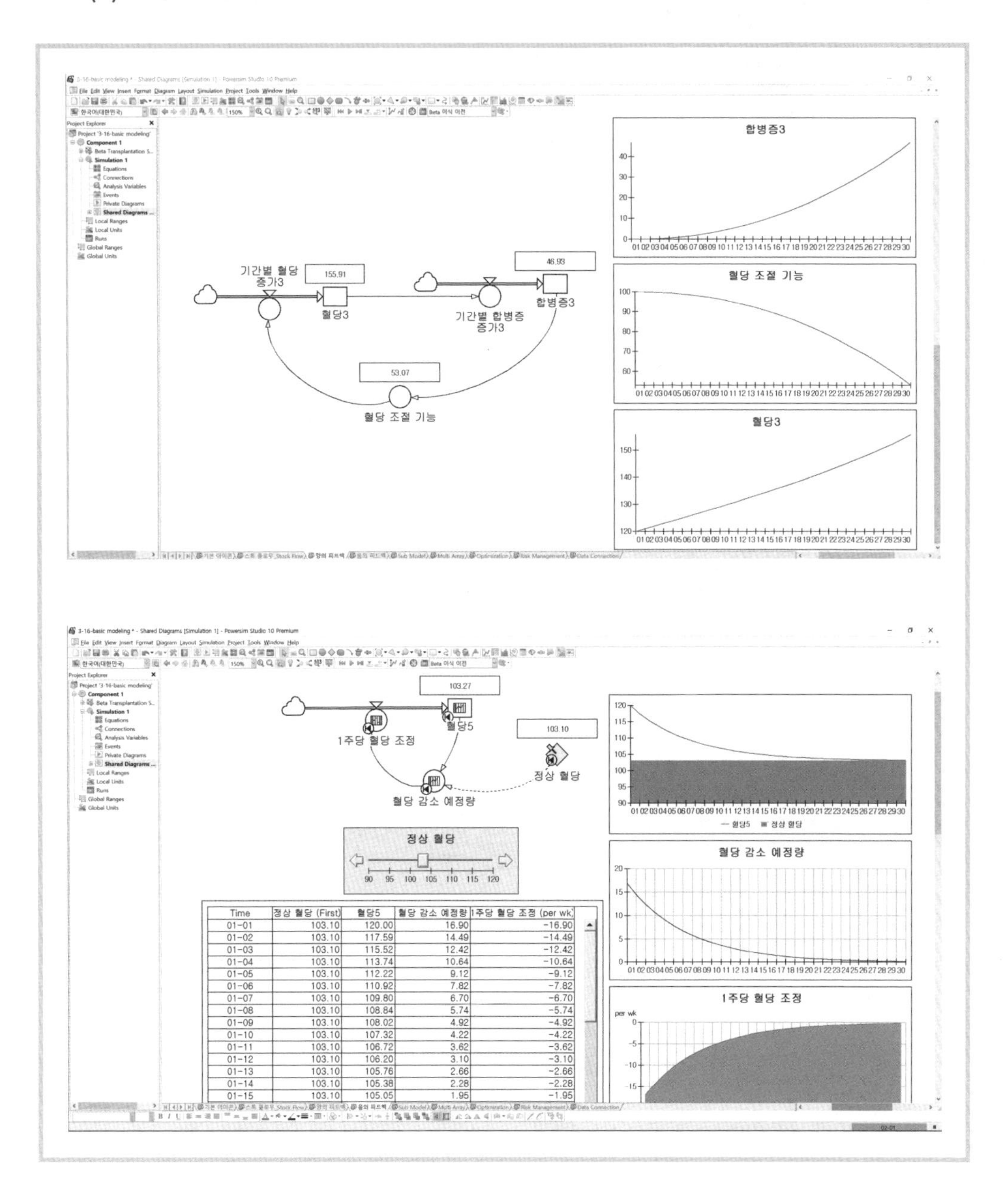

Time	정상 혈당 (First)	혈당5	혈당 감소 예정량	1주당 혈당 조정 (per wk)
01-01	103.10	120.00	16.90	-16.90
01-02	103.10	117.59	14.49	-14.49
01-03	103.10	115.52	12.42	-12.42
01-04	103.10	113.74	10.64	-10.64
01-05	103.10	112.22	9.12	-9.12
01-06	103.10	110.92	7.82	-7.82
01-07	103.10	109.80	6.70	-6.70
01-08	103.10	108.84	5.74	-5.74
01-09	103.10	108.02	4.92	-4.92
01-10	103.10	107.32	4.22	-4.22
01-11	103.10	106.72	3.62	-3.62
01-12	103.10	106.20	3.10	-3.10
01-13	103.10	105.76	2.66	-2.66
01-14	103.10	105.38	2.28	-2.28
01-15	103.10	105.05	1.95	-1.95

(2) 혈당조절을 위한 췌장 이식 시뮬레이션

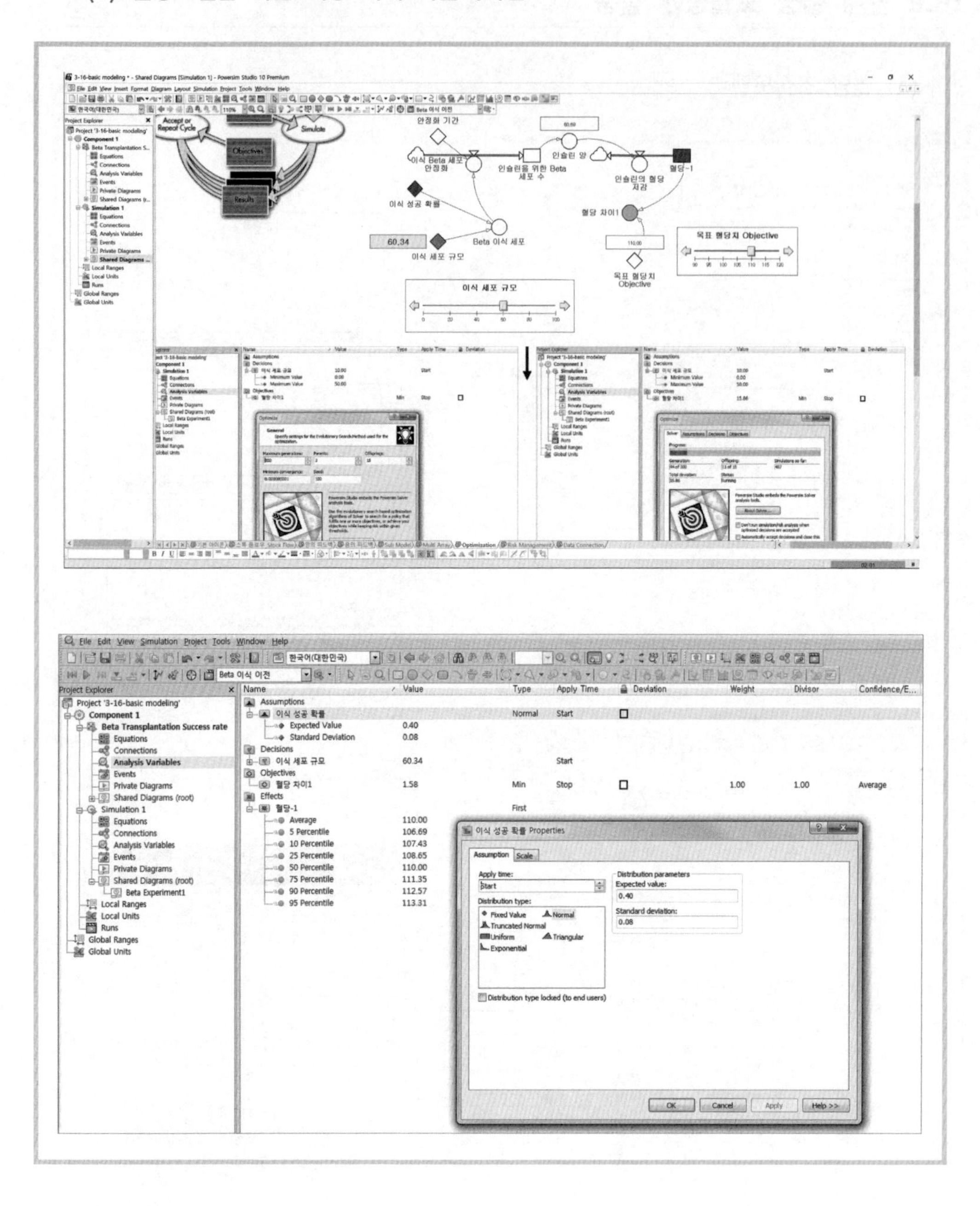

(3) 췌장 이식으로 인한 혈당 감소 시뮬레이션

몬테카를로(Monte Carlo) 시뮬레이션 기반의 췌장(Pancreas) 이식 시뮬레이션[11]

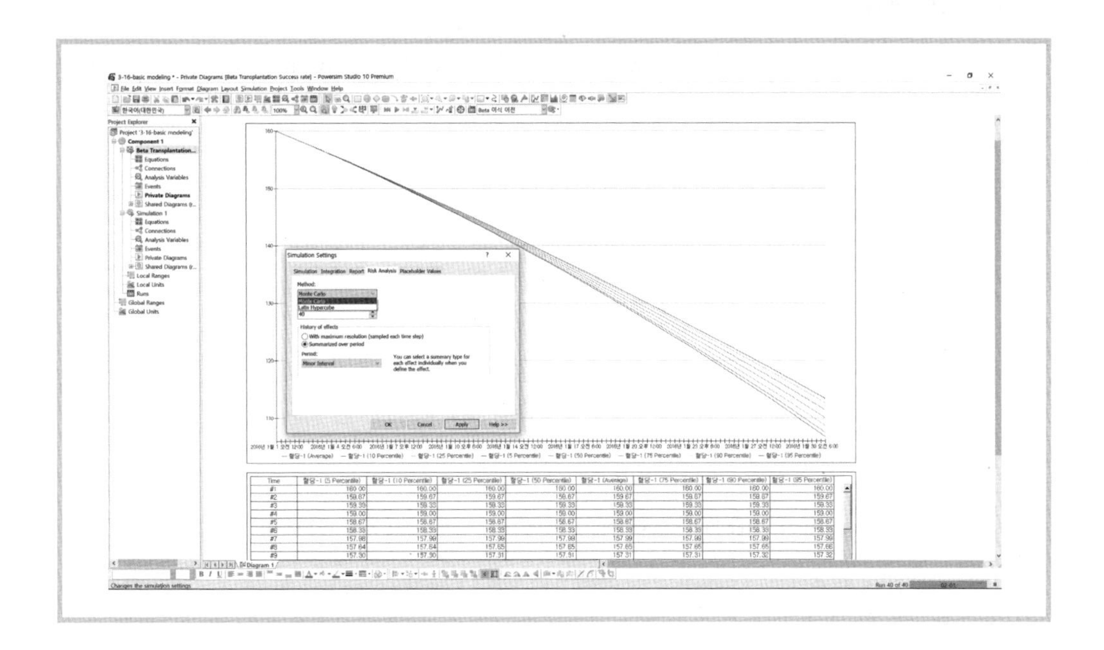

(4) 질병 모델에 응용 가능성

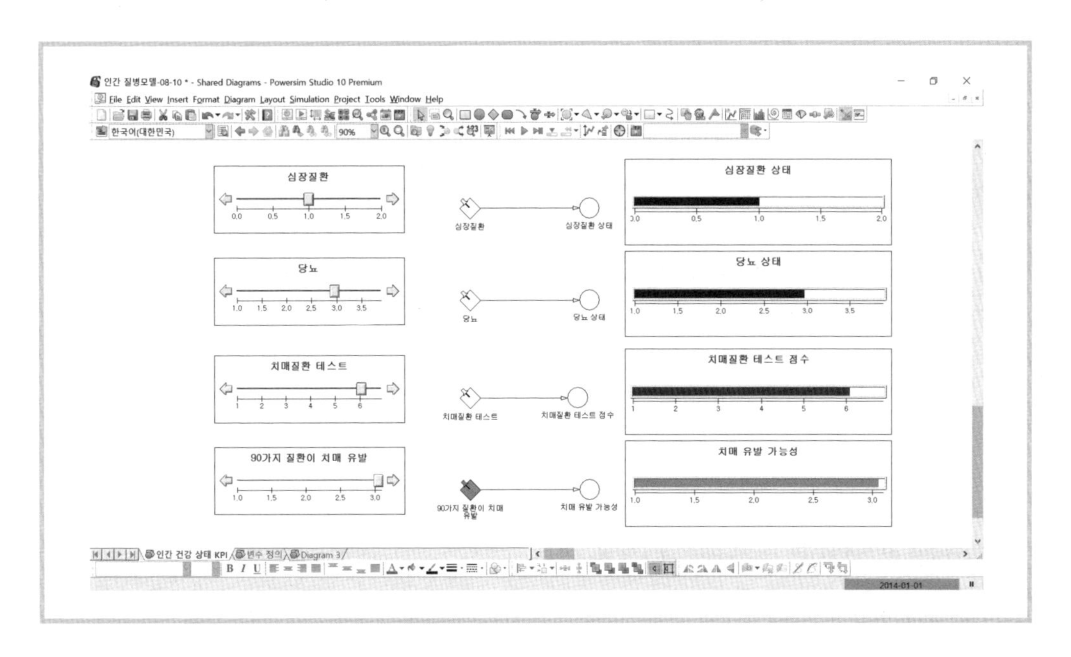

11) 저자가 2016년 서울대학교 세미나에서 발표한 자료.

16.9 미실현된 기술유출 피해액 산정을 위한 시뮬레이션 모형 개발[12)]

(1) 기본 모델

기술유출 피해액 산정을 위하여 사용된 로지스틱 함수(Logistic function)의 기본 식(formula)은 다음과 같다.

$$f(x) = \frac{L}{1 + e^{-k(x - x_0)}}$$

- 여기서 L은 함수 값의 크기를 나타내고
- e는 자연로그의 밑으로 사용되는 오일러 상수를
- k는 S－커브의 기울기로 $N^* = \frac{\gamma}{\alpha}$를 나타내고,
- x_0는 기술개발비가 최대로 투입되는 시기를 나타내는 S 커브의 변곡점 지점에 해당한다.

표준적인 로지스틱 시그모이드 함수(Standard logistic function)의 모양은 위와 같다. 즉 함수의 크기, L은 1이고 기울기 계수 k는 1, 변곡점은 x축에서 0의 값을 나타내고 있다.

$$F(x) = \frac{1}{1 + e^{-x}} = \frac{e^x}{e^x + 1}$$

이 $F(x)$는 피해기업에서 주장하는 총 기술개발비용에 해당한다. 기술유출 사건의 경우 기술탈취자의 기술탈취 시점을 기준으로 범죄의 크기를 가늠하여야 한다. 따라서 신기술 개발 어느 단계에서 기술을 탈취하였는가는 기술개발비용 산정을 통한 기술유출 피해액 산정에 중요한 판단 근거가 된다.

총 기술개발비용에서 시간에 따라 미분한 값은 기간별 투입개발비가 된다. 즉, 총 기술개발비용의 기간별 변화율은 다음과 같다.

12) 2020년 저자가 수행한 경찰청 외사국 기술유출 피해액 산정모델 개발 연구용역 내용 중에서.

$$\frac{d}{dx}F(x) = \frac{e^x(1+e^x)-e^xe^x}{(1+e^x)^2} = \frac{e^x}{(1+e^x)^2}$$

이는 총 기술개발비용을 P이고, 기술개발 기간을 t라고 하면 기술개발 기간별 총 개발 기간의 변화율은 다음과 같다.

$$\frac{dP}{dt} = rP\left(1-\frac{P}{K}\right)$$

여기서 r은 기술개발 비율 증가율이고 K는 기간별 기술개발 비용 최대치이다.

rP는 단위기술개발 기간에 해당하는 기술개발비를 나타내고,

$-rP\frac{P}{K}$는 기술개발비 총액에서 실현된 기술에 대한 잔여기술개발비를 내포하는 수식이 된다.

즉 총 기술개발 비용에서 각 기간의 기술개발비는 기술개발이 진행됨에 따라서 잔여 기술개발 기간 대비 기술개발 실현 비용을 차감한 상태에서 기술개발 추이를 따라 기간별로 기술개발비가 산정되는 논리이다.

이를 수식으로 표현하면 $F(x) = \frac{1}{1+e^{-x}} = \frac{e^x}{e^x+1}$에서

분모와 분자를 e^x로 나눈 형태로 다음과 같다.

$$P(t) = \frac{KP_0e^{rt}}{K+P_0(e^{rt}-1)} = \frac{K}{1+\left(\frac{K-P_0}{P_0}\right)e^{-rt}}$$

여기서

$\lim_{t\to\infty} P(t) = K$ 이다.

(2) 일반 모델

이 연구에서는 다양한 신기술의 탈취 가능성과 다양한 개발단계에서의 기술 탈취 가능성을 표현하기 위하여 기존의 로지스틱 함수를 일반화하여 일반수식(general formula)을 제안한다.

로지스틱 함수의 일반화(General Logistic Function)

$$f(x) = \frac{A}{B + C^{*} e^{-K(x-D)}}$$

여기서 미실현 신기술 개발비용 산정에 사용되는 로지스틱 함수는 위와 같다.

위의 함수식 f(x)는 x값이 변함에 따라, 즉 연구개발 기간 x값에 따라 투입되는 개발비용을 나타내고 있다.

신기술 개발비용 산정모델

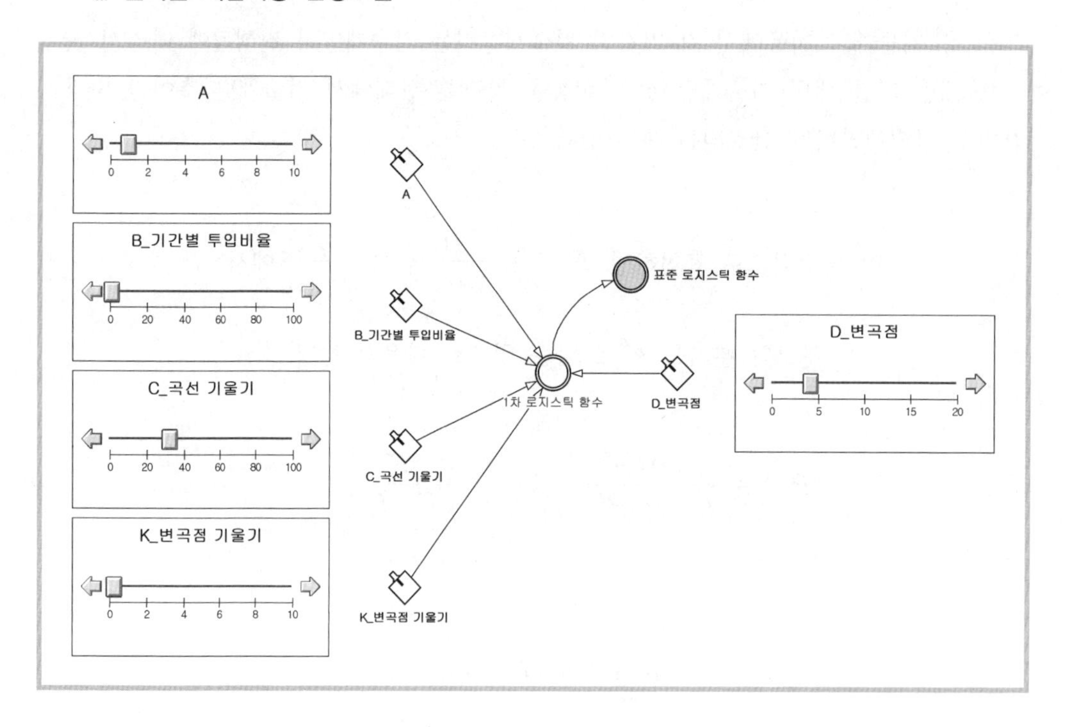

(3) 기술유출 피해액 산정모델 개발

미실현 기술의 기술개발 피해액 산정을 위하여 로지스틱(Logistic) 함수를 적용하면 여기서 $Y(t)$는 기술개발 누적비용, A는 기초 비용, B는 기술개발비 증가율, V는 0보다 크고, C는 상수로 대개 1의 값을 가지며 Q는 시작 단계의 개발비용이다.

$$Y(t) = A + \frac{(K-A)}{(C+Qe^{-Bt})^{1/V}}$$

기술개발 투입비 산정은 로지스틱 함수 수식을 기반으로 계산되며, 이는 기술유출 시점을 입력하면 다음과 같이 총비용(100%)에 대한 투입개발비용의 비중이 자동으로 산정된다.

(4) 기술수명 동안의 기술가치(기술수익) 피크(Peak of Technology Value) 행태(Behavior over time)에 영향을 미치는 요인

이러한 기술수명주기상에서 경제학이나 경영학에서 제품의 가치(Value)를 판단하는데, 흔히 사용되는 척도 다섯 가지는 다음과 같다.

- 제품의 성능(Performance)
- 제품의 혁신성(Innovativeness)
- 제품의 차별성(Differentiation)
- 제품의 희소성(Scarcity)
- 제품의 대체 가능성(Replacing Possibility)

물론 이외에도 다른 평가요소를 추가하여 이를 유출된 기술의 피크 가치(Peak value)에 대한 평가에 적용할 수 있으나, 이 연구에서는 이들 네 가지 평가요소를 이용하여 유출된 기술의 미래기술 가치의 피크 행태를 진단하였다. 어떤 요인을 평가항목으로, 즉 평가 변수로 적용하여 유출된 기술의 미래가치는 산정하는가에 대한 논의는 앞선 절에서 논하였다.

기술의 피크 가치 행태에 영향을 미치는 요인

- 유출된 기술의 성능(Performance) 피크 기간
- 유출된 기술의 혁신성(Innovativeness, 기술의 창의성) 피크 기간
- 유출된 기술의 희소성(Scarcity) 피크 기간
- 유출된 기술의 차별성(Differentiation) 피크 기간
- 유출된 기술의 대체 가능성(Replacing Possibility) 피크 기간

이들 다섯 가지 기술속성에 따라 시장이나 고객의 제품이나 기술에 대한 반응이나 인기, 수요는 달라져 특정 시점에서 정점을 이루는 판매량의 피크(Peak) 상태를 나타낼 것이다.

기술가치 피크 피크 기간설정 모델

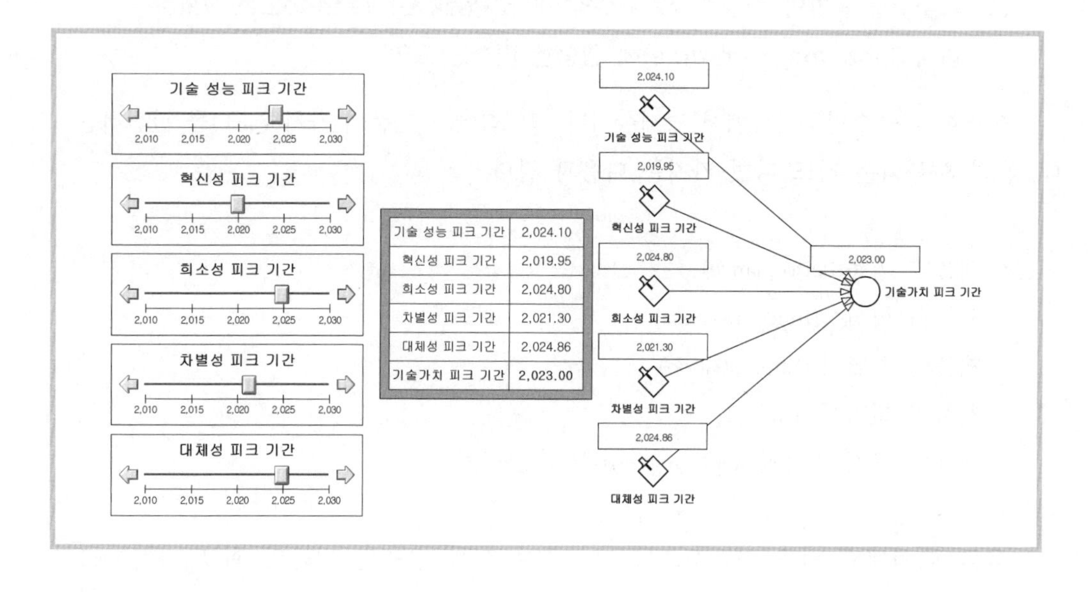

(5) 시제품 개발단계

탈취 기술을 이용하여 제품개발 단계에서 적발된 경우에 기술유출 피해액 산정을 위하여 개발단계 어디에 위치하는가를 판단한다. 이를 위하여 본 연구에서는 전통적인 미국의 쥬란(Joseph M. Juran)의 연구개발 절차 단계를 기준으로 한다.[13)]

주란의 제품개발 과정은 기술유출 피해액 산정에서 다음의 제품화를 위한 기술개발 단계로 5단계로 설정하였다.

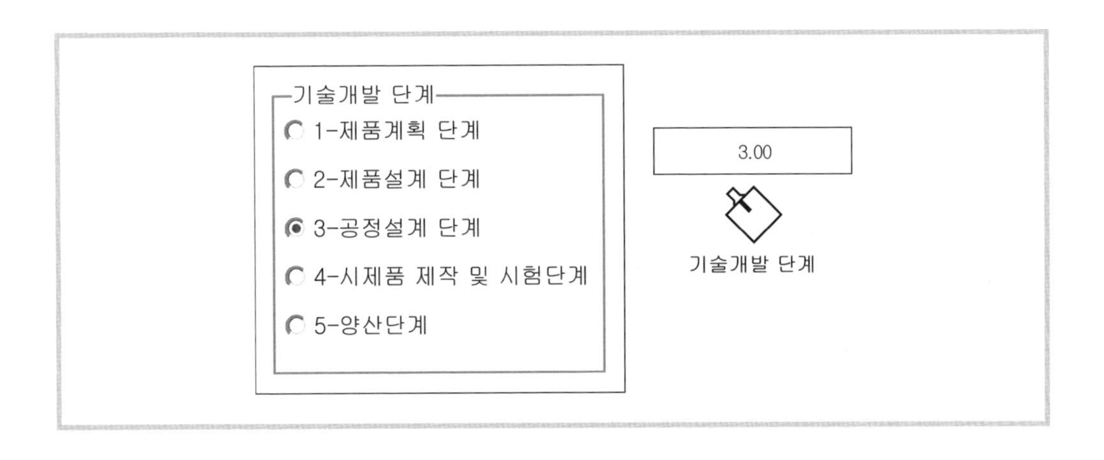

13) Improving R&D Performance The Juran Way, Al Endres, John Wiley & Sons, Inc, 1997.

(6) 미래 기술가치 산정 시뮬레이션 화면

삼각분포 함수(Triangular distribution function)를 이용한 기술가치 모델은 국가연구개발 기술 및 유출된 미실현 기술의 미래가치 평가와 피해액 산정에도 유용하게 사용된다.

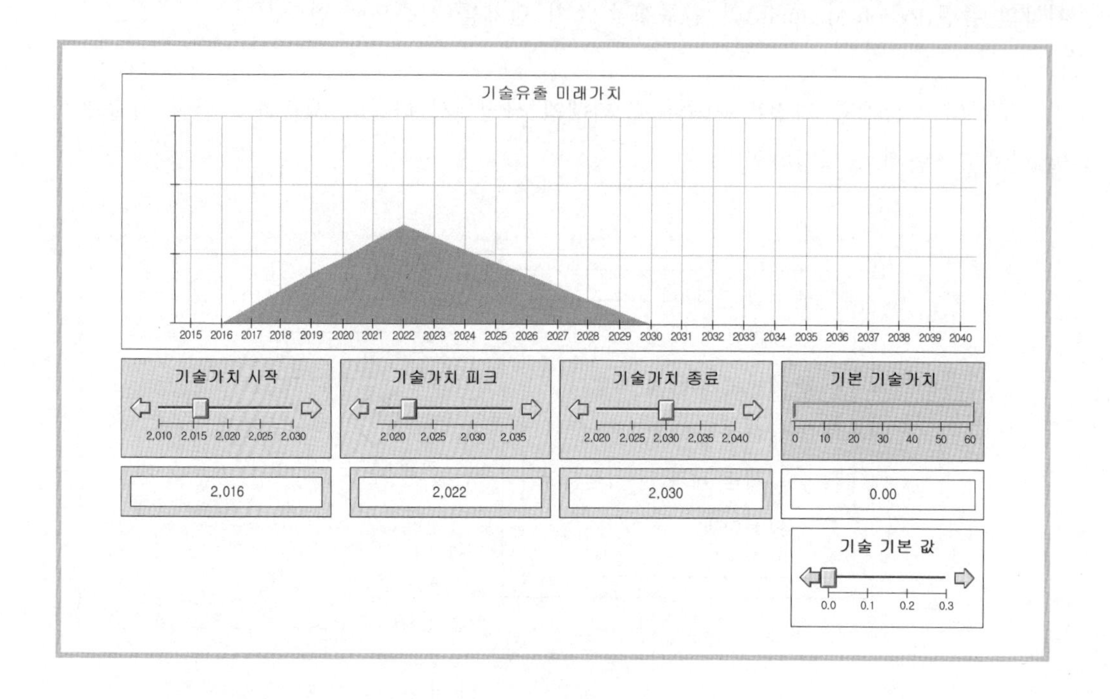

(7) 시뮬레이터 사용 방법

- 유출된 기술의 가치 시작 시점 입력
- 유출된 기술의 가치 최고 시점(Peak)
- 유출된 기술의 가치 종료 시점 입력
- 기본 기술가치 입력(기술 기본값 입력)
- 유출된 기술의 상용화 시기 입력

(8) 시뮬레이션 결과 해석

기술 시작부터 기술종료까지의 다각형 면적이 유출된 기술의 미래가치가 된다. 미래가치는 유출된 기술이나 유출된 기술이 들어간 제품이 될 수 있다. 일반적으로 기술시장에서 해당 기술의 미래가치가 공표된 경우에는 기술에 대한 미래가치가 산정된다. 개별 기술에 대한 미래가치 추정이 없는 경우에는 해당 유출기술이 들어간 제품의 미래가치(미래 시장가치)를 중심으로 미래가치를 산정할 수 있다.

(9) 기간별 기대 수익가치 시뮬레이션

• 기간별 기대 수익가치 시뮬레이션

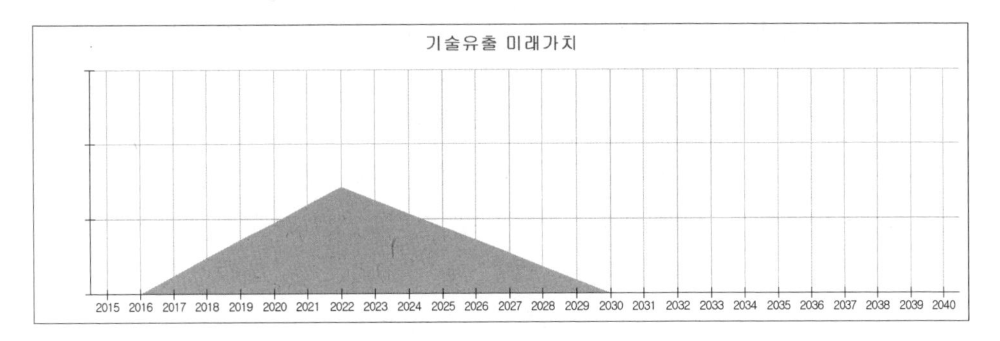

2022년이 기술가치의 피크임을 나타내고 있다.

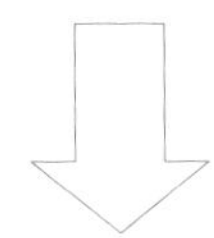

• 기간별 미래가치의 누적 규모

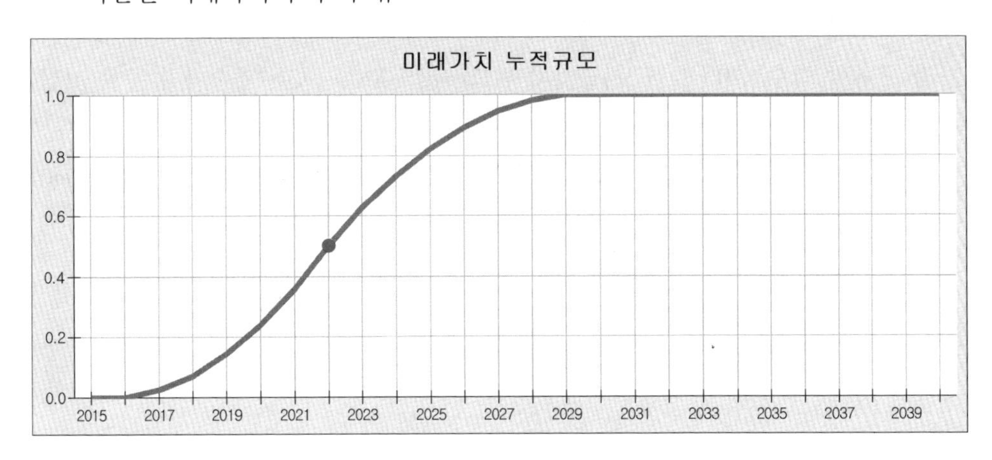

2022년 기술가치 피크를 중심으로 변곡점을 나타내고 있다.

(10) 기술유출 피해 산정을 위한 기술의 미래가치 산정 로직

유출된 기술의 미래가치 산정 수식은 다음과 같다.

- 유출된 기술의 미래가치 = $f(x)$ = $f($기술가치 시작, 기술가치 Peak 시점, 종료, 기술가치 기본 값)
- $f(x)$ = (FOR(i=2015..2040| IF(i<'개발 착수', 0, IF(i>= '개발 착수' AND i<'기술가치 피크 시점', (2*(i-'개발 착수')) DIVZ0 (('기술가치 종료 시점'-'개발 착수') * ('기술가치 피크 시점'-'개발 착수')), IF(i='기술가치 피크 시점', 2 DIVZ0 ('기술가치 종료 시점'-'개발 착수'), IF(i > '기술가치 피크 시점' AND i<='기술가치 종료 시점', (2*('기술가치 종료 시점' - i)) DIVZ0 (('기술가치 종료 시점'-'개발 착수') * ('기술가치 종료 시점'- '기술가치 피크 시점')), 0))))) + FOR(i=2015..2040|'사전 기술가치 비중'*IF(i>'기술가치 종료 시점', 0, 1)*IF(i<'개발 착수', 0, 1))) DIVZ0 ARRSUM ((FOR(i=2015..2040| IF(i<'개발 착수', 0, IF(i>= '개발 착수' AND i<'기술가치 피크 시점', (2*(i-'개발 착수')) DIVZ0 (('기술가치 종료 시점'-'개발 착수') * ('기술가치 피크 시점'-'개발 착수')), IF(i='기술가치 피크 시점', 2 DIVZ0 ('기술가치 종료 시점'-'개발 착수'), IF(i > '기술가치 피크 시점' AND i<='기술가치 종료 시점', (2*('기술가치 종료 시점' - i)) DIVZ0 (('기술가치 종료 시점'-'개발 착수') * ('기술가치 종료 시점'- '기술가치 피크 시점')), 0))))) + FOR(i=2015..2040| '사전 기술가치 비중'*IF(i>'기술가치 종료 시점', 0, 1)*IF(i<'개발 착수', 0, 1))))

(11) 유출된 기술의 전체 가치(Total Value) 분석

유출된 기술의 피해액 산정을 위하여 크게 세 가지 분야에서 기술유출 피해액을 책정한다.

- 기술개발 투입비 측면
- 기술의 미래가치 측면
- 기술개발 투입비와 미래가치를 합한 전체가치 측면

(12) 기술개발 투입비 산정모델

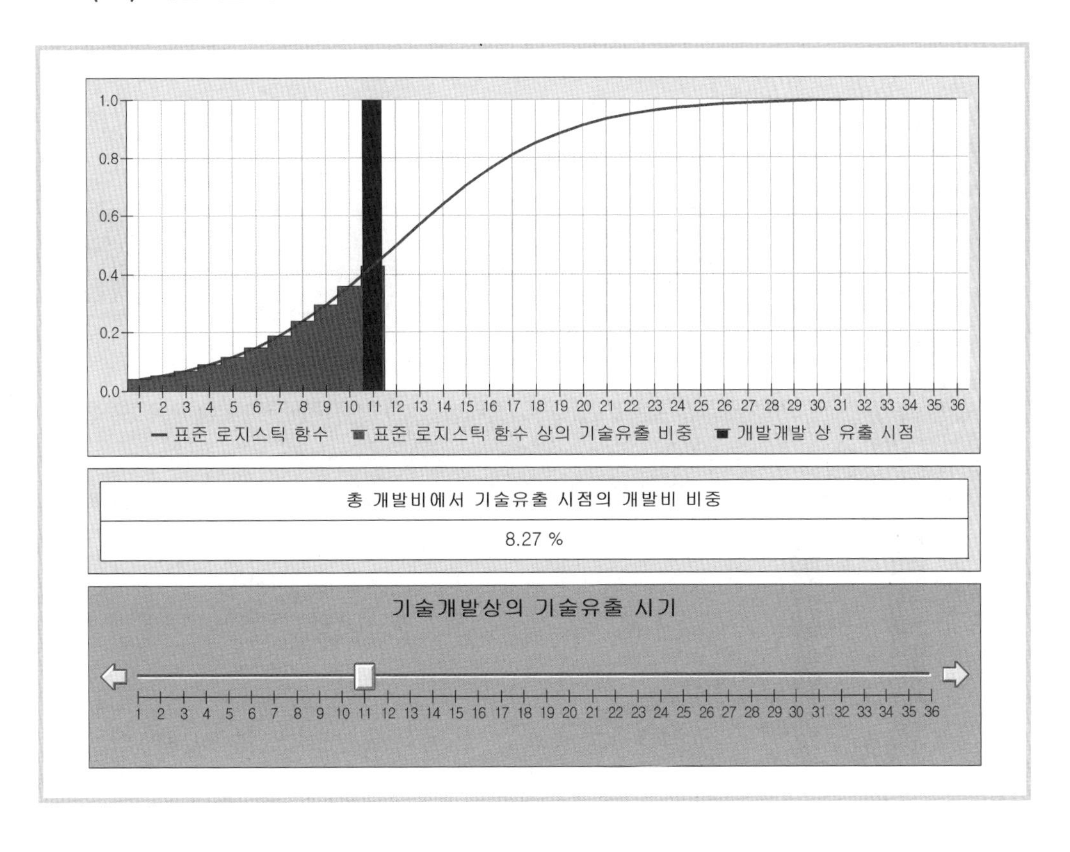

(13) 유출기술의 미래가치 산정모델

유출된 기술의 미래가치 산정을 통한 기간별 기술유출로 인하여 발생한 불법적 수익액 산정은 다음 항목을 고려한다.

- 기술탈취 후 제품 상용화 시작 시기(수익획득 시작 시기)
- 기술탈취 후 검거 시점(수익획득 중단 시기)

기술유출로 가해자(기술 탈취기업)의 기술탈취 수익은 기술 상용화 시작 시점부터 검거될 때까지의 유출기술로 인한 수익실현 규모로 산정한다.(아래 그림에서 2017년에서 2020년 기간 사이의 다각형 면적이 불법적 수익 실현금액이다.)

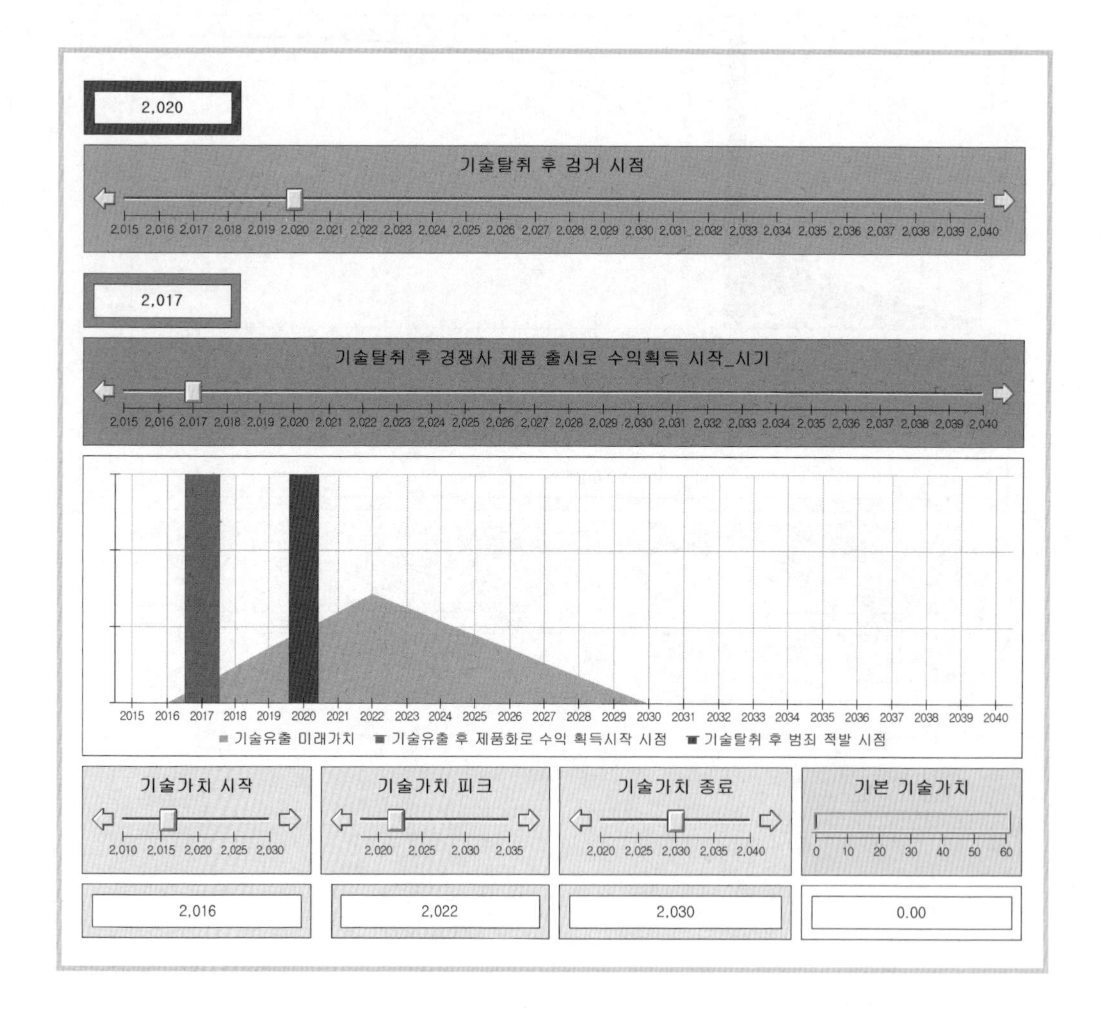

(14) 유출된 기술의 미래가치 산정모델

삼각함수 기반의 유출된 기술의 미래가치 산정은 수익획득 시작 시점, 기술 탈취 후 범죄 적발 시점, 유출된 기술의 미래가치 수명주기에 따른 유출된 기술의 획득가치 누적 규모로 이루어진다.

기술유출 피해액 산정을 위한 탈취 기술 피해액 산정

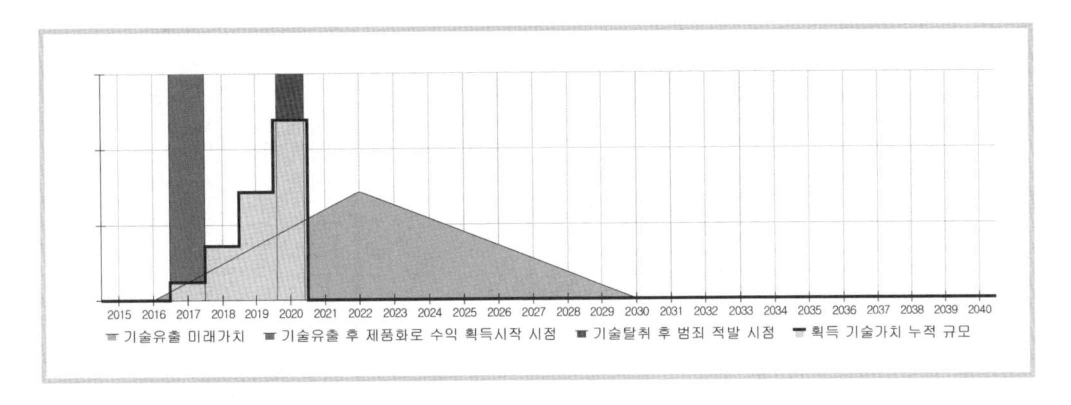

- 위의 그림에서 맨 밑의 삼각형은 유출된 기술의 수명주기 동안의 미래가치를 기술 피크 가치를 중심으로 나타내고 있다.
- 왼쪽 막대 그래프는 유출된 기술이 들어간 제품이나 기술의 상용화되어 수익이 발생하기 시작한 시점이 된다.
- 오른쪽 막대 그래프는 기술유출을 통하여 이익을 실현하던 중에 불법 기술유출이 적발된 시점으로 수익실현이 중단된 시점을 나타낸다.
- 왼쪽 막대 그래프와 오른쪽 막대 그래프 사이가 불법적 기술탈취 후에 상용화를 통하여 수익을 발생시킨 기간이 된다.
- 따라서 불법적인 기술유출로 수익을 실현한 규모는 기간별로 아래 삼각형을 누적한 계단형 누적 그래프다.

(15) 유출된 기술의 전체가치

유출된 기술의 전체가치(Total Value)는 기술개발비와 미래가치를 합한 것으로 기술개발비의 S-커브와 미래가치 S-커브를 합한 것이다. 이들 두 가지 S-커브를 시간의 흐름에 따라 결합하기 때문에 이를 'Double-S Curve', '더블 S-커브'라고 하였다.

유출된 기술의 전체가치를 나타내는 더블 S-커브(Double S-Curve)는 다음과 같다.

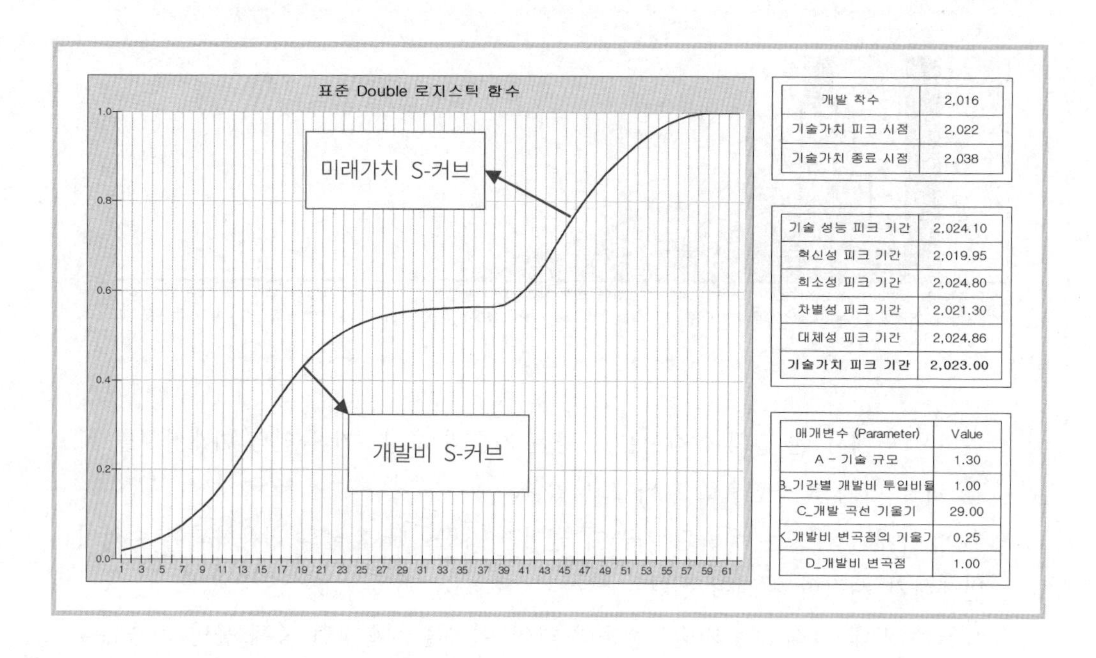

개발 착수	2,016
기술가치 피크 시점	2,022
기술가치 종료 시점	2,038

기술 성능 피크 기간	2,024.10
혁신성 피크 기간	2,019.95
희소성 피크 기간	2,024.80
차별성 피크 기간	2,021.30
대체성 피크 기간	2,024.86
기술가치 피크 기간	**2,023.00**

매개변수 (Parameter)	Value
A - 기술 규모	1.30
B_기간별 개발비 투입비율	1.00
C_개발 곡선 기울기	29.00
K_개발비 변곡점의 기울기	0.25
D_개발비 변곡점	1.00

16.10 시뮬레이션 결과의 시각화 예제: 성과에 따른 신호등 표시 모델링

(1) 환경설정

- 프로젝트 환경설정: Calendar－independent
- 시뮬레이션 환경설정: 1~12
- 시뮬레이션 시간 간격: 1

(2) 성과에 따른 신호등(Signal Light) 표시

- 기간에 따른 각 스톡의 매월 누적성과를 시각적으로 표시할 수 있다.
- 이를 응용하면 복잡한 스톡 플로우 모델에서 주요 핵심변수를 사진, 기호, 글자, 색깔, 심벌 등 다양한 형태의 시그널을 발생시키는 시각화 모델로 변환할 수 있다.

(시작 시점) t=1

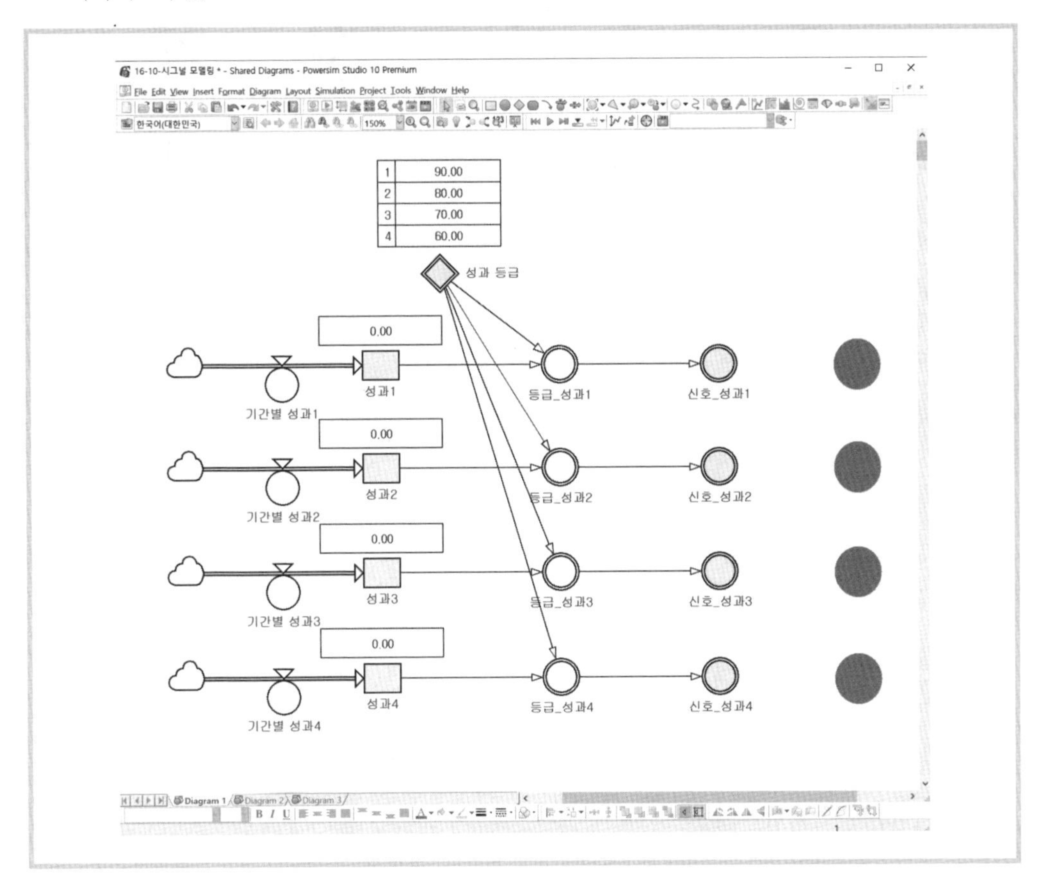

(중간 시점) t=10

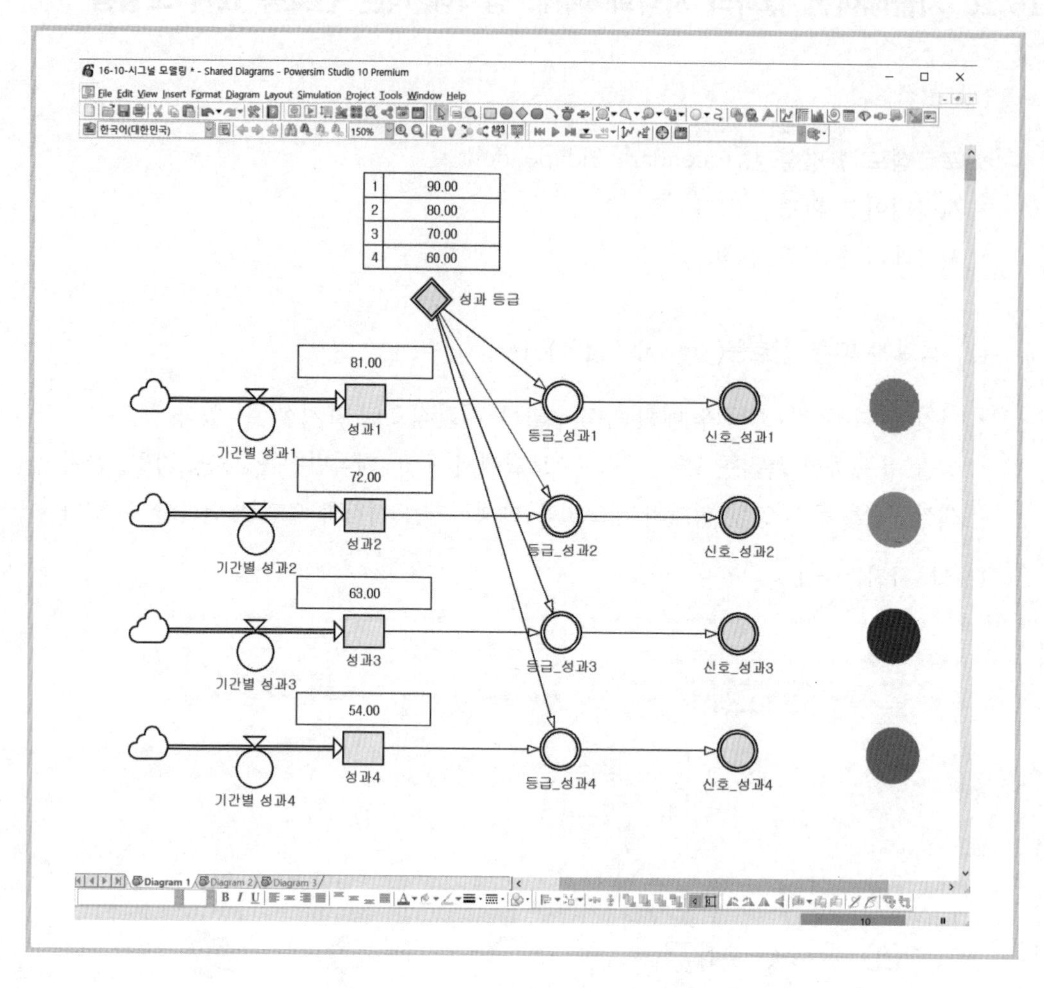

16-10-시그널 모델링 * - Shared Diagrams - Powersim Studio 10 Premium
File Edit View Insert Format Diagram Layout Simulation Project Tools Window Help
한국어(대한민국)
150%
1 90.00
2 80.00
3 70.00
4 60.00
성과 등급
81.00
성과1
기간별 성과1
등급_성과1
신호_성과1
72.00
성과2
기간별 성과2
등급_성과2
신호_성과2
63.00
성과3
기간별 성과3
등급_성과3
신호_성과3
54.00
성과4
기간별 성과4
등급_성과4
신호_성과4
Diagram 1
Diagram 2
Diagram 3
10

(종료 시점) t=12

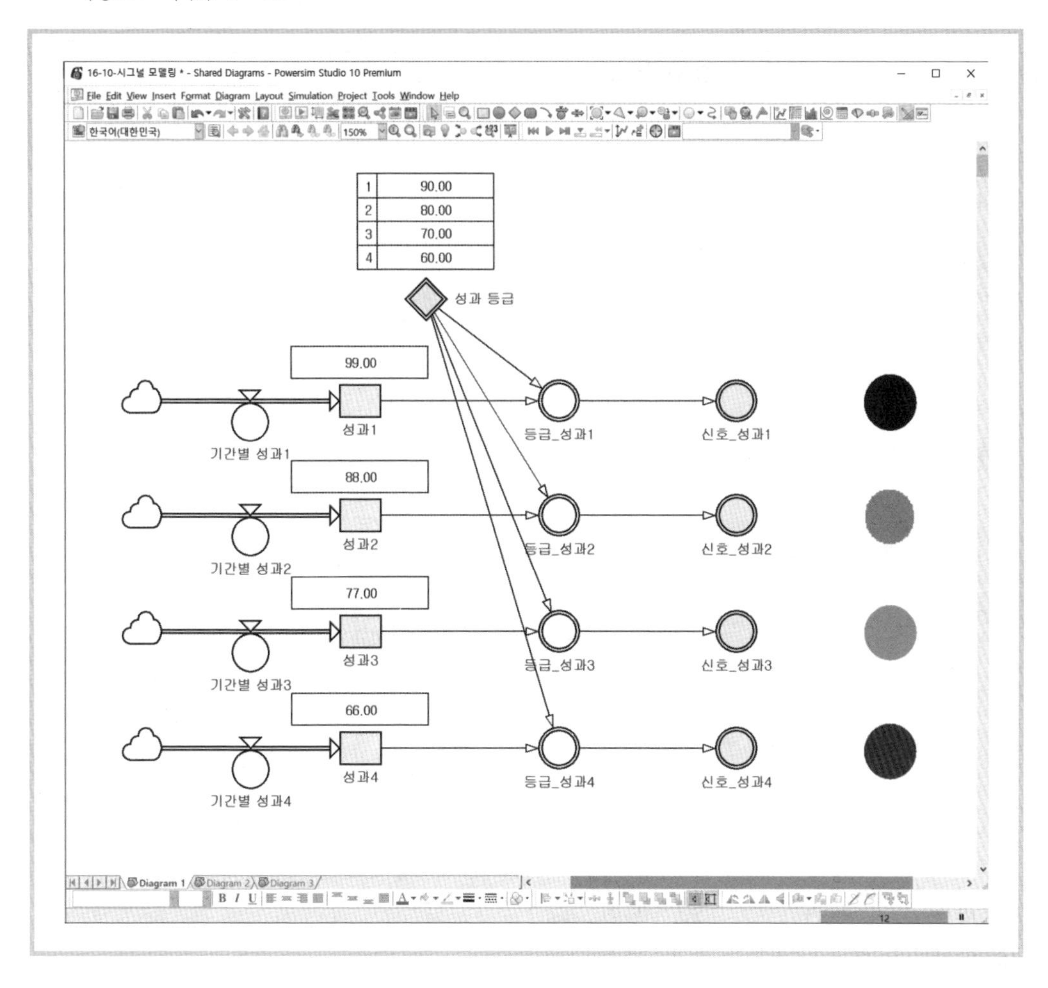

(3) 모델링 절차

① 각 성과 스톡을 모델링 한다.

② 각 성과에 대한 평가 기준을 설정한다. 성과 기준의 개수에 대한 제한은 없다.

③ 각 성과를 성과 기준에 따라 예를 들어 5등급으로 IF 문을 사용하여 구분한다.

④ 차트 컨트롤에서 시각적으로 표시하기 위하여 신호성과를 배열로 만든다.

⑤ 차트 컨트롤을 그려서, 차트 컨트롤의 속성을 예제와 같이 맞게 설정한다.

⑥ 차트 컨트롤 속성(Chart Control Properties)의 Fill 탭에서 각 변수에 대한 Typc을 Picture로 하고 신호등 색깔에 맞게 사진이나 그림을 복사(Copy)하고 Select Picture 메뉴에서 Paste를 선택하고 OK 버튼을 클릭한다.

(4) 모델 수식 정의

Name	Definition
1) 기간별 성과1	9
2) 기간별 성과2	8
3) 기간별 성과3	7
4) 기간별 성과4	6
5) 등급_성과1	{ IF(성과1>=‘성과 등급’[1], 1, 0), IF(성과1>=‘성과 등급’[2] AND 성과1<‘성과 등급’[1] , 1, 0), IF(성과1>=‘성과 등급’[3] AND 성과1<‘성과 등급’[2] , 1, 0), IF(성과1>=‘성과 등급’[4] AND 성과1<‘성과 등급’[3] , 1, 0), IF(성과1<‘성과 등급’[4], 1, 0) }
6) 등급_성과2	{ IF(성과2>=‘성과 등급’[1], 1, 0), IF(성과2>=‘성과 등급’[2] AND 성과2<‘성과 등급’[1] , 1, 0), IF(성과2>=‘성과 등급’[3] AND 성과2<‘성과 등급’[2] , 1, 0), IF(성과2>=‘성과 등급’[4] AND 성과2<‘성과 등급’[3] , 1, 0), IF(성과2<‘성과 등급’[4], 1, 0) }
7) 등급_성과3	{ IF(성과3>=‘성과 등급’[1], 1, 0), IF(성과3>=‘성과 등급’[2] AND 성과3<‘성과 등급’[1] , 1, 0), IF(성과3>=‘성과 등급’[3] AND 성과3<‘성과 등급’[2] , 1, 0), IF(성과3>=‘성과 등급’[4] AND 성과3<‘성과 등급’[3] , 1, 0), IF(성과3<‘성과 등급’[4], 1, 0) }
8) 등급_성과4	{ IF(성과4>=‘성과 등급’[1], 1, 0), IF(성과4>=‘성과 등급’[2] AND 성과4<‘성과 등급’[1] , 1, 0), IF(성과4>=‘성과 등급’[3] AND 성과4<‘성과 등급’[2] , 1, 0), IF(성과4>=‘성과 등급’[4] AND 성과4<‘성과 등급’[3] , 1, 0), IF(성과4<‘성과 등급’[4], 1, 0) }
9) 성과 등급	{90, 80, 70, 60}
10) 성과1	0
11) 성과1.기간별 성과1.in	‘기간별 성과1’
12) 성과2	0
13) 성과2.기간별 성과2.in	‘기간별 성과2’
14) 성과3	0
15) 성과3.기간별 성과3.in	‘기간별 성과3’
16) 성과4	0
17) 성과4.기간별 성과4.in	‘기간별 성과4’
18) 신호_성과1	{등급_성과1, 등급_성과1}
19) 신호_성과2	{등급_성과2, 등급_성과2}
20) 신호_성과3	{등급_성과3, 등급_성과3}
21) 신호_성과4	{등급_성과4, 등급_성과4}

16.11 Waterfall 그래프 만들기

시뮬레이션 결과를 차트 컨트롤에서 상하(上下)로 구분하여 결과를 효과적으로 표시할 때 사용한다.

(1) 환경설정

- 프로젝트 설정: Calendar－independent
- 시뮬레이션 설정: 0~100
- 시뮬레이션 간격: 1

(2) 수식 정의

Name	Definition
① 위 모델	0
② 위 모델.위.in	위
③ 아래 모델	0
④ 아래 모델.아래.in	아래
⑤ 아래	FOR(i=1..5| -i*RANDOM(0, 1, i/10))
⑥ 위	FOR(i=1..5|i*RANDOM(0, 1, i/10))

(3) 시뮬레이션 결과

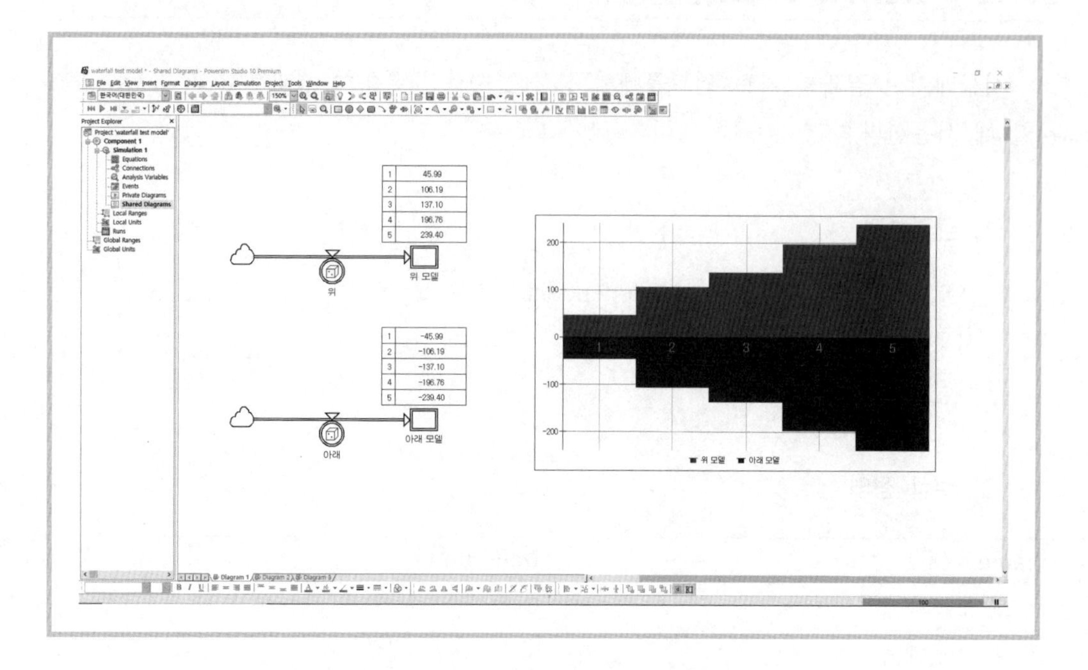

(4) Waterfall 형태로 차트 컨트롤(Chart Control 설정 방법)

- General tab 설정

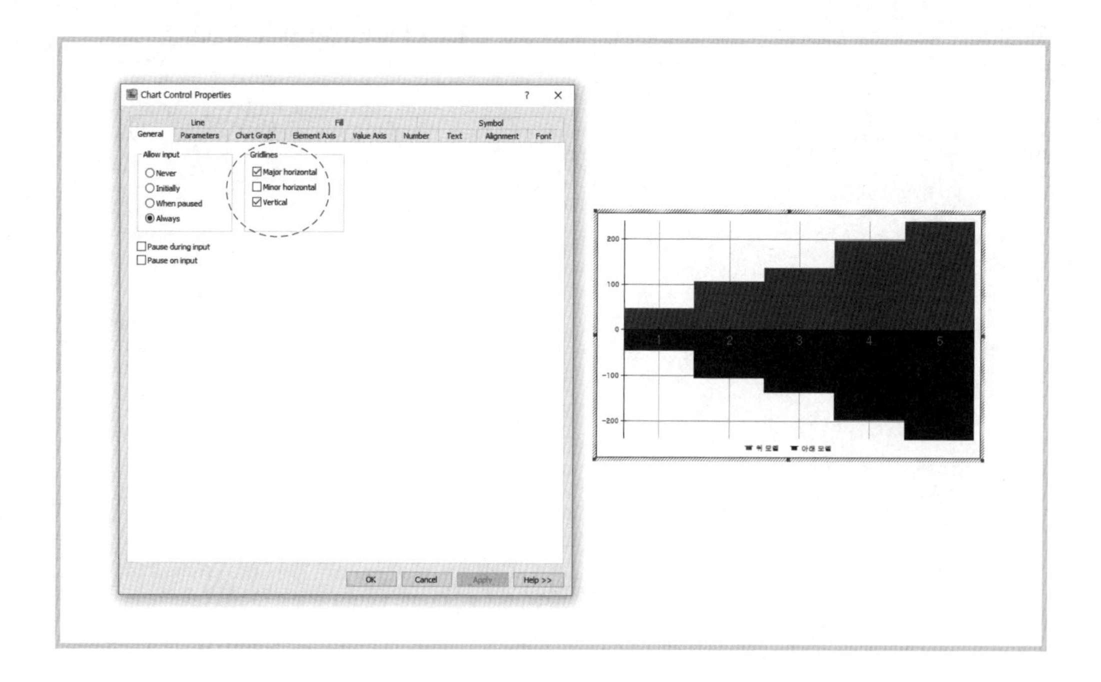

• 차트 유형(Type)

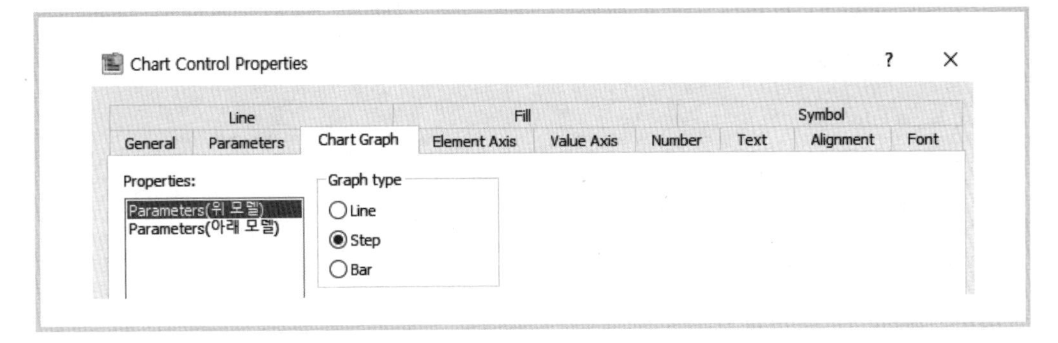

• 가로 축 설정

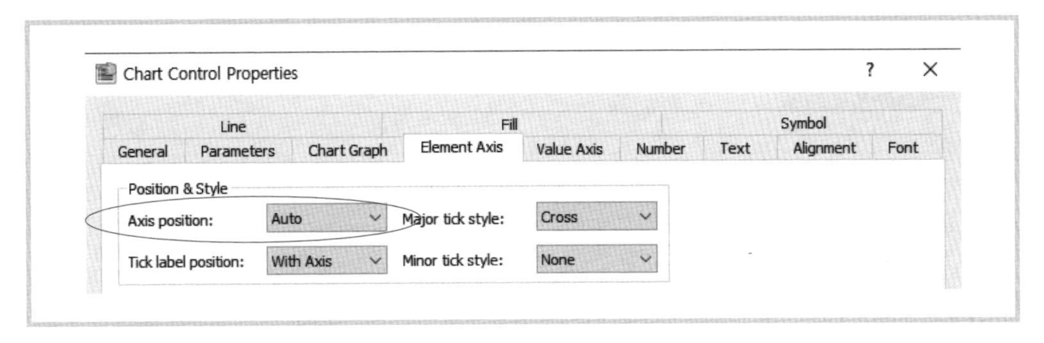

• Title Alignment 설정

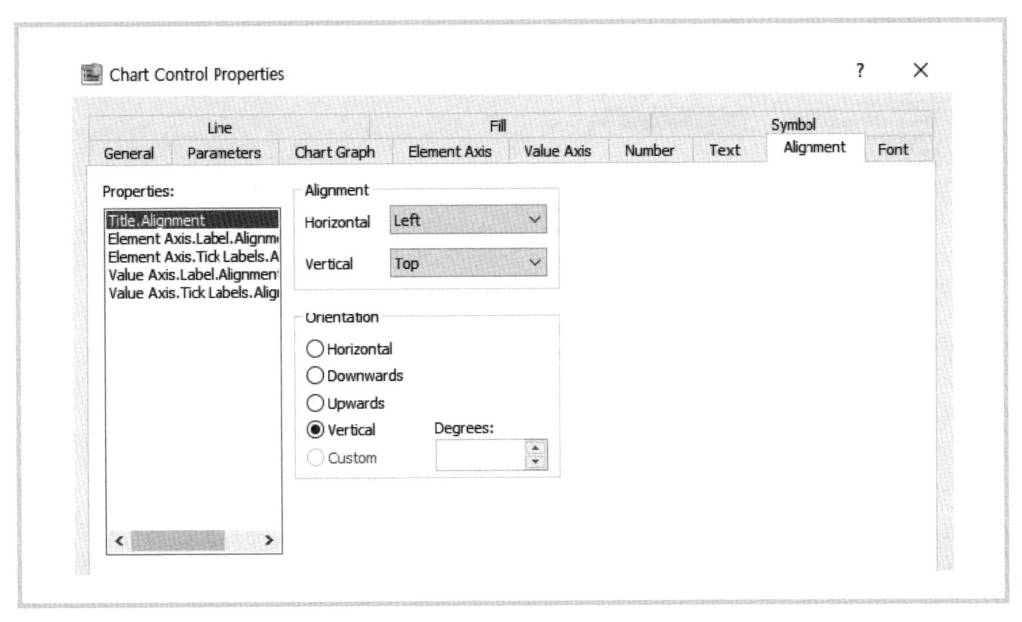

- Value Axis.Label Alignment 설정

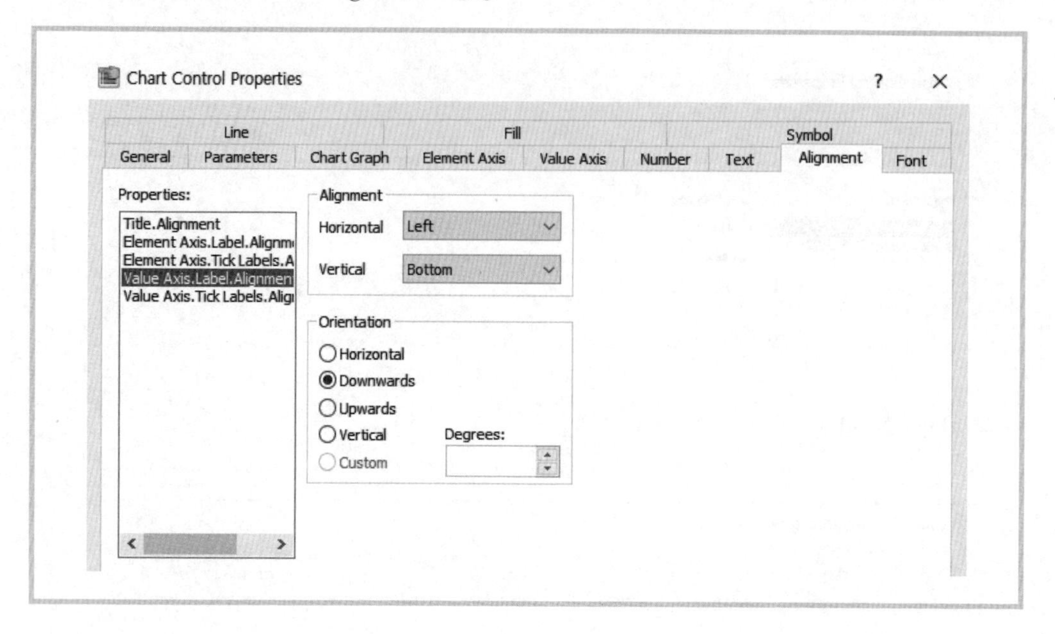

- 색깔 채우기 설정

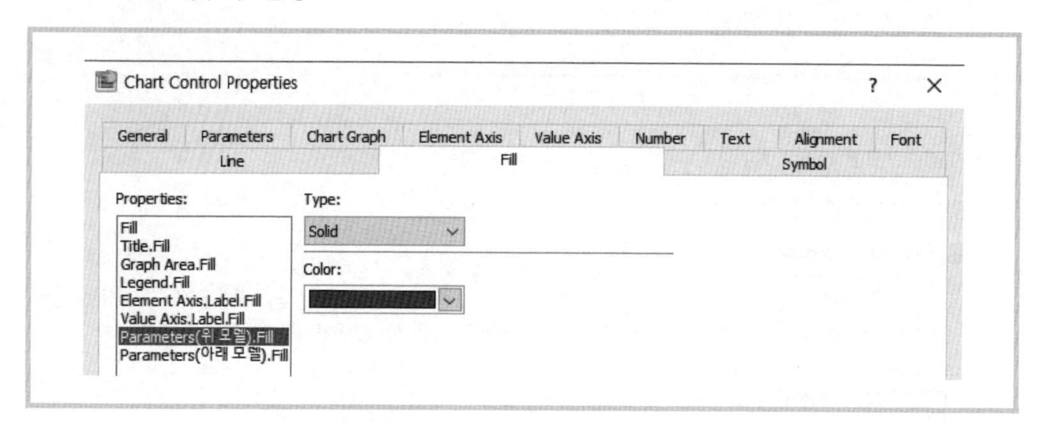

16.12 닭진드기 번식 모델[14)]

닭진드기 모델링

밤에 잠자는 닭의 피를 몰래 빨아먹는 닭진드기[15)]의 수명은 8개월이고, 닭진드기 알이 다시 성충이 될 때까지는 적어도 7일은 소요된다.

- 닭진드기 번식 과정[16)]

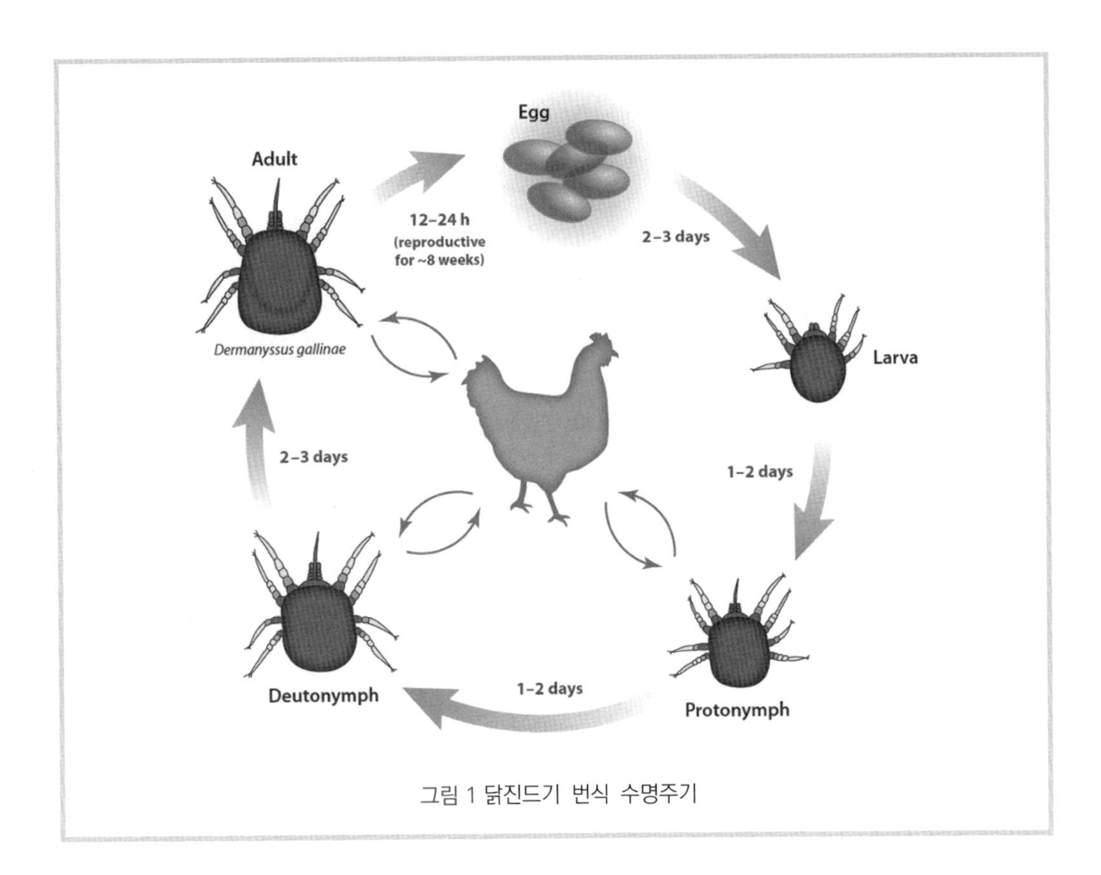

그림 1 닭진드기 번식 수명주기

14) 닭진드기 모델은 시스템 다이내믹스 이론을 적용하여 필자가 작성한 교육용 예제 모델이다.

15) 1778년 스웨덴 곤충학자 De Geer가 Dermanyssus gallinae 학명을 지었다. 일명 red mite로 성체가 되면 0.75~1mm 길이가 된다.

16) Sparagano et al. (2014), Significance and Control of the Poultry Red Mite, Dermanyssus gallinae, Annual Review of Entomology 59:447–466.

기본 모델(예시)

- 프로젝트 설정: Calendar-independent
- 시뮬레이션 기간 설정: 0~100
- 시뮬레이션 간격: 1

(1) 시뮬레이션 모델(알을 더 이상 생성하지 않을 때를 가정, Rate_1 = 0)

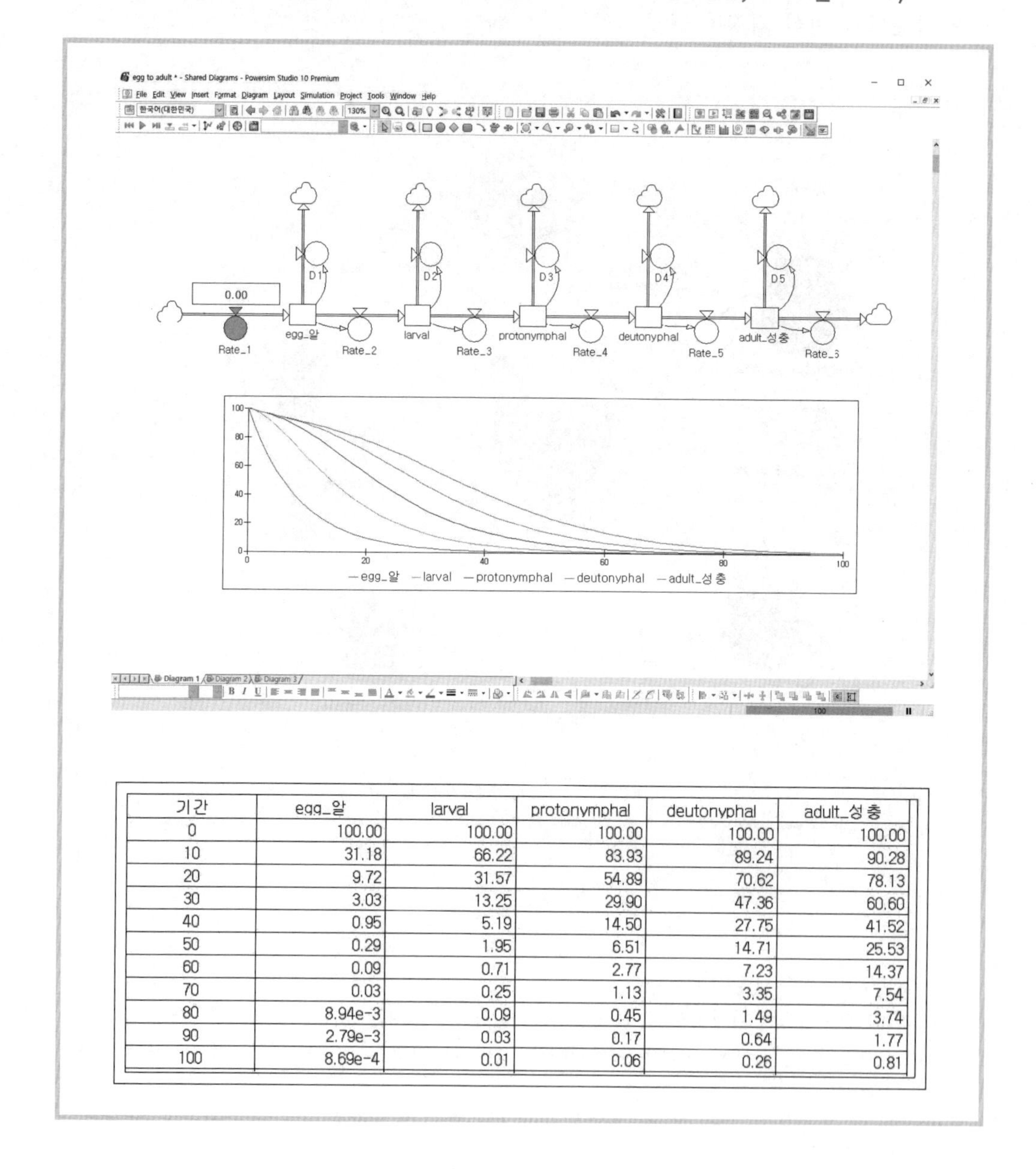

기간	egg_알	larval	protonymphal	deutonyphal	adult_성충
0	100.00	100.00	100.00	100.00	100.00
10	31.18	66.22	83.93	89.24	90.28
20	9.72	31.57	54.89	70.62	78.13
30	3.03	13.25	29.90	47.36	60.60
40	0.95	5.19	14.50	27.75	41.52
50	0.29	1.95	6.51	14.71	25.53
60	0.09	0.71	2.77	7.23	14.37
70	0.03	0.25	1.13	3.35	7.54
80	8.94e-3	0.09	0.45	1.49	3.74
90	2.79e-3	0.03	0.17	0.64	1.77
100	8.69e-4	0.01	0.06	0.26	0.81

(2) 시뮬레이션 모델(알을 낳을 때를 가정)

- 성충 1마리당 10기간에 5마리의 알을 낳을 때(암수를 감안하여 가정함)

$$Rate1 = 5/10/1$$

- 초기 상태 모델

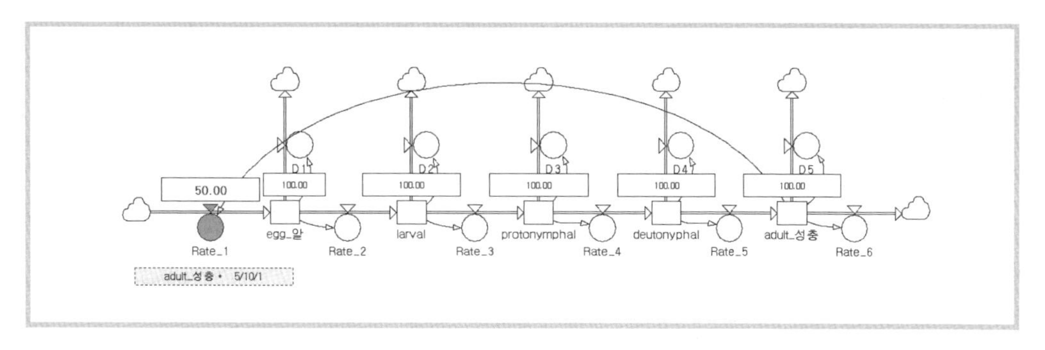

- 시뮬레이션(t=100)

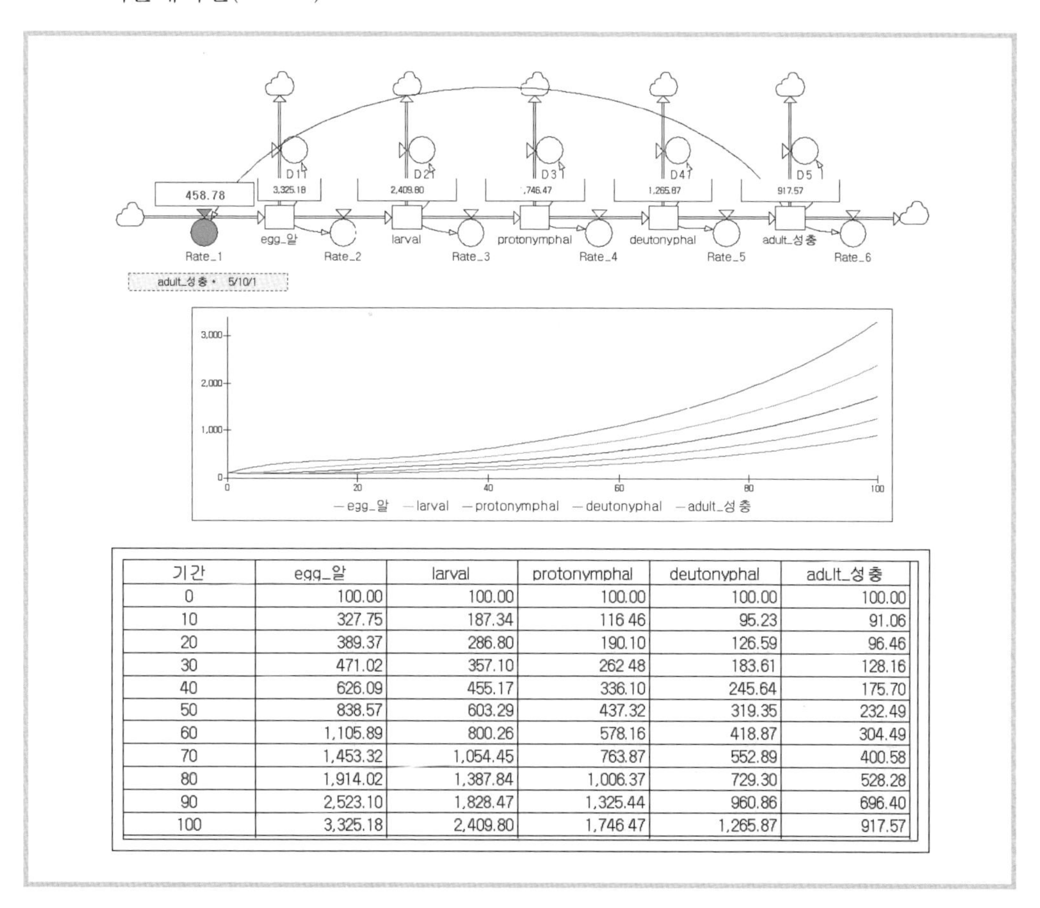

기간	egg_알	larval	protonymphal	deutonyphal	adult_성충
0	100.00	100.00	100.00	100.00	100.00
10	327.75	187.34	116.46	95.23	91.06
20	389.37	286.80	190.10	126.59	96.46
30	471.02	357.10	262.48	183.61	128.16
40	626.09	455.17	336.10	245.64	175.70
50	838.57	603.29	437.32	319.35	232.49
60	1,105.89	800.26	578.16	418.87	304.49
70	1,453.32	1,054.45	763.87	552.89	400.58
80	1,914.02	1,387.84	1,006.37	729.30	528.28
90	2,523.10	1,828.47	1,325.44	960.86	696.40
100	3,325.18	2,409.80	1,746.47	1,265.87	917.57

(3) 수식 정의

Name	Definition
1) Rate_1	adult_성충 * 5/10/1 // 처음에는 0을 입력
2) D5	adult_성충*0.01
3) Rate_6	adult_성충*0.1
4) D4	deutonyphal*0.01
5) Rate_5	deutonyphal*0.1
6) D1	egg_알*0.01
7) Rate_2	egg_알*0.1
8) D2	larval*0.01
9) Rate_3	larval*0.1
10) D3	protonymphal*0.01
11) Rate_4	protonymphal*0.1
12) adult_성충	100
13) adult_성충.D5.out	D5
14) adult_성충.Rate_5.in	Rate_5
15) adult_성충.Rate_6.out	Rate_6
16) deutonyphal	100
17) deutonyphal.D4.out	D4
18) deutonyphal.Rate_4.in	Rate_4
19) deutonyphal.Rate_5.out	Rate_5
20) protonymphal	100
21) protonymphal.D3.out	D3
22) protonymphal.Rate_3.in	Rate_3
23) protonymphal.Rate_4.out	Rate_4
24) larval	100
25) larval.D2.out	D2
26) larval.Rate_2.in	Rate_2
27) larval.Rate_3.out	Rate_3
28) egg_알	100
29) egg_알.D1.out	D1
30) egg_알.Rate_1.in	Rate_1
31) egg_알.Rate_2.out	Rate_2

▨ 시스템 다이내믹스 응용 가능성 모델(예시)

- 프로젝트 설정: Calendar−independent
- 시뮬레이션 기간 설정: 0~60
- 시뮬레이션 간격: 1

(4) 시뮬레이션 모델

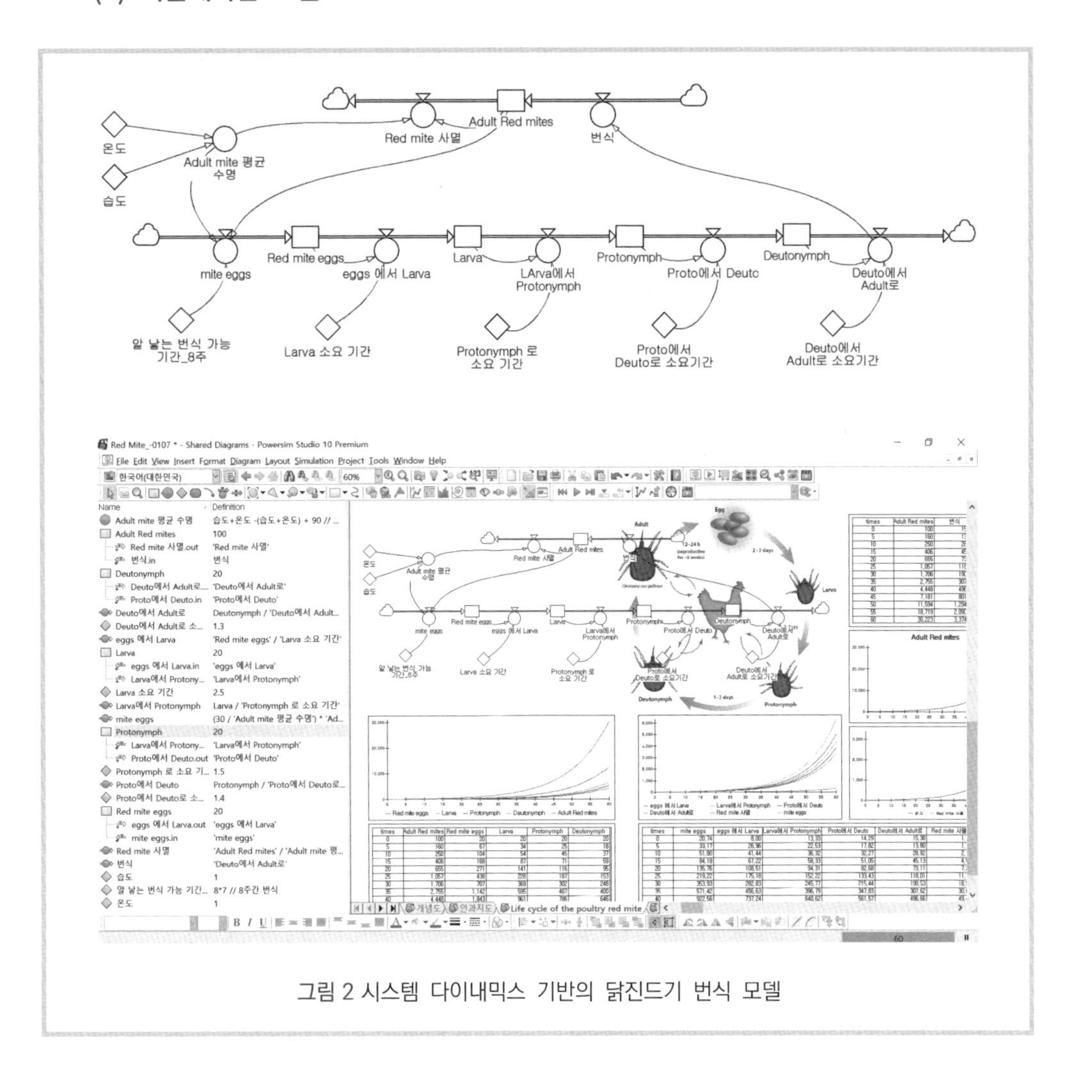

그림 2 시스템 다이내믹스 기반의 닭진드기 번식 모델

(5) 시뮬레이션 결과

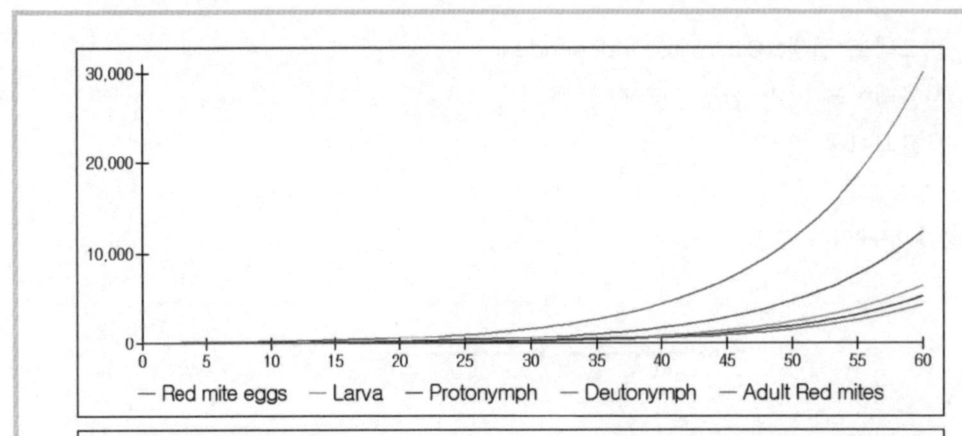

times	Adult Red mites	Red mite eggs	Larva	Protonymph	Deutonymph
0	100	20	20	20	20
5	160	67	34	25	18
10	250	104	54	45	37
15	406	168	87	71	59
20	655	271	141	116	95
25	1,057	438	228	187	153
30	1,706	707	369	302	248
35	2,755	1,142	595	487	400
40	4,448	1,843	961	786	646
45	7,181	2,976	1,551	1,269	1,042
50	11,594	4,804	2,505	2,049	1,683
55	18,719	7,757	4,044	3,309	2,717
60	30,223	12,523	6,529	5,342	4,387

(6) 수식 정의

Name	Definition
1) Adult mite	평균 수명 습도+온도 -(습도+온도) + 90 // 일, 약 3개월 // // 환경에 따라 7일에서 10개월 까지 수명이 다양함
2) Adult Red mites	100
3) Adult Red mites.Red mite 사멸.out	'Red mite 사멸'
4) Adult Red mites.번식.in	번식
5) Deutonymph	20
6) Deutonymph.Deuto에서 Adult로.out	'Deuto에서 Adult로'
7) Deutonymph.Proto에서 Deuto.in	'Proto에서 Deuto'
8) Deuto에서 Adult로	Deutonymph / 'Deuto에서 Adult로 소요기간'
9) Deuto에서 Adult로 소요기간	1.3
10) eggs에서 Larva	'Red mite eggs' / 'Larva 소요 기간'
11) Larva	20
12) Larva.eggs에서 Larva.in	'eggs에서 Larva'
13) Larva.Larva에서 Protonymph.out	'Larva에서 Protonymph'
14) Larva 소요 기간	2.5
15) Larva에서 Protonymph	Larva / 'Protonymph로 소요 기간'
16) mite eggs	(30 / 'Adult mite 평균 수명') * 'Adult Red mites' * ('알 낳는 번식 가능 기간_8주' / 'Adult mite 평균 수명') // 수명기간 동안 약 30개의 알을 낳음
17) Protonymph	20
18) Protonymph.Larva에서 Protonymph.in	'Larva에서 Protonymph'
19) Protonymph.Proto에서 Deuto.out	'Proto에서 Deuto'
20) Protonymph로 소요 기간	1.5
21) Proto에서 Deuto	Protonymph / 'Proto에서 Deuto로 소요기간'
22) Proto에서 Deuto로 소요기간	1.4
23) Red mite eggs	20
24) Red mite eggs.eggs에서 Larva.out	'eggs에서 Larva'
25) Red mite eggs.mite eggs.in	'mite eggs'

26) Red mite 사멸	'Adult Red mites' / 'Adult mite 평균 수명'
27) 번식	'Deuto에서 Adult로'
28) 습도	1
29) 알 낳는 번식 가능 기간_8주	8*7 // 8주간 번식
20) 온도	1

참고문헌

1. Fagel, M. J. (2012), Principles of Emergency Management, CRC Press
2. Forrester, J. W. (1968), Principle of Systems, Wright-Allen Press.
3. Forrester, J. W. (1969), Urban Dynamics, The M.I.T. Press
4. Lynne H. and N. Gilbert (2016), Agent-Based Modeling in Economics, Wiley
5. Michael Batty (2005), Cities and Complexity, MIT Press
6. Morris Driels (1996), Linear Control Systems Engineering, McGraw Hill.
7. Nigel Gilbert (2008), Agent-Based Models, SAGE Publications
8. Robert Axelrod (1997), The Complexity of Cooperation, Princeton University Press
9. Sterman, J. D. (2000), Business Dynamics: Systems Thinking and Modeling for a Complex World, McGraw Hill.
10. Steven F. and V. Grimm (2012), Agent-Based and Individual-Based Modeling, Princeton University Press
11. Umberto Eco (1988), The Sign of Three: Dupin, Homes, Peirce (Advances in Semiotics), Indiana University Press.
12. Uri W. and W. Rand (2015), An introduction to Agent-based Modeling, MIT Press.
13. Ward C. and D. Kincaid (2013), Numerical Mathematics and Computing, Brooks/Cole, Cengage Learning

웹 사이트

- www.powersim.com
- www.stramo.com
- www.youtube.com/@simulation_2024

찾아보기

김창훈(Chang Hoon Kim, 金昶勳)

학력

- 한양대학교 일반대학원 산업공학과 졸업(공학박사)
- 한양대학교 일반대학원 산업공학과 졸업(공학석사)

경력

- IBM Consulting Group(ICG) 경영혁신 컨설턴트 역임
- 전략 모델링 전문 기업 (주)스트라모 대표이사(현재)
- 한양대학교 공과대학 산업공학과 겸임교수 역임
- 한양대학교 자연과학대학 수학과 겸임교수(현재)
- IBM Consulting Group's Customer Satisfaction Award for 三星電管
- 대한민국 육군분석평가단 자문위원(분석전문가) 역임

논문

- Analysis of marine incidents and policy implications: Case study of the South Korea, Marine Policy(2023, 김창훈 외)
- System Dynamics Modeling for Estimating the Locations of Road Icing Using GIS, Applied Science(2021, 김창훈 외)
- 원자력발전소 방사능 누출사고 시 시스템 다이내믹스 기반 주민소개시간 산정 한국시스템다이내믹스학회(2018, 김창훈 외)
- 시스템 다이내믹스 기법을 활용한 참모부 조직 편성 적절성 검증 한국시뮬레이션학회(2018, 김창훈 외)

저서

- 시스템 다이내믹스, 김창훈(2021) 박영사 출판
- 미래 전망 모형 시뮬레이터 매뉴얼, 한국농촌경제연구원(2018, 공저)
- 한·중·일 FTA가 물류 산업에 미치는 영향분석, 한국해양수산개발원(2013, 공저)

수상

- 제12회 국민연금 연구과제 대국민 공모전 우수상(2024년)

이메일 블로그 및 유튜브

- stramo@hanmail.net
- stramo@naver.com
- blog.naver.com/stramo
- youtube.com/@simulation_2024
- github.com/changkim88

제2판
시스템 다이내믹스

초판발행 2021년 3월 20일
제2판발행 2025년 2월 28일

지은이 김창훈
펴낸이 안종만 · 안상준

편 집 박세연
기획/마케팅 최동인
표지디자인 BEN STORY
제 작 고철민 · 김원표

펴낸곳 (주) 박영사
서울특별시 금천구 가산디지털2로 53, 210호(가산동, 한라시그마밸리)
등록 1959. 3. 11. 제300-1959-1호(倫)
전 화 02)733-6771
f a x 02)736-4818
e-mail pys@pybook.co.kr
homepage www.pybook.co.kr
ISBN 979-11-303-2232-2 93310

정 가 39,000원